suhrkamp taschenbuch 3087

Albert Einstein hat wie kein anderer Physiker das Verständnis der Natur bereichert und verändert, er hat sich wie kein anderer Gelehrter im Rampenlicht der Öffentlichkeit exponiert und durch sein persönliches Beispiel die Rolle des Wissenschaftlers in einer sich dramatisch wandelnden Welt verkörpert. Mit Albrecht Fölsings *Albert Einstein* liegt die erste Biographie vor, die alle Aspekte Einsteins, also seine wissenschaftlichen Leistungen *und* seine politischen, kulturellen und sozialen Interessen und Aktivitäten, erfaßt. Gestützt auf in den letzten Jahren erschlossene oder zugänglich gewordene Quellen, die ein neues Licht auf Einsteins intellektuelle Entwicklung werfen, hat Albrecht Fölsing sich der Herausforderung gestellt, das Genie Albert Einstein in seiner Tiefe und Komplexität neu zu ergründen und zu interpretieren.

»Albrecht Fölsing hat nun eine wahrhaft umfangreiche Biographie dieses Mannes von ›mythischer Größe‹ vorgelegt. Niemals verklärend, sondern ihn in seiner Vielschichtigkeit aus sachlicher Distanz vorstellend, stützt sich das Buch soweit wie möglich auf Quellen aus erster Hand. Kompetent und verständlich werden die wichtigen wissenschaftlichen Entdeckungen im Kontext der damaligen Physik und die vielen Ansätze zu einer vereinheitlichenden Theorie dargelegt.« *Frankfurter Rundschau*

»... wer sich durchringt, mit dem Lesen dieser Lebenserzählung anzufangen, kommt nicht mehr davon los.« *Die Zeit*

Albrecht Fölsing, geb. 1940 in Thüringen, studierte Physik in Berlin, Philadelphia und Hamburg. Seit 1973 Leiter der Abteilung »Natur und Wissenschaft« beim Norddeutschen Rundfunk/Fernsehen. Verfasser einer vielbeachteten Biographie über Galilei und einer Studie über den »Mogelfaktor« in den Naturwissenschaften.

Albrecht Fölsing

Albert Einstein

Eine Biographie

Suhrkamp

Umschlaggestaltung: Manfred Walch
Umschlagfoto:
Lotte Jacobi Archives/University of New Hampshire, Durham

suhrkamp taschenbuch 3087
Erste Auflage dieser Ausgabe 1999

Druck: Ebner Ulm
Printed in Germany

1 2 3 4 5 6 – 04 03 02 01 00 99

Inhalt

Für Ulla

Had we but world enough and time,
This writing, Lady, were no crime.

Vorbemerkung

Von Albert Einstein geht auch vier Jahrzehnte nach seinem Tod eine ungewöhnliche Faszination aus. Sie reicht weit über die Tatsache hinaus, daß er unstreitig der größte Physiker dieses Jahrhunderts war, im Rang vergleichbar nur Isaac Newton. Das wäre eine Angelegenheit nicht einmal für heutige Physiker, die die Erkenntnisse vergangener Generationen in pragmatischer Weise zu nutzen pflegen und dabei historischen Kontext und persönliche Dimensionen der Forschung getrost ausklammern dürfen. Aber Einstein ist weit mehr als nur ein Fall für Spezialisten der neueren Wissenschaftsgeschichte.

Einsteins mythische Größe, die heute noch viele Menschen berührt, gründet in vielen Aspekten, hat aber zuerst mit seiner Physik zu tun, und dies in mehrfacher Hinsicht. Seine Begriffe von Raum und Zeit, von »vierter Dimension« und dem endlichen, aber unbegrenzten Kosmos, in dem das Licht krumm läuft, gelten als säkulare Revolutionen der Wissenschaft, in ihren Erschütterungen des menschlichen Selbstverständnisses vergleichbar nur denen des Kopernikus. Die Resultate seines tiefen Nachdenkens über die Natur hängen aber auch – durch die legendäre Formel $E = m \cdot c^2$ – auf hintergründige Weise mit der Atombombe zusammen und allem, was sie an Zerstörung, an Angst und an Schrecken bedeutet. Wenn je unschuldigem Erkenntnisdrang entsprungene Theorie zur materiellen Gewalt wurde, dann im alles verschlingenden Pilz der Atombombe von Hiroshima. – Heute wäre noch hinzufügen, daß die amerikanischen Raketen im Golfkrieg ihre Ziele nicht weniger als einen Meter genau treffen könnten, würden nicht bei den auf Satellitennavigation basierenden Steuerungssystemen gleich drei Effekte der Relativitätstheorie korrekt berücksichtigt.

Der Schöpfer dieser wirkmächtigen Theorien lebte aber nicht im Elfenbeinturm, sondern in einem von Kriegen und Konflikten zerrissenen Jahrhundert, und er stellte sich dieser Situation in einem ausgeprägten Gefühl humanitärer Verantwortung und mit einem starken Bedürfnis nach Einmischung ins Politische. Sein Humanismus, der das allen Menschen Gemeinsame höher bewertete als das Trennende, begründete eine »linke Identität«, nicht an Parteilehren gebunden, sondern der Sozialethik des Judentums verpflichtet, die das Mitgefühl für den Schwächeren einschloß. Den legendären Ruhm, der schon dem Vierzigjährigen zugewachsen war, brachte er für soziale Gerechtigkeit, demokratische Freiheiten, Pazifismus, das Schicksal der Juden und einen kosmopolitischen Internationalismus ins Spiel, selten erfolgreich, aber oft umstritten.

Einsteins Güte wurde häufig gerühmt, seine Schlichtheit wie die eines Heiligen bewundert. Das war nicht ganz ungerechtfertigt, aber grob und verletzend konnte er auch sein, und hinter der schlichten Oberfläche verbarg sich unergründliche Komplexität. Seine Haltung zum Land seiner Geburt war verwickelt, die zu Hitler-Deutschland von Anfang an eindeutig. Sie brachte den leidenschaftlichen Pazifisten dazu, in einem Brief an den amerikanischen Präsidenten Roosevelt die Entwicklung der Atombombe anzuregen, und nach Hiroshima sahen viele in dem vor dem atomaren Wettrüsten warnenden weisen alten Mann die Personifizierung des Weltgewissens.

Seine »Exkursionen ins Politische«, wie er diese Aktivitäten selbst nannte, waren ihm jedoch niemals annähernd so wichtig wie die Physik. Sie war seine Leidenschaft und sein Lebensinhalt. Nie hat jemand seine Wissenschaft so bereichert wie Einstein in den beiden Jahrzehnten von 1905 bis 1925. Würde man auf die Frage nach dem größten Physiker des Jahrhunderts die Antwort erwarten: »Einstein wegen der Relativitätstheorie«, so könnte die nach dem Nächstgrößten durchaus lauten: »Einstein für alle seine anderen Leistungen.« In den letzten drei Jahrzehnten seines Lebens suchte er nach dem Fundament aller Physik auf einem Wege, der zu keinem Ziel führte. Aber nie gab er auf, und der Physik blieb er bis zu seinem Ende in monomaner Besessenheit verfallen.

Daneben war er noch Ehemann (zweimal), Liebhaber und Vater (mindestens dreimal); er war Jude, Bürger von vier Staaten und hätte Präsident eines fünften werden sollen – von Israel. Er lehnte die hohe Ehre ab, obwohl seine tiefste Loyalität denen galt, die er seine »Stammesbrüder« nannte. Er war in Deutschland geboren, und Deutsch blieb die vertraute Sprache, die einzige, in der er schrieb und in der er seine Gefühle und Gedanken adäquat ausdrücken konnte. Nach dem Massenmord an den Juden nannte er Deutsch seine »Stiefmuttersprache«, auch in der Distanzierung noch ein wunderbares Sprachgefühl bezeugend. Den Deutschen hat er nie verziehen.

Kurzum, die Tiefe und Vielfalt von Einsteins Nachdenken über die Natur, die Spannweite und Farbigkeit seines Lebens und die Komplexität seines Wesens haben für den Biographen etwas Beängstigendes, und tatsächlich ist dieses Buch umfangreicher ausgefallen als beabsichtigt. Ich habe mich, wo immer es möglich war, auf Zeugnisse von

Einsteins Hand gestützt, auf seine veröffentlichten Arbeiten, auf unveröffentlichte Manuskripte, auf seine unzähligen Briefe und die gelegentlich geführten Tagebücher, so weit sie heute zugänglich sind. Daneben habe ich Quellen aus erster Hand herangezogen, die mir zuverlässig erschienen. Manches über Einstein Verbreitete wird auf den folgenden Seiten nicht erwähnt, da die Auseinandersetzung mit erfundenen oder nicht belegbaren phantastischen Behauptungen müßig wäre. Dafür hoffe ich, manches Neue bringen zu können, und dies in einer Weise, durch die auch Bekanntes eine neue Beleuchtung erfährt. Am wichtigsten aber war mir immer Einsteins Physik: sie macht den Kern seiner Identität aus, und nur sie kann ihn uns nahebringen als einen Sucher nach der Wahrheit, wie es ihn nie wieder geben wird.

Danksagung

Dieses Buch wäre nicht möglich gewesen ohne die Arbeit derjenigen, die beizeiten damit begonnen haben, Briefe und Manuskripte Albert Einsteins sowie sonstige ihn betreffende Dokumente zusammenzutragen, zu sammeln und zu archivieren. Die zentrale Quelle ist das Albert Einstein Archiv, früher in Princeton und jetzt fortgeführt in der Jewish National & University Library in Jerusalem. Dem Kurator Ze'ev Rosenkranz und Frau Hanna Katzenstein danke ich für ihre großzügige Unterstützung bei meinem Aufenthalt in Jerusalem, dem Einstein-Archiv, Hebrew-University of Jerusalem, Israel, für die freundliche Genehmigung zum Abdruck unveröffentlichten Materials. Kopiensätze habe ich in der Mudd Manuscript Library der Princeton University sowie in der Science & Engineering der Boston University einsehen können. In Zürich war Dr. Beat Glaus ein immer freundlicher Führer durch die Wissenschaftshistorischen Sammlungen der Bibliothek der Eidgenössischen Technischen Hochschule ETH. Im Archiv der Max-Planck-Gesellschaft in Berlin durfte ich mich der Hilfsbereitschaft von Dr. Eckart Henning, Dr. Marion Kazemi und Herrn Andreas K. Walter erfreuen. Herr Bernhardt Schell von der Firma Anschütz in Kiel war so freundlich, mir die Korrespondenz zwischen Einstein und Hermann Anschütz-Kaempfe vor deren Publikation zur Verfügung zu stellen.

Prof. Yehuda Elkana und der Van Leer Foundation Jerusalem danke ich für die Ermöglichung meiner Teilnahme an einem workshop ›Einstein in Context‹ im April 1990 in Jerusalem, den Teilnehmern dieser Veranstaltung für manche informative Anregung.

Von großem Gewinn waren Gespräche mit Dr. Anne J. Kox, Prof. Jürgen Renn und Prof. Robert Schulmann vom Projekt *The Collected Papers of Albert Einstein*; insbesondere Robert Schulmann hat mich in großzügiger Weise an seinen Kenntnissen über die frühen Jahre Albert Einsteins teilhaben lassen.

Dem Verleger Dr. Siegfried Unseld bin ich für sein großes Vertrauen in dieses schwierige Projekt und seine Geduld zu tiefem Dank verpflichtet.

Meine Frau Ulla und unsere Kinder Philipp und Julia haben auf geduldige Weise meine langdauernde Beschäftigung mit diesem Buch ertragen müssen; dafür sei ihnen nicht nur von Herzen gedankt, dafür muß auch Abbitte geleistet werden. In die Abbitte soll auch unser Hund Rufus einbezogen werden, dem meine stationäre Lebensweise am Schreibtisch am schwierigsten zu vermitteln war.

I

KINDHEIT, JUGEND UND STUDENTENJAHRE

1. »man brüllt seine Lieben zunächst einmal an«

Er wurde am 14. März des Jahres 1879 in Ulm geboren, an einem kalten, aber sonnigen Freitag, eine halbe Stunde, bevor die Glocken von den Kirchtürmen die Mittagsstunde schlugen. Die um einen Stammhalter besorgten Eltern und Anverwandten werden es begrüßt haben, daß das erste Kind ein Junge war. Wie es aber bei jungen Leuten, die sich zum erstenmal mit den definitiven Pflichten der Elternschaft konfrontiert sehen, des öfteren vorkommen mag, wurde die Freude auch von Sorgen getrübt, wenn nicht gar von Angst.

»Als er auf die Welt kam«, schrieb Jahrzehnte später die jüngere Schwester in einer bis dahin nur mündlich überlieferten Familienchronik, »glaubte die Mutter, durch den Anblick des außergewöhnlich großen eckigen Hinterkopfes erschrocken, vorerst an eine Mißgeburt.«[1] Erst der Arzt vermochte die eben 21jährige Mutter zu beruhigen und davon zu überzeugen, daß sich diese Auffälligkeit bald geben würde. Nach einigen Wochen war tatsächlich die Größe des Babyschädels normal, aber eine gewisse kantig-quadratische Struktur des Hinterkopfes blieb ein lebenslanges Charakteristikum.

Am nächsten Morgen legte der Vater seinen Gehrock an und begab sich ins Rathaus, um dort vor einem Standesbeamten namens Hartmann die Geburt seines Sohnes anzuzeigen. Er sollte Albert heißen, in freilich nur schwacher Anlehnung an den Namen des Großvaters Abraham Einstein. Nichts deutete darauf hin, daß der aus der mittelalterlichen Blüte der Stadt überlieferte Spruch »Ulmense sunt mathematici«, daß die Ulmer also Mathematiker seien, durch diesen Albert Einstein in schönster Vollkommenheit sich bewahrheiten sollte. – In die für die Religionszugehörigkeit vorgesehenen Rubriken wurde für die Eltern und das Kind »israelitisch« eingetragen.[2]

Die Vorfahren Albert Einsteins könnte man trotz ihrer jüdischen Herkunft als schwäbisch-bodenständig bezeichnen. Die väterliche Familie war schon seit mehr als zwei Jahrhunderten in dieser Gegend ansässig, zwar nicht in Ulm, sondern sechzig Kilometer weiter südlich in Buchau, einer kleinen Stadt am Federsee im Alpenvorland. Seit dem 16. Jahrhundert hatte hier im Schutz eines adeligen Stifts eine kleine jüdische Gemeinde existiert, in die im Jahre 1665 ein aus dem Bodenseegebiet zugewanderter Baruch Moises Ainstein aufgenommen worden war. Seine Nachkommen änderten später den ersten Buchstaben des Familiennamens in ein E – die uns vertraute Form.

Auf dem jüdischen Friedhof von Buchau sind Dutzende von Gebüsch überwachsene Grabsteine stumme Zeugen einer viele Generationen umfassenden Familiengeschichte der Einsteins. Noch der letzte jüdische Bürger Buchaus war ein Siegbert Einstein, ein Großneffe des Physikers. Er hatte das Konzentrationslager Theresienstadt überlebt, war nach dem Zweiten Weltkrieg zeitweilig Zweiter Bürgermeister seiner Heimatgemeinde und kümmerte sich um den Friedhof, dessen Pforten er für die wenigen gelegentlichen Besucher öffnete. 1968 wurde auch er hier begraben – nicht nur als der letzte Jude in Buchau, sondern auch als der letzte Verwandte Albert Einsteins in Deutschland.

Eine Eintragung vom 16. März 1665 im Ratsprotokoll der damaligen Reichsstadt Buchau hält die einschränkenden Auflagen und Bedingungen fest, unter denen Juden sich niederlassen durften: Gegen die Zahlung eines jährlichen »Sitzgeldes« von zwölf Gulden wurde ihnen die freie Religionsausübung zugestanden und der Handel erlaubt – im Falle des Moises Ainstein mit Pferden und Tuchwaren. Die Beschränkung auf den Handel als einzige Möglichkeit für den Lebensunterhalt fand erst im 19. Jahrhundert ein Ende. Buchau war im Jahre 1806 dem unter Napoleons Patronat begründeten Königreich Württemberg zugeschlagen worden, in dem schließlich 1828 ein Gesetz zur Regelung der »öffentlichen Verhältnisse der israelitischen Glaubensgenossen« erlassen wurde, das den Juden die Gewerbefreiheit einräumte und ein bedeutender Schritt auf dem Wege zur staatsbürgerlichen Gleichstellung war, die freilich in Württemberg in vollem Umfange erst 1862 erreicht wurde.

Einige der Einsteins ergriffen die neuen Möglichkeiten und wurden Handwerker, zum Beispiel Kürschner oder Buchbinder. In bescheidener Wohlanständigkeit lebten sie in der alten Stadt, deren Enge und Kargheit noch immer die Jahrzehnte nach dem Dreißigjährigen Krieg ahnen ließ, in viel zu kleinen und beengten Verhältnissen, als daß sich einer von ihnen irgendwie hätte hervortun oder gar auszeichnen können.

Die Grabsteine auf dem jüdischen Friedhof erzählen auch die Geschichte der Assimilation der Buchauer Juden und der Familie Einstein im 19. Jahrhundert. Die hebräischen Inschriften wurden erst seltener und bald überhaupt nicht mehr in den Stein gehauen, und statt der ehrwürdigen biblischen Namen wie Samuel, David oder Abraham kamen deutsche in Gebrauch: August, Adolph oder Hermann. Der süddeutsche Liberalismus erleichterte die allmähliche Lockerung der einst strikten Bindung an die Synagoge, zumal die Buchauer Juden wie die anderen kleinen jüdischen Gemeinden in Süddeutschland nicht so stark in der Tradition verwurzelt waren wie die osteuropäischen Juden in der Kultur ihres »Schtetl«. Zudem lockten die Veränderungen in den größeren Städten, deren Aufblühen in der industriellen Revolution manche Gelegenheit bot, der Enge Buchaus zu entkommen.

Das nächstgelegene Ziel dieser Aufbruchsstimmung war das an der Donau gelegene Ulm, dessen alte Stadtmauern gerade durchbrochen wurden, um in einer »Neustadt« Platz für die rasche Expansion zu schaffen. Als erstes Familienmitglied zog im Jahre 1864 eine geborene Jette Einstein mit ihrem Ehemann, dem ebenfalls aus Buchau stammenden Kaufmann Kosman Dreyfus, nach Ulm. Ihr folgten nach 1869 auch einige männliche Einsteins, um in Ulm ihr Glück zu versuchen. Die Stadt hatte – gemäß der Volkszählung von 1875 – bereits 30000 Einwohner, darunter 692 Juden, die ohne größere Widerstände als Mitbürger akzeptiert wurden.

Als im Jahre 1877 das 500jährige Jubiläum der Grundsteinlegung und die endlich erfolgte Vollendung des südlichen Chorturms des Ulmer Münsters festlich begangen wurden, bezeugte die israelitische Gemeinde ihre Verbundenheit mit der Stadt und ihren protestantischen Mitbürgern durch ein stattliches Geschenk: Sie stiftete die von einem ortsansässigen Künstler geschaffene Figur des Propheten Jeremias für das Münster. In der Liste der Spender ist der Name Einstein sechsmal zu finden, und mit den verschwägerten Familien der Dreyfus und Moos dürften mindestens zwölf Einsteins aus Buchau nach Ulm gezogen sein. Einer von ihnen war Hermann, der Vater Alberts.

Hermann Einstein war 1847 in Buchau als Sohn des Kaufmanns Abraham Einstein geboren worden. Zum Besuch der Realschule wurde er in die Landeshauptstadt Stuttgart geschickt. Trotz einer regen geistigen Beweglichkeit und insbesondere einiger mathematischer Talentproben war an ein Universitätsstudium wegen der beschränkten finanziellen Verhältnisse nicht zu denken, so daß er die Schule mit dem Zeugnis der »Mittleren Reife« verließ. Immerhin stellte dieser damals auch das »Einjährige« genannte Schulabschluß das Eintrittsbillet in die besseren Stände dar, berechtigte er doch statt der üblichen drei Jahre Rekrutendienst zu einer nur einjährigen Militärzeit als Offiziersanwärter, an deren Ende der Rang eines Leutnants der Reserve winkte. Allerdings hat er es wohl nicht für sinnvoll gehalten, auch noch die beiden zur Erlangung des Offizierspatents nötigen Wehrübungen abzuleisten, wodurch er die königlich-württembergische Armee der Problematik enthob, einen Juden als Reserveleutnant akzeptieren zu müssen.

Der Familientradition entsprechend absolvierte Hermann eine kaufmännische Lehre und trat zu Anfang der siebziger Jahre mit einer kleinen Einlage als Teilhaber in die Ulmer Bettfedernhandlung seiner Vettern Moses und Hermann Levi ein. Das Geschäft hatte seinen Sitz in einem großen Hause am Weinhof in unmittelbarer Nähe der 1873 eingeweihten Synagoge. Hermann Einsteins älterer Bruder August hatte im Erdgeschoß bereits einen Laden für Damenkonfektion eröffnet, und im oberen Stockwerk wohnte die verwitwete Mutter Helene.

Kurz vor seinem 29. Geburtstag heiratete Hermann Einstein die erst 18jährige Pauline Koch aus Cannstatt bei Stuttgart. Die Zeremonie wurde am 8. August 1876 im provisorischen Betraum der jüdischen Gemeinde von Cannstatt vollzogen. Es war nicht die erste und nicht die letzte Verbindung der beiden Familien, denn einige Monate zuvor hatte Paulines Schwester Fanny einen Vetter von Hermann geheiratet, einen Rudolf Einstein, und deren noch im gleichen Jahr geborene Tochter Elsa sollte später die zweite Frau von Albert Einstein werden.

Die mütterlichen Vorfahren von Albert Einstein entstammten ebenfalls dem schwäbischen Judentum. Sie waren in Jebenhausen bei Göppingen an den nördlichen Ausläufern der Schwäbischen Alb ansässig gewesen. Dort hatte Julius Dörzbacher, der Großvater Alberts, seine Familie mit einer kleinen Bäckerei ernährt. 1842 wurde der Familienname in Koch geändert, und 1852 zog Julius Koch nach Cannstatt in die Nähe der Landeshauptstadt Stuttgart. Gemeinsam mit seinem Bruder Heinrich betrieb er einen einträglichen Getreidehandel, erwarb binnen weniger Jahre ein stattliches Vermögen und avancierte gar zum »Kgl.-Württembergischen Hoflieferanten«. Die geschäftlichen Aktivitäten der Kochs waren also von ganz anderem Zuschnitt als der Kleinhandel der Einsteins, nicht nur einträglicher, sondern auch weit- und weltläufiger.

Mit seiner Heirat war Hermann Einstein nicht nur der Ehemann einer hübschen, elf Jahre jüngeren Frau geworden, die als tüchtig galt, als gebildet und wegen ihres guten Klavierspiels als musikalisch, sondern er war auch dessen teilhaftig geworden, was man damals eine »gute Partie« zu nennen pflegte.

Im Falle Albert Einsteins ist man wohl mehr als in anderen Familien versucht, sich dem beliebten Spiel hinzugeben, was er denn von wem

»geerbt« haben könnte. Antworten scheinen sogar auf der Hand zu liegen: vom Vater wenigstens andeutungsweise das Mathematische und von der Mutter die Musikalität. Ansonsten aber war es eher umgekehrt wie in dem Goetheschen Standardmuster familiärer Vererbungsfolklore, denn als Frohnatur konnte eher der Vater gelten, während sich die Mutter Pauline besonders in Zeiten geschäftlicher Schwierigkeiten der Probleme »des Lebens ernstes Führen« annehmen mußte.

Von durchaus Wohlmeinenden wurde natürlich auch versucht, in den Stammbäumen der Ahnen erste Anzeichen für die ungewöhnlichen Fähigkeiten Albert Einsteins aufzuspüren. Der wollte davon jedoch nichts wissen, weder von der Zuschreibung einer besonderen Begabung noch von der Ahnenforschung:

> Erstens weiß ich so gut wie nichts von ihnen, und es leben auch keine Menschen, die viel darüber sagen könnten. Wenn Begabungen vorhanden waren, so konnten sie sich bei den engen Lebensbedingungen nicht äußern. Übrigens weiß ich ganz genau, daß ich selbst gar keine besondere Begabung habe. Neugier, Besessenheit und sture Ausdauer, verbunden mit Selbstkritik, haben mich zu meinen Gedanken gebracht. Aber besonders starke Denkkraft (»Gehirnmuskulatur«) ist nicht, beziehungsweise nur in bescheidenem Maße vorhanden. Viele haben weit mehr davon, ohne daß etwas Überraschendes herauskäme. Also, mit dem Untersuchen der Ahnen ist es nichts.[3]

Jedoch war es gewiß von einiger Bedeutung, daß Albert Einstein sowohl väterlicher- als auch mütterlicherseits in weitläufig verzweigte große Familien hineingeboren wurde, deren Mitglieder bald in vielen Städten und manchen Ländern Europas ansässig waren. Einigen dieser Verwandten werden wir später noch begegnen, so einer Tante in Italien, die das Studium finanzierte, oder dem Lieblingsonkel Caesar Koch, einem Bruder der Mutter, den der Getreidehandel bis nach Petersburg und nach Argentinien geführt hatte und der sich in Antwerpen niederließ, wohin ihm der 16jährige Albert seinen ersten wissenschaftlichen Essay schickte.

Diese familiären Beziehungen waren für den jungen Einstein nicht nur in mancherlei Hinsicht stimulierend, sie halfen ihm auch über einige schwierige Lebensphasen hinweg. Und war in einer Stadt wie Zürich einmal kein Onkel vorhanden, so gab es wenigstens einen guten Freund der Familie, der sich um den jungen Mann kümmerte. Später war es dann der Professor Einstein, der von Amerika aus nicht nur Kollegen und Freunden, sondern auch seinen vielen Verwandten in der Not der nationalsozialistischen Judenverfolgung zu helfen versuchte, so gut er irgend konnte.

Mit seiner jungen Frau wohnte Hermann Einstein zunächst am südlichen Münsterplatz in der Altstadt von Ulm. Nach zwei Jahren, als sich der erste Nachwuchs ankündigte, wurde eine größere Wohnung gesucht. Zu Beginn des Jahres 1879 – Pauline war schon im sechsten Monat schwanger – zogen die jungen Einsteins in die belebte Bahnhofstraße 135 B um, in eine recht komfortable Wohnung in einem dreistöckigen Mietshaus. Daß die Geburt ihres Sohnes nicht gänzlich ohne Schrecken war, hatten wir schon – dank der Aufzeichnungen der Schwester – berichtet; aus der gleichen Quelle wäre noch nachzutragen, daß die Großmutter Helene beim Anblick ihres Enkels in den Ruf ausbrach: »Viel zu dick! Viel zu dick!«[4] Im übrigen soll der kleine Albert ein stilles Baby gewesen sein, das den für seine Pflege Verantwortlichen keine Mühe machte.

Zu seinem Geburtshaus hatte Albert Einstein keine besonderen Beziehungen knüpfen können, denn schon ein Jahr später zog die Familie nach München. Als er zu seinem 50. Geburtstag vom Sohn des Eigentümers mit einer Fotografie des Gebäudes bedacht wurde, antwortete er nicht ohne Hintersinn auf dieses Geschenk: »Zum Geborenwerden ist das Haus recht hübsch; denn bei dieser Gelegenheit hat man noch keine so großen ästhetischen Bedürfnisse, sondern man brüllt seine Lieben zunächst einmal an, ohne sich viel um Gründe und Umstände zu kümmern.«[5]

Wenn Albert Einstein also nur sein erstes Lebensjahr in Ulm verbracht hat und in Bayern, später in Italien und in der Schweiz heranwuchs, so haftete ihm doch zeitlebens etwas Schwäbisches an. Da war zunächst der weiche Dialekt, den die Familie auch außerhalb Württembergs nicht ablegte und der Einstein, wenn auch in gemilderter Tönung, bis in sein Alter anhing. Er selbst wurde noch das Opfer der diesem Dialekt eigentümlichen Neigung zu Diminutiven, blieb er doch für seine Familie wie für seine zweite Frau, seine Kusine Elsa, auch als gestandener Mann nur das »Albertle«. Und noch in seinen späten Jahren in Amerika glaubte man in seinem Englisch, das für ihn freilich immer eine Fremdsprache geblieben war, einen schwäbischen Untergrund zu vernehmen.

Aber auch in anderer Hinsicht würden die Schwaben ihn jederzeit als einen der Ihren anerkannt haben: In seinem Hang zum spekulativen Grübeln, der die Freude an durchaus praktischer Tüftelei keineswegs ausschloß, in seinem oft schalkhaften und manchmal auch derben Humor oder in seinem ausgeprägten individualistischen Starrsinn. Es war wohl nicht nur pure Schmeichelei, als er später als der berühmteste jemals in Ulm Geborene, von einem Redakteur des Lokalblättchens um etwas Erbauliches für die Leser gebeten, bereitwillig ein schönes Kompliment übermittelte: »Die Stadt der Geburt hängt dem Leben als etwas ebenso Einzigartiges an wie die Herkunft von der leiblichen Mutter. ... So gedenke ich Ulms in Dankbarkeit, da es künstlerische Tradition mit schlichter und gesunder Wesensart verbindet.«[6]

Daß Hermann Einstein schon bald nach der Geburt seines ersten Kindes einen Ortswechsel plante, ging auf die Initiative seines jüngeren Bruders Jakob zurück. Der hatte als einziger der fünf Brüder eine weiterführende Ausbildung genossen. Im Anschluß an die Realschule hatte er die Polytechnische Schule in Stuttgart besucht, war Ingenieur geworden und hatte als solcher am Deutsch-Französischen Krieg von 1870/71 teilgenommen. 1876 hatte er sich in München niedergelassen und betrieb eine kleine Firma für Wasser- und Gasinstallationen. Seinem Bruder wird er den biederen Handel mit Bettfedern madig gemacht haben, da er in einem dem industriellen Zeitalter entsprechenden Unternehmen die bedeutend größeren Möglichkeiten für die Zukunft sah.

Davon hinreichend ermutigt, zog Hermann Einstein mit seiner Frau und dem einjährigen Sohn im Sommer 1880 nach München und wurde Teilhaber in der Firma Jakob Einstein & Cie. Die Familie bezog eine Wohnung in der Müllerstraße 3 in unmittelbarer Nähe vom Sendlinger Tor im gleichen Haus, in dem der noch ledige Jakob wohnte und auch der Sitz der Firma war. Durch die Interessen und Fähigkeiten der beiden Brüder war die Arbeitsteilung vorgegeben: Jakob kümmerte sich um die technisch-handwerklichen Dinge, und Hermann nahm sich der kaufmännischen Belange an. Schon zwei Jahre später verbreiterten die beiden Brüder die Basis ihres Geschäfts, indem sie zwei Drittel der Anteile der Firma Kiessling & Cie. erwarben, einer »mechanisch-technischen Werkstätte und Kesselflickerei«, die sich in der Herstellung von Gasboilern einen guten Ruf erworben hatte. Damit hatte Hermann Einstein den größten Teil der Mitgift seiner Frau produktiv und gewinnbringend angelegt.

Bruder Jakob sorgte allerdings dafür, daß sich die Aktivitäten der Firma Einstein & Cie. auch auf den Bereich der damals relativ neuartigen Elektrotechnik erstreckten. 1882, beinahe gleichzeitig mit dem Erwerb der Anteile an Kiessling & Cie., beteiligten sich die beiden Einsteins an der Internationalen Elektrotechnischen Ausstellung, die Oskar von Miller in München organisiert hatte. Sie demonstrierten ihre Leistungsfähigkeit mit Dynamos, Bogenlampen und Glühbirnen sowie mit einer vollständigen Telefonanlage. Dieser Zweig des Geschäfts entwickelte sich so erfreulich, daß die Brüder bald Gas, Wasser und die Kesselflickerei aufgaben. 1885 verkauften sie ihre Anteile an der Firma Kiessling & Cie. und investierten ihr Kapital sowie Kredite von der Verwandtschaft in eine Neugründung: die »Electrotechnische Fabrik J. Einstein & Cie«. Zu diesem Zweck hatten sie ein größeres Anwesen im Vorort Sendling erworben, das Grundstück Nr. 14 im damaligen Rengerweg, der 1887 auf den unaussprechlichen Namen Adlzreiterstraße umgetauft wurde.

An der Straße stand ein Wohnhaus, das sogleich durch einen geräumigen Anbau erweitert wurde, und zur Rückseite erstreckte sich ein mit alten Bäumen bestandener, ziemlich verwilderter großer Garten. Die Fabrik wurde in Gebäuden auf dem nahe gelegenen Grundstück Lindwurmstraße 125 errichtet, das zu diesem Zweck erworben worden war. Damit hatten sich die Einsteins in einem neuen innovativen Industriezweig mit hohen Wachstumschancen etabliert – nach heutigem Sprachgebrauch als wagemutige »High-Tech«-Unternehmer.

Die Fotografie Hermann Einsteins aus jener Zeit könnte gut einen typischen Patriarchen der wilhelminischen Gründerjahre darstellen: kurz geschoren, glatt rasiert bis auf einen akkuraten Schnauzbart, blickt er streng und achtunggebietend durch ein Monokel, als wäre er ein Preuße. Die ihn kannten, behielten ihn jedoch anders in Erinnerung: als einen gütigen und freundlichen Mann, geschätzt und geliebt von allen Verwandten und Bekannten, besonders, wenn sie weiblichen Geschlechts waren. Gewiß war er fleißig, aber nicht in einem Maße, daß darüber die angenehmeren Seiten des Lebens zu kurz gekommen wären. Oft machte er mit der Familie Ausflüge in die Münchner Umgebung, und gern huldigte er dem urbayrischen Zeitvertreib, dem Gang ins Wirtshaus.

Seiner Frau Pauline war er von Herzen zugetan, und »der Charakter der beiden Eheleute harmonierte in so vollkommener Weise, daß die Ehe während des ganzen Lebens nicht nur keine Trübung erfuhr, sondern sich bei jeder Schicksalswendung als das einzig Feste und Zuverlässige erwies«.[7] Dazu mag auch ein Gleichklang in den religiösen Auffassungen beigetragen haben. Beide achteten und bekannten sich zu ihrer Herkunft aus dem Judentum, und die assimilatorische Variante einer christlichen Taufe werden sie weder für sich selbst noch ihre Kinder jemals in Erwägung gezogen haben. Jedoch spielte die Synagoge keine Rolle mehr im Leben der Familie Einstein; weder ging man ins Bethaus, noch betete man zu Hause. Die Vorschriften der koscheren Küche wurden ignoriert, und selbstverständlich wurde

Schweinefleisch gegessen. Vater Hermann war in seinem freisinnigen Selbstverständnis sogar stolz darauf, daß jüdische Riten und Bräuche in seinem Haus nicht praktiziert wurden.[8] Die Schriften der Propheten wurden kaum noch gelesen, der Talmud überhaupt nicht mehr. Statt dessen rezitierte Hermann Einstein im Kreise der Familie Schiller und Heine[9], den ersten als den schwäbischen Nationalheros des gebildeteren Bürgertums und letzteren als den volkstümlichen jüdischen Dichter deutscher Sprache. Dabei mag ihm Heine sein Vertrauen in den zivilisatorischen Fortschritt gestärkt haben, mußte er sich doch nicht wie einst der Dichter taufen lassen, um als geachteter Bürger gelten zu können.

Dies war die Umgebung, in der Albert Einstein heranwuchs, zunächst zur reinen Freude der Eltern und Verwandten. Die früheste Charakterisierung seiner Persönlichkeit – wenn wir es denn so nennen wollen – verdanken wir der Großmutter Jette Koch, die im Sommer 1881 in München zu Besuch weilte und über ihren zweijährigen Enkel am 24. Juni berichtete: »Albertchen ist aber auch so lieb und brav, daß es mich jetzt schon schmerzt, ihn so lange nicht mehr zu sehen.« Und eine Woche später schrieb sie nach München: »Albertchen steht in gutem Andenken bei uns, er war so lieb und brav, und seine drolligen Einfälle muß man sich immer wieder sagen.«[10] Leider hat die gute Großmutter von den drolligen Einfällen keine Beispiele notiert.

Drollig war zweifellos die Reaktion von Albertchen auf die Geburt seiner Schwester Maria, die am 18. November 1881 auf die Welt kam. Man hatte dem damals zwei Jahre und acht Monate alten Knaben wohl von der Ankunft eines »Mädele« als einer zukünftigen Spielgefährtin berichtet, und der soll prompt gefragt haben, wo denn nun die »Rädele« an dem Spielzeug seien.[11] Darin mag man die erste Ankündigung einer späteren Lust am Produzieren unzähliger Schüttelreime und Knittelverse vermuten oder aber ein kurioses Mißverständnis eines enttäuschten Dreikäsehochs, der in dem schreienden Etwas nichts zum Spielen Geeignetes erkennen konnte. Letzteres ist wahrscheinlicher, denn die sprachliche Entwicklung Alberts war auffällig langsam, wie er selbst bestätigte: »Es ist wahr, daß meine Eltern besorgt waren, weil ich verhältnismäßig spät zu sprechen begann, so daß sie deshalb den Arzt konsultierten. Wie alt ich damals war, kann ich nicht sagen, sicher nicht unter 3.«[12] Diese Verzögerung lag allerdings an dem verfrühten Ehrgeiz, nur vollständige Sätze sprechen zu wollen. Wurde er von jemandem gefragt, bildete er die Antwort zunächst im Kopf und probierte sie halblaut aus, bedächtig und mit deutlichen Lippenbewegungen; hatte er sich so der Richtigkeit und Stimmigkeit der Formulierung versichert, wurde der Satz in normaler Lautstärke für den Adressaten wiederholt. Das hörte sich oft an, als sage er alles doppelt, und zumindest das Hausmädchen nannte ihn deshalb den »Depperten«.[13] Diese Angewohnheit legte er erst mit dem siebenten, nach anderen Zeugnissen erst mit dem neunten Lebensjahr ab. Man gewinnt hier nicht nur den Eindruck einer besonderen Gründlichkeit, den die Schwester später zur Erklärung dieser Merkwürdigkeit angeführt hat, sondern vielmehr den eines Knaben, der sich die Sprache mühsam und nicht ohne selbstkritische Kontrolle bewußt erarbeitet hat, während sie üblicherweise den Kindern auf natürliche und problemlose Weise zuwächst.

Die jüngere Schwester, in leichter Abwandlung ihres Namens nur Maja genannt, hat in ihrer warmherzigen biographischen Skizze auch festgehalten, wie ihr Bruder sich am liebsten in Geduldsspiele vertiefte, an Puzzles herumknobelte, mit Bausteinen komplizierte Konstruktionen errichtete und Kartenhäuser von atemberaubender Höhe baute. Weniger interessiert war er an Spielen im Garten mit den kleinen Verwandten, die oft nach München zu Besuch kamen, und gar nichts hielt er von den Raufereien der Knaben auf der Straße. Die nannten ihn bald »Bruder Langweil«, und konnte er sich dem Spiel mit anderen Kindern einmal nicht entziehen, so steuerte er zielstrebig das Amt des Schiedsrichters an, in dem er wegen seines instinktiven Gerechtigkeitssinnes auch gern akzeptiert wurde.

Als Albert fünf Jahre alt war, wurde eine Hauslehrerin angestellt, um ihn auf den Ernst des Schullebens vorzubereiten. Das Fräulein scheiterte jedoch an einem anderen Charakterzug des Knaben, den man in der Familie dem Erbe des Großvaters Julius Koch zuschrieb: Wenn Albert etwas zu sehr gegen den Strich ging, wurde er von heftigen Anfällen von Jähzorn gepackt, sein Gesicht wurde blaß, die Nase sogar weiß, und die Folgen waren fürchterlich. Als ihm der Unterricht einmal nicht paßte, »ergriff er einen Stuhl und schlug damit nach der Lehrerin, die darob solchen Schrecken empfand, daß sie entsetzt fortlief und sich nie mehr blicken ließ«.[14] Auch das Schwesterchen hatte zu leiden: ihm »warf er ein andermal eine große Kegelkugel an den Kopf und ein drittes Mal diente eine Kinderhacke ihm dazu, ihm ein Loch in den Kopf zu schlagen«.[15] Zum Glück legten sich die jähzornigen Anwandlungen im siebten Lebensjahr und verschwanden völlig während der ersten Schuljahre.

Man darf sich fragen, wie ein derartiges Kind – in der sprachlichen Entwicklung auffällig, altersgemäßem Spiel- und Sozialverhalten wenig zugetan und überdies noch gelegentlich völlig unbeherrscht – die Tests und Untersuchungen überstanden hätte, die heute dem Schuleintritt vorausgehen. Die Vorstellung ist nicht abwegig, daß ein solches Kind ob solcher Zumutungen in einem Wutanfall die den Test applizierende Lehrerin oder Psychologin mit einem Stuhl attackieren könnte, wie es vor hundert Jahren der Hauslehrerin des kleinen Albert widerfahren ist. Nach gängiger jugendpsychologischer Lehrmeinung wäre ein solches Kind heutzutage schon lange vor dem Schulbeginn allein wegen der Sprachschwierigkeiten psychologisch diagnostiziert und wohl auch der einen oder anderen Therapie zugeführt worden, denn die sprachlichen Eigenheiten des kleinen Albert können »tatsächlich als symptomatisch für einen Defekt in der Entwicklung angesehen werden«.[16] Der Psychoanalytiker Erik H. Erikson, der diese Ferndiagnose auf Grund der Dokumentenlage riskiert, meint, daß ähnlich gelagerte Fälle durchaus vorsichtige Beachtung verdienen oder gar erfordern. Zugleich ist ihm aber das Beispiel Albert Einsteins Anlaß zur Warnung vor der gegenwärtigen Tendenz, alle Kinder über einen standardisierten Leisten zu schlagen und dadurch die Entwicklung solcher Talente eher zu behindern als zu fördern. Albert Einstein jedenfalls konnte ohne psychologische Intervention aufwachsen und so die ihn auszeichnenden Charakterzüge entwickeln: Sein starker Wille zu eigenen Maßstäben, das Grübeln über die Dinge auf eine ihm angemessene gründliche Weise – und die Fähigkeit, sich auf eine tiefgründige Art zu wundern.

Die Empfänglichkeit für das »Wunder« und das »Sichwundern« hatte für Einstein zeitlebens eine überragende Bedeutung als Beweggrund produktiven Denkens, gerade auch in seiner Wissenschaft. Dem Kollegen und Nobelpreisträger James Franck schrieb er zu diesem ihm selbst erklärungsbedürftigen Problem das folgende Lob des »Sichwunderns« und der Langsamkeit:

> Wenn ich mich frage, woher es kommt, daß gerade ich die Relativitätstheorie gefunden habe, so scheint es an folgendem Umstand zu liegen: Der Erwachsene denkt nicht über die Raum-Zeit-Probleme nach. Alles, was darüber nachzudenken ist, hat er nach seiner Meinung bereits in seiner frühen Kindheit getan. Ich dagegen habe mich so langsam entwickelt, daß ich erst anfing, mich über Raum und Zeit zu wundern, als ich bereits erwachsen war. Naturgemäß bin ich dann tiefer in die Problematik eingedrungen als ein gewöhnliches Kind.[17]

Damit wird schon deutlich, daß sich die Einsteinsche Variante des »Sichwunderns« sehr von der träumerischen Unverbindlichkeit des

Nicht-verstehen-Könnens unterscheidet, die im alltäglichen Sprachgebrauch vorherrscht. Das Einsteinsche »Wunder« ist eine Provokation von religiöser Gewalt. Nach eigenem Bekunden »scheint es dann aufzutreten, wenn ein Erlebnis mit einer in uns hinreichend fixierten Begriffswelt in Konflikt kommt. Wenn solcher Konflikt hart und intensiv erlebt wird, dann wirkt er in entscheidender Weise zurück auf unsere Gedankenwelt. Die Entwicklung dieser Gedankenwelt ist in gewissem Sinne eine beständige Flucht aus dem ›Wunder‹. – Ein Wunder solcher Art erlebte ich als Kind von 4 oder 5 Jahren, als mir mein Vater einen Kompaß zeigte.«[18]

So erinnert sich Albert Einstein in seinem »Nekrolog« an ein Erlebnis, das er oft erzählt hat und das in mancherlei in den Grundzügen übereinstimmenden Variationen berichtet worden ist. Er lag krank im Bett, und sein Vater hatte ihm den Kompaß wohl als ablenkendes Spielzeug mitgebracht, nicht ahnend, welch bleibenden Eindruck dieses Instrument auf seinen Sohn machen würde:

> Daß die Nadel in so bestimmter Weise sich benahm, paßte so gar nicht in die Art des Geschehens hinein, die in der unbewußten Begrifflichkeit Platz finden konnte (an »Berührung« geknüpftes Wirken). Ich erinnere mich noch jetzt – oder glaube mich zu erinnern – daß dieses Erlebnis tiefen und bleibenden Eindruck auf mich gemacht hat. Da mußte etwas hinter den Dingen sein, das tief verborgen war.[19]

Auch wenn hier in vorausahnender Weise das Thema von Einsteins großer Leistung anzuklingen scheint – der Arbeit *Zur Elektrodynamik bewegter Körper* aus dem Jahre 1905, in der die Spezielle Relativitätstheorie enthalten ist –, so wird man in dieses Erlebnis nicht gar zu viel hineininterpretieren dürfen. Viele Kinder wundern sich über einen Regenbogen, manche werden sich auch über eine Kompaßnadel gewundert haben, die von unsichtbarer Hand bewegt wird, auch ein das Licht zerlegendes Prisma oder ein von einem Baum fallender Apfel mögen bei Kindern wundersame Gedanken und kluge Fragen auslösen – wie überhaupt der Verstand des Erwachsenen nach einer Beobachtung von Sigmund Freud neben der strahlenden Intelligenz eines fünfjährigen Kindes verblaßt. Aber aus all diesen Kindern wurde eben doch nur einer ein Isaac Newton und ein anderer ein Albert Einstein.

Auch Einstein selbst konnte sich keinen rechten Vers auf dieses starke Erlebnis machen, denn »der Mensch hat wenig Einblick in das, was in seinem Inneren vorgeht. Auf einen jungen Hund mag es keine ähnliche Wirkung haben, wenn er zum ersten Mal einen Kompaß sieht, auch auf manches Kind nicht. Was ist es also, das die besondere Reaktion eines Individuums bedingt? Man kann darüber mehr oder weniger plausible Theorien aufstellen. Aber zu einer tieferen Einsicht gelangt man nicht.«[20] Begnügen wir uns mit der Andeutung, daß es zum produktiven Zusammenklang wohl auf beide ankommt, das Wunder und denjenigen, der sich da wundert.

2. Schuljahre – auf dem Wege zum »Einspänner«

Als Albert Einstein mit sechs Jahren das Alter für die gesetzliche Schulpflicht erreicht hatte, waren die Eltern der Qual der Schulwahl enthoben. Die einzige israelitische Privatschule war in München 1872 mangels Interesse geschlossen worden[1], ein starkes Indiz für die Assimilationsbereitschaft der Juden in Bayerns Hauptstadt. Jeder fünfzigste Münchner war Jude, ein Anteil, der bei wachsender Einwohnerzahl in den letzten beiden Jahrzehnten des 19. Jahrhunderts in etwa konstant blieb, in der Innenstadt etwas höher lag und in den eingemeindeten Vorstädten wie Sendling deutlich niedriger. Mangels Alternativen besuchte Albert daher ab dem 1. Oktober 1885 die nächstgelegene Petersschule in der Blumenstraße nahe dem Sendlinger Tor, eine große katholische Volksschule mit mehr als zweitausend Schülern aus allen Schichten und Ständen. Bei strammem Fußmarsch die Lindwurmstraße entlang war sie in etwa zwanzig Minuten zu erreichen. Albert wurde in die zweite Klasse aufgenommen, so daß der Privatunterricht, der so katastrophal geendet hatte, nicht ganz umsonst gewesen sein kann.

In seiner Klasse war Albert der einzige Jude unter etwa siebzig Mitschülern. Er nahm am katholischen Religionsunterricht teil und wurde sogar vom Religionslehrer besonders gemocht.[2] Später notierte er: »Die Lehrerschaft der Volksschule war liberal und machte keine konfessionellen Unterschiede.«[3] Zu dieser Haltung hatten die humanitären Bestrebungen damaliger Reformpädagogik ebenso beigetragen wie die fortschrittliche Einstellung weiter Teile des Münchner Bürgertums.

Trotzdem wurde Einstein von eben jenem Religionslehrer eindrucksvoll vor Augen geführt, daß er unter lauter guten Christen sich als Fremder fühlen mußte. »Eines Tages brachte dieser Lehrer einen großen Nagel mit zum Unterricht und erzählte den Schülern, daß mit solchen Nägeln die Juden Christus ans Kreuz geschlagen hatten.«[4] Diese makaber anmutende Religionspädagogik war nicht nur Indiz für einen auch bei liberalen Lehrern selbstverständlichen milden Antisemitismus auf christlicher Grundlage, bei den Schülern trug sie zu handfesteren Aggressionen bei, wie sich Einstein erinnerte: »Unter den Kindern war besonders in der Volksschule der Antisemitismus lebendig. Er gründete sich auf die den Kindern merkwürdig bewußten

Rassenmerkmale und auf Eindrücke im Religionsunterricht. Thätliche Angriffe und Beschimpfungen auf dem Schulweg waren häufig, aber meist nicht gar zu bösartig. Sie genügten immerhin, um ein lebhaftes Gefühl des Fremdseins schon im Kind zu befestigen.«[5] Allerdings finden sich nirgendwo Hinweise, daß Albert Einstein unter diesem »Gefühl des Fremdseins« besonders gelitten hätte, weder als Kind noch in späteren Jahren. Fremdheit gepaart mit Eigenständigkeit waren wohl ohnehin seit den ersten Lebensjahren die wichtigsten Grundzüge seiner Persönlichkeit.

So trat Albert Einstein auch in der Volksschule aus der ihm eigenen Isolation kaum heraus. Selten spielte er mit Altersgenossen, mochten es auch die mittlerweile geborenen Kinder von Onkel Jakob oder die öfter zu Besuch weilenden Vettern und Kusinen aus der weiteren Verwandtschaft sein. In seiner bedächtigen und meistens zurückhaltenden Art kam er zwar leidlich mit ihnen aus, wurde wegen dieser Charakterzüge aber mit dem Spottnamen eines »Biedermanns« bedacht. Zu diesem Ruf mag beigetragen haben, daß er stets alle Schularbeiten gemacht hatte, bevor er mit dem Spielen beginnen durfte, denn »keine Entschuldigung wurde bei Zuwiderhandlungen gegen dieses Verbot von den Eltern gelten gelassen«.[6]

Der Erfolg blieb nicht aus, denn am 1. August 1886, zum Ende von Alberts erstem Schuljahr beim Abschluß der zweiten Klasse, schrieb seine Mutter an ihre Schwester Fanny Einstein: »Gestern bekam Albert seine Noten, er wurde wieder der Erste, er bekam ein glänzendes Zeugnis...«[7] Allerdings hatte er eine natürliche Abneigung gegen die körperliche Ertüchtigung im Sportunterricht, »da er leicht schwindlig wurde und schnell ermüdete«.[8] Gar nicht müde wurde er dagegen bei seinen selbstversonnenen Spielen mit seinem geliebten Metallbaukasten, bei komplizierten Laubsägearbeiten oder der Beschäftigung mit einer kleinen zischenden Dampfmaschine, die ihm sein Onkel Caesar Koch bei einem Besuch als Geschenk mitgebracht hatte. Dabei wirkte er gleichermaßen klug und zielstrebig wie auch verträumt, so daß man nicht recht weiß, ob man die Bemerkung der Mutter, daß »aus ihm vielleicht noch einmal ein großer Professor werden«[9] würde, als Anspielung auf die sprichwörtliche Weltferne der Vertreter dieses Berufsstandes oder tatsächlich als frühe Beobachtung eines ungewöhnlichen Geistes auffassen soll.

Der Schüler Albert Einstein wird Eltern und Lehrern als ein artiger Junge erschienen sein, der es gelernt hat, sich in das Unabänderliche der Routine und des Gehorsams zu schicken, wie es von der Schule und der Welt der Erwachsenen erwartet wird. Freilich verbarg sich hinter der Fassade der Anpassung nach wie vor der Wille zur Eigenständigkeit, nur äußerte er sich jetzt in der sublimierten und sozial akzeptierten Form der träumerischen und skeptischen Distanz zu Menschen und Dingen.

Gelegentlich durchbrach aber immer noch die Abneigung gegen jeglichen Zwang die Fassade des äußerlich wohlangepaßten jungen Burschen. So wurde er im November 1886 von der Klasse IIIa in die Klasse IIIb versetzt, wahrscheinlich wegen disziplinarischer Probleme[10] im Gefolge einer seiner letzten jähzornigen Anwandlungen. Auch daß er weder Soldat werden noch mit Soldaten spielen wollte, war gewiß ungewöhnlich. Zwar stand das Militär in den süddeutschen Staaten wie Württemberg oder Bayern nicht ganz in jenem überragenden Ansehen wie in Preußen, aber auch in München sollte es für Knaben nichts Schöneres geben als die Erwartung, einmal in Uniform König, Kaiser und Vaterland dienen zu dürfen, so wie es Onkel Jakob im Krieg gegen Frankreich getan hatte. Während die meisten Kinder vom militärischen Gepränge in den Bann geschlagen waren, zeigte Albert Einstein entschiedene Abneigung. Als ihm beim Anblick einer Parade einmal in Aussicht gestellt wurde, später dort auch mitmarschieren zu dürfen, sagte er seinen Eltern: »Wenn ich einmal groß bin, dann will ich nicht zu diesen armen Leuten gehören.«[11]

Daß die Schule trotz mancher guten pädagogischen Ansätze vom militärischen Drill und dem soldatischen Prinzip des bedingungslosen Gehorsams angesteckt war und überhaupt die Pädagogik der Altvordern sich in übertriebenem Maße an Zucht und Ordnung orientiert hat, dürfte der junge Einstein zwar geahnt haben, aber zu einer bewußten Kritik an der Schule war er im Alter von acht oder neun Jahren freilich nicht in der Lage. Aus der Distanz späterer Jahre erinnerte er sich jedoch an seine Münchner Schulzeit nur noch in einer Mischung aus Zorn und Verachtung: »Die Lehrer in der Elementarschule kamen mir wie Feldwebel vor und die Lehrer am Gymnasium wie Leutnants.«[12] Im Alter von neuneinhalb Jahren kam er nach Beendigung seiner nur dreijährigen Volksschulzeit zu den »Leutnants«.

Dabei gehörte das Münchner Luitpold-Gymnasium, in das Albert Einstein am 1. Oktober 1888 aufgenommen wurde, nicht zu den schlechtesten Einrichtungen. Es befand sich unweit der alten Volksschule in der Müllerstraße, in der er selbst bis zum Umzug nach Sendling gewohnt hatte. Gewiß, Latein und Griechisch waren auch in diesem klassischen Gymnasium Schwerpunkte der humanistischen Bildung, aber unter der umsichtigen Leitung seines Rektors Dr. Wolfgang Markwalder hatte es sich den Ruf einer aufgeklärten liberalen Bildungsanstalt erworben, in der auch Mathematik und die Naturwissenschaften zu ihrem wenn auch nur bescheidenen Recht kamen. Zumindest bei den Münchner Eltern stand dieses Gymnasium in hohem Ansehen, denn es kann nicht nur an der Bildungsexpansion gelegen haben, daß die Schülerzahl ständig anwuchs: Von 684 beim Eintritt Albert Einsteins stieg sie auf 1330 im Jahre 1894, in dem er seine nicht unkomplizierte Beziehung zu dieser Schule beendete. Die meisten Schüler waren katholisch, aber immerhin fünf Prozent waren jüdischer Herkunft, zweieinhalbmal so viel, wie ihrem Bevölkerungsanteil im damaligen München rein statistisch entsprochen hätte. Die Klassen waren zumindest in den unteren Jahrgängen sehr groß; eine Fotografie aus der ersten Gymnasialklasse zeigt Einstein mit fünfzig Mitschülern. Außer ihm selbst waren noch zwei Klassenkameraden Juden.

Die alte Geschichte, daß Einstein ein schlechter Schüler gewesen und schließlich gar an der Schule gescheitert sei, wird vermutlich als Quelle des Trostes für Schulversager oder deren Eltern so oft wiederholt, obwohl schlechte Schulnoten noch keine Garantie für späteren Erfolg darstellen; zudem ist die Geschichte auch nicht wahr, sondern allenfalls Ausdruck jener anrührenden elterlichen Sehnsucht, daß sich auch noch hinter dem dümmsten Schüler ein kluger Kopf verbergen könnte. Immerhin wurde Einstein schon in den zwanziger Jahren in dieser Hinsicht als Kronzeuge in Anspruch genommen. Er wird es, wie so viele andere Phantastereien über ihn, schmunzelnd ertragen haben, nicht so jedoch ein Dr. Wieleitner, der Direktor des an die Stelle des Luitpold-Gymnasiums getretenen Münchner Neuen Realgymnasiums.

Als im Jahre 1929 aus Anlaß von Einsteins 50. Geburtstag in einigen Publikationen Artikel erschienen, in denen zum Beispiel Einsteins »gänzliche Schwäche in den alten Sprachen«[13] eher beifällig erwähnt wurde, war Dr. Wieleitner offenbar besorgt, daß die vermeintlich schlechten Noten mehr der Reputation seiner Schule als der des mittlerweile hochberühmten Physikers abträglich sein könnten. Er hat die Schulakten durchgesehen und in einem Leserbrief an eine Münchner Zeitung die Ehre des Luitpold-Gymnasiums dahingehend gerettet, daß Einstein »im Latein immer mindestens 2, in der 6. Klasse sogar 1 hatte. Im Griechischen hatte er in den Schlußzeugnissen immer 2.

... Auch in den ›Geheimzensuren‹ wird niemals über schlechte Veranlagung in den Sprachen geklagt.«[14] Da die Schulakten bei einem Bombenangriff im Zweiten Weltkrieg vernichtet wurden, bleibt das »Eingesandt« des wackeren Gymnasialdirektors der einzige Beleg dafür, daß Albert Einstein auch auf dem Gymnasium ein zumindest guter Schüler war.

Trotz guter Zensuren hat Albert Einstein später seine Münchner Schulzeit als ein beinahe traumatisches Erlebnis in Erinnerung behalten und oft als ein Negativbeispiel angeführt, wenn er sich zu Erziehungsproblemen äußerte.[15] Während der Schuljahre selbst war er ein eher stummer Dulder; Kritik hat er nie geäußert, konnte sie sich wegen des Mangels an Vergleichsmöglichkeiten wohl nicht einmal zu Bewußtsein bringen. »Nach Familienberichten beklagte sich das wortkarge Kind kaum, schien auch nicht allzu unglücklich. Erst viel später identifizierte er Ton und Atmosphäre des Gymnasiums mit denen der Kasernenhöfe, welche in seinen Augen die Negation des Menschlichen waren.«[16] Schon seinem ersten Biographen erzählte er als Vierzigjähriger, daß er am Gymnasium »zwar einzelne Lehrer liebgewann, sich aber von dem Geist der Anstalt rauh angeweht fühlte«.[17]

Allerdings gibt es über das Luitpold-Gymnasium auch ganz anders klingende Bekundungen. So hat zum Beispiel Abraham Fraenkel, der ein berühmter Mathematiker wurde, wenig später als Albert Einstein die gleiche Schule besucht und sie in durchaus angenehmer Erinnerung behalten, obwohl er als frommer, orthodoxer Jude viel eher zum Außenseitertum prädestiniert gewesen wäre als Einstein; Fraenkel sprach sogar von »neun glücklichen Jahren«[18], die er hier verbracht habe. Es kann also nicht nur an der Schule gelegen haben, sondern auch im Schüler Einstein müssen starke Gründe dafür vorhanden gewesen sein, daß sie beide, Schule und Schüler, nicht recht zueinander paßten.

So zeigt denn auch ein Blick in die Lehrpläne[19], daß sie nicht gerade auf den »intellektuellen Magen«[20] Albert Einsteins abgestimmt waren. Acht Stunden Latein, in einigen Jahrgängen gar zehn pro Woche, dazu ab der vierten Klasse sechs Stunden Griechisch ließen für andere Fächer in der Stundentafel wenig Platz – keine günstige Situation für jemanden, der von sich sagt: »Meine Hauptschwäche war ein schlechtes Gedächtnis, besonders ein schlechtes Gedächtnis für Worte und Texte.«[21] Sogar Deutsch gab es nur in drei Stunden, ebenso wie in den höheren Klassen Französisch. Mathematik wurde drei- oder viermal in der Woche erteilt, Geographie oder naturkundliche Fächer nur zweimal. Physik kam in diesem Turnus erst in der siebten Klasse zum Zuge, dürfte ihn aber kaum mehr interessiert haben, denn »in der Mathematik und Physik war ich durch Selbststudium weit über dem Schulpensum, auch in Bezug auf Philosophie, soweit dies mit dem Schulpensum zu tun hat«.[22] Dank dem Selbststudium und dem dadurch befestigten Selbstbewußtsein ist es ihm schließlich in der siebenten Klasse leichtgefallen, trotz guter Zensuren die wenig geschätzte Schule vorzeitig zu verlassen.

Konfliktreich verlief auch die Entwicklung der religiösen Empfindungen und Überzeugungen des jungen Albert Einstein. In der Volksschule hatte er am katholischen Religionsunterricht teilgenommen, und parallel dazu wurde er in der jüdischen Tradition unterwiesen, »im Hause von einem entfernten Verwandten«[23], der in diesen Dingen kundiger war als der freisinnige Vater, von dem Albert »nur ironische und unfreundliche Bemerkungen über dogmatische Rituale hörte«.[24] Auf dem Luitpold-Gymnasium gab es anders als in der Volksschule noch einige jüdische Mitschüler, für die eine liberale Schulverwaltung einen eigenständigen jüdischen Religionsunterricht durch den Oberlehrer Heinrich Friedmann erteilen ließ. Seine Erläuterungen zu den Propheten haben in dem jungen Albert zunächst einen überaus empfänglichen und dankbaren Zuhörer gefunden. Denn wie vielen Heranwachsenden auf der Suche nach einem Sinn in der menschlichen Existenz kam auch Albert Einstein

> die Nichtigkeit des Hoffens und Strebens lebhaft zum Bewußtsein, das die meisten Menschen rastlos durchs Leben jagt... Jeder war durch die Existenz seines Magens dazu verurteilt, an diesem Treiben sich zu beteiligen. Der Magen konnte durch solche Teilnahme wohl befriedigt werden, aber nicht der Mensch als denkendes und fühlendes Wesen. Da gibt es als ersten Ausweg die Religion...[25]

Eifrig studierte er den Prediger Salomo, hielt sich konsequent an die rituellen Vorschriften und aß demzufolge nicht länger Schweinefleisch.[26] Er hatte sogar einige kurze Hymnen zur Höheren Ehre Gottes komponiert, die er mit großer Inbrunst zu Hause und auf der Straße vor sich hin sang.[27] Unter der Anleitung von Oberlehrer Friedmann und einem Rabbi bereitete er sich darauf vor, ein »Bar-Mizwa« zu werden, ein »Sohn der Verpflichtung«, der an dem seinem 13. Geburtstag folgenden Sabbat in einer feierlichen Handlung in die jüdische Gemeinschaft als vollwertiges Mitglied aufgenommen werden sollte. Daß es dazu nicht kam, lag an der Begegnung mit den Naturwissenschaften.

Einer der wenigen jüdischen Bräuche, die im Einsteinschen Elternhaus noch praktiziert wurden, ging auf die schöne Sitte zurück, einen armen Talmudschüler am Sabbat zum Essen einzuladen. Bei Einsteins war aus dem Sabbat freilich der Donnerstag geworden, und der arme Schüler wollte nicht Rabbi werden, sondern er war ein Student der Medizin, immerhin mit dem Familiennamen Talmud. Dieser Max Talmud war 21 Jahre alt, als er im Jahre 1889 seine allwöchentlichen Besuche bei den Einsteins in Sendling begann. Für den elf Jahre jüngeren Albert scheint er so etwas wie einen Ersatzvater in geistiger Hinsicht dargestellt zu haben, zumindest aber einen intellektuellen Ersatzonkel. Max Talmud pflegte dem Sohn seiner Gastgeber populärwissenschaftliche Bücher mitzubringen, die in manchen wohlanständigen Familien keineswegs als geeignete Lektüre für Jugendliche akzeptiert worden wären, da in ihnen ein naturwissenschaftlich-materialistisches Weltbild präsentiert wurde, das verdächtig nach Atheismus und revolutionärer Gesinnung roch. Da in Albert Einsteins Familie solche Bedenken nicht bestanden, konnte sich der Knabe ungestört in Ludwig Büchners Werk *Kraft und Stoff* vertiefen, in dem die Philosophie der französischen Materialisten dem deutschen Publikum in einem eher dürftigen, vulgärmaterialistisch zu nennenden Aufguß nahegebracht wurde. Mit großem Eifer studierte er auch die zwanzig Bände der *Naturwissenschaftlichen Volksbücher* von Aaron Bernstein, einem in den Kreisen emanzipierter Reformjuden viel gelesenen Verfasser allgemeinbildender Schriften in aufklärerischer Absicht. Daneben stöberte er in Alexander von Humboldts fünfbändigem Klassiker *Kosmos – Entwurf einer physischen Weltbeschreibung* ein wenig herum und las auch etwas von Charles Darwin oder zumindest über ihn.

Die Lektüre dieser Bücher führte bei dem Knaben »bald zu der Überzeugung, daß vieles in den Erzählungen der Bibel nicht wahr sein konnte. Die Folge war eine geradezu fanatische Freigeisterei, verbunden mit dem Eindruck, daß die Jugend vom Staate mit Vorbedacht belogen wird; es war ein niederschmetternder Eindruck.«[28]

Albert Einstein wurde also kein »Bar-Mizwa« und damit nach rabbinischen Kriterien kein vollwertiges Mitglied der jüdischen Gemeinschaft. Die Eltern werden ihrem Sohn die Freigeisterei ebensowenig verübelt haben wie zuvor die religiöse Schwärmerei. Mit der religiösen Ernüchterung wurde auch wieder virulent, was für einige Jahre unter der Maske des wohlangepaßten Schulbuben verborgen war:

> Das Mißtrauen gegen jede Art von Autorität erwuchs aus diesem Erlebnis, eine skeptische Einstellung gegen die Überzeugungen, welche in der

jeweiligen sozialen Umwelt lebendig waren – eine Einstellung, die mich nie wieder verlassen hat, wenn sie auch später durch bessere Einsicht in die kausalen Zusammenhänge ihre ursprüngliche Schärfe verloren hat.[29]

Für die Vertreibung aus dem »religiösen Paradies der Jugend«[30] fand Albert Einstein mehr als nur Kompensation in der Mathematik. Onkel Jakob, der Ingenieur, hatte schon dem Volksschüler die Algebra nahegebracht, das Schulpensum weit übersteigend und doch auf altersgemäße Weise, als »die Kunst der Faulheitsrechnung. Was man nicht kennt, das nennt man x, behandelt es so, als ob der Zusammenhang bekannt wäre, schreibt diesen Zusammenhang hin und bestimmt das x dann hinterher.«[31] Bei anderer Gelegenheit machte Onkel Jakob seinen Neffen auf den Satz des Pythagoras aufmerksam; der spürte so etwas wie die Notwendigkeit eines Beweises, verbrachte »drei Wochen lang mit angestrengtem Nachdenken«[32] und fand ohne jede Hilfe einen Beweis, von dem die Schwester in liebevoller Überschätzung ihres Bruders sogar meinte, der Beweis sei »auf ganz neuem Wege« gelungen. Neu war dieser Beweis aufgrund der Ähnlichkeit rechtwinkliger Dreiecke natürlich nur für den kleinen Albert, der ihn sich selbst erarbeitet hatte. Weitaus erstaunlicher noch als diese Leistung erscheint freilich seine eigenständige Entdeckung, daß hier überhaupt etwas zu beweisen war und auch bewiesen werden konnte.

Diese mathematischen Präludien waren die rechte Einstimmung auf eine Anregung, die wiederum auf Max Talmud zurückging. Vor Beginn der vierten Gymnasialklasse, als Albert zwölf Jahre alt war, hatte er ihm ein Lehrbuch der ebenen Geometrie mitgebracht.[33] Im Mathematikunterricht sollte damit erst zwei Jahre später begonnen werden, und dann noch mit einem viel einfacheren Schulbuch als dem *Lehrbuch der ebenen Geometrie* von Theodor Spieker.[34] Albert begann, das Buch selbständig durchzuarbeiten, und an jedem der folgenden Donnerstage zeigte er seinem Mentor Talmud die in der Woche zuvor gelösten Aufgaben. Die verblüffend raschen Fortschritte Albert Einsteins haben sich Max Talmud unauslöschlich eingeprägt: »Nach kurzer Zeit, nach einigen Monaten, hatte er das ganze Buch von Spieker durchgearbeitet. Danach wandte er sich der Höheren Mathematik zu und studierte ganz allein Lübsens ausgezeichnete Werke[35] zu diesem Gegenstand. Auch diese hatte ich ihm empfohlen, wenn mich mein Gedächtnis nicht täuscht. Bald war der Flug seines mathematischen Genies so hoch, daß ich ihm nicht länger folgen konnte.«[36]

War Max Talmud hauptsächlich von den sich in atemberaubendem Tempo einstellenden Lernerfolgen erstaunt, so ist Einsteins Erinnerung, insbesondere die Bekanntschaft mit dem »heiligen Geometriebüchlein«[37] eher in die Tiefe gerichtet, in die geheimnisvollen Regionen des »Sichwunderns«, wie er es zum ersten Mal bei der Kompaßnadel erfahren hatte:

> Im Alter von 12 Jahren erlebte ich ein zweites Wunder ganz verschiedener Art: an einem Büchlein über Euklidische Geometrie der Ebene, das ich am Anfang eines Schuljahres in die Hand bekam. Da waren Aussagen wie z. B. das Sichschneiden der drei Höhen eines Dreiecks in einem Punkt, die – obwohl an sich keineswegs evident – doch mit solcher Sicherheit bewiesen werden konnten, daß ein Zweifel ausgeschlossen zu sein schien. Diese Klarheit und Sicherheit machte einen unbeschreiblichen Eindruck auf mich.[38]

Dieses Erweckungserlebnis einer überwältigenden Liebe zur Geometrie teilt Albert Einstein mit anderen großen Geistern. So ließ Galileo Galilei, als er im Alter von 17 Jahren eher zufällig die Bekanntschaft mit dieser mathematischen Disziplin machte, seine medizinischen Studien fahren und las fortan nur noch die Bücher des Euklid. Und Bertrand Russell schrieb über seine geometrischen Studien, die er im Alter von elf Jahren unter Anleitung seines älteren Bruders begann: »Dies war eines der aufregendsten Ereignisse in meinem Leben, so strahlend schön und aufregend wie die erste Liebe. Ich hatte nicht erwartet, daß es etwas so Köstliches in der Welt geben könnte.«[39] Dabei hat alle drei jungen Enthusiasten der Geometrie weniger die Fülle des Materials als die Sicherheit und Schönheit der axiomatisch-deduktiven Methode beeindruckt, wie sie Euklid um 300 v. Chr. in kanonischer Form dargestellt hat.

Im Gegensatz zum elfjährigen Bertrand Russell hat sich der zwölfjährige Albert Einstein nicht daran gestört, daß die Euklidische Geometrie auf einem Fundament ruht, das nicht weiter in Frage gestellt werden kann. Die Ausgangssätze, Axiome genannt, müssen unbewiesen und unbeweisbar akzeptiert werden. Allerdings galten diese Axiome mehr als zwei Jahrtausende hindurch als evident, so daß auch die unmittelbare Anwendung der Geometrie auf reale Gegenstände als eine Selbstverständlichkeit angesehen wurde. Albert Einstein ist erst später im Verlauf der Entwicklung seiner Allgemeinen Relativitätstheorie darauf gestoßen, daß die Beziehung zwischen Geometrie und Wirklichkeit eine komplizierte und weitläufige Angelegenheit sein kann, deren Klärung ihm erst nach großen Anstrengungen im Rahmen nichteuklidischer Geometrien gelang. Gleichwohl blieb es für ihn angesichts der klassischen Geometrie »wunderbar genug, daß der Mensch überhaupt imstande ist, einen solchen Grad von Sicherheit und Reinheit im Denken zu erlangen, wie es die Griechen erstmals in der Geometrie gezeigt haben«.[40]

In diesem Pathos, mit dem sich Albert Einstein im Alter des »heiligen Geometrie-Büchleins« erinnerte, klingt an, daß für ihn die Begegnung mit der Mathematik weit mehr war als nur ein intellektuelles Vergnügen. Er interpretierte später seine religiösen Schwärmereien als den ersten Versuch des Knaben, sich »aus den Fesseln des ›Nur-Persönlichen‹ zu befreien, aus einem Dasein, das durch Wünsche, Hoffnungen und primitive Gefühle beherrscht ist«.[41] Nach dem enttäuschenden Ausgang dieses Versuchs mit der tradierten Religion hatte er nun in der Mathematik einen anderen Weg zum gleichen Ziel gefunden, dem er sich mit der gleichen Intensität der Gefühle hingeben konnte.

So erarbeitete er sich im Selbststudium die wichtigsten Bereiche der Höheren Mathematik, von der analytischen Geometrie über die unendlichen Reihen bis zur Differential- und Integralrechnung. Er fand diese Beschäftigung »wahrhaft faszinierend; es gab darin Höhepunkte, deren Eindruck sich mit dem der elementaren Geometrie wohl messen konnte«.[42]

Daß die meisten Menschen seiner Umgebung – eine der wenigen Ausnahmen war Onkel Jakob – schlechte Mathematiker waren und auch die meisten Mitschüler und Lehrer in mathematischer Unbildung eher eine Tugend zu sehen geneigt waren, dürfte Albert Einstein nur eine weitere Bestätigung für die Überzeugung gewesen sein, in der Wahl seiner Interessen das Richtige getroffen zu haben. Denn durch diese Wissenschaft konnte er sich leicht den Wunsch nach exklusiver Einsamkeit erfüllen, ein Bedürfnis, dem sich viele junge Menschen in träumerischer Unbestimmtheit hingeben, das bei dem jungen Einstein aber schon konkrete Inhalte und scharfe Konturen aufzuweisen hatte.

Wenn die Lektüre der anderen von Max Talmud besorgten Bücher einen großen Eindruck auf Albert Einstein gemacht hat, so galt das am ehesten für die Bestätigung in der »fanatischen Freigeisterei«, war aber im übrigen mit dem Studium des »heiligen Geometrie-Büchleins« nicht zu vergleichen. Zwar las er die *Naturwissenschaftlichen Volksbücher* von Aaron Bernstein »mit atemloser Spannung«[43], bemängelte aber die »fast durchweg aufs Qualitative sich beschränkende Darstellung«. Denn die biologische Entwicklungslehre oder gar die Fülle einer »physischen Weltbeschreibung«, wie sie Alexander von Humboldt in seinem *Kosmos* geboten hat, wird der junge Albert zwar als interessant empfunden haben, jedoch mußte sich ihre Präsentation in ihrem Facettenreichtum notgedrungen aufs Verbal-Argumentative beschränken. Die »Sicherheit und Reinheit des Denkens« war in der Menge der Einzelheiten jedenfalls weniger deutlich zu erkennen als in der Mathematik.

Da Max Talmud den mathematischen Höhenflügen Albert Einsteins schon bald nicht mehr folgen konnte, kreisten ihre Gespräche zunehmend um philosophische Probleme. Im Alter von 13 Jahren studierte der Knabe auf Empfehlung und ein wenig auch unter Anleitung von Talmud die *Kritik der reinen Vernunft* von Immanuel Kant.[44] Wenn Talmud in seinen Erinnerungen an diese Zeit dieses Werk als »unverständlich für die meisten Sterblichen« charakterisiert, so mag er damit recht haben. Daß Kants Philosophie dem jungen Einstein aber sofort klar gewesen sein soll, wird wohl einer Verklärung der Erinnerung zuzuschreiben sein, doch wahrscheinlich hat er in dem Philosophen, der sich um eine strenge Formulierung der »Bedingungen der Möglichkeit von Erkenntnis überhaupt« bemüht hatte, das gleiche Streben nach »Sicherheit und Reinheit des Denkens« gespürt, das ihn selbst bewegte.

Daran sollten auch andere teilhaben, und so manifestierte sich in dieser Zeit erstmals Einsteins Neigung, einem kleinen Publikum regelrecht zu predigen, so er eins hatte. Einem Mitschüler prägten sich Gespräche ein von »einer Eindringlichkeit, daß mir heute noch, nach reichlich dreißig Jahren, der Wortlaut gegenwärtig wird, wenn ich zufällig in die Gegend komme, wo wir damals, Du belehrend, ich empfangend, bummelten. In jene Zeit fiel der Anfang Deines Studiums der Kritik der reinen Vernunft, wovon ich viel abbekam.«[45] Bei so tiefer Ernsthaftigkeit nimmt man beinahe erleichtert zur Kenntnis, daß der Knabe auch zu durchaus altersgemäßem Verhalten in der Lage war. Der zwei Jahre jüngere Alfred Einstein, weder verwandt noch verschwägert, sondern als Musikwissenschaftler und als Kritiker des ›Berliner Tageblatt‹ zu eigenständigem Ansehen gelangt, brachte sich in Berlin dem berühmten Gelehrten in Erinnerung durch den Hinweis auf »alte Beziehungen vom Jahre 1894 oder 1895, vom Luitpoldgymnasium her, wo Sie in der gemeinsamen Singstunde den jüngeren Namensvetter gern am Schopf zogen.«[46]

In dieser Zeit entdeckte Albert Einstein auch seine zweite große Leidenschaft nächst der Mathematik: die Musik. Bei den Einsteins »wurde viel & gut musiziert«.[47] Da Vater Hermann dieser Kunst nicht viel abgewinnen konnte, hatte die vorzüglich Klavier spielende Mutter Pauline die Hoffnung auf musikalische Partnerschaft in ihren Sohn gesetzt. Als Albert sechs Jahre alt war, hatte sie einen Herrn Schmied als Violinlehrer engagiert. Die technischen Exerzitien und langweiligen Etüden erschienen dem kleinen Geiger jedoch nur als Fortsetzung des Schuldrills mit anderen Mitteln, so daß der Erfolg sich nicht so recht einstellen wollte. Andere Lehrer wurden engagiert und verschlissen, von denen Einstein später meinte, mit ihnen kein Glück gehabt zu haben, weil ihnen »die Musik nicht über das Handwerksmäßige hinausging«.[48]

In nun schon als typisch zu erkennender Manier erwachte die Liebe zur Musik erst, als Einstein an bestimmten Stücken selbst Interesse fand und den Unterricht durch den Selbstunterricht ersetzte:

> Ich lernte erst etwas von 13 an, nachdem ich mich hauptsächlich in die Mozartsonaten verliebt hatte. Das Bestreben, diese einigermaßen in ihrem künstlerischen Gehalte und in ihrer einzigartigen Grazie wiederzugeben, zwang mich zur Verbesserung meiner Technik, die ich an diesen Sonaten erwarb, ohne je systematisch zu üben. Ich glaube überhaupt, daß Liebe eine bessere Lehrmeisterin ist als Pflichtbewußtsein, bei mir wenigstens sicher.[49]

So hat die Mutter Pauline sich doch noch ihren Wunsch erfüllen können, mit ihrem Sohn Duos zu spielen. Das Repertoire der beiden bestand vornehmlich aus den Sonaten für Klavier und Violine von Mozart und Beethoven, wobei die Mutter wahrscheinlich Beethoven, der Sohn jedoch mit Sicherheit Mozart den Vorzug gegeben hat.

Albert Einstein war zu einem auffallend hübschen jungen Mann herangewachsen, mit leicht gewelltem schwarzen Haar, üppigen Lippen mit einem Anflug von Sinnlichkeit, der durch die heruntergezogenen Mundwinkel eine Wendung ins Skeptische erhielt, und großen tiefbraunen Augen mit einem herausfordernd selbstbewußten, oft aber auch träumerisch nach innen gekehrten Blick. »In all diesen Jahren«, erinnerte sich Max Talmud, »habe ich niemals gesehen, daß er irgendwelche leichte Literatur gelesen hätte, noch sah ich ihn jemals in Gesellschaft von Schulfreunden oder anderen Jungen seines Alters.«[50] Einstein zeigte wohl schon als Vierzehnjähriger zumindest in Ansätzen alle diejenigen Charakterzüge, die ihn veranlaßten, sich selbst als »Einspänner« zu bezeichnen, »der dem Staat, der Heimat, dem Freundeskreis, ja, selbst der engeren Familie nie mit ganzem Herzen angehört hat, sondern all diesen Bindungen gegenüber ein nie sich legendes Gefühl der Fremdheit und des Bedürfnisses nach Einsamkeit empfunden hat«.[51]

Ein so gearteter junger Mann wird sich nicht immer beliebt machen bei seinen Mitmenschen, besonders, wenn sie Respektspersonen sind wie die Lehrer an einem deutschen Gymnasium. Wie schon erwähnt, hielt er sie für »überwiegend dem Leutnantscharakter zugewendet«. Allerdings gab es einige Ausnahmen wie Dr. Ferdinand Ruess, der im vierten und sechsten Jahr des Gymnasiums sein »Ordinarius«, also sein Klassenlehrer, war und neben Latein und Griechisch auch Geschichte und Deutsch unterrichtete. Dieser Dr. Ruess soll »seine Schüler mit großer Begeisterung für die Schönheiten der klassischen Welt erfüllt haben. ... Die Zuneigung des Knaben zu diesem Lehrer, der allein den geistigen Hunger seines Schülers stillen konnte, war so groß, daß selbst das Nachsitzen unter seiner Aufsicht als Freude empfunden wurde.«[52] Diesen Dr. Ruess behielt Einstein in so guter Erinnerung, daß er ihm in München als dreißigjähriger, eben ernannter Professor einen Besuch abstattete; es muß auf der Durchreise von Bern nach Salzburg gewesen sein, wo Einstein im September 1909 an seiner ersten Physikertagung teilnahm. Ruess erkannte jedoch seinen vormaligen Schüler nicht und fürchtete gar, dieser schäbig gekleidete Mensch wolle Geld von ihm borgen; nach einer peinlich langen Schrecksekunde blieb Einstein nichts anderes übrig, als sich schnell zu verabschieden und so der fatalen Situation ein Ende zu machen.[53]

Einen der anderen Lehrer zu besuchen wird Einstein kaum jemals in den Sinn gekommen sein. Er verabscheute »die geistlose und mechanisierte Lehrmethode, die mir bei meinem schlechten Wortgedächtnis große Schwierigkeiten bereitete, die zu überwinden mir ganz sinnlos erschien. Ich ließ also lieber jede Sorte von Bestrafungen über mich ergehen, als daß ich etwas auswendig herplappern lernte.«[54] Diese Erinnerung des sechzigjährigen Albert Einstein ist allerdings mit dem oben erwähnten Bericht des Dr. Wieleitner über die guten bis sehr guten Zensuren auch in den alten Sprachen kaum in Einklang zu bringen, es sei denn, alle Lehrer mit Ausnahme des Dr. Ruess wären Scheusale gewesen, was nach dem Zeugnis von Abraham Fraenkel ebenfalls nicht sehr wahrscheinlich ist.

Es wird also auch an dem Gymnasiasten Albert Einstein gelegen haben, daß er den Herren Pädagogen manches Problem aufgegeben hat. In der Mathematik so überragend, daß er von der Schule keinen Wissenszuwachs erwarten konnte, ließ er wohl die meisten anderen Fächer mit der Duldsamkeit eines Packesels über sich ergehen. Dabei trug er noch ein unerschütterliches Selbstvertrauen zur Schau, das aus Quellen gespeist wurde, die den Gymnasial-»Leutnants« unzugänglich waren, weshalb sie ihren Schüler nicht anders als arrogant empfinden konnten. Und da auf einen Schulmeister nichts aufreizender wirkt als ein Zögling, der gelangweilt durchblicken läßt, ihn ginge das Ganze eigentlich gar nichts an, waren Konflikte unvermeidlich. In der siebten Klasse war es dann so weit, daß der neue Klassenlehrer Dr. Joseph Degenhart dem Albert Einstein erst einmal eröffnete, »es werde nie in seinem Leben etwas Rechtes aus ihm werden«.[55] Einige Wochen später ließ er gar den Schüler Einstein zu sich kommen und äußerte den Wunsch, daß dieser doch die Schule verlassen möge. Auf Albert Einsteins Bemerkung, »daß ich mir doch nichts hätte zuschulden kommen lassen, antwortete er nur: Ihre bloße Anwesenheit verdirbt mir den Respekt in der Klasse«.[56] Der Wunsch nach Beendigung des unerquicklichen Erziehungsverhältnisses war gewiß ein wechselseitiger, und daß Albert Einstein ihn schon bald realisieren konnte, lag an einer Veränderung, die sich in den wirtschaftlichen Verhältnissen seiner Eltern ergeben hatte.

Die »Electrotechnische Fabrik J. Einstein & Cie.« hatte sich nach ihrer Gründung im Jahre 1885 sehr erfreulich entwickelt. Schon ein Jahr darauf gelangte sie zu lokalem Ruhm durch die erstmalige Illumination des Münchner Oktoberfests auf der Theresienwiese mit elektrischem Licht.[57] Es folgten Aufträge für die Installation elektrischer Straßenbeleuchtungen im damals noch nicht eingemeindeten Münchner Vorort Schwabing sowie in den norditalienischen Städten Varese und Susa. Das ›Centralblatt für Elektrotechnik‹ oder die italienische Zeitschrift ›Elettricità‹ berichteten vorteilhaft über die Aktivitäten der Firma Einstein & Cie.[58] Im Rückblick erweckt das »Hochtechnologie«-Unternehmen der Einstein-Brüder den Eindruck, daß es durchaus die Keimzelle eines der späteren elektronischen Industriegiganten oder zumindest eines soliden Großbetriebes hätte sein können, erfolgreich zugleich in ökonomischer und technologischer Hinsicht.

Der innovative Kopf des Unternehmens war der Ingenieur Jakob Einstein. Er erhielt insgesamt sechs Patente zugesprochen. Zwei davon betrafen die damals noch vielfach verwendeten Bogenlampen, deren problematische Nachführung der Kohlestifte verbessert wurde. Ein drittes Patent wurde für einen automatischen Stromunterbrecher bei Bogenlampen erteilt. In drei weiteren Patenten ließ sich Jakob Einstein Stromzähler patentieren, mit denen Ampèrestunden oder Wattstunden gemessen werden konnten, eine wichtige Voraussetzung für die praktische Organisation der Elektrizitätswirtschaft.[59]

Neben Lampen und Stromzählern stellte die Einsteinsche Firma Dynamos der unterschiedlichsten Größe her, vom kleinen Werkstatt-

Modell bis zum Kraftwerksgenerator, dazu Kabel und alles Zubehör, was zur Elektrifizierung einer Stadt benötigt wurde, sowie Elektrolyseanlagen und Meßinstrumente. Die Firma war bedeutend genug, daß sie sowohl auf der spektakulären »Internationalen Ausstellung« in Frankfurt im Jahre 1891 als auch bei einem der Ausstellung vorausgegangenen Symposion über elektrische Stadtbeleuchtung und Stromübertragung vorteilhaft in Erscheinung treten konnte. 21 Firmen, darunter eine amerikanische, waren eingeladen, ihre Konzepte für eine elektrifizierte Zukunft zu präsentieren. Eine davon war J. Einstein & Cie., neben dem Ingenieurbüro Oskar von Millers die einzige Firma aus München.[60]

In ihren besten Jahren hatte die Firma knapp zweihundert Beschäftigte.[61] Umsatz und Gewinn werden beträchtlich gewesen sein, und obwohl die beiden Brüder mit der Privatentnahme wegen der chronischen Unterkapitalisierung vorsichtig gewesen sein müssen, hat es zu einem gutbürgerlichen Leben der beiden Familien allemal gereicht.

Die Lage der Firma änderte sich jedoch im Jahre 1893 in dramatischer Weise. Die Einsteins hatten alle Energien darauf verwandt, den Auftrag für die Beleuchtung der Münchner Innenstadt zu erhalten, was ihre Fabrik auf Jahre hinaus ausgelastet hätte.[62] Nach zähem und bitterem Ringen im Wettbewerb mit den drei größten deutschen Elektrofirmen – Siemens und AEG aus Berlin und Schuckert aus Nürnberg – wurde der Auftrag im April 1893 an das Unternehmen Schuckert vergeben.

Das verbliebene bescheidene Geschäftsvolumen in Deutschland konnte die hohen Fixkosten nicht mehr decken, und nur noch einige italienische Projekte versprachen günstige Aussichten für die Zukunft. Daher gründeten im März 1894 die beiden Brüder mit ihrem italienischen Vertreter als Partner das Unternehmen »Einstein, Garrone e. C.« in Pavia in Oberitalien und liquidierten ihre Münchner Firma im Juli desselben Jahres.

Der Abschied von München war schmerzlich, insbesondere für die Kinder, denn »sie mußten bis zum Zeitpunkt der Übersiedlung noch vom Wohnhause aus der Zerstörung der Zeugen ihrer liebsten Erinnerungen zuschauen«.[63] Ein Architekt und Bauunternehmer hatte sich des schönen Grundstücks in der Adlzreiterstraße bemächtigt, ließ die prächtigen alten Bäume fällen und begann mit dem Bau vierstöckiger Wohnhäuser.[64] Die Einsteins zogen im Sommer 1884 zunächst nach Mailand und im nächsten Jahr dreißig Kilometer weiter südlich nach Pavia, wo die neue Firma errichtet wurde. Die Tochter Maja begleitete die Eltern nach Italien, während Albert in München in der Obhut entfernter Verwandter zurückgelassen wurde, da er dort das Gymnasium mit dem Abitur abschließen sollte.

Die Liquidation einer Firma in wirtschaftlicher Schieflage ist immer eine unerfreuliche Angelegenheit, und Rückwirkungen auf die Familie sind unausweichlich. Für den fünfzehnjährigen Albert Einstein muß es eine schmerzliche Erfahrung gewesen sein, daß die behagliche Sicherheit bürgerlichen Lebens im München des ausgehenden 19. Jahrhunderts für seine Familie und ihn selbst beendet sein sollte. Obwohl er sich nie zu diesem Umbruch in einer entscheidenden Phase seines Lebens geäußert hat, dürfen wir annehmen, daß seine bissigen Kommentare über die Nichtigkeit des rastlosen Treibens, an dem teilzunehmen jeder »durch die Existenz seines Magens... verurteilt war«[65], hier ihre Wurzeln haben.

Auch darf man annehmen, daß bei den Auseinandersetzungen um den großen Auftrag zur Beleuchtung der Münchner Innenstadt unterschwellige antisemitische Ressentiments mit im Spiel gewesen waren, so daß der Zuschlag eher der ortsfremden Nürnberger Firma Schukkert erteilt wurde als der jüdischen Firma Einstein, die als einziges Unternehmen dieser Größenordnung und als einziger Hersteller von Dynamos in München wohl auf einige lokalpatriotische Protektion gerechnet hatte. Welche Gründe auch immer zum Verlust dieses entscheidenden Auftrags führten, die Einsteins dürften von dem Gefühl geplagt worden sein, in den tonangebenden wirtschaftlichen und gesellschaftlichen Kreisen als jüdische Emporkömmlinge angesehen zu werden, die auf das den Juden zukommende Maß des Kleingewerbes zurückgestutzt werden sollten.

Im jungen Albert Einstein, der dem Ende der Firma hilflos zusehen mußte, mag die Überzeugung entstanden sein, daß hier die deutsche Gesellschaft in ihrer Totalität seine Familie ihrer Existenzgrundlage beraubt hatte, und seine auch schon vor 1933 sehr distanzierte Haltung gegenüber dem Land seiner Geburt wird hier einen ihrer Gründe gehabt haben. Auch die ins Negative verzerrten Erinnerungen ans Luitpold-Gymnasium und seine dem Ende der Firma unmittelbar folgenden Entscheidungen bis hin zur baldigen Aufgabe der deutschen Staatsangehörigkeit mögen auf die tiefgreifenden Irritationen des Jahres 1894 wenigstens teilweise zurückgehen.

Die drei Jahre, die Albert Einstein nach den Plänen seiner Eltern allein in München hätte bleiben sollen, mögen ihm wie eine trübe Ewigkeit erschienen sein. Zudem durfte er nicht einmal das Ende des mittlerweile verhaßten Gymnasiums herbeiwünschen, denn dem würde der richtige Kasernenhof folgen, und zu den armen Menschen, die da im Gleichschritt marschieren müssen, hatte er doch als kleiner Junge schon nicht gehören wollen. In dieser traurigen Lage muß ihm die Aufforderung seines neuen Klassenlehrers Dr. Degenhart, er möge sich doch bitte von der Schule entfernen, wie ein gütiger Fingerzeig des Schicksals erschienen sein. Ausnahmsweise wollte es Einstein diesem Lehrer einmal recht machen. Allerdings ließ er sich nicht zu einer Kurzschlußreaktion hinreißen, sondern ging geschickt und umsichtig zu Werke, um den Schaden so gering wie möglich zu halten.

Zunächst besorgte er sich von einem älteren Bruder Max Talmuds, der schon als Arzt tätig war, ein Attest, in dem ihm eine »neurasthenische Erschöpfung« bescheinigt wurde, die eine Unterbrechung der Schule nötig mache. Dann veranlaßte er seinen Mathematiklehrer Joseph Ducrue, ihm schriftlich zu bestätigen, daß er das Pensum in diesem Fache bis zum Abitur beherrsche und überhaupt ein ganz vorzüglicher Mathematiker sei[66], und anschließend beantragte er, gestützt auf das ärztliche Attest, selbst seine Entlassung aus der Schule. Als die Formalitäten vor den Weihnachtsferien erledigt waren[67], ging er unverzüglich zum Münchner Hauptbahnhof und stand anderntags vor seinen verdutzten Eltern in Mailand – ein junger Mann von gerade fünfzehn Jahren, die Schule abgebrochen und weder Pläne noch Aussichten für die Zukunft, aber glücklich, den »Leutnants« entkommen zu sein.

3. Umwege eines »Wunderkinds«

Mailand kann zur Jahreswende genauso regnerisch und trüb aussehen wie irgendeine Stadt nördlich der Alpen im November. Aber ganz gleich, wie das Wetter war, für Albert Einstein strahlte der Himmel wie in München schon seit Monaten nicht mehr. Vielleicht hatte er im Unterricht des Dr. Ruess von der Sehnsucht der Deutschen nach Italien gehört, dem »Land, wo die Zitronen blühn«, und sah sich jetzt überraschend früh am Ziel dieser Träume, vielleicht war er auch einfach froh, wieder bei seiner Familie zu sein, gewiß aber war er erleichtert, die Beschränkungen seines Münchner Gymnasiastenlebens und alles dessen, was er für typisch deutsch hielt, hinter sich gelassen zu haben. Die Eltern waren ob dieser eigenmächtigen Schritte ihres Sohnes natürlich entsetzt, sahen sie doch ihre Hoffnungen auf Abitur, akademisches Studium und die damit verbundene Reputation für ihren Albert in Gefahr. Der erklärte jedoch standhaft, nie mehr nach München zurückkehren zu wollen. In dieser Situation mag im Familienrat auf Anregung von Onkel Jakob, dem Ingenieur, die Idee entstanden sein, den entlaufenen Gymnasiasten auf das Eidgenössische Polytechnikum in Zürich zu schicken, für dessen Besuch das Abitur nicht unbedingt erforderlich war.

Albert half seinen Eltern über ihre schweren Bedenken hinweg, »indem er ihnen aufs bestimmteste versicherte, er werde sich autodidaktisch bis zum Herbst des gleichen Jahres für die Aufnahmeprüfung des Polytechnikums Zürich vorbereiten«.[1] Zur Beruhigung der Eltern mag auch sein aus München mitgebrachtes inoffizielles Zeugnis über seine außergewöhnlichen Kenntnisse und Fähigkeiten in der Mathematik beigetragen haben, und um ein weiteres zu tun, ging er in eine der Mailänder akademischen Buchhandlungen und kaufte sich die ersten drei Bände der deutschen Ausgabe des anspruchsvollen *Lehrbuch der Physik* von Jules Violle, und die Notizen und Randbemerkungen in seinen erhalten gebliebenen Exemplaren zeigen, daß es ihm mit seinem den Eltern gegebenen Versprechen durchaus Ernst war. Mit der Art seines Selbststudiums hat er allerdings die Be- und Verwunderung seiner näheren Umgebung erregt:

> Seine Arbeitsweise war ganz sonderbar: selbst in größerer Gesellschaft, wenn es ziemlich laut herging, konnte er sich auf das Sofa zurückziehen,

> Papier und Feder zur Hand nehmen, das Tintenfaß in bedenklicher Weise auf die Lehne stellen und sich in ein Problem so sehr vertiefen, daß ihn das vielstimmige Gespräch eher anregte als störte.[2]

Das Sofa, auf dem Albert Einstein sein Tintenfaß balancierte, stand zunächst in einer großen Wohnung in der via Berchet 2 in Mailand, wo auch die Firma »Einstein, Garrone e. C.« ihren Sitz hatte. Außerdem waren Büros in Pavia und in Turin eingerichtet worden. Da sich die Einsteins berechtigte Hoffnungen machten, in Pavia mit der Errichtung hydroelektrischer Anlagen sowie des zugehörigen Leitungsnetzes und dazu noch mit der elektrischen Straßenbeleuchtung betraut zu werden, zogen sie irgendwann im Frühjahr 1895 in diese geschichtsträchtige Stadt, gelegen am Unterlauf des Ticino kurz vor dessen Einmündung in den Po.

Die beiden Familien bezogen je eigene Wohnungen; Hermann Einstein und die Seinen lebten in einer Etage mit drei Salons in einem wunderschönen alten Haus in der via Foscolo 11, in dem einst der Namenspatron der Straße, der Dichter Ugo Foscolo, gewohnt hatte.[3] Eine nicht gerade klein zu nennende Fabrik wurde am Ufer des Naviglio di Pavia errichtet, einem Kanal, der Mailand mit Pavia verbindet. Neben den eigenen, aus der Münchner Liquidation geretteten Mitteln und einer Einlage des Signor Garrone hat vor allem der Vetter Rudolf Einstein, der Ehemann von Paulines Schwester Fanny, der in Hechingen im Württembergischen mit einer Textilfabrik zu Wohlstand gekommen war, erhebliche Mittel als Kredit beigesteuert. Als die Firma Gestalt anzunehmen begann, folgten einige Handwerker und Techniker aus München, um wieder bei den Einsteins mitzuarbeiten.

Für Albert Einstein, der zuvor nur München und seine nähere Umgebung kennengelernt hatte, war seine Flucht nach Italien – wenn wir seinen Abgang aus München denn so nennen wollen – zugleich seine erste größere Reise. Das Erlebnis der südlichen Landschaft, der anderen Kultur und Lebensart hat auf ihn wie auf viele Deutsche einen unvergeßlichen Eindruck gemacht: »Als ich die Alpen in Richtung Italien überquert hatte«, erzählte er vier Jahrzehnte später, »war ich sehr überrascht von der Sprache der durchschnittlichen Italiener, deren Worte tiefe Gedanken und kulturelle Gehalte zum Ausdruck bringen, ganz anders als die durchschnittlichen Deutschen. Darin spiegelt sich die lange Geschichte ihrer Kultur wider. Die Menschen Norditaliens sind die zivilisiertesten Leute, die ich jemals kennengelernt habe.«[4]

Allerdings blieb dieses Bildungserlebnis nur auf Oberitalien beschränkt, Reisen nach Florenz und Rom oder noch weiter südlich waren nicht möglich, und man weiß nicht einmal, ob er sie sich dringend gewünscht hätte. Die einzige größere Reise führte ihn im Frühsommer 1895 nach Genua zum Onkel Jakob Koch, einem Bruder der Mutter. Die ersten zwanzig Kilometer fuhr er mit einer Vorortbahn über Casteggio nach Voghera als Ausgangspunkt einer mehrtägigen, etwa hundert Kilometer langen Fußwanderung über die Ligurischen Alpen nach Genua.[5] Dazu kam noch im Hochsommer ein Ferienaufenthalt mit der Familie in Airolo am Gotthard.

Über seinen Wohnort Pavia konnte er damals recht lästerlich herziehen, wie in einem Brief an eine Freundin in der Schweiz: »Die Seele der Stadt läßt sich ungefähr mathematisch darstellen 1) aus der Summe der Ladstöcke, welche die verschiedenen Herren & Damen verschluckt haben 2) aus dem Gemütseindruck, welchen die überall gleichmäßigen dreckigen Mauern & Straßen auf den Beschauer machen. Das einzige Schöne sind die entzückenden, graziösen kleinen Kinder...«[6]

Trotzdem hinterließen Land und Leute, Kultur und Sprache einen unauslöschlichen Eindruck. Als Einstein zwei Jahrzehnte später mit dem Mathematiker Tullio Levi-Civita über die Allgemeine Relativitätstheorie korrespondierte, bat er darum, »mir das nächste Mal italienisch zu schreiben«. Überschwenglich bedankte sich Einstein für den nächsten Brief, »der in dem vertrauten, lang entbehrten Italienisch geschrieben ist. Sie können sich kaum vorstellen, was für ein Vergnügen es mir macht, so einen echt italienischen Brief zu bekommen. Die schönsten Jugenderinnerungen werden in mir beim Lesen lebendig.«[7] Allerdings brachte Einstein damals nicht den Mut auf, dem Mathematiker italienisch zu antworten, »weil das gar zu holperig herauskäme«. Aber im Alter versuchte er sich in dieser schönen Sprache, als er einer »Cara Ernestina«, einer Jugendfreundin seiner Schwester, schrieb: »Die glücklichen Monate meines Aufenthalts in Italien sind meine schönsten Erinnerungen. ... Tage und Wochen ohne Angst und ohne Sorgen.«[8]

Neben seiner Hauptbeschäftigung, der Vorbereitung auf das Zürcher Polytechnikum, wird er sich auch in der Fabrik umgetan haben, gelegentlich hat er sogar im Konstruktionsbüro von Onkel Jakob mitgearbeitet. »Wissen Sie, das ist schon fabelhaft mit meinem Neffen«, hat der einmal zu einem seiner Gehilfen gesagt, »wo ich und mein Hilfsingenieur uns Tage lang den Kopf zerbrochen haben, da hat der junge Kerl in einer knappen Viertelstunde die ganze Geschichte heraus gehabt. Aus dem wird noch mal was!«[9] – Um welche Geschichte es sich bei dieser Leistung des jungen Kerls gehandelt hat, wurde von dem Chronisten nicht überliefert.

Als Frucht seines Selbststudiums hat Albert Einstein in den heißen Sommermonaten des Jahres 1895 auch das geschrieben, was man etwas hochtrabend seinen ersten physikalischen Essay zu nennen pflegt. Er trägt den anspruchsvollen Titel *Über die Untersuchung des Aetherzustandes im magnetischen Feld.*[10] Gedacht war er wohl als Selbstkontrolle und Fingerübung für die in Zürich bevorstehende Aufnahmeprüfung, vielleicht auch als Leistungsnachweis gegenüber der Familie. Immerhin hat er diese erste Arbeit mit artigem Anschreiben an seinen Lieblingsonkel Caesar Koch in Brüssel geschickt, obwohl der Absender beim Getreidehändler Koch kaum auf tieferes Verständnis rechnen konnte: »Denn es behandelt ein sehr speziales Thema, und ist außerdem, wie es sich für einen jungen Kerl wie mich von selbst versteht, noch ziemlich naiv und unvollkommen. Wenn Du das Zeug gar nicht liest, nehme ich Dirs durchaus nicht übel.«[11]

Das »Zeug«, auf fünf Seiten in akkurater Gotik geschrieben, wie er es im Kalligraphie-Unterricht auf dem Gymnasium gelernt hatte, ist eine Untersuchung der Beziehungen zwischen Elektrizität, Magnetismus und dem Äther, jener in der damaligen Physik postulierten nichtmateriellen Substanz, die den gesamten Raum erfüllen und das Medium darstellen sollte, in dem sich die 1888 von Heinrich Hertz entdeckten elektromagnetischen Wellen ausbreiten sollten. Der Autor kündigt seine Darlegungen an als den »erste[n] bescheidenen Ausdruck einiger einfacher Gedanken über dies schwierige Thema«, aussehend eher »wie ein Programm als wie eine Abhandlung«.[12]

Albert Einstein argumentiert ganz im Sinne der damaligen Äthertheorie, in der die Wellenausbreitung in Analogie zur mechanischen Wellentheorie aufgefaßt wird, wie er sie im Lehrbuch von Violle kennengelernt hat. Irgendwie hat er auch etwas über die »wunderbaren Versuche von Hertz« in Erfahrung gebracht, und auf dieser Grundlage entfaltet er Überlegungen, die im Äther auftretenden »elastischen Deformationen und die wirkenden Kräfte zu messen«. Immerhin leitet er auf diesem etwas merkwürdigen Wege rein qualitativ das Phänomen der Selbstinduktion her, benutzt diesen Terminus technicus aber nicht.

Manche Enthusiasten wollten diesen ersten Essay »als Vorboten dessen, was kommen sollte«[13] ansehen, aber damit wäre der Aufsatz doch überinterpretiert. Im Gefolge der epochalen Entdeckung von Heinrich Hertz sind in Deutschland viele populäre Darstellungen der

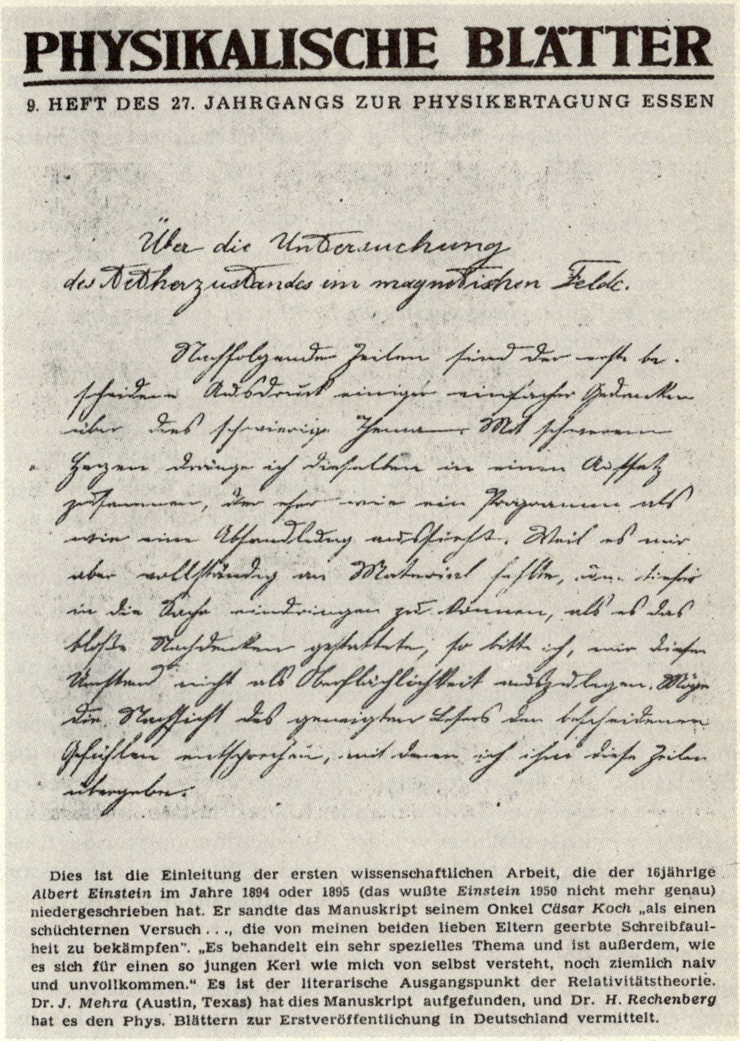

PHYSIKALISCHE BLÄTTER

9. HEFT DES 27. JAHRGANGS ZUR PHYSIKERTAGUNG ESSEN

Über die Untersuchung des Ätherzustandes im magnetischen Felde.

Nachfolgende Zeilen sind der erste bescheidene Ausdruck einiger einfacher Gedanken über das schwierige Thema. Mit schwerem Herzen bringe ich dieselben in einen Aufsatz zusammen, der sich mehr wie ein Programm als wie eine Abhandlung ausnimmt. Weil es mir aber vollständig an Material fehlte, um tiefer in die Sache eindringen zu können, als es das bloße Nachdenken gestattete, so bitte ich, mir diesen Umstand nicht als Oberflächlichkeit auszulegen. Möge die Nachsicht des geneigten Lesers den bescheidenen Gefühlen entsprechen, mit denen ich ihm diese Zeilen übergebe.

Dies ist die Einleitung der ersten wissenschaftlichen Arbeit, die der 16jährige *Albert Einstein* im Jahre 1894 oder 1895 (das wußte *Einstein* 1950 nicht mehr genau) niedergeschrieben hat. Er sandte das Manuskript seinem Onkel *Cäsar Koch* „als einen schüchternen Versuch . . ., die von meinen beiden lieben Eltern geerbte Schreibfaulheit zu bekämpfen". „Es behandelt ein sehr spezielles Thema und ist außerdem, wie es sich für einen so jungen Kerl wie mich von selbst versteht, noch ziemlich naiv und unvollkommen." Es ist der literarische Ausgangspunkt der Relativitätstheorie. Dr. J. *Mehra* (Austin, Texas) hat dies Manuskript aufgefunden, und Dr. *H. Rechenberg* hat es den Phys. Blättern zur Erstveröffentlichung in Deutschland vermittelt.

Die erste »wissenschaftliche Arbeit« des 16jährigen Albert Einstein elektromagnetischen Theorie erschienen, von denen Albert Einstein zumindest einige gelesen haben dürfte, und tatsächlich wurden auffallende Parallelen zwischen Passagen von Einsteins Text und einem Aufsatz über *Die Umwälzungen unserer Anschauungen vom Wesen der elektrischen Wirkungen* in einer populärwissenschaftlichen Monatsschrift entdeckt.[14]

Als der schöne italienische Sommer zur Neige ging, rückte die Aufnahmeprüfung in Zürich unaufhaltsam näher. In Pavia hatte man inzwischen in Erfahrung gebracht, daß für diese Prüfung ein Mindestalter von 18 Jahren vorgeschrieben war. Also mußte zuerst eine Ausnahmegenehmigung für den sechzehneinhalbjährigen Albert Einstein erwirkt werden, wozu ein in Zürich ansässiger Freund der Familie eingeschaltet wurde. Dieser Gustav Maier stammte wie die Einsteins aus Ulm, war dort Direktor der Niederlassung der Deutschen Reichsbank gewesen und im Verlauf einer erfolgreichen Karriere über Frankfurt nach Zürich gekommen, wo er als Direktor einer Bank und eines Kaufhauses zum liberal-freisinnigen Honoratiorenstand der Stadt gehörte.

Maier muß dem Rektor des Polytechnikums in einem schriftlichen Gesuch seinen Schützling Albert Einstein als ein »Wunderkind« für eine Sonderregelung anempfohlen haben, denn der Rektor Professor Albin Herzog riet in seiner erhalten gebliebenen Antwort davon ab, »auch sogenannte ›Wunderkinder‹ vor der gänzlichen Absolvirung einer Anstalt, in der einmal die Studien begonnen wurden, wegzunehmen«.[15] Nur unter der Bedingung, daß die »Mitteilungen über die Beanlagung und die geistige Reife des Aspiranten in ihrem vollen Umfange vom Rektor der betreffenden Unterrichtsanstalt schriftlich bestätigt werden«, wollte er von der Altersbestimmung für die Aufnahmeprüfung ausnahmsweise dispensieren. Offenbar war Professor Herzog mit dem inoffiziellen Zeugnis des Münchner Mathematiklehrers zufrieden, in dem Albert Einsteins »mathematische Kenntnisse und Fähigkeiten« gelobt und als dem Abiturspensum gleichwertig ausgewiesen wurden.[16] Jedenfalls reiste der Aspirant Anfang Oktober mit dem Zug über den Gotthard nach Zürich, wo er bei der Familie Maier wohnte. »Mit einem Gefühl wohlbegründeter Unsicherheit«[17] meldete er sich zur Aufnahmeprüfung, wobei die Wahl der Ingenieurabteilung sich aus der Interessenlage von Vater und Onkel gleichsam als Selbstverständlichkeit ergab.

Die Prüfung begann am 8. Oktober. Sie bestand aus vielen Fächern, teils allgemeinbildenden, teils für das gewählte Fach spezifischen, so daß sie sich über mehrere Tage hingezogen haben dürfte.[18] Für Albert Einstein war sie eine wenig erfreuliche Erfahrung, denn sie »zeigte mir schmerzlich die Lückenhaftigkeit meiner Vorbildung, trotzdem die Prüfenden geduldig und verständnisvoll waren. Daß ich durchfiel, empfand ich als voll berechtigt.«[19] Zu dem negativen Ergebnis haben vor allem die sprachlich-deskriptiven Fächer geführt, während in anderer Hinsicht der »Wunderkind«-Verdacht seine Bestätigung erhalten hat, denn der Professor Heinrich Friedrich Weber war von den mathematischen und physikalischen Kenntnissen des jungen Prüflings so beeindruckt, daß er ihn – entgegen allen Vorschriften – zum Besuch seiner Physik-Vorlesung für die Studenten des zweiten Studienjahres einlud, falls er in Zürich bliebe. Einstein aber folgte dem verständigen Rat des Rektors Albin Herzog, an der Kantonsschule in Aarau in einem weiteren Schuljahr die Berechtigung zum Studium am Polytechnikum zu erwerben.[20]

Von der Notwendigkeit, noch einmal die Schulbank drücken zu müssen, wird Albert Einstein nicht gerade begeistert gewesen sein. Wollte er aber seinen Neigungen weiter nachgehen, blieb ihm nichts anderes übrig, als sich in das Unabänderliche zu fügen. Er wurde jedoch auf das angenehmste überrascht. In Aarau, der knapp fünfzig Kilometer westlich von Zürich gelegenen Hauptstadt des Kantons Aargau, hatte er das Glück, nach einem ausführlichen Aufnahmegespräch am 26. Oktober 1895 in eine wahrhaft außergewöhnliche Schule aufgenommen zu werden.

Die Kantonsschule in Aarau war in der Schweiz als eine liberale Reformschule weithin geschätzt. Sie war aus einem traditionellen Gymnasium mit dem Schwerpunkt in den alten Sprachen hervorgegangen, aber dieser Kern war um einen »Gewerbeschule« genannten Zweig erweitert worden, in dem neue Sprachen und vor allem Naturwissenschaften gelehrt wurden, während Latein und Griechisch als Wahlfächer belegt werden konnten. Berühmt war die Schule für ihr »physikalisches Kabinett«, das gerade während Einsteins Aufenthalt in einem neuen Gebäude zu einem hervorragend ausgestatteten Laboratorium erweitert worden war, mit einem Dynamo, einem Wechselstrommotor, Batterien, Schalttafeln und elektrischen Meßinstrumenten.[21] Rektor dieser bemerkenswerten Schule war der Physiker Dr. August Tuchschmid, einst Assistent von Professor Weber am Polytechnikum in Zürich. Nun konnte er stolz darauf sein, einer Schule vorzustehen, in der Gymnasiasten sich durch entsprechende Wahlfächer auf ein Ingenieurstudium vorbereiten konnten und umgekehrt den Gewerbeschülern durch die zusätzliche Wahl von Latein etwa ein Medizinstudium ermöglicht wurde.

Albert Einstein wurde mitten im laufenden Schuljahr in die dritte Klasse der Gewerbeschule aufgenommen. Der »Aufnahmsbericht« bescheinigt ihm in Französisch »große Lücken« und hält beim Fach Chemie fest, daß er »sich nacharbeiten« muß, und wenig später wird er von der Lehrerkonferenz zu »Privatunterricht in Franz., Naturgeschichte u. Chemie verhalten«[22], dafür aber vom Singen und Turnen und als Ausländer auch vom Militärunterricht befreit.

Obwohl zur Nachhilfe verpflichtet und längst nicht in allen Fächern mit guten Zensuren gesegnet, hat Albert Einstein von der Kantonsschule gänzlich andere Bildungserlebnisse in Erinnerung behalten als vom Münchner Luitpold-Gymnasium:

> Diese Schule hat durch ihren liberalen Geist und durch den schlichten Ernst der auf keinerlei äußerliche Autorität sich stützenden Lehrer einen unvergeßlichen Eindruck in mir hinterlassen; durch Vergleich mit sechs Jahren Schulung an einem deutschen, autoritär geführten Gymnasium wurde mir eindringlich bewußt, wie sehr die Erziehung zu freiem Handeln und Selbstverantwortlichkeit jener Erziehung überlegen ist, die sich auf Drill, äußere Autorität und Ehrgeiz stützt. Echte Demokratie ist kein leerer Wahn.[23]

Im letzten Satz dieser Lobpreisung ist dem alten Einstein freilich ein Topos in die Feder gelaufen, der auf ein Aufsatzthema am Luitpold-Gymnasiums zurückgeht, wo in der siebenten Klasse Ludwig Uhlands Satz »Die Treue, sie ist doch kein leerer Wahn« anhand seines Dramas *Ernst, Herzog von Schwaben* auszulegen war[24], so daß man schließen darf, daß die Erziehungsbemühungen der Münchner Lehrer wenigstens unterschwellig nicht ganz in Vergessenheit geraten waren.

Dem Bildungserlebnis der Kantonsschule an Bedeutung und Intensität vergleichbar waren auch die persönlichen Lebensumstände Einsteins in Aarau. Durch die Vermittlung von Gustav Maier wurde er als zahlender Pensionsgast in die Familie von Jost Winteler aufgenommen, wo er weit mehr fand als nur Kost und Logis, nämlich eine zweite familiäre Heimat. In diesen Jugendjahren des suchenden Tastens, in der sich die den erwachsenen Mann ausmachenden Haltungen herausbilden, wurde Albert Einstein wohl stärker als von seiner eigenen Familie von dieser neuen Umgebung geprägt, in die er glücklich hineinwuchs und der er zeitlebens auf die vielfältigste Weise verbunden blieb.

Winteler wirkte an der Kantonsschule mit dem Titel eines Professors als Lehrer für Griechisch und Geschichte, hatte seinen Pensionsgast freilich nicht als Schüler. Unter den auch politisch hauptsächlich liberal orientierten Lehrern galt Winteler als Radikal-Republikaner, und vermutlich wegen dieser Interessenlage hatten sich die Kontakte mit Gustav Maier in Zürich ergeben. Studiert hatte er zunächst in Zürich und dann in Jena, wo er mit einer linguistischen Arbeit über die »Kerenzer Mundart« promoviert worden war, der Sprache seiner Toggenburgischen Heimat.[25] In Jena hatte er auch seine Frau kennengelernt, eine geborene Pauline Eckart, die später nur Rosa genannt wurde. Mit ihren sieben Kindern, drei Töchtern und vier Söhnen, zu denen noch der eine oder andere Pensionsgast von der Kantonsschule kam, mögen sie in ihrem Haus im »Rössligut« Albert Einstein wie eine Familienidylle nach dem Vorbild einer Kellerschen Novelle erschienen sein. Es dauerte nicht lange, und die beiden Wintelers waren auch für ihn »Mama« und »Papa«.

Im Nachbarhaus wurde übrigens der Vetter Robert Koch aus Hechingen untergebracht; gleichaltrig mit Albert, besuchte er erst die zweite Klasse des Gymnasiums und blieb drei Jahre in Aarau. Gustav Maier, der beide Knaben in Jost Wintelers Obhut vermittelt hatte, avisierte sie mit der Einschätzung, daß Albert Einstein »viel reifer ist als sein Vetter und daher der Aufsicht weniger bedarf«.[26]

Anna, die älteste der Winteler-Töchter, erinnerte sich, daß Einstein ein »angenehmer, sehr solider Hausgenosse und nie ein Spielverderber«[27] gewesen sei. »Er führte gern wissenschaftliche Gespräche, hatte dabei aber viel Humor und konnte gelegentlich herzlich lachen. Abends ging er ganz selten aus, oft arbeitete er, aber noch öfter saß er mit der Familie um den Tisch, wo vorgelesen oder diskutiert wurde.« Und als Student in Zürich fühlt sich Albert Einstein an einem beschaulichen Pfingstmontag gedrängt, mit Frau Winteler unter der Anrede »Liebes Mamerl« brieflich »so recht mit Ihnen zu schwatzen, wie wenn wir zusammen in der roten Stube säßen, die Kartoffeln vor Eifersucht braun würden, die liebe Sonne & sonst noch was Liebes zum Zimmer hereinguckten«.[28]

Ein Mitschüler will damals bereits erkannt haben, daß Albert Einstein »schon als Jüngling in keine Schablone«[29] gepaßt habe, ihm allerdings der »scharfe Wind der Skepsis« an der Kantonsschule gemäß war: »In diese Atmosphäre paßte der kecke Schwabe nicht übel, dessen originelle Selbstherrlichkeit ihn schon vor allen anderen auszeichnete.« Und in romantisierendem Überschwang zeichnet er das Porträt des kommenden Genies, als wär's von Tischbein:

> Den grauen Filz auf die Seidenfülle des schwarzen Haares zurückgeschoben, schritt er energisch und sicher daher, im schnellen, ich möchte fast sagen reißenden Tempo des rastlosen Geistes, der eine Welt in sich trägt. Nichts entging dem scharfen Blick der großen sonnenhellen Augen. Wer ihm nahte, der stand im Bann einer überlegenen Persönlichkeit. Ein spöttischer Zug um den schwellenden Mund mit der vorstehenden Unterlippe ermutigte den Philister nicht, mit ihm anzubinden. Unbeengt von konventionellen Schranken, stand er als lachender Philosoph dem Weltwesen gegenüber, und sein geistreicher Spott geißelte unbarmherzig alle Eitelkeit und Unnatur.

Das mag nach literarisch zweifelhafter Idealisierung klingen, betrachtet man aber das Aarauer Klassenfoto der zehn Absolventen der Gewerbeschule, so findet man leicht jenen kecken Exoten heraus, auf den dieses Porträt allein hätte zutreffen können. Wenn Albert Einstein schon seit frühem Kindesalter tief im Innern seines Selbst sicher war, so wurde das jetzt in der Selbstsicherheit des jungen Mannes auch nach außen sichtbar.

Zur Identitätsfindung des jungen Albert Einstein gehörte zunächst die Aufgabe zweier von allen Gesellschaften und fast allen Menschen als selbstverständlich angesehenen Identitäten, nämlich der Staatsangehörigkeit und – wenn auch nur in eingeschränkter Weise – der religiösen Konfession. Es ist nicht mehr zu rekonstruieren, wann er den Entschluß gefaßt hat, nicht länger ein Deutscher sein zu wollen; vielleicht war es schon in München, als ihm klar geworden sein mag, daß dies die einzige Möglichkeit war, der verhaßten Wehrpflicht zu entkommen, vielleicht auch erst in Aarau unter dem Einfluß von »Papa« Winteler, auf den noch zurückzukommen sein wird.

Aus den Akten[30] ergibt sich, daß ein »Antrag des Kaufmanns Hermann Einstein in Pavia auf Entlassung seines Sohnes Albert Einstein aus der Württ. Staatsangehörigkeit« am 28. Januar 1896 positiv entschieden worden war. Wenn auch Unklarheit über den genauen Zeitpunkt besteht, zu dem Vater Hermann als der gesetzliche Vertreter seines minderjährigen Sohnes Albert tätig geworden war, so ist doch ein Motiv dieses Schrittes ziemlich gewiß: die Vermeidung des Militärdienstes. Zwar begann die Wehrpflicht im Deutschen Reich erst mit dem 20. Lebensjahr, aber schon mit Vollendung des 17. Lebensjahres war nach damals gültigem Gesetz einem männlichen Staatsangehörigen die Entlassung zu versagen, damit er dem Militär erhalten bliebe. So wird Albert Einstein glücklich darüber gewesen sein, daß die ersehnte Urkunde sechs Wochen vor seinem 17. Geburtstag bei seinen Eltern in Pavia eingetroffen war. Begründet wurde der Verwaltungsakt in der Urkunde »behufs seiner Auswanderung nach Italien«; im internen Verzeichnis der aus der Württembergischen Staatsangehörigkeit Entlassenen ist Albert Einstein dem Berufe nach unter der Rubrik »Gewerbe- und Handlungsgehilfen und Fabrikarbeiter« aufgeführt[31], und in einer anderen Spalte steht erstmals »konfessionslos«.

Wenn Albert Einstein zunächst eher gefühlsmäßig dazu geneigt haben mag, sich von Deutschland loszusagen, so wird ihm spätestens sein »Papa« Winteler die rationalen Gründe nachgeliefert haben. Winteler hatte schon während seiner Studentenjahre in Jena das Aufkommen des deutschen Nationalismus insbesondere nach dem deutsch-französischen Krieg 1870/71 beobachten können. In seiner Schweizer Heimat versäumte er keine Gelegenheit, vor einem pangermanischen Expansionsdrang der nördlichen Nachbarn warnend seine Stimme zu erheben. Von der Bismarckschen Rhetorik zitierte er beifällig nur den Satz »Bier macht dumm!«, ohne deshalb dem Eisernen Kanzler gleich in der Wertschätzung des Champagners zu folgen. Das Wilhelminische Deutschland erschien ihm wie ein absolutistisches Landesfürstentum in gefährlich aufgeblasenem Stil, dem die republikanischen Traditionen der Schweiz gegenüberzustellen er nicht müde wurde.

Winteler hat seinen Pensionsgast Albert Einstein so intensiv in sein politisches Denken eingeführt, daß dieser sich später oft an den erstaunlichen, historisch fundierten Weitblick seines einstigen Mentors erinnerte, wie in einem Brief, den Einstein 1935 aus den Sommerferien in Old Lyme im Staate Connecticut seiner Schwester Maja schrieb: »Ich muß oft an Papa Winteler denken und an die seherhafte Richtigkeit seiner politischen Ansichten. Ich habe es auch stets gefühlt, aber nicht in dieser Reinheit und Stärke.«[32] Jost Winteler ist 1929 gestorben; so hat er die nationalsozialistische Machtergreifung in Deutschland nicht mehr erlebt. Aus Albert Einsteins Bemerkungen über die »seherhafte Richtigkeit« von Wintelers politischen Ansichten wird deutlich, daß dem Schweizer Republikaner das Heraufziehen der braunen Diktatur weniger als ein unfaßbares Unglück denn als eine beinahe zwangsläufige Folge der deutschen politischen Pathologie erschienen wäre. In diesem Sinne jedenfalls schrieb Einstein 1936 aus Princeton an seinen Freund Michele Besso, einen Schwiegersohn von Jost Winteler: »... die menschlichen Dinge sind in unserer Zeit weniger als je erfreulich, von den Narren in Deutschland ganz zu schweigen. Jetzt zeigt sich noch vollends, was für ein prophetischer Geist Prof. Winteler gewesen ist, der diese schwere Gefahr so früh in ihrer ganzen Grösse erkannt hat.«[33]

Das Vorbild dieses aufrechten Demokraten und Republikaners wird gewiß seinen Teil dazu beigetragen haben, daß Albert Einstein sich entschloß, nach der Aufgabe seiner deutschen Staatsangehörigkeit das Schweizer Bürgerrecht anzustreben. Die fünf Jahre, die darüber ins Land gehen mußten, waren nicht besonders problematisch. Vor dem Ersten Weltkrieg war ein Mensch noch nicht Anhängsel eines Passes, und Einstein konnte, allein mit einer Meldebestätigung aus Pavia oder von der Züricher »Einwohnerkontrolle«, unbehelligt reisen, wohin und sooft er wollte.

Neben der nationalen war es auch die konfessionelle Identität, der sich Albert Einstein entledigte. Dieser Schritt hatte sich nach der kurzen Phase religiöser Schwärmerei in der typischen Adoleszenzkrise angebahnt:

> Die Religion der Väter, wie ich sie in München in der Religionsstunde und Synagoge kennen lernte, stiess mich eher ab, als dass sie mich anzog. Von nationaler oder Schicksals-Gemeinschaft fühlte ich ebenso wenig. Denn die jüdischen Bürger-Kreise, die ich in jungen Jahren kennen lernte, mit ihrem Wohlleben und mangelhaften Gemeinschafts-Gefühl boten mir nichts, was Wert zu haben schien. Einsamkeit, erst schmerzlich, dann fruchtbar und stärkend, war die Folge.[34]

Eine erkennbare Folge war, daß der Vater in dem Antrag auf Entlassung aus der Württembergischen Staatsangehörigkeit sicher mit dem Einverständnis, wenn nicht gar auf Drängen des Sohnes, »konfessionslos« eingetragen hat. In der Personalakte der Aargauer Kantonsschule wurde er dagegen als Israelit geführt, wohl weniger aus eigenem Verständnis, sondern wegen der Überzeugung der Schulverwaltung, daß ein jeder einer Glaubensgemeinschaft zuzuordnen sei. Im nächsten Personaldokument mit entsprechender Spalte, dem »Fragebogen für Bürgerrechtspetenten« der Stadt Zürich[35], den Einstein im Oktober 1900 auszufüllen hatte, trug er selbst jedenfalls »konfessionslos« ein und behielt diesen Status für mehr als zwei Jahrzehnte bei.

Da immer wieder behauptet wird, Albert Einstein sei als etwa 16jähriger aus der jüdischen Religionsgemeinschaft ausgetreten[36], und diese Behauptung der Aktenlage zu entsprechen scheint, sei erwähnt, wie Einstein ein Jahr vor seinem Tode derartige Darstellungen zurechtrückte:

> Ich hätte seinerzeit überhaupt nicht verstanden, was es bedeuten könne, dass einer aus dem Judentum austritt. Die traditionelle Religion hat in meinem Bewusstsein überhaupt keinen Platz gehabt. Ich war mir aber meiner jüdischen Abstammung vollbewusst, wenn auch diese Zugehörigkeit in ihrer vollen Bedeutung von mir erst später erkannt wurde.[37]

Der jugendlich-skeptische Freigeist war es sich also selbst schuldig, sich von der überlieferten Religion seiner Väter zu distanzieren, nicht jedoch von seinen Vätern.

Albert Einsteins in Aarau zur Reife gelangendes Selbstbewußtsein wurde in altersgemäßer Weise auch dadurch auf die Probe gestellt, daß er sich auf seine erste Liebe einließ. Er brauchte nicht weit zu suchen. Das »Liebe«, das im Brief an die »Mamerl« Winteler zum Zimmer hereinguckt, war Marie, die 18jährige Tochter des Hauses. Sie hatte gerade das Lehrerinnenseminar in Aarau absolviert, lebte zunächst aber noch bei den Eltern, bevor sie ihre erste Stelle in einem kleinen Dorf des Kantons Aargau antrat. Aus Pavia, wo er die Osterferien bei den Eltern verbrachte, schrieb Albert Einstein an sein »Geliebtes Schätzchen« artig per Sie, aber im Überschwange des neuen Erlebnisses: »Ich habe jetzt im vollsten Maße einsehen müssen, mein Engelchen, was Heimweh und Sehnsucht bedeutet. Doch die Liebe beglückt viel mehr, als die Sehnsucht schmerzt. Jetzt sehe ich erst, wie unentbehrlich meine liebe kleine Sonne meinem Glück geworden ist.«[38] Vor den Eltern brauchen die beiden ihre Gefühle nicht zu verheimlichen, weder vor den Einsteins noch vor den Wintelers. Grüße gehen zwischen Pavia und Aarau hin und her, und alles schien auf so etwas wie eine inoffizielle Verlobung hinzudeuten.

Als Albert Einstein in Zürich mit seinem Studium begann, besann er sich jedoch anders. Zwar treffen sich die beiden noch bei den Wintelers, wenn er aus Zürich zu Besuch und sie vom Schuldienst in Olsberg nach Hause kommt. Er aber schlägt ihr vor, einander nicht mehr zu schreiben, womit Marie jedoch nicht einverstanden ist: »Daß Sie mir keine Antwort geben wollen, warten Sie Albert, da kriegen Sie dafür eine recht bitterböse Strafe...«[39] Seine Entschlossenheit zum Abbruch dieser Beziehung teilte er ein halbes Jahr später nicht etwa Marie mit, sondern deren Mutter. Dem »Mamerl« schrieb er im Mai 1897,

> um nicht noch ferner einen Seelenkampf kämpfen zu müssen, dessen Ausgang doch in mir felsenfest steht; ich kann Pfingsten nicht zu Ihnen kommen. Es wäre meiner mehr als unwürdig, wenn ich ein Paar Tage Wonne mit neuem Schmerz erkaufte, den ich dem lieben Kindchen schon viel zu viel durch eigene Schuld verursacht habe. Es erfüllt mich mit einer Art seltsamer Genugthuung, jetzt auch einen Teil des Schmerzes durchkosten zu müssen, den mein Leichtsinn & meine Unkenntnis einer so zarten Natur dem lieben Mädchen bereitet haben. Die angestrengte geistige Arbeit & das Anschauen von Gottes Natur sind die Engel, welche mich versöhnend,

> stärkend & doch unerbittlich streng durch alle Wirren dieses Lebens führen werden.[40]

Wer vermag so schmerzlicher Einsicht und solch pathetischem Erkenntnis- und Arbeitsdrange eines 19jährigen schon zu widersprechen? »Mamerl« Winteler jedenfalls nicht, und sie hat das ihrem Albert nicht verübelt, war vielleicht sogar froh, durch soviel jugendliche Weisheit der Problematik einer voreiligen Verbindung ihrer Tochter enthoben zu sein.

Seiner Beziehung zu den Wintelers hat das Ende dieser Romanze keinen Abbruch getan; bald fuhr er auch wieder nach Aarau und blieb den Wintelers sogar verwandtschaftlich verbunden. Seine Schwester Maja studierte von 1899 bis 1902 am Aarauer Lehrerinnenseminar und heiratete schließlich den Winteler-Sohn Paul, und Michele Besso, sein Studienfreund aus Zürich, heiratete die älteste Tochter Anna. Marie, die später einen Uhrmacher namens Albert Müller heiratete, hat über ihre Beziehung zu Einstein geschrieben: »Wir haben uns innig geliebt, aber es war eine durchaus ideale Liebe.«[41]

Wenn es ihn nicht selbst betraf und er sich und sein Verhalten nicht vor Mutter Winteler ins rechte Licht zu rücken hatte, konnte sich der kecke Jüngling über die Liebe auch ganz anders äußern. Einer Aarauer Bekannten, die in einen älteren Herrn unglücklich verliebt war, spendete der 20jährige Trost auf ebenso drastische wie vorwitzige Weise:

> Glauben Sie denn wirklich, für die Dauer das Lebensglück durch andere, und sei es auch (der) einzig geliebte Mann, finden zu können? O, ich kenne diese Tierchen persönlich aus eigener Anschauung, da ich doch selbst eins bin. Von denen ist nicht so sehr viel zu hoffen, das weiß ich ganz genau. Wir sind heut mürrisch, morgen übermütig, übermorgen kalt, dann wieder gereizt & halb lebensüberdrüssig... so gehts weiter, doch hätt ich fast noch die Untreue und Undankbarkeit vergessen, in welchen Dingen wirs auch fast alle bedeutend weiter bringen als die guten Mädchen.[42]

Das Repertoire des jungen Einstein im Umgang mit Frauen war bei aller Aufrichtigkeit nicht ohne Raffinement: Der beglückenden Liebe zum »Engelchen« kann man sich entziehen durch Anrufung anderer Engel, nämlich »angestrengte geistige Arbeit & das Anschauen von Gottes Natur«, und in seinem ironisch-bukolischen Porträt der Männer klingt zumindest die Absage an die Illusion, »für die Dauer das Lebensglück durch andere« zu finden, nach einem Selbstporträt. Dabei hat sich in jungen Jahren schon gezeigt, daß sich Albert Einstein in Gesellschaft von Frauen immer behaglich, wenn nicht gar glücklich gefühlt hat, zumal dieses Gefühl oft auf Gegenseitigkeit beruhte. So manche klavierspielende junge oder ältere Dame war nicht nur von

Einsteins Violinenspiel angetan, sondern auch von seiner Erscheinung, die eher der eines von Leidenschaft durchglühten südländischen Virtuosen entsprach als der eines biederen Studiosus der Naturwissenschaften. »Er war von jener männlichen Schönheit, die besonders zu Anfang des Jahrhunderts Unheil anrichtete«[43], beschrieb später eine Freundin seiner zweiten Frau Albert Einsteins Wirkung auf das schöne Geschlecht. Wie sehr ihn aber sein »Engel« oder die anderen »guten Mädchen« beschäftigt haben mögen, zunächst war die Kantonsschule zu absolvieren.

Das Schuljahr verlief, was die in Zensuren dokumentierten Leistungen angeht, in stetem Gleichmaß. Der »Protest«[44] wegen nicht ausreichender Leistungen im Französischen wurde durch alle Zwischenzeugnisse fortgeschrieben, da Albert Einstein, der in München nur ein Jahr und drei Monate in dieser Sprache unterrichtet worden war, trotz Privatunterricht den Vorsprung seiner schweizerischen Mitschüler nicht mehr aufholen konnte. Vater Hermann trug diesen Schönheitsfehler auf dem Zeugnis zu Weihnachten 1895 mit Fassung, denn »Albert hat mich von jeher daran gewöhnt, neben sehr guten Noten auch schlechtere zu finden & so bin ich nicht untröstlich darüber«.[45] Schlecht gestartet war er auch in der zweiten modernen Fremdsprache, im Italienischen, aber bis zum Abschlußzeugnis hatte er sich auf die zweitbeste Note verbessert, eine 5.[46] Die höchste Note, eine 6, erhielt er in Algebra und Geometrie, in Physik immerhin noch eine 5-6; die weiteren Zensuren lagen bei 5 oder 4, nur in Französisch kam er über eine 3 nicht hinaus.

Mit diesem Zeugnis vom 5. September 1895 über den erfolgreichen Abschluß der 4. Technischen Klasse konnte sich Albert Einstein zur Maturitätsprüfung[47] melden, einer mehrtägigen Angelegenheit mit schriftlichem und mündlichem Teil. Zu letzterem kamen stets einige Professoren vom Züricher Polytechnikum nach Aarau herüber, um durch Mitwirkung in der Prüfungskommission ihre zukünftigen Studenten in Augenschein zu nehmen. Dieses Mal war der Rektor Professor Albin Herzog dabei, der ein Jahr zuvor Einstein die Kantonsschule zur Fortbildung empfohlen hatte.

Am 18. September begann Albert Einstein in aller Herrgottsfrühe um sieben Uhr mit seiner ersten Aufgabe, einer Inhaltsangabe von Goethes Drama *Götz von Berlichingen*, die er in zweieinhalb Stunden lustlos und ohne Originalität abwickelte; der Deutschlehrer Adolf Frey schrieb in seiner Güte »meist 5« darunter. Souverän dann, schnell erledigt und hoch benotet, die Arbeiten über Geometrie, Algebra und

Physik, wobei allerdings eine gewisse Schlampigkeit auffällt, wenn der Maturant zum Beispiel einen mathematischen Ausdruck als »irrational« bezeichnet, wo es »imaginär« heißen müßte, oder aus der »Wheatstoneschen Brücke« kurzerhand eine »Watstonsche Brücke« macht. Die Lehrer werden aber längst eingesehen haben, daß sich dieser Schüler nicht gern mit solchen Kleinigkeiten aufhält, so daß sie ihm das zwar angestrichen, aber nicht zensurenmindernd gewertet haben.

Da auch die Arbeiten zur Chemie und zur Naturgeschichte gut ausgefallen waren, erreichte Albert Einstein insgesamt einen Notendurchschnitt von $5^1/_3$, den besten unter den neun Kandidaten und ein schöner Erfolg für den mit Abstand Jüngsten in der Klasse. Allerdings erscheint diese Maturatsprüfung der Technischen Klasse als relativ einfach; an einem deutschen – und wohl auch schweizerischen – traditionellen Gymnasium wäre sicher mehr verlangt worden, nicht nur im deutschen Aufsatz, sondern gewiß auch in Mathematik.

Von den Abiturarbeiten verdient die mit 3–4 am schlechtesten bewertete Arbeit, ein Essay in Französisch, das größte Interesse – nicht wegen der Fehler in jeder zweiten Zeile, sondern wegen seines Themas »Mes projets d'avenir«, denn diese konzise Darstellung seiner »Pläne für die Zukunft« läßt, auch wenn sie in weniger als elegantem, teilweise sogar katastrophalem Französisch geschrieben ist, erkennen, daß Albert Einstein seine Ziele gefunden hatte:

> Ein glücklicher Mensch ist zu sehr zufrieden mit der Gegenwart, um viel an die Zukunft zu denken. Andererseits sind es vor allem die jungen Leute, die sich gern mit kühnen Plänen beschäftigen. Übrigens ist es auch eine natürliche Sache für einen ernsthaften jungen Mann, daß er sich eine Vorstellung so präzise wie möglich vom Ziel seiner Wünsche macht.
>
> Wenn ich das Glück habe, meine Prüfungen zu bestehen, werde ich an das Polytechnikum in Zürich gehen. Ich werde dort vier Jahre bleiben, um Mathematik und Physik zu studieren. Ich stelle mir vor, Lehrer in diesen Gebieten der Naturwissenschaften zu werden und dabei den theoretischen Teil dieser Wissenschaften zu wählen.
>
> Hier die Gründe, die mich zu diesem Plan geführt haben. Es ist vor allem die individuelle Veranlagung für die abstrakten und mathematischen Gedanken und der Mangel an Phantasie und praktischem Talent. Es sind auch meine Wünsche, die mich zu demselben Entschluß führten. Das ist ganz natürlich; man möchte immer die Dinge tun, für die man Talent hat. Dann ist es auch eine gewisse Unabhängigkeit des wissenschaftlichen Berufs, die mir sehr gefällt.[48]

Bei diesem Entwurf eines Lebensplanes mag dem Maturanten Einstein eine gewisse Unbestimmtheit des französischen Wortes »professeur« nicht ungelegen gewesen sein, bezeichnet es doch den Universitätslehrer ebenso wie den schlichteren Lehrer an Gymnasien. Die geäußerte Präferenz für den »theoretischen Teil« der beiden Disziplinen deutet darauf hin, daß er von vornherein die Laufbahn eines Hochschullehrers anstreben wollte, denn nur hier war eine derartige Wahl der Theorie sinnvoll denkbar. Hätte ihn aber jemand auf das Vorwitzige dieser Zielsetzung bei einem 17jährigen angesprochen, so hätte er darauf hinweisen können, daß sich seine Ziele – Liebe zu Mathematik und Physik sowie die Unabhängigkeit eines wissenschaftlichen Berufs – sehr wohl mit dem Lehramt an Gymnasien hätten in Einklang bringen lassen, zumal einige seiner Lehrer an der Kantonsschule ihm dafür das Vorbild geliefert hatten.

Aber ganz unabhängig von der konkreten Form dieser Zukunftsträume enthalten sie doch in jedem Falle so etwas wie eine dritte Aufgabe der Identität, eine Lossagung von der familiären Lebensplanung. Eigentlich war er ja zum Studium der Elektrotechnik nach Zürich geschickt worden und hatte sich für die Aufnahmeprüfung in die entsprechende Abteilung des Polytechnikums angemeldet, gewiß mit der elterlichen Vorgabe, sich später in der Firma von Onkel Jakob und Vater Hermann nützlich zu machen, sie zu übernehmen und fortzuführen. In Aarau war es jedoch, wie Albert Einstein zwei Jahrzehnte später einem Freund erklärte, zu einer entschiedenen Absage an den Beruf des Technikers gekommen,

> denn der Gedanke, die Erfindungskraft auf Dinge verwenden zu sollen, welche das werktägliche Leben noch raffinierter machen, mit dem Ziel öder Kapitalschinderei, war mir unerträglich. Das Denken um seiner selbst willen wie die Musik![49]

Und dieses Denken hatte in dem einen Jahr in Aarau bereits seine Gegenstände gefunden. Das in seinem ersten wissenschaftlichen Essay angeschlagene Thema der Ausbreitung elektromagnetischer Wellen im Äther hat ihn auch weiterhin produktiv beschäftigt, worauf sich drei Jahre später der Student Albert Einstein in einem Brief beruft: »In Aarau ist mir eine gute Idee gekommen zur Untersuchung, welchen Einfluß die Relativbewegung der Körper gegen den Lichtäther auf die Fortpflanzungsgeschwindigkeit des Lichtes in durchsichtigen Körpern hat.«[50] Diese »gute Idee« scheint eine Variation des berühmten Fizeauschen Experiments von 1853 zur Messung der Lichtgeschwindigkeit in bewegter Materie gewesen zu sein, und tatsächlich gehört dieses Experiment zu den beiden Befunden aus der Optik, die Einstein sechs Jahre nach diesem Brief in seiner Speziellen Relativitätstheorie anführt.

Weitaus wichtiger wurde eine Frage aus diesem Problemkreis der elektromagnetischen Wellen, die Albert Einstein ebenfalls in diesem Jahr in Aarau als »fragwürdig« bewußt wurde. Sie kann damals nicht viel mehr als den Charakter eines Puzzles gehabt haben, und Albert Einstein erinnerte sich aus der Distanz von sechzig Jahren dieses Einfalls mit Nachsicht: »Wenn man einer Lichtwelle mit Lichtgeschwindigkeit nachläuft, so würde man ein zeitunabhängiges Wellenfeld vor sich haben. So etwas scheint es aber doch nicht zu geben! Dies war das erste kindliche Gedanken-Experiment, das mit der speziellen Relativitätstheorie zu tun hat.«[51]

Nun war der Kantonsschüler Albert Einstein nicht mehr gar zu kindlich, und was ihm da mit 16 oder 17 Jahren zu Bewußtsein gekommen ist, haben auch die größten Forscher nicht einmal als Problem gesehen. Auch im Falle Einsteins war dieses gar nicht so kindliche Gedankenexperiment genau das, was Goethe als den Angelpunkt wissenschaftlicher Erkenntnis festgemacht hatte: »Alles kommt in der Wissenschaft auf das an, was man ein Aperçu nennt, auf ein Gewahrwerden dessen, was eigentlich den Erscheinungen zum Grunde liegt. Und ein solches Gewahrwerden ist bis ins Unendliche fruchtbar.«[52] Dies gilt im Falle der Einsteinschen Relativitätstheorie um so mehr, als es sich weniger um ein Verstehen dessen handelt, »was eigentlich den Erscheinungen zum Grunde liegt«, sondern um eine Analyse, was überhaupt unter dem Begriff der Erscheinung zu verstehen sei. Es dauerte noch zehn Jahre, bis die unendliche Fruchtbarkeit dieses Aperçus offenbar wurde.

4. »Vagabund und Eigenbrödler«. Student in Zürich

In der zweiten Woche des Oktober 1896 konnte sich Albert Einstein am Polytechnikum in Zürich in der Abteilung VI, der »Schule für Fachlehrer mathematischer und naturwissenschaftlicher Richtung«, immatrikulieren. Mit siebzehneinhalb Jahren fehlten ihm immer noch sechs Monate am offiziellen Mindestalter, so daß er trotz des Umwegs über die Aargauer Kantonsschule zu den jüngsten Studenten gehörte, die durch die ehrfurchtheischenden Portale des Polytechnikums geschritten sind.

Das imposante Hauptgebäude am Fuße des Zürichbergs verdankt das Polytechnikum seinem ersten Professor für Architektur Gottfried Semper.[1] Er hatte mit dem um 1840 errichteten Königlichen Hoftheater in Dresden – der Semper-Oper – Weltruhm erlangt. Bei den Dresdner Aufständen vom Mai 1849 im Gefolge der gescheiterten Revolution des Vorjahres hatte er sich erfolgreich aufs Barrikadenbauen verlegt, mußte deshalb ebenso wie Richard Wagner Deutschland verlassen, ging nach London und nahm 1855 den Ruf nach Zürich an. Der hoch über dem rechten Limmatufer thronende Neorenaissance-Palast, von Semper entworfen und unter seiner Leitung in den Jahren von 1858 bis 1864 errichtet, gehört zu den markantesten Wahrzeichen des Stadtbildes und bietet von seiner Terrasse einen großartigen Blick über das Panorama der Altstadt im Tal der Limmat. Dank ausreichender Finanzierung hatte Semper seinen Bildungs-Palast »großzügig genug angelegt, um in der Zukunft auch noch eine wesentlich größere Zahl von Studenten aufnehmen zu können, und prächtig genug ausgestattet, um ihnen Respekt einzuflößen«.[2]

Die so repräsentativ ausgestaltete Lehranstalt war 1855 als erste Hochschule des 1848 zustande gekommenen Schweizer Bundes gegründet worden und unterstand – anders als die von den Kantonen finanzierten und beaufsichtigten Universitäten in Basel, Zürich und Genf – der Bundesregierung in Bern. Verglichen mit diesen Universitäten war der Status des Polytechnikums nur insofern etwas geringer, als keine Doktorgrade verliehen werden konnten. Das änderte sich erst im Jahre 1911 mit der Aufwertung zur »Eidgenössischen Technischen Hochschule« mit allen akademischen Privilegien, aber die Zürcher haben diese Erhöhung ignoriert und reden bis auf den heutigen Tag lieber vom »Poly«.

Um die Jahrhundertwende waren knapp tausend Studenten im Polytechnikum eingeschrieben[3], die überwiegende Mehrzahl in den technischen Disziplinen. Naturwissenschaften wurden in der Abteilung VI studiert, der »Schule für Fachlehrer«, in der neben der mathematisch-naturwissenschaftlichen Grundausbildung der angehenden Ingenieure auch die Grundlagenforschung konzentriert war. In der Mathematischen Sektion VI A, in der Mathematik, Physik und Astronomie zusammengeschlossen waren, hatten sich 1896 mit Albert Einstein zehn Kommilitonen als Studienanfänger eingefunden, darunter Mileva Marić als einzige Studentin in der ganzen Mathematischen Sektion, die damals einschließlich der Anfänger nur 23 Studenten zählte.

Als im Jahre 1855 die ersten 40 Berufungen ans Polytechnikum erfolgt waren, schrieb ein Journalist mit Sinn für historische Dimensionen: »Seit der Gründung der Berliner Universität [hat] keine wissenschaftliche Hochschule ihren Lebensweg mit einem so reichen Fundus an Talenten begonnen«.[4] Das galt nicht nur für die Architektur, sondern auch für die Mathematik, für die der berühmte Rudolf Dedekind als erster Professor gewonnen worden war. Einstein hatte mit Adolf Hurwitz und Hermann Minkowski zwei hochkarätige Mathematiker als Professoren, bei denen er eine erstklassige Ausbildung wie sonst nur an wenigen Universitäten Europas hätte erhalten können, aber er ließ diese Gelegenheit mehr oder weniger ungenutzt vorübergehen: »Ich sah, daß die Mathematik in viele Spezialgebiete gespalten war, deren jedes diese kurze uns vergönnte Lebenszeit wegnehmen konnte. So sah ich mich in der Lage von Buridans Esel, der sich nicht für ein bestimmtes Bündel Heu entschließen konnte.«[5] Dazu kam noch ein gewisser fachspezifischer Hochmut, denn Albert Einstein meinte in seiner Unschuld, »daß es für den Physiker genüge, die elementaren mathematischen Begriffe klar erfaßt und für die Anwendung bereit zu haben, und daß der Rest in für den Physiker unfruchtbaren Subtilitäten bestehe – ein Irrtum, den ich erst später mit Bedauern einsah. Die mathematische Begabung war offenbar nicht hinreichend, um mich in den Stand zu setzen, das Zentrale und Fundamentale vom Peripheren, nicht prinzipiell Wichtigen zu unterscheiden.«[6] Immerhin sind ihm die Vorlesungen des nicht gar so bedeutenden Professors Carl Friedrich Geiser über Infinitesimalgeometrie im zweiten Studienjahr als »wahre Meisterstücke pädagogischer Kunst«[7] in Erinnerung geblieben, vielleicht, weil er bei der Arbeit an der Allgemeinen Relativitätstheorie auf das hier Gelernte hat zurückgreifen können.

Auch in der Physik hatte das Polytechnikum einen brillanten Start mit Rudolf Clausius, der von der Königlichen Artillerie-Schule in Berlin nach Zürich in seine erste akademische Position berufen worden war, hier die Thermodynamik als geschlossene axiomatische Theorie ausgearbeitet sowie für die kinetische Gastheorie und die statistische Mechanik Grundlegendes geleistet hat. Als Clausius 1867 wegen Heimweh erst nach Würzburg und dann nach Bonn ging, konnte dieses Niveau nicht länger gehalten werden; zwar nahmen die begabten und berühmten Forscher August Kundt und Friedrich Kohlrausch Rufe nach Zürich an, blieben aber jeweils nur ein Jahr, und als Albert Einstein studierte, wirkte der 1875 berufene Heinrich Friedrich Weber, ein wackerer Mann vor allem im Sinne einer fruchtbaren Verbindung von Physik und Technik, in dessen Amtszeit auch die Errichtung des 1890 eröffneten eigenständigen Gebäudes für das Physikalische Institut fiel, an den sich aber sonst kaum jemand erinnern würde, hätte er nicht diesen einen außergewöhnlichen Studenten gehabt.

Für jeden Studienanfänger der Abteilung VI wurde von den Professoren ein Studienplan entworfen, mit Kernfächern, die benotet wurden, und mit nützlichen Wahlfächern ohne Zensuren. Albert Einstein hat das propädeutische Pflichtpensum der ersten drei Semester mit mäßigem Interesse abgearbeitet, aber danach herrschte im Vergleich zu der eher schulmäßig betriebenen Ausbildung der Ingenieure doch die an den Universitäten übliche akademische Freiheit vor, deren Vorzüge bald von Albert Einstein entdeckt wurden. Binnen kurzem merkte er auch, »daß ich mich damit zu begnügen hatte, ein mittelmäßiger Student zu sein«.[8] Nicht ohne Koketterie listete er auf, was ihm alles zum »guten Studenten« fehlte: Leichtigkeit der Auffassung, Willigkeit zur Konzentration auf das in den Vorlesungen Dargebotene sowie Ordnungsliebe zur Aufzeichnung und Ausarbeitung desselben. Allmählich aber lernte er, sich »das Studium so einzurichten, wie es meinem intellektuellen Magen und meinen Interessen entsprach. Einigen Vorlesungen folgte ich mit gespanntem Interesse. Sonst aber ›schwänzte‹ ich viel und studierte zu Hause die Meister der theoretischen Physik mit heiligem Eifer.«[9]

Sein Zuhause war zunächst die Wohnung von Frau Henriette Hägi in der Unionstr. 4, unweit vom Polytechnikum und vom Physikalischen Institut. Im dritten Studienjahr wohnte er in einer von Stephanie Markwalder betriebenen kleinen Pension mit Mittagstisch in der Klosbachstr. 87, verbrachte das letzte Studienjahr aber wieder bei Frau Hägi, mit der er später in die Dolderstraße 17 umzog.

Alle drei Studentenbuden lagen im gutbürgerlichen Stadtteil Hottingen, gleichermaßen günstig zum »Poly« und zum Bellevue am Zürichsee.

Seinen Monatswechsel von 100 Schweizer Franken erhielt er von der wohlhabenden Verwandtschaft in Genua und nicht von den Eltern. Der Firma »Einstein, Garrone e C.« in Pavia war nämlich kein Glück beschieden. Die Einstein-Brüder und ihr italienischer Partner hatten bei ihren Bemühungen um Konzessionen für Wasserkraftwerke lokale Interessen überspielen wollen und waren dabei so schmählich gescheitert, daß sie die Firma im Sommer 1896, nur wenig mehr als ein Jahr nach der Gründung, liquidieren mußten, wobei das gesamte Vermögen sowie einige Kredite der Verwandtschaft verlorengingen.[10] Onkel Jakob steckte das Unternehmertum auf, wurde Angestellter und führte später in Wien als Direktor einer Apparatebau-Firma ein reputierliches Leben. Nicht so jedoch Vater Hermann, der es mit verwandtschaftlicher Hilfe noch einmal als Unternehmer versuchen wollte. In Mailand eröffnete er sogleich eine neue Firma in der via Manzoni für die »Produktion von Dynamos und Elektromotoren«. Technischer Leiter wurde statt des ausgeschiedenen Jakob Einstein ein tüchtiger Werkmeister namens Sebastian Kornprobst[11], der den beiden Brüdern aus München nach Pavia gefolgt war. Der Lebenszuschnitt war trotz finanzieller Schwierigkeiten immer noch gutbürgerlich: die Einsteins wohnten in Mailand in der via Bigli 21 in einer Etage mit elf Zimmern.[12]

Zur Zeit der Liquidation des Unternehmens in Pavia war Albert Einstein gerade mit der Vorbereitung auf seine Maturatsprüfung in Aarau beschäftigt. Seinen Vater hat er zu bewegen versucht, sich wie Onkel Jakob eine Anstellung zu suchen, »so wäre ihm u. uns das Ärgste erspart geblieben«[13], denn zwei Jahre später ging auch die Mailänder Firma in Konkurs, für den Sohn Anlaß zu einem trübsinnigen Brief an die Schwester Maja:

> Am meisten drückt mich natürlich das Unglück meiner armen Eltern, die seit so vielen Jahren keine glückliche Minute mehr gehabt haben. Ferner schmerzt es mich tief, dass ich als erwachsener Mensch untätig zusehen muss, ohne auch nur das Geringste machen zu können. Ich bin ja nichts als eine Last für meine Angehörigen... Es wäre wahrlich besser, wenn ich gar nicht lebte. Der einzige Gedanke, dass ich immer alles getan, was mir meine kleinen Kräfte erlaubten u. dass ich mir jahrein jahraus auch nicht einmal ein Vergnügen, eine Zerstreuung erlaube ausser die, welche mir das Studium bietet, hält mich noch aufrecht und muß mich vor Verzweiflung schützen.[14]

Den Eltern freilich ging es bald wieder besser, und ihr Sohn war ohnehin nicht zu andauernder Traurigkeit aufgelegt, wußte er doch nur zu gut, »daß ich ein lustiger Fink bin und ohne einen verdorbenen Magen oder so etwas Ähnliches gar kein Talent habe zu melancholischen Stimmungen«.[15]

In Zürich hat sich der staatenlose junge Studiosus Einstein schnell eingelebt. Die unschöne Erfahrung der fehlgeschlagenen Aufnahmeprüfung war schnell vergessen, von Aarau war er des öfteren mit einem der Winteler-Knaben oder mit dem Cousin Robert Koch herübergekommen, und nach wie vor stand ihm das Haus seines Landsmannes Gustav Maier offen. Dieser ebenso vermögende wie liberale Mann hatte gerade mit einigen Gesinnungsfreunden eine »Schweizerische Gesellschaft für ethische Kultur« gegründet, in der ähnlich wie im seit 1892 bestehenden deutschen Vorbild soziale Reformen, Bildungsprobleme und die Gefährdung des Friedens durch Militarismus und Chauvinismus diskutiert wurden.[16] Zu den Gründungsmitgliedern gehörten neben anderen renommierten Schweizern Einsteins »Papa Winteler« und Robert Saitschick, Professor für Literatur am Polytechnikum, bei dem Einstein im zweiten Semester eine Vorlesung über Goethe hörte. Durch Zugang zu diesem Kreis wurden die republikanisch-demokratischen Auffassungen und die Skepsis gegenüber dem von Bismarck geprägten Deutschen Reich, die Jost Winteler in seinem Pensionsgast geweckt hatte, noch befestigt.

Ebenfalls durch die Einsteins waren über gemeinsame Bekannte in Mailand Beziehungen zur Familie von Alfred Stern geknüpft worden, einem bedeutenden Historiker deutsch-jüdischer Herkunft, der als Professor am Polytechnikum wirkte. Einstein hat die Sterns mit wöchentlicher Regelmäßigkeit besucht und an deren kultivierter Gastlichkeit teilhaben können. Auch für seine persönlichen Probleme hat er beim Professor Stern immer Verständnis gefunden, so daß er nach Studienabschluß seinen Dank in bewegende Worte faßte: »Was soll ich aber jetzt sagen über alle Güte und väterliche Freundschaftlichkeit, mit der Sie mich stets beglückt haben, wenn es mir vergönnt war, bei Ihnen zu sein?... Aber das ist gewiss, dass mir noch keiner so entgegengekommen ist wie Sie, und dass ich mehr als einmal in trauriger oder bitterer Stimmung zu Ihnen ging und dort stets Freudigkeit und inneres Gleichgewicht wiederfand.«[17]

Jeden Sonntag war Albert Einstein außerdem bei einer Familie Fleischmann zum Essen eingeladen, ganz so, wie einst in München Max Talmud jeden Donnerstag bei seinen Eltern zu Gast gewesen war. Michael Fleischmann hatte zunächst die Zürcher Niederlassung des Getreidehandelshauses der Genueser Kochs geleitet und sich dann mit einer eigenen Firma selbständig gemacht, die auf der Bahnhofstraße residierte und nun als Agent die Interessen der Kochs vertrat. Nach dem Sonntagsbraten bei den Fleischmanns sah man Einstein meistens in einem Café auf der Bahnhofstraße, wo er seinen Gedanken bei einer Tabakspfeife nachhing, einer damals entdeckten und lange gepflegten Passion.

Die 100 Schweizer Franken, die ihm die Kochs monatlich anwiesen, werden für ein typisches Studentenleben ausgereicht haben: bescheiden, aber nicht ärmlich. Wenn Albert Einstein allerdings mal zehn Franken Strafe an die Zürcher Einwohnerkontrolle[18] zahlen mußte, weil er die Hinterlegung notwendiger Papiere verschlampt hatte, konnte es knapp werden, zumal er jeden Monat zwanzig Franken in den Sparstrumpf steckte für die Gebühren, die mit der erstrebten Einbürgerung einmal fällig werden würden, denn daß er Schweizer werden wollte, stand für ihn mittlerweile fest. Gelegentlich besserte er seine Kasse durch das Erteilen von Nachhilfeunterricht auf, so auch bei Dora, der Tochter seines väterlichen Gönners Professor Stern.

Das übliche gesellige Studentenleben war nicht unbedingt Albert Einsteins Sache; rückblickend beschrieb er sich als »so eine Art Vagabund und Eigenbrödler«.[19] Gleichwohl blieb er auch am »Poly« nicht allein. Eine »richtige Freundschaft« entstand insbesondere zu dem ein Jahr älteren Marcel Grossmann, einem Mathematikstudenten. »Mit ihm ging ich jede Woche einmal feierlich ins Cafe ›Metropol‹ am Limmatquai und sprach mit ihm nicht nur über das Studium, sondern darüber hinaus über alle Dinge, die junge Menschen mit offenen Augen interessieren können.«[20] Eine eigentümliche Faszination ging für den »Vagabunden« Einstein von Grossmanns fester Verankerung im soliden und zugleich liberalen schweizerischen Milieu aus, von dem er bei seinen Besuchen im Grossmannschen Elternhause in Thalwil am Zürichsee ein sympathisches Beispiel fand, während jener vom intellektuellen Tiefgang seines Freundes so beeindruckt war, daß er alsbald seinen Eltern verkündet haben soll: »Dieser Einstein wird einmal etwas ganz Großes werden!«[21] Der sah das eher umgekehrt, in seinem Freund den »musterhaften Studenten, verbunden mit den Lehrern... ich abseits und unbefriedigt, wenig beliebt«.[22] Grossmann besuchte nicht nur eifrig alle Vorlesungen, sondern arbeitete sie so sorgfältig aus, daß man sie hätte zum Druck geben können. Diese Hefte waren Albert Einsteins »Rettungsanker«, sobald die Examina herannahten: »wie es mir ohne sie ergangen wäre, darüber will ich lieber nicht spekulieren.«[23] Auch später wurde Grossmann zum Rettungsanker, einmal bei Einsteins erster Anstellung am Patentamt in Bern und später bei den ersten mathematischen Ausarbeitungen der Allgemeinen Relativitätstheorie. Nach Grossmanns frühem Tod im Jahre 1936 schrieb Einstein dessen Witwe: »Aber eines ist doch schön; wir waren und blieben Freunde durchs Leben hindurch.«[24]

In dem sechs Jahre älteren Michele Angelo Besso fand Einstein einen weiteren Freund »durchs Leben hindurch«. Besso war im Kanton Zürich geboren, aber in Italien aufgewachsen; am Polytechnikum war er zum Maschinenbau-Ingenieur ausgebildet worden und bei einer Firma in Winterthur beschäftigt. Besso empfahl dem jungen Studenten die Lektüre der Werke von Ernst Mach, diskutierte mit ihm in endlosen Gesprächen die eher philosophisch zu nennenden Grundlagen der Physik und wurde bald zum »Resonanzboden« für Einsteins eigene Überlegungen.

Die Bekanntschaft mit Besso geht auf Einsteins unverbrüchlich andauernde Liebe zur Musik zurück, haben sich doch die beiden während Einsteins erstem Semester im Haus einer Zürcher Dame namens Selina Caprotti kennengelernt, bei der man sich samstags zum gemeinsamen Musizieren einfand.[25] Das beachtliche violinistische Niveau des jungen Einstein ist immerhin durch das objektive Zeugnis eines Schulinspektors belegt, der in Aarau die musikalischen Fähigkeiten von 17 Schülern überprüft hatte, in seinem Bericht pauschal manch Kritisches und Lobendes erwähnte, aber nur einen der Kandidaten namentlich heraushob: »Ein Schüler, Namens Einstein, brillirte sogar durch verständnißinnige Wiedergabe eines Adagio aus einer Beethoven'schen Sonate.«[26]

In damaliger Zeit, lange vor der Erfindung des Radios und anderer Geräte zur technischen Musikwiedergabe, waren gute Amateure wie Albert Einstein allseits gesuchte Gäste bei hausmusikalischen Veranstaltungen, und so konnte man ihn oft mit dem Geigenkasten unterm Arm durch Zürich ziehen sehen. Zudem war vor seiner musikalischen Leidenschaft kaum eine der vielen Klavier spielenden Damen sicher, weder die jungen Fräulein wie Susanne Markwalder, Tochter seiner Vermieterin, der er die Mozart-Sonaten mit Widmung »In Treue und Verehrung« schenkte, noch ein altes »reizendes Jüngferchen« wie die in der Nähe wohnende betagte Klavierlehrerin Wegelin.[27] Manchmal hat man den Eindruck, daß ihm die Damen fortgeschrittenen Alters als Duo-Partnerinnen sogar lieber waren, da keine Komplikationen drohten: »Die Pfingstfeiertage & -nächte verbringe ich mit musikalischen Genüssen, die mir Gott durch einen jener Engel sendet, welche nicht mit dem gefährlichen zweischneidigen Schwert sensiblen Herzen gefährlich werden. Es ist eine Dame, welche bereits Großmama ist...«[28]

Vielfältig wie die Damen sind die Anekdoten, die sich um Einsteins Violinspiel ranken und von teilweise beachtlichem Selbstbewußtsein zeugen. Als er bei Markwalders ein kleines Publikum in Gestalt einiger Damen hatte, die während seines Vortrags mit ihren Stricknadeln zu klappern anfingen, packte er seine Geige kurzerhand in den Kasten, denn »wir dürfen Sie doch nicht bei Ihrer Arbeit stören«.[29] Beim Professor Stern geriet Einstein bei Tisch einmal mit einem anderen eingeladenen Physiker in einen heftigen Disput und beendete diesen mit einem Hinweis auf die mitgebrachte Geige: »Gehen wir jetzt ins Musikzimmer! Dort können wir dann das spielen, was sie so gern haben möchten – nämlich Händel!«

Wie sehr ihm die Geige ans Herz gewachsen und zu einem Instrument intimer Zwiesprache geworden war, wurde Einstein spätestens gegen Ende des dritten Studienjahres bewußt, als er sich im physikalischen Laboratorium so ernsthaft an der Hand verletzte, daß die Wunde in der Klinik genäht werden mußte. In einem Brief an ein »Liebes Fräulein«, mit dem er in Aarau Duos gespielt hatte, beklagte er als Folge dieses Malheurs vornehmlich, daß er seine Geige jetzt natürlich liegen lassen mußte: »Ich vermisse sehr die alte Freundin, durch die ich mir alles sage & singe was ich mir gar oft in dürren Gedanken auch nicht im mindesten zugestehe, sondern höchstens drüber lache, wenn ichs an anderen sehe...«[30]

Neben der »alten Freundin« gabs freilich auch eine neue von jener Art, die »mit dem gefährlichen zweischneidigen Schwert sensiblen Herzen gefährlich werden«. Die hatte allerdings nichts mit der Musik zu tun, sondern sie studierte Physik: Es war Mileva Marić, die einzige Studentin in der ganzen Sektion VI A. Sie stammte aus der Vojvodina, einem damals zum ungarischen Teil der k. u. k.-Monarchie, dann zu Jugoslawien gehörigen Gebiet, in dem im Gefolge verworrener Machtkämpfe ein buntes Völkergemisch heimisch geworden war. Sie war als Tochter eher biederer serbischer Großbauern in dem Dorf Titel geboren und in Neusatz, dem heutigen Novi Sad, aufgewachsen. Nicht gerade durch die Traditionen der Familie und des damaligen Schulsystems begünstigt, wollte Mileva unbedingt studieren.[31] Da damals das Studium für Frauen in den deutschsprachigen Ländern nur in der

Schweiz möglich war, ging sie deshalb nach Zürich, dem Mekka studierwilliger junger Damen aus aller Herren Länder. Zunächst mußte sie an der dortigen Höheren Töchterschule die Matura erwerben, bevor sie im Sommersemester 1896 an der Zürcher Universität das Medizinstudium aufnehmen konnte. Im Wintersemester wechselte sie ans Polytechnikum und begann gleichzeitig mit Albert Einstein den Kurs, der zum Lehrer-Diplom führen sollte.

Einiges spricht dafür, daß sich der eigenbrötlerische Albert Einstein und die drei Jahre ältere Mileva Marić spätestens im zweiten Semester näher gekommen sind, als es die studentische Kollegialität unbedingt erfordert hätte. Vielleicht war die Kommilitonin sogar der Anlaß für Einsteins »felsenfesten« Entschluß, die Beziehung zu Marie Winteler im Frühjahr 1897 zu beenden. In den Sommerferien hat Einstein ihr jedenfalls geschrieben, und sie hat zu Hause von ihm erzählt und das Interesse der Eltern geweckt: »Papa hat mir etwas Tabak mitgegeben und ich sollte es durchaus ihnen einhändigen, er wollte ihnen so gerne das Maul wässern machen nach unserem Räuberländchen.«[32] Dieser Brief kam freilich schon aus Heidelberg, wo Mileva »unter deutschen Eichen im lieblichen Neckartale«[33] wandelte und sich für ihr drittes Physiksemester als Gasthörerin an der Universität eingeschrieben hatte. Ob dieser Ortswechsel schon längere Zeit zuvor geplant worden war oder ob er in die Wege geleitet wurde, um Abstand vom Kommilitonen Einstein zu gewinnen, bleibt der Vermutung überlassen; daß Mileva den Wechsel nach Heidelberg als eine Art Prüfung ihrer Gefühle empfunden hat, läßt sich freilich zwischen den Zeilen ihres Briefes an Albert Einstein herauslesen.

Das Studium der Physik war am Polytechnikum in den ersten Semestern eher ein Anhängsel zur mathematischen Ausbildung der Ingenieure denn eine eigenständige Disziplin. Im ersten Semester gab es nur Mathematik; die im zweiten Semester von Albin Herzog gehaltene und im dritten Semester fortgesetzte Vorlesung über Mechanik wurde von 140 Studenten belegt und richtete sich ebenfalls in erster Linie an den Bedürfnissen der Ingenieure aus, so daß Einstein dem »Geehrten Fräulein« Mileva Marić trocken rezensierte: »Herzog Dynamik & Festigkeitslehre, letzteres sehr klar und gut – in der Dynamik etwas oberflächlich, wie es bei einem ›Massenkolleg‹ ganz natürlich ist.«[34]

Erst im dritten Semester gab es überhaupt eine Vorlesung, die als »Physik« angekündigt worden war. Sie wurde vom Professor Heinrich Friedrich Weber gehalten und fand Einsteins Beifall: »Weber las über die Wärme... mit großer Meisterschaft. Ich freue mich bei ihm von einem Kolleg aufs andere.«[35] Diese Vorlesungen hat Einstein sogar mitgeschrieben und ausgearbeitet[36], so daß er es sich erlauben konnte, der »kleinen Ausreißerin« den – ganz selbstlosen? – »Rat zu geben, ...möglichst bald hierher zu kommen, denn da finden Sie ja alles in unseren Heften gedrängt beisammen, was Sie brauchen«.[37] Mileva Marić folgte diesem Rat und war ab April 1898 wieder in Zürich; allerdings war es nicht so einfach, das in Heidelberg verbrachte Semester aufzuholen, so daß sie die nach dem zweiten Semester fällige »Übergangs-Diplom-Prüfung« trotz der Hefte von Einstein und Grossmann um ein Jahr verschieben mußte.

Der sich selbst als »mittelmäßig« einschätzende Student Einstein hat sich termingerecht für die auf Anfang Oktober 1898 angesetzten Prüfungen angemeldet und den Sommer über meistens zusammen mit Marcel Grossmann eifrig gelernt, was nicht immer ein Vergnügen war: »Wenn man so ein Examen macht, fühlt man sich so verantwortlich für alles, was man denkt und macht, wie wenn man sich in einer Strafanstalt befände.«[38] Die Plackerei war freilich von Erfolg gekrönt: in den fünf Prüfungsfächern erhielt er zweimal die Höchstnote 6 und sonst die Note 5½. Daraus errechnet sich ein Durchschnitt von 5,7, der beste seines Jahrgangs.[39] Marcel Grossmann wurde mit 5,6 Zweiter.

Nach der hervorragend bestandenen Übergangsprüfung arbeitete Albert Einstein im dritten Studienjahr »mit Eifer und Fleiß... in Professor H.F. Webers physikalischem Laboratorium«.[40] Für diesen Kurs, der im Programm des Polytechnikums allerdings als »Elektrotechnisches Laboratorium« ausgewiesen war, gab es in Zürich die denkbar besten Voraussetzungen, denn Weber hatte mit Unterstützung durch Werner von Siemens für ein hervorragend ausgestattetes Physikalisches Institut gesorgt, das den Anforderungen der experimentellen Grundlagenforschung ebenso gewachsen sein sollte wie denen einer wissenschaftlich begründeten Elektrotechnik.

Das Institutsgebäude an der Gloriastraße war 1890 fertiggestellt worden, beinahe eine Konkurrenz zum Semperschen Hauptgebäude des Polytechnikums und dieses wegen seiner höheren Lage am Hang des Zürichbergs sogar noch überragend. Ein amerikanischer Physiker, der Zürich ein Jahr vor Einsteins Studienbeginn besucht hatte, kam ob dieser Opulenz aus dem Staunen nicht heraus: »Sie haben nicht nur die vollständigste instrumentelle Ausstattung, die ich jemals gesehen habe, sondern auch das größte mir unter die Augen gekommene, als physikalisches Laboratorium genutzte Gebäude. ...Regale über Regale gefüllt mit Batterien, Dutzende über Dutzende der teuersten Tangenten- & Hochwiderstandsgalvanometer. ...Die Apparaturen in dem Gebäude kosteten 400.000 Franken, das Gebäude allein eine Million Franken.«[41] Bei diesen vollkommenen Arbeitsbedingungen mögen Reminiszenzen an die elektrotechnischen Basteleien und ernsthaften Arbeiten in der Werkstatt von Onkel Jakob wieder wach geworden sein, aber die dankbare Erinnerung an die Faszination »durch die direkte Berührung mit der Erfahrung«[42] zeigt, daß der junge Einstein nicht etwa einer jener schmalbrüstigen Denker war, als den man sich gemeinhin den angehenden Theoretiker vorzustellen beliebt, sondern ein Vollblutphysiker mit handfesten praktischen Interessen und Fähigkeiten.

Weniger Glück hatte Einstein mit dem ebenfalls im dritten Studienjahr stattfindenden »Physikalischen Praktikum für Anfänger« bei Professor Jean Pernet. Was immer ihm nicht behagte, der Professor oder die Experimente, er schwänzte viel und erhielt »auf brieflichen Antrag des Herrn Pernet wegen Vernachlässigung des physikalischen Praktikums« im März 1899 einen »Verweis durch den Direktor wegen Unfleiss«.[43] Kein Wunder, daß es zwischen Einstein und Pernet manch harsche Auseinandersetzung gab. So soll dieser seinen »unfleissigen« Studenten gefragt haben, warum er statt der schwierigen Physik nicht lieber Medizin, Juristerei oder Philologie studieren wolle. Einsteins berichtete Antwort »Weil mir dazu erst recht die Begabung fehlt, Herr Professor. Warum soll ich es mit der Physik nicht wenigstens probieren?«[44] wird kaum zur Entspannung der Situation beigetragen haben. Pernet rächte sich an diesem Burschen durch eine 1, die schlechtestmögliche Note.

Auch in der Theoretischen Physik kam die Situation am Polytechnikum der Interessenlage von Albert Einstein nicht gerade entgegen, wenn auch aus anderen Gründen. »Die Physik war nicht besonders begünstigt«, klagte zum Beispiel der Student Adolf Fisch, der wie Einstein von der Aargauer Kantonsschule ans »Poly« gekommen war. Bei Weber machte er wie Einstein die betrübliche Erfahrung, daß »er als typischer Vertreter der klassischen Physik einfach alles ignorierte, was nach Helmholtz kam. Nach Abschluß der Studien kannte man die Vergangenheit der Physik, aber nicht ihre Gegenwart und Zukunft. Wir waren also darauf angewiesen, die neuere Literatur privat zu studieren.«[45]

Erst im letzten Semester, als Einstein schon an seiner Diplomarbeit saß, hielt der Mathematiker Hermann Minkowski eine Vorlesung über Analytische Mechanik als Ergänzung zu Professor Herzogs Standard-Kurs über Mechanik. Minkowski hatte gerade eine Arbeit über Kapillarität für die *Enzyklopädie der mathematischen Wissenschaften* geschrieben, seine wenigen Hörer mit einem Erstdruck versorgt und dieses Thema im Rahmen seiner Vorlesung diskutiert. Im Anschluß daran sagte Albert Einstein einem Kommilitonen enthusiastisch und etwas melancholisch: »Das ist die erste Vorlesung über mathematische Physik, die wir am Poly hören!«[46] Immerhin hat diese Vorlesung Einstein zu seiner ersten wissenschaftlichen Veröffentlichung[47] angeregt, die er ein halbes Jahr nach Erhalt seines Diploms bei den ›Annalen der Physik‹ einreichte, obwohl dieses Thema nicht gerade im Zentrum der physikalischen Diskussion und auch nicht im Zentrum von Einsteins Interesse gestanden hat.

Sehr wahrscheinlich hätte Albert Einstein an einer der besseren Universitäten in Deutschland, in Göttingen, Bonn oder Berlin, eine seinem »intellektuellen Magen« eher angemessene Ausbildung finden können, aber seine Matura vom Gewerbeschul-Zweig der Aargauer Kantonsschule berechtigte ihn nur zum Studium am Eidgenössischen Polytechnikum; außerdem war das deutsche Kapitel für ihn abgeschlossen, und sein Wunsch, Schweizer zu werden, ließ wegen der dafür erforderlichen mehrjährigen Präsenz den Gedanken an einen Wechsel etwa nach Wien oder Paris gar nicht erst aufkommen. Schließlich darf man vermuten, daß die Notwendigkeit, sich seinen eigenen Zugang zur zeitgenössischen theoretischen Physik zu suchen, seiner sich bald abzeichnenden Originalität zumindest nicht abträglich war.

Vom intellektuellen Fluidum der Physik beim Ausgang des 19. Jahrhunderts war Albert Einstein im Rückblick nicht gerade angetan: »Bei aller Fruchtbarkeit im einzelnen herrschte in prinzipiellen Dingen dogmatische Starrheit: Am Anfang (wenn es einen solchen gab) schuf Gott Newtons Bewegungsgesetze samt den notwendigen Massen und Kräften. Dies ist alles; das Weitere ergibt die Ausbildung geeigneter mathematischer Methoden durch Deduktion.«[48] Daran ist gewiß mehr als nur ein Körnchen Wahrheit. Eloquente Propagandisten eines »Mechanischen Weltbildes« haben so Ähnliches formuliert, nur weitschweifiger als Einstein, und der größte Teil der Physik-Ausbildung am Polytechnikum mag eine pädagogische Umsetzung dieser Maximen gewesen sein. Tatsächlich aber war die Physik kurz vor der Jahrhundertwende viel lebendiger, als die Einsteinsche Charakterisierung vermuten läßt, und er selbst wußte davon, war davon gefesselt und präparierte sich seine Problemstellungen für die Zukunft heraus, denn »bald lernte ich es hier, dasjenige herauszuspüren, was in die Tiefe führen konnte, von allem anderen aber abzusehen, von dem Vielen, das den Geist ausfüllt und von dem Wesentlichen ablenkt«.[49]

Bei allem Sarkasmus gegenüber dem ebenso dürren wie rigiden erkenntnisleitenden Programm der universellen Mechanik war Einstein natürlich zunächst einmal wie »jeder empfängliche Mensch«[50] voll Bewunderung für das in diesem Rahmen Geleistete, wobei ihm allerdings weniger die Lösung auch noch der verzwicktesten originär mechanischen Probleme den größten Eindruck machte, sondern die Leistungsfähigkeit des mechanischen Programms in Gebieten, die auf den ersten Blick nichts mit Mechanik zu tun haben. Das war vor allem die kinetische Gastheorie, in der einige wesentliche Theoreme allein aufgrund der Annahme schlüssig hergeleitet werden konnten, daß die Gase aus winzigen Materiekügelchen bestehen, deren Bewegungen und Stöße den Gesetzen der Mechanik folgen.

Diesen Teil der Gastheorie hat Professor Weber in seinen Vorlesungen in ansprechender Manier behandelt, und den anderen, tiefer liegenden Aspekt, daß nämlich die statistische Theorie der mechanischen Behandlung eines Ensembles von Materiekügelchen imstande war, die Grundgesetze der Thermodynamik zu deduzieren, hatte er im Selbststudium in den gerade erschienenen grundlegenden Büchern von Ludwig Boltzmann[51] gelernt, mit denen er sich nachweislich seit dem Sommer 1899 beschäftigte[52] und die von allem anderen als »dogmatischer Starrheit« zeugen. Bedenkt man, daß damals sogar noch einerseits die Existenz von Atomen strittig war, andererseits sich aber mit Röntgen-, Kathoden- und sonstigen Strahlen eine völlig neue Welt der Mikrophysik auftat, kann man auch den Eindruck einer überaus interessanten Phase der Forschung im Umbruch gewinnen.

Dies gilt ebenso für die andere große Entwicklung innerhalb der Physik in der zweiten Hälfte des 19. Jahrhunderts: die Theorie des elektromagnetischen Feldes, die von James Clerk Maxwell zur Reife entwickelt und mit der Entdeckung der elektromagnetischen Wellen durch Heinrich Hertz im Jahre 1888 auf das glänzendste bestätigt worden war. Natürlich hatten auch Maxwell und Hertz in der Mechanik die gesicherte Grundlage aller Physik gesehen und demzufolge versucht, die Theorie des elektromagnetischen Feldes in der Mechanik zu verankern oder gar aus ihr herzuleiten. Nicht zuletzt zu diesem Zweck war der »Äther« erfunden worden, eine merkwürdige immaterielle Substanz, die zunächst als Substrat für die sogenannten »Polarisationszustände« des elektromagnetischen Feldes diente und dann herangezogen wurde, um der Ausbreitung elektromagnetischer Wellen wie des Lichts oder der Hertzschen Wellen eine Basis zu verschaffen, denn die konnte ja nach mechanischen Vorstellungen nicht in »Nichts« vonstatten gehen, sondern brauchte ein schwingendes Medium, etwa so wie die Schallwellen die Luft.

Der Preis, den die Physiker für die Anbindung der elektromagnetischen Felder an die Mechanik zu bezahlen hatten, war allerdings sehr hoch, denn der »Äther« erwies sich als eine begriffliche Konstruktion voll innerer Widersprüche. Als ein elastischer, alles durchdringender Körper, aber unwägbar und inkompressibel, führte er neben der normalen Materie ein »Gespensterdasein«, da er ihrer Bewegung keinen Widerstand entgegensetzen und auch sonst nicht mit ihr in Wechselwirkung treten durfte. Zur Erklärung der Lichtgeschwindigkeit in bewegter Materie mußte angenommen werden, daß der Äther unabhängig von der Materie in ewiger Ruhe befindlich sei; als allerdings in den berühmten Experimenten von Albert Michelson und Edward Williams Morley die Bewegung der Erde durch den Äther gemessen werden sollte, mußte man enttäuscht akzeptieren, daß eine solche Bewegung offenbar nicht vorhanden war. Hier also gab es genug Probleme, die nicht anders als »in die Tiefe führen« konnten, und mit seinem sicheren Gespür für das Wesentliche fühlte Einstein sich zu ihnen hingezogen.

Albert Einsteins Gedanken dürften zunächst um die Fortsetzung dessen gekreist sein, was er »das erste kindliche Gedankenexperiment, das mit der speziellen Relativitätstheorie zu tun hat«[53], genannt hat. Als frühestes Zeugnis dieser Überlegungen ist überliefert, was der Psychologe Max Wertheimer, einer der Begründer der »Gestaltpsychologischen Schule«, im Jahre 1916 in Berlin aus Einstein herausgefragt hat; den Problemhorizont seines Gesprächspartners in dieser ersten tastenden Phase hat er folgendermaßen wiedergegeben:

> Wie wäre es, wenn man hinter einem Lichtstrahl herliefe? Wie, wenn man auf ihm ritte? ... Wenn man schnell genug liefe, würde er sich dann überhaupt nicht mehr bewegen? ... Was ist »die Lichtgeschwindigkeit«? Wenn ich sie in Beziehung auf einen Gegenstand kenne, trifft ihr Wert nicht zu in Bezug auf einen anderen Gegenstand, der sich selbst in Bewegung befindet?[54]

Aller Wahrscheinlichkeit nach hat Einstein diese Probleme allein hin- und hergewälzt, zunächst in Aarau und auch in seinem ersten Studienjahr in Zürich; jedenfalls sind aus dieser Zeit weder Gesprächspartner noch Literaturstudien nachweisbar, die ihn auf solche Gedanken hätten bringen können. Im zweiten Studienjahr überraschte er dann den Professor Weber mit dem Vorschlag eines Experiments zur Bestimmung der relativen Geschwindigkeit der Erde gegenüber dem Äther, offenbar ohne Kenntnis der Michelson-Morley-Versuche, denn »er erfuhr erst später, daß Physiker schon solche Experimente gemacht hatten«.[55]

Allerdings war auch Einsteins Vorschlag nichts anderes als eine Variante des Versuchs von Michelson und Morley: »Ich dachte über das folgende Experiment mit zwei Thermoelementen nach. Zwei Spiegel werden so justiert, daß Licht von einer einzigen Quelle in zwei unterschiedliche Richtungen reflektiert wird, die eine parallel zur Bewegung der Erde und die andere antiparallel, also entgegengesetzt. Wenn wir annehmen, daß die Energie der beiden reflektierten Strahlen einen Unterschied aufweisen müßte, können wir diesen Unterschied durch die in den beiden Thermoelementen entstehende Wärme messen.«[56] Natürlich blieb dieses Experiment ein Vorschlag, denn »es gab keine Möglichkeit, den Apparat zu bauen. Die Skepsis seiner Professoren war zu groß, die Überzeugungskraft des Unternehmens zu klein.«[57] Nicht bekannt ist, ob Professor Weber das Experiment ablehnte, weil er es für uninteressant oder gar nur für die spinnerte Idee eines ohnehin merkwürdigen Studenten hielt, oder ob er dessen technische Realisierbarkeit als ein Ding der Unmöglichkeit durchschaut hatte – in letzterem Falle müßte ihm rückblickend auch aus heutiger Sicht beigepflichtet werden.

Sein ganzes Studium hindurch mußte Albert Einstein damit leben, daß die Theorie des elektromagnetischen Feldes und die damit zusammenhängenden Probleme am Polytechnikum überhaupt nicht behandelt wurden. Nicht zuletzt deshalb schwänzte er viel und studierte »zu Hause die Meister der theoretischen Physik mit heiligem Eifer«.[58] Für den Studenten Einstein war das nichts Besonderes, sondern »einfach die Fortsetzung früherer Gewohnheit«[59], und schon bald war er auf diese Weise von der Peripherie ins Zentrum der aktuellen Forschung vorgedrungen.

Den ersten Hinweis auf das Studium aktueller Bücher zur Feldtheorie im zweiten Studienjahr verdanken wir seiner Angewohnheit, den Schlüssel zu vergessen. So stand er wieder einmal vor der verschlossenen Wohnung der Frau Hägi, ging darauf zur Pension Bächthold, in der Mileva Marić wohnte, und bat das abwesende »Geehrte Fräulein« in einer Notiz, »es mir nicht übel zu nehmen, wenn ich Ihnen in meiner Not den Drude entführe, um ein wenig studieren zu können«.[60]

Bei dem entführten Objekt handelte es sich um ein Buch des jungen deutschen Physikers Paul Drude über die *Physik des Äthers*[61], das in der Überzeugung geschrieben war, die Maxwellsche Theorie des elektromagnetischen Feldes würde dem Licht und den Hertzschen Wellen besser gerecht als der alte mechanische Gesichtspunkt.

Ein Jahr später hatte Einstein die wichtigsten Veröffentlichungen von Hermann von Helmholtz[62] und insbesondere von Heinrich Hertz[63] durchgearbeitet, wie aus einem in den Sommerferien des Jahres 1899 an Mileva Marić geschriebenen Brief hervorgeht: »Ich hab den Band Helmholtz zurückgetragen & studiere gegenwärtig noch einmal aufs Genaueste Hertz' Ausbreitung der elektrischen Kraft. Der Anlaß dazu war, daß ich Helmholtz' Abhandlung über das Prinzip der kleinsten Wirkung in der Elektrodynamik nicht verstand.«[64] Was immer er nicht verstanden hatte, er hatte jedenfalls auch gegenüber den Auffassungen von Heinrich Hertz einen durchaus eigenständigen kritischen Standpunkt gewonnen:

> Es wird mir immer mehr zur Überzeugung, daß die Elektrodynamik bewegter Körper, wie sie sich gegenwärtig darstellt, nicht der Wirklichkeit entspricht, sondern sich einfacher wird darstellen lassen. Die Einführung des Namens »Äther« in die elektrischen Theorien hat zur Vorstellung eines Mediums geführt, von dessen Bewegung man sprechen könne, ohne daß man wie ich glaube, mit dieser Aussage einen physikalischen Sinn verbinden kann.[65]

Hier kündigt sich schon die Abschaffung des Äthers an, wie sie sechs Jahre später in der Speziellen Relativitätstheorie erfolgen wird, und auch der Titel dieser Arbeit – »Zur Elektrodynamik bewegter Körper« – ist in diesem Brief an Mileva Marić schon vorformuliert, freilich in Anlehnung an die Überschrift, die Heinrich Hertz seiner Arbeit aus dem Jahre 1890 gegeben hatte. Einige diesen Komplex abschließende Bemerkungen wie die Auffassung der »elektrischen Ströme... als Bewegung wahrer elektrischer Massen«[66] und die zukünftige Definition der Elektrodynamik als »Lehre von den Bewegungen bewegter Elektrizitäten & Magnetismen im leeren Raum«[67] deuten darauf hin, daß Einstein auch mit den Arbeiten des großen holländischen Theoretikers Hendrik Antoon Lorentz[68] vertraut war.

Damit hatte sich Albert Einstein als Student am Zürcher Polytechnikum der gleichen Thematik zugewandt wie ein knappes Jahr zuvor die »Gesellschaft deutscher Naturforscher und Ärzte« bei ihrem Jahrestreffen im September 1898 in Düsseldorf. Der Äther und sein Verhalten in bewegten Medien war als Gegenstand einer speziellen Sitzung ausgewählt worden, zu der alle Kapazitäten einschließlich des Holländers Lorentz eingeladen waren und für die der junge Aachener Privatdozent Wilhelm Wien das einleitende Übersichtsreferat vorbereitet hatte. Gleich im ersten Satz seines Vortrages machte Wien die Verworrenheit der Lage deutlich: »Die Frage, ob der Lichtäther an den Bewegungen der Körper theilnehme oder nicht, und ob ihm überhaupt Beweglichkeit zuzuschreiben ist, hat die Physiker seit langem beschäftigt und zahllos sind die Annahmen und Vermutungen, die man für die Eigenschaften des Trägers der electromagnetischen Erscheinungen aufzustellen für nötig hielt.«[69] Die Erörterung von Wien war im wesentlichen eine Gegenüberstellung von Widersprüchen, die sich jeweils aus den unterschiedlichen Äther-Konzepten ergaben, sowie eine sorgfältige Auflistung von insgesamt dreizehn Experimenten, die über die Bewegung der Erde relativ zum Äther Auskunft geben konnten. In ihrem theoretischen Teil erinnerte diese Diskussion ein wenig an die Debatte der Astronomen im ausgehenden Mittelalter, als durch das Aufeinandertürmen von Epizykeln und sonstigen Hilfskonstruktionen die »Rettung der Erscheinungen« und damit die in der Mitte des Kosmos ruhende Erde verfochten wurde, ein Unternehmen, das letztlich zum Scheitern verurteilt war, da es nur immer neue Komplikationen produzierte, die erst im Rahmen des radikalen Neubeginns der »Kopernikanischen Wende« gelöst werden konnten.

Von einer vergleichbaren Wende in der Frage des Äthers war in Düsseldorf allerdings nichts zu spüren. Auch der weithin als Autorität angesehene Professor Lorentz, der zum Wienschen Problemaufriß das Korreferat hielt, konnte sich die Zukunft der Physik ohne den Äther nicht denken: »Aether, ponderable (also schwere) Materie, und wir wollen hinzufügen Electricität, sind die Bausteine, aus denen wir die materielle Welt zusammensetzen, und wenn wir einmal wüssten, ob die Materie bei ihrer Bewegung den Aether mit sich fortführe oder nicht, so wäre uns ein Weg gegeben, auf dem wir etwas weiter in das Wesen dieser Bausteine und ihrer gegenseitigen Beziehungen eindringen können.«[70] Niemand der in Düsseldorf anwesenden Physiker aber hat wie der 20jährige Albert Einstein hinsichtlich der Bewegung des Äthers die Frage aufgeworfen, ob man »mit dieser Aussage einen physikalischen Sinn verbinden kann«, ob der Äther also nicht ein für die Physik überflüssiges Konzept ist, das nicht erforscht, sondern abgeschafft werden sollte.

Bei der gelehrten Veranstaltung in Düsseldorf war der Student Albert Einstein nicht dabeigewesen, aber er war informiert, wahrscheinlich besser als sonst irgend jemand in Zürich. Aus Mailand, wo er im

Anschluß an den Aufenthalt in Mettmenstetten den Rest der Semesterferien des Jahres 1899 bei den Eltern verbrachte, tröstete er die für die »Übergangsprüfung« am Polytechnikum büffelnde Mileva Marić, daß auch er »viel büchergewurmt & sehr viel ausgetüftelt«[71] habe. »Auch habe ich an Professor Wien in Aachen geschrieben über die vom ›Prinzipal‹ so stiefmütterlich behandelte Arbeit über Relativbewegung des Lichtäthers gegen die ponderable Materie. Ich habe von diesem Mann eine sehr interessante Abhandlung vom Jahr 1898 über diesen Gegenstand gelesen. Er wird mir via Polytechnikum schreiben.«[72] Die »interessante Abhandlung« war Wiens Referat auf der Düsseldorfer Tagung vom Vorjahr, das Einstein offenbar in den ›Annalen der Physik und Chemie‹ entdeckt hatte.[73] Leider ist Albert Einsteins Brief verlorengegangen; auch ist nicht bekannt, ob Wilhelm Wien darauf geantwortet hat, so daß im Dunkeln bleibt, was Wien zu dem vom »Prinzipal« Professor Weber so »stiefmütterlich« behandelten Einsteinschen Vorschlag eines weiteren Experiments gesagt hat.

Die erhalten gebliebenen Dokumente zeigen gleichwohl zur Genüge, daß Albert Einstein in seinem zweiten und dritten Studienjahr sein Selbstbewußtsein als Physiker wenn nicht entdeckt, so doch entscheidend gefestigt hat. Allein durch intelligent ausgewählte Lektüre hat er sich mitten in den Strom der aktuellen Forschung eingeschaltet und war dabei zugleich stark genug, sich von den Wirbeln dieses Stroms nicht treiben zu lassen, sondern zu eigenen Ufern aufzubrechen. Nur wußte das damals niemand, außer vielleicht Marcel Grossmann und Mileva Marić.

Nicht nur in der Physik waren diese Jahre für Albert Einstein eine glückliche Zeit. Erstmals seit den Münchner Kindertagen hatte Vater Hermann mit seiner in Mailand neu gegründeten Unternehmung etwas Glück; er erhielt die Konzessionen für die elektrische Beleuchtung der in der Nähe von Mantua gelegenen Städtchen Canneto sull'Oglio und Isola della Scala.[74] Auch wenn diese Konzessionen sogleich an den Hauptgläubiger, den Cousin Rudolf Einstein in Hechingen, notariell verpfändet werden mußten und die Schulden Vater Hermanns Vermögen überstiegen, war in der via Bigli 21 in Mailand doch die täglich drückende Not gebannt. Diese Wendung war auch für den Sohn Albert eine große Erleichterung, und er gestand seiner Schwester nunmehr ein, daß »ich manchmal Zeit finde, in Zürichs schöner Umgebung ein Stündchen zu verbummeln. Zudem freue ich mich bei dem Gedanken, daß nun für meine Eltern die schwersten

Sorgen ein Ende haben. Wenn alle Leute so lebten wie ich, wahrlich die Romanschriftstellerei wäre dann niemals auf die Welt gekommen.«[75]

Dabei hatte er schon seinen eigenen Roman begonnen: Das Selbststudium fand überwiegend zu zweit statt, und aus den Frühjahrsferien des Jahres 1899 schrieb er Mileva Marić aus Mailand: »Ihre Photographie hat bei meiner Alten großen Effekt gemacht. Während sie noch in die Betrachtung versunken war sagte ich dazu sehr verständnisinnig: Ja, ja, die ist halt ein gescheidtes Luder.«[76]

Die Sommerferien über waren die beiden getrennt; sie mußte sich, erst zu Hause in Neusatz und dann in Zürich, auf die »Übergangsprüfung« vorbereiten, während er in Mailand war und zuvor mit Mutter und Schwester den August in Mettmenstetten verbracht hatte, einem kleinen Dorf zwischen Zürich und Zug. Aus der Hotelpension »Paradies« berichtete er Mileva über sein »recht ruhiges, nettes, philiströses Leben, wie sich eben die Frommen & Braven dieser Welt das Paradies denken«.[77] Die Physik vergaß er dabei nicht – oder er berief sich wenigstens auf sie als Vorwand –, bei seinem Eingeständnis, wie sehr ihm Mileva inzwischen fehlte: »Als ich das erstemal im Helmholtz las, da konnte ichs gar nicht begreifen, daß Sie nicht bei mir saßen & jetzt gehts mir nicht viel besser. Ich finde das Zusammenarbeiten sehr gut & heilsam & daneben weniger austrocknend.«[78]

Mit seiner Schwester kletterte er auf dem 2500 Meter hohen Säntis herum, wo er drei Jahre zuvor als »schlecht beschuhter Tourist« bei einem dreitägigen Ausflug mit der Kantonsschule beinahe abgestürzt wäre, hätte nicht ein Mitschüler »dem auf dem steilen Hang Ausgeglittenen, als er schon ins Rutschen gekommen war, noch schnell den Bergstock entgegengestreckt, um ihn wieder heraufzuziehen«.[79] Dieses Mal ging alles gut, und die Geschwister kehrten wohlbehalten zurück. Aus dem »Paradies« hatte Albert Einstein nicht nur Gutes an Mileva zu vermelden, fühlte er sich doch gestört durch »unangenehme Besuche von Mamas Bekannten, deren stumpfsinnigem Geschwätz ich durch die Flucht zu entrinnen pflege wenn nicht gerade gegessen wird. Zum Schluß kommt noch meine Tante aus Genua, ein veritables Ungetüm von Arroganz & stumpfsinnigem Formalismus.«[80]

Die Flucht führte natürlich geradewegs in die Physik – und zu Mileva Marić, die er brieflich zwar immer noch per Sie, aber mit einem süddeutschen Ausdruck für »Puppe« oder »Püppchen« nun als »Liebes Doxerl« oder »Dockerl« anredete. Ihr schrieb er ausführlich von seinen Überlegungen und erteilte freigebig wohlfeile Ratschläge zur »Stopfkur fürs Examen«[81], das er selbst im Jahr zuvor abgelegt hatte.

Und dringend wünschte er sich, daß »Sie wieder einmal ein bissel bei mir wären! Wir verstehen uns gegenseitig so gut auf unsere schwarzen Seelen & daneben aufs Kaffeetrinken & Würstelessen etc....«[82] Schließlich kündigte er ihr aus Mailand an, daß er seine Schwester mitbringen und nach Aarau begleiten werde, wo sie das Lehrerinnenseminar besuchen und bei Wintelers wohnen sollte. Daß die Erwähnung von Aarau bei Mileva Marić zwiespältige Empfindungen auslösen würde, war Albert Einstein klar, denn dort lebte »das kritische Töchterlein..., in das ich mich vor 4 Jahren so schrecklich verliebt habe«.[83] Deshalb sah er sich veranlaßt, Mileva die Angst zu nehmen, er könne gar zu häufig nach Aarau gehen. Dies versprach er nicht etwa, weil die sprichwörtlich Erste Liebe zu Marie Winteler seine Beziehung zu Mileva nicht gefährden könne, sondern wegen des Gegenteils: »Ich fühle mich zwar sonst ziemlich sicher auf meinem hohen Schloß Seelenruhe. Aber wenn ich das Mädchen wieder ein paar mal sähe, wär ich gewiß verrückt, das weiß ich & fürcht ich wie das Feuer.«[84] Es ist das erste und nicht das letzte Mal, daß Albert Einstein in Äußerungen über persönliche Dinge weniger von Takt und Einfühlung als von rücksichtsloser Offenherzigkeit geleitet war.

Im vierten und letzten Studienjahr hat Albert Einstein sein tiefschürfendes Nachdenken über den Äther und die Elektrodynamik bewegter Körper offenbar zurückgestellt, vermutlich, weil er keinen neuen Ansatz fand und weniger wegen der bitteren Notwendigkeiten von Prüfungsvorbereitungen und Diplomarbeit. Zwar forderten auch die ihren Tribut, aber man hat nicht den Eindruck, daß sich Einstein zu sehr davon hätte beirren lassen. Seine eigenen Interessen deckten sich mit denen des »Prinzipals« Professor Weber auf dem Gebiet der Wärmelehre, so daß es dem Studenten ratsam erschienen sein mag, sich damit näher zu befassen. »Wissenschaftliche Arbeiten in den physikalischen Laboratorien« waren die zeitaufwendigsten Lehrveranstaltungen, denen er sich widmete; daneben hatte er die eher technisch ausgerichtete Wechselstromlehre ebenfalls bei Professor Weber belegt[85], dazu ein Minimum an Mathematik und die schon erwähnte »Analytische Mechanik« von Hermann Minkowski als erste und einzige Vorlesung über theoretische Physik, die ihm am Polytechnikum geboten worden war. Obwohl diese Veranstaltung durchaus nach Einsteins »intellektuellem Magen« angelegt war, blieb er den fortgeschrittenen mathematischen Lehrveranstaltungen Minkowskis fern, denn »niemand konnte ihn dazu bringen, die mathematischen Seminare zu besuchen«.[86]

Mehr Gefallen als an der Mathematik fand Einstein sogar am *studium generale* der Abteilung VII, in dem die Studenten des »Poly« jedes Semester mindestens eine Lehrveranstaltung außerhalb ihres Studienfaches zu belegen hatten. Die Professoren dieser »Allgemeinen und staatswirtschaftlichen Abteilung« waren oft originelle Köpfe, angezogen von den Annehmlichkeiten einer Fakultät ohne reguläre Studiengänge[87], die einzig der Beförderung der Allgemeinbildung der »Poly«-Studenten diente; so konnten sie alle akademischen Privilegien genießen, ohne von der Routine eines geordneten Ausbildungs- und Prüfungsbetriebs behelligt zu werden. Bei diesen Professoren hatte Einstein wesentlich mehr Vorlesungen als das pflichtgemäße Minimum belegt, merkwürdigerweise keine bei seinem väterlichen Freund, dem Historiker Alfred Stern, aber sonst über ein weitgefächertes Interessenspektrum. »Urgeschichte des Menschen« und »Geologie der Gebirge« hörte er bei Albert Heim, der um sieben Uhr in der Frühe begann und trotzdem ständig einen vollen Hörsaal hatte; Einstein lobte noch im hohen Alter den »magischen Zauber«[88] von Heims Vortragskunst. Bei Robert Saitschick, den er in der »Schweizerischen Gesellschaft für ethische Kultur« seines Förderers Gustav Maier schon kennengelernt haben dürfte, hörte er eine Vorlesung über Goethe und bei August Stadler Philosophisches über Kant oder die »Theorie des wissenschaftlichen Denkens«. Praktische Themen kamen hinzu wie ein Kurs über »Bank- und Börsengeschäfte« oder ein anderer über »Statistik und Personenversicherung«.

Die Freundschaft mit dem gleichaltrigen Friedrich Adler dürfte der Grund gewesen sein, daß Einstein im letzten Studienjahr Vorlesungen über die »Grundlehren der Nationalökonomie« sowie »Die Einkommensverteilung und die sozialen Folgen der freien Konkurrenz« belegte. Adler war Sozialist in bester Familientradition, war doch sein Vater Victor Adler der unbestrittene Parteiführer der österreichischen Sozialdemokraten und einer der geistigen Väter des Austromarxismus.[89]

Friedrich Adler war ein Jahr später als Einstein nach Zürich gekommen und studierte erst Chemie und dann ebenfalls Physik, allerdings nicht am Polytechnikum, sondern an der Universität. Einstein verehrte Adler als »den reinsten und glühendsten idealistischen Charakter«[90], dem er je begegnet war. Beide trafen sich in der Wertschätzung der empiristischen Philosophie von Ernst Mach und saßen zusammen mit ihren Freundinnen – Einstein mit Mileva Marić und Adler mit der Russin Katya Germanischskaya – in dem kleinen Auditorium, in dem

Hermann Minkowski über Analytische Mechanik dozierte. Der missionarische Sozialist Adler brauchte wohl nicht lange zu predigen, um seinen Kommilitonen von den sozialistischen Idealen zu überzeugen, konnte ihn jedoch nicht als Mitglied seiner Partei gewinnen und gelangte zu der Einschätzung: »Einstein war der typische Gefühlssozialist.«[91] Diese Charakterisierung wird als Fortschreibung von Einsteins schon früh diagnostiziertem Gerechtigkeitssinn durchaus zutreffend gewesen sein, und sie galt nicht nur für den Studenten, sondern für Einsteins bis ins Alter durchgängiges gesellschaftspolitisches Grundverständnis, das zwar sozialistisch getönt war, sich aber von den Denkschablonen jedwelcher Partei nicht sonderlich angezogen fühlte.

Durch Adler und auch durch Mileva Marić wird Albert Einstein zumindest die Randzonen des bunten Gemischs sozialistischer und anarchistischer Studentengruppen vornehmlich aus slawischen Ländern kennengelernt haben, die sich im nicht unbedingt liberalen, aber doch toleranten Zürich eingefunden hatten, in den Cafés am Limmatquai mit großen Gesten die Revolution beschworen und in ihrem manchmal bohemehaften Privatleben die Umgestaltung der Gesellschaft vorwegzunehmen trachteten. Rosa Luxemburg, die bis 1898 an der Universität studierte, hat Einstein nicht kennengelernt, aber sein Freund Adler konnte sich rühmen, ihre Studentenbude in der Pestalozzistraße 37 übernommen zu haben.[92] Aus Rußland war die schöne Alexandra Kollontai gekommen, eine Freundin von Adlers Freundin; sie studierte Ökonomie und propagierte den Kommunismus in einer die Freie Liebe und die Neue Frau umfassenden Version. Albert Einsteins Berührung mit diesen Kreisen hat jedoch kaum zu mehr geführt als zur Befestigung seines »Gefühlssozialismus«; erst durch die Greuel des Ersten Weltkrieges wurde er ein politischer Mensch. Aber er wird durch diesen Umgang ein Gespür dafür bekommen haben, daß nicht nur die Grundlagen der Physik brüchig sein könnten, sondern auch die der Gesellschaft[93], aber diese Einsicht wird jemandem, der um die Jahrhundertwende als staaten- und konfessionsloser Student lebte, ohnehin nicht als aufregend neu erschienen sein.

Nicht nach den Maßstäben des Zürcher Studentenmilieus, aber doch nach gutbürgerlichen Sitten etwas unkonventionell dürfte sich zwischen Albert Einstein und Mileva Marić das gestaltet haben, was er ihre »Haushaltung«[94] nannte. Mileva wohnte nur ein paar Minuten von seiner Studentenbude entfernt in der Plattenstraße 50 in der Pension eines Fräulein Engelbrecht, und Einstein scheint dort in der Schar ausländischer Studentinnen häufiger und gern gesehener Gast gewesen zu sein. Jedenfalls bestellte er die von seiner Mutter ihm zugedachten Pakete mit Leckereien gleich in die Plattenstraße[95], und als die Sendung wegen Alberts 21. Geburtstag besonders üppig ausgefallen war, beschrieb Mileva einer Freundin die »großartige Wirkung«, die das auf Einstein hatte: »... strahlend ging er mit der Schachtel in beiden Händen durch die Plattenstr. und schaute keinen Menschen an vor lauter Vergnügen.«[96] Irgendwann im vierten Studienjahr müssen die beiden auch beschlossen haben zu heiraten.[97]

Auch die Frühjahrsferien des Jahres 1900 verbrachten Einstein und Mileva Marić gemeinsam in Zürich, denn es galt, die Diplomarbeit anzufertigen. Im März hatte Professor Weber die Vorschläge der beiden Kandidaten angenommen, und Mileva sah hoffnungsvoll in die Zukunft: »Ich freue mich sehr auf die Untersuchungen die ich da zu machen habe. Auch E. hat sich ein sehr interessantes Thema gewählt.«[98] Die Diplomarbeit war offensichtlich in einem Vierteljahr fertigzustellen, so daß besondere Geistesblitze weder erwartet wurden noch zu erwarten waren.[99] Einstein kommentierte im Alter trocken: »Meine und meiner ersten Frau Diplom-Arbeiten bezogen sich auf Wärmeleitung und waren für mich ohne irgendwelches Interesse und verdienen keine Erwägung.«[100] Auf der Notenskala von 1 bis 6 (mit 6 als Höchstnote) wurde die Arbeit von Mileva Marić mit 4, die von Albert Einstein einen halben Punkt besser mit 4,5 bewertet[101], beides nicht eben glänzende Resultate.

Bei den Prüfungen in den einzelnen Fächern wird sich Einstein wohl zu sehr auf die Grossmannschen Vorlesungsmitschriften verlassen haben, denn er konnte seine sehr guten Noten von der »Übergangsprüfung« nicht wiederholen. Von den insgesamt fünf Kandidaten der Abteilung VI A schnitten die drei Mathematiker besser ab als die beiden Physiker Einstein und Marić. Nach diversen Wichtungen und Umrechnungen der Einzelnoten erreichte Louis Kollros als Erfolgreichster ein Notenmittel von 5,45, gefolgt von Marcel Grossmann mit 5,23 und Jakob Ehrat mit 5,14. Einstein lag mit 4,91 schon deutlich zurück, und Mileva Marić erreichte nur ein Notenmittel von 4,00. Die »Conferenz der Examinatoren« beantragte daraufhin, »den Kandidaten Ehrat, Grossmann, Kollros, Einstein das Diplom zu ertheilen, dagegen Frl. Marić nicht zu diplomiren«.[102]

Die unumgängliche »Stopfkur« fürs Examen, auch wenn sie nur ein paar Monate gedauert haben dürfte, hat in Einsteins Erinnerung traumatische Spuren hinterlassen, die denen an das Münchner Luitpold-Gymnasium nahekommen. Voller Schrecken beschrieb er im Alter, »daß man für die Examina all diesen Wust in sich hineinstopfen mußte, ob man nun wollte oder nicht. Dieser Zwang wirkte so abschreckend, daß mir nach überstandenem Endexamen jedes Nachdenken über wissenschaftliche Probleme für ein ganzes Jahr verleidet war.«[103] Seine unmittelbar im Anschluß an das Examen geschriebenen Briefe lassen von dieser von ihm so bezeichneten »intellektuellen Depression«[104] jedoch nichts erkennen; in die Ferien reiste er nicht ohne Physikbücher, und schon drei Tage nach Beendigung des Examens schrieb er an Mileva: »Meine Nerven haben sich schon so beruhigt, daß ich wieder mit Wonne studiere.«[105] Zudem rechnete er fest mit einer Assistentenstelle am »Poly«, um sich in der Wissenschaft wie im bürgerlichen Leben zu etablieren und Mileva heiraten zu können. Aber schnell machte er die Erfahrung, daß es »ärgere Sachen als ein Examen«[106] gibt, denn auch dieses Mal bedurfte es langer und schwieriger Umwege, bis er ans Ziel gelangte.

aus der Schule ent-
n eine Stelle in eine
wo es von einer tüchti-
allen häuslichen Ar-
würde. 4978
erstraße 7a, 2. St.
Mädchen,
ig kochen kann, sucht
reau. 5049
rson empfiehlt sich als
eiderin,
Arbeit zu Hause od.
sse im Bureau. 5051
junger Mann sucht
chäftigung.
2. Glocke.
ges, deutsches Mädchen
Stelle als Stütze der
möglich in französische
äre Behandlung gro-

Lieferung neuer Hektographen,
sowie zum Umguss oder Neufüllung
Franz Annaler, Malerweg 9 (Längg.)
u. Vereinsdruckerei.
Guss von Wälzchen für Kimlographen.

Vermischtes

Privatstunden in
Mathematik u. Physik
für Studierende und Schüler erteilt
gründlichst
Albert Einstein, Inhaber des eidgen.
polyt. Fachlehrerdiploms,
Gerechtigkeitsgasse 32, 1. Stock.
Probestunden gratis. 4977

Kapital-Gesuch.

4983 Ein junger, strebsamer Handwerksmann sucht, um sein Geschäft besser zu entwickeln,

Lad
mit zwei Schaufenste
seit vier Jahren ein
Geschäft en gros
mit gutem Erfolge b
ist wegen Uebernahm
Geschäftes zu über
Gefl. schriftliche A
Nr. 5028 an das B
Pensio
werden stets angenomme
Stadtbachgarten.
J. G. Kuert, Sch
Vorzeich
malen und sticken von

5. »Gott schuf den Esel und gab ihm ein dickes Fell«

Die Aushändigung des Diplom-Zeugnisses hat Albert Einstein in Zürich gar nicht erst abgewartet, als er unmittelbar nach den bestandenen Examina am 27. Juli 1900 in die Ferien abreiste. Die verbrachte er in der üblichen Begleitung – der »Schauertante« aus Genua, seiner Schwester und seiner Mutter – in Melchtal, einem knapp tausend Meter hoch gelegenen Ort im Kanton Obwalden südlich des Vierwaldstätter Sees. Die familiären Belastungen waren größer als im Jahr zuvor in Mettmenstetten, denn gleich am ersten Abend fragte die Mama betont harmlos, was denn nun aus »Dockerl« würde, und als ihr Albert ebenso harmlos antwortete: »Meine Frau«, ereignete sich die Einsteinsche Ausgabe des oft gespielten Familiendramas: »Mama warf sich auf ihr Bett, verbarg den Kopf in den Kissen und weinte wie ein Kind.«[1] Mamas Einwände gegen diese Verbindung wurden nun als *tema con variazioni* durchgespielt, mal *sotto voce* – »Die kann ja in gar keine anständige Familie. Wenn sie ein Kind bekommt, dann hast Du die Bescherung« –, mal auch *piu piano:* »Sie ist ein Buch wie Du – Du solltest aber eine Frau haben.« Da in den Bergen auch noch der Regen hing, blieb Einstein nichts anderes übrig als die Flucht in die Bücher, »hauptsächlich die berüchtigten Untersuchungen über die Bewegung des starren Körpers von Kirchhoff.[2] Ich kann mich nicht genug über dies große Werk immer von neuem wundern.«[3]

Was bei Einsteins bald nur noch die »Dockerl-Affäre« genannt wurde, hat die nächsten Jahre hindurch den Anlaß für immer wiederkehrende heftige Auseinandersetzungen zwischen den Eltern und ihrem Sohn geliefert. Natürlich vermochten die dramatischen Auftritte der Mutter und die moderateren Vorhaltungen des Vaters nichts an Alberts Entschlüssen zu ändern, zumal er meinte, diesen Streit schon zu seinen Gunsten beenden zu können, denn »Papa und Mama sind große Phlegmen und haben am ganzen Leib weniger Starrsinn als ich am kleinen Finger«.[4] Doch der Sohn irrte sich, denn in dieser Frage konnte sich der Starrsinn der Mutter mit dem seinen durchaus messen.

Auch wenn Albert sich gelegentlich als Gedankenexperiment in die Rolle seiner Eltern versetzte, zeitigte dies Resultate, die wohl Mileva, nicht jedoch seine Eltern hätten nachvollziehen können: »Ich begreife meine Alten recht gut. Sie betrachten die Frau als einen Luxus des Mannes, den sich dieser erst gönnen kann, wenn er eine behagliche

Existenz hat. Ich aber achte eine solche Art der Auffassung des Verhältnisses zwischen Mann und Frau sehr gering, da sich nach ihm Frau und Dirne lediglich dadurch unterscheiden, daß erstere sich vermöge ihrer günstigen Lebensumstände vom Manne einen Vertrag fürs Leben zu erzwingen vermag.«[5] Solche theoretisierenden Expertisen zur bürgerlichen Sexualmoral, wie er sie von Friedrich Adler oder Alexandra Kollontai gelernt haben könnte, finden sich nur vereinzelt in seinen Briefen an Mileva, die durchzogen sind von Gefühlen der Liebe und Sehnsucht nach seiner »lieben Kloanen« oder seiner »geliebten Hex«: »Ich mag hingehen, wo ich will – ich gehöre doch nirgends hin und ich vermisse zwei Ärmchen und das glühende Mäulchen voll Zärtlichkeit und Puzerline.«[6] Und zur Aufmunterung gegen den Trennungsschmerz streute er dann und wann aus dem Ärmel geschüttelte Reime ein, meist in mundartlicher Tönung wie dieses Schnaderhüpferl:

»Mein Doxerl sei Schnaberl
Des mecht i gern hern
und nachher ihm's lusti
mit meinem verspern...«[7]

Wenn Einsteins Mutter ob dieser Liebe schier entsetzt war und sein Vater besorgt, so haben sich einige der Zürcher Kommilitonen immerhin darüber gewundert, daß der bei Frauen so Erfolgreiche sich unverbrüchlich und unzertrennlich mit Mileva Marić verbunden hatte. Sie verbreitete um sich die Aura slawischer Schwermut, wenn nicht gar Düsternis, zu der sich bald auch panische Eifersucht – vielleicht nicht ohne Grund – gesellte. Zudem konnte sie nicht gerade als stattliche Schönheit gelten, war sehr klein und reichte ihrem »Johannzel«, wie sie Einstein bald nannte, kaum bis an die Schultern; eine in der Kindheit durchlittene Tuberkulose hatte in ihren Gelenken bleibende Schäden hinterlassen mit der Folge, daß sie auffällig hinkte. Einstein ließ sich davon jedoch nicht beirren, und zu der Bemerkung eines Kommilitonen, er »fände nie den Mut, eine Frau zu heiraten, die nicht ganz gesund ist«, wurde als Einsteins Replik überliefert: »Warum nicht? Sie hat eine liebe Stimme.«[8] So wichtig die akustische Komponente für die Liebe auch sein mag, hinreichend ist sie sicher nicht und war es auch nicht für Einstein. Aus seinen Briefen, in denen sich Liebesbeteuerungen auf das kurioseste mit Wissenschaftlichem auf engstem Raum vermischen, gewinnt man vielmehr den Eindruck, daß ihm als Physiker-Variante eines Bohemien an seiner zukünftigen Frau als Kollegin gelegen war. Obwohl Mileva die Diplomprüfung im nächsten Jahr zu wiederholen hatte, sah er sie schon als Doktorandin an der Universität: »Ich freu mich sehr auf unsere neuen Arbeiten. Du mußt jetzt Deine Untersuchung fortsetzen – wie stolz werd ich sein, wenn ich gar vielleicht ein kleines Dokterlin zum Schatz hab & selbst noch ein ganz gewöhnlicher Mensch bin.«[9] In stolzer Fröhlichkeit, die noch nichts von den Widrigkeiten des Lebens zu kennen scheint, malte Albert Einstein seiner Mileva eine Zukunft aus, in der sie beide Arm in Arm auf der wissenschaftlichen Bühne die Welt in die Schranken fordern würden: »Ich kanns gar nicht erwarten, bis ich Dich wieder herzen und drücken und mit Dir leben kann. Und lustig werden wir drauf los arbeiten und Geld haben wie Mist.«[10]

Die ökonomische Basis der ersehnten Zweisamkeit sollte in den nächsten Jahren das Gehalt eines Assistenten am Polytechnikum abgeben, und Einstein war in den ersten Ferienwochen davon überzeugt, daß ihm eine solche Stelle gleichsam als Selbstverständlichkeit zufallen müßte. Die Professoren der Abteilung VI brauchten allein wegen der Ausbildung der vielen Ingenieure mehrere Assistenten, und da in den beruflich nicht gerade lukrativen Fächern wie Mathematik und Physik nur wenige Studenten eingeschrieben waren, konnte praktisch jeder Absolvent, wenn er nur wollte, nach dem Examen für einige Jahre Assistent werden. Dies galt allerdings nicht für Einstein, wie dieser bald auf leidvolle Weise erfahren mußte.

Beim Professor Pernet, der Einstein wegen »Unfleiß« im Praktikum hatte vermahnen lassen, konnte er sich ohnehin keine Chancen ausrechnen. Auch beim Professor Weber war er nicht besonders gelitten; der war immerhin ein Deutscher und wird daher nicht geneigt gewesen sein, jemanden anzustellen, der ihn schon als Student beharrlich nur mit »Herr Weber«[11] statt mit »Herr Professor« angeredet hatte und sich auch sonst nichts hat sagen lassen wollen. Da Einsteins Diplomarbeit zudem recht mäßig ausgefallen war, fühlte Weber sich aller Verpflichtungen gegenüber dem aufsässigen Absolventen enthoben und mit zwei wackeren Maschinenbauern als Assistenten besser bedient.

Dies alles wird Einstein geahnt haben, so daß er seine Hoffnungen auf die Mathematiker richtete. Am 9. August, keine zwei Wochen nach dem Examen, war er wieder in Zürich, »um meine ›geschäftlichen und politischen‹ Angelegenheiten endlich zum Klappen zu bringen«.[12] Die Konstellationen, die er antraf, schienen ihm so günstig, daß er sie für Mileva dahingehend zusammenfaßte, daß für ihn »unter allen Umständen gesorgt«[13] sei. Darin wähnte er sich so gewiß, daß er eine Aushilfstätigkeit bei einer Versicherung, die ihm ein Kommilitone vermitteln wollte, mit großer Geste ablehnte: »8 Stunden blöder Packträgerarbeit. ... Solchen Verdummungsgelegenheiten muß man aus dem Wege gehen.«[14]

Den größeren Teil der Ferien verbrachte Einstein anschließend bei seinen Eltern in Mailand, wo die Erörterung der »Dockerl-Affäre« die Atmosphäre vergiftete. Nachts im Bett schrieb er an Mileva: »Mama weint oft bittere Tränen & kein ungestörtes Augenblickchen wird mir hier zu teil. Meine Eltern beweinen mich fast, wie wenn ich gestorben wäre. Immer wieder jammern sie mir vor, daß ich mich durch mein Versprechen mit Dir ins Unglück gestürzt hätte, daß sie glaubten, Du seist nicht gesund... o Doxerl, es ist zum närrisch werden.«[15] Zum Trost konnte er Mileva immerhin als neueste Nachricht aus Zürich übermitteln, was ihm sein Kommilitone Jakob Ehrat geschrieben hatte, daß nämlich ein Assistent von Professor Hurwitz in den Schuldienst einrücken würde, woraufhin Einstein schloß, daß »ich also wahrscheinlich zum Hurwitz-Diener mit Gottes Hilfe avancieren werde«.[16]

Die Ferien bestanden freilich nicht nur aus der Begleitmusik zur »Dockerl-Affäre«. Einstein traf seinen alten Freund Michele Besso wieder, der seit zwei Jahren mit Anna Winteler verheiratet war und sich als Technischer Experte der »Società per lo sviluppo delle Industrie elettrice in Italia« in Mailand niedergelassen hatte. Bei Bessos verbrachte er viele Abende und lernte die Freuden des Familienlebens und der Vaterschaft kennen: »Ich liebe ihn sehr wegen seines Scharfsinns und seiner Einfachheit, & auch Anna und den kleinen Balg mag ich sehr leiden.«[17] Auch eine – wahrscheinlich bezahlte – technische Fingerübung fiel dabei für Einstein ab, denn er untersuchte die für Bessos Gesellschaft »interessante Frage: Wie geht die elektrische Energiestrahlung in den Weltraum bei einem Sinuswechselstrom vor sich?«[18] Den Vater begleitete er auf einer Reise zu dessen Elektrizitätswerken in Canneto und Isola della Scala, denn gern wollte er sich »ein wenig in den Verwaltungsdienst einweihen lassen, damit ich Papa im Notfall ersetzen könne«.[19] Wie vom Vater versprochen, wurde auch ein Abstecher nach Venedig eingelegt. Und Ende September riß er wieder einmal aus in die Berge[20], reiste zum Lago Maggiore und besuchte Isola Bella, die größere der Borromäischen Inseln.

Ende September hatte es Einstein endlich für nötig gefunden, bei Hurwitz »ergebenst anzufragen, ob ich Aussicht habe, bei Ihnen Assistent zu werden«.[21] Der Herr Professor wird darüber ein wenig verwundert gewesen sein, war doch dieser Student niemals in den mathematischen Seminaren zu sehen gewesen. Auf gütige Nachfrage von Hurwitz mußte Einstein nunmehr seine Versäumnisse eingestehen, und er tat das in einem Brief an Hurwitz ohne jeden Versuch einer Beschönigung und bar jeder Zerknirschung: »Da ich mich wegen Mangels an Zeit nicht an dem mathematischen Seminar beteiligen konnte, ... liegt zu meinen Gunsten nichts vor als die Thatsache, daß ich die meisten Kollegien besuchte, die sich mir darboten.«[22] Auch dieses war, wie Hurwitz leicht herausfinden konnte, hinsichtlich der Mathematik ein wenig geflunkert, so daß man es dem Professor nicht verübeln darf, diese etwas dreiste Bewerbung einfach zu den Akten genommen zu haben. So konnte Einstein in der ersten Oktoberwoche immer noch in der Überzeugung nach Zürich fahren, am Polytechnikum als Assistent beschäftigt zu werden: »Hurwitz hat mir noch nichts geschrieben, doch hege ich kaum einen Zweifel.«[23]

Als Albert Einstein sich nun unmittelbar nach seiner Ankunft in Zürich mit der unangenehmen Situation vertraut zu machen hatte, daß er entgegen aller Erwartungen keine Assistentenstelle erhalten würde, kann er das nicht anders als einen schweren Schlag empfunden haben, vor allem wegen der akademischen Zurücksetzung, denn seine Kommilitonen Ehrat, Grossmann und Kollros wurden alle Assistenten, Ehrat ausgerechnet bei Hurwitz, wenn auch nur mit halber Stelle. Somit blieb Einstein als einzigem Absolventen der Abteilung VI A seines Jahrgangs dieser erste Schritt auf der akademischen Karriereleiter versagt. So ganz ungerecht war das freilich nicht, zumindest nicht aus der Professorenperspektive, hatte Einstein doch von den vier Kandidaten die schlechteste Gesamtnote erhalten.

In ungewohnter Dringlichkeit präsentierten sich nun auch die finanziellen Probleme. Die Verwandtschaft in Italien hatte mit dem Diplomexamen den monatlichen Wechsel eingestellt, und von den Eltern war eine regelmäßige Unterstützung nicht zu erwarten. Nicht ahnend, wie viele Enttäuschungen ihm noch bevorstehen würden, arrangierte er sich schnell mit der neuen Lage und schrieb schon wenige Tage später an eine Freundin von Mileva: »Wir haben beide keine Stelle bekommen und leben von Privatstunden – wenn wir nur welche aufgabeln können, was aber doch sehr fraglich ist. Ist das nicht ein Handwerksburschen- oder gar Zigeunerleben? Ich glaub aber, daß wir jedenfalls recht vergnügt dabei sein werden wie immer.«[24]

Mileva Marić hatte am Polytechnikum noch das vierte Studienjahr nebst Diplomprüfung zu wiederholen und plante, gleichzeitig an einer Dissertation für den Doktorgrad der Universität Zürich zu arbeiten. Ihr »Schatzerl« gedachte, schon früher angestellte Überlegungen zum thermoelektrischen Thomson-Effekt zu einer Doktorarbeit auszubauen, und blieb wegen der damit verbundenen Notwendigkeit des Experimentierens in Professor Webers Laboratorium am Polytechnikum als Hörer eingeschrieben. Da Einstein wohl eingesehen hatte, daß neben seinem nicht gerade überragenden Diplomzeugnis ein weiterer wissenschaftlicher Qualifikationsnachweis nützlich sein könnte, machte er sich zunächst jedoch an die Ausarbeitung seiner Überlegungen zur Kapillarität, bestimmt zur alsbaldigen Veröffentlichung in einer angesehenen Fachzeitschrift.

Die Grenzflächenphänomene, zu denen auch das Aufsteigen von Wasser in einem dünnen Glasröhrchen als augenfälligstes Beispiel gehört, waren nach Auffassung der meisten Physiker auf die Wechselwirkung einzelner Atome oder Moleküle zurückzuführen, und auf diesem Felde wähnte sich Einstein auf Entdeckerpfaden. Schon in den Ferien hatte er an Mileva über dieses Thema voll begeisternder Erwartungen geschrieben: »Die Resultate über Kapillarität, welche ich neulich in Zürich fand, scheinen trotz ihrer Einfachheit vollkommen neu zu sein. ... Wenn sich dabei ein Naturgesetz ergibt, dann schicken wirs ein in Wiedemanns Annalen.«[25] Am 13. Dezember 1900 ging sein Manuskript bei den Herausgebern der ›Annalen der Physik‹ ein, wurde angenommen und erschien am 1. März des folgenden Jahres.[26] Damit hatte Einstein seinen vielen zukünftigen Bewerbungen auf Assistentenstellen einen Separatdruck aus der bei deutschen Physikern angesehensten Zeitschrift beizufügen, und insofern war sein Unternehmen erfolgreich. Weniger Glück hatte er jedoch mit dem erhofften Naturgesetz, das sich nicht recht einstellen wollte, und auch die seinen Überlegungen zugrundeliegende Hypothese über die Kräfte zwischen zwei Molekülen, die er ziemlich oberflächlich dem Newtonschen Gravitationsgesetz nachempfunden hatte[27], erwies sich schon bald als nicht haltbar.

Einstweilen war er mit seiner Hypothese jedoch sehr zufrieden und versuchte sie auszubauen. Sechs Wochen nach Erscheinen dieser ersten Publikation schrieb er an Marcel Grossmann, ihm seien

> ein paar herrliche Ideen in den Kopf gekommen, die nur noch gehörig ausgebrütet werden müssen. Ich glaube nun sicher, daß meine Theorie der Attraktionskräfte der Atome auch auf Gase ausgedehnt werden kann, und daß die charakteristischen Konstanten für fast alle Elemente ohne erhebliche Schwierigkeiten zu ermitteln sein werden. Dann wird auch die Frage nach der innern Verwandtschaft der Molekularkräfte mit den Newtonschen Fernkräften ihrer Entscheidung einen großen Schritt näher rücken.[28]

Für den Fall, daß sich seine Erwartungen erfüllen sollten, wollte er »alles bis jetzt erreichte über die molekulare Anziehung zur Doktordissertation verwenden«[29], woraus man schließen kann, daß es mit der bei Professor Weber angefangenen Dissertation über den Thomson-Effekt Probleme gegeben haben muß. Er beschloß diese Überlegungen mit einem ebenso lyrisch wie programmatisch klingenden Hymnus auf die wunderbaren Perspektiven recht verstandener Naturforschung, ganz im Sinne und Geiste Alexander von Humboldts, dessen *Kosmos* er in Münchner Schülertagen gelesen hatte: »Es ist ein herrliches Gefühl, die Einheitlichkeit eines Komplexes von Erscheinungen zu erkennen, die der direkten sinnlichen Wahrnehmung als ganz getrennte Dinge erscheinen.«[30]

Aus diesem Überschwang folgte jedoch nicht viel, jedenfalls nicht auf dem Gebiet der molekularen Anziehungskräfte. Er wandte seine Hypothese auf Salzlösungen an, woraus sich zwar eine zweite Publikation[31] in den ›Annalen‹, aber sonst nichts Beständiges ergab. Auf dem einmal eingeschlagenen Weg sollte nun auch die Doktorarbeit an der Universität Zürich herausspringen, nachdem es mit Professor Weber offenbar zu schwerwiegenden Auseinandersetzungen und zum Abbruch des ersten Dissertationsversuchs über den Thomson-Effekt gekommen war. Die eingeübten Methoden sollten nach den Oberflächen und den Lösungen nun auf Gase angewendet werden. Eingereicht wurde die Arbeit bei Professor Alfred Kleiner irgendwann im November 1901, und Einstein war überzeugt, »daß er meine Dissertation nicht zu refüsieren wagt«[32], aber genau das ist offensichtlich geschehen. In einer Quittung bestätigt Albert Einstein am 1. Februar 1902, »die am 23. Novbr. 1901 bezahlte Promotionsgebühr von Frk. 230 (Zweihundertdreissig) in baar zurückerhalten zu haben.«[33] Kleiner wird sich wohl Einsteins Konzeption der Molekularkräfte etwas genauer als die Herausgeber der ›Annalen‹ angeschaut und für wenig tragfähig befunden haben. Immerhin hatte er Einstein die Gelegenheit eingeräumt, die Arbeit zurückzuziehen, bevor sie formell abgelehnt wurde, so daß der »refüsierte« Doktorand wenigstens seinen finanziellen Einsatz der hohen Gebühr retten konnte. Die Quittung ist die einzig erhalten gebliebene Spur von diesem zweiten Promotionsversuch.

Auch die beiden in den ›Annalen‹ veröffentlichten Arbeiten wären auf Nimmerwiedersehen im Orkus der Wissenschaftsgeschichte verschwunden, wäre ihr Autor nicht Albert Einstein gewesen. Für dessen Verständnis sind sie nur auf die merkwürdig dunkle Weise interessant, daß sie von dessen bald einsetzender immenser Produktivität so gar nichts ahnen lassen. Der Verfasser selbst täuschte sich nicht lange über ihre Mängel und nannte sie schon fünf Jahre später »meine zwei wertlosen Erstlingsarbeiten«.[34] – Damit sind wir dem Zeitablauf ein wenig vorausgeeilt und kehren nunmehr zur zweiten Funktion der Erstlingsarbeit zurück, die darin bestand, ihm gewissermaßen als *billet d'entrée* in die akademische Welt bei der Stellensuche außerhalb Zürichs als Legitimation zu dienen.

Als noch nicht einmal feststand, ob die Arbeit in den ›Annalen‹ überhaupt erscheinen würde, schrieb Mileva einer Freundin, wie stolz sie auf ihr »Schatzerl« sei ob dieser Arbeit, die sie für »sehr bedeutend« hielt: »Wir haben sie auch privatim dem Boltzmann eingeschickt, und möchten gern wissen, was er darüber meint, hoffentlich schreibt er uns.«[35] Ludwig Boltzmann, der unbestrittene Meister der Statistischen Physik und der kinetischen Gastheorie, hatte an der Universität Leipzig einen der damals noch seltenen Lehrstühle für Theoretische Physik inne; eine Antwort an Albert Einstein ist nicht überliefert.

Dafür erhielten alsbald, unmittelbar nach Erscheinen der Erstlingsarbeit, zwei andere Leipziger Professoren Post aus Zürich. Am 9. März 1900 fragte Einstein bei dem Experimentalphysiker Otto Wiener an, »ob Sie vielleicht eines Assistenten bedürfen«[36]; dabei verwies er auf die vor ein paar Tagen erschienene »kleine Abhandlung«, die sich der Professor offensichtlich selbst in der Bibliothek heraussuchen sollte. Zehn Tage später fügte Einstein seinem Brief an den hochberühmten Professor für Physikalische Chemie Wilhelm Ostwald immerhin einen Sonderdruck bei mit der aufgesetzten Erklärung, »durch Ihr Werk über allgemeine Chemie zu der beiliegenden Abhandlung angeregt worden« zu sein; Ostwald fragte er, »ob Sie vielleicht für einen mathematischen Physiker... Verwendung hätten« und gestand ein, daß »ich unbemittelt bin, und mir nur eine derartige Stelle die Möglichkeit weiterer Ausbildung bieten könnte«.[37] Als eine Reaktion ausblieb, verfiel Einstein ein paar Wochen später in den Frühjahrsferien in Mailand auf die Ausrede, daß »ich nicht sicher bin, ob ich damals meine Adresse beigefügt habe«[38], um sich bei Ostwald in Erinnerung zu bringen – vergebens.

Diesem verklausulierten Notruf folgte zehn Tage später ein weiterer, dieses Mal explizit vorgetragen vom Vater Hermann Einstein. Der schrieb ohne Wissen seines Sohnes an Ostwald nach gebührenden Einleitungsfloskeln:

> Mein Sohn fühlt sich nun in seiner gegenwärtigen Stellenlosigkeit tief unglücklich & täglich setzt sich die Idee stärker in ihm fest, daß er mit seiner Carriere entgleist sei & keinen Anschluß mehr finde. Dabei drückt ihn

noch das Bewußtsein, daß er uns, die wir wenig vermögende Leute sind, zur Last falle.

Da nun mein Sohn Sie, hochgeehrter Herr Professor, von allen heute wirkenden Gelehrten der Physik wohl am meisten verehrt & hochschätzt, so erlaube ich mir, mich gerade an Sie zu wenden & die höfl. Bitte an Sie zu richten, die von ihm in den Annalen für Physik veröffentlichte Abhandlung zu lesen & ihm event. ein paar Zeilen der Ermunterung zu senden, damit er seine Lebens- & Schaffensfreudigkeit wieder erlangt. Sollte es Ihnen überdies möglich sein, ihm für jetzt oder nächsten Herbst eine Assistentenstelle zu verschaffen, so würde meine Dankbarkeit eine unbegrenzte sein.[39]

Auch diesen Brief eines mit seinem Sohne leidenden Vaters hat Ostwald ohne Antwort in seinen Akten abgelegt, und es ist unwahrscheinlich, daß Albert Einstein jemals von dieser Verzweiflungstat seines Vaters erfahren hat. Auch kann es nur eine amüsante Spekulation bleiben, ob Ostwald sich an diese Briefe erinnerte, als er als erster aus dem Kreise der für den Nobelpreis Vorschlagsberechtigten[40] im Jahre 1909 Albert Einstein für den Preis des Jahres 1910 nominierte und seinen Vorschlag noch zweimal wiederholte.[41]

So deprimiert Albert Einstein zeitweilig gewesen sein mag, untätig war er nicht. Am 12. April 1901 hat er wohl einen Stapel frankierter Antwortpostkarten erstanden und gleich im Dutzend an Professoren abgesandt, deren Namen er, woher auch immer, kannte. Zwei Exemplare dieser Schrotschußmethode sind erhalten geblieben, die eine Karte adressiert an Heike Kamerlingh Onnes, der im holländischen Leiden die Tieftemperaturphysik als eigenständige Disziplin begründete, und die andere an Professor Carl Paalzow an der Technischen Hochschule in Berlin, der Hauptstadt des so gar nicht geliebten Deutschen Reiches. Während Einstein sich bei Kamerlingh Onnes wenigstens auf die Mitteilung eines Studienfreundes berief, »daß bei Ihnen eine Stelle frei ist«[42], kam er bei Professor Paalzow direkt zur Sache: »Ich erlaube mir, bei Ihnen anzufragen, ob eine Assistentenstelle bei Ihnen frei ist, und mich in diesem Falle um dieselbe zu bewerben.«[43] Im übrigen sind die beiden Postkarten bis auf Punkt und Komma identisch, und beiden gemeinsam ist auch, daß die Antwortkarte, zurückzusenden an »Herrn Albert Einstein, Via Bigli 21, Milano, Italia«, in unbenutztem Zustand erhalten geblieben ist. Zu beiden erfolglosen Bewerbungen mag im Vorgriff auf die Zukunft noch angemerkt werden, daß Einstein in Berlin und in Leiden zwar nicht Assistent, aber später Professor wurde.

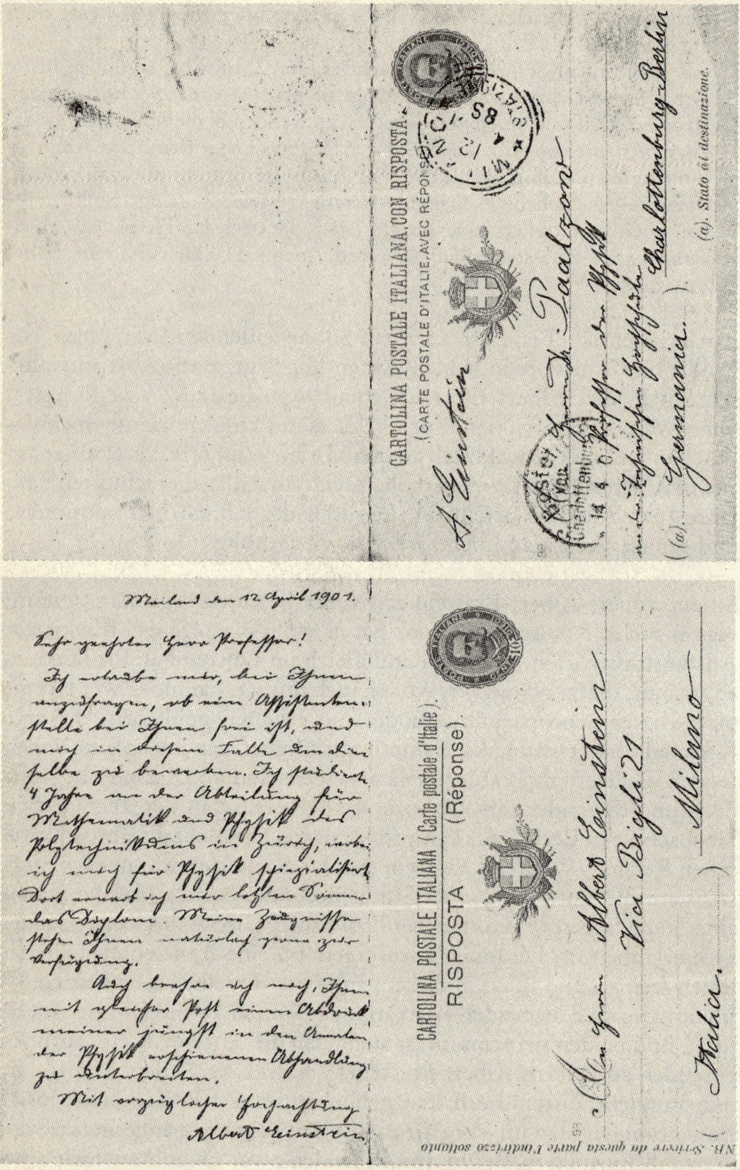

Mailand den 12. April 1901.

Hochgeehrter Herr Professor!

Ich erlaube mir, bei Ihnen anzufragen, ob eine Assistentenstelle bei Ihnen frei ist, und mich in diesem Falle um dieselbe zu bewerben. Ich studierte 4 Jahre an der Abteilung für Mathematik und Physik des Polytechnikums in Zürich, wobei ich mich für Physik spezialisierte. Dort machte ich im letzten Sommer das Diplom. Meine Zeugnisse stehen Ihnen natürlich gerne zur Verfügung.

Auch erlaube ich mir, Ihnen mit gleicher Post einen Abdruck meiner jüngst in den Annalen der Physik erschienenen Abhandlung zu unterbreiten.

Mit vorzüglicher Hochachtung
Albert Einstein

CARTOLINA POSTALE ITALIANA (Carte postale d'Italie)
RISPOSTA (Réponse)
An Herrn Albert Einstein
Via Bigli 21
Milano
Italia.

CARTOLINA POSTALE ITALIANA, CON RISPOSTA.
(CARTE POSTALE D'ITALIE, AVEC RÉPONSE)
A. Einstein
Paalzow
Charlottenburg-Berlin
Germania.

Bewerbung bei Professor Paalzow, 1901 (Vorder- und Rückseite einer Postkarte)

Wie er Mileva in seinen regelmäßigen Briefen aus den Ferien in Mailand berichtete, zerschlugen sich auch andere, weniger an den Haaren herbeigezogene Hoffnungen. So hatte der Göttinger Professor Eduard Riecke durch Inserate in der ›Physikalischen Zeitschrift‹ gleich zwei Assistentenstellen ausgeschrieben; Einstein bewarb sich, gab aber alsbald »die Stelle fast verloren. Ich glaube kaum, daß Weber eine so schöne Gelegenheit vorbeigehen lassen wird, ohne was anzustellen.«[44] Mittlerweile hatte sich in Einstein nämlich der Verdacht befestigt, daß sein vormaliger Professor die Ursache seines Mißgeschicks sein müsse: Nach verweigerter Anstellung und abgebrochener Dissertation würde ihm Weber durch negative Gutachten weitere Hindernisse in den Weg legen. So war Einstein von Rieckes Absage auch nicht überrascht, denn er war »ganz fest überzeugt, daß Weber schuld ist«.[45] Und an Marcel Grossmann schrieb er: »Seit drei Wochen bin ich hier bei meinen Eltern, um von hier aus eine Stelle als Assistent in einer Universität zu suchen. Ich hätte auch längst eine solche gefunden, wenn Weber nicht ein falsches Spiel gegen mich spielte.« Aber er ließ den Mut nicht sinken: »Gott schuf den Esel und gab ihm ein dickes Fell.«[46]

Was immer Weber von seinem Studenten gehalten haben mag, zu dem ihm unterstellten »falschen Spiel« hätte er sehr wahrscheinlich überhaupt keine Gelegenheit gehabt. Die meisten Professoren legten Einsteins Briefe oder Postkarten einfach zu den Akten, nirgendwo gibt es Anzeichen für eine Antwort, geschweige denn für die Mühe einer Erkundigung bei den Kollegen in Zürich über diesen merkwürdigen Bewerber. Auch für die Absage des Göttingers Eduard Riecke gibt es plausiblere Gründe als eine Intrige Webers: Riecke hatte in dem Inserat ausdrücklich die Promotion verlangt, für deren Fehlen Einstein mit seinem mäßigen Zeugnis und seiner nicht eben beeindrukkenden Erstlingsarbeit keinen Ersatz zu bieten hatte. Im übrigen war die Zeit zwischen Erscheinen der Anzeige und Rieckes Absage viel zu kurz, als daß sie für eine Intervention Webers ausgereicht hätte.[47] Für Einsteins Scheitern bei der Stellensuche bietet sich denn auch die viel näher liegende Erklärung an, daß für die Professoren kein plausibler Grund bestand, einen ihnen unbekannten, nur mäßig ausgewiesenen Kandidaten überhaupt in Betracht zu ziehen.

Unter dieser Zurückweisung durch die akademische Welt, von der er glaubte, daß Weber ihr Drahtzieher sei, hat Einstein sehr gelitten. Nur aus der Intensität dieser Verletzung wird erklärbar, daß er noch ein Jahrzehnt später, nunmehr als Ordentlicher Professor in Prag und kurz vor der Berufung auf ein Ordinariat am Polytechnikum, zum Ableben seines vormaligen Professors in einem Brief an einen Zürcher

Freund und Kollegen nichts weiter zu sagen hatte als: »Der Tod von Weber ist gut fürs Polytechnikum.«[48] – ein selbst für Einsteins mitunter deutliche Ausdrucksweise auffallend trockener Kommentar. Die alten Wunden wurden selbst dann noch aufgerissen, als 1918 die Zürcher ihn mit einem ungewöhnlich großzügigen Angebot aus Berlin zurückholen wollten: »Wie glücklich wäre ich vor 18 Jahren gewesen, wenn ich am Polytechnikum bescheidener Assistent hätte werden können! Aber es gelang mir nicht! Die Welt ist ein Narrenhaus, das Renomee macht alles!«[49]

Da er bei seiner Stellensuche von Weber nichts als »eine schlechte Auskunft« erwartete, verfiel er auf die merkwürdige Idee, sich an seine ehemaligen Lehrer in München und Aarau wegen einiger Empfehlungsschreiben zu wenden und sich überdies in Italien zu bewerben: »Erstens fällt nämlich hier eine Hauptschwierigkeit, nämlich der Antisemitismus, weg, der mir in deutschen Ländern ebenso unangenehm als hinderlich wäre, zweitens habe ich hier ziemlich Protektion.«[50] Letzteres bezog sich auf die nicht eben bedeutsamen Umstände, daß ein Freund der Familie Einstein mit einem Mailänder Chemieprofessor bekannt war und außerdem ein Onkel von Michele Besso, der Mathematikprofessor Giuseppe Jung, ausersehen wurde, Anfragen an italienische Kollegen zu richten. »Bald werde ich alle Physiker von der Nordsee bis an die Südspitze Italiens mit meinem Offert beehrt haben!«[51], konnte sich Einstein somit hinsichtlich seines geographischen Aktionsradius rühmen und seiner Mileva versichern, daß er wirklich keine noch so geringe Möglichkeit außer acht lassen würde.

Ein Hoffnungsschimmer kam indes aus gänzlich unerwarteter Richtung. Am gleichen Tag, als Vater Hermann dem Professor Ostwald seinen Sohn als »tief unglücklich« beschrieben hatte, war bei diesem ein Brief von Marcel Grossmann eingetroffen, »in dem er mir mitteilt, daß ich wahrscheinlich im Amte zum Schutze geistigen Eigentums in Bern bald eine bleibende Stellung bekommen werde!«[52] Und weiter schrieb er an Mileva: »Denk Dir, was für eine wunderbare Arbeit das für mich wäre! Ich wäre überglücklich, wenn etwas daraus würde.«

Marcel Grossmanns Vater war mit Friedrich Haller, dem Direktor des »Eidgenössischen Amtes für geistiges Eigentum«, befreundet und hatte ihm den stellungslosen Studienfreund seines Sohnes für die nächste in Bern zu besetzende Stelle empfohlen. Mit einer akademischen Karriere hatte die Arbeit am Patentamt nichts zu tun, der Zeitpunkt einer eventuellen Ausschreibung war noch unbestimmt, und auch die Anstellungsaussichten waren eher vage, aber Einstein bedankte sich bei Marcel Grossmann in überschwenglichen Tönen; er war »wirklich gerührt über Deine Treue und Menschenfreundlichkeit, die Dich Deinen alten Freund und Pechvogel nicht hat vergessen lassen. ... Ich brauche Dir wohl kaum zu sagen, daß ich glücklich wäre, wenn ich einen so schönen Wirkungskreis erhalten könnte, und daß ich alles aufbieten würde, um Eurer Empfehlung keine Unehre zu machen.«[53] Wie er die ersten Monate der Wartezeit verbringen würde, wußte er auch schon: Jakob Rebstein, einst am Polytechnikum Assistent bei Professor Herzog und nunmehr Lehrer am Technikum in Winterthur, mußte Mitte Mai für zwei Monate zum Militärdienst einrücken und hatte bei Einstein angefragt, ob er ihn nicht vertreten könne. »Du kannst Dir denken, wie gern ich das thue!«[54] schrieb er an Mileva.

Die schweizerische Staatsangehörigkeit war eine der Voraussetzungen für die in Aussicht genommene Anstellung beim »Amt für geistiges Eigentum«, aber diese Bedingung hatte Einstein mittlerweile erfüllt, nachdem ihn die Bürokratie länger als ein Jahr hingehalten hatte.

Daß er Schweizer werden wollte, wird nicht nur an der Unbequemlichkeit des Status eines Staatenlosen gelegen haben. Einstein erinnerte sich beifällig jener glücklichen Zeiten vor dem Ersten Weltkrieg, denn »was ein Paß sei, wußte damals kein gewöhnlicher Mensch, da man eines solchen zum Reisen nicht bedurfte. Auch war ich fünf Jahre staatenlos, ohne daß dadurch irgendwelche Schwierigkeiten entstanden wären.«[55] Gleichwohl mag es ihm vor dem Abschluß seines Studiums zweckmäßig erschienen sein, ein ordentlicher Schweizer Bürger zu werden, um sich den Zugang zu staatlich kontrollierten Berufen wie dem Lehramt nicht zu verbauen. Schließlich hatte er die zweijährige Residenzpflicht erfüllt und genügend Geld für die beträchtlichen Kosten der Einbürgerung angespart. Ebenso wichtig wie diese Zweckmäßigkeitserwägungen mögen auch der Einfluß von »Papa« Winteler und das Vorbild so manchen Schweizers gewesen sein, daß er sich – wie seine Schwester Maja notierte – »mit der innerlichen Übereinstimmung seiner politischen Überzeugung mit dem Geist der schweizerischen demokratischen Verfassung«[56] um das Bürgerrecht bewarb.

Die Schweizer Staatsangehörigkeit ist eine automatische Folge des Kantonal- und Gemeindebürgerrechts, zu deren Erwerb allerdings die Erlaubnis des Bundesrats in Bern eingeholt werden muß. So wandte sich Albert Einstein am 19. Oktober 1899 an den »Hohen Bundesrat der Schweizerischen Eidgenossenschaft in Bern« mit dem Gesuch um die »Bewilligung zur Erwerbung eines schweizerischen Kantonal- & Gemeindebürgerrechts« unter Beifügung eines Führungszeugnisses der Zürcher Polizei und der Entlassungsurkunde aus der württembergischen Staatsangehörigkeit; die für ihn als noch nicht Volljährigen erforderliche Einverständniserklärung seines Vaters reichte er alsbald nach.[57] Nachdem die Zürcher Kantonspolizei einen als »günstig« eingestuften Bericht an die Bundesanwaltschaft in Bern geliefert hatte, entsprach der Bundesrat am 10. März 1900 Einsteins Bitte. Ende Juni, während der Abschlußprüfungen am Polytechnikum, konnte er sein Gesuch an den Zürcher Stadtrat aufsetzen. Der schaltete allerlei Ämter ein und setzte sogleich auf den Antragsteller den Detektiv Hedinger an, der zu berichten wußte, daß Einstein »ein sehr eifriger, fleißiger und äusserst solider Mann sei. (Abstinent)«.[58]

Daß er dem Alkohol abhold sei, hat Einstein auch der für die Einbürgerung zuständigen Sektion des Stadtrats erklärt, die ihn am 14. Dezember 1900 vorgeladen hatte[59] und sein Gesuch dem Großen Stadtrat empfahl. Immerhin hatte der Detektiv Hedinger ein beständiges Charakteristikum Einsteins erstmals dingfest gemacht, denn auch in späteren Jahren blieb er Abstinenzler. So hat er am 30. Dezember 1930 bei seiner als Massenspektakel organisierten Ankunft mit dem Dampfer »Oakland« im kalifornischen San Diego auf die Frage des Reporters einer Wochenschau, was er von der Prohibition halte, mit fröhlichem Lachen in die Kamera geantwortet: »Ich trinke nicht; deshalb kann mir das ganz gleich sein.«[60]

Von Einsteins eigenen Einlassungen ist noch bemerkenswert, daß er sich in einem »Fragebogen für Bürgerrechtspetenten«[61] als »konfessionslos« bezeichnete und zur Frage nach seinem Beruf erklärte: »Ich erteile Privatstunden in Mathematik, bis ich eine dauernde Anstellung erhalte.« Bei Durchsicht der Akten fällt auf, daß nirgendwo patriotische Bekenntnisse gefordert oder staatsbürgerliche Grundkenntnisse abgefragt wurden; allein der Wunsch des Antragstellers und die Erfüllung der gesetzlichen Vorschriften genügte den Behörden als Begründung.

Aus den Aktenkonvoluten mag noch interessieren, daß die »Direktion des Innern« des Kantons Zürich eigens Nachforschungen über die finanzielle Situation Einsteins anstellen ließ, danach hatte er »hinsichtlich seiner ökonomischen Verhältnisse, soweit wir hier dieselben zu ermitteln suchten, keinerlei Handhabe angeboten, es sei denn, dass festgestellt werden konnte, dass er Einkommen aus eigener Arbeit heute nicht besitzt. – Was sodann die heut aus Mailand eingelaufenen Nachrichten anbetrifft, so geht aus denselben hervor, dass er von elterlicher Seite Ressourcen ebenfalls nicht hat.«[62] Da das »Schweizerische Informationsbureau«, eine Art ziviler Geheimdienst, außerhalb der Schweiz nicht tätig werden durfte, wurde in Mailand zur Ausforschung von Einsteins Familie ein Privatdetektiv geheuert, der im Anschluß an eine kurze Bemerkung über die Pleite des Unternehmens »Einstein & Garrone« in Pavia feststellte: »In Mailand scheint Einstein senior etwas besser zu marschiren, aber Liegenschaftliches ist nicht vorhanden und Einstein junior könnte sicherlich auf pekuniäre Hülfe von väterlicher Seite nicht rechnen.«[63] Diese Auskunft hat dem Petenten jedoch nicht geschadet, sondern im Gegenteil die für Einstein günstige Folge gehabt, daß die Behörden die Gebühr für das kantonale Bürgerrecht auf nur 200 Franken festsetzten, während er zuvor für das Bürgerrecht der Stadt Zürich noch das Doppelte hatte entrichten müssen. Mit einem arg geplünderten Sparbuch wurde der stellungs- und mittellose Albert Einstein am 21. Februar 1901 Schweizer Bürger.

Unverzüglich interessierte sich das Militär für den Neubürger, und das Kreiskommando Zürich bestellte ihn am 13. März, einen Tag vor seinem 22. Geburtstag, zur Musterung ein. In sein »Dienstbüchlein«[64] wurde unter »Krankheiten und Gebrechen« eingetragen: »Varices, Pes planus, Hyperidrosis ped.«, vulgo Krampfadern, Plattfüße und Fußschweiß. Von der Rekrutenschule war er dispensiert wegen der Klassifizierung »Untauglich A«, der zufolge er allenfalls »Hülfsdienste, Platzdienst« zu leisten hatte, wozu er freilich niemals einberufen wurde. Brav entrichtete er bis zu seinem 42. Geburtstag die als Entschädigung festgesetzten Wehrsteuern, was ihn später, als er dem konsequenten Pazifismus huldigte, allerdings nicht daran hinderte, auch gegen das Milizsystem der Schweiz[65] in einer öffentlichen Erklärung zu argumentieren und brieflich einen Schweizer Dienstverweigerer dahingehend zu ermuntern, daß durch sein Beispiel »die Maschinen des Krieges zerstört oder wenigstens die unwürdige Dienstpflicht beseitigt«[66] werden solle.

Das Schweizer Bürgerrecht war ihm neben anderen Staatsangehörigkeiten, derer er teils notgedrungen, teils freiwillig teilhaftig werden sollte, nicht nur wegen der hohen Einstandsgebühren am teuersten. Gereist ist er immer mit dem roten Paß der Schweizerischen Eidgenossenschaft, und auch in Amerika und als Amerikaner bestand er in einem kurzen Abriß seiner staatsbürgerlichen Karriere darauf, Schweizerbürger geblieben zu sein: »Ich bin es gewiß noch vom Standpunkt der Schweiz, da ich auf dies Bürgerrecht niemals verzichtet habe. Daneben war ich eine Zeitlang österreichischer Bürger (Prag) und als Mitglied der Berliner Akademie von 1919 bis 1933 sogar (horribile dictu) ein Preuße. Letzteres hat ein dramatische Ende gefunden. ... Nun bin ich auch noch Amerikaner; dieser Staat ignoriert es großzügig, wenn man auch noch woanders Bürger ist, erkennt es aber offiziell nicht an.«[67]

Über nationale Zurechnungen hatte er freilich immer seine eigenen Gedanken; als er 1919 seine Theorie in der Londoner ›Times‹ den Engländern erläuterte, verblüffte er sie mit einer »Art Anwendung des Relativitätsprinzips zum Ergötzen des Lesers«, sich zugleich über mißverstandene Popularisierungen und nationale Einvernahme lustig machend:

> Heute werde ich in Deutschland als »deutscher Gelehrter«, in England als »Schweizer Jude« bezeichnet. Sollte ich aber einst in die Lage kommen, als »bête noir« präsentiert zu werden, dann wäre ich umgekehrt für die Deutschen ein »Schweizer Jude« und für die Engländer ein »deutscher Gelehrter«.[68]

Dies hat er als urplötzlich weltberühmter Mann geschrieben, aber einstweilen war er noch nichts weiter als ein schlichter Schweizer, der sich mit dem Gedanken vertraut machen mußte, daß ihm die Universitätslaufbahn versperrt bleiben würde, und für den das Bürgerrecht hauptsächlich bedeutet haben mag, daß wenigstens ein formales Hindernis für eine Anstellung im schweizerischen Staatsdienst ausgeräumt worden war.

Die Aushilfsstelle am Technikum in Winterthur, die Einstein für zwei Monate bis zu den Sommerferien über Wasser halten würde, empfand der 22jährige Berufsanfänger als Herausforderung. 30 Stunden Unterricht die Woche hatte er zu geben und dabei auch noch Darstellende Geometrie, was er am »Poly« kräftig geschwänzt hatte, und mit einer in diesen schwierigen Monaten des öfteren zitierten Ballade von Ludwig Uhland sprach er sich und Mileva Mut zu, denn »der wackre Schwabe forcht sich nit«.[69]

Vor dem Dienstantritt hatte er sich Anfang Mai mit Mileva in Como für gemeinsame Ferientage verabredet. Die beiden fuhren über den See nach Cadenabbia, bewunderten die sich in üppiger Frühjahrspracht präsentierenden Gärten der Villa Carlotta und passierten die italienisch-schweizerische Grenze über den noch winterlichen Splügen-Paß mit einem kleinen Pferdeschlitten. »Es schneite die ganze Zeit so lustig«, schrieb alsbald Mileva an eine Freundin[70], »und wir fuhren bald durch lange Galerien, bald auf offener Straße, wo sich bis in die weiteste Ferne unsern Augen nichts darbot als Schnee und wieder Schnee, so dass es mich manchmal vor dieser kalten weissen Unendlichkeit ganz schauerte und ich meinen Schatz unter Mänteln und Tüchern, die uns bedeckten, fest im Arm hielt.... Wie glücklich war ich, wieder meinen Liebsten ein bisschen zu haben, besonders weil ich sah dass er ebenso glücklich ist.« Bald darauf muß ihm Mileva eröffnet haben, daß sie schwanger sei, denn schon Ende Mai erkundigte er sich bei ihr: »Was macht der Junge?«[71] Selbstverständlich versicherte er sein »liebes Miezchen« einer besseren Zukunft: »Sei nur guten Mutes, Liebe, und mach Dir keine Grillen. Ich verlasse Dich ja nicht und werde schon alles zum guten Ende bringen. Man muß halt eben nur Geduld haben! Wirst schon sehen, daß man nicht schlecht ruht in meinen Armen, wenns auch ein bisserl dumm anfängt.«

Auch vom Glück ist in diesem Brief die Rede, und das gleich zum Anfang, nur bezieht sich das auf Physikalisches, was Mileva, die ihren Albert nun schon einige Jahre kannte, kaum überrascht haben dürfte: »Eben las ich eine wunderschöne Abhandlung von Lenard über die Erzeugung von Kathodenstrahlen durch ultraviolettes Licht. Im Eindruck dieses schönen Stücks bin ich von solchem Glück erfüllt und solcher Lust, daß Du unbedingt etwas davon haben mußt.«[72] Das Glück und die Lust werden Früchte tragen, denn vier Jahre später wird er durch seine theoretische Interpretation dieses »photoelektrischen Effekts« die Quantentheorie begründen und zwei Jahrzehnte später dafür den Nobelpreis erhalten.

Sein Lehramt und sein Leben in Winterthur fand er angenehmer als erwartet. Er traf dort Hans Wohlwend wieder, einen Freund von der Aargauer Kantonsschule, mietete sich bei dessen Wirtin in der Äußeren Schaffhauser Straße 38 am Stadtrand ein schönes Zimmer, hatte mit Wohlwend und alsbald auch mit einem – wie er Mileva schrieb – »älteren Fräulein musiziert. Es war ganz prachtvoll.«[73] Sonntags fuhr er regelmäßig mit dem Zug ins 20 Kilometer entfernte Zürich, war mit Mileva mal vergnügt und mal betrübt und versorgte sich dort mit aktueller wissenschaftlicher Literatur. Das Unterrichten hat ihm, wie er seinem »Papa« Winteler schrieb, »ganz ungemein gefallen. Ich habe nie geahnt, daß ich eine solche Freude am Lehren haben würde, wie es thatsächlich der Fall war.«[74] Zur Bildung von Rücklagen gab er sogar noch Privatunterricht.

Von ganz entscheidender Bedeutung für Albert Einstein und seine Zukunftsplanungen war die ebenso überraschende wie angenehme Entdeckung, daß ihn die Ausübung eines bürgerlichen Berufs keineswegs erschöpfte: »Wenn ich am Morgen 5 oder 6 Stunden gegeben habe, bin ich noch ganz frisch und arbeite nachmittags in der Bibliothek an meiner Weiterbildung oder zuhause an interessanten Problemen.«[75]

Dank dieser schönen Erfahrung war die Unerreichbarkeit einer Assistentenstelle nicht mehr gar zu schmerzlich, denn er wußte nun, daß der Abschied von der Universität für ihn nicht zugleich das Ende seiner Liebe zur Physik bedeuten würde: »Ich habe nämlich dem Ehrgeiz, an eine Hochschule zu kommen, vollständig entsagt, da ich sehe, daß mir auch so zu wissenschaftlichem Streben noch Kraft und Lust genug übrigbleibt.«[76]

Da die Anstellung am Patentamt allenfalls in größerer Ferne winkte – die einzige bislang ausgeschriebene Stelle war eine administrative, für die Einstein nicht in Frage kam –, und da der Versuch, Michele Besso und seinen Vater für die Anstellung in einem Versicherungsunternehmen einzuspannen, nichts gefruchtet hatte, bewarb sich Einstein fortan auch für Lehrämter, zunächst beim Technikum in Burgdorf im Kanton Bern und dann an der Kantonsschule in Frauenfeld im Kanton Thurgau, beide Male erfolglos. Daß er die Bewerbung für Burgdorf gleich zweimal hintereinander an nicht zuständige Behörden schickte statt an die in der Ausschreibung angegebene Adresse, mag im Lichte der Psychopathologie des Alltagslebens als Indiz dafür gewertet werden, daß sein Wunsch, Lehrer zu werden und sich mit der minderen Interpretation des »professeur« aus seinem französischen Matura-Aufsatz abzufinden, wohl doch nicht so ausgeprägt war.[77]

Die Stelle in Frauenfeld erhielt übrigens sein Freund Marcel Grossmann, dem er herzlich zu diesem Erfolg gratulierte, »der Dir eine hübsche Thätigkeit und eine gesicherte Zukunft bietet. Ich hatte mich auch zu dieser Stelle gemeldet aber eigentlich nur, um mir nicht sagen zu müssen, daß ich zu kleinmütig gewesen sei, mich zu melden; denn ich war fest überzeugt, keine Aussicht auf diese oder eine andere derartige Anstellung zu haben.«[78]

Wissenschaftlich war er auch in Winterthur so aktiv wie immer, und sein Selbstbewußtsein hatte durch die vielen Absagen und Rückschläge nicht gelitten. So berichtete er Mileva von einem langen Brief, den er an Paul Drude geschrieben hatte, »mit zwei Einwänden gegen seine Elektronentheorie. Er wird mir wohl kaum was vernünftiges einzuwenden haben, da die Sachen sehr einfach liegen. Ich bin furchtbar neugierig, ob und was er antwortet. Natürlich hab ich ihm auch zu verstehen gegeben, daß ich stellenlos bin, das versteht sich.«[79]

Drude, der dem Physikalischen Institut der Universität Gießen vorstand und zudem als Herausgeber der ›Annalen der Physik‹ fungierte, hatte jedoch nicht nur keine Stelle anzubieten, sondern war von den Einwänden keineswegs überzeugt, weshalb in Einsteins Augen die Antwort »für die Erbärmlichkeit seines Schreibens ein so untrüglicher Beweis ist, daß ich keine Erklärung hinzuzufügen brauche«.[80] Und »Papa« Winteler bestätigte er, daß dessen Skepsis gegenüber dem unheimlichen Nachbarn im Norden und besonders gegenüber den deutschen Professoren keineswegs übertrieben gewesen sei: »Ich habe wieder ein trauriges Subjekt dieser Art kennengelernt – einen der ersten Physiker Deutschlands. ... Ich werde dem Mann demnächst mit einer tüchtigen Veröffentlichung einheizen. Autoritätsduselei ist der größte Feind der Wahrheit.«[81] Da sowohl Einsteins Brief an Drude wie auch dessen Antwort verloren sind, ist der sachliche Hintergrund dieser Kontroverse nicht mehr aufzuklären, so daß Einsteins Ausbrüche vor allem als Indikatoren seines Selbstbewußtseins und seines Temperaments interessant sind. Weil Drudes Elektronentheorie der Metalle wegen mancherlei Schwächen auch von anderen Physikern kritisiert wurde und auf Dauer nicht haltbar war, was übrigens dem eifrigen Zeitschriftenleser Einstein nicht entgangen ist, könnte Einstein durchaus zu Recht den Finger auf wunde Stellen von Drudes Theorie gelegt haben.

Bald nach Beendigung seiner Tätigkeit als Aushilfslehrer am 15. Juli fand Einstein sich wieder bei Mama und Schwester in der Sommerfrische in Mettmenstetten ein, während Mileva in Zürich fürs Examen büffelte. Am 26. Juli stand fest, daß sie auch beim zweiten Mal nicht bestanden hatte.[82] Tief betrübt und unglücklich reiste sie zu ihren Eltern nach Neusatz. Einstein kehrte nach Winterthur zurück, wo er sein Zimmer behalten hatte, arbeitete an seiner Dissertation und hielt Ausschau nach neuen Verdienstmöglichkeiten. In der ›Schweizerischen Lehrerzeitung‹ vom 10. August fand er eine Stelle für einen »Privatlehrer« ausgeschrieben, der in Schaffhausen in der Privatschule eines Dr. Nüesch einen jungen Engländer auf die schweizerische Matura vorbereiten sollte. Um die »ewige Nahrungssorge los zu sein«[83], griff er mangels besserer Möglichkeiten bei diesem Angebot zu. »Du kannst Dir denken, wie glücklich ich darüber bin«, schrieb der bescheiden gewordene Albert Einstein an Marcel Grossmann, »wenn auch eine solche Stelle für eine selbständige Natur nicht gerade ein Ideal ist.« So zog er Mitte September von der Schaffhauser Straße in Winterthur um nach Schaffhausen am Rhein.

Einstein lebte zunächst im Hause seines Arbeitgebers Dr. Jakob Nüesch, der neben seiner Tätigkeit als Realschullehrer noch eine private »Lehr- und Erziehungsanstalt« betrieb. Mit seinem Schüler, dem drei Jahre jüngeren Engländer Louis Cahen, der am Polytechnikum in Zürich Architektur studieren wollte und deshalb die eidgenössische Matura erwerben mußte, wird Einstein leidlich ausgekommen sein, zumal sich der Studieneifer auf beiden Seiten in Grenzen gehalten haben soll.[84] Gar nicht wohl fühlte er sich jedoch im Hause seines Dienstherrn, der vertragsgemäß freie Kost und Logis zusätzlich zum monatlichen Gehalt von 150 Franken zu gewähren hatte. Der Privatlehrer Einstein hätte gern auf die häusliche Geselligkeit und die gemeinsamen Mahlzeiten mit der vielköpfigen Familie Nüesch verzichtet. Als er auch noch herausfand, daß Cahens Mutter 4000 Franken für den einjährigen Unterricht ihres Sohnes zu zahlen hatte, Nüesch also einen stattlichen Mehrwert einstrich, provozierte Einstein einen Krach nach dem andern, so daß er erst auswärts wohnen und bald auch in einem Gasthaus essen konnte, alles bezahlt von Nüesch. An Mileva schrieb er, die Nüeschs seien »nun schäumend vor Wut gegen mich, aber ich bin jetzt eben so frei wie jeder andere Mensch. ... Es lebe die Unverfrohrenheit! Sie ist mein Schutzengel in dieser Welt.«[85]

Schutzengel brauchte er freilich noch andere als nur seine Unverfrorenheit, denn Aussichten auf eine akzeptable Anstellung, die er nun als werdender Vater dringender denn je brauchte, wollten sich nicht einstellen. Zwar hatte er bei Dr. Nüesch einen Kontrakt für ein ganzes Jahr unterschrieben, wäre aber zu gern zugunsten einer soliden dauerhaften Tätigkeit vertragsbrüchig geworden. Das einzige Eisen im Feuer war noch das Patentamt, aber mehr als ein halbes Jahr war seit der Grossmannschen Vermittlung ohne jede Konkretisierung vergangen. »Die Berner Stelle ist immer noch nicht ausgeschrieben worden, sodaß ich wirklich die Hoffnung darauf aufgebe«[86], schrieb er Ende November an Mileva, und die klagte gegenüber einer Freundin über das »Malheur, dass Albert keine Stellung bekommt. ... Du weisst, mein Schatz hat ein sehr böses Maul und ist obendrein ein Jude.«[87]

Seine Hoffnungen setzte Albert Einstein nunmehr auf die günstigen Folgen der Promotion bei der Stellensuche, für die er Inserate aufgeben wollte: »Sobald ich Doktor sein werde, werde ich mich ausschreiben, um eine sichere Position zu suchen. Einmal werden wir doch auch äußeres Glück haben.«[88] Als er am 23. November seine Dissertation bei Professor Kleiner abgegeben und die Prüfungsgebühren bezahlt hatte, war er gegenüber Mileva sehr stolz, daß dies noch keiner der mit Assistentenstellen gesegneten einstigen Kommilitonen geschafft hatte: »Siehst, Dein Johonzel hat zuerst seine Arbeit fertig gehabt, trotzdem er ein geplagtes Tierchen ist.«[89] Dabei brachte auch das Promotionsverfahren nichts als Ärger.

Den Professor Kleiner hielt Einstein ohnehin für einen »kurzsichtigen Menschen«, mit dem nichts anzufangen sei: »Wenn ich unter dessen Kopf herumlaufen müßte, um Universitätsprofessor zu sein – ich möcht nicht tauschen, sondern lieber ein armer Hauslehrer bleiben.«[90] Kleiner ließ sich zum Leidwesen Einsteins mit der Lektüre Zeit, und vollends erregte er dessen Zorn, als er die Institutsbibliothek in den Weihnachtsferien nicht eigens für den aus Schaffhausen anreisenden Einstein geöffnet halten wollte: »Was diese Philister einem, der nicht von ihrer Sorte ist, alles in den Weg legen, ist wirklich schauderhaft. So einer betrachtet jeden jungen intelligenten Kopf instinktiv als eine Gefahr für seine morsche Würde«[91], tobte der Ausgesperrte im Freundeskreis, und noch sechs Jahre später erwähnte Friedrich Adler diese Affäre als Beispiel dafür, daß Einstein »von den Professoren am Polytechnikum recht verächtlich behandelt« worden sei: »... man verschloß ihm die Bibliothek usw.«[92] Einstein, der wohl einige keck formulierte Einwände gegen die Drudesche Theorie der Elektronenleitung in Metallen in seine Dissertation eingearbeitet hatte, wollte nun sehen, wie sich nicht nur Kleiner, sondern auch der »saubere Herr Drude« dazu stellen würde: »... eine prächtige Gesellschaft, alle zusammen. Wenn Diogenes heutzutage lebte, würde er mit seiner Laterne einen anständigen Menschen umsonst suchen.«[93] Es war abzusehen, daß dieses emotional überfrachtete Promotionsverfahren in einem Fiasko enden würde, und Einstein konnte froh sein, wenigstens die Gebühr von 230 Franken erstattet zu bekommen, indem er die Arbeit zurückzog.[94]

Mileva verbrachte diese Monate in Neusatz bei ihren Eltern. Die Schwangerschaft hatten diese wohl mit dem von der bürgerlichen Wohlanständigkeit geforderten Minimum an Entrüstung schließlich akzeptiert, und gemeinsam mit ihrer Tochter werden sie gehofft haben, daß Albert sich umgehend in einem soliden Beruf und als Familienvater etablieren möge. Das war aber genau das, wovor die Eltern Einstein, insbesondere die Mama, einen großen Horror hatten. Zwar hatten sie von der Schwangerschaft wohl keine Ahnung, aber ein unangenehmes Gefühl, daß ihr Albert von seiner Mileva nicht lassen würde, drängte sie zu durchgreifenden Maßnahmen: »Sie brachten es ohne weiters über's Herz«, klagte Mileva gegenüber einer Freundin,

»an meine Eltern einen Brief zu schreiben, in dem sie mich derart beschimpften dass es eine Schande war.«[95] Die daraus erwachsenden Konflikte mögen auch das Verhältnis zwischen Mileva und Albert belastet haben, so daß Mileva Ende Oktober für ein paar Wochen in die Schweiz fuhr. Um den jungen Privatlehrer nicht durch ihre mittlerweile »gspaßige Gestalt« zu kompromittieren, mietete sie sich in sicherer Entfernung von Schaffhausen ein, im Hotel Steinerhof im 20 Kilometer östlich gelegenen Stein am Rhein. Bald war es wieder wie früher: »Wenn wir zusammen sind, sind wir so lustig wie kaum jemand. ... Und weisst Du, trotz allem Bösen, muss ich ihn so lieb haben, ganz fürchterlich, besonders wenn ich sehe, dass er mich gerade so liebt.«[96] Der wieder nach Neusatz zurückgekehrten Mileva sandte Einstein wohlfeile Ratschläge hinterdrein und schien der Geburt ihres Kindes ohne Bangen entgegenzusehen: »Pfleg Dich nur gut und sei munter und freu Dich auf unser liebes Lieserl, das ich mir im Geheimen, (so daß es das Doxerl nicht merkt), lieber als Hanserl vorstelle.«[97]

Zum Optimismus bestand nun endlich Anlaß, denn am 11. Dezember hatte Einstein Nachricht von Marcel Grossmann erhalten, »ein sehr lieber Brief, in dem er mir sagt, daß die Stelle in Bern nun in den nächsten Wochen ausgeschrieben werde, und daß er bestimmt glaube, daß ich sie kriege. In zwei Monaten wären wir dann plötzlich in glänzenden Verhältnissen und hätten ausgekämpft. Mir schwindelt vor Freude, wenn ich dran denke. Es freut mich noch mehr für dich als für mich.«[98] Grossmann, der Rettungsanker, hatte letztlich also doch nicht zuviel versprochen. Am gleichen Tage schon erschien im Bundesblatt eine Ausschreibung, die speziell auf Einstein hätte zugeschnitten sein können, denn sie verlangte »Gründliche Hochschulbildung in mechanisch-technischer oder speziell physikalischer Richtung«[99], und tatsächlich hatte der Patentamtschef Friedrich Haller den sonst nicht üblichen Hinweis auf die »physikalische Richtung« eigens im Hinblick auf Einstein in der Ausschreibung plaziert, denn Physiker hatte es am Patentamt bisher nicht gegeben.[100]

In artigem Bürokratendeutsch verfaßte Einstein am 18. Dezember seine Bewerbung für die »Ingenieurstelle II. Klasse beim eidgenössischen Amt für geistiges Eigentum«[101], in der er wie selbstverständlich auf seine Dissertation »über ein Thema der kinetischen Theorie der Gase«[102] hinwies. Tags darauf fuhr er zu Professor Kleiner nach Zürich; der hatte die Arbeit noch nicht gelesen, aber es wurde über alle möglichen physikalischen Fragen gesprochen, und Einstein fand, der

Professor sei »doch nicht ganz so dumm, wie ich gemeint habe, und vor allem, er ist ein guter Kerl. Er hat gesagt, ich dürfe mich, wenn ich eine Empfehlung brauche, stets auf ihn berufen.«[103] Kein Wunder, daß Einstein nun »ganz rappelköpfig vor Vergnügen«[104] war. Während der Weihnachtsferien war er in froher Erwartung der »schönen Aussichten, welche uns in der nächsten Zukunft winken«[105], in Schaffhausen geblieben. Nur für die beiden Weihnachtstage hatte er sich etwas Besonderes gegönnt: Er verbrachte sie gemeinsam mit der aus Aarau herübergekommenen Schwester in der von den Familienferien her bekannten Hotelpension »Paradies« in Mettmenstetten.

Von den Ereignissen des Januar 1902, die zu Einsteins vorzeitiger Abreise aus Schaffhausen führten, ist nichts überliefert. Weder kennen wir die Dissertation noch die Einwände des Professor Kleiner, die Einstein bewogen, seine Arbeit zurückzuziehen. Die Aussicht auf die Berner Stelle wird es ihm leichtgemacht haben, Ende Januar seinen Koffer zu packen. Über Zürich, wo er sich noch die Promotionsgebühr bei der Universitätskanzlei abholte, wird er geradewegs nach Bern gefahren sein; jedenfalls war er, wie er einem Freund schrieb, von Schaffhausen und dem Institut des Dr. Nüesch »mit Knalleffekt abgesegelt«.[106] Inzwischen war der 22jährige auch Vater geworden, aber davon erfuhr er erst durch einen Brief aus Neusatz, der ihm nach Bern nachgesandt worden war. Das Kind war, wie Mileva es sich gewünscht hatte, ein »Lieserl«.

Es sollte allerdings noch bis zur Mitte des Jahres dauern, bis Einstein endlich seine Stelle antreten konnte. Mileva kam erst Ende des Jahres in die Schweiz, freilich ohne das Lieserl.

Wenn Einstein auch mit leichtem Gepäck nach Bern gereist war, so hatte er den Kopf doch voller Gedanken, über die gemeinsame Zukunft mit Mileva ebenso wie über das, was er seine »wissenschaftlichen Bestrebungen« nannte und was da als Bilanz seiner Lehrjahre herangereift war. Nur wenige haben erkannt oder wenigstens geahnt, daß der nach allen äußerlichen Kriterien erfolglose, eher ungelenke junge Mann das Zeug zu einem bedeutenden, vielleicht gar großen Wissenschaftler hätte. Gewiß glaubte daran Mileva Marić, der sicher kein Unrecht geschieht, wenn ihre Begeisterung ob des gescheiten Kopfes ihres Schatzerl zumindest teilweise als verklärende Folge ihrer Liebe zu verstehen ist, aber neben ihr waren das wohl nur der getreue Freund Marcel Grossmann und vielleicht in entspannteren Phasen ihrer Beziehung der von Einstein so oft und so derb gescholtene Professor Kleiner von der Zürcher Universität – und natürlich Einstein selbst.

Schon dem mathematisch ungewöhnlich begabten Schüler war die Naturforschung als seine Berufung erschienen, und dies insbesondere in ihrer aufs Prinzipielle ausgerichteten Disziplin – der Physik. Daß er bei der Aufnahmeprüfung fürs Polytechnikum durchfiel, war eher ein Glücksfall, denn dadurch wurde ihm sein einjähriges Moratorium an der Kantonsschule von Aarau gewährt, in dem er sich von der elterlichen Vorgabe, Ingenieur werden zu sollen, befreien und seine Berufung als Beruf wählen konnte. Daran ist insofern nichts Ungewöhnliches, als sich in früheren Zeiten, als man eher für die Physik als von ihr leben konnte, so mancher junge Mann von den besorgten Eltern zunächst in ein praktisches Fach drängen ließ, bevor er den Mut fand, seiner Neigung zu folgen. Ungewöhnlich aber ist zweifellos Einsteins Konzentration auf das »Fundamental-Wichtige«, von dem geleitet er schon als junger Student den trügerisch sicheren Boden verließ, auf dem am Zürcher Polytechnikum die Physik präsentiert wurde. Erstaunlich dabei auch die Breite seiner Interessen: Neben den »großen« Themen der Thermodynamik und der Kinetischen Gastheorie sowie der Maxwellschen Theorie des elektromagnetischen Feldes beschäftigte er sich mit Kapillarität, Thermoelektrizität und der Elektronentheorie der metallischen Leitfähigkeit.

Obwohl eher an der Peripherie der aktuellen Forschung studierend, stieß er im Alleingang und mit nachtwandlerischer Sicherheit zu den zentralen Themen vor, teils durch das Studium der wichtigsten Bücher, bald aber vor allem durch die Lektüre der ›Annalen der Physik‹, deren persönlichen Bezug er sich zwar nicht leisten konnte, die er aber mit jenem Eifer und jener Regelmäßigkeit las wie ein treuer Abonnent sein Leib- und Magenblatt, nur unvergleichlich viel gründlicher. In seinen Briefen an Mileva Marić, in denen er die ihn besonders interessierenden Arbeiten regelmäßig kommentierte, wird deutlich, daß er mit dem ausgeprägten Instinkt des schöpferischen Physikers die Spreu vom Weizen zu sondern wußte. Neben Wilhelm Wiens Artikel über den Lichtäther, Drudes Arbeiten über die metallische Leitfähigkeit und Lenards Experimenten zum photoelektrischen Effekt wären vor allem Max Plancks Ende 1900 veröffentlichte Arbeiten über seine neue, das Wirkungsquantum enthaltende Strahlungsformel zu nennen. Einstein kommentiert sie durchaus kritisch schon im April in einem Brief an Mileva[107], und ihm wurde »kurz nach Plancks bahnbrechender Arbeit klar, daß weder die Mechanik noch die Elektrodynamik (außer in Grenzfällen) exakte Gültigkeit beanspruchen können«.[108]

Als Ausweg aus den Dilemmata, die die Physik um die Jahrhundertwende den bis in die Tiefe schürfenden Gemütern präsentierte, schwebte dem jungen Einstein eine Prinziptheorie nach dem Vorbild der Thermodynamik vor, die aus der »Auffindung eines allgemeinen formalen Prinzips uns zu sicheren Ergebnissen führen könnte«.[109] Als eine solche Theorie präsentierte Einstein wenige Jahre später die Spezielle Relativitätstheorie, aber schon seine Briefe aus der Lehrzeit sind von diesem Thema durchzogen. Bereits in Aarau war ihm dazu das vielleicht entscheidende Licht aufgegangen, und mit dem Rüstzeug des Physikers hat er ab dem Jahre 1898 diesen Gedanken weiter verfolgt. »Wie glücklich und stolz werde ich sein«, schrieb er im Frühjahr 1901 an Mileva, »wenn wir beide zusammen unsere Arbeit über die Relativbewegung siegreich zu Ende geführt haben!«[110] Auch gegen Ende des Jahres 1901 arbeitete er in Schaffhausen »eifrigst an einer Elektrodynamik bewegter Körper, welches eine kapitale Abhandlung zu werden verspricht«.[111]

Aus derartigen Bemerkungen in den nur lückenhaft erhalten gebliebenen Briefen läßt sich leider nicht herauslesen, in welche Richtung seine Überlegungen gingen und auf welchen Holzwegen er sich verlief. Zu der »kapitalen Abhandlung« brauchte es noch viele Studien und einen zündenden Einfall, und den hatte er erst im Frühjahr 1905 als Experte III. Klasse am Patentamt in Bern, aber seine Briefe aus der Lehrzeit strahlen schon eine unwiderstehlich sichere Überzeugung aus, daß ihm die Lösung des Rätsels gelingen würde, in welchem Beruf auch immer. Wohl niemals hat ein junger Mann eine so bescheidene bürgerliche Stellung mit so hochfliegenden Plänen angestrebt wie Albert Einstein, als er im Februar 1902 in Bern eintraf, und das Erstaunlichste wird sein, daß sich seine Hoffnungen tatsächlich erfüllen werden.

II

IM »WELTLICHEN KLOSTER«

1. Experte III. Klasse – »viel zu denken«

Albert Einsteins Ortswechsel nach Bern hatte alle Züge des Befreiungsschlages eines zornigen jungen Mannes, voreilig und nicht ohne Risiko. Er würde von der Hand in den Mund und vom Prinzip Hoffnung leben müssen, denn hinsichtlich der Stelle am Patentamt war nur so viel sicher, daß seine Bewerbung eingegangen war und der Amtschef Friedrich Haller sie wohlwollend in Erwägung ziehen würde, sobald neue Stellen bewilligt wären. Aber er war froh, nicht mehr in Schaffhausen den Hauslehrer spielen zu müssen: »Es thut mir ungemein wohl, daß ich aus der unsympathischen Umgebung glücklich entronnen bin.«[1] Zudem wollte er sich von irgendwelchen Sorgen, wenn er denn welche hatte, nichts anmerken lassen.

»Hier in Bern ist es reizend«[2], schrieb er gleich nach seiner Ankunft in den ersten Tagen des Februar 1902 an Mileva. »Eine altertümliche, urgemütliche Stadt, in der man genau ebenso leben kann wie in Zürich.« Auf einem steil aufragenden Felsplateau errichtet, das auf drei Seiten von der Aare umflossen und auf der vierten von der »Großen Schanze« begrenzt wird, ist die Stadt in ihrem einheitlichen, Macht und Würde ausstrahlenden Bild ein architektonisches Juwel, das wie alle Besucher auch den jungen Einstein beeindruckte. Mehr aber als die mittelalterlichen Befestigungsmauern oder die imposanten barokken Türme gefiel ihm, was die Berner »Lauben« nennen. Diese auf beiden Seiten der Straße sich hinziehenden Arkadengänge sehen nicht nur hübsch aus, sondern bieten auch die Möglichkeit, sogar bei starkem Regen durch die Stadt zu kommen, ohne dabei naß zu werden. Davon konnte sich der Neubürger sogleich bei der Suche nach einer Bleibe überzeugen. Sein erstes Zimmer fand er im Haus Nr. 32 in der Gerechtigkeitsgasse, am unteren Ende des prächtigen Straßenzuges, der die Stadt in ihrer ganzen Länge durchquert, ganz in der Nähe der Nydegg-Brücke und des Bärengrabens, in dem die Berner Wappentiere leben.

Zur Bemühung um die Unterkunft gesellte sich die um den Unterhalt. Da am Patentamt die Besetzungsprozedur keine Fortschritte machte, Einstein aber unbedingt etwas verdienen mußte, bot er als Inhaber des eidgenössischen Fachlehrerdiploms im lokalen Anzeigenblatt seine Dienste als Privatlehrer für Mathematik und Physik feil, »gründlichst« und »Probestunden gratis«.[3] Tatsächlich meldeten sich einige Interessenten, darunter ein Ingenieur und ein Architekt, und Einstein sah sich schon als Dozent eines kleinen Privatkollegs mit Einnahmen, die während der Wartezeit für Miete und Lebensunterhalt ausreichen würden.

Einer seiner ersten Schüler war der Welschschweizer Lucien Chavan, ein fortbildungseifriger Techniker bei der schweizerischen Post- und Telegrafendirektion und bald einer von Einsteins treuesten Freunden in Bern. Chavan trug in seine akkurat geführten Hefte nicht nur fein säuberlich alle empfangenen Unterweisungen ein, sondern auch ein kleines Porträt seines jugendlichen Lehrers: »Sein kurzer Schädel wirkt ungemein breit. Der Teint ist von mattem Hellbraun. Über dem großen, sinnlichen Mund sproßt ein schmächtiger, schwarzer Schnurrbart. Die Nase hat leichte Adlerform. Die sehr braunen Augen strahlen tief und weich. Die Stimme ist einnehmend, wie ein vibrierender Celloton. Einstein spricht korrekt französisch mit einem leichten fremdländischen Akzent.«[4]

Gleich nach der Ankunft in Bern hatte Einstein einen noch nach Schaffhausen adressierten, aber nachgesandten Brief von Milevas Vater erhalten, bei dessen Lektüre er »vor Schreck fast umgefallen«[5] war. Darauf, daß er als stellungsloser 22jähriger nach bürgerlichen Maßstäben skandalös vorzeitig Vater werden würde, und das auch noch ohne den Segen eines Rabbi oder wenigstens des Standesbeamten, hatte er sich eingerichtet, nicht jedoch auf schlimme Komplikationen bei der Geburt. Mileva war so erschöpft, daß sie nicht einmal selbst hatte schreiben können. Die Sorgen um die Gesundheit der Mutter wurden freilich gemildert durch die Freude über und das Interesse an dem Kind, das nach Milevas Wunsch ein »Lieserl« geworden war. »Ist es auch gesund und schreit es schon gehörig?« erkundigte sich Einstein bei der Mutter. »Was hat es denn für Augerl? Wem von uns sieht es mehr ähnlich? ... Ich hab es so lieb & kenns doch gar nicht.«[6] Sogar neugieriger Forschereifer trieb den jungen Vater um: »Kann es schon bald seine Augen nach etwas hinwenden? Jetzt kannst Beobachtungen machen.« Und schließlich noch das freimütige Eingeständnis des Gefühls männlicher Unterlegenheit angesichts weiblichen Produktionsvermögens: »Ich möcht auch einmal selber ein Lieserl machen, es muß doch zu interessant sein!« Dieser Wunsch, für psychoanalytische Interpretationsbemühungen fast schon zu deutlich formuliert, wird noch oft nachklingen, wenn Einstein seine gedanklichen Anstrengungen als »Brüten«, manchmal auch als »Eierlegen« bezeichnen wird.

So glaubhaft Einstein seiner Mileva auch beteuerte: »Ich habe jeden Tag Sehnsucht nach Dir« und »ich wäre lieber mit Dir in Krähwinkel als ohne Dich in Bern«[7] – von baldiger Heirat war in seinen Briefen noch lange nicht die Rede, und das wohl nicht nur deshalb, weil er ohne die erhoffte Stelle am Patentamt kaum eine Familie hätte ernähren können. Der eigentliche Grund für sein Zögern war die energische Opposition von Einsteins Eltern. Pauline Einstein reagierte auf das gar nicht freudig empfundene Ereignis und die von ihrem Sohn immerhin erwogene offizielle Verlobung mit der Bekräftigung, »daß wir streng gegen das Verhältnis von Albert mit Frln. Maric sind, daß wir nie & nimmer etwas von ihr wissen wollen ... Diese Frln. Maric bereitet mir die bittersten Stunden meines Lebens, läge es in meiner Macht, ich würde alles aufbieten, sie aus unserem Gesichtskreis zu bannen, sie ist mir förmlich antipathisch.«[8] Mutter Pauline klagte, sie habe »jeden Einfluß auf Albert verloren«, und bei dessen Hohn und Spott über die »Philister« sowie seiner wilden Entschlossenheit, auf die Welt zu pfeifen, klingt das durchaus glaubhaft. Aber im Grunde war er ein folgsamer Sohn, der sich nicht getraute, gegen die dramatische Entschlossenheit seiner Mutter aufzubegehren, so daß es vorläufig nicht einmal zu einer Verlobung, geschweige denn zu einer Heirat kam. Mileva hatte die damals überaus prekären Folgen vorehelicher Elternschaft allein zu tragen und blieb mit der Tochter bei ihren Eltern in Novi Sad, während Einstein in Bern die Zeit bis zur Entscheidung über die Anstellung am Patentamt zu überbrücken suchte.

Daß ihm dies eher schlecht als recht gelang, war der Eindruck von Max Talmud, dem Mentor aus Münchner Schülertagen. Als Talmud im April 1902 durch Oberitalien reiste, erinnerte er sich an die in Mailand lebende Familie Einstein, fand die Eltern bei seinem Besuch in gedrückter Stimmung vor und erhielt auf Fragen nach ihrem Sohn nur die spärliche Auskunft, daß der nun in Bern lebe. Talmud, der vom Grund des Zerwürfnisses nichts ahnen konnte, reiste eigens in die Schweiz und traf seinen vormaligen Zögling in Umständen an, die »von großer Ärmlichkeit zeugten«. Die Unterkunft in der Gerechtigkeitsgasse, die Einstein in einem Brief an Mileva beschrieben hatte, als wär's ein kleiner Palast, machte auf seinen Besucher den Eindruck eines »kleinen, armselig möblierten Zimmers«.[9] Für seine triste Situation – keine Assistentenstelle und gescheiterte Promotion – machte Einstein im Gespräch mit Talmud Hindernisse verantwortlich, »die ihm Leute in den Weg legten, die auf ihn eifersüchtig sind«. Aber Einstein konnte letztlich nicht lange betrübt sein, und so verstand er es, auch aus dieser schwierigen Lage noch das Beste zu machen.

Obwohl in Bern völlig unbekannt und ohne Empfehlungen für gesellschaftlichen Umgang in bürgerlichen oder universitären Kreisen eingetroffen, blieb Einstein doch nicht lange allein. Paul Winteler, einer der Söhne seiner Aargauer »Eltern«, hatte gerade mit dem Studium der Jurisprudenz begonnen, aus Schaffhausen kannte er Conrad Habicht, der mit einer mathematischen Dissertation beschäftigt war, und dann traf er noch Hans Frösch wieder, einen Klassenkameraden aus der Aargauer Kantonsschule, der Medizin studierte. Einige seiner physikalischen Probleme trug Einstein dem Mathematiker Habicht vor, der »ganz entzückt über die guten Gedanken«[10] war. Frösch begleitete er in ein Kolleg über gerichtliche Pathologie mit »Demonstrationen ad oculos«, also Vorführung der Delinquenten in der Vorlesung. Die präsentierten Trunkenbolde, Brandstifter und Größenwahnsinnigen haben ihn dabei »so riesig interessiert, daß ich von nun an jeden Samstag hingehen will«.[11]

In der Physik, seiner ureigensten Disziplin, hatte Einstein an der Berner Universität zunächst nichts vergleichbar Interessantes entdekken können. Der Ordinarius Aimé Forster residierte in der zu einem Laboratorium umgebauten Sternwarte auf der Großen Schanze oberhalb der Stadt, unweit der riesigen Baustelle, wo gerade das neue Hauptgebäude der Universität errichtet wurde. Forster hatte sich eher als eine Art Kantonsmeteorologe einen Ruf erworben denn als Physiker. In seinen Vorlesungen kam er über die Anfangsgründe kaum hinaus und hatte für die Theorie nur abfällige Bemerkungen übrig.[12] Schon deshalb war er für den selbstbewußten jungen Einstein nicht ganz ernst zu nehmen. Gesprächspartner mußte dieser sich anderswo suchen – und er fand sie.

Auf die Annonce im ›Berner Anzeiger‹ meldete sich eines Tages in den Osterferien ein junger, aus Rumänien stammender Jude namens Maurice Solovine, der mit unklaren Studienabsichten, aber von tiefem Erkenntnisdrang beseelt, an die Berner Universität gekommen war. Neben Philosophie hatte er auch Physik belegt, an den Vorlesungen des Professor Forster jedoch den theoretisch-philosophischen Tiefgang vermißt. Zur Vertiefung dieser Aspekte suchte er den Privatlehrer in der Gerechtigkeitsgasse auf. Noch im hohen Alter erinnerte sich Solovine lebhaft daran, wie er damals die Stiege zu Einsteins Zimmer erklomm, auf sein Klopfen ein kräftiges »Herein!« ertönte und ihn beim Eintreten in den dunklen Flur die strahlende Klarheit von Einsteins Augen überraschte.

Nach einigen Stunden ordentlichen und bezahlten Unterrichts fand es Einstein viel interessanter, mit Solovine allgemeinere, die philosophischen Grundlagen der Naturerkenntnis betreffende Probleme zu diskutieren, wozu ihn Solovine besuchen sollte, wann immer er Lust dazu verspürte. Als das Sommersemester begann, fand sich auch Conrad Habicht zu diesen Gesprächen ein, und da sie nun zu dritt waren, gründeten sie eine Art Verein, einen Diskussionszirkel mit festem Arbeitsprogramm und einem drollig verstiegenen Namen: die »Akademie Olympia«. Regelmäßig trafen sich die drei Mitglieder abends zu einem frugalen Mal mit einem Zipfel Wurst, einem Stück Greyerzer Käse, etwas Obst, Honig und Tee. Das genügte aber, wie sich Solovine erinnerte, daß sie »dabei vor Heiterkeit überschäumten«.[13]

Bei allem Vergnügen und manchem Schabernack war der Dreh- und Angelpunkt der fidelen Akademie die ernsthaft und nach Plan betriebene gemeinsame Lektüre. Solovine hat die studierten und diskutierten Bücher aufgelistet: eine imponierende Sammlung mit deutlichem Schwergewicht auf erkenntniskritischen und die Grundlagen der Physik berührenden Werken. Einstein wird wohl die treibende Kraft gewesen sein, der zunächst Ernst Machs *Analyse der Empfindungen* und die ihm bereits aus Studententagen bekannte historisch-kritische Studie über *Die Mechanik in ihrer Entwicklung* des gleichen Autors aufs Programm setzte. In die gleiche antimetaphysische Richtung wiesen *Die Grammatik der Wissenschaft* von Karl Pearson und der zweibändige Wälzer *Kritik der reinen Erfahrung* von Richard Avenarius, aus dem freilich nur einige Kapitel durchgearbeitet wurden. Mehrere Wochen wurden auf den Essay *La science et l'hypothèse* des großen Franzosen Henri Poincaré verwendet. Auch ältere Texte wurden gelesen, wie die Betrachtungen zum Induktionsproblem im dritten Buch der *Logik* von John Stuart Mill oder die subtile Kritik des Kausalitätsbegriffs bei David Hume. Einstein hatte noch fünf Jahrzehnte später in Erinnerung behalten, daß »wir uns hauptsächlich mit D. Hume beschäftigten (in einer recht guten deutschen Ausgabe). Diese Lektüre war auf meine Entwicklung von ziemlichem Einfluß – neben Poincaré und Mach.«[14]

Gelegentlich wurden die Akademiesitzungen durch ein kleines Violin-Recital Einsteins bereichert, und in einer Art Studium generale wurde auch Schöngeistiges gelesen, darunter die *Antigone* des Sophokles, Tragödien von Racine oder der *Don Quijote*. Das dürfte eher der Interessenlage der Freunde entsprochen haben. »Mit poetischer Literatur und Romanliteratur habe ich mich als junger Mann (und auch später) wenig beschäftigt«[15], gestand Einstein auf die Anfrage eines Literaten und begründete dies durch eher zuviel als durch zuwenig Ergriffenheit: »Zum Teil hängt dies damit zusammen, dass mir das eigentlich Künstlerische leicht dadurch verloren ging, dass mich die geschilderten Schicksale als solche zu stark packten, sodass darunter die künstlerische Wirkung litt.« So hatten einige Stücke von Gerhart Hauptmann den Studenten »riesig entflammt«, und als ein Freund *Hanneles Himmelfahrt* vorlas, »hab ich weinen müssen wie ein Kind, halb selig, halb im Schmerz«.[16] Bei so viel Empfindsamkeit war es offensichtlich nötig, die Vorlieben anders auszurichten: »Ich liebte mehr Bücher weltanschaulichen Inhalts und insbesondere Philosophisches.«[17] Dieser Präferenz entsprach eher das gemeinsame Studium der *Ethik* von Baruch Spinoza, mit der sich Einstein auch dann noch intensiv beschäftigte, als die Mitglieder der kleinen Akademie längst in alle Winde zerstreut waren.

Wenn Einstein jede Hoffnung auf eine Assistentenstelle an einer Universität hatte begraben müssen und sich nun nichts sehnlicher wünschte, als endlich am Patentamt angestellt zu werden, so hatte er doch seine Wissenschaft keineswegs an den Nagel gehängt und auch den Gedanken an eine wissenschaftliche Karriere nicht aufgegeben. Voraussetzung dafür war auch schon um die Jahrhundertwende, durch Publikationen auf sich aufmerksam zu machen. Das Warten auf den Fortgang des Bewerbungsverfahrens verschaffte ihm die Muße, seine in Schaffhausen, vielleicht auch schon in Zürich begonnenen Überlegungen zur Elektrolyse in druckreife Form zu bringen.

Auch in dieser zweiten Arbeit ging es ihm, wie schon in seinem Erstlingswerk, um Folgerungen aus der hypothetischen Annahme von Molekularkräften und insbesondere um die experimentelle Überprüfung der daraus ableitbaren Folgerungen. Ende April wurde das Manuskript an die Redaktion der ›Annalen‹ geschickt und zehn Wochen später unter einem ebenso langen wie umständlichen Titel anstandslos veröffentlicht.[18] Bemerkenswerter als die recht zähe und letztlich fruchtlose Physik ist die abschließende Entschuldigung Einsteins, daß er »nur einen dürftigen Plan für eine mühevolle Untersuchung entwerfe, ohne selbst zur experimentellen Lösung etwas beizutragen«. Weil er dazu nicht in der Lage war, wollte er in einer für einen 23jährigen, völlig unbekannten Autor ziemlich vorlauten Manier das Ziel seiner Arbeit für erreicht ansehen, »wenn sie einen Forscher veranlasst, das Problem der Molekularkräfte von dieser Seite her in Angriff zu nehmen«.[19]

Nichts dergleichen geschah, und schon fünf Jahre später wird der Autor selbst auch diese Bemühung zu seinen »zwei wertlosen Erstlingsarbeiten«[20] zählen, aber der Duktus des Anregers, der die Kollegen zur Beschäftigung mit seinen Vorschlägen auffordert, wird noch häufig wiederkehren, und schon in wenigen Jahren durchaus zu Recht.

Mangels wissenschaftlicher Ergiebigkeit hatte die Beschäftigung mit den Molekularkräften für Einstein ihren Reiz verloren. Physikalische Probleme zum Nachdenken und zum Grübeln gab es mehr als genug, aber zunächst gediehen diese Bemühungen nur in einer Richtung zur Publikationsreife: in den Grundlagen der Thermodynamik, in denen er sein Thema für die nächsten zwei Jahre gefunden hatte. Bereits im Juni konnte Einstein eine Arbeit über »Die kinetische Theorie des Wärmegleichgewichts und des Zweiten Hauptsatzes der Thermodynamik« zur Post geben. Es war die erste einer Folge von drei Veröffentlichungen, zu denen, bevor wir sie später im Zusammenhang darstellen, zunächst nur so viel bemerkt sei, daß sich mit ihnen Einstein nicht nur als eigenständiger Forscher etablierte, sondern sich auch die Voraussetzungen für seine bald folgenden großartigen Beiträge zur Statistischen Physik erarbeitete. Zumindest ebenso wichtig wie der Abschluß seiner ersten thermodynamischen Arbeit war für Einstein jedoch, daß er nach zermürbender Wartezeit endlich ins Patentamt gelangte.

Das Frühjahr war schon ziemlich fortgeschritten, als sich die schweizerische Bürokratie wieder in Bewegung setzte und die Entscheidung über zwei Stellen am Patentamt in ein definitives Stadium trat. Irgendwann Ende Mai 1902 hatte der Direktor Friedrich Haller den ihm durch Vater Grossmann empfohlenen Kandidaten Einstein neben fünf weiteren Bewerbern zu »eingehender mündlicher Prüfung«[21] bestellt. Einsteins Erwartungen wurden dieses Mal nicht enttäuscht, denn alsbald wurde dem Bundesrat vorgeschlagen, daß der Maschinenbauer Heinrich Schenk und eben Albert Einstein »provisorisch, mit Jahresgehalt von je 3500 frcs, zu technischen Experten III Klasse des eidg. Amtes für geistiges Eigentum gewählt«[22] werden mögen. Zwei Wochen darauf erfolgte die Ernennung durch den Bundesrat, und Einstein trat unverzüglich zum erstmöglichen Termin am 23. Juni 1902 seine Stelle an. Die schmerzlich beklagte »dumme Sache um die Hungerleiderei«[23] hatte ein Ende gefunden, und Marcel Grossmann hatte sich erneut als »Rettungsanker« bewährt, wofür ihm Einstein ewig dankbar war, denn ohne diese Möglichkeit, meinte er, »wäre ich zwar nicht gestorben, aber geistig verkümmert«.[24]

Fortan ging Einstein jeden Morgen um acht Uhr aufs »Amt«, wie er seine Arbeitsstätte in gespreizter Offizialität nannte. Das Patentamt war damals im oberen Stockwerk des neuen, etwas protzig geratenen Gebäudes der Post- und Telegrafendirektion in der Genfergasse nahe beim Bahnhof untergebracht. Schon die ersten Eindrücke müssen positiv gewesen sein. »Meine Thätigkeit im Amt gefällt mir sehr«, berichtete Einstein alsbald einem Freund, »da sie ungemein abwechslungsreich ist und viel zu denken gibt. Noch besser kommt mir die hübsche Bezahlung zu statten.«[25] Mit dem Direktor und dem guten Dutzend dienstälterer Kollegen im Experten-Range kam er gut zurecht, klagte jedoch über die ungewohnte zeitliche Belastung: »Ich habe ganz fürchterlich viel zu tun. Jeden Tag 8 Stunden Amt und eine Privatstunde mindestens und dann arbeite ich noch wissenschaftlich.«[26] Nachdem er sich im »Amt« ordentlich eingearbeitet hatte, fand er den Zeitaufwand von 48 Stunden die Woche für den Beruf erträglich. Als der Freund Habicht nach Abschluß seines Studiums im Schuldienst gelandet und dort nicht ganz zufrieden war, wollte Einstein ihn einmal »unter die Patentierknechte schmuggeln« und machte ihm dabei diese Tätigkeit mit der Bemerkung schmackhaft, »daß es im Tag neben den acht Stunden Arbeit noch acht Stunden Allotria und noch einen Sonntag gibt«.[27]

Wenn das Patentamt nach der versagt gebliebenen Assistentenstelle damals auch nur die zweitbeste Möglichkeit für Einstein und seine Karriereplanung war, hat er diesen Brotberuf doch nie als eine schlechte Notlösung empfunden. Mehr als sieben Jahre lang war er ein braver »Patentierknecht«, und wohl nicht nur im Rückblick erschien ihm das Patentamt keineswegs als Fron, die ihn vom Nachdenken abgehalten hätte, sondern als ein nachgerade ideales Refugium. So war schon »die Arbeit an der endgültigen Formulierung technischer Patente ein wahrer Segen für mich. Sie zwang zu vielseitigem Denken, bot auch wichtige Anregungen für das physikalische Denken.«[28] Im Alter pries er sich sogar glücklich, daß er durch einen für ihn segensreichen praktischen Beruf der akademischen Tretmühle entronnen war, denn die »versetzt einen jungen Menschen in eine Art Zwangslage, wissenschaftliche Schriften in impressiver Menge zu produzieren – eine Verführung zur Oberflächlichkeit, der nur starke Charaktere zu widerstehen vermögen«.[29]

Obwohl es noch lange dauerte, bis Einstein seine anfängliche Zurückweisung durch das akademische Establishment verwunden hatte, machte er später aus seiner Enttäuschung eine Tugend und empfahl seinen nicht gerade wunschgemäß verlaufenen Lebensweg durchaus zur allgemeinen Nachahmung, damit den energischen Widerspruch, wenn nicht das blanke Entsetzen des wissenschaftlichen Nachwuchses aller Generationen heraufbeschwörend: »Die meisten praktischen Berufe sind ferner von solcher Art, daß ein Mensch von normaler Begabung das zu leisten vermag, was von ihm erwartet wird. Er ist in seiner bürgerlichen Existenz nicht von besonderen Erleuchtungen abhängig. Hat er tiefere wissenschaftliche Interessen, so mag er sich neben seiner Pflichtarbeit in seine Lieblingsprobleme versenken.«[30] Er hatte freilich leicht reden, war es ihm selbst doch gelungen, in der Abgeschiedenheit des Patentamts Schriften von »impressiver Menge zu produzieren«, und wenn diese zugleich von außergewöhnlich impressiver Bedeutung waren, so dürfte dafür die Distanz zum universitären Getriebe mit seinen intellektuellen Zwängen und Moden, von denen auch die Physik nicht frei ist, zumindest nicht von Nachteil gewesen sein. Als er sein nie aus dem Auge verlorenes Ziel erreicht hatte und ein berühmter Professor war, dachte er in einem Brief an den Freund und zeitweiligen Kollegen Michele Besso voll Sympathie und Wehmut an »dieses weltliche Kloster, wo ich meine schönsten Gedanken ausgebrütet habe und wo wir so hübsche Zeiten zusammen verlebten«.[31] – Zunächst aber zu den dienstlichen Obliegenheiten eines Experten III. Klasse.

Das Patentwesen mag Albert Einstein als eine beinahe vertraute Materie erschienen sein, hatte er doch als Knabe interessiert beobachtet, wie es Onkel Jakob als fleißiger Entwicklungsingenieur der Firma Einstein & Cie. auf insgesamt sechs Patente gebracht hatte. Auch im elektrotechnischen Laboratorium beim Professor Weber am Polytechnikum wird er gelegentlich einer unlängst patentierten Erfindung begegnet sein. Trotzdem lernte er auf dem »Amt« erst einmal die Schwierigkeiten des Anfängers kennen. Denen wurde, wie bei allen Patentnovizen, durch ein regelmäßiges Privatissimum beim Chef persönlich abgeholfen. Friedrich Haller erreichte durch seine strenge, fast schulmäßig zu nennende Instruktion der Anfänger, daß die Patentprüfer die eingereichten Erfindungen gemäß objektiv nachvollziehbaren, einheitlichen Kriterien beurteilten, die auch in einem eventuellen Rechtsstreit Bestand haben mußten. Da Einstein zudem als Physiker nur geringe Erfahrung im Lesen und Interpretieren technischer Zeichnungen hatte und erst einmal zu den Maschinenbauern aufschließen mußte, gab es auch hier Privatunterricht beim Amtschef. Dessen strenges Regiment scheint Einstein ohne Murren akzeptiert zu haben, galt ihm Haller doch als »ein vortrefflicher Charakter und tüchtiger Kopf. An seine derbe Art gewöhnt man sich schnell. Ich schätze ihn sehr hoch.«[32]

Daß es für einen Patentbeamten »viel zu denken gibt«, wie Einstein bald festgestellt hatte, liegt an dessen zentraler Rolle gewissermaßen als Buchhalter des technischen Fortschritts auf wissenschaftlicher Grundlage. Üblicherweise formulieren die Erfinder – zu Einsteins Zeiten nur in Ausnahmefällen durch Patentanwälte beraten – mit großem Schwung ihre Ansprüche, und der Beamte hat neben der Prüfung formaler Kriterien zu beurteilen, ob die eingereichte Erfindung überhaupt neu und grundsätzlich schutzwürdig ist und ob sie nicht bereits erteilte Patente berührt; handelt es sich um kompliziertere Maschinen oder sonstige Apparate, muß er auch noch herausfinden, ob sie überhaupt funktionieren. Oft genug schließen sich an die Einreichung einer Patentschrift langwierige Auseinandersetzungen an, bis die Erwartungen des Erfinders mit den Naturgesetzen und den Patentvorschriften in Einklang gebracht werden können. Dieser Prozeß, insbesondere auch die Funktionsprüfung, hat allein aufgrund von Zeichnungen und Beschreibungen zu geschehen, sozusagen in der konkreten Vorstellung.

Dabei zeigte sich, daß für den jungen Einstein die Beurteilung von Patenten wesentlich mehr war als nur die Sicherung seiner Existenzgrundlage. Tatsächlich korrespondiert sie in auffallender Weise mit dem bald sichtbar werdenden charakteristischen Zugang Einsteins zu seinen Lieblingsproblemen in der Physik. Der steht ja im zweifelhaften Ruf höchster Abstraktion, war für ihn selbst jedoch überaus konkret und immer anschaulich. Insbesondere sein virtuoser Gebrauch von »Gedankenexperimenten«, in denen es gleichwohl sehr realistisch zugeht, ist gar nicht so weit entfernt von der gedanklichen Durchdringung einer Erfindung, ebenso wie sein typisches Denken in Bildern, begleitet weniger von begrifflichen als von visuellen Operationen. Insofern hatte Einstein im Patentamt eher zufällig durch eine günstige Fügung eine Tätigkeit gefunden, die seiner Art des Denkens in hohem Maße entsprach, so daß er sie als eine angenehme Übung in technisch-wissenschaftlicher Imagination empfinden konnte.

Sogar der Arbeitsstil kam dem zu Kritik und Widerspruch neigenden Temperament Einsteins entgegen. Zwar durfte er diese Charakterzüge nicht gerade gegenüber der Autorität des Professors Haller ausleben, aber doch gegenüber den Antragstellern, und dies sogar auf Geheiß des Amtschefs. »Wenn Sie ein Gesuch zur Hand nehmen, dann denken Sie, es sei alles falsch, was der Erfinder sagt«[33], empfahl Haller seinen Experten als oberste Maxime. Andernfalls nämlich »folgen Sie dem Gedankengang des Erfinders und dadurch sind Sie befangen. Es gilt kritisch-wachsam zu bleiben.« Dieses Vorgehen, einen Gedankengang energisch gegen den Strich zu bürsten und wenn möglich durch ein Gegenbeispiel zu widerlegen, schärfte das Denken ungemein und war ganz nach Einsteins Geschmack.

Derartiges würde ich gern an Hand der von Einstein abgefaßten Gutachten verdeutlichen, aber dazu sind die Spuren seines amtlichen Wirkens zu dürftig, da im Patentamt die Akten nach Ablauf der 18jährigen Schutzfrist ausgesondert und vernichtet wurden. Auch als in den zwanziger Jahren längst feststand, daß vermutlich nie wieder ein Angehöriger des schweizerischen oder sonst eines Patentamtes so Großes leisten würde wie Einstein, mochten weder Friedrich Haller noch sein Nachfolger im Interesse späterer biographischer Neugier eine Ausnahme machen, so daß 1927 die letzten von Einstein bearbeiteten Akten routinemäßig im Reißwolf gelandet sein dürften. Lediglich eine einzige Expertise blieb erhalten, weil sie in eine Gerichtsakte gelangte und dort überdauerte. Sie wurde 1907 abgefaßt, als Einstein gemäß offizieller Beurteilung »zu den geschätztesten Experten des Amtes«[34] gehörte, und wies einen Patentanspruch der renommierten Allgemeinen Elektrizitätsgesellschaft AEG aus Berlin für eine Wechselstromkollektormaschine als »inkorrekt, ungenau und unklar redigiert« zurück. »Auf die einzelnen Mängel der Beschreibung können wir erst dann eintreten, wenn der Patentgegenstand durch einen richtig redigierten Anspruch klargelegt ist.«[35] Das war souverän und barsch geurteilt, ganz im Sinne des Amtschefs, dem daran gelegen war, den Erfindern, insbesondere wenn es sich um große Unternehmen handelte, zu zeigen, »wo Gott hockt«.

Dieser »Beanstandung« können wir auch den Hinweis entnehmen, daß Einstein vornehmlich mit der Bearbeitung elektrotechnischer Patente befaßt war. Schon in der Ausschreibung war »Gründliche Hochschulbildung in mechanisch-technischer oder speciell physikalischer Richtung« verlangt worden, und da bis dahin in den Ausschreibungen von Physik nie die Rede war, glaubte Einstein: »Das hat Haller mir zuliebe hineingesetzt.«[36] Das sagt allerdings mehr über den jungen Einstein als über Haller, denn dem Chef, der das Amt seit der Gründung im Jahre 1887 überaus korrekt geleitet hatte, wäre ein solches Manöver *ad personam* kaum zuzutrauen.

Haller hatte vielmehr objektive Gründe, seine vorwiegend aus Maschinenbauern rekrutierte Expertenriege um einen Physiker zu ergänzen, und die lagen in der rasanten Entwicklung der Elektroindustrie mit einer korrespondierenden Flut an Patentanmeldungen. Die erste Dekade unseres Jahrhunderts war gekennzeichnet von der Entwicklung fortgeschrittener Wechsel- und Mehrphasenstrommaschinen, von der Telephontechnik und insbesondere von der drahtlosen Nachrichtenübertragung mittels elektrischer Schwingungen. In weit höherem Maße als die Pionierleistungen der genialen Autodidakten Werner Siemens oder Thomas Alva Edison basierten die Erfindungen dieser Periode auf dem wissenschaftlich-theoretischen Verständnis der elektromagnetischen Phänomene, weshalb Einstein als mit der Maxwellschen Theorie vertrauter Physiker ein ebenso reiches wie interessantes Betätigungsfeld vorfand.

Zudem machte ihm die Beschäftigung mit Patenten einfach viel Spaß, und das dauerte an, nachdem er das Patentamt längst verlassen hatte. In späteren Jahren war er oft als Gutachter oder Berater in Patentsachen tätig, und dem »weltlichen Kloster« in Bern blieb er auch dadurch verbunden, daß der vormalige Patentprüfer einige seiner Erfindungen in der Schweiz zum Patent anmeldete. Wunderte sich jemand über diese Abwege des hochberühmten Gelehrten in die vermeintlichen Niederungen der Technik, so erklärte Einstein kurzerhand, »ich... habe nie aufgehört, mich mit technischen Dingen zu beschäftigen. Dies war auch für das wissenschaftliche Forschen vorteilhaft.«[37] Sein erster Biograph notierte sogar, für Einstein bestehe »ein sicherer Zusammenhang zwischen den Kenntnissen, die er sich am Patentamt erwarb, und den theoretischen Ergebnissen, die in nämlicher Zeit als Proben seiner Denkschärfe ans Tageslicht traten.«[38] Zieht man dann noch die finanzielle Sicherheit und vor allem die geistige Unabhängigkeit in Betracht, so mag Einstein das »weltliche Kloster« in Bern als der ideale Kompromiß erschienen sein.

Die »hübsche Bezahlung« von 3500 Franken jährlich war etwa das Doppelte, was Einstein in einer Assistentenstelle hätte erwarten können, nicht gerade üppig, aber ausreichend für ein bescheidenes bürgerliches Familienleben. Gleichwohl war an die Hochzeit mit Mileva auch nach der Anstellung noch nicht zu denken. Zu entschieden waren die Widerstände seiner Eltern, und zu groß war, entgegen allen anderslautenden Beteuerungen, seine emotionale Abhängigkeit von ihnen. Die Einwilligung erhielt er schließlich beim denkbar traurigsten Anlaß, dem Tod seines Vaters.

Hermann Einsteins Gesundheit war durch die ständigen Aufregungen seines immer prekären Unternehmerdaseins vorzeitig untergraben worden. Zwar waren seine beiden Elektrizitätswerke in Oberitalien endlich einmal keine Pleite, aber sie warfen auch nicht genug Gewinn ab, um die vor allem bei der Verwandtschaft aufgenommenen hohen Kredite zurückzuzahlen. »...die Armen haben stets Ärger und Sorgen wegen des leidigen Geldes«[39], beschrieb der Sohn die wenig erfreuliche Lage. »Mein lieber Onkel Rudolf (der Reiche) sekiert sie schrecklich.« Im Herbst 1902, als Hermann Einstein gerade seinen 55. Geburtstag gefeiert hatte, war sein Herz den Belastungen nicht mehr gewachsen. Sein Sohn traf noch rechtzeitig in Mailand ein, um dem Vater auf dem Sterbelager beizustehen. In dieser schweren Stunde des Abschieds erhielt Einstein das väterliche Einverständnis zur Eheschließung. Sein Vater starb am 10. Oktober 1902 und wurde in Mailand begraben. »Als das Ende kam, bat Hermann alle, den Raum zu verlassen, so daß er allein sterben konnte. An diesen Augenblick erinnerte sich sein Sohn niemals ohne Schuldgefühle.«[40]

Nicht ganz drei Monate nach dem Tod des Vaters, um die Wende auf das Jahr 1903, ließ Einstein Mileva nach Bern kommen. Schon im August hatte er das bescheidene Zimmer in der Gerechtigkeitsgasse aufgegeben und war ins Kirchenfeld gezogen, ein durch den Bau einer Brücke über die Aare gerade erschlossenes Neubaugebiet außerhalb der Altstadt. In einem schmucken, im typischen Berner Stil errichteten Haus in der Tillierstraße Nr. 18 hatte er eine kleine möblierte Dachwohnung gemietet, mit einem großen Balkon und einem prächtigen Blick auf die Berner Alpen. Sie wurde nun das erste Domizil des Ehepaares Einstein.

Am 6. Januar fand ohne viel Aufhebens auf dem Zivilstandesamt in der Altstadt die Trauung statt. Weder aus Einsteins noch aus Milevas Familie waren Hochzeitsgäste erschienen. Als Trauzeugen fungierten die beiden Mitglieder der »Akademie Olympia«, Conrad Habicht und Maurice Solovine. Dann ging's zu einem Fotografen, und abends wurde im kleinen Freundeskreise ein wenig gefeiert.

Als die Jungvermählten danach in der Tillierstraße eintrafen, mußte Einstein den Hauseigentümer herausklingeln: Er hatte den Schlüssel zur Wohnung vergessen.[41] Das verrät einiges.

Tatsächlich erinnerte sich Einstein nach der Bilanz einer unglücklichen und schließlich geschiedenen Ehe, er habe vornehmlich aus »Pflichtgefühl« geheiratet. »Ich hatte da mit innerem Widerstreben etwas unternommen, was eben über meine Kräfte ging.«[42] Daß er das Einverständnis zu dieser Ehe seinem Vater unter tragischen Umständen hatte abringen müssen, wird ihn schwerer belastet haben, als er sich zunächst eingestand. Auch der Umstand, daß er der erste in seiner Familie war, der eine Nichtjüdin heiratete, mag bei aller Assimilation und Emanzipation als niemals direkt ausgesprochener, aber stummer

Vorwurf zwischen ihm und seinen Eltern gestanden haben. Als er Jahrzehnte später in Princeton einmal in einer Diskussion von jüdischen Studenten gefragt wurde, ob eine Ehe außerhalb der Tradition zulässig sei, war seine Antwort durchaus ein Reflex persönlicher Erfahrungen: »Das ist gefährlich – aber schließlich ist jede Ehe gefährlich.«[43]

Allerdings erwähnte er niemals die schwerste Belastung, unter der die Ehe mit Mileva von Anbeginn gestanden haben muß, und das war das Schicksal der Tochter. Kurz vor deren Geburt und in Erwartung der Anstellung in Bern war in einem Brief an Mileva die einzige noch zu lösende Frage, »wie wir unser Lieserl zu uns nehmen könnten; ich möchte nicht, daß wir es aus der Hand geben müssen«.[44] Trotz dieser anfänglichen Vorsätze blieb das Lieserl aber zunächst bei Milevas Eltern in Novi Sad. Von diesem oder anderen Problemen ist in seinen ersten Nachrichten aus dem Ehestand nichts zu merken. »Ich bin also jetzt ein verheirateter Ehemann«[45], berichtet er Besso, »und führe mit meiner Frau ein sehr nettes behagliches Leben. Sie sorgt ausgezeichnet für alles, kocht gut und ist immer vergnügt.«

Zufrieden konnte Einstein auch mit dem wissenschaftlichen Ertrag sein, den er bis dahin vorzuweisen hatte. Unmittelbar vor der Aufnahme seiner Tätigkeit im Patentamt hatte er die erste Arbeit zur molekularkinetischen Begründung der Wärmelehre[46] zur Post gegeben, und zwei Wochen nach seiner Hochzeit war eine zweite, dieses Thema wesentlich vertiefende Arbeit[47] fertiggestellt. Damit knüpfte er an einen Themenkreis an, der schon »auf den Studenten den größten Eindruck«[48] gemacht hatte, nämlich die Erklärung vieler an der Oberfläche disparater Eigenschaften der Materie und insbesondere der Gase allein durch die mechanische Bewegung unzähliger winziger Partikel, der Atome oder Moleküle, sowie der Herleitung der thermodynamischen Grundgesetze durch die statistische Behandlung mechanischer Systeme.

In den Vorlesungen des Professors Weber am Polytechnikum war von den durch James Clerk Maxwell und Ludwig Boltzmann vorangetriebenen modernen Entwicklungen auf diesem Gebiet nicht die Rede gewesen, und Einstein hatte sich die Theorie durch Selbststudium angeeignet. Im September 1901 hatte er schon geglaubt, etwas für die ›Annalen‹ zustande gebracht zu haben: »Ich habe mich in letzter Zeit gründlich mit Boltzmanns Arbeiten über kinetische Gastheorie befaßt & in den letzten Tagen selbst eine kleine Arbeit geschrieben, welche den Schlußstein einer von ihm begonnenen Beweiskette liefert.«[49]

Es kam jedoch vorläufig nicht zur Veröffentlichung, vermutlich, weil er diesen Gedanken in seiner Dissertation hatte verwenden wollen. Nachdem er diese zurückziehen mußte, wurde daraus nach weiteren fünf Monaten seine Arbeit mit dem programmatischen Anspruch, »die Sätze über das Wärmegleichgewicht und den zweiten Hauptsatz der Thermodynamik unter alleiniger Benutzung der Mechanik und der Wahrscheinlichkeitsrechnung herzuleiten«.[50]

Einstein erklärte zu Beginn, daß »Maxwell's und Boltzmann's Theorien diesem Ziel bereits nahegekommen sind«, und kündigte an, in seinen Betrachtungen eine »Lücke auszufüllen«, verriet aber dem – auch heute noch – ziemlich ratlosen Leser nicht, was genau diese Lücke ausmacht. Leicht erkennbar sind dagegen Lücken in Einsteins Kenntnis der Arbeiten Boltzmanns; er hatte zwar dessen zweibändige *Vorlesungen zur Gastheorie* studiert, wußte aber nichts von den subtilen Untersuchungen, die Boltzmann in den Sitzungsberichten der Kaiserlichen Akademie der Wissenschaften zu Wien veröffentlicht hatte und denen er vornehmlich seinen Ruf als »das unbestrittene Haupt der theoretischen Physik in Deutschland«[51] verdankte. So entdeckte Einstein in dieser Arbeit manches, was er auch hätte nachlesen können; zwar gehörten Boltzmanns scharfsinnige Überlegungen damals längst noch nicht zum Allgemeingut der Physiker, nicht einmal der theoretisch Interessierten unter ihnen, aber trotzdem mag der Neuigkeitswert für den Autor größer gewesen sein als für die wenigen Fachleute auf diesem Gebiet.

Gleichwohl konnte der partiell verspätete Entdecker auf seine Interpretation zentraler thermodynamischer Begriffe wie Temperatur oder Entropie stolz sein, bei deren Herleitung er wesentliche Züge der statistischen Mechanik formulierte, die als Grundlagen dieser Disziplin Bestand haben sollten. Am bemerkenswertesten ist freilich sein Bemühen, möglichst ohne konkrete Annahmen über die Mechanik auszukommen und die Beweisführungen nur auf allgemeinste Gesetzmäßigkeiten zu stützen. Gelegentlich wird der Leser mit der Nase darauf gestoßen, daß von der Mechanik nur ein sehr spärlicher Gebrauch[52] gemacht wurde, weshalb zu vermuten sei, »dass unsere Resultate allgemeiner sind als die benutzte mechanische Darstellung«. Abschließend resümiert er: »Über die Natur der Kräfte... brauchte nichts vorausgesetzt zu werden, auch nicht, daß solche Kräfte in der Natur vorkommen.«[53]

Die Fortsetzung war naheliegend: zum einen das Ziel, die Annahmen über die Mechanik weiter zu reduzieren, und zum anderen die Einbeziehung des schwierigen Problems der Irreversibilität, nachdem er sich zunächst nur auf Gleichgewichtszustände beschränkt hatte. Die statistische Mechanik hat sich nämlich mit dem inneren Widerspruch auseinanderzusetzen, daß die zugrundeliegenden Gleichungen für die Atome in der Zeit umkehrbar sind, nicht jedoch die letztlich auf diese Mechanik reduzierten makroskopischen Prozesse, die eine definierte Richtung in der Zeit aufweisen. So wird täglich millionenfach Milch mit Kaffee zu einer homogenen Melange verrührt, aber niemals wird man das durch Rühren umkehren können, also aus Milchkaffee wieder einen Tropfen weißer Milch separieren und schwarzen Kaffee zurückerhalten.

Diese Arbeit wurde erst »nach vielfachem Umarbeiten und Verbessern« fertig, was ihn neben seinen Amtspflichten noch die ersten Wochen des Ehestandes hindurch beschäftigte. »Jetzt aber ist sie vollkommen klar und einfach, so daß ich ganz zufrieden damit bin«[54], schrieb er erleichtert. »Unter Voraussetzung des Energieprinzips und der atomistischen Theorie folgen die Begriffe Temperatur und Entropie, sowie... auch der zweite Hauptsatz in seiner allgemeinsten Form.« Sollten gewisse Annahmen über die Struktur der Mechanik zutreffen, sah er die »durch meine letzte Arbeit erzielte Verallgemeinerung in der Eliminierung des Kraftbegriffs«[55], ganz im Sinne des theoretischen Programms von Heinrich Hertz.

Auch dieser Artikel enthält manches, was der Autor bei Boltzmann hätte lesen können, insbesondere zur Irreversibilität, und hier sogar einen prinzipiellen Fehlschluß. Daß Einstein sich in seinen Fußnoten nur auf Boltzmanns *Vorlesungen* beruft, veranschaulicht seine Isolation an der Peripherie der wissenschaftlichen Diskussion, stellt aber der schöpferischen Behandlung auch noch der schwierigsten Probleme ein um so leuchtenderes Zeugnis aus. Beide Arbeiten hätten es durchaus verdient, als Marksteine der statistischen Mechanik in die Physik einzugehen. Daß es dazu nicht kam, sie vielmehr weitgehend ignoriert wurden, lag daran, daß 1902 die epochale Studie des Amerikaners Josia Willard Gibbs über die *Elementary Principles in Statistical Mechanics* erschienen war, in der ebenfalls die von Einstein erörterten Probleme behandelt wurden. »Die Ähnlichkeit ist geradezu verblüffend«[56], war der Kommentar von Max Born. Aber die Diskussion auf diesem Feld wurde fortan durch Gibbs' erschöpfende Behandlung bestimmt, wodurch Einstein gleich zu Beginn seiner Karriere das Opfer des in der Physik gar nicht so seltenen Phänomens der Parallelentdeckung wurde. Einstein lernte das Buch von Gibbs erst in der 1905 veröffentlichten deutschen Übersetzung kennen, nannte es später ein »Meisterwerk, wenn auch hart zum Lesen und die Hauptsache zwischen den

Zeilen«[57], und brachte die Rezeption dieses sperrigen Meisterwerks auf den Punkt: »... viele haben es gelesen, verifiziert und *nicht* verstanden.«[58]

Gelesen und verstanden hatte es Paul Hertz, ein entfernter Verwandter des großen Heinrich Hertz. Unter Berufung auf Gibbs kritisierte er 1910, also acht Jahre nach Einsteins Veröffentlichungen, dessen Herleitung des zweiten Hauptsatzes: »Wenn man wie Einstein annimmt, daß wahrscheinlichere Verteilungen auf unwahrscheinlichere folgen, führt man damit eine besondere Annahme ein, die keinerlei Evidenz besitzt und durchaus eines besonderen Beweises bedarf.«[59] Ein solcher Beweis, und das wußte Paul Hertz, ist freilich nicht zu erbringen. Tatsächlich waren dem jungen Einstein im Jahre 1902 weder die Fallgruben bekannt, in die man beim Beweis des zweiten Hauptsatzes leicht hineinstolpern kann, noch kannte er Boltzmanns Analyse, nach der wahrscheinlichere Verteilungen nicht zwingend auf unwahrscheinlichere folgen, sondern nur mit überwältigender Wahrscheinlichkeit, die Entropie also nicht mit Sicherheit zunimmt, sondern nur mit – wenn auch überwältigender – Wahrscheinlichkeit. Nachdem der Heidelberger Privatdozent Paul Hertz den nunmehr Professor Einstein in Zürich besucht hatte und die mündliche Besprechung vollkommene Einigkeit gebracht hatte, machte Einstein öffentlich, er halte »diese Kritik für vollkommen zutreffend«.[60] Im übrigen hätte er, wäre ihm das Buch von Gibbs bekannt gewesen, »jene Arbeiten überhaupt nicht publiziert, sondern mich auf die Behandlung einiger weniger Punkte beschränkt«.[61] Damit hatte er, der Vergangenem nie nachtrauerte, sein Licht gar zu sehr unter den Scheffel gestellt. Unmittelbar nach der Fertigstellung hatte er natürlich ganz anders über diese Arbeiten gedacht: Sie sollten ihm als *billet d'entrée* zum zügigen Seiteneinstieg in die akademische Karriere verhelfen.

Unter den Kollegen auf dem »Amt« war es der acht Jahre ältere Dr. Josef Sauter, bei dem Einstein ähnliche wissenschaftliche Interessen bemerkte und dem er sich sogleich näher anschloß. Der Welschschweizer Sauter hatte ebenfalls am Polytechnikum studiert und es dort bis zum Hauptassistenten des Professor Weber gebracht; er trat allerdings ins Patentamt ein, bevor Einstein den großen Laboratoriumskurs bei Weber belegte, so daß sich die beiden erst in Bern begegnet sind. Auch Sauter bemühte sich, die theoretischen Lücken des polytechnischen Curriculums durch eigene Lektüre auszugleichen, so daß Einstein mit ihm die Elektrodynamik Maxwells und die theoretischen Konzeptionen von Helmholtz und Hertz diskutieren konnte, wobei er zur Überraschung des älteren Kollegen oft erklärte: »Ich bin ein Häretiker!«[62] Die beiden besprachen auch Einsteins Veröffentlichungen zur Thermodynamik, wobei Sauter immerhin einen Fehler entdeckte, was Einstein damals »ohne jede Erschütterung«[63] zur Kenntnis nahm. Noch fünfzig Jahre später erinnerte sich Einstein daran, »dass ich viele Diskussionen mit Sauter hatte über den Inhalt der... Wärme-statistischen Arbeiten«.[64] Allerdings war ihm mittlerweile entfallen, »welche Punkte bei diesen Diskussionen in Frage standen«.

Mindestens so wichtig wie die Hilfe beim »vielfachen Umarbeiten und Verbessern« war Sauters Beziehung zu wissenschaftlichen Kreisen in Bern, zu denen er seinem neuen Kollegen bald Zugang verschaffte. So wurde Einstein nicht lange nach seinem Dienstantritt als Gast Sauters zu den Sitzungen der »Naturforschenden Gesellschaft in Bern« eingeladen, einer bildungsbürgerlichen Vereinigung von Professoren, Gymnasiallehrern und den unvermeidlichen Honoratioren aus dem Ärzte- und Apothekerstand; mangels einer schweizerischen Akademie nahm die Berner Gesellschaft in ihrem bescheidenen Rahmen auch diejenige Rolle wahr, die in anderen Ländern den repräsentativen großen Gelehrtengesellschaften zukam. Spätestens hier lernte Einstein den Doktor Paul Gruner kennen, einen Freund Sauters, Gymnasiallehrer und dazu Privatdozent für Physik an der Universität mit vorwiegend theoretischen Interessen.

Dieser Paul Gruner mag über die fachliche Nähe hinaus in seiner Verbindung von bürgerlichem Beruf und akademischem Lehramt Einstein als Vorbild erschienen sein. Zwar brachte der Titel eines Privatdozenten mehr Ehre als Geld mit sich, denn keineswegs war damit eine bezahlte Anstellung an der Universität verbunden, sondern nur das Recht, zu »lesen« und die Hörgelder der meist kleinen Studentenschar zu kassieren. Aber die Privatdozentur war nach der Promotion die erste Stufe auf der akademischen Karriereleiter und die übliche Voraussetzung für eine Professur, zu erlangen nur nach dem würdevollen Habilitationsverfahren, für das eine eindrucksvolle wissenschaftliche Originalarbeit nebst einer Probevorlesung erforderlich war. So ein Privatdozent wie Paul Gruner wollte Einstein nun auch werden, obwohl das Vorbild auch seine Schattenseiten hatte: Gruner[65] verharrte schon neun Jahre in diesem akademischen Wartestand, bis er schließlich im Jahre 1903 in die bescheidene Stellung eines Titularprofessors berufen wurde, und personifizierte so die Risiken einer vornehmlich auf Theorie gegründeten akademischen Karriere.

Üblicherweise galt die Promotion als Voraussetzung für die Habilitation, aber irgend jemand, vielleicht der Dr. Gruner selbst, muß Einstein auf die Berner Ausnahmeregelung[66] aufmerksam gemacht haben, nach der Promotion und auch Habilitationsschrift wegfallen konnten bei »sonstigen hervorragenden Leistungen«, und die glaubte Einstein offenbar mit seinen beiden Arbeiten zur Thermodynamik vorweisen zu können. Also schrieb er im Januar 1903: »Ich habe mich nun neuerdings entschlossen, unter die Privatdozenten zu gehen, vorausgesetzt nämlich, dass ichs durchsetzen kann. Den Doktor werde ich hingegen nicht machen, da mir das doch wenig hilft und die ganze Komödie mir langweilig geworden ist.«[67]

Er konnte es nicht durchsetzen. Einstein muß schon im Vorfeld gescheitert sein, da Hinweise auf ein ordnungsgemäß eingeleitetes und schließlich abgelehntes Verfahren nicht vorhanden sind.

Man kann sich aber leicht vorstellen, daß die Ordinarien der Fakultät das Ansinnen Einsteins als nichts anderes als jugendliche Dreistigkeit empfinden konnten. Die Ausnahmeregelung war für erstrangige »sonstige Leistungen« würdiger Herren vorgesehen und nicht schon für zwei Artikel eines Grünschnabels in den ›Annalen‹. Gewiß sind unzählige Physiker habilitiert und auf Lehrstühle befördert worden, deren Schriftsätze an Einsteins Artikel nicht heranreichen konnten, aber in der Berner Fakultät konnte deren Wert niemand erkennen, natürlich auch nicht der Physik-Ordinarius Aimé Forster. Einsehen wollte das Einstein wohl nicht, denn bald schimpfte er: »Die hiesige Universität ist ein Schweinestall. Ich werde nicht lesen dort, weil es schad wär die Zeit zu verlieren.«[68] – Ende des ersten Versuchs, ein »großer Professor« zu werden.

Trotzdem war diese Episode nicht ganz vergeblich: Einstein hatte in Bern Anschluß an die wissenschaftlich interessierten Kreise gefunden. In der Sitzung vom 2. Mai 1903, die wie meistens im Vereinszimmer des Hotels »Storchen« stattfand, wurde »Hr. Alb. Einstein, Mathematiker auf dem Patent-Amt«[69] in die Naturforschende Gesellschaft aufgenommen. An diesem Abend hielt übrigens Gruner den sitzungsüblichen Vortrag; er sprach über atmosphärische Elektrizität. Einstein selbst trug erstmals am 5. Dezember 1903 über die »Theorie der elektromagnetischen Wellen« vor. Ein zweiter Vortrag an diesem Abend war einem veterinärmedizinischen Thema gewidmet, ein typisches Beispiel für die Breite der in der Gesellschaft gepflegten Interessen, die Einsteins weitläufiger Wißbegierde entgegenkam.

Er war denn auch ein ziemlich regelmäßiger Besucher der Sitzungen, aber nicht gerade ein eifriger Vortragender; nur noch einmal ging er am 23. März 1907 ans Rednerpult und berichtete »Über die Natur der Bewegung mikroskopisch kleiner, in Flüssigkeiten suspendierter Teilchen«, ein Phänomen, das er in seinem *annus mirabilis* 1905 selbst für die statistische Physik entdeckt hatte. Häufiger und lieber als im »Storchen« hielt Einstein informelle Vorträge im Hause Paul Gruners, der neben Sauter wohl als einziger erkannt hatte, daß mit Einstein ein außergewöhnlicher Kopf nach Bern gekommen war.

Als Einstein Bern längst verlassen hatte, wurde er 1936 anläßlich des 150jährigen Bestehens der Gesellschaft zum Ehrenmitglied ernannt, was ihn ganz offensichtlich rührte: »Es war sozusagen eine Botschaft aus den Tagen der längst entschwundenen Jugend«[70], bedankte er sich beim Präsidenten für die übersandte Urkunde. »Die gemütlichen und anregenden Abende steigen wieder auf in meinem Gedächtnis... Ich habe das Dokument gleich einrahmen lassen und als einziges von allen Anerkennungen entsprechender Art in meinem Studierzimmer aufgehängt, als Erinnerungszeichen an meine Berner Zeit und die dortigen Freunde.«

Irgendwann im Sommer des Jahres 1903 muß bei Einstein und seiner Frau der Entschluß herangereift sein, sich von der Tochter Lieserl endgültig zu trennen. Schon vor der Geburt des Lieserl wurde einerseits die Möglichkeit bedacht, das Kind zu behalten, andererseits müssen die beiden, als Mileva im November 1901 mit ihrer »gspaßigen Gestalt«[71] Einstein in Schaffhausen besucht hatte, schon über eine Adoption gesprochen haben. Andeutungen finden sich in einem Brief von Mileva an Einstein, wobei der Studienfreundin Helene Savić, die mit ihrem Ehemann in Belgrad lebte und im November 1901 gerade selbst Mutter geworden war, zumindest eine Mittlerrolle zugedacht war. Vom Lieserl wollte Mileva der Freundin damals noch nichts mitteilen, aber sie bat Einstein, der jungen Mutter nette Briefe zu schreiben: »Wir müssen sie recht schön behandeln«[72], war die Begründung, »denn sie soll uns doch zu was wichtigem helfen«; und das Wichtige kann nach Lage der Dinge nur die Zukunft des Kindes betreffen.

Vorerst aber blieb das Lieserl mit Mileva in Novi Sad. Einstein hatte sich zunächst sehr über die Tochter gefreut, aber nach der Heirat war das Lieserl in Bern offenbar nicht erwünscht. Nach allem, was wir wissen, wurde sogar seine Existenz vor den Schweizer Freunden sorgfältig geheimgehalten.

Die Gründe für diese Verleugnung der Tochter bleiben letztlich im dunkeln. Plausibel wäre, daß Einstein, dem die herben Enttäuschungen einer beinahe zweijährigen Stellungssuche noch im Nacken saßen, seine Position am Patentamt nicht aufs Spiel setzten wollte. Schließlich war er erst »provisorisch gewählt«, also gewissermaßen auf Probe beschäftigt, und nach damaligen Vorstellungen über den ordentlichen Lebenswandel eines Beamten hätte er um seine definitive Anstellung fürchten müssen, wenn er durch ein voreheliches Kind den Biedersinn schweizerischer Behörden gar zu sehr strapaziert hätte, und dies als zwar eingebürgerter, aber gleichwohl immer noch ausländischer Jude. – Ebensogut ist es aber möglich, daß er von seinem Vater auf dem Totenbett zwar die Einwilligung zur Ehe, nicht jedoch die zur Legalisierung dieses »in Schande« geborenen Kindes erhalten hatte. Wie dem auch gewesen sein mag, schließlich wurde die Tochter in fremde Hände gegeben. Im August 1903 fuhr Mileva zu ihren Eltern nach Novi Sad, höchstwahrscheinlich um das Lieserl, wie es schon zwei Jahre zuvor als Möglichkeit ins Auge gefaßt war, nach Belgrad zu bringen. Per Postkarte fragte Einstein die Mutter, wie das Kind nun eingetragen sei, und äußerte seine Sorge, daß der Tochter keine Nachteile entstehen mögen.[73] Mileva hatte inzwischen während der Reise entdeckt, daß sie erneut schwanger sei. Der Vater war's zufrieden und empfahl sorgsames »Brüten«. Sein erstes Kind hat er niemals gesehen.

Ist die Evidenz für die ersten beiden Lebensjahre des Lieserl schon überaus spärlich, so entzieht sich das weitere Schicksal des ersten Kindes von Albert Einstein vollends unserer Kenntnis. Nie wieder wurde die Tochter in einem Brief erwähnt; nirgendwo sind trotz intensiver Suche Eintragungen in Kirchbüchern, standesamtlichen Akten oder sonstigen Dokumente gefunden worden. Nur in einigen Briefen ihrer Eltern hat das »Lieserl« flüchtige Spuren hinterlassen, voller Geheimnis und Rätsel auch, was ihren Vater betrifft.

Wenn es Einstein war, der die Trennung von der Tochter als die beste Lösung angesehen und durchgesetzt hat, wofür es immerhin einige Anhaltspunkte gibt, dann wird verständlich, daß sich für Mileva in Bern die Heiterkeit der Zürcher Studentenjahre nicht wieder einstellen wollte. Offenbar hatte mit dieser Ehe nicht nur Einstein etwas unternommen, »was eben über meine Kräfte ging«, sondern mehr noch Mileva. Sie verbreitete um sich die Aura einer als slawisch mißverstandenen Schwermut, die in konfliktträchtigem Kontrast zur fröhlichen Extrovertiertheit ihres Mannes stand. Der beschrieb Milevas psychische Grundeinstellung später als »depressiv bzw. düster«[74] und führte das, in zeitgemäßer Überschätzung des genetischen Moments, auf schizophrene Erbanlagen in der Familie ihrer Mutter zurück sowie auf eine Gehbehinderung als Folge einer in der Jugend durchgemachten Knochentuberkulose – aber damit machte er es sich wohl zu einfach.

»Im allgemeinen war sie sehr abweisend und mißtrauisch gegen alle Leute, die mir irgendwie nahetraten«[75], klagte Einstein, aber es gab auch Ausnahmen wie die Freunde der »Akademie Olympia«, insbesondere der »gütige Solovine«. Der registrierte, daß Einsteins Heirat an den Zusammenkünften, die jetzt meistens in der Wohnung des jungen Ehepaares stattfanden, nichts geändert hatte, denn Mileva, »klug und reserviert, hörte uns aufmerksam zu, ohne sich jemals in unsere Diskussionen einzumischen«.[76] An den die Physik betreffenden Gesprächen mit Paul Gruner, Josef Sauter oder dem später nach Bern gekommenen Freund Michele Besso hat sie offenbar überhaupt nicht teilgenommen – zumindest findet sich nirgendwo ein Hinweis in dieser Richtung –, so daß von der in früheren Jahren beschworenen Arbeitsgemeinschaft, als Einstein »stolz und glücklich« sein wollte, »wenn wir beide zusammen unsere Arbeit über Relativbewegung siegreich zu Ende geführt haben«[77], nichts übriggeblieben scheint.

Allerdings fällt schon bei den Briefen aus der Studentenzeit auf, daß es Einstein war, der wie ein Besessener Physik predigte. Mileva ging darauf aber überhaupt nicht ein, weder bei der »Relativbewegung« noch bei sonst einem der vielen physikalischen Probleme, die ihren Albert umtrieben. Daher wäre es nach der Enttäuschung zweier gescheiterter Examina auch nicht überraschend, wenn Mileva jegliche Lust an der Physik verloren hätte, sich in ihre hausfraulichen Pflichten zurückzog und ihren Mann allein seinen wissenschaftlichen Bestrebungen nachgehen ließ, zumal der inzwischen genug Kollegen gefunden hatte, denen er Physik predigen konnte. Jedenfalls deutet nichts auf eine engere Zusammenarbeit der beiden hin, nicht einmal im bescheidenen Rahmen einer unterstützenden Zuarbeit Milevas.[78]

Im November 1903 waren die Einsteins vom Kirchenfeld wieder in die Stadt gezogen, nahe beim Zeitglockenturm. In der Kramgasse Nr. 49 hatten sie im zweiten Stockwerk eine Wohnung gemietet, die freilich bescheidener war, als es das Äußere dieses würdigen Bürgerhauses vermuten ließe. Sie war über eine ebenso steile wie schmale Stiege zu erreichen und hatte zwei Zimmer, davon eines mit großen, hellen Fenstern zur prächtigen Straße. Hier sollte Einsteins zweites Kind zur Welt kommen. Wie üblich kündigte er das Ereignis ziemlich burschikos an: »Wir kriegen in ein paar Wochen ein Junges.«[79] Es wurde am 14. Mai 1904 geboren. Wie es sich Einstein gewünscht hatte, war es ein »Hanserl«, und tatsächlich erhielt der Sohn den Namen Hans Albert.

Auch die »Akademie Olympia« tagte nunmehr in der Kramgasse, allerdings nicht mehr lange. Conrad Habicht wurde im Sommersemester 1904 promoviert und trat danach eine Stelle als Gymnasiallehrer im Kanton Graubünden an. Nur bei gelegentlichen Besuchen Habichts in Bern konnte die »Akademie« noch in voller Besetzung zusammentreten. Immer wieder versuchte Einstein, der wegen seiner berüchtigten Ausdauer bei den Sitzungen seine Einladungen auch mal als »Albert Ritter von Steissbein«[80] unterzeichnete, Habicht nach Bern zu zitieren: »Sie werden hiermit ermahnt und aufgefordert, einigen akademischen Sitzungen unserer löblichen Akademie beizuwohnen und selbige sogleich um fünfzig Prozent ihres gegenwärtigen Mitgliederbestandes zu erhöhen.«[81] Als auch Solovine im November 1905 Bern verließ und zur Fortsetzung seiner Studien nach Lyon ging, existierte die »Akademie« nur noch in der Erinnerung ihrer Mitglieder.

Einstein gedachte nie ohne Wehmut dieser »übermütigen Abende«[82] mit den Freunden. Als sich ein halbes Jahrhundert später Habicht und Solovine in Paris trafen und gemeinsam ihrem vormaligen Präsidenten eine erinnerungsträchtige Postkarte schrieben, reagierte »das nunmehr nur korrespondierende Mitglied« Albert Einstein mit einer launigen Eloge:

> An die unsterbliche Akademie Olympia.
> In deinem kurzen aktiven Dasein hast du in kindlicher Freude dich ergötzt an allem was klar und gescheit war. Deine Mitglieder haben dich geschaffen, um sich über deine grossen, alten und aufgeblasenen Schwestern lustig zu machen. Wie sehr sie damit das Richtige getroffen haben, hab ich durch langjährige sorgfältige Beobachtungen voll zu würdigen gelernt.
>
> Wir alle drei Mitglieder haben uns zum Mindesten als dauerhaft erwiesen. Wenn wir auch schon etwas krächelig sind, so strahlt doch noch etwas von deinem heiteren und belebenden Licht auf unseren einsamen Lebenspfad;...
>
> Dir gilt unsere Treue und Anhänglichkeit bis zum letzten hochgelehrten Schnaufer![83]

Für das vorzeitige Ende der »Akademie« wurde Einstein dadurch reichlich entschädigt, daß Michele Besso im Sommer 1904 nach Bern kam, und dies auch noch als Kollege am Patentamt. Besso hatte in Triest die Schwierigkeiten einer Existenz als freiberuflicher Ingenieur kennengelernt: Einstein hatte ihn im Juni 1902, unmittelbar vor Antritt seiner Stellung am Patentamt, in Triest besucht, und Besso erwiderte diesen Besuch bei den jung vermählten Einsteins in Bern. Dabei mag ihm die beamtete Stellung seines Gastgebers so angenehm erschienen sein, daß er dem Gedanken näher trat, ebenfalls unter die »Patentierknechte« zu gehen. Als zum Ende des Jahres 1903 eine Stelle als »technischer Experte II. Klasse« ausgeschrieben wurde, machte Einstein den Freund auf diese Gelegenheit aufmerksam.

Natürlich hatte sich auch der »Experte III. Klasse« Albert Einstein auf die ranghöhere Position beworben, aber der Direktor des Amtes urteilte, daß dieser »zwar ganz tüchtige Leistungen« aufweise, »doch sollte mit seiner Beförderung noch zugewartet werden, bis er sich vollständig in die Maschinentechnik eingearbeitet hat; er ist nämlich seinem Studiengange nach Physiker«.[84] Einstein dürfte die Ablehnung seiner ohnehin etwas voreiligen Bewerbung dem Amtschef kaum verübelt haben, zumal von den 13 Kandidaten sein Freund Michele die mit 4800 Franken erheblich höher dotierte Stelle erhielt. Einstein wurde turnusgemäß nach mehr als zweijährigem Dienst am 16. September 1904 »definitiv gemacht«[85] und erhielt eine Gehaltserhöhung auf 3900 Franken, verblieb aber im Status eines »Experten III. Klasse«.

Mit Besso hatte Einstein nun den idealen Freund in der Nähe, mit dem er den Büroalltag teilte und oft auch den Feierabend. Für Einstein waren »die Gespräche am gemeinsamen Heimweg... von unvergleichlichem Charme«.[86] Zwar hatte Besso Maschinenbau studiert, aber sein beweglicher, scharfer Verstand war mit dieser trockenen Kunst nicht zufriedenzustellen. Als sympathische Verkörperung des »ewigen Studenten« interessierte er sich leidenschaftlich für beinahe alle Fragen der exakten Naturwissenschaften, für die philosophisch-kritischen ebenso wie für die eher prosaischen der aktuellen Forschung, ohne es freilich zu mehr als einer weitläufig-tiefschürfenden Allgemeinbildung zu bringen.

In Zürcher Studententagen hatte Einstein von dem acht Jahre älteren Besso manche Anregung empfangen, aber in Bern hatten sich die Gewichte verschoben, denn Einstein war nicht mehr Student, sondern aktiver Forscher mit hervorragenden Gesellenstücken und, was wichtiger war, einem immens geschärften Bewußtsein für die Probleme der zeitgenössischen Physik. Der einstige Mentor konnte kaum noch seine anregenden, dafür um so mehr seine kritischen Fähigkeiten in unzähligen Diskussionen entfalten, nicht gerade ein Mitarbeiter, sondern der ideale »Resonanzboden«[87] für den ständig im Gespräch seine Ideen ausprobierenden Einstein.

Seine einzige Veröffentlichung des Jahres 1904 hatte Einstein schon Ende März fertiggestellt, vor der Ankunft Bessos. Sie darf nicht übergangen werden, weil sie den jungen Einstein in den Seiten der ›Annalen‹ erstmals auf ebenso schöpferischen wie originellen Wegen zeigt, die zudem als Einübung für kommende Geniestreiche angesehen werden können. Seine Zielsetzung skizzierte er in einer Postkarte an Marcel Grossmann, der ihm von Vaterfreuden berichtet und eine mathematische Abhandlung übersandt hatte: »Es waltet eine merkwürdige Ähnlichkeit zwischen uns. Auch wir kriegen nächsten Monat ein Junges. Auch wirst Du eine Arbeit bekommen, welche ich vor einer Woche an Wiedemanns ›Annalen‹ schickte (Allgemeine molekulare Theorie der Wärme). Du behandelst die Geometrie ohne Parallelenaxiom, ich die atomistische Wärmelehre ohne die kinetische Hypothese.«[88]

Die nur acht Seiten lange Arbeit ist ein wenig disparat. Da ihn seine problematische Herleitung des Zweiten Hauptsatzes der Thermodynamik vom Januar des Vorjahres »schon damals nicht befriedigt«[89] hatte, präsentiert er zunächst eine Alternative, die allerdings auch nicht jeder Kritik standhält. Dann analysiert er die später nach Boltzmann benannte Konstante, die in der kinetischen Theorie in derart vielfältigen Zusammenhängen auftritt, daß Einstein vermutet haben mag, hinter ihr verberge sich der Dreh- und Angelpunkt dieser Konzeption. Einstein gewinnt zunächst eine neue Beziehung zwischen dieser fundamentalen Konstanten und der nicht minder wichtigen Avogadroschen Zahl N, die für alle Substanzen die Anzahl der Moleküle in einem Mol angibt. Dadurch wird diese Konstante zu einer Art Maßstab im Mikrokosmos der Moleküle.

Einstein hat aber noch mehr zu bieten, indem er eine überraschende neue Bedeutung dieser Konstanten aufdeckt, die sich bei der Analyse von Schwankungserscheinungen zeigt, gewissermaßen einer Thermodynamik im kleinen. Die thermodynamischen Grundgesetze beziehen sich naturgemäß auf »große« Systeme, die wie alle Gegenstände unserer alltäglichen Erfahrung aus ungeheuer vielen Molekülen bestehen. Obwohl es sich genaugenommen bei diesen Gesetzen nur um Aussagen über Mittelwerte handelt, werden diese doch als streng gültig angesehen, weil sich alle Unregelmäßigkeiten wegen der kolossalen Anzahl der Moleküle ausgleichen. Bei »kleinen« Systemen, die freilich immer noch aus vielen Tausenden oder Millionen von Molekülen bestehen mögen, wird das chaotische Durcheinander der Molekularbewegungen nicht mehr ausgemittelt, so daß die thermodynamischen Größen Abweichungen von diesen Mittelwerten zeigen sollten. Allerdings hatte damals noch niemand derartige Schwankungen beobachtet, und die dem Experiment gelegentlich vorauseilenden Theoretiker hatten dieses Konzept nur sporadisch und dann auch noch kontrovers diskutiert. In dieser Situation entwickelt Einstein kurz und knapp eine einfache Theorie dieser Schwankungen für die Energie eines Systems und leitet eine Bedingung für die thermische Stabilität eines Systems her, in der die Boltzmann-Konstante als Maßstab für die Größe der Schwankungen erscheint. Diese Beziehung gefällt ihm sehr, weil in ihr »keine Größe mehr vorkommt, welche an die der Theorie zugrunde liegenden Annahmen erinnert«.[90]

Anwendungen dieser Überlegungen auf konkrete, aus Molekülen bestehende Systeme schienen damals ausgeschlossen. Boltzmann und Gibbs, die beiden Koryphäen der statistischen Theorie, hatten die Beobachtbarkeit von Schwankungen erörtert und abschlägig beschieden, und Einstein sah »bei dem gegenwärtigen Stande unseres Wissens« ebenfalls keine Möglichkeit. Dabei ließ er es jedoch nicht bewenden. Immerhin vermutete er von einer ganz anderen Art physikalischer Systeme, »daß ihnen eine Energieschwankung zukomme; es ist dies der mit Temperaturstrahlung erfüllte leere Raum«.[91] In einem waghalsigen Schritt, der durch nichts gerechtfertigt war als durch eine Art Urvertrauen in die selbst geschaffenen Methoden, wandte er seine für materielle Moleküle entwickelten Formeln auf die immaterielle elektromagnetische Strahlung an. Er erhielt, vielleicht zu seiner eigenen Überraschung, eine empirisch überprüfbare Beziehung zwischen dem Energiemaximum der Strahlung und der Temperatur, die dem Wienschen Verschiebungsgesetz entspricht, was nach seinem Schlußwort »bei der großen Allgemeinheit unserer Voraussetzungen nicht dem Zufall zugeschrieben werden darf«.[92] Und tatsächlich zeigte sich die ganze Fruchtbarkeit der in dieser Arbeit erstmals ausprobierten Behandlung von Schwankungserscheinungen schon im Jahr darauf: in seiner Theorie der Brownschen Bewegung und in der Strahlungstheorie.

Bevor das Jahr 1904 zu Ende ging, war Einstein Mitarbeiter der ›Beiblätter zu den Annalen der Physik‹, der 1877 begründeten frühen Version einer »Zeitschrift über Zeitschriften«, in der nicht mehr Originalarbeiten erschienen, sondern in der Artikel aus anderen Journalen, insbesondere fremdsprachlichen, und in Einzelfällen auch Bücher besprochen wurden. Wie Einstein einer von den 82 Referenten der ›Beiblätter‹ wurde, ist nicht bekannt[93], aber man geht sicher nicht fehl in der Annahme, daß der Herausgeber durch die mittlerweile fünf Veröffentlichungen in den ›Annalen‹ auf Einstein aufmerksam geworden war und ihn einlud, Artikel aus dem Gebiet der »Wärmelehre« zu referieren. Die Themen wurden vom Herausgeber vorgegeben, der, wenn es nötig war, den Referenten auch mit Sonderdrucken der zu besprechenden Arbeiten oder mit Rezensionsexemplaren versorgte. Zum Jahresende gab es sogar ein bescheidenes Honorar.

Einstein schrieb insgesamt 23 Besprechungen; 21 davon erschienen im Jahre 1905. In den beiden darauffolgenden Jahren verfaßte er nur noch je eine Buchbesprechung, darunter 1906 die bemerkenswerte Rezension von Max Plancks *Vorlesungen über die Theorie der Wärmestrahlung*. Artikel aus den unterschiedlichsten Zeitschriften wurden ihm zugewiesen, vom ›Philosophical Magazine‹ der »Royal Society« bis zur ›Schweizerischen Bauzeitung‹. Neben deutschen Publikationen referierte er französische und italienische Arbeiten, mit beiden Sprachen war er vertraut. Aber er besprach auch vier Artikel, die englisch geschrieben waren, was er nicht gelernt hatte, so daß ihm dabei jemand geholfen haben muß, vielleicht war es Mileva, die ein wenig Englisch konnte, vielleicht auch ein Kollege am Patentamt.

Je nach Ergiebigkeit und der eigenen Interessenlage fielen die Referate höchst unterschiedlich aus: Mal demonstrierte Einstein Lustlosigkeit und schrieb gerade fünf Zeilen, in denen er den Autor für einen hanebüchenen Fehler zauste[94]; dann war er so ausführlich, daß sein Referat das Studium der Originalarbeit ersetzen konnte. Großzügig war er, wenn der Nutzen die Mängel überwog, wie bei einem Büchlein über *Die Grundzüge der mechanischen Wärmelehre*, in dem er zwar »manche Ungenauigkeiten« ausmachte, es aber trotzdem in Erinnerung an eigene Prüfungsnöte »manchem vor dem Examen stehenden, mit lükkenhaften Kollegienheften versehenen Polytechniker«[95] empfahl.

Die Mitwirkung an den ›Beiblättern‹ verschaffte Einstein die Gelegenheit, sich mit der aktuellen Literatur auseinanderzusetzen, intensiver jedenfalls, als es ihm bei seinen dienstlichen Obliegenheiten auf dem Patentamt möglich gewesen wäre. So wäre ihm vielleicht ohne diese schriftstellerische Nebentätigkeit die 1904 zum 60. Geburtstag von Ludwig Boltzmann erschienene Festschrift entgangen, in der in 117 Beiträgen prominenter Autoren ein ungewöhnlich fundiertes Panorama der Physik zum Beginn des 20. Jahrhunderts gezeichnet wurde. Einstein besprach drei Arbeiten aus diesem Band, und die anderen hat er sehr wahrscheinlich gelesen. – Natürlich brachte das Referieren auch einen gewissen Zuwachs an Reputation, aber als die meisten seiner Besprechungen erschienen, hatte er das schon nicht mehr nötig.

Hätte Albert Einstein gegen Ende des Jahres 1904 den Entschluß gefaßt, sich fortan auf eine Karriere im schweizerischen Staatsdienst zu konzentrieren, und deshalb seine wissenschaftlichen Bemühungen aufgesteckt – es wäre wahrscheinlich nicht als ein sehr schmerzlicher Verlust für die Wissenschaft empfunden worden. Die Zeitgenossen hätten wohl kaum bemerkt, daß ein publizierender, aber ansonsten unbekannter Kollege seine schriftstellerische Tätigkeit eingestellt hat. Nur der Professor Weber in Zürich hätte sich in seiner Vermutung bestätigt gesehen, daß aus diesem vorlauten jungen Mann nichts Rechtes werden würde, und viele Jahrzehnte später hätte ein Historiker verwundert festgestellt, daß da ein Außenseiter ganz für sich allein ein Äquivalent zur Statistischen Physik von Gibbs entwickelt hatte.

Doch diese Veröffentlichungen waren nur die sichtbare Oberfläche von Einsteins ständigem Ringen mit den schwierigsten Problemen der Physik. Daß sich seine Grübeleien im Jahre 1905, seinem »annus mirabilis«, zu einer unvorstellbaren Kreativitätsexplosion zusammenfügen würden, hatte niemand geahnt, vielleicht nicht einmal er selbst.

Es wird in den letzten Maitagen des Jahres 1905 gewesen sein, als Conrad Habicht einen Brief aus Bern erhielt, wie üblich undatiert, in dem nach einer burschikosen Schimpfkanonade Großartiges angekündigt wurde. In seiner Mischung aus Übermut und Lebensfreude, auch einem gewissen Behagen am Erreichten, ist dies der wohl erstaunlichste Brief der Wissenschaftsgeschichte, und dem Empfänger müssen wir dankbar sein, daß er ihn aufbewahrt hat:

> Lieber Habicht! Es herrscht ein weihevolles Stillschweigen zwischen uns, so dass es uns fast wie eine sündige Entweihung vorkommt, wenn ich es jetzt durch ein wenig bedeutsames Gepappel unterbreche. Aber geht es dem Erhabenen in der Welt nicht stets so? – Was machen Sie denn, Sie eingefrorener Walfisch, Sie getrocknetes, eingebüchstes Stück Seele oder was ich sonst noch, gefüllt mit siebzig Prozent Zorn und dreissig Prozent Mitleid, Ihnen an den Kopf werfen möchte? Nur letzteren dreissig Prozent haben Sie es zu verdanken, daß ich Ihnen neulich, nachdem Sie Ostern sang- und klanglos nicht erschienen waren, nicht eine Blechbüchse voll aufgeschnittenen Zwiebeln und Knobläuchen zuschickte. – Aber warum haben Sie mir Ihre Dissertation immer noch nicht geschickt? Wissen Sie denn immer noch nicht, dass ich einer von den anderthalb Kerlen sein würde, der dieselbe mit Interesse und Vergnügen durchliest, Sie Miserabler? Ich verspreche Ihnen vier Arbeiten dafür, von denen ich die erste in Bälde schikken könnte, da ich die Freiexemplare baldigst erhalten werde. Sie handelt über die Strahlung und die energetischen Eigenschaften des Lichtes und ist sehr revolutionär, wie Sie sehen werden, wenn Sie mir Ihre Arbeit *vorher* schicken. Die zweite Arbeit ist eine Bestimmung der wahren Atomgröße aus der Diffusion und inneren Reibung der verdünnten flüssigen Lösungen

neutraler Stoffe. Die dritte beweist, dass unter Voraussetzung der molekularen Theorie der Wärme in Flüssigkeiten suspendierte Teilchen von der Grössenordnung 1/1000 Millimeter bereits eine wahrnehmbare, ungeordnete Bewegung ausführen müssen, welche durch die Wärmebewegung erzeugt ist. Es sind Bewegungen lebloser kleiner, suspendierter Körper in der That beobachtet worden von den Physiologen, welche Bewegungen von ihnen »Brownsche Molekularbewegung« genannt werden. Die vierte Arbeit liegt im Konzept vor und ist eine Elektrodynamik bewegter Körper unter Benützung einer Modifikation der Lehre von Raum und Zeit; der rein kinematische Teil dieser Arbeit wird Sie sicher interessieren.

Es grüßt Sie Ihr Albert Einstein. – Freundlichen Gruß von meiner Frau und dem nun ein Jahr alten Piepsvogel.[96]

Diese vier im Brief an Habicht aufgelisteten Arbeiten werden die Physik verändern. Sie wurden in der knappen Spanne zwischen dem 17. März und dem 30. Juni 1905 fertiggestellt, in nur wenig mehr als einem Vierteljahr. Die erste Veröffentlichung – »sehr revolutionär« – eilt ihrer Zeit voraus, wird Einstein aber 16 Jahre später den Nobelpreis einbringen. Die zweite, mit der er alsbald von der Universität Zürich zum Doktor promoviert wird, gehört zu den meistzitierten Veröffentlichungen des Jahrhunderts ebenso wie die dritte, mit der er zum Begründer der modernen Statistischen Mechanik wird. Die vierte Arbeit enthält schließlich in kanonischer Form das, was man bald die Spezielle Relativitätstheorie nennen wird.

Nie zuvor und seither nie mehr hat ein einzelner Mensch die Wissenschaft in so kurzer Zeit um so viel bereichert wie Einstein die Physik in diesem »annus mirabilis« 1905. Schaffenskraft und Schaffensfreude dauern an: In den nächsten beiden Jahren jagen die Veröffentlichungen förmlich einander. Der eine Mann im Patentamt zu Bern wird die Physik des 20. Jahrhunderts auf neue Grundlagen stellen und Perspektiven eröffnen, die die Forschung bis ins nächste Jahrtausend befruchten werden.

Diese Kreativitätsexplosion ist ein Wunder, und wie alle Wunder ist sie zugleich auch ein Rätsel. Nichts hat darauf hingedeutet, was kommen wird. Das Studium am Polytechnikum und auch die Arbeit am Patentamt waren nicht die schlechtesten Voraussetzungen, aber in vergleichbaren Situationen waren viele, und deshalb erklären sie auch nicht viel. Jedoch illustrieren sie immerhin, daß sich Einsteins Genie nicht in der Stille des sprichwörtlichen Elfenbeinturms bildete, sondern in einer für seine Entwicklung wahrscheinlich optimalen Situation: Einerseits dank intensiver Lektüre inmitten der aktuellen Diskussion, und andererseits an der institutionellen Peripherie, so daß er seine zentralen Probleme finden und über sie grübeln konnte, ohne vom täglichen Forschungsbetrieb absorbiert und auf konventionelle Ansätze fixiert zu werden.

Um diesen einzigartigen Höhepunkt naturwissenschaftlicher Kreativität, ihre äußeren Bedingungen und ihre inneren Zusammenhänge zu verstehen, sofern das überhaupt möglich ist, sollen in den folgenden fünf Kapiteln Einsteins Beiträge zur Physik in den Jahren von 1905 bis 1907 sowie erste Ausblicke auf Rezeption und Auswirkungen in ihrem jeweiligen Zusammenhang dargestellt werden. Nur so kann man ihm – wenigstens in Ansätzen – gerecht werden:

> Denn das Wesentliche im Dasein eines Menschen von meiner Art liegt in dem, *was* er denkt und *wie* er denkt, nicht in dem, was er tut oder erleidet.[97]

2. »Herr Doktor Einstein« und die Realität der Atome

Einsteins 100. Geburtstag wurde im Frühjahr 1979 an vielen Orten und auf viele Arten gefeiert. Einer der originelleren Beiträge war die Präsentation einer Liste von Arbeiten aus allen Bereichen der exakten Wissenschaft, von der Physik über die Chemie bis zur Physiologie, die vor 1912 erschienen waren und die in dem Zeitraum von 1961 bis 1975 noch am häufigsten zitiert wurden[1], die also über ein halbes Jahrhundert später noch einen großen Einfluß auf die aktuelle Forschung hatten. Einstein war unter den die Liste anführenden elf »Zitationsklassikern« viermal vertreten, die anderen sieben Autoren jeweils einmal. Von den Einsteinschen Veröffentlichungen rangierte an prominentester Stelle seine Dissertation über *Eine neue Bestimmung der Moleküldimensionen*[2] auf Platz drei, gefolgt von der Arbeit über die Brownsche Bewegung[3] auf Platz vier. Beide handeln von der Realität der Moleküle.

Freilich ist die Zitatenanalyse, auch wenn sie aus dem Computer kommt, eine heikle Angelegenheit. Fußnotenzählerei liefert nicht das alleinige und nicht das beste Maß für wissenschaftlichen Wert, aber hin und wieder verhilft sie zu reizvollen Einsichten. Einstein ist hierfür ein ergiebiges Beispiel. Wenn seine unstreitig epochalen Arbeiten aus dem Jahre 1905 über Lichtquanten und zur Relativitätstheorie in dieser Liste nicht vorkommen, so liegt das eher an zuviel als an zuwenig Einfluß auf spätere Generationen. Als Voraussetzung aller modernen Physik sind sie so selbstverständlich in das Gebäude dieser Wissenschaft integriert, daß praktisch niemand mehr sie zitiert, es sei denn in einem historischen Kontext. Kaum ein heutiger Physiker hat jemals die Originalarbeiten gesehen; was er braucht, wurde ihm in Vorlesungen und Lehrbüchern verabreicht.

Natürlich gehören auch Einsteins »Zitationsklassiker« zum ehernen Bestand der Physik, aber spezielle Gründe für ihre späte Wertschätzung liegen auf der Hand. Beide Arbeiten handeln von der Bewegung großer Moleküle oder kolloidaler Partikel in Flüssigkeiten, und dies ist ein ungewöhnlich weites Feld mit vielen Anwendungen. So wurde die Dissertation zum Beispiel in ökologischen Untersuchungen zitiert, in denen die Ausbreitung von Aerosolen in der Atmosphäre behandelt wurde, aber auch in der Molkereikunde, wenn es um das Verhalten von Kaseinpartikeln in Milch bei der Käsezubereitung geht.[4] Die Popularität der Dissertation dauert an: 1989 wurde sie zwei Dutzend Male zitiert. Einstein hätten diese praktischen Anwendungen seiner Wissenschaft gefreut, auch wenn er die Arbeiten aus ganz anderen Gründen geschrieben hatte.

Die Fußnotenzählerei hatte noch das hübsche Ergebnis, daß sie überhaupt erst zur postumen Entdeckung von Einsteins Dissertation führte. Biographen haben sie als eher belanglose akademische Pflichtübung abgetan, nicht zu vergleichen mit den drei berühmten Arbeiten des Jahres 1905[5], und Physiker oder Wissenschaftshistoriker wußten es auch nicht besser. Sie haben diese Arbeit bei ihren Betrachtungen über Einsteins »annus mirabilis« ignoriert[6], was vielleicht auch daran gelegen haben mag, daß sie nicht wie die anderen großen Arbeiten im legendären 17. Band der ›Annalen‹ enthalten ist, sondern erst 1906 publiziert wurde. Fertiggestellt wurde sie aber am 30. April 1905, in engem Zusammenhang mit der berühmten Arbeit über die Brownsche Bewegung, teilweise die Voraussetzung dazu und ebenso interessant.

Einstein, der den Gedanken an eine Promotion schon aufgegeben hatte, »da mir das doch wenig hilft und die ganze Komödie mir langweilig ist«[7], entschloß sich im Sommer 1905 doch noch, den Doktor zu machen. Die Gründe für den Sinneswandel sind naheliegend: Auf dem Amt konnte es ihm sehr wohl helfen und erst recht als Voraussetzung für eine akademische Karriere, und schließlich hatte er so viel in der Schublade, daß es für mehrere Doktorhüte hätte ausreichen müssen. Ob er es in Bern oder in Zürich versuchen solle, fragte Einstein damals den in solchen Dingen erfahrenen Kollegen Dr. Sauter und erhielt den ermutigenden Rat: »Zürich, und für Sie wird das eine Bagatelle sein.«[8] Zürich hatte tatsächlich Vorteile, weil Einstein erstens den Berner Ordinarius Forster nicht leiden konnte und ihm zweitens in Zürich die mündliche Prüfung erspart blieb, da nach einem speziellen Abkommen zwischen Universität und Polytechnikum die dortige Diplomprüfung das Rigorosum ersetzen konnte.

Also wieder zum Professor Kleiner an der Universität in Zürich, den Einstein Jahre zuvor erst für einen »kurzsichtigen Menschen«[9] gehalten hatte, mit dem nichts anzufangen sei, der sich dann »als nicht ganz so dumm«[10] und vor allem als ein »guter Kerl« herausstellte, aber trotzdem Einstein zur Zurücknahme seiner ersten Dissertation veranlaßt hatte. Es gibt keine Anzeichen dafür, daß Einstein von Bern aus Kontakt zu Kleiner gehalten hätte, auch keine für eine Absprache eines Themas mit dem Ordinarius, wie es üblich gewesen wäre. So soll Einstein, wenn ein anekdotisch ausgeschmückter Bericht der Schwester

Maja zutrifft, zunächst die gerade fertig gewordene »Elektrodynamik bewegter Körper«, also die Relativitätstheorie, eingereicht haben, die »den massgebenden Professoren nicht ganz geheuer schien«[11] und zurückgewiesen worden sei. Daraufhin mag Einstein, der in jedem Falle, wie Kleiner festhielt, das Problem »sich selbst gestellt«[12] hatte, aus seinem »work in progress« einfach das ausgewählt haben, was dem Ordinarius und der Zürcher Fakultät die geringsten Schwierigkeiten machen würde: Nicht zu revolutionär und nicht zu spekulativ, sondern solide Annahmen, konventionelle Mathematik und, da reine Theorie in Zürich immer noch als ziemlich exotisch verrufen war, eine handfeste experimentelle Pointe. Diesen Bedingungen entsprach am besten seine Untersuchung über die Bewegung großer Moleküle in wäßriger Lösung.

Am 20. Juli setzte Einstein sein Promotionsgesuch an den Dekan auf, wie immer bei solchen Pflichtübungen kein Wort zuviel, und schickte es mit seiner Arbeit nach Zürich. Da das Semester sich dem Ende zuneigte, ging alles sehr schnell: Vier Tage später zirkulierte schon die Arbeit nebst den Gutachten in der Fakultät. Kleiner stellte heraus, »die Überlegungen und Rechnungen gehören zu den schwierigsten der Hydrodynamik, und es konnte sich nur einer an sie heranwagen, der in der Behandlung mathematischer und physikalischer Fragen Verständnis und Begabung besitzt, und mir scheint, es habe Hr. Einstein den Beweis erbracht, daß er sich mit Erfolg mit der Behandlung wissenschaftlicher Probleme zu befassen befähigt sei«.[13] Wegen der kniffeligen Mathematik war auf Bitte Kleiners der Ordinarius dieses Faches Heinrich Burkhardt hinzugezogen worden. Der hatte »den wichtigsten Teil der Rechnungen nachgeprüft, namentlich die von Hrn. Kollegen Kleiner angezeichneten Stellen. Was ich geprüft habe, habe ich durchweg für richtig gefunden, und die Art der Behandlung zeugt von *gründlicher Beherrschung der in Frage kommenden mathematischen Methoden.*«[14] Einen Rechenfehler hatte der Mathematikprofessor übersehen, und das hatte Konsequenzen, aber erst vier Jahre später. Burkhardt empfahl wie Kleiner die Annahme der Arbeit, rügte aber den Mangel an Sorgfalt in Kleinigkeiten: »Stilistische Härten und Schreibfehler in den Formeln werden beim Druck beseitigt werden müssen und können.« Einstein durfte nun seine nachgebesserte Arbeit in Bern zur Druckerei tragen. Das kam nicht teuer, denn sie war nur 17 Seiten lang. Wie einst in schlechteren Tagen versprochen, war sie »Meinem Freunde Dr. Marcel Grossmann gewidmet«. Nach Ablieferung der Pflichtexemplare war Einstein »Herr Doktor«.

Die Dissertation gehört zu jenem Themenkreis, bei dem es Einstein gemäß späterer Charakterisierung vor allem darum ging, »Tatsachen zu finden, welche die Existenz von Atomen von bestimmter endlicher Größe sicherstellten«.[15] Heute erscheint es sonderbar, daß zu Beginn des 20. Jahrhunderts die Existenz der Atome überhaupt umstritten war, und noch sonderbarer nehmen sich die Leidenschaften aus, mit denen dieser Streit insbesondere unter deutschen Gelehrten ausgefochten wurde, obwohl die Radioaktivität und auch das Elektron bereits entdeckt waren. In der Chemie wurden sogar schon seit den ersten Dekaden des 19. Jahrhunderts die Stoffumwandlungen als Verbindungen von Atomen zu Molekülen oder Reaktionen zwischen Molekülen aufgefaßt, und in der zweiten Hälfte des 19. Jahrhunderts wurde diese Vorstellung Allgemeingut, wobei sich die Vertreter dieser von metaphysischen Bedenken nicht heimgesuchten Wissenschaft keineswegs daran störten, daß sie nie ein Atom gesehen hatten und nach allem, was über die vermutlichen Abmessungen der Atome und Moleküle herauszubringen war, auch niemals eins sehen würden.

Ganz anders dagegen in der Physik. Hier waren die Erfolge der atomistischen Hypothese in der kinetischen Theorie der Gase und der festen Körper vielleicht noch eindrucksvoller, aber einige tonangebende Gelehrte, zuvörderst solche, die sich methodischer Strenge und philosophischen Scharfsinns rühmten, sahen in den Atomen eine überflüssige, wenn nicht gar schädliche Erfindung, teils, weil sie noch keines gesehen hatten, teils, weil sie die buchhalterischen Fiktionen der Chemiker nicht als akzeptable Grundlage der Physik gelten lassen mochten. – Ein wenig erinnert dieser Streit an Galileis Konflikt mit der Kirche, in dem Galilei eine Fülle von Argumenten präsentierte, aus denen ein wacher Geist die heliozentrische Struktur des Sonnensystems hätte erkennen können, damit aber die Schulphilosophen nicht beeindrucken konnte, da er den nach ihren Regeln geforderten einen, zwingenden Beweis zugunsten des kopernikanischen Systems nicht beizubringen vermochte.

Beim Streit um die Realität der Atome ging es zwar nicht mehr um das Seelenheil, sondern um philosophische Grundpositionen, aber auch das wühlt Leidenschaften auf. Da war zum einen der große Physikochemiker Wilhelm Ostwald als Haupt einer verbreiteten Schule, der die gesamte Naturforschung auf den Energiebegriff gründen wollte, während andere es mit einer, freilich kurzlebigen, elektromagnetischen Fundierung aller Physik versuchten. Der einflußreiche Ernst Mach soll jedem, der von Atomen sprach, mit seiner Frage: »Ham's eins g'sehn?« zugesetzt haben; sein Wiener Kollege Ludwig

Boltzmann war von Machs Diktum »Ich glaube nicht, daß die Atome existieren«[16] regelrecht erschrocken. Um die Jahrhundertwende beklagte Boltzmann im Gefühl, »wie ohnmächtig der Einzelne gegen Zeitströmungen bleibt«, den »Schaden für die Wissenschaft, wenn die Gastheorie durch die augenblicklich herrschende ihr feindliche Stimmung zeitweilig in Vergessenheit geriehte«.[17] Daß Boltzmann seinem Leben am 15. September 1906 in Duino durch Erhängen selbst ein Ende setzte, wird man nicht als direkte Reaktion auf diesen Streit interpretieren dürfen, aber wahrscheinlich hätte er sein irdisches Jammertal länger ertragen, wenn ihm die Wissenschaft mehr Freude bereitet und Anerkennung gebracht hätte.

Einstein sah später in Machs und Ostwalds Ablehnung der Atomtheorie »ein interessantes Beispiel dafür, daß selbst Forscher von kühnem Geist und von feinem Instinkt durch philosophische Vorurteile für die Interpretation von Tatsachen gehemmt werden können«.[18] In diesem Falle hatte es sich um die positivistische Einstellung gehandelt, »daß die Tatsachen allein ohne freie begriffliche Konstruktion wissenschaftliche Erkenntnis liefern sollten und könnten«. Wie kein anderer trug der Mann aus dem Patentamt dazu bei, den skeptischen Positivisten die Realität der Atome nahezubringen.

Wollte man Albert Einstein einen leidenschaftlichen Atomistiker nennen, so wäre das nur insofern zuviel gesagt, als er seit Studententagen die Atome mit der größten Selbstverständlichkeit als unzweifelhaft existierend ansah. Alle fünf seiner bisherigen Veröffentlichungen waren im gewissen Sinne Variationen zur atomistischen Theorie der Naturerscheinungen. In der Dissertation ging es nun direkt um Evidenz zugunsten der Realität von Atomen und Molekülen. Ein Atom oder Molekül vorzeigen oder sichtbar machen konnte er natürlich nicht, das gelang erst in den fünfziger Jahren mit dem Feldionenmikroskop. Aber Einstein erfand eine besondere Art »Mikroskop« in Gestalt einer schönen Theorie, mit der sich aus etwas Alltäglichem wie der Zähigkeit von Zuckerwasser die Größe der Zuckermoleküle ermitteln läßt.

Die methodische Grundidee hatte Einstein schon zwei Jahre zuvor skizziert: »Hast Du die absolute Größe der Ionen schon ausgerechnet unter der Voraussetzung, dass dieselben Kugeln und so gross sind, dass die Gleichungen der Hydrodynamik reibender Flüssigkeiten anwendbar sind?«[19] fragte er damals Besso. »Ich hätte es selbst getan, aber es fehlt mir an Literatur und Zeit; auch die Diffusion könntest Du heranziehen, um über die neutralen Salzmoleküle in Lösung Aufschluss zu erhalten. Wenn Du nicht merkst was ich meine, schreib ich

Dir's gern genauer.« Offenbar mußte Einstein es doch genauer aufschreiben, und so sieht die Dissertation wie eine direkte Einlösung des Besso gegebenen Versprechens aus, und dazu wie ein Versuch, aus der Ferne den sonst wegen seiner »Mechanik« so verehrten Ernst Mach davon zu überzeugen, daß Atome mehr sind als Fiktionen.

Einsteins Argument entstammte nicht wie üblich der Gastheorie, sondern erstmals dem Verhalten von Flüssigkeiten. Da einer molekularkinetischen Theorie der Flüssigkeiten, anders als bei Gasen, nach Einsteins Urteil »unüberwindliche Schwierigkeiten«[20] entgegenstanden, beschränkte er sich auf ein einfaches Modell: eine in Wasser gelöste Substanz, deren Moleküle groß sind im Vergleich zu denen des Wassers, weshalb das Wasser in guter Näherung als unstrukturiertes homogenes Medium in seiner Wirkung auf die gelösten Moleküle behandelt werden kann, die der Einfachheit halber als Kugeln angenommen werden. Wird eine Substanz in Wasser gelöst, so nimmt die Zähigkeit zu, was gemessen werden kann. Einstein konnte in einem ersten Schritt für diese Änderung der Viskosität eine Beziehung zum Gesamtvolumen der gelösten Moleküle ermitteln. Trotz der vereinfachenden Annahmen war das eine komplizierte Rechnerei und der technisch aufwendigste Teil der Arbeit. In einem zweiten Schritt, mathematisch einfacher, dafür physikalisch anspruchsvoller, wandte sich Einstein der Ausbreitung eines Schwarms gelöster Moleküle im Wasser zu und erhielt einen Ausdruck für den Diffusionskoeffizienten, der neben experimentell bestimmbaren Größen wiederum Angaben über die Ausdehnung der Moleküle enthielt. So hatte er ein Instrumentarium entwickelt, in dem experimentell meßbare Eigenschaften von Lösungen wie Viskosität und Diffusion auf verblüffende Weise zu einer Art Mikroskop verknüpft werden, mit dem man die Moleküle zwar nicht »sehen«, aber doch ihre Größe feststellen kann.

Eine solche Theorie verlangt nach Anwendung, und die lieferte Einstein für Zuckerwasser, weil dafür experimentelle Werte zur Hand waren. Der von ihm erhaltene Radius der Zuckermoleküle – ein zehnmillionstel Zentimeter – war eine Novität. Dazu kam, gewissermaßen als Probe aufs Exempel, die Ermittlung der Avogadroschen Zahl, und tatsächlich stimmte sein Resultat »der Größenordnung nach mit den durch andere Methoden gefundenen Werten für diese Größe befriedigend überein«[21], womit die Zuverlässigkeit seiner Methode und die Realität der Moleküle ins rechte Licht gerückt waren.

Die Gutachter der Zürcher Universität waren mit Einsteins Resultaten zufrieden, nicht jedoch Paul Drude, der Herausgeber der ›Annalen‹, dem Einstein diese Arbeit im August 1905 nach Abschluß des Promotionsverfahrens geschickt hatte. Sie erschien nicht binnen der üblichen acht Wochen, sondern erst nach einem halben Jahr. Das war bei Einsteinschen Arbeiten nie zuvor und auch später nicht passiert. Drude muß offenbar von besseren Daten über Zuckerlösungen als der Autor gewußt und einen kleinen Nachtrag angefordert haben.[22] Einstein lieferte den zu Beginn des nächsten Jahres mit einem erheblich besseren Ergebnis für die Avogadrosche Konstante.[23]

Dann geschah vier Jahre nichts. Die Dissertation wurde neben der aufsehenerregenden Arbeit über die Brownsche Bewegung kaum beachtet. So war es auch bei Jean Perrin, einem jungen Professor an der Sorbonne in Paris, der 1909 mit seiner hervorragenden Experimentierkunst die Brownsche Bewegung untersuchte und darüber mit dem Theoretiker eine Korrespondenz begonnen hatte. Einstein, der gerade in Zürich Professor geworden war, nutzte die Gelegenheit und machte den Pariser Kollegen im Herbst 1909 auf seine Dissertation aufmerksam. Daraufhin nahm sich in Perrins Labor ein Mitarbeiter namens Jacques Bancelin der Sache experimentell an.[24] Dazu wurden nicht Moleküle gelöst, sondern mikroskopisch kleine, akkurat hergestellte Mastix-Kügelchen von bekannter Größe in Wasser suspendiert. Manches wurde durch Bancelins Experimente bestätigt, aber in einem Punkt gab es eine beachtliche Diskrepanz zur Theorie. Einstein rechnete nach, konnte aber in seiner Dissertation keinen Irrtum finden. Er schloß natürlich experimentelle Fehler nicht aus, bat aber doch Ludwig Hopf, den Assistenten am Zürcher Institut, sich die Dissertation noch einmal anzuschauen: »Ich habe nun meine damaligen Rechnungen & Überlegungen geprüft und keinen Fehler darin gefunden«[25], schrieb er Hopf in die Weihnachtsferien. »Sie würden sich sehr um die Sache verdient machen, wenn sie meine Untersuchung seriös nachprüfen würden.« Hopf fand den Fehler, den zuvor auch der Mathematik-Ordinarius Burkhardt nicht bemerkt hatte, einen eher trivialen Mißgriff, der freilich ein Zahlenergebnis arg verfälschte. Einstein schickte eine Berichtigung an die ›Annalen‹, mit löblicher Erwähnung der Verdienste von Bancelin und Hopf und einem nun noch schöneren Ergebnis für die Avogadrosche Zahl.[26]

Dies war nicht seine erste Berichtigung, wurde aber im Gefolge der Dissertation seine berühmteste: In der eingangs erwähnten Liste der »Zitationsklassiker« taucht die Berichtigung an achter Stelle auf, als wäre sie eine eigenständige Arbeit. Das ist sie nicht, sondern eine hübsche Warnung vor leichtfertigem Gebrauch der Zitationsanalyse. Aber mit nunmehr nur noch drei Arbeiten in jener Liste hält Einstein nach wie vor einen einsamen Spitzenplatz unter den »Zitationsklassikern«.

Spätestens neun Tage nach Beendigung der Dissertation hatte Einstein schon die nächste Arbeit fertig; sie ging am 11. Mai 1905 bei der Redaktion der ›Annalen‹ in Berlin ein. Ihr Titel ist von barocker Umständlichkeit: *Über die von der molekularkinetischen Theorie der Wärme geforderte Bewegung von in ruhenden Flüssigkeiten suspendierten Teilchen.* Er hätte es kürzer sagen können. »Über Brownsche Bewegung« wäre eine bessere Überschrift gewesen, jedoch gestand Einstein gleich zu Beginn seines Artikels, er könne nur vermuten, »daß die hier zu behandelnden Bewegungen mit der ›Brownschen Molekularbewegung‹ identisch sind; die mir erreichbaren Angaben sind jedoch so ungenau, daß ich mir hierüber kein Urteil bilden kann«.[27] Zunächst also das, was Einstein nicht genau genug wußte.

Es begann 1828. Der Botaniker Robert Brown veröffentlichte in London einen Privatdruck mit dem Titel »Ein kurzer Bericht über mikroskopische Beobachtungen, unternommen in den Monaten Juni, Juli und August 1827, über in den Pollen von Pflanzen enthaltenen Partikel; und über die allgemeine Existenz von aktiven Molekülen in organischen und anorganischen Körpern«. Darin beschrieb Brown, wie er Pollenkörner unterm Mikroskop in permanenter Zitterbewegung gesehen habe. Er faßte dies als typische Eigenschaft männlicher Geschlechtszellen auf, ähnlich wie bei Samenfäden. Aber er hatte den brillanten Einfall, dieses Vorurteil durch die Beobachtung winziger Partikel aus unbelebter Materie in Wasser zu überprüfen. Bei feinst zermahlenen Glas- und Granitsplittern oder bei Rauchpartikeln sah er die gleiche erratische Dauerbewegung. Die Vitalität des Lebendigen konnte die Ursache also nicht sein, und die »Brownsche Bewegung« ging aus den Händen der Botaniker oder Physiologen in die der Physiker über.

In der zweiten Hälfte des 19. Jahrhunderts hatten einige Physiker Erklärungen der Brownschen Bewegung durch molekularkinetische Modellvorstellungen angeboten; danach sollte die Zickzackbewegung der suspendierten Partikeln durch Stöße von Molekülen der Flüssigkeit bewirkt werden.[28] Das war im Ansatz richtig gedacht, aber alle Theorien hatten schwere Mängel[29], keine bestand den Prüfstein des Experiments, und die theoretische Situation blieb konfus und kontrovers.

Hätte Einstein die Überlegungen seiner Vorgänger gekannt und auch sonst alles Verfügbare über die Brownsche Bewegung gewußt, wäre eine nachträglich gelieferte zutreffende theoretische Erklärung immer noch eine brillante Leistung gewesen. Unbelastet von allem Vorwissen ging er jedoch ganz andere und viel prinzipiellere Wege: Er fragte sich, ob die von der molekularkinetischen Theorie geforderten Unregelmäßigkeiten in der Bewegung der Moleküle nicht doch beobachtbare Effekte bewirken könnten; zu seiner eigenen Überraschung fand er, daß die Theorie solche in einem konventionellen Mikroskop sichtbaren Schwankungen tatsächlich zwingend vorhersagt und daß die Ausmessung dieser Schwankungsbewegungen so etwas wie eine Sonde in den Mikrokosmos der Atome darstellt. Dies war eine originäre, auf Theorie gegründete Entdeckung der Brownschen Bewegung und ihrer charakteristischen Eigenschaften als Schwankungserscheinung, ganz unabhängig davon, daß dieses Phänomen schon seit knapp hundert Jahren beobachtet, aber nicht verstanden worden war.

Einstein betrachtete hier also nicht gelöste Moleküle, sondern suspendierte Partikel von etwa einem tausendstel Millimeter Durchmesser, unterm Mikroskop noch gut zu sehen, aber vom Standpunkt der kinetischen Theorie makroskopische Riesengebilde. Im Gegensatz zu seinen ihm freilich unbekannten Vorgängern war Einstein offenbar von vornherein klar, daß die Geschwindigkeit der Partikel nicht direkt in Erscheinung treten kann. Sie wäre gemäß einfachen Überlegungen etwa einen zehntel Millimeter pro Sekunde. Das ist unterm Mikroskop so ungeheuer groß, daß die Partikel, die etwa das hundertfache ihres Durchmessers in einer Sekunde zurücklegen müßte, wie ein Schemen durchs Gesichtsfeld des Mikroskops huscht. Die Partikel wird aber von der Flüssigkeit stark abgebremst und zugleich von den einzelnen Molekülen angestoßen. Das Ergebnis beider Wirkungen ist eine extrem unregelmäßige Zitterbewegung, deren Bahn und Geschwindigkeit nicht direkt vermessen werden kann. Allerdings sollte im Mikroskop eine Art Mittelwert, die mittlere quadratische Verschiebung, beobachtbar sein, und das würde genügen.

Zunächst zeigte Einstein, und das war eine sehr kühne Neuerung, daß der »osmotische Druck«, der nach der klassischen Thermodynamik nur bei Lösungen auftreten sollte, auch bei Suspensionen »riesiger« Kugeln vorhanden ist. Dann leitete er ähnlich wie in der Dissertation, nur eleganter, eine Diffusionsgleichung für die Kugeln her und untersuchte das Zusammenspiel von Diffusion und ständigen Stößen durch die Flüssigkeitsmoleküle als statistischen Prozeß. Schließlich erhielt er für die mittlere Verschiebung der Partikeln einen Ausdruck, der nur von meßbaren oder anderweitig bekannten Größen abhängt. Daraus konnte er für seine in Wasser suspendierten Standardteilchen von einem tausendstel Millimeter Durchmesser berechnen, daß sie sich nach einer Sekunde um einen knappen tausendstel Millimeter bewegt haben müssen, und nach einer Minute um sechs tausendstel Millimeter. Umgekehrt kann man aus diesem Ausdruck bei gemessenen Verschiebungen und Zeiten die Avogadrosche Zahl bestimmmen.

Das war ein überraschender Vorschlag an die experimentell tätigen Kollegen: Mit winzigen Kügelchen, einem Mikroskop und einer Uhr sollten sie Atome zählen. Zudem hatte Einstein sein Argument zu einem »experimentum crucis« zugespitzt, denn würde seine Voraussage nicht zutreffen, »so wäre damit ein schwerwiegendes Argument gegen die molekularkinetische Auffassung der Wärme gegeben«.[30] Deshalb beschloß er seinen Artikel sogar mit einem Ausrufungszeichen: »Möge es bald einem Forscher gelingen, die hier aufgeworfene, für die Theorie der Wärme wichtige Frage zu entscheiden!«[31]

Über Mangel an Aufmerksamkeit konnte sich Einstein dieses Mal nicht beklagen. Kurz nach Erscheinen der Arbeit am 18. Juli 1905 meldete sich aus Jena brieflich Henry Siedentopf und bestätigte dem Autor, daß es sich bei dem vorausgesagten Phänomen tatsächlich um die Brownsche Bewegung handeln dürfte.[32] Siedentopf war in den Carl-Zeiß-Werken mit der Verbesserung des 1903 von Richard Zsigmondy erfundenen Ultramikroskops beschäftigt, das bei seitlicher Beleuchtung des Objekts nur das Streulicht auffängt und so noch die Wahrnehmung von Gegenständen erlaubt, die erheblich kleiner als die Wellenlänge des Lichts sind. Da die Brownsche Bewegung bei kleineren und damit leichteren Partikeln noch erratischer ist als bei größeren, konnten mit diesem neuen Ultramikroskop besonders hektische Zitterbewegungen studiert werden. Zsigmondy verglich das, was er bei kolloidalen Goldsuspensionen sah, mit einem in der Sonne tanzenden Mückenschwarm, hatte aber ebensowenig wie Siedentopf Messungen ausgeführt, die einen Vergleich mit Einsteins detaillierten Vorhersagen zugelassen hätten.

Einstein machte das Thema ganz offensichtlich Vergnügen. Er schickte noch vor Weihnachten 1905 eine weitere Arbeit an die ›Annalen‹, dieses Mal mit dem passenden Titel *Zur Theorie der Brownschen Bewegung*.[33] Den Vergleich des immer noch dürftigen Erfahrungsmaterials mit der Theorie überließ er denjenigen, die das Problem nun experimentell behandeln sollten. Er präsentierte die Theorie noch einmal in wesentlich eleganterer Form, führte sie fort und diskutierte insbesondere die Grenzen ihrer Gültigkeit bei kurzen Zeiten von weniger als einer zehnmillionstel Sekunde. Gleichsam als Fingerübung rechnete er etwas aus, das noch niemand gesehen hatte: eine Brownsche Rotation, also eine zittrige Drehbewegung der suspendierten Partikel. Auch ihre Vermessung wäre zur Bestimmung der Avogadroschen Zahl geeignet.

Das Interesse an der Brownschen Bewegung nahm zu und brachte Einstein viele briefliche Kontakte mit Gelehrten und einen Besuch. Aus Zürich kam Heinrich Zangger, der Professor für Gerichtsmedizin an der Universität; er kam als Begründer der Katastrophenmedizin sowie als Leiter spektakulärer Rettungsunternehmen im Bergbau zu Ruhm und Ansehen, war aber auch als Forscher an der Brownschen Bewegung interessiert. Als er mit seinen Zählereien unterm Mikroskop nicht zurechtkam, riet ihm der Professor für Mechanik Aurel Stodola: »Ich solle zu Einstein nach Bern.«[34] Die Begegnung war der Anfang einer lebenslangen Freundschaft, auch wenn daraus keine nennenswerten Fortschritte in der Kenntnis der Brownschen Bewegung hervorgingen. Die entstanden woanders.

Im schwedischen Uppsala experimentierte der junge The Svedberg mit dem Ultramikroskop. Allerdings hatte er den wichtigen Unterschied von Geschwindigkeit einerseits und der einzig wahrgenommenen mittleren Verschiebung andererseits nicht beachtet, so daß Einstein eine kleine Richtigstellung[35] schrieb, »welche nur das Schlimmste korrigierte, weil ich mich nicht entschließen konnte, Herrn S. die Freude an seiner Arbeit zu beeinträchtigen«.[36] Andere Studien, darunter schon solche des Franzosen Victor Henri mittels kinematographischer Aufnahmen, brachten ebenfalls keine eindeutige Bestätigung von Einsteins Theorie. Das wurde erst im Jahre 1908 anders, als Jean Perrin in seinem Laboratorium an der Sorbonne in Paris die Brownsche Bewegung untersuchte und in einer Serie exzellenter Experimente alle Aspekte der Theorie bestätigte. Einstein war entzückt: »Ich hätte es nicht für möglich gehalten, die Brown'sche Bewegung so präzis zu untersuchen; es ist ein Glück für diese Materie, dass Sie sich ihrer angenommen haben.«[37] Durch eine raffinierte Markierung winziger Mastix-Kügelchen konnte Perrin sogar die von Einstein berechnete Brownsche Rotation messen, worüber der nicht wenig überrascht war: »Eine Messung der Drehung hätte ich nicht für möglich gehalten. Es war in meinen Augen nur eine hübsche Spielerei.«[38] Damit war die Sache entschieden.

Einstein hatte sich in der Zwischenzeit eher um Popularisierungen bemüht. Am 23. März 1907 trug er in der Naturforschenden Gesellschaft zu Bern[39] über Brownsche Bewegung vor, und im Jahr darauf schrieb er, veranlaßt durch Richard Lorenz, den Professor für Physikalische Chemie am Polytechnikum, eine *Elementare Theorie der Brownschen Bewegung*[40], die auch für Chemiker verständlich sein sollte. Daneben suchte er nach weiteren makroskopisch wahrnehmbaren Schwankungserscheinungen. Schon in seiner zweiten Arbeit hatte er einen Stromkreis in Erwägung gezogen[41] und kurz diskutiert, was man später als »Rauschen« bezeichnen wird. Daraus ging sein eigener Beitrag zum experimentellen Studium der Brownschen Bewegung hervor, allerdings auf dem Gebiet der Elektrizität bei Spannungsschwankungen in Kondensatoren. Er veröffentlichte zunächst eine theoretische Konzeption[42] und machte sich dann gemeinsam mit den Gebrüdern Habicht an den Bau eines Apparates zur Messung sehr kleiner Ladungsmengen. Von diesem »Maschinchen« jedoch später.

Sehr gefreut haben dürfte sich Einstein über einen Brief von Wilhelm Conrad Röntgen, dem ersten Nobelpreisträger für Physik, auch wenn dieser das schon früher erörterte Problem aufwarf, daß die Brownsche Bewegung »wohl schwer mit dem zweiten Hauptsatz der Thermodynamik in Einklang zu bringen«[43] sei. Einsteins Antwort, die es sicher gab, ist verloren, und dieser Verlust ist um so bedauerlicher, als Einstein diese schwierige Frage niemals gründlich untersucht hat. Einstein hatte schon im zweiten Absatz seiner ersten Arbeit herausgestellt, daß bei Beobachtung der Brownschen Bewegung »samt den für die zu erwartenden Gesetzmäßigkeiten... die klassische Thermodynamik schon für mikroskopisch unterscheidbare Räume nicht mehr als genau gültig anzusehen«[44] ist. Das hatte er ohnehin vermutet, und es paßte in seine Vorstellungen von den Grundlagenproblemen der Physik. Aber der Beweis, daß es unmöglich ist, eine Maschine zu bauen, die die Bewegungsenergie der suspendierten Teilchen zur Arbeitsleistung ausnutzt und die Energie dem Lösungsmittel entnimmt, ist eine delikate Angelegenheit, die erst ein Vierteljahrhundert später von Leo Szilard befriedigend gelöst wurde.

Einstein hat nicht erkennen lassen, wann er zum ersten Mal die von ihm vorhergesagte Brownsche Bewegung selbst erblickt hat. In Bern hätte es durchaus die Möglichkeit dazu gegeben, aber spätestens hat er sie bei der Jahrestagung der Deutschen Gesellschaft der Naturforscher und Ärzte in Salzburg im September 1909 gesehen, als Henry Siedentopf einen Vortrag mit Demonstrationen hielt. Einige Jahre später schrieb er mit gebremstem Pathos, die Bedeutung der Brownschen Bewegung liege darin, »daß in ihr die ungeordneten elementaren Vorgänge unmittelbar zur Wahrnehmung kommen. Man sieht gewissermaßen unter dem Mikroskop unmittelbar einen Teil der Wärmeenergie in Form von mechanischer Energie bewegter Teilchen.«[45] Das war immer wieder spektakulär, und die Übereinstimmung der Theorie mit Perrins Präzisionsmessungen trug wesentlich dazu bei, auch noch die letzten Skeptiker von der Realität der Atome zu überzeugen.

Als es 1913 darum ging, Einstein nach Berlin zu holen, stellte Max Planck in einem Gutachten neben vielem anderen auch heraus, daß Einsteins Beiträge zur kinetischen Theorie der Materie »die experimentelle Forschung nach verschiedenen Richtungen hin befruchtet haben, vor allem die schönen Messungen der Brownschen Molekularbewegung, die gerade durch die Arbeiten Einsteins erst ihren eigentlichen Wert gewonnen haben«.[46]

Drei Protagonisten der Erforschung der Brownschen Bewegung trafen 1926 in Stockholm zusammen. Jean Perrin wurde mit dem Nobelpreis für Physik ausgezeichnet; The Svedberg und Richard Zsigmondy erhielten den Nobelpreis für Chemie, Svedberg den Preis für 1926, Zsigmondy nachträglich den für 1925. Das Nobel-Komitee hatte schon 1910, als Einstein erstmals durch Ostwald vorgeschlagen war, in seinem internen Bericht hervorgehoben, daß die Theorie der Brownschen Bewegung Einstein große Anerkennung gebracht habe. Mehrmals noch wurde diese Leistung in Nominierungen aufgeführt, aber als ihm 1922 der Preis schließlich zuerkannt wurde, erhielt er ihn für eine andere Arbeit aus dem legendären Jahr 1905, die schon im März als erste seiner großartigen Serie abgeschlossen war. Sie handelte von den Lichtquanten.

3. Die Lichtquanten – »sehr revolutionär«

Albert Einstein empfand weder die Physik als eine Abfolge wissenschaftlicher Revolutionen noch sich selbst als Revolutionär. Nur mit äußerster Sparsamkeit hat er Entdeckungen oder Theorien mit dem Wort »revolutionär« charakterisiert. In Verbindung mit seinen eigenen Beiträgen zur Physik habe ich es ein einziges Mal erwähnt gefunden, in seinem Werkstattbericht an Conrad Habicht vom Frühjahr 1905 bei der Anpreisung der ersten von den vier in Aussicht gestellten Arbeiten: »Sie handelt über die Strahlung und die energetischen Eigenschaften des Lichtes und ist sehr revolutionär, wie Sie sehen werden...«[1] Diese selbstbewußte Einschätzung war keineswegs jugendlicher Überschwang; sie war damals richtig und ist es erst recht im historischen Rückblick. Einstein stellte das unumschränkt anerkannte Paradigma der Wellennatur des Lichts und damit zugleich die unbeschränkte Gültigkeit der Maxwellschen Elektrodynamik in Frage und »erfand« eine körnige Struktur des Lichts: das Lichtquant, die mit der elektromagnetischen Strahlung assoziierte Partikel. Mit diesem ungeheuer kühnen und radikalen Vorschlag wurde der junge Autor zu einem der Väter der Quantenphysik.

Im Titel stellte Einstein nicht etwa eine Theorie in Aussicht, sondern »einen die Erzeugung und Umwandlung des Lichtes betreffenden heuristischen Gesichtspunkt«.[2] Das mag manchem Leser der ›Annalen‹ etwas frivol geklungen haben, denn »heuristische Gesichtspunkte« gehörten um die Jahrhundertwende nicht zum Bestand des theoretisch-physikalischen Diskurses. Entweder war eine Konzeption noch nicht gesichert und konnte in der Zukunft bestätigt oder widerlegt werden – dann galt sie als Hypothese; oder aber sie hatte sich bereits in der Erfahrung bewährt – dann wurde sie in den Rang einer Theorie erhoben. Die ebenso befremdliche wie originelle Terminologie des »heuristischen Gesichtspunktes« mag Einstein bei seinen philosophischen Studien kennengelernt haben, wahrscheinlich bei der bis in die Schulzeit zurückreichenden Lektüre von Immanuel Kant, der sich des öfteren »heuristischer Prinzipien« bedient hatte.[3] Entsprechend der aus der griechischen Antike hervorgegangenen rhetorisch-logischen Traditionen geht es bei Einsteins »heuristischem Gesichtspunkt« ebenso wie bei Kants »heuristischem Prinzip« darum, eine Behauptung aufzufinden oder gar zu erfinden, aus der sich bekannte

Sachverhalte folgern lassen. Einstein hatte also von vornherein im Blick, was in seiner Veröffentlichung erst zum Schluß erscheinen wird: Experimentell beobachtete Merkwürdigkeiten des lichtelektrischen Effekts und anderer Phänomene, die im Rahmen der Maxwellschen Theorie elektromagnetischer Wellen rätselhaft waren, sollten unter Berufung auf den »heuristischen Gesichtspunkt« der Lichtquanten zwanglos erklärt werden. Damit war Einstein der erste, der die von Max Planck in die Physik eingebrachte Quantenhypothese wirklich ernst nahm, ganz im Gegensatz zu allen Zeitgenossen und vor allem zu Max Planck selbst, der sich noch viele Jahre lang sträubte, diesen radikalen Schritt Einsteins zu akzeptieren.

Kurz bevor das 19. Jahrhundert zu Ende ging, hatte Max Planck in Berlin am 14. Dezember 1900 in einer Sitzung der Deutschen Physikalischen Gesellschaft seine berühmte Strahlungsformel mit dem später nach ihm benannten Wirkungsquantum präsentiert. Das war zweifellos eine ganz entscheidende Neuerung, und im Rückblick sogar die Geburt der modernen Quantentheorie des Mikrokosmos, die die Physik des zwanzigsten Jahrhunderts so ganz anders aussehen läßt als die des neunzehnten. Gleichsam als Entschädigung für die Aura des Antiquierten wird alle Physik, in der das Wirkungsquantum nicht vorkommt, nun in den Rang der »klassischen« erhoben. Dabei war sich Planck damals der Radikalität seines Schrittes kaum bewußt. Mit 42 Jahren war er auf der Höhe seiner Schaffenskraft, empfand sich aber auch in der Wissenschaft als von Natur aus »friedlich und bedenklichen Abenteuern abgeneigt«.[4] So wurde er ein Revolutionär wider Willen, der alles daransetzte, den gerade in seiner eigenen Forschung sich abzeichnenden Bruch mit der damals noch nicht so genannten klassischen Physik um beinahe jeden Preis zu vermeiden.

Für Planck stand also nicht die Revolution der Physik im Vordergrund, sondern die Lösung eines alten Problems. Rudolf Kirchhoff hatte es schon im Jahre 1860 den Physikern aufgegeben. Es betraf die Wärmestrahlung. Jeder kennt das Glühen erhitzter Metalle: erst rot, mit zunehmender Temperatur gelb und schließlich annähernd weiß. In jedem Falle ist diese Strahlung ein Gemisch aus verschiedenen Frequenzen, und das Spektrum reicht weit übers sichtbare Licht hinaus, bei hohen Frequenzen ins Ultraviolette und bei niedrigen ins Infrarote, die unsichtbare Wärmestrahlung. Aufgrund abstrakter thermodynamischer Überlegungen konnte Kirchhoff einige für alle Materialien gültige Aussagen über Emission und Absorption herleiten, wobei die zentrale Rolle einem idealisierten Gebilde zukommt, dem »schwarzen

Körper«, der alle auf ihn auftreffende Strahlung vollkommen absorbiert. Der Idealfall einer von Materialeigenschaften völlig unabhängigen »schwarzen Strahlung« sollte sich in einem von erhitzten Wänden gebildeten Hohlraum realisieren lassen, in dem die Strahlung in einem nur von der Temperatur bestimmten Gleichgewicht mit dem Material der Wände steht. Läßt man einen kleinen Anteil durch eine winzige Öffnung austreten, so kann man diese »schwarze Hohlraumstrahlung« beobachten und ihr Frequenzspektrum analysieren.

Kirchhoff faßte mit genialem Weitblick alles Wissen und alle Vermutungen über die »schwarze Strahlung« in der Aussage zusammen, daß es für das Emissionsvermögen »schwarzer Körper« eine nur von der Temperatur und der Frequenz abhängige Funktion geben müsse: »Es ist eine Aufgabe von hoher Wichtigkeit, diese Funktion zu finden. Der experimentellen Bestimmung derselben stehen große Schwierigkeiten im Wege; trotzdem scheint die Hoffnung begründet, sie durch Versuche ermitteln zu können, da sie unzweifelhaft von einfacher Form ist, wie alle Funktionen es sind, die nicht von den Eigenschaften einzelner Körper abhängen, und die man bisher kennengelernt hat.«[5] An dieser Aufgabenstellung war alles richtig, einschließlich der vorhergesehenen großen experimentellen Schwierigkeiten. Erst nach Kirchhoffs Tod im Jahre 1887 erreichten Experimentierkunst und Meßtechnik einen Stand, der es erlaubte, theoretisch hergeleitete Strahlungsformeln mit der Messung zu vergleichen. Allerdings stellten sich alle Formeln früher oder später als Provisorien mit offensichtlichen Mängeln heraus: Die beste, von Wilhelm Wien gefundene Formel versagte bei kleinen Frequenzen im Infraroten, und die andere Formel des Lord Rayleigh führte bei hohen Frequenzen zu dem, was Paul Ehrenfest später als »Katastrophe im Ultravioletten« dramatisierte.

Max Planck, der Nachfolger Kirchhoffs an der Berliner Universität, war stark davon beeindruckt, daß es sich bei der Spektralverteilung der »schwarzen Hohlraumstrahlung« um »etwas Absolutes« handeln müsse, »und da das Suchen nach dem Absoluten mir stets als die schönste Forschungsaufgabe erschien, so machte ich mich mit Eifer an ihre Bearbeitung«.[6] Als Planck ab dem Jahre 1894 seine Bemühungen auf diese Aufgabe konzentrierte, kam ihm zustatten, daß hervorragende Experimentatoren von der Suche nach dem Absoluten ebenso fasziniert waren wie der Theoretiker. Friedrich Paschen zum Beispiel war die Kirchhoffsche Aufgabe wichtig genug, »um ihrethalben ein Ordinariat auszuschlagen«.[7] Er blieb als Dozent in seinem Laboratorium am Polytechnikum in Hannover und fand eine Kurve, mit der er die Zahlenfaktoren der Wienschen Formel verbessern konnte, so daß auch Max Planck zunächst damit zufrieden war. Zwei oder drei Jahre lang sah es so aus, als sei das die Lösung, aber dies war ein Trugschluß.

Das demonstrierten Kollegen, die in Berlin an der Physikalisch-Technischen Reichsanstalt experimentierten, dem damals weltweit wohl am besten ausgestatteten Laboratorium. Otto Lummer und Ernst Pringsheim hatten die empirischen Methoden insbesondere bei der Messung im Infraroten, also im Bereich großer Wellenlängen, beträchtlich verfeinert. Heinrich Rubens und Ferdinand Kurlbaum erreichten eine neue Stufe der Präzision durch die von Rubens ersonnene Reststrahlmethode, bei der Strahlen kürzerer Wellenlängen ausgeblendet wurden, so daß im extrem langwelligen Infrarot bei hohen Temperaturen mit großer Zuverlässigkeit gemessen werden konnte. Alle Resultate in diesem Bereich widersprachen der Wienschen Formel, und die Auflösung dieses Widerspruchs war der Schlüssel zur neuen Physik.

Der Geburtstag der Quantentheorie läßt sich sehr genau angeben. Am 7. Oktober 1900, einem Sonntag, waren Rubens und seine Gattin bei den Plancks zu Gast. Die Herren konnten das Fachsimpeln nicht lassen, und Rubens erzählte Planck, daß die neuesten Messungen in der Reichsanstalt gerade ergeben hätten, daß bei großen Wellenlängen die Energiedichte der Strahlung der Temperatur proportional sei. Das muß für Planck sehr aufregend gewesen sein, denn noch am selben Abend, als die Gäste gegangen waren, machte er sich an die Arbeit. Dank seiner aus jahrelangen Bemühungen erwachsenen Erfahrungen trug die Information von Rubens reiche Früchte: Planck fand noch in der gleichen Nacht eine Strahlungsformel, die allen Daten akkurat entsprach. Sie enthielt zwei Naturkonstanten: Die eine wurde von Planck als Gaskonstante für ein einzelnes Molekül interpretiert und später Boltzmann-Konstante genannt (obwohl Boltzmann strenggenommen mit ihr nicht viel zu tun hatte), und die andere war eine in der Physik bisher unbekannte Größe von der Dimension einer Wirkung.

Eine durch Versuch und Irrtum glücklich erratene Formel mag die experimentellen Befunde so genau wiedergeben, wie sie will, und Plancks Formel war sehr genau, aber ohne Verankerung in theoretischen Prinzipien ist sie nicht einmal eine halbe Sache. So hatte Planck sich selbst das Problem bereitet, nun seine Formel auch herleiten und deuten zu müssen. Das hat ihn die nächsten Wochen sehr beschäftigt. Mit der »klassischen« Physik war dabei kein Durchkommen, denn die Energie würde danach von den Materiewänden vollständig in den Hohlraum übergehen, ein Gleichgewicht sich also nicht einstellen können. Entgegen seiner bisherigen Ablehnung der Atomistik rang Planck sich schließlich dazu durch, die Strahlung als Emission einzelner Atome aufzufassen, die er als »harmonische Oszillatoren« idealisierte, das einfachste Modell der Physiker für periodische Vorgänge. Diese »Resonatoren« behandelte er nun mit den zuvor energisch mißbilligten statistischen Methoden von Ludwig Boltzmann. Später charakterisierte er »die ganze Tat als einen Akt der Verzweiflung«[8] und meinte damit offenbar die in seinen Augen illegitime Verwendung atomistischer Konzepte. Nach diesen Methoden folgte aber aus der Gleichgewichtsbedingung zwischen Materie und Strahlung, »daß die Energie von vornherein gezwungen ist, in gewissen Quanten beieinander zu bleiben«.[9]

Am 14. Dezember 1900 stellte Planck seine theoretische Deutung der Strahlungsformel bei einer Sitzung in der Bibliothek des Physikalischen Instituts vor und betonte ausdrücklich den Aspekt des Neuartigen: »Wir betrachen aber – und dies ist der wesentlichste Punkt der ganzen Berechnung – die Energie als zusammengesetzt aus einer ganz bestimmten Anzahl endlicher gleicher Teile und bedienen uns dazu der Naturkonstanten $h = 6{,}55 \cdot 10^{-27}$ ergsec.«[10] Diese mit ihren 26 Nullen nach dem Komma für die Alltagserfahrung unvorstellbar winzige, aber doch endliche »Größe« war der Abschied von dem auf Stetigkeit gegründeten Begriffsapparat der »klassischen« Physik und der Grundstein zu einer neuen Physik – allerdings erst im Lichte späterer Erfahrung. Zunächst war das Wirkungsquantum für Planck »eine rein formale Annahme, und ich dachte mir eigentlich nicht viel dabei, sondern eben nur das, daß ich unter allen Umständen, koste es, was es wolle, ein positives Resultat herbeiführen mußte«.[11] Seine »friedfertige Natur« konnte Planck insbesondere dadurch beruhigen, daß die Energiequanten nur bei dem statistischen Abzählverfahren der Resonatoren eine Rolle spielen sollten, während die Strahlung nach wie vor durch die Maxwellsche Theorie in der bewährten Weise als kontinuierliche Welle im Äther aufzufassen sei.

Weder Planck noch seine Zuhörer hatten also geahnt, daß sich hier die »terra incognita« einer neuen Mikrophysik erstrecken würde. Vielmehr setzte Planck für über ein Jahrzehnt seine ganze Arbeitskraft daran, »das Wirkungsquantum h irgendwie in den Rahmen der klassischen Theorie einzuspannen«[12], und das gleiche versuchten andere Forscher wie Lord Rayleigh und James Jeans in England oder der Theoretiker Hendrik Antoon Lorentz in Leiden, dem die Rolle eines »Praeceptor Physicae« zugefallen war. In den schwierigen Überlegungen dieser klugen Männer spielten so subtile Probleme wie die Wechselwirkung der materiellen Resonatoren mit dem Äther eine überragende Rolle, wobei die strenge Gültigkeit der Maxwellschen Theorie und damit der Wellennatur des Lichts niemals auch nur versuchsweise in Frage gestellt wurde. Nur einer dachte ganz anders und erkannte das revolutionäre Moment, das mit den Energiequanten in der Physik aufgetreten war: der »Häretiker« am Patentamt zu Bern.

Mit der Wärmestrahlung hatte sich Albert Einstein schon als Student auseinandergesetzt. Kirchhoffs Überlegungen lernte er in der Darstellung von Ernst Machs *Wärmelehre* kennen, die er bereits im zweiten Studienjahr am Polytechnikum neben dem Pflichtpensum gelesen hatte. Im dritten Studienjahr stellte der Professor Weber seine eigenen Messungen des Energiespektrums der Wärmestrahlung nebst einer empirischen Formel vor, und vielleicht war es diese Vorlesung, die den Studenten Einstein zu weiterem Nachdenken veranlaßte, denn nach Abschluß dieses Wintersemesters schrieb er an Mileva Marić: »Meine Grübeleien über die Strahlung fangen nun an, etwas mehr Grund & Boden zu kriegen – ich bin selbst neugierig, ob was draus werden will.«[13]

Zwei Jahre später, in der trüben Zeit der vergeblichen Stellensuche, hatte er in den ›Annalen‹ mindestens eine der tiefschürfenden Arbeiten von Max Planck aus der Zeit unmittelbar vor der Entdeckung der richtigen Strahlungsformel studiert; allerdings berichtete er, ihm seien dabei »prinzipielle Bedenken aufgestiegen, so daß ich seine Abhandlung mit geteilten Gefühlen lese«.[14] Die Notizen in den ›Verhandlungen‹ der Physikalischen Gesellschaft, in denen Planck seine Entdekkung mitgeteilt hatte, mögen Einstein entgangen sein, mit Sicherheit aber nicht Plancks zusammenfassender Artikel, denn der erschien im März 1901 im gleichen Heft der ›Annalen‹, in dem auch Einsteins Erstlingswerk über Kapillarität das Licht der Welt erblickte. Anfang April hatte Einstein »eben im Sinn mich daran zu machen«[15], aber eine unmittelbare Reaktion auf Plancks Strahlungsformel ist nicht erhalten, und auch für die nächsten Jahre haben wir keine direkte Nachricht über Verlauf und Ergebnisse seines Grübelns. Erst in seinem »Nekrolog« kam er auf diese Zeit zurück. Danach wäre Einstein an Plancks Herleitung der Strahlungsformel ziemlich bald aufgefallen, »daß dieselbe mit der mechanischen und elektrodynamischen Basis im Widerspruch steht, auf welcher die Ableitung im übrigen beruht«.[16] Tatsächlich lesen sich Plancks thermodynamische Beweisführungen und insbesondere seine abstrakte Aufteilung der Gesamtenergie in einzelne Elemente wie ein Bemühen, einer expliziten Erörterung der Rolle der Energiequanten aus dem Wege zu gehen. »In Wirklichkeit setzt die Ableitung aber implizite voraus«, resümierte Einstein seine damaligen Überlegungen, »daß die Energie nur in ›Quanten‹ von der Größe hν von dem einzelnen Resonator absorbiert und emittiert werden kann, daß also sowohl die Energie eines schwingungsfähigen mechanischen Gebildes als auch die Energie der Strahlung nur in solche Quanten umgesetzt werden kann – im Gegensatz mit den Gesetzen der Mechanik und Elektrodynamik. ... All dies war mir schon kurze Zeit nach dem Erscheinen von Plancks grundlegender Arbeit klar.«[17]

Zu dieser Klarheit hatte Einstein auch die Beschäftigung mit dem photoelektrischen Effekt verholfen, der zunächst völlig unabhängig von der Problematik der Strahlungsformel erforscht wurde. Heinrich Hertz hatte diesen Effekt um 1888 bei seinen Experimenten zur Ausbreitung elektromagnetischer Wellen entdeckt, als er durch glückliche Zufälle bemerkte, daß in einer Funkenstrecke, die mit ultraviolettem Licht beleuchtet wird, der Funke an Helligkeit zunimmt. Die Bedeutung dieser Beobachtung blieb zunächst im dunkeln. Erst mit der Entdeckung der Röntgenstrahlen im Jahre 1895 und der des Elektrons zwei Jahre später kam Licht in diese Angelegenheit, denn alsbald wurde als Ursache des photoelektrischen Effekts vermutet, daß durch die Bestrahlung mit kurzwelligem Licht aus Gasmolekülen oder Metalloberflächen Elektronen freigesetzt werden, die gerade als die korpuskularen Bestandteile der sogenannten Kathodenstrahlen identifiziert worden waren. Gemäß der Maxwellschen Theorie wurde erwartet, daß mit zunehmender Intensität der Lichteinstrahlung sowohl Anzahl als auch Energie der Elektronen zunehmen würden, aber es kam anders.

In raffinierten Experimenten, bei denen sich Heinrich Hertz' vormaliger Assistent Philipp Lenard als Meister erwies, zeigte sich, daß die Energie der Elektronen überhaupt nicht von der Intensität, sondern nur von der Frequenz des Lichtes bestimmt ist, also seiner »Farbe«, wenn man diese für unsichtbare UV- oder Röntgenstrahlung mit dem Auge nicht wahrnehmbare Eigenschaft als Analogon verstehen will. Immerhin nimmt mit der Intensität des Lichts die Elektronenausbeute im Normalfall zu, aber für jedes Metall gibt es eine bestimmte Frequenz, unterhalb derer überhaupt kein Elektron beobachtet werden kann, so lange und intensiv auch bestrahlt wird. Oberhalb dieser Grenzfrequenz werden dafür Elektronen auch noch bei extrem schwacher Einstrahlung frei – alles im Gegensatz zur gängigen Theorie.

Das war ganz nach dem Geschmack des jungen Einstein, wie sehr, kann man aus dem Anfang eines Briefes an Mileva Marić entnehmen: »Eben las ich die wunderschöne Abhandlung von Lenard über die Erzeugung von Kathodenstrahlen durch ultraviolettes Licht. Im Eindruck dieses schönen Stücks bin ich von solchem Glück erfüllt und solcher Lust, daß Du auch unbedingt etwas davon haben mußt.«[18] – Im übrigen hatte ihm sein »liebes Miezchen« gerade mitgeteilt, daß sie schwanger sei, aber was dazu zu sagen war, kam erst in späteren Passagen des Briefs zur Sprache.

Aus einigen Andeutungen in Einsteins Briefen geht hervor, daß er sich auch experimentell mit dem photoelektrischen Effekt beschäftigt hat. So wollte er nach dem dritten Studienjahr »mit einem Aarauer Herrn in der 2. Hälfte der Ferien wissenschaftlich arbeiten«[19], und dieser Herr war Conrad Wüst, Rektor der Bezirksschule in Aarau und Physiker dazu, der im Laboratorium seiner Schule mit Röntgenstrahlen experimentierte. Über Details dieser Zusammenarbeit ist nichts bekannt, aber »Strahlungsversuche« vom Charakter eines »experimentum crucis« waren zumindest ins Auge gefaßt.[20] Wenn man jetzt noch in Betracht zieht, daß Einstein schon als Student den Äther als überflüssig ansah, die elektromagnetischen Wellen also ihres Substrats berauben wollte und glaubte, daß »elektrische Kräfte nur für den leeren Raum definierbar seien«[21], dann drängt sich die Annahme auf, daß er schon nach dem Studium der Artikel von Planck und Lenard im Jahre 1901 mit dem Gedanken gespielt hat, daß das Licht sich nicht als Welle in einem Medium wie dem Äther, sondern wie ein Strom von Korpuskeln, eben als »Lichtquanten«, durch den leeren Raum ausbreiten könne.

Wenn Einstein nach dieser Vermutung tatsächlich schon um 1901 die Lichtquanten zum ersten Mal erfunden haben sollte, dann hat er gut daran getan, eine Veröffentlichung gar nicht erst zu versuchen. Denn für die Präsentation einer derart verwegenen Idee hätte auch ein hochberühmter Mann mehr Evidenz und tiefergehende theoretische Deutung beibringen müssen, als sie Einstein damals zur Verfügung standen, abgesehen davon, daß er 1901 noch ein völlig unbekannter junger Mann war. Aber er dürfte in den folgenden Jahren unablässig über das Strahlungsproblem nachgedacht haben, bis durch seine Arbeiten zur statistischen Thermodynamik wenigstens ein theoretischer

Rahmen vorhanden war und sich seine vielfältigen Überlegungen in den ersten Monaten des Jahres 1905 zu einem präsentablen »heuristischen Gesichtspunkt« zusammenfügten.

Seinen Artikel beginnt Einstein mit der Explikation eines Widerspruchs, an den sich zumindest Atomistiker unter den Zeitgenossen in einem Maße gewöhnt hatten, daß sie ihn gar nicht als solchen wahrgenommen, geschweige denn thematisiert hätten. Ein solcher Auftakt gefiel Einstein, da sein eigenes Nachdenken sich vornehmlich an solchen verborgenen Widersprüchen entzündete, und in gründlegenden Arbeiten hat er, wann immer möglich, zum gleichen Mittel gegriffen, um die Aufmerksamkeit der Leser zu fesseln. Hier geht es um den »tiefgreifenden formalen Unterschied«[22] zwischen der atomistischen Struktur der Materie einerseits und der Beschreibung aller elektromagnetischen Erscheinungen, also auch des Lichts, durch kontinuierliche mathematische Funktionen im Raume andererseits. So wird die Energie eines materiellen Körpers als Summe über die Atome und Elektronen aufgefaßt, die somit nicht in »beliebig viele, beliebig kleine Teile zerfallen« kann, während nach der Wellentheorie des Lichts die Energie eines Lichtstrahls »auf ein stets wachsendes Volumen sich kontinuierlich verteilt«. Alsbald wird deutlich, daß Einstein diesen Widerspruch dadurch zu beheben gedenkt, daß auch dem Licht eine korpuskulare Struktur zugeschrieben werden muß.

Selbstverständlich konzediert Einstein, die Wellentheorie habe sich »zur Darstellung der rein optischen Phänomene vortrefflich bewährt und wird wohl nie durch eine andere Theorie ersetzt werden«. Er gibt jedoch zu bedenken, daß sich die optischen Beobachtungen auf zeitliche Mittelwerte über viele Wellen beziehen, so daß es zumindest denkbar sei, »daß die mit kontinuierlichen Raumfunktionen operierende Theorie des Lichts zu Widersprüchen mit der Erfahrung führt, wenn man sie auf Erscheinungen der Lichterzeugung und Lichtverwandlung anwendet«. Diesen Vorbereitungen und der Ankündigung, daß ganze »Erscheinungsgruppen besser verständlich erscheinen unter der Annahme, daß die Energie des Lichtes diskontinuierlich im Raume verteilt sei«, folgt der »heuristische Gesichtspunkt« als Paukenschlag:

> Nach der hier ins Auge zu fassenden Annahme ist bei Ausbreitung eines Lichtstrahles die Energie nicht kontinuierlich auf größer und größer werdende Räume verteilt, sondern es besteht dieselbe aus einer endlichen Zahl von in Raumpunkten lokalisierten Energiequanten, welche sich bewegen, ohne sich zu teilen und nur als Ganze absorbiert und erzeugt werden können.[23]

Das ist der »revolutionärste« Satz, der je von einem Physiker des 20. Jahrhunderts zu Papier gebracht wurde. Apodiktisch und programmatisch formuliert, handelt es sich dabei aber nur um etwas Vorläufiges, eben eine »heuristische« Annahme, deren Wert und Brauchbarkeit sich dadurch erweisen sollen, wie weit sie bei der Erklärung physikalischer Phänomene trägt. Es wird sich zeigen, daß sie sehr weit trägt. Was auf den nächsten 15 Seiten des Artikels folgt, ist Einsteins Bemühung, diesen Gesichtspunkt und seine Tragweite verständlich oder wenigstens plausibel zu machen.

Da Einstein eine stringente Theorie nicht zu bieten hat, entwirft er in den ersten Abschnitten ein Panorama von auf den ersten Blick recht unterschiedlichen Argumenten. Er beginnt mit einer Kritik an Plancks Theorie der »schwarzen Strahlung«, indem er deutlich macht, daß Planck sich bei seiner Herleitung auf zwei Formeln stützt, die einander widersprechen. Daran schließt sich eine elegante Bestimmung der Avogadroschen Zahl aus eben dieser Planckschen Formel an. (Wenige Wochen später wird er zwei weitere Verfahren zur Bestimmung dieser wichtigen Größe in seinen bereits erwähnten statistischen Arbeiten angeben.) Hier geht es ihm freilich darum zu zeigen, »daß die von Hrn. Planck gegebene Bestimmung der Elementarquanta von der von ihm aufgestellten Theorie der ›schwarzen Strahlung‹ unabhängig ist«[24], man die Energiequanten und die Plancksche Formel also benutzen kann, ohne gleich an den ganzen, von Einstein für verfehlt gehaltenen Apparat ihrer Herleitung und Deutung glauben zu müssen.

Es folgen thermodynamische Betrachtungen über die Entropie der Strahlung. Einstein beschränkt sich auf den Bereich hoher Frequenzen, in dem die Wiensche Formel gültig ist, und leitet einen Ausdruck für die Volumenabhängigkeit der Entropie monochromatischer Strahlung bei geringer Strahlungsdichte her. Warum er ausgerechnet auf die Volumenabhängigkeit der Entropie sein Augenmerk richtet, wird durch einen Rückblick auf seine ein Jahr zuvor geschriebene Arbeit verständlich, in der eben diese Volumenabhängigkeit bei der Untersuchung der Energieschwankung der Strahlung eine wichtige Rolle spielte. Einstein interpretiert nun den erhaltenen Ausdruck im Lichte des von ihm hier erstmals so bezeichneten Boltzmannschen Prinzips, nach dem die Entropie eines Systems zur Wahrscheinlichkeit seines Zustandes in Beziehung steht. Er stellt ähnliche Überlegungen zur gleichen Situation bei Gasen oder verdünnten Lösungen an und erhält formal identische Formeln für die Volumenabhängigkeit der Entropie, zum einen bei Gasen und zum anderen bei der Strahlung. Damit wird der Sinn dieser etwas disparaten Argumentationsskizze offenbar, denn nun läßt sich daraus per Analogie schließen, daß, ebenso wie das Gas aus Atomen, die Strahlung aus voneinander unabhängigen Partikeln bestehen sollte: »Monochromatische Strahlung von geringer Dichte (innerhalb des Gültigkeitsbereiches der Wienschen Strahlungsformel) verhält sich in wärmetheoretischer Beziehung so, wie wenn sie aus voneinander unabhängigen Energiequanten von der Größe hν bestünde.«[25]

Das konnten Zeitgenossen noch wie ein theoretisches Exerzitium hinnehmen, zwar verrückt, aber folgenlos; schließlich ist es für die Beobachtung irrelevant, was man über die in einem Hohlraum eingeschlossene Strahlung denkt. Es folgt jedoch der im Titel angekündigte eigentliche »heuristische Gesichtspunkt«, denn für Einstein, und nur für ihn, »liegt es nahe, zu untersuchen, ob auch die Gesetze der Erzeugung und Verwandlung des Lichtes so beschaffen sind, wie wenn das Licht aus derartigen Energiequanten bestünde«. Waren Plancks Energiequanten nur im Zusammenhang einer verwickelten Beweisführung postuliert worden, um die Herleitung der Strahlungsformel zu erzwingen, so hatte Einstein sie gewissermaßen aus dem Hohlraum befreit und das Quantenkonzept für viele andere Phänomene fruchtbar gemacht. Die Auswirkungen illustriert er an einigen Beispielen.

Die interessanteste Konsequenz des »heuristischen Gesichtspunkts« ist das Gesetz für den photoelektrischen Effekt, und dies nicht nur, weil im Jahre 1922 die Königliche Schwedische Akademie der Wissenschaften die Verleihung des Nobelpreises an Albert Einstein mit »seinen Verdiensten um die Theoretische Physik, insbesondere für seine Entdeckung des Gesetzes des photoelektrischen Effekts« begründen wird. Nach Einsteins Erklärungsvorschlag für diesen Effekt dringt ein Lichtquant wie ein winziges Geschoß in ein Metall ein, trifft dort alsbald auf ein Elektron und gibt seine ganze Energie an dieses Elektron ab. Beim Weg an die Oberfläche kann das Elektron einen Teil der vom Lichtquant übertragenen Energie wieder einbüßen, und zusätzlich ist noch beim Verlassen der Oberfläche eine Austrittsarbeit zu leisten. Diese Verhältnisse können im einzelnen ziemlich verwickelt sein, aber die maximale Energie der durch Licht freigeschlagenen Elektronen kann nur von der Frequenz des eingestrahlten Lichtes abhängen, und dies in einer denkbar einfachen Weise: $E = h\nu - P$, wobei P für die Austrittsarbeit steht.

Dies ist der »zweite Auftritt«[26] des Wirkungsquantums, der erste außerhalb des Hohlraums, und dies als Grundlage eindeutiger Prognosen: Die Energie, über die Frequenz aufgetragen, muß eine Gerade ergeben, deren Steigung durch eine Konstante dargestellt wird, die mit dem Wirkungsquantum in der Strahlungsformel identisch ist. Die Experimentatoren bekamen Arbeit.

Aus Lenards Messungen konnte man damals lediglich folgern, daß die Energie der photoelektrisch emittierten Elektronen nur von der Frequenz des Lichts abhängt, nicht aber von der Intensität der Bestrahlung, also der »Menge« des auffallenden Lichts. Quantitative Untersuchungen des photoelektrischen Effekts waren jedoch wegen vieler störender Einflüsse vor allem elektrostatischer Art denkbar heikel. Am besten ließ sich noch die »Grenzfrequenz« messen, bei der das bestrahlte Metall eben noch keine Elektronen verliert, bei minimaler Erhöhung der Frequenz aber schon Elektronen frei werden. Einstein fand für diese Frequenz ein Resultat, das »der Größenordnung nach mit den Resultaten von Hrn. Lenard übereinstimmt«. Mehr ließ sich aus der von Einstein als »bahnbrechend« gelobten Arbeit von Lenard nicht zum Vergleich heranziehen; insbesondere reichten die Daten nicht entfernt zur Überprüfung der linearen Abhängigkeit der Energie von der Frequenz aus, so daß Einstein nur schreiben konnte, daß seine Auffassung zu Lenards Beobachtungen, »so weit ich sehe, nicht im Widerspruch« stehe.

Weitere von Einstein diskutierte »Erscheinungsgruppen« sind die »Stokessche Regel« der Photolumineszenz, nach der die Frequenz des Lumineszenzlichts kleiner als die des eingestrahlten Lichts ist, und die Ionisierung von Gasen durch ultraviolettes Licht – beides Phänomene, deren Gesetzmäßigkeiten der Wellentheorie des Lichts widersprechen, aber durch die Lichtquanten leicht zu erklären sind. Ziemlich genau ein Jahr später leitete er noch eine Beziehung zwischen dem sogenannten Voltaeffekt und der lichtelektrischen Zerstreuung her.

Dies geschah als Marginalie in einer Arbeit mit dem Titel *Zur Theorie der Lichterzeugung und Lichtabsorption*, in der Einstein seine Auseinandersetzung mit der Planckschen Theorie der Strahlung fortführt. War ihm zunächst die Plancksche Theorie als ein »Gegenstück«[27] im Sinne eines Gegensatzes zu seinem »heuristischen Gesichtspunkt« erschienen, konnte er nun darlegen, daß die »theoretische Grundlage, auf welcher die Strahlungstheorie von Hrn. Planck ruht, sich von der Grundlage, die sich aus der Maxwellschen Theorie und der Elektronentheorie ergeben würde, unterscheidet, und zwar gerade dadurch, daß die Plancksche Theorie implizite von der eben erwähnten Lichtquantenhypothese Gebrauch macht«.[28]

Nach Einsteins Untersuchung hatte die Plancksche Formel insbesondere zur Voraussetzung, daß die Energie eines Elementarresonators nur Werte annehmen kann, die ganzzahlige Vielfache von hμ sind. Daraus folgt: »Die Energie eines Resonators ändert sich durch Absorption und Emission nur sprungweise, und zwar um ein ganzzahliges Vielfaches von hν.«[29] Damit hatten die Quanten eine neue Bedeutung und die Plancksche Strahlungsformel, die zweifellos richtig war, deren Begründung aber in der Luft hing, ein wenigstens vorläufiges theoretisches Fundament erhalten, wenn auch nicht in der klassischen Physik, wie Planck es anstrebte, sondern in einer sich gerade abzeichnenden neuen Physik der Quanten. Planck war das überhaupt nicht sympathisch.

Wenn ein Signum des Revolutionären in der Wissenschaft darin seinen Ausdruck finden sollte, daß die Zeitgenossen nicht folgen wollen oder können und es bis zur Anerkennung viele Jahre braucht, dann war Einsteins »heuristischer Gesichtspunkt« auch unter diesem Aspekt »sehr revolutionär«. Daß diese Arbeit sehr wahrscheinlich ohne Beanstandungen oder Rückfragen routinemäßig in die ›Annalen‹ aufgenommen wurde[30], stellt der Liberalität des für Theoretisches zuständigen Mitherausgebers Max Planck ein schönes Zeugnis aus, denn zunächst scheint er die Lichtquanten nicht einmal für diskussionswürdig gehalten zu haben. Plancks Assistent Max von Laue schrieb im Sommer 1906, also ein Jahr nach Veröffentlichung der Arbeit, nach Bern: »Ich habe über Ihren heuristischen Gesichtspunkt übrigens nie mit meinem Chef gesprochen. Möglicherweise bestehen zwischen ihm und mir Differenzen der Meinung darüber...«[31] Wie entschieden anders der »Chef« über die Sache dachte, geht aus dem ersten erhaltenen Brief von Planck an Einstein aus dem Sommer 1907 hervor: »Denn ich suche die Bedeutung des elementaren Wirkungsquantums (Lichtquant) nicht im Vakuum, sondern an den Stellen der Absorption und Emission, und nehme an, daß die Vorgänge im Vakuum durch die Maxwellschen Gleichungen *genau* dargestellt werden. Wenigstens sehe ich noch keinen zwingenden Grund, von dieser Annahme, die mir einstweilen die einfachste scheint, und die auch den Gegensatz zwischen Äther und Materie charakteristisch zum Ausdruck bringt, abzugehen.«[32]

Hendrik Antoon Lorentz, der sich lange nicht einmal mit der Planckschen Strahlungsformel anfreunden mochte, wollte 1909 das Wirkungsquantum nur »mit einer Beschränkung der Freiheitsgrade des Äthers«[33] in Verbindung bringen. Und so geht das weiter bis zu jener kuriosen Entschuldigung, die Planck im Sommer 1913 in den ansonsten des Lobes übervollen Wahlvorschlag zur Aufnahme Einsteins in die Preußische Akademie der Wissenschaften zu Berlin einrückte:

> Daß er in seinen Spekulationen auch einmal über das Ziel hinausgeschossen haben mag, wie z. B. in seiner Hypothese der Lichtquanten, wird man ihm nicht allzuschwer anrechnen dürfen; denn ohne einmal ein Risiko zu wagen, läßt sich auch in der exaktesten Naturwissenschaft keine wirkliche Neuerung einführen.[34]

Das bekam Einstein nicht zu lesen, aber die Meinung war ihm bekannt. Beinahe gleichzeitig ging Einstein wie in einem imaginären Zwiegespräch in einer Würdigung Max Plancks auf die Schwierigkeiten mit der Strahlungsformel ein, mit der alles angefangen hatte. Sein Ton war der vergnüglicher Sarkasmen: »Es wäre erhebend, wenn wir die Gehirnsubstanz auf eine Wage legen könnten, die von den theoretischen Physikern auf dem Altar dieser universellen Funktion hingeopfert wurde, und es ist dieses grausamen Opferns noch kein Ende abzusehen!«[35] – Es dauerte noch ein weiteres Jahrzehnt, bis die Lichtquanten schließlich am Vorabend der neuen Quantenmechanik akzeptiert wurden.

Was aber war der Grund dieser auch für »sehr revolutionäre« Konzepte ungewöhnlich langen zeitlichen Verzögerung von zwei Jahrzehnten? In der Physik des 20. Jahrhunderts hat es Vergleichbares nicht gegeben. Zweifellos hatte der hartnäckige Widerstand gegen die Neuerung der Lichtquanten seine stärkste Stütze in der tausendfältig bewährten Wellentheorie des Lichts, die aufzugeben schlechthin unvorstellbar war. Aber es traten noch wichtige Aspekte hinzu. Zum einen hatten sie mit den Experimenten zu tun, und zum anderen mit Einstein selbst. Beginnen wir mit den Experimenten.

So einfach Einsteins Gleichung für den photoelektrischen Effekt war, so schwierig ließ sie sich experimentell bestätigen oder widerlegen. Ein ganzes Jahrzehnt lang blieb sie ein sperriges Kuriosum. Lenard, der im Herbst 1905 mit dem Nobelpreis für seine Experimente mit Kathodenstrahlen ausgezeichnet wurde, korrespondierte schon bald nach Veröffentlichung des »heuristischen Gesichtspunkts« mit Einstein und schickte sogar einen Sonderdruck nach Bern, den Einstein »mit demselben Gefühl der Bewunderung studierte wie Ihre früheren Arbeiten«.[36] Der Experimentator verharrte aber bei einer auf der Maxwellschen Elektrodynamik basierenden Resonanztheorie und sah keinen Anlaß zur Berücksichtigung von Lichtquanten. Rudolf Ladenburg, drei Jahre jünger als Einstein, stellte 1909 in einem sechzig Seiten langen, gründlichen Übersichtsartikel[37] beide Auffassungen gegenüber und hob die Vorzüge der Einsteinschen Lichtquanten deutlich heraus. Die experimentellen Daten, zu denen Rudolfs älterer Bruder Erich Ladenburg viel beigetragen hatte, bevor er 1908 auf tragische Weise beim Schwimmen ertrank, reichten allerdings nicht für eine Entscheidung über die Linearität der Beziehung zwischen Energie und Frequenz aus.

Etwa ab 1905 beschäftigte sich an der University of Chicago Robert Andrews Millikan mit dem photoelektrischen Effekt, zuerst neben anderen Arbeiten und ohne Kenntnis der Einsteinschen Gleichung, dann ab 1912 mit großem Eifer und Scharfsinn, um diese Gleichung zu widerlegen. Aber 1915 sah er sich entgegen allen Erwartungen genötigt, »ihre unzweifelhafte Verifikation zu bestätigen, und dies trotz ihrer Unvernünftigkeit, denn sie schien alles zu verletzen, was wir über die Interferenz des Lichts wußten«.[38] In seinen Veröffentlichungen des Jahres 1916 zögerte Millikan nicht, die der experimentell bestätigten Gleichung zugrundeliegenden Annahmen abzukanzeln, als seien sie von einem spinnerten Außenseiter und nicht von einem mittlerweile hochberühmten Mann ersonnen worden. So berichtete er in einem zur Veröffentlichung in Deutschland bestimmten, zusammenfassenden Artikel für Einstein zunächst die gute Nachricht, »daß die Einsteinsche Gleichung die Energie der Elektronenemission bei Lichtbestrahlung exakt wiedergibt«[39], um dann fortzufahren, ihm erscheine »die physikalische Theorie, auf die sich die Gleichung aufbaut, gänzlich unhaltbar«. Immerhin war auch der Zahlenwert des Wirkungsquantums in guter Übereinstimmung mit Planck herausgekommen, weshalb er abschließend betonte, seine Ergebnisse seien »die unmittelbarsten und schlagendsten Beweise, die man bisher für die wirkliche physikalische Realität des Planckschen h erhalten hat«.[40] Abgesehen davon, daß Millikan in seinem Selbstlob den Urheber des Ganzen sträflich vernachlässigte, hatte er damit natürlich recht.

Durch Millikans Messungen war zwar die Einsteinsche Gleichung für den photoelektrischen Effekt bestätigt, aber noch längst nicht der »heuristische Gesichtspunkt« der Lichtquanten. Die Schwedische Akademie legte noch 1922 durchaus Wert auf diese feine Unterscheidung, als sie Einstein unter Umgehung der anrüchigen Terminologie ausdrücklich nur für »die Entdeckung des Gesetzes des photoelektrischen Effekts« mit dem Nobelpreis bedachte, und sie wählte die gleiche vorsichtige Ausdrucksweise bei der Auszeichnung Millikans im folgenden Jahr. Der Durchbruch erfolgte allerdings praktisch gleichzeitig, als sich 1923 bei der Streuung von Licht an Elektronen zeigte, daß Licht tatsächlich aus korpuskularen Energiepaketen besteht.

An der überaus zögerlichen Anerkennung der Lichtquanten wird man Einsteins Ausdrucksweise einen beträchtlichen Anteil zuschreiben müssen. Seinen Kollegen mag er in dieser Frage als ein merkwürdiger Prophet erschienen sein, dessen Rede Sinn dunkel und verworren blieb. Niemals behauptete Einstein die Existenz der Lichtquanten, sondern er bevorzugte eine zwischen Konjunktiv und Irrealis oszillierende Redeweise von der Art, daß sich monochromatische Strahlung so verhält, »wie wenn sie aus unabhängigen Energiequanten der Größe hν bestünde«. Das klingt so, als wäre er ein getreuer Adept der von Hans Vaihinger dargelegten *Philosophie des Als Ob* gewesen, die er freilich nicht gelesen hatte und der er auch nicht zugestimmt hätte. Aber die am »Als ob« ausgerichteten Formulierungen Einsteins waren nicht dazu angetan, einen Physiker zu veranlassen, seinen Glauben an die mannigfach bewährte Wellentheorie der Strahlung aufzugeben.

Wenn Einstein in den folgenden Jahren auch zuweilen von der »Lichtquantenhypothese« schrieb oder gar einmal von seiner »Theorie der Lichtquanten«[41], so waren das Konzessionen an den allgemeinen Sprachgebrauch oder gar stilistische Ausrutscher. Im Grunde blieb er bei seinem »heuristischen Gesichtspunkt« und betonte sogar den »provisorischen Charakter dieser Hilfsvorstellung«[42], wodurch die Kollegen sich berechtigt fühlten, die Lichtquanten völlig zu verwerfen.

Einsteins Ausdrucksweise hat aber nichts mit übertriebener Vorsicht oder gar Unsicherheit zu tun, sondern gründet in seinen Ansprüchen an eine richtige Theorie. Die Quanten verdeutlichten als Fremdkörper eher die Risse in der etablierten Theorie, als daß sie sich in eine auf Erste Prinzipien gegründeten Konzeption einfügen wollten. Deshalb blieb Einstein beim Provisorium des »heuristischen Gesichtspunkts« auch dann, als er vor Ablauf des Jahres 1906 eine weitere, überaus bedeutende Anwendung des Quantenkonzepts in einem ganz anderen Bereich präsentierte, die zudem durch experimentelle Befunde gestützt wurde. Es war der dritte Auftritt des Wirkungsquantums, dieses Mal aber nicht bei einem Strahlungsphänomen, sondern erstmals beim Verhalten von Materie: in einer Theorie der spezifischen Wärme als der ersten Quantentheorie der festen Körper.

Schon um 1820 hatten die beiden Franzosen Pierre Dulong und Alexis Petit bei ihren Untersuchungen über das thermische Verhalten fester

Körper eine interessante Regelmäßigkeit beobachtet. Die Wärmemenge, die zur Erhöhung der Temperatur eines Körpers um ein Grad aufgebracht werden muß, ist praktisch konstant, wenn man sie auf die zweckmäßige Einheit des Atomgewichts bezieht. Für viele Metalle von Kupfer und Nickel bis Gold sowie für Schwefel fanden sie den immer gleichen Wert der »spezifischen Wärme«.[43] Ihr verblüffendes Ergebnis deutete auf eine atomare Struktur der Materie hin und legte den Schluß nahe, daß »die Atome der einfachen Körper alle die gleiche Wärmekapazität haben«.[44] Dieses Dulong-Petitsche Gesetz erhielt erst ein gutes halbes Jahrhundert später seine theoretische Fundierung durch Ludwig Boltzmann, der 1876 durch den fundamentalen »Gleichverteilungssatz«[45] der statistischen Physik die empirische Regelmäßigkeit der beiden Franzosen ganz fest in der kinetischen Theorie der Materie verankern konnte.

Aber wie es in der Physik so geht: Kaum war die Theorie etabliert, häuften sich schon experimentelle Befunde, die sich überhaupt nicht dem schönen Gedanken fügen wollten. Mit solchen Daten begründete jener Heinrich Friedrich Weber als junger Mann seine Karriere, der später als Professor am Polytechnikum einer der Lehrer des Studenten Einstein war. Weber hatte um 1870 in Berlin die spezifische Wärme bei verschiedenen Temperaturen nachgemessen und zuerst bei Diamant, dann auch bei Bor und Silizium deutliche Abweichungen vom Dulong-Petitschen Gesetz gefunden: Die spezifische Wärme entsprach nur bei hohen Temperaturen den Erwartungen, nahm aber mit sinkender Temperatur ab und war bei diesen Substanzen schon bei Zimmertemperatur viel zu gering. Für alle Anhänger der kinetischen Theorie der Materie wurde das als »Anomalie der spezifischen Wärme« um die Jahrhundertwende zum ärgerlichen Stein des Anstoßes. Mit dieser Problematik wurde Einstein schon als Webers Student vertraut, teilweise in den Vorlesungen, intensiver in den Laboratoriumskursen und vielleicht auch durch die Diplomarbeit, die von Wärmeleitung handelte.

Den ersten zündenden Gedanken hatte Einstein im Zug. Wie er Mileva berichtete, war ihm bei einer Reise zu den Eltern nach Mailand im Frühjahr 1901 »eine originelle Idee gekommen. Es scheint mir nämlich nicht ausgeschlossen, daß die latente kinetische Energie der Wärme in festen Körpern und Flüssigkeiten als elektrische Resonatorenenergie auffaßbar sei«.[46] Dieser Einfall dürfte durch das Studium von Plancks Arbeiten aus dem Vorjahr, verfaßt unmittelbar vor dem Wirkungsquantum, inspiriert worden sein. Einstein verknüpfte gemäß der mikrophysikalischen Auffassung der Materie auch schon die thermischen und optischen Eigenschaften der Körper, denn »es müßten dann spezifische Wärme und Absorptionsspektrum der Körper zusammenhängen«. Seine »kleine Schelmin« beorderte er sogleich in die Bibliothek, weil ihn diese Verhältnisse bei Glas interessierten: »Sieh doch einmal nach, ob Du nichts darüber finden kannst.«

Aber ganz gleich, ob und was Mileva damals herausgefunden hat, auch dieses Thema brauchte noch einige Jahre des »Brütens« und Grübelns, insbesondere über die Grundlagen der Planckschen Strahlungsformel, bis er im Herbst 1906 alles unter dem Titel *Die Plancksche Theorie der Strahlung und die Theorie der spezifischen Wärme*[47] zusammenschreiben konnte.

Wieder beginnt Einstein mit einer neuen Untersuchung über die mittlere Energie des Planckschen Oszillators, »die dessen Beziehung zur Molekularmechanik klar erkennen läßt«. Und noch einmal stellt Einstein eine weitere Variation der »Methode Boltzmann« dar, die sich von Plancks Vorgehen unterscheidet. Aus diesen Überlegungen, die alles andere als nur Präliminarien sind und die sogar eine interessante mathematische Innovation[48] enthalten, die zwei Jahrzehnte später noch einmal entdeckt werden wird, folgert Einstein eine tiefgreifende Veränderung der Mechanik bei der Wechselwirkung der Atome oder Moleküle mit der elektromagnetischen Strahlung. Es ist dies der erste explizite Hinweis, daß im Mikrokosmos alles anders sein wird als in der durch die menschlichen Sinne geprägten Erfahrung des Alltags wie auch der darauf beruhenden »klassischen« Physik:

> Während man sich nämlich bisher die molekularen Bewegungen genau denselben Gesetzmäßigkeiten unterworfen dachte, welche für die Bewegung der Körper unserer Sinnenwelt gelten, sind wir nun genötigt... die Annahme zu machen, daß die Mannigfaltigkeit der Zustände, welche sie anzunehmen vermögen, eine geringere sei als bei den Körpern unserer Erfahrung.[49]

Denn die Energieübertragung geht nicht kontinuierlich vonstatten, sondern nur in diskreten Paketen der Größe $h\nu$. Einstein fragt, ob das nicht auch für »die anderen schwingenden Gebilde, welche die molekulare Theorie der Wärme heranzieht«, gelten könne, also für die Atome der festen Körper, und die Antwort läßt nicht lange auf sich warten.

Einstein beschränkt seine Betrachtungen auf ein einfaches Modell: ein homogener, isotroper Kristall, dessen Atome mit einer einzigen

Frequenz harmonisch um die Gleichgewichtslage schwingen. Zunächst dachte Einstein lediglich an elektromagnetische Kräfte als Ursache der Schwingungen, so daß sein Modell nur elektrisch leitende Substanzen darstellen würde, bei denen die Atome in schwere Ionen und leichte Elektronen separiert sind. Erst nach der Drucklegung bemerkt er, daß es für diese Einschränkung keinen Grund gibt. Seinen Irrtum korrigiert er in einer »Berichtigung«[50], die wichtig ist, weil dadurch die Quanten erstmals bei rein mechanischen Schwingungen in Erscheinung treten und so von der elektromagnetischen Strahlung völlig unabhängig werden. – Unter Verwendung seiner Quantenformeln erhält er in wenigen Schritten eine Formel für die spezifische Wärme, die bei hohen Temperaturen, wie es sein muß, zum Gesetz von Dulong und Petit führt und die bei tiefen Temperaturen einen stetigen Abfall der spezifischen Wärme bis auf Null ergibt. Die Temperatur, oberhalb deren die alte Regel gilt, wird später »Einstein-Temperatur« genannt. Sie steht in engem Zusammenhang mit der Schwingungsfrequenz der Atome, die wiederum die optischen Eigenschaften der Kristalle charakterisiert. Bei leichten Atomen wie Kohlenstoff liegt die Einstein-Temperatur ziemlich hoch, bei Diamant bei etwa 1000 °C, so daß schon bei Zimmertemperatur große Abweichungen vom Dulong-Petitschen Gesetz auftreten, dieser edle Kristall also am Hals seiner Trägerin Quanteneigenschaften zeigt.

Einstein vergleicht seine quantentheoretische Formel mit den Daten seines Lehrers H. F. Weber für Diamant aus dem Jahre 1875, die er freilich nicht der Originalarbeit, sondern einem Tabellenwerk entnimmt. Die Übereinstimmung seiner theoretischen Kurve mit den Meßpunkten ist hervorragend, so daß der Autor es zu Recht für »wahrscheinlich« halten darf, daß »die neue Auffassung... sich im Prinzip bewähren wird«.[51] Zugleich ist Einstein aber selbst sein schärfster Kritiker, denn daran, daß die neue Theorie »den Tatsachen exakt entspreche, ist natürlich nicht zu denken«. Erstmals hat Einstein ein Modell benutzt, von dem er weiß, daß es mit gar zu vielen Vereinfachungen belastet ist; insbesondere hält er die Annahme einer einzigen, von der Temperatur unabhängigen Schwingungsfrequenz für »ohne Zweifel unzulässig«.[52] Trotzdem wird sich die Theorie, abgesehen von ihrem Pioniercharakter, durchaus »im Prinzip bewähren«.

Anders als der »heuristische Gesichtspunkt« der Lichtquanten rückte die Quantentheorie des festen Körpers schon bald ins Zentrum des wissenschaftlichen Interesses. Das lag nicht an Max Planck, der es vorzog, auch zu dieser neuen Konkretisierung des Quantenkonzepts zu schweigen, sondern an seinem Kollegen Walther Nernst, dem Berliner Ordinarius für physikalische Chemie. Nernst hatte um 1905 als allgemeines thermodynamisches Gesetz weniger hergeleitet als postuliert, daß beim absoluten Nullpunkt nicht die Energie, sondern die Entropie verschwindet und als Folge davon auch die spezifische Wärme. Nernst widmete sich fortan mit der Leidenschaft eines jugendlichen Liebhabers den experimentellen Konsequenzen seines zum III. Hauptsatz der Thermodynamik hochstilisierten Gesetzes – und dies bei wirklich tiefen Temperaturen.

Mußte Weber dreißig Jahre zuvor seine Messungen mit der Schneeschmelze einstellen, war mittlerweile die Verflüssigung von Luft und sogar Wasserstoff gelungen und damit eine gute Annäherung an den absoluten Nullpunkt bei − 273 °C. Nernst hatte sich eine Anlage für die Verflüssigung von Wasserstoff gebaut, und fortan beschäftigten sich in seinem Institut in der Bunsenstraße ganze Heerscharen junger Mitarbeiter mit der Messung der spezifischen Wärme bei den unterschiedlichsten Substanzen über weite Bereiche der Temperatur.

Nernst konnte bei diesem Forschungsprogramm die neue Quantentheorie der spezifischen Wärme von Einstein nicht übersehen. Drei Jahre nach Einsteins Veröffentlichung zeichnete sich ab, daß die Quantenformel die Verhältnisse im wesentlichen richtig beschrieb, und 1911 rühmte Nernst in einem seiner zusammenfassenden Artikel: »Daß in ihrer Gesamtheit die Beobachtungen eine glänzende Bestätigung der Quantentheorie von Planck und Einstein erbringen, liegt auf der Hand.«[53] Damit war die Quantentheorie aus der Diskussion des Verhaltens fester Körper nicht mehr wegzudenken – und Einstein hatte, wie wir sehen werden, einen einflußreichen Förderer und Gönner gefunden. Dabei war sich Nernst als entschiedenster Propagandist der Quantentheorie nicht einmal ganz klar, ob er Einsteins Konzeption nur als eine Art Rechenregel auffassen sollte oder ob sich nicht doch die Grundlage einer völlig neuen Physik dahinter verberge.

Nachdem Nernst in den Frühjahrsferien 1910 Einstein in der Schweiz besucht und mit ihm diese und viele andere Fragen besprochen hatte, schrieb er einem Kollegen von der Einsteinschen Theorie, als habe er sich auf eine zwar sehr verlockende, aber irgendwie illegitime Affäre eingelassen:

> Die »Quantenhypothese« Einsteins gehört wohl zu dem Merkwürdigsten, was erdacht wurde; ist sie richtig, so weist sie ganz neue Bahnen sowohl für die sogenannte »Ätherphysik« wie für alle Molekulartheorien; ist sie falsch, nun so wird sie für alle Zeiten »eine schöne Erinnerung« bleiben.[54]

Die Theorie war richtig – wenigstens »im Prinzip« – und blieb trotzdem »eine schöne Erinnerung«. Mit der von Nernst angeführten »Ätherphysik« hatte Einstein allerdings nichts mehr im Sinn. Implizite hatte er den Äther schon im März 1905 mit seiner Erfindung der Lichtquanten verabschiedet, und explizite ein Vierteljahr später in seiner Relativitätstheorie.

4. Die Relativbewegung – »mein Leben für sieben Jahre«

Es war um die Mitte des Monats Mai 1905, kurz nachdem Einstein seine Arbeit über die Brownsche Bewegung zur Post gegeben hatte. An das genaue Datum hat er sich nicht mehr erinnert, nur daran, daß es ein »wunderschöner Tag«[1] war. Er hatte mal wieder seinen Freund und Kollegen Michele Besso aufgesucht, um mit ihm eine schwierige Frage zu besprechen. »Wir diskutierten jeden Aspekt dieses Problems«, berichtete Einstein 17 Jahre später. »Plötzlich verstand ich, wo der Schlüssel zu diesem Problem lag.« Anschließend muß Einstein eine aufregende Nacht verbracht haben, mit einiger Rechnerei und vor allem mit konzentriertem Nachdenken. Der im Gespräch mit Besso gefundene Schlüssel eröffnete wie ein Zauberstab den Zugang zu einem neuen Verständnis der Grundbegriffe aller Physik. Am nächsten Tag, »bevor ich ihn überhaupt begrüßt hatte«, überfiel Einstein den Freund mit der Erklärung:

> Ich danke Dir, das Problem habe ich vollständig gelöst. Meine Lösung war eine Analyse des Begriffs der Zeit. Die Zeit kann nicht absolut definiert werden, und es gibt eine nicht aufhebbare Beziehung zwischen Zeit und Signalgeschwindigkeit.[2]

Einsteins Analyse begann mit der Frage, was unter Gleichzeitigkeit an verschiedenen Orten überhaupt zu verstehen sei. Fortan konnte man ihn dabei beobachten, wie er für Freunde und Kollegen gestikulierend auf einen der Berner Glockentürme zeigte und dann auf den der benachbarten kleinen Ortschaft Muri. Michele Besso war der erste und Josef Sauter der zweite[3], denen er so verdeutlichte, daß schon die Synchronisation von räumlich getrennten Uhren ein Problem darstellt, das bei rechtem Verständnis zu tiefgreifenden Veränderungen des Zeitbegriffs führen muß. Wenn im Gefolge auch die gängige Auffassung des Raumes und vieles andere in der Physik eine Wandlung erfahren würde, so waren das, so aufregend sie auch erscheinen mochten, ableitbare Konsequenzen.

Der zündende Gedanke traf freilich auf einen vorbereiteten Geist. Bis zur »Beendigung der betreffenden Publikation sind fünf oder sechs Wochen vergangen«.[4] Ende Juni war alles zusammengeschrieben, und am 30. Juni wurde der Eingang des Manuskripts bei der Redaktion der ›Annalen‹ in Berlin vermerkt. Die dreißig Druckseiten, die drei Monate später erschienen, tragen den Titel *Zur Elektrodynamik bewegter*

Körper.[5] Es ist eine Arbeit ohne Vergleich und ohne Vorbild, eine der größten Leistungen in der Wissenschaft in ihrem Inhalt und eine der glänzendsten in ihrem Stil. Aufgebaut ist sie »more geometrico«, als hätten dem Autor Euklid oder Newton über die Schulter geschaut, und ihre axiomatische Architektonik erhebt den Anspruch auf Vollendung und Endgültigkeit. Gewiß kam noch einiges hinzu, teils von Einstein selbst, teils von anderen, aber das waren Ergänzungen zu einer Theorie, die bereits fix und fertig das Licht der Welt erblickt hatte, gültig für alle Zeiten. Nach einigen Jahren wurde sie Relativitätstheorie genannt – nicht von Einstein, sondern von anderen –, und noch einige Jahre später hieß sie Spezielle Relativitätstheorie.

Mit dieser Arbeit hatte Einstein im Alter von 26 Jahren ein gedankliches Abenteuer glücklich zu Ende gebracht, das ihn, wenn man die Anfänge aus den Schülertagen in Aarau einrechnet, ein Jahrzehnt lang beschäftigt und seit mindestens sieben Jahren in seinem Bann gehalten hatte: das Relativitätsprinzip in der Elektrodynamik. Später berichtete er, das sei »mein Leben für mehr als sieben Jahre und die Hauptsache«[6] gewesen. Einstein fand es jedoch schwierig nachzuerzählen, wie sich in diesen Jahren seine Vorstellungen zu diesem Thema entwickelt hatten.[7] Zu vielfältig war das Gemenge hintergründiger Paradoxien, die sein Nachdenken nie zur Ruhe kommen ließen, und zu unterschiedlich war der Einfluß der verschiedenen Gesichtspunkte auf seine tastenden Versuche im Verlauf dieser Jahre. Zudem entfalteten sich seine Überlegungen nicht nur vor dem Hintergrund jener aktuellen Fragen, die in der Elektrodynamik bewegter Körper zu Beginn des 20. Jahrhunderts diskutiert wurden, sondern sie bedeuteten ein völlig neues Durchdenken der gesamten begrifflichen Tradition der neuzeitlichen Physik seit ihrer Entstehung. Beginnen wir daher mit einem Abriß der ersten 250 Jahre, so kurz und knapp wie möglich.

Was man in der Physik das Relativitätsprinzip nennt, ist schon an der Wiege der neuzeitlichen Naturwissenschaft besprochen worden. Galileo Galilei formulierte es in seinem 1632 gedruckten *Dialog über die beiden hauptsächlichen Weltsysteme*, wie bei ihm üblich, in einer üppig ausgemalten Szenerie. Im »Zweiten Tag« des *Dialog* fordert Galileis »alter ego« Salviati die Freunde auf, sich in einem großen Raum im Innern eines Schiffes einzuschließen, mit Mücken und Schmetterlingen sowie einem Aquarium mit Fischen darin. Dann die Empfehlung: »Hängt ferner oben einen Eimer auf, welcher tropfenweise Wasser in ein zweites, enghalsiges daruntergestelltes Gefäß träufeln läßt.«[8] Und schließlich sollen die Freunde im Dienste der experimentellen Wissenschaft noch Schlußsprünge vorwärts und rückwärts machen und sehen, wie weit sie dabei kommen.

Aufwand und Umstand dienen natürlich dem Vergleich zwischen einem ruhenden und einem fahrenden Schiff. »Nun laßt das Schiff mit jeder beliebigen Geschwindigkeit sich bewegen: Ihr werdet (wenn nur die Bewegung gleichförmig ist und nicht hier- und dorthin schwankend) bei allen genannten Erscheinungen nicht die geringsten Änderungen eintreten sehen.«[9] Die Mücken und Schmetterlinge werden umherfliegen wie zuvor, und auch an den Bewegungen der Fische ist kein Unterschied zu bemerken. Beim Springen bleibt die erreichte Distanz gleich, unabhängig davon, ob in der Bewegungsrichtung des Schiffes gesprungen wird oder entgegengesetzt zu ihr. Am überzeugendsten ist wohl, daß nach wie vor alle Tropfen in dem unteren Gefäß mit dem Flaschenhals aufgefangen werden: »Kein einziger wird nach dem Hinterteile zu fallen, obwohl das Schiff, während der Tropfen in der Luft ist, viele Spannen zurücklegt.«

Galilei wollte mit diesen Argumenten Einwände gegen die Annahme einer sich drehenden Erde entkräften. Dabei hat er zugleich vorgeführt – wenn auch nicht im trockenen Stil eines modernen Lehrbuchs, so doch völlig korrekt und präzise –, daß es in der Mechanik keine Möglichkeit gibt, bei geradlinig gleichförmig, also mit konstanter Geschwindigkeit gegeneinander bewegten Bezugssystemen zu unterscheiden, welches sich bewegt und welches in Ruhe sein soll.

Dieser Gedanke wurde 50 Jahre später von Isaac Newton in seine monumentalen *Principia Mathematica* aufgenommen, die grundlegende Darstellung der neuzeitlichen Mechanik. Allerdings erscheint er nicht als Axiom an prominenter Stelle, sondern nur als Zusatz, als Corollar V: »Körper, welche in einem gegebenen Raum eingeschlossen sind, haben dieselbe Bewegung unter sich; dieser Raum mag ruhen oder sich gleichförmig und geradlinig, nicht aber im Kreise fortbewegen.«[10] Als »klarer Beweis« dienen wie bei Galilei Experimente in einem Schiff, »wo alle Bewegungen in der gleichen Weise erfolgen, ob das Schiff ruht oder sich gleichförmig in einer geraden Linie vorwärts bewegt«. Aber schon aus dem Corollar wird deutlich, daß Newton es nicht allein bei gleichwertigen Bezugssystemen beließ, sondern einen »absolute Raum« postulierte, gegenüber dem sich der »gegebene Raum« bewegt oder auch nicht; im übrigen war der »absolute Raum«, in Newtons Beschreibung »vermöge seiner Natur und ohne Beziehung auf einen äußeren Gegenstand stets gleich und unbeweglich«[11], zur Erklärung der Trägheit sowie des objektiven Charakters der Drehbewegungen nötig. Er war so etwas wie ein allumfassender Behälter, innerhalb dessen der bevorzugte Status gleichförmig bewegter Bezugssysteme definiert werden konnte.

Newtons »absoluter Raum« wurde keineswegs kritiklos akzeptiert, aber der überwältigende Erfolg seiner Mechanik erstickte alle Einwände, so daß diese Vorstellung bald in den Rang einer Denknotwendigkeit erhoben wurde. Auch in der philosophischen Analyse von Immanuel Kant, der Newton verehrte, wurde dessen Raumbegriff im wesentlichen bestätigt, als »reine Anschauung a priori« und damit als Bedingung von Erfahrung überhaupt.[12] In konkreteren Überlegungen über den relativen und den absoluten Raum wiederholte Kant praktisch Newtons Corollar V., als er ausführte: »Der Raum, der selbst beweglich ist, heißt der materielle, oder auch der relative Raum; der, in welchem alle Bewegung zuletzt gedacht werden muß (der mithin schlechterdings unbeweglich ist), heißt der reine, oder auch absolute Raum.«[13] Das war so evident, für Physiker wie für Philosophen, daß die Gleichberechtigung geradlinig gleichförmig gegeneinander bewegter Bezugssysteme oder »relativer Räume« nicht weiter problematisiert wurde. Das Prinzip der Relativität war so selbstverständlich in den Grundlagen der Mechanik verankert, daß nicht einmal ein Name dafür existierte.

Erst gegen Ende des 19. Jahrhunderts, als es ratsam schien, sich die Fundamente der Mechanik noch einmal genauer anzuschauen, erhielten die gleichförmig gegeneinander bewegten Bezugssysteme mit der Bezeichnung als Inertialsysteme[14] ihren seither gebräuchlichen Namen; die einfachen Vorschriften zur Umrechnung von einem Inertialsystem in ein anderes sind die »Galilei-Transformationen«.[15] Das Prinzip der Relativität ließe sich nun kurz und bündig so fassen, daß die Gesetze der Physik in allen Inertialsystemen die gleiche Form haben, sie also gegenüber Galilei-Transformationen invariant sein müssen.

Für die Mechanik war das evident, aber schon die Ausbildung einer präzisen Terminologie deutet darauf hin, daß sich um die Jahrhundertwende ein geschärftes Problembewußtsein gebildet hatte. Das lag am Aufstieg der Elektrodynamik zu einer einheitlichen Beschreibung aller elektrischen, magnetischen und optischen Erscheinungen. Allerdings genügte die Maxwellsche Theorie von vornherein nicht dem Relativitätsprinzip der Mechanik, denn ihre grundlegenden Gleichungen sind ersichtlich nicht Galilei-invariant. Zudem drängte sich hier ein einziges bevorzugtes Bezugssystem auf, und das war durch den Äther festgelegt.

Mit dem Äther ist nach Einstein so gründlich aufgeräumt worden, daß es heute großer Anstrengungen historischer Einfühlung bedarf, wenn man der Bedeutung dieses Mediums für die Physiker des 19. Jahrhunderts gerecht werden will. Was heute als Chimäre aus dem wissenschaftshistorischen Kabinett der Irrungen und Wirrungen erscheint, war aber vor noch nicht einhundert Jahren so real wie die Luft und das Licht oder wie ein veritabler Ozeandampfer. Bei der Interpretation von einigen optischen Experimenten glaubten auch die klügsten Leute, »den Äther gleichsam mit dem Finger zu berühren«[16], und der »Ätherwind« brauste mächtig durch Laboratorien und Gehirne der Gelehrten.

Mit der Maxwellschen Elektrodynamik, dem schönsten und eindrucksvollsten Beitrag zur Physik des 19. Jahrhunderts, war der Äther gar ins Zentrum aller physikalischen Betrachtungen gerückt, was zum Beispiel Heinrich Hertz so ausdrückte:

> Nehmt aus der Welt die Elektrizität, und das Licht verschwindet; nehmt aus der Welt den lichttragenden Äther, und die elektrischen und magnetischen Kräfte können nicht mehr den Raum überschreiten.[17]

Die elektromagnetischen Felder und Wellen sowie die als wesensgleich identifizierten Lichtwellen waren transversale, senkrecht zur Fortpflanzungsrichtung erfolgende Schwingungen des Äthers, und für Hertz wie für die meisten seiner Kollegen waren sie erst dann befriedigend verstanden, wenn sie auf mechanische Modelle dieses Mediums zurückgeführt waren. Als Wilhelm Conrad Röntgen im Jahre 1895 eine »neue Art von Strahlen« entdeckt hatte, waren Experimentatoren und Theoretiker um eine Deutung nicht verlegen: Röntgenstrahlen konnten nichts anderes sein als die lange vermuteten longitudinalen, in der Ausbreitungsrichtung erfolgenden Ätherschwingungen.

Die faszinierende und intellektuell überaus anspruchsvolle Ätherphysik[18] geriet freilich auf vielfältige Weise in Konflikt mit jener Mechanik, die immer noch das Fundament aller Physik bilden und damit auch den Äther beschreiben sollte. Ein Medium, das sich nicht an der Bewegung der Materie beteiligt und den gesamten Raum ausfüllt, drängt sich für die Lichtausbreitung als zugleich natürliches und bevorzugtes Bezugssystem auf, das einzige, in dem die Lichtgeschwindigkeit ihren Wert von 300000 Kilometern[19] pro Sekunde hat. Da die Erde kaum im Äther ruhen konnte, sondern diese Annahme allenfalls für die Sonne sinnvoll schien, hätten optische Effekte die Bewegung der Erde durch den Äther zeigen müssen. Bei einer Umlaufgeschwindigkeit der Erde um die Sonne von 30 Kilometern pro Sekunde waren

Effekte in der durchaus meßbaren ersten Größenordnung von v/c, also einem Zehntausendstel zu erwarten, aber nichts dergleichen war zu sehen.

Eine phantastische Steigerung der Präzision erreichte im Jahre 1881 der noch nicht dreißigjährige Amerikaner Albert Abraham Michelson. In Berlin konstruierte er mit der wohlwollenden Unterstützung des großen Helmholtz ein doppelarmiges Interferometer zur Beobachtung der zweiten Größenordnung v^2/c^2, also von einem Hundertmillionstel. Der Apparat war so empfindlich, daß er schon durch am Physikalischen Institut vorbeifahrende Pferdedroschken beeinträchtigt wurde, weshalb er in der Abgeschiedenheit des Astrophysikalischen Observatoriums in Potsdam aufgebaut wurde. Das 1881 veröffentlichte Ergebnis: ein enttäuschendes Nullresultat, also kein Nachweis der Bewegung der Erde gegen den Äther. Eine Wiederholung sechs Jahre später, von Michelson und seinem Kollegen Edward W. Morley in Cleveland mit wesentlich höher getriebener Genauigkeit durchgeführt, bestätigte die Überraschung aus Potsdam. »Ich glaube, man wird zugeben«[20], tröstete sich Michelson im Jahre 1907, als er als erster Amerikaner zwar nicht für sein Ätherexperiment, aber für ähnliche optische Präzisionsmessungen den Nobelpreis erhielt, »daß das Problem uns dadurch, daß es zur Erfindung des Interferometers geführt hat, reichlich dafür entschädigte, daß gerade dieser Versuch ein negatives Ergebnis geliefert hat.«

Niemand wollte aber hinter Kopernikus zurück und so verrückt sein, aus dem Michelson-Morley-Experiment so etwas wie eine Neuauflage des Geozentrismus zu folgern, daß die Erde also inmitten des Weltäthers ruhen müsse. Statt dessen wurden brillante Theorien entworfen, die so konstruiert waren, daß eine Bewegung gegen den Äther nicht beobachtet werden konnte. Bei diesem Geschäft gelangte der Holländer Hendrik Antoon Lorentz zu den tiefsten und erfolgreichsten Einsichten. Seine Theorie führte in mancher Hinsicht ganz nahe an die Relativitätstheorie heran, obwohl sie immer dem Äther verhaftet blieb. Für Einstein war sie nicht nur als »Stand der Wissenschaft« und wesentliche Anregung bedeutsam, sondern auch deshalb, weil die Rekonstruktion der Lorentzschen Theorie aus allgemeinen Prinzipien einen der Prüfsteine für Einsteins neue Auffassung von Raum und Zeit darstellte.

Lorentz wurde im Alter von nicht einmal 25 Jahren auf den 1877 neu geschaffenen Lehrstuhl für Theoretische Physik der Universität Leiden berufen. Nach fünfzehn Jahren stiller und hartnäckiger Arbeit entwickelte er in den neunziger Jahren seine zur »Elektronentheorie« erweiterte Version der Elektrodynamik. Waren für Maxwell Materie und Äther, Ladungen und Felder in nicht immer leicht nachzuvollziehender Weise über »dielektrischen Verschiebungen« verbunden, trennte Lorentz die elektromagnetischen Felder von der Materie und arbeitete die moderne Auffassung aus, nach der die Ströme und Felder von atomistischen Ladungsträgern hervorgerufen werden. Lorentz' Terminologie ist ein getreuer Spiegel des Erkenntniszuwachses in den neunziger Jahren des vergangenen Jahrhunderts: 1892 schrieb er einfach von »geladenen Partikeln«, in seinem groß angelegten *Versuch einer Theorie der elektrischen und optischen Erscheinungen in bewegten Körpern* aus dem Jahre 1895 hießen die Ladungsträger »Ionen«, und ab 1899, zwei Jahre nach der Entdeckung der geladenen leichten Korpuskeln, nannte er sie »Elektronen«. Die Felder existieren unabhängig von den Ladungsträgern im Äther und wirken auf die Materie zurück, indem sie auf die Ladungsträger eine Kraft ausüben, die später ihrem Erfinder zu Ehren »Lorentz-Kraft« genannt wurde. Auf dieser Grundlage schuf Lorentz eine alle damals bekannten elektromagnetischen und optischen Erscheinungen umfassende Theorie, die sich auch bei neuen Phänomenen triumphal bewährte.

Als Pieter Zeemann, Privatdozent und Assistent von Lorentz in Leiden, 1896 die seit Faradays Zeiten vergeblich gesuchte Aufspaltung von Spektrallinien im magnetischen Feld beobachten konnte, war das sowohl für das erklärende als auch für das wegweisende Potential der Lorentzschen Theorie so spektakulär, daß Lorentz und sein Assistent 1902 mit dem zweiten Nobelpreis für Physik ausgezeichnet wurden. Einstein geriet noch im Alter ins Schwärmen, wann immer er der Lorentzschen Theorie gedachte: »Es ist ein Werk von solcher Folgerichtigkeit, Klarheit und Schönheit wie sie in einer auf Empirie gegründeten Wissenschaft nur selten erreicht wurde.«[21]

In der Lorentzschen Theorie konnte das Relativitätsprinzip freilich nicht durch die »Galilei-Invarianz« der Mechanik seinen Ausdruck finden. Immerhin ließ sich ein Relativitätsprinzip in jenem allgemeineren Sinn aufrechterhalten, der bei Galilei gemeint war: Ein Experimentator hat keine Möglichkeit zu unterscheiden, ob er sich in Ruhe oder in gleichförmig geradliniger Bewegung befindet. Das gelang allerdings nur mit erheblichen Anstrengungen. Die Problematik der Bewegung gegen den Äther löste Lorentz durch sein Theorem der »correspondierenden Zustände«. Mit diesem geistreich ausgetüftelten Verfahren konnte er die elektromagnetischen Größen in bewegten Inertialsystemen auf das eine System des ruhenden Äthers zurückführen, in dem die Maxwellschen Gleichungen streng gültig sind. Zu diesem Zweck erfand er für die bewegten Systeme eine Hilfskonstruktion, die er »Ortszeit« nannte, in der die »wahre« Zeit mit den Raumkoordinaten verknüpft erschien. So kühn diese erstmalige mathematische Manipulation des Parameters der Zeit in einer physikalischen Theorie auch war, für Lorentz hatte die »Ortszeit« nur die Bedeutung eines mathematischen Kunstgriffs ohne jede Auswirkung auf das traditionelle Verständnis der Zeit. Schließlich hatte er sie nur als Trick erfunden, um die Theorie mit der Beobachtung in Übereinstimmung zu bringen, also die Effekte erster Ordnung »wegzuerklären«.

Für die Effekte zweiter Ordnung wie das Michelson-Morley-Experiment mußte Lorentz zu einer weiteren Hypothese greifen, die gleichzeitig und unabhängig von George Fitzgerald ins Spiel gebracht worden war, nach der Längenmaßstäbe in der Bewegungsrichtung um einen charakteristischen geschwindigkeitsabhängigen Faktor $1:\sqrt{1-v^2/c^2}$ verkürzt werden. Diese Längenkontraktion war im Verständnis von Lorentz ein realer, auf dynamischen Kräften beruhender Effekt, hervorgerufen durch eine nicht näher spezifizierbare Kompression der Ladungsträger durch ihre Wechselwirkung mit dem Äther.

So konnte Lorentz eine konsistente Theorie entwickeln für *Elektromagnetische Erscheinungen in einem System, das sich mit beliebiger, die des Lichts nicht erreichender Geschwindigkeit bewegt* – dies der Titel seiner zusammenfassenden Darstellung aus dem Jahre 1904, in der der approximative Charakter früherer Fassungen überwunden und die Gültigkeit der Theorie für alle Ordnungen in v/c erreicht wurde. Die Erfolge dieser Lorentzschen Erweiterung der Maxwellschen Theorie waren so beeindruckend, daß viele Physiker insbesondere in Deutschland darin schon den Umsturz des tradierten Aufbaus der Physik auf mechanischem Fundament sahen. Statt dessen sollte alle Physik einschließlich der Mechanik im Rahmen eines »elektrodynamischen Weltbilds« auf neuer Grundlage errichtet werden.

Ein sympathisierender und zugleich kritischer Begleiter des Lorentzschen Unternehmens war der Franzose Henri Poincaré, damals der Welt berühmtester Mathematiker mit epochalen Beiträgen sowohl zu den Grundlagen als auch zu den Anwendungen seines Faches insbesondere in der Physik, zudem ein philosophisch-kritischer Geist, eleganter Essayist und virtuoser Rhetoriker dazu. Bei aller Wertschätzung der Lorentzschen Arbeiten bemängelte Poincaré doch das Aufeinandertürmen von immer mehr Hypothesen für jeden neuen experimentellen Befund, ein künstliches und letztlich unbefriedigendes Verfahren, dessen Ende nicht abzusehen war. Dadurch spornte er nicht nur Lorentz zur ständigen Verbesserung der Theorie an, dessen Arbeit von 1904 zum Teil auf Poincarés Einwände eingeht[22], sondern der französische Meistermathematiker trug selbst Wesentliches zur kritischen Analyse und mathematischen Strukturierung der Theorie bei.

Eine schöne Gelegenheit bot die Festschrift, mit der Lorentz im Jahre 1900 anläßlich seines 25jährigen Doktorjubiläums geehrt wurde. Poincaré zeigte in seinem Beitrag[23] neben anderen Dingen, daß sich die Lorentzsche »Ortszeit« als äquivalent zu einem Verfahren interpretieren läßt, in dem Uhren durch Lichtsignale synchronisiert werden. Diese tiefsinnige Verknüpfung zwischen Lorentzscher »Ortszeit« und dem Problem der Zeitmessung präsentierte Poincaré vier Jahre später in einem an Repräsentativität nicht zu überbietenden Rahmen, beim Internationalen Kongreß über Künste und Wissenschaften anläßlich der Weltausstellung im amerikanischen Saint Louis im Jahre 1904. Als weltweit anerkannte Autorität war ihm der Hauptvortrag »Zum gegenwärtigen Stand und zur Zukunft der mathematischen Physik«[24] übertragen worden.

In einem dem Relativitätsprinzip gewidmeten Abschnitt, übrigens dem ersten Text, in dem nicht nur die Sache, sondern auch das Wort erscheint, erläuterte Poincaré sein Synchronisationsverfahren nebst der Konsequenz, daß Uhren in verschiedenen Inertialsystemen auch verschiedene Zeiten anzeigen. Trotzdem beließ er es genau wie Lorentz bei der Vorstellung der einen »wahren« Zeit, denn: »Die Uhren, die in dieser Weise synchronisiert sind, zeigen daher nicht die wahre Zeit; sie zeigen, was man ›lokale Zeit‹ nennen kann, so daß eine von ihnen gegenüber der anderen nachgeht. Es macht wenig aus, denn wir haben kein Mittel, um das festzustellen.«[25] Das darf nicht verwundern, denn schließlich war alles scharfsinnig so eingerichtet worden, daß ein Experimentator unmöglich erkennen kann, ob er sich in Ruhe oder in Bewegung befindet, ganz wie es das Relativitätsprinzip erfordert.

Dieser Vortrag enthielt noch manche prophetisch anmutende Skizze zur zukünftigen Entwicklung der Physik. Aktuelle Rechnungen und Experimente zeigten, daß die Masse von Elektronen offenbar nicht konstant ist, wie das seit Newtons und Lavoisiers Zeiten für die Masse selbstverständlich zu fordern ist, sondern von der Geschwindigkeit abhängt. »Aus allen diesen Resultaten«, resümierte Poincaré, allerdings mit der Einschränkung

> wenn sie bestätigt würden, ginge eine völlig neue Mechanik hervor, die vor allem durch die Tatsache charakterisiert wäre, daß keine Geschwindigkeit die Lichtgeschwindigkeit überschreiten könnte, ebenso wie keine Temperatur unter den absoluten Nullpunkt fiele. Für einen Beobachter, der sich selbst in einer Translationsbewegung befindet, die er nicht vermutet, kann irgendeine vorkommende Geschwindigkeit diejenige des Lichts nicht mehr überschreiten.[26]

Dies ist der erste Hinweis darauf, daß die Lichtgeschwindigkeit nicht nur in der Optik und Elektrodynamik, sondern auch in der Mechanik eine die gesamte Theorie strukturierende Bedeutung haben könnte.

Allerdings machte Poincaré von dieser weitsichtigen Vermutung keinen Gebrauch, als er im Jahr darauf seine *Dynamik des Elektrons*[27] veröffentlichte, die physikalisch nicht über die Lorentzsche Theorie hinausging, jedoch ihre mathematische Struktur in ein neues Licht rückte. Der souveräne Mathematiker faßte die drei Raumkoordinaten und die Zeit zu einem »Vierervektor« zusammen und hantierte mit diesen Gebilden wie in der üblichen euklidischen Geometrie. Die Transformationen der Lorentzschen Theorie, die zwischen der »Ortszeit« und der wahren Zeit einerseits sowie wegen der Längenkontraktion zwischen den räumlichen Koordinaten andererseits vermitteln, entsprechen dann einer Drehung in einem vierdimensionalen Raum. Zudem bewies Poincaré, daß die von ihm nach Lorentz benannten Transformationen diejenige Struktur aufweisen, die Mathematiker eine »Gruppe« nennen, mit der wichtigen Eigenschaft, daß zwei nacheinander ausgeführte »Lorentz-Transformationen« wieder eine zulässige Transformation bilden. Konkret bedeutet das entgegen aller Intuition, daß die »Addition« nicht einfach arithmetisch erfolgen darf, sondern die Zusammensetzung zweier Geschwindigkeiten immer ein Resultat ergibt, das kleiner ist als die Lichtgeschwindigkeit.

Damit war von Lorentz und Poincaré wohl alles erreicht, was für die Elektrodynamik als Ätherphysik überhaupt erreichbar schien. Allerdings standen nun zwei Theorie-Typen unvermittelt nebeneinander: einerseits die Physik der Materie, die Mechanik, mit einem sehr starken, in der Invarianz gegenüber Galilei-Transformationen realisierten Relativitätsprinzip, und andererseits eine Physik des Äthers, die Elektrodynamik, in der die Lorentz-Transformationen gelten mußten, damit von einer Relativbewegung gegenüber dem Äther als dem ausgezeichneten, ruhenden System nichts zu bemerken war. Diesen Widerspruch haben die scharfsinnigen Theoretiker damals wohl empfunden, sich aber notgedrungen auch mit ihm abgefunden. Jedenfalls ist er in der Diskussion zu Anfang des Jahrhunderts, von einigen hellsichtigen Aperçus Henri Poincarés einmal abgesehen, niemals deutlich thematisiert worden.

Dieser Widerspruch stand aber im Zentrum der wissenschaftlichen Bestrebungen des Experten III. Klasse am Berner Patentamt. Als Poincarés Arbeit *Über die Elektrodynamik des Elektrons* am 5. Juni 1905 in Paris erschien, war Albert Einstein gerade dabei, seine vor einigen Wochen gefundene Lösung dieses und vieler anderer Probleme druckreif auszuarbeiten. Es war eine Überraschung, mit der niemand gerechnet hatte: die Relativitätstheorie.

Die axiomatische Struktur von Einsteins Veröffentlichung läßt kaum noch etwas von den gedanklichen Anstrengungen, den Wegen und Umwegen bis zum Auffinden der Lösung erkennen. Selbst den sonst üblichen Fußnoten kann man nichts entnehmen: Einstein hatte sich zwar nie lange mit Hinweisen auf die Literatur aufgehalten, weder auf eigene Arbeiten noch auf die anderer Autoren, aber diese Veröffentlichung ist auch insofern außergewöhnlich, als sie keinen einzigen Literaturhinweis enthält.[28] Da in den wenigen erhaltenen Briefen aus den Jahren 1903 bis 1905 über Gedanken, die zur Relativitätstheorie führten, nichts zu finden ist, bleibt der Versuch einer Rekonstruktion seiner Grübeleien auf spärliche Zeugnisse Dritter sowie auf nicht ganz so spärliche Indizien in den veröffentlichten wissenschaftlichen Arbeiten angewiesen. Und vor allem auf Einsteins Erinnerungen. Die wurden freilich erst in späteren Jahren festgehalten, und Einstein selbst stellte seinen 1946 geschriebenen *Nekrolog* unter den Vorbehalt, »der jetzige Mensch von 67 ist nicht derselbe wie der von 50, 30 und 20. Jede Erinnerung ist gefärbt durch das jetzige So-Sein, also durch einen trügerischen Blickpunkt.«[29] Einem jungen Wissenschaftshistoriker erzählte Einstein zwei Wochen vor seinem Tode, er habe sich »immer als eine dürftige Quelle empfunden, wenn es um Informationen über die Entstehung seiner eigenen Ideen ging«.[30] Dieser Warnung eingedenk sind Einsteins Erinnerungen, auch wenn sie nicht immer konsistent und manchmal sogar widersprüchlich sind, natürlich die beste und immer die interessanteste Quelle.

Den Beginn der zehnjährigen Inkubationszeit, das Gedankenexperiment aus den Schülertagen in Aarau, hat Einstein mehrfach beschrieben. Er stellte sich damals einen Beobachter vor, der einem Lichtstrahl mit Lichtgeschwindigkeit nacheilt. Was der dann wahrnehmen müßte, wäre ähnlich dem Eindruck eines vor einer Welle gleitenden Surfers, der sich zwischen zwei Wellenkämmen relativ zum Wasser gewissermaßen in Ruhe befindet. Beim Licht entspricht diese Situation einem zwar räumlich oszillierenden, aber ruhenden elektromagnetischen Feld. »So etwas scheint es aber nicht zu geben, weder auf Grund der Erfahrung noch gemäß den Maxwellschen Gleichungen. Intuitiv klar schien es mir von vornherein, daß von einem solchen Beobachter aus beurteilt, alles sich nach denselben Gesetzen abspielen müsse wie für einen relativ zur Erde ruhenden Beobachter. Denn wie sollte der erste Beobachter wissen, bzw. konstatieren können, daß er sich im Zustand rascher, gleichförmiger Bewegung befindet?«[31]

In diesem Paradoxon war der Riß im Fundament der Physik deutlich herauspräpariert: einerseits die Mechanik, nach der ein mit Lichtgeschwindigkeit oder noch schneller dahineilender Beobachter ohne weiteres denkbar ist, und andererseits die Elektrodynamik, nach der ein solcher Beobachter etwas sehen müßte, was es offenbar nicht gibt. Deshalb kann ein Beobachter und damit ein materieller Körper die Lichtgeschwindigkeit niemals erreichen. Sie ist folglich eine Grenzgeschwindigkeit, und dies für jeden Beobachter, so schnell er auch in einem beliebigen Inertialsystem bewegt sein möge. Rückblickend sah Einstein daher, »daß in diesem Paradoxon der Keim zur speziellen Relativitätstheorie schon enthalten ist«.[32]

Dieses Gedankenexperiment war ein ebenso genialer wie originärer Einfall des sechzehnjährigen Einstein. Soweit ich sehe, ist es in der Literatur weder damals noch später diskutiert worden. Freilich war der Schüler kaum in der Lage, die Implikationen dieses Gedankens weiter zu verfolgen. Man wird ihn wohl in die Kategorie der »Wunder« einordnen müssen als eine dauerhaft prägende Erfahrung, ähnlich wie einst das Erlebnis der von unsichtbarer Hand gelenkten Kompaßnadel für den kleinen Knaben. Später erzählte er, daß ihn dieses Gedankenexperiment ständig begleitet habe.[33] Und wie ein innerer Kompaß scheint es den Studenten geradewegs auf das »Fundamental-Wichtige, Grundlegende«[34] in der Physik geführt zu haben.

Als Einstein die Meister der theoretischen Physik studierte – zu Hause aus Büchern und nicht am Polytechnikum, wie wir wissen –, da erscheint in den Sommerferien nach dem dritten Studienjahr in einem Brief an Mileva das alte Problem, dieses Mal aber vor dem Hintergrund der Lektüre der Werke von Helmholtz und Hertz und mit einem für einen Studenten außergewöhnlichen Selbstbewußtsein:

> Es wird mir immer mehr zur Überzeugung, daß die Elektrodynamik bewegter Körper, wie sie sich gegenwärtig darstellt, nicht der Wirklichkeit

entspricht, sondern sich einfacher wird darstellen lassen. Die Einführung des Namens »Äther« in die elektrischen Theorien hat zur Vorstellung eines Mediums geführt, von dessen Bewegung man sprechen könne, ohne daß man, wie ich glaube, mit dieser Aussage einen physikalischen Sinn verbinden kann.[35]

Die sich daran anschließenden Passagen dieses Briefes lassen Vorstellungen erkennen, die weitgehend den Grundgedanken der Lorentzschen Elektronentheorie entsprechen.

Einen Monat später war Einstein, offenbar in Anlehnung an das berühmte »Mitführungsexperiment« von Fizeau, »eine gute Idee gekommen zur Untersuchung, welchen Einfluß die Relativbewegung der Körper gegen den Lichtäther auf die Fortpflanzungsgeschwindigkeit des Lichtes in durchsichtigen Körpern hat. Auch ist mir eine Theorie in den Sinn gekommen über diese Sache, die mir große Wahrscheinlichkeit zu besitzen scheint.«[36] Den Äther hatte Einstein sozusagen mit der physikalischen Muttermilch eingesogen, und trotz der Zweifel, ob Aussagen über dessen Bewegung sinnvoll seien, wollte sich der Student als braver Empirist dem Äther mit den Mitteln der Beobachtung nähern.

Etwa um diese Zeit dachte er sich ein weiteres Experiment aus, analog zum Michelson-Morley-Experiment, jedoch ohne detaillierte Kenntnis des Vorbilds[37], aber es blieb bei der Idee, denn der »Principal« Weber war skeptisch. In seiner Enttäuschung wandte Einstein sich an Wilhelm Wien in Aachen.[38] Unbekannt ist, ob er eine Antwort erhielt und was überhaupt aus all diesen Bemühungen geworden ist, aber deutlich wird schon im letzten Studienjahr die Intensität seiner Beschäftigung mit der Relativbewegung.

Nach dem Examen, in der trüben Zeit vergeblicher Stellensuche, erhoffte sich Einstein viel vom Abschluß einer Publikation über die Relativbewegung.[39] Allerdings weiß niemand auch nur in Andeutungen, was der Inhalt dieser Arbeit hätte sein können. Ebensowenig weiß man etwas über ein anderes Experiment, das Einstein eingefallen war: »Zur Erforschung der Relativbewegung der Materie gegen den Lichtäther ist mir nun eine erheblich einfachere Methode in den Sinn gekommen«, teilte er dem Freund Grossmann mit, »welche auf gewöhnlichen Interferenzversuchen beruht. Wenn mir nur einmal das unerbittliche Schicksal die zur Ausführung nötige Zeit und Ruhe gibt.«[40] Gegen Ende des Jahres 1901 war er wieder ganz bei der Theorie: »Ich arbeite eifrigst an einer Elektrodynamik bewegter Körper, welches eine kapitale Abhandlung zu werden verspricht.«[41] Zwischendurch hatte er an seinen Ideen gezweifelt, aber als er merkte, daß sich nur ein »Rechenfehler« eingeschlichen und alles verdorben hatte, jubelte er: »Ich glaube jetzt mehr denn je daran.«[42] Aber immer noch wissen wir nicht, woran er da glaubte.

Dem Professor Kleiner an der Universität Zürich hat er seine Ideen jedenfalls auseinandergesetzt, und dieser erfahrene und an Grundlagenproblemen interessierte Physiker war davon durchaus angetan: »Er riet mir, meine Ideen über elektromagnetische Lichttheorie bewegter Körper zu veröffentlichen sammt der experimentellen Methode«, faßte Einstein für Mileva das Gespräch zusammen. »Er fand, daß die von mir vorgeschlagene Methode die denkbar einfachste und zweckmäßigste sei. Ich war sehr erfreut über den Erfolg. Gewiß werde ich in den nächsten Wochen die Abhandlung verfassen.«[43] Aber er hatte wohl wieder den Mund zu voll genommen.

Beim Versuch, die Gedanken ordentlich zu Papier zu bringen, müssen Schwierigkeiten aufgetreten sein, denn statt zu publizieren, wollte er sich »nun dahinter machen, zu studieren, was Lorentz und Drude über die Elektrodynamik bewegter Körper geschrieben haben«.[44] Der vormalige Kommilitone und jetzt zum Assistenten aufgestiegene Jakob Ehrat »muß mir die Litteratur verschaffen«.[45] So viel Einstein auch studiert haben mag, Druckreifes ist daraus nicht entstanden. Ein Jahr später, nun schon in Bern am Patentamt, war er wieder dabei, »umfassende Studien in Elektronentheorie zu machen«[46], wozu er sich, wahrscheinlich nicht zum ersten Mal, den als Buch in deutscher Sprache veröffentlichten *Versuch* von Lorentz aus dem Jahre 1895 vorgenommen haben dürfte.

Der anfängliche Glaube an den Äther war Einstein inzwischen gründlich abhanden gekommen. Schon der Student hatte die Möglichkeit erwogen, die Elektrodynamik würde »dann die Lehre von den Bewegungen bewegter Elektrizitäten und Magnetismen sein im leeren Raum«[47]. Daß Poincaré in seinem Buch *La science et l'hypothèse*, das die Mitglieder der »Akademie Olympia« nach Solovines Bericht »Wochen hindurch fesselte und faszinierte«[48], den Äther auf eine Hypothese reduzierte, »die für die Erklärung der Erscheinungen bequem ist«, und abschließend sogar prognostizierte, »daß der Äther eines Tages ohne Zweifel als unnütz verworfen wird«[49], mag Einstein als programmatische Aufforderung aufgefaßt haben, der er selbst schon viel näherstand als der große Mathematiker.

Das bekam der Patentamtskollege Josef Sauter zu spüren, als er seine Überlegungen zu mechanischen Äther-Modellen der Maxwellschen Theorie, die ihren Niederschlag immerhin in den ›Annalen‹[50]

gefunden hatten, mit Einstein diskutieren wollte. Der junge Kollege war überhaupt nicht interessiert und erklärte mal wieder: »Ich bin ein Häretiker.«[51] In dieser Attitüde wurde Einstein durch seine aus der intensiven Auseinandersetzung mit der Strahlentheorie gewonnene Erkenntnis bestärkt, »daß die Maxwellsche Theorie die Micro-Struktur der Strahlung nicht darstelle und deshalb nicht allgemein haltbar sei«[52]. Das kulminierte schließlich im »heuristischen Gesichtspunkt« der Lichtquanten, in dem es für den Äther überhaupt keine Verwendung mehr gab.

Zwei Monate vor seinem Tod beantwortete Einstein eine Anfrage, seinen Informationsstand bei der Schaffung der Relativitätstheorie im Jahre 1905 betreffend, »so kannte ich nur Lorentz bedeutendes Werk von 1895, aber nicht Lorentz' spätere Arbeit, und auch nicht die daran anschließende Untersuchung von Poincaré. In diesem Sinne war meine Arbeit von 1905 selbständig.«[53] Sehr wahrscheinlich war jene Veröffentlichung von Lorentz aus dem Jahre 1904, in der erstmals die »Lorentz-Transformationen« in allgemein gültiger Form dargestellt waren, in Bern nicht vorhanden, da sie in den nur spärlich verbreiteten ›Verhandlungen‹ der Amsterdamer Akademie erschienen war. Gleichwohl kannte er sehr viel mehr als nur Lorentz' *Versuch* aus dem Jahre 1895.

Einsteins in früheren Briefen bekundetes leidenschaftliches Interesse für die ›Annalen‹ wird auch in Bern nicht erlahmt sein, zumal er in diesem Journal regelmäßig als Autor in Erscheinung trat. Zwar klagte er einmal, daß »in meiner freien Zeit die Bibliothek geschlossen ist«[54], aber wenn er wollte, konnte er sich durchaus Einblick in die Literatur verschaffen. So dürfte die Erfüllung seiner Dienstpflichten gelegentliche Besuche in der Stadt- und Universitätsbibliothek erfordert haben, bei denen er neben elektrotechnischen Zeitschriften auch die physikalischen Journale studiert haben wird, letztere gewiß intensiver.[55] Wenn das nicht ausreichte, könnte der ihm gewogene Professor Gruner gelegentlich ein Heft zum Exzerpieren aus dem Institut ausgeliehen haben.

So ist es praktisch ausgeschlossen, daß Einstein die ausführliche, 75 Seiten lange Darstellung der *Prinzipien der Dynamik des Elektrons*[56] des Göttinger Privatdozenten Max Abraham entgangen ist. Mit Sicherheit hat er dessen 1904 publizierte Überlegungen *Zur Theorie der Strahlung und des Strahlungsdrucks*[57] oder wenigstens Notizen daraus zur Hand gehabt, als er seine eigene Arbeit schrieb. Im gleichen Jahr konnte Einstein in den ›Annalen‹ die mit Hinweisen auf die aktuelle

Literatur reichlich versehenen *Differentialgleichungen der Elektrodynamik für bewegte Körper*[58] von Wilhelm Wien studieren sowie eine sich daran anschließende scharfe Polemik zwischen Wien und Abraham, in der Wien bereits Lorentz' Arbeit aus dem gleichen Jahre nicht nur zitiert, sondern auch ein wenig skizziert.[59] Der eminente Straßburger Theoretiker Emil Cohn hat seine zur Lorentzschen Theorie alternativen, phänomenologischen Betrachtungen »über die Gleichungen des elektromagnetischen Feldes für bewegte Körper«[60] ebenfalls in den ›Annalen‹ publiziert.

Der bedeutendste experimentelle Beitrag jener Jahre, die Ablenkungsmessungen von Elektronen in elektrischen und magnetischen Feldern von Walter Kaufmann, ist zwar nicht in den ›Annalen‹, sondern in der 1900 gegründeten ›Physikalischen Zeitschrift‹[61] publiziert worden, aber die war gleichfalls in Bern erhältlich, und Einstein muß durch Abrahams und Wiens theoretische Behandlung dieser Frage mit der Nase darauf gestoßen worden sein.

An dieser auf hohem Niveau geführten Diskussion brauchen uns nicht die feinsinnigen Unterschiede der jeweiligen Autoren, sondern nur so viel zu interessieren, daß für die Bewegung des Elektrons die Lichtgeschwindigkeit eine Grenze markierte, wenn zum Beispiel Wien feststellte, »daß bei Überschreitung der Lichtgeschwindigkeit unendliche Arbeitsleistung verbraucht würde«.[62] Insbesondere die Zunahme der Masse des Elektrons mit wachsender Geschwindigkeit verstand man als Fingerzeig auf den elektromagnetischen Ursprung aller Massen, zumal das gut zu den Bemühungen um ein »elektromagnetisches Weltbild« als Fundament aller Physik und Alternative zur Mechanik paßte.

Einstein müssen die zum Anfang des Jahrhunderts entwickelten und diskutierten Theorien trotz allen physikalischen Raffinements und mathematischer Virtuosität allein wegen ihrer Verhaftung im Äther als dem ruhenden Bezugssystem mangelhaft erschienen sein. Zudem hatte ihn die übliche Auffassung der Elektrodynamik schon wegen einer Asymmetrie in der Interpretation der elektromagnetischen Induktion in tiefsinnige Grübeleien gestürzt. Es handelt sich dabei um das klassische Experiment von Michael Faraday, ein einfacher Schulversuch, der an Millionen von Schülern und Studenten vorübergeht, ohne besonderes Nachdenken auszulösen. Für Einstein hatte er jedoch leitmotivische Bedeutung. Wir können das aus dem einleitenden ersten Absatz seiner Veröffentlichung vermuten, und wir wissen davon aus einem Anfang 1920 beendeten Manuskript, das für eine der Relativitätstheorie gewidmete Sonderausgabe der englischen Zeitschrift ›Nature‹ bestimmt war. Als es fertig war, klagte er seinem Übersetzer, es sei »leider so lang geworden, daß ich sehr zweifle, ob es in ›Nature‹ wird erscheinen können«.[63] Tatsächlich wurde eine wesentlich knappere Fassung[64] gedruckt, gekürzt auch um persönlich getönte Reminiszenzen, die freilich mit den 31 Seiten der ursprünglichen Fassung erhalten geblieben sind.[65]

Nach 19 Seiten didaktisch bemühter Darstellung im üblichen objektivierenden Stil wich Einstein vom trockenen Ton der Wissenschaft ab und gewährte einen überraschenden Einblick in die subjektiven Aspekte seines Nachdenkens:

> Bei der Aufstellung der speziellen Relativitätstheorie hat für mich der folgende, hier noch nicht erwähnte Gedanke über die Faradaysche magnetelektrische Induktion eine führende Rolle gespielt.
>
> Bei der Relativbewegung eines Magneten gegenüber einem elektrischen Stromkreis wird nach Faraday in letzterem ein elektrischer Strom induziert. Ob der Magnet bewegt wird oder der Leiter, ist gleichgültig: es kommt nur auf die Relativ-Bewegung an. Nach der Maxwell-Lorentzschen Theorie ist aber die theoretische Deutung des Phänomens in beiden Fällen eine sehr verschiedene.
>
> Ist der Magnet bewegt, so existiert im Raume ein zeitlich veränderliches Feld, welches nach Maxwell geschlossene elektrische Kraftlinien, d. h. ein physikalisch reales elektrisches Feld erzeugt; dieses elektrische Feld setzt dann die beweglichen elektrischen Massen innerhalb des Leiters in Bewegung.
>
> Ist aber der Magnet in Ruhe und der Stromkreis bewegt, so entsteht kein elektrisches Feld; der Strom im Leiter entsteht vielmehr dadurch, dass die mit ihm bewegten Elektrizitäten infolge ihrer (mechanisch erzwungenen) Bewegung relativ zum magnetischen Felde eine von Lorentz hypothetisch eingeführte elektromotorische Kraft erleiden.

Was Einstein hier beschrieb, war 1831 von Michael Faraday als einer der Meilensteine auf dem Wege zum einheitlichen Verständnis von Elektrizität und Magnetismus entdeckt worden. Neben fundamentalen theoretischen hatte Faradays Demonstration enorme praktische Konsequenzen, indem aus ihr die elektrischen Maschinen hervorgingen, die Generatoren zur Erzeugung und die Motoren zur Nutzbarmachung von elektrischem Strom. Einstein wird schon in jungen Jahren im elektrotechnischen Familienunternehmen von Onkel Jakob einiges über elektrische Maschinen erfahren haben. Den Tücken der theoretischen Interpretationen dürfte er als Student am Polytechnikum in dem Buch von August Föppl[66] über die Maxwellsche

Theorie begegnet sein. In dem »Die Elektrodynamik bewegter Leiter« überschriebenen fünften Kapitel analysierte Föppl das Arrangement von Magnet und Leiter unter dem Gesichtspunkt der Relativbewegung, ohne freilich einen tiefliegenden prinzipiellen Konflikt zu erkennen.

Wenn Einstein hier sogleich ein Problem gesehen haben sollte, ähnlich wie beim Gedankenexperiment des einem Lichtstrahl mit Lichtgeschwindigkeit hinterhereilenden Beobachters, so blieb dieser Stein des Anstoßes ständig gegenwärtig, zunächst durch die Arbeit im elektrotechnischen Laboratorium am Polytechnikum und später durch seinen Beruf, denn in Bern war er vornehmlich mit der Prüfung elektrotechnischer Patente befaßt. Nicht alles dabei war trivial. So gab es damals »Unipolarmaschinen«, eine längst außer Gebrauch gekommene Variante des Dynamos mit permanentem Magneten zur direkten Erzeugung von Gleichstrom. Diese Maschinen funktionierten zweifellos, aber die theoretischen Vorstellungen über ihre Funktionsweise waren so verworren, daß über die Methoden zu ihrer ingenieurmäßigen Berechnung gestritten wurde. Auch dieses elektrotechnische Problem ist von Einstein geklärt worden – in einem Nebensatz als Folgerung aus der Relativitätstheorie.

Der Freund und Kollege Besso glaubte sich zu erinnern, daß er es war, der diese Thematik in die gemeinsamen Gespräche eingebracht habe und »dadurch doch an der Speziellen Relativitätstheorie beteiligt gewesen zu sein: indem mir, als Elektrotechniker, naheliegen mußte, das, was im Rahmen der Maxwellschen Theorie, je nachdem der Induktor eines Alternators ruht oder rotiert, im induzierten Teil als elektromotorische Kraft oder als elektrische Kraft auftritt, als eine eigentümliche praktische Vorwegnahme der Relativitätsauffassung«[67] anzusehen sei. Einstein hat von diesem Problem freilich schon seit Studententagen gewußt, so daß es in den Gesprächen mit Besso nur schärfer herausgearbeitet worden ist. Wie dem auch gewesen sein mag, sehen wir, welche Folgerungen Einstein aus der asymmetrischen Beschreibung des Faradayschen Arrangements zog:

> Der Gedanke, daß es sich hier um zwei wesensverschiedene Fälle handle, war mir aber unerträglich. Der Unterschied zwischen beiden konnte nach meiner Überzeugung nur ein Unterschied in der Wahl des Standpunktes sein, nicht aber ein realer Unterschied. Vom Magneten aus beurteilt, war sicherlich *kein* elektrisches Feld vorhanden, vom Stromkreis aus beurteilt, war sicher ein solches vorhanden. Die Existenz des elektrischen Feldes war also eine relative, je nach dem Bewegungszustand des benutzten Koordinatensystems, und nur dem elektrischen und magnetischen Felde *zusam-*

> *men* konnte, abgesehen vom Bewegungszustande des Beobachters, bzw. des Koordinatensystems, eine Art objektiver Realität zugestanden werden. Diese Erscheinung der magnet-elektrischen Induktion zwang mich dazu, das (spezielle) Relativitätsprinzip zu postulieren.[68]

Daß Einstein zeitweilig Alternativen zur Lorentz-Maxwell-Theorie ausprobierte, können wir einer Fußnote zur obigen Darstellung entnehmen: »Die zu überwindende Schwierigkeit lag dann in der Konstanz der Vakuum-Lichtgeschwindigkeit, die ich zunächst aufgeben zu müssen glaubte.« Dies ist einer der wenigen knappen Hinweise auf Bemühungen, in denen er auf die der Theorie inhärente universelle Konstanz der Lichtgeschwindigkeit verzichten wollte. Die Konstanz der Lichtgeschwindigkeit sollte nur für einen Beobachter neben der Lichtquelle gelten, während alle relativ zur Quelle bewegten Beobachter einen anderen, von ihrer jeweiligen Relativgeschwindigkeit zur Quelle abhängigen Wert messen würden. Das war erstens anschaulich und zweitens korrespondierte es mit seinen Gedanken über die Lichtquanten. Und tatsächlich schrieb er später von einer solchen »Emissionstheorie«, daß sie »vor der Rel. Theorie auch die meine war«.[69]

Reumütig kehrte Einstein jedoch zur Lorentzschen Theorie zurück, nun um die Erfahrung reicher, daß die Unabhängigkeit der Lichtgeschwindigkeit vom Bewegungszustand der Quelle ein ganz entscheidender Sachverhalt in jeder zukünftigen Theorie sein mußte, auch wenn er einen krassen Gegensatz zum Relativitätsprinzip der Mechanik bedeutete. Damit stand er wieder vor jener widersprüchlichen Situation wie zuvor. Später faßte er das Dilemma einmal so zusammen:

> Mechanisch sind alle Inertialsysteme gleichwertig. Nach den Erfahrungen erstreckt sich diese Gleichwertigkeit auch auf die Optik, bzw. die Elektrodynamik. In der Theorie der letzteren erschien aber diese Gleichwertigkeit unerreichbar. Ich gewann früh die Überzeugung, daß dies in einer tiefen Unvollkommenheit des theoretischen Systems seinen Grund habe. Der Wunsch, diese aufzufinden und zu beheben, erzeugte einen Zustand psychischer Spannung in mir, der nach sieben Jahren vergeblichen Suchens durch Relativierung der Begriffe Zeit und Länge gelöst wurde.[70]

Die »tiefen Unvollkommenheiten« waren aber mit den bewährten Methoden der »normalen Wissenschaft« nicht zu beheben, auch wenn sie auf hohem Niveau wie in den ›Annalen‹ praktiziert wurden. In seinem *Nekrolog* beschrieb Einstein, wie intensiv er diese Schwierigkeiten empfand und in welcher Richtung er schließlich eine Lösung suchte:

> Nach und nach verzweifelte ich an der Möglichkeit, die wahren Gesetze durch auf bekannte Tatsachen sich stützende konstruktive Bemühungen

herauszufinden. Je länger und verzweifelter ich mich bemühte, desto mehr kam ich zu der Überzeugung, daß nur die Auffindung eines allgemeinen formalen Prinzips uns zu gesicherten Ergebnissen führen könnte. Als Vorbild sah ich die Thermodynamik vor mir. Das allgemeine Prinzip war dort in dem Satze gegeben: die Naturgesetze sind so beschaffen, daß es unmöglich ist, ein perpetuum mobile (erster und zweiter Art) zu konstruieren. Wie aber ein solches Prinzip finden?[71]

Erst nachdem alles vorüber war und Einstein das Prinzip gefunden hatte, konnte er verstehen, daß seine bisherigen Bemühungen um die Auflösung der intensiv erlebten und durchlittenen Paradoxien »zum Scheitern verurteilt waren, solange das Axiom des absoluten Charakters der Zeit bzw. der Gleichzeitigkeit unerkannt im Unbewußten verankert war«.[72] Fassen wir also zusammen, was sich Einstein von der Zeit erst ins Bewußtsein zu heben hatte, bevor er sie »relativieren« konnte.

»Was also ist die Zeit?« Das hatte sich schon der heilige Augustinus gefragt, und er war nicht der erste, der sich beim Versuch einer Antwort in Aporien verstrickt sah: »Wenn niemand mich danach fragt, weiß ich's, will ich's aber einem Fragenden erklären, weiß ich's nicht.«[73] Ganz anders die Väter der modernen Physik. Weniger um die Vielfalt seelischen Erlebens der Zeit bekümmert als von der Regelmäßigkeit des Planetensystems und der Vernünftigkeit der Mechanik beeindruckt, kannte Isaac Newton eine »absolute, wahre und mathematische Zeit«, von der er sagte, sie »verfließt an sich und vermöge ihrer Natur gleichförmig und ohne Beziehung auf irgendeinen äußeren Gegenstand. Sie wird auch mit dem Namen Dauer belegt.«[74] Newton wird selbst den zirkelhaften Charakter dieser Erklärung empfunden haben und zudem den Mangel, daß diese absolute Zeit, da vor aller Veränderung und unabhängig von der materiellen Welt, ganz offensichtlich nirgendwo gemessen oder abgelesen werden kann. Messen kann man nur etwas anderes, die »relative, scheinbare und gewöhnliche Zeit«, nach Newton »ein fühlbares und äußerliches, entweder genaues oder ungleiches Maß der Dauer, dessen man sich gewöhnlich statt der wahren Zeit bedient, wie Stunde, Tag, Monat, Jahr«. Diese Unterscheidung zwischen absoluter und gewöhnlicher Zeit war für Newton nicht wegen der schwankenden Zeitempfindungen der Menschen und der Ungenauigkeit damaliger Uhren nötig, sondern schon wegen kleiner Unregelmäßigkeiten im besten aller natürlichen Zeitmaße, in der Drehung der Erde. Deshalb sind die Tage nicht genau gleich lang, und Newton hielt es sogar für möglich, daß überhaupt keine Bewegung existiert, mit der die gewöhnliche Zeit exakt gemessen werden kann. Das betraf aber weder Existenz noch Unabänderlichkeit der wahren Zeit, der nahe zu kommen Aufgabe der Wissenschaft war: »Der Verlauf der absoluten Zeit kann nicht geändert werden.«

Die wahre Zeit wurde, obwohl keine Substanz wie der Äther, als ein im ganzen Raum gegenwärtiges, objektives Etwas angenommen, aber unabhängig vom Raum und von der Materie sowie deren Bewegungszuständen. Wenn ein Mensch in London einen Zeitpunkt zum »Jetzt« erklärt, dann gilt dieses »Jetzt« nicht nur für Hamburg oder Peking, sondern auch für den Mond oder den Sirius. Das entspricht nicht nur dem menschlichen Zeitgefühl, sondern, was für Physiker wichtiger ist, der Newtonschen Mechanik, denn die Schwerkraft breitet sich gemäß dem Gravitationsgesetz instantan durch den ganzen Raum aus, so daß ein auf der Erde herabfallender Stein »im gleichen Moment« Auswirkungen, freilich unmeßbar kleine, auf den Mond haben müßte. Deshalb waren die Jahrhunderte hindurch alle mit der Newtonschen Zeit zufrieden, auch und gerade, sofern sie Mathematiker und Physiker waren. Einstein karikierte später diese Vorstellung der Zeit als »ein ewig gleichmäßig ablaufendes Tik-Tak, das allerdings nur Geister, diese aber überall vernehmen können«.[75]

Daß die »absolute Zeit« aber gar keinen Sinn macht, hatte Einstein freilich schon als Student von Ernst Mach gelernt. Der bemängelte in seiner *Mechanik*, daß die absolute Zeit nirgendwo abgelesen werden kann, und deshalb habe sie »gar keinen praktischen und auch keinen wissenschaftlichen Wert, niemand ist berechtigt zu sagen, daß er von derselben etwas wisse, sie ist ein müßiger ›metaphysischer‹ Begriff«.[76] Machs Donnerworte erschöpften sich allerdings im Kritischen und hatten zunächst keine konkrete Bedeutung für die Physik. Trotzdem dürfte dieser Verriß ganz nach dem Geschmack des aufmüpfigen Studenten gewesen sein, und zumindest wird sich Einstein eingeprägt haben, daß es neben der Festlegung von Zeitabständen mit Uhren allgemeinster Art nicht noch eine »Zeit an sich« gibt.

Bei Poincaré konnte Einstein dann lesen, daß die Zeit nur als eine zweckmäßige Konvention betrachtet werden solle. In *La science et l'hypothèse* verwarf Poincaré nicht nur die »absolute Zeit«, sondern erweiterte die Kritik auf andere, intuitiv vermeintlich sichere Selbstverständlichkeiten wie die Gleichzeitigkeit an verschiedenen Orten: »Wir haben nicht nur keinerlei direkte Anschauung von der Gleichheit zweier Zeiten, sondern wir haben nicht einmal diejenige von der Gleichzeitigkeit zweier Ereignisse, welche auf verschiedenen Schauplätzen vor sich gehen.«[77] Für das Nähere verwies Poincaré auf seinen Essay über »Das Maß der Zeit«, den er 1898 in einer von Physikern nicht konsultierten philosophischen Zeitschrift[78] hatte drucken lassen.

Bei dem Eifer, mit dem nach Solovines Bericht die Mitglieder der »Akademie Olympia« Poincarés Buch studiert haben, wäre es verwunderlich, wenn sie sich diesen Essay nicht besorgt hätten. Poincarés Analyse resultierte in einem fortgeschrittenen Konventionalismus, nach dem die Zeit, bevor sie gemessen wird, erst einmal definiert werden muß, allerdings nicht beliebig, sondern orientiert an der möglichst einfachen Gestalt der Naturgesetze: »Die Gleichzeitigkeit zweier Ereignisse oder ihre Aufeinanderfolge und die Gleichheit zweier Zeiträume müssen derart definiert werden, daß der Wortlaut der Naturgesetze so einfach wie möglich wird. Mit anderen Worten, alle diese Regeln, alle diese Definitionen sind nur die Früchte eines unbewußten Opportunismus.«[79]

Dieser unbewußte Opportunismus hatte deshalb so gut funktioniert und große Macht über die Gemüter erlangt, weil sich das naive Zeitgefühl und die Newtonsche Gravitationstheorie in ihm getroffen hatten. Eine gute Gelegenheit, ihn zu reflektieren und auf die Ebene eines aufgeklärten Opportunismus zu heben, bot die Elektronentheorie von Lorentz durch die Einführung einer transformierten »Ortszeit« $t' = (t - vx/c^2)$ für Bezugssysteme, die sich mit der Geschwindigkeit v gegenüber dem Äther bewegen. Lorentz hielt jedoch an der Vorstellung der einen »wahren« Zeit fest und sah in der »Ortszeit« nur einen mathematischen Kunstgriff.

Eine physikalische Interpretation für die Lorentzsche Ortszeit lieferte Poincaré durch die Angabe eines Verfahrens, Uhren durch Lichtsignale zu synchronisieren. Es ist übrigens genau das gleiche Verfahren, das Einstein als ein wesentliches Element beim Aufbau der Relativitätstheorie benutzen wird. Insofern entsteht der Eindruck, als sei Poincaré ganz nahe an die Relativitätstheorie herangekommen. Aber er dachte nie an weiterführende Modifikationen, sondern meinte ebenso wie Lorentz, die auf diese Weise gerichteten Uhren zeigten »nicht die wahre Zeit, sie zeigen, was man ›lokale Zeit‹ nennen könnte«.[80] So bestätigte Poincaré nachgerade den von ihm selbst analysierten »unbewußten Opportunismus«, indem ihm die potentielle Tragweite seiner Analysen über die Zeit entging und er letztlich im begrifflichen Rahmen der Lorentzschen Theorie verharrte. Deshalb, aber nicht nur deshalb, war es jemand anderem vorbehalten, die Relativitätstheorie zu finden.

Über die Hintergründe des Geniestreichs, mit dem Einstein den gordischen Knoten durchschlug, ist in der Arbeit vom Juni 1905 nichts zu finden. Später hat er sich dazu nur in ebenso auffälliger wie bedauernswerter Kürze geäußert. Das erste Mal geschah das in einer gegen Ende des Jahres 1907 geschriebenen großen Übersichtsarbeit für das ›Jahrbuch der Radioaktivität und Elektronik‹[81], die noch öfter als *Jahrbuchartikel* erwähnt werden wird. »Es zeigte sich aber überraschenderweise, daß es nur nötig war, den Begriff der Zeit genügend scharf zu fassen, um über die... Schwierigkeit hinwegzukommen. Es bedurfte nur der Erkenntnis, daß man eine von H. A. Lorentz eingeführte Hilfsgröße, welche er ›Ortszeit‹ nannte, als ›Zeit‹ schlechthin definieren kann.«[82]

Einsteins spätere Mitteilungen fallen eher noch lakonischer aus. 1920 schrieb er: »Erst nach jahrelangem Tasten bemerkte ich, daß die Schwierigkeit auf der Willkür der kinematischen Grundbegriffe beruhte.«[83] Vier Jahre später: »Durch eine Revision des Begriffes der Gleichzeitigkeit unter gestaltbarer Form gelangte ich so zur speziellen Relativitätstheorie...«[84] Ausführlicheres ist nirgends zu finden. Kam in einer Unterhaltung die Genese dieser Theorie zur Sprache, drückte sich Einstein »in einer sonderbar unpersönlichen Weise aus. Er nannte die Geburtsstunde der Relativitätstheorie ›den Schritt‹.«[85] So wissen wir zwar, daß die Geburtsstunde auf jenen schönen Maiabend fällt, als Einstein mit Besso sein »schwieriges Problem« erörtert hatte, wir wissen auch, daß Einstein seine Lösung durch »eine Analyse des Begriffs der Zeit«[86] gefunden hatte, aber was die beiden besprochen hatten, wie der entscheidende Gedanke ans Licht trat und wie Einstein unmittelbar danach sein Problem »vollständig gelöst« hatte – darüber liegt das Dunkel einer Maiennacht.

Was also geschah in dem Gespräch mit Besso? Natürlich kann man darüber nur Vermutungen anstellen, aber nach allem, was wir über Einsteins Lektüre und Kenntnisstand zusammengetragen haben und was als in den ›Annalen‹ gedruckte Arbeit vorliegt, doch nicht ganz unbegründete Vermutungen.

Die beiden Freunde dürften danach eine jener Arbeiten zur Hand gehabt haben, in denen Poincaré sein Verfahren zur Synchronisation von Uhren als äquivalent zur Lorentzschen »Ortszeit« skizziert, entweder den in Saint Louis gehaltenen Vortrag von 1904 oder den Beitrag in der Lorentz-Festschrift von 1900. Letztere wird Einstein ein Jahr später in anderem Zusammenhang einmal zitieren[87], sie muß also in Bern für ihn zugänglich gewesen sein. Poincarés Vortrag über »Stand und

Zukunft der mathematischen Physik« hätte er entweder in einer verbreiteten Zeitschrift[88] oder in einem druckfrischen Exemplar der Essay-Sammlung über den »Wert der Wissenschaft«[89] finden können. Einstein und Besso müssen in ihrem Gespräch dem Poincaréschen Synchronisationsverfahren Aspekte abgewonnen haben, die der Urheber nicht gesehen hatte. Wie wäre es, dürften sich die durch intensive Lektüre von Hume, Mach und nicht zuletzt Poincaré in ihrem Glauben an eine »wahre« Zeit skeptisch gewordenen Freunde gefragt haben, wenn die nach Poincarés Verfahren definierte Zeit nicht bloß der mathematische Kunstgriff der Lorentzschen »Ortszeit« wäre, sondern schon alles, was man in der Physik von einem sinnvollen Begriff der Zeit überhaupt fordern kann? Das gäbe zwar für jedes Inertialsystem eine andere »Zeit«, aber die Konstanz der Lichtgeschwindigkeit für jeden Beobachter wäre der Poincaréschen Definition der Gleichzeitigkeit inhärent und müßte nicht, wie bei Lorentz, durch eine mühsame Anpassung der Theorie an die Erfahrung erst erzwungen werden.

Über die Fruchtbarkeit dieses zunächst überaus verwegenen Gedankens könnte Einstein anschließend zu Hause ein Licht aufgegangen sein, indem es ihm nämlich gelang, die von Lorentz als unabhängige Hypothese in die Theorie eingeführte »Lorentz-Fitzgerald-Kontraktion« aus diesem modifizierten Zeitbegriff ohne weitere Annahmen zwanglos abzuleiten und dadurch eine Transformation der Ortskoordinaten zu gewinnen. Als geübter Elektrodynamiker wird er sich dann daran gemacht haben, das Verhalten der Maxwell-Lorentz-Gleichungen unter diesen Transformationen zu untersuchen. Als sich im Verlauf nächtlichen Rechnens zeigte, daß diese Gleichungen invariant sind und überdies die ebenfalls als selbständige Hypothese in die Elektronentheorie eingebrachte Lorentzkraft sich zwanglos aus dem Transformationsverhalten ergab, da war praktisch schon alles vollbracht: Relativitätsprinzip und universelle Konstanz der Lichtgeschwindigkeit, Maxwellsche Theorie und Lorentztransformationen, alles fügte sich aufs wunderbarste zusammen, und am nächsten Morgen schon jubelte Einstein dem Freund Besso zu, er habe das Problem »vollständig gelöst«.

Diese Entdeckung war zweifellos Einsteins intensivstes Erlebnis. Die fünf Wochen, die er bis zur druckreifen Ausarbeitung brauchte, waren eine glückliche Zeit immer wieder bestätigten Hochgefühls. Es verschlug ihm die Sprache. Dem Kollegen Sauter sagte er nur: »Meine Freude ist unbeschreiblich.«[90]

5. Die Relativitätstheorie – »eine Modifikation der Lehre von Raum und Zeit«

Stil und Struktur von Einsteins Arbeit *Zur Elektrodynamik bewegter Körper* lassen die Erwartung des Autors erkennen, daß sie nicht nur in die ›Annalen der Physik‹ eingehen würde, sondern in die Annalen der Geschichte. Entsprechend sorgfältig hat Einstein diesen Text gestaltet, und das Resultat zeugt in seinem axiomatischen Aufbau zugleich vom Neuen wie auch schon vom Endgültigen.

Einer programmatischen und überaus dichten Einleitung folgt ein erster, »Kinematischer Teil« überschriebener Komplex, dem sich ein zweiter »Elektrodynamischer Teil« anschließt. Jeder dieser Teile ist wiederum streng symmetrisch in fünf Abschnitte gegliedert. Dem Freund Conrad Habicht hatte Einstein angekündigt, daß ihn »der rein kinematische Teil... sicher interessieren«[1] werde, und tatsächlich enthalten die beiden ersten Abschnitte dieses Teils auf nur fünf Druckseiten schon alles Wesentliche der neuen Auffassung von Zeit und Raum. In den nächsten drei Abschnitten des ersten Teils werden rein deduktiv Konsequenzen, die kinematische Struktur der Raum–Zeit betreffend, hergeleitet. Im zweiten Teil werden zur Nutzanwendung des Vorangegangenen zentrale Probleme der Elektrodynamik in dem neuen Gewand dargestellt, wodurch Einsteins auf Prinzipien basierende Vorgehensweise triumphal bestätigt wird.

Schon dieser Aufbau mit dem Vorrang der Kinematik vor der Dynamik kündigt an, daß es sich bei Einsteins Arbeit nicht um eine Fortschreibung der zeitgenössischen Diskussion handelt, sondern um eine Revision, welche die Fundamente des Begriffsgebäudes der gesamten Physik verändern wird. – Unter Kinematik wird die Lehre von den rein geometrischen Bewegungsverhältnissen der Körper ohne Berücksichtigung von Kräften verstanden. Werden Kräfte einbezogen, so sprechen Physiker von Dynamik. Wie schon den Inhaltsverzeichnissen der ›Annalen‹ zu entnehmen ist, konzentrierte sich das Augenmerk aller berühmten Zeitgenossen auf die Dynamik, während die Kinematik allenfalls durch theoretische Fortbildungen der Dynamik gewisse Modifikationen erfahren sollte. Der Titel von Einsteins Arbeit – *Zur Elektrodynamik bewegter Körper* – entspricht durchaus dieser Tradition, nicht jedoch ihr Inhalt: Einstein gewann durch eine neue Kinematik zugleich eine neue Dynamik und damit eine neue Physik.

3. *Zur Elektrodynamik bewegter Körper;* *von A. Einstein.*

Daß die Elektrodynamik Maxwells — wie dieselbe gegenwärtig aufgefaßt zu werden pflegt — in ihrer Anwendung auf bewegte Körper zu Asymmetrien führt, welche den Phänomenen nicht anzuhaften scheinen, ist bekannt. Man denke z. B. an die elektrodynamische Wechselwirkung zwischen einem Magneten und einem Leiter. Das beobachtbare Phänomen hängt hier nur ab von der Relativbewegung von Leiter und Magnet, während nach der üblichen Auffassung die beiden Fälle, daß der eine oder der andere dieser Körper der bewegte sei, streng voneinander zu trennen sind. Bewegt sich nämlich der Magnet und ruht der Leiter, so entsteht in der Umgebung des Magneten ein elektrisches Feld von gewissem Energiewerte, welches an den Orten, wo sich Teile des Leiters befinden, einen Strom erzeugt. Ruht aber der Magnet und bewegt sich der Leiter, so entsteht in der Umgebung des Magneten kein elektrisches Feld, dagegen im Leiter eine elektromotorische Kraft, welcher an sich keine Energie entspricht, die aber — Gleichheit der Relativbewegung bei den beiden ins Auge gefaßten Fällen vorausgesetzt — zu elektrischen Strömen von derselben Größe und demselben Verlaufe Veranlassung gibt, wie im ersten Falle die elektrischen Kräfte.

Beispiele ähnlicher Art, sowie die mißlungenen Versuche, eine Bewegung der Erde relativ zum „Lichtmedium" zu konstatieren, führen zu der Vermutung, daß dem Begriffe der absoluten Ruhe nicht nur in der Mechanik, sondern auch in der Elektrodynamik keine Eigenschaften der Erscheinungen entsprechen, sondern daß vielmehr für alle Koordinatensysteme, für welche die mechanischen Gleichungen gelten, auch die gleichen elektrodynamischen und optischen Gesetze gelten, wie dies für die Größen erster Ordnung bereits erwiesen ist. Wir wollen diese Vermutung (deren Inhalt im folgenden „Prinzip der Relativität" genannt werden wird) zur Voraussetzung erheben und außerdem die mit ihm nur scheinbar unverträgliche

Erste Seite der Relativitätsarbeit aus den ›Annalen der Physik‹, 1905

Wie in der Arbeit zum »heuristischen Gesichtspunkt« der Lichtquanten beginnt Einstein auch dieses Mal mit der Exposition eines Widerspruchs: »Daß die Elektrodynamik Maxwells – wie dieselbe gegenwärtig aufgefaßt zu werden pflegt – in ihrer Anwendung auf bewegte Körper zu Asymmetrien führt, welche den Phänomenen nicht anzuhaften scheinen, ist bekannt.«[2] In diesem ersten Satz behauptet Einstein nicht etwa, daß an der Theorie irgend etwas falsch sei, sondern nur, daß sie falsch interpretiert wird. Trotzdem wird das den ganzen Unterschied ausmachen, denn eine angemessene Interpretation muß nach seiner implizite angedeuteten Forderung die Symmetrien der Phänomene auch in der Theorie widerspiegeln, was eine tiefgreifende Änderung der Grundbegriffe nötig macht.

Allerdings hatte niemand sonst in diesen Asymmetrien ein diskussionswürdiges Problem gesehen, so daß der erste Satz trotz des schlußendlichen »...ist bekannt« dringend der Erläuterung bedarf. Einstein gibt sie am Beispiel des bereits erwähnten Induktions-Experiments von Faraday und greift damit eines der Leitmotive seiner jahrelangen Grübeleien auf: Obwohl Stärke und Richtung des induzierten Stromes nur von der Relativbewegung von Leiter und Magnet abhängen, unterscheidet die Theorie, »wie dieselbe gegenwärtig aufgefaßt zu werden pflegt«, streng zwischen der Situation des bewegten Magneten und des ruhenden Leiters einerseits und dem umgekehrten Fall andererseits. Daß Einstein diese Asymmetrie als »unerträglich«[3] empfand, gehörte freilich nicht in eine wissenschaftliche Veröffentlichung.

Anschließend stellt Einstein zwischen diesen »unerträglichen« Asymmetrien und einer Klasse von Experimenten, die aus einem ganz anderen Problembereich zu stammen scheinen, eine überraschende Verbindung her:

> Beispiele ähnlicher Art, sowie die mißlungenen Versuche, eine Bewegung der Erde relativ zum »Lichtmedium« zu konstatieren, führen zu der Vermutung, daß dem Begriff der absoluten Ruhe nicht nur in der Mechanik, sondern auch in der Elektrodynamik keine Eigenschaften der Erscheinungen entsprechen...

Die Asymmetrie der theoretischen Beschreibung der Leiter-Magnet-Situation im Induktionsexperiment und die Ätherdrift-Experimente haben auf den ersten Blick rein gar nichts miteinander zu tun. Daß Einstein in seinen intensiven Grübeleien gesehen hat, wie eng beide in der Problematik der Relativbewegung zusammenhängen, ist ein Geniestreich, der die Schwierigkeiten in der Interpretation der Maxwellschen Theorie wie in einem Brennglas bündelt und geradewegs zum Relativitätsprinzip als Wegweiser bei der Lösung führt.

Denn ein System der absoluten Ruhe hat »unerträgliche« Asymmetrien zur Folge und ist zudem durch Ätherdrift-Experimente oder sonstige Methoden gar nicht identifizierbar. Ein solches metaphysisches Ungeheuer ist physikalisch also sinnlos und sollte nach dem Vorbild von »Occams Rasiermesser«, das Ernst Mach für die Physik aktualisiert hatte, aus der Theorie verbannt werden. Deshalb fährt Einstein fort

> daß vielmehr für alle Koordinatensysteme, in denen die mechanischen Gleichungen gelten, auch die gleichen elektrodynamischen und optischen Gesetze gelten, wie dies für Größen erster Ordnung bereits erwiesen ist.[4]

Dieser Vorschlag ist die durch Poincaré aktualisierte, zeitgemäße Variante von Galileis geradlinig gleichförmig bewegter Schiffskabine, deren Insassen nie und nimmer herausfinden können, ob sie sich in Ruhe oder in Bewegung befindet, welche mechanischen oder elektrodynamisch-optischen Experimente sie auch anstellen mögen.

Daran anschließend komprimiert Einstein die ganze Spannweite seines Nachdenkens, vom Gedankenexperiment aus den Schülertagen in Aarau bis zu den Finessen der Maxwell-Lorentzschen Theorie, in einem einzigen Satz, der auch schon die Andeutung der Lösung enthält:

> Wir wollen diese Vermutung (deren Inhalt im folgenden »Prinzip der Relativität« genannt werden wird) zur Voraussetzung erheben und außerdem die mit ihm nur scheinbar unverträgliche Voraussetzung einführen, daß sich das Licht im leeren Raum stets mit einer bestimmten, vom Bewegungszustande des emittierenden Körpers unabhängigen Geschwindigkeit c fortpflanze.[5]

Nicht explizit gesagt, aber im Lichte des »Prinzips der Relativität« selbstverständlich mit gemeint ist dabei, daß die Konstanz der Lichtgeschwindigkeit nicht nur für einen einzigen Beobachter gilt, der zum Beispiel bei der Quelle sitzt, sondern für jeden Beobachter.

Diese beiden Voraussetzungen sind nach der Newtonschen Mechanik nicht miteinander in Einklang zu bringen, und so wird Einsteins wichtigste Aufgabe in dem Nachweis bestehen, daß diese Unverträglichkeit nur, wie er sagt, »scheinbar« ist. Ebenso lakonisch wie entschieden kündigt Einstein an, der »Lichtäther« werde sich dabei »als überflüssig erweisen«, womit eine das ganze 19. Jahrhundert bestimmende Konzeption als erledigt abgetan wird. Zum Schluß der Einleitung weist Einstein darauf hin, daß sich seine Theorie auf die Kinematik des starren Körpers stützen wird, »da die Aussagen einer jeden Theorie Beziehungen zwischen starren Körpern (Koordinatensystemen), Uhren und elektromagnetischen Prozessen betreffen«.[6] Damit deutet er an, daß es sich bei seinem »neuen Denken« um eine Interpretation von Raum und Zeit in der Konkretisierung des Messens räumlicher und zeitlicher Abstände handeln wird – es geht letztlich um eine Theorie des Messens als neue Voraussetzung aller Physik. Etwas derart Elementares hatte niemand für nötig oder auch nur für sinnvoll gehalten. Die Meßprozeduren für Raum und Zeit waren trotz der Komplikationen der Lorentzschen Theorie so fest im nachgerade vorwissenschaftlichen, unbewußten »alten Denken« der Physiker als Selbstverständlichkeiten verankert, daß sogar dem zu mancherlei tiefgreifender Kritik ansetzenden Poincaré der Durchbruch zu einer entscheidenden Revision nicht gelungen ist.

Bevor wir uns der neuen Auffassung von Raum und Zeit zuwenden, mag es sinnvoll sein, den methodischen Status der beiden Voraussetzungen Einsteins zu beleuchten, das »Prinzip der Relativität« und das der universellen Konstanz der Lichtgeschwindigkeit.

Beide Prinzipien sind, wie es für eine physikalische Theorie selbstverständlich ist, auf Erfahrung bezogen, aber sie sind keineswegs eine direkte Folgerung aus der Erfahrung. Das »Prinzip der Relativität« ist zwar der Mechanik inhärent, aber nicht der auf dem Äther basierenden Elektrodynamik. Erst mit großen theoretischen Anstrengungen konnte es als eine Verallgemeinerung bis zu Größen »erster Ordnung« in v/c »gerettet« werden. Daher bedeutet es einen beträchtlichen Schritt über alle Empirie hinaus, wenn Einstein es nun zum allgemeingültigen Postulat erhebt, sich dabei mindestens ebenso stark auf erkenntniskritische Überlegungen stützend wie auf die Erfahrung.

Das auf postulierten Prinzipien beruhende Vorgehen Einsteins wird vollends bei der zweiten Voraussetzung deutlich. Die Unabhängigkeit der Lichtgeschwindigkeit vom Bewegungszustand der Quelle ist nämlich ein rein empirischer Tatbestand, der so oder auch ganz anders ausfallen könnte. Im *Jahrbuchartikel* wird Einstein zweieinhalb Jahre später darauf eingehen: Ob diese Voraussetzung »in der Natur wirklich erfüllt sei, ist keineswegs selbstverständlich, doch wird dies – wenigstens für ein Koordinatensystem von bestimmtem Bewegungszustande – wahrscheinlich gemacht durch die Bestätigungen, welche die auf die Voraussetzung eines absolut ruhenden Äthers gegründete Lorentzsche Theorie durch das Experiment erfahren hat«.[7] Direkte experimentelle Evidenz zugunsten dieses Postulats war zu Anfang des Jahrhunderts nicht beizubringen.[8] Daher ist diese Voraussetzung keine zwingende Konsequenz aus der Erfahrung, sondern wird vielmehr erst durch den Erfolg gerechtfertigt, der nach

Einsteins Ankündigung darin besteht, daß »diese beiden Voraussetzungen genügen, um zu einer einfachen und widerspruchsfreien Elektrodynamik bewegter Körper zu gelangen unter Zugrundelegung der Maxwellschen Theorie für ruhende Körper«.[9] Somit hatte Einstein in seinen beiden Prinzipien jenen festen Grund erreicht, der nach dem Vorbild der Thermodynamik »zu gesicherten Ergebnissen führen könnte«.[10]

Diesem von postulierten Prinzipien ausgehenden, axiomatischen Verfahren tut man durchaus nicht unrecht, wenn man ihm nachsagt, es folge der ansonsten problematischen Maxime, daß der Erfolg die Mittel heilige. Schöner und trotz ganz anderer Bezüge das Einsteinsche Vorgehen hübsch pointierend klingt das bei Goethe, der seinem Freunde Zelter einmal empfahl: »Die größte Kunst im Lehr- und Weltleben besteht darin, das Problem in ein Postulat zu verwandeln, damit kommt man durch.«[11] Allerdings mußte Einstein, um durchzukommen, erst die »scheinbare Unverträglichkeit« der beiden Prinzipien auflösen.

Der alles entscheidende Schritt war die »Relativierung« von Raum und Zeit, genauer eine sorgfältige Untersuchung dessen, was man in der Physik unter der Messung von Zeitintervallen zu verstehen hat. Erst die hierfür im Einklang mit den beiden Prinzipien getroffenen Festsetzungen bilden zusammen mit diesen Prinzipien das Fundament, aus dem sich alles herleiten läßt, was die »Spezielle Relativitätstherorie« umfaßt.

Die Formulierung, in der die Theorie das Licht der Welt erblickte, ist heute allerdings kaum noch bekannt. Spätere Darstellungen, auch von Einstein selbst, setzen die Akzente etwas anders[12], und die meisten Lehrbücher sowie auch anspruchsvollere Popularisierungen folgten ihnen darin.[13] Das »neue Denken« wird aber nirgends so deutlich wie in Einsteins Arbeit aus dem Jahre 1905, insbesondere in den ersten Abschnitten des »Kinematischen Teils«. Diesen Auftakt ausführlicher darzustellen ist ebenso reizvoll wie unverzichtbar, während der Inhalt der späteren Abschnitte hier nur in seinen wesentlichsten Aspekten skizziert werden soll.

Der erste Abschnitt ist mit »Definition der Gleichzeitigkeit« überschrieben. Das klingt nach einer Trivialität, denn jeder glaubt zu wissen, was Gleichzeitigkeit bedeutet, aber Einstein muß es ganz genau wissen und ganz genau formulieren. Dazu geht er von einem »ruhenden System« aus, dem üblichen dreidimensionalen euklidischen Raum in kartesischen Koordinaten, in dem die Bewegung eines »materiellen Punktes« durch die Angabe seiner Koordinaten als Funktionen der Zeit beschrieben wird. Das ist so konventionell, daß mancher Leser sich gefragt haben mag, warum es überhaupt erwähnt wird. Aber Einstein fährt fort, »daß eine derartige mathematische Beschreibung erst dann einen physikalischen Sinn hat, wenn man sich vorher darüber klar geworden ist, was hier unter ›Zeit‹ verstanden wird«.[14] Damit läßt er durchblicken, daß man es bislang nicht verstanden hat, und offensichtlich geschult durch Poincarés Kritik des gängigen Zeitverständnisses, macht er klar, »daß alle unsere Urteile, in welchen die Zeit eine Rolle spielt, immer Urteile über gleichzeitige Ereignisse sind«. Damit die Bedeutung dieser Behauptung auch von niemandem übersehen werde, illustriert sie Einstein mit dem wohl schlichtesten Satz, der jemals in den ›Annalen‹ gedruckt wurde: »Wenn ich z. B. sage: ›Jener Zug kommt hier um 7 Uhr an‹, so heißt dies etwa: ›Das Zeigen des kleinen Zeigers meiner Uhr auf 7 und das Ankommen des Zuges sind gleichzeitige Ereignisse.‹ «[15]

Damit ist eine »Zeit« ausreichend festgelegt, zunächst aber nur für den Ort der Uhr. Alle, die jemals über die Zeit nachgedacht haben, ob sie nun Physiker waren oder nicht, haben dieses einleuchtende Verständnis der Zeit ohne viel Aufhebens über das ganze Universum erstreckt, so daß die Zeigerstellung der Berner Bahnhofsuhr nicht nur für Genf oder Zürich, sondern auch für den Mond oder den Sirius die »wahre« Zeit anzeigt. Das könnte sogar richtig sein, wenn Signale sich momentan oder, was das gleiche ist, mit unendlicher Geschwindigkeit ausbreiten würden.

Einstein geht es jedoch um die Elektrodynamik bewegter Körper, und darum ist es sinnvoll, die in der Maxwell-Lorentzschen Theorie herausragend bedeutsame Lichtgeschwindigkeit ins Spiel zu bringen, die zwar sehr groß, aber doch endlich ist. Deshalb besteht Einstein darauf, daß diese Definition der Gleichzeitigkeit ausschließlich für den Ort der Uhr gilt. Sie sagt nichts über die Zeit aus, »sobald es sich darum handelt, an verschiedenen Orten stattfindende Ereignisreihen miteinander zeitlich zu verknüpfen, oder – was auf dasselbe hinausläuft – Ereignisse zeitlich zu werten, welche in von der Uhr entfernten Orten stattfinden«.[16] Dazu bedarf es einer Festsetzung über die Zuordnung der Zeiten an räumlich getrennten Orten, die operational durch konkrete Uhren und reale physikalische Prozesse zu erfolgen hat.

Diese Zuordnung erreicht Einstein durch die Angabe eines Synchronisationsverfahrens, das aufs Haar dem von Poincaré vorgeschlagenen gleicht. Es sei in voneinander entfernten Raumpunkten A und B durch Uhren gleicher Beschaffenheit jeweils eine »A-Zeit« und eine »B-Zeit« gegeben. Die für A und B gemeinsame Zeit ist für Einstein nicht etwas Vorhandenes, das irgendwie aufgefunden werden könnte, sondern sie muß vom Physiker mit adäquaten Mitteln erst hergestellt werden. Sie

> kann nun definiert werden, indem man durch Definition festsetzt, daß die »Zeit«, welche das Licht braucht, um von A nach B zu gelangen, gleich ist der »Zeit«, welche es braucht, um von B nach A zu gelangen. Es gehe nämlich ein Lichtstrahl zur »A-Zeit« t_A von A nach B ab, werde zur »B-Zeit« t_B in B reflektiert und gelange zur »A-Zeit« t'_A nach A zurück. Die beiden Uhren laufen definitionsgemäß synchron, wenn
> $t_B - t_A = t'_A - t_B$.[17]

Mit dieser Definition lassen sich alle Uhren in beliebigen Raumpunkten B nach der »A-Zeit« einer Uhr im Punkt A ausrichten gemäß der Vorschrift: $t_B = 1/2\,(t'_A + t_A)$.[18] Für das »ruhende System«, für das diese Betrachtungen zunächst durchgeführt wurden, läßt sich »der Erfahrung gemäß«, also entsprechend der Maxwell-Lorentzschen Theorie, festsetzen, daß die Lichtgeschwindigkeit im leeren Raum eine universelle Konstante ist. Damit hat Einstein einen Zeitbegriff gewonnen, der sich von dem der Newtonschen Theorie, in dem die »A-Zeit« ebenso wie jede »B-Zeit« schon für das gesamte Universum gelten konnte, fundamental unterscheidet. Diese neue Definition der Zeit wäre schon für die Lorentzsche Theorie mit dem ruhenden Äther sinnvoll, da sie letztlich der Lorentzschen Ortszeit äquivalent ist; Poincaré hatte das bemerkt, aber nicht fruchtbar gemacht.

Einstein dagegen wird aus diesen sorgfältigen, vielleicht sogar übertrieben pedantisch anmutenden Überlegungen wichtige Konsequenzen ziehen, wenn im nächsten Abschnitt starre Körper, Uhren und Beobachter in relativer Bewegung zueinander betrachtet werden.

Zum Auftakt des zweiten Abschnitts, der den Titel »Über die Relativität von Längen und Zeiten« trägt, formuliert Einstein noch einmal so präzise wie möglich seine beiden Prinzipien. Dann folgt unvermittelt und bar jeder Überleitung: »Es sei ein ruhender Stab gegeben; derselbe besitze, mit einem ebenfalls ruhenden Maßstab gemessen, die Länge *l*.« Nun denke man sich den Stab in eine Bewegung mit der konstanten Geschwindigkeit v versetzt. Einstein fragt jetzt nach der Länge des bewegten Stabes und beschreibt, wie diese durch zwei grundverschiedene Operationen ermittelt werden kann.

Dabei benutzt Einstein allerdings eine beinahe »vorrelativistisch« zu nennende Redeweise, wenn er in diesem gesamten Abschnitt von einem »ruhenden« System spricht, in dem entweder der ruhende oder der bewegte Stab beobachtet wird. Diese Formulierung läßt zwar den Hintergrund der Lorentzschen Theorie zum ruhenden Äther durchscheinen, führt aber zu Verwicklungen, bei denen auch ein aufmerksamer Leser leicht den Faden verlieren kann. Deshalb werden wir zwei Bezugssysteme verwenden, zwar abweichend von Einsteins Text, aber ohne Änderung der Argumentation, und zudem dadurch gerechtfertigt, daß Einstein im nächsten Abschnitt selbst zu dieser durchsichtigeren Darstellungsweise übergeht.

Es seien also zwei Bezugssysteme k und K gegeben, beide versehen mit Maßstäben und synchronisierten Uhren, zunächst in relativer Ruhe und deckungsgleich. Die Länge des zur x-Achse parallel angeordneten Stabes hat in beiden Systemen selbstverständlich den gleichen Betrag l. Dann werden der Stab und das System k beschleunigt, bis sie sich längs der x-Achse mit konstanter Geschwindigkeit v gegenüber K bewegen, wobei der Stab in k ruht, in K aber mit v bewegt ist. Die Länge des Stabes in k kann man sich nun durch »zwei Operationen ermittelt denken«.[19]

Zunächst bestimme ein Beobachter in k durch Anlegen von Maßstäben die Länge des in k ruhenden Stabes. »Nach dem Relativitätsprinzip« muß diese Länge gleich der Länge l des in K ruhenden Stabes sein. Jede Abweichung würde die Gleichwertigkeit der beiden Systeme aufheben und damit das Relativitätsprinzip verletzen. Während hier – natürlich auch ohne Relativitätsprinzip – niemand etwas anderes erwarten würde, folgt bei der zweiten Operation sogleich die Überraschung.

Ein Beobachter im System K, gegenüber dem sich der Stab also mit der Geschwindigkeit v bewegt, bestimmt mittels seiner synchronisierten Uhren, wo sich Anfangspunkt A und Endpunkt B des Stabes in einem bestimmten Moment befinden. Wird die Entfernung dieser beiden Punkte mit den Maßstäben von K ausgemessen, erhält man »ebenfalls eine Länge, welche man ›Länge des Stabes‹ nennen kann«.[20] Es ist dies die Länge r_{AB} des bewegten Stabes im System K. Einstein kündigt an, er werde diese Länge »unter Zugrundelegung unserer beiden Prinzipien bestimmen und finden, daß sie von l verschieden ist«.[21]

Dies ist ein eklatanter Unterschied zur Intuition des Alltagsverstandes wie zur jahrhundertelang bewährten kinematischen Basis der Physik, wonach die Länge eines Stabes ganz unabhängig davon ist, ob er für den Beobachter ruht oder bewegt ist. Im *Jahrbuchartikel* wird Einstein diejenige Länge, die ein bei dem Stab ruhender Beobachter durch

Anlegen von Maßstäben ermittelt, die »geometrische Gestalt« nennen, während es sich bei der Länge eines bewegten Stabes um die »kinematische Gestalt« handelt. »Es ist klar, daß relativ zu einem Bezugssystem K ruhende Beobachter nur die auf K bezogene kinematische Gestalt eines relativ zu K bewegten Körpers zu ermitteln vermögen, nicht aber seine geometrische Gestalt.«[22]

Für die Bestimmung der kinematischen Eigenschaften des in k ruhenden, in K aber bewegten Stabes denke man sich an den beiden Stabenden A und B Uhren angebracht, die mit denen im System K synchronisiert sind, die also die gleiche Zeit anzeigen wie die Uhren von K. »Wir denken uns ferner«, fährt Einstein in der Beschreibung seines Gedankenexperiments fort, »daß sich bei jeder Uhr ein mit ihr bewegter Beobachter befinde, und daß diese Beobachter auf die beiden Uhren das in § 1 aufgestellte Kriterium für den Gang zweier Uhren anwenden.«[23] Zur Zeit t_A wird also von A ein Lichtstrahl emittiert, der zur Zeit t_B bei B reflektiert wird und zur Zeit t'_A wieder bei A eintrifft. Alle Zeiten, und darauf weist Einstein in einer Fußnote eigens hin, sind solche des Systems K. Wenn man die Konstanz der Lichtgeschwindigkeit in K berücksichtigt, sind die entsprechenden Zeitdifferenzen bei Hin- und Rückweg

$$c\,(t_B - t_A) = r_{AB} + v(t_B - t_A)$$
$$c\,(t'_A - t_B) = r_{AB} - v(t'_A - t_B) \text{ und somit}$$
$$t'_A - t_A = r_{AB}/(c+v) + r_{AB}/(c-v)$$

Wären die Uhren in k, also für mit dem Stab bewegte Beobachter, synchron, müßte $t'_A - t_A = 2\, r_{AB}/c$ gelten. Die Uhren bei A und B sind also mit Uhren in K synchron, nicht aber untereinander für Beobachter in k. Damit hat Einstein gezeigt, »daß wir dem Begriffe der Gleichzeitigkeit keine absolute Bedeutung beimessen dürfen, sondern daß zwei Ereignisse, welche, von einem Koordinatensystem aus betrachtet, gleichzeitig sind, von einem relativ zu diesem System bewegten System aus betrachtet, nicht mehr als gleichzeitige Ereignisse aufzufassen sind«. – Es gibt ebenso viele Zeiten, wie es Inertialsysteme gibt, also unendlich viele. Das ist die zentrale Botschaft von Einsteins kritischen Überlegungen zur Zeit und zugleich der Beweis für die Relativität der Gleichzeitigkeit.

In der Überschrift zum zweiten Abschnitt erwähnt Einstein auch die Relativität von Längen, und im Text kündigt er sogar an, er werde die Länge r_{AB} »bestimmen und finden, daß sie von 1 verschieden ist«. Darauf aber wartet der Leser vergebens. Der Text vermittelt durchaus den Eindruck, als seien ein oder zwei Absätze beim Umbruch verlorengegangen. Wenn Einstein jedoch, was auch denkbar wäre, dies dem Leser als Übung überlassen wollte, so hat er ihn darüber im unklaren gelassen. Die Lücke bleibt unverständlich, auch wenn anhand des bei der Darstellung der Relativität der Zeit Gelernten die Relativität der Längen ohne größere Schwierigkeiten einzusehen ist.

Abschließend sei noch versichert, daß Einstein in den ersten beiden Abschnitten nicht mehr »Mathematik« verwendet hat, als wir in unserer Darstellung wiedergegeben haben.

Die Erkenntnis, daß jedes Inertialsystem seine eigene Zeit hat und sich auch die kinematischen Längen in verschiedenen Inertialsystemen unterscheiden, kann für die Physik freilich erst dann fruchtbar werden, wenn man Beziehungen zwischen diesen Zeiten und Längen auffinden kann. Dieser Aufgabe wendet sich Einstein im dritten Abschnitt zu, in dem er eine »Theorie der Koordinaten- und Zeittransformationen« entwickelt. Er präsentiert eine rein kinematische Deduktion, die auf keinerlei sonstige physikalische Annahmen oder Theorien rekurriert, sondern sich lediglich auf die beiden Prinzipien und auf die Definition der Zeit stützen soll. Diese Reduzierung der Annahmen unterstreicht Einsteins Bestreben, die gesuchten Transformationen als die Struktur von Raum und Zeit und damit alle Physik betreffend nachzuweisen und nicht bloß als ein Charakteristikum einer speziellen Theorie wie der Lorentzschen Elektrodynamik.

Es seien also zwei Koordinatensysteme k und K mit gemeinsamer x-Achse gegeben. k bewege sich mit der Geschwindigkeit v gegenüber K und somit K mit $-v$ gegenüber k. In der »herkömmlichen Kinematik«, also gemäß der durch Galilei und Newton geprägten Auffassung von Raum und Zeit, gelten dann als Galilei-Transformationen die einfachen Beziehungen $x' = x-vt$, und $t' = t$, wobei die »gestrichenen« Koordinaten jene in k bezeichnen, die ungestrichenen jene in K. Hat die Lichtgeschwindigkeit in K den Wert c, so beträgt er in k gemäß der Galilei-Transformation $c-v$. Das ist im Widerspruch zu Einsteins zweitem Prinzip von der universellen Konstanz der Lichtgeschwindigkeit, weshalb andere Transformationen die richtigen sein müssen.

Einstein geht also davon aus, daß im System K ruhende, durch Lichtsignale synchronisierte Uhren eine Zeit t bestimmen, während in k ruhende, in nämlicher Weise gerichtete Uhren eine Zeit t' bestimmen. Es gilt dann, eine Beziehung zwischen t' und t und auch zwischen x' und x zu finden. Nach einer etwas längeren, vier Druckseiten umfassenden Herleitung der Transformationen, die übrigens wie der gesamte »Kinematische Teil« mit durchaus elementarer Mathematik auskommt, erhält Einstein

$$x' = \frac{x - v \cdot t}{\sqrt{1 - v^2/c^2}} \text{ und } t' = \frac{t - v/c^2\, x}{\sqrt{1 - v^2/c^2}}$$

Das sind die gleichen Beziehungen, die Lorentz bereits ein Jahr zuvor angegeben und die Poincaré inzwischen »Lorentz-Transformationen« genannt hatte.[24] Allerdings kannte Einstein weder die Arbeit von Lorentz aus dem Jahre 1904 noch die von Poincaré vom Juni 1905. »In diesem Sinne«, konnte er daher behaupten, »war meine Arbeit von 1905 selbständig.«[25] Selbständig war sie vor allem aber in einer von Lorentz fundamental unterschiedenen Begründung und Interpretation dieser Transformationsgleichungen.

Jedoch muß Einstein wenigstens partiell gewußt haben, was er deduzieren wollte. An einer undurchsichtigen Stelle der Herleitung verwendet er bar jeder Vorwarnung oder Erläuterung eine kleine mathematische Operation, deren Sinn nur dann einzusehen ist, wenn das angestrebte Resultat schon bekannt ist.[26] Dieser versteckte Trick, mit dem er sich an die Lorentz-Transformationen ziemlich gewaltsam »heranrechnet«, nimmt der Deduktion einiges von ihrer Eleganz und Stringenz. Schwerlich kann man glauben, daß Einstein die Formeln auf jenem Wege gefunden hat, den er in seiner Arbeit vorführt, und tatsächlich benutzte er später nie mehr diese holperige Methode.

Unabhängig von der Schlüssigkeit der Herleitung konnte Einstein jedoch ohne Schwierigkeiten und Tricks zeigen, daß seine Transformationsgleichungen die richtigen und insbesondere mit dem Prinzip der Konstanz der Lichtgeschwindigkeit vereinbar sind. Denn eine vom Koordinatenursprung in K ausgehende elektromagnetische Kugelwelle ist bei Verwendung der Lorentz-Transformationen für Zeit- und Raumkoordinaten auch im System k, das gegenüber K mit v bewegt ist, wiederum eine Kugelwelle, die sich in k mit Lichtgeschwindigkeit ausbreitet.[27] Damit hat er den scheinbaren Widerspruch aufgelöst und gezeigt, »daß unsere beiden Grundprinzipien miteinander vereinbar sind«. Die Einzelheiten der einfachen Rechnung überläßt Einstein dem Leser als Übung.

Im *Jahrbuchartikel* wird er den Spieß umdrehen und aus der Forderung, daß eine Kugelwelle in einem Inertialsystem beim Übergang zu jedem anderen Inertialsystem wieder eine Kugelwelle ergeben muß, die Lorentz-Transformationen herleiten. Dieses Verfahren wird sich durchsetzen und einige Jahre später als »klassisch« in die Lehrbücher eingehen.

Die Transformationsgleichung für die Zeit $t' = \frac{t - v \cdot x/c^2}{\sqrt{1 - v^2/c^2}}$

ist jene, die den Unterschied zur Newtonschen Kinematik deutlicher als die für die Ortskoordinaten herausstreicht. In ihrer Verknüpfung der Zeit mit den Raumkoordinaten ist sie die physikalische Basis der vierdimensionalen Darstellung der Relativitätstheorie mit der Zeit als vierter »Dimension«, die Einsteins einstiger Mathematikprofessor Hermann Minkowski drei Jahre später mit einer reichlich pathetischen Ankündigung vorstellen wird: »Von Stund an sollen Raum für sich und Zeit für sich völlig zu Schatten herabsinken und nur noch eine Art Union der beiden soll Selbständigkeit bewahren.«[28] Minkowskis Darstellung ist nicht nur sehr elegant, sondern erwies sich bald auch als sehr nützlich, so daß seine Formulierung in den Lehrbüchern längst Allgemeingut geworden ist. Seine überschäumende Rhetorik und insbesondere die Rede von der Zeit als »vierter Dimension« haben jedoch dem populären Mißverständnis Vorschub geleistet, als sei die Relativitätstheorie erstens mathematisch überaus kompliziert und zweitens als Gedankengebäude so entrückt, daß zu ihrem Verständnis eine Art höherer Erleuchtung nötig sei. Selbstredend ist das nicht der Fall, und es mag ebenso reizvoll wie tröstlich sein, daß Einstein seine Gedanken ohne derartige Aufblähungen formuliert hat.

Mit dem Instrumentarium der Lorentz-Transformationen ist es für Einstein nun ein leichtes, im vierten Abschnitt einige Folgerungen, »bewegte starre Körper und bewegte Uhren betreffend«, zu deduzieren. Für einen »ruhenden« Beobachter erscheint ein mit der Geschwindigkeit v bewegter Maßstab in der Bewegungsrichtung um den Faktor $\sqrt{1-v^2/c^2}$ verkürzt. Das war schon in der Lorentzschen Theorie der Fall, allerdings als dynamischer Effekt durch die Wechselwirkung mit dem Äther, so daß die »Lorentz-Kontraktion« ein asymmetrisches Phänomen war, gültig nur für einen gegen den Äther bewegten Maßstab. In der Einsteinschen Theorie ist es jedoch klar, »daß die gleichen Resultate von im ›ruhenden‹ System ruhenden Körpern gelten, welche von einem gleichförmig bewegten System aus betrachtet werden«.[29] Das genügt Einstein schon, um den Unterschied seiner Theorie zur Lorentzschen Auffassung herauszustellen, obwohl der fundamentaler gar nicht sein kann.

Für Einstein hat die Kontraktion nichts mit irgendwelchen Kraftwirkungen zu tun, sondern sie ist ein rein kinematischer Effekt als Folge der endlichen Lichtgeschwindigkeit. Zudem ist die Kontraktion symmetrisch: Bewegen sich zwei Beobachter A und B relativ zueinander, so erscheinen die für B ruhenden Maßstäbe für den Beobachter A verkürzt, und das gleiche nimmt B in bezug auf die für A ruhenden Maßstäbe wahr. Insofern ist die später oft verständnislos hin- und hergewendete Frage, ob die Kontraktion nun eine »reale« oder nur eine »scheinbare« sei, gegenstandslos: Meßbar ist nur die kinematische Gestalt, und die ist für jeden gegenüber einem Beobachter bewegten Maßstab verkürzt.

Waren die auf der Höhe der Zeit befindlichen Theoretiker mit der Lorentzkontraktion bereits vertraut, so daß sie sich »nur« noch an die rein kinematische, symmetrische Interpretation Einsteins gewöhnen mußten, so erhält Einstein für bewegte Uhren Resultate, die er selbst als »eigentümlich« bezeichnet. Zunächst erkennt er durch einfache Überlegung und noch einfachere Rechnung aufgrund der Transformationsformeln für die Zeit, daß eine bewegte Uhr gegenüber der in einem als »ruhend« angenommenen System gemessenen Zeit zurückbleibt, und zwar um den Betrag $(1 - \sqrt{1-v^2/c^2})$.

Eine derartige »Zeitdilatation« war der Lorentzschen Theorie völlig fremd; hier gab es nur die eine, »wahre« Zeit, und die Transformation der Zeit wurde lediglich als mathematische Hilfskonstruktion aufgefaßt. Daher mußte Einsteins Resultat ebenso wie der Nachweis der Relativität der Gleichzeitigkeit die Zeitgenossen schockieren oder zumindest überraschen, und um die Überraschung perfekt zu machen, treibt Einstein die Konsequenzen noch auf die Spitze.

Es sei also ein System mit einer durch synchronisierte ruhende Uhren definierten Zeit gegeben. Bewegt man die in einem Punkt A befindliche Uhr mit der Geschwindigkeit v zum Punkt B, was die Zeitspanne t dauern möge, so wird diese Uhr nach ihrer Ankunft in B nicht mehr mit der in B befindlichen Uhr synchron sein, sondern um den Betrag $(1 - \sqrt{1-v^2/c^2})\,t$ nachgehen. Da sich durch Aneinanderfügen von Geraden beliebige polygonale Linien erzeugen lassen bis hin zu geschlossenen, bei denen also die Punkte A und B zusammenfallen, gilt für den Transport einer Uhr längs dieser Polygone die gleiche Überlegung wie für eine einzige Gerade. Durch eine approximative Annäherung von Polygonen an stetig gekrümmte Kurven erhält Einstein den bemerkenswerten Satz: »Befinden sich in A zwei synchron gehende Uhren und bewegt man eine derselben auf einer geschlossenen Kurve mit konstanter Geschwindigkeit, bis sie wieder nach A zurückkommt, was t Sek. dauern möge, so geht die letztere Uhr bei ihrer Ankunft in A gegenüber der unbewegt gebliebenen um

$^1/_2\ tv^2/c^2$ Sek. nach.«[30] Und als guter Physiker setzt er noch eine experimentelle Pointe darauf, daß nämlich »eine am Erdäquator befindliche Unruhuhr um einen sehr kleinen Betrag langsamer laufen muß als eine genau gleich beschaffene Uhr an einem der Erdpole«.[31]

So einfach und stringent die Zeitdilatation für geradlinig gleichförmige Bewegungen auch zu deduzieren ist, wenn man Einsteins Definition der Zeit und seine Auffassung der Lorentz-Transformationen einmal akzeptiert hat, so gilt das nicht unbedingt für geschlossene Wege. Offensichtlich sind in diesem Falle die beiden Uhren nicht gleichberechtigt, da auf dem geschlossenen Weg Beschleunigungen ins Spiel kommen, wodurch die sonst in der Relativitätstheorie vorhandene Symmetrie aufgehoben wird. Diese Schwierigkeit sowie der paradoxe Charakter von Einsteins Resultat führte zu ebenso weitläufigen wie kontroversen Erörterungen, sowohl unter den »Relativisten« wie insbesondere denen, die Einsteins Theorie nicht akzeptieren mochten.

Nachgerade populär wurde schließlich das »Zwillings-Paradoxon«, welches darauf basiert, daß biologische Vorgänge trotz ihrer mangelhaften »Ganggenauigkeit« im physikalischen Sinne durchaus als Uhren aufgefaßt werden können. Diesen Gedanken hatte Einstein erstmals bei einem Vortrag in der Zürcher Naturforschenden Gesellschaft am 16. Januar 1911[32] ins Spiel gebracht, was allerdings kaum beachtet wurde. Um so größeres Aufsehen erregte dagegen wenige Monate später eine anschauliche Ausschmückung der Einsteinschen Deduktionen, die der französische Physiker Paul Langevin im April 1911 auf einem Kongreß für Philosophie in Bologna vortrug.[33] Im Auditorium war auch der berühmte Henri Bergson, der sich von Einsteins Ideen ebenso beeindruckt wie zum Widerspruch herausgefordert fühlte, worauf später zurückzukommen sein wird.

Langevin diskutierte als Gedankenexperiment ein Zwillingspaar, von denen der eine auf der Erde verbleibt, während der andere in einer »boulet de Jules Verne« auf eine Reise durchs Weltall befördert wird. Bei einer Geschwindigkeit, die der des Lichts hinreichend nahekommt, könnte der reisende Zwilling nur um zwei Jahre gealtert zur Erde zurückkehren, während sein Bruder längst das Zeitliche gesegnet hat, da auf der Erde die hundertfache Zeitspanne verflossen ist.

Eine derartige Unübersichtlichkeit im Lauf der Zeit, die eklatant dem alltäglichen Empfinden der Zeit zuwiderläuft, war damals ebenso schwer zu fassen wie heute. Kein Wunder also, daß sich die Opposition zur Relativitätstheorie vornehmlich an der Relativierung der Zeit und ihren kontraintuitiven Folgerungen entzündete, zumal eine direkte experimentelle Evidenz zugunsten der Zeitdilatation für viele Jahrzehnte nicht erreichbar war. Um so mehr ist die unbeirrbare Sicherheit des Experten III. Klasse zu bewundern, der bei keiner noch so abenteuerlich erscheinenden Konsequenz zauderte, zu der ihn seine Analyse der Zeit geführt hatte. – Ein halbes Jahrhundert verging, bis die Zeitdilatation als isolierter Effekt beobachtet werden konnte, zuerst an gewissen Elementarteilchen der Höhenstrahlung. 1971 wurde der Effekt ganz direkt und anschaulich mit präzisen »Atomuhren« demonstriert, die auf einem Linienflug rund um die Erde transportiert wurden.[34] Die Relativitätstheorie gehörte dann allerdings schon längst zu den ehernen Grundlagen der Physik, so daß niemand etwas anderes erwartet hatte als die Bestätigung, daß Einstein im Jahre 1905 alles richtig gemacht hatte.

Im fünften und letzten Abschnitt des »kinematischen Teils« deduziert Einstein das »Additionstheorem für Geschwindigkeiten«. Während die Zusammensetzung zweier gleichgerichteter Geschwindigkeiten v und w in der Galilei-Newtonschen Mechanik auf eine triviale arithmetische Addition $u = v + w$ hinausläuft, muß diese Operation in der Relativitätstheorie allein schon wegen der besonderen Rolle der Lichtgeschwindigkeit anders ausfallen. Einstein erhält nach ebenso einfachen wie durchsichtigen Überlegungen den um einiges komplizierteren Ausdruck

$$u = \frac{v + w}{1 + \frac{v \cdot w}{c^2}}.$$

In einer Art Konsistenzprüfung bestätigt diese Formel nun einen der Ausgangspunkte der ganzen Konzeption, nämlich die herausragende Rolle der Lichtgeschwindigkeit, die zur Synchronisation der Uhren benutzt wurde. Schon bei der physikalischen Interpretation der Lorentz-Transformationen war Einstein auf die Rolle der Lichtgeschwindigkeit als nicht zu überschreitender Grenzgeschwindigkeit zu sprechen gekommen.[35] Nun zeigt er explizit, daß für zwei Geschwindigkeiten v und w, die kleiner sind als c, auch die relativistische »Summe« u stets kleiner als c ausfällt. Ferner wird die Lichtgeschwindigkeit durch Zusammensetzung mit einer weiteren Geschwindigkeit nicht geändert: In diesem Falle ist immer

$$u = \frac{c + w}{1 + \frac{c \cdot w}{c^2}} = c.$$

Schließlich führt Einstein noch die Erweiterung des Zusammensetzungsverfahrens auf drei und damit beliebig viele Geschwindigkeiten vor. Er beendet den Abschnitt mit der Skizze eines Beweises, daß vermöge seines Additionstheorems die Transformationen für Raum- und Zeitkoordinaten die mathematische Struktur einer Gruppe aufweisen – »wie dies sein muß«.[36]

Damit hat Einstein auf den ersten 16 Seiten seiner Arbeit die wesentlichen Elemente der »unseren zwei Prinzipien entsprechenden Kinematik hergeleitet«[37] – und das sind schon die vollständigen Grundlagen der Relativitätstheorie. Alles weitere sind Anwendungen, in denen er die Leistungsfähigkeit, Eleganz und Tiefe des neuen relativistischen Gesichtspunkts vorführt, in dieser Arbeit in Einlösung der Ankündigung im Titel auf die Elektrodynamik bewegter Körper.

Im zweiten »Elektrodynamischen Teil« untersucht Einstein zunächst das Transformationsverhalten der Maxwellschen Gleichungen für den leeren Raum. Dabei benutzt er eine fürchterliche, damals aber noch übliche Schreibweise der Formeln[38]; wer sich jedoch von der unbequemen Notation nicht abschrecken läßt, wird die Überlegungen durchsichtig und die Rechnungen einfach finden. Die Quintessenz der gut dreiseitigen Übung ist nicht nur die Lorentz-Invarianz der Gleichungen des elektromagnetischen Feldes, sondern auch die Demonstration, daß sich die auf eine Ladung wirkende Kraft ganz einfach und transparent ergibt, wenn das Feld in ein relativ zur Ladung ruhendes System transformiert wird. Daraus folgt eine ungezwungene Erklärung der von Lorentz zusätzlich zu den Maxwellschen Gleichungen als eigenständiges Axiom postulierten »Lorentz-Kraft«.

Die Verminderung der Axiome einer Theorie galt und gilt stets als intellektueller Triumph, und Einstein kostet ihn aus, wenn auch in der gedämpften Ausdrucksweise einer physikalischen Abhandlung. In der »entwickelten Theorie«[39], wie er nun seine Leistung bezeichnet, spielt diese Kraft »nur die Rolle eines Hilfsbegriffs..., welcher seine Einführung dem Umstande verdankt, daß die elektrischen und magnetischen Kräfte keine vom Bewegungszustande des Koordinatensystems unabhängige Existenz besitzen«. Im gleichen Atemzuge ergibt sich, »daß die in der Einleitung angeführte Asymmetrie bei der Betrachtung der durch Relativbewegung eines Magneten und eines Leiters erzeugten Ströme verschwindet«. Und aus dem gleichen Grunde werden die in der Elektrotechnik heftig diskutierten Fragen nach dem »Sitz« der elektromotorischen Kraft bei Unipolarmaschinen als »gegenstandslos« erklärt.

Im nächsten Abschnitt behandelt Einstein mit den gleichen Methoden zwei Probleme aus der Optik, nämlich den Dopplereffekt und die Aberration des Sternenlichts. Der »Transformation der Energie der Lichtstrahlen« widmet er einen eigenen Abschnitt, in dem er zugleich eine Theorie für den auf »vollkommene Spiegel ausgeübten Strahlungsdruck« entwickelt. Die Behandlung der elektromagnetischen Strahlung ist hier rein »klassisch«, als hätte es die drei Monate zuvor fertiggestellte Arbeit über Lichtquanten nie gegeben. Wahrscheinlich wollte er den ersten Auftritt der Relativitätstheorie nicht auch noch mit der »sehr revolutionären« Neuerung der Lichtquanten belasten. Gleichwohl ist sie ein Triumph der klassischen Physik im neuen Gewand der Relativitätstheorie und ein leuchtendes Beispiel ihrer kalkulatorischen Kraft.

Einstein erhält für den auf einen Spiegel wirkenden Lichtdruck einen Ausdruck »in Übereinstimmung mit der Erfahrung und mit anderen Theorien«.[40] Die anderen Theorien, die er weder erwähnt noch zitiert, müssen die von Lorentz und insbesondere die von Max Abraham gewesen sein. Der virtuose Rechner Abraham hatte ein Jahr zuvor mit den etablierten Methoden das Problem in den ›Annalen‹[41] auf über vierzig Druckseiten entfaltet, Einstein benötigt für das gleiche Resultat nicht einmal drei Seiten.

Wie bei den meisten Ergebnissen zur Elektrodynamik behauptet Einstein auch hier nicht, etwas Neues gefunden zu haben, aber neu ist jedenfalls seine relativistische Methode, deren Leistungsfähigkeit er deutlich herausstreicht: »Dadurch wird jedes Problem der Optik bewegter Körper auf eine Reihe von Problemen der Optik ruhender Körper zurückgeführt.«[42] Und mit diesem Verfahren lassen sich die Probleme weitaus durchsichtiger und eleganter behandeln als bisher.

Im neunten und vorletzten Abschnitt skizziert Einstein in nun schon typischer Kürze die Lorentz-Invarianz der Maxwellschen Gleichungen mit Berücksichtigung von bewegten Ladungen, also die Grundlage der sogenannten Elektronentheorie. Diese Übung ist nicht nur aus Gründen der Vollständigkeit angezeigt, sondern vor allem deshalb, weil nun der »wichtige Satz gefolgert werden kann«, daß sich die elektrischen Ladungen unter Lorentz-Transformationen nicht ändern, also Größe und Vorzeichen der elektrischen Ladung in jedem Koordinatensystem den gleichen Wert haben.

Das ist nicht nur als eigenständiges Resultat wichtig, sondern auch als Präliminarie für den letzten Abschnitt, in dem Einstein die Bewegung des Elektrons[43] im elektromagnetischen Feld behandelt, womit zugleich die Ausweitung des relativistischen Gesichtspunkts auf die Mechanik erfolgt. Dabei unterläuft Einstein bei der Definition der Kraft eine Ungeschicklichkeit, die Max Planck schon bald korrigieren wird[44]; die anschließenden Beweisführungen sind davon jedoch nicht betroffen. Zunächst ergeben sich die Masse und die kinetische Energie als geschwindigkeitsabhängig derart, daß die Lichtgeschwindigkeit erneut eine Grenzgeschwindigkeit darstellt: »Überlichtgeschwindigkeiten haben – wie bei unseren früheren Resultaten – keine Existenzmöglichkeit.«[45]

Schließlich zählt Einstein wie in einem Nachsatz noch drei »dem Experimente zugänglichen Eigenschaften der Bewegung des Elektrons« auf: Eine Relation zwischen der Geschwindigkeit und dem Verhältnis zwischen elektrischer und magnetischer Ablenkung, eine Beziehung zwischen Geschwindigkeit und der im elektrostatischen Feld durchlaufenen Spannung sowie den Krümmungsradius im Magnetfeld. Zu den erhaltenen Formeln stellt er apodiktisch fest, sie seien »ein vollständiger Ausdruck für die Gesetze, nach denen sich gemäß vorliegender Theorie ein Elektron bewegen muß«.[46] Experimente mit schnellen Elektronen wurden bereits seit einigen Jahren durchgeführt, und Einstein muß wenigstens einige der Ergebnisse gekannt haben. In seiner Arbeit ignoriert er sie jedoch. Der Grund ist einfach: Sie widersprachen der »vorliegenden Theorie«. – Bemerkungen zu Einsteins Einschätzung der Beziehungen zwischen Experiment und Theorie werden bald nachgetragen.

Zum Schluß noch eine Neuerung: Eine Danksagung. Diese Veröffentlichung ohne Literaturverweise, in der nur die Namen von Maxwell, Hertz und Lorentz auftauchen, und auch die nur als epynomische Etiketten für Theorien und Formulierungen, beendet Einstein mit der Bemerkung, »daß mir beim Arbeiten an dem hier behandelten Probleme mein Freund und Kollege M. Besso treu zur Seite stand und daß ich demselben manche wertvolle Anregung verdanke«.

Als die Grundlegung der Relativitätstheorie gerade durch die Auslieferung der ›Annalen‹-Ausgabe vom 28. September 1905 der Fachwelt vorgelegt wurde, war schon ein Nachtrag bei der Redaktion eingegangen. Unter dem etwas ungewöhnlich als Frage formulierten Titel *Ist die Trägheit eines Körpers von seinem Energieinhalt abhängig?* präsentierte Einstein die später berühmteste und spektakulärste Folgerung aus seinen Prinzipien: Die Äquivalenz von Masse und Energie. Die Frage, die für die meisten Kollegen reichlich abwegig geklungen haben muß, wird mit einem enthusiastischen »Ja« beantwortet.

Erste Überlegungen in dieser Richtung hätten sich schon aus der Geschwindigkeitsabhängigkeit der Masse im letzten Abschnitt seiner großen Arbeit ergeben können. Sie hatten sich vielleicht auch eingestellt, aber zunächst schwieg er über diesen Aspekt. Nach einigen Wochen, vielleicht beim Korrekturlesen der Fahnenabzüge, war der Gedanke ausgearbeitet. »Eine Konsequenz der elektrodynamischen Arbeit ist mir noch in den Sinn gekommen«, berichtete er dem Freund Conrad Habicht.

> Das Relativitätsprinzip im Zusammenhang mit den Maxwellschen Grundgleichungen verlangt nämlich, daß die Masse direkt ein Maß für die im Körper enthaltene Energie ist; das Licht überträgt Masse. Eine merkliche Abnahme der Masse müsste beim Radium erfolgen. Die Überlegung ist lustig und bestechend; aber ob der Herrgott nicht darüber lacht und mich an der Nase herumgeführt hat, das kann ich nicht wissen.[47]

Es war das erste, aber nicht das letzte Mal, daß Einstein den »Herrgott« ins Spiel brachte; die weniger fromm als metaphorisch gemeinte Berufung auf Gott als den Weltenschöpfer »more geometrico«, dessen Konstruktionspläne es zu erhaschen gilt, gefiel ihm, und später hat er sie oft variiert.

Aber zurück zur Beziehung zwischen Masse und Energie. Die war damals auch außerhalb des Berner Patentamts Gegenstand der aktuellen Forschung. Die Geschwindigkeitsabhängigkeit der Masse des Elektrons, experimentell wenigstens qualitativ bestätigt und in die gängigen Theorien integriert, sprach dafür, und die Verfechter eines »elektromagnetischen Weltbildes« haben verschiedentlich die Masse als elektromagnetische Selbstenergie des Elektrons und somit als Auswirkung des elektromagnetischen Feldes zu interpretieren versucht. Im Jahre 1904 war der Wiener Akademie der Wissenschaften eine relevante Untersuchung von Friedrich Hasenöhrl sogar einen Preis wert: Der junge Privatdozent hatte gezeigt, daß der in einem Hohlraum eingeschlossenen Strahlung eine scheinbare Masse zugeschrieben werden kann, die der Energie der eingeschlossenen Strahlung proportional ist. Kaum vorstellbar, daß Einstein die in den ›Annalen‹[48] publizierte, preisgekrönte Arbeit Hasenöhrls entgangen sein sollte, aber zitiert hat er sie nicht.

Allerdings ging Einstein das Problem ganz anders an, und sein Resultat ist viel eleganter und von unvergleichlich größerer Allgemeinheit. In seinem Nachtrag betrachtet er einen beliebigen Körper, der Strahlung in zwei entgegengesetzte Richtungen emittiert – einmal in dem System, in dem sich der Körper in Ruhe befindet, und zum anderen in einem System, in dem sich der Körper mit konstanter Geschwindigkeit bewegt. Unter Rückgriff auf eine in seiner großen Arbeit gewonnene Formel über die Transformationseigenschaften der Strahlungsenergie kann Einstein auf nicht einmal zwei Seiten den folgenden Satz deduzieren: »Gibt ein Körper die Energie E in Form von Strahlung ab, so verkleinert sich seine Masse um E/c^2.«[49] Einstein läßt die – etwas kryptische – Erklärung folgen, es sei »offenbar unwesentlich, daß die dem Körper entzogene Energie gerade in Energie der Strahlung übergeht«, so daß er die »allgemeinere Folgerung« anschließen kann: »Die Masse eines Körpers ist ein Maß für dessen Energieinhalt; ändert sich die Energie um E, so ändert sich die Masse in demselben Sinne um E/c^2.«[50]

Auch für die experimentellen Implikationen der Formel $E = m \cdot c^2$ hat er eine Idee: »Es ist nicht ausgeschlossen, daß bei Körpern, deren Energieinhalt in hohem Maße veränderlich ist (z. B. bei den Radiumsalzen), eine Prüfung der Theorie gelingen wird.« Um eine quantitative Abschätzung der Realisierbarkeit beim Zerfall des Radiums kümmert Einstein sich freilich nicht; dies wird im Jahr darauf von einem Kollegen geleistet und ergibt, daß der Effekt »wohl zunächst außer dem Bereich der möglichen Erfahrung liegt«.[51]

Die Beziehung zwischen träger Masse und Energie war für Einstein offensichtlich sehr bedeutsam. Theoretischen Aspekten dieses Themas galt seine erste, im Mai des nächsten Jahres fertiggestellte Fortsetzung seiner Untersuchungen zur Relativitätstheorie, worin der »Satz von der Konstanz der Masse (als) ein Spezialfall des Energieprinzipes«[52] aufgefaßt wurde. Wieder ein Jahr später, also im Mai 1907, ging es ihm darum, »in allgemeinerer Weise die Notwendigkeit bzw. Berechtigung« der 1905 gemachten Annahmen zu prüfen.[53]

Schließlich ging Einstein in seinem im Herbst 1907 geschriebenen großen *Jahrbuchartikel* ausführlich auf die »Abhängigkeit der Masse von der Energie«[54] ein, nannte seine Formel ein »Resultat von außerordentlicher theoretischer Wichtigkeit« und diskutierte auch gründlich die experimentelle Seite. Wie immer er es auch anstellte, stets war die erforderliche extreme Meßgenauigkeit »natürlich ausgeschlossen«.

Verständlich, daß Einstein, dem damaligen Kenntnisstand entsprechend, sein Augenmerk nur auf radioaktive Zerfälle gerichtet hatte. 1911 gab der Atomkern sein Debüt in der Physik, und alsbald wurde die Bindungsenergie der Kerne als eine Art »Massendefekt« interpretiert. Allerdings brauchte es erst die Erfindung und Verbesserung des Massenspektrometers, und dann die Entdeckung des Neutrons als zweitem Baustein des Atomkerns im Jahre 1932, bis eine zuverlässige Prüfung der Einsteinschen Formel durch die nukleare Bindungsenergie möglich wurde. Sie wurde binnen weniger Jahre an vielen Kernreaktionen mit phantastischer Genauigkeit erfüllt, so daß sie 1937 als ein empirisch bestätigtes »fundamentales Gesetz der Physik«[55] gelten konnte.

Als Einstein am 6. August 1945 von der Auslöschung der japanischen Stadt Hiroshima durch eine Atombombe erfuhr, könnte ihm durch den Kopf gegangen sein, was er beinahe vier Jahrzehnte zuvor in Bern in seinem *Jahrbuchartikel* geschrieben hatte:

> Es ist indessen möglich, daß radioaktive Vorgänge bekannt werden, bei welchen ein bedeutend größerer Prozentsatz der Masse des ursprünglichen Atoms sich in Energie diverser Strahlungen verwandelt als beim Radium.[56]

Er hätte auch darüber verwundert und erschrocken sein können, wie das Menetekel der Atombombe auf zwar naturwissenschaftlich folgerichtige, aber trotzdem seltsam abgründige Weise seinen Ausgangspunkt in dem Nachdenken über die Relativbewegung hatte und in der Lösung der unschuldig philosophischen Frage, was unter Gleichzeitigkeit an verschiedenen Orten überhaupt zu verstehen ist.

Mit diesem Ausblick über die weltverändernden Folgen der Einsteinschen Formel sind wir dem Lauf des Einsteinschen Lebens weit vorausgeeilt. Kehren wir nun zu den glücklichen Tagen im »weltlichen Kloster« in Bern zurück und beleuchten einige Facetten des jugendlichen Meisters der Physik auf dem Gipfel seiner Schaffenskraft.

6. »viel Würdigung«. Facetten zum Auftritt des Jahrhundertgenies

Ein Genie, das nicht verkannt wäre, so will es der Volksmund, ist keines. Zur außergewöhnlichen Leistung scheint notwendig das »per aspera ad astra« zu gehören, das zähe Ringen um Anerkennung und der hartnäckige Kampf gegen die Widrigkeiten einer unverständigen Umwelt. Nicht nur in den Künsten soll das gelten, sondern auch in der Wissenschaft, wofür Max Planck als prominenter Zeuge stehen mag, der in einem melancholischen Rückblick auf seine Laufbahn folgende »bemerkenswerte Tatsache« festgehalten hatte: »Eine neue wissenschaftliche Wahrheit pflegt sich nicht in der Weise durchzusetzen, daß ihre Gegner überzeugt werden und sich als belehrt erklären, sondern vielmehr dadurch, daß die Gegner allmählich aussterben und daß die heranwachsende Generation von vornherein mit der Wahrheit vertraut gemacht ist.«[1] Wenn es schon Max Planck so erging, dessen geradlinige Karriere innerhalb des akademischen Establishments verlief, wie mag es dann erst bei dem jugendlichen Außenseiter vom Berner Patentamt gewesen sein?

Einstein brauchte jedoch über Mangel an Resonanz und Anerkennung nicht zu klagen, und er hat das in bezug auf die in seinem »annus mirabilis« publizierten Arbeiten auch niemals getan. Natürlich schlugen seine Veröffentlichungen nicht gerade wie Bomben ein, dazu sind Physiker zu bedächtig, zu konservativ und zu skeptisch. Natürlich gab es Widerstände, manchmal auch bornierte. Aber die Gemeinschaft der Physiker hat sich keineswegs vor dem urplötzlich aufgeschienenen Genie blamiert, sondern seine Ideen teils begeistert, teils zögerlich aufgegriffen, manchmal auch entschieden abgelehnt, aber nie ignoriert.

Schon die »sehr revolutionäre« Lichtquantenhypothese wurde durchaus beachtet und diskutiert. So würdigte der gerade mit dem Nobelpreis des Jahres 1905 ausgezeichnete Experimentator Philipp Lenard, auf dessen Messungen zum photoelektrischen Effekt Einstein sich in seiner Arbeit zum »heuristischen Standpunkt« gestützt hatte, irgendwann im Herbst 1905 den unbekannten Mann im Patentamt der Zusendung eines Sonderdrucks. Einstein bedankte sich bei Lenard mit der Versicherung, daß er diesen Artikel »mit demselben Gefühl der Bewunderung studierte wie Ihre früheren Arbeiten«.[2]

Einem Brief, den Plancks Assistent Max von Laue wegen der Quantenfrage am 2. Juni 1906 an Einstein gerichtet hatte, darf man entnehmen, daß er nicht der erste war, und wahrscheinlich hatte auch »der Chef« schon nach Bern geschrieben, so daß Einstein bald nach Erscheinen seiner Arbeit mit dem berühmtesten Experimentator und dem angesehensten Theoretiker des deutschen Sprachgebiets über die Lichtquanten korrespondierte. Wie wir gesehen haben, trug ihm das zwar freundliche Aufmerksamkeit, aber keineswegs Zustimmung ein. Mit den Lichtquanten blieb Einstein tatsächlich beinahe zwei Jahrzehnte allein. Bei der statistischen Interpretation der Brownschen Bewegung folgte jedoch der unmittelbaren Beachtung durch einige Kollegen bald auch die Anerkennung. Wie aber verhielten sich die maßgeblichen Physiker zur Relativitätstheorie?

Dem Topos vom unverstandenen Neuerer folgte auch Maja Einstein, als sie in ihrer aus einer Distanz von zwei Jahrzehnten aufgezeichneten biographischen Skizze die Stimmungslage ihres Bruders nach dem Erscheinen der Relativitäts-Arbeit darstellte: »Der junge Gelehrte wähnte, seine Veröffentlichung in der angesehenen, vielgelesenen Fachzeitschrift würde sofort beachtet werden... Aber er wurde sehr enttäuscht. Eisiges Schweigen folgte dieser Veröffentlichung. Die nächsten Nummern der Zeitschrift erwähnten seine Publikation mit keinem Wort.«[3] Das klingt so sehr nach dem Gemeinplatz vom verkannten Genie, daß man skeptisch sein darf, und tatsächlich war es auch ganz anders.

Gewiß war Einstein ein temperamentvoller, ungeduldiger junger Mann, aber als regelmäßiger Autor der ›Annalen‹ konnte er sich leicht ausrechnen, daß eine Stellungnahme zu seiner am 28. September 1905 erschienenen Arbeit wegen der bei dieser Zeitschrift üblichen Frist von zwei Monaten zwischen Eingang und Veröffentlichung kaum vor Weihnachten im Heft sein konnte, selbst wenn ein Kollege binnen vier Wochen etwas zu sagen gehabt hätte. Jedoch hatte schon Ende November, also nur zwei Monate nach der Publikation der Relativitätstheorie, Walter Kaufmann in einem Bericht über seine Experimente mit Elektronenstrahlen[4] Einsteins Arbeit erstmals erwähnt, allerdings nicht in den ›Annalen‹, sondern in den ›Sitzungsberichten‹ der Preußischen Akademie der Wissenschaften zu Berlin, was Einstein zunächst entgangen sein könnte. Ebenso ist zu vermuten, daß Einstein nicht sofort davon erfuhr, wie intensiv sich einige der führenden Physiker mit seiner Konzeption unmittelbar nach Erscheinen beschäftigten, aber Anfang Mai des nächsten Jahres berichtete er nicht ohne wohlgefälliges Behagen: »Meine Arbeiten finden viel Würdigung und geben Anlaß zu weiteren Untersuchungen. Prof. Planck (Berlin) schrieb mir neulich darüber.«[5] Das war sieben Monate nach der Veröffentlichung und somit innerhalb einer erfreulich knappen Frist. Sieben Jahre später stattete Einstein in einer Würdigung Plancks seinen Dank ab: »Der Entschiedenheit und Wärme, mit der er für diese Theorie eingetreten ist, ist wohl zum großen Teil die Beachtung zuzuschreiben, die diese Theorie so schnell bei den Fachgenossen gefunden hat.«[6]

Wir wissen nicht, wann Planck erstmals an Einstein geschrieben hatte, und auch nicht, was. Einstein meinte damals offenbar, er habe Besseres zu tun, als Briefe aufzubewahren[7], auch wenn sie von Zierden seines Faches verfaßt waren, und die meisten Briefe Einsteins an Planck sind mit dessen Haus im Bombenhagel des Zweiten Weltkriegs untergegangen. Gleichwohl hat die entscheidende Rolle Plancks als Mentor der Relativitätstheorie deutliche Spuren hinterlassen.

Planck hatte als der fürs Theoretische zuständige Mitherausgeber der ›Annalen‹ eine zentrale Stelle im Informationssystem der Physiker inne. Seine Aufgaben nahm er in größter Liberalität wahr. Nur selten wurden eingereichte Arbeiten abgelehnt; bei »eingeführten« Autoren, zu denen sich auch Einstein dank seiner bisherigen fünf Artikel und seiner Referententätigkeit für die ›Beiblätter‹ zählen konnte, kam das nur in Ausnahmefällen offensichtlichen Unsinns vor.[8] So hat Planck den »heuristischen Standpunkt« der Lichtquanten, obwohl er seinen eigenen Auffassungen geradewegs zuwiderlief, anstandslos drucken lassen. Die Ende Juni eingegangene Relativitäts-Arbeit war allerdings schon vom Erscheinungsbild her sehr ungewöhnlich: Viele Seiten Prosa, die eher einem philosophischen Journal angestanden hätten, darin einige Sätze von fast beleidigender Trivialität in enger Nachbarschaft zu Gedanken verwegener Kühnheit, und schließlich eine zwar elegante, aber nicht leicht durchschaubare Darstellung elektrodynamischer Probleme, die jedoch keine über die Lorentzsche Theorie hinausgehenden neuen Resultate brachte. Hätte der Herausgeber gezögert, niemand hätte es ihm verübeln können.

Max Plancks Größe als Physiker zeigte sich aber auch darin, daß durch die Relativitäts-Arbeit seine Toleranz nicht im geringsten strapaziert wurde, diese Gedanken vielmehr »sofort meine rege Aufmerksamkeit erweckten«.[9] Max von Laue, der im Herbst 1905 als Assistent Plancks nach Berlin gekommen war, hörte als ersten Vortrag im Physikalischen Colloquium ein Referat Plancks über die soeben erschienene Arbeit *Zur Elektrodynamik bewegter Körper* von Albert Einstein.[10] Ähnliches trug sich in Würzburg zu, wo der Ordinarius Wilhelm

Wien gleich nach Erscheinen von Einsteins Arbeit eines Morgens in das Arbeitszimmer der Doktoranden trat und Jakob Johann Laub, von dem wir noch mehr hören werden, mit einem Referat im Colloquium beauftragte. »Es entstand eine lebhafte Diskussion«, erinnerte sich Laub, »aus der zu ersehen war, daß man sich gar nicht so leicht in die neuen Gedanken, Zeit- und Raumbegriffe einleben konnte.«[11]

Trotz dieser Schwierigkeiten verbreitete sich das Interesse an der Relativitätstheorie zwar nicht wie ein Lauffeuer, aber stetig und ständig. Der große Röntgen zeichnete Einstein im September 1906 mit der Bitte um einen Sonderdruck aus, vermutlich wegen der Vorbereitung eines Vortrags über die Bewegungsgleichungen des Elektrons. Paul Drude, der Herausgeber der ›Annalen‹, erwähnte Einsteins Arbeit sowohl in einer 1906 erschienenen Neuauflage seines autoritativen Buches über *Optik* sowie in einem Artikel zum gleichen Thema im ›Handbuch der Physik‹. 1907 meldete sich mit der Bitte um einen Sonderdruck gar Hermann Minkowski, Einsteins vormaliger Lehrer am Polytechnikum, aber seit 1902 Professor in Göttingen, wo er mit David Hilbert ein Seminar zur Elektrodynamik bewegter Körper plante; das wird, wie wir noch sehen werden, für den mathematischen Formalismus der Theorie Folgen haben.

Auch beim akademischen Nachwuchs trafen Einsteins Gedanken auf großes Interesse, und gelegentlich entstanden auch ohne prominente Professoren produktive Arbeitsgruppen. Als Fritz Reiche, der in Berlin von Planck promoviert worden war, die Kunde von der neuen Lehre nach Breslau brachte, schlossen sich dort Max Born, Rudolf Ladenburg und Stanislas Loria zu einem Kreis begeisterter junger Relativisten zusammen. Als Ladenburg um einen Sonderdruck gebeten hatte, war Einstein »sehr erfreut über Ihr Interesse an jener Arbeit« und übersandte gleich drei Exemplare: »eines für Sie und zwei für die beiden anderen Herren«.[12]

Auch Arnold Sommerfeld, einer der wenigen Ordinarien für Theoretische Physik, hatte in München bald seine Hausaufgaben gemacht: »Ich habe jetzt Einstein studiert, der mir sehr imponirt...« schrieb er Ende 1906 an W. Wien. Aber ein Jahr später hatte sein Nachdenken befremdliche Resultate gezeitigt, die er Lorentz ganz ungeniert mitteilte:

> Jetzt aber warten wir alle sehnlichst, dass Sie sich einmal zu dem ganzen Complex der Einstein'schen Abhandlungen äussern. So genial sie sind, so scheint mir doch in dieser unkonstruirbaren und anschauungslosen Dogmatik fast etwas Ungesundes zu liegen. Ein Engländer hätte schwerlich diese Theorie gegeben; vielleicht spricht sich hierin, ähnlich wie bei Cohn,

die abstrakt-begriffliche Art des Semiten aus. Hoffentlich gelingt es Ihnen, dies geniale Begriffs-Skelett mit wirklichem physikalischen Leben zu erfüllen.[13]

Eine Antwort von Lorentz ist nicht bekannt, und Sommerfeld war ein viel zu guter Physiker, um dieser Anwandlung von »gesundem Volksempfinden« innerhalb seines Faches lange nachzugeben. Tatsächlich muß er wenige Tage später schon direkt an Einstein geschrieben und Sonderdrucke übersandt haben, natürlich ohne antisemitische Invektiven, denn im Januar 1908 war zwischen den beiden ein Briefwechsel im Gange, der an Herzlichkeit nichts zu wünschen übrigläßt.

Vielleicht hatte die Sache erst viele Jahre später ein Nachspiel, als Einstein über Sommerfeld schrieb, »dass diese Persönlichkeit für mich aus Gott weiss was für einem unterbewussten Grunde etwas nicht ganz Reines im Klang hat«.[14] Hatte ihm Lorentz einmal den Sommerfeldschen Brief gezeigt oder ihm davon erzählt?

Am wichtigsten für die Etablierung der Relativitätstheorie war und blieb in den Jahren nach 1905 aber Max Planck. Er interessierte nicht nur seinen Assistenten Max von Laue und seinen Doktoranden Kurd von Mosengeil für das neue Denken, sondern publizierte als erster eine Arbeit im Anschluß und in Weiterführung von Einsteins Konzeption.

Darin führte er den Nachweis, daß das zu den ehernen Grundlagen der Physik gehörende »Prinzip der kleinsten Wirkung«, in dem die Struktur einer Theorie wie in einem Brennpunkt fokussiert und beleuchtet wird, auch in der Einsteinschen Auffassung richtig bleibt, wodurch der Anschluß der Relativitätstheorie an avancierte Formalismen der Theoretischen Physik hergestellt wurde.[15] Mit diesem Beweis trug Planck nicht nur wesentlich zur Ausformung der Theorie bei, sondern verschaffte ihr durch seinen persönlichen Beitrag einen bedeutsamen Zuwachs an Respektabilität.

Den hatte die Einsteinsche Theorie freilich aus zwei Gründen nötig. Zum einen unterschied sie sich in ihren elektrodynamischen Konsequenzen zunächst nicht von der Lorentzschen Theorie, so daß es einige Jahre zäher Aufklärungsarbeit brauchte, bis auch wohlwollende Physiker den zentralen Unterschied der beiden Auffassungen verstanden hatten, und zweitens widersprachen Einsteins Folgerungen für die Bewegung eines Elektrons den damals bekannten Experimenten.

Wenn Einstein, wie wohl alle Physiker, dem Grundsatz huldigte, daß der oberste Richter über die Brauchbarkeit einer Theorie die Erfahrung sein müsse, so tat er das doch nicht ohne Einschränkungen. »So einleuchtend diese Forderung auch zunächst erscheint, so subtil gestaltet sich ihre Anwendung«[16], kommentierte er in seinem *Nekrolog* die heikle Beziehung zwischen Experiment und Theorie, und dabei mag er durchaus an jenen Konflikt gedacht haben, mit dem er in seinen Jugendjahren bei der Entwicklung der Relativitätstheorie konfrontiert worden war. Im letzten Abschnitt seiner Arbeit hatte er nämlich von drei hergeleiteten Formeln apodiktisch behauptet, sie seien »ein vollständiger Ausdruck für die Gesetze, nach denen sich gemäß vorliegender Theorie das Elektron bewegen muß«.[17] Das war kühn formuliert, denn als er diesen Satz niederschrieb, sah es so aus, als würden sich die Elektronen nach ganz anderen Gesetzen bewegen.

Experimente über das Verhalten von schnellen Elektronen in elektrischen und magnetischen Feldern hatte Walter Kaufmann schon seit 1897 zu seinem Lebensinhalt gemacht, zunächst als Assistent in Berlin, dann als Privatdozent in Göttingen und schließlich als Professor in Bonn. 1902 demonstrierte er, daß die Masse des Elektrons mit der Geschwindigkeit anwächst. Das war eine eklatante Widerlegung des seit Newtons Tagen sakrosankten Prinzips von der Konstanz der Masse und für manchen Theoretiker ein zwingendes Argument zugunsten eines »elektromagnetischen Weltbilds«, zumal Kaufmanns Messungen genau diesem Weltentwurf seines Göttinger Kollegen Max Abraham entsprachen, in dem die Masse als Folge elektromagnetischer Selbstenergie ihre Erklärung finden sollte.

1904 veröffentlichte H. A. Lorentz seinen großartigen Abschluß der Elektronentheorie, die sich physikalisch von der Abrahamschen Theorie unterschied, und noch im gleichen Jahr ersann Alfred Heinrich Bucherer eine dritte Theorie, die in einer Art Vermittlung aus Elementen der Lorentzschen und der Abrahamschen Auffassungen zusammengebastelt war. Da alle drei Autoren verschiedene Gesetze für die Bewegung des Elektrons erhielten, fiel Kaufmann die reizvolle Aufgabe zu, durch seine Experimente über die konkurrierenden Theorien zu entscheiden. Während er mit delikaten Präzisionsmessungen an der Grenze des Beobachtbaren beschäftigt war, hatte Einstein gerade seine Relativitätstheorie vorgelegt mit Formeln für die Elektronenbahnen, die mit denen der Lorentzschen Theorie identisch waren.

Im November 1905 veröffentlichte Kaufmann seine mit Spannung erwarteten Resultate in einer vorläufigen Notiz in den ›Sitzungsberichten‹ der Preußischen Akademie – jene Arbeit, in der Einsteins Relativitätstheorie erstmals erwähnt wurde –, der im Januar 1906 die Langfassung in den ›Annalen‹[18] folgte. Wie immer Kaufmann auch seine Daten interpretierte: Sie paßten am besten zur Theorie von Abraham, zu der von Bucherer ein wenig schlechter, und die Theorien von Lorentz und Einstein landeten deutlich abgeschlagen auf dem dritten Platz. Kaufmann folgerte, seine Meßergebnisse seien »mit den grundlegenden Annahmen von Lorentz und Einstein nicht verträglich«[19], erklärte die Bemühungen, alle Physik auf das Relativitätsprinzip zu gründen, für gescheitert und forderte weitere Experimente zum Nachweis des absolut ruhenden Äthers. Wäre das Experiment tatsächlich jener unerbittliche Richter, als den es die empiristische Wissenschaftsphilosophie gern installiert sähe, hätte sowohl die Lorentzsche als auch die Einsteinsche Theorie ein schnelles Ende gefunden – zumindest vorläufig. Lorentz sah sich, als er von Kaufmanns Resultaten erfuhr, wie ein vorbildlicher Falsifikationist sofort genötigt, seine Theorie aufzugeben: »Ich bin nun mit meinem Latein am Ende«[20], schrieb er zerknirscht an Poincaré.

Im September 1906 stand dieser Problemkreis auf der Tagesordnung der Deutschen Gesellschaft der Naturforscher und Ärzte bei der Jahresversammlung in Stuttgart. Dabei ging es nicht nur um die richtigen Formeln für die Bewegung von Elektronen, sondern einmal mehr um eine Entscheidung zwischen »Weltbildern«, dem »elektromagnetischen« einerseits und dem auf dem Relativitätsprinzip basierenden andererseits, und deshalb rührte die Debatte manche Leidenschaft auf. Der bedächtige Max Planck analysierte in seinem Vortrag die Kaufmannschen Daten, fand ihre Interpretation nicht falsch, aber doch nicht über jeden Zweifel erhaben und stellte anheim, »daß in der theoretischen Deutung der gemessenen Größen noch irgendeine wesentliche Lücke enthalten ist, welche erst ausgefüllt werden muß, ehe sich die Messungen zu einer definitiven Entscheidung... verwerten lassen werden«.[21] Gleichwohl beharrte Kaufmann in der Diskussion darauf, »wenn kein prinzipieller Fehler in den Beobachtungen vorhanden ist, so ist die Lorentzsche Theorie beseitigt«[22] – und mit ihr natürlich auch die Einsteinsche. Planck riet noch einmal zum Abwarten und Weiterarbeiten, bis »die Experimente schließlich die Entscheidung geben«. Mehr konnte er angesichts der Kaufmannschen Daten nicht tun, denn daß ihm das Relativitätsprinzip »eigentlich sympathischer«[23] war als konkurrierende Konzepte, war kein ausreichendes Argument. Wie aber verhielt sich Einstein in dieser Kontroverse?

Vermutlich ist der Experte III. Klasse niemals nach seiner Meinung gefragt worden, und aus eigenem Antrieb hat er sich nicht dazu geäußert, zumindest nicht öffentlich. Im Herbst des Jahres 1907, bei der

Abfassung seines großen Übersichtsartikels für das ›Jahrbuch der Radioaktivität und Elektronik‹, mußte er jedoch Stellung beziehen, und wie er das tat, läßt seine tief wurzelnde Selbstsicherheit als Physiker im hellsten Lichte erstrahlen.

Zunächst beschreibt Einstein überaus fair den Kaufmannschen Versuchsaufbau, streicht die »bewunderungswürdige Sorgfalt« der Messung heraus und vergleicht die von Kaufmann erhaltene Kurve mit den Folgerungen aus der Relativitätstheorie.[24] Da Einstein von übertriebener Genauigkeit nie viel hielt, ist er sogar geneigt, diese »Übereinstimmung als eine genügende anzusehen«, wären die Abweichungen nicht außerhalb der Fehlergrenzen und zudem systematischer Natur. Diese Situation kommentiert er ähnlich wie Planck, indem er zunächst für Aufschub der Entscheidung und weitere Experimente plädiert: »Ob die systematischen Abweichungen in einer noch nicht gewürdigten Fehlerquelle oder darin ihren Grund haben, daß die Grundlagen der Relativitätstheorie nicht den Tatsachen entsprechen, kann wohl erst dann mit Sicherheit entschieden werden, wenn ein mannigfaltigeres Beobachtungsmaterial vorliegen wird.«

Wie er wirklich dachte, wird zwischen den Zeilen bei der anschließenden Beurteilung der konkurrierenden Theorien deutlich. Getreulich referiert er, »daß die Theorien der Elektronenbewegung von Abraham und Bucherer Kurven liefern, die sich der beobachteten Kurve erheblich besser anschließen als die aus der Relativitätstheorie ermittelte Kurve«. Während hier der berühmte Lorentz mit seinem Latein am Ende war, läßt sich der Mann vom Patentamt, der schon 1905 die Theorie von Abraham und die zu ihr passenden experimentellen Befunde von Kaufmann einfach ignoriert hatte, dadurch auch jetzt nicht beirren: »Jenen Theorien kommt aber nach meiner Meinung eine ziemlich geringe Wahrscheinlichkeit zu, weil ihre die Maße des Elektrons betreffenden Grundannahmen nicht nahegelegt werden durch theoretische Systeme, welche größere Komplexe von Erscheinungen umfassen.«[25]

Einstein bemüht sich also gar nicht um den Nachweis, der auch kaum zu erbringen gewesen wäre, daß die Theorien von Abraham und Bucherer falsch seien, sondern er spricht ihnen nach metatheoretischen Kriterien schlichtweg »die Wahrscheinlichkeit« ab, indem er den isolierten und willkürlichen Charakter einiger Grundannahmen kritisiert. Solche Grundannahmen dürfen nach seiner Auffassung nicht einfach »ad hoc« für den Einzelfall erfunden werden, sondern sie müssen sich auf weitere Bereiche, am besten auf die ganze Physik beziehen. Nur dann stellt sich ein, wovon er schon kurz nach dem Studium geschwärmt hatte: jenes »herrliche Gefühl, die Einheitlichkeit eines Komplexes von Erscheinungen zu erkennen«.[26] Gemäß Einsteins unausgesprochenem wissenschaftsphilosophischen Glaubenssatz ist dies nicht von »ad hoc« getroffenen Annahmen zu erwarten, sondern am ehesten von Prinzipien.

Gleichwohl wird eine derartige Abqualifizierung konkurrierender Theorien, die immerhin durch das Experiment favorisiert waren, manchem Kollegen als arrogant und ungehörig erschienen sein. Arrogant wären diese Bemerkungen freilich nur dann, wenn sie Unsicherheit verschleiern sollten; tatsächlich zeugen sie von Einsteins überlegener Sicherheit in der Beurteilung physikalischer Theorien und von seinem Urvertrauen in die theoretische Erkenntnis aus Prinzipien, wie sie sich seit dem Mai 1905 bewährt hat. – Es war noch kein Jahr vergangen, da hatte Bucherer in einer wesentlich verbesserten Neuauflage der Kaufmannschen Experimente nicht etwa seine eigene Theorie, sondern die Formeln von Lorentz und Einstein bestätigt gefunden. Bucherer schrieb nach Bern, »daß ich durch sorgfältige Versuche die Gültigkeit des Relativitätsprinzips über jeden Zweifel erhaben nachgewiesen habe«.[27] Einstein bedankte sich postwendend mit einem »freundlichen Brief«.[28] Er hat wohl kaum vor Freude einen Luftsprung gemacht, sondern eher befriedigt festgestellt, er habe es ja gewußt, daß es so kommen müsse.

Diese Messungen von Elektronenbahnen konnten allerdings nicht zwischen der Theorie von Einstein und der von Lorentz unterscheiden, da in beiden die gleichen Bewegungsgesetze für schnelle Elektronen herauskamen. Dazu bedurfte es weiterer Experimente, die Effekte untersuchten, die nur von der Einsteinschen, nicht aber von der Lorentzschen Theorie vorhergesagt wurden. Eine solche Möglichkeit, auf die Einstein schon in seinem »$E = mc^2$-Nachtrag« hingewiesen hatte, betraf die Umwandlung von Masse in Energie bei radioaktiven Prozessen. Eine andere Möglichkeit war die Messung der Zeitdilatation, die nur aus der Relativitätstheorie folgt. Einen entsprechenden Vorschlag publizierte Einstein im März 1907. Es war natürlich klar, daß die Unterschiede zwischen bewegten Uhren weder mit Taschenuhren noch mit Präzisionschronometern zu beobachten sind, aber Atome, die Spektrallinien aussenden, sind sehr genaue Uhren und können zudem auf hohe Geschwindigkeiten gebracht werden. Einstein schlug also Experimente mit elektrisch geladenen, beschleunigten Atomen vor, den damals so genannten Kanalstrahlen, deren Schwingungsfrequenzen sich seiner Theorie entsprechend verändern sollten.[29]

Mit Kanalstrahlen wurde damals schon experimentiert, vor allem von Johannes Stark, nur reichte die Genauigkeit zum Nachweis der Zeitdilatation nicht aus. Aber Einstein ließ nicht locker: »Die Hauptsache ist nun«, erklärte er 1911, »daß man möglichst genaue Experimente zur Prüfung der Fundamente anstellt. Mit dem vielen Grübeln ist einstweilen nicht viel zu holen.«[30] Er mußte sich jedoch gedulden: Erst zu Beginn der 30er Jahre wurde die Umwandlung von Masse in Energie bei der Untersuchung von Kernreaktionen bestätigt, und die Zeitdilatation wurde gar erst 1938 direkt nachgewiesen. Bis zu diesen Resultaten hätte jeder Physiker, wenn er nur das Experiment als Kriterium für die Wahl einer Theorie gelten lassen wollte, sich ebensogut für die Lorentzsche wie für die Einsteinsche Theorie entscheiden können. Wenn die Relativitätstheorie trotzdem so rasch Anklang fand, so lag das also nicht an zwingenden Experimenten, sondern an der Empfänglichkeit der meisten Physiker für ihren axiomatischen und fundamentalen Charakter sowie für ihre Schönheit, also formale und ästhetische Gesichtspunkte.

In der modernen Physik gibt es wohl keine andere Theorie, die wie die Spezielle Relativitätstheorie länger als ein Vierteljahrhundert auf direkte experimentelle Evidenz zu ihren Gunsten warten mußte, und es gibt auch keine Theorie, bei der die experimentelle Bestätigung so gleichgültig entgegengenommen wurde, weil, als sie endlich kam, niemand mehr etwas anderes erwartet hatte.

Worin aber gründete dann im Jahre 1905 Einsteins Überzeugung, daß er bei der Suche nach den Naturgesetzen auf dem rechten Wege sei? Das große Erweckungserlebnis war zweifellos die Entdeckung vom Mai, daß nämlich das Relativitätsprinzip mit dem Prinzip der universellen Konstanz der Lichtgeschwindigkeit verträglich ist und dies ausreicht, um Elektrodynamik und Mechanik auf eine gemeinsame Grundlage zu stellen. Wie er damals dem Kollegen Sauter erzählt hatte, war seine Freude unbeschreiblich, aber gewiß nicht nur wegen des konkreten Erfolges, sondern vor allem, weil seine Überzeugung, daß es in der Formulierung zuverlässiger Theorien auf Prinzipien ankomme, triumphal bestätigt worden war.

Der physikalische Ausgangspunkt für die Herausbildung dieser programmatischen Auffassung war der »tiefe Eindruck«, den die auf ihren zwei Hauptsätzen basierende Thermodynamik schon auf den Studenten gemacht hatte. Zeitlebens war für Einstein die klassische Thermodynamik »die einzige physikalische Theorie allgemeinen Inhalts, von der ich überzeugt bin, daß sie im Rahmen der Anwendbarkeit ihrer Grundbegriffe niemals umgestoßen werden wird«.[31] Die Faszination, die von dieser auf wenigen einleuchtenden Prinzipien gegründeten Theorie ausging, führte schon bei dem jungen Einstein zu einer tiefschürfenden Beschäftigung mit der Möglichkeit und den Bedingungen theoretischer Erkenntnis, die über die gängige Art physikalischer Fragestellungen hinausging.

Wir wissen aus der von Solovine überlieferten Lektüre-Liste der »Akademie Olympia« sowie aus vielen späteren Zeugnissen, wie intensiv Einstein sich Fragen zugewandt hatte, die man gemeinhin den »philosophischen Grundlagen der Naturwissenschaft« zurechnet. Auch wenn er schon in den ersten Abschnitten der Relativitätsarbeit die Bühne der Wissenschaft als »philosophierender Physiker« betreten hatte, äußerte er sich zu diesen dem engeren Fachkomment fremden Problemen erst, als er unübersehbar berühmt war. »Wenn ich an die tüchtigsten Studenten denke, die mir beim Lehren begegnet sind«, schrieb er dann in einer Passage seines Nachrufs auf Ernst Mach, die zugleich als Selbstporträt gelesen werden kann, »die sich durch Selbständigkeit des Urteils, nicht nur durch bloße Behendigkeit auszeichneten, so konstatiere ich bei ihnen, daß sie sich lebhaft um Erkenntnistheorie kümmerten.«[32] Und ebenso charakterisierte er eher sich selbst als seine wenigen Studenten, indem er fortfuhr: »Wenn ich mich nicht aus äußeren Gründen, wie Gelderwerb, Ehrgeiz oder auch nicht oder wenigstens nicht ausschließlich des sportlichen Vergnügens, der Lust am Gehirn-Turnen wegen einer Wissenschaft zuwende, so muß mich als Jünger dieser Wissenschaft die Frage brennend interessieren: Was für ein Ziel will und kann die Wissenschaft erreichen, der ich mich hingebe? In wiefern sind deren allgemeine Ergebnisse ›wahr‹? Was ist wesentlich, was beruht nur auf Zufälligkeit der Entwicklung?«

In den Jahren am Patentamt war Einstein freilich viel zu intensiv mit Physik beschäftigt, als daß er das Bedürfnis verspürt hätte, sich zu diesen philosophischen oder wissenschaftstheoretischen Aspekten zu äußern; zudem mag er bedacht haben, daß solches ein Privileg der großen alten Männer war und sich für einen jungen Patentamtsexperten nicht ziemte. Nur einmal, als er zu Beginn des Jahres 1907 die Relativitätstheorie in den ›Annalen‹ als ein »abgeschlossenes System«[33] charakterisiert sah, reagierte er mit einer methodologischen Richtigstellung. Die Relativitätstheorie sei »nicht als ›abgeschlossenes System‹, ja überhaupt nicht als System aufzufassen«, protestierte postwendend der Urheber. In einem die Kollegen irritierenden Sprachgebrauch wollte er sie auch nicht als Theorie im üblichen Sinne gelten lassen, »sondern lediglich als ein heuristisches Prinzip, welches für sich allein betrachtet nur Aussagen über starre Körper, Uhren und Lichtsignale enthält. Weiteres liefert die Relativitätstheorie nur dadurch, daß sie Beziehungen zwischen sonst voneinander unabhängig erscheinenden Gesetzmäßigkeiten fordert.«[34]

Da ist es wieder, das »heuristische Prinzip« als mäeutische Laterne, die auf dem Weg zur Auffindung der richtigen Naturgesetze leuchtet, aber diese Gesetze selbst nicht zu liefern vermag: »Es handelt sich also keineswegs um ein ›System‹«, präzisierte Einstein, »in welchem implizite die einzelnen Gesetze enthalten wären, und nur durch Deduktion daraus gefunden werden könnten, sondern nur um ein Prinzip, das (ähnlich wie der zweite Hauptsatz der Wärmetheorie) gewisse Gesetze auf andere zurückzuführen gestattet.« Einstein wollte die aus dem Relativitätsprinzip gewonnenen Erkenntnisse also nicht als Theorie, sondern – in der Terminologie heutiger Wissenschaftsphilosophie – eher als Metatheorie aufgefaßt sehen, als Bedingung, die alle Gesetze der Physik erfüllen müssen. Mathematisch bedeutet das die Invarianz der Naturgesetze gegenüber Lorentz-Transformationen und somit ein starkes Kriterium für die Formulierung dieser Gesetze.

Dieses Verfahren, allgemeine Prinzipien aufzusuchen und aus ihnen Forderungen für die konkrete mathematische Struktur der Naturgesetze herzuleiten, ist von Einstein zwar nicht erfunden, aber mit der Relativitätstheorie zu einem exemplarischen Erfolg geführt und im Anschluß daran zum expliziten Forschungsprogramm erhoben worden. Später hat er die Unterschiede zwischen solchen »Prinziptheorien« einerseits und »konstruktiven Theorien« andererseits deutlich herausgearbeitet. Letztere »suchen aus einem relativ einfachen zugrundegelegten Formalismus ein Bild der komplexeren Erscheinungen zu konstruieren«[35], wie zum Beispiel die makroskopischen Eigenschaften der Materie durch die Annahme von Molekularbewegungen konstruktiv erklärt werden können. In freier Anlehnung an Kantsche Terminologie nennt Einstein dieses Vorgehen auch synthetisch, um es mit der analytischen Methode der »Prinziptheorien« zu kontrastieren. Deren Ausgangspunkt und Basis bilden »empirisch gefundene, allgemeine Eigenschaften der Naturvorgänge, Prinzipien, aus denen dann mathematisch formulierte Kriterien folgen, denen die einzelnen Vorgänge bzw. deren theoretische Bilder zu folgen haben«[36], wie es für die Thermodynamik der Fall ist und natürlich auch für die Relativitätstheorie.

Beide Klassen von Theorien haben ihre jeweiligen Vorzüge: »Vollständigkeit, Anpassungsfähigkeit und Anschaulichkeit« kennzeichnen die konstruktiven Theorien, während für Prinziptheorien »logische Vollkommenheit und Sicherheit der Grundlage« konstitutiv sind. Einstein sieht sogar die konstruktiven Theorien als die »wichtigste Klasse«[37] an, vermutlich wegen der Vielfalt ihrer Anwendungen, zu denen er selbst vieles beigetragen hat; aber es ist doch klar, daß seine große Liebe den Prinziptheorien gilt, in Konkretisierung seiner in Studententagen gebildeten Absicht, »dasjenige herauszuspüren, was in die Tiefe führen konnte«.[38]

Bei der methodischen Einordnung der eigenen Leistung als einer metatheoretischen ist es nur folgerichtig, daß Einstein zwar der Urheber des physikalischen Konzepts, aber nicht des Namens der Relativitätstheorie war. In seiner Arbeit *Zur Elektrodynamik bewegter Körper*, mit der alles anfing und fast alles schon fertig war, schrieb er nur vom Relativitätsprinzip, und daran hielt er in den nächsten Jahren fest. Es war Planck, der im September 1906 auf der schon erwähnten Jahresversammlung in Stuttgart erstmals von der »Relativtheorie«[39] sprach. Bei Bucherer und anderen wurde daraus schnell die »Relativitätstheorie«; das klang wohl erhabener und setzte sich schon 1907 durch. Es ist amüsant zu sehen, wie Einstein durch die Auseinandersetzung mit und die Paraphrasierung von Arbeiten anderer Physiker widerstrebend in diese Terminologie hineingezogen wurde, aber in seinen Überschriften und in den autonom formulierten Passagen seiner Veröffentlichungen beharrte er noch einige Jahre auf dem »Relativitätsprinzip«. Erst 1911 lenkte er ein und benutzte die mittlerweile gängige Bezeichnung erstmals in einem Titel[40], nicht ohne sich schon im ersten Satz dieses Artikels von der ihm aufgezwungenen Wortwahl zu distanzieren, indem er die »Relativitätstheorie« in Gänsefüßchen setzte. Mit dieser Relativierung der »Relativitätstheorie« leistete er noch einige Jahre hinhaltenden, aber letztlich vergeblichen Widerstand.[41]

Einsteins Unbehagen an dieser Terminologie war durchaus berechtigt, denn natürlich ist ein Prinzip keine Theorie, sondern ein Grundsatz, der bei der Formulierung einer jeden Theorie beachtet werden muß und vielleicht manch nützlichen Hinweis zum Auffinden der richtigen Theorie lieferte, nicht jedoch die Theorie. Seinen eigenen Auffassungen über den methodischen Status des Relativitätsprinzips[42] hätte es durchaus entsprochen, wenn er es schon im Titel seiner großen Arbeit als ein »heuristisches Prinzip« eingeführt hätte – aber diese Formulierung hatte er schon ein Vierteljahr zuvor in der Arbeit über die Lichtquanten vergeben.

Da Physiker auch bei unglücklicher Wortwahl noch ziemlich genau wissen, wovon sie reden, war die Verschiebung vom »Prinzip« zur »Theorie« kein großes Unglück. Das gab es aus anderen Gründen erst nach dem Ersten Weltkrieg, als Einsteins Name ins Rampenlicht einer exaltierten Öffentlichkeit katapultiert wurde und mit ihm die Relativitätstheorie. Unvermeidbar, daß sie dabei einerseits auf die Formel »alles ist relativ« verkürzt wurde, andererseits der Anwendungsbereich dieser Formel auf die Moral, das Staatswesen oder andere auf Verehrung Anspruch erhebende Institutionen ausgeweitet wurde. In Fortsetzung der Mißverständnisse galt obskuranten Gemütern demzufolge die Relativitätstheorie als ein besonders verwerflicher jüdischer Beitrag zur sozialen Dekomposition.

Natürlich ist es schon in der Physik blühender Unsinn, daß »alles relativ« sei; so war Max Planck sogleich von Einsteins Arbeit fasziniert, weil sie ganz im Gegenteil Wege aufzeigte, in den Naturgesetzen »das Absolute, Allgemeingültige, Invariante herauszufinden«[43], etwa in der universellen Konstanz der Lichtgeschwindigkeit. In der schon 1908 von Minkowski vorgelegten »vierdimensionalen« Darstellung wurde die Invarianz der Naturgesetze gegenüber der Gruppe der Lorentz-Transformation als Leitgedanke entfaltet, und Minkowski schien »das Wort Relativitätspostulat für die Forderung einer Invarianz... sehr matt«.[44] Als zu Beginn der zwanziger Jahre die Wogen unsinniger Kontroversen über die Relativitätstheorie hereinbrachen, glaubten einige, sie durch Umbenennung in »Invarianz-Theorie« aus der Schußlinie nehmen zu sollen. Einstein stimmte nur insoweit zu, als diese Bezeichnung zwar die Methode, aber nicht den physikalischen Gehalt der Theorie wiedergeben würde. Auch wenn der neue Name vielleicht besser wäre, so »würde es nur Verwirrung stiften, nach so langer Zeit den allgemein akzeptierten Namen zu ändern«.[45] Also blieb es bei der »Relativitätstheorie«, und es wird wohl auch dabei bleiben, daß Einsteins große Erkenntnis gewesen sein soll, alles sei relativ, obwohl eher das Gegenteil der Fall ist.

Ob »Prinzip« oder »Theorie«, auf jeden Fall steht die Relativitätstheorie in dem Ansehen, sie sei eine Revolution, vielleicht die wissenschaftliche Revolution schlechthin. Wer so denkt, mag recht haben, und er befindet sich damit in bester Gesellschaft, nur auf Einstein berufen kann er sich nicht. Der hatte, wie über so vieles, auch über Revolutionen in der Wissenschaft seine eigenen Ansichten.

Das lag nicht nur daran, daß in Einsteins Jugendjahren dieser Begriff nicht so inflationiert war wie heutzutage, wo kaum eine Woche ohne

Ankündigung einer wissenschaftlichen Revolution vergeht. Einstein hat durchaus von Revolutionen gesprochen, allerdings sparsam und nur bei bedeutsamem Anlaß, wie dem Übergang von den Fernwirkungskräften zu den Feldern in der Maxwellschen Theorie.[46] Er hat sich auch nicht gescheut, einen eigenen Beitrag, seine Lichtquantenhypothese, als »revolutionär« zu charakterisieren, als »sehr revolutionär«[47] sogar, wenn auch nicht im Druck, sondern nur in einem Privatbrief. Aber als Revolution in der Wissenschaft wollte er offenbar nur einen Bruch mit der Tradition und einen radikalen Neubeginn gelten lassen, wie ihn die Entwicklung des Feldbegriffs im 19. Jahrhundert und eben die Quantenphysik im 20. Jahrhundert darstellt, so daß man den Eindruck erhält, für Einstein müsse eine wissenschaftliche Revolution an Rang und Bedeutung mit der Französischen Revolution vergleichbar sein.

Bei der Relativitätstheorie sah Einstein nichts Derartiges. Schon in jenem Brief an Conrad Habicht, in dem er seinen die Lichtquanten betreffenden heuristischen Gesichtspunkt »sehr revolutionär« nannte, charakterisierte er die später so genannte Relativitätstheorie als »eine Elektrodynamik bewegter Körper unter Benützung einer Modifikation der Lehre von Raum und Zeit« – und eine Modifikation ist gewiß keine Revolution. Auch später benutzte Einstein in diesem Zusammenhang niemals das Wort »revolutionär« oder eines seiner Synonyme, und gelegentlich machte er sich darüber lustig, wenn andere das um so eifriger taten.

Das gründet nicht etwa in devoter Bescheidenheit, zu der Einstein auch gar nicht neigte. Ebenso wie Isaac Newton hätte er sagen können: »Wenn ich weiter gesehen habe, so deshalb, weil ich auf den Schultern von Riesen stehe.«[48] Dieser Aphorismus drückt zweierlei aus: Zum einen, daß Newton ebenso wie Einstein »weiter gesehen« hatte als andere, zum zweiten aber auch die Verpflichtung gegenüber der Tradition. Keiner der großen Physiker hat allerdings so sensibel wie Einstein die Kontinuität in der Wissenschaft gewürdigt. Für ihn gab es »in der Entwicklung der Wissenschaften nur ein Aufbauen, aber kein Niederreißen... Wenn nicht eine Generation auf das von den früheren Erarbeitete aufbauen kann, gibt es keine Wissenschaft. Es wäre traurig, wenn die Relativitätstheorie die bisherige Mechanik stürzen müßte, so ähnlich, wie ein tyrannischer Herrscher den anderen stürzt. Die Relativitätstheorie ist nichts anderes als ein weiterer Schritt in der Jahrhunderte alten Entwicklung unserer Naturwissenschaft, der die bisher gefundenen Zusammenhänge aufrecht erhält und vertieft und neue hinzufügt.«[49] Seinen ersten Besuch in den Vereinigten Staaten begann er sogleich mit einer Belehrung des sensationssüchtigen Publikums:

> In der Öffentlichkeit ist die falsche Auffassung weit verbreitet, daß die Relativitätstheorie sich radikal von früheren Entwicklungen in der Physik seit der Zeit von Galileo und Newton unterscheidet, daß sie im heftigen Gegensatz zu deren Deduktionen stehe. Das Gegenteil ist wahr. ... Die Männer, die die Grundlagen der Physik gelegt haben, auf denen es mir möglich war, meine Theorie aufzubauen, sind Galileo, Newton, Maxwell und Lorentz.[50]

Vor diesem historischen Horizont war für Einstein die Relativitätstheorie »nichts anderes... als eine systematische Fortsetzung der Maxwell-Lorentzschen Elektrodynamik«[51], und in seiner Nobel-Rede beschrieb er sie als »eine Anpassung der Grundlagen der Physik an die Maxwell-Lorentzsche Elektrodynamik«.[52] Statt vieler ähnlicher Zitate noch eine Bemerkung aus späten Jahren über das exaltierte Revolutionsgerede anläßlich einer Artikelfolge in der ›New York Times‹: »Der Leser erhält den Eindruck, dass es in der Wissenschaft alle fünf Minuten eine Revolution gibt, etwa so wie ein Staatsstreich in einigen der kleineren, unstabilen Republiken.«[53] – Wie aber dachten die Kollegen?

»Das ist ein Revolutionär«, erkannte sofort Max von Laue, als er als erster deutscher Physiker dem Mann im Patentamt im Sommer 1907 einen Besuch abstattete. »Er hat in den ersten zwei Stunden des Gesprächs die ganze Mechanik und Elektrodynamik umgestürzt, und zwar aus Gründen der Statistik.«[54] Bei dieser Destruktion der klassischen Grundlagen, einem originär revolutionären Geschäft, wird die Strahlungstheorie im Vordergrund gestanden haben, und hier hielt Einstein seine Lichtquantenhypothese bekanntlich selbst für »sehr revolutionär«.

Aber auch die Relativitätstheorie wurde bald als Revolution angesehen. Ausgerechnet der konservative Planck gab schon im Frühjahr 1908 den Ton an, wobei er freilich das politisch degoutante Wort durch ein deutsches Äquivalent ersetzte, als er insbesondere zu Einsteins Definition der Zeit ausführte:

> Sie übertrifft an Kühnheit wohl alles, was bisher in der spekulativen Naturforschung, in der philosophischen Erkenntnistheorie geleistet wurde; die nichteuklidische Geometrie ist ein Kinderspiel dagegen.[55]

Mit der durch das Relativitätsprinzip in »der physikalischen Weltanschauung hervorgerufenen Umwälzung« war für ihn »an Ausdehnung und Tiefe nur noch die durch die Einführung des Copernikanischen Weltsystems bedingte zu vergleichen«. Wenig später gab Einsteins Lehrer und Mentor, der Zürcher Professor Kleiner, offenbar schon die Mehrheitsmeinung der Physiker wieder, als er vom Relativitätsprinzip wie selbstverständlich sagte, es werde »als revolutionär bezeichnet«[56] – und diese Auffassung hat ebenso viel für sich wie die Einsteins.

In der Tat ist die Relativitätstheorie, die Spezielle von 1905 und im Vorgriff auf Kommendes auch die Allgemeine von 1915, eher eine Vertiefung als ein Umsturz und Einstein hier eher der Vollender der »klassischen« Physik denn ein Revolutionär. Aber die dabei erfolgte Umgestaltung der durch die Jahrhunderte sakrosankten, gar in den Rang des »a priori« erhobenen Grundbegriffe von Zeit und Raum ist eine Revolution, gewiß eine der größten in der Geschichte der Wissenschaft, und dies sogar nach Einsteins eigenen Kriterien, auch wenn er selbst darin nur eine Modifikation hat sehen wollen.

So erfreulich schnell die Relativitätstheorie unter den Physikern und Mathematikern bekannt und von den meisten auch akzeptiert wurde – zwei der ganz Großen, die zudem Bedeutendes zur Etablierung und Analyse des Relativitätsprinzips beigetragen hatten, blieben abseits: Poincaré und Lorentz. Die Beziehungen zwischen Einstein und den beiden Dioskuren sind nicht nur als retardierendes Moment übermächtiger Tradition und des allzumenschlichen Faktors im Fortschritt der Wissenschaft von Interesse, sondern auch als Extreme im Verhältnis zwischen schöpferischen Persönlichkeiten: Verständnis, ja Verehrung in dem einen Falle sowie Verdrängung und abgründige Verleugnung in dem anderen.

Von Poincaré kann man nicht einmal sagen, er habe die Einsteinsche Relativitätstheorie abgelehnt, denn er hat sie schlicht ignoriert. Kaum vorstellbar, daß Poincaré, der mit der deutschen Sprache vertraut war, nicht irgendwann einmal Einsteins Arbeiten in den ›Annalen‹ gelesen hat. Kam ihm dabei vieles, insbesondere die Uhrensynchronisation mittels der Lichtgeschwindigkeit und die Lorentz-Transformationen, gar zu bekannt vor? Suchte er anerkennende Fußnoten, und war er ob deren Fehlens verstimmt? Glaubte er, er habe alles Nötige und Wissenswerte zum Relativitätsprinzip in seinen Arbeiten aus den Jahren 1905 und 1906 selbst dargestellt, und dies noch in mathematisch erschöpfender und unvergleichlich eleganterer Weise? Vielleicht interessierte ihn die weitere Entwicklung nicht mehr sonderlich, denn schließlich war er Mathematiker, in jenen Jahren der Welt berühmtester, mit vielen Verpflichtungen und ungeheuer produktiv, so daß er damit zufrieden gewesen sein könnte, den Physikern den einen oder anderen nützlichen Hinweis gegeben zu haben.

Poincaré hat sich darüber so gründlich ausgeschwiegen, daß wir gar nichts wissen, nicht einmal in Andeutungen. Gewiß ist nur, daß er die Erwähnung schon von Einsteins Namen mied wie der Teufel das Weihwasser, wann immer er in den folgenden Jahren noch auf das Relativitätsprinzip zu sprechen kam. Diesen späteren Artikeln läßt sich zudem entnehmen, daß er nicht nur Einsteins Namen, sondern auch seine Gedanken ignorierte[57] und bei seiner Konzeption aus dem Jahre 1905 verharrte: das Relativitätsprinzip eher eine Folgerung aus der Elektrodynamik und auf diese beschränkt denn ein Axiom für alle Physik, sowie die Lorentzkontraktion als selbständige Hypothese und nicht eine ableitbare Konsequenz, und irgendwo im Hintergrund immer noch der Äther und dadurch festgelegt ein System absoluter Ruhe.

Einstein und Poincaré begegneten einander ein einziges Mal beim ersten Solvay-Kongreß 1911 in Brüssel. Es war kein Erfolg, wie Einstein einem Freund berichtete: »Poincaré war (gegen die Relativitätstheorie) einfach allgemein ablehnend, zeigte bei allem Scharfsinn wenig Verständnis für die Situation.«[58] Zu einem weiteren Treffen gab es keine Gelegenheit mehr: Poincaré starb 1912 im Alter von erst 58 Jahren.

Wie Poincaré über Einstein, so schwieg auch Einstein über Poincaré und das, was er von ihm gelesen hatte. Das ist um so vielsagender, als Einstein dieser Lektüre mehr als nur einen Fingerzeig zu verdanken hatte, mit an Sicherheit grenzender Wahrscheinlichkeit sogar die Definition der Zeit. Hatte Einstein bei der Ausformulierung der Relativitätsarbeit einen Hinweis auf Poincaré halb verdrängt und halb vergessen, und war ihm das später so unangenehm, daß er es endgültig verdrängte? Als Einstein lange nach Poincarés Tod den großen Franzosen erstmals erwähnte, tat er das in anderem Zusammenhang. In einem Vortrag in der Preußischen Akademie der Wissenschaften zu Berlin über »Geometrie und Erfahrung« stellte er ihn als den »scharfsinnigen und tiefen Poincaré«[59] heraus, wobei er sich allerdings nicht auf die Uhrensynchronisation, sondern auf Poincarés konventionalistische Analyse der Beziehungen zwischen Physik und Geometrie bezog. Im gleichen Jahr äußerte er in einem Interview, das auf der ersten Seite des Pariser ›Figaro‹ gedruckt wurde, ganz allgemein seine »große Bewunderung für Poincaré«.[60]

Dann wieder drei Jahrzehnte des Schweigens, bis Einstein 1952 im hohen Alter in einem Brief, in dem er so etwas wie eine knappe biographische Materialsammlung zusammenstellte, neben Hume und Mach auch Poincaré einen »ziemlichen Einfluss«[61] auf seine Entwicklung zugestand. Im Jahr darauf gab es einen Sturm im Wasserglas um den zweiten Band von Edward Whittakers *History of the Theories of Aether and Electricity*, über weite Strecken ein Meisterwerk, aber in den Passagen über die Relativitätstheorie eine Absonderlichkeit. Schon die Überschrift des Kapitels »Die Relativitätstheorie von Poincaré und Lorentz« wies die Richtung, in der Sir Edward dann ausführte, daß Einsteins Beitrag marginal sei. Max Born, ebenso wie Whittaker Professor im schottischen Edinburgh, hatte den Kollegen von dieser Schrulle abbringen wollen, jedoch vergebens. Auf Borns besorgte Warnung, was da bald von einem weithin als Autorität angesehenen Gelehrten erscheinen würde, reagierte Einstein unwirsch:

> Ich selber habe jedenfalls bei meinen Bemühungen Befriedigung gefunden, aber ich halte es nicht für ein verständiges Geschäft, meine paar Ergebnisse als Eigentum zu verteidigen wie ein alter Geizhals die paar Kröten, die er mühsam zusammengerackert hat. Ich nehme ihm nichts übel... Ich brauche das Ding ja garnicht zu lesen.[62]

Gleichwohl hat diese Episode Einstein nicht unberührt gelassen, denn vier Wochen später schrieb er nach Bern, wo eine Feier zum 50jährigen Jubiläum der Relativitätstheorie vorbereitet wurde: »Hoffentlich wird dafür gesorgt, daß die Verdienste von H. A. Lorentz und H. Poincaré ebenfalls sachgemäß gewürdigt werden.«[63] Nach beinahe einem halben Jahrhundert war es das erste Mal, daß Einstein im Zusammenhang mit der Speziellen Relativitätstheorie Poincaré überhaupt erwähnte.

Zwei Wochen vor seinem Tode empfing Einstein einen jungen Wissenschaftshistoriker. Die beiden kamen auch auf die Eitelkeit zu sprechen, die man nach Einsteins Beobachtung »bei so vielen Wissenschaftlern findet. Sie wissen«, erklärte Einstein seinem Besucher, »es hat mich immer geschmerzt, daß Galilei die Arbeit von Kepler nicht anerkannt hat.«[64] War das der Nachklang einer persönlichen Erfahrung, die erst im Alter die Sphäre des Bewußten streifen durfte?

Nach Einsteins Tod erkundigte sich Abraham Pais bei Einsteins Sekretärin nach dem Verbleib einer Leihgabe. Einige Jahre zuvor hatte der junge Kollege Einstein gefragt, welchen Einfluß Poincarés große Arbeit aus dem Jahre 1906 über die Dynamik des Elektrons auf sein Denken gehabt habe. Einstein hatte sie nie gelesen, und da Pais einen Nachdruck dieses nicht eben leicht zugänglichen Artikels einmal antiquarisch erworben hatte, brachte er Einstein sein kostbares Exemplar, erhielt es aber nie zurück. Nun konnte die Sekretärin diesen Artikel nicht mehr finden.[65] Poincarés Arbeit war und blieb verschwunden...

Sie waren wie fremde Schiffe in der Nacht, Poincaré und Einstein, die im Dunkeln aneinander vorüberglitten und alles taten, einander aus dem Weg zu gehen.

Für Lorentz muß die Einsteinsche Relativitätstheorie ein merkwürdiges Erlebnis gewesen sein. Länger als ein dutzend Jahre hatte der holländische »praeceptor physicae« darum gerungen, die Elektrodynamik an die Tatsache anzupassen, daß eine Bewegung gegenüber dem Äther nicht beobachtbar ist. Diese Anstrengung, das Relativitätsprinzip zu »retten«, war erfolgreich, wenn auch nur um den Preis vertrackter Überlegungen und des Aufeinanderhäufens separater Hypothesen. Daß nun ein ziemlich unbekannter Mann aus Bern aus dem Problem einfach ein Prinzip gemacht hatte und damit auch noch erfolgreich war, kommentierte er 1906 ebenso verwundert wie melancholisch, »daß Einstein ganz einfach postuliert, was wir mit einigen Schwierigkeiten und auf nicht ganz zufriedenstellende Weise aus den grundlegenden elektromagnetischen Feldgleichungen hergeleitet haben«.[66] Das wäre freilich nur die eine, für Lorentz augenfällige Seite der Medaille und ein arg verkürzendes Mißverständnis dazu. Denn Einstein konnte umgekehrt nicht nur vieles, was Lorentz als Hypothese »ad hoc« hatte einbringen müssen, von der Lorentz-Kontraktion bis zur Lorentz-Kraft, aus den beiden Prinzipien zwanglos herleiten, er etablierte vielmehr die Gültigkeit der Prinzipien und der auf sie gegründeten Kinematik für die gesamte Physik, was Lorentz nicht einmal angestrebt hatte.

Der »praeceptor physicae« hatte zweifellos alle Aspekte von Einsteins Überlegungen sofort in vollem Umfange verstanden, aber eher im Sinne des reproduzierenden Nachvollzugs, denn akzeptieren mochte er sie deshalb noch lange nicht. Da zwischen den beiden Theorien durch Experimente nicht entschieden werden konnte, sah Lorentz darin so etwas wie eine Geschmacksfrage. »Welcher der beiden Denkweisen man sich anschließen mag, bleibt wohl dem einzelnen überlassen«[67], resümierte er seine Auffassung in den Wolfskehl-Vorträgen, die er im Herbst 1910 in Göttingen hielt. Max Born, der diese Vorlesungen für den Druck auszuarbeiten hatte, fand das »absurd und reaktionär«.[68]

In einer 1913 im holländischen Haarlem gehaltenen Vorlesungsreihe wurde Lorentz noch deutlicher. Er verwies die Erörterung der unkonventionellen Einsteinschen Begriffsbildungen in das Reich der

Erkenntnistheorie, was für Physiker nicht viel mehr als eben eine Geschmacksfrage bedeutet. Was nun die Physik anging, so war Lorentz' Darstellung meisterlich, aber wie zu erwarten fand er »die ältere Deutung zufriedenstellender, wonach der Äther eine gewisse Substanzialität besitzt, Raum und Zeit streng voneinander trennbar sind und Gleichzeitigkeit ohne Einschränkungen definiert werden kann«. Da er spätestens von Einstein gelernt hatte, daß absolute Gleichzeitigkeit eine unendlich große Geschwindigkeit impliziert, rügte er in gewohnter Konsequenz auch noch, »daß die kühne Behauptung über die Unbeobachtbarkeit von Überlichtgeschwindigkeiten eine hypothetische Einschränkung des uns Zugänglichen beinhaltet, die nicht ohne Zurückhaltung anerkannt werden kann«.[69] Das waren nicht etwa Klagen eines Altmeisters, dem die Felle davonzuschwimmen drohten, sondern Probleme der Ablösung von überkommenen Vorstellungen, die eine ganze Physikergeneration zu bewältigen hatte.

Anders als Born hatte Einstein bei einem Manne wie Lorentz dafür Verständnis. Als im Jahr darauf Lorentz' Vorträge gedruckt erschienen, betätigte sich Einstein erstmals als Rezensent in Sachen Relativitätstheorie. Die Bemerkungen über den Äther, die Zeit und die Lichtgeschwindigkeit überging er, fand sonst alles »klar und deutlich« dargestellt und empfahl: »Niemand, der ernstes Interesse an dem Gegenstande hat, sollte die Lektüre des Büchleins versäumen.«[70]

Obwohl Lorentz weder den Äther noch die intuitiv absolute Gleichzeitigkeit aufgeben mochte, bedauerte er gelegentlich sogar, die Relativitätstheorie verfehlt zu haben, weil er in seiner »Ortszeit« nie mehr als eine mathematische Hilfsgröße gesehen und die Möglichkeit einer neuen Definition der Zeit nicht erkannt hatte. Aber man kann sich des Eindrucks nicht erwehren, daß auch dann seine Wahl nicht anders ausgefallen wäre, denn zeitlebens hielt er die klassischen Begriffe und Vorstellungen für die besseren, wenn nicht für die einzig akzeptablen. Ein Jahr vor seinem Tode bekräftigte Lorentz noch einmal unter Beschwörung der kartesianischen Termini des »clare et distincte«, »daß wir diejenigen Begriffe von Raum und Zeit verwenden können, die uns immer vertraut waren und die ich als vollkommen klar und darüber hinaus als deutlich betrachte. Mein Begriff der Zeit ist so deutlich, daß ich in meiner Vorstellung klar unterscheiden kann, was gleichzeitig ist und was nicht«.[71]

Niemand kam jemals auf die Idee, Lorentz' unverbrüchliche Treue zur Ätherphysik des 19. Jahrhunderts mit beruflicher Eitelkeit, mit hartnäckigem Stolz auf das selbst Vollbrachte oder einfach mit Starsinn in Verbindung zu bringen. Lorentz wurde allseits bewundert und verehrt, nicht nur als Autorität und weiser Führer durch die Probleme der Theoretischen Physik, sondern auch als integre und harmonische Persönlichkeit, ausgeglichen und stets auf Ausgleich bedacht. Davon zeugen auch seine vielen Betrachtungen zur Relativitätstheorie gerade deshalb, weil er sich letztlich anders entschied. Und davon zeugt insbesondere das Verhältnis zwischen Einstein und Lorentz.

Einstein hatte Lorentz immer als einen der Riesen herausgehoben, auf deren Schultern er stand, auch wenn dieser Riese gar nicht so weit sehen wollte, wie der, den er da trug. Zur intellektuellen Verehrung gesellte sich bald eine glückliche persönliche Beziehung. Als die beiden 1909 die ersten Briefe wechselten, war Einstein schon aus der Ferne ganz hingerissen: »Ich bewundere diesen Mann wie keinen anderen, ich möchte sagen, ich liebe ihn.«[72] Dieses Gefühl grenzenloser Bewunderung wurde bald im persönlichen Umgang erwidert, bestätigt und gefestigt. Lorentz wird in Einsteins folgenden Lebensphasen immer wieder als eine Art Vaterfigur in Erscheinung treten – und als ein wundervolles Vorbild für ungetrübte Verehrung bei allen Unterschieden in der Sache.

Zu den größeren Merkwürdigkeiten in den gängigen Darstellungen der Relativitätstheorie gehört die Behauptung, daß diese Theorie in enger Beziehung zum empirischen Befund der Experimente von Michelson und Morley zur Ätherdrift entstanden sei. Nehmen wir als exemplarisch nicht eines der vielen Lehrbücher, sondern jenen repräsentativen Essay von Robert A. Millikan, der ein zu Einsteins 70. Geburtstag herausgegebenes Sonderheft der ›Reviews of Modern Physics‹ einleitet. Von der Speziellen Relativitätstheorie heißt es darin, man möge sie »als im wesentlichen aus einer Verallgemeinerung des Michelson-Experiments hervorgegangen betrachten«.[73] Das war zwar nicht die Meinung des Jubilars, aber die »opinio communis« der Physiker, und dies schon sehr lange. Sie war offenbar schon mit dem ersten Buch im Jahre 1911 etabliert, in dem Max von Laue dieses Experiment als den »Fundamentalversuch für die Relativitätstheorie«[74] herausstellte, und mittlerweile ist diese Meinung eherner Bestandteil der Folklore des Faches.

Allerdings gibt es Unterschiede: Mal wird die Relativitätstheorie direkt aus dem Ausgang des Experiments abgeleitet, was natürlich nur dank kräftiger Fehlschlüsse gelingen kann, denn niemals folgt eine Theorie aus einem einzigen Experiment, oder es wird als exemplarischer Fall eines »experimentum crucis« ausgegeben, was ebenfalls nicht trifft, da dieses Experiment sowohl mit der Lorentzschen Äthertheorie verträglich ist als auch mit der Einsteinschen Relativitätstheorie. In jedem Falle aber wird behauptet oder zumindest suggeriert, daß die Relativitätstheorie auf dem vom jeweiligen Autor veranstalteten pädagogisch-didaktischen Geschwindmarsch gefunden worden sei, der geradewegs vom Michelson-Morley-Experiment zum Relativitätsprinzip führt. Ein Blick in Einsteins Arbeit aus dem Jahre 1905 zeigt jedoch, daß dort von diesem angeblich so oder so entscheidenden Experiment nirgendwo die Rede ist. Diese Diskrepanz gibt der Frage, was Einstein von diesem Experiment wußte und welchen Einfluß es auf sein Denken hatte, eine übers Biographische hinausgehende Bedeutung sowohl für die Entstehung als auch für die Begründung der Relativitätstheorie.

Selbstverständlich geriet auch Einstein ins Schwärmen, wann immer er in späteren Jahren auf dieses Experiment zu sprechen kam: »Diese Leistung Michelsons, gleichermaßen groß durch die kühne und klare Formulierung des Problems wie durch die geniale Methode, mit deren Hilfe er die äußerst große notwendige Meßgenauigkeit erzielt hat, ist sein unsterblicher Beitrag zur wissenschaftlichen Erkenntnis.«[75] So schön Einstein dieses Experiment auch fand, einen größeren Einfluß auf sein eigenes Denken mochte er diesem Befund deshalb aber nicht zugestehen.

In den fünfziger Jahren wollte der Physiker Robert S. Shankland, der sich als einen der wissenschaftlichen Erben Michelsons betrachten konnte, von dem schon sehr alten Einstein ganz genau wissen, wann er erstmals von diesem Experiment gehört habe. Zunächst antwortete Einstein spontan, er habe es durch die Schriften von H. A. Lorentz kennengelernt, aber »erst nach 1905 wäre er darauf aufmerksam geworden. ›Sonst‹, sagte er, ›hätte ich es in meiner Arbeit erwähnt.‹ «[76] Diese Auskunft konnte nicht gut zutreffen, und so fiel seine Antwort zwei Jahre später und nach einigem Nachdenken differenzierter aus: »Das ist nicht so einfach, ich bin nicht sicher, wann ich erstmals vom Michelson-Experiment gehört habe. Ich war mir nicht bewußt, daß es mich direkt beeinflußt hätte in jenen sieben Jahren, in denen die Relativität mein Leben war. Ich glaube, ich hielt es einfach für selbstverständlich richtig.«[77]

Erfahren hatte Einstein von diesem Experiment freilich schon im ersten jener sieben Jahre, als er noch Student war. In den Sommerferien zwischen dem dritten und dem vierten Studienjahr berichtete er Mileva Marić, er habe »eine sehr interessante Abhandlung«[78] von Wilhelm Wien gelesen, und in der findet sich eine Auflistung von insgesamt dreizehn Experimenten zum Nachweis der Erdbewegung durch den Äther, darunter auch das von Michelson und Morley. In Lorentz' *Versuch* aus dem Jahre 1895, den Einstein mehrmals sorgfältig studiert und nicht bloß durchgeblättert hat, wurde dieses Experiment ausführlich dargestellt und in seinen Konsequenzen diskutiert. Da Lorentz durch das Resultat von Michelson und Morley veranlaßt wurde, seine Elektronentheorie um die Hypothese der Längenkontraktion zu erweitern, ist es hier tatsächlich von entscheidender Bedeutung in dem Sinne, daß eine Theorie direkt auf einen experimentellen Befund reagiert, und Einstein kann das nicht entgangen sein. Muß dieses Experiment deshalb auch für das Auffinden der Relativitätstheorie wichtig gewesen sein?

Schon der Aufbau der Abhandlung aus dem Jahre 1905 spricht nicht dafür, daß für Einstein die Interpretation der Ätherdrift-Experimente im allgemeinen und des Michelson-Versuchs im besonderen im Vordergrund gestanden hätte. Zur Exposition der Problemlage beschreibt er ausführlich die strukturelle Asymmetrie in der üblichen Auffassung der Elektrodynamik, und daran anschließend erwähnt er nur summarisch »die mißlungenen Versuche, eine Bewegung der Erde relativ zum ›Lichtmedium‹ zu konstatieren«, aber kein Wort mehr. Auf beide Argumente gestützt, erhebt er dann das »Prinzip der Relativität« von einer Vermutung zur Voraussetzung. Zu den »mißlungenen Versuchen« gehört auch der von Michelson, aber trotz seiner hohen Genauigkeit und seiner Bedeutung für die Lorentzsche Theorie eben nur als einer von vielen, und Einstein hat gegenüber Shankland betont, daß ihm die Aberration des Sternenlichts und das Experiment von Fizeau als experimentelle Basis für seine Überlegungen ausgereicht hätten. Beides waren altbekannte Tatsachen, ebenso wie das Faradaysche Induktionsexperiment, dessen Interpretation als Leitmotiv seiner Suche nach einem umfassenden Prinzip im Vordergrund gestanden hat.

Wenn das Michelson-Experiment in Einsteins Überlegungen eine Rolle gespielt hat, dann auf eher hintergründige Weise und indirekt als Bestandteil der Lorentzschen Theorie, denn Einstein wußte natürlich, daß bei seinen Überlegungen die Längenkontraktion richtig herauskommen mußte. Einige Physiker fanden gerade diesen Aspekt der Einsteinschen Volte vom Problem zum Prinzip besonders attraktiv, daß also die einzig zur Deutung des Michelson-Versuchs erfundene, ebenso künstliche wie gekünstelte Hypothese der Längenkontraktion in der Relativitätstheorie als kinematischer Effekt ganz zwanglos aus Prinzipien folgt. Das muß sich bis nach Bern herumgesprochen haben, denn Einstein verwies für die schnelle Anerkennung seiner Ideen schon zu Beginn des Jahres 1908 auf dieses die Kollegen beeindrukkende Erklärungspotential seiner Theorie: »Wenn uns nicht das Michelson-Morleysche Experiment in die größte Verlegenheit gebracht hätte, hätte niemand die Relativitätstheorie als eine (halbe) Erlösung empfunden.«[79] Diese »Erlösung«, sei sie nun halb oder ganz, war offenbar der Ursprung der unaufhaltsamen Karriere des berühmten Experiments zum »Fundamentalversuch der Relativitätstheorie«. Einstein selbst hat dem gelegentlich in systematischen Darstellungen Tribut gezollt[80], aber nicht in den Rekonstruktionen seines Denkens.[81]

Einsteins letztes Wort ist, wie die meisten seiner Äußerungen in dieser Sache, wenig präzise, obwohl es zur Veröffentlichung bestimmt war: »In meiner eigenen Entwicklung hat Michelsons Ergebnis keinen bemerkenswerten Einfluß ausgeübt. Ja, ich kann mich nicht einmal erinnern, ob ich davon wußte, als ich meine erste Abhandlung über den Gegenstand schrieb (1905). Die Erklärung dafür ist, daß ich aus Gründen allgemeiner Art eine feste Vorstellung davon hatte, auf welche Weise dies mit unserer Kenntnis der Elektro-Dynamik zu vereinbaren sei. Man kann demnach verstehen, warum der Michelson-Versuch in meinem persönlichen Ringen keine entscheidende Rolle spielte.«[82] Das war gewiß aufrichtig formuliert, zeugt aber auch vom Versagen der Erinnerung, denn unzweifelhaft hat Einstein dieses Experiment in seiner Jugend gekannt, auch wenn er es nur als summarischen Bestandteil all jener Bestätigungen wahrgenommen haben sollte, daß eine Bewegung gegenüber dem Äther nicht nachweisbar ist. Wenn dieses Auslöschen jeder Erinnerung, wenn diese Verdrängung als Einsteins Abwehrreaktion auf die Überbewertung des Michelson-Experiments als »Fundamentalversuch der Relativitätstheorie« zu verstehen ist, dann wäre es eine nicht ganz unberechtigte Verdrängung, denn zweifellos hatte Einstein in seiner Relativitätstheorie viel mehr beabsichtigt und auch viel mehr erreicht als nur die Erklärung eines einzigen, und sei es noch so schönen Experiments.

Wenn es nicht Einstein 1905 geglückt wäre, wer sonst hätte die Relativitätstheorie entdecken können, und vor allem wann? Solche »Was wäre, wenn...«-Fragen stehen bei Wissenschaftshistorikern wie bei allen ernsthaften Menschen nicht in hohem Ansehen, obwohl gerade sie die Würze in der trockenen Speise der Gelehrsamkeit sind, und was wäre tiefschürfende historische Analyse wert, wenn sie nicht wenigstens den Boden für begründete Spekulationen bereitete? Zudem hat Einstein selbst den einen oder anderen Hinweis zu diesen Fragen gegeben.

So vermittelte er aus der Distanz des Alters den Eindruck, er habe in seiner Jugend eine reife Frucht vom Baume der Erkenntnis gepflückt: »Es ist zweifellos«, schrieb er zwei Monate vor seinem Tod, »daß die Spezielle Relativitätstheorie, wenn wir ihre Entwicklung rückschauend betrachten, im Jahre 1905 reif zur Entdeckung war.«[83] Für diese Einschätzung spricht zudem, daß die neue Theorie sehr schnell akzeptiert wurde, obwohl kein experimentell zwingender Grund vorlag.

Einstein hatte auch einmal jemanden im Blick, der es an seiner Stelle hätte leisten können: den sieben Jahre älteren französischen Kollegen Paul Langevin. Im Nachruf auf den Freund schließt er das Kompliment ein: »Es erscheint mir sicher, daß er die Spezielle Relativitätstheorie entwickelt hätte, wenn es nicht anderwärts geschehen wäre.«[84] Was hätte Einstein Schöneres zum Gedenken des Freundes sagen können? Und doch darf man skeptisch sein, denn noch 1911, als Langevin längst mit Einsteins Arbeiten vertraut war, gründete er seine Darstellung von Raum und Zeit[85] auf einen Äther, der als aktives Medium die relativistischen Effekte der Längenkontraktion und der Zeitdilatation bewirkt.

Eher hätten es vielleicht David Hilbert und Hermann Minkowski vollbracht, deren Ruhm als »Kastor und Pollux der Mathematik« in Göttingen erstrahlte. Angeregt durch Felix Kleins Begeisterung für Anwendungen der Mathematik und beflügelt von dem Verdacht, daß die Theoretische Physik für die Physiker eigentlich zu schwer sei, veranstalteten sie im Sommersemester des Jahres 1905, also gerade zu jener Zeit, als Einstein in Bern an seiner Abhandlung feilte, ein Seminar über Elektrodynamik.[86] Zu den Teilnehmern gehörten neben tüchtigen Privatdozenten vielversprechende junge Doktoren wie Max von Laue und Max Born. In diesem erlesenen Kreis wurden neben den Arbeiten von Lorentz und Poincaré alle Aspekte der elektrodynamischen Theorie gründlichst erörtert. Vielleicht hätten Hilbert und Minkowski mit der avancierten Maschinerie der Invariantentheorie eines nicht zu fernen Tages eine mathematische Struktur der Elektrodynamik herauspräpariert, die den Übergang zur Relativitätstheorie nahegelegt hätte, zumal sie als Mathematiker dem Äther weniger verpflichtet waren als die Physiker. Im Sommer 1905 schafften sie es jedenfalls nicht. Fruchtbar wurde erst die Wiederholung des Seminars zwei Jahre später, in dessen Verlauf Minkowski die vierdimensionale Darstellung der Relativitätstheorie entwickelte, dann aber schon gestützt auf Einsteins physikalisch-operationale Interpretation der Begriffe von Zeit und Raum.

Deshalb sollte man die Mathematik als Königsweg zur Relativitätstheorie auch nicht überschätzen. Wäre es nur um Formeln gegangen, so müßte man ihre Entdeckung schon zwei Jahrzehnte früher ansetzen. Der Göttinger Privatdozent und spätere Ordinarius für Experimentalphysik Woldemar Voigt hatte nämlich schon 1887 bei einer Analyse der Wellengleichung jene Transformationsformeln gefunden[87], die als »Lorentz-Transformationen« den mathematischen Kern der Relativitätstheorie ausmachen. Mit diesem nachgerade klassischen Fall einer »verfrühten Entdeckung«[88] wußte damals niemand etwas über den Spezialfall Hinausgehendes anzufangen, auch nicht der Entdecker selbst. Lorentz erfuhr von Voigts Formeln offenbar erst im Jahre 1906. Als Minkowski im Anschluß an seinen Vortrag über »Raum und Zeit« auf der Naturforscherversammlung in Köln im September 1908 an diesen Vorgriff Voigts erinnerte, meinte der anwesende Kollege zu seiner jugendlichen Tat, es »haben sich damals bereits einige derselben Folgerungen ergeben, die später aus der elektromagnetischen Theorie gewonnen worden sind«.[89] Es waren jedoch nur mathematische Folgerungen bar physikalischer Konsequenzen, denn »Äther war das meistverwendete Wort in Voigts Optikvorlesungen«[90], wie sich Max Born an das Jahr 1905 in Göttingen erinnerte.

Lorentz oder Poincaré brauchte Einstein als potentielle Entdecker der Relativitätstheorie nicht ins Auge zu fassen. Wir wissen, daß beide unbekehrt gestorben sind, obwohl sie intensiv mit den Problemen gerungen haben und sich ganz nahe an eine relativistische Physik herangearbeitet hatten. Aber einer Sache sehr nahe zu kommen oder sie wirklich zu verstehen, das macht nicht nur hier den ganzen Unterschied aus. »Dass er diesen Schritt zur speziellen Relativitätstheorie nicht machte«, interpretierte Einstein die Hemmungen des verehrten Lorentz, »lag einfach daran, dass es für ihn psychologisch unmöglich war, auf die Realität des Äthers als eines materiellen Dinges (Trägers des elektromagnetischen Feldes) zu verzichten. Wer diese Zeit miterlebt hat, begreift es.«[91]

Was aber ermöglichte es Einstein, »diesen Schritt« im Jahre 1905 zu tun? Er hat des öfteren beschrieben, was ihn beschäftigt und auf den Weg gebracht hatte, was ihn in »einen Zustand psychischer Spannung« versetzte oder was ihm einfach »unerträglich« war, aber niemals hat er zu erklären versucht, warum es ausgerechnet ihm vergönnt war, den »Schritt« zu vollziehen. Wenigstens eine Andeutung enthält eine Bemerkung über Ernst Mach. Danach hielt es Einstein für »nicht unwahrscheinlich, daß Mach auf die Relativitätstheorie gekommen wäre, wenn in der Zeit, als er jugendfrischen Geistes war, die Frage nach der Konstanz der Lichtgeschwindigkeit schon die Physiker bewegt hätte«.[92] Dabei mag er nicht nur an Mach, sondern auch an den 26jährigen Patentamtsexperten gedacht haben, der durchaus »jugendfrischen Geistes« und im kritischen Sinne Machs seine Wissenschaft revolutioniert hatte, aber schon bald nach seinem 27. Geburtstag eher sich selbst ironisierend als resignierend schrieb: »Mir selbst gerät gegenwärtig nicht gerade viel in wissenschaftlicher Beziehung, bald komme ich schon ins stationäre und sterile Alter, wo man über revolutionäre Gesinnung der Jungen wehklagt...«[93]

Wenn der Topos von den jugendlichen Revolutionären in der Wissenschaft nicht nur ein kalendarisches Phänomen bezeichnen soll, sondern die Unabhängigkeit gegenüber übermächtigen Traditionen, von denen die erfahrenen Meister des Faches in ihrem Banne gehalten werden, dann war Einstein ganz ungewöhnlich unabhängig, nicht nur altershalber, sondern mehr noch wegen seiner peripheren Existenz am Patentamt. Was unter akademisch-institutionellen Gesichtspunkten als marginale Außenseiterrolle bedauert zu werden pflegt, war für Einstein eher vorteilhaft in der Ausbildung und Behauptung unabhängigen Denkens. Stellen wir uns einmal vor, seine Karriere wäre in den üblichen akademischen Bahnen verlaufen, der Göttinger Ordinarius Eduard Riecke hätte zum Beispiel im März 1901 seine Bewerbung als Assistent akzeptiert. Einstein wäre dann, promoviert und wahrscheinlich schon habilitiert, mit ein bißchen Glück auch zum Göttinger Seminar über Elektronentheorie eingeladen worden. Hätte ihm aber der geballte Scharfsinn und die mathematische Virtuosität in diesem Seminar mehr gebracht als seine einsamen Grübeleien im Patentamt? Oder hätte er, ebenso wie die klugen Köpfe in Göttingen und anderswo, dann vor lauter Bäumen den Wald nicht mehr gesehen?

Der Erfolg läßt jedenfalls vermuten, daß Einsteins Randexistenz seiner Art von wissenschaftlichen Bestrebungen zumindest nicht im Wege stand, ihr vielleicht sogar förderlich war. Im »weltlichen Kloster« zu Bern befand er sich keineswegs in geistiger Einsiedelei oder gar im luftleeren Raum, sondern in einer Situation nachgerade optimaler Distanz, denn einerseits konnte er dank intensiver Lektüre durchaus die aktuellen Diskussionen assimilieren, soweit ihm das nötig und sinnvoll schien, und andererseits war er weder durch akademische Moden noch durch Karrierezwänge von der hartnäckigen Verfolgung seiner Gedanken abgelenkt. Dabei erstaunen nicht nur die Höhe des Anspruchs und die Tiefe der Probleme, sondern auch die Breite der Interessen, und erst wenn man dies alles zusammen bedenkt, wird der singuläre Kreativitätsausbruch des Jahres 1905 wenigstens plausibel – und insbesondere die Entdeckung der Relativitätstheorie durch Einstein.

Denn niemand sonst hatte die strukturellen Probleme der Elektrodynamik in so engem Zusammenhange mit der Strahlungstheorie gesehen wie er, und nur er hatte dank der im März 1905 ausformulierten »sehr revolutionären« Arbeit zum »heuristischen Gesichtspunkt« der Lichtquanten keine Probleme, auf einen substantiellen Träger der elektromagnetischen Wellen zu verzichten. Erst dieser Befreiungsschlag ermöglichte es Einstein, die elektrodynamische Theorie von H. A. Lorentz mit den Konzepten der Ortszeit und der Längenkontraktion, den heiklen Status des Relativitätsprinzips und die prophetischen Aperçus von Henri Poincaré so zusammenzuführen, daß in einem Geniestreich aus den Problemen ein Prinzip wurde. Reif zur Entdeckung war die Relativitätstheorie, aber im Jahre 1905 hat nur einer sie entdecken können.

7. Experte II. Klasse – »mit Arbeit arg überladen«

Daß in Bern im Jahre 1905 Physikgeschichte geschrieben worden war, sprach sich in Fachkreisen bald herum, mal schneller und mal langsamer, aber am langsamsten offenbar in Bern. Neben den Kollegen Besso und Sauter dürfte nur der Professor Gruner gewußt haben, daß ganz Außergewöhnliches geschehen war. So änderte sich kaum etwas an Einsteins Lebensweise. Das einzig Auffällige bestand darin, daß er nun für die braven Bürger der »Herr Doktor« war. Die daraus erwachsenden Vorteile beschrieb er ganz praktisch, als er später einmal jemandem zum »Doktor« gratulierte: »Er erleichtert den Verkehr mit den Menschen nicht unwesentlich nach meiner Erfahrung.«[1]

Es war auch nur die Promotion und nicht die anderen Arbeiten, die in jenem Gesuch beifällig angeführt wurde, mit dem im Januar 1906 der Amtschef Friedrich Haller die schon überfällige Beförderung Einsteins beim Bundesrat beantragte. Dem Physiker wurde nunmehr bescheinigt, er habe »sich immer mehr in die Technik eingearbeitet, so daß er mit bestem Erfolg technisch ganz schwierige Patentgesuche bearbeitet und zu den geschätztesten Experten des Amtes gehört.«[2] Am 1. April 1906 war Einstein Experte II. Klasse. Sein Gehalt wurde um 600 auf 4500 Franken im Jahr erhöht, womit er immer noch im unteren Bereich der Beamten dieser Kategorie rangierte. Zwar soll er am nächsten Zahltag die komische Frage gestellt haben, was er mit dem vielen Geld denn anfangen solle[3], war aber tatsächlich mit dem Gehalt nicht ganz zufrieden und versuchte offenbar mehrmals, auf eine besser bezahlte Stelle in der Post- und Telegraphendirektion zu wechseln. Jedenfalls berichtete er später nicht ohne Genugtuung, daß der Bundesrat Ludwig Forrer, sein nachmaliger Freund und Förderer, »sehr wild« geworden sei, als er davon erfuhr, »dass die Telegraphendirektion mich vor wenigen Jahren nicht als Beamten haben wollte«.[4]

Also blieb er »braver Patentierknecht«, und wenn er dem Amte gab, was des Amtes war, so sollte das Amt doch auch zur wissenschaftlichen Produktion etwas beisteuern: Rudolf Ladenburg erzählte von seinem Besuch in Bern, daß Einstein eine Schublade seines Schreibtisches aufgezogen und erklärt habe, dies sei sein Büro für Theoretische Physik; die eigentlichen Aufgaben im Patentamt beanspruchten nur wenig Zeit, und so arbeite er, wann immer er frei sei, an seinen wissenschaftlichen Problemen.[5] Natürlich machte Einstein von dieser Zweckentfremdung der Dienstzeit kein Aufhebens, und auch außerhalb des Amtes hat er offenbar nur als der solide Schweizer Beamte gelten wollen.

Nicht einmal seine Streichquartettpartner, mit denen er sich in den Wintermonaten einmal in der Woche zum gemeinsamen Spiel traf, hatten irgendeine Ahnung davon, wer bei ihnen die zweite Geige strich, obwohl einer von ihnen Physiklehrer am Freien Gymnasium zu Bern war. Fachsimpeleien wurden in diesem Kreise vermieden; man konzentrierte sich auf die Quartette von Haydn, Mozart und Beethoven und behielt Einstein in Erinnerung als »begeisterten Musiker, liebenswürdigen Gesellschafter und bescheidenen Mensch«[6], aber nicht als den neuen Kopernikus. Einstein war das nur recht, und deshalb blieb es dabei, bis er im Herbst 1909 Bern verließ. Durchaus glaubhaft, daß damals einige Leute im Patentamt und auch außerhalb es kaum fassen konnten, daß der Experte II. Klasse an die Universität Zürich als Professor berufen worden war.

Während der gut sieben Jahre, die Einstein in Bern verbrachte, hatte er in sieben Wohnungen gelebt. Über die Ursachen dieses ganz unschweizerischen Mangels an Seßhaftigkeit ist nichts bekannt; vielleicht trug dazu bei, daß die ersten Wohnungen der jungen Familie möbliert gemietet wurden, so daß die vielen Umzüge leicht zu bewältigen waren. Sogar mitten in der Zeit höchster Produktivität – die Arbeit zur Brownschen Bewegung war gerade fertig geworden – waren die Einsteins am »zügeln«. Sie gaben die Wohnung in der Kramgasse 49 im Zentrum der alten Stadt auf und zogen am 15. Mai 1905 in den Besenscheuerweg 28 im außerhalb gelegenen Ortsteil Mattenhof[7]; einer der Vorzüge dieser Adresse war, daß der viertelstündige Weg zum und vom Patentamt gemeinsam mit dem in der Nähe wohnenden Michele Besso absolviert werden konnte. Die beiden hatten ungeheuer Wichtiges zu bereden, denn die fünf bis sechs erregenden Wochen, die von dem durch ein Gespräch mit Besso ausgelösten Einfall bis zur Fertigstellung der Relativitätsarbeit Ende Juni 1905 vergingen, hat Einstein in dieser Wohnung verbracht. Die am Laubenpfeiler des Hauses Kramgasse 49 angebrachte Gedenktafel, nach der Einstein »in diesem Hause … seine grundlegende Abhandlung über die Relativitätstheorie« schuf, sollte daher mit Nachsicht betrachtet werden.

»Ich bin schon wieder umgezogen«[8], berichtete Einstein dem Freund Solovine im Frühjahr des nächsten Jahres 1906. Wieder wohnten die Einsteins wie schon zu Beginn ihrer Ehe im Kirchenfeld. Sie hatten die obere Etage in einem der für die Landschaft typischen Häuser gemietet, mit einem schönen Blick auf die Berge des Berner Oberlandes. Diese Wohnung in der Aegertenstraße 53, wohl die erste mit eigenen Möbeln ausgestattete, blieb ihre letzte bis zum Ortswechsel nach Zürich.

Den Weggang des »guten Solo« hatte Einstein sehr bedauert: »Seit Sie fort sind, verkehre ich privatim mit keinem Menschen mehr. Nun haben auch die Heimweg-Gespräche mit Besso aufgehört.«[9] Diese Klage, wahrscheinlich ein wenig übertrieben, dürfte eine Reaktion auf die Abgeschlossenheit der Berner Gesellschaft gewesen sein, die durch Milevas ausgeprägtes Mißtrauen gegenüber anderen Menschen zumindest nicht gelockert wurde. Aber Einstein hatte nun zu Hause einen kleinen Kameraden, den Sohn Hans Albert, dessen sich im dritten Lebensjahr entfaltende Intelligenz die Eltern faszinierte. Der Vater meinte mehr rühmend als kritisierend, der »filius« sei »schon ein recht stattlicher, impertinenter Kerl geworden«[10], und zufrieden berichtete die Mutter: »Mein Mann verbringt seine freie Zeit zu Hause vielfach nur mit dem Buben spielend.«[11]

Das Einkommen dürfte für den Lebenszuschnitt solider Berner Bürgerlichkeit ausgereicht haben. Milevas beachtliches »Frauengeld« von zehntausend Franken, das ihre Eltern als Mitgift beigesteuert hatten, wurde als eiserne Reserve nicht angerührt; bei der Scheidung viele Jahre später war der Betrag jedenfalls ungeschmälert vorhanden. Wenn es bei den Einsteins etwas spärlicher zugegangen sein sollte als bei den Kollegen, so deshalb, weil Albert zur Unterstützung seiner mittellosen Mutter beizutragen hatte, die nun bei ihrer Schwester Fanny und deren Ehemann Rudolf Einstein in Hechingen lebte, in der preußischen Enklave Württembergs. Gleichwohl reichte das Geld noch für Urlaubsreisen. Im August des Jahres 1905 besuchten die Einsteins zunächst die frühere Studienfreundin Helene Savić in Belgrad, was mit einer Erkundigung nach dem Lieserl zusammengehangen haben mag, und anschließend verbrachten sie eine Woche im »Räuberländchen« der Vojvodina bei den Eltern von Mileva. In den folgenden Jahren blieben sie in den Ferien in der Nähe von Bern, in Dörfern mit Sommerfrischecharakter im Simmental, im Wallis oder im Berner Oberland.

Das unglaubliche, ja unheimliche Tempo, in dem Einstein zwischen März und Juni des Jahres 1905 seine vier epochalen Arbeiten fertiggestellt hatte, konnte nicht andauern. Zum Glück, möchte man meinen, denn eine Fortsetzung dieser Anstrengungen hätte seine Gesundheit ruinieren müssen. Physische Erschöpfung war aber nicht der Grund, sondern thematische: »Es gibt nicht immer ein reifes Spintisierthema. Wenigstens keines, das einen reizt.«[12] Einstein bewies nicht nur einen untrüglichen Instinkt bei der Auswahl der Probleme, denen er sich widmete, sondern auch bei denen, die er liegenließ. »Es wäre ja schon das Thema der Spektrallinien vorhanden; aber ich glaube, dass ein einfacher Zusammenhang dieser Erscheinungen mit anderen bereits erforschten gar nicht existiert, so dass mir die Sache vorläufig recht wenig zu versprechen scheint.«[13] Auch das war tief gesehen, denn die innere Struktur der Atome war noch »terra incognita«, der Atomkern noch nicht entdeckt, und erst 1913 schlug Niels Bohr das quantentheoretische Atommodell vor. Im Jahre 1905 hätte die Beschäftigung mit den Spektrallinien auch für Einstein nicht über ein phänomenologisches Herumprobieren hinausgelangen können. Daß er es gar nicht erst versuchte, zeigt ihn als einen großen Meister in der Kunst des Lösbaren, immer auf der Suche nach dem »Zusammenhang der Erscheinungen« als Richtschnur.

Lösbare Probleme fand Einstein zur Genüge in den von ihm selbst eröffneten neuen Feldern der Forschung. Da war zunächst im September 1905 die erste Fassung der Äquivalenz von Masse und Energie als spektakulärste Konsequenz des Relativitätsprinzips. Im nächsten Jahr wird er eine allgemeinere Ableitung der Formel $E = m \cdot c^2$ folgen lassen sowie den Vorschlag eines Experiments, das zwischen den konkurrierenden Theorien über die Dynamik des Elektrons entscheiden soll. Der Vorschlag ist durch eine sorgfältig ausgefeilte theoretische Betrachtung untermauert, aber die Experimentatoren gingen andere Wege. Ähnlich verallgemeinerte und vertiefte Einstein seine Theorie der Brownschen Bewegung und insbesondere den »heuristischen Gesichtspunkt« der Lichtquanten, bis im November die erste Quantentheorie des Festkörpers als weiterer Meilenstein fertiggestellt war. Voller Stolz berichtete Mileva, daß ihr Mann in seiner freien Zeit nicht nur mit dem Buben spielte: »Zu seiner Ehre muss ich bemerken, daß das nicht etwa seine einzige Beschäftigung neben der amtlichen Tätigkeit ist, die von ihm verfassten Abhandlungen häufen sich schon ganz schrecklich auf.«[14] Für das Jahr 1906 war das eine reiche Ernte von sechs Veröffentlichungen, alle bedeutend und einige viel mehr als das.

Diese immense wissenschaftliche Produktion kann auch bei dem Genie Einstein nicht ohne Mühen zustande gekommen sein. Selbst wenn der kreative Prozeß bis zum Durchbruch zur Lösung gediehen war, blieb noch viel zu tun, manches zwar nur Routine, aber alles neben der Berufstätigkeit zu erledigen. Die Gedanken waren in die für eine

Publikation geforderte logische Abfolge zu bringen, an der Mathematik galt es zu feilen, und schließlich war die definitive Reinschrift anzufertigen, die an die Herausgeber der ›Annalen‹ ging und von diesen an die Druckerei weitergeleitet wurde. – Besorgte Autoren haben eine weitere Abschrift zu Hause behalten, um beim Korrekturlesen oder gar beim Verlust des Manuskripts etwas Verläßliches in der Hand zu haben; wahrscheinlich hat Einstein auf diese Vorsichtsmaßnahme verzichtet und sich auf seine Skizzen und Entwürfe und insbesondere auf sein Gedächtnis verlassen. – Das eine oder andere Mal, mit Sicherheit bei der Dissertation über die Bestimmung der Moleküldimensionen, gab es Nachfragen oder Änderungswünsche der Herausgeber. Im Normalfall aber waren nach einem Monat oder etwas mehr die von der Setzerei zugesandten »Bürstenabzüge« zu korrigieren, zugleich die Gelegenheit, noch einmal alles nachzurechnen und Verbesserungen »letzter Hand« anzubringen, bis dann nach einem weiteren Monat die Arbeit in den ›Annalen‹ erschien und ein Päckchen mit den Sonderdrucken des Artikels eintraf. Einstein stellte sich aus den »Separata« eine kleine Handbibliothek der eigenen Werke als Arbeitsunterlage zusammen, kritzelte gelegentlich in ihnen herum oder berichtigte stehengebliebene Druckfehler.[15] Die Manuskripte, die Entwürfe und Notizen, alles hat er irgendwann nach Eintreffen der Sonderdrucke weggeworfen.

Diese Sonderdrucke waren und sind bis heute unter Wissenschaftlern die Münze wechselseitiger Anerkennung. Der Autor konnte sie an Fachkollegen schicken, um auf sich und seine Leistung aufmerksam zu machen, oder Leser der ›Annalen‹ konnten dem Verfasser durch die Bitte um Übersendung eines Sonderdrucks ihr Interesse und ihre Wertschätzung bekunden. Wie wir gesehen haben, wurde Einstein schon im Jahre 1905 in dieses informelle Informationsnetz der Physiker einbezogen, erst sporadisch, dann intensiver. Einige Anfragen waren wie selbstverständlich an »Herrn Professor Einstein« an der Universität Bern adressiert[16], und die Korrespondenten dürften baß erstaunt gewesen sein, wenn sie erfuhren, daß dieser Autor nicht an der Universität, sondern am Patentamt seinen Lebensunterhalt verdiente. Den einen oder anderen Empfänger, besonders wenn er ein angesehener Professor war, mag zudem befremdet haben, daß Einstein seine Briefe auf kariertem Papier mit zerfranstem Rand schrieb, das er achtlos aus Heften herausgerissen hatte.

Einer damaligen Physiker-Sitte, einem intensiveren Briefwechsel durch den Austausch von Photographien eine persönliche Note zu verleihen, hat sich Einstein brav angeschlossen.[17] So wurden jüngere

Kollegen mit jenem schönen Bild bedacht, das einen in modisch geschnittenem Glencheck gekleideten eleganten Herrn an einem Arbeitspult zeigt, von dem kaum jemand angenommen haben dürfte, daß es im Patentamt stand.

Auch wenn aus den frühen Jahren die meisten Briefe verloren sind, darf man aufgrund der Evidenz späterer Zeiten annehmen, daß Einstein immer ein passionierter Briefschreiber gewesen ist, sofern es um die Wissenschaft ging. Einen ersten Eindruck vermittelt die wenigstens teilweise erhaltene Korrespondenz mit Wilhelm Wien, der nach dem frühen Tod von Paul Drude im Juli 1906 Herausgeber der ›Annalen‹ und damit einer der einflußreichsten Physiker Deutschlands geworden war. Den ganzen Sommer des Jahres 1907, die Ferien im Simmental eingeschlossen, bombardierte Einstein den »Hochgeehrten Herrn Professor« mit langen Briefen und knappen Postkarten so heftig, daß er Wien darum bat, »mir meine ›Schreibseligkeit‹ nicht gar so übel auslegen zu wollen«.[18]

In diesem Briefwechsel ging es um diffizile Interpretationsfragen der Lichtgeschwindigkeit als nicht überschreitbarer Signalgeschwindigkeit. Im Eifer des Gefechts verlor Einstein dabei manchmal die Übersicht, aber seinen Fehlern trauerte er schon als junger Mann nicht lange nach: »Leider hat sich bei näherer Untersuchung alles als falsch herausgestellt, was ich Ihnen in meinen früheren Briefen vorschnell berichtet habe«[19], fiel er mal bei Wien mit der Tür ins Haus, aber am Ende war völlig klar, daß die mit dem Relativitätsprinzip verträgliche Maxwellsche Theorie die Übermittlung eines Signals mit Überlichtgeschwindigkeit ausschließt. Eine Veröffentlichung ist daraus nicht entstanden.

Die beste Gelegenheit, mit den tonangebenden Professoren ins Gespräch zu kommen und sich auf dem akademischen Stellenmarkt in Position zu bringen, war der Besuch von Kongressen. Einstein hat sie nicht genutzt, vielleicht sogar gemieden. Die Physiker trafen sich damals noch nicht auf eigenen Tagungen, sondern in Abteilungssitzungen im Rahmen der Jahresversammlung der Deutschen Gesellschaft der Naturforscher und Ärzte. Nicht nur wegen der mäßigen Entfernung wäre im September 1906 die Versammlung in Stuttgart eine günstige Gelegenheit gewesen, den Koryphäen die Aufwartung zu machen. Durch die Programmankündigung in der ›Physikalischen Zeitschrift‹ kann Einstein nicht entgangen sein, daß Max Planck über »Die Kaufmannschen Messungen ... in ihrer Bedeutung für die Dynamik des Elektrons« vortragen würde, wodurch Aufmerksamkeit und Anerkennung für den Verfasser der *Elektrodynamik bewegter Körper* zu erwarten war. Aber über die »Relativtheorie« des Albert Einstein wurde »in absentia« des Urhebers diskutiert.

Auch im nächsten Jahr, bei der Versammlung in Dresden, fehlte Einstein. 1908 hatte er die Absicht, zur Jahrestagung ins näher gelegene Köln zu fahren, doch wurde nichts daraus, da er den kurzen Urlaub zur Erholung benutzte.[20] Mit zwei Wochen war der Jahresurlaub vom Amt in der Tat kärglich bemessen, aber ein paar Tage hätten sich abzweigen lassen, wenn Einstein ernstlich gewollt hätte. Wahrscheinlich wollte er aber nicht so recht, denn auf dem Markt gering bezahlter Assistentenstellen konnte den wohlbestallten Beamten nichts mehr verlocken[21], und im übrigen mag er gedacht haben, daß der Berg doch zum Propheten kommen möge. Erst 1909 besuchte Einstein die Jahresversammlung in Salzburg, nunmehr als »Ehrengast« eingeladen und mit einem der großen Vorträge betraut.

Ob ihn der Professor Gruner aufforderte, ob gar der Doktorvater Alfred Kleiner von der Zürcher Universität dahintersteckte oder ob Einstein aus eigenem Entschluß ein zweites Mal die Habilitation anstrebte, wissen wir nicht. Am 17. Juni 1907 ersuchte er in einem knappen Antrag an die Direktion des Erziehungswesens des Kantons Bern »um die Erlaubnis, sich an der Philosophischen Fakultät der Universität Bern als Privatdozent für theoretische Physik zu habilitieren«.[22] Beigefügt waren die Dissertation nebst Doktordiplom, ein Lebenslauf von nicht mehr als neun Zeilen sowie »17 Arbeiten aus dem Bereich der theoretischen Physik«.

Diese Aktion wird Einstein mit Paul Gruner vorbesprochen haben, denn wie schon beim ersten Versuch wollte der Kandidat ohne eine eigens angefertigte Habilitationsschrift Privatdozent werden, wie es das Reglement der Universität für »sonstige hervorragende Leistungen« als Ausnahme einräumte. Gruner wird auch den schon reichlich vertrottelten Physik-Ordinarius Aimé Forster vorab davon überzeugt haben, daß noch nie eine Habilitationsschrift vorgelegen habe und auch niemals vorliegen wird, die an den beeindruckenden Stapel Einsteinscher »Separata« auch nur entfernt heranreichen würde, so daß die Ausnahmeregel in Betracht kommen könne. So mag Einstein geglaubt haben, daß die beiden das Fach repräsentierenden Professoren einen Antrag befürworten und die Fakultät ihnen folgen würde, doch es kam wieder einmal anders.

Einsteins Gesuch wurde sofort vom Dekan bei den Mitgliedern der

Fakultät in Umlauf gebracht; am 10. Juli hatten es alle gelesen. Daß es vor dem Beginn der Semesterferien Ende Juli nicht mehr auf die Tagesordnung der Fakultätssitzungen gesetzt wurde, läßt darauf schließen, daß einige Professoren das Fehlen einer Habilitationsschrift bemängelten und die merkwürdige Angelegenheit lieber vertagen wollten. Erst am 28. Oktober wurde darüber verhandelt. Nur der Titularprofessor Gruner befürwortete die Annahme von Einsteins Gesuch, »und zwar, in Anbetracht der bedeutenden wissenschaftlichen Leistungen des Herrn Einstein, ohne eine spezielle Habilitationsschrift zu verlangen«.[23] Der Ordinarius Forster dagegen, von dem Einstein in Erinnerung behielt, daß »über dessen Inkompetenz unter den jüngeren Leuten drastische Geschichten in Umlauf waren«[24], empfahl dagegen, das Gesuch »unter den üblichen Formen anzunehmen«, was im Klartext hieß: Erst die Schrift, dann die »venia docendi«. Die Ordinarien werden erleichtert gewesen sein, ihrem Kollegen folgen zu dürfen, und faßten »nach längerer Diskussion« Beschluß, »das Gesuch abzuweisen, bis Hr. Einstein eine Habilitationsschrift eingereicht habe«. – Ende des zweiten Versuchs, ein »großer Professor« zu werden.

Einstein wird erneut vom »Schweinestall«[25] getönt haben wie viereinhalb Jahre zuvor bei seinem ersten Versuch, dieses Mal mit mehr Berechtigung und in der Gewißheit, daß die Universitäten ihn nicht mehr lange ignorieren könnten. Nach einem Leben reich an akademischen Erfahrungen gedachte er dieser Episode in abgeklärter Nachsicht: »Es ist aber oft so, daß in kleineren Fakultäten ein paar alte Kracher – wie wir es jetzt sind – zusammenhalten und das Regiment führen.«[26]

Da Einstein sich nicht auf Tagungen blicken ließ, wurde der ungeheuer produktive Mann aus Bern zu einem Rätsel, das insbesondere jüngere Physiker zu lüften begierig waren. Nach einigen Schweizern, zum Beispiel Professor Zangger oder Edgar Meyer, damals Assistent und später Professor an der Universität Zürich, war Max von Laue der erste Physiker aus dem »großen Kanton« im Norden, der im Sommer 1907 im Anschluß an eine Bergtour in Bern vorbeischaute. Brieflich im Patentamt verabredet, machte der junge Mann, der Laue nach seiner Anmeldung auf dem Korridor entgegenkam, »einen so unerwarteten Eindruck, daß ich nicht glaubte, es könne der Vater der Relativitätstheorie sein. So ließ ich ihn an mir vorübergehen, und erst als er aus dem Empfangszimmer zurückkam, machten wir Bekanntschaft miteinander«.[27]

So wie Einstein von der »Schreibseligkeit« hingerissen wurde, wenn er den rechten Korrespondenten hatte, überfiel er Laue mit seiner Redseligkeit, zumal Laue in der Berner Einsiedelei der erste Gast war, der in den Kreisen der maßgeblichen Theoretiker verkehrte. Einstein predigte in den ersten zwei Stunden des Gesprächs so intensiv auf Laue ein, daß dieser vom unmittelbaren Eindruck des »Revolutionärs« überwältigt wurde, der die »ganze Mechanik und Elektrodynamik umgestürzt«[28] hatte. Laue war begeistert. »Seien Sie überzeugt«, schrieb er einige Tage nach seinem Besuch, »daß ich die nächste Gelegenheit, welche mich in die Nähe von Bern führt, benutzen werde, um Sie aufzusuchen. Die Anregungen, welche ich aus der Unterhaltung mit Ihnen gewonnen habe, sind mir so wertvoll, daß ich gerne noch mehr davon hätte.«[29] Später erinnerte sich Laue hauptsächlich an einen von Einstein angebotenen Stumpen, »der mir so wenig schmeckte, daß ich ihn ›versehentlich‹ von der Aare-Brücke in die Aare hinunterfallen ließ«.[30]

Immer auf der Suche nach Autoren, die Interessantes mitzuteilen haben, gerieten die Verleger wissenschaftlicher Literatur sehr schnell an den rätselhaften Mann in Bern. Als erster meldete sich aus Leipzig der Inhaber des renommierten Hauses B. G. Teubner – per Adresse »Physikal. Institut der Univers.«. Teubner war bei der Naturforscherversammlung in Dresden im September 1907 auf Einstein aufmerksam gemacht worden und schrieb kurz darauf, es »stehen Ihnen meine Pressen immer gern zur Verfügung, falls Sie sich mit literarischen Plänen tragen sollten«.[31] Obwohl der Verleger in Aussicht stellte, »dass wir uns über die äusseren Bedingungen leicht einig werden«, wurde Einstein kein Teubner-Autor.

Im Jahr darauf unterbreitete die ebenfalls sehr angesehene Verlagsbuchhandlung S. Hirzel den Vorschlag, »eine kleine Monographie über die neueren Fortschritte der Atomistik in Physik und Chemie« zu verfassen, »recht leichtflüssig, um nicht zu sagen populär geschrieben, damit es ebenso für den Chemiker wie den Physiker lesbar ist«.[32] Einstein gefiel der Vorschlag: »Ich hoffe, die Sache übernehmen zu können, trotzdem ich mit Arbeit arg überladen bin.«[33] Aber zwei Wochen später hatte er es sich anders überlegt: »Leider ist es mir ganz unmöglich, jenes Buch zu verfassen, weil es mir unmöglich ist, die Zeit dazu zu finden.«[34]

Die Bitte von Eilhard Wiedemann, ein Buch über die Relativitätstheorie vermutlich für den Braunschweiger Verleger Vieweg zu schreiben, lehnte Einstein erst nach längerer Bedenkzeit ab. Neben dem sicher gerechtfertigten Grund des Zeitmangels sah Einstein »noch Schwierigkeiten, die die Sache selbst angehen«, und über die belehrte er den »Hochgeehrten Herrn Professor« folgendermaßen: »Ich kann mir nicht vorstellen, wie man diese Sache weiteren Kreisen zugänglich machen kann. Es gehört eben zum Verständnis derselben eine gewisse Schulung im abstrakten Denken, die die meisten Leute sich nicht aneignen, weil sie derselben nicht benötigen.«[35]

Auch später hatten es die Verleger schwer, Einstein ein Manuskript zu entlocken. Zwar hat er sehr viel geschrieben, aber nur zwei Bücher zustande gebracht, und auch das ist noch eine Übertreibung. Eins war nur ein Büchlein von siebzig Seiten, in dem er, alle Bedenken überwindend und im Popularisieren schon ein wenig geübt, die Relativitätstheorie »gemeinverständlich« darstellte[36], und das andere war die nicht viel längere Ausarbeitung von vier Vorlesungen zum gleichen Thema auf akademischem Niveau.[37] Einstein hat sich nie dazu durchringen können, ein Lehrbuch zu schreiben oder in einer Monographie einen autoritativen Überblick über ein Gebiet der Forschung zu geben. Die Aufbereitung des schon Bekannten hat ihn nicht interessiert, sondern nur das, was er noch nicht wußte.

Im September 1907, als das Habilitationsgesuch auf der Berner Universität schmorte, hatte Einstein allerdings der Bitte um einen zusammenfassenden Artikel über die Relativitätstheorie entsprochen, aber was als Auftragsarbeit begann, wurde wieder zum Geniestreich, vielleicht sogar seinem größten. Den Artikel hatte Johannes Stark akquiriert, nur fünf Jahre älter als Einstein, aber schon Professor in Greifswald, wenn auch nur vertretungsweise. 1904 hatte er das ›Jahrbuch der Radioaktivität und Elektronik‹ gegründet, in dem Einsteins Beitrag nun erscheinen sollte. Einstein war »gerne bereit«, bat aber Stark, ihm bei der Literatur zu helfen, da er nicht in der Lage sei, »mich über alles in der Sache Erschienene zu orientieren, weil in meiner freien Zeit die Bibliothek geschlossen ist. Außer meinen eigenen Arbeiten ist mir eine Arbeit von H. A. Lorentz (1904), eine von E. Cohn, eine von Mosengeil sowie zwei von Planck bekannt. Andere die Sache betreffende theoretische Arbeiten sind mir nicht bekannt geworden.«[38] Vermutlich waren es nur die ihm zugeschickten »Separata«, die Einstein hier aufzählte, denn gelesen haben dürfte er schon ein wenig mehr; auch kann der Zugang zu Zeitschriften nicht gar so beschwerlich gewesen sein, wie Einstein es darstellte. Daher ist diese Liste weniger aufschlußreich für seinen Kenntnisstand als für seinen eklektischen Umgang mit der Literatur.

Daß er die Arbeiten von Poincaré auch 1907 noch nicht kannte, ist nicht weiter verwunderlich; sie wurden im deutschen Sprachraum lange ignoriert und sogar in Göttingen nicht beachtet. Überraschend ist jedoch, daß Einstein nicht einmal von jenem für die experimentellen Aspekte des Relativitätsprinzips fundamental wichtigen Vortrag Plancks auf der Naturforscherversammlung im Jahre 1906 erfahren haben will, der nebst Diskussion in der ›Physikalischen Zeitschrift‹[39] abgedruckt wurde. Jedenfalls bedankte Einstein sich bei Stark dafür, »dass Sie mich auf die Planckschen Arbeiten über die Kaufmannschen Versuche aufmerksam gemacht haben; ich wußte nichts von einer Untersuchung des Herrn Planck über diesen Gegenstand«.[40] Wie er es mit der Literatur hielt und auch weiterhin halten wollte, hatte Einstein übrigens in der Einleitung zu seiner im Mai 1907 fertiggestellten Arbeit über die »Trägheit der Energie« öffentlich bekanntgegeben:

> Es scheint mir in der Natur der Sache zu liegen, daß das Nachfolgende zum Teil bereits von anderen Autoren klargestellt sein dürfte. Mit Rücksicht darauf jedoch, daß hier die betreffenden Fragen von einem neuen Gesichtspunkt aus behandelt sind, glaubte ich, von einer für mich sehr umständlichen Durchmusterung der Literatur absehen zu dürfen, zumal zu hoffen ist, daß diese Lücke von anderen Autoren noch ausgefüllt werden wird, wie dies in dankenswerter Weise bei meiner ersten Arbeit über das Relativitätsprinzip bereits durch Hrn. Planck und Hrn. Kaufmann geschehen ist.[41]

Man weiß nicht, worüber man mehr staunen soll, über Einsteins Dreistigkeit, Hrn. Planck und Kollegen als Fußnoten-Ornamentiker den Stand der Forschung dokumentieren zu lassen, oder über die Toleranz Plancks, der diese Taktlosigkeit in den ›Annalen‹ hat drucken lassen. Unabhängig von Stilfragen können diese Zeilen auch gelesen werden als Selbstzeugnis für Einsteins schier grenzenloses Vertrauen in seine Schaffenskraft, die aus eigenen Quellen schöpft, und vielleicht hat Planck sie deshalb durchgehen lassen.

Für den *Jahrbuchartikel*[42] hatte Einstein nur zwei Monate zur Verfügung. Zur Halbzeit berichtete er Stark, er habe »die Arbeit so angelegt, daß sich an Hand derselben jeder relativ leicht in die Relativitätstheorie und deren bisherige Anwendungen einführen kann«.[43] Viel Sorgfalt verwendete er »auf die Klarlegung der benutzten Annahmen«, und durch »Anschaulichkeit und Einfachheit der mathematischen Entwicklung« war er darum bemüht, daß »die Arbeit so anregender wäre«.[44] Das ist trotz der Zeitknappheit hervorragend gelungen.

Der Bericht über *Das Relativitätsprinzip und die aus demselben gezogenen Folgerungen*[45] gab eine hervorragende Übersicht über Grundlagen und die Tragweite des Relativitätsprinzips für die Bereiche der Elektrodynamik, der Mechanik und der Thermodynamik. Die durch die Theorie erreichten Fortschritte faßte Einstein am prägnantesten in seinem Nobel-Vortrag zusammen:

> Sie versöhnte Mechanik und Elektrodynamik. Sie verringerte die Zahl der logisch voneinander unabhängigen Hypothesen der letzteren. Sie zwang zu einer erkenntnistheoretischen Klärung der Grundbegriffe. Sie vereinigte Impuls- und Energiesatz, erwies die Wesenseinheit von Masse und Energie.[46]

Was sich aber nicht dem Relativitätsprinzip fügen wollte, war das Paradigma aller Physik: die Newtonsche Theorie der Gravitation. Und dann gab es noch andere Probleme vorwiegend erkenntnistheoretisch-ästhetischer Art.

Wir wissen nicht, wann in den beiden Jahren zwischen 1905 und 1907 sich bei Einstein das Gefühl einstellte, daß die in der Arbeit *Zur Elektrodynamik bewegter Körper* formulierte Relativitätstheorie nicht das letzte Wort sein könne. Ein zu weiterem Nachdenken Anlaß gebender Aspekt dürfte Einstein schon bald aufgefallen sein: die Beschränkung der Theorie auf gleichförmig gegeneinander bewegte, beschleunigungsfreie Bezugssysteme, auf »Inertialsysteme«. Gerade die in der Relativitätstheorie erfolgte »erkenntnistheoretische Klärung der Grundlagen« legte nahe, diese Beschränkung fallenzulassen, denn sie war »eigentlich schwerer zu ertragen als die Bevorzugung eines einzigen Bewegungszustandes, wie es die Theorie des ruhenden Lichtäthers tat; denn diese dachte einen Realgrund für diese Bevorzugung, nämlich den Lichtäther«.[47] Aus der Verabschiedung des Äthers hatte sich für Einstein die Forderung nach einer Erweiterung der Theorie auf beliebige Bezugssysteme als natürlichste Sache der Welt ergeben.

Als Einstein im Alter intensiv Galileis *Dialog* studiert hatte, wies er im Vorwort zu einer amerikanischen Übersetzung dieser Geburtsurkunde der neuzeitlichen Naturwissenschaft auf eine bestechende Analogie zwischen Galileis Ablehnung des Erd- und Weltmittelpunktes als Erklärung für das Fallen der Körper und seiner eigenen Ablehnung des Inertialsystems als Erklärung der Trägheit der Körper. Sowohl der Weltmittelpunkt der aristotelischen Kosmologie als auch das Inertialsystem sind »maßgebend für das Verhalten der realen Dinge... aber umgekehrt keiner Veränderung durch die realen Dinge unterworfen. Die Einführung derartiger begrifflicher Elemente ist zwar vom rein logischen Gesichtspunkte nicht schlechthin unzulässig, widerstrebt aber dem wissenschaftlichen Instinkt«.[48] Solche Einsichten hat der junge Einstein in Bern zwar nicht zu Papier gebracht, aber unzweifelhaft hat er, geschult vor allem durch die Lektüre von Ernst Machs *Mechanik*, so gedacht, und ebenso unzweifelhaft ist dadurch stimuliert worden, was er einmal »mein Verallgemeinerungsbedürfnis«[49] nannte.

Aber das Bedürfnis allein reichte nicht aus; es mußte auch noch der andere Stolperstein ins Spiel kommen: »Daß die spezielle Relativitätstheorie nur der erste Schritt einer notwendigen Entwicklung sei, wurde mir erst bei der Bemühung völlig klar, die Gravitation im Rahmen dieser Theorie darzustellen«[50], faßte Einstein im *Nekrolog* seine Überlegungen während der Berner Jahre zusammen. Wann die Bemühung um die Gravitation begann, wissen wir nicht, auch nicht, wie intensiv sie war; wir wissen aber, wann der Durchbruch erfolgte: Im Oktober oder November 1907 während der Arbeit an dem *Jahrbuchartikel*, als er die erste Hälfte fertig hatte und die zweite noch schreiben mußte.[51] Am 1. November war er sich noch nicht sicher, ob er die Gravitation überhaupt behandeln würde, denn sonst hätte er in seinem Brief an den Herausgeber gewiß ein paar Worte darüber verloren. Aber als der Artikel wie bestellt am 1. Dezember fertig war, folgte den vier vorwiegend referierenden Teilen ein fünfter Teil, der auf neun Seiten nur noch Neues enthält.

Unter dem Titel »Relativitätsprinzip und Gravitation« stellt Einstein einen Zusammenhang her zwischen der Verallgemeinerung auf beliebige Bezugssysteme einerseits und der relativistischen Behandlung der Gravitation andererseits. Was hier aufgrund der ebenso überraschenden wie hintergründigen Konvergenz beider Problemfelder entwickelt wird, ist freilich keine axiomatische Theorie, sondern der eher skizzenhafte Ausgangspunkt zu einer langen Entwicklung, die schließlich nach acht Jahren in der »Allgemeinen Relativitätstheorie« ihren krönenden Abschluß finden wird. Die Skizze freilich ist kühn, ja revolutionär. Wenn die Relativitätstheorie von 1905 eine Revolution war, so »frißt die Revolution ihre Kinder«: Das eben erst etablierte Prinzip von der Konstanz der Lichtgeschwindigkeit wird dahingehend »modifiziert«, daß Geschwindigkeit und Ausbreitungsrichtung des Lichts vom Schwerefeld beeinflußt werden. Während die Fachgenossen um die Assimilation des durch Einstein 1905 inaugurierten Neuen Denkens bemüht sind, schreitet der junge Mann vom Patentamt unaufhörlich voran. Das war sein Schicksal und seine Größe.

Den Weihnachtsabend des Jahres 1907, der bei Einsteins nicht festlich begangen wurde – er war jüdischer Herkunft, ihre Kirche, die serbisch-orthodoxe, feiert die Geburt Jesu im Januar –, nutzte Einstein zum Schreiben von Briefen. »In den Monaten Oktober und November war ich sehr stark beschäftigt mit einer teils referierenden, teils Neues behandelnden Arbeit über das Relativitätsprinzip«, berichtet er Conrad Habicht. »Jetzt bin ich mit einer ebenfalls relativitätstheoretischen Betrachtung über das Gravitationsgesetz beschäftigt, mit der ich die noch unerklärten säkularen Änderungen der Perihellänge des Merkur zu erklären hoffe.«[52] Damit hatte er einen Effekt in den Blick genommen, der trotz seiner Winzigkeit ein gewichtiger Stein des Anstoßes in der Newtonschen Gravitationstheorie war. Seinem Brief fügte Einstein noch das »post scriptum« hinzu: »...bis jetzt scheints aber nicht gelingen zu wollen.« Es gelang erst nach einem mühevollen Weg von acht Jahren, als in seinem zweiten »annus mirabilis« am 15. November 1915 die Allgemeine Relativitätstheorie vor ihm lag.

III

DER NEUE KOPERNIKUS

1. Vom »Treppenwitz« zum Herrn Professor

»Ich muß Ihnen offen sagen, daß ich mit Staunen gelesen habe, daß Sie 8 Stunden am Tage in einem Bureau sitzen müssen! Es gibt oft einen Treppenwitz in der Geschichte.«[1] So reagierte Johann Jakob Laub, Mitarbeiter von Wilhelm Wien in Würzburg, auf die Nachricht, daß der »Sehr geehrte Herr Doktor«, den er zu Beginn des Jahres 1908 um die Übersendung einiger Sonderdrucke gebeten hatte und dessentwegen er für drei Monate nach Bern kommen wollte, nicht etwa in der Universität anzutreffen wäre, sondern auf dem Patentamt.

Ähnlich empfunden haben mag auch Arnold Sommerfeld, seit 1906 Ordinarius für theoretische Physik in München und nicht nur als Redakteur der *Enzyklopädie der mathematischen Wissenschaften* eine Autorität. Anfang Januar hatte er Einstein einen Brief geschrieben, von dem der Empfänger in seiner Antwort gestand, er habe ihm »eine seltene Freude bereitet; so offen und wohlwollend zugleich ist mir noch kein Physiker entgegengekommen«.[2] Zugleich sah sich Einstein genötigt, die Sommerfeldschen Lobpreisungen ein wenig zurechtzurücken: »Infolge meines glücklichen Einfalles, das Relativitätsprinzip in die Physik einzuführen, überschätzen Sie (und andere) meine wissenschaftlichen Fähigkeiten ausserordentlich, sodass es mir etwas unheimlich dabei wird.«

Denjenigen Physikern, denen hinsichtlich der Einsteinschen Arbeiten mittlerweile ein Licht aufgegangen war, mag es eher »unheimlich« erschienen sein, wie lange der Berner »Treppenwitz« noch andauern sollte, und tatsächlich begann sich im Jahre 1908 Albert Einsteins Karriere als professioneller Wissenschaftler abzuzeichnen, nicht gerade früh, denn bald würde er dreißig sein, und schon gar nicht zu früh angesichts seiner Leistungen. In Physikerkreisen hatte er sich zweifellos schon das erworben, was man etwas unbestimmt einen »Ruf« nennt, so daß ein Ruf an eine Universität nur noch eine Frage der Zeit sein konnte. Trotzdem begann seine sozusagen offizielle Laufbahn wie eine kuriose Springprozession.

Mit Veränderungsgedanken hatte sich Einstein gleich zu Jahresbeginn getragen, sie wohl auch mit Jakob Ehrat diskutiert, der über die Weihnachtstage von Zürich herübergekommen war und daran dachte, als »Experte aufs Amt zu kommen«[3], während Einstein diesem gerade entfliehen wollte. Gegenüber Marcel Grossmann äußerte er »den sehnlichen Wunsch, meine private wissenschaftliche Beschäftigung unter weniger ungünstigen Bedingungen fortsetzen zu können«.[4] Die gewaltigen Anstrengungen der letzten drei Jahre mit ihren mittlerweile 25 Veröffentlichungen bis hin zur »tour de force« des *Jahrbuchartikels* sowie die zunehmende wissenschaftliche Korrespondenz wären schon als Hauptbeschäftigung nicht nur eine intellektuelle, sondern auch eine physische Höchstleistung gewesen; um wie viel mehr waren sie es neben dem täglichen Dienst im Patentamt.

Den »Rettungsanker« Marcel Grossmann, der nach einer Karriere im Schuldienst schon 1907 als Professor ans Zürcher Polytechnikum berufen – oder, wie es in der Schweiz praktiziert und genannt wird, gewählt – worden war, plante Einstein nun keineswegs für eine akademische Anstellung einzuspannen, sondern in geradezu anrührender Bescheidenheit wollte er »ein Attentat machen auf eine Lehrstelle am Technikum von Winterthur«[5], an eben jener Lehranstalt, wo er im Frühsommer 1901 zwei Monate als Aushilfslehrer unterrichtet und die schöne Entdeckung gemacht hatte, daß ihn diese Tätigkeit keineswegs ermüdete. »Nun frage ich Dich: Wie macht man das? Kann ich vielleicht jemanden aufsuchen, um ihm den hohen Wert meiner löblichen Person als Lehrer und Bürger mündlich zu demonstrieren? Wer wäre der Betreffende? Mache ich nicht auf ihn wahrscheinlich einen schlechten Eindruck (kein Schweizerdeutsch, semitisches Aussehen etc.)? Hätte es ferner einen Sinn, wenn ich bei dieser Gelegenheit meine wissenschaftlichen Arbeiten herausstreichen würde?«[6] – Es hatte keinen Sinn.

Zwar ist nicht bekannt, ob sich Einstein in Winterthur überhaupt beworben hat, aber er hörte – vermutlich durch Grossmann – von einer neuen, zusätzlich geschaffenen Stelle am Gymnasium in Zürich. Zunächst korrespondierte er mit dem Rektor über die Gehaltssituation, fand sie akzeptabel und entschloß sich am 20. Januar zur Bewerbung: »Bezug nehmend auf die Ausschreibung einer Lehrstelle für Mathematik und darstellende Geometrie melde ich mich hiermit für diese Stelle, indem ich hinzufüge, daß ich auch bereit wäre, in Physik zu unterrichten.«[7] Beigefügt hatte er seine Dissertation sowie seine »übrigen bisher im Druck erschienenen wissenschaftlichen Arbeiten«. Bei der Zürcher Erziehungsdirektion gingen 21 Bewerbungen ein, drei Kandidaten kamen in die engere Wahl. Einstein war nicht dabei, und da sich in den Akten eine ihn betreffende Beurteilung nicht findet, wurde seine Bewerbung offenbar überhaupt nicht in Erwägung gezogen.

Derweil hatte Einstein das ihm angemessenere zweite Eisen geschmiedet, nämlich die Habilitation. Wohl eher zähneknirschend hatte er seinen Widerstand gegen die Formalien aufgegeben und die vorschriftsgemäße Originalarbeit verfaßt. Dem Professor Gruner teilte er seinen Sinneswandel am 11. Februar 1908 per Postkarte mit: »Mein Gespräch mit Ihnen in der Stadtbibliothek sowie der Rat von mehreren Freunden haben mich nun veranlaßt, ein zweites Mal meinen Entschluß zu wechseln und es nun doch mit der Habilitation an der Bernischen Universität zu versuchen. Zu diesem Zweck habe ich dem Herrn Dekan eine Habilitationsschrift übergeben.«[8] Nun hatten es die sprichwörtlich langsamen Berner ganz eilig. Einige Professoren waren offensichtlich erleichtert, daß nicht länger zu befürchten stand, die verweigerte Habilitation des einzigen über die Grenzen der Schweiz hinaus bekannten Berner Physikers könnte eher auf die Fakultät als auf den Kandidaten ein schlechtes Licht werfen. Das Verfahren wurde »prestissimo« abgewickelt. Im Protokoll der Fakultätssitzung vom Montag, dem 24. Februar wurde unter »Traktandum 2« festgehalten, daß Einstein eine Habilitationsschrift mit dem Titel »Folgerungen aus dem Energieverteilungsgesetz der Strahlung schwarzer Körper, die Konstitution der Strahlung betreffend« eingereicht habe: »Die Arbeit hat unter den Mitgliedern der Fakultät zirkuliert. Herr Prof. Forster beantragt schriftlich, die Habilitationsschrift anzunehmen und Herrn Einstein zur Probevorlesung einzuladen. Die Fakultät erhebt diesen Antrag zum Beschluß.«[9] Schon am Donnerstag, dem 28. Februar fand die Probevorlesung nebst Colloquium zum Thema »Über die Gültigkeitsgrenzen der klassischen Thermodynamik« statt. Mit Einstimmigkeit empfahl daraufhin die Fakultät, dem Kandidaten »die nachgesuchte ›venia docendi‹ für theoretische Physik zu erteilen«, und tags darauf fertigte die Direktion des Unterrichtswesens für den Kanton Bern die Urkunde aus, mit der Einstein in den Stand der Privatdozenten aufgenommen wurde. Mit gleicher Post wie die Urkunde wurde Einstein auch die Habilitationsschrift in die Aegertenstraße zugestellt; der Verfasser hat sie nicht aufbewahrt. Nach dem Titel zu urteilen, muß es sich um eine Art Vorstudie zu einer ein Jahr später publizierten Arbeit[10] gehandelt haben.

Schon vor dem förmlichen Habilitationsverfahren hatte Einstein den Professor Gruner, zu dessen Vorlesung sein Kolleg eine Ergänzung bilden sollte, wissen lassen, ihm liege daran, »daß die Zeit, die ich aufs Lesen verwenden werde... möglichst gut verwendet werde, d. h. ich möchte ein Kolleg halten, das dem Ausbildungsgrad und dem Interessenkreise einiger Studenten angepasst ist.«[11] Während die Abgrenzung von Hauptvorlesung und Spezialkolleg zwischen Professor und Privatdozent in einem Gespräch im Ausflugslokal »Chalet Bovet« am Lindenrain schnell geklärt wurde, hatte es mit Ausbildung und Interesse der wenigen Physikstudenten in Bern offenbar eine eigene Bewandtnis. Zu seinem ersten Kolleg im Sommersemester 1908 über die »Molekulare Theorie der Wärme« konnte der Dozent Einstein dem Rektor ganze drei Hörer[12] melden, und das waren nicht etwa Studenten, sondern als Gasthörer seine treuen Freunde vom Patentamt Michele Besso und Heinrich Schenk sowie Lucien Chavan von der Post- und Telegraphendirektion. Sie mußten zwei Tage in der Woche früher aufstehen und die Große Schanze erklimmen, denn Einstein begann dort in der alten Sternwarte sein Kolleg dienstags und sonnabends um sieben Uhr, damit er und die Kollegen zum Dienstbeginn um acht Uhr im Patentamt antreten konnten. Zumindest Chavan hat, wie aus seinen akkuraten, französisch abgefaßten Nachschriften[13] zu entnehmen ist, keine Stunde versäumt.

Im Wintersemester verlegte Einstein sein Kolleg auf den Abend, mittwochs von sechs bis sieben Uhr, und las nur noch einstündig über die »Theorie der Strahlung«. Tatsächlich fand sich zu dieser zivileren Zeit zusätzlich zu den drei Freunden ein echter Student ein, der aus Litauen stammende Max Stern, aber auch er war kein Physiker, sondern ein Student der Versicherungsmathematik mit naturwissenschaftlichen Interessen. Als die drei Kollegen im Sommersemester 1909 ihre Fortbildung bei Einstein nicht länger fortsetzen wollten, blieb Max Stern der einzige Interessent an Einsteins Vorlesung, woraufhin dieser die Lehrveranstaltung absagte. Damit hatte sich nach Einsteins Auffassung auch in seinem Falle der melancholische Privatdozentenwitz bestätigt, daß der erste Vertreter ihrer Gilde der Prophet Moses gewesen sei gemäß dem Wort aus dem zweiten nach ihm benannten Buch der Bibel[14]: »Aber sie höreten ihn nicht.«

Bereits der angehende Privatdozent hat sich an einem wichtigen und zugleich delikaten Aspekt der akademischen Etikette versucht, der Wahrung und Verteidigung geistigen Eigentums in Gestalt der »Priorität« auf dem nicht durch Patentrechte abgesteckten Felde der Wissenschaft.[15] Max von Laue hatte ihn in einem Brief aus den Weihnachtsferien dazu angestiftet: »Sehen Sie sich doch ja den Aufsatz von J. Stark im letzten Heft (Nr. 25) der Physikalischen Zeitschrift an; vielleicht müssen Sie sich da Priorität wahren, obwohl Sie so nebenbei zitiert werden.«[16]

Bei nächster Gelegenheit, als Stark einen weiteren Aufsatz für sein Jahrbuch bestellt hatte, fiel Einstein gleich mit diesem heiklen Problem ins Haus: »Es hat mich etwas befremdet, dass Sie bezüglich des Zusammenhanges von träger Masse und Energie meine Priorität nicht anerkennen.«[17] Postwendend gestand Stark ohne Umschweife ein, daß ihm bei der Abfassung der fraglichen Arbeit[18] die Plancksche Herleitung der Formel $E = mc^2$ als »wesentlich neu... in ihrer radikalen Auffassung«[19] erschienen sei, aber »nachdem ich Ihren Jahrbuchbericht gelesen habe und weiter über die fraglichen Verhältnisse nachgedacht habe, sehe ich freilich ein, daß die Deduktionen Plancks Ihre damalige Abhandlung zur Wurzel haben.« Ebenso postwendend antwortete Einstein in ganz zerknirschtem Ton, so als hätte er sich an dieser peinlichen Sache die Finger verbrannt:

> Wenn es mir schon vor Empfang Ihres Briefes leid tat, daß ich mir durch eine kleinliche Regung jene Äußerung über Priorität in der bewußten Sache diktieren ließ, zeigte mir Ihr ausführlicher Brief erst recht, daß meine Empfindlichkeit übel angebracht war. Die Leute, denen es vergönnt ist, zum Fortschritt der Wissenschaft etwas beizutragen, sollten sich die Freude über die Früchte gemeinsamer Arbeit nicht durch solche Dinge trüben lassen.[20]

Trotz des schalen Gefühls, das diese kleine Affäre hinterlassen hatte, konnte Einstein auch in der Zukunft den leidigen Prioritätsfragen nicht immer aus dem Wege gehen. Das kam bei ihm freilich nur selten vor, viel seltener als bei den meisten seiner Kollegen, und immer plagte ihn dabei das schlechte Gewissen, aber erst im Alter konnte er sich jene gelassene Gleichgültigkeit leisten, die er sich in diesem Geschäft wohl immer gewünscht hatte.

Zu den Freunden des gerade ernannten Privatdozenten gesellte sich nun auch Johann Jakob Laub, der seine Ankündigung, nach Bern zu kommen, im März 1908 wahr gemacht hatte und der seine Charakterisierung als Einsteins »erster Mitarbeiter« fortan wie einen Ehrentitel trug. Der Österreicher Laub hatte in Göttingen studiert, wurde in Würzburg durch Wilhelm Wien promoviert und von diesem auf Probleme der Relativitätstheorie angesetzt. Schon 1907 hatte er zwei Arbeiten aus diesem Themenkreis in den ›Annalen‹ veröffentlicht und gehörte somit zum publizierenden Teil des von Max Planck so genannten »bescheidenen Häufleins« der »Vertreter des Relativitätsprinzips«. Einstein wird sich gefreut haben, von dem drei Jahre jüngeren Laub zu hören, wie intensiv seine Arbeiten inzwischen in Göttingen, Berlin, München und eben auch Würzburg diskutiert wurden.

In Einsteins freien Stunden wandten sich die beiden der problematischen Definition des Kraftbegriffs im Rahmen der Relativitätstheorie zu. Ihrer Veröffentlichung mußten sie noch im gleichen Jahr eine Berichtigung folgen lassen.[21] Anschließend versuchten sie die Frage zu lösen, welche Kräfte auf Körper ausgeübt werden, die im elektromagnetischen Feld ruhen, indem sie das Problem auf die Bewegung elementarer Ladungen zurückführten, was mit ihren Methoden berechnet werden konnte. Auch hier wurde ein Jahr später eine Nachbesserung fällig.[22] »Wie wir damals gepfuscht haben«, kommentierte Einstein die gemeinsamen Arbeiten, »es ist unglaublich. Sic takuissemus... Indessen ist so eine Berichtigung auch etwas erhebendes. Und gut geflickt ist immer noch besser als verlöchert.«[23] In diesem Falle half nicht einmal die Berichtigung etwas, denn zehn Jahre später schrieb Einstein einem Zürcher Studenten, der in seiner Dissertation ähnliche Probleme wieder aufgegriffen hatte: »Daß die Werte, die ich damals mit Laub ableitete, falsch sind, ist längst bekannt.«[24]

Als Laub Mitte Mai Bern verlassen hatte, bedankte er sich bei dem »Lieben Freund« Einstein für »die schöne Zeit, die ich in ihrem Hause verbracht habe. Ich bin nun wieder in Würzburg und erinnere mich mit Freuden an die schönen Berner Diskussionen.«[25] Die Diskussionen wurden brieflich fortgesetzt, und Laub, der bald zu Lenard nach Heidelberg ging und viel herumreiste, war für Einstein ein wichtiger Informant über die akademische Szene in Deutschland.

Ihre beiden gemeinsamen Arbeiten sind die ersten, in denen Einstein als Koautor fungiert, und für drei Jahre sind sie die letzten, in denen Einstein aus dem Problemkreis der Relativitätstheorie veröffentlichte. Fortan konzentrierte sich sein Interesse auf die Strahlungstheorie – und in schwacher Konkurrenz dazu auf die Entwicklung eines Instruments für die Messung sehr kleiner elektrischer Ladungsmengen, wobei wir Einstein als Bastler, Erfinder und Experimentator erleben.

Das »Maschinchen«, wie der Erfinder sein Instrument liebevoll nannte, wurde im Gefolge einer Arbeit aus dem Jahre 1907 konzipiert, in der Einstein seine virtuose Handhabung der Analyse molekularkinetischer Schwankungserscheinungen innerhalb der Thermodynamik auf die Schwankungen kleinster elektrischer Ladungsmengen ausdehnte.[26] Dieses elektrostatische Analogon zur Brownschen Bewegung sollte sich in einem Kondensator als Spannungsschwankung nachweisen lassen; allerdings würde sich das Phänomen erst bei einer Meßgenauigkeit von weniger als einem tausendstel Volt beobachten lassen, während auch mit den besten damals verfügbaren Elektrometern allenfalls einige tausendstel Volt erreichbar waren. Eine Erfindung war nötig.

Zur Steigerung der Meßgenauigkeit hatte Einstein eine Influenzmaschine von in Reihe geschalteten, variablen Kondensatoren ersonnen, die bei niedriger Spannung und hoher Kapazität geladen und bei hoher Spannung und niedriger Kapazität in ihren Nachfolger in der Kondensatorenbank entladen werden.[27] Es traf sich günstig, daß Paul Habicht, Conrads jüngerer Bruder, in Schaffhausen gerade eine kleine Instrumentenfabrikation begonnen hatte. Paul würde dort, wie Einstein an Conrad Habicht schrieb, »das elektrostatische Maschinchen in der Gestalt ausführen, die er ihm nun gegeben hat. Ich bin sehr neugierig, wieviel sich erreichen läßt – ich mache mir ziemlich große Hoffnungen.«[28] Sogar als Patentexperte in eigener Sache wollte sich Einstein versuchen, offenbar ohne Erfolg: »Das Patent habe ich fallenlassen, hauptsächlich wegen Interesselosigkeit der Fabrikanten.«[29] Das tat Einsteins Begeisterung keinen Abbruch, denn viel schöner als ein Patent war der Zusammenhang des Maschinchens mit zweien seiner großen Arbeiten, folgte doch aus der Studie über die Brownsche Bewegung eine Methode nicht nur zur experimentellen Demonstration ihres elektrostatischen Analogons, sondern auch zur Messung der Radioaktivität und auf diesem Wege zur Prüfung der Äquivalenz von Masse und Energie als Folge der Relativitätstheorie.

Einsteins Begeisterung war so groß, daß er sich zu einer Empfehlung an Sommerfeld hinreißen ließ, er möge in München einen seiner Assistenten mit dieser experimentellen Arbeit beschäftigen, »deren Ausführung mir sehr am Herzen liegt. Es handelt sich um ein elektrostatisches Maschinchen für Messzwecke... Wenn Sie oder er sich dafür interessieren, will ich gerne ausführlichen Bericht über die Sache geben.«[30] In seiner bald darauf erfolgenden Publikation schrieb Einstein, daß die »Erhöhung der Empfindlichkeit der elektrostatischen Meßmethoden von Bedeutung ist für die Erforschung der Radioaktivität«, und dabei drückte er zugleich seine Hoffnung aus, »dass sich ein Physiker für diese Sache interessieren wird. Meine weiteren Überlegungen über diesen Gegenstand würde ich diesem gerne mitteilen«.[31]

Ein solcher Physiker meldete sich aus dem nur dreißig Kilometer weiter westlich gelegenen Freiburg, nämlich Albert Gockel, Extraordinarius für »kosmische Physik« an der dortigen Universität, der sich offenbar von Amts wegen mit der Messung kleinster Elektrizitätsmengen in der Luft befaßte. Kaum hatte Jakob Laub Bern verlassen, besuchte Einstein am 16. Mai Gockel in dessen Laboratorium.[32] Es blieb nicht die einzige Reise nach Freiburg, da Gockel selbst ein Maschinchen bauen wollte und sich daher mit ihm so manche diffizile Frage trefflich erörtern ließ, ob etwa die Kontakte aus Quecksilber oder Gold sein müßten. Aber auch in Bern tat sich einiges.

»Ich habe hier einen geschickten Mechaniker gefunden«, schrieb Einstein an Laub, »der mir gegenwärtig nach meinen Angaben das elektrostatische Maschinchen macht. In den nächsten Tagen soll es fertig sein. Ich will selbst sehen, was es leisten kann und was an den Gerüchten von der Tücke des Kontaktes wahr ist.«[33] Da es in ganz Bern kein Elektrometer gab, baute sich Einstein selbst eins und dazu noch eine Spannungsbatterie. »Sie würden sich des Lächelns nicht erwehren können«, beschrieb er kurz darauf Laub sein Werk, »wenn Sie meine selbst zusammengepfuschte Herrlichkeit sehen könnten. ...Die bisher erlangten Resultate sind jedenfalls ermutigend.«[34] Einige Monate später hatte er sich ein zweites Maschinchen bauen lassen und schrieb Professor Gockel, »dass ich nun selbst so eine Art ›Laboratorium mein eigen nennen kann«.[35] Experimentiert wurde entweder in den Physikzimmern der beiden Berner Gymnasien oder aber zu Hause in der Aegertenstraße, wohin des öfteren einer oder beide der »Habichte« zu Arbeitswochenenden anreisten.

Einstein konnte stolz sein, hatte er doch »eine unerreichte Empfindlichkeit für die Messung von elektrischen Mengen« ermöglicht und durfte sich Hoffnungen machen, daß bald »einer experimentellen Prüfung der von der Molekulartheorie geforderten Gültigkeitsgrenze der Elektrostatik nichts mehr im Wege«[36] stehe. Aber er hatte auch wieder Anlaß, über die Nachteile seines peripheren Forscherdaseins zu klagen: »Es ist eben keine Kleinigkeit, wenn man so wenig Zeit und kein Laboratorium hat und auf den eigenen (schmalen) Geldbeutel angewiesen ist.«[37] Zum Glück war das Maschinchen bei Paul Habicht in guten Händen, wurde bald in kleinindustriellem Maßstab gefertigt und hat auch dem Professor Einstein noch viel Freude bereitet. – Wir werden darauf zurückkommen.

Gebastelt wurde auch zu Hause. Zu den bleibenden Erinnerungen von Hans Albert gehörte, daß ihm sein Vater damals eine Seilbahn aus Streichholzschachteln baute. »Das war eines der schönsten Spielzeuge, die ich in dieser Zeit hatte, und es funktionierte«, sagte er später. »Aus einem Stückchen Bindfaden und ein paar Streichholzschachteln konnte er die schönsten Sachen machen.«[38] Aber es wurde nicht nur gespielt. Es geht wohl auf die pädagogischen Bemühungen der Mutter zurück, daß schon der vierjährige Sohn auf Briefe wie an den guten »Solo« seinen Rufnamen »Buio«[39] krakelte, denn Hans Albert erinnerte sich daran, daß die väterliche Erziehung eher als ein Kontrastprogramm zur Schule angelegt war. So versuchte er frühzeitig, seinen Sohn für Musik zu interessieren, fand aber keine Resonanz. Wenn der Knabe über die Stränge schlug, kam Einstein seinen väterlichen Pflichten in der zeitgemäßen Weise nach: »Er verdrosch mich auch mal, wie es damals jeder getan hätte.«[40]

Zeitweilig lebte auch die Schwester Maja bei den Einsteins in der Aegertenstraße.[41] Nach dem Abschluß des Lehrerinnenseminars in Aarau war sie als eine der Pionierinnen des Frauenstudiums 1905 nach Berlin gegangen und hatte dort Romanistik belegt, freilich nur als Gasthörerin, denn den Frauen wurde in Preußen das volle Immatrikulations- und Promotionsrecht erst im Jahre 1908 zugestanden. Maja war zum Sommersemester 1907 nach Bern gekommen und arbeitete an der Universität an einer Dissertation über eine altfranzösische Handschrift. Im nächsten Jahr ging sie für einige Monate der dortigen Bibliotheken wegen nach Paris und wurde kurz vor Weihnachten 1909 in Bern zum »Frl. Doktor« promoviert. Sie blieb länger als ihr Bruder in Bern, heiratete 1910 Paul Winteler, einen der Söhne von Alberts »zweiten Eltern«, der in Bern Jura studiert hatte, und zog mit Paul 1911 nach Luzern. Ihr ist die Anekdote zu verdanken, daß Einstein an der Universität einen eher kuriosen Eindruck machte. Als sie ihren Bruder als Dozenten bewundern wollte und deshalb den Pedell nach dem Hörsaal fragte, soll dessen Einschätzung des Privatdozenten Dr. Einstein in echtem Bernerisch so geklungen haben: »Was sägt Dr? Dä Schlampi isch Eue Brueder? Das hätti de scho z'letsch dänkt, wenn ig Euch gseh!«[42]

»Dä Schlampi« hatte freilich ein anstrengendes Leben. Das kam Einstein wieder so recht zum Bewußtsein, als er durch Vermittlung von Stark ein Buch über das Relativitätsprinzip für den Leipziger Verlag Hirzel schreiben sollte. Zunächst hoffte er, »die Sache übernehmen zu können, trotzdem ich mit Arbeit arg überladen bin«.[43] Aber nach zwei Wochen reiflicher Überlegung sagte er ab. »Jeden Tag acht Stunden anstrengende Arbeit auf dem Patentamt, dazu viele Korrespondenzen und Studien – Sie kennen das ja aus eigener Erfahrung. Mehrere Arbeiten sind unvollendet, weil ich die Zeit für deren Abfassung nicht finden kann.«[44] Als er ein halbes Jahr später die nämliche Offerte für ein Buch über die Relativitätstheorie erhielt, lehnte er wiederum aus den gleichen Gründen ab.[45]

Die Ferien im Sommer 1908 hatte er sich redlich verdient. Im

August ging er mit seiner Familie ins Berner Oberland, eine Woche ins damals noch gar nicht fashionable Mürren und eine weitere Woche nach Isenfluh. Ende August war auch Max Planck zum Urlaub in der gleichen Gegend eingetroffen, bereitete Einstein aber die Enttäuschung, ihn nicht, wie ein Jahr zuvor angekündigt, zu besuchen. Planck schrieb Einstein von der Schwierigkeit, »einen bestimmten Ort und Zeitpunkt für ein Zusammentreffen vorzuschlagen, da das Wetter einen gar zu maßgebenden Faktor in all unseren Plänen bildet. ... Wäre es aber nicht praktischer, wir träfen uns in Köln auf der Naturforscherversammlung? Ich komme jedenfalls dorthin. Dann wäre mehr Zeit und Stimmung zu wissenschaftlichen Erörterungen.«[46]

Tatsächlich hatte auch Einstein geplant, nach Köln zu kommen, und sich mit Kollegen wie Stark anläßlich dieses Ereignisses verabredet, »bei dem ich – wenn irgend möglich – zugegen sein werde«.[47] Zweifellos hat er im Besuch dieser repräsentativen Tagung eine reizvolle Gelegenheit gesehen, mit Kollegen ins Gespräch zu kommen, die Etablierten seines Faches kennenzulernen und auf sich aufmerksam zu machen sowie dabei zu erfahren, welchen Ansehens sich seine Arbeiten und ihr Verfasser erfreuen würden. Aber es war nichts daraus geworden: »Zu meinem großen Bedauern war es mir nicht möglich nach Köln zu kommen. Es war dringend nötig, daß ich meine kurzen Amtsferien zur Erholung benutzte.«[48] Hätte er auf die Erholung verzichtet und wäre statt dessen nach Köln gefahren, hätte er einer großartigen Propagandaveranstaltung zur Relativitätstheorie beiwohnen können. Ob er sie gebilligt hätte, ist eine andere Frage.

Mit rhetorischen Fanfarenstößen begann in Köln die Sitzung der mathematisch-physikalischen Sektion am Nachmittag des 21. September 1908: »Meine Herren! Die Anschauungen über Raum und Zeit, die ich Ihnen entwickeln möchte, sind auf experimentell-physikalischem Boden erwachsen. Darin liegt ihre Stärke. Ihre Tendenz ist eine radikale. Von Stund an sollen Raum für sich und Zeit für sich völlig zu Schatten herabsinken und nur noch eine Art Union der beiden soll Selbständigkeit bewahren.«[49] Der mit solchem Pathos seine Zuhörer auf die säkulare Bedeutsamkeit seiner Ausführungen einstimmte, war Hermann Minkowski, jener berühmte Mathematiker, dessen mathematische Lehrveranstaltungen am Zürcher Polytechnikum der Student Albert Einstein gemieden und dessen Kolleg über analytische Mechanik er als einzige theoretische Vorlesung geschätzt hatte. 1902 war Minkowski nach Göttingen auf einen Lehrstuhl berufen worden, der auf Drängen von David Hilbert eigens für ihn geschaffen worden war. Dort huldigte er der Maxime der beiden Großmeister des Göttinger Mathematikerordens Felix Klein und David Hilbert, daß die Grundlagen der Physik eigentlich zu schwierig für die Physiker seien und deshalb von den Mathematikern besorgt werden müßten.

Einem solchen Geist konnte auch Einsteins Arbeit *Zur Elektrodynamik bewegter Körper* nicht lange entgehen. Gemeinsam mit Hilbert veranstaltete er in den Jahren 1907/1908 einige Seminare über neue Entwicklungen in der Elektrodynamik, denen ein Vortrag in Göttingen und einige hochkarätige Veröffentlichungen folgten. Über die Arbeit seines vormaligen Studenten sagte er zu seinem Assistenten Max Born: »Das hätte ich dem Einstein eigentlich nicht zugetraut.«[50] Max Born berichtete sogar, wie Minkowski geklagt habe, »daß es ein großer Schock für ihn war, als Einstein seine Abhandlung veröffentlichte, in der die Gleichwertigkeit der verschiedenen Ortszeiten der Beobachter ausgesprochen wurde. Er war unabhängig davon zu den gleichen Ergebnissen gekommen, hatte sie aber nicht veröffentlicht, da er zuvor die mathematische Struktur in ihrer ganzen Pracht ausarbeiten wollte.«[51] Für die Behauptung von den »gleichen Ergebnissen« gibt es freilich keinerlei Indizien; man kann sie wohl allenfalls mit Minkowskis Neigung entschuldigen, Physik mit Mathematik zu verwechseln; daß er so etwas wie die Relativitätstheorie unabhängig von und vor Einstein gefunden hätte, darf man bezweifeln, nicht jedoch der mathematischen Struktur ganze Pracht, die Minkowski in der Relativitätstheorie entdeckt und herausgearbeitet hatte und die er nun vor seinen Zuhörern wortreich entfaltete.

Dabei präsentierte er nicht nur eine neue, überaus elegante Gestalt der Einsteinschen Theorie, sondern zugleich auch jenes hochstilisierte Vokabular, das der Relativitätstheorie nicht nur in Physikerkreisen, sondern später auch weit darüber hinaus besondere Aufmerksamkeit verschaffte. Von »Weltpunkten« war die Rede, deren Mannigfaltigkeit die »Welt« ausmacht, innerhalb derer der »ewige Lebenslauf des substantiellen Punktes« eine »Weltlinie« bildet, und Einsteins Prinzip der Relativität wurde zum »Postulat der absoluten Welt« umgewidmet. Erstmals ist im Zusammenhang mit der Relativitätstheorie davon die Rede, »daß die hier in Betracht kommenden Verhältnisse ihr inneres Wesen voller Einfachheit erst in vier Dimensionen enthüllen«, wobei der mystische Schauer, den die »vierte Dimension« zu erwecken vermag, noch dadurch gesteigert wird, daß die Zeit als imaginäre Koordinate in der vierdimensionalen Mannigfaltigkeit erscheint.

Minkowski beendete seinen Vortrag mit einer apodiktisch formulierten Bilanz: »Die ausnahmslose Gültigkeit des Weltpostulats ist, so möchte ich glauben, der wahre Kern eines elektromagnetischen Weltbildes, der von Lorentz getroffen, von Einstein weiter herausgeschält, nachgerade vollends am Tage liegt.«[52] Wenn auch nicht allen seinen Zuhörern das zwischen der programmatischen Einleitung und dem definitiven Schluß Verhandelte verständlich war, so dürften sie doch den Eindruck erhalten haben, daß hier eine neue Physik als rein mathematische Kopfgeburt präsentiert worden ist, ohne Rekurs auf Experimente und im Vertrauen auf die von Minkowski beschworene »prästabilierte Harmonie zwischen der reinen Mathematik und der Physik«. Daß hier die Relativitätstheorie Gefahr lief, um ihr physikalisches Fundament verkürzt zu werden, erkannten nur wenige.

Zu ihnen gehörte Jakob Laub. Nachdem er die Relativitätstheorie an der Quelle studiert hatte, lernte er bei seiner Rückkehr nach Würzburg die dort eifrig diskutierten Arbeiten Minkowskis kennen und wunderte sich über die Begeisterung insbesonders des Mathematikers Matthias Cantor. Wäre die Einsteinsche Arbeit nicht verfügbar, schrieb Laub nach Bern, »würden wir mit den Minkowskischen Transformationsgleichungen für die Zeit (so weit es die physikalische Interpretation betrifft) bestenfalls die gleiche Situation haben wie mit der Lorentzschen ›Ortszeit‹«.[53]

Minkowskis Wortkaskaden und seine Konzeption der vierdimensionalen Raum-Zeit bieten unter physikalischen Gesichtspunkten in der Tat nichts Neues gegenüber der Einsteinschen Theorie, nicht einmal gegenüber der Lorentzschen Theorie. Die Behandlung der Zeit als imaginäre Größe ist lediglich ein mathematischer Kunstgriff, der gewisse Analogien zwischen den drei Raumkoordinaten einerseits und der Zeit andererseits verdeutlicht und der gestattet, die Lorentz-Transformationen der Relativitätstheorie als Drehungen in einem euklidischen vierdimensionalen Raum darzustellen und mit der gleichen Mathematik zu beschreiben, die für Drehungen im dreidimensionalen Raum entwickelt wurde. Auch die von Minkowski so dramatisch betonte »Union« von Raum und Zeit sollte zumindest um den Aspekt »relativiert« werden, daß die Transformationsgleichungen eine Verwechselung der beiden nicht zulassen, eine Zeitkoordinate also immer als solche erkennbar bleibt.

Als Einstein einige Monate nach der Kölner Veranstaltung Minkowskis Vortrag in der Februar-Ausgabe der »Physikalischen Zeitschrift« lesen konnte, war er davon nicht beeindruckt und betrachtete die neue vierdimensionale Darstellung als »überflüssige Gelehrsamkeit«.[54] Glaubhaft auch, daß er geseufzt haben soll: »Seit die Mathematiker über die Relativitätstheorie hergefallen sind, verstehe ich sie selbst nicht mehr.«[55] Später machte er sich über den durch die »Vierte Dimension« ausgelösten mystischen Schauer lustig als einem »Gefühl, das dem vom Theatergespenst erzeugten nicht unähnlich ist. Und doch ist keine Aussage banaler als die, daß unsere gewohnte Welt ein vierdimensionales zeiträumliches Kontinuum ist.«[56]

Wäre die von Minkowski auf den Weg gebrachte Umschreibung der Physik ins Vierdimensionale nur eine Sache der Eleganz gewesen, so hätte man sie, einem von Einstein gern zitierten Diktum Boltzmanns folgend, den Schneidern und Schustern überlassen können. Es handelte sich aber um den seltenen Idealfall, daß Eleganz und Zweckmäßigkeit zusammenfallen. Zeit- und Raumkoordinaten, Energie und Impuls sowie die Potentiale des elektromagnetischen Feldes lassen sich als sogenannte »Vierervektoren« darstellen und das elektromagnetische Feld selbst als ein (schiefsymmetrischer) Tensor. Damit nehmen die Maxwellschen Gleichungen eine Gestalt kanonischer Symmetrie und kalligraphischer Schönheit an, die Assoziationen an die in einem japanischen Haiku verborgenen meditativen Wege zur Erkenntnis anklingen läßt. Als Einstein sich 1912 bemühte, seine Relativitätstheorie zu verallgemeinern, entdeckte er selbst den Nutzen, wenn nicht gar die Notwendigkeit der einst skeptisch beäugten »überflüssigen Gelehrsamkeit«. Nach dieser Erfahrung zögerte er nicht, den »wichtigen Gedanken« Minkowskis zu preisen, »ohne den die ... allgemeine Relativitätstheorie vielleicht in den Windeln stecken geblieben wäre«.[57] Persönlich hatte Einstein diesen Dank an Minkowski nicht abstatten können: Sein vormaliger Professor war im Alter von 44 Jahren, vier Monate nach dem Kölner Vortrag, an einer Blinddarmentzündung verstorben.

Nach der Kölner Naturforscherversammlung wurde die Frage immer drängender, wie lange der Berner »Treppenwitz« noch andauern sollte. Einsteins einstiger Kommilitone Louis Kollros erinnerte sich daran, wie er im April 1908 beim Internationalen Physikerkongreß in Rom mit Lorentz und Minkowski durch die Gärten der Villa d'Este spaziert war: »Beide anerkannten die große Bedeutung der von dem sechsundzwanzigjährigen Gelehrten eingeführten Ideen.«[58] Minkowskis Kölner Vortrag verdeutlichte in aller Öffentlichkeit, daß Einstein eher an eine Universität gehöre als an ein Patentamt. Dem stand allerdings die große Schwierigkeit im Wege, daß für einen Physiker seiner Ausrichtung gerade keine Stelle frei war.

Im ersten Jahrzehnt des 20. Jahrhunderts war die Theoretische Physik noch auf dem Wege zur akademischen Mündigkeit.[59] An den meisten Universitäten war sie durch Extraordinarien vertreten, die dem Ordentlichen Professor für Physik nachgeordnet, administrativ unterstellt und mäßig besoldet waren. Nur wenige Universitäten leisteten sich neben dem Ordinarius, der dann Professor für Experimentalphysik genannt wurde, einen zweiten gleichberechtigten Ordinarius für die Theorie; Berlin und Göttingen gehörten mittlerweile traditionell dazu sowie ab 1906 durch die Berufung von Arnold Sommerfeld auch München. Der junge Privatdozent aus Bern wäre der ideale Kandidat für eines der theoretischen Extraordinariate gewesen, jedoch waren die knapp zwei Dutzend derartiger Stellen in den deutschsprachigen Ländern gerade besetzt. Die einzige Ausnahme war die Universität Zürich, aber auch hier war keine Stelle frei, sondern die Einrichtung eines Extraordinariats sollte erst den Behörden abgerungen werden. Einstein erhielt den Ruf auf diese neue Stelle erst nach verwickelten Auseinandersetzungen.

Der Zürcher Ordinarius Alfred Kleiner hatte schon seit einigen Jahren versucht, sich durch einen Theoretiker etwas Entlastung von den akademischen Lehraufgaben zu verschaffen, war aber beim Erziehungsrat des Kantons zunächst auf Ablehnung gestoßen. Erst als 1906 in Bern der uns schon bekannte Paul Gruner zum Extraordinarius berufen worden war, hoffte er auf die Einsicht der sparsamen Zürcher Behörden, daß auch ihre Universität nun einen zweiten Professor für Physik anstellen müsse.

Kleiner hatte für dieses Amt auch schon einen Kandidaten, nämlich seinen vormaligen Assistenten Friedrich Adler, der mittlerweile in München beim Aufbau des Deutschen Museums eine interessante Tätigkeit gefunden hatte. Kleiner bewog Adler zur Rückkehr nach Zürich und sorgte dafür, daß Adler sich sogleich im Dezember 1906 habilitieren konnte.[60] Die Professur freilich ließ auf sich warten, obwohl die sozialdemokratischen Mitglieder des Erziehungsrats begierig waren, mit Adler den ersten Genossen an die Universität zu berufen. Erst als Kleiner im Wintersemester 1908/9 für die nächsten zwei Jahre zum Rektor gewählt wurde, konnte ihm die Einrichtung des Extraordinariats nicht mehr lange verwehrt werden. Der Privatdozent Adler hatte sich durch die vertretungsweise Übernahme einer Lehrverpflichtung von dreißig Wochenstunden, zu denen auch das Praktikum gehörte, als Kandidat nicht nur empfohlen, sondern gewissermaßen unentbehrlich gemacht.

Der vielseitig begabte, hypersensible Adler hatte freilich immer geschwankt, ob er nun Physiker, Philosoph oder Politiker werden sollte. Zur Physikprofessur wurde er von seinem Vater gedrängt, während er selbst seine Berufung eher in den beiden anderen Feldern gesehen hatte. In seinen naturphilosophischen Interessen hatten sich manche Berührungspunkte mit Alfred Kleiner ergeben, so daß Adler glaubte, als Extraordinarius sich mehr mit den philosophischen Aspekten der Physik als mit dieser selbst beschäftigen zu können. Wahrscheinlich braute sich in Kleiner der Verdacht zusammen, daß er mit Adler nun doch keinen vollwertigen Physiker und damit auf Dauer nicht die gewünschte Entlastung bekommen würde. Jedenfalls eröffnete der Ordinarius seinem Privatdozenten in einem vertrackten, von Adler in einem langen Gedächtnisprotokoll fixierten Gespräch[61] am 19. Juni 1908, daß Adler wohl nicht in erster Linie in Betracht kommen könne.

Vielleicht hatten einflußreiche Leute Kleiner aber auch nahegelegt, einen anderen Forscher zu berücksichtigen, dessen Arbeiten unlängst viel Aufsehen erregt hatten. Adler nannte ihn in einem noch am gleichen Tag geschriebenen Brief an seinen Vater: »Ich habe noch vergessen zu sagen, wer wahrscheinlich die Professur bekommen wird, ein Mann, der sie im Prinzip vom Standpunkt der Leute sicher mehr bekommen soll als ich, und wenn er sie bekommt, ich mich, abgesehen von allem Peinlichen, sehr freuen würde. Es ist das ein Mann namens Einstein, der zu gleicher Zeit wie ich studiert hat und mit dem ich einige Vorlesungen zusammen gehört habe. ... Für die Leute steht es natürlich so, daß sie sich einerseits Gewissensbisse machen, wie sie ihn früher behandelt, andererseits der Skandal nicht nur hier, sondern in Deutschland empfunden wird, daß so ein Mann am Patentamt sitzen soll. ... Also objectiv ist die Sache, wenn sie, wie ich annehme, so geht, eine sehr schöne, daß dieser Mann sich durchgesetzt hat, trotz aller Schwierigkeiten, und stärkt den Glauben, daß man kann, wenn man will...«[62]

Wenige Tage später hatte Einstein in seinem Kolleg über die »Molekulare Theorie der Wärme« einen vierten Hörer, seinen vormaligen Doktorvater. Professor Kleiner war erschienen, »um das Tier zu visitieren«, wie Einstein an Laub schrieb: »Damals habe ich wirklich nicht himmlisch gelesen – teils, weil ich nicht sehr gut vorbereitet war, teils, weil mir der Zustand des Ergründet-Werden-Sollens etwas auf die Nerven ging.«[63] Als Kleiner zu Einsteins Vorlesungskünsten kritische Anmerkungen riskierte, stimmte der Kandidat zu und bemerkte zusätzlich, »dass sie mich ja auch nicht zu berufen brauchten«.[64] Diese

Absicht hatte der verschnupfte Ordinarius nun wirklich nicht mehr, und Friedrich Adler berichtete sogleich seinem Vater von Kleiners Einschätzung, Einstein »sei noch lange kein Dozent, der halte Monologe. Die Conjunctur hat sich also geändert, der Fall Einstein ist erledigt...«[65] Als Einstein davon hörte, reagierte er gegenüber Jakob Laub mit stoischer Gelassenheit: »Die Geschichte mit der Professur ist ins Wasser gefallen, was mir aber ganz gleich ist. Es gibt ohne mich auch schon Schulmeister genug.«[66]

Mit der Gelassenheit war es aber zu Ende, als Einstein via Laub erfuhr, daß Kleiners Eindruck von der Berner »Visitation« auf dem Wege akademischen Tratschs schon bis Würzburg gedrungen sei: »Nun machte ich Kleiner brieflich ernsthafte Vorwürfe darüber, daß er ungünstige Gerüchte über mich ausstreue und dadurch meine ohnehin so mühevolle Position zu einer definitiven mache. Denn ein derartiges Gerücht macht jede Hoffnung, ins Lehrfach überzugehen, zunichte.«[67] Inzwischen hatte sich in Kleiner, wie wir wieder von Friedrich Adler wissen, die Überzeugung befestigt, »daß er in erster Linie Einstein vorschlagen müsse, da er nur einen Vorschlag machen könne, mit dem er durchdringe, und man überall verwundert sei, daß Einstein noch keine Stelle habe«.[68] Kleiner ließ deshalb Einstein wissen, daß er ihn gern nach Zürich holen würde, wenn er sich zuvor davon überzeugen könne, daß er einiges Lehrtalent habe.

Nun wurde auf Einsteins Anregung ein Vortrag in der Physikalischen Gesellschaft Zürich arrangiert; Mitte Februar 1909 reiste er mit gemischten Gefühlen zu diesem »Examen«. Daß er bei Mutter und Sohn Ehrat wohnen konnte, war ihm Anlaß zu aufrechten Dankesbezeugungen: »Man wird sich da der hochnotpeinlichen Situation viel weniger bewußt, als wenn man unter Fremden herumirren muß.«[69] Die Besichtigung des Kandidaten fiel dieses Mal zu aller Zufriedenheit aus. Für Laub resümierte Einstein: »Dabei hatte ich Glück. Ganz gegen meine sonstige Gewohnheit trug ich damals gut vor.«[70] Gleich nach seiner Rückkehr nach Bern schrieb Einstein an seinen Gastgeber Ehrat: »Es ist nun wirklich Aussicht vorhanden, daß wir noch oft in Zürich gemütlich zusammenhocken können, denn der gestrenge Kleiner, bei dem ich am Freitag war, hat sich sehr gnädig über den Erfolg des ›Examens‹ ausgedrückt und angedeutet, dass vermutlich bald Weiteres folgen werde...«[71] Unverzüglich bat Kleiner um einen Lebenslauf und fragte an, ob Einstein wohl zum nächsten Semester antreten könne, was dieser glaubte, »bejahen zu können, ohne dass ich mich offiziell darüber informiert habe. Denn ich weiß von einem früheren Kollegen, daß er einen Monat nach seiner Kündigung das Amt verlassen hat.«[72] Zum Sommersemester 1909 wurde es allerdings nichts mehr mit der Berufung, da die Überwindung einiger Widerstände in der Zürcher Bürokratie Zeit kostete.

Der »gestrenge Kleiner« machte sich sogleich daran, das Gutachten für Einstein aufzusetzen. Dabei stellte er natürlich heraus, daß sein Kandidat gegenwärtig »zu den bedeutendsten theoretischen Physikern« gehöre und »seit seiner Arbeit über das Relativitätsprinzip wohl ziemlich allgemein als solcher anerkannt« sei. Origineller war schon, was Kleiner als Charakteristikum der Einsteinschen Veröffentlichungen anzuführen wußte, nämlich »eine ungewöhnliche Schärfe in der Fassung und Verfolgung von Ideen und eine auf das Elementare dringende Tiefe. Bemerkenswert ist auch die Klarheit und Präzision seines Stils; er hat sich in vielen Beziehungen eine eigene Sprache geschaffen, was bei einem dreißigjährigen Mann ein deutliches Zeichen von Selbständigkeit und Reife ist.«[73] Nur über Einsteins Fähigkeit als Dozent wollte Kleiner noch kein endgültiges Urteil wagen, machte sogar zur Rechtfertigung seiner früheren Bedenken eher mäkelige Anmerkungen, äußerte aber doch die Überzeugung, »daß Dr. Einstein auch als Dozent seinen Mann stellen wird, weil er zu gescheit und zu gewissenhaft ist, um allfälliger Belehrung nicht zugänglich zu sein«.

Dieses Gutachten ging in die Beratungen der für die Besetzung des neuen Extraordinariats eingerichteten Fakultätskommission ein, die insgesamt neun Kandidaten Revue passieren ließ. Während Friedrich Adler überhaupt nicht in Betracht gezogen wurde, neigte die Kommission zur Berufung des Göttinger Privatdozenten Walter Ritz, »da er Schweizer ist und in seinen Schriften nach dem Urteil unseres Kollegen Kleiner ›eine außergewöhnliche, an Genialität grenzende Begabung‹ bekundet«.[74] Von Ritz mußte die Kommission jedoch absehen, da er unheilbar an Tuberkulose erkrankt war.[75] Somit lief alles auf Albert Einstein zu.

Am 4. März 1909 erbrachte die geheime Wahl unter den Ordinarien der naturwissenschaftlichen Sektion II der Philosophischen Fakultät zehn Ja-Stimmen zugunsten Einsteins bei einer Enthaltung. Dieser Wahlvorschlag wurde unverzüglich an die Erziehungsdirektion des Kantons Zürich zur Bestätigung übermittelt, einschließlich einiger offenbar für nützlich erachteter Bemerkungen zu Einsteins jüdischer Herkunft. Dabei verfielen die Herren Professoren in genau jene für die damaligen akademischen Kreise typische Variante des diskreten Antisemitismus[76], der bei Einsteins Berufung den Wind aus den Segeln zu nehmen sie offenbar für notwendig hielten. Kleiner hatte in seinem Gutachten betont, »über den persönlichen Charakter des Dr. Einstein liegen von allen, die ihn kennen, nur die besten Berichte vor«.[77] Er selber verkehre seit sechs Jahren mit Einstein und sei »ohne Zagen bereit, ihn in allernächster Nähe zum Collegen zu haben«. Unmittelbar im Anschluß an dieses Charakterzeugnis schrieb der Dekan Professor Stoll, übrigens ein Anthropologe:

> Diese, auf mehrjährigen Verkehr gegründeten Äusserungen unseres Kollegen Kleiner waren sowohl für die Kommission, als für die Gesamtfakultät von umso grösserem Wert, als Herr Dr. Einstein Israelit ist und als gerade den Israeliten unter den Gelehrten allerlei unangenehme Charaktereigentümlichkeiten, wie Zudringlichkeit, Unverschämtheit, Krämerhaftigkeit in der Auffassung ihrer akademischen Stellung und dergl. nachgeredet werden, und zwar in zahlreichen Fällen nicht ganz mit Unrecht. Indessen darf doch gesagt werden, daß es auch unter den Israeliten Männer gibt, bei denen nicht die Spur dieser unangenehmen Eigenschaften vorhanden ist und dass es daher nicht angeht, einen Mann bloß deswegen zu disqualifizieren, weil er zufällig Jude ist. Gibt es doch auch unter den nichtjüdischen Gelehrten gelegentlich Leute, die in bezug auf merkantile Auffassung ihres akademischen Berufs Auffassungen entwickeln, die man sonst als spezifisch »jüdisch« zu betrachten gewohnt ist.
>
> Weder die Kommission, noch die Gesamtfakultät hielt es daher mit ihrer Würde vereinbar, den »Antisemitismus« als Prinzip auf ihre Fahne zu schreiben, und die Auskünfte, die Herr Kollege Kleiner über Herrn Dr. Einstein zu erteilen in der Lage war, haben uns vollkommen beruhigt.[78]

So viel zur Würde nicht nur der Zürcher Fakultät.

Trotz der überaus sorgfältig formulierten Vorlage regte sich in der Erziehungsdirektion massiver Widerstand gegen Einsteins Berufung, freilich nicht aus antisemitischen, sondern aus parteipolitischen Gründen. Die Sozialdemokraten, die innerhalb der Kantonsregierung die Erziehungsdirektion leiteten, waren bitter enttäuscht, daß von der Fakultät jemand anders als ihr Genosse Friedrich Adler vorgeschlagen worden war. Adler sah sich der fatalen Situation konfrontiert, daß ihn wohl die Parteifreunde in der Erziehungsdirektion favorisierten, nicht jedoch der Ordinarius und die Fakultät. Seine zwischen Mechanik, Mach und Marx oszillierenden Interessen schienen sich ohnehin mehr auf Marx auszurichten, so daß er sich entschloß, dieser nun schon länger als ein Jahr sich hinziehenden Affäre ein Ende zu machen, und dies mit einer für ihn vorteilhaften großen Geste: Fortan erzählte er jedem, daß dieser Albert Einstein aus Bern der bessere Physiker sei und deshalb die Professur erhalten solle. Von einem Gespräch mit dem Regierungsrat Heinrich Ernst, Parteifreund und Präsident der Erziehungsdirektion, bei dem es auch um Einstein ging, berichtete Adler seinem

Vater: »Er erkundigte sich bei mir nach ihm, und ich gab ihm eine solche Schilderung, daß er schließlich sagte: ›Ja, aber Sie wissen über den Mann nur lauter Rühmenswertes zu erzählen, und er ist doch eigentlich ihr Nebenbuhler.‹ Er erklärte, daß ihm das noch nicht vorgekommen, ich sagte ihm aber, daß man über jemand doch auch objektiv urteilen könne, wenn er einem vielleicht auch einmal persönlich in die Quere komme.«[79] Durch den Regierungsrat Ernst hat Einstein später von diesem Gespräch erfahren[80], nicht jedoch von der verwickelten Vorgeschichte, so daß Einstein sogar glaubte – und von Adler darin zumindest nicht korrigiert wurde –, Adler sei zu seinen Gunsten von der Professur zurückgetreten.[81] Die war ihm aber niemals angeboten worden, und sein Verzicht, wenn er denn einer war, bestand nur darin, daß er seinen Parteifreunden eine Intervention zu seinen Gunsten ausgeredet hatte, und dies nicht einmal aus selbstlosen Interessen. Denn durch dieses Manöver war für Adler ohne Gesichtsverlust und gegen den Willen seines Vaters der Weg in die Politik frei – und für Einstein der Weg zur Professur. Ende April konnte er Conrad Habicht vermelden: »Die Stelle an der Zürcher Universität ist mir nun ziemlich sicher.«[82]

Probleme gab es noch wegen des Gehalts. Die Zürcher wollten, damaligem Brauche folgend, dem Extraordinarius deutlich weniger als etwa einem Gymnasiallehrer zubilligen. Damit hätte Einstein nur etwa die Hälfte seines Einkommens am Patentamt erhalten sollen. Aber in dieser Frage blieb er stur und hatte damit Erfolg: »Meine Besoldung ist ungefähr wie auf dem Amt. Man wollte ursprünglich beträchtlich weniger geben, aber ich habe für diesen Fall abgewunken.«[83] Allerdings wurde er zu sechs bis acht Stunden wöchentlicher Lehre verpflichtet[84], während die Extraordinarien gemäß dem Zürcher Unterrichtsgesetz nur vier bis sechs Vorlesungsstunden zu geben hatten.

Am 7. Mai 1909, als das für seinen Dienstantritt geplante Sommersemester längst in vollem Gange war, wurde er endlich vom Regierungsrat des Kantons Zürich für die bei Extraordinarien üblichen sechs Jahre gewählt, mit 4500 Franken Gehalt und zusätzlich den nach dem Reglement allfälligen Hörer- und Prüfungsgebühren. Der Dienstantritt wurde für den Beginn des Wintersemesters am 15. Oktober 1909 festgesetzt. »Nun bin ich also auch ein offizieller von der Gilde der Huren«[85], war sein herbes Fazit einer langen und leidigen Berufungsaffäre. Die Kenntnis aller Umstände wäre Grund genug für einen weitaus deftigeren Kommentar gewesen.

Bevor Einstein seine Professur antrat, wurde er bereits Ehrendoktor. Auch dies ging nicht ohne Zwischenfälle vonstatten. Allerdings waren sie von jener ihm gemäßen unschuldig-komischen Art, daß man förmlich sein Behagen spürt, mit dem er vier Jahrzehnte später seine Erinnerung daran aufschrieb. »Eines Tages erhielt ich im Berner Patentamt ein großes Couvert, aus dem ein nobles Papier herauskam, auf dem in pittoreskem Druck (ich glaube sogar auf Lateinisch) etwas stand, das mich unpersönlich und wenig interessant anmutete und sofort in den amtlichen Papierkorb flog.«[86] Erst später erfuhr er, daß dies eine Einladung zur Feier des 350. Jahrestags der Gründung der Genfer Universität durch Calvin war und daß ihm bei diesem festlichen Jubiläum am 8. Juli der Ehrendoktor verliehen werden sollte. Als die erbetene Zusage aus Bern ausblieb, schalteten die Genfer ihren Landsmann Lucien Chavan ein, der Einstein zur Reise nach Genf überredete, ohne daß dieser genau wußte, was ihn erwarten würde. »So fuhr ich am angesagten Tag ab und traf abends einige Zürcher Professoren im Restaurant des Gasthofs, wo wir wohnten. ... Jeder von ihnen erzählte nun, in welcher Eigenschaft er da war. Als ich schwieg, erging die Frage an mich, und ich musste gestehen, dass ich keine blasse Ahnung hatte. Die anderen wußten aber Bescheid und weihten mich ein. Am nächsten Tag sollte ich im Festzug marschieren und hatte nur Strohhut und Straßenanzug dabei. Mein Vorschlag, mich davor zu drücken, wurde mit Entschiedenheit abgelehnt, und diese Feier verlief entsprechend drollig, was meine Mitwirkung anlangte.«

Da es in Genf kräftig regnete, wirkte der Festzug durch die engen Straßen der Altstadt zur Kathedrale St. Pierre auf einen Reporter »etwas zu still und trauerzugmäßig«[87], aber von einem Mann mit Strohhut, der den Anblick der aus aller Welt herbeigereisten Magnifizenzen und Spectabilitäten in ihren Talaren, Uniformen und Amtsketten etwas aufgelockert hätte, wird nichts berichtet. Beim anschließenden Festakt in der »Victoria Hall«, dem mit dem Prunk der Jahrhundertwende ausgestatteten Genfer Konzertsaal hinter der Place Neuve, kam es zu einer Art akademischer Massentaufe, bei der nicht weniger als 110 Ehrendoktorate ausgeteilt wurden. Unter den Geehrten waren Zierden der Wissenschaft wie Marie Curie oder Wilhelm Ostwald, aber auch ein Ernst Zahn, Mundartdichter und Bahnhofswirt von Göschenen, gehörte dazu, und eben Albert Einstein. Seinen ersten Dr. h. c. hatte er wohl dem Genfer Ordinarius für Physik Charles Eugene Guye zu verdanken, der sich mit Untersuchungen über die Geschwindigkeitsabhängigkeit von β-Strahlen beschäftigte und dabei auf die Relativitätstheorie aufmerksam geworden war. Bei dieser Veranstaltung wird Einstein kaum Gelegenheit gehabt haben, sich den anwesenden Zelebritäten bekannt zu machen oder etwa den Professor Ostwald zu fragen, warum er auf seine Bewerbung um eine Assistentenstelle vom 19. März 1901 keine Antwort erhalten hatte.

Der Ausklang des Tages nun wieder in Einsteins eigener Erinnerung:

> Das Fest endete mit dem opulentesten Festessen, dem ich in meinem ganzen Leben beigewohnt habe. Da sagte ich zu einem Genfer Patrizier, der neben mir saß: »Wissen Sie, was Calvin gemacht hätte, wenn er noch da wäre?« Als er verneinte und mich um die Meinung fragte, sagte ich: »Er würde einen großen Scheiterhaufen errichtet und uns alle wegen sündhafter Schlemmerei verbrannt haben.« Der Mann sprach kein Wort mehr, und damit endet meine Erinnerung an die denkwürdige Feier.

Unmittelbar vor der kurzen Reise nach Genf hatte Einstein am 6. Juli 1909 seine Kündigung zum 15. Oktober beim Patentamt eingereicht. Amtschef Haller ließ dem Experten II. Klasse bescheinigen, er habe »sehr geschätzte Dienste geleistet. Sein Weggang bedeutet einen Verlust für das Amt. Indes fühlt Herr Einstein, daß Lehrtätigkeit und wissenschaftliche Forschung sein eigentlicher Beruf sei, weshalb der Direktor des Amtes davon absehen mußte, Versuche zu machen, ihn durch finanzielle Besserstellung an das Amt zu binden.«[88] Wenn er sich auch schon einige Jahre danach gesehnt hat, dem Patentamt den Rücken zu kehren, so war er doch bis zum Ende ein geschätzter Experte und braver »Patentierknecht« geblieben.

Was nun seinen »eigentlichen Beruf« anging, wird es ihn gefreut haben, daß Mitte März sogar ein Japaner namens Ayao Kuwaki nach Bern gekommen war, zwar nicht direkt aus Tokio, sondern aus Berlin, wo er bei den dortigen berühmten Physikern seit 1907 studiert hatte. Er wollte nicht nach Japan zurückkehren, ohne Einstein gesehen zu haben. Das Treffen muß harmonisch verlaufen sein, denn als Kuwaki nach Paris weiterreiste, empfahl ihn Einstein der Obhut Solovines, »in der Meinung, dass Sie gewiss Vergnügen an Ihm haben werden«.[89] Kuwaki, der später Professor an der Universität von Fukuoka wurde, war der erste Kontakt Einsteins zum Land der aufgehenden Sonne im Fernen Osten, dessen Physiker bald wichtige Arbeiten zur Relativitätstheorie beisteuerten.

Die Professur, den Ehrendoktor und überhaupt sein wachsendes Ansehen verdankte Einstein zweifellos der Relativitätstheorie. Die aber überließ er nun leichten Herzens anderen und wandte sich mit der ganzen Intensität seiner Schaffenskraft der Strahlungstheorie zu – neben dem keineswegs nur als Divertissement anzusehenden »Maschinchen«. »Ich beschäftige mich unablässig mit der Konstitution der Strahlung«[90], schrieb er an Laub, der mittlerweile zu Philipp Lenard nach Heidelberg gegangen war. »Diese Quantenfrage ist so ungemein wichtig und schwer, daß sich alle bemühen sollten.«

Mit dieser Auffassung war Einstein nicht allein. Lorentz hatte mit seinem Vortrag auf dem Internationalen Physikerkongreß in Rom im April 1908 anklingen lassen, daß die Plancksche Strahlungsformel sich nicht in die Maxwellsche Feldtheorie integrieren lassen würde, ihr Gehalt also »revolutionärer« war, als ihr Entdecker hatte wahrhaben wollen. Wenn sich Planck auch noch viele Jahre sträubte, in seiner Formel den Anfang vom Abschied von der klassischen Physik zu sehen, und darin insbesondere Einstein nicht folgen mochte, so begann diese Überzeugung im Jahre 1908 abzubröckeln. Veröffentlicht wurde davon wenig oder nichts, aber es fand in Plancks ausführlicher Korrespondenz mit Lorentz und Wien seinen Niederschlag.

Einstein hatte sich von der Peripherie im Patentamt in diese Debatte mit einem Übersichtsartikel *Zum gegenwärtigen Stand des Strahlungsproblems* eingemischt. Als er die Sonderdrucke erhalten hatte, schickte er an Hendrik A. Lorentz in Leiden ein Exemplar der Arbeit, »die das geringfügige Ergebnis von jahrelangem Nachdenken ist. Zu einem wirklichen Erfassen der Sache habe ich nicht vordringen können.«[91] Anders als Planck, dem Einstein bei aller Wertschätzung ankreidete, »sich in fremde Gedankengänge nur schwer hineinzufinden«, und der ihm auf seine »letzte Strahlungsarbeit ganz verkehrte Einwände macht«[92], muß Lorentz überaus sympathisch geantwortet haben. Dies war nicht nur der Anfang einer für Einstein »überaus interessanten Korrespondenz«[93], sondern er hatte in Lorentz, wenn vorerst auch nur brieflich, seine wissenschaftliche Vaterfigur gefunden.[94]

Den ganzen Sommer über arbeitete Einstein an der Strahlungstheorie. »Sie können sich kaum vorstellen«, klagte er Johannes Stark[95], »wieviel Mühe ich mir gegeben habe, eine befriedigende mathematische Durchführung der Quantentheorie zu ersinnen. Bisher hatte ich aber keinen Erfolg dabei.« Gern hätte er auch deshalb etwas Definitives herausgebracht, weil er im September seinen ersten großen Vortrag zu halten hatte. Aber auch ohne einen Durchbruch in der Quantenfrage wurde sein Auftritt bei der Naturforscherversammlung in Salzburg ein denkwürdiges Ereignis, sowohl für Einsteins Reputation als der bedeutendste Physiker der jüngeren Generation als auch für die Geschichte der Physik.

Nur wenige jüngere Kollegen hatten Einstein in Bern besucht; nun hatten alle Physiker, die führenden Köpfe eingeschlossen, in Salzburg Gelegenheit, »das Tier zu visitieren«, während Einstein selbst die Vertreter seiner Zunft erstmals in Augenschein nehmen konnte, seine Briefpartner wie die allseits respektierten Professoren Planck und Sommerfeld ebenso wie viele jüngere Forscher.[96] Schon den populär gehaltenen Eröffnungsvortrag der – wie die Veranstalter stolz bilanzierten – »stark besuchten physikalischen Abteilung« wird Einstein mit Vergnügen gehört haben, konnte doch Henry Siedentopf von den Carl-Zeiss-Werken in Jena mit seinen neu entwickelten ultramikroskopischen Methoden die Brownsche Bewegung auf eindrucksvolle Weise sichtbar machen und für die Zuhörer an die Wand des Vortragssaals projizieren. Im Vordergrund des Interesses standen jedoch »einerseits Fragen der Radioaktivität, andererseits vor allem das Relativitätsprinzip«.[97]

Nun hätte sich Einstein sehr wohl als der Begründer des Relativitätsprinzips feiern lassen und gemäß akademischem Brauch mit einem souveränen Übersichtsvortrag bedanken können, und wahrscheinlich ist er auch mit dieser Absicht von Planck zur Naturforscherversammlung eingeladen worden.[98] Dies aber war seine Sache nicht – nicht in Salzburg und auch nicht später bei ähnlichen Gelegenheiten.

Während er in der Einschätzung Max Borns, der selbst »Über die Dynamik des Elektrons in der Kinematik des Relativitätsprinzips« vortrug, dieses Feld nun »kleineren Propheten überließ«[99], wählte er als Thema das, worum sich nach seiner Überzeugung nun »alle bemühen sollten«, nämlich »das Wesen und die Konstitution der Strahlung«.[100] Der vereinten Gelehrsamkeit, die sich am Nachmittag des 21. September zu seinem Vortrag eingefunden hatte, legte er dar, »daß wir... am Anfange einer noch nicht übersehbaren, jedoch zweifellos höchst bedeutsamen Entwicklung stehen. Was ich im folgenden vorbringen werde, ist großenteils bloße persönliche Meinung bzw. Ergebnis von Überlegungen, welche eine genügende Nachprüfung durch andere noch nicht erfahren haben. Wenn ich dieselben trotzdem hier vorbringe, so ist dies nicht auf übermäßiges Vertrauen in die eigenen Ansichten zurückzuführen, sondern auf die Hoffnung, den einen oder anderen von Ihnen dazu veranlassen zu können, sich mit den in Betracht kommenden Fragen abzugeben.«[101] Aus diesen Worten spricht vieles: Seine charakteristische Bescheidenheit gepaart mit dem dezenten Hinweis auf seine wissenschaftliche Randexistenz außerhalb der Universitäten und die weitgehende Nichtbeachtung all seiner Arbeiten zur Strahlungs- oder

Quantentheorie, zugleich aber auch der Anspruch, den Kollegen den Weg weisen zu können.

Gleich zu Beginn war er mit seiner immer noch auf hartnäckigen Widerstand stoßenden Überzeugung ins Haus gefallen, daß das Licht nicht länger nur als eine Wellenerscheinung aufgefaßt und beschrieben werden könne, sondern daß dem Licht gleichzeitig auch so etwas wie eine körnige Struktur zugeschrieben werden muß: »Es ist sogar unleugbar, daß es eine ausgedehnte Gruppe von die Strahlung betreffenden Tatsachen gibt, welche zeigen, daß dem Lichte gewisse fundamentale Eigenschaften zukommen, die sich weit eher vom Standpunkte der Newtonschen Emissionstheorie des Lichtes als vom Standpunkte der Undulationstheorie begreifen lassen.« Für die Zukunft wagte er die Prognose, »daß die nächste Phase der Entwicklung der theoretischen Physik uns eine Theorie des Lichtes bringen wird, welche sich als eine Art Verschmelzung von Undulations- und Emissionstheorie des Lichtes auffassen läßt.« Darin kann man die erste Ankündigung jener Verbindung von Wellen- und Partikelinterpretation sehen, die später in der ausgereiften Quantenmechanik »Komplementarität« heißen wird. Zweck und Ziel seines Vortrags sah er in der Begründung, »daß eine tiefgehende Änderung unserer Anschauungen vom Wesen und von der Konstitution des Lichtes unerläßlich ist«.[102]

Natürlich kam Einstein auch auf die Relativitätstheorie zu sprechen, aber nur in propädeutischer Absicht und nur so weit, daß die Abkehr von einer reinen Wellentheorie des Lichts zwingend schien. Schon die Abschaffung des Äthers in der Relativitätstheorie hat die »Anschauungen über die Natur des Lichts insofern geändert, als sie das Licht nicht als Folge von Zuständen eines hypothetischen Mediums auffaßt, sondern als etwas wie die Materie selbständig Bestehendes«.[103] Ein zweites Argument bezog Einstein aus der Äquivalenz von Energie und Masse, deren Beziehung er für seine Hörer noch einmal kurz herleitete, um daran die Schlußfolgerung zu knüpfen, daß dieses »wie die Materie selbständig Bestehende« mit einer »Korpuskulartheorie des Lichts das Merkmal gemeinsam hat, träge Masse vom emittierenden zum absorbierenden Körper zu übertragen«.[104] Nach diesen Präliminarien wandte er sich der eigentlichen Strahlungstheorie zu und demonstrierte seinen Hörern, daß nicht nur der Absorption, sondern auch der Emission von Strahlung eine Richtung zuzuschreiben ist, ganz im Gegensatz zur Auffassung der Maxwellschen Theorie, nach der die Strahlung als Kugelwelle ausgesendet wird. Da Einstein zudem zeigte, daß man mit dem Begriff der Energiequanten nicht nur die Plancksche Strahlungsformel herleiten kann, sondern daß aus der

Gültigkeit dieser Formel notwendig eine Quantenstruktur der Strahlung folgt, konnten mithin die Maxwellschen Gleichungen nicht mehr in aller Strenge als richtig angesehen werden.

In dieser Auffassung wollte freilich kaum jemand Einstein folgen. In der anschließenden Diskussion unterstützte ihn nur Johannes Stark, während Max Planck als Vertreter der Mehrheitsmeinung bei aller Hochachtung für Einsteins Leistung sich dagegen sträubte, »die Lichtwellen selber als atomistisch konstituiert anzunehmen, mithin die Maxwellschen Gleichungen aufzugeben. Das scheint mir ein Schritt, der in meiner Auffassung noch nicht als notwendig geboten ist.«[105]

Wenn Einstein auch mit seinem kühnen Aufriß einer künftigen Strahlungstheorie weder bei den Autoritäten noch bei den jüngeren Kollegen durchdringen konnte, war sein erster Auftritt vor einem größeren Kreis von Fachkollegen doch ein voller Erfolg. Max Born resümierte, daß in Salzburg »von der versammelten Gelehrsamkeit Einsteins Leistung abgestempelt war«.[106] Aber erst in der Erfahrung späterer Jahrzehnte wurde deutlich, daß Einsteins Salzburger Vortrag, wie Wolfgang Pauli es ausdrückte, »als einer der Wendepunkte in der Entwicklung der theoretischen Physik angesprochen werden«[107] kann.

Eine beglückende Erfahrung war für Einstein, wie er Jakob Laub berichtete, die persönliche Bekanntschaft mit mehreren Kollegen, »darunter Planck, Wien, Rubens und Sommerfeld. In letzteren bin ich ganz verliebt. Er ist ein prachtvoller Kerl.«[108] Es gab freilich auch eine Enttäuschung. Ausgerechnet Johannes Stark, der als einziger seine Auffassung über die Lichtquanten teilte und dem er vor der Konferenz geschrieben hatte: »Ich freue mich sehr, Sie in Salzburg kennenzulernen. Ich bin neugierig zu erfahren, was für Gründe sie bewogen haben, den Quanten räumliche Existenz im Aether zuzuschreiben.«[109] – ausgerechnet dieser wissenschaftliche Bundesgenosse entsprach in seinem wohl schon damals erkennbaren verqueren Ehrgeiz so gar nicht dem Bild, das sich Einstein von einem »wissenschaftlich Strebenden« gemacht hatte. In anderem Zusammenhange hatte er notiert: »Es beelendet mich immer, wenn eine feine Intelligenz nicht mit einem guten Charakter gepaart ist.«[110] Einstein fühlte sich »beelendet«, und die Korrespondenz der beiden brach ab.

Um so wärmer fiel der Brief an Arnold Sommerfeld aus, den einige Studenten aus dem nahe gelegenen München zur Salzburger Versammlung begleitet hatten und dem Einstein gleich nach seiner Rückkehr in Bern schrieb: »Es drängt mich dazu, Ihnen noch besonders zu danken für ihre grosse Freundlichkeit. ... Ich begreife es jetzt, dass Ihre Schüler Sie so gern haben! Ein so schönes Verhältnis zwischen Professor und Studenten steht wohl einzig da. Ich will sie mir ganz zum Vorbild nehmen.«[111] Dazu hatte Einstein schon bald Gelegenheit, als er zwei Wochen später seine Professur an der Zürcher Universität antrat.

2. »man lernt viel dabei«. Professor in Zürich

Mitte Oktober, pünktlich zu Semesteranfang, traf Albert Einstein mit Mileva und dem Sohn Hans Albert in Zürich ein. In der Eile des Umzugs hatte er die Ab- und Ummeldeformalitäten vergessen, weshalb er Lucien Chavan sein »Dienstbüchlein« und die Niederlassungsbewilligung schickte, damit dieser ihn nachträglich in Bern bei der Polizei und dem Kreiskommando der schweizerischen Armee abmelden konnte. »Es ist hier schon losgegangen«[1], schrieb er an den Berner Freund. »Meine neue Situation gefällt mir sehr gut. Aber es ist anstrengend.«

Die Einsteins bezogen die mittlere Etage in einem dreistöckigen Haus in der Moussonstraße 12 am Zürichberg. Es lag in unmittelbarer Nähe zum Physikalischen Institut des Polytechnikums und auch günstig zum Institut der Universität in der Rämistraße 69, zu dem Einstein nur einige hundert Meter die Gloriastraße herunterzuspazieren brauchte. Bei ihrem Einzug erlebten sie die Überraschung, daß sich im gleichen Hause auch die Adlers eingemietet hatten. »Mit Einstein, der über uns wohnt, stehen wir sehr gut, und wie das so geht, von allen Akademikern gerade mit ihm am intimsten. Sie haben eine ähnliche Bohemien-Wirtschaft wie wir...«[2], berichtete Friedrich Adler seinem Vater über die nicht geplante, aber erfreuliche Nachbarschaft. Der Einstein-Sohn Hans Albert und die Adler-Tochter Assinka freundeten sich miteinander an und spielten im Garten und auf der Straße inmitten einer Schar von acht bis zehn gleichaltrigen Kindern. Wurde den Vätern der Lärm zuviel, konnten sie sich in eine Mansarde unterm Dach zurückziehen und dort ungestört miteinander diskutieren: »Je mehr ich mit Einstein spreche«, schrieb Friedrich Adler im gleichen Brief, »um so mehr sehe ich, daß meine günstige Meinung von ihm berechtigt war. Er ist unter den heutigen Physikern nicht nur einer der klarsten, sondern auch einer der unabhängigsten Köpfe, und wir sind in Fragen einer Meinung, deren Stellung die Überzahl der anderen Physiker überhaupt nicht begreift.«

Da Adler nach seiner Beurlaubung während des Sommersemesters wieder in Vertretung des als Rektor amtierenden Ordinarius einige hörgeldträchtige Anfängervorlesungen nebst den dazugehörigen Praktika abhielt, waren die beiden Nachbarn zugleich Kollegen. Einstein hielt eine vierstündige Vorlesung zur »Einführung in die Mechanik« mit 17 und ein zweistündiges Kolleg über »Thermodynamik« mit 19 Hörern sowie ein einstündiges »Physikalisches Seminar« über aktuelle Probleme der Forschung mit zwölf eingeschriebenen Teilnehmern.

»Der neue Beruf gefällt mir sehr«, berichtete er Jakob Laub. »Ich bin ganz intim mit meinen Studenten, und hoffe manchem anregend sein zu können.«[3] Aber der junge Herr Professor machte auch die Erfahrung, »dass ich *sehr* in Anspruch genommen bin. Ich nehme es sehr ernst mit dem Lesen, so dass ich viel Zeit auf die Vorbereitung verwenden muß. 6 Stunden wöchentlich und ein Abend Seminar scheint wenig, ist aber viel.«[4] Auf einer Postkarte an den in Bern zurückgebliebenen Freund Besso zog er die Bilanz, daß »meine wirkliche freie Zeit weniger ist als in Bern. Aber man lernt viel dabei.«[5] Auch gegenüber Sommerfeld bedauerte er, daß »mich mein neues Amt mehr in Anspruch nimmt als ich dachte«.[6] Die von Einstein angeführten Gründe – »mein schlechtes Gedächtnis ist daran schuld, sowie der Umstand, dass ich mich bis jetzt nur so als Dilettant mit meinem Fach beschäftigte« – wird der Adressat wohl als kokette Übertreibungen empfunden haben, selbst wenn letztere Selbsteinschätzung nur bedeuten sollte, daß er zuvor die Physik wie das Geigenspiel als Liebhaber neben einem Brotberuf betrieben hatte. Seine offizielle Antrittsvorlesung – seine erste, aber nicht seine letzte – hielt Einstein am 11. Dezember zum Thema »über die Rolle der Atomtheorie in der neueren Physik«.

Auf dem Katheder war Einstein allerdings wirklich Anfänger, da man die zwei Kollegs, die er in Bern als Privatdozent im Freundeskreise gehalten hatte, kaum als Einübung in die Anforderung einer großen Vorlesung ansehen kann. Er selbst hatte das gewußt und wollte auch deshalb kein Buch über Relativitätstheorie schreiben: »Da ich im Lehren noch wenig Erfahrung habe, wäre es geradezu gewissenlos von mir, noch anderweitige Verpflichtungen zu übernehmen, bevor ich mich in diesen neuen Beruf eingearbeitet habe.«[7] Von den zeitraubenden Vorbereitungen, über die Einstein in seinen Briefen geklagt hatte, haben die Hörer jedoch nichts bemerkt, denn »das ganze Manuskript, das er bei sich trug, bestand aus einem Zettel von der Größe einer Visitenkarte, auf dem skizziert stand, was er mit uns durchnehmen wollte«[8], wie sich Hans Tanner erinnerte, der einzige Doktorand Einsteins und regelmäßige Hörer von allen seinen Vorlesungen an der Zürcher Universität.

Tanner empfand die spärlichen schriftlichen Unterlagen als Vorzug, denn Einstein »mußte also alles aus sich selbst entwickeln, so daß wir einen direkten Einblick in seine Arbeitstechnik erhielten. ... So konnten wir mitansehen, auf wie oft eigenartigen Wegen ein wissenschaftliches Resultat zustande kommt.« Diese Teilhabe am schöpferischen Prozeß der Wissenschaft mag manchem Studenten, der an einen pädagogisch durchdachten, methodisch aufgebauten Unterricht gewöhnt war, nicht immer ganz leicht gefallen sein, aber eventuell auftretende Verständnisschwierigkeiten wurden dadurch gemildert, daß der Professor Einstein einen für damalige Zeiten völlig unprofessoralen, sogar kameradschaftlichen Umgang mit den Studenten pflegte, ganz so, wie er es dem großartigen Lehrer Sommerfeld versprochen hatte. So forderte Einstein die Studenten auf, jederzeit in der Vorlesung Fragen zu stellen, wenn ihnen etwas unklar war, und er hatte mit dieser unakademischen Methode Erfolg: »Nach kurzer Zeit«, berichtet Tanner, »hatten wir alle Scheu abgelegt, wir könnten etwas Dummes fragen.«

Unter den Hörern der für Fortgeschrittene gedachten Vorlesung über Thermodynamik war auch Adolf Fisch, der gemeinsam mit Einstein die Kantonsschule in Aarau absolviert hatte, danach am »Poly« studierte und nun Lehrer in Winterthur war. Nach seiner Erinnerung »gab sich Einstein große Mühe, um den Studenten etwas Gehaltvolles und Neues zu bieten. Er erkundigte sich immer wieder, ob er auch verstanden werde. In den Pausen war er oft von Studenten und Studentinnen umringt, die Fragen stellen wollten. Geduldig und freundlich versuchte er sie zu beantworten.«[9] Richtig familiär wurde es nach dem in den Abendstunden angesetzten Seminar. Schon im ersten Semester wurde es Brauch, diese Veranstaltung im Café »Terrasse« am Bellevue, wo die Limmat den Zürichsee verläßt, bis zur Polizeistunde fortzusetzen. Arnold Sommerfeld hätte an diesem jungen Professor seine Freude gehabt.

Auch zu den Kollegen gestalteten sich die Beziehungen recht erfreulich. Erleichtert wird Einstein darüber gewesen sein, daß Alfred Kleiner, der früher sein »Doktorvater« und jetzt als Ordinarius sein Vorgesetzter war, keine Schwierigkeiten machte. »Kleiner kurios aber erträglich«[10], schrieb er an Besso, und in seiner Schilderung an Laub war Kleiner sogar »ein sehr lieber Mensch. Er behandelt mich wie einen Freund und verübelt mir nichts«.[11] Zwei Monate später schrieb er an Laub, der Chef des Instituts sei »zwar kein grossartiger Physiker, aber ein prächtiger Mann, an dem ich meine Freude habe«.[12] Die Besichtigung der in Salzburg versammelten Gelehrsamkeit hatte bei Einstein Eindrücke hinterlassen, die ihm Kleiners fachliches Mittelmaß nun in einem milderen Lichte erscheinen ließ: »Es scheint, dass wissenschaftliches Ansehen und Wert der Persönlichkeit nicht immer gepaart sind. Mir ist ein harmonischer Mensch mehr wert als der raffinierteste Formelreiter oder Anordnungsaustüftler.«[13] Gleichwohl war die Beziehung zu Kleiner eher dienstlich geprägt; Freunde fand Einstein anderswo im Kollegenkreise.

Übers Wiedersehen gefreut haben wird sich gewiß Marcel Grossmann, der »Rettungsanker« aus glücklichen Studententagen und nun schon seit zwei Jahren Professor für Geometrie am Polytechnikum. Mit einem anderen Mathematikprofessor am »Poly« entwickelte sich nun eine Freundschaft, die sich von den distanzierten Beziehungen aus der Studentenzeit erfreulich unterschied: Die Liebe zur Kammermusik führte ihn nun mit Adolf Hurwitz zusammen, dessen Seminare der Student Einstein gemieden hatte und bei dem er vergeblich hatte Assistent werden wollen. Jetzt wurde oft und ausgiebig an den Sonntagen beim Kollegen Hurwitz musiziert. Der aus Böhmen stammende Professor für Maschinenbau Aurel Stodola, eine Autorität für Dampf- und Gasturbinen und ein sehr sensibler künstlerischer Charakter dazu, kam sogar in die Vorlesungen des neuen Extraordinarius. Stodola hatte Einstein schon in dessen Studentenzeit am Poly flüchtig kennengelernt, und aus der erneuerten Bekanntschaft wurde eine weit übers Kollegiale hinausgehende Freundschaft. Als Stodola 1929 emeritiert wurde, widmete ihm Einstein einen tiefschürfenden Artikel in einer zu diesem Anlaß herausgegebenen Festschrift und dazu noch eine Danksagung in einer Zürcher Tageszeitung, in der er sich daran erinnerte, wie »zu seiner Freude und zu seinem begreiflichen Erschrecken Stodolas wunderbare Gestalt im Auditorium«[14] erschien, um in den Vorlesungen des jungen Professors die Entwicklung der theoretischen Physik zu verfolgen, »teils reiner Erkenntnis halber, teils auch, um das Erkannte gestaltend zu verwerten. Wenn das Kolleg fertig war, dann stellte er, der stets das Wesentliche spielend überblickte, tiefe Fragen, die oft in erquickender Form berechtigte Kritik enthielten.«

Am nächsten stand Einstein jedoch ein Mediziner. Es war der fünf Jahre ältere Heinrich Zangger, der sich als Direktor des Gerichtsmedizinischen Instituts der Universität und als einer der Pioniere der »Katastrophenmedizin« internationales Ansehen erworben hatte und dessen Wort in den politischen und akademischen Kreisen der Schweiz nicht leicht übergangen werden konnte. Zangger hatte Einstein schon im Jahre 1905 kennengelernt, als der Mediziner sich mit einigen für ihn ungewohnten mathematischen Problemen herumzuschlagen hatte. Aurel Stodola hatte ihm damals empfohlen, Einstein um Rat zu fragen, der tatsächlich rasch helfen konnte. Als Dekan der medizinischen Fakultät hatte Zangger sich dafür eingesetzt, daß Einstein nach Zürich berufen wurde, und seinen vormaligen mathematischen Helfer schloß er schon bald nach dessen Ankunft ins Herz. Einstein erwiderte die Zuneigung: »Sein Interessenkreis war sozusagen unbeschränkt«[15], rühmte Einstein später seinen Freund, mit dem er auch Physikalisches diskutieren konnte und der mindestens eine Veröffentlichung Einsteins angeregt hat.[16] Zudem bescheinigte ihm Einstein »auch Personen und Sachen gegenüber ein gutes Urteil, wo seine Fachkenntnisse eigentlich viel zu dünn waren«. Das kam Einstein vielfältig zugute, denn Zangger war wohl der engagierteste Fürsprecher des jungen Physikers gegenüber den schweizerischen Behörden, sei es in Zürich oder bei der Bundesregierung in Bern, und später, als Albert Einstein sich von Mileva getrennt hatte, war er der geduldige Vermittler zwischen den beiden, als sie ihre Probleme nicht mehr selbst lösen konnten.

Mit Ausnahme einiger Physiker und Mathematiker und vielleicht Heinrich Zanggers ahnte wohl kaum jemand, daß mit dem neuen Extraordinarius einer der ganz Großen seiner Wissenschaft an der Zürcher Universität lehrte. Den meisten seiner Kollegen wird er als das erschienen sein, was er schon als Student in Zürich gewesen war: ein etwas linkischer Sonderling mit einem losen Mundwerk, der schon »in seiner etwas abgetragenen Kleidung mit den zu kurzen Hosen und der eisernen Uhrkette«[17] so gar nicht zum erwarteten Erscheinungsbild eines schweizerischen Professors passen wollte. Und diese Einschätzung Einsteins war nicht nur bei den Professoren vorherrschend, sondern auch bei Studenten und Assistenten.

Das änderte sich schlagartig, als Einstein im März in den Semesterferien Besuch von Walther Nernst bekam, einer unbestrittenen wissenschaftlichen Autorität und zugleich reich und populär dank seiner Erfindung der »Nernst-Lampe«, deren Patent er für eine Million Goldmark an Emil Rathenau von der AEG verkauft hatte. George Hevesy, der damals als Assistent im Institut für physikalische Chemie des Polytechnikums arbeitete, erinnerte sich, daß es dieser Besuch des Geheimrats aus Berlin war, durch den in seinen Kreisen »Einstein berühmt wurde. Einstein kam als unbekannter Mann nach Zürich. Dann kam Nernst, und die Leute in Zürich sagten: ›Dieser Einstein muß schon ein kluger Kerl sein, wenn der große Nernst so weit von Berlin nach Zürich reist, um mit ihm zu reden.‹ «[18]

Nernsts Interesse an Einstein hatte seinen Grund darin, daß er als erster die Einsteinsche Arbeit aus dem Jahre 1906 über die quantentheoretische Interpretation der spezifischen Wärme fester Körper ernst genommen hatte. Nernsts eigenes Theorem über das Verhalten thermodynamischer Größen nahe dem absoluten Nullpunkt, das von seinem Entdecker nur als »mein Theorem«, von den Kollegen aber bald als der Dritte Hauptsatz der Thermodynamik bezeichnet wurde, ließ sich durch die Einsteinschen Überlegungen auf neue Füße stellen. Nernst hatte an seinem Institut für Physikalische Chemie an der Berliner Universität ein überaus umfangreiches Programm zur experimentellen Untersuchung dieser Verhältnisse in Gang gesetzt, an dem sich auch der Professor für Experimentalphysik Heinrich Rubens mit Arbeitsgruppen an der Universität sowie an der Physikalisch-Technischen Reichsanstalt in Charlottenburg beteiligte. Als Nernst im Jahre 1909 meinte, daß die Einsteinsche Quantentheorie des festen Körpers am besten sowohl zu den Meßwerten als auch zu seinem Theorem passen würde, war er davon ganz begeistert. Fortan hatte Einstein in Berlin neben Planck, der insbesondere von der Relativitätstheorie angetan war, einen weiteren Fürsprecher in Nernst, der zwar von der Relativitätstheorie nicht viel verstand, dafür aber, anders als Planck, bereit war, Einstein in seinen Quantenvorstellungen zu folgen, wenn auch nur ganz pragmatisch auf seinem Spezialgebiet und nicht allgemein in der Strahlungstheorie.

Einstein war von dem Besuch sehr angetan; gleich nach Nernsts Abreise informierte er Jakob Laub: »Meine Voraussagungen inbetreff der spezifischen Wärme scheinen sich glänzend zu bestätigen. Nernst, der eben bei mir war und Rubens sind eifrig mit der experimentellen Prüfung beschäftigt, sodass man bald darüber orientiert sein wird.«[19] Bei Diamant hatte die Messung gute Übereinstimmung ergeben, aber weitere Untersuchungen an anderen Materialien zeigten bald, daß dies ein Ausnahmefall war. Nernsts intensive Auseinandersetzung mit diesem Problem rückte die Quantentheorie in den nächsten Jahren ins Zentrum des Interesses führender Forscher und trug so wesentlich zur Durchsetzung dieser »revolutionären« Physik bei. Daß Einstein auch hier die Grundsteine[20] gelegt hatte, war ein wesentlicher Aspekt bei der Mehrung seines Ansehens.

Aber ob berühmt oder nicht, der Universitätsunterricht forderte seinen Tribut, und im Sommersemester 1910 hatte Einstein zusätzlich zu seinen Vorlesungen und Seminaren auch noch das »Tägliche Praktikum für Vorgerückte« mit zwölf Teilnehmern zu betreuen. Das dürfte für den Theoretiker eine mitunter nervenaufreibende Angelegenheit gewesen sein, hatte er doch seinem Doktoranden Hans Tanner gestanden, er getraue sich kaum, »einen Apparat in die Hände zu nehmen, aus Angst, er könnte explodieren«.[21] Und Sommerfeld hatte er geklagt: »Die Befürchtungen wegen des Laboratoriums waren ziemlich begründet.«[22] Allerdings hatte er nun auch Entlastung durch einen Assistenten. Es war der aus Nürnberg stammende Ludwig Hopf, fünf Jahre jünger als Einstein und gerade von Sommerfeld in München promoviert. Die beiden hatten sich auf der Naturforscherversammlung in Salzburg kennengelernt und harmonierten nicht nur in ihren physikalischen Interessen, sondern auch musikalisch, denn Hopf war ein gewandter Pianist, mit dem sich Einstein bei manchem Duo vom Nachdenken erholen konnte. Und das war anstrengend, denn es drehte sich ausschließlich um die Quantentheorie und ihre kaum entwirrbaren Rätsel.

»Die Quantentheorie steht mir fest«[23], jubelte Einstein nach dem Besuch von Walther Nernst. Das galt freilich nur für die festen Körper und deren spezifische Wärme, und auch nur mit der Einschränkung, daß die Theorie »noch recht unbefriedigend« sei, denn »sie hat die Ungültigkeit unserer Mechanik zur Voraussetzung, und alle Bemühungen, die Molekularmechanik den gebieterischen Anforderungen der Erfahrung anzupassen, waren ohne Erfolg«.[24] Noch viel schlimmer stand es um die Rätsel der Quantentheorie der Strahlung, die ihn seit der Jahrhundertwende, als Planck seine Strahlungsformel veröffentlichte, niemals losgelassen hatten. Hier gab es nicht mehr als Fingerzeige, und die führten nur auf Aporien. »In der Lichtquantenfrage bin ich noch nicht zu einer Lösung gelangt, habe aber manches Bedeutsame dabei gefunden«[25], schrieb er am letzten Tag des Jahres 1909 an Jakob Laub, und es klang wie ein typischer Vorsatz zum Neuen Jahr, als er fortfuhr: »Ich will sehen, ob ich dieses Lieblingsei nicht doch noch ausbrüten kann.« Zehn Wochen später eine ähnliche Mitteilung: »Bezüglich der Quanten habe ich schon Interessantes gefunden, aber noch nichts Fertiges.«[26] Das interessante, von Einstein als »Schwerpunkt der ganzen Frage« identifizierte Problem lag, wie schon 1905 aufgeworfen und 1909 hin- und hergewendet, in der Vereinbarkeit von Korpuskel- und zugleich Welleneigenschaften der Strahlung. Angesichts dieser Schwierigkeiten berief sich Einstein in einem Brief an Sommerfeld mal wieder auf den Weltenschöpfer und sein Raffinement: »Lassen sich die Energiequanten einerseits und das Huygenssche Prinzip andererseits vereinigen? Der Schein ist dagegen, aber der Herrgott hat – wie es scheint – doch den Rank gefunden.«[27] Auch wenn dem Adressaten das schweizerische Idiom nicht vertraut war, wird er doch geahnt haben, daß sich Einstein vor die Aufgabe gestellt sah, mit dem »Rank« nichts Geringeres als die »geschickte Lösung« des Herrgotts bei der Schaffung der Welt aufzuspüren. Einstein gefiel die Metapher, und später hat er sie oft variiert.

Natürlich freute sich Einstein sehr darüber, daß Sommerfeld ihn zum Semesterende in Zürich besuchen wollte, aber er brachte nicht den Mut auf, ihn dazu zu ermuntern: »Denn etwas einigermaßen Geschlossenes über die Frage nach den Quanten habe ich nicht herausbringen können.«[28] Das war für Sommerfeld aber kein Hinderungsgrund. In seinem Münchner Institut wunderten sich die Mitarbeiter, daß ihr Ordinarius noch vor dem Ende des Semesters dringend der Erholung bedurfte und für eine Woche nach Zürich fuhr.[29] Worin die Erholung bestand, erfahren wir aus einem Brief von Einstein an Jakob Laub: »Sommerfeld war jetzt eine ganze Woche bei mir, um die Lichtfrage und einiges aus der Relativität zu verhandeln. Seine Anwesenheit war ein wahres Fest für mich.«[30] Das schönste Erlebnis war für Einstein, daß er nun in der Quantenfrage einen angesehenen Bundesgenossen gewonnen hatte. Sommerfeld hatte sich, ganz anders als Planck, »in weitgehendem Masse meinen Gesichtspunkten über die Anwendung der Statistik angeschlossen«.

Aber auch mit vereinten Kräften haben die einwöchigen Unterredungen nichts erbringen können, was einem Durchbruch nahegekommen wäre: »Mit der Konstitution des Lichtes bin ich nicht weitergekommen. Es steht etwas ganz Prinzipielles dahinter.«[31] Zumindest mit dieser Vermutung hatte Einstein das Richtige geahnt, wie sich im Laufe der nächsten fünfzehn Jahre bestätigen sollte. Einstweilen waren ihm gemeinsam mit Ludwig Hopf nur zwei Arbeiten gelungen[32], die seine These untermauerten, daß für eine Quantentheorie der Strahlung eine radikale Abkehr von der klassischen Physik nötig sei. »Das Resultat war für alle diejenigen enttäuschend«[33], resümierte Wolfgang Pauli, »die immer noch vergeblich hofften, die Plancksche Formel lediglich durch eine Änderung der statistischen Annahmen an Stelle eines grundsätzlichen Bruchs mit den klassischen, die elementaren Mikrophänomene betreffenden Vorstellungen abzuleiten.«

Im Herbst allerdings glaubte Einstein einmal, Licht am Ende des Tunnels zu sehen: »Gegenwärtig habe ich große Hoffnung, das Strahlungsproblem zu lösen, und zwar ohne Lichtquanten. Ich bin ganz neugierig, wie sich die Sache macht.«[34] Für diesen nicht nur revolutionär, sondern geradezu tollkühn zu nennenden Ansatz spielte er sogar mit dem Gedanken, bewährte und geheiligte Grundsätze der Physik aufzugeben: »Auf das Energieprinzip in seiner heutigen Form müsste man verzichten.« Im nachhinein ist klar, daß aus diesem »sacrificium intellectum« nichts werden konnte, und tatsächlich bemühte Einstein schon eine Woche später den Gegenspieler des Herrgotts zur Charakterisierung seiner angespannten Bemühungen: »Mit der Lösung des Strahlungsproblems ist es wieder nichts. Der Teufel hat sich da einen faulen Witz mit mir erlaubt.«[35] Bei diesem Oszillieren zwischen Herrgott und Teufel ist es besonders bedauerlich, daß Einstein auch in diesem Falle seine Notizen nicht aufbewahrt hat, wäre es doch ein Faszinosum ganz besonderer Art, ihm beim Entwurf einer Physik mit wie auch immer modifiziertem oder ganz aufgegebenem Energieerhaltungssatz nachträglich über die Schulter zu schauen.

Über die Relativitätstheorie, der er sein Ansehen und sein Extraordinariat zu verdanken hatte, hat Einstein in Zürich gelegentlich nachgedacht[36], aber nichts veröffentlicht und sie auch nicht in seinen Vorlesungen oder Seminaren behandelt. Den einzigen Vortrag zu diesem Thema hielt er nicht einmal an der Universität, sondern Anfang Mai vor der Naturforschenden Gesellschaft Zürich, die sich im Zunfthaus zum Rüden am Limmatquai versammelte. In diesem gediegenen Rahmen soll er zur Analyse des Begriffs der Gleichzeitigkeit eine kleine Tafel mit lauter Uhren vollgemalt haben, um nach erschöpfendem Vortrag zu fragen: »Wie spät ist es eigentlich? – Ich habe nämlich keine Uhr.«[37]

Zum ersten Male machte Einstein auch die Erfahrung, daß sich sonst der Physik eher fernstehende Kreise für die Relativitätstheorie interessieren. Daran hatte Ludwig Hopf mitgewirkt, der nicht nur von der Physik, sondern auch von Psychoanalyse und Tiefenpsychologie fasziniert war. Gleich nach seiner Ankunft in Zürich hat er Carl Gustav Jung aufgesucht und dadurch die Bekanntschaft Einsteins mit dem Psychiater vermittelt. Mehrere Male war Einstein zum Abendessen bei Jung eingeladen und traf dort auch den berühmten Professor Eugen Bleuler, den Leiter der in der Schizophrenieforschung weltweit führenden psychiatrischen Heilanstalt »Burghölzli«, sowie manch anderen an der Relativitätstheorie interessierten Mediziner. »Er versuchte, uns die Grundüberlegungen mit mehr oder weniger Erfolg beizubringen«[38], erinnerte sich der Gastgeber C. G. Jung, aber »als Nichtmathematiker hatten wir Psychiater Mühe, seinem Argument zu folgen.« Aber auch der Physiker scheint mit den Psychiatern Mühe gehabt zu haben, so daß diese Unterredungen nicht lange fortgesetzt wurden. Von den Gesprächen mit Einstein behielt Jung den Eindruck zurück, man könne sich »kaum einen größeren Gegensatz vorstellen als den mathematischen und den psychologischen Geisteszustand. Der eine ist extrem quantitativ und der andere ebenso extrem qualitativ.«[39] Womit der Psychiater nicht nur den üblichen Irrtum beging, die Mathematik schon für das Wesentliche an der Physik zu halten, sondern ihm auch der intuitive Gehalt schöpferischer Naturforschung verborgen blieb.

Natürlich beschäftigte den Professor Einstein auch sein geliebtes »Maschinchen«. Paul Habicht, der Instrumentenfabrikant, kam des öfteren aus Schaffhausen herüber und brachte zu Einsteins Freude »das Maschinchen gut in den Stand«.[40] Auch sein Bruder Conrad, Einsteins Freund aus den glücklichen Tagen der »Akademie Olympia« und nun Mathematiklehrer in Schiers im Kanton Graubünden, reiste nach Zürich. Beide wohnten bei den Einsteins, und zu dritt wurde dann im Laboratorium der Universität gebastelt und experimentiert. Für die Frühjahrsferien lud Einstein »freundlich ein, dass wir zusammen die endgültigen Versuche mit dem Maschinchen machen und dann die Sache zusammenstöpseln. Die Sache muss nun einmal erledigt werden, damit Euch nicht gar ein anderer zuvorkomme.«[41] Die drei waren fleißig und erfolgreich. Die Habicht-Brüder beantragten und erhielten ein Patent auf das »Maschinchen«, und auch bei der Veröffentlichung[42] verzichtete der Antreiber Einstein auf die Autorenschaft und begnügte sich – neben dem Zitat seiner ursprünglichen Veröffentlichung und der obligaten Danksagung – mit dem Hinweis, daß die Experimente »gemeinsam mit A. Einstein im Zürcher Universitätslaboratorium« ausgeführt wurden. Das neue »Maschinchen« entsprach den Erwartungen: Spannungen von weniger als einem tausendstel Volt konnten gemessen werden, so daß »ein einziger radioaktiver Elementarprozeß ... mit dem Instrument leicht konstatiert werden kann«.[43]

Die weitere Karriere des »Maschinchen« hat Einstein mit gespannter Aufmerksamkeit verfolgt. Paul Habicht präsentierte die endlich ausgefeilte Erfindung in der Berliner Physikalischen Gesellschaft und hatte dort einen riesigen Erfolg. »Die Kerle sind fast auf dem Kopf gestanden«[44], berichtete Einstein an Besso. »Es freut mich ungeheuer. Habicht hat schon ziemlich Aufträge.«[45] Nun hielt Einstein die Zukunft des »Maschinchens« für gesichert. Darin hatte er sich doch getäuscht: Zum einen ließ die Meßgenauigkeit zu wünschen übrig, und zum anderen wurde das »Maschinchen« schon nach einigen Jahren durch die elektronische Verstärkertechnik obsolet. Als Paul Habicht im Jahre 1948 gestorben war, schloß Einstein in seine an den Bruder Conrad gerichtete Kondolenz die »Erinnerung an alte Zeiten« ein, »in denen ich mit Ihrem Bruder zusammen an dem Influenz-Maschinchen zur Messung kleiner Spannungen arbeitete. Schön wars, auch wenn nichts Brauchbares herausgekommen ist.«[46]

Im Vergleich mit dem Nachdenken über die vertrackten Quantenprobleme mag Einstein die Beschäftigung mit dem »Maschinchen« wie eine Erholung vorgekommen sein, und das gleiche darf man von einer im Anschluß daran ausgeführten Arbeit über Schwankungsprobleme in der klassischen Physik annehmen. Sie hatte noch einmal mit der Realität der Moleküle zu tun und mit der gar nicht dummen Kinderfrage, warum der Himmel blau sei. Ausgangspunkt war der 1869 erstmals beschriebene »Tyndall-Effekt«, bei dem eine bläulich schimmernde, »opalisierende« Färbung eines Gases oder einer Flüssigkeit auftritt, wenn ein Lichtstrahl beliebiger Farbzusammensetzung durch das Medium hindurchgeschickt wird. Naheliegend war die Annahme, daß es sich bei dieser »Opaleszenz« um Streulicht handeln müsse, aber unklar war, woran denn nun das Licht des Primärstrahls gestreut werden könnte. Tyndall nahm zunächst kleine Verunreinigungen in der Luft als Streuzentren an, während Lord Rayleigh später vorrechnete, daß es die unregelmäßig verteilten Luftmoleküle selbst seien, an denen das Licht gestreut würde. Das wurde so lange akzeptiert, bis Marian von Smoluchowski[47] im Jahre 1908 zeigte, daß die Lichtstreuung auf Dichteschwankungen in dem Gas oder in der Flüssigkeit zurückzuführen sei, sofern sich diese Schwankungen über winzige Volumina im Bereich einer Lichtwellenlänge erstrecken.

Einstein wollte diesen Gedanken des von ihm sehr geschätzten Smoluchowski, in dem er einen »der feinsinnigsten zeitgenössischen Theoretiker«[48] sah, weiterentwickeln und insbesondere eine exakte Formel für die Intensität des seitlich gestreuten Lichtes herleiten: »Ich schreibe gegenwärtig eine Arbeit über Opaleszenz von Gasen und Flüssigkeiten«[49], informierte er im Sommer 1910 seinen Freund Laub. »Quantitative Durchführung der Theorie von Smoluchowski. Mit dem Prinzipiellen bin ich fertig. Die Theorie ist vollkommen streng.« Was Einstein dann im Oktober an die ›Annalen‹[50] abschickte, war die mathematisch ziemlich komplizierte Herleitung einer Formel, die erklärt, warum am Tage das Himmelslicht in blauer Farbe opalesziert, während es am Morgen und am Abend rötlich leuchtet. Das »Hauptresultat« seiner Untersuchung sah Einstein darin, daß seine Formel »eine exakte Bestimmung der Konstante N, d. h. der absoluten Größe der Moleküle gestattet«.[51] Damit hatte er noch einmal eine Methode zur experimentellen Bestimmung der Avogadroschen Zahl angegeben. Daß auf diese Weise sogar das Blau des Himmels dazu dienen konnte, die letzten Zweifler an der atomistischen Auffassung der Materie zu überzeugen, entsprach ganz seinem zehn Jahre zuvor formulierten Bestreben, »die Einheitlichkeit eines Komplexes von Erscheinungen zu erkennen, die der direkten sinnlichen Wahrnehmung als ganz getrennte Dinge erscheinen«.[52]

Smoluchowski war von der »sehr ingenieusen Berechnung«[53] Einsteins begeistert und sah in dessen Arbeit zur Opaleszenz einen »wesentlichen Fortschritt« der Wissenschaft. Seine Experimente zur Überprüfung der Einsteinschen Formel gestalteten sich äußerst schwierig, denn was in den großen Volumina der Atmosphäre überaus prächtig sichtbar wird, läßt sich in einem kleinen Laborapparat nur schwer nachahmen. An der Universität Krakau, wo Smoluchowski 1913 Ordinarius geworden war, gelang ihm schließlich trotz der durch den Ersten Weltkrieg erschwerten Arbeitsbedingungen eine schöne Demonstration des Phänomens, die zu quantitativen Aussagen berechtigte: »Improvisierte photometrische Messungen ergaben Resultate, welche mit der theoretischen Formel... befriedigend übereinstimmten.«[54] Als Smoluchowski 1917 erst 45jährig starb, betrauerte Einstein in seinem Nachruf »nicht nur den geistreichen Forscher, sondern auch den edlen, feinsinnigen und wohlwollenden Menschen«.[55]

Die »strenge Theorie« der Opaleszenz war Einsteins letzte Arbeit zur klassischen statistischen Mechanik und zugleich seine letzte größere Veröffentlichung, die er als Extraordinarius der Universität Zürich einreichte.

Schon seit April 1910 lebte Einstein in Zürich gewissermaßen auf Abruf, denn kaum ein halbes Jahr nach seinem Dienstantritt war prompt eingetreten, was schon in dem zähen Berufungsverfahren verschiedentlich gegen ihn ins Feld geführt worden war: daß für ihn das Extraordinariat nur eine Durchgangsstation sein könne bis zur baldigen Berufung auf einen ordentlichen Lehrstuhl. Die Offerte kam von der Deutschen Universität in Prag, und hätte sich dieses Berufungsverfahren[56] nicht ebenfalls zu einer langwierigen Angelegenheit ausgewachsen, hätte Einstein schon nach zwei Semestern Zürich wieder verlassen und nicht erst nach drei.

Die – zunächst noch informelle – Erkundigung, ob Einstein zu einem Wechsel nach Prag überhaupt bereit sei, muß im März 1910 erfolgt sein, denn am 30. März schrieb Friedrich Adler seinem Vater, daß Einstein gefragt worden sei, »ob er eine Stelle an einer anderen Universität akzeptieren«[57] würde. Am 29. April teilte Einstein seiner

Mutter, die sich in Berlin bei Schwester und Schwager in der Haberlandstr. 5 aufhielt, »noch etwas Interessantes« mit: »Ich werde höchstwahrscheinlich als ordentlicher Professor mit bedeutend besserem Gehalt, als ich ihn jetzt habe, an eine große Universität berufen werden. Wo es ist, das darf ich noch nicht sagen.«[58] Friedrich Adler hat er es freilich erzählt, denn der wußte am gleichen Tage seinem Vater zu berichten, daß es sich um die Deutsche Universität in Prag handele und Einstein an erster Stelle der Berufungsliste für die Professur für Theoretische Physik stünde.[59]

In Prag hatten die akademischen Prozeduren für die Berufung schon im Januar begonnen, da der Hofrat Ferdinand Lippich, Inhaber einer »Lehrkanzel«, wie es in »Kakanien« heißt, zum Sommersemester 1910 in den Ruhestand treten wollte. Im Januar hatte die Fakultät eine kleine Kommission eingesetzt, zu der neben dem angesehenen Mathematiker Georg Pick auch der Experimentalphysiker Anton Lampa gehörte, den Einstein in Salzburg bei der Naturforscherversammlung kennengelernt hatte. Am 21. April bestätigte die Fakultät die Empfehlungen dieser Kommission, nämlich die »Lehrkanzel« für mathematische Physik in eine solche für theoretische Physik umzuwidmen und zugleich das »Kabinett für mathematische Physik« in ein »Institut für theoretische Physik« umzuwandeln. Auch der Berufungsvorschlag mit Albert Einstein an erster Stelle wurde gebilligt und unverzüglich an das Ministerium für Kultus und Unterricht in Wien weitergeleitet.[60] Um der Empfehlung gegenüber den k. u. k. Behörden den rechten Nachdruck zu verleihen, hatte die Fakultät Max Planck um ein Gutachten gebeten, doch der antwortete so, daß es von Nichteingeweihten als vorsichtig und zurückhaltend empfunden werden konnte. Wahrscheinlich hat er ein Loblied auf die Relativitätstheorie gesungen und Einstein als einen der bedeutendsten Physiker bezeichnet, im Zusammenhange mit der Quantentheorie jedoch angemerkt, daß er noch nicht beurteilen könne, ob Einstein immer recht habe.[61] Zum Glück war gerade rechtzeitig im Frühjahr 1910 ein Buch Max Plancks mit einer euphorischen Aussage erschienen, in der Einsteins Relativitätsprinzip in einem Atemzuge mit Kopernikus genannt wurde und die den Minister und sogar den Kaiser Franz Joseph beeindrucken mußte. Zur Relativitätstheorie und der damit verbundenen Revision des Zeitbegriffs hatte Planck geschrieben:

> Sie übertrifft an Kühnheit wohl alles, was bisher in der spekulativen Naturforschung, ja in der philosophischen Erkenntnistheorie geleistet wurde; die nichteuklidische Geometrie ist ein Kinderspiel dagegen. Und doch beansprucht das Relativitätsprinzip im Gegensatz zur nichteuklidischen Geo-

> metrie, die bisher nur für die reine Mathematik ernstlich in Betracht kommt, mit vollem Recht reelle physikalische Bedeutung. Mit der durch dies Prinzip im Bereiche der physikalischen Weltanschauung hervorgerufenen Umwälzung ist an Ausdehnung und Tiefe wohl nur noch die durch die Einführung des Copernikanischen Weltsystems bedingte zu vergleichen.[62]

Über die wesentlichen Aspekte der Entwicklung in Prag ist Einstein wahrscheinlich von Anton Lampa noch Ende April informiert worden. Dann hörte er jedoch eine Weile nichts mehr aus Prag oder Wien, und dann wohl nichts Gutes, denn im Juli schrieb er Sommerfeld: »Nach Prag komme ich nicht. Das Ministerium hat – wie ich aus Prag erfahre – Schwierigkeiten gemacht.«[63] An Laub wurde er deutlicher: »Ich war nur von der Fakultät vorgeschlagen; das Ministerium hat aber wegen meiner semitischen Abstammung den Vorschlag nicht angenommen.«[64] Über die Rolle des Antisemitismus in der Ablehnung Einsteins läßt sich nichts mehr in Erfahrung bringen, aber jedenfalls wollte das Ministerium statt des an erster Stelle genannten Ausländers lieber den »secundo loco« aufgeführten Gustav Jaumann berufen, Professor an der Technischen Hochschule zu Brünn und vor allem ein Österreicher. Diese Mißachtung von Fakultätsvorschlägen war in »Kakanien« nicht gar so ungewöhnlich: Ein Jahr zuvor war statt des von der Fakultät favorisierten Johannes Stark der Österreicher Anton Lampa berufen worden[65], der sich jetzt für den Ausländer Einstein einsetzte, aber ohne Erfolg. Im »Alleruntertänigsten Vortrag des treugehorsamsten Ministers für Kultus und Unterricht, Karls Grafen Stürgk« an seine Kaiserlich-Königliche Majestät Franz Joseph hieß es: »Wenngleich das Professoren-Kollegium auf die Berufung des an erster Stelle nominierten Professors Dr. Einstein wegen seiner glänzenden Leistungen auf dem Gebiete der modernen theoretischen Physik besondern Wert legte, glaubte ich dennoch zunächst mit dem an zweiter Stelle genannten Professor Jaumann in Brünn Verhandlungen einleiten zu sollen.«[66] – Ende des Berufungsverfahrens Erster Teil.

Wenn Einstein auf Ordinariat und »grossen Gehalt« noch etwas warten mußte, so hatte er von der Prager Offerte doch schon profitiert, und zwar im heimatlichen Zürich. Von immateriellem Wert, aber doch sehr hübsch war eine Petition seiner Studenten, die von Hans Tanner initiiert wurde. An die »hohe Erziehungsdirektion des Kantons Zürich« richteten die 15 Unterzeichner die Bitte, »das bestmögliche zu thun, um unserer Universität diesen hervorragenden Forscher und Dozenten zu erhalten«.[67] Ihrem Professor bescheinigten sie, er verstehe »in bewunderungswürdiger Weise, die schwierigen Probleme der theoretischen Physik so klar & verständlich darzustellen, dass es für uns ein grosser Genuss ist, seinen Vorlesungen zu folgen; und er versteht dabei in so vollkommener Weise mit den Hörern in Kontakt zu kommen, dass wir überzeugt sind, dass eine solche Lehrtätigkeit unserer Universität zu grossem Vorteil gereichen dürfte«.[68]

Die Erziehungsdirektion war der gleichen Auffassung wie die Studenten und brachte schon drei Wochen später einen entsprechenden Antrag beim Regierungsrat ein, obwohl die Absage aus Wien mittlerweile auch in Zürich bekannt war. »Allem Vernehmen nach«, heißt es im Protokoll des Regierungsrates, »soll nun allerdings die drohende Gefahr des Wegzuges des Herrn Professor Einstein zufolge einer ablehnenden Haltung der obersten Staatsbehörden Österreichs zunächst gehoben sein. Der Erziehungsrat findet dennoch, daß Herr Professor Einstein durch etwelche Besserstellung neuerdings an unsere Hochschule gefesselt werden sollte.«[69] Nach Auflistung aller Vorzüge des Extraodinarius – er gehöre »zu den wenigen Autoritäten auf dem Gebiete der theoretischen Physik«, sei zu mehr Unterricht als üblich verpflichtet und überdies den Studenten ein »trefflicher Lehrer« – wurde beschlossen, Einsteins Jahresgehalt »für den Fall des weiteren Verbleibens an der Hochschule Zürich auf 15. Oktober 1910 von Fr. 4500 auf Fr. 5500«[70] zu erhöhen. Diese Aufbesserung kam zeitlich passend, denn zwei Wochen nach diesem Beschluß wurde Einstein zum dritten Male Vater: Am 28. Juli wurde der zweite Sohn Eduard geboren, den Mileva mit dem serbischen Wort für »Kind« nur »Tede« oder »Tedel« nannte.

Nun glaubten die Zürcher Behörden und seine Freunde, daß Einstein nicht länger an Veränderung denken würde. Er liebte Zürich, dessen Bürgerrecht er nicht nur aus Zweckmäßigkeitsgründen erworben hatte, und auch Mileva empfand diese Stadt seit den glücklichen Studententagen als ihre Heimat. Daß seine Söhne als Schweizerbürger heranwachsen würden, wird ihm nur recht gewesen sein. Er ging ins Theater und in Konzerte, hatte Freunde zum Musizieren und Kollegen, die ihn schätzten. Das hat ihn aber nicht die Nachteile seiner Stellung übersehen lassen.

Als Extraordinarius war er nicht gleichberechtigtes Mitglied der Fakultät, und auch wenn der Ordinarius Kleiner ein »lieber Mensch« war, mag ihn das Unterordnungsverhältnis im Institut an der Rämistraße gelegentlich verdrossen haben, gewiß auch die zu seinen Pflichten gehörende Betreuung des experimentellen Praktikums für Vorgerückte. Zwar hatte er durchgesetzt, daß von Anbeginn sein Gehalt nicht geringer war als auf dem Patentamt, aber die Ausgaben waren höher, konnte sich doch ein Professor, und sei es nur ein außerordentlicher und dazu noch ein so unkonventioneller wie Einstein, manch kostspieliger gesellschaftlicher Verpflichtung kaum entziehen. Dank der Gehaltserhöhung würde die finanzielle Lage künftig etwas weniger beengt sein, aber Einstein war offensichtlich entschlossen, die nächste sich bietende Gelegenheit zur durchgreifenden Verbesserung seiner Lage zu nutzen, und die kam nach einer überraschenden Wendung bald darauf wieder aus Prag.

Im Sommer 1910 muß Gustav Jaumann, der Professor aus Brünn, erfahren haben, daß ihn wohl das Ministerium in Wien berufen wollte, die Fakultät ihn aber erst »secundo loco« nach Einstein als gewissermaßen zweite Wahl aufgeführt hatte. Daraufhin soll der eitle Mann in seinem Zorn erklärt haben, er wolle »mit einer Universität nichts zu tun haben, die der Modernität nachjagt und das wahre Verdienst verkennt«.[71] Jaumann konfrontierte das Ministerium mit weit überzogenen Gehaltsforderungen und erzwang so den Abbruch der Verhandlungen.[72] Damit blieb dem Minister Graf Stürgk nichts anderes übrig, als wieder auf den Ausländer Einstein zurückzukommen.

Am 20. September 1910 erhielt Einstein eine Einladung zu Berufungsverhandlungen im Ministerium, und schon am 24. September reiste er nach Wien.[73] Als Gehalt wurden ihm 8672 Kronen[74] zugebilligt, nach offiziellem Wechselkurs etwas mehr als 9000 Schweizer Franken und damit eine schöne Steigerung gegenüber dem Einkommen in Zürich. Mit dem Gedanken, daß er als österreichischer Professor auch Staatsangehöriger der k.u.k. Monarchie werden mußte, konnte er sich arrangieren, da die Behörden bereit waren, über eine eventuelle Beibehaltung der schweizerischen Staatsangehörigkeit hinwegzusehen.

Schwieriger scheint das Problem der Religionszugehörigkeit gewesen zu sein. In der Schweiz hatte sich Einstein in offiziellen Fragebögen stets als »konfessionslos« bezeichnet; dies war aber im Reiche Franz Josephs nicht akzeptabel, denn in der Vorstellungswelt des alten Kaisers war es ausgeschlossen, daß ein Konfessionsloser einen ordentlichen Treueid leisten könne. Als Einstein mit dem Ernst der Lage vertraut gemacht wurde, erklärte er kurzerhand, Jude zu sein, woraufhin in das Formular »mosaisch« eingetragen wurde.[75] Eine Rückkehr zur Religion seiner Väter hat Einstein in dieser Konzession an österreichische bürokratische Erfordernisse wohl nicht gesehen. Die »antiphiliströsen« Hörner seiner Jugend hatte er längst abgestoßen und war nun bereit, für ein Ordinariat dem Kaiser im ganz wörtlichen Sinne zu geben, was nun einmal des Kaisers ist, ohne davon in seinem Inneren berührt zu werden. Als sein Freund Paul Ehrenfest, den er 1912 als seinen Nachfolger in Prag vorschlagen wollte, solche Konzessionen ablehnte, hatte Einstein dafür kein Verständnis: »Es wurmt mich geradezu, daß Sie den Spleen der Konfessionslosigkeit haben; lassen Sie ihn den Kindern zuliebe fallen. Wenn sie einmal hier Professor wären, könnten Sie übrigens wieder zu diesem kuriosen Steckenpferd zurückkehren.«[76]

Obwohl nun alle Hindernisse ausgeräumt waren, ließ die Berufung immer noch lange auf sich warten. Im Dezember schrieb Einstein: »Dass ich von Zürich wegkomme, ist gar nicht gesagt. Zwar ist an verschiedenen Orten publiziert gewesen, ich sei nach Prag berufen worden, und es wurde mir auch eine Berufung in Aussicht gestellt. Aber bis jetzt ist mir keine Berufung zugekommen.«[77] Erst am 16. Dezember hatte der Minister Graf Stürgk seinen Besetzungsvorschlag dem Kaiser unterbreitet, und der hat ihn am 6. Januar 1911 genehmigt.[78] Einstein bat am 20. Januar in Zürich um seine Entlassung zum Ende des laufenden Semesters; diesem Wunsch entsprach der Regierungsrat am 10. Februar, wobei bedauert wurde, »daß die Hochschule Zürich den vorzüglichen Gelehrten verliert und daß den kantonalen Behörden keine Gelegenheit gegeben wurde, Versuche zu machen, ihn weiter unserer Hochschule zu erhalten«.[79]

Warum Einstein überhaupt nicht daran dachte, in Bleibeverhandlungen in Zürich das zu erreichen, was ihm in Prag geboten wurde, bleibt unklar. Prag war schließlich nicht eine »grosse Universität«, wie er seiner Mutter geschrieben hatte, und gewiß kein Zentrum physikalischer Forschung, wie ihm nicht verborgen geblieben sein kann. Tatsächlich »gibt es keinen Zweifel, daß in dieser Zeit die Prager Deutsche Universität unter dem Verlust ihrer Bedeutung unter den deutschen Universitäten gelitten hat«.[80] Vermutlich glaubte Einstein aber, in Zürich nichts mehr herausschlagen zu können, vielleicht gaben auch »Auseinandersetzungen« innerhalb der Fakultät den Ausschlag, von denen in einem Brief Kleiners in Andeutungen die Rede ist, seit denen Einstein wisse, »daß er von Seiten der Facultätsvertreter keine persönliche Anteilnahme zu erwarten hat«.[81] Jedenfalls war es beschlossene Sache, daß Einstein im Frühjahr als Ordinarius nach Prag übersiedeln würde.

Während Einstein auf die Bestätigung aus Wien wartete, wurde ihm zu Beginn seines letzten Semesters an der Zürcher Universität eine besondere Überraschung zuteil: Anfang November erhielt er einen Brief von Emil Fischer, dem hochberühmten Professor für Chemie an der Berliner Universität: »Ihre großen theoretischen Arbeiten auf thermodynamischem Gebiet«, schrieb Fischer, »haben in der naturwissenschaftlichen Welt Aufsehen erregt, und in unserem Kreise ist häufig davon die Rede, besonders seitdem Herr Nernst sich experimentell mit der Prüfung Ihrer Schlussfolgerungen bezüglich des Dulong-Petit'schen Gesetzes beschäftigt.«[82] Die eigentliche Überraschung bestand aber darin, daß Fischer als Mittelsmann eines ihm befreundeten Herrn aus der chemischen Industrie auftrat, der sehr erfreut darüber war, »dass deutsche Forscher wie Sie, Herr Planck und Herr Nernst auf diesem grundlegenden Gebiete die Führung übernommen haben, und er meint, dass es Pflicht der wohlhabenden Leute in Deutschland sei, diese glänzenden Arbeiten durch materielle Unterstützung ein wenig zu fördern.« Die Förderung sollte überaus großzügig ausfallen: insgesamt 15000 Mark in drei Jahresraten zu je 5000 Mark, »die erste sofort, die beiden anderen 1911 und 1912«. Im übrigen sollte der Empfänger über diese Spende nach Gutdünken verfügen können, also an keinerlei Verpflichtung oder Beschränkung gebunden sein.

Einstein, der vor fünfzehn Jahren die deutsche Staatsangehörigkeit aufgegeben hatte, korrigierte nicht die Zurechnung zu den »deutschen Forschern«, sondern stattete seinen aufrichtigen Dank ab, zuerst Emil Fischer, durch dessen Lob er sich »sehr geehrt und noch mehr beschämt« fühlte, denn »täglich fühle ich es ja mit aller Deutlichkeit, wie ohnmächtig ich den drängenden Problemen unserer Wissenschaft gegenüberstehe«[83], und dann auch dem Manne, »der so bedeutende Summen zu spenden gesonnen ist« und dem Einstein sein Versprechen übermitteln ließ, »dass ich die mir anvertrauten Mittel aufs Gewissenhafteste anwenden werde«.

Der großherzige Spender war der in Berlin-Wannsee in einer fürstlichen Villa residierende Dr. Franz Oppenheim, der als Mitbegründer und Großaktionär der »Aktiengesellschaft für Anilinfabrikation«, der »Agfa«, sich mit Recht zu den »wohlhabenden Leuten« zählen konnte, der Gesellschaft deutscher Chemiker als Schatzmeister diente und einer ihrer spendabelsten Gönner war.[84] Einsteins Bereitschaft, sein anonymes Anerbieten anzunehmen, machte ihm »große Freude«.[85] Den Vermittler Emil Fischer bat er, »meinen Namen nicht zu nennen, weil ich meine, dass es für Professor Einstein angenehmer ist«. Einstein freute sich, daß ihm »durch das in Aussicht gestellte Kapital wirklich das wissenschaftliche Arbeiten beträchtlich erleichtert würde«.[86] – Hinweise für die Verwendung des Geldes sind nicht mehr aufzufinden.

Im Januar 1911 erhielt Einstein nicht nur die Bestätigung seiner Berufung nach Prag, sondern auch eine in »überaus freundlichem« Tone gehaltene Einladung von Hendrik Antoon Lorentz zu einem Vortrag in Leiden. »Sie können sich kaum vorstellen«, dankte Einstein seiner bisher aus der Ferne bewunderten wissenschaftlichen Vaterfigur, »wie sehr ich mich darauf freue, Sie persönlich kennenzulernen«.[87] Als ein »kurioses Unterfangen« empfand es Einstein allerdings, »theoretische Physik nach Leyden zu tragen: Und doch beschleicht mich das Gefühl der Zaghaftigkeit nicht, weil ich überzeugt bin, bei Ihnen und in Ihrer Umgebung Wohlwollen und nicht strenge Kritik zu finden.«

Da Milevas Mutter zu Besuch in Zürich weilte und die beiden Knaben betreute, konnten die Einsteins gemeinsam reisen. Am Mittwoch, dem 8. Februar bestiegen sie den Zug, gaben in Basel noch eine Postkarte an Friedrich Adler auf – »Wenn das Haus abbrennt oder sonst was Hübsches passiert, dann telegraphieren Sie uns bitte an die Adresse Prof. H. A. Lorentz, Leiden«[88] – und trafen anderntags in Leiden ein, wo sie bei Lorentz wohnten. Freitags dann der Vortrag und abends noch lange Gespräche mit Lorentz, die am nächsten Tage fortgesetzt wurden, erst im kleinen Kreise mit brillanten Kollegen wie Heike Kamerlingh Onnes und Willem Hendrik Keesom und abends wieder allein mit Lorentz. Sonntags reisten die Einsteins nach Antwerpen und besuchten vor der Rückkehr dort den »Lieblingsonkel« Caesar Koch.

Kaum wieder in Zürich angekommen, bedankte sich Einstein schon bei Lorentz: »Nun sitze ich wieder hier in meiner Klause, erfüllt von der schönsten Erinnerung an die wunderschönen Tage, die ich in Ihrer Nähe zubringen durfte. ... Es strahlt von Ihnen soviel Güte und Menschenfreundlichkeit aus, dass während meines Aufenthalts bei Ihnen nicht einmal die quälende Überzeugung sich entwickeln konnte, dass mir soviel Güte und Auszeichnung unverdient zuteil wird.«[89] Das Bild, das sich Einstein von Lorentz gemacht hatte, erstrahlte nach dem Besuch in noch hellerem Glanze, und tatsächlich entschuldigte er sich wenig später wegen der Ablehnung eines Rufs an die holländische Universität Utrecht bei Lorentz »schweren Herzens, wie einer, der seinem Vater eine Art Unrecht zugefügt hat«.[90] Die tiefe Verehrung für Lorentz überdauerte noch dessen Tod. An seinem Grabe sprach Einstein in ehrfürchtiger Bewunderung davon, wie er sein Leben als ein »köstliches Kunstwerk« gestaltet habe. »Nie versagende Güte und Großherzigkeit, sein Gerechtigkeitsgefühl, verbunden mit sicherem intuitiven Einblick in Menschen und Verhältnisse, machten ihn überall zum Führer, wo er wirkte. Alle folgten ihm freudig, denn sie fühlten, daß er nie beherrschen, sondern stets nur dienen wollte.«[91] Und noch der alte Einstein schrieb: »Er war mir persönlich mehr als alle anderen, die mir auf meinem Lebensweg begegnet sind.«[92]

Vor dem Umzug nach Prag wollte Einstein seine Schubladen aufgeräumt haben. Einige kleinere Arbeiten wurden fertiggestellt und an die ›Annalen‹ geschickt, und eine ganze Menge Berichtigungen dazu, darunter auch die schon erwähnte zu dem kapitalen Fehler in seiner Doktorarbeit, die er nun von Ludwig Hopf, der ihn als Assistent nach Prag begleiten sollte, hatte nachrechnen lassen. Dann mußte er sich noch um seinen Doktoranden Hans Tanner kümmern, der seine Arbeit über ein Thema aus der kinetischen Gastheorie noch nicht hatte abschließen können; Einstein verhalf ihm zu einer Assistentenstelle an der Universität Basel.[93] Tanner war nicht nur Einsteins erster, sondern zugleich schon sein letzter Doktorand. Für das Extraordinariat hat er sich gewünscht, »daß Adler mein Nachfolger werde«[94], der war aber schon seit dem April 1910 Chefredakteur der sozialdemokratischen Zeitung ›Volksrecht‹, hatte für das Wintersemester nur noch eine einstündige »Erkenntnistheoretische Einleitung in die Physik« angekündigt und sich entschlossen, in der Politik seine Lebensaufgabe zu sehen.

Dann ging es ans Packen, bei dem Milevas Mutter tatkräftig mithalf. Die Reise nach Prag wurde in München unterbrochen, wo Einstein sich mit Sommerfeld traf; dabei lernte er auch den jungen Holländer Peter Debye kennen, Assistent bei Sommerfeld und Einsteins Nachfolger in Zürich.

Am ersten April trafen Einstein und seine Familie in der Stadt an der Moldau ein. Den Freunden in Zürich hatte er versprochen, sie sogleich zu informieren, sobald er einen Ruf an eine andere Universität in Erwägung ziehen würde, damit die Zürcher ihm ein attraktives Konkurrenzangebot für seine Rückkehr machen könnten.

3. Ordinarius in Prag, aber nicht lange

»Ich habe hier ein prächtiges Institut, in dem ich sehr angenehm arbeite«[1], hielt Einstein gleich nach seiner Ankunft in Prag fest, was für ihn am wichtigsten war. Eine Wohnung für die Familie war schnell gefunden. Sie lag am linken Ufer der Moldau unweit der Palacky-Brücke, auf der von den Pragern so genannten »Kleinseite«, wo im Stadtteil Smichow gerade einige Straßenzüge gutbürgerlicher Mietshäuser errichtet worden waren. In einem dieser Neubauten[2] hatten die Einsteins im Mezzanin, dem Hochparterre, eine geräumige Wohnung gemietet. Zeitweilig lebte Milevas Mutter bei ihnen, und ständig ein zum nunmehr bürgerlichen Lebenszuschnitt gehörendes Hausmädchen namens Fanni, die freilich schon junge Mutter war, und nach einigen vergeblichen Versuchen, für Fannis Kind einen geeigneten »Unterschlupf« zu finden, haben es die Einsteins »selbst ins Haus genommen«.[3] Und immer noch war ständig ein Gästezimmer frei, das den Freunden aus der Schweiz offeriert wurde, denn »Prag ist eine schöne Stadt zum Ansehen«.[4]

Einstein lebte nun in einer uralten Stadt, gefüllt mit Geschichte und Geheimnis. Von der riesigen Burg des Hradschin hatten einst Könige über Böhmen regiert und drei Kaiser über das Deutsche Reich geboten. Gleichwohl fand es Einstein in Prag »weniger heimelig« und klagte erst einmal über »Tschechische Sprache, Wanzen, elendes Wasser etc.«.[5] Wundern mag man sich über seine Befürchtungen vor der Reise nach Prag, wenn er nach der Ankunft immerhin konzediert: »Die Tschechen sind übrigens viel harmloser als man denkt.«[6] Aber: »Die Animosität zwischen Deutschen und Tschechen scheint bedeutend.«[7] Auch die Deutschen, zu denen er automatisch gerechnet wurde und mit denen er wohl ausschließlich verkehrte, blieben ihm fremd: »Das sind gar keine Menschen mit natürlichem Empfinden; gemütlos und ein eigentümliches Gemisch von standesdünkelhaft und servil, ohne irgendwelches Wohlwollen gegen die Mitmenschen. Protzenhafter Luxus und daneben schleichendes Elend auf der Straße. Gedankenöde ohne Glauben.«[8] Es sah nicht danach aus, als würde er sich in Prag jemals wohl fühlen können und als wollte er länger als nötig bleiben. Auch einige Wochen später klangen seine Nachrichten so, als sei er in unwirtliche Gefilde außerhalb der Zivilisation verschlagen worden; er berichtete, daß »das Leben hier nicht so angenehm ist wie in der Schweiz, ganz abgesehen davon, dass wir hier fremd sind. Es gibt hier kein Wasser, das man anders als gekocht trinken darf. Die Bevölkerung kann zum größten Teil nicht deutsch und benimmt sich gegen Deutsche feindlich.«[9]

Damit sah sich Einstein unversehens mit den Nationalitätenkonflikten konfrontiert, an denen das Habsburgerreich in seiner Spätphase schließlich auseinanderbrach. In Prag lebten damals etwa 90 Prozent Bürger tschechischer Nationalität, die sich gegen die politische, ökonomische und gesellschaftliche Vorherrschaft der zehn Prozent Deutschsprachigen in einer Haltung zur Wehr setzten, die nicht nur Einstein als »feindlich« vorgekommen sein mag. Wenn die Tschechen nicht deutsch reden wollten, so lehnten die Deutschen erst recht die tschechische Sprache ab; Einstein folgte ihnen darin insofern, als er sich – gewiß nicht aus Dünkel, sondern eher aus Bequemlichkeit – keine Mühe gab, die Sprache der Mehrheit zu lernen, und praktisch keinen Umgang mit Tschechen pflegte.

In gewissem Sinne war sogar Einsteins Lehrstuhl eine Folge dieses Nationalitätenkonflikts. Die »Universitas Carolinae Pragensis« war im Jahre 1348 vom böhmischen König Karl IV. als erste Hohe Schule des Heiligen Römischen Reiches Deutscher Nation gegründet worden – nach dem Vorbild der Universitäten von Bologna und Paris und mit den gleichen Privilegien ausgestattet. Nach über fünf Jahrhunderten wechselvoller Geschichte, in der gelegentlich konfessioneller Hader das akademische Studium gestört hatte, nahm im 19. Jahrhundert der Nationalitäten- und Sprachenstreit solche Heftigkeit an, daß im Jahre 1882 der Kaiser eine Teilung dieser ältesten Hohen Schule in eine Tschechische und eine Deutsche Universität verfügte. Der erste Rektor der Deutschen Universität war der von Einstein verehrte Ernst Mach gewesen, der jetzt in Wien im immer noch aktiven Ruhestand lebte. Neben den beiden Universitäten gab es noch zwei Technische Hochschulen, auch die geteilt nach Sprachen und Nationalitäten. Bei insgesamt vier Hochschulen hätte man in Prag alle Voraussetzungen für eine lebendige geistige Atmosphäre erwarten dürfen, aber Neid und Zwietracht zwischen den einzelnen Lehranstalten verhinderten jeden produktiven Kontakt und sorgten so für ein zwar vierfaches, aber wenig erhebendes Mittelmaß. Hätte Einstein unbedingt anregende wissenschaftliche Kontakte gebraucht, er wäre in Prag so verloren gewesen wie in Bern. »Einstein war in Prag völlig vereinsamt, trotzdem es vier Hochschulen gab«[10], erinnerte sich Otto Stern, der ein Jahr später im Frühjahr 1912 nach Prag kam, um von Einstein zu lernen. »An keiner war ein Mensch, mit dem Einstein über die Sachen sprechen konnte, die ihn wirklich interessierten.« Ludwig Hopf, sein tüchtiger Assistent, war zwar noch mit Einstein nach Prag umgezogen, ging aber wegen der miserablen Bezahlung schon nach wenigen Monaten an die Technische Hochschule Aachen, wo er später ein überaus erfolgreicher Professor für Hydro- und Aerodynamik wurde. Als Nachfolger von Hopf empfahl ihm Kollege Lampa einen fortgeschrittenen Mathematik-Studenten namens Emil Nohel. Der scheint aber nicht der rechte Ersatz für Hopf gewesen zu sein. Einstein hat mit ihm nichts publiziert, ihn auch in seinen Briefen niemals erwähnt. Von eigenen Beiträgen Nohels zur Forschung ist nichts bekannt. So mag er zwar ein guter Gehilfe und angenehmer Gesprächspartner gewesen sein, jedoch nicht in den Dingen, die Einstein wirklich beschäftigten. Aber ihm genügte ja sein »schönes Institut mit reicher Bibliothek« und die Möglichkeit, »ziemlich ungestört den wissenschaftlichen Grübeleien nachzuhängen«.[11]

Während die Professoren der geisteswissenschaftlichen Fächer der Philosophischen Fakultät in den prächtigen Gebäuden des Carolinum oder des Clementinum in der Altstadt residierten, war für die naturwissenschaftlichen Disziplinen ein neoklassizistisches Gebäude am Rande der Neustadt errichtet worden.[12] Hier hatte Einstein im dritten Stock einen großen, hellen Raum mit vier Fenstern als Arbeitszimmer mit Blick auf einen idyllischen verwilderten Garten, der von steinernen Mauern eingesäumt war. Die Wohnung war gewiß im Hinblick auf nicht zu große Entfernung zum Institutsgebäude in der Weinberggasse gewählt worden. Zudem war der Weg schön: Über die Palacky-Brücke die Moldau überquerend, zur Rechten das berühmte gotische Emmauskloster, das noch ein Jahr älter war als die Universität und in dem den Besuchern ein Zimmer gezeigt wurde, in dem Johannes Kepler dreihundert Jahre zuvor gelebt und gearbeitet hatte, und weiter vorbei an Palästen und Kirchen zur Weinberggasse.

»Meine Stellung und mein Institut hier machen mir sehr Freude«[13], schrieb er an Besso, aber auch darin mischten sich bald Wermutstropfen. Anders als in Zürich war die Philosophische Fakultät nicht in eine geisteswissenschaftliche und eine mathematisch-naturwissenschaftliche Sektion geteilt, so daß auf den Fakultätssitzungen die Probleme von etwa 40 Ordinarien zu verhandeln waren. Die Machtkämpfe und Intrigen der Lehrstuhlinhaber ließ er noch mehr amüsiert als verärgert über sich ergehen. »Mir hat die Teilnahme an den Sitzungen«[14], erzählte er seinem Nachfolger Philipp Frank, »oft ein Theater erspart.« Lästig wurde jedoch der in der Donau-Monarchie besonders emsig betriebene bürokratische Papierkrieg. »Unendlich viel Schreibereien für den unbedeutendsten Dreck«[15], klagte er Grossmann, und gegenüber seinem väterlichen Freund Alfred Stern machte er seinem Herzen mit dem Ausruf Luft: »Die Tintenscheisserei ist endlos.«[16]

Auch seine Vorlesungen – zunächst wieder »Mechanik« und »Thermodynamik« – wurden ihm bald lästig; was half's, daß sie im ehrwürdigen Clementinum angesetzt waren, wenn es die Hörer an rechtem Eifer fehlen ließen. Die Studenten waren in seinen Augen »weniger interessiert und strebsam als in der Schweiz«[17], sie erschienen ihm »nicht eifrig für die Sache«.[18] Einstein sehnte sich nach einem Jahr fruchtlosen Unterrichts regelrecht nach intelligenten Schülern, »aber die Interesselosigkeit für mein schönes Fach ist betrübend bei den Studenten. Im Seminar habe ich ein ordentliches Mannsbild und sonst nur zwei halbwegs brauchbare Studentinnen an denen ich unter solchen Umständen noch froh sein muss.«[19] Hinzu kamen andere Mängel: »Das Institut für Experimentalphysik ist ärmlich, und es ist überhaupt kein rechter Schwung in der Sache.«[20] Schon nach einem halben Jahr war er froh, daß sich die ersten Möglichkeiten für einen erneuten Wechsel abzeichneten, denn »dass ich von diesem halb barbarischen Prag leichten Sinnes fortgehe, das ist sicher«.[21]

Dabei war Einstein in Prag – anders als in Zürich – sogleich als Berühmtheit angekündigt worden. Zeitungen wie das ›Prager Tagblatt‹ annoncierten dem Publikum seine Berufung, indem seine Leistungen in der »Relativitätstheorie, der Elektronentheorie, der Thermodynamik und in der theoretischen Bestimmung der Molekülgröße«[22] gebührend herausgestrichen wurden. So gestaltete sich schon seine öffentliche Vorlesung, die er am 24. Mai im Rahmen des monatlichen Treffens der böhmischen Sektion der Gesellschaft Deutscher Naturforscher und Ärzte[23] hielt, zu einem gesellschaftlichen Ereignis: »Die ganze Prager Intelligenz war zusammengeströmt und füllte den größten Hörsaal, den man in den naturwissenschaftlichen Instituten hatte finden können«[24], erinnerte sich ein Mathematiker, der von der Technischen Hochschule in die Weinberggasse herübergekommen war. »Einstein hatte eine überaus schlichte Art des Auftretens. Dadurch eroberte er alle Herzen. ... Er sprach lebhaft und klar, aber nicht irgendwie geschraubt, sondern vielmehr ganz natürlich und stellenweise mit erfrischendem Humor. Mancher Hörer wird gestaunt haben, daß die Relativitätstheorie etwas so Einfaches ist.«

Eine solche Zierde des akademischen Lebens konnte in dem vielfältig schillernden intellektuellen Leben Prags nicht lange einsam bleiben. Bald war er ein wohlgelittener Gast im Salon von Bertha Fanta, einer geistig regsamen und musikalischen Dame, Inhaberin der Apotheke »Zum Einhorn« am Altstädter Ring in dem gleichnamigen, noch aus dem späten Mittelalter stammenden Haus. In die Fantaschen Räumlichkeiten über der Apotheke hatten einige junge Juden, die sich zuvor im Café Louvre regelmäßig getroffen hatten, ihren philosophisch-literarischen Debattierzirkel verlegt. Zu den prominenteren Teilnehmern gehörten die Schriftsteller Max Brod und – freilich nur selten – dessen menschenscheuer Freund Franz Kafka sowie der Philosoph und Zionist Hugo Bergmann, zugleich Schwiegersohn der Dame des Hauses.

Unter Bergmanns umsichtiger Leitung wurden literarische und zionistische Fragen systematisch und anspruchsvoll diskutiert sowie philosophische Texte gelesen. Man war gerade beim Studium von Hegels *Phänomenologie des Geistes*, als Einstein sich in diesem Kreis einfand, aber Hugo Bergmann konnte sich später kaum noch erinnern, ob Einstein an diesen Lesungen tatsächlich teilgenommen hat.[25] Um so deutlicher schilderte Max Brod Einstein als »regelmäßigen Besucher unserer Abende, er beteiligte sich lebhaft an den Debatten über Kant«.[26] Man studierte zunächst die kurze Schrift mit dem langen Titel *Prolegomena zu einer jeden künftigen Metaphysik, die als Wissenschaft wird auftreten können*, und anschließend die *Kritik der reinen Vernunft*, ganz wie in Münchner Schülertagen mit dem Mentor Max Talmud. Auch dieses Mal war Einstein »allen Anregungen aufgeschlossen, seine Gedankengänge nahmen manchmal überraschende, unter Umständen pro-kantische Wendungen. Im ganzen hatte man den Eindruck, einem Vorurteilslosen, Großen gegenüberzustehen.«[27] Natürlich beglückte Einstein diesen Kreis mit einem Vortrag über Relativitätstheorie, an den sich alle Teilnehmer erinnern, und er spielte auch mal Geige: eine Violinsonate von Mozart, am Klavier begleitet von Max Brod.

Nicht nur durch den Kreis der Bertha Fanta, sondern vor allem durch die Nationalitätenprobleme und das eigentümliche ethnische Gemenge der Prager Bevölkerung hätte Einstein, der sich immerhin im Wiener Kultusministerium ohne Schwierigkeiten als »mosaisch« hatte rubrizieren lassen, wenn nicht zur Religion, dann doch zum Volk seiner Väter wieder eine tiefere Beziehung entwickeln können. Von der kleinen deutschsprachigen Minderheit in Prag waren etwa die Hälfte Juden, teils hervorgegangen aus dem uralten Getto der Altstadt, teils aus den östlichen Regionen des Habsburgerreiches zugewandert. In den Auseinandersetzungen mit der tschechischen Mehrheit waren sie den Deutschen gern als Bundesgenossen willkommen, sie wurden auch als gleichberechtigte Teilnehmer am deutschsprachigen kulturellen Leben gelitten, das ohne die Beiträge der Juden bald gar nicht mehr vorstellbar war, aber es war wohl diese fast erzwungene Nähe in einer delikaten Minderheitenkonstellation, die in der deutschen Bevölkerung den Boden für rassistisch-antisemitische Tendenzen und Wahnideen bereitete, früher jedenfalls als im damaligen Deutschen Reich. Die Familie Einstein paßte nun überhaupt nicht in das Schema der Prager Gruppierungen, gehörte doch Mileva als Serbin definitiv nicht zu den Deutschen, wenn sie deshalb auch noch nicht als Tschechin angesehen wurde. Während Mileva im Nationalitätenschema zwischen allen Stühlen zu sitzen kam und sich dabei sehr unbehaglich fühlte, kam das ihrem Mann eher als eine komische Verirrung der ihm ohnehin fremden Menschen vor, nicht wert, ernst genommen zu werden.

Ähnlich unberührt blieb Einstein von der jüdischen Atmosphäre Prags. Die Josefstadt, die frühere Judenstadt, mit ihren drei Synagogen und dem bis ins 15. Jahrhundert zurückreichenden Friedhof, dem 20000 ineinandergeschachtelte Grabsteine eine einzigartige Stimmung verleihen, waren und sind bewegende Zeugnisse einer blühenden jüdischen Kultur. Im Kreise der Frau Fanta hatte sich das durch Geschichte geprägte jüdische Selbstbewußtsein im Zionismus ein neues, konkretes Ziel gegeben. Ihr Schwiegersohn Hugo Bergmann war aktiver Zionist und auch in dieser Hinsicht der Vordenker im Fantaschen Salon. Der studierte Philosoph, der als Bibliotheksbeamter im Clementinum arbeitete, hatte als Gast an Seminaren Einsteins teilgenommen und begleitete ihn anschließend oft auf dem Weg vom Institut in der Weinberggasse zur Wohnung in Smichow. Er konnte sich nicht daran erinnern, »mit Einstein in diesen Jahren von 1911-1912 jemals jüdische Probleme diskutiert zu haben«.[28] Einstein war auch als Ordinarius vollkommen von der Physik absorbiert.

Wer mit Schriftstellern Umgang hat, läuft Gefahr, unterderhand Modell zu stehen, ein Risiko, dem auch Einstein nicht entging. Max Brod arbeitete an einem historischen Roman über das letzte Lebensjahr Tycho Brahes, des großen dänischen Astronomen, der jahrzehntelang in hingebungsvoller Mühe die Bewegungen der Planeten mit bis dahin unerreichter Genauigkeit vermessen hatte und den Kaiser Rudolph II. als Hofastronomen an seine Prager Residenz geholt hatte. Johannes Kepler, erst Tychos Assistent und Mitarbeiter und dann sein Nachfolger im Amte des Hofastronomen, erschloß aus diesen Daten jene drei

Gesetze der Planetenbewegung, die als Marksteine bei der Entstehung der modernen Naturwissenschaft seinen Namen tragen. In Tycho wollte Max Brod den älteren, von Schicksalsschlägen verfolgten Gelehrten und Gottsucher darstellen, starrköpfig sich auf sein »System« versteifend, der in der Wissenschaft wie im Leben scheitert. Und dagegen als Antipoden, in freilich bewußter Abweichung vom historischen Vorbild, in Kepler das vom Glück begünstigte junge Genie.

So einen Mann glaubte der Dichter in Albert Einstein kennengelernt zu haben, der

> mich immer aufs neue zur Verwunderung, ja Begeisterung hinriß, wenn ich beobachtete, mit welcher Leichtigkeit er in der Diskussion experimentierend seinen Standpunkt änderte, sich probeweise auch einmal auf den entgegengesetzten Standpunkt zu stellen wußte und das Ganze nun unter verändertem Winkel völlig neu betrachtete. Er schien geradezu seine Freude daran zu haben, alle Möglichkeiten der wissenschaftlichen Behandlung eines Gegenstandes mit unermüdlichem Wagemut durchzukosten: Er band sich nie, mit Virtuosität und scherzend ging er keiner Vielfältigkeit aus dem Wege und blieb dabei immer sicher und schöpferisch zugreifend.[29]

Diesem ebenso schönen wie realitätsgetreuen Porträt Einsteins hat Max Brod seinen Johannes Kepler nachgebildet, und überdies hat er einen Kepler gezeichnet, »der kein anderes Gewissen kennt als die Bedürfnisse seiner Arbeit«.[30] In dem Roman *Tycho Brahes Weg zu Gott* liest sich das dann so, daß Kepler dem alternden Tycho »ein Gefühl des Grausens« einflößte:

> Die Ruhe, mit der er seinen Arbeiten nachging und die Flöten der Schmeichler gänzlich überhörte, hatte für Tycho etwas außermenschliches, unbegreiflich Gefühlloses, aus einer fernen Eisregion Herwehendes... Jenes Volksmärchen fiel ihm ein, in dem ein Landsknecht dem Teufel sein Herz verkauft und dafür einen schußfesten Panzer erhält. So war Kepler. Er hatte kein Herz. Und deshalb eben hatte er vor der Welt nichts zu fürchten. Er hatte kein Gefühl der Liebe. Und deshalb war er natürlich auch vor den Verirrungen des Gefühls sicher.[31]

Diese Charakterisierung, die als unbedingt positiv nur derjenige empfinden wird, dem das wissenschaftliche Streben jedes Opfer wert ist, dürfte mehr als nur ein Körnchen Wahrheit enthalten haben, denn als der Roman 1915 im Münchner Verlag von Kurt Wolff erschien, war das Vorbild sogleich erkannt: »Dieser Kepler«, soll Walther Nernst zu Einstein gesagt haben, »das sind Sie.«[32]

Einstein hatte sich bald darauf das Buch bei einem Berliner Kollegen ausgeliehen und »mit grossem Interesse gelesen«. Das Brodsche Porträt hat er akzeptiert oder ihm zumindest nicht widersprochen: »Es ist interessant geschrieben von einem Mann, der die Klippen der menschlichen Seele kennt.«[33] Wesentlich distanzierter waren seine anschließenden Bemerkungen über den Autor und den Prager Zirkel um Frau Fanta: »Ich glaube übrigens, daß ich den Mann in Prag kennengelernt habe. Er dürfte einem dortigen philosophisch und zionistisch verseuchten kleinen Kreis angehören, der um den Universitäts-Philosophen herum lose gruppiert war, eine mittelalterlich anmutende kleine Schar weltfremder Menschen...« Offenbar hat der in diesem Kreis gelegentlich auftauchende Einstein auf die Teilnehmer einen wesentlich größeren Eindruck gemacht als diese auf ihn.

Drei Jahrzehnte lang konnten nur die wenigen, die sowohl Max Brods *Tycho* gelesen hatten als auch Einstein gut kannten, über die Ähnlichkeiten zwischen der Figur des Dichters und der Realität Vermutungen anstellen. Aber als 1949 in den USA Philipp Franks Einstein-Biographie erschien, in der über mehrere Seiten Zitate aus Max Brods Buch zur »Schilderung einiger Seiten von Einsteins Persönlichkeit« zusammengestellt wurden, denn »die Worte eines Dichters sind eindrucksvoller als die Beschreibungen eines Wissenschaftlers«, da war das Charakterporträt von Max Brod öffentlich geworden, und manchen Verehrern Einsteins mochten einige Züge nicht so recht zum Bild des gütigen alten Weisen aus Princeton mit den schlohweißen Haaren passen. Fortan gab sich Max Brod große Mühe zu erläutern, daß alles auf Mißverständnissen beruhe und Philipp Frank seine Erzählung falsch aufgefaßt habe. Brod schrieb in diesem Sinne auch Albert Einstein, was bei diesem nur »gutmütige Heiterkeit« hervorrief und den tröstlichen Zuspruch, »dass die Zeit ein Sieb hat, durch welches die meisten Nichtigkeiten ins Meer der Vergessenheit ablaufen«.[34] Das war nur schöner ausgedrückt, aber im Grunde die gleiche Tonlage, in der Max Brod einst seinen Kepler hatte reden lassen, das schöpferische Genie auf der Höhe seiner Schaffenskraft, gleichgültig gegen das Treiben der Welt, konzentriert nur auf seine Forschung, ein freundlich distanzierter Mensch, der in Max Brods Darstellung »überhaupt alles außer seiner Wissenschaft in einer gewissen Bewußtlosigkeit tat«.

Der schöne Park unterhalb der Fenster von Einsteins Arbeitszimmer in der Weinberggasse gehörte zu dem, was man damals eine Irrenanstalt nannte; Einstein pflegte Besucher an die Fenster zu führen und mit Blick auf die sich unter den alten Bäumen ergehenden Geisteskranken zu sagen: »Sie sehen dort den Teil der Verrückten, der sich nicht mit der Quantentheorie beschäftigt.«[35] Er war nun, wohl um nicht selbst verrückt zu werden, vor den Rätseln der Quantentheorie zur Resignation bereit: »Ob diese Quanten wirklich existieren«, schrieb er an Besso, »das frage ich nicht mehr. Ich suche sie auch nicht mehr zu konstruieren, weil ich nun weiß, daß mein Gehirn so nicht durchzudringen vermag.«[36] Das bedeutete freilich nicht den Abschied von jeglicher Beschäftigung mit der Quantentheorie, sondern die Einnahme des bewährten »heuristischen Standpunkts« unter Aufgabe des Versuchs, das Wesen der Quanten zu erfassen: »Aber ich suche möglichst sorgfältig die Konsequenzen ab, um über den Bereich der Anwendbarkeit dieser Vorstellung unterrichtet zu werden.«[37] Dies war ein melancholischer Rückzug auf die pragmatische Kunst des Lösbaren, auch wenn »die Theorie der spezifischen Wärme wahre Triumphe gefeiert hat, da Nernst in seinen Versuchen fand, daß sich alles ungefähr so verhält, wie ich vorausgesagt habe«.[38]

Einstein mußte sich allein schon deshalb weiterhin intensiv mit den Quanten beschäftigen, weil er Mitte Juni 1911 eine Einladung des belgischen Industriellen Ernest Solvay zu einer auf den Herbst angesetzten Konferenz erhalten hatte, bei der ein erlesener Kreis von Forschern eine Bestandsaufnahme der Strahlungs- und Quantentheorie versuchen sollte. »Die Einladung zu der Zusammenkunft in Brüssel nehme ich mit Freuden an und will auch gerne das mir zugedachte Referat verfassen«, schrieb Einstein an Walther Nernst. »Das ganze Unternehmen gefällt mir ungemein, und ich zweifle kaum daran, dass Sie die Seele desselben sind.«[39] Mit dieser Vermutung hatte Einstein ins Schwarze getroffen.

Der umtriebige Gelehrte Walther Nernst und der philanthropische Großindustrielle Ernest Solvay hatten schon im Frühjahr 1910 den Plan zu einer wissenschaftlichen Gipfelkonferenz gefaßt, wobei die Ausgangssituation wahrscheinlich Einsteins dröhnendes Gelächter provoziert hätte, wäre sie ihm damals bekannt geworden. Ernest Solvay, der durch seine Methode der Sodafabrikation zum Herrn über einen chemischen Großkonzern und über ein phantastisches Vermögen geworden war, hatte nicht nur philanthropische Neigungen, sondern auch philosophische und über die Chemie weit hinausreichende naturwissenschaftliche Interessen. Dazu gehörte auch eine bizarre Theorie über Gravitation und Materie[40], die er mit der Unbekümmertheit eines Dilettanten propagierte, dem wegen seines Reichtums niemand zu widersprechen wagte. Nur wollte sie niemand so recht hören, weshalb Solvay bei einem Zusammentreffen mit Nernst fragte, wie er seine Überlegungen den führenden Physikern wie Lorentz, Planck, Poincaré und Einstein nahebringen könne. Nernst ergriff die Gelegenheit beim Schopfe und schlug Solvay ein wissenschaftliches Gipfeltreffen vor, bei dem die kinetische Theorie der Materie und die Quantentheorie der Strahlung erörtert werden sollte.[41] Daß Solvay die Versammlung auch mit seinen laienhaften Ideen über Schwerkraft und Materie ein wenig molestieren würde, wurde von Nernst als Entschädigung für die üppige Finanzierung und opulente Ausrichtung der Veranstaltung in Kauf genommen.

Aus der Vorbereitungsphase ist berichtenswert, daß Planck der Idee eines Physiker-Gipfels »mit vollster Überzeugung beistimmen« konnte, jedoch sein »schweres Bedenken in Betreff ihrer Ausführbarkeit nicht verhehlen«[42] mochte. Er schlug Nernst vor, die Konferenz auf ein späteres Jahr zu verschieben, weil der lückenhafte Zustand der Theorie von zu wenigen Physikern als reformbedürftig erkannt und deshalb viele der in Aussicht genommenen Teilnehmer nicht kommen würden. »Von der ganzen Reihe der von Ihnen Genannten glaube ich nur dass ausser uns Einstein, Lorentz, W. Wien und Larmor sich ernstlich für die Sache interessieren.«[43] Planck hatte sich geirrt. Als im Juni 1911 die nach einem Entwurf von Nernst durch Solvay persönlich unterzeichneten Einladungen ergingen, sagten alle in ähnlich begeisterten Worten zu wie Einstein.

Der »Conseil Solvay« wurde für die Woche vom 29. Oktober bis zum 3. November in Brüssel einberufen. 18 Teilnehmer waren vorgesehen, zwölf von ihnen wurden gebeten, Referate zu halten, deren schriftliche Ausarbeitung schon vor der Konferenz zum Studium vorliegen sollten, damit sich die Diskussionen um so produktiver gestalten würden. Einstein war von Nernst mit dem Schlußreferat »Zum gegenwärtigen Stande des Problems der spezifischen Wärme« betraut worden, und das beschäftigte ihn sehr.

Urlaub hatte er im Sommer ohnehin nicht nehmen wollen, »weil ich die Ferien dringend nötig habe zum Arbeiten«.[44] Er hatte nach mehr als dreijähriger Unterbrechung seine Grübeleien über die Gravitation innerhalb der Relativitätstheorie wieder aufgenommen und dabei festgestellt, daß der Einfluß der Schwerkraft auf die Ausbreitung des Lichts beobachtbar sein müsse. Dieser Fortschritt gegenüber den Überlegungen aus dem Jahre 1907 hat ihn förmlich elektrisiert und wurde zum Ausgangspunkt der Allgemeinen Relativitätstheorie, deren Ausarbeitung in den nächsten Jahren seine ganze Schaffenskraft absorbierte. Da mag ihm die Vorbereitung seines Vortrags als störende Ablenkung erschienen sein, zumal er nicht einmal zur Beantwortung von Briefen Zeit fand, »weil ich durch meinen Seich für den Brüsseler Kongreß geplagt bin«.[45] Ende September ging er für drei Wochen auf Reisen, zuerst zur Naturforscherversammlung in Karlsruhe, wo er die Bekanntschaft von Fritz Haber machte, dann nach Zürich, wo er in einem Ferienkurs des Polytechnikums acht Vorträge hielt[46], die er noch vor seinem Umzug nach Prag zugesagt hatte. Am 28. Oktober bestieg er in Prag den Nachtzug und fuhr über Köln nach Brüssel, wo er abends um sechs Uhr eintraf, gerade noch rechtzeitig zum festlichen Empfang, mit dem jene Veranstaltung eröffnet wurde, die er schon vorab den »Hexensabbat«[47] genannt hatte.

Als Tagungsort hatte Ernest Solvay das »Grand Hotel Metropole« im Zentrum Brüssels gebucht. Seine Gäste wurden fürstlich untergebracht und erhielten neben der Erstattung aller Reisekosten noch tausend Francs, mehr als nur ein hübsches Taschengeld. Für Einstein war zweifellos wichtiger, daß er beim »Conseil Solvay« wie selbstverständlich in den Kreis der führenden Physiker Europas aufgenommen worden war. Die deutschen Teilnehmer – neben Nernst und Planck noch Sommerfeld, Rubens, Wien und Warburg – kannte er schon, ebenfalls die beiden Holländer Lorentz und Kamerlingh Onnes. Nun traf er erstmals auch mit den beiden Engländern James H. Jeans und Ernest Rutherford zusammen, und vor allem mit den aus Paris angereisten Forschern wie Henri Poincaré, Paul Langevin, Jean Perrin und Marie Curie. Er selbst wurde in der auch nach Gesichtspunkten der Nationalität zusammengestellten Teilnehmerliste gemeinsam mit dem Wiener Ordinarius Friedrich Hasenöhrl auf dem österreichischen Kontingent geführt. Als wissenschaftliche Sekretäre der Konferenz fungierten der Engländer Frederick A. Lindemann, als Viscount Cherwell später Wissenschaftsberater von Winston Churchill, damals aber ein erfolgreicher Mitarbeiter von Nernst in Berlin, sowie der Franzose Maurice de Broglie.

Vorsitzender der Veranstaltung war der dafür prädestinierte Hendrik A. Lorentz, von allen respektiert und dazu noch aus einem kleinen, sozusagen neutralen Land. »H. A. Lorentz präsidierte mit unvergleichlichem Takt und unglaublicher Virtuosität«[48], schwärmte Einstein von seiner Vaterfigur. »Er spricht alle drei Sprachen gleich gut und ist von einzigem wissenschaftlichen Scharfsinn.« Schier überwältigt sah er in Lorentz »ein Wunder von Intelligenz und feinem Takt. Ein lebendiges Kunstwerk«.[49] Einstein hatte einerseits die Genugtuung, daß in den meisten Vorträgen – die zu rein experimentellen Themen ausgenommen – seine Beiträge aus früheren Jahren gebührend herausgestrichen wurden, andererseits murrte er nach dem Kongreß:

»Gefordert wurde ich wenig, indem ich nichts hörte, was mir nicht bekannt gewesen wäre.«[50]

In seinem eigenen Referat, von Nernst gewiß mit Überlegung an den Abschluß gesetzt, ließ Einstein die ihm vom Thema gesetzten Grenzen außer acht und weitete es aus zur Erörterung der »höchst wichtigen, aber leider in der Hauptsache noch ungelösten Frage: Wie ist die Mechanik umzugestalten, damit sie der Strahlungsformel sowie den thermischen Eigenschaften der Materie gerecht wird?«[51] Dabei bestand über die Notwendigkeit einer neuen Quantenmechanik unter den Teilnehmern weder vor noch nach dem Kongreß Einigkeit. »Poincaré war einfach allgemein ablehnend, zeigte bei allem Scharfsinn wenig Verständnis für die Situation. Planck ist verrannt in einige ohne Zweifel falsch vorgefaßte Meinungen..., aber wissen tut keiner was. Die ganze Geschichte wäre ein Delizium für diabolische Jesuitenpatres gewesen.«[52] Und für Besso resümierte er den Zustand der Physik und die Ereignisse in Brüssel: »Der dortige Kongreß sah überhaupt einer Wehklage auf den Trümmern Jerusalems ähnlich. Positives kam nicht zustande.«[53] Der eigentliche Gewinn lag für ihn darin, daß er von der Elite seines Fachs als führender Kopf anerkannt worden war und angenehme Bekanntschaften machen konnte, z. B. daß »ich viel mit Jean Perrin, Paul Langevin und Frau Marie Curie zusammen war und von diesen Leuten ganz entzückt bin. Letztere versprach mir sogar, uns mit ihren Töchtern zu besuchen.«[54]

Einstein machte auf alle Anwesenden einen Eindruck, der beinahe demjenigen entsprach, mit dem Lorentz ihn beeindruckt hatte – den Takt vielleicht außer acht gelassen. Er argumentierte souverän für seine Vorstellungen und beteiligte sich – wie man in dem Konferenzband nachlesen kann – mit erfrischender Direktheit an den Diskussionen. Frederick A. Lindemann schrieb unmittelbar nach der Konferenz seinem Vater: »Ich kam sehr gut mit Einstein zurecht, der auf mich den größten Eindruck machte, außer vielleicht Lorentz.«[55] Und später erinnerte er sich daran, daß für seinen Sekretärskollegen Maurice de Broglie »Einstein und Poincaré eine Klasse für sich darstellten«.[56]

Der Kongreß fand eine große Resonanz in der Presse, freilich weniger durch seine wissenschaftlichen Verhandlungen, sondern durch die »Curie-Langevin-Affaire«, die von der Pariser Zeitung ›Le Journal‹ am 4. November publik gemacht wurde, als die beiden noch in Brüssel Gäste von Solvay waren. Marie Curie wurde in einer pathetischen Anklage beschuldigt, der Madame Langevin ihren Mann und Vater ihrer vier Kinder abspenstig machen zu wollen, weshalb die beiden auch gemeinsam zu diesem Kongreß in Brüssel ausgerissen seien. Ernest Solvay war gar nicht amüsiert, aber Einstein kommentierte die Sache ganz nüchtern: »Daß Langevin sich scheiden lassen will, ist schon länger bekannt. Wenn er Frau Curie liebt und sie ihn, dann brauchen sie nicht durchzugehen, weil sie in Paris Gelegenheit genug haben, einander zu treffen. Ich habe aber gar nicht den Eindruck bekommen, daß zwischen ihnen etwas Besonderes schwebe, sondern alle drei [hier schließt Einstein Jean Perrin ein, A. F.] in harmloser Gemütlichkeit angetroffen. Ich glaube auch nicht, daß Frau Curie herrschsüchtig oder sonst süchtig ist. Sie ist eine schlichte, ehrliche Person, der ihre Pflichten und Lasten fast über den Kopf wachsen. Sie hat eine sprühende Intelligenz, ist aber trotz ihrer Leidenschaftlichkeit nicht anziehend genug, um jemandem gefährlich zu werden...«[57] Darin hatte sich Einstein freilich geirrt.

Aber trotz des geschmacklosen Lärms der Presse und des nicht gerade überragenden wissenschaftlichen Ertrags war der Kongreß ein voller Erfolg. Ernest Solvay stiftete permanente Institute für Physik, Chemie und Soziologie und kündigte an, den »Conseil Solvay« zu einer alle zwei Jahre wiederkehrenden Veranstaltung zu machen. In seiner Schlußansprache gab Solvay seiner Hoffnung Ausdruck, 1913 bei der zweiten Konferenz »meine gravito-materialistische Theorie, ebenso wie Sie die Ihrigen, zur Diskussion stellen zu können«. Trotz dieser Drohung waren die »Solvay-Konferenzen« als die Gipfeltreffen der Physiker etabliert. Wenn Einstein einmal nicht teilnehmen konnte – in den zwanziger Jahren war das zweimal der Fall –, dann wurde das von einigen Kollegen wie ein Konzil ohne Papst empfunden.

Den Aufenthalt in Brüssel beim ersten »Conseil Solvay« hat er auch genutzt, beim Onkel Caesar Koch vorbeizuschauen, und während der Heimreise machte er einen Umweg übers holländische Utrecht – wegen Berufungsverhandlungen.

Einstein war nun berühmt. Obwohl mit 32 Jahren nach damaligen Maßstäben für ein Ordinariat eigentlich noch recht jung, war sein Ansehen in Fachkreisen so groß, daß er nicht lange in dem von ihm so genannten »halb barbarischen« Prag würde bleiben müssen. Die erste Anfrage war schon am 20. August 1911, also mehr als zwei Monate vor der Solvay-Konferenz, von der Universität Utrecht gekommen. Professor Willem Julius, ein Pionier in der Erforschung der Sonnenhülle, hatte Einstein zunächst informell einen vakant gewordenen Lehrstuhl offeriert. Einstein sagte ab, aber da Julius sich nicht so schnell geschlagen geben wollte, entspann sich zwischen den beiden ein verwickelter Briefwechsel[58], bei dem sich Einstein alle Möglichkeiten offenhielt. Der Besuch in Utrecht verlief zwar sehr angenehm, aber am 15. November gab Einstein in Prag seine definitive Absage zur Post, denn Utrecht war wohl nur ein Mittel gewesen, die Rückkehr nach Zürich zu beschleunigen.

Die Utrechter Offerte hatte Einstein seinem Zürcher Freunde Zangger als durchaus bedenkenswert dargestellt: »Die Besoldung beträgt 6000 holländische Gulden. Ich muss gestehen, dass mir die Sache reizvoll erscheint. Kamerlingh-Onnes und H. A. Lorentz in nächster Nähe; ... Glauben Sie, dass sich in Zürich so rasch etwas entscheiden könnte?«[59] Als Einstein wegen seiner Vorträge im Rahmen eines Ferienkurses am Polytechnikum in Zürich weilte, sind ohne Zweifel die Möglichkeiten eines dortigen Ordinariats mit Grossmann und Zangger erörtert und für gut befunden worden. Das Polytechnikum war gerade zur Eidgenössischen Technischen Hochschule mit allen akademischen Privilegien wie dem Promotionsrecht aufgewertet worden, und im Zuge einer Neuorganisation sollten auch die Grundlagenfächer intensiviert werden. Die alte Abteilung VI A, an der Einstein einst studiert hatte, war nun die selbständige Abteilung VIII, und es traf sich günstig, daß Marcel Grossmann ihr Vorstand war.

Der Gerichtsmediziner Zangger ließ seine politischen Verbindungen spielen und schrieb noch während Einsteins Aufenthalt in Zürich an den Bundesrat Ludwig Forrer. Der stand zwar dem Schweizerischen Post- und Eisenbahndepartement vor und war gar nicht zuständig, wollte sich aber bei seinem Kollegen vom Departement des Inneren für die Berufung Einsteins verwenden. Als Argumentationshilfe hatte er Forrer dargelegt, daß die ETH dringend einen ordentlichen theoretischen Physiker brauche und diesem Bedürfnis leicht entsprochen werden könne, weil er ohne Labor und Assistenten auskomme und daher keine Umstände mache. Wichtiger noch war die Ausräumung des Verdachts, daß Einstein zwar berühmt, aber hinsichtlich der Lehre weder besonders interessiert noch geeignet sei. »Darüber erlaube ich mir ein eigenes Urteil«[60], schrieb Zangger an den Bundesrat Forrer, »weil ich Einstein, solange er in Zürich war, wöchentlich einige Stunden hörte.« Das Resultat dieser Erfahrungen ist eine schöne Porträtskizze Einsteins als akademischer Lehrer: »Er ist kein guter Lehrer für denkfaule Herrn, die nur ein Heft voll schreiben wollen und es auswendig lernen wollen für das Examen, er ist kein Schönredner, aber wer lernen will ehrlich, tief innerlich seine physikalischen Gedanken aufzubauen, alle Praemissen umsichtig zu prüfen, die Klippen u. Probleme zu sehen, die Zuverlässigkeitsgrenzen seiner Überlegung zu übersehen, der findet in Einstein einen erstklassigen

Lehrer, denn alles das kommt im Vortrag zum suggestiven Ausdruck, der zum Mitdenken zwingt und die Weite des Problems aufrollt.«

Als Einstein bei der Rückkehr vom »Conseil Solvay« keine Post aus Zürich vorfand, wurde er ungeduldig. Berufungsverhandlungen und das damit verbundene Intrigieren und Zuwarten waren nicht nach seinem Geschmack, denn »es ist scheußlich, wenn man immer derartige Entschlüsse zu fassen hat wie Heines Esel zwischen den beiden Heubündeln; da tut man sich besser man ist in irgendeiner Weise vom Schicksal gezwungen«.[61] Nun wollte er sich die Berufungsangelegenheiten auf seine Weise vom Hals schaffen. »Nach Utrecht habe ich eben abgeschrieben«[62] teilte er Zangger mit, »und die lieben Zürcher können mich auch gern haben, bis auf Sie.«

Kaum hatte er diese ungehaltene Botschaft zur Post gegeben, erhielt er einen Brief von Grossmann, der offenbar einen erfreulichen Fortschritt der Verhandlungen schilderte und auf den er nun ganz anders reagierte: »Gewiß bin ich prinzipiell geneigt, eine Lehrstelle für theoretische Physik an Eurem Polytechnikum anzunehmen. Ich freue mich ausserordentlich über die Aussicht, wieder nach Zürich zu kommen. Diese Aussicht hat mich letzter Tage veranlasst, einen an mich gelangten Ruf an die Universität Utrecht nicht anzunehmen.«[63] Mit Grossmann war sich Einstein einig, daß noch immer »den Studierenden der VIII. Abteilung des Poly zu wenig, bzw. zu wenig Zeitgemässes geboten werde«, und Einstein freute sich darauf, »zur Ausfüllung dieser Lücke beitragen zu können«. Auch über den Amtsantritt hatte er sich Gedanken gemacht und äußerte den Wunsch, »dass dafür der Anfang eines Studienjahres gewählt werden möge, weil dies im Interesse der Lehrtätigkeit das Beste wäre, also z. B. der nächste Herbst.« Die Angelegenheit schien also nicht besonders eilig. Das änderte sich aber bald.

Als nämlich Lorentz, bei dem sich Einstein zuvor artig für die Absage in Utrecht entschuldigt hatte, wissen wollte, »inwiefern es jetzt feststeht, daß Sie nach Zürich gehen«[64], da fürchtete Einstein, daß er sich einem neuerlich geäußerten Wunsch von Lorentz, doch nach Utrecht zu kommen, nicht würde entziehen können. Sogleich informierte er Grossmann von der drohenden Kalamität: »Wenn ich in Zürich gar nicht offiziell gebunden bin, wird es mir schwer fallen, ihm abzusagen, wie Du Dir leicht vorstellen kannst. Also bitte ich Dich, prestissimo zu veranlassen, dass die Verhandlungen eingeleitet werden. – Ich bitte Dich sehr um Entschuldigung, dass ich Dich in dieser Weise drangsaliere, aber ich bin in einer so heiklen Lage, dass ich mir nicht anders zu helfen weiss.«[65]

Der treue Marcel hat sich nach Empfang dieses Briefes »sofort auf die Socken gemacht« und den in Zürich lebenden Präsidenten des Schweizerischen Schulrats Rudolf Gnehm davon unterrichtet, daß es »gut wäre, das Tempo zu beschleunigen«.[66] Zangger machte zusätzlichen Druck, indem er Gnehm darauf hinwies, daß neuerdings auch Wien seine Angeln ausgeworfen hätte, und er wollte es »auch diesmal nicht auf dem Gewissen haben, diese Gefahr nicht bei Zeit vermerkt zu haben«.[67] Gnehm wäre sogar bereit gewesen, zu Verhandlungen nach Prag zu fahren, aber die sich zum Jahresende zusammendrängenden Geschäfte machten das unmöglich. So kam nach telegrafischer Vereinbarung Einstein kurz vor Weihnachten in die Schweiz, fuhr in Begleitung des weltläufigen Zangger nach Bern und hatte bei der Rückreise zwar keinen Vertrag in der Tasche, aber die Versicherung, daß alles Weitere nur noch Formalien wären.

Daß diese Formalien zügig erledigt wurden, lag auch an der guten Vorarbeit von Pierre Weiss, seit 1902 Nachfolger jenes Professor Pernet, der einst Einstein wegen »Unfleiss« hatte vermahnen lassen. Diesen exzellenten Physiker hatte man eher als den alten und kränklichen Professor Weber mit dieser Berufungsangelegenheit betraut, zumal zumindest Grossmann wußte, daß Webers Erinnerungen an seinen vormaligen Studenten Einstein etwas getrübt sein dürften. Pierre Weiss hatte rechtzeitig Marie Curie und Henri Poincaré um Gutachten gebeten, von denen er sich wegen ihrer Popularität den größten Eindruck auf die Politiker in Bern versprach. Marie Curie, die wegen ihres andersartigen Forschungsgebietes von den Einsteinschen Theorien eigentlich nicht viel verstanden haben konnte, stellte dennoch ein schönes Zeugnis aus:

»Ich habe die Arbeiten, die M. Einstein über Fragen der modernen theoretischen Physik veröffentlicht hat, sehr bewundert. Überdies glaube ich, daß die mathematischen Physiker darin übereinstimmen, daß diese Arbeiten von höchstem Range sind. In Brüssel, wo ich eine wissenschaftliche Konferenz besuchte, an der auch M. Einstein teilnahm, konnte ich die Klarheit seines Verstandes, die Weite seiner Kenntnisse und die Profundität seines Wissens bewundern. Wenn man bedenkt, daß M. Einstein noch sehr jung ist, ist es gerechtfertigt, daß man in ihn große Hoffnungen setzt und in ihm einen der führenden Theoretiker der Zukunft sieht. Ich denke, daß eine wissenschaftliche Institution, die M. Einstein die von ihm gewünschten Arbeitsmöglichkeiten gewährt, indem sie einen Lehrstuhl schafft, wie er ihn verdient, nicht nur großer Ehre teilhaftig wird, sondern auch mit Sicherheit der Wissenschaft einen großen Dienst erweist.«

Auch Henri Poincaré, von dem Einstein in Brüssel nicht beeindruckt war, pries den jungen Kollegen als einen der »originellsten Köpfe, die ich je kennengelernt habe« und war mit Lob ähnlich freigebig wie Madame Curie. Um so interessanter sind seine Vorbehalte gegenüber dem jungen Feuerkopf, die er ziemlich ausführlich darstellte: »Ich wage nicht zu sagen, daß seine Vorhersagen der Prüfung durch das Experiment standhalten werden, wenn das eines Tages möglich sein wird. Da er alle möglichen Wege erforscht, muß man im Gegenteil erwarten, daß viele seiner Bemühungen in einer Sackgasse enden; aber man darf gleichzeitig hoffen, daß einer der von ihm beschrittenen Wege der richtige sein wird, und das genügt.«[68] Damit nicht genug, wurde in der Vorlage an den Schweizerischen Schulrat üppig aus dem aktuellen Schrifttum zitiert, so der Vergleich Max Plancks zwischen der Relativitätstheorie und der Einführung des Copernikanischen Weltsystems, mit dem die Prager Fakultät schon das Wiener Ministerium beeindruckt hatte, sowie die Erklärung Sommerfelds auf der Karlsruher Naturforscherversammlung, »daß das Relativitätsprinzip kaum mehr zu den aktuellen Fragen gehöre. Obwohl erst sechs Jahre alt – Einsteins Arbeit erschien 1905 – scheint es schon in den gesicherten Besitz der Physik übergegangen zu sein.«[69]

Damit war hinreichend begründet, daß solch einem ungewöhnlichen Mann auch vom üblichen abweichende Lehrpflichten auferlegt werden sollten. »Gerade der Umstand, daß mit dieser Lehrkanzel keine Pflichten zur Abhaltung von allgemeinen Vorlesungen in Physik für ein grosses Auditorium und für Leitung von Laboratoriumsübungen verbunden sind, entspricht in ganz besonderem Masse der Eigenart Einsteins.«[70] Der neue Professor sollte nur Lehrveranstaltungen für die oberen Semester abhalten und hätte dann »eine kleinere Schar gut veranlagter und entsprechend vorgebildeter Studierender, für die dann allerdings der Einfluss einer Persönlichkeit wie Einstein ungemein fördernd werden dürfte«. Dann war noch das Problem zu lösen, daß Einstein inzwischen »teuer« war und bei einem Wechsel keinen finanziellen Verlust erleiden wollte. In Prag erhielt er schon ein wenig mehr als die 10000 Franken Jahresgehalt, die in Zürich das Maximum waren. Also wurde ihm eine »jährliche Zulage von 1000 Franken« aus einem der Bundesregierung zur Verfügung stehenden Stiftungsfond bewilligt, »nebst Anteil am Schulgeld und an den Honoraren der Zuhörer gemäss den jeweiligen Bestimmungen des Reglement«.[71] In der nächstmöglichen Sitzung des Schulrates am 22. Januar 1912 wurde nach Entgegennahme des ausführlichen Berichts von Rudolf Gnehm dem Bundesrat empfohlen, Albert Einstein für die in der Schweiz bei Ordinarien üblichen zehn Jahre zum Professor für Physik an der ETH zu »wählen«. Der Bundesrat entsprach dem binnen Wochenfrist. Am 30. Januar berichtete Zangger nach Prag, daß die Wahl erfolgt sei, und am 2. Februar bedankte sich Einstein beim Hochgeehrten Herrn Bundespräsidenten: »Es ist mir eine grosse Freude, so bald wieder in der Schweiz als Lehrer wirken zu dürfen.«[72] Vom gleichen Tage ist noch eine Postkarte an den väterlichen Freund Alfred Stern erhalten: »Vor zwei Tagen wurde ich (Halleluja!) an das Polytechnikum nach Zürich berufen und habe hier schon meinen k.k. Abschied angemeldet. Darob bei uns allen und beiden Bärchen große Freude.«[73]

Einstein freute sich nicht nur über die Rückkehr nach Zürich zu sehr vorteilhaften Bedingungen, er war auch sichtlich erleichtert, nun allen Entscheidungen enthoben zu sein und sich bei weiteren Offerten auf Absagen beschränken zu können. Emil Warburg bot ihm eine repräsentative Stelle in der von ihm geleiteten Physikalisch-Technischen Reichsanstalt in Berlin an, und auch Wien machte ein ungewöhnlich gut dotiertes Angebot. »Ich lehnte aber ab, bevor ich mich in Zürich eingelebt habe, irgend etwas in Erwägung zu ziehen«, schrieb er an Zangger. »Es wäre sehr unnobel von mir gewesen, mich auf diese Weise hinterrücks zu ›verkaufen‹.«[74] Auch die Einladung der Columbia University in New York[75], dort als Gastdozent in den Fußstapfen von Planck und Lorentz im Herbst 1912 oder Frühjahr 1913 eine Reihe von Vorträgen zu halten, wurde abschlägig beschieden, denn die Physik war wichtiger als ein attraktiver und guthonorierter Ausflug über den Ozean: »Leider bin ich mit Arbeit so überhäuft, dass ich an eine solche Unternehmung nicht denken kann.«[76] Dann gab es noch einen Grund, den er freilich nicht den Amerikanern, sondern nur dem Freund Zangger mitteilte: »Ich mag diese öffentliche Vortragerei nicht.«[77]

Die holländische Offerte hatte noch ein Nachspiel. Irgendwann im Februar erfuhr Einstein, daß sich Lorentz' Anfrage vom Dezember, ob sein Wechsel nach Zürich feststehe, gar nicht auf die Utrechter Professur bezogen hatte, sondern auf seine eigene Nachfolge. Lorentz hatte sich, obwohl erst 58 Jahre alt, entschlossen, seinen Lehrstuhl zugunsten der Forschung und seiner vielen internationalen Verpflichtungen aufzugeben. Als Einstein klar wurde, daß die Vaterfigur ihn als seinen Nachfolger auserkoren hatte, schrieb er an Zangger: »Es ist gut, dass ich in Zürich schon verpflichtet war, denn sonst hätte ich unbedingt dorthin gehen müssen.«[78] Statt Einstein wurde auf den prestigeträchtigen Leidener Lehrstuhl zur großen Überraschung der

Fachwelt Paul Ehrenfest berufen, und wenn Lorentz die Vaterfigur für Einstein war, so wurde Ehrenfest der große Freund.

Paul Ehrenfest war ein damals nur wenigen Kollegen bekannter Physiker, der sich im fernen Petersburg in unsicheren akademischen Stellungen durchschlug, aber mit einem brillanten Beitrag über die begrifflichen Grundlagen der statistischen Mechanik in der *Enzyklopädie der mathematischen Wissenschaften* sowie einigen hervorragenden Veröffentlichungen sich als scharfsinniger Theoretiker ausgewiesen hatte. Auf der Suche nach einer Professur hatte er, nach Aufenthalten in Berlin, Wien und München, auch Einstein im Februar 1912 in Prag besucht; für beide war das ein tiefgreifendes Erlebnis. »Nach wenigen Stunden waren wir Freunde«[79], erinnerte sich Einstein in seinem Nachruf auf Ehrenfest, »Menschen, die durch ihr Streben und Sehnen wie füreinander geschaffen waren. Wir blieben durch innige Freundschaft verbunden, bis er aus dem Leben ging.«

Die ersten Eindrücke ihrer Begegnung hat Ehrenfest in seinem Tagebuch festgehalten. Am 23. Februar notierte er:

> Endlich Einfahrt in Prag – grau. Heraus! Gehe zum Ausgang. Dort Einstein (mit Zigarre im Mund) und Frau. Gleich ins Kaffeehaus... Reden über Wien, Zürich, Prag... Auf dem Weg zum Institut schon Streit über alles. Regen auf der Gasse – Schmutz – immer zu Diskussion. Institut: Aula – Stiege hinauf in (die) theoretische Physik. ... Mit Einstein noch weiter gestritten.[80]

Nun hatte Einstein endlich den Partner für den produktiven Dialog, der ihm in Prag so gefehlt hatte, und da beide ein scharfes Mundwerk nicht nur riskierten, sondern auch schätzten, war der von Ehrenfest so apostrophierte »Streit« wohl das Schönste, was ihnen passieren konnte. Ehrenfest wohnte bei den Einsteins; die gingen abends in ein Konzert und kamen gegen Mitternacht wieder nach Hause. »Noch Tee. Von 12-2:30 h. – Mit Einstein gestritten. Sehr spät schlafen.« Am nächsten Vormittag die gleiche Situation im Institut: »Wir kommen sofort wieder ins Streiten (rücklings auf Sesseln und am Mitteltisch stehend). ... Später erzählt mir Einstein seine Gravitationsarbeit.«

Tags darauf war ein Sonntag, deshalb »spielten wir Klavier. Violin-Sonate von Brahms. (Junge singt!) – Ja wir werden Freunde sein. – war furchtbar froh.« Von einem Spaziergang am Nachmittag, bei dem Einstein den Kinderwagen schiebt und enorm ausschreitet, notiert Ehrenfest: »Einstein spricht oft ein derbes Wörtlein vor den Ohren des Jungen...«, und er bemerkt auch ein Loch in Einsteins Mantel. So ging es noch vier Tage lang, Einsteinsche Familienidylle und »Streit«

bis in die Nacht. Am Dienstagabend hielt Ehrenfest im Institut in der Weinberggasse vor der mathematischen Gesellschaft einen Vortrag über Strahlungstheorie, zu dem Einstein alle verfügbaren Kollegen zusammengetrommelt hatte, und am Donnerstag dann die Abreise: »Mit Einstein in Konditorei (Schokolade), dann längs der Moldau... Einstein schimpft über Goethe. Stadtbesichtigung. Auf (den) Bahnhof – also los – Eingang. Einstein hilft tragen. Am Zug. Bis zum letzten Wagen. Einstein sehr lieb und innig – Abschied. Was bringt die Zukunft?«

Einstein, mit seinem Ruf nach Zürich in der Tasche, wollte den Freund als seinen Nachfolger in Prag ins Gespräch bringen, zumal sein Vortrag solchen Beifall gefunden hatte, »dass ihn meine Kollegen unbedingt hier haben möchten«.[81] Das scheiterte aber an Ehrenfests konsequenter Ablehnung eines religiösen Bekenntnisses. »Es wurmt mich geradezu«[82], schimpfte Einstein mit seinem Freund, »dass Sie den Spleen der Konfessionslosigkeit haben.« Ehrenfest wollte oder konnte nicht so wie Einstein den Konventionen genügen; schließlich hatte ihn der österreichische Staat dazu gezwungen, als er in Wien seine russische Kommilitonin Tatjana heiraten wollte: Da Ehen zwischen Christen und Juden verboten waren und die Taufe für Ehrenfest nicht in Frage kam, hatten beide die Konfessionslosigkeit und die dadurch mögliche Ziviltrauung wählen müssen. In Zürich hatte die Konfessionslosigkeit dagegen als unterstützendes Argument in seiner Empfehlung an Zangger dienen sollen: »Es möchte sich nämlich ein ausgezeichneter Theoretiker in Zürich habilitieren (Ehrenfest), der fanatischer Konfessionsloser ist (kurios) und deshalb von der Schweiz nicht wegberufen würde. Diesem Manne muss man sehr entgegenkommen, weil er eine ausgezeichnete Akquisition wäre.«[83] Diese Überlegungen wurden hinfällig, als Lorentz sich anschickte, Ehrenfest auch ohne Habilitation als seinen Nachfolger nach Leiden kommen zu lassen. Einstein gratulierte herzlich zu dieser Nachricht: »Ausser Ihnen würde sich gewiss niemand mehr freuen als ich, wenn Sie nach Holland berufen würden.«[84] Nachdem Ehrenfest im Oktober die Professur in Leiden angetreten hatte, erhielt er irgendwann zum Jahresende einen Brief von Einstein mit einer Bemerkung, die ihn ins Grübeln gestürzt haben dürfte: »Als mich Lorentz damals rief, empfand ich ein unleugbares Gruseln.«[85]

Wenn Einstein in Prag keine rechten Gesprächspartner hatte, mußte er reisen, und so fuhr er nach Ostern erstmals nach Berlin, »um mit den verschiedenen Leuten fachsimpeln zu können. Ich habe mit

Nernst, Planck, Rubens, Warburg, Haber und einem Astronomen Besprechungen dort.«[86] Das war sozusagen die Berliner Delegation zur Solvay-Konferenz einige Monate zuvor in Brüssel, und dazu noch der berühmte Chemiker Fritz Haber, Direktor des gerade gegründeten Kaiser-Wilhelm-Instituts für Physikalische Chemie und Elektrochemie, sowie der Assistent an der Universitätssternwarte in Babelsberg bei Berlin Erwin Freundlich, nicht gerade berühmt, aber brennend daran interessiert, Einsteins Vorhersage der Lichtablenkung im Schwerefeld mittels astronomischer Beobachtungen zu überprüfen. Außerhalb der neuen astronomischen Interessen Einsteins dürften die »Fachsimpeleien« Fortsetzungen der in Brüssel erörterten Probleme gewesen sein. Sehr wahrscheinlich haben die von Einstein besuchten Säulen des Berliner naturwissenschaftlichen Establishments auch vorsichtig die Möglichkeiten sondiert, wie ihr Gast alsbald auf Dauer nach Berlin gelockt werden könnte. Schon 1910 hatte Walther Nernst unter dem Eindruck seines Besuchs in Zürich seine Fühler ausgestreckt, ob man den Österreichern mit einer Berufung nicht zuvorkommen sollte, wie aus einer etwas kryptischen Briefkarte hervorgeht: »Wegen Einstein habe ich mich erkundigt, aber noch keine Nachricht erhalten. Übrigens ist die betreffende Angelegenheit wohl unabhängig davon, ob E. jetzt etwas besser gestellt ist.«[87] Kurz vor seinem Besuch in Berlin hatte Einstein bekanntlich eine Einladung Warburgs an die Physikalisch-Technische Reichsanstalt abgelehnt, aber Nernst mag davon überzeugt gewesen sein, daß sich dank der vielfältigen Berliner Möglichkeiten schon ein Angebot komponieren lassen müßte, dem Einstein nicht widerstehen könnte. Und tatsächlich traf er ziemlich genau zwei Jahre später mit Möbelwagen und Familie in Berlin ein.

Bei seinem Besuch in Berlin traf Einstein auch seine Cousine Elsa wieder, die er seit den Münchner Kindertagen nicht mehr gesehen hatte. Sie hieß jetzt Löwenthal, war aber geschieden und lebte mit zwei kleinen Töchtern in der obersten Etage eines der komfortablen gutbürgerlichen Mietshäuser im Bayrischen Viertel. Die darunterliegende Etage bewohnten ihre Eltern, Einsteins Onkel Rudolf, der »Reiche« aus Hechingen, der einst seinem Vater erst Kredit gewährt und ihn dann schrecklich »sekkiert« hatte[88], und die Tante Fanny, die Schwester seiner Mutter. Auch die Mutter Pauline war 1910 mit der Verwandtschaft aus Hechingen nach Berlin gekommen, hatte aber 1911 eine Stelle als Haushälterin im Württembergischen angenommen und konnte so nicht selbst erleben, wie ihr Sohn gemäß ihrer Prophezeiung nun als

»großer Professor« Gast der berühmtesten Berliner Gelehrten war. Einstein scheint sich im Kreise seiner Verwandtschaft überaus wohl gefühlt zu haben, zumal ein ständiger Streitpunkt jetzt ausgeräumt war. Der unabänderlichen Meinung seiner Mutter und vermutlich auch der anderen Einsteins, daß seine Ehe mit Mileva ein großer Fehler, wenn nicht gar ein Unglück gewesen sei, hatte er sich inzwischen so weit angeschlossen, daß sich schon die spätere Trennung und schließlich Scheidung abzeichnete.[89]

Der Sohn Hans Albert hat später die Entfremdung zwischen seinen Eltern, obwohl er sich über die Gründe nie ganz klar zu werden vermochte, letztendlich darauf zurückgeführt, daß sein Vater den Eindruck hatte, »die Familie würde ihn zuviel Zeit kosten, während er sich verpflichtet fühlte, sich ganz auf seine Arbeit zu konzentrieren«.[90] Nun ist es richtig, daß Einsteins Briefe in dieser Zeit und in den folgenden Jahren von manchmal atemloser Hektik zeugen: Er arbeitete »rasend am Gravitationsproblem«[91], klagte, daß es ihm »wirklich an dem kleinsten Bisschen Zeit fehlte«[92], und hatte überhaupt »geschafft wie ein Wilder«.[93] Das aber war die ihm einzig gemäße Lebensweise, und Mileva wird das geduldig ertragen haben.

Einstein führte später denn auch andere Schwierigkeiten an. So hatte er darunter gelitten, daß Mileva »sehr abweisend und mißtrauisch gegen alle Leute (war), die mir irgendwie nahetraten«.[94] Das galt schon – mit wenigen Ausnahmen – für Freunde und Kollegen männlichen Geschlechts, aber wenn es sich um weibliche Bekanntschaften im durchaus üblichen Rahmen gesellschaftlichen Umgangs handelte, dann konnte sie nicht anders, als wie eine Furie dazwischenzufahren. So hatte Einstein, als er in Zürich mit der längst verheirateten Annelie, der Tochter des Hoteliers vom »Paradies« in Mettmenstetten, Jugenderinnerungen austauschte, große Mühe, einen von seiner Frau provozierten Skandal zu vermeiden.[95] Mileva mag wegen ihrer Gehbehinderung und ihrer nicht eben attraktiven Erscheinung jenes Selbstbewußtsein gefehlt haben, dessen sie bedurft hätte, um sich ihres bei Frauen durchaus Eindruck machenden Albert jederzeit sicher sein zu können. Statt dessen verstärkte sich ihre ins Depressive neigende düstere Grundstimmung. Auch die Situation in Prag, wo Mileva keiner Volksgruppe so recht zugehörte, einsam war und sich nach der Schweiz zurücksehnte, mag nicht eben zur Aufhellung ihres Gemüts beigetragen haben, und dann litten die Familienverhältnisse noch durch die »an Feindschaft grenzende Beziehung« zwischen Einsteins Mutter und Mileva, was »natürlich auch zu der Scheidung von meiner ersten Frau beigetragen« hat.[96]

Damals mag sich in ihm zur Überzeugung verdichtet haben, was er später mit dem Bemühen um Gerechtigkeit als schicksalhaftes Verhängnis beschrieb: »Die von mir aus Pflichtgefühl, entgegen leidenschaftlichem Sträuben meiner Eltern eingegangene Ehe war unglücklich, woran Mileva keineswegs die Hauptschuld hatte. Ich hatte da mit innerem Widerstreben etwas unternommen, was eben über meine Kräfte ging.«[97] Aber wie das so zu gehen pflegt, wurde der Durchbruch zu dieser Einsicht durch eine Alternative befördert, und die war seine Kusine Elsa. Kaum war er wieder in Prag, erhielt er einen Brief von ihr, adressiert ans Institut und nicht an die Wohnung, und beglückt antwortete er: »Ich habe Dich in diesen wenigen Tagen so lieb gewonnen, dass ich Dirs kaum sagen kann.« Er versprach, zum Ende des Semesters wieder nach Berlin zu kommen und schwelgte in Erinnerungen: »Ich bin ganz selig, wenn ich an unsere Tour nach Wannsee denke. Ich gäbe was drum, wenn ichs widerholen könnte.« Wegen Elsa wäre er nun lieber nach Berlin gegangen als nach Zürich, aber »die Aussicht, dass ich nach Berlin gerufen werde, ist leider recht gering, wie ich mir bei klarer Überlegung sagen muss.« Abschließend versicherte er seiner Kusine »mit aller Überzeugung, dass ich mich für ein vollwertiges Mannsbild halte. Vielleicht gibts einmal eine Gelegenheit Dirs zu beweisen.«[98]

Eine Woche später war er zu der Einsicht gelangt, dem ehelichen Joch doch nicht entfliehen zu sollen: »Ich leide sehr darunter, dass es mir versagt ist, wirklich zu lieben, eine Frau zu lieben, die ich auch nur zu sehen kriege! Ich leide noch mehr wie Du, weil Du nur unter dem leidest, was du *nicht* hast. Aber trotzdem ergebe ich mich ins Unvermeidliche, um noch Aergeres zu verhüten.«[99] Noch einmal zwei Wochen später nahm Einstein Abschied – »Ich schreibe Dir zum letzten mal und begebe mich in das Unvermeidliche zurück«[100], – aber doch nicht ganz, denn er versprach ihr, eine Adresse mitzuteilen, unter der Elsa ihm nach Zürich schreiben könnte. – Zwei Jahre später trat Einstein eine ehrenvolle Stelle in Berlin an, und die Trennung wurde für Mileva unvermeidlich, und nach weiteren drei Jahren war Einsteins Adresse die gleiche wie die seiner Kusine. Berlin-Wilmersdorf, Haberlandstraße 5.

Aber was waren Ehekrisen und Liebschaften im Vergleich mit dem »wissenschaftlichen Streben?« Die Freude daran konnten sie bei einem Einstein nicht beeinträchtigen, und zu seinem letzten Prager Semester war im Frühjahr 1912 sogar ein beinahe adäquater Gesprächspartner an die Moldau gekommen. Es war der 24jährige Otto Stern, der gerade in Breslau in Physikalischer Chemie promoviert worden war, sich in der Thermodynamik fortbilden wollte und sich dazu Einstein als den modernsten Vertreter dieser Disziplin auserkoren hatte.

Als Stern nach Prag kam, erwartete er, einen sehr gelehrten Herrn mit großem Bart zu treffen, erlebte aber wie viele andere eine Überraschung. Er fand niemand Professorales im Institut, ging weiter, und »schliesslich sass am Schreibtisch so ein Mann ohne Jacke, ohne Krawatte in so einem Hemd, wie's die italienischen Straßenarbeiter trugen, und auf dem Rücken war ein grosses Dreieck ausgerissen. Es stellte sich heraus: dieser Mann war Einstein. Er war furchtbar nett.«[101] Der junge Otto Stern profitierte von Einsteins wissenschaftlicher Einsamkeit in Prag und lernte viel »über die Probleme der Quantentheorie, dadurch, dass eben Einstein auf mich angewiesen war zum sprechen – er hatte sonst niemanden. Das war natürlich ein großer Glücksfall für mich.«[102] Während Stern sich neben der Physik vor allem für die exzellente Prager Küche begeisterte, brachte es Einstein fertig, den Feinschmecker in das einzige Lokal in der Stadt einzuladen, in dem es miserables Essen gab: Es war das offizielle Tagungslokal der Sozialdemokratischen Partei. Küche, Kleidung und sonstige Konventionen waren ihm nie der Lebensinhalt gewesen, aber es hat den Anschein, als hätte er in Prag, wo er sich immer ein wenig als Fremder fühlte, erstmals ausprobiert, wie sich das Leben durch bewußt unkonventionelle Gestaltung erleichtern ließe.

Wenn Otto Sterns Erinnerungen nicht trügen, hatte Einstein sich damals intensiv den Kopf über das Gesetz des radioaktiven Zerfalls zerbrochen und dabei Überlegungen angestellt, die auf eine Quantentheorie der Emission und Absorption der Strahlung hinausliefen. Davon gedieh jedoch nichts zur Publikationsreife.

Veröffentlicht hat Einstein jedoch noch eine hübsche Arbeit[103], die sich an den letzten Paragraphen seiner »revolutionären« Publikation über die Lichtquanten aus dem Jahre 1905 anschloß. Sie handelt von der Beeinflussung chemischer Reaktionen durch Licht und liefert eine Herleitung des photochemischen Äquivalentgesetzes aus thermodynamischen Prinzipien, ganz wie es Einsteins Lieblingsvorstellung von der Thermodynamik als einer ewig gültigen »Prinziptheorie« entsprach. Dabei war die Quantenhypothese nicht wie 1905 eine Voraussetzung des photochemischen Äquivalentgesetzes, sondern ergab sich gewissermaßen nebenbei als Folgerung aus dem thermodynamischen Begründungszusammenhang. Diese Arbeit trug ihrem Verfasser eine törichte Anrempelei durch Johannes Stark ein, der sich zur Verteidigung seines geistigen Eigentums bemüßigt fühlte.[104] Einstein reagierte souverän[105], zumal er darauf verweisen konnte, daß Stark die Pointe seiner Argumentation nicht einmal verstanden hatte und dasjenige, was er verstanden hatte und als sein geistiges Eigentum in Anspruch nahm, schon in Einsteins Publikation von 1905 enthalten war. Verewigt wurde diese Arbeit aber dadurch, daß nach ihrem Autor eine physikalische Einheit benannt wurde: Die (frequenzabhängige) Energie eines Mols Lichtquanten heißt 1 Einstein.

Der Weggang aus Prag ging nicht ohne Aufhebens vonstatten, auch dies eine Folge von Einsteins ständig zunehmendem Ansehen. Am 21. Mai hatte Kaiser Franz Joseph genehmigt, daß »Dr. Albert Einstein mit Ende September aus seiner lehramtlichen Stellung trete«.[106] Zwei Tage später konnten das die Prager in ihrem ›Tagblatt‹ lesen, und da der Professor Einstein nun wirklich ein berühmter Mann war, wurde die Meldung durch allerlei Spekulationen über die Gründe für die kurze Verweildauer ergänzt. Betrachtungen über den Niedergang der Forschung in Österreich-Ungarn verglichen mit dem Deutschen Reich wurden angestellt, ungeachtet dessen, daß Einstein in die Schweiz ging. Außerdem wurden Vermutungen angestellt, »daß er wegen seiner jüdischen Abstammung von der Unterrichtsverwaltung in Wien schlecht behandelt worden sei und deshalb nicht in Österreich bleiben wolle«.[107] Einstein fand dieses Gerede bei aller Abneigung gegenüber Prag grundlos und mochte es nicht. Er schrieb einen Brief ans Ministerium in Wien, der so freundlich ausgefallen sein muß, daß der leitende Beamte Einsteins Nachfolger Philipp Frank noch davon vorschwärmte: »Von Herrn Einstein habe ich einen so herrlichen Brief erhalten, wie man ihn als Beamter von einem bei uns angestellten Professor gewöhnlich nicht bekommt. Ich muß sehr oft an diesen Brief denken.«[108] Der Brief ist zwar verloren, dürfte aber ähnlich gelautet haben wie eine Stellungnahme in der Prager Zeitung ›Neue Freie Presse‹, die auch im weiter verbreiteten ›Prager Tagblatt‹ nachgedruckt wurde:

»Ich muss betonen, dass ich in Prag keinerlei Anlass zur Unzufriedenheit hatte. Das Ministerium kam mir bei meiner Ernennung in der weitestgehenden Weise entgegen und auch während meiner Tätigkeit in Prag habe ich keinerlei Schwierigkeiten mit der Unterrichtsbehörde gehabt. Mein Entschluss, Prag zu verlassen, ist einfach darauf zurückzuführen, dass ich schon im Weggange von Zürich versprochen habe, unter annehmbaren Verhältnissen gerne wieder zurückzukehren.«[109] Dann erklärte er noch, daß ihn die »nationalen Verhältnisse in Prag ... nie berührt oder gestört haben«, und auch von »einer irgend konfessionellen Voreingenommenheit, welche vermutet wird, habe ich nichts empfunden und nichts bemerkt«. Erinnert man sich an die Klagen über das »halb barbarische Prag« in seinen Briefen, so zeugen diese Abschiedsworte nicht nur von Höflichkeit. Zumindest das Ignorieren der allen anderen Pragern präsenten Nationalitätenkonflikte illustriert eine auffallende Distanz zu dem Treiben um ihn herum, so als hätte er Max Brod ein Beispiel liefern wollen, daß er »überhaupt alles außer seiner Wissenschaft in einer gewissen Bewußtlosigkeit tat«. Das Semesterende konnte er jedenfalls kaum erwarten. Schon vor Monaten hatte es geheißen: »Ende Juli kommt der Zügelmann«[110], und dabei blieb es: Am 25. Juli 1912[111] hatten die Einsteins Prag verlassen.

Das mit großem Abstand wichtigste Ergebnis des 16monatigen Aufenthalts in Prag war für Einstein, daß er in den ruhigen Räumen des Instituts für Theoretische Physik die nötige Muße gefunden hatte, seine Gedanken über die Gravitation innerhalb der Relativitätstheorie wieder aufzugreifen und weiterzuentwickeln, und im Vorwort zur tschechischen Ausgabe seines populären Büchleins über Relativitätstheorie hat er das später dankbar anerkannt.[112] Die Rückkehr nach Zürich war aber nicht nur die Erfüllung eines sehnlich gehegten persönlichen Wunsches, sondern auch ein wissenschaftlich ergiebiger Glücksfall auf dem langwierigen Weg zur Allgemeinen Relativitätstheorie. Begonnen hatte dieser Weg in den Räumen des Patentamts in Bern im Herbst des Jahres 1907. Kehren wir also noch einmal in das »weltliche Kloster« zurück.

4. Ein Mann fällt vom Dach – Auf dem Wege zur Allgemeinen Relativitätstheorie

Wir wissen ziemlich genau, wann Albert Einstein den ersten Schritt auf dem Wege zur Allgemeinen Relativitätstheorie machte: Es muß Ende Oktober oder Anfang November 1907 gewesen sein, als er an dem Übersichtsartikel für das ›Jahrbuch der Radioaktivität und Elektronik‹ arbeitete. »Als ich daran schrieb, wurde mir klar, daß alle Naturgesetze innerhalb des Rahmens der Speziellen Relativitätstheorie behandelt werden können – nur nicht das Gravitationsgesetz. Ich wollte die Gründe dafür verstehen, aber das war nicht einfach.«[1] Ganz genau erinnerte sich Einstein aber daran, wo »der Durchbruch« schließlich erfolgte: »Ich saß auf meinem Stuhl im Patentamt in Bern. Plötzlich hatte ich einen Einfall: Wenn sich eine Person im freien Fall befindet, wird sie ihr eigenes Gewicht nicht spüren. Ich war verblüfft. Dieses einfache Gedankenexperiment machte auf mich einen tiefen Eindruck. Es führte mich zu einer Theorie der Gravitation.«[2]

Diese Erzählung erinnert in überraschender Weise an den Anfang aller Gravitationstheorie. Die war im Kopf des 23jährigen Isaac Newton entstanden, nach dessen eigener Erinnerung »verursacht durch den Fall eines Apfels«[3], als er im Jahre 1666 im heimatlichen Woolsthorpe, »in Gedanken versunken«, im Garten saß. Die auf dem Boden aufschlagende Baumfrucht hat ihm den Gedankenblitz beschert, daß es die nämliche Kraft sein müssen, mit der die Erde den Apfel nach unten zieht und die den Mond auf seiner Umlaufbahn hält, sofern diese Kraft mit dem Quadrat der Entfernung abnimmt. Die Ausarbeitung dieses Gedankenblitzes auf der Grundlage von Galileis Mechanik und Keplers Planetengesetzen kulminierte schließlich in den 1687 veröffentlichten *Principia Mathematica*, dem monumentalen Paradigma der exakten Naturwissenschaft und für mehr als zwei Jahrhunderte Vorbild aller Physik.

Nun also, 241 Jahre später, wieder ein Gedankenblitz, ausgelöst vom freien Fall, freilich einem nur gedachten, denn fallen sollte ein Mensch, der auch noch Physiker und durch diesen unbehaglichen Zustand nicht vom Experimentieren abzubringen war. Wenn nämlich der fallende Physiker die Nerven behält und seinerseits einige andere Körper fallen läßt, dann wird er feststellen, daß sie sich in bezug auf ihn im Zustand der Ruhe oder der gleichförmigen Bewegung befinden. Da seit Galilei bekannt ist, daß alle Körper gleich schnell fallen, hat der Physiker also das gute Recht, seinen Zustand als einen der Ruhe anzusehen, in dem von einem Gravitationsfeld nichts zu spüren ist.

Dieses Phänomen der Schwerelosigkeit wurde mittlerweile durch die bizarren Herumturnereien von Astronauten einem globalen Fernsehpublikum am Bildschirm augenfällig demonstriert, ohne daß dadurch zündende Gedanken ausgelöst worden wären. Für Einstein hat es natürlich genügt, es nur als Gedankenexperiment hin- und herzuwenden, damit es zum Angelpunkt einer Verallgemeinerung der Relativitätstheorie auf beliebige Koordinatensysteme und gleichzeitig zu einer Theorie der Gravitation werden konnte. Auch wenn dieser Weg schließlich in atemberaubende Höhen der Abstraktion führte, war der Anfang doch von typisch Einsteinscher Anschaulichkeit: »Für einen Beobachter«, schrieb er später im Entwurf eines Artikels, der wegen Überlänge nie gedruckt wurde, »der sich im freien Fall vom Dach seines Hauses befindet, existiert – zumindest in seiner unmittelbaren Umgebung – kein Gravitationsfeld.«[4] Als nach langen Jahren des tastenden Suchens, quälender Ungewißheit und harter Arbeit die Theorie schließlich fertig war, empfand er diesen Ausgangspunkt als den »glücklichsten Gedanken meines Lebens«.[5]

Schon bald nach Einsteins Relativitätstheorie hatten sich einige der scharfsinnigsten Theoretiker wie Henri Poincaré[6] oder Hermann Minkowski[7] des Problems angenommen, die Newtonsche Gravitationstheorie in die neue Bewegungslehre zu integrieren. Auf den ersten Blick schien das nicht gerade schwierig und durch naheliegende Modifikationen zu erreichen – aber nur auf den ersten Blick. Komplikationen sind schon deshalb zu erwarten, weil sich die Schwerkraft in Newtons Theorie ohne jede zeitliche Verzögerung instantan durch den Raum ausbreitet, was in schroffem Gegensatz zur Relativitätstheorie steht, in der die Lichtgeschwindigkeit eine obere Grenze darstellt, die nicht überschritten werden kann. So zeigte sich denn auch bei näherem Hinsehen, daß in diesen relativistischen Gravitationstheorien wesentliche Grundlagen auf der Strecke geblieben und nur im Grenzfalle kleiner Geschwindigkeiten wieder zu rekonstruieren waren. Dazu gehörten so eherne Säulen der Theorie wie das Axiom der Gleichheit von Wirkung und Gegenwirkung und das Prinzip der Identität von schwerer und träger Masse.

Einstein hatte sich auch in dieser Richtung versucht, freilich ohne die Arbeiten seiner berühmten Kollegen zu kennen[8], doch anders als diese hat er nichts darüber publiziert, denn »solche Untersuchungen führten aber zu einem Ergebnis, das mich in hohem Maße mißtrauisch machte«.[9] Wie er es auch anstellte, sein Resultat »paßte nicht zur alten Erfahrung, daß die Körper alle dieselbe Beschleunigung in einem Gravitationsfeld erfahren«.[10]

Die »alte Erfahrung« ist Galileis Beweisführung. In der Newtonschen Mechanik ging sie in der Gleichheit von schwerer und träger Masse auf. Als »träge Masse« wird dabei jener Widerstand bezeichnet, den ein Körper der Einwirkung einer Kraft entgegensetzt, während die »schwere Masse« bei der Gravitationsanziehung zweier Körper die maßgebliche Größe ist. Daß diese so unterschiedlich definierten Massen identisch sind[11], ist von Newton nicht nur ausführlich erörtert worden, sondern es war ihm auch eine experimentelle Untersuchung wert. Kritische Geister wie Heinrich Hertz und Ernst Mach haben diese Identität tiefschürfend analysiert, was Einstein wußte, und der ungarische Baron Roland Eötvös hat die Präzisionsbestimmung dieser Identität in jahrzehntelangen Versuchen zu einer Art wissenschaftlicher Lebensweise erhoben, wovon Einstein damals nichts wußte. Für die meisten Physiker war diese Identität aber so in den Hintergrund des Selbstverständlichen gerückt, daß kaum jemand sie sich ins Bewußtsein gerufen, geschweige denn problematisiert hätte. Wenn Einstein später die Situation dahingehend zusammenfaßte, die bisherige Mechanik habe »diesen wichtigen Satz zwar ›registriert‹, aber nicht ›interpretiert‹«[12], so hat er damit der sozusagen offiziellen alltäglichen Tradition der Physiker noch zuviel der Ehre eingeräumt, denn eigentlich wurde dieser Satz nicht einmal »registriert«, sondern einfach unausgesprochen unterstellt. Für Einstein bot dieser Satz aber die Möglichkeit, die zwar naheliegenden, aber zum Scheitern verurteilten Versuche zur Einfügung der Gravitation in die Relativitätstheorie aufzugeben und dem Problem jene überraschende Wendung zu geben, in der Gravitation und gegeneinander beschleunigte Bezugssysteme miteinander verknüpft werden, was er im fünften und letzten Teil seines *Jahrbuchartikels* ausgeführt hat.

»Ist es denkbar, daß das Prinzip der Relativität auch für Systeme gilt, welche relativ zueinander beschleunigt sind?«[13] Dies ist Einsteins Ausgangsfrage, die sich »jedem aufdrängen muß, der die bisherigen Anwendungen des Relativitätsprinzips verfolgt hat«. Sein Gedankenexperiment mit dem vom Dach eines Hauses fallenden Beobachter kleidet er in die für Fachzeitschriften gemäße abstrakte Form und macht so plausibel, warum er »im folgenden die völlige physikalische

Gleichwertigkeit von Gravitationsfeld und entsprechender Beschleunigung des Bezugssystems annehmen« wolle. Fünf Jahre später wird er diese Annahme zum »Äquivalenzprinzip« erheben. Sogleich weist er auf den »heuristischen Wert der Annahme« hin, daß sie nämlich »ein homogenes Gravitationsfeld durch ein gleichförmig beschleunigtes Bezugssystem zu ersetzen gestattet, welch letzterer Fall bis zu einem gewissen Grade der theoretischen Behandlung zugänglich ist.«

Hinter der Einschränkung des »gewissen Grades« verbirgt sich, daß weniger eine Theorie zu erwarten ist, sondern eben eine »theoretische Behandlung«, und das heißt hier: scharfsinnige Überlegungen, die manchmal an Tricks grenzen, sowie mathematische Näherungsbetrachtungen. Das liegt schon daran, daß die relativitätstheoretische Definition von Zeit und Raum nur für beschleunigungsfreie Bezugssysteme gilt und ihre Übertragung auf beschleunigte Systeme im strengen Sinne gar nicht möglich ist. Einstein behilft sich damit, daß er mit drei Bezugssystemen jongliert, zwei beschleunigungsfreien und einem beschleunigten, deren Nullpunkte zu einem gewissen Zeitpunkt zusammenfallen. Mit diesem genialen Trick kann er die Methoden seiner Relativitätstheorie auf das beschleunigte System übertragen, allerdings nur mit vertrackten Überlegungen und mit einer wichtigen Einschränkung: »Das Prinzip von der Konstanz der Lichtgeschwindigkeit läßt sich also auch hier zur Definition der Gleichzeitigkeit verwenden, falls man sich auf sehr kleine Lichtwege beschränkt.«[14] Dieses Verfahren variierend und vom beschleunigten System wieder zum äquivalenten Gravitationsfeld zurückkehrend, gelingt es Einstein, verblüffende Konsequenzen herzuleiten.

Zunächst zeigt er, daß ein Gravitationsfeld den Gang von Uhren verändert, so »daß der in der Uhr sich abspielende Vorgang – und allgemein jeder physikalische Prozeß – desto schneller abläuft, je größer das Gravitationspotential des Ortes ist, an dem er sich abspielt«.[15] Der Unterschied ist winzig, und zu seiner Feststellung bedarf es großer Unterschiede an schwerer Masse, wie sie zwar nicht auf der Erde, aber im Planetensystem anzutreffen sind. Eine Uhr auf der Sonne müßte also schneller gehen als eine auf der Erde. Einstein überläßt dem Leser die Details der Rechnung als Übungsaufgabe und präsentiert eine – wenigstens im Prinzip – beobachtbare Folgerung: »Es gibt nun ›Uhren‹, welche an Orten verschiedenen Gravitationspotentials vorhanden sind und deren Ganggeschwindigkeit sehr genau kontrolliert werden kann; es sind dies die Erzeuger der Spektrallinien. Aus dem Obigen schließt man, daß von der Sonnenoberfläche kommendes Licht, welches von einem solchen Erzeuger herrührt, eine um etwa zwei Millionstel größere Wellenlänge besitzt, als das von den gleichen Stoffen auf der Erde erzeugte Licht.«[16]

Einstein hält sich nicht mit Überlegungen auf, ob dieser Effekt, der später als Rotverschiebung im Gravitationsfeld bezeichnet wird, beobachtbar ist oder nicht, sondern er schreitet unverzüglich fort zum nächsten Aspekt, dem Einfluß der Schwere auf die elektromagnetischen Vorgänge, was auf die Behandlung der Maxwellschen Gleichungen im Gravitationsfeld hinausläuft. Mit den im ersten Beispiel bewährten Methoden zeigt er, daß die Maxwellschen Gleichungen im beschleunigten System die gleiche Form haben wie im nicht beschleunigten, wobei allerdings die Lichtgeschwindigkeit durch einen Ausdruck ersetzt werden muß, der das Gravitationspotential enthält. »Es folgt hieraus, daß die Lichtstrahlen... durch das Gravitationsfeld gekrümmt werden.« Hinsichtlich der experimentellen Überprüfung dieser Prognose denkt Einstein offenbar nur an Beobachtungen auf der Erde und kommt deshalb zu einem melancholischen »ignorabimus«: »Leider ist der Einfluß des irdischen Schwerefeldes nach unserer Theorie ein so geringer..., daß eine Aussicht auf Vergleichung der Resultate der Theorie mit der Erfahrung nicht besteht.«[17]

Auf der letzten Seite behandelt Einstein kurz und knapp die Energieerhaltung in dem beschleunigten System und erhält »ein sehr bemerkenswertes Resultat«, daß nämlich jeder Energie, auch der elektromagnetischen, im Gravitationsfeld eine potentielle Energie zuzuschreiben ist, die ebenso groß ist wie die einer schweren Masse von der Größe E/c^2. Damit gilt die Formel $E = m \cdot c^2$ »nicht nur für die träge, sondern auch für die gravitierende Masse«[18], eine schöne Abrundung des Konzepts der Äquivalenz von Masse und Energie, dessen universelle Geltung nun sichergestellt ist – und das abrupte Ende des Artikels.

Es war wohl das erste, aber nicht das letzte Mal, daß Einstein unter äußerem Zeitdruck gearbeitet hat. Anders als bei Artikeln für Zeitschriften, die in fortlaufenden Heften jederzeit gedruckt werden können, hatte Johannes Stark den Beitrag Einsteins für sein ›Jahrbuch‹ zum 1. Dezember 1907 bestellt.[19] Am 1. November bestätigte Einstein, daß er den ersten Teil nun fertig habe; »an dem zweiten arbeite ich eifrig in meiner spärlich bemessenen freien Zeit. ... Ich hoffe bestimmt, Ihnen das Manuskript Ende dieses Monats zusenden zu können.«[20] Man kann sich gut vorstellen, wie er sich schweren Herzens von der Arbeit losreißen mußte und das Manuskript um den 1. Dezember herum zur Post gebracht hat (es ging am 4. Dezember bei

Stark in Greifswald ein). So sind die letzten neun Seiten über »Relativitätsprinzip und Gravitation« beredte Zeugen für Einsteins fieberhaftes Ringen mit den neuartigen Problemen unter dem Damoklesschwert des Ablieferungstermins.

Die Darstellung ist eher skizzenhaft, und die Physik ist nicht immer bis in die letzten Konsequenzen ausdiskutiert. Es liegt in der Natur der Sache, daß er strenge Methoden nicht zur Verfügung hat, aber manche der Näherungsbetrachtungen sind unbeholfen und umständlicher als nötig, ihre Gültigkeitsgrenzen werden im unklaren gelassen. So fehlt diesen Seiten die Aura der Vollkommenheit, die seine Relativitätstheorie von 1905 und die anderen seiner großen Arbeiten auszeichnet. Schuld daran war aber nicht nur der Termindruck, sondern es gab dafür tieferliegende Gründe: Einstein konnte hier nichts Fertiges präsentieren, sondern nur Skizzen einer zukünftigen Theorie, deren endgültige Gestalt von ihm damals nicht im Entferntesten erahnt werden konnte. Um so größer ist die Bewunderung für die Kühnheit, mit der Einstein die Prinzipien der gerade zwei Jahre alten Relativitätstheorie verändert, um an der Identität von schwerer und träger Masse festhalten zu können: ein neuerlicher Triumph seines Physikerinstinkts und ein krönender Abschluß seiner Kreativitätsexplosion im Berner Patentamt, und dazu die Bestand habende Erkenntnis, »daß eine vernünftige Gravitationstheorie nur von einer Erweiterung des Relativitätsprinzips zu erwarten war«.[21]

Die Kollegen scheinen allerdings diese mutige Leistung kaum wahrgenommen zu haben. Lediglich Max Planck hat in einem Brief um einige Klarstellungen gebeten[22], aber sonst sind keine Reaktionen auf diesen Teil des Artikels festzustellen, weder in der veröffentlichten Literatur noch in der Korrespondenz. Offenbar war die Kollegenschaft so mit dem Verständnis der Konstanz der Lichtgeschwindigkeit und dem Relativitätsprinzip ausgelastet, daß für eine Diskussion exotisch anmutender neuer Ideen kein Interesse zu erwecken war.

Einstein hat noch eine Weile nach Ablieferung des Artikels an der Gravitationstheorie herumgeknobelt. Am Heiligen Abend 1907 schrieb er Conrad Habicht, er sei jetzt mit einer »relativitätstheoretischen Betrachtung über das Gravitationsgesetz beschäftigt, mit der ich die noch unerklärten säkularen Änderungen der Perihellänge des Merkur zu erklären hoffe.«[23] Damit hatte er den einzigen Stein des Anstoßes, den die Astronomen im Newtonschen Weltgebäude dingfest gemacht hatten, in den Blick genommen. Die Lösung dieses Rätsels gelang ihm erst acht Jahre später – mit dem Instrumentarium der fertigen Theorie und zugleich als der erste Testfall ihrer Bewährung.

Diese Bemerkung über den Perihel des Merkur wird für mehr als drei Jahre die letzte sein, die wir von Einstein zur Gravitationstheorie hören. Wie seine Kollegen hüllte auch er sich in Schweigen. Er veröffentlichte nichts zu diesem Thema, und in seinen Briefen bekundet er zwar gelegentlich Interesse an beschleunigten Bezugssystemen, niemals jedoch an der Gravitation. Dieses abgründige Schweigen kann nur zum Teil an seiner überaus intensiven Beschäftigung mit der Strahlungstheorie gelegen haben. Wenn die ihn auch in den folgenden Jahren gefangenhielt, war es Einstein doch nie schwer gefallen, über mehrere Dinge gleichzeitig nachzudenken. So schrieb er später über die folgenden Jahre: »1909-1912, während ich an der Zürcher und an der Prager Universität theoretische Physik zu lehren hatte, grübelte ich unablässig über das Problem nach.«[24] Die Auskunft ist dürftig, und der Inhalt dieser Grübeleien blieb sein Geheimnis. Es wird auch nicht gelüftet durch seine nächste Arbeit zu diesem Thema, die am 21. Juni 1911 bei den ›Annalen der Physik‹ einging.

Einstein war am 1. April 1911 in Prag eingetroffen. Vermutlich hatte er schon bald nach seiner Ankunft einen Einfall wie dreieinhalb Jahre zuvor im Berner Patentamt, und reizvoll wäre die Vorstellung, daß ihn die über dem Hradschin untergehende Sonne zu dem Gedanken inspiriert hätte, daß die Lichtkrümmung doch nachweisbar ist. Er hat freilich nichts dergleichen berichtet, und so müssen wir uns an seine gedruckte Arbeit *Über den Einfluß der Schwerkraft auf die Ausbreitung des Lichts* halten. Nachdem er im Mai eine umfangreiche Arbeit über thermische Molekularbewegungen in festen Körpern fertiggestellt hatte, ist dies seine zweite Prager Publikation.

Wie er dem Leser gleich zu Beginn erläutert, kehrt er zu dem Thema aus dem Jahre 1907 zurück, »weil mich meine damalige Darstellung des Gegenstandes nicht befriedigt, noch mehr aber, weil ich nun nachträglich einsehe, daß eine der wichtigsten Konsequenzen jener Betrachtung der experimentellen Prüfung zugänglich ist. Es ergibt sich nämlich, daß Lichtstrahlen, die in der Nähe der Sonne vorbeigehen, durch das Gravitationsfeld derselben nach der vorzubringenden Theorie eine Ablenkung erfahren, so daß eine scheinbare Vergrößerung des Winkelabstandes eines nahe an der Sonne erscheinenden Fixsterns von dieser im Betrag von fast einer Bogensekunde eintritt.«[25]

Diese Prognose ist spektakulär, aber seine Probleme sind die gleichen wie 1907, und seine Methoden sind fast die gleichen. Die wichtigsten Formeln der beiden Arbeiten sind denn auch identisch, was aber nicht heißen soll, daß Einstein einfach von sich abgeschrieben hätte. Manche Beweisführung, z. B. die für die Rotverschiebung, ist neu, manche Argumentation klarer und ausführlicher. Eine notwendige Revision der Grundlagen deutet er dadurch an, daß er die Theorie von 1905 nun als die »gewöhnliche Relativitätstheorie« bezeichnet, und er macht deutlich, daß diese nicht das letzte Wort sein dürfte: »Das Prinzip von der Konstanz der Lichtgeschwindigkeit gilt nach dieser Theorie nicht in derjenigen Fassung, wie es der gewöhnlichen Relativitätstheorie zugrunde gelegt zu werden pflegt.«[26]

Seine Behandlung dieser Frage führt über die Arbeit von 1907 hinaus, indem jetzt die Lichtgeschwindigkeit im inhomogenen Schwerefeld eine Funktion des Ortes ist. Im letzten Abschnitt leitet er die Krümmung eines Lichtstrahls in einem beliebigen Gravitationsfeld her, wobei er die Analogie zur Lichtfortpflanzung in einem Medium mit variablem Brechungsindex benutzt. Für den speziellen Fall eines dicht an der Sonne vorbeigehenden Strahls erhält er 0,83 Bogensekunden. Das ist ein winziger Winkel, unter dem zum Beispiel ein Markstück in einer Entfernung von fünf Kilometern erscheinen würde. Diese kleine Ablenkung kann jedoch nachgewiesen werden, wenn bei einer Sonnenfinsternis die hinter der Sonne liegende Himmelsregion fotografiert und mit üblichen Nachtaufnahmen verglichen wird. »Es wäre dringend zu wünschen«, beschließt Einstein seine Arbeit, »daß sich Astronomen der hier aufgeworfenen Frage annähmen, auch wenn die im vorigen gegebenen Überlegungen ungenügend fundiert oder gar abenteuerlich erscheinen sollten.«[27]

Von der Möglichkeit einer astronomischen Überprüfung der Lichtkrümmung war Einstein wie elektrisiert. Schon bevor seine Arbeit im September erschien, hatte er die Prager Astronomen mit seinem Problem konfrontiert und war sogar bei Leo Wenzel Pollak, einem »Demonstrator« am Institut für kosmische Physik der Deutschen Universität, auf Interesse gestoßen. Pollak wandte sich an Erwin Freundlich, einen Assistenten an der Königlich Preußischen Sternwarte in Berlin. Freundlich machte fortan die astronomische Überprüfung von Einsteins Vorhersagen zu seiner Lebensaufgabe. Dem war es »sehr lieb, wenn Sie sich dieser interessanten Frage annehmen. Dass deren Beantwortung durch die Erfahrung keine leichte Sache ist, das weiß ich wohl, weil eben die Refraktion der Sonnenatmosphäre mitspielen mag. Aber eines kann immerhin mit Sicherheit gesagt werden: Existiert keine solche Ablenkung, so sind die Voraussetzungen der Theorie nicht zutreffend. Man muss nämlich im Auge behalten, daß die Voraussetzungen, wenn sie schon naheliegen, doch recht kühn sind.«[28]

Die nächste für astronomische Zwecke akzeptable Sonnenfinsternis war für den September 1914 in Südrußland angekündigt. Für Einstein war das eine zu harte Geduldsprobe, so lang mochte er nicht warten. Deshalb fand er Freundlichs Vorschlag, bei früheren Gelegenheiten belichtete Platten der Hamburger Sternwarte auszuwerten, überaus sympathisch: »Ich freue mich ausserordentlich darüber, dass Sie sich der Frage der Lichtkrümmung mit so grossem Eifer annehmen und bin sehr neugierig, was die Untersuchung des vorliegenden Plattenmaterials ergeben wird.«[29] Es brachte nichts, die Platten erwiesen sich als ungeeignet. Die Variante, statt der Sonne den Jupiter als den massereichsten Planeten als Krümmungszentrum zu benutzen, hatte Einstein schon in seiner Arbeit diskutiert; nur würde der Effekt hundertmal kleiner ausfallen als bei der Sonne und sich somit der Beobachtung entziehen. Nun klagte er: »Wenn wir nur einen ordentlich größeren Planeten als Jupiter hätten. Aber die Natur hat es sich nicht angelegen sein lassen, uns die Auffindung ihrer Gesetze bequem zu machen.«[30] Es blieb also beim Warten auf die nächste Sonnenfinsternis – und beim Weiterarbeiten an der Theorie, und dafür hatte er mit der ortsabhängigen Lichtgeschwindigkeit etwas Entwicklungsfähiges in der Hand.

Die Tragweite des Äquivalenzprinzips für gleichförmig beschleunigte Systeme und konstantes Gravitationsfeld hatte Einstein mit seinen Näherungsmethoden ausgereizt, weiter konnte er damit nicht mehr kommen. Allerdings sah er auch die Möglichkeit eines Neuanfangs. Noch bevor seine Arbeit zur Lichtablenkung erschienen war, schrieb er an Jakob Laub: »Die relativitätstheoretische Behandlung der Gravitation macht ernstliche Schwierigkeiten. Ich halte es für wahrscheinlich, daß das Prinzip von der Konstanz der Lichtgeschwindigkeit in seiner gewohnten Fassung nur für Räume konstanten Gravitationspotentials gilt.«[31] Daß die Lichtgeschwindigkeit in einem beliebigen Schwerefeld von Ort zu Ort variieren sollte, war einerseits eine naheliegende Erweiterung der bisher analysierten Situation, in der die Lichtgeschwindigkeit zwar konstant, aber doch vom Gravitationspotential abhängig war, andererseits war dieser Gedanke abenteuerlich, da die Zeit nicht mehr wie in der »gewöhnlichen Relativitätstheorie« definiert werden konnte.

In den folgenden Monaten war Einstein überaus beschäftigt, mit Reisen zur Naturforscherversammlung in Karlsruhe, Vorträgen in Zürich, dem Brüsseler »Hexensabbat« und den Berufungsverhandlungen. Um die Weihnachtszeit berichtete er Ludwig Hopf, »dass ich arbeite wie ein Ross, wenn auch der Karren nicht immer viel vom

Fleck geht. Einiges ist aber nun doch gegangen. ... Die Theorie der Gravitation habe ich für das statische Feld nun in aller Strenge hergeleitet. Die Sache ist wunderschön und verblüffend einfach.«[32] Im Februar und März des Jahres 1912 schickte er zwei Arbeiten[33] an die ›Annalen‹, die den Gedanken einer variablen Lichtgeschwindigkeit für den Fall eines zeitlich konstanten, statischen Gravitationsfeldes ausführen. Da die Lichtgeschwindigkeit ortsabhängig ist, machte er den Versuch, das Gravitationspotential in der klassischen Theorie durch die Lichtgeschwindigkeit zu ersetzen. Deshalb sehen manche Gleichungen so aus, als wären sie direkt aus der Newtonschen Theorie entnommen, nur mit dem verblüffenden Unterschied, daß die ortsabhängige Lichtgeschwindigkeit an die Stelle des Gravitationspotentials tritt. Deshalb kann man in gewissem Sinne sagen, daß in diesen Arbeiten die Zeit »gekrümmt« ist, während der Raum nach wie vor »flach«, also euklidisch ist.

Diese Arbeiten sind keineswegs so »wunderschön und verblüffend einfach«, wie er sie Hopf angekündigt hatte. Es sind schwierige, unsicher tastende Versuche des Übergangs von der »alten Relativitätstheorie«, wie er nun die mit konstanter Lichtgeschwindigkeit nennt, zu einer neuen Theorie, wobei er sich zwar auf dem richtigen Weg wähnt, aber noch längst nicht weiß, wo er ankommen wird. Als er die zweite Arbeit zur Post gegeben hatte, fand er endlich Zeit, mal wieder dem Freund Besso zu schreiben: »In der letzten Zeit arbeite ich rasend am Gravitationsproblem. Nun ist es so weit, dass ich mit der Statik fertig bin. Von dem dynamischen Feld weiss ich noch gar nichts, das soll jetzt folgen. ... Jeder Schritt ist verteufelt schwierig, und das bis jetzt abgeleitete gewiss noch das einfachste.«[34] Aber er hatte eine Menge über die Beziehung zwischen Licht und Schwere gelernt und sich auch einige Fingerzeige verschafft über die Richtung, in der es weitergehen könnte: Die neue dynamische Theorie würde, wie die Mathematiker sagen, »nichtlinear« sein, und wahrscheinlich würde für beliebig beschleunigte Systeme nicht nur die Zeit, sondern auch der Raum »gekrümmt« sein. Dafür brauchte er ein neues mathematisches Instrumentarium.

Als Student hatte Einstein die Mathematik nicht besonders geliebt und sich nicht mehr als notwendig dafür interessiert, und an dieser Haltung hat sich bis in die Prager Zeit nichts geändert. Auf dem Solvay-Kongreß im Herbst 1911 hatte er Kollegen mit seiner Erklärung verblüfft, er kenne nur wenig von der Mathematik.[35] Das war keine Koketterie, und tatsächlich hätte er sich auf diesem Felde etwa mit Henri

Poincaré oder Arnold Sommerfeld nicht vergleichen können. Er hätte das freilich auch nicht gewollt. Das soll nun keineswegs heißen, er sei ein im landläufigen Sinne schlechter Mathematiker gewesen. Rechnen konnte er besser als die meisten, und manche seiner Arbeiten wie die über die »Kritische Opaleszenz« sind mathematisch überaus kompliziert. Im Vordergrund standen bei ihm aber immer die physikalischen Probleme, seine hartnäckigen und tiefsinnigen Grübeleien. Die Mathematik betrachtete er nur als Werkzeug; er benutzte es ziemlich nachlässig und ignorierte die scharfsinnigen Finessen, auf die Berufsmathematiker so gerne Wert legen. Ihm hatte immer die etwas über den Daumen peilende, konventionelle Mathematik der Physiker und Ingenieure ausgereicht, um seine Theorien zu formulieren.

Mathematiker sahen das natürlich anders. So belehrte Hermann Minkowski seine Studenten in Göttingen: »Einsteins Darstellung seiner tiefsinnigen Theorie ist mathematisch umständlich – ich darf das sagen, weil er seine mathematische Ausbildung bei mir in Zürich erhalten hat.«[36] Einstein revanchierte sich, indem er Minkowskis vierdimensionale Formulierung zunächst als »überflüssige Gelehrsamkeit« abtat. Otto Stern gegenüber hat er sein Mißtrauen gegen raffinierte Mathematik deutlicher ausgedrückt: »Wissen Sie, wenn man zu rechnen anfängt, b'scheisst man unwillkürlich.«[37]

In Prag hatte er aber erkannt, daß seine mathematischen Kenntnisse erweiterungsbedürftig waren. Des öfteren rannte er aus seinen Institutsräumen die Treppe hinunter in das ein Stockwerk tiefer gelegene Mathematische Institut, konfrontierte den Professor Georg Pick mit seinen Problemen und ließ sich von ihm Bücher empfehlen.[38] Daß er eifrig ein Buch über Determinanten studiert hat, lag wohl an seiner Beschäftigung mit der Minkowskischen Darstellung der Relativitätstheorie und der dazugehörigen Mathematik, die er auch in seinen Prager Arbeiten hartnäckig gemieden hatte. Wahrscheinlich hat er sich nun endlich mit dieser Gelehrsamkeit durch zwei didaktisch hervorragende, für die Bedürfnisse von Physikern konzipierte Artikel, die Arnold Sommerfeld für die ›Annalen‹ geschrieben hatte, vertraut gemacht. Natürlich hat er auch das 1911 erschienene erste Buch über die Relativitätstheorie gelesen. Eigentlich hätte er es ja selbst für die von Eilhard Wiedemann betreute Reihe »Die Wissenschaft« schreiben sollen, hatte 1908 aber dem Herausgeber einen Korb gegeben. An seiner Stelle hatte schließlich Max von Laue eine souveräne, auf der vierdimensionalen Darstellung basierende Übersicht verfaßt.[39] Voll des Lobes äußerte sich Einstein über Buch und Autor: »... es ist ein Meisterwerkchen und manches darin sein geistiges Eigentum.«[40]

Allerdings ahnte Einstein schon, daß die auf rechten Winkeln und Geraden basierende (pseudo)euklidische Geometrie der Minkowski-Welt nicht die seiner zukünftigen Theorie sein könnte. Schließlich war die Zeit im Gravitationsfeld irgendwie »gekrümmt«, und auch die räumlichen Beziehungen mußten bei beliebigen gegeneinander beschleunigten Bezugssystemen komplizierter werden. In seiner Februar-Arbeit hat er an dem einfachen Beispiel eines gleichförmig rotierenden Systems bereits angedeutet, daß die alte Weisheit des durch die Zahl π bestimmten Verhältnisses von Umfang und Durchmesser eines jeden Kreises in einer relativistischen Welt nicht mehr gelten würde[41], da wegen der Lorentz-Kontraktion der Kreisumfang verkürzt wird und deshalb das Verhältnis zum unverkürzten Durchmesser nicht mehr π sein kann.

Wenn aber die mehr als zweitausend Jahre alte euklidische Lehre, von der er als Knabe durch das »heilige Geometriebüchlein« unvergeßliche Eindrücke empfangen hatte, nun nicht mehr gelten sollte, was dann? Die Geometrie ganz aufzugeben war unmöglich, und wie er auf eine Alternative stieß, hat er den Zuhörern seines Vortrags in Kioto am 14. Dezember 1922 so erklärt: »Die Darstellung der physikalischen Gesetze ohne Bezug zur Geometrie entspricht der Darstellung unserer Gedanken ohne Worte. Wir benötigen Worte, wenn wir unsere Gedanken ausdrücken wollen. Wonach sollten wir aber suchen, um unser Problem darzustellen? Diese Frage war für mich bis 1912 ungelöst, als ich auf die Idee stieß, daß die Gaußsche Flächentheorie der Schlüssel zu diesem Geheimnis sein könnte. Ich erkannte, daß die Gaußschen Flächenkoordinaten eine große Bedeutung für das Verständnis dieses Problems haben. Ich erinnerte mich an meine Studentenzeit und die Vorlesung über Geometrie von Carl Friedrich Geiser, der die Gaußsche Theorie diskutiert hatte. Ich fand, daß die Grundlagen der Geometrie für dieses Problem eine tiefe physikalische Bedeutung haben.«[42]

Die 1828 von Carl Friedrich Gauß in Göttingen entwickelte Flächentheorie kann man als den Versuch beschreiben, durch die Ausmessung kleiner Abstände auf einer beliebig gekrümmten Fläche auf die Gestalt dieser Fläche im Großen zu schließen. Dazu hatte Gauß verallgemeinerte Koordinaten eingeführt, die nicht mehr auf ein rechtwinkliges Achsenkreuz bezogen sind. Durch die Erweiterung dieses Verfahrens auf vier Dimensionen hatte Einstein in diesen Koordinaten die sehnlich gesuchte Sprache gefunden, in der gekrümmte Lichtwege und die Bahnen gravitierender Massen dargestellt werden können. Aber die neue Freiheit, die Einstein bei der Verallgemeinerung auf die flexiblen Gaußsche Koordinaten zu gewinnen hoffte, hatte ihren Preis. Die einfache Abstandsdefinition der »flachen« euklidischen Geometrie, die auch in der vierdimensionalen Minkowskischen Welt der Relativitätstheorie gültig ist, muß durch einen komplizierten Ausdruck ersetzt werden, in dem ein sogenannter »metrischer Tensor« mit insgesamt zehn Komponenten die zentrale Rolle spielt.

Dieser Tensor rückte ins Zentrum von Einsteins Überlegungen, denn er war geeignet, gleich mehrere seiner Anforderungen an die neue Theorie zu erfüllen: Mit ihm lassen sich beliebig beschleunigte Bezugssysteme darstellen, er regiert das Verhalten von Maßstäben und Uhren und damit die »gekrümmte« vierdimensionale Raum-Zeit, und schließlich werden durch ihn zugleich das Gravitationsfeld und die Bahnen der gravitierenden Massen in der gekrümmten Raum-Zeit beschrieben. So war aus einer einzigen mathematischen Funktion der Newtonschen Theorie, dem »skalaren Potential«, ein Gebilde mit zehn Komponenten geworden, die zudem in einer vertrackten Weise miteinander verkoppelt sein mußten. Einsteins Problem, aus diesem »metrischen Tensor« die Feldgleichungen und die Bewegungsgesetze herzuleiten, war dem Unterfangen des Baron Münchhausen, sich am eigenen Schopf aus dem Sumpf zu ziehen, nicht unähnlich. Die Materieverteilung bestimmt durch den »metrischen Tensor« die Raumkrümmung und damit die Bahnen der materiellen Körper, deren Bewegung wiederum die Raumkrümmung verändert – eine innige Beziehung, die die Mathematiker »nichtlinear« nennen und von der sie wissen, daß sie im allgemeinen schwierig zu behandeln ist.

In diesen mathematischen Problemen blieb die Ausführung der Theorie in Prag stecken, insbesondere bei der Herleitung der Bewegungsgesetze. Sechs Wochen vor der Abreise aus Prag schrieb er über seine bisherigen Arbeiten zur Statik der Gravitation an Ludwig Hopf, er »setze grosses Vertrauen in die Resultate. Aber die Verallgemeinerung scheint schwierig zu sein.«[43] Zwei Monate später – dazwischen lag der Umzug nach Zürich – klang seine Nachricht an Ludwig Hopf euphorisch: »Mit der Gravitation geht es glänzend. Wenn nicht alles trügt, habe ich nun die allgemeinsten Gleichungen gefunden.«[44] – Was war geschehen?

Die Einsteins hatten Prag am 25. Juli verlassen. Wenige Tage später werden sie in Zürich eingetroffen sein, sich mit der Suche einer Wohnung und deren Einrichtung beschäftigt haben. Bei der »Einwohnerkontrolle« wurde ihre Anmeldung erst am 10. August registriert, denn Einstein hatte andere Dinge im Kopf. Schon in Prag mag er sich beim Einpacken seiner Bücher und Manuskripte für den »Zügelmann« vorgenommen haben, Marcel Grossmann um Rat zu fragen, und so wird er wohl unmittelbar nach der Ankunft in Zürich bei seinem alten Freund ins Haus geplatzt sein: »Grossmann, Du mußt mir helfen, sonst werd' ich verrückt.«[45] Einsteins Hoffnungen wurden nicht enttäuscht, unauslöschlich war seine Erinnerung an die Reaktion des Freundes: »Er fing sofort Feuer, obwohl er der Physik gegenüber als echter Mathematiker eine etwas skeptische Einstellung hatte.«[46]

Grossmann war allerdings auch nur als Mathematiker gefordert, denn Einstein hatte die Gravitation so weit durchdacht, daß er die offenen Fragen auf ein rein mathematisches Problem reduziert hatte: Gibt es Differentialgleichungen für die Komponenten des metrischen Tensors, die bei beliebigen nichtlinearen Koordinatentransformationen ihre Form beibehalten, diesen Transformationen gegenüber also »invariant« sind? Die Differentialgleichungen sollten zweiten Grades sein, weil sich im Grenzfall kleiner Geschwindigkeiten und geringer Materiedichten nur so der Anschluß an die Newtonsche Theorie zwanglos ergeben würde.

Grossmann, der nicht eigentlich ein Experte für Differentialgeometrie war, wußte dennoch Rat und wurde so noch einmal zum »Rettungsanker«. Eine solche Geometrie, mag er geantwortet haben[47], sei im Anschluß an Gauß von Bernhard Riemann entwickelt worden. Nur sollten die Physiker besser die Finger davon lassen, denn die Sache sei sehr schwierig, allein schon wegen der Nichtlinearität der Riemannschen Differentialgleichungen. Einstein müssen bei dieser Schilderung Grossmanns jedoch die Ohren geklungen haben, denn schwierig oder nicht, diese Art der Mathematik war genau das, wonach er in den letzten Monaten vergeblich gesucht hatte. Die neuen Möglichkeiten wird er in erregter Hektik ausprobiert haben, wahrscheinlich noch zwischen Umzugskisten, und ganz begeistert von ersten Erfolgen. Aber seine Nachricht an Ludwig Hopf vom 16. August, die Sache gehe »glänzend« und er habe schon die »allgemeinsten Gleichungen« gefunden, muß ein wenig voreilig gewesen sein, denn bis zur Veröffentlichung dauerte es noch neun Monate, und die waren arbeitsreich und mühevoll.

Fortan war Einstein für nichts anderes mehr zu interessieren. Als Arnold Sommerfeld ihn zu einer Vortragsreihe in Göttingen über die Quantenrätsel einladen wollte, versicherte Einstein, »dass ich in der Quantensache nichts Neues zu sagen weiss, was Interesse beanspruchen darf«. Einige Zeilen weiter gab er den Grund dafür an: »Ich beschäftige mich jetzt ausschliesslich mit dem Gravitationsproblem und glaube nun mit Hilfe eines hiesigen befreundeten Mathematikers aller Schwierigkeiten Herr zu werden. Aber das eine ist sicher, dass ich mich im Leben noch nicht annähernd so geplagt habe, und dass ich grosse Hochachtung für die Mathematik eingeflösst bekommen habe, die ich bis jetzt in ihren subtileren Teilen für puren Luxus ansah! Gegen dies Problem ist die ursprüngliche Relativitätstheorie eine Kinderei.«[48] Sommerfeld schickte diesen Brief weiter an David Hilbert in Göttingen und begleitete ihn mit der bedauernden Anmerkung: »Einstein steckt offenbar so tief in der Gravitation, dass er für alles andere taub ist.«[49]

Der »befreundete Mathematiker« war natürlich Marcel Grossmann. Wie sich Einstein erinnerte, war er zur Mitarbeit gerne bereit, »aber doch mit der Einschränkung, daß er keine Verantwortung für irgendwelche Behauptungen und Interpretationen physikalischer Art zu übernehmen habe«.[50] Auch ohne Beteiligung an der Physik hatte Grossmann genug zu tun, denn die Differentialgeometrie hatte bisher nicht zu seinen Forschungsinteressen gehört. Beim Studium der Literatur wird es seinem Lokalpatriotismus geschmeichelt haben, daß die wichtigste über Riemann hinausgehende Arbeit die Leistung des »Poly«-Professors Elwin Bruno Christoffel im Jahre 1869 gewesen war. Darauf aufbauend, hatte in Padua Gregorio Ricci-Curbastro seinen »absoluten Differentialkalkül« entwickelt. Gemeinsam mit seinem brillanten Schüler Tullio Levi-Civita hatte er zu der Zeit, als Einstein und Grossmann am Polytechnikum ihr Diplom-Examen ablegten, in einer monumentalen Arbeit die Grundlagen und Techniken dieses Kalküls dargestellt, durch die sich nun die Ordinarien Einstein und Grossmann hindurchzubeißen hatten.

Für Einstein war das eine ungewohnte Kost. Bis dahin war er ohne jegliches mathematische Raffinement ausgekommen und war gewohnt, seine Gleichungen Schritt für Schritt einzeln zu verfolgen, sozusagen »en détail«. Nun mußte er sich eine Mathematik erarbeiten, in der ganze Komplexe von Gleichungen gewissermaßen »en gros« behandelt werden, wobei sich hinter dem Hantieren mit einer Fülle lateinischer, gotischer und griechischer Buchstaben komplizierte mathematische Operationen verbergen und in diese wieder prinzipielle physikalische Überlegungen über die Anforderungen an die Theorie eingepaßt und in ihnen ausgedrückt werden müssen.

Es folgen Monate höchster Anspannung und Konzentration. Von »geradezu übermenschlichen Anstrengungen, mit denen ich mich dem Gravitationsproblem gewidmet habe«[51], berichtete er Ehrenfest, und an Ernst Mach schrieb er, daß die Arbeit »nach unendlicher Mühe und quälenden Zweifeln nun endlich fertig geworden ist«.[52] Erst im Mai 1913 war die Arbeit so weit gediehen, daß sie veröffentlicht werden konnte. »Ich bin nun innerlich überzeugt, das Richtige getroffen zu haben, zugleich freilich auch, daß ein Murmeln der Entrüstung durch die Reihen der Fachgenossen gehen wird, wenn die Arbeit erscheint, was in wenigen Wochen der Fall sein wird.«[53] Abweichend vom üblichen Verfahren wurde sie zuerst als separate Broschüre gedruckt und erst Monate später in einer Zeitschrift[54] veröffentlicht.

Es war Grossmanns Wunsch gewesen, in der Zusammenarbeit die Physik Einstein zu überlassen und sich ganz auf die Mathematik zu beschränken. Die wurde nun im zweiten, »Mathematischer Teil« überschriebenen und allein von Grossmann gezeichneten Abschnitt in kompakter und für die physikalischen Probleme geeigneter Form dargestellt, während Einstein für den ersten, den »Physikalischen Teil« allein verantwortlich zeichnete. Über dem Ganzen steht *Entwurf einer verallgemeinerten Relativitätstheorie und einer Theorie der Gravitation*. Die vorsichtige Charakterisierung als »Entwurf« deutet auf Bedenken hin, die Einstein trotz aller zeitweiligen Begeisterung wohl nur mit Mühe und niemals gänzlich unterdrücken konnte. Tatsächlich wurde die endgültige, gut zwei Jahre später gefundene vollständige Theorie um Haaresbreite verfehlt, und manche Interpreten meinen, in Kenntnis der fertigen Theorie den beiden Autoren des »Entwurfs« nachsagen zu können, sie hätten regelrechte Böcke geschossen, Grossmann einen mathematischen und Einstein gleich mehrere physikalische.

Wenn's denn überhaupt »Böcke« waren, hatte Einstein immerhin gute Gründe dafür. Der gewichtigste war die plausible Forderung, daß sich im Grenzfalle schwacher statischer Gravitationsfelder in erster Näherung die Newtonsche Theorie ergeben müßte. Wie seine Notizbücher zeigen[55], hatte er die »richtigen« Gleichungen durchaus gefunden, sie aber wieder verworfen, weil sie diese Näherung nicht zulassen. Um überhaupt weiterzukommen, opferte er die »allgemeine Kovarianz« der Feldgleichungen, also die Forderung, daß diese Gleichungen unter beliebigen Koordinatentransformationen ihre Form behalten. Das kann nichts anderes als ein Akt der Verzweiflung gewesen sein, weil damit die Grundlagen der Theorie in Frage gestellt waren. Aber damit nicht genug, bewies er sogleich mit einem scharfsinnigen Argument, daß die Feldgleichungen überhaupt nicht kovariant sein können, und demonstrierte damit eigentlich nur, daß er die Raffinessen des absoluten Differentialkalküls noch nicht in allen Einzelhei-

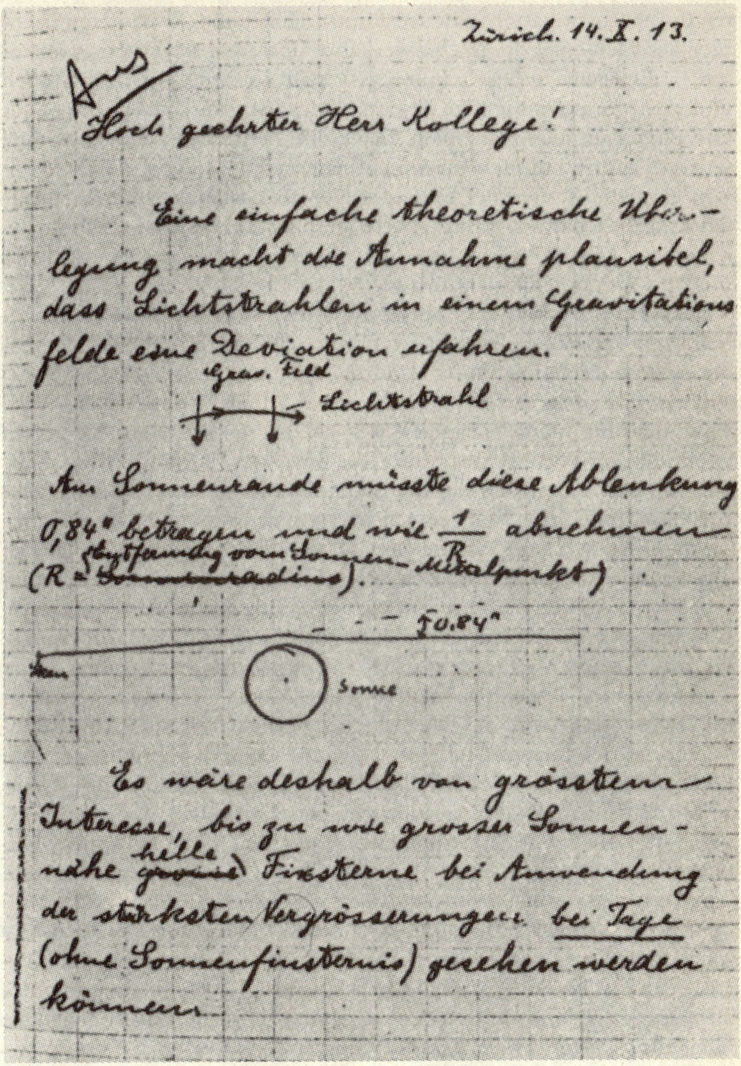

Zürich. 14. X. 13.

Aus

Hoch geehrter Herr Kollege!

Eine einfache theoretische Überlegung macht die Annahme plausibel, dass Lichtstrahlen in einem Gravitationsfelde eine Deviation erfahren.

Grav. Feld

Lichtstrahl

Am Sonnenrande müsste diese Ablenkung 0,84" betragen und wie $\frac{1}{R}$ abnehmen (R = ~~Sonnenradius~~ Entfernung vom Sonnen-Mittelpunkt).

0,84"

Sonne

Es wäre deshalb von grösstem Interesse, bis zu wie grosser Sonnennähe helle ~~grosse~~ Fixsterne bei Anwendung der stärksten Vergrösserungen bei Tage (ohne Sonnenfinsternis) gesehen werden können.

Brief an George Hale zur Lichtablenkung an der Sonne, 1913

ten durchschaut hatte. Später resümierte Einstein: »Dies waren Irrtümer des Denkens, die mich zwei Jahre überaus harter Arbeit kosteten.«[56] Einstweilen beschränkte er sich auf lineare Transformationen und kämpfte sich so seinen Weg durch das Labyrinth aus Mathematik und physikalischen Prinzipien. Die konkreten Resultate dieser »Entwurf«-Theorie knüpfen im wesentlichen an die Prager Arbeiten an: »Im Grenzfall schwacher Felder, wie er im Planetensystem anzutreffen ist, ist wieder der Raum »flach« und nur die Bahn des Lichts »gekrümmt«. Die Ablenkung im Schwerefeld der Sonne kommt daher mit 0,83 Bogensekunden heraus.

Max Born schrieb eine begeisterte Rezension der neuen Theorie. Sogar für den Fall, daß sie an der Erfahrung scheitern würde, die prognostizierte Lichtablenkung also mit Sicherheit nicht vorhanden sein sollte, würde man nach seiner Meinung Einsteins »kühner Theorie die Bewunderung nicht versagen können. Die ungeheure Kraft der Abstraktion und Verallgemeinerung, die ihr Autor darin offenbart, können auf den Leser, der vor den Komplikationen der Formeln nicht zurückschreckt, ihre Wirkung nicht verfehlen.«[57]

Als Einstein das las, wußte er es schon wieder besser. Bei aller Begeisterung im Schaffensrausch war er doch selbst sein bester und schärfster Kritiker. So schrieb er kurz nach Erscheinen der »Entwurf«-Theorie an seine Vaterfigur Lorentz: »Ich bin beglückt darüber, dass Sie mit solcher Wärme sich unserer Untersuchung annehmen. Aber leider hat diese Sache doch noch so grosse Haken, dass mein Vertrauen in die Zuverlässigkeit der Theorie noch ein schwankendes ist. Befriedigend ist der Entwurf bis jetzt, soweit es sich um Einwirkung des Gravitationsfeldes auf physikalische Vorgänge handelt. Denn der absolute Differentialkalkül erlaubt hier die Aufstellung von Gleichungen, die beliebigen Substitutionen gegenüber kovariant sind. Das Gravitationsfeld erscheint sozusagen als das Gerippe, an dem alles hängt. *Aber die Gravitationsgleichungen selbst haben die Eigenschaft der allgemeinen Kovarianz leider nicht.* Nur die Kovarianz *linearen* Transformationen gegenüber ist gesichert. Nun beruht aber das ganze Vertrauen in die Theorie auf der Überzeugung, dass Beschleunigung des Bezugssystems einem Schwerefeld äquivalent sei. Wenn also nicht alle Gleichungssysteme der Theorie... ausser den linearen auch noch andere Transformationen zulassen, so widerlegt die Theorie ihren eigenen Ausgangspunkt; sie steht dann in der Luft.«[58]

Mit diesen Bedenken im Kopf mußte sich Einstein der kritischen Diskussion stellen, und er tat das ohne Zögern. Den ersten Vortrag[59] hielt er gemeinsam mit Grossmann am 9. September 1913 vor der Schweizerischen Naturforschenden Gesellschaft bei deren Jahrestagung in Frauenfeld, eine vereinfachte Darstellung der »Entwurf«-Theorie in freundlicher Atmosphäre. Dies war freilich nur eine Art Probelauf für einen großen Vortrag, den Einstein allein für die Jahrestagung der Gesellschaft deutscher Naturforscher und Ärzte in Wien angekündigt hatte und bei dem er damit rechnen mußte, daß sich das von ihm erwartete »Murmeln der Entrüstung« im Kreise der Fachgenossen lautstark artikulieren würde.

Einstein hatte an seiner Gravitationstheorie allein gearbeitet, nur zuletzt in mathematischen Dingen unterstützt von Marcel Grossmann. Gefolgschaft hatte er keine, aber immerhin Konkurrenten. Die spektakuläre Vorhersage der Lichtablenkung im Schwerefeld in seiner ersten Prager Arbeit hatte einige Kollegen veranlaßt, gleichfalls Gravitationstheorien zu entwickeln, freilich nicht in den Fußstapfen von Einstein, sondern in deutlicher und manchmal kritischer Abgrenzung zu seinen Vorstellungen. Dabei wird ihn amüsiert haben, daß die Kollegen an seiner »alten« Relativitätstheorie festhielten und ihm seine Verallgemeinerungen zum Vorwurf machten.

Als erster hatte der brillante Max Abraham versucht, eine Theorie mit variabler Lichtgeschwindigkeit im Rahmen der »gewöhnlichen« Relativitätstheorie zu entwickeln. Das konnte nicht gutgehen und war für Einstein der Anlaß, in einem Brief an Besso seiner Skepsis gegenüber der Verführung durch elegante Mathematik freien Lauf zu lassen: »Abrahams Theorie ist aus dem hohlen Bauche, d.h. aus blossen mathematischen Schönheitserwägungen geschöpft und vollständig unhaltbar. Ich kann gar nicht begreifen, wie sich der intelligente Mann zu solcher Oberflächlichkeit hat hinreißen lassen.«[60] Postwendend fügte Einstein eine Widerlegung von Abrahams Theorie in eine seiner ohnehin geplanten Veröffentlichungen ein, indem er zeigte, »daß sich das Gleichungssystem Abrahams mit der Äquivalenzhypothese nicht in Einklang bringen läßt, und daß dessen Auffassung von Raum und Zeit sich schon vom rein mathematisch formalen Standpunkt nicht aufrecht erhalten läßt«.[61] Daraus entspann sich eine Kontroverse, in der Abraham in bitterem Sarkasmus Einstein verhöhnte, er habe mit seiner Verallgemeinerung des Relativitätsprinzips »der Relativität den Todestoß versetzt«. Einstein schrieb eine ausführliche Replik, höflich, aber doch teilweise im Stil des Nachhilfeunterrichts, woraufhin Abrahams Töne so schrill wurden, daß Einstein die Diskussion für beendet erklärte.

Eine weitere Theorie war Ende 1912 von Gunnar Nordström in

Helsinki vorgeschlagen worden. Nordström hielt an der Konstanz der Lichtgeschwindigkeit fest und ließ statt dessen die Masse vom Gravitationspotential abhängen. Von einer zweiten, 1913 publizierten Fassung dieser Theorie sagte Einstein in Wien, daß sie »allen Bedingungen entspricht, die an eine Theorie der Gravitation beim heutigen Stande der Erfahrung gestellt werden können«.[62] Deswegen mochte er sie aber noch längst nicht für richtig halten; in einem Brief bemängelte er, sie sei »auf den a priorischen euklidischen vierdimensionalen Raum gebaut, an den zu glauben für mein Gefühl so etwas wie Aberglauben bedeutet«.[63] Und dann gab es noch eine Theorie des Greifswalder Professors Gustav Mie; auch sie war eine mit konstanter Lichtgeschwindigkeit, verletzte aber das Äquivalenzprinzip und kam deshalb für Einstein überhaupt nicht in Betracht. Alle diese Theorien operierten mit einer einzigen Größe, einem »Skalar«, für das Gravitationspotential, im Gegensatz zu Einsteins »Entwurf« mit einem zehnkomponentigen Tensor, und sie waren keine Verallgemeinerungen des Relativitätsprinzips für beschleunigte Systeme.

Nur wenige der Fachkollegen dürften Einsteins neuere Arbeiten und insbesondere den mathematisch aufwendigen »Entwurf« studiert haben, aber viele hatten Abrahams Invektiven in den ›Annalen‹ gelesen oder auf dem Wege des Gerüchts gehört, daß Einstein eine völlig unverständliche neue Theorie ausgeheckt habe. So war der große Hörsaal des Wiener Physikalischen Instituts voll besetzt, als Einstein am 23. September morgens um 9 Uhr seine Übersicht »Zum gegenwärtigen Stande des Gravitationsproblems«[64] präsentierte. Er bemühte sich um eine sehr gründliche Erörterung der grundlegenden Postulate, wußte aber um die »großen Haken« seines »Entwurfs« und räumte daher von vornherein ein, daß »sie mehr einem wissenschaftlichen Glaubensbekenntnis als einem gesicherten Fundamente ähnlich sind«.[65] Zum Nutzen und zum Vergnügen der vielen Fachkollegen, die nicht zugleich Fachleute waren, bot er erfrischend plastische Illustrationen wie die von zwei Physikern, die »aus narkotischem Schlaf erwachen und bemerken, daß sie sich in einem geschlossenen Kasten mit undurchsichtigen Wänden befinden, versehen mit all ihren Apparaten«[66], die trotz aller Mühen nicht herausfinden können, ob ihr Kasten auf einem Himmelskörper wie der Erde ruht oder ob eine außen angreifende Kraft ihn in eine gleichförmig beschleunigte Bewegung versetzt. Allerdings konnte Einstein seinen Hörern die harte mathematische Kost nicht ersparen. In nobler Fairneß stellte er erst die Nordströmsche Theorie dar und dann seine eigene, und nur dezent ließ er anklingen, daß er letztere für »natürlicher« hielt: »Man gelangt dann zwar zu Gleichungen von beträchtlicher Kompliziertheit; aber es folgen dafür die zu suchenden Gleichungen aus den Grundlagen unter Verwendung von erstaunlich wenig Hypothesen, und es wird der Relativität der Trägheit genügt.«[67]

Die Veranstalter hatten zu bedauern, daß bei dieser Tagung »viele der bekannteren deutschen Namen vermißt wurden«.[68] Nicht nur Planck und Sommerfeld fehlten, auch Abraham und Nordström waren nicht gekommen. Aber Gustav Mie war erschienen und wurde in der »sehr lebhaften Diskussion«[69] sehr böse, weil der Redner seine Theorie überhaupt nicht erwähnt hatte. Einstein erläuterte, er habe »deswegen von der Theorie des Herrn Mie nicht gesprochen, weil die Äquivalenz von schwerer und träger Masse in ihr nicht mit Strenge durchgeführt ist. Es wäre doch unlogisch gewesen, wenn ich von bestimmten Postulaten ausgegangen wäre und mich dann nicht an sie gehalten hätte.«[70] Mie revanchierte sich mit der Drohung, er werde »demnächst eine Untersuchung publizieren, in der ich nachweise, daß auch die Einsteinsche Theorie die Forderung der Gleichheit der trägen und der schweren Masse nicht absolut genau erfüllt«. Einstein schlug vor, die Erörterung dieser Frage »mit Vorteil einstweilen aufzuschieben, bis Herr Mie seine diesbezüglichen Bedenken publiziert hat«. Tatsächlich verfaßte Mie eine hitzige Polemik, worin Einstein sogar Vorteile zu erkennen vermochte: »Ich freue mich darüber, daß die Fachgenossen sich überhaupt mit der Theorie beschäftigen, wenn auch vorläufig nur in der Absicht, dieselbe totzuschlagen.«[71] Auf Zustimmung wartete er vergeblich: »Zur Gravitationsarbeit verhält sich die physikalische Menschheit ziemlich passiv«[72], bilanzierte er einige Monate später.

Der einzige Verbündete, auf den Einstein in diesen Monaten hoffen und der zugleich seine eigenen Zweifel ausräumen konnte, war der Richterspruch der Natur. Seinen Wiener Vortrag hatte er in der Überzeugung beschlossen, über deren Wege »müssen Aufnahmen von neben der Sonne erscheinenden Sternen bei Sonnenfinsternissen entscheiden. Hoffentlich führt die Sonnenfinsternis des Jahres 1914 schon die wichtige Entscheidung herbei.«[73] In persönlichen Äußerungen wurde allerdings deutlich, daß er schon weniger eine Entscheidung als eine Bestätigung seiner Theorie erwartete: »Ich bin im Stillen ziemlich fest überzeugt, dass die Lichtstrahlen thatsächlich eine Krümmung erfahren.«[74]

Voller Ungeduld bombardierte Einstein den Berliner Astronomen

Erwin Freundlich mit seinen Briefen, bedankte sich überschwenglich für dessen Interesse, trieb ihn zur Eile an und machte ihm die Bedeutung dieser Frage klar: »Auf theoretischem Wege läßt sich da nichts machen. In dieser Sache könnt Ihr Astronomen nächstes Jahr der theor. Physik einen geradezu unschätzbaren Dienst leisten. Wir werden eine sichere Auskunft erlangen darüber, ob es richtig ist, die Relativitätstheorie weiter zu verallgemeinern, oder ob wir bei dem ersten Schritt stehen bleiben müssen.«[75]

Um die quälende Zeit der mindestens einjährigen Ungewißheit zu verkürzen, brachte Freundlich eine Idee ins Spiel, auf die Einstein sogleich begeistert reagierte: »Außerordentlich interessiert mich Ihr Plan, sonnennahe Sterne bei Tage zu beobachten.«[76] Als Freundlich mit seiner jungen Frau auf der Hochzeitsreise im September 1913 durch Zürich kam, dürfte diese Frage ihr hauptsächlicher Gesprächsgegenstand gewesen sein. Einstein wurde von dem Zürcher Astronomen Professor Maurer jedoch bald belehrt, daß dieser Vorschlag wohl kaum realisierbar wäre, aber er ließ nicht locker. Im Oktober unterbreitete er George Hale, dem Begründer und Direktor des mit einzigartigen Instrumenten ausgestatteten Mount Wilson Observatory in Kalifornien, sein Problem, »bis zu wie grosser Sonnennähe helle Fixsterne bei Anwendung der stärksten Vergrösserungen *bei Tage* (ohne Sonnenfinsternis) gesehen werden können«.[77] Um zu unterstreichen, daß diese Frage von einem ernstzunehmenden Menschen kam, fügte Maurer noch einige freundliche Worte und das Dienstsiegel der ETH hinzu. Wie zu erwarten, sah Hale »keine Möglichkeit für die Beobachtung des Effekts im Sonnenlicht« und verwies auf Sonnenfinsternisse.

So blieb Einstein nichts anderes übrig, als auf die nächste Sonnenfinsternis zu warten und Freundlich in den Stand zu setzen, eine Expedition nach Südrußland zu unternehmen. Er schrieb an Planck, »der sich wirklich ernsthaft für die Sache verwendet hat«[78], rechnete aber nicht mit einem Engagement der Preußischen Akademie und tröstete Freundlich: »Wenn die Akademie nicht dran will, dann kriegen wir das bischen Mammon von privater Seite. ... Sollte alles versagen, so zahle ich die Sache selber aus meinem bischen Ersparten, wenigstens die ersten 2000 M. Bestellen Sie also nach reiflicher Überlegung nur ruhig die Platten und lassen Sie die Zeit nicht wegen der Geldfrage weglaufen.«[79] Um es vorwegzunehmen: Einstein brauchte nicht an sein Erspartes und auch nicht an die fünfzehntausend Mark zu gehen, die er via Emil Fischer von dem ihm unbekannten Franz Oppenheim erhalten hatte. Am Ende zahlte die Firma Krupp in Essen, nachdem sich wiederum Emil Fischer der Sache angenommen hatte.

Während Einstein auf die Sonnenfinsternis wartete, hatte er sich, wie er an Freundlich schrieb, die Theorie »noch nach allen Kanten überlegt« und konnte »nicht anders sagen, als dass ich alles Vertrauen in die Sache habe«.[80] Dabei war er zugleich eifrig bemüht, seine Theorie so fortzuentwickeln, daß sie nicht mehr »in der Luft steht«, wie er Lorentz geschrieben hatte. In einer weiteren Publikation mit Grossmann[81] konnte er sich wenigstens für einige wichtige Spezialfälle von den Beschränkungen der »Entwurf«-Theorie auf lineare Transformationen befreien. Die neuen Techniken wurden sogleich in einer Arbeit mit dem Holländer Adriaan Daniel Fokker, der nach seiner Promotion bei Lorentz für ein Semester nach Zürich gekommen war, erfolgreich ausprobiert. Anfang März bat Einstein mal wieder Besso, ihm seine »unerhörte Schweigsamkeit nicht gar zu sehr zu verübeln, ich habe geschafft wie ein Wilder, und was das Beste ist, mit grossem Erfolg«.[82]

Ausgehend von gewissen »Koordinatenbedingungen« aus der Arbeit mit Grossmann war es ihm nun mit Fokker[83] gelungen, die Gravitation endlich in einer Form zu behandeln, bei der die Forderung der Kovarianz streng erfüllt war. Als sogar »unerhörten Erfolg« kündigte er dem Freund Zangger die Neuigkeiten an: »Es ist nämlich der Beweis gelungen, dass die Gravit.Gleichungen für beliebig bewegte Bezugssysteme gelten, dass also die Hypothese von der Aequivalenz der Beschleunigung und des Gravitationsfeldes durchaus richtig ist, im weitesten Sinne. Nun ist die Harmonie der gegenseitigen Beziehungen in der Theorie ein derartiger, dass ich an der Richtigkeit nicht mehr im Geringsten zweifle.«[84] In dieser verzückten Stimmung war er sogar bereit, auf die Überprüfung an der Erfahrung zu verzichten. Besso wird sich nicht wenig gewundert haben, was aus seinem vormals empiristisch gesinnten Freund geworden war, als er las: »Nun bin ich vollkommen befriedigt und zweifle nicht mehr an der Richtigkeit des ganzen Systems, mag die Beobachtung der Sonnenfinsternis gelingen oder nicht. Die Vernunft der Sache ist zu evident.«[85] So viel Vertrauen in die eigenen Visionen ist neu und selbst für einen Einstein bemerkenswert. Als er dies schrieb, hatte er keine gesicherten Resultate, überhaupt nichts Experimentelles und theoretisch nur seinen Glauben an die Analyse tiefer und einfacher Postulate. Rückblickend wissen wir, daß noch wichtige Schritte vor ihm lagen. Wir wissen auch, daß sein Weg richtig war, daß er kurz vor dem Ziel stand, aber noch nicht angekommen war.

Vielleicht hatte er sogar geahnt, daß noch etwas Entscheidendes fehlte. Jedenfalls kann man so ein Bild verstehen, mit dem er dem Freund Zangger seine Situation verdeutlichte: »Die Natur zeigt uns von dem Löwen nur den Schwanz. Aber es ist mir unzweifelhaft, dass der Löwe dazu gehört, wenn er sich auch wegen seiner ungeheuren Dimensionen dem Blicke nicht unmittelbar offenbaren kann. Wir sehen ihn nur wie eine Laus, die auf ihm sitzt.«[86] – Den ganzen Löwen bekam er erst eineinhalb Jahre später in Berlin zu sehen.

In den drei Semestern, die Einstein Professor an der ETH in Zürich war, gab es für ihn nichts Wichtigeres als die Gravitationstheorie, aber es gab natürlich auch anderes, das nun nachzutragen ist.

5. »ich weiß nicht, ob ich noch Eier legen kann«. Von Zürich nach Berlin

Die Ankunft in Zürich Ende Juli 1912 war eine Heimkehr. Die Einsteins wohnten wieder am sonnigen Zürichberg, diesmal etwas höher hinauf nahe der Kirche von Fluntern. Die Wohnung lag in einem neu errichteten Zweifamilienhaus, hatte 6 Zimmer, Zentralheizung und allen zeitgemäßen Komfort.[1] Die jährliche Miete von 2600 Franken hätte vor zwei Jahren noch mehr als die Hälfte des Gehalts verschlungen; jetzt brauchte sich der mit dem Maximalgehalt ausgestattete Ordinarius nicht mehr einzuschränken, der Umweg über Prag hatte sich gelohnt.

Im Physikalischen Institut des Polytechnikums hatte er über dem Südportal ein großes, sonniges Dienstzimmer mit weitem Blick über die Stadt bis hinüber zum Uetliberg. Noch in Prag hatte er mit mehr Ruppigkeit als Takt eine inzwischen in Zürich eingetretene Veränderung kommentiert: »Dort ist der grimmige Weber gestorben, so dass es auch persönlich ganz angenehm sein wird.«[2] Direktor des Instituts, aber nicht Vorgesetzter des Ordinarius für Theoretische Physik, war jetzt der Elsässer Pierre Weiss, mit dem Einstein gut zurechtkam. Neben Marcel Grossmann als Vorstand gehörte noch der Studienkollege Louis Kollros als Professor für Darstellende Geometrie und Mathematik zum Lehrkörper der Abteilung VIII des »Poly«, so daß von den fünf Absolventen des Jahrgangs 1900 nun drei als Professoren zurückgekehrt waren. Von den älteren Herren, deren Vorlesungen Einstein einst erduldet oder geschwänzt hatte, waren noch die Mathematiker Geiser und Hurwitz im Amt. Wie vor zwei Jahren traf man sich bald wieder regelmäßig bei Hurwitz zur Kammermusik.

An der Universität wirkte nach wie vor Kleiner als Ordinarius. Zu Einsteins Bedauern hatte Peter Debye, sein Nachfolger auf dem Extraordinariat, Zürich schon wieder verlassen und die von Einstein abgelehnte Stelle in Utrecht angenommen. Dafür kam im Oktober Max von Laue an die Universität. Das war nach Einsteins Meinung eine sehr erfreuliche Wahl, »einmal für die Universität, dann aber auch, weil es mir eine grosse Freude sein wird, mit Laue persönlich zu verkehren, den ich als Fachgenossen und Menschen sehr hoch schätze«.[3] Rechtzeitig für die rühmende Erwähnung im Berufungsvorschlag hatte Laue am Sommerfeldschen Institut in München seine ersten

Beugungsbilder von Röntgenstrahlen an einfachen Kristallen aufnehmen können. Als Laue ein derartiges Photo noch nach Prag geschickt hatte, gratulierte Einstein postwendend »herzlich zu Ihrem wunderbaren Erfolge. Ihr Experiment gehört zum Schönsten, was die Physik je erlebt hat.«[4] Daß man nun die Atome und Moleküle nicht mehr nur indirekt wie bei der Brownschen Bewegung, sondern beinahe direkt sehen konnte, war für Einstein ein überwältigendes Erlebnis: »Es ist das Wunderbarste, was ich je gesehen habe!«[5] schrieb er an Hopf. »Beugung an den einzelnen Molekülen, deren Anordnung so geoffenbart wird. Die Photographie ist so scharf, als man wegen der thermischen Agitation kaum vermuten sollte.« Zugleich war damit endgültig klar, daß Röntgenstrahlen elektromagnetische Wellen sind wie Licht, aber das hatte Einstein ohnehin schon seit vielen Jahren vorausgesetzt.

Laue erhielt für diese Leistung zwei Jahre später den Nobelpreis. Als ihm Einstein 1922 und Peter Debye 1936 folgten, war das eine bemerkenswerte Bilanz für die Zürcher Berufungspolitik: Alle drei Physiker, die auf dem Extraordinariat in den Jahren von 1909 bis 1912 ihre akademische Laufbahn begonnen hatten, wurden schließlich mit dieser höchsten wissenschaftlichen Auszeichnung bedacht.[6] Wenn Alfred Kleiner auch kein herausragender Forscher war, so hatte er doch einen Blick für Talent und war in der Förderung begabter junger Kollegen ungewöhnlich erfolgreich.

Seine Lehrtätigkeit begann Einstein wieder mit einer dreistündigen Vorlesung zur Analytischen Mechanik und einer zweistündigen zur Thermodynamik sowie einem Seminar. In der Erinnerung von Otto Stern, der mit und wegen Einstein nach Zürich gekommen war, um sich in Physikalischer Chemie zu habilitieren, waren diese Kollegs »immer sehr schön, aber nicht für Anfänger«.[7] Damit entsprach der Dozent den Erwartungen des Erziehungsrats, daß den vorgerückten Studenten etwas Besonderes geboten werden sollte. Weil Einstein sich aber nie richtig vorbereitet hatte, hatten auch Fortgeschrittene oft Mühe, diesen Vorlesungen zu folgen. »Aber er war eben doch Einstein, und wenn er dann so rumgemorkst hat, war es doch sehr interessant. Er hat das immer sehr raffiniert gemacht, und sehr physikalisch vor allen Dingen.«[8]

Mehr in seinem Element war Einstein in einem einmal die Woche stattfindenden Kolloquium, zu dem Max von Laue mit einigen Studenten von der Universität herüberkam. Wie vor zwei Jahren wurde es meistens in einem Restaurant oder dem Café »Terrasse« fortgesetzt.

Dabei ging es vornehmlich um Strahlungs- und Quantentheorie, um die Existenz sogenannter Nullpunktsenergien oder um das theoretische Verständnis magnetischer Erscheinungen.

Zum Angelpunkt der Kommunikation im Institut wurde Einstein noch aus einem Grund, der mit Physik nichts zu tun hatte. Pierre Weiss hatte über das gesamte Gebäude ein Rauchverbot verhängt und achtete streng auf dessen Einhaltung. Für den Kollegen Einstein konnte das selbstverständlich nicht gelten, so daß sich in seinem Dienstzimmer eine Art Tabakskollegium etablierte. Wer rauchen wollte, kam zu Einstein, und wer Einstein sprechen wollte, brauchte nur zu erklären, er wolle mal rauchen.

Über seine große Leidenschaft, die Gravitationstheorie, hat er in Zürich wohl nur mit Marcel Grossmann ausführlich sprechen können, und dann auch nur über die mathematischen Aspekte. Laue, der als einer der ersten Anhänger manches Wertvolle zur Relativitätstheorie beigetragen hatte, erinnerte sich zwar »vieler Dispute mit Einstein über diesen Gegenstand«[9], mag ihn dabei aber ein wenig enttäuscht haben, weil er den Bemühungen um die Verallgemeinerung der Theorie nicht das rechte Interesse abgewinnen konnte. »Laue ist den prinzipiellen Erwägungen nicht zugänglich«[10], war Einsteins ernüchternde Bilanz von drei Semestern kollegialer Nähe.

Obwohl Einstein die öffentliche Vortragerei nicht mochte, hatte er eine Einladung zur Jahrestagung der »Société Française de Physique« Ende März in Paris akzeptiert. Er reiste zusammen mit Mileva, die Kinder blieben in der Obhut von Einsteins Mutter Pauline in Zürich zurück. Er wird sich nicht nur über die Abwechslung gefreut haben, sondern auch auf das Wiedersehen mit den französischen Kollegen und mit dem »guten Solo«, der sich in Frankreich als Schriftsteller durchschlug und mit dem er nun in Paris »herumlungern« wollte: »Wenn nur der verd. Vortrag nicht wäre, den ich – horribile dictu – französisch halten soll.«[11] Mit diesem Vortrag, den er am 27. März 1913 hielt, hat er es sich wohl nicht nur aus sprachlichen Gründen bequem gemacht. Über die Quantentheorie hatte er nichts Neues zu sagen, und über die Gravitationstheorie, deren »Entwurf« in den letzten Zügen lag, wollte er noch nicht sprechen. Also wählte er als sein Thema die letzte schöne Arbeit aus Prager Tagen über das Photochemische Äquivalentgesetz.[12] Vermutlich hatten die Hörer anderes erwartet.

In Paris machte ihm Paul Langevin die Freude, seinen Erzählungen über die Plackerei mit der Gravitationstheorie interessiert zuzuhören.

Sehr wahrscheinlich hat Einstein mit Langevin und auch mit Marie Curie ein scharfsinniges Argument[13] besprochen, nach dem die Äquivalenzhypothese, also die »Wesensgleichheit der schweren mit der trägen Masse«, durch die Massenänderung beim radioaktiven Zerfall auf eine überraschende Weise gestützt wird. Wieder in Zürich, bedankte er sich bei Marie Curie für »die Stunden, die sie uns gewidmet haben«[14] und erinnerte sie noch einmal an die »kleine Gebirgsreise«, die beide für die Zeit nach dem Semesterende geplant hatten.

Anfang August kam Marie Curie mit ihren beiden Töchtern und einer Gouvernante nach Zürich. Einstein brach mit seinen Gästen und dem Sohn Hans Albert zu einer Wandertour ins Engadin auf. Obwohl Einstein mit dem Französischen einige Mühe hatte und Marie Curie kaum Deutsch verstand, scheint es keine Verständnisschwierigkeiten gegeben zu haben. Die Tochter Eve Curie beschrieb diese Wanderung in der Biographie ihrer Mutter: »Die jungen Leute, für die diese Reise ein großes Vergnügen ist, gehen voraus. Manchmal fangen sie wie im Flug einzelne Worte eines Gesprächs auf, die ihnen absonderlich vorkommen. Einstein erläutert Marie seine Theorien: ›Sie begreifen, daß ich genau wissen muß, was den Insassen eines Fahrstuhls geschieht, der ins Leere fällt...‹ Solche rührende Besorgnis läßt die junge Generation in Lachen ausbrechen.«[15] Eve Curie war in diesem Sommer, ebenso wie Hans Albert, neun Jahre alt.

Schon während des Semesters im Juni waren Paul und Tatjana Ehrenfest für zwei Wochen aus Leiden nach Zürich gekommen. Sie wohnten in einer Pension, aber Ehrenfest verbrachte so viel Zeit wie möglich mit Einstein. Ein einziges Mal notierte er in seinem Tagebuch: »Ein Tag ohne Einstein.«[16] Für die beiden Physiker war es eine wunderbare Bestätigung ihrer in Prag begründeten Freundschaft. Sie musizierten wieder miteinander, wanderten in den Hügeln um Zürich herum und diskutierten mit der ihnen eigenen scharfzüngigen Leidenschaft Physik, und dabei insbesondere die neuen Gravitationstheorien. Der temperamentvolle Ehrenfest war eine überaus belebende Bereicherung des ohnehin schon lebendigen Kolloquiums von Einstein und Laue, vor allem dadurch, daß er keine oberflächlichen Argumente oder voreiligen Schlüsse durchgehen ließ und nicht eher Ruhe gab, bis die Sache völlig klar war. Max von Laue erinnerte sich noch im hohen Alter daran, »wie vor einem großen Schwarm von Physikern Einstein und Ehrenfest herschritten, auf den Zürichberg stiegen und Ehrenfest dort in ein Jubelgeschrei ausbrach: ›Ich habe es verstanden.‹ «[17]

In jenen Tagen wurde das neue, gerade im Frühjahr von Niels Bohr vorgeschlagene Modell des Atoms heftig diskutiert. Einstein wird hierüber manches von Ehrenfest erfahren haben. Während die Kollegen aufgeregt debattierten, ob das Bohrsche Modell physikalisch überhaupt Sinn machen konnte, Otto Stern und Max von Laue sogar entsetzt waren über die kühnen Vorschläge, verblüffte Einstein Otto Stern mit der Bemerkung: »Na, wissen Sie, so was Ähnliches hab' ich mir selbst schon gedacht.«[18] Aber die Gravitationstheorie hielt ihn so sehr gefangen, daß er sich nicht aktiv in diese Fragen einschalten konnte. Von den Quanten hatte er zwei Jahre zuvor gewissermaßen Urlaub genommen, so daß er an dieser erregenden Phase der Entstehung der Atomphysik nur als Beobachter teilnahm.

In ähnlich distanzierter Haltung fuhr er auch Ende Oktober gemeinsam mit Max von Laue und Pierre Weiss zum Zweiten Solvay-Kongreß nach Brüssel. Die Einladung hatte er dankend akzeptiert, aber den dringenden Wunsch geäußert, keinen Vortrag halten zu müssen, da er mit Arbeit ohnehin überlastet sei.[19] Zum Generalthema »Struktur der Materie« hatte er nichts Neues zu sagen und erfuhr auch nichts Neues, denn merkwürdigerweise wurde es unter Ausklammerung des Rutherford-Bohrschen Atommodells abgehandelt. Einsteins gewaltig gewachsenes Ansehen im Kreise der führenden Gelehrten wurde im Gruppenphoto dokumentiert. War der junge Mann 1911 noch am Rande placiert worden, stand er jetzt in der Mitte. Und wie alle Kollegen wußten, sollte seine herausragende Stellung bald durch einen Wechsel nach Berlin an die dortige Akademie unterstrichen werden.

Wie bereits an der Universität Zürich und in Prag, bahnte sich auch an der ETH vor Ablauf des zweiten Semesters eine Veränderung an. Am 12. Juli 1913 waren Max Planck und Walther Nernst nach Zürich gekommen und überraschten Einstein mit einem attraktiven Angebot. Nernst hatte schon 1910 daran gedacht, Einstein für Berlin zu gewinnen, und Haber hatte im Januar 1913 mit dem Kultusministerium den Plan erörtert, »ob sich nicht für diesen ausserordentlichen Mann eine Stelle an dem mir unterstellten Institute schaffen ließe«.[20] Dabei hatten die Säulen des preußischen naturwissenschaftlichen Establishments mehrere Ziele im Auge: Optimale Arbeitsbedingungen für den produktivsten Forscher ihrer Zunft, eine faszinierende Bereicherung ihres ohnehin schon hochkarätig besetzten Berliner Kreises von Naturforschern und auch den Ruhm Preußens und seiner Akademie. Daß dieser Einstein alles andere als ein vorbildlicher Untertan Seiner Majestät des Kaisers werden würde – jüdischer Herkunft, ungedient und sogar aus eigenem Antrieb aus der deutschen Staatsangehörigkeit entlassen, wenn's auch nur die württembergische war –, mußte gnädig ignoriert werden. Wenn es um die Leistungselite ging, waren die Preußen liberal, und wer den »neuen Kopernikus« haben wollte, durfte nicht nach dem Leutnantspatent fragen.

Die beste Möglichkeit, Einstein ein unwiderstehliches Angebot zu unterbreiten, hatte sich durch den Tod von Jacobus van't Hoff ergeben, der seit 1896 eine mit einem Gehalt ausgestattete Stelle an der Akademie innehatte. Davon gab es nur zwei, denn die Akademie war weniger eine Forschungsorganisation denn ein Klub der hervorragendsten Gelehrten. Die Mitgliedschaft galt als hohe Auszeichnung und wurde mit einem Ehrengehalt von 900 Mark preußisch-sparsam vergolten. Als van't Hoff, der erste Nobelpreisträger für Chemie, gestorben war, setzte sich Emil Warburg zunächst dafür ein, den ersten Nobelpreisträger für Physik Wilhelm Conrad Röntgen für die Akademie zu gewinnen. Warburg vermochte sich mit diesem Wunsch jedoch nicht durchzusetzen, so daß schließlich Einstein diese Stelle angetragen werden konnte.

Die Offerte, deren konkrete Ausgestaltung im wesentlichen der Initiative Fritz Habers zu verdanken war, sah vor, daß Einstein neben dem Ehrensold das Maximalgehalt preußischer Professoren von 12000 Mark jährlich erhalten sollte, zur einen Hälfte aus der Kasse der Akademie, zur anderen durch eine Schenkung des Industriellen Leopold Koppel.[21] Dazu gehörte auch eine Professur an der Friedrich-Wilhelm-Universität mit allen akademischen Rechten, aber ohne Pflichten; er hätte also nach Lust und Laune Vorlesungen und Seminare halten können – oder auch nicht. Und damit nicht genug, wurde Einstein noch die Leitung eines Instituts für theoretische Physik in Aussicht gestellt, das im Rahmen der Kaiser-Wilhelm-Gesellschaft gegründet werden sollte. Das war, wie sich bald herausstellte, mehr, als Einstein begehrte und für sinnvoll hielt, aber einstweilen würden seine einzigen Pflichten darin bestehen, in Berlin zu wohnen und bei den Sitzungen der Akademie nicht gar zu oft zu fehlen.

Am 12. Juni 1913 unterbreitete Max Planck den offiziellen Wahlvorschlag für Albert Einstein als ordentliches Mitglied der Akademie mit einem besonderen persönlichen Gehalt von 12000 Mark. Dieser Antrag war noch von Walther Nernst, Heinrich Rubens und Emil Warburg unterzeichnet, trug aber deutlich Plancks Handschrift. In preußisch geläutertem Pathos hatte er so viele Lobpreisungen aneinandergereiht, daß der Wahlvorschlag auch eine Einschränkung vertrug, die Planck besonders am Herzen lag und die, obwohl in historischer Perspektive falsch und auch damals schon nicht ganz auf der Höhe der Zeit, geradezu erfrischend wirkt, nämlich daß er in seinen Spekulationen gelegentlich auch einmal über das Ziel hinausgeschossen habe, wie z. B. in seiner Hypothese der Lichtquanten, was man ihm aber nicht allzuschwer anrechnen dürfe, »denn ohne einmal ein Risiko zu wagen, läßt sich auch in der exaktesten Naturwissenschaft keine wirkliche Neuerung einführen«.[22] Für die Beurteilung der Einsteinschen Gravitationstheorie mußte Planck auf die Zukunft verweisen, aber wir werden sehen, daß er ein Jahr später ausgerechnet seine Laudatio zur Begrüßung Einsteins in der Akademie dazu nutzen wird, um seine Bedenken gegen eine Verallgemeinerung des Relativitätsprinzips öffentlich anzubringen.

Der Vorschlag durchlief die Ausschüsse und wurde am 3. Juli der physikalisch-mathematischen Klasse der Akademie zur geheimen Abstimmung vorgelegt. Nach althergebrachtem Ritual wurden dazu schwarze und weiße Kugeln benutzt. Die »Kugelung« ergab 21 weiße und nur eine ablehnende schwarze Kugel. Einige scharfsinnige Akademiker hatten noch darauf gedrängt, daß Einsteins persönliches Gehalt verrechnet oder ganz in Wegfall kommen würde für den Fall, daß er noch ein anderes amtliches Einkommen erhalten sollte. Andere äußerten »prinzipielle Bedenken wegen der Beteiligung eines Privatmanns an der Berufung eines Mitglieds der Akademie«, und wieder andere waren auf den klugen Gedanken gekommen, daß es nicht nur für Einstein, sondern auch »der Akademie würdiger sei, wenn die Klasse den vollen Gesamtbetrag von 12000 Mark dem zu Berufenden zur Verfügung stellte und Herr Kommerzienrat Koppel veranlaßt würde, seine Beisteuer von 6000 Mark der Akademie in Form einer Schenkung zu überweisen«.[23]

Nach diesen Präliminarien war für Planck und Nernst der Weg frei, nun nach Zürich zu Einstein zu fahren. Der wußte zwar, daß sich die Berliner für ihn interessierten, wurde von dem konkreten Angebot aber überrascht. Planck und Nernst wollten unbedingt mit einer Zusage nach Berlin zurückkehren, aber Einstein bestand auf einem Tag Bedenkzeit. Die beiden Emissäre unternahmen einen Ausflug auf den Rigi am Zuger See und vereinbarten mit Einstein, daß er bei ihrer Rückkehr am Bahnhof im Falle seiner Zusage mit einem weißen Tuch winken würde. Einstein winkte.[24]

Am 24. Juli billigte das Plenum der Akademie die Abmachungen und brachte sie auf den Instanzenweg übers Kultusministerium zu Seiner Majestät dem Kaiser und König Wilhelm II. Auch wenn das nur Formalitäten waren, sie brauchten ihre Zeit. »Ostern wird Einstein nach Berlin übersiedeln«[25], schrieb Nernst im August an Lindemann. »Planck und ich waren neulich bei ihm in Zürich, und die Akademie hat ihn bereits gewählt; wir hoffen viel davon.«

Die Berliner Offerte und seine Zusage hat Einstein als sein Geheimnis gehütet. Nur seiner Kusine Elsa schrieb er enthusiastisch von dem freudigen Ereignis, bat sie aber aus guten Gründen um Stillschweigen: »Sage keinem Menschen etwas von der Sache. Es bedarf noch eines Beschlusses des Plenums der Akademie, und es würde sich schlecht ausnehmen, wenn etwas davon vorher unter die Leute käme.«[26] Seine nächste Mitteilung über die bevorstehende Veränderung findet sich in einem Brief vom 22. Juli an Jakob Laub, und der war damals schon Professor in Argentinien, also weit weg: »Ostern gehe ich nämlich nach Berlin als Akademie-Mensch ohne irgendeine Verpflichtung, quasi als lebendige Mumie. Ich freue mich auf diesen schwierigen Beruf!«[27] Das klingt nicht so, als sei er von der Richtigkeit seiner Entscheidung durchdrungen gewesen.

Während die Absichten der Berliner Gelehrten bei der Berufung Einsteins auf der Hand lagen, ist weniger klar, warum Einstein die Offerte akzeptiert hat. Nach Deutschland hatte er nie Sehnsucht empfunden, eher das Gegenteil. Das tiefsitzende Mißtrauen Schweizer Republikaner gegenüber dem »großen Kanton im Norden« mit seinem Säbelgerassel und seinem verqueren Streben nach einem »Platz an der Sonne« war schon dem jungen Einstein in seinem Aarauer Schuljahr durch »Papa Winteler« zur zweiten Natur geworden. Berlin kannte er aus eigener Anschauung kaum – er hatte es bisher nur einmal im März 1912 besucht –, aber es muß ihm doch bewußt gewesen sein, daß ihm als »geborenem« Schwaben die Mentalität der lebensfroheren Süddeutschen näher gestanden hätte als das steife Gebaren und das düstere Pflichtethos der Preußen. Aber aus einem bayrischen Gymnasium war er ausgerissen und hatte das nie bereut, und nun würden seine beiden Söhne sogar preußische Schulen besuchen müssen.

Immerhin war ihm die erste Anerkennung als Forscher von Deutschen zuteil geworden, von Max Planck, Walther Nernst, Wilhelm Wien und Arnold Sommerfeld, und das hatte er nicht vergessen. Als er von den Herausgebern der gerade begründeten Zeitschrift ›Die Naturwissenschaften‹ gebeten wurde, aus Anlaß von Max Plancks Wahl zum Rektor der Berliner Universität zum Wintersemester 1913 den großen Kollegen zu würdigen, nutzte er diese Gelegenheit, seine

Dankbarkeit gegenüber Planck für dessen Förderung der Relativitätstheorie auszudrücken: »Der Entschiedenheit und Wärme, mit der er für diese Theorie eingetreten ist, ist wohl zum großen Teil die Beachtung zuzuschreiben, die diese Theorie bei den Fachgenossen so schnell gefunden hat.«[28] Aber als er schon unwiderruflich zugesagt hatte, sah er, wie er Besso schrieb, »nicht ohne gewisses Unbehagen ... das Berliner Abenteuer näher rücken«[29], und er meinte sogar, in Plancks und Laues Desinteresse an der Verallgemeinerung der Relativitätstheorie eine typische Beschränktheit des deutschen Nationalcharakters zu erkennen: »Der freie, unbefangene Blick ist dem (erwachsenen) Deutschen überhaupt nicht eigen (Scheuleder!).«[30] Warum ging er dann aber doch nach Berlin?

Am höheren Einkommen kann es kaum gelegen haben. Für sich selbst brauchte er ohnehin nicht viel, und seiner Familie konnte er nun in Zürich als wohlbestallter Ordinarius ein gutbürgerliches Leben ohne materielle Beschränkungen ermöglichen. Daß seine Einkünfte in Berlin ein Drittel höher sein würden als in Zürich, war kein Hinderungsgrund, aber gewiß auch nicht ausschlaggebend. Im übrigen war das Berliner Gehalt für preußische akademische Verhältnisse keineswegs exorbitant. Zwar wurde das Maximalgehalt von 12000 Mark nur wenigen Ordinarien bewilligt, aber viele mit geringerem Gehalt übertrafen dank Hörer- und Prüfungsgeldern diesen Betrag um ein Beträchtliches[31], so daß Einsteins Gehalt eher dem Durchschnittseinkommen der Ordinarien entsprach. Für die Direktoren der nur der Forschung gewidmeten Kaiser-Wilhelm-Institute war übrigens ein höheres Gehalt von 15000 Mark festgesetzt worden, um für den Ausfall der Nebeneinnahmen zu entschädigen.[32] Für Medizinprofessoren mit florierender Privatpraxis war das kein beeindruckendes Einkommen, auch nicht für einen ökonomischen Tausendsassa wie Walther Nernst, der auch als »Kommerzienrat h. c.« zugleich bespöttelt und bewundert wurde.

Wichtiger als das Einkommen war für Einstein wohl die betrübliche Erfahrung, daß die Ablenkung durch die akademische Lehre der Arbeit an der Gravitationstheorie nicht eben förderlich gewesen war. Schon Laub gegenüber hatte er anklingen lassen, beides sei zuviel gewesen: »Ich bin von der Arbeit des letzten Jahres so hergenommen, dass mir etwas zu gönnen ist.«[33] Als im August die Nachricht von seinem Wechsel[33] bekannt geworden war, vermutlich auf dem Wege des akademischen Tratschs, der in Berlin seinen Ursprung hatte, gab Einstein die Last der Vorlesungen als wesentlichen Grund an, zum Beispiel gegenüber Lorentz, nachdem dieser zur Wahl in die Akademie gratuliert hatte: »Ich konnte der Versuchung nicht widerstehen, eine Stelle anzunehmen, in der mir alle Verpflichtungen abgenommen sind und ich mich ganz der Grübelei hingeben kann.«[34] Als ihn Ehrenfest wegen seiner nun anstehenden »Berlinisierung« mit Untertönen beglückwünschte, klang die Begründung ähnlich: »Ich nahm diese kuriose Sinekure an, weil mir das Kolleghalten so kurios auf die Nerven geht und ich dort nichts vorzutragen habe.«[35] Für jemanden, der sieben lange Jahre nur neben einer Sechs-Tage-Woche auf dem Patentamt seinen Grübeleien hatte nachhängen können, eine wiederum kuriose Begründung.

Gewiß, Einstein war kein begnadeter akademischer Lehrer, aber noch zwei Jahre zuvor in Prag hatte er den Vorlesungen einen erfreulichen Aspekt abgewinnen können, etwa nach dem Motto: Wenn mir nichts eingefallen ist, dann habe ich wenigstens durch den Unterricht mein Geld auf ehrliche Weise verdient. »Denn wie oft passiert es, daß ich einen Gedanken verfolge und dann doch nur feststelle, daß ich in einem Labyrinth herumgeirrt bin«, erzählte er Hugo Bergmann auf dem Heimweg vom Prager Institut. »Alle diese Wochen, in denen ich einem Gespenst nachgejagt bin, wären verloren gewesen, hätte ich nicht meine Kollegs gehabt und so wenigstens etwas Nützliches getan.«[36] Nun erschien ihm die Möglichkeit, auf diese Art der Rückversicherung zu verzichten und sich ausschließlich seinen Grübeleien hinzugeben, überaus attraktiv, auch wenn ihm das nur von der Preußischen Akademie in Berlin geboten werden konnte.

Die Zürcher Freunde und Kollegen werden Einsteins Bereitschaft zu dem »Berliner Abenteuer« teils mit Verwunderung und Enttäuschung wahrgenommen haben, teils auch in der Einsicht, daß die herausgehobene, pflichten- und sorgenfreie Stellung in Berlin wenn überhaupt jemandem, dann ihm zu gönnen wäre. Als Einstein dem Maschinen- und Turbinenbauer Aurel Stodola von seiner Berufung an die Akademie erzählte, war dieser gute Freund regelrecht ergriffen: »...da erbebte mein Inneres und eine Freudenträne schwamm im Auge, weil jemandem ideale Gerechtigkeit widerfuhr auf Erden.«[37]

Dann gab es noch einen Grund, von dem er damals niemandem erzählt hat. Zwei Jahre später wird er ihn beiläufig in einem Brief an Zangger erwähnen, und danach war es sogar der wichtigste: »Ich lebe ganz zurückgezogen und doch nicht einsam dank der Fürsorge einer Cousine, die mich ja überhaupt nach Berlin zog.«[38]

Es ist nicht bekannt, wann Einstein seiner Kusine die Anschrift des Physikalischen Instituts der ETH mitgeteilt hat; sicher aber ist, daß

Elsa Löwenthal ihrem Vetter zum 34. Geburtstag am 14. März 1913 geschrieben hat. Der freute sich, »dass Du an mich gedacht hast«[39], hielt diesen und auch seine nächsten Briefe aber frei von amourösem Überschwang, hatte er sich doch vorgenommen, sich in das Unabänderliche zu schicken. Das änderte sich nach dem Besuch von Nernst und Planck: »Längstens nächstes Jahr komme ich also für immer nach Berlin«, jubilierte er. »Es ist eine kolossale Ehre, die mir da zuteil wird. ... Ich freue mich schon sehr auf die schönen Zeiten, die wir zusammen verbringen werden.«[40] So ging es in kurzen Abständen weiter. Elsa war von dieser Wendung nicht minder beglückt; sie suchte sogar auf eigene Initiative Fritz Haber auf, der in der Akademie zugunsten Einsteins die Fäden zog, um die Berufungsprozedur zu beschleunigen: »Die Ungeniertheit, mit der Du Haber auf die Bude stiegst, ist echt Elsa«, freute sich der charmant protegierte Vetter. »Hast Du davon irgend jemand etwas gesagt, oder es mit Deiner schwarzen Seele allein abgemacht? Da hätte ich zusehen mögen.«[41]

Nach der Wiener Naturforscherversammlung besuchte Einstein seine Kusine. Wieder in Zürich, schrieb er ihr, er sei »nicht mehr der gleiche als vorher. Ich habe jetzt jemand, an den ich mit ungetrübtem Vergnügen denken und für den ich leben kann.«[42] Wie einst mit Mileva freute er sich auf eine gemeinsame »kleine Zigeunerwirtschaft«.[43] Daß Elsa in literarischen Lesungen Künstlerisches vortrug, inspirierte ihn zu theatralischen Ausbrüchen im seit der Jugend bekannten »antiphiliströsen« Gestus: »Fahrendes Volk, das wir beide sind, zum Seiltanzen auserkoren aus dem Schwarm der Philister, aber – gottlob – nicht auf dem wirklichen Seil, sondern nur in den lichten Höhen menschlichen Wahnwitzes! Ich wünsche ein famoses Tänzchen.«[44] Dagegen verwahrte er sich standhaft gegen Elsas Ratschläge für einen gesunden Lebenswandel und pries die Rücksichtslosigkeit gegen sich selbst: »Ich habe mir fest vorgenommen, mit einem Minimum medizinischer Hilfe ins Gras zu beissen, wenn mein Stündlein gekommen ist, bis dahin aber drauf los zu sündigen, wie es mir meine ruchlose Seele eingibt: Rauchen wie ein Schlot, Arbeiten wie ein Ross, Essen ohne Überlegung und Auswahl, Spazierengehen *nur* in wirklich angenehmer Gesellschaft, also leider selten, schlafen unregelmäßig etc.«[45] – Elsa hatte nach einigen Jahren die Folgen dieses Lebenswandels mit zu tragen, als sie ihn in Berlin pflegen und ihm Diät kochen mußte.

Als sich bei Einsteins Besuch in Berlin Ende September 1913 Vetter und Kusine ganz nahe gekommen waren, hatte es Elsa für sinnvoll gehalten, ihrem Vetter einige Utensilien zur Körperpflege zu schenken. Es war der Versuch der Zähmung eines Widerspenstigen. Zwar benutzte er die Haarbürste, aber er hatte die »Zahnbürste aus ächt wissenschaftlichen Erwägungen wieder in Ruhestand versetzt: Schweinsborste bohrt Diamanten durch; wie sollten also meine Zähne ihr widerstehen.«[46] Auf Elsas offenbar wiederholte Vorhaltungen vom Sinn und Nutzen der Hygiene polterte er schließlich los: »Aber wenn ich anfange mich körperlich zu pflegen, dann bin ich nicht mehr ich selber. ... Wenn ich Dir so unappetitlich bin, dann such Dir einen für weibliche Geschmäcker geniessbareren Freund. Ich aber bewahre mir meine Indolenz, die schon den Vorteil hat, dass mich mancher ›Fatzke‹ in Ruhe lässt, der mich sonst aufsuchen würde. – Also mit kräftigem Fluch und einer Kusshand aus appetitlicher Distanz Dein ehrlich dreckiger Albert.«[47] Daß Elsa ihm diesen Ausbruch nicht verübelte, dankte er ihr im nächsten Brief mit einer »Kusshand ... aus appetitlicher Entfernung von dem unverbesserlichen Mistfinken. Es bleibt dabei, dass wir einander das Leben aufhellen werden aus der Trübsal.«[48]

Die Trübsal war natürlich der längst zerrüttete Ehestand, aus dem es nach damaligem Recht gegen den Willen von Mileva kein Entrinnen zu geben schien. »Glaubst Du, es sei so leicht, sich scheiden zu lassen«, klagte er Elsa sein Leid, »wenn man von der Schuld des andern Teils keinen Beweis hat...« Zwar hegte er den Verdacht einer – wie es damals hieß: ehebrecherischen – Beziehung seiner Frau, konnte es aber nicht gerichtsfest beweisen, war wohl selbst nicht einmal davon überzeugt. Dafür »behandle ich meine Frau wie eine Angestellte, der ich allerdings nicht kündigen kann. Ich habe mein eigenes Zimmer und vermeide es, mit ihr allein zu sein.«[49] Der bevorstehende Umzug nach Berlin kam ihm daher als Revanche im Grabenkrieg einer Ehe in Auflösung gerade recht: »Meine Frau heult mir unausgesetzt vor von Berlin und ihrer Angst vor den Verwandten. Sie fühlt sich verfolgt und hat Angst, Ende März habe ihre letzte ruhige Minute geschlagen. Nun, etwas wahres ist dabei.«[50]

Trotzdem fuhr Mileva kurz nach Weihnachten allein nach Berlin, um eine Wohnung zu suchen, unterstützt von Fritz Haber oder vermutlich dessen Frau Clara Immerwahr, einer promovierten Chemikerin und wie Mileva eine Pionierin des Frauenstudiums. Habers Institut, in dem für Einstein ein Zimmer reserviert war, lag wie die meisten Institute der 1911 gegründeten Kaiser-Wilhelm-Gesellschaft in Dahlem, einem ländlichen Vorort im Südwesten Berlins, der aus einer kaiserlichen Domäne hervorgegangen war. Etwa zehn Minuten Fußweg vom Haberschen Institut entfernt mietete Mileva eine Wohnung in einem für die ländliche Villengegend etwas zu groß geratenen Haus.[51] Ihre Befürchtungen sollten sich bestätigen, sie blieb nicht lange in diesem Haus.

Das Wintersemester 1913/14, Einsteins drittes an der ETH, wurde also wieder das Abschiedssemester. Er hielt Vorlesungen über Elektrodynamik und erstmals auch über Relativitätstheorie. Um Doktoranden und deren Zukunft brauchte er sich nicht zu kümmern, er hatte keine. An Promotionsverfahren war er nur viermal als Korreferent beteiligt, darunter bei Auguste Piccard, der später als Ballonflieger und Taucher sowohl Höhen- als auch Tiefenrekorde sammelte.

Über die positive Entwicklung der bürokratischen Prozeduren wurde Einstein durch Fritz Haber unterrichtet, als der im Spätsommer durch Zürich kam. Ende November traf das offizielle Schreiben der Akademie ein, in dem ihm mitgeteilt wurde, daß die Wahl »von Seiner Majestät dem Kaiser und König durch Allerhöchsten Erlaß vom 12. November bestätigt worden ist«.[52] Er ließ sich beinahe zwei Wochen Zeit, bis er seine Annahme der Wahl mit üblichen Bescheidenheitsfloskeln erklärte: »Wenn ich daran denke, dass mir jeder Arbeitstag die Schwäche meines Denkens dartut, kann ich die hohe, mir zugedachte Auszeichnung nur mit einer gewissen Bangigkeit hinnehmen.«[53] Otto Stern gegenüber hatte er die Aufnahme in die Akademie auf seinen eigenen Nenner gebracht, daß ihm nämlich die Berliner vorkämen »wie Leute, die eine seltene Briefmarke erwerben wollen«.[54]

Zu den größeren Merkwürdigkeiten von Einsteins Wahl- und Berufungsverfahren gehört übrigens, daß die Frage der Staatsangehörigkeit von den sonst so akkuraten preußischen Behörden niemals erörtert worden ist. Einstein hatte gegenüber Nernst und Fritz Haber den Wunsch geäußert, Schweizer bleiben zu wollen, und darauf offenbar nichts Gegenteiliges gehört. So reiste er in der Überzeugung nach Berlin, nach wie vor Schweizerbürger zu sein und sonst nichts, und die Preußen unternahmen nichts, ihn als ordnungsgemäßen Untertan Seiner Majestät zu beanspruchen. Erst viele Jahre später, als es 1922 im Zusammenhang mit seinem Nobelpreis zu einigen diplomatischen Verwicklungen zwischen Deutschland und der Schweiz kam, wurde amtlicherseits festgestellt[55], daß Einstein »Reichsdeutscher« sei, und dies schon seit Antritt seiner Stellung bei der Akademie im Jahre 1914. Nur hatten das bis dahin weder er noch die deutschen Behörden gewußt.

Das Ende des Semesters wurde zugleich der Abschied von Zürich. Zuerst zog Einstein am 9. Februar in einem Vortrag vor der Physikalischen Gesellschaft in Zürich die wissenschaftliche Bilanz seiner drei Semester am Polytechnikum, und das war natürlich die Gravitationstheorie.[56] Anschließend gab es ein opulentes Abschiedsessen im gediegenen Rahmen der »Kronenhalle«, einem traditionsreichen Restaurant am Fuße der Rämistraße, und auf dem Heimweg sagte er seinem Kollegen Louis Kollros: »Die Berliner spekulieren mit mir wie mit einem prämiierten Leghuhn; aber ich weiß nicht, ob ich noch Eier legen kann!«[57] Anders als vor drei Jahren beim Wechsel nach Prag wurde dieses Mal nicht über Möglichkeiten und Bedingungen der Rückkehr gesprochen. Eine Stellung wie die Preußen hatten die Schweizer nicht anzubieten, der Abschied schien endgültig.

Gerade viereinhalb Jahre waren vergangen, daß Einstein, aus Bern kommend, in Zürich eingetroffen war und als Extraordinarius seine sozusagen berufliche Karriere als Wissenschaftler begann. Damals war es nicht einmal selbstverständlich, daß ihm wenigstens sein bescheidenes Patentamtsgehalt auch als Professor bewilligt würde. Nun, nach drei mal drei Semestern in Zürich, Prag und wieder in Zürich, war er im Alter von nur 34 Jahren in eine der exponiertesten Stellungen gewählt worden, die für einen Gelehrten im deutschen Sprachraum zu vergeben war und die zudem seinem Naturell in besonderem Maße entgegenkam. Die führenden Physiker hatten ihn schnell als Kollegen begrüßt, und bald erkannten sie in ihm »eine Klasse für sich«, ein Genie, das sie auch dann bewunderten, wenn sie ihm nicht folgen mochten. So hatte der eher zum Konservativen neigende Max Planck mit seiner Autorität den einzigartigen Rang Einsteins und seine Bedeutung für die Physik ein für allemal festgelegt, als er seine Leistungen zu denen des Kopernikus in Relation gesetzt hatte. Eine größere Anerkennung war nicht denkbar, und deshalb war es nur folgerichtig, daß ihm nach großen Anfangsschwierigkeiten nun in der Wissenschaft – wie sein Freund Aurel Stodola es ausdrückte – »ideale Gerechtigkeit widerfuhr auf Erden«.

Anfang März kam in Zürich der »Zügelmann«. Als die Möbel verstaut waren, ging Mileva mit den beiden Söhnen für drei Wochen nach Locarno, weil der dreijährige Eduard den Winter hindurch krank gewesen war und sich im milden Klima des Tessin erholen sollte. Einstein verließ Zürich am 21. März und fuhr derweil nach Leiden. Die Reise machte er gemeinsam mit Fokker, den er gern als Assistenten nach Berlin mitgenommen hätte, was sich aber mangels einer Stelle nicht verwirklichen ließ. In Leiden hielt Einstein Vorträge über seine kürzlich fertiggestellten Arbeiten zur Gravitationstheorie und diskutierte mit Ehrenfest die neuen Entwicklungen in der Quantentheorie. Gemeinsam besuchten die beiden Freunde den verehrten Lorentz in Haarlem. Einstein bedankte sich bei Ehrenfest herzlich für »eine unvergeßliche Woche«[58], die er in Holland verbringen konnte, bevor er Anfang April in Berlin eintraf, mit Mileva und den Söhnen die Wohnung in Dahlem bezog und sein neues Berufsleben als »lebendige Mumie« begann.

»Hier in Berlin habe ich es sehr nett«[59], schilderte Einstein seine ersten Eindrücke gegenüber Ehrenfest. »Ein hübsches Zimmer und einen interessanten Kameraden an Haber. Sonst habe ich noch keine Physiker gesehen.« Einige Wochen später berichtete er nach Zürich: »Das Einleben hier gelingt wider Erwarten gut; nur ein gewisser Drill inbezug auf Kleider etc., dem ich mich auf Befehl einiger Onkels unterziehen muß, um nicht dem Auswurf der hiesigen Menschheit zugezählt zu werden, stört etwas die Gemütsruhe.«[60] Die »Onkels« waren wohl seine Kollegen Akademiker, die er bei den wöchentlichen Sitzungen schnell kennengelernt hatte.

Die Preußische Akademie der Wissenschaften hatte ihre Räumlichkeiten im Zentrum der Stadt, im Westflügel der imposanten Preußischen Staatsbibliothek an der Prachtstraße »Unter den Linden«, für Einstein mit der »Wannsee-Bahn« vom Bahnhof Lichterfelde aus bequem zu erreichen. Allwöchentlich versammelten sich die ungefähr fünfzig Ordentlichen Mitglieder zu ihren Sitzungen, entweder im Plenum oder in einer der beiden Klassen, der philosophisch-historischen oder der physikalisch-mathematischen. Die Geschäfte der beiden Klassen wurden von je zwei »Ständigen Sekretaren« geführt, die sich in einem Rotationsverfahren auch in der Leitung der Akademie abwechselten.

Einstein war von den Sitzungen nicht gerade beeindruckt, was bei einem immer noch jungen Mann von 35 Jahren im Kreise von älteren Herren, die sich mit »Geheimrat« oder »Exzellenz« anreden ließen, nicht verwunderlich ist. Die Akademie erinnerte ihn »in ihrem Habitus ganz an irgendeine Fakultät. Es scheint, dass die meisten Mitglieder sich darauf beschränken, eine pfauenhafte Grandezza schriftlich zur Schau zu tragen; sonst sind sie recht menschlich ...«[61] Er wird sich über die pedantische Beachtung der Formalien amüsiert haben ebenso wie über die peinlich genaue Einhaltung überkommener Bräuche. So mußte jedes Mitglied alljährlich nach einem durch die sogenannte »Lesekarte« vorherbestimmten Tag in der Plenarsitzung einen Vortrag halten; da aber beispielsweise den Ausführungen eines Chemikers ein Indologe kaum Interesse abzugewinnen und ihnen kaum zu folgen vermochte, war es unvermeidlich, daß einige der Hörer sanft vor sich hin dösten oder gar eingenickt waren. Alle Vorstöße zur Änderung solcher obsolet gewordenen Traditionen waren energisch abgewehrt worden, und Einstein lernte, die Akademie mit jener Nachsicht zu betrachten, auf die eine Institution Anspruch erheben kann, die von Leibniz gegründet und von Friedrich II. nach dem Vorbild der Académie française reformiert worden war und überhaupt schon zwei Jahrhunderte überdauert hatte. Er wurde ein braver Akademiker, fehlte nur selten bei den Sitzungen und hielt sich vor allem an die Regel, seine Forschungsergebnisse in den Sitzungsberichten zu veröffentlichen, was zu einer beträchtlichen Aufwertung dieses Publikationsorgans beitrug.

»Zum Musizieren bin ich noch nicht gekommen, weil immer soviel anderes los ist«, notierte Einstein über die Auswirkungen des Großstadtlebens, dem auch das mit dem Astronomen Freundlich geplante Streichquartett zunächst zum Opfer fallen mußte. Für die Hektik der Hauptstadt, das Selbstbewußtsein ihrer Bewohner und die sprichwörtliche »Berliner Schnauze« legte er sich eine nicht gerade von Sympathie zeugende Erklärung zurecht: »Ich verstehe jetzt die Selbstzufriedenheit des Berliners. Man erlebt so viel von aussen, dass man die eigene Hohlheit nicht so schroff zu fühlen bekommt wie auf einem stilleren Plätzchen.«[62] Bald schwärmte Einstein gegenüber Ehrenfest aber davon, daß es an seinem neuen Wohnort in wissenschaftlicher Hinsicht »enorm anregend«[63] und Berlin schon deshalb eine Reise wert sei. Die Universität mit Max Planck, Heinrich Rubens und Walther Nernst, die Physikalisch-Technische Reichsanstalt unter der Leitung des brillanten Experimentators Emil Warburg sowie die beiden Kaiser-Wilhelm-Institute in Dahlem unter Fritz Haber und Emil Fischer bildeten eine Konzentration hochkarätiger Forschungsstätten, wie es sie damals kein zweites Mal gab. Viele hochbegabte junge Leute wie Lise Meitner und Otto Hahn oder James Franck und Gustav Hertz waren deshalb nach Berlin gekommen und begründeten hier ihren späteren Weltruhm. Die Jahre vor dem Ersten Weltkrieg waren in Berlin auch in der Wissenschaft eine Belle époque, vielleicht sogar mehr als in jenen kulturellen Bereichen, denen diese Epoche ihren Namen verdankt.

Das wollten auch Paul und Tatjana Ehrenfest erleben, und so

machten sie den Einsteins die Freude, sie noch Ende Mai für eine Woche in ihrer neuen Wohnung zu besuchen. Gemeinsam diskutierten die Freunde Physik, besichtigten die Stadt und gingen mit den Kindern in den Zoologischen Garten. Ehrenfest vergnügte sich mit dem kleinen zehnjährigen Hans Albert und wunderte sich über die trübe Stimmung von Mileva, für die sich in Berlin alle schlimmen Befürchtungen bestätigten.

Den Grund für Milevas Ängste konnte sich Ehrenfest wohl denken, denn Einstein hatte ihm schon wenige Tage nach seiner Ankunft in Berlin berichtet, er habe »wirkliche Freude an meinen hiesigen Verwandten, besonders an der Cousine meines Alters, mit der mich alte Freundschaft verbindet. Hauptsächlich deshalb verschmerze ich die mir sonst odiose Großstadt sehr gut.«[64] Mileva hatte keinen Zugang zu diesen Verwandten ihres Mannes, wollte wohl auch gar keinen Umgang mit ihnen und schon gar nicht mit jener Cousine. Darüber muß es zu Konflikten gekommen sein, die ein weiteres gemeinsames Leben unmöglich machten. Es wird irgendwann im Juni 1914 gewesen sein, daß Michele Besso nach Berlin kommen mußte, um die hilflose Frau seines Freundes mit den Kindern in die Schweiz zurückzubringen.[65] Als Einstein Mileva, seine Söhne und den Freund Besso zum Bahnhof brachte, wurde er von Fritz Haber begleitet. »Weinend ist er vom Bahnhof zurückgegangen.«[66]

Für Einstein war der Abschied damals schon endgültig. Mileva dagegen schwankte jahrelang zwischen Hoffnung und Verzweiflung. Mit der Trennung konnte sie sich lange nicht abfinden und verharrte in einer Haltung, durch die sich Einstein »an das klassische Bild der Medea erinnert«[67] fühlte. Er litt unter dem »düsteren Schleier«, der deshalb die Beziehung zu seinen beiden Söhnen belastete, an denen er mit väterlicher Liebe und Zärtlichkeit hing, und insbesondere der ältere Sohn Hans Albert empfand die Jahre der Trennung als die »schlimmste Zeit, weil niemand wußte, was die Zukunft bringen würde«.[68] Erst nach der fünf Jahre später erfolgten Scheidung lösten sich die »düsteren Schleier« wenigstens so weit, daß er mit seinen Söhnen Reisen unternahm, sie in Zürich besuchen oder zu sich nach Berlin einladen konnte.

Mit der Relativitätstheorie beschäftigte sich Einstein in den ersten Wochen seines Berliner Aufenthalts in der für ihn ungewohnten Variante der allgemeinverständlichen Darstellung. Er und seine Theorien hatten auch außerhalb von Fachkreisen schon so viel Aufsehen erregt, daß ihn die Redaktion der ›Vossischen Zeitung‹, der anspruchsvollsten der

Berliner Tageszeitungen, um einen Beitrag gebeten hatte. »Dieser Aufforderung«, begann Einstein seinen ersten Zeitungsartikel, »komme ich gerne nach. Denn wenn auch ein tieferer Einblick in die Relativitätstheorie ohne Aufwendung erheblicher Mühe nicht zu erzielen ist, mag es doch auch für den Fernerstehenden reizvoll sein, einiges über Methode und Ergebnisse dieses Zweiges theoretischer Forschung zu erfahren.«[69] Sein Artikel *Vom Relativitätsprinzip* erschien in der Sonntagsbeilage zum 26. April; erstreckte sich über zwei lange Spalten, war ansprechend geschrieben und handelte vorwiegend von der Speziellen Relativitätstheorie. Kurz vor Schluß kam er noch auf die Verallgemeinerung zu sprechen und stellte fest, daß über diese weitergehende Entwicklung »die Ansichten auch derjenigen Physiker, welche die Relativitätstheorie schätzen, noch geteilt« seien. Aber »die Zukunft wird lehren, ob diese verallgemeinerte Relativitätstheorie, welche in erkenntnistheoretischer Hinsicht sehr befriedigend ist, der Wirklichkeit entspricht«.

Einsteins vorsichtige Einschätzung, daß die Ansichten über diese Theorie »geteilt seien«, war noch eine Übertreibung, denn Zustimmung und publizistische Unterstützung erhielt er damals nur von dem Göttinger Privatdozenten Max Born und dem Astronomen Erwin Freundlich, beide eher Hoffnungen in der Welt der Wissenschaft als Autoritäten. Auf wie einsamer Flur Einstein mit seiner verallgemeinerten Relativitätstheorie damals stand, wurde ausgerechnet bei seiner feierlichen Inauguration in der Akademie deutlich. Sie erfolgte in öffentlicher Sitzung am 2. Juli 1914, dem traditionellen »Leibniz-Tag« im Gedenken an den Gründer. Einstein skizzierte in seiner Antrittsrede seine Auffassung der Methode der theoretischen Physik, deren vornehmste und nicht eigentlich erlernbare Aufgabe er darin sah, der Natur ihre »allgemeinen Prinzipe gleichsam abzulauschen«.[70] Die Schwierigkeiten einer Theorie der Wärmestrahlung beschrieb er vornehmlich als ein Beispiel für einen Tatsachenkomplex, »für dessen theoretische Behandlung die Prinzipe fehlen«, um dann die Relativitätstheorie als Paradigma einer auf »Prinzipien« gegründeten Theorie anzuführen. Nachdem er die Erfolge der ›gewöhnlichen‹ Theorie ins rechte Licht gerückt hatte, kam er auf Notwendigkeit und Sinn der Verallgemeinerung zu sprechen:

> Andererseits aber gewährt diese Theorie vom theoretischen Gesichtspunkte aus nicht die volle Befriedigung, weil das vorhin formulierte Relativitätsprinzip die gleichförmige Bewegung bevorzugt. Wenn es nämlich wahr ist, daß der gleichförmigen Bewegung vom physikalischen Standpunkte aus eine absolute Bedeutung nicht zugeschrieben werden darf, so

liegt die Frage auf der Hand, ob diese Aussage nicht auch auf ungleichförmige Bewegungen auszudehnen sei. Es zeigte sich, daß man zu einer ganz bestimmten Erweiterung der Relativitätstheorie gelangt, wenn man ein Relativitätsprinzip in diesem erweiterten Sinne zugrunde legt. Man wird dabei zu einer allgemeinen, die Dynamik einschließenden Theorie der Gravitation geführt. Es fehlt aber vorläufig das Tatsachenmaterial, an dem wir die Berechtigung der Einführung des zugrunde gelegten Prinzips prüfen können.

Max Planck begrüßte als Sekretar der physikalisch-mathematischen Klasse das neue Mitglied als jemanden, dessen »eigentliche Liebe derjenigen Arbeitsrichtung gehört, in welcher die Persönlichkeit sich am freiesten entfaltet, in der die Einbildungskraft ihr reichstes Spiel treibt und der Forscher sich am ersten dem behaglichen Gefühl hingeben kann, daß er nicht so leicht durch einen anderen zu ersetzen ist. Freilich droht ihm dabei auch am ehesten die Gefahr, sich gelegentlich in allzu dunkle Gebiete zu verlieren und plötzlich unversehens auf harten Widerspruch zu stoßen.«[71] War es bisher die realistische Interpretation der Lichtquanten durch Einstein gewesen, mit der Planck nicht einverstanden war, konnte er nun auch bei der Verallgemeinerung des Relativitätsprinzips »der Versuchung nicht widerstehen, meinen Einspruch anzumelden«.

Planck mochte die Erweiterung des Relativitätsprinzips auf ungleichförmige Bewegungen nicht akzeptieren und wollte »gerade in der Bevorzugung der gleichförmigen Bewegung ein besonders wichtiges und wertvolles Merkmal der Theorie, in der Durchführung dieser Auffassung einen besonderen Fortschritt der Wissenschaft erblikken.« Die Bevorzugung der gleichförmigen Bewegung resultierte für ihn aus einer weisen Beschränkung und »dem besonderen Vorrecht, welches die gerade Linie unter allen räumlichen Linien nun einmal tatsächlich auszeichnet«. Das war ein armseliges Argument, in seiner Dürftigkeit wohl nur entschuldbar durch Plancks Absicht, auch den der Physik ferner stehenden Akademikern noch Nachvollziehbares zu bieten. Aber natürlich hatte er auch bessere Argumente parat und ersparte Einstein nicht den Hinweis auf den schwachen Punkt der Theorie, in der die »Bedingungen für die Berechtigung eines Koordinatensystems nur weiter gefaßt, nicht aber ganz aufgehoben wird; denn daß nicht alle beliebigen Koordinatensysteme berechtigt sein können, haben Sie erst kürzlich bewiesen«. Durch diese Erwiderung Plancks in öffentlicher Akademie-Sitzung dürfte Einstein noch einmal drastisch verdeutlicht worden sein, daß er mit seiner Verallgemeinerten Relativitätstheorie in Deutschland allein auf weiter Flur stand. Das tat der gegenseitigen Wertschätzung jedoch keinen Abbruch, denn »nicht ohne einen gewissen Stolz« verwies Planck darauf, daß sich in der Physik »leichter als in anderen Wissenschaften die schärfsten sachlichen Gegensätze in persönlicher Hochschätzung und in herzlich freundschaftlicher Gesinnung austragen lassen«. Trotzdem verwundert die Hartnäckigkeit, mit der Planck bei festlicher Gelegenheit auf dem Dissens insistierte, zumal schon Beobachtungen der Sonnenfinsternis am 21. August in Südrußland über den Streit entscheiden sollten. Daß es dazu doch nicht kam, lag an der Katastrophe des Ersten Weltkriegs.

IV

DER LÄRM DES KRIEGES UND DIE GRÖSSE DES KOSMOS

1. »im Narrenhaus«. Als Pazifist in Preußen

»Unglaubliches hat Europa in seinem Wahn begonnen«[1], kommentierte Einstein den Ausbruch des Ersten Weltkriegs in einem Brief an seinen Freund Ehrenfest im neutralen Holland. Ebenso wie für den englischen König waren für ihn am 1. August 1914 »in Europa die Lichter ausgegangen«. Fassungslos erlebte er die Kriegsbegeisterung aller Bevölkerungsschichten, der sozialdemokratischen Arbeiterschaft und ihrer Partei ebenso wie die der Professoren-Kollegen, und inmitten des patriotischen Getöses der Mobilmachung und des Jubels der ersten gewonnenen Schlachten fühlte er sich einsam und fremd:

> In solcher Zeit sieht man, welch trauriger Viehgattung man angehört. Ich döse ruhig hin in meinen Grübeleien und empfinde nur eine Mischung aus Mitleid und Abscheu.[2]

Die grelle Beleuchtung der allseits bejubelten Katastrophe verdeutlichte ihm, was ihn von den gängigen politischen Auffassungen der allermeisten Menschen trennte: sein Pazifismus und sein Internationalismus.

Einsteins Pazifismus war eine instinktive Grundhaltung, weniger überlegt als »angeboren« schon bei dem kleinen Jungen, der beim Anblick paradierender Soldaten in Tränen ausbrach, als ihm durchaus wohlmeinend in Aussicht gestellt wurde, daß er dabei auch einmal mitmarschieren dürfe, und befestigt durch die Aufgabe der deutschen Staatsangehörigkeit des 16jährigen, um dem Wehrdienst zu entgehen. Abscheu vor Gewalt und allem Militärischen bedurfte für ihn keiner Begründung, war vielmehr so selbstverständlich wie die Luft zum Atmen oder die Lust am Denken. Dieser Charakterzug erstreckte sich auf die Ablehnung alles Wettkämpferischen, nicht nur mit Waffen in tödlicher Absicht, sondern schon im Sport und sogar in einer sonst als ausnehmend friedfertig angesehenen Betätigung wie dem Schach, das er weder spielte noch mochte, weil »mich selbst in der Form des geistvollen Spieles Machtringen und kompetitiver Geist stets abgestoßen haben«.[3]

Nicht ohne Unbehagen war er nach Berlin gekommen, und als er auf einem Eckturm des Kaiser-Wilhelm-Instituts für Chemie ein Dach in Gestalt und zum Ruhme der urpreußischen Pickelhaube entdeckte, mag er noch schallend gelacht haben. Nun präsentierte sich ihm mit dem Kriegsbeginn das Preußentum seiner Kollegen in schauerlichem

Ernst. Der sonst so besonnene Max Planck schickte als Rektor der Universität zum Semesterende die Studenten mit der Predigt vom »gerechten Krieg« ins Feld: »Nach Erschöpfung beispielloser Langmut hat Deutschland das Schwert gezogen gegen die Brutstätten schleichender Hinterhältigkeit.«[4] Der quirlige Walther Nernst, wie Max Planck als Brillenträger ungedient, wollte den Studenten nicht nachstehen, meldete sich als begeisterter Automobilist mit seinen fünfzig Jahren beim Freiwilligen Fahrerkorps und lernte unter Aufsicht seiner Frau vor seinem Hause noch schnell die Voraussetzung alles Militärischen, nämlich korrektes Marschieren und korrekten Gruß; mit seinem Automobil und einem Vorrat an Gummistöpseln für den Fall, daß der Feind ihm den Benzintank durchlöchern würde, erreichte er als Bote des Generalstabs Ende August das Hauptquartier der Zweiten Armee, gerade noch rechtzeitig für das schnelle Vorrükken auf Paris, dem er und die Armee so nahe kamen, daß er nachts den Lichterschein von Frankreichs Hauptstadt sehen konnte.[5] – Mehr wußten die Militärs zunächst nicht mit Deutschlands besten Naturforschern anzufangen, glaubten sie doch getreu der Ankündigung des Kaisers, der Krieg sei schnell gewonnen und die Truppen kämen Weihnachten wieder nach Hause.

Dem schnellen Vormarsch folgte jedoch nach der Marneschlacht ein ebenso schneller Rückzug und Ende September das Eingraben für den vier Jahre dauernden, endlosen Stellungskrieg an der Westfront. Damit erhielt der Schreib- und Redekrieg der Professoren, der in den ersten Wochen den Schlachtenlärm eher ornamental begleitet hatte, eine neue Qualität für die moralische Aufrüstung der deutschen Bevölkerung und auch für die propagandistische Unterstützung der deutschen Sache im Ausland, die insbesondere durch den Überfall auf das neutrale Belgien schwer gelitten hatte. Das erste und zugleich mißratenste Produkt dieser Bemühungen war der »Aufruf an die Kulturwelt«, verfaßt von dem nicht gerade herausragenden Schriftsteller Ludwig Fulda und unterzeichnet von 93 Geistesgrößen des Kaiserreichs. Am 4. Oktober wurde er in den wichtigsten deutschen Tageszeitungen[6] veröffentlicht und zugleich, in zehn Sprachen übersetzt, in der ganzen Welt verbreitet.

Die repräsentativen Vertreter deutscher Wissenschaft und Kunst wollten in diesem Aufruf Protest erheben »gegen die Lügen und Verleumdungen, mit denen unsere Feinde Deutschlands reine Sache in dem ihm aufgezwungenen schweren Daseinskampfe zu beschmutzen trachten«. In sechs Punkten, die alle mit einem beschwörenden »Es ist nicht wahr...« eingeleitet wurden, bestritten sie, »daß Deutschland diesen Krieg verschuldet hat«, was innerhalb der propagandistisch vertretbaren Bandbreite lag; sie bestritten aber auch, »daß wir freventlich die Neutralität Belgiens verletzt haben«, was höchstens insofern zutreffen konnte, als es nicht »freventlich« geschehen war, sondern nach der vorsätzlichen Planung des deutschen Generalstabs, und sie bestritten auch, »daß eines einzigen belgischen Bürgers Leben und Eigentum von unseren Soldaten angetastet worden ist«, was nach dem brutalen Durchmarsch und der grausamen Zerstörung der Stadt Löwen schlicht gelogen war. Der deutschen Kriegsführung bescheinigten sie, daß sie keine »zuchtlose Grausamkeit« kenne, bezichtigten die Franzosen und Engländer dagegen, daß sie sich »mit Russen und Serben verbündeten und der Welt das schmachvolle Schauspiel bieten, Mongolen und Neger auf die weiße Rasse zu hetzen«. Zum Abschluß dieses patriotischen Übersolls versicherten sie der Welt, »daß wir diesen Kampf zu Ende kämpfen werden als ein Kulturvolk, dem das Vermächtnis eines Goethe, eines Beethoven, eines Kant ebenso heilig ist, wie sein Herd und seine Scholle«.

Wenn Einstein dieses Pamphlet in der ›Vossischen Zeitung‹ vom 4. Oktober gelesen haben sollte, dürfte er sich gleich aus mehreren Gründen verwundert die Augen gerieben haben. Die apodiktische Behauptung des Aufrufs, es sei nicht wahr, »daß eines einzigen belgischen Bürgers Leben und Eigentum angetastet worden ist«, war schon durch einen die ganze erste Seite füllenden Aufmacher über den Sturm auf Antwerpen widerlegt. Für Einstein war das auch deshalb Anlaß zu großer Sorge, weil in der umkämpften Stadt sein Lieblingsonkel Caesar Koch wohnte. Aber auch die Liste der 93 Unterzeichner muß ihn betroffen gemacht haben. Neben berühmten Vertretern des Kulturlebens wie dem Maler Max Liebermann, dem Dichter Gerhart Hauptmann und dem Regisseur Max Reinhardt hatten ebenfalls 15 Naturwissenschaftler unterzeichnet. Daß die konservativen Nationalisten Philipp Lenard und Wilhelm Wien dazu gehörten, war nicht verwunderlich, aber die Unterschriften von Planck, Nernst, Haber und Fischer müssen ihn tief getroffen haben. Von ihm selbst hatte man als Schweizer wohl von vornherein keine Unterschrift erwartet, so daß er Konflikten hätte aus dem Wege gehen können. Aber als Reaktion auf die chauvinistische Verblendung seiner Kollegen und in der Befürchtung, daß der »Aufruf« üble Folgen für die internationale wissenschaftliche Zusammenarbeit auch über den Krieg hinaus haben könnte, entschloß er sich zur Mitarbeit an einem alternativen Dokument, seiner ersten politischen Aktivität.

Initiator des »Aufrufs an die Europäer« war der Arzt und Physiologe Georg Friedrich Nicolai, außerplanmäßiger Professor an der Berliner Universität und als gesuchter Herzspezialist sogar zur Behandlung von Kaiserlichen Hoheiten konsultiert. Gerade aus Achtung vor dem, was er als deutsche Kultur verstand, fühlte er sich zum Widerspruch gegen den »Aufruf an die Kulturwelt« verpflichtet, verfaßte den Entwurf eines Gegenmanifests und legte ihn seinem »Freund und Gesinnungsgenossen Albert Einstein«[7] vor. Das Resultat der gemeinsamen Redaktionsbemühungen war eine scharfe Abgrenzung gegen den »Aufruf an die Kulturwelt« und seine Unterzeichner: »Solche Stimmung ist durch keine Leidenschaft zu entschuldigen, sie ist unwürdig dessen, was bisher alle Welt unter dem Namen Kultur verstanden hat, und sollte sie Allgemeingut der Gebildeten werden, so wäre das ein Unglück.«[8]

Nicolai und Einstein warnten, daß dieser Krieg »kaum einen Sieger, wahrscheinlich nur Besiegte zurücklassen« werde, und die »gebildeten Männer aller Staaten« sollten zumindest dafür sorgen, daß »die Bedingungen des Friedens nicht die Quelle künftiger Kriege werden« und »aus Europa eine organische Einheit zu schaffen«[9] sei. Das waren gewiß moderate Töne, Appelle an die Gebildeten guten Willens unter Aussparung von Schuldzuweisungen und jeglicher Analyse der Kriegsursachen. Praktisch war dieses Gegenmanifest immerhin eine Aufforderung zum Verzicht auf Annexionen und zur Schaffung einer dauerhaften europäischen Friedensordnung, für das kriegstrunkene Klima radikal und wahrscheinlich schon die Grenze dessen berührend, was der Militärzensur noch zugemutet werden konnte.

Vermutlich war der Aufruf bewußt allgemein und wenig präzise gehalten worden im Hinblick auf eine breitere Zustimmung, aber diese Erwartung hat sich nicht erfüllt. Ab Mitte Oktober zirkulierte das Papier in Berliner Universitätskreisen, fand auch, wie sich Nicolai erinnerte, »zahlreiche freundliche Zustimmung«, aber keine Unterschriften. Lediglich der greise Astronom Wilhelm Förster, der schon beim Aufruf der 93 dabei war und dem seine Unterschrift wohl inzwischen leid tat, sowie ein sonst nicht weiter bekannter Dr. Otto Buek unterstützten den »Aufruf an die Europäer«. Eine öffentliche Aktion war unter diesen Umständen nicht sinnvoll. »Tief bekümmert«, resümierte Nicolai, »erkannten wir unsere Einsamkeit.«[10] Gedruckt erschien der Aufruf erstmals 1916 in Zürich als Teil von Nicolais Buch *Die Biologie des Krieges*, einer trotz des vulgärdarwinistisch klingenden Titels überaus luziden Abrechnung mit den gängigen politischen Vorstellungen, denen gemäß der Krieg nicht nur normal und unvermeidlich, sondern sogar wünschenswert war. In Deutschland blieb der Aufruf eine kaum beachtete Episode, bedeutsam nur für das kleine Häuflein aufrechter Pazifisten. Für Einstein hatte er immerhin die Konsequenz, daß er sich in Berlin eine Reputation als unkonventioneller politischer Querdenker erworben hatte, was ihm, anders als Nicolai, dessen akademische Karriere ruiniert wurde, von Behörden und Kollegen wohl nur nachgesehen wurde, weil er als Ausländer galt – und diese Situation hat er kräftig ausgenutzt. Von den prominenteren Berliner Professoren war er der einzige, der angesichts des Krieges nichts als Abscheu empfand und dies auch erkennen ließ, soweit es die Konventionen bürgerlichen Umgangs gestatteten. Deutlicher konnte er in Briefen an Freunde im neutralen Ausland werden; so schrieb er gegen Ende des Jahres 1914 an Ehrenfest:

> Die internationale Katastrophe lastet schwer auf mir internationalem Menschen. Man begreift schwer beim Erleben dieser »grossen Zeit«, dass man dieser verrückten, verkommenen Spezies angehört, die sich Willensfreiheit zuschreibt. Wenn es doch irgendwo eine Insel für die Wohlwollenden und Besonnenen gäbe! Da wollte ich auch glühender Patriot sein.[11]

Trotz seiner entschieden pazifistischen Gesinnung wurde Einstein in Berlin nicht zum isolierten Außenseiter. Zum ersten Mal zeigte sich sein ausgeprägtes Talent, sein Leben und seine Auffassungen derart in Schubfächer aufzuteilen, daß sie nicht miteinander ins Gehege kamen, so daß sein politischer Extremismus weder seine wissenschaftliche Arbeit noch seine persönlichen Beziehungen zu den Kollegen ernsthaft belastete. Den bedingungslosen Patriotismus der Professoren, die sich alle nach einem berühmten Wort des großen Physiologen Emil Du Bois-Reymond als das »geistige Leibregiment der Hohenzollern« empfanden, konnte und wollte er nicht akzeptieren, was die Kollegen wußten, oder er verachtete ihn sogar, was der eine oder andere geahnt haben muß. Trotzdem blieben ihm die Gelehrten, deretwegen er auch nach Berlin gekommen war, freundschaftlich verbunden, und er erwiderte durchaus die Gefühle übers Wissenschaftliche hinausgehender Sympathie und Zuneigung.

Ins wissenschaftliche Leben war er integriert, als wäre er ein königstreuer Preuße. Der patriotische Lärm, der auch innerhalb der Deutschen Physikalischen Gesellschaft veranstaltet wurde, hätte ihn eigentlich zum Austritt veranlassen können, er aber wurde noch 1914 Mitglied im Vorstand und war ab Mai 1916 für zwei Jahre gar ihr Vorsitzender.[12] Für das chauvinistische Gepränge der Hohenzollern hatte er als überzeugter Schweizer Republikaner nur Hohn und Spott übrig, und trotzdem ließ er sich von Seiner Majestät dem Kaiser, nachdem dieser »Allergnädigst geruht« hatte, mittels »Allerhöchsten Erlasses« in das Kuratorium der Physikalisch-Technischen Reichsanstalt berufen.[13] Er hatte sich trotz allem »Gefühlssozialismus« damit arrangiert, daß sein Akademie-Gehalt indirekt aus einer Schenkung des Bankiers und Großindustriellen Leopold Koppel bezahlt wurde, und er fand daran auch nichts auszusetzen, als Koppel die Kaiser-Wilhelm-Stiftung für militärtechnische Wissenschaften ins Leben rief. Als Direktor des Kaiser-Wilhelm-Instituts für Physik, das wegen des Krieges seine Arbeit erst 1917 in bescheidenem Rahmen aufnahm, hatte Einstein seine Geschäftsführung mit Kommerzien- und Geheimräten wie Leopold Koppel und Wilhelm von Siemens abzustimmen, Vertretern jener Gesellschaftsschichten, die er bei anderer Gelegenheit für den wilhelminischen Ungeist verantwortlich zu machen pflegte.

Das waren Widersprüche, aus denen manch anderer einen Ausweg gesucht hätte. Einstein scheint die prekäre Situation, in die er in Berlin geraten war und die sich in den folgenden vier Kriegsjahren immer schärfer zuspitzte, jedoch kaum reflektiert zu haben, zumindest hat er keine Anstalten gemacht, seine Lage zu ändern. Dabei wäre es kaum zutreffend, ihm nachzusagen, daß er seine rechte Hand nicht wissen lassen durfte, was die linke tat. Er wußte sehr wohl und immer, was beide Hände taten, konnte die Widersprüche aber lächelnd ertragen oder ignorieren. Dabei kam ihm seine tief wurzelnde innere Unabhängigkeit ebenso zustatten wie sein derber Humor, der ihn auch das in nächster Nähe tobende widerwärtigste Menschengetümmel aus amüsierter Distanz ertragen ließ.

»Ich fange nun an, mich in dem wahnsinnigen Gegenwartsrummel wohl zu fühlen in bewußter Loslösung von allen Dingen, die die verrückte Allgemeinheit beschäftigen«, beschrieb er zu Beginn des Jahres 1915 seine Gemütslage in einem Brief an Zangger. »Warum soll man als Dienstpersonal im Narrenhaus nicht vergnügt leben können? Man respektiert doch alle Narren als diejenigen, für welche das Gebäude da ist, indem man lebt. Bis zu einem gewissen Grad kann man sich ja die Anstalt wählen – aber der Unterschied zwischen ihnen ist geringer, als man in jungen Jahren meint.«[14]

Ein Pazifist von der ewig traurigen Sorte also war er nicht, und wenn es je einen fröhlichen Kriegsgegner gegeben hat, dann war es jener Einstein, wie ihn der französische Schriftsteller Romain Rolland nach einem Treffen im September 1915 in der Schweiz, nach überaus ernsten Gesprächen über die Tragik des Krieges, in seinem Tagebuch porträtiert hat:

> Einstein ist noch jung, nicht sehr groß, mit breitem und langem Gesicht, einer üppigen Mähne, etwas krausem und trockenem, tiefschwarzem graumelierten Haar, das über einer hohen Stirn hochsteht, mit fleischiger und angeberischer Nase, kleinem Mund, dicken Lippen, kurzgeschnittenem Schnurrbärtchen, vollen Wangen und rundem Kinn. Er spricht ziemlich mühsam französisch und untermischt es mit Deutsch. Er ist sehr lebendig und heiter; er kann nicht umhin, den ernsthaftesten Gedanken eine scherzhafte Form zu geben. ... Einstein ist in seinen Urteilen über Deutschland, wo er lebt, unglaublich frei. Kein Deutscher verfügt über diese Freiheit. Ein anderer als er hätte darunter gelitten, sich in diesem furchtbaren Jahr im Denken isoliert zu fühlen. Er nicht. Er lacht. ... Ich frage ihn, ob er gegenüber seinen deutschen Freunden seine Anschauungen äußere und mit ihnen diskutiere. Er sagt nein. Er begnügt sich damit, eine Menge Fragen zu stellen – so wie Sokrates es tat –, um ihre Gemütsruhe zu stören. Er setzt hinzu: »Die Leute lieben das nicht sehr.«[15]

Unmittelbar nach seiner ersten Mitarbeit und Unterzeichnung einer politischen Erklärung wurde Einstein zum ersten Mal auch Mitglied einer politischen Organisation. Es war der »Bund Neues Vaterland«, ein Zusammenschluß von Männern der unterschiedlichsten Herkunft, die neben einem schnellen Friedensschluß ohne Annexionen eine Organisationsform der europäischen Staaten anstrebten, die künftige Kriege unmöglich machen sollte. Diese Ziele hatten Einsteins volle Sympathie, und so gehörte er zu den Gründern, als dieser Bund am 16. November 1914 aus der Taufe gehoben wurde. Das Spektrum der Mitglieder reichte von dem einflußreichen Bankier Hugo Simon, der nach dem Krieg preußischer Finanzminister wurde, bis zum linksradikalen jungen Journalisten Ernst Reuter, der als eine Art geschäftsführender Sekretär fungierte und es später als Sozialdemokrat und Regierender Bürgermeister von West-Berlin zu Ansehen brachte.

Der »Bund« war weniger eine Partei als ein politischer Klub. Man traf sich jeden Montag abend, diskutierte die Lage, entwarf Flugschriften, versuchte sich im Schmuggel pazifistischer Literatur und plante Hilfsaktionen für in Bedrängnis geratene Sympathisanten, oft am Rande und manchmal auch jenseits der Grenzen der Legalität. Eine junge Schweizerin, die eine von Einsteins Vorlesungen an der ETH besucht hatte, erlebte ihn in diesem Kreis als jemanden, »der unterstützte und half, wo und wie und wem er nur konnte«.[16] Auch vor riskanten Unternehmungen scheute er nicht zurück, und der jungen Dame fiel »bei Einstein auf, daß er eine fast spitzbübische Freude daran hatte, den damaligen Kriegsbehörden ein Schnippchen schlagen zu können. Jedesmal, wenn es uns gelungen war, in ein Gefängnis Briefe oder Bücher zu schmuggeln, lachte er belustigt auf.«

Als »internationalem Menschen« lag ihm am meisten daran, die wissenschaftlichen Beziehungen vor schwerer Beeinträchtigung durch die Kriegspsychose zu bewahren und über den Krieg hinaus zu retten. Die »Solvay-Konferenzen« mögen ihm als Vorbild für seine »Insel der Wohlwollenden und Besonnenen« in Erinnerung geblieben sein, wo er gerne »glühender Patriot« wäre, die ihm aber jetzt wie längst vergangenes Glück erschienen sein mögen. »Sollten wirklich spätere Jahrhunderte unserem Europa nachrühmen, dass drei Jahrhunderte emsigster Kulturarbeit es nicht weiter gefördert hätten als vom religiösen Wahnsinn zum nationalen Wahnsinn?«[17] schrieb er Romain Rolland im Frühjahr 1915, wobei ihn am meisten das Versagen der Kollegen erbitterte: »Sogar die Gelehrten der verschiedenen Länder geberden sich, wie wenn ihnen vor acht Monaten das Grosshirn amputiert worden wäre.« Es war ihm also nicht entgangen, daß der »Schreib-Krieg« auf beiden Seiten der Front ausgerufen worden war und vor allem französische Professoren ihren deutschen Kollegen in chauvinistischen Erklärungen kaum nachstanden. Das war freilich kein Trost: »Ich würde so gerne etwas tun«, klagte er Ehrenfest seine Ohnmacht, »um die Kollegen aus den verschiedenen ›Vaterländern‹ zusammenzuhalten. Ist nicht das Häuflein emsiger Denkmenschen unser einziges ›Vaterland‹, für das unsereiner etwas Ernsthaftes übrig hat? Sollen auch diese Menschen Gesinnungen haben, die eine Funktion des Ortes sind?«[18]

Am eigenen Orte in Berlin versuchte Einstein wohl in der Art des Sokrates, den Kollegen zu der Einsicht zu verhelfen, daß sie den »Aufruf an die Kulturwelt« besser nicht hätten unterzeichnen sollen. Damit hatte er teilweise sogar Erfolg, denn Lorentz konnte er berichten, der Aufruf würde »von allen ruhig denkenden Menschen hier bedauert. Die Unterschriften wurden fahrlässig, zum Teil ohne vorheriges Lesen des Textes gegeben. So war es zum Beispiel bei Planck und Fischer, die sich in sehr mannhafter Weise für die Erhaltung der internationalen Bande eingesetzt haben.«[19] Lorentz hatte die Hoffnung geäußert, daß sich seine deutschen Kollegen offiziell von dem »Aufruf« distanzieren würden, aber darin mußte ihn Einstein enttäuschen:

> Eine förmliche Revokation des berüchtigten Manifests werde ich kaum herbeiführen können, trotzdem die Erkenntnis sich Bahn gebrochen hat, dass es sich hier um einen unglücklichen und schlecht erwogenen Schritt gehandelt hat. Ich halte es für noch wichtiger, daß die Gutgesinnten in den Dingen zusammengehen, die für die Zukunft von realer Bedeutung sind. Man erkennt den Reuigen nicht in erster Linie am Revozieren.[20]

Einstein konnte also auch für seine deutschen Kollegen um Verständnis werben, sogar um Verständnis für ihre Torheiten, wenn sie nicht gar zu arg waren. Inzwischen empfand er seine ihm fachlich näher stehenden Berliner Kollegen überhaupt »als Wissenschaftler streng international gesinnt«, während er in den Historikern und Philologen »grösstenteils chauvinistische Hitzköpfe«[21] sah.

Bei der Härte und Unerbittlichkeit, mit der sich Einstein über Krieg und Kriegsgeschrei äußerte, überrascht um so mehr sein Schweigen über einen anderen Aspekt des Krieges, den er aus allernächster Nähe miterlebte, nämlich die Allianz zwischen Naturwissenschaft und Militär. Diese Beziehung hat eine lange, mehr als zweitausend Jahre zurückreichende Tradition, wenn man den Erzählungen über die furchterregenden Steinschleudern und Brennspiegel trauen darf, die Archimedes zur Verteidigung von Syrakus gegen römische Belagerer im Jahre 215 v. Chr. gebaut haben soll. Auch bei der Entstehung der modernen Physik stand der Krieg zumindest insofern Pate, als das Studium der Wurfparabel als Paradigma der Mechanik durch Niccolò Tartaglia und Galileo Galilei aus dem Bedürfnis erwachsen war, die Bahnen von Kanonenkugeln zu berechnen. Diese Tradition wurde mit der Entwicklung der modernen Naturwissenschaft fortgesetzt und befestigt, aber im Ersten Weltkrieg erreichte sie eine neue Intensität und damit auch eine neue moralische Qualität.[22]

Daß Gelehrte auch etwas zum Sieg ihrer Truppen beitragen wollten, galt auf beiden Seiten als selbstverständlicher Ausdruck vaterländischer Gesinnung. Von den Teilnehmern der »Solvay-Konferenzen« arbeitete zum Beispiel Einsteins Freund Paul Langevin an Methoden zum Aufspüren von U-Booten, und Nernsts Lieblingsschüler F. A. Lindemann betätigte sich im heimatlichen England im Royal Aircraft Establishment in Farnborough als Flugzeugkonstrukteur und todesmutiger Testpilot. Wenn das in jedem Falle auch für einen international gesinnten Wissenschaftler als akzeptabel, manchmal gar als ritterlich gelten konnte, so läßt sich das von den kriegsrelevanten Forschungen in Berlin insbesondere zum Gaskrieg längst nicht immer sagen.

Zunächst hatten in Deutschland die Offiziere wenig Neigung, sich von als weltfremd verschrienen Zivilisten in ihr Geschäft hineinreden zu lassen, aber als den schnellen Vormärschen ebenso schnelle Rückzüge folgten und sich die Truppen zum Stellungskrieg in Schützengräben verschanzten, mußte man sich auf einen langen Krieg einrichten, und dabei waren die wissenschaftlichen Talente etwa eines Walther

Nernst doch nützlicher als seine enthusiastische Mitwirkung als freiwilliger Automobilist.

Von den Berliner Professoren, die dem Militär ihre Fähigkeiten andienten, war am eifrigsten Fritz Haber, Einsteins »guter Kamerad«. Haber war wie Einstein jüdischer Herkunft, hatte sich aber taufen lassen und stellte in seinem assimilatorischen Übereifer schon äußerlich, mit Monokel und mächtigen Schmissen, so etwas wie die Karikatur eines Preußen dar. Gleich bei Kriegsbeginn hatte er – getreu seinem Motto »Im Frieden der Menschheit, im Kriege dem Vaterland« – das von ihm geleitete Kaiser-Wilhelm-Institut für Physikalische Chemie auf militärisch wichtige Aufgaben umgestellt.

Dabei wäre Haber der Dank des Vaterlandes ohnehin gewiß gewesen, denn noch in Friedenszeiten und in durchaus friedlicher Absicht hatte er eine Leistung vollbracht, die für die deutsche Kriegführung wichtiger wurde als alle Generalstabsplanung. Basierend auf reaktionskinetischen Überlegungen von Nernst, aber in teilweise unfreundlichem Wettbewerb mit ihm, hatte Haber noch als Professor an der Technischen Hochschule in Karlsruhe die Hochdrucksynthese von Ammoniak aus dem Stickstoff der Luft zu einem für die Massenproduktion geeigneten Verfahren vorangetrieben und mit Carl Bosch von den Badischen Anilin- und Sodafabriken BASF in Ludwigshafen zur großindustriellen Technologie entwickelt.

Als Haber 1907 mit seinen Arbeiten zur Ammoniaksynthese begonnen hatte, war sein Ziel die Herstellung von Düngemitteln, da schon seit der Jahrhundertwende vor der Erschöpfung natürlicher Salpetervorkommen insbesondere in Chile gewarnt wurde. Im Krieg hatte Salpeter noch einen anderen Verwendungszweck, nämlich als Bestandteil von Sprengstoffen, und bald stellte sich heraus, daß die Generalstäbler nur für einen kurzen Krieg vorgesorgt hatten. Da die englische Flotte den Nachschub aus Chile empfindlich störte, hätten die deutschen Militärs irgendwann im Jahre 1915 wegen Mangel an Munition den Kampf einstellen müssen. Daß sie auch weiterhin schießen konnten, verdankten sie dem Haber-Bosch-Verfahren und dem Umstand, daß Ende 1913 die erste Anlage für die Ammoniak-Synthese in Betrieb gegangen war, nach deren Vorbild in den Kriegsjahren riesige Fabriken gebaut wurden. So hatte deutscher Forschergeist wenigstens hinsichtlich des Salpeters einen Sieg über die Royal Navy errungen, der für den Krieg wichtiger war als manche Seeschlacht, letztlich aber nur zur Verlängerung des Elends geführt hat.

Als Walther Nernst zum Semesteranfang von der Front zurückgekehrt war, um sich an seinem Institut mit Sprengstoffen zu beschäftigen, wurde er vom Kriegsministerium gefragt, ob er nicht ein Mittel wüßte, den Feind aus den Schützengräben zu treiben, um so in einem Bewegungskrieg die Initiative zurückzugewinnen. Nernst fand die Aufgabe attraktiv, da sie seiner Auffassung entgegenkam, daß im modernen, wissenschaftlich rational geführten Krieg es nicht auf die Tötung des Gegners ankommen sollte, sondern es ausreichen mußte, ihn kampfunfähig zu machen. So experimentierte Nernst erst mit Tränengas und dann mit Reizstoffen, die die feindlichen Soldaten lähmen sollten, ohne sie langfristig zu schädigen. Die Generale waren von diesen in Nernsts Augen humanen Zielsetzungen nicht beeindruckt, verlangten schnellere Lösungen und vor allem wirksamere, und dafür war Fritz Haber der rechte Mann.

Haber hatte sich als der intellektuelle Kopf des »Salpeterversprechens«, mit dem die chemische Industrie versicherte, die leichtfertige Rohstoffplanung des Generalstabs auszubügeln, bei den Generalen Respekt erworben. Zudem hatte er im Geschwindverfahren Frostschutzmittel für Benzin, Dieselöl und Schmierstoffe entwickelt, damit der Krieg auch im harten russischen Winter motorisiert vonstatten gehen konnte. Und nun arbeitete er an Sprengstoffen und am Giftgas-Krieg. Die von Nernst vorgeschlagenen Reizstoffe wurden als ineffektiv verworfen; Haber bevorzugte Chlor wegen einer Reihe von Vorteilen. Es konnte von der chemischen Industrie leicht in großen Mengen hergestellt und in flüssiger Form in Druckflaschen einigermaßen bequem transportiert werden; zudem war es schwerer als Luft, würde deshalb wie ein dicker Nebel durch die Schützengräben kriechen und dort seine tödliche Wirkung entfalten.

Im Januar 1915 waren die Laborversuche in Dahlem abgeschlossen, kleinere Tests in Rußland folgten, und als ausreichende Mengen Chlor produziert waren, wurden am 22. April 1915 unter Habers Aufsicht und Anleitung auf einem sieben Kilometer langen Frontabschnitt bei Ypern in Belgien 168 Tonnen Chlor über die französischen Schützengräben geblasen. 5000 Soldaten starben, und 10000 trugen durch fürchterliche Verätzungen der Atemwege schwere gesundheitliche Schäden davon. Fritz Haber hatte den Krieg mit Giftgas eröffnet. Die Militärs waren beeindruckt, aber von der Wirkung der neuen Waffe so überrascht, daß sie keine Vorbereitungen für einen Durchbruch durch die vom Gas geschlagene Lücke der Front getroffen hatten. Bis zum nächsten Angriff waren Gasmasken entwickelt, so daß die Gasangriffe den Krieg zwar brutaler machten, aber den Verlauf nicht entscheidend beeinflussen konnten.

Der Angriff von Ypern war ein Bruch der auch von Deutschland unterzeichneten Haager Konvention von 1907, durch die erstickende Gase bei der Kriegführung verboten waren. Dieser Rechtsbruch scheint Haber nicht irritiert zu haben; wichtiger war ihm seine Beförderung zum Hauptmann, über die er Tränen des Glücks vergossen haben soll. Er wurde Direktor einer Abteilung für Chemische Kriegführung im Kriegsministerium und gewann viele junge Wissenschaftler zur Mitarbeit, darunter auch Otto Hahn, und an seinem Institut in Dahlem wurden neue und immer üblere Giftstoffe aus Senfgas und Phosgen ausgeheckt. Das ging nicht immer ohne Zwischenfälle ab: Schon am 17. Dezember 1914 hatte es eine fürchterliche Explosion im Labor gegeben, bei der Otto Sackur, als Abteilungsleiter mit dem Titel eines Professors einer von Habers engsten und tüchtigsten Mitarbeitern, umgekommen war. Die ›Physikalische Zeitschrift‹ widmete dem jungen, hochbegabten Forscher einen Nachruf im gleichen Stil, mit dem sie der an der Front gefallenen Wissenschaftler gedachte, denn »auch er ist für das Vaterland gestorben«.[23]

Das alles spielte sich unmittelbar vor Einsteins Augen ab; mit Nernst und Haber war er befreundet, in Habers Institut hatte er sein Arbeitszimmer. Ob er diese beiden Pioniere der chemischen Kriegführung von jenen Naturwissenschaftlern ausschloß, denen er bescheinigte, »streng international gesinnt« zu sein, wissen wir nicht. Auch Einstein mag in kollegialer Solidarität befangen gewesen sein und Naturwissenschaftler für klügere Menschen gehalten haben, denen er nachsah, was sonst seine bissige Kritik herausforderte; vielleicht wollte er die Freundschaft zu den beiden Kollegen nicht aufs Spiel setzen, oder das Giftgas erschien ihm nur als Marginalie in einem ohnehin abscheulichen Krieg. Es bleibt jedenfalls rätselhaft, daß er die »chauvinistischen Hitzköpfe« vornehmlich in den geisteswissenschaftlichen Disziplinen sah, obwohl – abgesehen von aller Moral und allem Kriegsrecht – Nernsts und Habers Aktivitäten für das Ansehen der deutschen Wissenschaftler im gegnerischen und neutralen Ausland mindestens so abträglich waren wie die kriegstreiberischen Reden und Schriften der Historiker und Philologen.

Wir wissen allerdings auch nicht, wie oft er sein Dienstzimmer im zum Kriegslaboratorium umfunktionierten Haberschen Kaiser-Wilhelm-Institut am Faradayweg Nr. 8 in Dahlem überhaupt noch aufgesucht hat. Schließlich wurde er jetzt zu Hause beim Arbeiten nicht mehr gestört. »Ich hause ganz allein in meiner großen Wohnung in ungeschmälerter Beschaulichkeit«[24], schilderte er Ehrenfest die Vorzüge der neuen Situation. Als Mileva, die zunächst mit den Söhnen in einer Pension in der Zürcher Bahnhofstraße lebte, am Zürichberg eine Wohnung gefunden hatte, ließ er Ende 1914 die meisten Möbel in die Schweiz verfrachten und zog selbst in eine kleinere Wohnung[25], mehr im Zentrum der Stadt in der Nähe des Kurfürstendamms gelegen.

Hier scheint er ein ihm gemäßes Junggesellenleben bei einem Minimum an Komfort geführt zu haben. Ein Student aus der Schweiz traf ihn in Socken an, als er ihn um drei seiner Arbeiten bitten wollte: »Die eine suchte er lange, wunderte sich, wo sie sei, klagte über seine Unordnung und Vergeßlichkeit und fand sie nicht. Wir gingen von Zimmer zu Zimmer und standen ratlos vor den Gestellen. Er hat eine ziemlich kahle Wohnung und scheint dort allein und ohne Wirtschafterin zu leben.«[26] Diese Lebensweise entsprach ganz seinen Bedürfnissen, nach zehn Ehejahren war er des Familienlebens überdrüssig, und nur nach seinen Söhnen verspürte er so etwas wie Sehnsucht. »Mit der Trennung bin ich sehr zufrieden, trotzdem ich nur selten etwas von meinen Buben höre«, schrieb er an Besso. »Der Frieden und die Gemütsruhe thun mir ungemein wohl, nicht minder das äusserst wohlthuende, wirklich hübsche Verhältnis zu meiner Cousine, dessen Dauercharakter durch die Unterlassung einer Ehe garantiert ist.«[27] Elsa Löwenthals Wohnung im Bayrischen Viertel war nach etwa einer Viertelstunde Fußmarsch zu erreichen.

Der Krieg hatte gleich zu Beginn eine sehr direkte Auswirkung auch auf Einsteins wissenschaftliche Interessen, die doch durchaus friedlicher Natur waren. »Mein guter Astronom Freundlich«, schrieb er in der dritten Kriegswoche, »wird in Russland statt der Sonnenfinsternis die Kriegsgefangenschaft erleben. Mir ist bange um ihn.«[28] Erwin Freundlich, der schon seit 1911 seine ganze Karriere mit den astronomischen Tests der Einsteinschen Gravitationstheorie verknüpft hatte, war es gelungen, die wenn auch zögerliche Zustimmung des Direktors der Königlichen Sternwarte in Potsdam-Babelsberg, des Geheimen Regierungsrats Hermann Struve, zu einer Expedition nach Rußland zu erlangen, um bei der dortigen Sonnenfinsternis am 21. August jene Aufnahmen zu machen, mit denen sich Einsteins Prognose der Lichtablenkung im Schwerefeld überprüfen lassen sollte.[29] An den Kosten von insgesamt 5000 Mark beteiligte sich die Akademie mit 2000 Mark für den Umbau von Instrumenten und den Kauf photographischer Platten und die Krupp-Stiftung mit 3000 Mark für Reise- und Speditionskosten.

Am 19. Juli hatte Freundlich mit seinem Kollegen Walther Zurhellen und einem Techniker der Firma Carl Zeiss Berlin verlassen und traf nach einwöchiger Reise in Feodosija auf der Krim ein, wo er bei der gut ausgestatteten Expedition der argentinischen Sternwarte von Cordoba Gastrecht genoß und teilweise deren Instrumente mitbenutzen konnte. Insgesamt hatte er vier astrographische Kameras vorbereitet, um während der kaum zwei Minuten dauernden optimalen Beobachtungsspanne wenigstens einige brauchbare Aufnahmen zu erhalten. Der Leiter dieser Expedition, der ausgezeichnete Astronom Charles Perrine, hatte in der photographischen Beobachtung von Sonnenfinsternissen beträchtliche Erfahrungen. Allerdings war er früher darauf aus gewesen, einen winzigen sonnennahen Planeten namens Vulkan zu finden, dessen Existenz zur Erklärung der Irregularitäten in der Bahn des Merkur von Urbain Jean LeVerrier schon 1859 postuliert worden war.[30] – Wir werden sehen, wie Einstein bald dieses Problem auf eine ganz andere, von den Astronomen nicht erwartete Weise gelöst hat. – Auf Freundlichs Bitten hatte Perrine sein Forschungsprogramm bei der letzten, in Brasilien aufgetretenen Sonnenfinsternis im Jahre 1912 um die Lichtablenkung ergänzt, aber Wolken und Regengüsse hatten für eine der Wissenschaft abträgliche Art von Dunkelheit gesorgt. »Wir durchlitten eine Verfinsterung, anstatt eine zu beobachten«[31], resümierte Perrine.

Nun war es der Krieg, der die Wissenschaft schon im Vorfeld beeinträchtigte. Als die vorbereitenden Arbeiten gerade angelaufen waren, wurden Freundlich und seine deutschen Gefährten über Nacht zu feindlichen Ausländern; sie wurden in Gefangenenlagern interniert, ihre Geräte wurden konfisziert. Bis zum 21. August waren die Argentinier nicht in der Lage, für adäquaten Ersatz zu sorgen, zumal ihr Chef Charles Perrine wegen der Kriegswirren zu spät eintraf. Es hätte auch nicht allzu viel genutzt, denn wieder waren beim Maximum der Sonnenfinsternis störende Wolken aufgezogen. Vergeblich waren auch die Bemühungen einer amerikanischen Expedition vom kalifornischen Lick Observatory unter William Wallace Campbell[32], die südlich von Kiew Posten bezogen hatte. Zwar wurden die Amerikaner als Bürger eines neutralen Landes nicht interniert, aber auch über Campbells Geräten verdüsterte sich in den entscheidenden Minuten der Himmel. »Totaler Fehlschlag«, trug Frau Campbell ins Tagebuch ein. »Dicke graue Wolken bei der Verfinsterung und wunderschöner Sonnenschein danach.«[33] Ungehindert konnten die Amerikaner Rußland verlassen, aber ihre Instrumente erhielten sie erst nach vier Jahren zurück, so daß in der Zwischenzeit eine Wiederholung dieses astronomischen Abenteuers in anderen Teilen der Erde ausgeschlossen war.

Um seinen »guten Astronomen« Freundlich hätte sich Einstein nicht gar zu sehr sorgen müssen; der erlebte zwar zunächst eine Art Kriegsgefangenschaft, wurde aber nach einigen Wochen wie andere Deutsche gegen in Gefangenschaft geratene russische Offiziere ausgetauscht und war Ende September schon wieder in Berlin. Einstein blieb also hinsichtlich der Gravitationstheorie auf sein Urvertrauen in die Richtigkeit seiner Überlegungen angewiesen und mußte weiter auf die Bestätigung durch astronomische Beobachtungen warten. Zunächst nutzte er die Zeit zu einer zusammenfassenden Darstellung des bisher in der Theorie Erreichten.

In der Gesamtsitzung der Akademie am 19. Oktober 1914 und zehn Tage später in der Sitzung der physikalisch-mathematischen Klasse hielt Einstein seine ersten Vorträge, aus denen ein über fünfzig Seiten langer Beitrag zu den Sitzungsberichten hervorging, der eine zusammenfassende Übersicht über die Theorie geben sollte. In lockerem Ton begann er, daß in seinen bisherigen, zum Teil mit Marcel Grossmann verfaßten Arbeiten zur Verallgemeinerung der Relativitätstheorie »als heuristische Hilfsmittel bei jenen Untersuchungen in bunter Mischung physikalische und mathematische Forderungen verwendet« worden seien, »so daß es nicht leicht ist, an Hand jener Arbeiten die Theorie vom formal mathematischen Standpunkt aus zu übersehen und zu charakterisieren«.[34] Vornehmlich diese Lücke hatte Einstein durch seinen langen Artikel ausfüllen wollen, der zugleich als eine Art Lehrbuch für interessierte Kollegen konzipiert war, aber der definitive Titel *Die formale Grundlage der allgemeinen Relativitätstheorie* macht deutlich, daß er ziemlich sicher gewesen sein muß, die Theorie nun in ihre endgültige Form gegossen zu haben.

Er hatte sich inzwischen von Grossmanns mathematischer Anleitung und Beratung so weit emanzipiert, daß er zur Demonstration neu erworbener mathematischer Selbständigkeit eine Art »Tensor-Kalkül für Physiker« vorstellen und versprechen konnte, »einfache Ableitungen für die Grundgesetze des absoluten Differentialkalküls zu geben, die neu sein dürften, um dem Leser ein vollständiges Erfassen der Theorie ohne die Lektüre anderer, rein mathematischer Abhandlungen zu ermöglichen«.[35] Auf dieser Grundlage präsentierte er einige neue elegante Schlußfolgerungen und auch eine neue Herleitung der Gravitationsgleichungen; es waren immer noch die eigentümlich hybriden, nicht kovarianten Gleichungen des *Entwurfs*, aber Einstein hatte gute Gründe, mit den Ergebnissen zufrieden zu sein. Seine neuen Herleitungen zeigten vor allem, daß er nicht nur eine Gravitationstheorie aufgestellt hatte, sondern, wie im Titel angedeutet, eine verallgemeinerte Relativitätstheorie als strukturellen Rahmen einer jeden Physik. Die Newtonsche Theorie als Näherung sowie die Lichtablenkung und die Rotverschiebung kamen in der nun schon üblichen Weise heraus, aber im entscheidenden Punkt, der allgemeinen Kovarianz der Gleichungen, hatte er keinen Fortschritt erzielt.

In aller Deutlichkeit diskutierte Einstein einige Schwierigkeiten seiner Theorie und scheute nicht vor dem Eingeständnis zurück, daß manch wichtige Frage noch offengelassen werden müsse oder er in einer anderen zu einem erforderlichen Beweis nicht imstande sei. Für die ehrwürdigen Sitzungsberichte der Akademie waren das ungewohnte Töne, zumal Einstein auch noch konzedierte, daß er »nach diesen Bekenntnissen nicht umhin kann, im Antlitz des Lesers ein mitleidiges Lächeln zu erblicken«.[36] Im Anschluß an diese freundliche Ansprache setzte Einstein dem Leser erstmals auseinander, daß die euklidische Geometrie, sofern sie nicht in der dünnen Luft mathematischer Axiomatik betrieben wird, sondern sich auf die materielle Welt bezieht, auch eine physikalische Wissenschaft sei, deren Sätze in diesem Zusammenhang zutreffen können oder nicht, und er deutete sogar an, daß seine Einschränkungen der Koordinatensysteme für schwache Felder und kleine Abstände auf die Minkowskische pseudoeuklidische Geometrie als Möglichkeit »durchaus nicht die einfachste und naheliegendste ist«.[37] Es sollte noch ein Jahr vergehen, bis er zur »einfachsten und naheliegendsten« Möglichkeit zurückkehrte und die Theorie tatsächlich vollenden konnte.

Von seinen deutschen Kollegen wurde die Theorie nach wie vor skeptisch betrachtet oder ignoriert; wäre Einstein tatsächlich in der Hoffnung auf einen fruchtbaren wissenschaftlichen Gedankenaustausch in Sachen Relativitätstheorie nach Berlin gekommen, hätte seine Enttäuschung nicht größer sein können. Er wunderte sich nur und meinte, daß man sich auch »später wundern wird, daß der allgemeine Relativitätsgedanke so großen Widerstand findet«.[38] Immerhin meldeten sich auf den langen Artikel in den ›Sitzungsberichten‹ einige kompetente Kollegen aus dem Ausland. Zu Ehrenfest und Lorentz in Holland gesellten sich als Korrespondenten neuerdings Italiener wie Paolo Straneo in Rom, ein Studienfreund von Michele Besso, und insbesondere der Mathematiker Tullio Levi-Civita in Padova, der Autor jener klassischen Arbeiten zum Differentialkalkül, die er in Zürich gemeinsam mit Grossmann studiert hatte.

Besonders Levi-Civita machte Einstein durch sein Interesse an der Relativitätstheorie eine große Freude. »Sie können sich denken«, reagierte Einstein auf den ersten Brief aus Padova, »wie selten sich jemand eingehend mit dieser Sache beschäftigt, der ihr selbständig und kritisch gegenübersteht.«[39] Levi-Civita machte Einstein auf einige Unklarheiten und sogar auf mathematische Fehler aufmerksam, wofür Einstein dankbar war, und entzückt war er von der italienischen Grazie, mit der das geschah: »Auch machen Sie es in den Briefen sehr hübsch: Zuerst streicheln Sie mich liebenswürdig, damit ich dann beim Lesen der neuen Einwände kein mürrisches Gesicht mache.«[40] Der Gedankenaustausch beschränkte sich aber auf mathematische Subtilitäten, die Einstein nicht dazu nötigten, eine Neufassung seiner Theorie zu versuchen. Er wartete ab und betätigte sich im ersten Kriegswinter in der seit dem »Maschinchen« ungewohnten Rolle des Experimentators, und er wäre nicht Einstein gewesen, wenn nicht auch diese Abwechslung mit wichtigen Fragen der Physik zu tun gehabt hätte.

»Ich bekomme in meinen alten Tagen noch eine Leidenschaft für das Experiment«[41], schrieb Einstein seinem Freund Besso, als er erstmals beobachtet hatte, was man seither den Einstein-de Haas-Effekt nennt. Er führte dieses Experiment als Gast von Emil Warburg in der Physikalisch-Technischen Reichsanstalt in Charlottenburg aus, wobei er mit dem Holländer Wander Johannes de Haas zusammenarbeitete, dem Schwiegersohn des verehrten Hendrik A. Lorentz. De Haas war ein Jahr älter als Einstein, hatte zunächst als Notar gearbeitet und verhältnismäßig spät sein Interesse an der Physik entdeckt. 1912 wurde er in Leiden promoviert und erweiterte seine Ausbildung seither in Berlin, wo er 1914 eine Assistentenstelle an der Reichsanstalt gefunden hatte. Die Idee des Experiments stammte von Einstein und ging auf Versuche zurück, die er einst in Bern im Physikzimmer des Städtischen Gymnasiums angestellt hatte.[42] Er hat es wohl deshalb wieder aufgegriffen, weil es auf die verschiedensten Aspekte der Physik ein Licht werfen konnte: den Ursprung des Magnetismus, die Nullpunkts-Energie der Quantentheorie und den strahlungsfreien Umlauf der Elektronen im zwei Jahre zuvor von Niels Bohr vorgeschlagenen Atommodell. Von bleibendem Interesse ist es zudem als ein schönes Beispiel für die sich selbst erfüllende Prophezeiung, die auch einen Physiker vom Range Einsteins genau das messen läßt, was er aufgrund theoretischer Überlegungen erwartet und was nicht immer richtig sein muß.

Die dem Experiment zugrundeliegende Vorstellung war freilich schon beinahe einhundert Jahre alt, seit André Marie Ampère ganz allgemein vorgeschlagen hatte, den Magnetismus mit bewegten elektrischen Ladungen in Verbindung zu bringen und speziell den permanenten Magnetismus zum Beispiel des Eisens durch verborgene elektrische Ströme im Innern des Magneten zu erklären. Einstein verschärfte das in zeitgemäßer Abwandlung zu der Hypothese, daß die permanenten magnetischen Momente der Atome die Folge elektrischer Kreisströme seien, hervorgerufen von Elektronen, die auf geschlossenen Bahnen den Atomkern umlaufen. Nun erzeugen die Elektronen nicht nur ein magnetisches Moment, sondern auch einen Drehimpuls oder ein Drehmoment. Gemäß seiner Hypothese konnte Einstein das Verhältnis von Drehmoment und magnetischem Moment bestimmen und zeigen, daß es unabhängig von der Größe der Bahnradien und der Elektronengeschwindigkeiten ist. Man hat sich später angewöhnt, die Formeln so zu schreiben, daß alles auf die Bestimmung einer einzigen Zahl hinausläuft, den »gyromagnetischen« Faktor g. Traf Einsteins Hypothese zu, mußte $g = 1$ herauskommen.

Zur Überprüfung dieser Vorstellungen haben Einstein und de Haas einen Eisenstab an einem dünnen Faden in eine Spule gehängt. Wurde der Spulenstrom eingeschaltet, sollten sich die magnetischen Momente der Eisenatome im Magnetfeld der Spule in eine bestimmte Richtung einstellen, und das gleiche muß auch für die Drehmomente gelten. Da für den Drehimpuls aber ein Erhaltungssatz gilt, wird der Eisenstab durch eine Drehbewegung die Ausrichtung im Magnetfeld kompensieren. Durch schnelle Änderung der Richtung des Magnetfelds wird der Eisenstab sogar wie ein Kreisel rotieren, und diese Rotation läßt sich beobachten. Die experimentelle Idee klingt relativ einfach, und tatsächlich wird berichtet, daß Einstein gemeinsam mit zwei Lehrern schon in Bern herausgefunden habe, »daß durch plötzliche Richtungsänderung der Elektronen mit Gegenwirkung eine Drehung hervorgebracht werden kann«.[43] Die quantitative Messung des g-Faktors war aber ziemlich kompliziert und erforderte manchen Trick an der Grenze des damals technisch Möglichen.

Unzählige Fehlerquellen waren zu berücksichtigen, von denen die Kompensation des Erdmagnetfelds durch große Spulen noch zu den einfacheren Problemen gehörte. Zunächst überraschte das Eisenstäbchen die Experimentatoren, indem es »die abenteuerlichsten Bewegungen«[44] ausführte. Durch die Aufhängung an einem dünnen, steifen Glasfaden und die Anwendung einer raffinierten Resonanzmethode gelang es ihnen, gleich mehrere Störungen auszuschalten und die Existenz des durch Magnetisierung erzeugten Drehmoments qualitativ und quantitativ nachzuweisen. Für den gyromagnetischen Faktor erhielten sie den theoretisch vermuteten Wert $g = 1$ (genaugenommen $g = 1{,}02$). Das war bei den Tücken des Experiments fast zu gut. »Mag auch die Güte der Übereinstimmung auf Zufall beruhen«, schrieben sie denn auch in ihrer Veröffentlichung, »da wir unserer Bestimmung wohl etwa 10 Proz. Unsicherheit beilegen müssen; jedenfalls ist erwiesen, daß das am Anfang geschilderte Ergebnis der Theorie der kreisenden Elektronen auch quantitativ mindestens annähernd durch den Versuch bestätigt wird.«[45]

Am 19. Februar 1915 berichtete Einstein über dieses Experiment und die Resultate in der Physikalischen Gesellschaft. De Haas kehrte im April nach Holland zurück, und die Partner arbeiteten nun getrennt an der Verbesserung der Apparaturen, Einstein in der Reichsanstalt und de Haas in Leiden, ohne daß sich am Ergebnis Wesentliches änderte.[46] Einstein kehrte im Sommer und Herbst des Jahres 1915 immer wieder zu Magneten, Spulen und Spiegeln ins Laboratorium zurück. Noch Anfang 1916, als er gerade die dramatischen Wochen der Vollendung seiner verallgemeinerten Relativitätstheorie erlebt hatte, präsentierte er am 25. Februar 1916 in der Physikalischen Gesellschaft eine vereinfachte Variante[47], die als Vorlesungsexperiment dazu beitragen sollte, diesen schönen Effekt bei den Kollegen bekannt zu machen.

Einstein war immer und vollauf begeistert. »Ein wundervolles Experiment«, hatte er Besso vorgeschwärmt, noch bevor er die ersten Resultate veröffentlicht hatte, »schade, dass Du's nicht siehst. Und wie heimtückisch die Natur ist, wenn man ihr experimentell beikommen will.«[48] Mit der Bemerkung über die »heimtückische Natur« hatte er recht, denn von seinen Schlußfolgerungen blieb nicht allzuviel übrig. Zunächst zur »Nullpunktsenergie«; dieses Konzept hatte Max Planck 1911 zur Erklärung gewisser Anomalien der spezifischen Wärme fester Körper bei tiefen Temperaturen in die Debatte eingebracht, damit aber mehr Probleme aufgeworfen als gelöst. Einstein hatte sich selbst daran mit nur zweifelhaftem Erfolg versucht und beschrieb zutreffend die Lage im Jahre 1915: »Kein Theoretiker spricht gegenwärtig das Wort ›Nullpunktsenergie‹ aus, ohne daß in seinem Gesicht ein halb verlegenes, halb ironisches Lächeln zu sehen wäre.«[49] Nun bleibt der Magnetismus bei sehr tiefen Temperaturen und sogar bei Annäherung an den absoluten Nullpunkt bestehen, und Einstein folgerte daraus, daß auch die kreisende Elektronenbewegung bei tiefen Temperaturen erhalten bliebe – was richtig war – und sein Experiment somit einen Beweis für die Existenz dieser ominösen Nullpunktsenergie darstellen würde. Das aber war voreilig; die Nullpunktsenergie wurde erst ein Dutzend Jahre später als originär quantenmechanischer Effekt richtig verstanden, und mit der Beständigkeit magnetischer Momente bei tiefen Temperaturen hat sie nichts zu tun.

Bei der Messung des gyromagnetischen Faktors war die Natur noch viel heimtückischer, als es sich Einstein hatte träumen lassen. Um eine lange und verwickelte Geschichte[50] kurz zu machen: Gerade weil der Effekt für grundlegende Fragen der Physik so bedeutsam war, wurde dieses raffinierte Experiment eines berühmten Mannes in den folgenden Jahren von anderen Physikern wiederholt, darunter dem zuverlässigen Emil Beck von der ETH in Zürich sowie Forschern in Amerika und Schweden. Sie erhielten übereinstimmend statt des von Einstein und de Haas gefundenen Wertes $g = 1$ ziemlich genau das doppelte, also $g = 2$. Zu dem »gyromagnetischen Effekt« gesellte sich spätestens ab 1920 die »gyromagnetische Anomalie«, denn für den mehrfach bestätigten Wert $g = 2$ gab es zunächst keine theoretische Erklärung. Des Rätsels Lösung konnte damals noch niemand ahnen, auch nicht Einstein; sie wurde erst Ende der zwanziger Jahre möglich durch die Quantenmechanik, den Elektronenspin und die darauf basierende Theorie des Ferromagnetismus von Werner Heisenberg. Dadurch wurde Einsteins einfache Hypothese obsolet; der Ferromagnetismus wurde als reiner Spin-Effekt verstanden, die Ampèreschen Molekularströme tragen praktisch nichts zu diesem Phänomen bei, und, was für den Einstein-de Haas-Effekt am wichtigsten ist: Nach der quantenmechanischen Theorie kam für den gyromagnetischen Faktor $g = 2$ heraus, also genau das Resultat aller Experimente mit Ausnahme der ersten, der von Einstein und de Haas durchgeführten.

Bleibt die Frage, ob es eher die »heimtückische Natur« war, die Einstein und de Haas einen Streich gespielt hatte, oder ob sie das nicht selbst getan hatten, indem sie der Natur genau jenes Geheimnis ablauschen wollten, das sie sich aufgrund ihrer Theorie zurechtgelegt hatten. Als feststand, daß ihre Messung nicht richtig sein konnte, gab auf der Solvay-Konferenz im Jahre 1921, an der Einstein wegen einer Amerikareise nicht teilnahm, de Haas die Aufklärung, daß sie in ihren Meßreihen zwei Werte erhalten hatten, $g = 1{,}45$ und $g = 1{,}02$. »Der zweite Wert ist beinahe identisch mit dem klassischen Wert, so daß wir annahmen, daß die experimentellen Fehler den ersten Wert zu groß gemacht hätten... und man kann leicht verstehen, daß wir den Wert 1,02 als den besseren betrachteten.«[51] Sie hatten ihn aus den dargelegten Gründen sogar für so gut gehalten, daß ihre Kritikfähigkeit beeinträchtigt wurde und sie auch in späteren, in der Reichsanstalt und in

Leiden getrennt ausgeführten Experimenten immer wieder Ergebnisse dicht bei $g=1$ erhalten hatten.

Einstein wollte sich offenbar nicht so leicht geschlagen geben. Noch ein Jahr nach de Haas' Beichte, als $g=2$ allgemein akzeptiert war, schlug er als Kuratoriumsmitglied der Physikalisch-Technischen Reichsanstalt vor, den magnetischen Rotationseffekt genau zu untersuchen, denn »es besteht da noch keine Sicherheit über den Zahlenfaktor«.[52] Das war schon ein wenig starrsinnig; andere Äußerungen zum Sieg des theoretischen Vorurteils über die Meßkunst beim gyromagnetischen Effekt sind von ihm nicht überliefert, und obwohl er beinahe schon dafür berühmt war, ohne Zögern Berichtigungen zu seinen Arbeiten nachzuliefern, hat er das in diesem Falle unterlassen.

Für den Sommer 1915 hatte Einstein eine Reise in die Schweiz geplant. »Ich freue mich sehr darauf«, kündigte er Zangger seinen Besuch an, »wieder etwas Zürcher Luft zu atmen, wenngleich mein Leben hier ideal schön ist bis auf die Dinge, die mich eigentlich nicht das Geringste angehen.«[53] Tatsächlich gingen sie ihn aber doch an, sehr viel mehr sogar, als er sich manchmal eingestehen wollte. Wohl auch im Hinblick auf die geplante Reise hatte er sich schon im März an Romain Rolland gewandt, den in der Schweiz lebenden französischen Schriftsteller, dem der Krieg einen großen Teil seines Lebenswerks zerstört hatte, das der wechelseitigen Vermittlung der französischen und der deutschen Kultur gewidmet war. Einstein hatte durch seine »Beziehungen mit dem hochverdienstlichen ›Bund Neues Vaterland‹« von Rollands entschiedenem Pazifismus erfahren und davon,

> wie mutvoll Sie für die Beseitigung der so verhängnisvollen Missverständnisse zwischen dem französischen und dem deutschen Volk Ihre Existenz und Person eingesetzt haben. Es drängt mich dazu, Ihnen meine restlose Bewunderung und Hochschätzung auszusprechen. ... Ich stelle Ihnen meine schwachen Kräfte zur Verfügung für den Fall, dass Sie denken, dass ich Ihnen, sei es durch meinen Wohnsitz, sei es durch meine Beziehungen zu deutschen und ausländischen Vertretern der exakten Wissenschaften, als Werkzeug dienen kann.[54]

Rolland, der durch diesen Brief wahrscheinlich zum ersten Mal von Einstein hörte, antwortete umgehend: »Ihr grossmütiger Brief hat mich tief bewegt.«[55] Wie Einstein angeregt hatte, hielten sie zunächst über Heinrich Zangger in Zürich Kontakt, bis Einstein in die Schweiz kommen würde.

Zuvor folgte Einstein Ende Juni für eine Woche einer Einladung nach Göttingen, wo er auf Wunsch von David Hilbert und Felix Klein in sechs zweistündigen Vorträgen seine verallgemeinerte Relativitätstheorie darlegte. Hilbert, seit Poincarés Tod im Jahre 1912 nun unbestritten der bedeutendste Mathematiker, hatte seit dem Wintersemester 1914/15 ein Seminar den Grundlagen der Physik gewidmet und sich in diesem Rahmen insbesondere mit den Theorien von Gustav Mie und Albert Einstein beschäftigt. Einstein war von dem Interesse der Göttinger Mathematiker sehr angetan und hatte, wie er Sommerfeld berichtete, »die große Freude, alles bis ins Einzelne verstanden zu sehen. Von Hilbert bin ich ganz begeistert. Ein bedeutender Mann!«[56] Diese Einschätzung galt auch Hilberts Ablehnung des Kriegs als einer schrecklichen Torheit und seiner Weigerung, anders als Felix Klein, den »Aufruf an die Kulturwelt« zu unterzeichnen. Davon freilich schrieb Einstein nichts an Sommerfeld, von dem er wußte, daß noch der dümmste patriotische Aufruf seine Zustimmung gefunden hatte, und von dem er wahrscheinlich nicht wußte, daß er heftig gegen den Abdruck eines Artikels von Lorentz in den ›Naturwissenschaften‹ polemisiert hatte und von dessen Schwiegersohn de Haas meinte, er »würde besser aus der Reichsanstalt hinausgesetzt werden«.[57]

Der wichtigste Grund für die Reise in die Schweiz war natürlich Einsteins Wunsch, die Söhne wiederzusehen, aber dabei gab es Schwierigkeiten. »Mein Junge schrieb mir nämlich eine sehr brüske Karte, in der er eine Tour mit mir entschieden ablehnt«[58], begründete er Zangger die Verschiebung der Reise. »Ich könnte meine Kinder nicht einmal sehen, da meine Frau irgendwohin reist oder gar gereist ist.« Deshalb ging er mit seiner Kusine Elsa, ihren Töchtern und wohl auch ihren Eltern für einige Wochen in die Sommerfrische, und bei wohlsituierten Berlinern war das damals ein Aufenthalt an der Ostsee, in diesem Falle in dem kleinen Ort Sellin auf der Insel Rügen. Er freute sich »riesig, das Meer kennenzulernen«, und war auch sonst mit seiner persönlichen Situation mehr als zufrieden.

Anfang September kam die Reise in die Schweiz dann doch noch zustande. Mileva dürfte immer noch auf die Rückkehr ihres Mannes in den Schoß der Familie gehofft haben, der aber wollte nur seine Söhne sehen und machte einige Spaziergänge und Wanderungen mit dem nun elfjährigen Hans Albert. Am 16. September fuhr er gemeinsam mit Zangger nach Vevey am Genfer See und traf sich dort mit Romain Rolland. Die langen Gespräche auf der Terrasse des Hotels Mooser hat Rolland in seinem Tagebuch festgehalten; deutlicher als alle in Berlin geschriebenen Briefe und drastischer als alle in Deutschland gemachten Äußerungen zeigen sie, wie Einstein damals über den Krieg und das Land seiner Geburt dachte; Rolland notierte:

Alles, was ich durch ihn erfahre, ist nicht gerade erfreulich, denn es zeigt die Unmöglichkeit, mit Deutschland zu einem dauerhaften Frieden zu kommen, ohne es vorher völlig zu zerschmettern. Einstein sagt, die Lage erscheine ihm viel weniger günstig als vor ein paar Monaten. Die Siege über Rußland haben den deutschen Hochmut und Appetit wieder geweckt. Das Wort »gierig« scheint für Einstein Deutschland am besten zu charakterisieren. Überall breitet sich der Wille zur Macht aus, der bewundernde Glaube an die Kraft und die feste Entschlossenheit zu Eroberungen und Annexionen. Die Regierung ist viel gemäßigter als das Volk. Sie wollte Belgien räumen, konnte es aber nicht; die Offiziere haben mit einem Aufstand gedroht. Die großen Bankiers, die Industriellen, die Handelsgesellschaften sind allmächtig; sie verlangen Entschädigung für die gebrachten Opfer; der Kaiser ist nur ein Werkzeug in ihren Händen und in den Händen der Offiziere. ... Was die Intellektuellen an den Universitäten betrifft, so teilt Einstein sie in zwei sehr deutlich unterschiedene Klassen: die Mathematiker, die Physiker, die Leute der exakten Wissenschaften, die tolerant sind; und die Historiker und Philologen, die irre reden vor lauter nationalen Leidenschaften. Die Masse der Nation ist erstaunlich fügsam, »gezähmt« (Einstein liebt dieses Wort Carl Spittelers). Einstein gibt vor allem der ganz und gar auf Nationalstolz und blinde Unterwerfung unter den Staat gerichteten Erziehung die Schuld daran. Er glaubt nicht, daß eine rassische Eigenschaft dafür verantwortlich sei, denn die französischen Hugenotten, die vor zweihundert Jahren dorthin geflüchtet sind, haben die gleichen Charaktereigenschaften angenommen. Die Sozialisten sind das einzige (in gewissem Maße) unabhängige Element, doch ist es nur eine Minderheit, die sich um Bernstein schart. Der Bund Neues Vaterland macht sehr langsame Fortschritte und hat nur eine kleine Anhängerschaft.

Einstein erwartet keine Erneuerung Deutschlands aus sich selbst heraus; es hat dazu nicht die Energie, nicht die Kühnheit zur Initiative. Er hofft auf einen Sieg der Alliierten, der die Macht Preußens und der Dynastie zerstören würde. ... Einstein und Zangger träumen von einem gespaltenen Deutschland: Auf der einen Seite Süddeutschland und Österreich, auf der anderen Seite Preußen. Aber eine so radikale Niederlage des Reiches ist mehr als zweifelhaft. In Deutschland ist jeder vom Sieg überzeugt; man rechnet offiziell damit, daß der Krieg mindestens noch sechs Monate dauert. Dennoch meint Einstein, die sehr gut unterrichteten Leute wissen, daß die Lage ernst bleibt und daß sie ungünstig wird, wenn der Krieg länger dauert. Nicht an Nahrungsmitteln könnte es am meisten fehlen, sondern an kriegsnotwendigen chemischen Erzeugnissen. Es stimmt, daß die wahrhaft bewundernswerte Findigkeit der deutschen Gelehrten neue Verbindungen als Ersatz für die fehlenden Erzeugnisse bietet. Einstein sagt, man könne sich die Organisationskraft nicht vorstellen, die sich gezeigt habe und die alle fähigen Köpfe mit einschließe. Alle Universitätsprofessoren der Naturwissenschaft haben militärische Aufträge oder Aufgaben übernommen. Einstein allein hat sich geweigert, da mitzumachen.

> Wir sprechen von der absichtlichen Blindheit und dem Mangel an Psychologie bei den Deutschen. Schallend lachend erzählt Einstein, daß sich nach jeder Senatssitzung der Berliner Universität alle Professoren in einem Lokal treffen und daß dort *jedesmal* die Unterhaltung mit dieser Frage beginnt: »Warum sind wir in der Welt verhaßt?« Dann entspinnt sich eine Diskussion, bei der jeder seine Antwort anbringt und dabei machen alle um die Wahrheit höchst sorgfältig einen großen Bogen.[59]

Als Einstein am nächsten Morgen mit dem Zug nach Bern fahren wollte, begleitete ihn Rolland zum Bahnhof. Der sanfte Pazifist und Verehrer der deutschen Kultur Romain Rolland war von den drastischen Urteilen und Verurteilungen, mit denen Einstein Deutschland bedachte, nicht immer angetan und oftmals irritiert. »Wenn ich Einstein beobachte«, notierte er abschließend über seinen Besucher, »fällt mir auf, daß er, ebenso wie die sehr kleine Zahl inmitten der allgemeinen Knechtsgesinnung frei gebliebener Geister, aus Reaktion gegen diese Knechtsgesinnung dahin gekommen ist, die schlechteste Seite seiner Nation zu sehen und sie fast genauso streng zu verurteilen, wie es ihre Feinde tun.«[60]

Wieder in Berlin, sah sich Einstein vor die Aufgabe gestellt, seine Gedanken über die Deutschen und den Krieg in einer Form auszudrükken, die für Zensur und Publikum nicht gar zu schockierend sein durfte. Der »Berliner Goethebund«, eine zwar friedfertige, aber deswegen noch längst nicht pazifistische kulturelle Vereinigung, hatte Einstein um einen Beitrag für ein geplantes »Vaterländisches Gedenkbuch« gebeten. Auf drei Seiten schrieb Einstein im Oktober 1915 auf, was er für den Goethebund und die Deutschen als »Meine Meinung über den Krieg«[61] gerade noch als zumutbar ansah. So argumentierte er psychologisch und allgemein, indem er die Wurzel des Krieges »in einer biologisch begründeten aggressiven Eigenart des männlichen Geschöpfes« sah. Nach Zielen und Ursachen der Kriege zu suchen, hielt er »für ziemlich belanglos; sie finden sich stets, wenn die Leidenschaft ihrer bedarf«. Um so konsequenter formuliert er seine Ablehnung jeglichen Kriegs und die Notwendigkeit einer neuen staatlichen Ordnung im Sinne der vom »Bund Neues Vaterland« angestrebten:

»Die feinen Geister aller Zeiten waren darüber einig, dass der Krieg zu den ärgsten Feinden der menschlichen Entwicklung gehört, dass alles zu seiner Verhütung getan werden müsse. Ich bin auch trotz der unsagbar traurigen Verhältnisse der Gegenwart der Überzeugung, dass eine staatliche Organisation in Europa, welche europäische Kriege ebenso ausschliessen wird, wie jetzt das deutsche Reich einen

Krieg zwischen Bayern und Württemberg, in nicht allzu ferner Zeit sich erreichen lassen wird. Kein Freund der geistigen Entwicklung sollte versäumen, für dieses wichtige Ziel einzustehen.«

Dieses wollten die Verantwortlichen des Goethebundes noch drukken, nicht aber eine bissige Verhöhnung des Patriotismus als eines Schreins im Gemütsleben des Bürgers, der die »moralischen Requisiten des tierischen Hasses und des Massenmordes birgt, die er dann im Kriegsfalle gehorsam herausnimmt, um sich ihrer zu bedienen«. Einstein empfahl, an Stelle dieses patriotischen Altars ein Klavier oder eine Bücherkiste aufzustellen. Ebenfalls für nicht druckfähig wurde eine Passage gehalten, in der er seine Vorstellung von internationaler Gesinnung erläuterte: »Wie nahe mir ein Mensch oder eine menschliche Organisation steht, hängt nur davon ab, wie ich deren Wollen und Können beurteile. Der Staat, dem ich als Bürger angehöre, spielt in meinem Gemütsleben nicht die geringste Rolle, ich betrachte die Beziehung zu einem Staate als eine geschäftliche Angelegenheit, wie etwa die Beziehung zu einer Lebensversicherung.«

Gegenüber dem Goethebund verteidigte Einstein seine Kritik des Patriotismus mit der Notwendigkeit, »dass der Verherrlichung des Krieges im Frieden sowie überhaupt derjenigen Gedanken- und Gefühlskomplexe, welche den Krieg im Frieden vorbereiten, von allen wirklichen Freunden menschlichen Fortschritts energisch entgegengewirkt werden muß. Dahin gehört nach meiner Ansicht alles, was unter ›Patriotismus‹ geht.«[62] Trotzdem war Einstein mit der Veröffentlichung der gekürzten Fassung schließlich einverstanden. Sie gehörte immer noch zum Mutigsten, was in diesen Jahren in Deutschland gegen den Krieg publiziert wurde.

Einstein muß dieser Artikel sehr am Herzen gelegen haben, denn er verfaßte ihn inmitten einer der »aufregendsten, anstrengendsten Zeiten meines Lebens, allerdings auch der erfolgreichsten«.[63] Die Verteidigung der beiden Absätze, die die Verantwortlichen des Goethebundes kürzen wollten, schrieb er am 11. November 1915, obwohl er an diesem Tag in der Akademie den zweiten von vier Vorträgen angekündigt hatte, in deren Verlauf die Mühen um die Verallgemeinerung der Relativitätstheorie ihren krönenden Abschluß fanden.

2. »die höchste Befriedigung meines Lebens«. Die Vollendung der Allgemeinen Relativitätstheorie

»Es ist oft sonderbar mit den wissenschaftlichen Bestrebungen; oft ist nichts von grösserer Wichtigkeit, als zu sehen, wo es nicht angezeigt ist, Zeit und Mühe anzuwenden. Man muss andererseits auch nicht den Zielen nachgehen, deren Erreichung leicht ist. Man muss einen Instinkt darüber erlangen, was unter Aufbietung der äussersten Anstrengung gerade noch erreichbar ist.«[1] So schildert Albert Einstein in einem Brief an einen seiner vormaligen Studenten an der ETH die Schwierigkeiten des Physikers vor der Vielfalt der Natur. Wie er es selbst mit seiner persönlichen Zielsetzung und Themenwahl gehalten hatte, illustrierte er mit Beispielen aus seiner aktuellen Beschäftigung des Frühjahrs 1915. Über das Experiment zum gyromagnetischen Effekt, von dem er in geradezu schwärmerischen Tönen berichten konnte, sagte er in diesem Zusammenhang nur, das hätte »jeder Lump machen können«. Mit dieser abfälligen Einordnung einer beachtlichen Leistung wollte er wohl weniger sein Licht als Experimentator unter den Scheffel stellen als vielmehr einen Maßstab zur Beurteilung der für ihn zentralen Bemühungen bereitstellen: »Aber die allgemeine Relativität ist von anderer Sorte. Dies Ziel nun wirklich erreicht zu haben ist die höchste Befriedigung meines Lebens, wenn auch kein Fachgenosse die Tiefe und Notwendigkeit dieses Weges bis jetzt erkannt hat.«[2] Das hatte Einstein im Mai des Jahres 1915 geschrieben; seine Überzeugung bezog sich auf die Darstellung der Theorie, wie er sie in dem ein halbes Jahr zuvor erschienenen, zusammenfassenden Artikel in den ›Sitzungsberichten‹ der Akademie über *Die formale Grundlage der allgemeinen Relativitätstheorie* publiziert hatte. Alle Nachrichten aus den nächsten Monaten bestätigen, daß er noch den ganzen Sommer hindurch der Meinung war, in diesem Artikel so etwas wie die endgültige Fassung der Theorie erreicht zu haben. Ende Juni hatten ihn die Göttinger Mathematiker »bis ins Einzelne verstanden«, und zwei Wochen später hatte er schon »die Absicht, ein besonderes Büchlein als Einführung in die Relativitätstheorie zu schreiben, wobei die Behandlung gleich von Anfang an auf eine allgemeine Rel.Theorie hinzielt.«[3] Noch Ende August war er ganz stolz darauf, daß er Felix Klein und David Hilbert in Göttingen »vollständig überzeugt«[4] hatte.

In seinem Glauben an die Theorie wurde er zudem durch seinen

»guten Astronomen« Erwin Freundlich bestärkt. Da der Nachweis der Lichtablenkung im Schwerefeld der Sonne nach der an Krieg und Wolken gescheiterten Expedition auf die Krim weiterhin in den Sternen stand, hatte sich Freundlich gleich nach seiner Rückkehr nach Berlin auf die zweite, viel schwierigere Möglichkeit der Überprüfung der Theorie gestürzt – die Rotverschiebung im Schwerefeld. Für diesen Effekt hatte Einstein schon in seinen ersten Überlegungen zur Gravitationstheorie im Jahre 1907 für die Sonne einen Wert von zwei Millionsteln abgeschätzt, der auch in den ausgefeilten Versionen der Theorie immer wieder herauskam. Das lag im Prinzip noch gerade im Bereich des Meßbaren, würden nicht die turbulenten Verhältnisse in den äußeren Schichten der Sonne diesen winzigen Effekt durch nicht kalkulierbare Störungen überlagern. Freundlich hatte sich nun statt des Sonnenlichts die Spektren von Doppelsternen unterschiedlicher Größe vorgenommen und nach einigen Monaten harter Arbeit gefunden, es seien »unzweifelhaft Erscheinungen vorhanden, die für die Existenz der Gravitationsverschiebung sprechen«.[5]

Einstein war für diese Botschaft überaus empfänglich. Im Februar 1915 schrieb er Besso, es ergäbe sich »sogar eine angenäherte quantitative Prüfung der Theorie, die befriedigend stimmt«[6], und im Mai hatte er sich in die Überzeugung hineingesteigert, die Theorie sei »schon glänzend bestätigt«.[7] Der Jubel war voreilig, denn Freundlich hatte bei der Abschätzung der Fixsternmassen grobe Fehler gemacht. Einige Astronomie-Professoren haben den vorwitzigen Assistenten, der er immer noch war, kräftig dafür gezaust, aber Einstein hielt Freundlich die Treue und hat sich dafür in den folgenden Jahren manchen Ärger mit einflußreichen Astronomen eingehandelt. Es waren aber nicht Freundlichs Fehler, die Einstein schließlich an seiner Theorie zweifeln ließen.

Es mag nach der Rückkehr von der Reise in die Schweiz Ende September 1915 gewesen sein, als Einstein sich mit dem Gedanken vertraut machen mußte, daß seine Gleichungen für die Gravitation nicht richtig sein konnten. Anfang Oktober dämmerte ihm, »daß mein bisheriges Beweisverfahren ein trügerisches war«.[8] Das hat ihm »böse Zeiten bereitet«[9], insbesondere als er erkannte, »dass meine bisherigen Feldgleichungen der Gravitation gänzlich haltlos waren«.[10] Als nach sieben Wochen fieberhafter Arbeit alle Schwierigkeiten überwunden waren, skizzierte er Sommerfeld die Gründe für sein wachsendes Unbehagen. Er hatte erstens bewiesen, daß das Gravitationsfeld schon in dem einfachen Fall eines gleichförmig rotierenden Bezugssystems den

Feldgleichungen nicht genügt, und zweitens in seiner Berechnung des Merkur-Perihels einen zu kleinen Wert erhalten.

Das erste Argument, die Verletzung der Rotationssymmetrie, muß wie ein Donnerschlag auf ihn eingestürzt sein. Bis zum großen Übersichtsartikel aus dem Herbst 1914 hatte er diese Invarianz unter Drehungen als gleichsam selbstverständlich angesehen, ohne sich um einen Beweis gekümmert zu haben. Als er die Frage im Herbst 1915 endlich einmal durchrechnete, wurde das Dilemma sogleich offenbar[11], die Gleichungen konnten die richtigen nicht sein.

Noch merkwürdiger ist das zweite Problem. Am Merkur-Perihel hatte er schon im Jahre 1907 herumgerechnet[12] und sich damit eine Aufgabe vorgenommen, an der sich die besten Astronomen die Zähne ausgebissen hatten, seit Urbain Le Verrier im Jahre 1859 diesen Schönheitsfehler im ansonsten vollkommenen Räderwerk der Newtonschen Himmelsmechanik aufgefunden hatte. Der sonnennächste Planet Merkur bewegt sich nicht auf einer geschlossenen Keplerschen Ellipsenbahn, sondern auf einer Art Rosette, die durch ein langsames Vorrücken des sonnennächsten Punktes der Bahn, des Perihels, charakterisiert ist. Der Unterschied zur perfekten Ellipse ist sehr gering, nicht einmal eine Bogenminute im Jahrhundert, aber diese Periheldrehung war trotz ihrer Winzigkeit ein großer Stein des Anstoßes, da innerhalb der Newtonschen Mechanik keine befriedigende Erklärung gefunden werden konnte.

Schon bei seinen ersten Überlegungen zur Gravitation hatte Einstein gehofft, dieses Rätsel zu lösen. Mit der neuen Theorie nahm er im Mai 1913, teilweise gemeinsam mit Besso, das alte Problem wieder in Angriff, aber trotz aller Mühen brachten die Rechnungen nicht das gewünschte Ergebnis. Allerdings hat er davon so lange nichts veröffentlicht und auch sonst in seiner Korrespondenz nichts verlauten lassen, wie sein theoretisches Resultat nicht zur Erfahrung passen wollte. Der erste Hinweis auf frühere Rechnungen findet sich erst in dem Brief an Sommerfeld vom 28. November 1915, in dem er gestand, daß er bisher nur 18 Bogensekunden statt der astronomisch beobachteten 45 Bogensekunden erhalten hatte. Aber das schrieb er schon vom sicheren Ufer, als die neue und endgültige Fassung seiner Theorie diesen Test bereits bestanden hatte.

Den Oktober 1915 hindurch muß Einstein wieder einmal geschafft haben wie ein Besessener. Für die Plenarsitzung der Akademie am Donnerstag, dem 4. November, hatte er einen Vortrag *Zur allgemeinen Relativitätstheorie* angekündigt, den er eine Woche später in der Sitzung der Klasse fortsetzte. In unbekümmerter Offenheit, die auf seine Kollegen Akademiker beinahe schockierend gewirkt haben muß, begann er mit einem Resümee seiner Fehler und Irrwege, wie es in der Akademie wohl noch nie vernommen worden war:

> In den letzten Jahren war ich bemüht, auf die Voraussetzung der Relativität auch nicht gleichförmiger Bewegungen eine allgemeine Relativitätstheorie zu gründen. Ich glaubte in der Tat, das einzige Gravitationsgesetz gefunden zu haben, das dem sinngemäß gefaßten, allgemeinen Relativitätspostulate entspricht, und suchte die Notwendigkeit gerade dieser Lösung in einer im vorigen Jahr in diesen Sitzungsberichten erschienenen Arbeit darzutun. – Eine erneute Kritik zeigte mir, daß sich jene Notwendigkeit auf dem dort eingeschlagenen Wege absolut nicht erweisen läßt; daß dies doch der Fall zu sein schien, beruhte auf Irrtum.[13]

Einstein skizzierte einen schwerwiegenden mathematischen Einwand, der seine ganzen Mühen um die Wahl spezieller Koordinatenbedingungen als einen Schlag ins Wasser erwies, und fuhr fort: »Aus diesen Gründen verlor ich das Vertrauen zu den von mir aufgestellten Feldgleichungen vollständig und suchte nach einem Wege, der die Möglichkeiten in einer natürlichen Weise einschränkte. So gelangte ich zu der Forderung einer allgemeineren Kovarianz der Feldgleichungen zurück, von der ich vor drei Jahren, als ich mit meinem Freunde Grossmann arbeitete, nur mit schwerem Herzen abgegangen war. In der Tat waren wir der damals gegebenen Lösung des Problems bereits ganz nahe gekommen.« Die beinahe richtigen Gleichungen, die er tatsächlich in Zürich in sein erhalten gebliebenes Notizbuch geschrieben hatte[14], wurden verworfen, weil er irrtümlich glaubte, daß sie nicht die Newtonsche Näherung lieferten, und außerdem wegen einiger nicht stringenter Überlegungen zur Kausalität und zur Eindeutigkeit. Nun kehrte er, befreit von den Irrtümern, zu der vor drei Jahren verworfenen allgemeinen Kovariantentheorie zurück und fand im Anschluß an den Riemannschen Krümmungstensor Gleichungen, die als Näherung die Newtonsche Bewegungsgleichung lieferten, gegenüber allen Koordinatentransformationen invariant waren und sich so zwanglos und folgerichtig ergeben hatten, daß sie überhaupt nicht anders als richtig sein konnten: »Dem Zauber dieser Theorie wird sich kaum jemand entziehen können, der sie wirklich erfasst hat«[15], ließ er Hörer und Leser an seinem Glück teilhaben.

Schon am 18. November erschien Einstein erneut in der Gesamtsitzung der Akademie und präsentierte »eine wichtige Bestätigung dieser radikalsten Relativitätstheorie; es zeigt sich nämlich, daß sie die von Le Verrier entdeckte säkulare Drehung der Merkurbahn im Sinne der

Bahnbewegung, welche etwa 45″ im Jahrhundert beträgt, qualitativ und quantitativ erklärt, ohne daß irgendwelche besondere Hypothese zugrunde gelegt werden müßte.«[16] Exakte, geschlossene Lösungen der Feldgleichungen konnte Einstein in diesem Stadium nicht angeben; das war aber auch nicht nötig, denn die ersten, mittlerweile schon »klassischen« Probleme ließen sich durch Näherungsmethoden behandeln. Dabei machte er die merkwürdige Entdeckung, daß in 1. Näherung zwar die Newtonschen Bewegungsgleichungen herauskommen, jedoch die zehn Komponenten des metrischen Tensors sich nicht auf das Newtonsche Gravitationspotential reduzieren lassen. Das bedeutet konkret, daß sich schon im Falle schwacher Felder die Krümmung des Raumes bemerkbar macht. Für die Rotverschiebung im Gravitationsfeld hat das keine Folgen, jedoch für die Lichtablenkung an der Sonne. Zu dem aus dem Äquivalenzprinzip herrührenden Betrag von 0,85 Bogensekunden, den er erstmals 1911 in Prag erhalten hatte, ergab sich noch einmal ein gleich großer Betrag[17], der sich aus der Raumkrümmung durch die Masse der Sonne ergibt, so daß Einstein nunmehr eine Lichtablenkung von 1,7 Bogensekunden prognostizierte. Das war schon aufregend genug, aber nichts im Vergleich zur 2. Näherung, in der tatsächlich die Periheldrehung des Merkur in verblüffend guter Übereinstimmung mit der Beobachtung herauskam. »Das Resultat von der Perihelbewegung des Merkur erfüllt mich mit großer Befriedigung«[18], schrieb er Sommerfeld. »Wie kommt uns da die pedantische Genauigkeit der Astronomie zu Hilfe, über die ich mich im Stillen früher oft lustig machte!« Damit hatten seine Gleichungen die Feuerprobe bestanden, und die Natur selbst hatte ihm bestätigt, daß seine achtjährige Odyssee durch die Abgründe der Gravitationstheorie mit einem wunderbaren Erfolg zu Ende gegangen war. Einstein war in Hochstimmung. »Denk Dir meine Freude bei der Durchführbarkeit der allgemeinen Kovarianz und beim Resultat, daß die Gleichungen die Perihel-Bewegungen Merkurs richtig liefern«[19], schilderte Einstein dieses herrliche Erlebnis, vielleicht das tiefste seines Lebens, dem Freund Ehrenfest. »Ich war einige Tage fassungslos vor Erregung.« Später erzählte er den holländischen Freunden[20], er hätte bei dieser Entdeckung Herzklopfen bekommen und er hätte sogar das Gefühl gehabt, in ihm wäre etwas zersprungen...

Stünde Einsteins Gravitationstheorie nicht in dem Nimbus, sie sei »die wahrscheinlich größte jemals gemachte wissenschaftliche Entdeckung«[21], wäre man vielleicht versucht, sie zugleich als eine Komödie der Irrungen darzustellen, natürlich eine auf allerhöchstem Niveau. Es konnte denn kaum anders sein, als daß Einstein auch in seinen

Akademie-Mitteilungen vom November 1915 einige Unzulänglichkeiten und gar Fehler unterlaufen sind. »Die letzten Irrtümer in diesem Kampfe«, gestand er Sommerfeld, »habe ich leider in den Akademie-Arbeiten, die ich Ihnen bald senden kann, verewigt.«[22] Sogar an den Feldgleichungen fehlte noch etwas. Es muß ihm ein großer Stein vom Herzen gefallen sein, als er bemerkte, daß die fälligen Modifikationen auf die Näherungsbetrachtungen vom 18. November keinen Einfluß hatten, so daß die bedeutsamen Resultate zur Lichtablenkung und zum Merkur-Perihel richtig blieben. Unverdrossen erschien er am nächsten Donnerstag, dem 25. November, wieder vor der physikalisch-mathematischen Klasse der Akademie und gab auf nur drei kompakten Druckseiten die richtige Begründung für die nun endgültig richtigen »Feldgleichungen der Gravitation«. Das vor acht Jahren begonnene Werk war vollbracht. »Damit ist endlich die allgemeine Relativitätstheorie als logisches Gebäude abgeschlossen«[23], schrieb er in den ›Sitzungsberichten‹ der Akademie. »Das Relativitätspostulat in seiner allgemeinsten Fassung, welches die Raumzeitkoordinaten zu physikalisch bedeutungslosen Parametern macht, führt mit zwingender Notwendigkeit zu einer ganz bestimmten Theorie der Gravitation, welche die Perihelbewegung des Merkur erklärt.«

Sobald Einstein seine Sonderdrucke der Akademie-Vorträge erhalten hatte, schickte er sie an Kollegen und Freunde, begleitet von Briefen als lebhaftes Echo seines Glücksgefühls über die Vollendung der Theorie und der Anspannung der letzten Wochen. »Die Theorie ist von unvergleichlicher Schönheit«[24], schwärmte er Zangger vor. Energisch forderte er Sommerfeld zum Studium der Gleichungen auf: »Sehen Sie sich dieselben ja sicher an; es ist der wertvollste Fund, den ich in meinem Leben gemacht habe.«[25] An Besso: »Die kühnsten Träume sind nun in Erfüllung gegangen«[26], woran sich Grüße von »deinem zufriedenen, aber ziemlich kaputen Albert« anschließen. Und wenig später wieder an Besso: »Lies die Abhandlungen! Sie bringen die endgültige Erlösung aus der Misere.«[27] Bei allem Enthusiasmus dauerte es nicht lange, bis der Humor wieder durchschlug: »Es ist bequem mit dem Einstein«[28], ironisierte er seine Begeisterung für die früheren Stadien der Theorie. »Jedes Jahr widerruft er, was er das vorige Jahr geschrieben hat.« – Dieses Mal brauchte er nicht zu widerrufen, und er wußte das.

Viele Jahre später, als »das glücklich Erreichte fast wie selbstverständlich« galt, erinnerte er in einem Vortrag über die *Entstehung der Allgemeinen Relativitätstheorie* an das, was vorausgegangen war: »Aber das ahnungsvolle, Jahre währende Suchen im Dunkeln mit seiner gespannten Sehnsucht, seiner Abwechslung von Zuversicht und Ermattung und seinem endlichen Durchbrechen zur Wahrheit, das kennt nur, wer es selbst erlebt hat.«[29]

In der entscheidenden Phase hatte Einstein sogar einen kongenialen Kollegen, was ihm aber mehr Ärger als Freude bereitet hat, da er sein Erstgeburtsrecht an der Theorie in Gefahr sah. »Aber nur *ein* Kollege hat sie wirklich verstanden und der eine sucht sie auf geschickte Weise zu ›nostrifizieren‹ (Abraham'scher Ausdruck)«[30], schimpfte er gegenüber dem nicht zur Zunft der Physiker gehörenden Freund Zangger über das, was er offensichtlich für einen Plagiatsversuch hielt. »Ich habe in meinen persönlichen Erfahrungen kaum je die Jämmerlichkeit der Menschen besser kennengelernt wie gelegentlich dieser Theorie und was damit zusammenhängt. Es ficht mich aber nicht an.« Der »nostrifizierende« Kollege war ausgerechnet David Hilbert, von dem er im Sommer noch »ganz begeistert« war, aber noch mehr dürfte ihn geärgert haben, daß Hilbert sogar schon einige Tage früher als er selbst die richtigen Feldgleichungen veröffentlicht hatte.

Einstein hatte seine Gleichungen am 25. November 1915 in Berlin vorgelegt, aber schon sechs Tage zuvor, am Sonnabend, dem 20. November, hatte David Hilbert in einer Mitteilung an die »Königliche Gesellschaft der Wissenschaften zu Göttingen«[31] genau die Gleichungen hergeleitet, nach denen Einstein so lange gesucht hatte.[32] Beim krönenden Abschluß der allgemeinen Relativitätstheorie handelt es sich also um den gar nicht so seltenen Fall einer praktisch gleichzeitig erfolgten doppelten Entdeckung; selten aber und deshalb um so bemerkenswerter ist, daß die beiden Beteiligten den bei solchen Duplizitäten allfälligen häßlichen Streit um die Priorität schnell wieder beilegen konnten. Was war geschehen?

David Hilbert hatte sich seit einigen Jahren intensiv der Physik zugewandt, alles über Elektronen, Materie und Felder studiert und in diesem Zusammenhang auch Einstein Ende Juni 1915 zu Vorträgen über die Relativitätstheorie nach Göttingen eingeladen. Der Gedankenaustausch muß weit über die Vorträge hinausgegangen sein, denn Einstein hatte bei den Hilberts gewohnt, und man kann sich die gemeinsam verbrachte Woche nicht anders vorstellen, als daß die beiden vom Morgen bis in die späte Nacht hinein miteinander Physik diskutierten; das haben sie insbesondere im November schriftlich fortgesetzt, aber dabei wohl, wie sich Felix Klein erinnerte, »an einander vorbei geredet, wie das zwischen gleichzeitig produzierenden Mathematikern nicht selten ist«.[33]

Tatsächlich hatte Hilbert viel Größeres vor als Einstein, nämlich eine Theorie der gesamten physikalischen Welt, der Materie und der Felder, des Kosmos und der Elektronen, und dies noch in streng axiomatischem Aufbau, wie er ihn in seinen *Grundlagen der Geometrie* in kanonischer Form vorgeführt hatte. Dabei war er zunächst von einer Theorie der Materie von Gustav Mie ausgegangen, aber Einsteins Besuch hatte zur Folge, daß er sich im Herbst 1915 intensiv mit der Einsteinschen Theorie beschäftigte und aus ihr entnahm, was ihm für seine Zwecke einer einheitlichen Feldtheorie von Gravitation und Elektromagnetismus brauchbar schien. Dabei konnten Hilberts mathematischem Scharfblick einige Schwächen der Einsteinschen Theorie des Jahres 1914 nicht entgangen sein. Sehr wahrscheinlich hörte Einstein durch Sommerfeld von Hilberts kritischen Überlegungen, und seine hektische Aktivität im November 1915 mag auch durch das unbehagliche Gefühl ausgelöst worden sein, daß er mit dem Wissen um seine Irrtümer nicht länger allein sein könnte.

Im November, als Einstein von der Gravitationstheorie völlig absorbiert war, korrespondierte er praktisch nur noch mit Hilbert, schickte ihm seine Arbeiten und bedankte sich am 18. November für einen Entwurf von Hilberts Abhandlung, den er unmittelbar zuvor erhalten haben muß. Hat Einstein beim Überfliegen dieser Arbeit denjenigen Term entdeckt, der in seinen Gleichungen noch fehlte, und dadurch etwa Hilbert »nostrifiziert«? Wahrscheinlich ist das nicht gerade, denn Hilberts Arbeit war äußerst kompliziert, ja verworren und nach Felix Kleins Urteil von jener Art, »die Niemand versteht, der nicht das ganze Ding schon gemeistert hat«.[34] Sie war auch für Einstein nicht leicht zu durchschauen, sonst hätte er nicht noch im Mai des nächsten Jahres Hilbert um Verständnishilfen bitten müssen, als er darüber in einem Kolloquium referieren sollte. Deshalb ist es freilich noch nicht völlig ausgeschlossen, daß Einstein nicht doch durch die Lektüre von Hilberts Arbeit auf den Mangel seiner Gleichungen gestoßen wurde. Jedoch war Einsteins abschließende Herleitung der richtigen Gleichungen eine folgerichtige Weiterentwicklung seiner bisherigen Überlegungen, bei denen trotz aller Mathematik physikalische Prinzipien immer im Vordergrund standen; sie sind so verschieden von dem Hilbertschen Zugang, daß man sie nicht anders als Einsteins authentische Leistung ansehen kann.

Aber nun zu Hilbert. In seiner »more geometrico« konstruierten Theorie stellte er wenige Axiome an den Anfang, stützte sich bei ihrer eher mathematischen denn physikalischen Begründung auf die Invariantentheorie und leitete die Feldgleichungen aus Variationsprinzipien ab. Dieses Vorgehen war nicht neu; aber während es in der Mechanik und Elektrodynamik das abstrakte Konzentrat einer ausgereiften Theorie war, beschritt Hilbert diesen »Königsweg« gleich zu Anfang und hatte daraus auf einen Schlag die gesamte Physik gewonnen. Immerhin hatte er so viel von Einstein gelernt, daß die Feldgleichungen der Gravitation bei diesem verwegenen Vorgehen richtig herauskamen, aber ansonsten enthielten Hilberts *Grundlagen der Physik* in der Einschätzung seines Göttinger Mathematiker-Kollegen Felix Klein »viel subjektive Konstruktion: der fanatische Glaube an die Variationsprinzipien, die Meinung, daß man durch bloßes mathematisches Nachdenken das Wesen der Natur erklären könne. Dazu mathematisch eine ganz ungeordnete Darstellung...«[35]

Die Beziehungen zwischen Einstein und Hilbert waren einige Wochen lang gestört, zumindest wissen wir von Einsteins Überzeugung, daß seine Göttinger Vorträge und manches mehr von Hilbert – vielleicht unbeabsichtigt – plagiiert worden seien. Es ist gut möglich, daß sein Zorn nach der Lektüre der gedruckten Fassung von Hilberts Abhandlung etwas besänftigt war, denn schon im ersten Satz hatte Hilbert die durch »Einstein aufgeworfenen gewaltigen Problemstellungen und die scharfsinnigen Methoden, die er zu ihrer Lösung entwickelt hat«[36], ins rechte Licht gerückt und sie als Voraussetzung seines neuen Zugangs zur Untersuchung der Grundlagen der Physik anerkannt. Wie Einstein dreißig Jahre später seinem Assistenten Ernst Straus erzählte und dieser wiederum dreißig Jahre später Abraham Pais wissen ließ, »hätte Hilbert eine schriftliche Entschuldigung abgefaßt und ihm mitgeteilt, er habe ›diesen Vortrag völlig vergessen‹«.[37] Wenn es so war, muß es genug gewesen sein, denn kurz vor Weihnachten schrieb Einstein an Hilbert: »Es ist zwischen uns eine gewisse Verstimmung gewesen, deren Ursache ich nicht weiter analysieren will. Gegen das damit verbundene Gefühl der Bitterkeit habe ich gekämpft, und zwar mit vollständigem Erfolge. Ich gedenke Ihrer wieder in ungetrübter Freundlichkeit, und bitte Sie, dasselbe bei mir zu versuchen. Es ist objektiv schade, wenn sich zwei Kerle, die sich aus dieser schäbigen Welt etwas herausgearbeitet haben, nicht gegenseitig zur Freude gereichen.«[38]

Die Versöhnung gelang ihnen so gut, daß niemand etwas von der Verstimmung bemerkt hatte und später die Legende entstand, es hätte nur Freundlichkeiten gegeben.[39] Hilbert hat, wie übrigens alle anderen Kollegen, Einstein als den alleinigen Schöpfer der Relativitätstheorie anerkannt. Da er selbst ein paar Tage vor Einstein die Feldgleichungen veröffentlicht hatte, hätte er wohl erwarten dürfen, daß sie als die Einstein-Hilbert-Gleichungen in die Geschichte eingehen. Wenn er betrübt war, daß sein Beitrag beinahe in Vergessenheit geriet, so hat er sich das nicht anmerken lassen.

Wenn die beiden auch befreundet blieben, so konnte Einstein doch den Hilbertschen *Grundlagen der Physik* überhaupt nichts abgewinnen. Als er die Abhandlung gründlich studiert hatte, sah er in dessen Axiomatik die »Vision des Übermenschen durch Camouflage der Methoden«.[40] Ein halbes Jahr später nannte er den Hilbertschen Ansatz »kindisch, im Sinne des Kindes, das keine Schrecken der Aussenwelt kennt«.[41] Für Einstein waren die Folgerungen aus dem allgemeinen Relativitätspostulat auf die Gravitation beschränkt, ansonsten vermag es »uns nichts über das Wesen der übrigen Naturvorgänge zu offenbaren, was nicht schon die spezielle Relativitätstheorie gelehrt hätte«.[42] Zu dieser Einsicht hatte sich Einstein mühsam durchgerungen, aber Hilbert hielt unverdrossen daran fest, daß alle Naturvorgänge daraus erklärbar seien, einschließlich des rätselhaften Verhaltens der Elektronen im Atom. 1916 veröffentlichte er eine zweite und 1924 eine endgültige Fassung seines Formalismus unter dem immer gleichen prätentiösen Titel *Die Grundlagen der Physik* in der unerschütterlichen Überzeugung, »dass die hier von mir entwickelte Theorie einen bleibenden Kern enthält und einen Rahmen schafft, innerhalb dessen für den künftigen Aufbau der Physik im Sinne eines feldtheoretischen Einheitsideals genügender Spielraum da ist«.[43] Hätte er mit dem »bleibenden Kern« nur die Variationsprinzipien und die Herleitung der Gravitationsgleichungen gemeint, so hätte ihm niemand widersprochen, so aber blieb sein System eine Illustration der These, daß Mathematik und Physik doch sehr unterschiedliche Wissenschaften sind.

Als der Schweizer Rudolf Jakob Humm, der in Göttingen Mathematik studierte, Einstein im Mai 1917 in Berlin besuchte, kam er auch auf Hilberts Versuch zu sprechen, die Quantentheorie aus der Gravitationstheorie abzuleiten. Da machte Einstein »ein spitzbübisches Gesicht: das werde wohl nicht gehen, obwohl die Gravitationstheorie die allgemeinere sei. Aber der Relativitätsgedanke könne eben nicht mehr hergeben als die Gravitation. ... Der Gedanke, aus seiner Phantasie ein Bild der Welt zu konstruieren, sei schön und könne zu etwas führen... doch verhalte er sich gegenüber allen diesen Versuchen, die Welt aus der Vorstellung aufzubauen, ablehnend. Es sei eine zu große Kühnheit, sich jetzt schon ein fertiges Bild der Welt zu machen, da es doch noch so viele Dinge gebe, die wir entfernt nicht ahnen können.«[44] Einige Jahre später hatte Einstein zwar nicht die Methoden, aber die Zielsetzungen Hilberts übernommen und seinen eigenen Weg zu einer einheitlichen Feldtheorie begonnen.

Mit der Vollendung der Allgemeinen Relativitätstheorie ergab sich der Wunsch nach einer wenn nicht vollendeten, so doch wenigstens zusammenfassenden Darstellung des nun definitiv Erreichten, zumal in der Beobachtung von Felix Klein die Entwicklung von Einsteins Gedanken zur Gravitation, »wie es sich bei einem Genie gehört, irrational ist: eine Verquickung philosophischer Bedürfnisse mit einem starken physikalischen Instinkt und allmählichem Eindringen in die Vorarbeiten der Mathematiker«.[45] Dies hatte in Einsteins Veröffentlichungen zu diesem Thema seinen Niederschlag gefunden; sie sind größtenteils vom Charakter vorläufiger Werkstattberichte geprägt, teils aufeinander aufbauend, teils korrigierend oder widerrufend, was zuvor gedruckt worden war. Deshalb waren sie auch für die wenigen Kollegen wie Ehrenfest und Lorentz, die versucht hatten, seinen erratischen Gedankenbewegungen zu folgen, nur schwer zu verstehen.

Einstein wußte das selbst am besten und trug sich mit dem Gedanken einer zusammenfassenden Darstellung, aber der Anfang fiel ihm schwer, »wie in allen Dingen, die nicht von einem heissen Wunsch getragen sind. Aber wenn ich es nicht thue, wird die Theorie nicht verstanden werden, so einfach sie nun im Grunde ist.«[46] An Lorentz, der alles verstanden und zum »brillanten Ergebnis« gratuliert hatte, schrieb er: »Die Serie meiner Gravitationsarbeiten ist eine Kette von Irrwegen, die aber doch allmählich dem Ziele näher führten. Deshalb sind nun endlich die Grundformeln gut, aber die Ableitungen abscheulich; dieser Mangel muß erst noch beseitigt werden.«[47] Mit zaghaften Andeutungen wollte er sogar Lorentz, den er zu Recht als einen Meister der Darstellung ansah, für diese Aufgabe gewinnen, denn ihm selbst habe leider »die Natur die Gabe der Mitteilungsfähigkeit verweigert, so dass das, was ich schreibe, zwar richtig, aber reichlich unverdaulich ist«.[48] Diese Koketterie mochte Lorentz wohl nicht akzeptieren, so daß Einstein nicht umhin kam, die Theorie selbst noch einmal im Überblick darzustellen. Es ging dann aber doch zügig voran. Seine 50 Seiten lange Arbeit wurde im März 1916 abgeschlossen und in den ›Annalen der Physik‹[49] veröffentlicht. Deren Verleger Johann Ambrosius Barth tat ein übriges und brachte sie als separate Broschüre heraus: Es war Einsteins erstes Buch. Von nun an war die Terminologie festgelegt; es hieß fortan nicht mehr »die gewöhnliche« oder »die übliche«, sondern die »spezielle Relativitätstheorie«, wenn von der Theorie des Jahres 1905 die Rede war, und davon abgehoben war die »allgemeine Relativitätstheorie«, wobei ihre enge Beziehung zur Gravitation leider in den Hintergrund rückte. Diese Arbeit galt lange als autoritative Darstellung der neuen Theorie, wurde in eine Anthologie zum Relativitätsprinzip aufgenommen und in fremde Sprachen übersetzt.

Für die überwiegende Mehrzahl der Physiker, die als Experimentatoren den tiefer schürfenden Theorien fern standen, insbesondere, wenn sie in einem ungewohnten mathematischen Gewand wie dem absoluten Differentialkalkül daherkamen, hatte Max Born schon im Februar 1916 eine schöne Übersicht verfaßt.[50] Einstein bedankte sich beim Autor, »von einem der besten Kollegen restlos verstanden und anerkannt worden zu sein. Aber abgesehen von dem objektiven Inhalt beglückte mich das Gefühl freudigen Wohlwollens, das aus der Arbeit herausleuchtet, und das beim fahlen Licht der Studierlampe so selten gedeiht.«[51] Nur wenige Monate später erschien ein von Erwin Freundlich verfaßtes Büchlein[52] mit ähnlich reduzierter Mathematik, dem Einstein in einem knappen Vorwort bescheinigte, »die Grundgedanken der Theorie jedem zugänglich zu machen, dem die Denkmethoden der exakten Naturwissenschaften einigermaßen geläufig sind«.

Vielleicht waren es diese Vorbilder, insbesondere der gelungene Artikel von Born, die Einstein bewogen haben, es selbst mit einer Darstellung zu versuchen, die mit möglichst wenig Mathematik auskommen sollte. Ende 1916 war das Manuskript abgeschlossen, und zu Beginn des nächsten Jahres erschien das Büchlein unter dem Titel *Über die spezielle und die allgemeine Relativitätstheorie, gemeinverständlich* bei Vieweg in Braunschweig. Es erlebte viele Neuauflagen, Nachdrucke und Übersetzungen.

Damit waren alle Voraussetzungen für die Verbreitung der Theorie bei den physikalisch oder mathematisch Gebildeten geschaffen. Nur an der Popularisierung für die schillernde Figur des »interessierten Laien« mangelte es, denn Einstein gestand bereitwillig ein, sein Büchlein hätte ebensogut »gemein unverständlich« genannt werden können, und vermutlich mit seiner vielfach beobachteten »spitzbübischen« Miene gab er beifällig einen Kommentar Max Plancks weiter: »Einstein glaubt, seine Bücher werden dadurch leichter verständlich, daß er von Zeit zu Zeit die Worte ›Lieber Leser‹ einstreut.«[53] – Skizzieren wir das schwer Verständliche noch einmal in unseren Worten, damit wenigstens andeutungsweise klar wird, warum Einstein es als seinen »schönsten Fund« bezeichnet hat.

Will man das in der Relativitätstheorie Erreichte angemessen würdigen, kommt man nicht umhin, sich wenigstens der von Newton geschaffenen Ausgangslage zu versichern, wie sie Einstein als ein in zwei Jahrhunderten bewährtes Paradigma vorgefunden hat. Es war das Bild der Welt als einer großen Maschine, funktionierend nach einfachen Gesetzen, die sich wesentlich in zwei Begriffspaaren darstellen lassen: Raum und Zeit, Körper und Kräfte. Der Raum, von Newton als »absoluter« Raum aufgefaßt, ist eine Art Behälter, in dem sich die Körper bewegen, also in einer ebenfalls »absolut« verstandenen Zeit ihren Ort ändern: gleichförmig geradlinig bei der Abwesenheit von Kräften, auf im Prinzip berechenbaren Bahnen, wenn Kräfte wirken.

Dieser theoretische Rahmen bewährte sich in den unterschiedlichsten Bereichen, von der ans Wunderbare grenzenden Präzision in der Himmelsmechanik bis zur Schallausbreitung in Gasen. Der Erfolg war so überwältigend, daß die Nachgeborenen einige begriffliche Abgründe übersehen konnten, die Newton durchaus bewußt waren und deren Überbrückung ihn eine große kritische Anstrengung gekostet hatte. Dazu gehört schon die zwischen den Körpern wirkende Anziehung, die Schwerkraft, denn sie soll sich mit unendlicher Geschwindigkeit im Raum ausbreiten oder, schärfer ausgedrückt, sie ist unabhängig von der Zeit. Ein weiterer Stein des Anstoßes ist die Asymmetrie zwischen den Körpern und dem Raum. Zwar wirkt der »absolute« Raum auf die Körper in Gestalt des Trägheitswiderstands, den sie einer Beschleunigung entgegensetzen – das führt zum Beispiel zur Abplattung der »im Raum« rotierenden Erde –, aber die Körper wirken nicht auf den Raum. Eine solche Asymmetrie ist nicht von vornherein unvernünftig, dagegen spräche wohl der Erfolg der Newtonschen Theorie. Aber sie war schon für kritische Geister wie Ernst Mach und Heinrich Hertz aus erkenntnistheoretischen Gründen unbefriedigend, und für Einstein glich dieser »absolute« Raum dem Auftritt eines Theatergespensts: er widersprach dem, was er seinen physikalischen Instinkt nannte.

Die spezielle Relativitätstheorie hat diese Problematik trotz der in ihr vollzogenen tiefgreifenden Modifikation des Begriffs der Zeit weniger geändert als sie vielmehr zugespitzt, denn die Newtonsche Theorie der Gravitation ließ sich wegen der instantanen Wirkungsausbreitung nur um den Preis fragwürdiger Hypothesen in die spezielle Relativitätstheorie als den Rahmen einer jeden Physik integrieren. Einstein ging seine eigenen Wege, deren Ausgangspunkte auf den ersten Blick nichts miteinander zu tun haben, nach Einsteins Ansicht aber auf eine tiefgründige Weise zusammengehören.

Zum einen erweiterte er das Relativitätspostulat auf beliebige beschleunigte Bezugssysteme. Er selbst empfand dieses Vorgehen als naheliegend, aber nach jahrhundertelanger Bindung aller Physik an Inertialsysteme war es doch ein so kühner Schritt, daß zum Beispiel Max Planck lange Zeit nicht folgen mochte. Zum anderen sah er in der Identität von träger und schwerer Masse – »bisher nur registriert, aber nicht interpretiert« – eine tiefe physikalische Bedeutung, die weit über die Erklärung des immer gleich beschleunigten freien Falls hinausweist. Inspiriert von dem Mann, der vom Dach stürzt und dabei kein Schwerefeld spürt, erkannte er, daß wenigstens in speziellen Situationen Beschleunigung und Gravitation nicht voneinander zu unterscheiden sind. Dieses Äquivalenzprinzip legt nahe, daß eine verallgemeinerte Relativitätstheorie zugleich eine Theorie der Gravitation sein muß, und andererseits eine befriedigende Gravitationstheorie nur im Rahmen des verallgemeinerten Relativitätspostulats formuliert werden kann.

Das bedeutet die Abkehr von den ausgezeichneten Bezugssystemen der klassischen Physik einschließlich der speziellen Relativitätstheorie, den Inertialsystemen, in denen die physikalischen Gesetze als eigentümliche Konsequenzen des absoluten Raumes und der absoluten Zeit ihre einfachste Form annehmen. Die grundlegende Tatsache der allgemeinen Relativität kommt darin zum Ausdruck, daß die Koordinaten des Raumes und der Zeit keinerlei physikalische Bedeutung haben. In dem mathematischen Rahmen des »absoluten Differentialkalküls« konnte Einstein vereinen, was nach klassischer Tradition streng zu unterscheiden war: Raum und Schwerkraft, Geometrie und Gravitation. Die Massen treten nicht mehr durch ein Kraftgesetz in Wechselwirkung, sondern sie verbiegen oder krümmen den Raum. Die Geometrie wird in Verallgemeinerung des pythagoräischen Lehrsatzes durch einen flexiblen »metrischen Tensor« dargestellt, der durch die Verteilung der Massen bestimmt ist und zugleich die Geodäten, die »kürzesten Bahnen« der Bewegung dieser Massen, festlegt. Damit ist der Raum nicht länger eine Art Behälter für die Massen, sondern ein Gegenstand der Physik mit innerer Dynamik. Die Eigenschaften dieses Raums und die Bewegungen der Massen werden durch Feldgleichungen bestimmt, in denen der »metrische Tensor«, der »Riemannsche Krümmungstensor« und der Energie-Impuls-Tensor miteinander verknüpft werden. Das gelingt innerhalb des »absoluten Differentialkalküls« auf eine von jeder Willkür freie, beinahe selbstverständliche Weise.

Damit war zum ersten Male eine physikalische Theorie geschaffen, die frei ist von äußerlich aufgepfropften Begriffen von der Art des »absoluten Raumes« in der Newtonschen Theorie. Die Begriffsbildungen der allgemeinen Relativitätstheorie und ihre Bedeutungen ergeben und stützen sich zwanglos innerhalb der Theorie. Mit dieser Geschlossenheit des inneren Aufbaus hatte Einstein eine neue Stufe im Nachdenken über die Natur erreicht, die seither als Vorbild gilt, aber nicht wiederholt werden konnte.

Manche unter Einsteins Bewunderern waren versucht, in der allgemeinen Relativitätstheorie einen Triumph der Spekulation über die Empirie zu sehen. Über derartige Mißverständnisse war Einstein »geradezu erbost«, selbst wenn es sich um den Freund Besso handelte, den er zurechtwies, »dass diese Entwicklung etwas anderes lehrt, das fast das Gegenteil davon ist, nämlich, dass eine Theorie, um Vertrauen zu verdienen, auf verallgemeinerungsfähige Thatsachen aufgebaut sein muss«.[54] Für die allgemeine Relativität war das die »Gleichheit der trägen und schweren Masse«, auch wenn er von den Präzisionsexperimenten des Baron Eötvös erst 1912 erfahren hat. Wichtig nahm er damals die Tatsachen nicht nur als Ausgangspunkt, sondern auch als Schlußstein für die Überprüfung der Theorie. Wie er von der richtigen Herleitung der Drehung des Merkur-Perihel schier überwältigt wurde, hatten wir gesehen. Nun wollte er die beiden anderen Bewährungsproben der Theorie förmlich erzwingen. Wenn er in seinem großen Grundlagen-Artikel in den ›Annalen‹ zum Schluß die Lichtablenkung nicht nur für die Sonne mit 1,7 Bogensekunden, sondern auch für den Jupiter mit zwei hundertstel Bogensekunden angab, so hatte diese Trivialität strategische Gründe, denn da an eine weitere Sonnenfinsternisexpedition wegen des Krieges so bald nicht zu denken war, sollte die Lichtablenkung nun doch am Jupiter überprüft werden, also nach jener Methode, die Einstein und Freundlich schon 1912 erwogen, damals aber wegen der Kleinheit des Effekts als undurchführbar verworfen hatten.

Freundlich hatte nun erneut nach diesem Verfahren als Notnagel gegriffen und es für nicht aussichtslos befunden; und kaum hatte Einstein die Serie seiner Akademie-Mitteilungen zur Relativitätstheorie beendet, da antichambrierte er bei dem höchsten Beamten des Kultusministeriums, schilderte ihm die überprüfbaren Ergebnisse der Relativitätstheorie und schrieb zur Lichtablenkung: »Diese Konsequenz ist nun die interessanteste und verblüffendste von allen, wohl auch die für die Theorie am unzweifelhaftesten charakteristische; und gerade diese Konsequenz hat noch keine Prüfung erfahren. ... Durch genaues Studium der verfügbaren Beobachtungsmittel kommt nun Herr Freundlich zu dem Ergebnis, daß der Lichtkrümmungs-Effekt auch an dem Planeten Jupiter nachgewiesen werden könnte, allerdings nur durch subtilste photographische Messungen und Häufung der Beobachtung.«[55] Das diente weniger der Belehrung der Exzellenz, sondern der Untermauerung der Bitte, »daß Herr Freundlich von den regulären Pflichten der Messung von Sternörtern für einige Jahre befreit würde, daß er sich mit Ruhe den hier angedeuteten Aufgaben widmen könnte«.

Der Geheimrat Hermann Struve, Direktor der Babelsberger Sternwarte und Chef Freundlichs, empfand Einsteins Versuch, durch eine Intervention im Ministerium auf die Forschungsprogamme der Sternwarte Einfluß zu nehmen, als einen bedauernswerten Mangel an kollegialem Takt. Den Assistenten Freundlich hätte er wegen seiner Eskapaden und der beharrlichen Vernachlässigung der Routinepflichten am liebsten vor die Tür gesetzt, zumal er auch das Jupitervorhaben ebenso entschieden wie süffisant zurückwies: »Auch die ›Häufung subtilster Messungen‹ von sachkundigen Beobachtern, geschweige denn von solchen, die es nicht sind, wird hier kein brauchbares Resultat erzielen lassen und nur unnützen Aufwand an Zeit und Mühe verursachen.«[56] Einstein wollte das alles nicht einsehen und klagte: »Nur die Intriguen armseliger Menschen verhindern es, dass diese letzte wichtige Prüfung der Theorie ausgeführt wird.«[57] Es half aber alles nichts, die Beobachtungen am Jupiter wurden gar nicht erst begonnen, und Einstein mußte bis zur nächsten Sonnenfinsternis warten. Die war erst für den 8. Juni 1918 in Finnland angekündigt.

Auch die Rotverschiebung der Spektrallinien im Gravitationsfeld war eine Quelle ständiger Kontroversen mit den Astronomen. Freundlich waren in einigen Publikationen, in denen er meinte, diesen Effekt bewiesen zu haben, Fehler unterlaufen, für die er insbesondere von Hugo Ritter von Seeliger, dem Münchener Astronomen und Präsidenten der dortigen Akademie, heftig attackiert wurde. Dabei war allen Beteiligten klar, daß zwar auf Freundlich eingeschlagen wurde, aber Einstein gemeint war. Einstein stand jedoch in felsenfester Treue nicht nur zu Freundlich, sondern auch zu dessen fragwürdigen Resultaten, nach denen ihm zumindest »die qualitative Bestätigung der Verschiebung der Spektrallinien genügend gesichert erscheint«.[58] Struve dagegen hielt, auch in diesem Falle durchaus zutreffend, dieses Phänomen »nach den bisherigen ganz oberflächlichen Untersuchungen für nicht erwiesen«.[59]

Seeliger und Struve taten aber noch ein übriges und bestritten zwar nicht Einsteins Rechnung zum Merkur-Perihel, aber doch deren Beweischarakter für die Relativitätstheorie, weil sie meinten, diese Bewegung auch innerhalb der Newtonschen Gravitationstheorie erklären zu können. Das konnten sie zwar, aber nur um den Preis so unwahrscheinlicher Annahmen, daß deren Widerlegung für Einstein »als Einrennen einer offenen Tür zu bezeichnen ist«.[60] Auch das trug nicht zur Lockerung des von Spannungen belasteten Verhältnisses zu den führenden deutschen Astronomen bei.

Einsteins Verbitterung über die Astronomen wurde reichlich kompensiert durch den Erfolg bei theoretischen Physikern, und gerade bei den besten unter ihnen. Sogar von dem hartnäckigen Skeptiker Max Planck konnte Einstein nach den Akademie-Mitteilungen berichten, er finge an, »die Sache ernster zu nehmen; er wehrt sich allerdings noch etwas. Aber er ist ein prächtiger Mensch.«[61] Bald gab Planck seine Opposition ganz auf und sah auch in der allgemeinen Relativitätstheorie die Realisierung seiner Forderung, absolute Strukturen aufzuzeigen. »Wenn die Theorie einstweilen noch viele Gegner hat«, schrieb Einstein an Hermann Weyl, den aus der Göttinger Schule nach Zürich berufenen Mathematiker, »so tröstet mich doch der folgende Umstand: die anderweitig ermittelte Denkstärke der Anhänger übertrifft die der Gegner um ein Gewaltiges! Dies ist ein objektives Zeugnis für die Natürlichkeit und Vernünftigkeit der Theorie.«[62]

Einstein hätte sich auch durch die ersten erfolgreichen Anwendungen der Theorie trösten können, eigene und von Kollegen beigesteuerte. Die erste kam von Karl Schwarzschild, dem überaus klugen Direktor des Astrophysikalischen Observatoriums auf dem Potsdamer Telegraphenberg. Schwarzschild wäre überhaupt für Einstein der kongeniale Partner in astronomischen und astrophysikalischen Fragen gewesen, aber die Zusammenarbeit litt darunter, daß Schwarzschild schon 1914 als Freiwilliger zu den Fahnen geeilt war und in Rußland die Bahnen von Artillerie-Geschossen berechnete. Damit scheint er nicht voll ausgelastet gewesen zu sein, denn kaum hatte er die Akademie-Mitteilungen Einsteins erhalten, gelang ihm auch schon die erste geschlossene Lösung der Feldgleichungen für den Fall einer großen Masse mit sphärischem Gravitationsfeld. Das Merkur-Problem, von Einstein mit Näherungsmethoden berechnet, war somit exakt gelöst.[63] Für den verhinderten Schwarzschild legte Einstein diese Rechnung der Akademie am 13. Januar 1916 vor. Am Resultat hatte sich gegenüber der Einsteinschen Näherung nichts geändert.

Schon einen Monat später präsentierte Einstein in der Akademie eine weitere vom russischen Kriegsschauplatz eingesandte Arbeit, in der Schwarzschild mit den Mitteln der allgemeinen Relativitätstheorie eine kugelförmige Ansammlung von Materie untersuchte, wie sie die Erde und die Sonne sowie andere Sterne darstellen.[64] Er betrachtete den Stern als eine Flüssigkeitskugel, was eine ziemlich grobe Vereinfachung der tatsächlichen Verhältnisse darstellt, aber dank dieser Vereinfachung konnte er auch dieses Problem exakt lösen und aus seiner Rechnung verblüffende Konsequenzen ziehen: Ist die Masse eines Sterns innerhalb einer Kugel mit einem bestimmten Radius konzentriert – dem später nach ihm benannten Schwarzschild-Radius –, dann wird die Krümmung des Raumes derart groß, daß Licht den Stern nicht mehr verlassen kann. Damit bleibt alles, was im Inneren des Schwarzschild-Radius geschieht, für außenstehende Beobachter ein ewiges Geheimnis, und ebenso gibt es keine Möglichkeit, von einer Position innerhalb des Schwarzschild-Radius irgendeine Verbindung zur Außenwelt zu knüpfen. Diese bizarre Situation tritt auf, wenn die Masse der Sonne auf eine Kugel von nur drei Kilometern Radius komprimiert ist, und bei der Masse der Erde ist der Schwarzschild-Radius sogar kleiner als ein Zentimeter. Derartige Materiedichten sind so exotisch, daß die Relativitätstheoretiker, Einstein eingeschlossen, lange Zeit mit diesen Lösungen nicht viel anzufangen wußten. Erst viel später und bereichert um die kernphysikalischen Kenntnisse der Sterndynamik im Gravitationskollaps wird deutlich werden, daß Schwarzschild das erste einfache Modell dessen berechnet hat, was man ziemlich genau ein halbes Jahrhundert nach seiner Pioniertat ein »Schwarzes Loch« nennen wird.

Im März 1916 kehrte Schwarzschild schwerkrank nach Berlin zurück. Er litt an einer seltenen Hauterkrankung, für die es damals keine Behandlung gab, verbrachte noch zwei Monate im Krankenhaus und starb am 11. Mai 1916. Einstein hielt am 8. Juni in der Akademie die Gedenkrede auf den nur 42 Jahre alt gewordenen Kollegen.

Selbstverständlich legte Einstein nach seinem »schönsten Fund«, den Feldgleichungen, die Hände nicht in den Schoß und ließ es mit der Theorie sein Bewenden haben. Neben formalen und physikalischen Verbesserungen arbeitete er einige bemerkenswerte Aspekte aus, mit denen er ganze Forschungsfelder eröffnete und mit denen sich Physiker bis auf den heutigen Tag und gewiß auch noch im nächsten Jahrtausend beschäftigen werden. Naturgemäß sind die Konsequenzen für irdische Verhältnisse irrelevant, da es sich um räumlich »große« Probleme handelt: die Kosmologie und die Gravitationswellen.

Die erste dieser interessanten Anwendungen war schon im Juni 1916 fertig.[65] Darin zeigte er, was implizit schon zu den Ausgangspunkten der Theorie gehört hatte, daß sich nämlich Gravitationsfelder gemäß der allgemeinen Relativitätstheorie tatsächlich mit Lichtgeschwindigkeit ausbreiten. Ähnlich wie Heinrich Hertz den Maxwellschen Gleichungen entnommen hatte, daß durch die beschleunigte Bewegung elektrischer Ladungen elektromagnetische Wellen erzeugt werden, bewies Einstein aus den Feldgleichungen die Existenz und die wichtigsten Eigenschaften von Gravitationswellen, die von relativ zueinander bewegten Massen abgestrahlt werden, allerdings nur auf dem Papier und nicht auch im Experiment. – Mit der Arbeit war er nicht lange zufrieden; schon bald erschien ihm seine »Darstellung des Gegenstandes nicht genügend durchsichtig und außerdem durch einen bedauerlichen Rechenfehler verunstaltet«[66], weshalb er im Februar 1918 noch einmal dieses Thema behandelte, die Fehler reparierte und die bis heute diskutierte sogenannte Quadrupol-Formel für die Energie-Abstrahlung eines mechanischen Systems fand.

Anders als bei den elektromagnetischen Wellen, die leicht zu erzeugen und nachzuweisen und als Basis ganzer Industriezweige auch bequem zu nutzen sind, war von Anbeginn an zu vermuten, daß die Existenz von Gravitationswellen wegen ihrer extrem kleinen Wirkungen auf mechanische Systeme kaum sichergestellt werden könnte. Zeitweise wurden sie als mathematische Artefakte angesehen, als Gedankengebilde, denen in der Realität nichts Physikalisches entsprechen könne. Erst in den sechziger Jahren war das Vertrauen in diese theoretischen Konstrukte so weit gefestigt und die Experimentierkunst so hoch gezüchtet, daß Physiker ernsthaft daran denken konnten, extrem empfindliche Apparaturen zu konstruieren, die auf Gravitationswellen von kosmischen Katastrophen wie der Explosion einer Supernova reagieren sollten. Etwa ein Dutzend Forschergruppen hat sich mit der Entwicklung und dem Bau solcher Antennen bisher beschäftigt, aber alle Mühe war vergebens. Zwar sollten zumindest die moderneren Antennen auf eine veritable Supernova-Explosion in der Milchstraße ansprechen, nur sind solche Ereignisse nicht gerade häufig: die letzte leuchtete im Jahre 1604 auf. Für die etwa einmal im Monat aufgefundenen Supernova in fernen Galaxien ist die Empfindlichkeit der Antennen aber immer noch viel zu gering. Eine große Gelegenheit wurde im Februar 1987 beim Jahrhundertereignis der in der Magellanschen Wolke, also in nächster Nachbarschaft unserer Galaxis, aufgetauchten Supernova 1987A verpaßt. Deren Gravitationswellen hätten vielleicht gerade noch nachgewiesen werden können, aber alle drei im Prinzip betriebsbereiten Detektoren waren bei dem nicht angekündigten Ereignis abgeschaltet gewesen.

Den experimentellen Relativisten wurde jedoch statt einer in der Nähe aufleuchtenden Supernova ein anderes, nicht erwartetes Geschenk des Himmels zuteil. Es handelt sich um einen »binären Pulsar«, ein rotierendes System aus einem Pulsar und einem anderen Himmelskörper.[67] Die zeitliche Signatur der Pulsar-Strahlung ist eine vorzügliche Uhr, und durch extrem genaue Beobachtung dieser Himmelsuhr konnte eine Änderung in der Umlaufgeschwindigkeit dieses Pulsars von etwa einer zehnmillionstel Sekunde pro Jahr dingfest gemacht werden. Dieses Resultat aus dem Jahre 1978 entspricht genau dem Energieverlust des »binären Pulsar« durch die Abstrahlung von Gravitationswellen gemäß Einsteins Formel aus dem Jahre 1918.

Sechzig Jahre hat es gedauert, bis die Existenz der Gravitationswellen wenigstens durch das kosmische Laboratorium des binären Pulsars erhärtet werden konnte, und es ist nicht ausgeschlossen, daß noch einmal eine vergleichbare Zeitspanne vergeht, bis Gravitationswellen auf der Erde direkt nachgewiesen sein werden.

Mit dem nächsten Problemkreis, dem sich Einstein im Frühjahr 1916 zuwandte, wolle er gleich zwei Fragen beantworten, von denen die eine in die Tiefen des Weltalls führt und die andere schon auf der Erde Rätsel aufgibt, die aber trotzdem aufs innigste miteinander zusammenhängen: die Struktur des Kosmos und der Ursprung der Trägheit. »In der Gravitation suche ich nun nach den Grenzbedingungen im Unendlichen«[68], schilderte er Besso das Ziel seiner Betrachtungen; »es ist doch interessant, sich zu überlegen, inwiefern es eine endliche Welt gibt, d. h. eine Welt von natürlich gemessener endlicher Ausdehnung, in der wirklich alle Trägheit relativ ist.«

Für Einstein konnte es in einer erkenntnistheoretisch befriedigenden Physik keine Trägheit gegenüber dem von Newton postulierten »absoluten Raum« geben, sondern nur eine Trägheit als Resultat der Wechselwirkung von Massen untereinander. Diese Auffassung, inspiriert von Ernst Machs kritischer Analyse der Grundbegriffe der Mechanik, war neben dem Äquivalenzprinzip und dem verallgemeinerten Relativitätspostulat das dritte Leitmotiv auf dem Wege zur allgemeinen Relativitätstheorie. Schon im *Entwurf einer allgemeinen Relativitätstheorie* vom Frühjahr 1913 hieß es, sie sei formuliert entsprechend »Machs kühnem Gedanken, daß die Trägheit in einer Wechselwirkung des betrachteten Massenpunktes mit allen übrigen ihren Ursprung habe«.[69] Das kann letztlich nur heißen, daß die Trägheit eines bestimmten Körpers von der Wechselwirkung mit allen Massen des Universums herrührt, daß also der Kegelbruder, der den Trägheitswiderstand der Kugel im Schweiße seines Sports überwindet, auf eine handfest physikalische Weise mit dem Kosmos in Beziehung steht.

So durchsichtig dieses »Machsche Prinzip« zu formulieren war, so vertrackt war jedoch seine tatsächliche Stellung innerhalb der fertigen Theorie, zumal über die Materieverteilung im Kosmos damals nicht viel mehr bekannt war, als daß alle Versuche, sie mittels der Newtonschen Gravitationstheorie zu verstehen, an inneren Widersprüchen gescheitert waren. Als Einstein nach mehr als halbjährigem Nachdenken über diese Fragen bereit war, seine Ergebnisse im Februar 1917 der Akademie vorzulegen, kündigte er Ehrenfest an, er habe »wieder etwas verbrochen in der Gravitationstheorie, was mich ein wenig in Gefahr bringt, in einem Tollhaus interniert zu werden. Hoffentlich habt Ihr keins in Leiden, dass ich Euch ungefährdet wieder besuchen kann.«[70]

Einsteins ironische Sorge über die Reaktion der Kollegen war nicht unbegründet, denn aus den Aporien des unendlich ausgedehnten Raumes hatte er sich durch ein kühnes Manöver herausgewunden, das mal wieder von einem Widerruf nicht sehr weit entfernt war: »Ich komme nämlich zu der Meinung«[71], verblüffte er die Kollegen, »daß die von mir bisher vertretenen Feldgleichungen der Gravitation noch einer kleinen Modifikation bedürfen, um auf der Basis der allgemeinen Relativitätstheorie jene prinzipiellen Schwierigkeiten zu vermeiden, die wir... für die Newtonsche Theorie dargelegt haben.« Zur Einsicht in den Sinn der Modifikation führte er »den Leser auf dem von mir selbst zurückgelegten, etwas indirekten und holperigen Wege, weil ich nur so hoffen kann, daß er dem Endergebnis Interesse entgegenbringe«.[72]

Nach ausgiebiger Erörterung der Widersprüche eines Newtonschen Bildes vom Kosmos und der Unmöglichkeit, sie innerhalb der Relativitätstheorie für ein unendliches Weltall befriedigend auszuräumen, wird der frustrierte Leser behutsam an die Alternative einer räumlich geschlossenen Welt mit im Mittel gleichmäßiger Verteilung der Materie herangeführt, die zudem noch statisch sein soll, also keiner zeitlichen Veränderung unterliegt und insbesondere weder Anfang noch Ende in der Zeit hat. Für so ein Gebilde gaben die Feldgleichungen allerdings keine Lösungen her, und wären sie tatsächlich die einzig möglichen, »so müßten wir wohl schließen, daß die Relativitätstheorie die Hypothese einer geschlossenen Welt nicht zulasse«.[73] Den Ausweg aus dieser Misere fand Einstein, indem er zu seinen Feldgleichungen ein »kosmologisches Glied« hinzufügte, das die Forderung des verallgemeinerten Relativitätspostulats unbeschädigt ließ und so gewählt werden konnte, daß Resultate »im Kleinen« wie der Merkur-Perihel davon nicht berührt wurden, aber »im Großen« eine zufriedenstellende Lösung für den Kosmos herauskam.

Nach diesem Modell ist das Weltall zwar unbegrenzt, aber im Volumen und in allen Entfernungen doch endlich, in ähnlichem Sinne wie die Oberfläche eines Ballons im Zweidimensionalen, die keine Grenzen, aber trotzdem einen wohlbestimmten Flächeninhalt hat. Die globale gleichförmige Materieverteilung gibt die Krümmung des Raumes im Großen vor, während lokale Dichteschwankungen wie die Sonne oder sonst irgendein Stern eine zusätzliche Krümmung bewirken, in der die Planeten gewissermaßen gefangen sind. In einem solchen Weltall muß natürlich auch ein Lichtstrahl in sich selbst zurücklaufen, oder anders ausgedrückt: Man sollte einen Stern nicht nur in einer Richtung, sondern auch in der genau entgegengesetzten sehen können, wenn nicht die Abmessungen des Kosmos zu groß und die Leuchtkraft der Sterne zu klein wären.

Es bestand freilich kaum Aussicht, diesen Effekt der Doppelgesichtigkeit weit entfernter Sterne und damit Einsteins kosmologisches Modell durch die astronomische Beobachtung prüfen zu können. Mit den besten Teleskopen konnten die Astronomen damals nur etwa zehntausend Lichtjahre weit sehen, während Einstein mit den gängigen Daten über die Verteilung der Sterne auf einen Radius der Welt vom Tausendfachen, also von zehn Millionen Lichtjahren, kam. Verglichen mit der allgemeinen Struktur seines Modells, hielt er die konkreten Zahlen allerdings nicht für wichtig und führte sie in seiner Arbeit auch nicht an. Heute, da die Entfernungen im Kosmos um mehr als das Millionenfache vergrößert angenommen werden, mögen sie uns vergleichsweise winzig vorkommen, aber bis in die zwanziger Jahre hielt man die Milchstraße praktisch schon für die Welt; erst als der Andromeda-Nebel als eine eigenständige Galaxis außerhalb unserer Milchstraße identifiziert war, erweiterte sich die Vorstellung des Weltalls bis hin zu einem von Milliarden Galaxien bevölkerten Kosmos. Wenn wir uns bei Einsteins kosmologischem Modell auch wundern mögen, in einer wie kleinen Welt er zunächst noch zu leben glaubte, so müssen wir um so mehr die Kühnheit bewundern, mit der er die Wege zu einer Wissenschaft vom Universum aufgezeigt hat.

Dabei war sich Einstein durchaus der Gewalttätigkeit bewußt, mit der er sein kosmologisches Modell erzwungen hat. Ganz aufrichtig charakterisierte er das »kosmologische Glied« als eine »durch unser tatsächliches Wissen von der Gravitation nicht gerechtfertigte Erweiterung der Feldgleichungen«, als wollte er sich sein schlechtes Gewissen erleichtern. Dabei hatte er sich zu der Hilfsmaßnahme nur deshalb genötigt gesehen, weil er ein statisches Modell mit nicht verschwindender mittlerer Dichte der Materie im Auge hatte, die Feldgleichungen ohne das »kosmologische Glied« aber nur Lösungen ergaben, die auf ein kontrahierendes oder expandierendes Weltall hinausliefen. So betonte er zum Abschluß seiner Arbeit ausdrücklich, daß ein wesentlicher Aspekt seiner kosmologischen Betrachtungen davon nicht berührt wurde, nämlich »daß eine positive Krümmung des Raumes durch die in demselben befindliche Materie auch dann resultiert, wenn jenes Zusatzglied nicht eingeführt wird«.

Hätte er es nur weggelassen, seinen ursprünglichen Lösungen vertraut und einen expandierenden Kosmos vorhergesagt, sich dann getrost zurückgelehnt und gewartet, was die Astronomen noch herausbringen werden: Ein Dutzend Jahre später, als Edwin Hubble mit dem 2 1/2-Meter-Spiegel des Mount Wilson Observatory in Kalifornien die Fluchtgeschwindigkeit der Galaxien entdeckt und mit der Expansion des Universums in Beziehung gesetzt hatte, wäre niemand umhin gekommen, die prognostische Kraft von Einsteins Gedanken auf grenzenlose Weise zu bewundern. So blieb ihm nur übrig, diese aus einer »Notlage«[74] entstandene Modifikation der Feldgleichungen wieder zurückzuziehen; später nannte er die Einführung des kosmologischen Glieds auch einmal »die größte Dummheit meines Lebens«.[75]

Trotz des »indirekten und holperigen« Umwegs über das kosmologische Glied hatte Einsteins Vision eines unbegrenzten, aber endlichen Universums Bestand. Mit einem Schlag räumte sie auf mit der Newtonschen Aporie der im Unendlichen verschwindenden Materie, gab dem jahrhundertealten Rätsel der Trägheit eine physikalische Basis und eröffnete allein durch die Rückkehr zu den ursprünglichen Feldgleichungen den Weg zu einer dynamischen Theorie des Universums, als die astronomischen Beobachtungen dies nahelegten. Auch wenn Einsteins erstes kosmologisches Modell nicht ganz richtig war, so sind die »Kosmologischen Betrachtungen« ein schönes Beispiel dafür, »wie eine falsche Lösung eines fundamentalen Problems unvergleichlich bedeutsamer sein kann als die richtige eines unerheblichen und uninteressanten Problems«.[76] Insofern gehören sie nicht nur zu den schönsten Anwendungen der Relativitätstheorie, sondern zu den eindrucksvollsten wissenschaftlichen Ideen im Nachdenken über die Struktur des Kosmos überhaupt, auch sie vergleichbar der Revolution des Kopernikus.

Als sei der relativitätstheoretische Ertrag des Jahres 1916 noch nicht genug, hatte sich Einstein zwischendurch auch wieder mit der Quantentheorie beschäftigt, vermutlich deshalb, weil ihm eine tiefgreifende Auswirkung der allgemeinen Relativitätstheorie auf das Verständnis des Mikrokosmos der Atome möglich schien. Von den Quantenrätseln hatte er sich sechs Jahre zuvor verabschiedet; die inzwischen erzielten Erfolge des Bohrschen Atommodells mit seinen auf stationären Bahnen umlaufenden Elektronen hatte er begeistert kommentiert, zu dieser Entwicklung aber selbst nichts beigetragen. Von der Bohr-Sommerfeldschen Theorie der Spektrallinien, in der die Emission und Absorption von Strahlung als Übergang eines Elektrons von einer stationären Bahn auf eine andere beschrieben wird, war er »entzückt«, sah in ihr »eine Offenbarung«[77] und wollte zu gern wissen, »welche Schräubchen der Herrgott dabei anwendet«.[78] Denn natürlich verblieben große Rätsel von der Art, wie die Elektronen es anstellen, um den Kern zu rotieren, ohne dabei elektromagnetische Wellen abzustrahlen, wie von der Maxwellschen Theorie gefordert.

Auf das Problem der Stabilität der Atome war Einstein bei seiner Analyse der Gravitationswellen gestoßen, die nicht nur von den riesigen Massen der Sterne, sondern auch von den Elektronen abgestrahlt werden sollten und somit die praktisch ewige Lebensdauer der stabilen Atome unterminieren müßten. Obwohl dies ein nicht meßbarer Effekt war und wohl immer bleiben wird, »müßten die Atome zufolge der inneratomischen Elektronenbewegung nicht nur elektromagnetische, sondern auch Gravitationsenergie ausstrahlen, wenn auch in winzigem Betrage. Da dies in Wahrheit in der Natur nicht zutreffen dürfte, so scheint es, daß die Quantentheorie nicht nur die Maxwellsche Elektrodynamik, sondern auch die Gravitationstheorie wird modifizieren müssen.«[79]

Einstein konnte damals nicht mehr tun, als auf das Problem einer Vereinigung von Quanten- und Gravitationstheorie hinzuweisen, und ob es sich einmal in der Quantentheorie der Schwarzen Löcher lösen läßt, muß erst noch die Zukunft zeigen. Aber er konnte eine neuartige Verbindung zwischen der Planckschen Strahlungsformel und der neuen Atomtheorie stiften: »Mir ist ein prächtiges Licht über die Absorption und Emission der Strahlung aufgegangen«, kündigte er Besso die neue Arbeit an. »Eine verblüffend einfache Ableitung der Planckschen Formel, ich möchte sagen, die Ableitung. Alles ganz quantisch.«[80]

An Plancks Ableitung aus dem Jahre 1900 rühmte Einstein die »beispiellose Kühnheit«[81] und meinte damit durchaus auch das Problem, daß sie auf nicht widerspruchsfreien Voraussetzungen beruht. Diesem Mangel wußte er abzuhelfen, und dabei ist weniger die Ableitung interessant, sondern die Allgemeinheit der Methoden. Einstein stützte sich auf die grundlegende und mittlerweile bewährte Annahme von Niels Bohr, daß im Atom die Elektronen eine Anzahl stationärer Energiezustände einnehmen und von einem dieser Zustände in einen anderen durch Emission oder Absorption von Strahlung übergehen können. Dazu kam die Annahme des thermodynamischen Gleichgewichts zwischen Strahlungsfeld und Atom sowie eine naheliegende Betrachtung für den »klassischen« Grenzfall bei hohen Temperaturen – und schon hatte man die Plancksche Formel. Da in dieser kurzen, auf zwei Seiten dargestellten Beweisführung auch die durch das Strahlungsfeld stimulierte Emission vorkommt, enthalten diese Formeln implizite schon die Theorie des Lasers, der freilich erst ein knappes halbes Jahrhundert nach dieser theoretischen Vorwegnahme realisiert wurde. Für Einstein wichtiger waren »die Einfachheit der Hypothesen« und »die Allgemeinheit, mit der sich die Betrachtung zwanglos durchführen läßt«, denn sie ließen es ihm »als sehr wahrscheinlich erscheinen, daß dies die Grundlinien der zukünftigen theoretischen Darstellung sein werden«.[82]

Das demonstrierte er unverzüglich in einer zweiten Arbeit[83], in der er im Rückgriff auf seine geliebten Schwankungsmethoden zeigte, daß Licht nicht als Kugelwelle, sondern als räumlich gerichtete »Nadelstrahlung« emittiert wird, wobei das Molekül einen Rückstoß in wohlbestimmter Größe erfährt, der demzufolge auch der emittierten Strahlung zugeschrieben werden muß. Das läuft auf den endgültigen Abschied von den Maxwellschen Gleichungen und auf die Bestätigung des schon 1905 eingenommenen »heuristischen Standpunkts« hinaus, nach dem das Licht als ein Partikelstrom aufzufassen ist.

Im Grunde hatte Einstein in dieser Arbeit alle Eigenschaften für die Definition des »Photons«, des Strahlungsquants oder des Lichtteilchens, hergeleitet, blieb in seiner Sprache aber so konventionell wie möglich, wohl wissend, daß er mit der Quantenhypothese der Strahlung nach wie vor allein stand. Sechs Jahre später werden die in Einsteins Argumentationsgang entwickelten Formeln, die den Partikelcharakter besonders deutlich hervortreten lassen, von dem amerikanischen Physiker Arthur Compton experimentell bestätigt, und bald darauf redete alle Fachwelt vom »Photon«, aber schon jetzt beim Niederschreiben seiner Arbeit im Sommer 1916 betonte Einstein, die »Elementarprozesse lassen die Aufstellung einer eigentlich quantenhaften Theorie der Strahlung fast unvermeidlich erscheinen«.[84] Und

Besso schrieb er: »Damit sind die Lichtquanten so gut wie gesichert.«[85]

Bei ihrer überragenden Bedeutung für die Quantenphysik mögen diese beiden Artikel auf den ersten Blick wie erholsame Fingerübungen von der angespannten Arbeit an der allgemeinen Relativitätstheorie erscheinen, und vielleicht waren sie das auch, denn selbst Einstein war es nur selten vergönnt, Meilensteine seiner Wissenschaft in solcher Leichtigkeit und Eleganz zu präsentieren. Als wahre Geniestreiche bewähren sie sich auch noch durch den Hinweis auf das, was Einstein damals als eine »Schwäche der Theorie« ansah, daß sie nämlich »Zeit und Richtung der Elementarprozesse dem ›Zufall‹ überläßt«.[86]

Dies ist das einzige Mal, daß Einstein wegen einer terminologischen Tücke zu Anführungszeichen seine Zuflucht nimmt, denn einerseits ist in seiner Theorie ganz offensichtlich, daß Zeitpunkt und Richtung der Emission eines einzelnen Lichtquants dem statistischen Zufall überlassen bleiben, andererseits kann und will er an »Zufall« bei den Naturvorgängen nicht glauben und hält ihn folgerichtig für eine »Schwäche der Theorie«. Wahrscheinlich hatte er schon geahnt und dies in den kryptischen Anführungszeichen angedeutet, daß es mit der Zufälligkeit der Elementarprozesse in der Quantentheorie eine besondere Bewandtnis haben wird. Gewissermaßen der Erfinder wider Willen, hat er im »Zufall« prophetisch denjenigen Problemkreis gesehen, der zehn Jahre später bei der Herausbildung der Quantenmechanik die Geister scheiden und ihn seinen eigenen Weg gehen lassen wird. Während die meisten Physiker den »Zufall« in der Quantentheorie zum nicht mehr hinterfragbaren Prinzip erheben werden, hatte Einstein als Urheber gleich zu Beginn das Gefühl, »dass der eigentliche Witz, den uns der ewige Rätselgeber da vorgelegt hat, absolut noch nicht begriffen ist«[87], und an diesem Unbehagen gegenüber dem Zufall hat er bis an sein Lebensende festgehalten.

Nächst dem »annus mirabilis« im Patentamt in Bern war zweifellos die etwas länger als ein Jahr währende Periode vom November 1915 bis zum Februar 1917 die fruchtbarste Phase im Schaffen Albert Einsteins. In diesen fünfzehn Monaten hatte er fünfzehn wissenschaftliche Abhandlungen verfaßt, darunter die beiden bedeutsamen Beiträge zur Quantentheorie und vor allem die glänzenden Höhepunkte der Allgemeinen Relativitätstheorie, angefangen von den Akademie-Mitteilungen, in denen sein acht Jahre zuvor vom Äquivalenzprinzip inspiriertes Nachdenken in der Vollendung der Theorie kulminierte, bis zur

Grundlegung einer wissenschaftlichen Kosmologie im Rahmen der neu erschlossenen Möglichkeiten. Allenfalls Einsteins eigenes berühmtes Jahr 1905 gibt einen Vergleichsmaßstab her für Tiefe und Intensität dieser Arbeiten in seinem zweiten »annus mirabilis«.

Diese Leistungen hatte er in schwerer Zeit vollbracht, belastet von aufwühlenden Krisen in der Beziehung zu seiner Familie und deprimiert von Krieg und Kriegsgeschrei. Zwar hatte Einstein die ungewöhnlich ausgeprägte Fähigkeit, seine Arbeit gegen derlei Einflüsse zu immunisieren, aber schließlich blieb auch er davon nicht unbehelligt.

3. »ganz ›oben‹, aber allein«. Kriegsjahre in Berlin

»Über die furchtbare Zeit«, schrieb Einstein einem seiner ehemaligen Studenten an der ETH, »nur eines: seien sie glücklich und stolz, dass Sie Schweizer sind.«[1] Abgesehen vom Stolz erlangten die Schweizer Staatsangehörigkeit und der kleine rote Reisepaß der Eidgenossenschaft für ihn in den Kriegsjahren eine Bedeutung, die er sich bei seiner Bewerbung um das Zürcher Bürgerrecht im Jahre 1900 kaum hatte vorstellen können. Sein Status als neutraler Ausländer bewahrte ihn vor Konflikten mit Kollegen und Militärbehörden in Berlin und ermöglichte ihm gelegentliche Reisen ins neutrale Ausland.

Der Aufenthalt in der Schweiz im September 1915 hatte in Einstein den Wunsch bestärkt, schon zur Jahreswende zurückzukehren. Da die Grenze auch für Inhaber gültiger Pässe zeitweilig gesperrt wurde, die Reise beschwerlich und er selbst müde und überarbeitet war, schob er den Besuch bis zum Frühjahr auf: »Ich freue mich sehr auf die Schweizerluft und die zugehörige Maulkorbentbindung.«[2] Er freute sich auch auf das Wiedersehen mit seinen Söhnen sowie mit den Freunden Zangger und Besso, der sich gerade wieder in Zürich niedergelassen hatte. In den Osterwochen im April 1916 konnte er sich diese Wünsche erfüllen.

Der Besuch in Zürich endete in einem allseitigen Desaster, das seine Ursache in Berlin hatte. Zwischen Einstein und seiner Kusine Elsa war eine Heirat nun nicht mehr ausgeschlossen, und als Voraussetzung dafür wollte er die für ihn ohnehin unabänderliche Trennung von Mileva durch die Scheidung besiegeln. Für Mileva, die sich mit der Trennung nicht abgefunden hatte und insgeheim wohl immer noch hoffte, daß ihr Mann wieder zu Frau und Söhnen zurückkehren würde, war das eine Katastrophe; eine Einwilligung in die Scheidung war für sie indiskutabel. Die Szenen einer bürgerlichen Ehe in Auflösung hatten schlimme Folgen, wie aus der sich anschließenden Korrespondenz mit Besso und Zangger hervorgeht: Einstein faßte den »unwiderruflichen Entschluß«, seine Frau nicht mehr zu sehen[3], und dafür mußte er ertragen, daß seine Söhne nicht mehr mit ihm zusammensein wollten und der 12jährige Hans Albert nicht mehr auf seine Briefe antwortete. Zudem wurde Mileva schwer krank, so daß sich Zangger und Besso der dringendsten Probleme annehmen und für die Söhne sorgen mußten. Tatkräftige Unterstützung fanden sie dabei durch den Rechtsanwalt

Emil Zürcher, der im gleichen Hause wie Mileva in der Gloriastraße 59 unweit des Physikalischen Instituts der ETH wohnte.

Die Freunde verschonten Einstein nicht mit ihrer Einschätzung, daß Milevas Zusammenbruch eine Folge seiner egoistischen Befreiungsschläge sei, und sie ließen ihn auch nicht darüber im unklaren, daß sie für sein eheflüchtiges Verhalten kein Verständnis aufzubringen vermochten. Zu seiner Verteidigung setzte Einstein ihnen in ziemlich rabiaten Worten auseinander, daß ihm ein Zusammenleben mit Mileva schlechterdings nicht möglich sei. Milevas Schwierigkeiten konnte er nicht nachempfinden und meinte gar, es könne ihr an nichts fehlen: »Sie hat ein sorgloses Leben, hat ihre zwei prächtigen Buben bei sich, wohnt in einer herrlichen Gegend, verfügt frei über ihre Zeit und steht im Glorienschein der verlassenen Unschuld.«[4] Erst als ihm der Mediziner Zangger seine Befürchtung verdeutlichte, daß Mileva von ihrer Erkrankung nicht wieder genesen könnte, reagierte er zerknirscht: »Ohne Ihre, Zürchers und Bessos Hilfe würde ich in dieser traurigen Lage den Kopf verlieren. Die Frau tut mir sehr leid, und ich glaube auch, dass ihre schweren Erlebnisse mit mir und durch mich wenigstens zum Teil an ihrer schweren Erkrankung schuld sind.«[5] Als es Mileva nach einigen Monaten wieder besserging, war er sichtlich erleichtert und ließ durch Besso ausrichten, er werde sie »nicht mehr mit der Scheidung behelligen. Die betreffende Schlacht mit meinen Verwandten ist geschlagen. Ich habe gelernt, Thränen zu widerstehen.«[6] – Man hat nicht den Eindruck, daß ihm dieses Versprechen sehr schwergefallen ist, denn es garantierte ihm zugleich, daß sein schönes Verhältnis zu seiner Kusine einstweilen nicht durch Heiratsabsichten gefährdet würde.

Da er sich nicht mehr vorstellen konnte, so bald noch einmal nach Zürich zu fahren, wollte er sich lieber einen anderen schon länger gehegten Reisewunsch erfüllen, der ihn nach Leiden führen sollte.

Einstein hatte sich von Lorentz und Ehrenfest immer noch am besten verstanden gefühlt, als Physiker und auch in allen anderen Dingen. Regelmäßig hatte er die Fahnenabzüge seiner Arbeiten nach Leiden geschickt, bevor die Druckerschwärze trocken war, aber die sich daraus ergebende Korrespondenz konnte das Gespräch nur unvollkommen ersetzen. Einstein hätte gleich nach der Vollendung der allgemeinen Relativitätstheorie in Berlin am liebsten alles stehen und liegen gelassen und wäre zum Anfang des Jahres 1916 nach Holland gefahren, mußte die Reise wegen der kriegsbedingten Beschränkungen aber auf den Sommer verschieben. Doch die Behörden machten so viele

Schwierigkeiten, daß er kaum noch eine Möglichkeit zur Verwirklichung seiner Absichten sah: »Nach Holland gehe ich nicht, weil das Reisen scheusslich erschwert. Ich gedenke zu warten bis Frieden ist.«[7] Tags darauf sprach er trotzdem im Außenministerium vor, erfuhr, daß eine offizielle Einladung der Universität Leiden hilfreich sein könnte, die umgehend von Lorentz besorgt wurde, mußte sich noch das Original seines Zürcher Heimatscheins verschaffen[8] und konnte nach Überwindung mancherlei bürokratischer Hürden endlich am 27. September Berlin verlassen.

Das holländische Universitätsstädtchen Leiden muß Einstein als eine Oase des Friedens, der Menschlichkeit, ja des Glücks erschienen sein. Er wohnte bei den Ehrenfests in der Roozenstraat, wurde nicht nur von Paul und Tatjana, sondern auch von den Kindern begeistert begrüßt und musizierte wieder mit dem Freund wie beim ersten Zusammensein in Prag. Schon am zweiten Tag seines Aufenthalts fuhr er mit seinem Gastgeber ins 15 Kilometer entfernte Haarlem zu Lorentz. Einstein wußte, daß Lorentz in der allgemeinen Relativitätstheorie alles verstanden hatte, und nun sah er dem Segen durch die verehrte Vaterfigur entgegen.

Nach dem Abendessen bat Lorentz die Gäste in seine Studierstube, offerierte Zigarren und rekapitulierte in didaktischer Meisterschaft noch einmal die Schwierigkeiten, die Einstein zu überwinden hatte, bis er die Theorie in ihrer vollendeten Form gefunden hatte. Ehrenfest erinnerte sich noch zwölf Jahre später daran, daß Einstein im Verlauf des Gesprächs immer seltener an der Zigarre zog, und als Lorentz mit einer fein zugespitzten Frage geendet hatte, war sie erloschen. Einstein saß über den von Lorentz mit Formeln beschriebenen Blättern und drehte gedankenverloren eine Locke seines üppigen Haarschopfs zwischen den Fingern. »Lorentz blickte lächelnd auf den in tiefem Nachdenken versunkenen Einstein, genau wie ein Vater seinen geliebten Sohn anschaut – voll des Vertrauens, daß er die Nuß, die er ihm aufgegeben hat, schon knacken wird, aber doch gespannt auf das Wie. Es dauerte eine Weile, aber dann reckte Einstein freudig seinen Kopf, er ›hatte es‹. Dann noch ein bißchen Hin und Her, ein kleines Mißverständnis, schnelle Klärung und vollkommenes gegenseitiges Verstehen, und dann beide Männer mit strahlenden Augen ob der glänzenden Reichtümer der neuen Theorie.«[9]

Neben Lorentz und Ehrenfest hatte vor allem der Leidener Astronom Willem de Sitter Interesse an der allgemeinen Relativitätstheorie gefunden und ihre Konsequenzen für die Planetenbewegungen akkurat berechnet. Ein Exemplar der Sonderdrucke der autoritativen

Grundlagen der allgemeinen Relativitätstheorie vom Frühjahr 1916, mit denen Einstein die Leidener Freunde versorgt hatte, war von de Sitter an Arthur Stanley Eddington weitergeschickt worden, den Sekretär der Royal Astronomical Society in England, wo wegen des Krieges Publikationen aus Deutschland nicht mehr erhältlich waren. Eddington hatte die überragende Bedeutung von Einsteins Arbeit sogleich erkannt, stürzte sich in das Studium des auch ihm nicht vertrauten »absoluten Differentialkalküls« und bat de Sitter, zur Erleuchtung seiner britischen Kollegen die neue Theorie und insbesondere ihre astronomischen Implikationen in den ›Monthly Notices‹ der »Royal Astronomical Society« darzustellen.

De Sitter konnte sich für diese Artikel in Gesprächen mit Einstein an der Quelle informieren, aber daß er in der dritten, Anfang 1917 gedruckten Mitteilung weit übers Referieren hinausgehen und eine Alternative zu Einsteins kosmologischem Modell vorlegen würde, konnten die beiden im Oktober noch nicht ahnen; sie konnten auch nicht voraussehen, daß de Sitters Übersendung des Separatdrucks nach England drei Jahre später spektakuläre Konsequenzen zeitigen würde. Aber auch ohne die Kenntnis der Zukunft war die wissenschaftliche Bilanz der Reise nach Leiden überaus erfreulich: »Dort ist die allgemeine Relativität schon ganz lebendig geworden«[10], konnte er Besso berichten. »Nicht nur Lorentz und der Astronom de Sitter arbeiten selbständig in der Theorie sondern auch noch mehrere junge Kollegen. Auch in England hat die Theorie Wurzeln gefasst.«

Wieder zurück in Berlin, erschienen Einstein die zwei Wochen in Leiden wie ein »schöner Traum«.[11] In bewegten Worten bedankte er sich bei Ehrenfest für die genossene Gastfreundschaft: »Die Reise nach Holland hat mir unbeschreiblich gut getan, körperlich und geistig. Ich bin viel frischer und glücklicher. Man kann die Einsamkeit nur bis zu einem gewissen Grad ertragen.«[12] Eine Woche später berichtete er Besso von den »wunderschönen Tagen« in Holland: »Mit Ehrenfest und besonders mit Lorentz verbrachte ich unvergessliche Stunden, nicht nur anregend sondern auch erquickend. Ich spüre überhaupt, dass ich diesen Menschen unvergleichlich näher stehe.«[13]

Nachdem Einstein einen Monat lang die Berliner Kriegsatmosphäre erlitten hatte, schrieb er an Lorentz: »Ich stehe noch ganz unter dem Eindruck der erquickenden Reise nach Holland. Nicht nur das Zusammentreffen mit den hochgeschätzten Männern mit gleichgerichteten Bestrebungen machte das Erlebnis so erlösend, sondern insbesondere die Übereinstimmung in den Auffassungen über ausserwissenschaftliche Dinge...«[14] Solche Übereinstimmung suchte er an seinem Wohn- und Arbeitsort vergebens, zumal im zweiten Kriegsjahr der Militarismus alle Bereiche des Staates erfaßt hatte und in alle Poren der Gesellschaft eingedrungen war. Der »Bund Neues Vaterland« war im Februar 1916 verboten worden, da keinerlei Diskussion der Kriegsziele oder gar der Möglichkeit eines Verhandlungsfriedens mehr geduldet wurde. Nur der Sieg mit weitreichenden territorialen Annexionen war die Parole, und am tiefsten war Einstein davon betroffen, daß dies nicht nur die Politik der Reichsregierung und der Militärs war, sondern die selbstverständliche Haltung des ganzen Volkes, seine Kollegen Professoren und Akademiker eingeschlossen.

Die meisten Physiker arbeiteten nun für den Krieg, die jüngeren in minderen Offiziersrängen im Wetterdienst, bei der Artillerie oder gar in den Gaskompanien, die älteren in ihren Laboratorien an der technischen Perfektionierung der Tötungsmaschinerie, und die Begleitmusik dazu war ein trüber Tintenkrieg der Geister. Daran hatten auch die Physiker ihren Anteil, der nicht nur töricht, sondern manchmal auch ungelenk ausfiel, zum Beispiel durch ein vom Nobelpreisträger Wilhelm Wien verfaßtes Rundschreiben gegen die »Engländerei«, wodurch eine Art Fußnotenkrieg eröffnet wurde, indem die perfiden Briten nur noch dann zitiert werden sollten, wenn das unumgänglich war. Auch Einsteins geschätzter Kollege und Korrespondent Sommerfeld hatte »natürlich gern«[15] unterschrieben.

Gleichwohl hatte sich Einstein im Mai 1916 auf zwei Jahre zum Vorsitzenden der Deutschen Physikalischen Gesellschaft wählen lassen. Ob er damit sicherstellen wollte, daß wenigstens vom Repräsentanten dieser wissenschaftlichen Vereinigung keine chauvinistischen Tiraden zu vernehmen wären, oder was ihn sonst zur Annahme dieser exponierten Funktion bewogen haben mag, muß dahingestellt bleiben. Für einen »internationalen Menschen« und entschiedenen Pazifisten war das eine ambivalente Situation, wie es in einem Brief an den Freund Zangger anklang: »Hier habe ich es zwar schön und schwimme ganz ›oben‹, aber allein, wie ein Tropfen Oel auf dem Wasser, isoliert durch die Gesinnung und Lebensauffassung.«[16] Mehr als mäßigend konnte er nicht wirken, und auch das nur im persönlichen Gespräch bei Leuten, die wegen seiner überragenden wissenschaftlichen Leistungen geneigt waren, seine Marotten eines vaterlandslosen Gesellen zu ertragen. Sollte er aber geglaubt haben, daß er in seinem Amt etwas für den Frieden tun könnte, so haben sich solche Erwartungen nicht erfüllt.

Die durch den Krieg angerichtete geistige Verwirrung und moralische Zerrüttung konnte Einstein bald nur noch in Kategorien der Psychopathologie beschreiben. »Wenn ich mit den Menschen rede«, schilderte er Besso die Berliner Atmosphäre, »fühle ich das Pathologische des Gemütszustandes heraus. Die Zeit erinnert mich an die der Hexen-Prozesse und sonstigen religiösen Verirrungen. Gerade die verantwortungsvollen, im Privatleben selbstlosesten Menschen sind häufig die rabiatesten Stützen der Verbissenheit. Das soziale Gefühl ist auf böse Abwege geraten. Ich könnte mir die Menschen nicht vorstellen, wenn ich sie nicht vor mir sähe.«[17] Ähnliches wiederholte er in vielen Briefen, sofern sie nicht an deutsche Kollegen gerichtet waren: »Ich bin überzeugt, dass es sich um eine Art geistiger Epidemie handelt«, faßte er für Lorentz seine Diagnose zusammen und deutete dabei sein bitterstes Problem an: »Nur ganz selten selbständige Charaktere können sich dem Druck der herrschenden Meinung entziehen. In der Akademie scheint kein solcher zu sein.«[18]

Auf die dubiose Rolle von Wissenschaft und Technik in diesem Krieg war Einstein durch seine Bekanntschaft mit Haber und Nernst und vielen anderen sich zum Kriegsdienst drängelnden Wissenschaftlern gewissermaßen mit der Nase gestoßen worden, aber nur gelegentlich kam er in seinen Briefen darauf zu sprechen, sarkastisch an Ehrenfest – »Unser Jehova hat es nicht mehr nötig, Pech und Schwefel regnen zu lassen; er hat sich mechanisiert und diesen Betrieb automatisch eingerichtet.«[19] – und tief betrübt an Zangger: »Unser ganzer gepriesener Fortschritt der Technik, überhaupt die Civilisation, ist der Axt in der Hand des pathologischen Verbrechers vergleichbar.«[20] Das hat Einstein aber nicht gehindert, auch ein wenig an der Axt mitzuschnitzen, indem er sich als Konstrukteur für Flugzeugtragflächen versuchte.

Vermutlich hat Ludwig Hopf, der Assistent aus glücklichen Tagen an der Zürcher Universität, Einstein fürs Fliegen interessiert. Er war von der Technischen Hochschule in Aachen zur Flugzeugmeisterei nach Berlin-Adlershof kommandiert worden, wo er sich als inzwischen gelernter Hydrodynamiker nun der artverwandten aerodynamischen Probleme der Flugzeuge und des Fliegens annahm. Aus dem Heroismus der kühnen Männer in ihren fliegenden Kisten war durch den Krieg unversehens bitterer Ernst geworden, wobei weniger individualistischer Pioniergeist, sondern effiziente und zuverlässige Flugzeuge gefragt waren. Das war eine typische Aufgabe für die Wissenschaft, die zuvor die Flugpioniere nie so recht ernst genommen hatte. Deren nebulöse Vorstellungen über Auftrieb und Stabilität mußten auf wissenschaftliche Prinzipien gegründet werden, um das Verhalten der Flugzeuge beim Kurven-, Steig- und Sturzflug zu verstehen und zu beherrschen – und das möglichst schnell, denn Engländer und Franzosen waren schon mit erschreckend tüchtigen Luftstreitkräften in den Krieg gezogen.

Ein besonderes Problem waren die Tragflächen, traditionell vom Charme und der Aerodynamik eines mit Stoff bespannten Bügelbretts, aber Ursache vieler Kalamitäten vor allem beim Kurvenflug. Obwohl wir nichts über Einsteins Anfänge als Tragflächentheoretiker wissen, ist die naheliegendste Vorstellung wohl die, daß Ludwig Hopf ihn einmal zum Flugfeld mitgenommen und ihm seine Probleme vorgeführt hat. Was wir aber genau wissen, ist, daß Einstein im Sommer 1916, als er sich mit den Gravitationswellen und der Kosmologie plagte, eine kleine Arbeit über eine *Elementare Theorie der Wasserwellen und des Fluges*[21] geschrieben hat. Der Artikel ist hübsch und verständlich, zieht nur ein wenig die Bernoullische Gleichung heran, enthält ein paar anschauliche Beispiele wie den Luftzerstäuber oder die Verwirbelung hinter einem Brückenpfeiler und würde auch heute noch für die Beantwortung der Frage, warum Flugzeuge fliegen, etwa in der gymnasialen Oberstufe hervorragend taugen. Natürlich erwähnte Einstein schon im ersten Satz das Vorbild aller Tragflächenbauer, nämlich die »im Gleitflug durch die Luft dahingleitenden Vögel«[22], aber was er dann aufgrund seiner theoretischen Überlegungen als Tragflächenprofil vorschlug, erhielt zwar nicht in der Arbeit, aber bei der späteren Realisierung den Namen »Katzenbuckelflügel« – denn so sah er auch aus.

Wie jeder wackere Erfinder, deren er ja unzählige auf dem Patentamt kennengelernt hatte, war er enttäuscht, daß sein in den ›Naturwissenschaften‹ sozusagen als »Aufmacher« plazierter Vorschlag – schließlich war er ja in jedem Falle eine Zierde des Blattes – nicht aufgegriffen wurde. Also nahm er die Sache selbst in die Hand, und da Hopf inzwischen andernorts den Flugzeugen das Fliegen beizubringen suchte, wandte er sich an die Luftverkehrsgesellschaft in Berlin-Johannisthal. Dort hatte der Pilot Paul G. Ehrhardt, ähnlich wie Einstein gelegentlich in der Akademie[23], die, wie er sich erinnerte, »undankbare Aufgabe, mich mit den Angeboten von Erfindern zu befassen. ... Ich war daher wenig erbaut, als ich eines Tages ein mehrseitiges Schriftstück dieser Art auf meinem Schreibtisch vorfand, das zudem noch mit der Hand geschrieben war.«[24] Er verstand nichts, oder immerhin so viel, daß der Einsender ein kluger Kopf sein müsse, weshalb der Statiker der Gesellschaft konsultiert wurde. Bei einem Treffen zu dritt erläuterte Einstein sein Konzept einer Tragfläche, die dank einer Ausbuchtung auf der Oberseite, dem Katzenbuckel, ohne den sogenannten Anstellwinkel bei minimalem Luftwiderstand für maximalen Auftrieb sorgen sollte.

Als nach wenigen Wochen Einsteins Katzenbuckelflügel fertig und am Rumpf eines normalen Doppeldeckers montiert war, befielen den nur beschränkt todesmutigen Testpiloten Ehrhardt große Zweifel ob der Flugtauglichkeit dieser Konstruktion des jungen Akademie-Professors. Er befürchtete, daß sich die Maschine den fehlenden Anstellwinkel selbst verschaffen könnte, indem sie nach hinten durchhängen würde, was schon ein spannendes Abheben erwarten ließ – und beim Kurvenflug eine Katastrophe. So kam es auch, »denn wie eine ›schwangere Ente‹ hing ich nach dem Start in der Luft und war heilfroh, als ich nach einem peinlichen Geradeausflug kurz vor dem Flugplatzende am Zaun von Adlershof die Räder wieder auf dem festen Boden hatte.«[25] Einem zweiten Piloten ging es nicht besser, so daß sich Theoretiker und Praktiker gemeinsam dazu entschlossen, auf Kosten des Luftwiderstands und damit der Geschwindigkeit dem Katzenbuckel doch einen Anstellwinkel zu geben. Damit konnten die Piloten es wagen, »auch eine Kurve zu fliegen, aber aus der schwangeren war nun eine lahme Ente geworden...«[26] Eine kleine Feier, mit der diese Versuche und zugleich die Karriere des Flugzeugkonstrukteurs Einstein beendet wurden, bereicherte er mit einem Privatissimum über die Relativitätstheorie, womit er nun wieder, ebenso wie die Piloten, festen Boden unter den Füßen hatte.

Dieser Ausflug Einsteins in die Tragflächenkonstruktion wäre dem Vergessen anheimgefallen, hätte ihn nicht der Pilot Paul G. Ehrhardt in einem launigen Brief daran erinnert. Einstein antwortete postwendend, hatte entweder eine verblüffend genaue Erinnerung an die Geschichte oder zumindest seinen kleinen Artikel zur Hand, denn er resümierte akkurat seine beinahe vierzig Jahre zurückliegenden Überlegungen und fuhr fort: »Obwohl es wahr sein dürfte, daß man so das Prinzip des Fluges am einfachsten verständlich machen kann, so folgt aber daraus durchaus nicht, dass es vernünftig ist, eine Tragfläche in solcher Weise zu formen. ...Die Natur hat schon gewusst, warum sie die Vogelflügel vorne gerundet und hinten scharfkantig gemacht hat.«[27] Er war als Aerodynamiker einfach »an der ersten Idee hängen geblieben. ...Ich muss gestehen, dass ich mich meines damaligen Leichtsinns noch oft geschämt habe.«

Andererseits hat Einstein auch Glück gehabt, denn wie hätte der Pazifist vor sich selbst und der Geschichte dagestanden, wenn sein Katzenbuckelflügel tatsächlich so exzellent gewesen wäre, wie es der

Erfinder gehofft hatte, wenn also der »Rote Baron« mit einer dann vermutlich »Einstein-Flügler« genannten Maschine die Engländer vom Himmel geholt hätte oder gar Habers Gasbomben von solchen Flugzeugen über der feindliche Front abgeworfen worden wären. Daß er sich seines »damaligen Leichtsinns noch oft geschämt habe«, bezog sich eher auf den technischen Fehlschlag als auf die riskante Nähe zur Tötungsmaschinerie. Aber ganz rein kann sein Gewissen bei dem Ausflug in die Aviatik nicht gewesen sein, denn in der Korrespondenz jener Jahre ist davon nichts zu finden.

Nicht ganz so schweigsam war Einstein hinsichtlich seiner Beschäftigung mit einer anderen kriegsrelevanten Technologie, dem Kreiselkompaß. Mit diesem raffinierten Instrument, das gerade rechtzeitig für den Seekrieg, insbesondere den U-Boot-Krieg, entwickelt worden worden war, kam Einstein schon in den ersten Kriegsjahren als Patentexperte in Berührung, jetzt aber als Gutachter. Der Kreiselkompaß verdankt seine Erfindung dem kuriosen, Jules Verne abgelauschten Wunsch des jungen Hermann Anschütz-Kaempfe[28], seine ererbten Reichtümer durch die Erkundung des Nordpols mit einem U-Boot zu verkleinern. Bei der durchaus wissenschaftlichen Vorbereitung dieses Vorhabens stieß er auf ein diffiziles Navigationsproblem, denn erstens ist der Magnetkompaß in den Polregionen nicht mehr zuverlässig, und zweitens wäre er durch die Einkapselung in einem geschlossenen Eisenbehälter wie einem U-Boot vollends unbrauchbar, da vom Magnetfeld der Erde abgeschirmt.

Obwohl Anschütz erst Medizin und dann Kunstgeschichte studiert und über die venezianischen Maler des 16. Jahrhunderts seine Dissertation geschrieben hatte, erkannte er als wahres Multitalent eine Alternative zum Magnetkompaß in Gestalt eines schnell rotierenden Kreisels, dessen Achse sich aufgrund rein mechanischer Effekte parallel zur Erdachse ausrichten würde, somit der Magnetfelder entbehren und auch im Bauch eines U-Boots die richtige Richtung weisen könnte. Da die Kostenschätzungen der Kruppschen Germaniawerft in Kiel für ein polartaugliches U-Boot abschreckend hoch ausfielen, konzentrierte sich Anschütz-Kaempfe vorerst ganz auf den Kreiselkompaß, erhielt 1904 sein erstes Reichspatent und beeindruckte mit seiner Erfindung des Kaisers schimmernde Wehr, deren Admirale mit dem Magnetkompaß als Navigationshilfe nicht mehr auskamen. Die großen eisernen Schiffe, die zudem durch immer mehr elektrische Anlagen und zugehörige Kabel vollgestopft wurden, bildeten für einen Magnetkompaß ein äußerst irritierendes Umfeld, auch wenn er ganz oben auf der Brücke installiert war, ganz zu schweigen von den U-Booten. Den romantischen Erfinder Anschütz-Kaempfe begrüßten die Admirale als ihren Retter aus der Kompaß-Kalamität und ermutigten ihn zur Gründung einer Firma, die 1905 in Kiel erfolgte und fortan die Marine mit ihren Kreiselkompassen versorgte.

An der Grundidee hatte Anschütz freilich nicht das Urheberrecht, denn die ging auf Studien von Jean Bernard Foucault in der Mitte des 19. Jahrhunderts zurück, der 1851 mit einem Pendel erst in seinem Keller und dann ganz spektakulär im Panthéon die mechanischen Auswirkungen der Erdrotation demonstriert hatte und ein Jahr später das gleiche mit dem Kreisel tat. Es war technisch allerdings ungeheuer schwer, aus der Abwandlung von Foucaults Ideen einen verläßlichen Kreiselkompaß zu entwickeln. Viele waren vor Anschütz gescheitert, aber durch seine Erfolge ermutigt, hatten sich einige Konkurrenten im In- und Ausland an seine Fersen geheftet, vor allem der Amerikaner Elmar A. Sperry und kleinere Firmen in Europa. Das waren naturgemäß gute Voraussetzungen für endlose Patentstreitigkeiten.

In einem solchen Patentprozeß zwischen Anschütz und der Sperry Company wurde Einstein im November 1914 vom Landgericht in Berlin zum unparteiischen Sachverständigen bestellt. Wir dürfen annehmen, daß Einstein dieser Auftrag nicht nur wegen der vom Gericht auf 1000 Mark festgesetzten Nebeneinnahmen willkommen war, denn zum einen war er eine Reminiszenz an sein »weltliches Kloster« in Bern, zum anderen betraf er ein für einen Physiker hochinteressantes Instrument.

Die theoretische Behandlung des Kreisels galt wegen ihrer vertrackten mathematischen Schwierigkeiten als Hohe Schule der theoretischen Mechanik, dies aber nicht nur als gehirngymnastischer Selbstzweck, sondern auch wegen ihrer vielfältigen Bedeutung. So ist auch die Erde ein Kreisel, und das Verständnis der verwickelten Schlingerbewegungen der Erdachse ist eine Voraussetzung für die präzise Positionsvermessung der Sterne. Wir wissen, daß auch Einstein einmal die Kreiseltheorie studiert hatte, und zwar gleich nach seinem Examen im Juli des Jahres 1900. Da es in den Ferien viel regnete, las er »hauptsächlich die berüchtigten Untersuchungen über die Bewegung des starren Körpers von Kirchhoff. Ich kann mich nicht genug über dies große Werk immer von neuem wundern.«[30]

Nun ging es fünfzehn Jahre später um die Klage der Firma Anschütz, die der Sperry Company die Verletzung zweier ihrer Patente vorwarf. Die Anwälte von Sperry verfolgten die Strategie, daß das grundlegende Anschütz-Patent bereits ein Patent des Holländers Van den Boos aus dem Jahre 1885 verletze und deshalb hinfällig sei. In dieser verzwickten Materie fand sich Einstein zunächst nicht zurecht; das Gericht war mit seinen mündlichen Darlegungen nicht zufrieden und forderte ihn durch »Beweisbeschluß« zu schriftlichen Ausführungen auf. Auch dieses Gutachten reichte weder dem Gericht noch den Prozeßparteien aus, und dem Gutachter wurde ein Katalog von Fragen zur Bearbeitung aufgegeben. Zu diesem Zweck nahm Einstein am 10. August 1915 bei der Reichsmarine in Kiel den Sperry-Kompaß in Augenschein und untersuchte ihn experimentell. In einem Nachtragsgutachten stellte Einstein nun eindeutig fest, daß erstens das Anschütz-Patent zu Recht besteht und zweitens Sperry ein weiteres Anschütz-Patent verletzt habe. – Anschütz gewann diesen Prozeß.[31]

Über die weitere Beziehung zwischen Einstein und Anschütz im Ersten Weltkrieg ist kaum etwas bekannt. Immerhin war Einstein im letzten Kriegsjahr, im Juli 1918, Anschütz durch ein »Privatgutachten« zu Diensten. Nach dem Krieg entwickelte sich ein sehr enger Kontakt zwischen Einstein und Anschütz, auch eine intensive Mitarbeit Einsteins an der Entwicklung eines grundlegend verbesserten Modells, und wir werden noch sehen, daß in den dreißiger Jahren praktisch alle Kriegsmarinen der Welt – mit Ausnahme der englischen und amerikanischen – mit Kreiselkompassen der Firma Anschütz ausgerüstet waren, bei deren Konstruktion auch ein Patent von Albert Einstein zum Zuge kam.

Kreiselkompasse und Flugzeugtragflächen wären für jeden Physiker auch im Ersten Weltkrieg angemessene Betätigungsfelder, sofern sie ihrem Patriotismus huldigten, aber bei dem entschiedenen Pazifisten Einstein nehmen sich derartige Aktivitäten mehr als merkwürdig aus, zumal er das noch aus freien Stücken und entgegen seiner Überzeugung tat, daß der »gepriesene Fortschritt der Technik ... der Axt in der Hand des Verbrechers vergleichbar« sei. So führte Einstein als ein besonders verwerfliches Beispiel der geistigen Verwirrung jene vielen Deutschen an, welche »die Erklärung des uneingeschränkten U-Bootkrieges mit größter Ungeduld erwarteten«[32], war aber gleichzeitig mit Expertisen für den Erfinder und Fabrikanten jener Instrumente beschäftigt, die den U-Boot-Krieg erst möglich machten. Auch wenn er mit seiner Tragfläche eine Bruchlandung erlebte, beim Kreiselkompaß nur beratend tätig war und man diese Aktivitäten als die technisch orientierte Ausprägung des Spieltriebs eines großen Physikers ähnlich wie beim »Maschinchen« verstehen mag – es bleibt widersprüchlich, daß dem entschiedenen Pazifisten Einstein die militärischen Implikationen derartiger Beschäftigungen gleichgültig waren.

Bald nach seiner Rückkehr aus Leiden erhielt Einstein Nachricht von seinem alten Freund Friedrich Adler, dieses Mal durch die Zeitungen vom 22. November 1916, die berichteten, daß Adler den österreichischen Ministerpräsidenten Karl Graf Stürgkh erschossen hatte. Es war jener Graf Stürgkh, der sich als Kultusminister mit der Berufung des jüdischen Ausländers Einstein nach Prag so schwer getan hatte. Seit 1912 amtierte er als Ministerpräsident, hatte im Krieg ein straffes autokratisches Militärregiment praktiziert und das Parlament aufgelöst. Adler, den Einstein gern als seinen Nachfolger auf dem Zürcher Extraordinariat gesehen hätte, hatte die Universitätslaufbahn endgültig aufgegeben und war 1912 in seine österreichische Heimat zurückgekehrt, um dort als sozialdemokratischer Politiker, Schriftsteller und Redakteur zu wirken. Für den 20. Oktober 1916 hatte er in Wien eine Kundgebung zur Wiedereinsetzung des Parlaments organisiert, die vom Grafen Stürgkh kurzfristig und kurzerhand verboten wurde. Um ein Zeichen zu setzen, ging er tags darauf gegen 14 Uhr in das renommierte Hotel Meißl & Schadn, wo Graf Stürgkh sein Mittagsmahl einzunehmen pflegte, trat an dessen Tisch, rief »Nieder mit dem Absolutismus! Wir wollen Frieden!«, tötete ihn mit drei Schüssen in den Kopf und ließ sich widerstandslos festnehmen.[33]

Auch Einstein wollte den Frieden, konnte Adlers Handlung aber nicht verstehen, zumal die zensierte Presse nur über das Attentat und nicht über die Hintergründe berichtet hatte; aber dem in Untersuchungshaft auf seinen Prozeß wartenden Freund wollte er helfen, so gut er konnte. »Ihr und Ihres von mir immer verehrten Mannes Unglück ist mir sehr zu Herzen gegangen, wie weniges, was ich in dieser harten Welt miterlebte«, schrieb er an Adlers Frau Katya. »Er ist einer der Vortrefflichsten und Reinsten, die ich gekannt. Seine That kann ich nicht beurteilen, da ich deren Motive nicht überblicken kann. Unbesonnenes traue ich ihm nicht zu, dazu ist er viel zu gewissenhaft. Wenn sie denken, dass ich etwas für ihn oder für Sie thun kann, so denken sie an mich und schreiben Sie mir.«[34]

Als Einstein ins Untersuchungsgefängnis an Adler schreiben konnte, bat er ihn »um etwas Sonderbares: Wenn Ihre Angelegenheit gerichtlich verhandelt wird, möchte ich dabei als Zeuge gerufen werden; dies sollen Sie beantragen. Denken Sie nicht, dies sei sinnlos.«[35] Sobald der Prozeß vor einem Ausnahmegericht angesetzt war, forderte Einstein in dringenden Worten seine Zürcher Freunde auf, etwas für den vormaligen Kollegen zu unternehmen: »Mein Gefühl für ihn ist wieder so lebendig geworden, dass ich unbedingt etwas für ihn thun möchte«, erläuterte er Zangger seinen Wunsch. »Hier kennt ihn kein Mensch, wohl aber müssen in Zürich, dem Ort seiner früheren Wirksamkeit, Sympathien für ihn sein. Ich bitte sie nun in meinem Namen eine schleunige Aktion bei der Züricher physikalischen Gesellschaft zu veranlassen, damit eine Fürbitte um Begnadigung bei der allein zuständigen Stelle eingereicht werde...«[36] Besso machte er präzise Vorschläge, daß in dem Gesuch betont werden solle, wie sich Adler »als selbstloser, ruhiger, arbeitsamer, gutherziger, gewissenhafter Mensch gezeigt hat, der die Hochachtung aller genoss. Dass es uns deshalb ein Herzens-Bedürfnis ist, ein Wort der Fürbitte für ihn einzulegen.«[37]

Den Zürcher Physikern mag Einsteins Ansinnen, einen Attentäter vor dem Todesurteil bewahren zu wollen, absurd erschienen sein, aber sie entsprachen Einsteins Wunsch, wenn auch erst nach zähen Diskussionen. »Es hat einen heissen Abend gekostet«[38], meldete Besso nach Berlin. Der verabschiedete Text folgte in etwa Einsteins Vorschlag, beschränkte sich aber streng auf eine Art Charakterzeugnis, in dem Adler bescheinigt wurde, daß er in Zürich »sich als durchaus gewissenhafter, wissenschaftlich sehr begabter und philosophisch denkender Mann ausgewiesen... und in jahrelanger treuer Arbeit seiner Wissenschaft gelebt hat«.[39]

Zur Wissenschaft hatte Adler im Gefängnis wieder zurückgefunden und damit manche Physiker, allen voran Einstein, in eine verzwickte Lage gebracht. »Ich wachte Samstag auf mit der Lösung eines kleinen Problems«, berichtete Adler am 17. Februar an seine Frau Katya, »das mich schon Jahre beschäftigte, nämlich des Foucaultschen Pendelversuches.«[40] Aus dieser Traumlösung entstand eine Studie ausgerechnet zur Widerlegung der Relativitätstheorie. Einstein erhielt Ende April das Manuskript und kommentierte verwundert, daß Adler »mit der Überzeugung des Propheten recht wertlose Spitzfindigkeiten darlegt, so dass ich in peinlicher Verlegenheit darüber bin, was ich dazu sagen soll. Ich zerbreche mir unaufhörlich den Kopf darüber. Er reitet den Mach'schen Klepper bis zur Erschöpfung.«[41]

Noch peinlicher wurde die Verlegenheit, als Friedrichs Vater Victor Adler in diesem Manuskript einen Hoffnungsschimmer zur Rettung des Lebens seines Sohnes sah, indem es dazu herhalten sollte, ihn für verrückt zu erklären. Das Gericht bat psychiatrische und physikalische Sachverständige um ihr Urteil und brachte sie damit in eine prekäre Lage, denn Friedrich Adler bestand darauf, nicht als Verrückter, sondern klaren Kopfes aus politischer Notwendigkeit und Verantwortung den Grafen Stürgkh erschossen zu haben. Lieber wollte er den Opfergang vors Erschießungspeleton antreten als durch psychiatrische Gutachten gerettet werden. Zudem war er davon überzeugt, eine hervorragende wissenschaftliche Leistung erbracht zu haben, so daß ihn eine psychiatrische Verwendung der Studie tief gekränkt hätte. Sie ließ auch nicht auf einen pathologischen Geisteszustand schließen, sie war einfach nur falsch.[42]

Friedrich Adler beharrte schon aus Gründen der politischen Wirksamkeit seines Prozesses darauf, als für seine Tat voll verantwortlich be- und verurteilt zu werden, weshalb seine Widerlegung der Relativitätstheorie in dem Prozeß keine Rolle spielte. Er konnte auch auf Einsteins Zeugenschaft verzichten, da signalisiert worden war, daß man aus Rücksicht auf seinen Vater, den auch beim Habsburger Herrscherhaus respektierten Führer der österreichischen Sozialdemokraten, sein Leben schonen würde. Durch Wiener Kontakte hatte Einstein schon vor dem Prozeß gewußt: »Die allgemeine Ansicht ist, daß dem Manne keine ernsthafte Gefahr droht.«[43] Am 19. Mai 1917 erging das Urteil. Adler wurde die Genugtuung zuteil, daß seine leidenschaftliche Schlußrede gegen den Krieg und für die Demokratie in der österreichischen sozialistischen Presse im vollen Wortlaut und sogar in deutschen Zeitungen in Auszügen abgedruckt wurde. Verhängt wurde die Todesstrafe, von der Adler freilich wußte, daß sie nicht ganz ernst gemeint war.

Wohl um für die Öffentlichkeit und auch das Wiener Berufungsgericht ein günstiges Bild seines Freundes zu zeichnen, führte Einstein in Berlin mit einem Redaktionsmitglied der ›Vossischen Zeitung‹ ein Gespräch, dessen Extrakt wenige Tage nach dem Todesurteil veröffentlicht wurde.[44] Einstein erzählte darin die Geschichte von Adlers Verzicht auf das Zürcher Extraordinariat zu seinen Gunsten, wobei er freilich nur die nicht ganz vollständige Version wiedergeben konnte, die er damals von Adler und dem Regierungsrat Ernst gehört hatte, und er schilderte Adler wider besseres Wissen als einen um Gedankenklarheit bemühten tüchtigen Physiker. Politisches und insbesondere das Attentat waren in dem Gespräch ausgeklammert, kamen aber indirekt zur Sprache, wie in der folgenden Charakterisierung des Attentäters durch Einstein: »Die Objektivität, die sich in seinen Studien zeigte, beherrschte auch sein Handeln.« Das war mutig von Einstein und von der Zeitung.

Wie von den Eingeweihten erwartet, wurde das Todesurteil vom Appellationsgericht in 18 Jahre Festungshaft umgewandelt unter der stillschweigenden Annahme, daß nach der Beendigung des Krieges mit einer Begnadigung zu rechnen sei. – So geschah es auch.

Während der Festungshaft arbeitete Adler sein Manuskript zu einem veritablen Buch aus. Solange er einsitzen mußte, korrespondierte

Einstein mit ihm und versuchte, ihm die Fehler in seiner Argumentation auszureden: »Es ist schade, dass wir uns nicht unendlich über diese Dinge unterhalten können«, schrieb er an Adler und fragte, ob er ihn im Gefängnis besuchen dürfe, falls er nach Wien komme. »Ich bin neugierig, wer von uns zuerst dazu kommt, den anderen aufzumischen. Wer kann es wissen?«[45] Als Adler in Freiheit und das Buch mit einem ebenso langen wie pompösen Titel[46] 1920 auf dem Markt war, hat Einstein es wohl nicht mehr gelesen, aber noch im hohen Alter schrieb er: »Daß die Österreicher Friedr. Adler nach dem Stürgkh Mord nicht umgebracht haben, gereicht ihnen zur unvergänglichen Ehre.«[47]

Einstein war noch nicht 38 Jahre alt, als er sich ernsthaft um seinen »krächeligen Leichnam«[48] sorgen mußte: er war zu Beginn des Jahres 1917 schwer erkrankt. Am 8. Februar hatte er noch seine *Kosmologischen Betrachtungen* in der Akademie vorgelegt, eine Woche später mußte er schweren Herzens seine Pläne aufgeben, wieder nach Holland zu fahren; Ehrenfest begründete er die Absage damit[49], daß er eine Lebererkrankung durch strenge Diät und ein ruhiges Leben kurieren müsse. Im März erklärte ihm der Arzt, daß er Gallensteine habe: »Brunnenkur, strenge Diät. ... Es geht mir ganz wesentlich besser, keine Schmerzen mehr, besseres Aussehen.«[50] Das war aber nicht das Ende, sondern der Anfang einer Serie von schlimmen Erkrankungen, die mit wechselnder Intensität die nächsten vier Jahre andauerte.

Die intensive Arbeit, die schlechte Ernährung in den Kriegsjahren und die unregelmäßige Lebensweise eines Junggesellen mögen gleichermaßen zur Zerrüttung seiner Gesundheit beigetragen haben. Vielleicht waren auch Probleme akut geworden, mit denen er sich schon als Student und in den beiden schwierigen Jahren danach herumgeplagt hatte. »Albert leidet jetzt auch öfters an seinem berühmten Leiden«[51], hatte Mileva damals über seine wohl durch unregelmäßiges Essen provozierten chronischen Magenstörungen berichtet.

Jetzt war es nicht mehr studentische Sorglosigkeit, sondern die bittere Not, die in Berlin jegliche Ernährung, geschweige denn eine Diät, zum Problem werden ließ. Einer katastrophalen Mißernte im Jahr 1916, die die Preußen sogar ihrer Kartoffeln beraubte und durch Importe nicht kompensiert werden konnte, war der berüchtigte »Kohlrübenwinter« gefolgt, mit »Ersatzbrot« und anderen Merkwürdigkeiten zur Dämpfung des Hungers. Einstein konnte seine Diät nur dank Lebensmittelsendungen von süddeutschen Verwandten und insbesondere vom Freund Zangger aus der Schweiz einhalten – und natürlich durch das Küchenregiment von Elsa. Einsteins Arzt war ein Sanitätsrat Dr. Otto Juliusburger, der sich als wackerer Kämpfer gegen den Alkohol hervorgetan hat. Er und auch Zangger rieten Einstein zu einer Kur in Tarasp im Engadin. »Aber ich bringe den hiezu nötigen Aberglauben schwer auf.«[52] Mit seinem Arzt war sich Einstein zwar über die Verdummung der Menschheit durch den Schnaps einig, nicht jedoch über den Segen einer Kur. Als der Sanitätsrat energisch wurde, konnte es der Patient »immer noch nicht fassen, daß ich mir die Ferien so soll versauen lassen... Ich verpflichte mich dagegen, alles, was unglaublich ist, sonst zu thun, zu meiden, zu saufen etc., kurz mich als medizinisch loyal und gottergeben zu gebärden.«[53] Der Patient setzte sich durch, kam auch ohne Kur allmählich wieder auf die Beine, aber nur vorübergehend.

Mehr noch als um sein eigenes Befinden mußte Einstein sich um medizinische Hiobsbotschaften aus Zürich sorgen. Mileva wurde nicht wieder gesund. Experten wurden konsultiert, vermuteten eine Gehirntuberkulose und einigten sich dann auf Skrofulose, eine Halsdrüsenerkrankung, die damals mit der Vererbung von Tuberkulose in Verbindung gebracht wurde. Diese Diagnose war auch wegen des gerade ins Schulalter gekommenen Sohnes Eduard beängstigend, weil dessen häufige Erkrankungen nun auf das von der Mutter geerbte Leiden zurückgeführt wurden. Die aus Zürich vornehmlich durch Zangger übermittelten Prognosen klangen düster, und Einstein durchlitt dunkle Stunden: »Der Zustand meines Kleinen deprimiert mich. Es ist ausgeschlossen, dass er ein ganzer Mensch wird. Wer weiss, ob es nicht besser wäre, wenn er Abschied nehmen könnte, bevor er das Leben richtig gekannt hat.«[54]

Nach heutiger medizinischer Lehrmeinung waren derartige Befürchtungen absolut unbegründet: Die damaligen Ansichten über die Beziehungen zwischen Skrofulose und Tuberkulose sowie deren Erblichkeit lösten sich später wie manche andere medizinische Doktrin in Nichts auf. Einstein mußte aber die von erstklassigen Zürcher Ärzten aufgrund damaligen Wissens gestellte Diagnose und ihre für Eduard fatalen Folgen ernst nehmen. Er wurde dadurch in bittere Selbstanklagen gestürzt, wohl die bittersten, die er sich als Vater machen konnte: »Ich bin schuld an ihm und mache mir Vorwürfe, das erste mal im Leben. Alles andere habe ich leichter genommen oder mich nicht eigentlich verantwortlich gefühlt«[55], schüttete er Besso sein Herz aus. »Ich habe eben die Natur der Skrophulose nicht gekannt, nicht gewusst, dass dies Tuberkulose ist mit Vererbungsgefahr für die Kinder. Ja, ich habe offen gestanden auch von Skrophulose nichts gewusst und der Drüsenanschwellung, die sich damals bei meiner Frau zeigte, keine besondere Bedeutung beigemessen. Nun ist das Unglück da, wie es kommen mußte.«[56]

Ob Einstein jemals erfahren hat, daß seine Ängste und Selbstanklagen auf einer von der medizinischen Gelehrsamkeit eingebildeten Krankheit beruhten, ist unbekannt. Er war jedenfalls auch ohne dieses Wissen glücklich, daß dieser Kelch an ihm und seinem Sohn vorüberging. Eduard wuchs zu einem sensiblen, aber im wesentlichen gesunden Jungen heran. Im Alter von zwanzig Jahren holte ihn das Unglück auf eine andere Weise ein: Er erkrankte an Schizophrenie.

Der Rekonvaleszent Einstein war nach dem Übermaß an Arbeit nicht nur physisch, sondern auch intellektuell erschöpft. »Das wissenschaftliche Leben ist ziemlich eingeschlafen, auch in meinem Kopf thut sich nichts«[57], klagte er Zangger. »Die Relativität ist prinzipiell fertig und vom übrigen gilt das leise abgeänderte Sprüchlein: ›Und was er kann, das will er nicht, und was er will, das kann er nicht.‹« Was er da wollte und nicht konnte, betraf zunächst einmal die Quantentheorie, aber er kam nicht hinter den »Witz, den uns der ewige Rätselgeber da vorgelegt hat«, und das nicht nur wegen mäßig intensivem Nachdenken bei schonender Lebensweise.

Sofern es seine Gesundheit zuließ, präsidierte er den Sitzungen der Deutschen Physikalischen Gesellschaft vor allerdings arg gelichteten Reihen, ging mittwochs zum traditionellen Kolloquium im Physikalischen Institut am Reichstagsufer, donnerstags zu den Sitzungen der Akademie Unter den Linden, und er hielt sogar wieder ein zweistündiges Kolleg über Relativitätstheorie im Hauptgebäude der Universität, auch Unter den Linden.

Eine der Verlockungen des Berliner Angebots und der Akademie-Stellung war ja die Freiheit gewesen, daß er es mit den Vorlesungen halten konnte, wie es ihm beliebte. Im ersten Jahr seines Berliner Aufenthalts hat er das Kolleghalten, das ihm so »kurios« auf die Nerven gegangen war, ganz bleibenlassen, aber dann hatte es ihn doch wieder zum Katheder gezogen, wenn auch nur mit Themen, die ihn selbst interessierten. Im Sommersemester 1915 las er ein zweistündiges Kolleg über Relativitätstheorie, dem er im Wintersemester 1915/16 eines über »Statistische Mechanik und das Boltzmannsche Prinzip« folgen ließ.[58] Bei der hektischen Arbeit an der Allgemeinen Relativitätstheorie muß ihm diese Vorlesungsverpflichtung als ein leichtsinniger Fehler vorgekommen sein; also blieb er die beiden nächsten Semester der Universität fern, nahm aber im Sommersemester 1917 den Turnus seiner zweistündigen Kollegs, abwechselnd über Relativitätstheorie und Statistische Mechanik, wieder auf.

Studenten gab es nur noch wenige. Die meisten jungen Männer waren im Krieg, nur einige Dienstuntaugliche oder Kriegsverletzte verloren sich in den Hörsälen, und hätten die preußischen Behörden nicht 1908 den Frauen die Immatrikulation zugestanden, so wären es noch weniger gewesen. Bei den engeren Kollegen war Trauer eingezogen. Nernst hatte seine beiden Söhne im Krieg verloren, Plancks ältester Sohn war gefallen, der jüngere in Gefangenschaft. Es gab mehr Anlaß zum Kondolieren als zum wissenschaftlichen Gedankenaustausch, aber ein Ende des Gemetzels war auch im dritten Kriegsjahr nicht abzusehen: »Der alte Jehova lebt noch«, schrieb Einstein an Ehrenfest. »Leider schlägt er auch die Unschuldigen und die Schuldigen schlägt er so entsetzlich mit Blindheit, dass sie sich nicht schuldig fühlen können. Woher aber nimmt er ein Recht zum Strafen und Zerschmettern? Etwa auch von der Gewalt? – Ich bin viel toleranter geworden, ohne im Prinzip meine Ansichten im Geringsten zu ändern.«[59]

Einen engen Freund hatte Einstein in dem drei Jahre jüngeren Max Born gefunden. Born war für Ende 1914 auf ein Extraordinariat berufen worden, das die Berliner Universität zur Entlastung von Max Planck neu eingerichtet hatte. Statt ins akademische Lehramt mußte er zum Militär einrücken, kam aber trotzdem nach Berlin, wenn auch vorerst zur Artillerie-Prüfungskommission. Dort schrieb er Anfang 1916 das bereits erwähnte schöne Referat zur allgemeinen Relativitätstheorie für die ›Physikalische Zeitschrift‹, das Einstein »mit dem glücklichen Gefühl las, von einem der besten Kollegen restlos verstanden und anerkannt worden zu sein«. Da Born Klavier spielte, wurde die Beziehung bald aufs Musikalische ausgedehnt, wie Borns Frau Hedwig von Einsteins erstem Besuch in ihrer Wohnung berichtete, bei dem ihr Einstein »die Hand schüttelte und sagte: ›Ich höre, Sie haben grad' ein Junges gekriegt!‹ Hierauf stellte er die Geige hin, zog seine Röllchen ab – die losen Manschetten des sparsamen Mannes – und schmiß sie in irgendeine Ecke. Dann wurde Haydn gespielt, den er damals besonders liebte«.[60]

Wenn Einstein über seine Einsamkeit in Berlin klagte, so betraf das gewiß »Gesinnung und Lebensauffassung«, aber so zurückgezogen, wie er es in seinen Briefen darstellte, kann er nicht gelebt haben. Sein Ruhm drang allmählich über die engeren Kreise der Fachkollegen hinaus, war zwar noch weit entfernt von dem Relativitätsrummel der zwanziger Jahre, aber die Gebildeten aller Stände begannen zu ahnen, daß so etwas wie ein Jahrhundertgenie in ihrer Mitte lebte, und manche von ihnen suchten seine Nähe oder Bekanntschaft. Elsa, die wieder ihren Mädchennamen führte, war entzückt, wenn sie von fremden Menschen angesprochen wurde, daß sie einen berühmten Namen trüge, und einmal entstand aus solcher Nachfrage sogar eine lebenslange Freundschaft wie die zwischen Einstein und dem Arzt Hans Mühsam[61], die beiden so viel bedeutete, daß sie nicht durch ein Arzt-Patient-Verhältnis belastet wurde.

Einstein wurde von einer »Literarischen Gesellschaft« nicht gerade berühmter Schriftsteller zur Teilnahme an deren wöchentlichen Treffen im Hotel Bristol eingeladen, trank dort Tee, rauchte Zigarren bis spät in die Nacht und beschied einen der Literaten, der wissen wollte, was »Potential, invariant, kontravariant, Energietensor« und vieles andere mehr bedeute, mit der denkwürdigen Antwort: »Das sind Fachausdrücke!«[62] Auch Philosophen begannen sich für die Relativitätstheorie zu interessieren, schrieben die ersten Bücher über die allgemeineren Aspekte dieser neuen Physik und machten so den Namen Einstein in weiteren Kreisen bekannt. Der Psychologe Max Wertheimer, Dozent an der Universität und einer der Begründer der Gestaltpsychologie, suchte das Gespräch mit dem berühmten Mann, um hinter die Geheimnisse des »Produktiven Denkens« zu kommen, und erinnerte sich der »wunderbaren Tage, als ich, zuerst im Jahre 1916, das Glück hatte, Stunden um Stunden mit Einstein zusammenzusitzen, allein in seinem Arbeitszimmer, und von ihm die Geschichte der dramatischen Entwicklungen zu hören, die in der Relativitätstheorie gipfelten«.[63]

Sogar ins Zentrum der Macht reichten Einsteins Verbindungen und Kontakte, natürlich nicht direkt zu den Junkern im ebenso tonangebenden wie stockkonservativen »Herrenklub«, wo die Generalität verkehrte und auch Haber Zutritt hatte, aber zu Leuten wie etwa Walther Rathenau, dem Aufsichtsratsvorsitzenden der Allgemeinen Elektrizitätsgesellschaft, der durch den Aufbau einer Rohstoffabteilung im Kriegsministerium den Nachschub für die Kriegsproduktion organisierte, als aus dem geplanten kurzen ein unabsehbar langer Krieg geworden war. Rathenau, vor dessen Drang nach Allwissenheit nichts sicher war, hatte Einstein 1916 kennengelernt und sich bald nach Erscheinen des »gemeinverständlichen« Büchleins, wie er dem Autor schrieb, »unter die Dusche ihrer Gedanken«[64] begeben. Ob dieser »Verba Magistri« geriet er ins Schwärmen über »die Gewalt, mit der ihre Gedanken auf ein schlecht geschultes Gehirn einwirken. Es bedarf eines Stahlhelms oder mindestens eines Tropenhutes, um im Gleichgewicht zu bleiben.« Das sagt einiges über Rathenau, aber nichts über Einstein und sein Büchlein, und vielleicht verhalfen solche Leserreaktionen dem Autor zu der Erkenntnis, daß »gemein unverständlich« der treffendere Untertitel gewesen wäre.

Nicht zuletzt durch Rathenau und Haber wußte Einstein, daß die militärische Lage für das Deutsche Reich aussichtslos war, auch wenn alle Fronten tief in Feindesland verliefen. Die Blockade der Seewege, deren Wirksamkeit alle Deutschen in ihren Kochtöpfen schmerzlich spürten, mußte über kurz oder lang wegen Rohstoffmangels zum Zusammenbruch führen. Daß es eher lang dauerte, lag nicht zuletzt an der Organisationskunst von Walther Rathenau.

Als sich Einstein von seiner Erkrankung im Frühjahr 1917 so weit erholt hatte, daß er wieder ans Reisen denken konnte, wollte er zwar nicht zu einer Kur, aber doch unbedingt in die Schweiz. Er mußte bis Anfang Juli warten, »früher kann ich nicht wegen Kolleg, phys. Gesellschaft und auch wegen einer Zehe, die ich das Geschick hatte, mir zu brechen«.[65] Ende Juni verließ er Berlin, besuchte in Süddeutschland seine Mutter, die bei ihrem Bruder Jakob lebte, und traf Anfang Juli in Zürich ein. Dort blieb er nicht lange, »weil dies zu strapaziös ist für meinen krächeligen Leichnam«.[66] Aus den gleichen Gründen verzichtete er auf ein erneutes Treffen mit Romain Rolland. Er fuhr mit dem älteren Sohn nach Arosa und erholte sich anschließend noch bei seiner Schwester Maja und ihrem Mann Paul Winteler in Luzern am Vierwaldstätter See.

Anfang September ging es über Schaffhausen nach Deutschland zurück, nach langwierigem Grenzübertritt mit peniblen Kontrollen zunächst nach Benzingen, einem kleinen Dorf in der Nähe von Sigmaringen, wo er bei Camillo Brandhuber einkehrte, dem katholischen Pfarrer des kleinen Ortes. Brandhuber war Abgeordneter der Zentrumspartei im Preußischen Landtag für die zu Preußen gehörende Hohenzollernsche Enklave um Sigmaringen und besuchte bei seinen Berliner Aufenthalten während der Sitzungsperioden Elsas Familie, die er aus seiner Amtszeit in Hechingen kannte. »Hier fließt buchstäblich Milch und Honig«, freute sich Einstein über das ländliche Wohlleben, »und der Pfarrer ist ein sehr lieber Mensch, dessen Ansichten mit den meinigen höchst weitgehend, wenn nicht vollkommen übereinstimmen, auch in Dingen, wo mans kaum denken sollte.«[67] Bei so viel Sympathie konnte es nicht ausbleiben, daß Einstein noch öfter im Pfarrhaus von Benzingen abstieg, solange Brandhuber dort bis zum Jahre 1924 als Seelsorger tätig war.

In Berlin kehrte Einstein nicht mehr in seine Junggesellenbehausung in der Wittelsbacher Straße zurück. Er hatte eine Wohnung in der Haberlandstraße 5 gemietet, die direkt neben der von Elsa lag. Als er im Sommer auf Reisen war, wurde sie frei, und Elsa hatte, wie er in Benzingen erfuhr, schon alles Weitere in die Hand genommen: »Meine Adresse ist also Haberlandstr. 5«, teilte er Besso die Veränderung mit. »Der Umzug soll schon bewerkstelligt sein.«[68] Nun konnte Elsa die Pflege des immer noch Rekonvaleszenten perfekt organisieren. Es gab in Berlin mal wieder einen kleinen Anfall, aber »das Futter ist gut, und ich liege viel«.[69]

Nach der Rückkehr warteten neue Pflichten auf Einstein: Er wurde am 1. Oktober 1917 Direktor eines Instituts. Zur Offerte des Jahres 1913 hatte ja neben der Akademie-Stelle und der Professur auch die Leitung eines noch zu gründenden Kaiser-Wilhelm-Instituts für Physik gehört. Dabei hatte auch das preußische Finanzministerium mehr als ein Wort mitzureden, weshalb sich die Gründung verzögerte und durch den Krieg erst einmal bis zum Sieg vertagt wurde. Einstein hat sich über diese Verzögerung nie beklagt. Er brauchte nichts Derartiges, hatte in seiner spartanischen Wohnung ohne Assistent und Sekretärin gearbeitet, alles mit der Hand geschrieben und war es so zufrieden. Bei seinem Naturell hätte es sogar nahegelegen, die Leitung eines Instituts überhaupt abzulehnen, konnte sie doch zumindest so lästig werden wie die Verpflichtung zu Kursvorlesungen, denen zu entkommen einer seiner Gründe für den Wechsel nach Berlin gewesen war.

Aber die privaten Stiftungsmittel, vor allem aus der Schatulle des Kommerzienrats Leopold Koppel, waren vorhanden und verlangten eine satzungsgemäße Verwendung, also mußte nun das Institut her. Ein Kuratorium unter Leitung des Großindustriellen und Geheimrats Wilhelm von Siemens wurde bestellt sowie ein Direktorium, dessen Vorsitzender Einstein war und zu dem die fachlich kompetenten Akademie-Mitglieder Haber, Nernst, Planck, Rubens und Warburg als Berater gehörten. Das war es aber auch schon, denn an ein Gebäude mit Personal, Bibliothek und Pförtner war im Krieg nicht zu denken. Das Institut residierte praktisch in Einsteins Wohnung und beschränkte sich auf die Rolle einer fördernden Institution, bei der Universitätsgelehrte Forschungsmittel beantragen konnten. Einstein wurde eine jährliche Entschädigung von 5000 Mark bewilligt[70]; von einer Verrechnung gegen sein Akademiegehalt ist nichts bekannt.

Unter pompösen Anreden – Einstein war damals mangels besserer Titel immer »Euer Hochwohlgeboren«, was seine Mutter gefreut haben dürfte – mußten Petitessen schriftlich geregelt werden wie die Einrichtung einer Institutskasse für kleinere Ausgaben. Einstein beantragte und erhielt auch erstmals eine Sekretärin, dreimal die Woche halbtags für 50 Mark im Monat.[71] Die Stelle versah Elsas 20jährige Tochter Ilse; auch sie schrieb zunächst mit der Hand, erst 1919, »da die Arbeiten des Instituts beträchtlich gestiegen sind«[72], wurde eine Schreibmaschine als erste Investition angeschafft. Dieser Familienbetrieb war das kleinste und ungewöhnlichste Kaiser-Wilhelm-Institut, und dabei blieb es, solange Einstein in Berlin war, nicht zuletzt deshalb, weil er selbst mehr nicht wollte.

Immerhin nutzte Einstein seine neue Position sogleich zur Durchsetzung eigener wissenschaftlicher Interessen, denn nun vermochte er endlich den Astronomen Erwin Freundlich durch ein auskömmliches Stipendium des Instituts aus der Fron an der Babelsberger Sternwarte zu befreien, damit er sich mit ganzer Kraft den astronomischen Konsequenzen der Relativitätstheorie widmen konnte. Bald darauf wurde diese Regelung als Einzel- und Ausnahmefall in eine Anstellung Freundlichs als wissenschaftlicher Mitarbeiter des Instituts umgewandelt.[73]

Das Administrieren mußte Einstein freilich erst noch lernen; als typisch für seine Auffassung von Forschungsförderung mag gelten, daß er einen von Peter Debye eingereichten Antrag am liebsten gleich bewilligt hätte, denn er glaubte, »dass wir unser Geld nicht besser anlegen können. ... Zuwarten kommt hier m. E. nicht in Frage, weil wir nur einen Debye haben...«[74] Planck mußte den neuen Direktor behutsam an ordentliche Verwaltungsmethoden heranführen, aber immerhin erreichte Einstein, daß der Anfang Juli eingegangene Antrag von Debye im Umlaufverfahren schon am 27. Juli vom Direktorium bewilligt war. So kamen Akten mit dem ganz besonderen Charme zustande, daß die Hand- und Unterschriften von vier alsbaldigen Nobelpreisträgern versammelt sind, manchmal sogar auf einem einzigen Blatt, und gelegentlich, wie im Falle von Peter Debye, erhielt auch noch der Antragsteller den Nobelpreis.

Aus Rücksicht auf seine geschwächte Gesundheit mußte Einstein die Institutsleitung und seine sonstige Arbeit immer noch bedächtig betreiben, aber es ging zunächst aufwärts: »Mir geht es gesundheitlich sehr ordentlich«[75], konnte er Zangger Anfang Dezember vermelden. »Ich habe seit Sommer 4 Pfund zugenommen, dank Elsas guter Pflege. Sie kocht alles selber für mich, da sich dies als nötig herausgestellt hat.« Aber noch vor Ende des Jahres 1917 kam es wieder zu schweren akuten Anfällen. Ein Spezialist für Magen-, Darm- und Lebererkrankungen ging der Sache auf den Grund und identifizierte mittels der damals neuen Röntgentechnik als Hauptursache des andauernden Übels ein Zwölffingerdarmgeschwür. Einstein mußte für viele Wochen das Bett hüten.

Wahrscheinlich war es nicht nur die schlimme Krankheit, daß Einstein sich ausgebrannt fühlte. »Wirklich Neues erfindet man nur in der Jugend«[76], schrieb er Zangger, »später wird man immer erfahrener, berühmter – und dümmer.« Besso berichtete er vom Krankenlager, er arbeite wissenschaftlich »nur Kleinigkeiten gegenwärtig. Dafür lese und studiere ich viel, was auch nicht zu verachten ist.«[77] Immerhin leitete er in diesen Wochen im Bett in seiner zweiten Arbeit über Gravitationswellen die Quadrupolformel her und trug sie am 14. Februar 1918 in der Akademie vor – alles andere als eine Kleinigkeit.

Danach gab es wirklich eine längere Pause hochkarätiger Veröffentlichungen, aber nicht unbedingt an Arbeit. »Das K. W. Institut bringt eine ziemlich große Korrespondenz mit sich; auch sonst schwillt die Korrespondenz immer mehr an.«[78] Als Vorsitzender der Deutschen Physikalischen Gesellschaft, der er noch bis zum Mai 1918 war, bereitete er die Feier zum 60. Geburtstag von Max Planck am 26. April vor, deren Gelingen ihm wichtig war, »weil ich Planck sehr lieb habe und er sich sicher freuen wird, wenn er sieht, wie gern wir ihn alle haben und wie alle seine Lebensarbeit hochhalten«.[79] Einstein bereicherte die Feier mit einer Ansprache über das »Motiv des Forschens«[80], die ihm ungewöhnlich schön geriet, viel aussagt über das, was bei allen politischen Unterschieden Planck und Einstein gemeinsam und kostbar war und teilweise erklärt, warum er in Berlin blieb, trotz Krieg und innerer Isolierung.

»Die allgemeine Rel. Th. findet geradezu begeisterte Aufnahme bei den Fachgenossen«[81], schilderte Einstein dem Freund Zangger sein Dilemma. »Wie ist es nur möglich, dass diese kulturliebende Zeit so grässlich amoralisch ist.« Und an Lorentz schrieb er zum Jahreswechsel: »Ich bin unausgesetzt sehr deprimiert über das endlos Traurige, das wir erleben müssen. Selbst die gewohnte Flucht in die Physik hilft nicht immer.«[82] Von Planck erhielt er zum Neuen Jahr neben den besten Wünschen für gründliche Besserung der körperlichen Beschwerden auch eine kleine Ermahnung: »Hoffentlich wachsen in demselben auch Ihre Sympathien für die deutsche Partei, die immer wieder zum Frieden bereit ist, trotzdem wir jetzt militärisch so günstig dastehen wie nie zuvor.«[83] Das tat Einsteins Zuneigung zu Planck keinen Abbruch; er schätzte ihn als Physiker und edlen Charakter, das andere hatte er zu ertragen gelernt.

Pazifistische Aktivitäten hatte Einstein aufgegeben, weil er keinen Sinn mehr darin sah. Als Georg Nicolai wieder eine Aktion starten wollte, hatte er Einsteins Absage – »Nichts ist schwerer als Nicolai abzusagen.«[84] – einfach nicht beachten wollen. Daraufhin Einstein in einem schönen Beispiel seines auch in ernsten Dingen rabulistischen Briefstils:

> Ich erhebe also mit der Macht eines eben mündig gewordenen Stieres meine Stimme und sage (brülle) hiemit feierlich, inbrünstig und energisch ab. (Die Musik schweigt, zwei Takte Pause, hierauf elegisches piano.)
> Begründung und Rechtfertigung. Zu den unantastbaren Menschenrechten gehört es: der Mensch darf sich eine stattliche, seinem Temperament angemessene Anzahl von Steckenpferden halten. Zu den Menschenrechten gehört aber auch das Recht, sich zu weigern, beim Steckenpferd-Ritte des lieben Nächsten mitzulaufen. Sie haben also das gute Recht, alten Kohl zu pflanzen, ihn mit modernem Mist zu düngen und eigenhändig auf dem Markte zu verkaufen. Ich habe das Recht, mich fern zu halten und mich ausschliesslich meinen eigenen Steckenpferden zu widmen. So soll und muss es bleiben.
> Mit der Bitte, dies dauernd und konsequent zu berücksichtigen grüsst Sie bestens Ihr A. Einstein.

Nicht alle Empfänger solcher in launiger Rücksichtslosigkeit geschriebenen Briefe waren amüsiert, und manchmal hat Einstein sogar ein schlechtes Gewissen bekommen und sich anderntags für seine derb-humorige Feder entschuldigt.

Die Militärbehörden hatten Einstein trotz seiner Resignation einen Ehrenplatz auf einer Liste von 31 in Berlin und Umgebung wohnender »namhafter Pazifisten«[85] zuerkannt, denen wegen ihrer »Bestrebungen internationalen Charakters« Sichtvermerke für Auslandsreisen nur noch nach Zustimmung des Oberkommandos erteilt werden durften. Wahrscheinlich hat Einstein davon nichts erfahren, da er seit der Verfügung bis zum Kriegsende keine Auslandsreisen geplant hatte.

Seine Unlust an einer Neuauflage der Aktionen aus der ersten Zeit des Kriegs hatte mit der mittlerweile gewonnenen Überzeugung zu tun, daß eine Niederlage Deutschlands einem Verhandlungsfrieden vorzuziehen wäre, wenn sich etwas zum Besseren wenden sollte. »Dies Land ist durch den Waffenerfolg von 1870, durch Erfolge auf dem Gebiet des Handels und der Industrie zu einer Machtreligion gekommen«[86], brachte er gegenüber Romain Rolland seine Analyse auf den Punkt.

> Diese Religion beherrscht fast alle Gebildeten; sie hat die Ideale der Goethe-Schiller-Zeit fast vollkommen verdrängt...

> Ich bin fest überzeugt, dass diese Verirrung der Geister nur durch die Härte der Tatsachen gesteuert werden kann. Man muss den Leuten zeigen, dass es nötig ist, auf die Nicht-Deutschen als etwas Gleichwertiges Rücksicht zu nehmen, dass man genötigt ist, sich das Vertrauen des Auslandes zu verdienen, um existieren zu können, dass man mit Gewalt und Treulosigkeit nicht zum Ziel kommt, dass man sich gesetzt hat.
>
> Gegen das Ziel selbst mit intellektuellen Waffen zu kämpfen, scheint mir aussichtslos; Menschen wie Nicolai werden mit ehrlicher Überzeugung als ›Utopisten‹ bezeichnet. Nur Tatsachen können die Masse der Irregeleiteten von ihrem Wahn abbringen, wir lebten für den Staat, und dessen Selbstzweck sei grösstmöglichste Macht um jeden Preis.

Dies hatte er während der Ferien im August 1917 in der Schweiz geschrieben, zwar ohne Gefahr, daß die deutsche Zensur mitlesen würde, aber durchaus mit dem Risiko, daß seine Auffassungen durch Rolland verbreitet würden. Wenn das auf Umwegen das Berliner Oberkommando erfahren hätte, wäre der neutrale Ausländer Einstein wohl ausgewiesen worden, und sein verehrter Kollege Planck hätte das gewiß als unabänderlich und gerecht empfunden.

Im April 1918 entschloß sich Einstein noch einmal zu einem Versuch, der Stimme der Vernunft Gehör zu verschaffen. Er verfaßte ein Rundschreiben im Stil eines Manifests, vermutlich nach Beratung und Ermunterung durch den Theologen und Philosophen Ernst Troeltsch, der 1915 als Nachfolger von Wilhelm Dilthey nach Berlin gekommen war. Die Deutschen hatten gerade mit dem Sieg-Frieden von Brest-Litowsk im Krieg gegen Rußland gewaltige Annexionen und Reparationen durchgesetzt und glaubten, der Sommer werde in einer Entscheidungsschlacht auch den Sieg an der Westfront bringen. Die Stimmung stieg wieder auf patriotische Höhepunkte; nur wenige wußten, daß die Lage trostlos und die Niederlage nur noch eine Frage der Zeit war. Einstein ging es in seinem Aufruf nicht um die Vermeidung der für ihn sicheren und von ihm gewollten Niederlage durch Friedensverhandlungen, sondern um den Versuch, die Wiederherstellung der internationalen wissenschaftlichen Verbindungen für die Zeit des Friedens vorzubereiten. In seinem langen Brief an den »Sehr geehrten Herrn Kollegen« hieß es:

> Zu unzähligen Malen haben in diesen traurigen Jahren der allgemeinen nationalen Verblendung Männer der Wissenschaft und Kunst Erklärungen in die Öffentlichkeit gesandt, die dem vor dem Krieg so hoffnungsvoll entwickelten Solidaritätsgefühl derer, die sich höheren und freieren Zielen widmen, bereits unberechenbaren Schaden zugefügt haben. Das Geschrei

> engherziger Priester und Knechte des öden Machtprinzips erhebt sich so laut, und die öffentliche Meinung ist durch zielbewußte Knebelung des ganzen Publikationswesens derart irregeführt, daß die Besser-Gesinnten im Gefühl trostloser Verirrung ihre Stimme nicht zu erheben wagen... Die ernste Situation stellt diejenigen, welche durch glückliche geistige Leistungen ein überlegenes Ansehen bei den geistigen Arbeitern der ganzen zivilisierten Welt erlangt haben, vor eine Aufgabe, der sie sich nicht entziehen dürfen: sie sollen ein Bekenntnis in die Öffentlichkeit senden, das denjenigen zur Stütze und zum Trost gereichen kann, die in ihrer Einsamkeit den Glauben an die sittliche Entwicklung noch nicht verloren haben.[87]

Einstein plante ein Buch mit Beiträgen von angesehenen Gelehrten, und zur Betonung des internationalen Charakters sollten Männer aus den kriegführenden Staaten wie aus neutralen Ländern daran mitwirken. Für das Projekt hatte er bereits den Verlag Rascher in Zürich interessiert. Da keiner aufgefordert werden sollte, »der seinen Namen durch chauvinistische Kundgebungen irgendwelcher Sorte befleckt hat«[88], war es nur eine kleine Schar deutscher Professoren, an die er seinen Aufruf senden konnte. Neben Troeltsch waren das der Nationalökonom Lujo Brentano in München, der Jurist Walther Schücking in Marburg, der Soziologe Alfred Weber in Heidelberg (natürlich nicht Max!) und David Hilbert in Göttingen. Dem fügte Einstein noch in einem handschriftlichen Postskriptum hinzu: »Von Mathematikern und Physikern sind Sie der einzige, an den ich in dieser Sache schreiben kann.« Hilbert reagierte zustimmend – »Daß mich die Gedanken Ihres Schreibens aufs sympathischste erregen, ist selbstverständlich.«[89] –, aber er wollte sich erst noch mit Freunden beraten. Das führte dazu, daß er immer noch die Gedanken Einsteins billigte, nicht jedoch den Vorschlag zur konkreten Aktion: »Solche Erklärungen würden«, faßte er einige Tage später seine Erkundungen im Göttinger Universitätsmilieu zusammen, »... gleich Selbstdenunziationen sein, die bei all unseren Feinden in den Fakultäten große Freude hervorrufen würden. Selbst Ihr Name würde keinen Schutz gewähren, wirkt doch schon das Wort international auf unsere Kollegen, wenn sie sich in corpore fühlen, wie das rote Tuch.« Hilbert schlug vor, bis nach dem Krieg zu warten und dann einen Aufruf zu verfassen, »in dem jedes Wort unanfechtbar sein muß und wie ein Keulenschlag wirken wird, wo wir sagen, was Wissenschaft ist und wozu Wissenschaft verpflichtet«.[90]

Einen Monat später hatte auch Einstein einsehen müssen, daß es an der »Basis für das von mir gedachte Unternehmen fehlt, indem eben diejenigen, auf welche es mir angekommen wäre, nicht vorwiegend international fühlen«.[91] Was in seinen Kräften stand, hatte er getan, wenn auch mit dem melancholischen Heroismus der Vergeblichkeit. In der verlorenen Schar der Pazifisten und international gesinnten Kriegsgegner hat er sich einen Ehrenplatz erworben. Nun blieb ihm nichts anderes übrig, als auf das Ende des Krieges zu warten – und wieder gesund zu werden.

4. »fiel aus wegen Revolution«

Das Jahr 1918 hatte für Einstein mit trüben Aussichten begonnen: Immer noch Krieg und dazu die schwere Krankheit. Das Zwölffingerdarmgeschwür am Magenausgang war lebensbedrohend, aber die Diagnose mag auch ihr Gutes gebracht haben, da nun wenigstens die Ursache des Übels erkannt war. Einstein versuchte, der Krankheit ihre positiven Seiten abzugewinnen: »Mir geht es, seit ich im Bett liege, ganz gut«[1], berichtete er Besso Anfang Januar. »Ich bleibe ruhig noch 4 Wochen oder länger im Bett, zumal dies auch wegen der mangelhaften Heizung vorzuziehen ist.« Die Zutaten für seine Ernährung wurden wie zuvor durch Verwandte aus Süddeutschland und Freunde aus der Schweiz sichergestellt, so daß er gemäß ärztlicher Vorschrift seine Diät einhalten konnte.

Sechs Wochen Bettruhe hatten keine wesentliche Besserung gebracht. Zwar hatte er auf dem Krankenlager seine zweite Arbeit über Gravitationswellen mit der Herleitung der Quadrupolformel fertigstellen können, war aber trotz dieses schönen Erfolgs deprimiert: »Bei mir ist der Ruck nach oben nicht mehr zu kriegen.«[2] Allmählich durfte er das Bett verlassen, mußte aber jede körperliche Anstrengung meiden. »Neulich bekam ich einen hässlichen Anfall, der offensichtlich nur dadurch veranlasst sein konnte, dass ich ein Stündchen geigte.«[3] Im Mai meldete sich erneut die Leber: er lag mit Gelbsucht danieder. Erst im Sommer kam er wieder zu Kräften: »Mit der Gesundheit geht es mir entschieden besser als letztes Jahr. Elsa kocht mir unverdrossen mein Hühnerfutter, und ich halte mich ruhig, bin gewöhnlich auf meinem Balkon. Alle sagen, ich hätte noch nie so gesund ausgesehen.«[4] Aber der Eindruck trog. Einstein klagte, er sei noch »immer auf Pflege angewiesen, da bei dem geringsten Anlass der Bauch revolutioniert. Warum sollte er weniger Recht haben als das Gehirn.«[5]

Zur medizinischen Betreuung Einsteins war der gleichaltrige Professor Rudolf Ehrmann hinzugezogen worden, der ärztliche Direktor des Krankenhauses Neukölln. Bis zu seinem Tode war Einstein nicht nur Patient, sondern auch Freund des Magenspezialisten. Als Ehrmann nach der nationalsozialistischen Machtergreifung Deutschland verlassen mußte und in New York praktizierte, kam er immer noch nach Princeton herüber, wenn die medizinische Situation es erforderte.

Schon in Berlin erlebte Ehrmann einen Patienten, der zwar »die Mediziner liebte, nicht aber die Medizinen«[6], was sich nicht nur darauf bezog, daß er kein »guter ›Einnehmer‹« war, denn Ehrmann hätte auch sagen können, daß Einstein die Medizin nicht liebte. Körperliche Probleme und Krankheiten hätte er am liebsten ignoriert, nicht nur bei sich selbst, auch bei anderen. Wenn das eine instinktive Berührungsangst vor körperlicher Hinfälligkeit gewesen sein mag, fand sie eine kräftige Stütze in der mangelnden wissenschaftlichen Fundierung der Heilkunst, deren pseudokausale Argumentationsweisen nach einem naiv aufgefaßten »Prinzip des zureichenden Grundes« der Physiker leicht durchschaute. Folglich fehlte ihm nicht nur zu einer Kur der »Aberglaube«, er traute nicht einmal dem »neuen medizinischen Zauber mit den Röntgenaufnahmen«[7] und einmal räsonierte er sogar, »dass mir nur noch Diagnosen ›post mortem‹ Vertrauen einflössen, sonst keine«.[8]

Trotzdem war Einstein im Laufe seines Lebens mit beinahe so vielen Ärzten befreundet wie mit Fachkollegen, und längst nicht alle hat er als Patient kennengelernt. Mediziner waren ihm nach Ehrmanns Vermutung »wahrscheinlich deswegen sympathisch, weil die Ärzte ihre Erfahrungen in den verschiedenen Sphären der menschlichen Gesellschaft machen und nicht nur in einem kleinen Kreis wie die meisten Berufe«.[9] Außerdem habe sich Einstein selbst, so Ehrmann, gewissermaßen »als Arzt und als Mithelfer an der Besserung sowie an der Gesundung der menschlichen Gesellschaft« betrachtet. Das hatte im Krieg begonnen und wurde intensiver mit wachsendem Ruhm, bis jedes Wort von ihm als Quelle der Weisheit begierig aufgenommen wurde.

Zur Erholung fuhr Einstein mit seinem »kleinen Harem«[10], also Elsa und ihren beiden Töchtern, Ende Juni für acht Wochen an die Ostsee nach Ahrenshoop, einem wohl auch damals schon von Berliner Künstlern und Kopfarbeitern bevorzugten ruhigen Fischerdorf auf einer schmalen Landzunge unweit von Rostock. Er fand es dort »wundervoll, kein Telephon, keine Verpflichtung, absolute Ruhe. ... Ich liege am Gestade wie ein Krokodil, lasse mich von der Sonne braten, lese nie eine Zeitung und pfeife auf die sogenannte Welt.«[11] Die acht Wochen taten ihm gut, die gräßlichen Anfälle blieben aus. »Allerdings muß ich grössere Gänge und rasche Bewegung unbedingt vermeiden und einigermassen diätessen.«[12] Das Faulenzen am Strand und die Möglichkeit, den ganzen Tag barfuß zu verbringen, bereitete ihm einen so großen Genuß, daß er Born spaßeshalber vorschwärmte:

»Wenn wir nur letztere schöne Sitte (freiwillig) in Berlin durchsetzen könnten!«[13] – Er konnte das erst in Amerika, wo er prompt als der »Mann ohne Socken« berühmt wurde.

Ganz ohne Probleme blieb Einstein auch in Ahrenshoop nicht. Das Verzwickteste hatte mit einem Brief aus Zürich zu tun, der gegen Ende der Ferien eintraf und den ihm Edgar Meyer geschrieben hatte, der Nachfolger von Alfred Kleiner auf dem Ordinariat für Physik der Universität. Auf eifriges Betreiben von Heinrich Zangger, dem in politischen und akademischen Winkelzügen gleichermaßen erfahrenen Freund, hatten sich Universität und ETH zusammengetan, um Einstein einen ganz speziellen, gemäß seinen persönlichen Bedürfnissen eingerichteten gemeinsamen Lehrstuhl zu offerieren. Was Anlaß zur Freude hätte sein können, stürzte ihn jedoch in »peinliche Verlegenheit«.[14]

Einstein war so gerührt wegen dieses Angebots, daß er Zürich seine »Vaterstadt« nannte, wenn er sich auch nicht verkneifen konnte, sogleich daran zu erinnern, wie glücklich er »vor 18 Jahren mit einer lumpigen Assistenz gewesen« wäre – diese Wunde saß tief. Daß ihm die politischen und allgemeinen Verhältnisse in der Schweiz unvergleichlich sympathischer als in Berlin waren, brauchte er nicht erst zu erklären. Zudem war nicht mit dem Kollaps des Staatswesens zu rechnen, der in Deutschland bei Kriegsende drohen würde, weshalb auch der Franken solider war als die Mark. Aber »in Berlin legt man mir alles Erdenkliche zu Füßen... ich möchte vor Scham in den Boden sinken.« Von Berlin wollte er nicht weg, und aufteilen konnte er sich auch nicht. »Was thun? Schwere Tage des Grübelns sind hinter mir. Beweis: ich träumte, ich hätte mir mit dem Rasiermesser die Gurgel durchgeschnitten.«[15]

Besso bat er eindringlich, sich vorzustellen, was ihn an Berlin festhielt: »Wenn Du sehen würdest, wie schöne Beziehungen sich zwischen meinen nächsten Kollegen und mir (besonders Planck) herausgebildet haben und wie mir hier alle entgegengekommen sind und stets entgegenkommen, wenn Du Dir ferner gegenwärtigst, dass meine Arbeiten erst durch das Verständnis, das sie hier gefunden haben, zur Wirkung gelangt sind, dann wirst Du doch begreifen, dass ich mich nicht entschliessen kann, dieser Stätte den Rücken zu kehren.«[16] Manches davon klingt vorgeschoben, nicht die schöne Beziehung zu Planck und anderen Kollegen, aber doch Berlin als Ort besonderen Verständnisses und besonderer Wirkung. Da hatte er schon anderes geschrieben, insbesondere über die intransigenten Astronomen, und seit Schwarzschilds Tod arbeitete niemand außer ihm in Berlin an der Allgemeinen Relativitätstheorie. Gab es nicht auch Leiden, Göttingen oder München, und war nicht der Mathematiker Hermann Weyl inzwischen in Zürich ein überaus produktiver, von Einstein sehr geschätzter Relativist geworden? Und hätte er mit dem »feindlichen Ausland«, mit Engländern, Franzosen und Italienern, von der Schweiz aus nicht viel besser Kontakt halten können, auch nach Kriegsende?

Natürlich gab es noch andere Gründe, daß nämlich »grosse Schwierigkeiten harren würden, wenn ich mein Zelt wieder in Zürich aufschlüge, wenn es auch sehr verlockend erscheint, wieder in der Nähe meiner Kinder sein zu können; die bisherigen Erfahrungen bei meinen Besuchen in der Schweiz flössen mir da wenig Mut ein. Hier kommen mir alle nur bis zu einem gewissen Abstand nahe, sodass das Leben nahezu reibungslos dahinläuft.«[17] Nun kann man rätseln, was Einstein so wie Buridans Esel zwischen Zürich und Berlin derart qualvoll leiden ließ, daß er sich im Traum mit dem Rasiermesser die Gurgel durchgeschnitten hatte: der Konflikt zwischen der Anhänglichkeit an die »Vaterstadt« und dem der Wissenschaft förderlichen Klima in Berlin oder der zwischen Elsa und Mileva. Beide zusammen sprachen jedenfalls für Berlin.

Weil er aber die Zürcher nicht enttäuschen wollte, sehr an seiner »Vaterstadt« hing und ihm deshalb »das Neinsagen unsagbar sauer wurde, that ich etwas, das ich sonst verabscheue: ich griff zum Kompromiss!«[18] Der sah so aus, daß er Edgar Meyer vorschlug, zweimal im Jahr für etwa vier bis sechs Wochen nach Zürich zu kommen und jeweils etwa 12 Vorlesungen zu halten. Dies sollte nicht im Rahmen einer festen Anstellung geschehen, sondern als Lehrauftrag. Verdienen wollte er daran nichts, sondern nur um die Erstattung der Reise- und Aufenthaltskosten bitten. Als es nach einigem Hin und Her zwischen der Universität und der Zürcher Erziehungsdirektion gegen Ende des Jahres so beschlossen werden sollte, teilte er auf Anfrage der Erziehungsdirektion mit, er würde die Vorlesungen gern, »um sich seinen Mitbürgern dankbar zu erweisen, unentgeltlich halten«.[19] Nur wegen der durch den Krieg geschaffenen erschwerenden Umstände bat er um eine Reise- und Aufenthaltsvergütung von 1200 Franken und brachte abschließend seine Freude zum Ausdruck, daß es ihm vergönnt sei, »an dem geistigen Leben der Universität Zürich wieder Anteil zu nehmen«.

Es gab noch eine andere Veränderung in Zürich, die Einstein beschäftigte: Mileva hatte, vermutlich nach endlosen Gesprächen mit Besso und Zangger, einsehen müssen, daß ihr Mann nicht mehr an den häuslichen Herd zurückkehren würde, und schließlich in eine Scheidung eingewilligt. Das hatte die angespannte Situation bereinigt. Von den Söhnen erhielt er wieder Briefe, und »auch Mileva schreibt freundlich«.[20] Der Rechtsanwalt Emil Zürcher, der im gleichen Haus wie Einsteins Frau in der Gloriastraße 59 in unmittelbarer Nähe zum Physikalischen Institut des Polytechnikums wohnte und seine Hausnachbarin schon oft unterstützt und beraten hatte, betätigte sich als guter Makler in der nicht ganz einfachen Angelegenheit, bei der es nicht nur um die juristische Bilanz seelischer Verletzungen, sondern auch um die Regelung der finanziellen Fragen ging.

Als Einstein im Sommer 1914 seine Familie allein nach Zürich fahren ließ, konnte er noch annehmen, daß es ihm mit seinem Berliner Akademie-Gehalt leichtfallen würde, für seine Frau und die Söhne in der Schweiz angemessen zu sorgen. Jedes Jahr zahlte er 7000 Mark, also über die Hälfte seines Einkommens, und wenn es nötig war, schickte er auch mehr. Es war oft nötig: »Es ist ein Glück, daß ich die Stelle hier erhielt«[21], schrieb er noch Ende 1916 an Besso, der auch in Geldangelegenheiten als sein Zürcher Stellvertreter fungierte, »sonst wäre ich finanziell ganz ruiniert.« Für sich selbst hatte er immer noch genug und sogar etwas zurückgelegt, »da ich äußerst sparsam gelebt habe«.

Trotz Sparsamkeit wurde die finanzielle Lage aus zwei Gründen immer schwieriger: Zum einen hatten die häufigen Erkrankungen und Sanatoriumsaufenthalte von Mileva und Eduard große Ausgaben verursacht, und zum anderen war der Kurs der Mark gegenüber dem Schweizer Franken während des Krieges um mehr als ein Drittel gesunken; kosteten 100 Sfr. vor dem Kriege 83 Mark, so mußten 1916 schon 106 Mark und 1917 gar 135 Mark bezahlt werden.[22] Einstein hatte im Jahr 1917 insgesamt 12000 Mark in die Schweiz überweisen müssen, also sein gesamtes Akademie-Gehalt, weshalb er auch in Zürich energisch Sparsamkeit anmahnen mußte: 6000 Franken, nach damaligem Kurs um die 8500 Mark, wollte er künftig schicken, und nichts darüber hinaus.[23] – Das war immer noch deutlich mehr als sein Gehalt in der ersten Professorenzeit an der Universität und ausreichend für ein bürgerliches Leben.

Die Auseinandersetzung über die finanzielle Sicherstellung von Mileva und den Söhnen nach der Scheidung wurde durch einen kuriosen Einfall erleichtert, bei dem es nicht mehr auszumachen ist, wer ihn zuerst ins Spiel gebracht hat: der Nobelpreis. Seine Verleihung war wegen des Krieges 1916 ausgesetzt worden, aber sobald sie wieder aufgenommen werden würde, wäre der Ruf aus Stockholm für Einstein nur noch eine Frage der Zeit. Die Preissumme war hoch und die Schwedenkrone eine ebenso solide Währung wie der Schweizer Franken, so daß man von den Zinsen ganz angenehm leben konnte. Also wurde schon im Sommer 1918 vereinbart, daß Mileva das Kapital des hypothetischen Nobelpreises erhalten sollte. Sie durfte darüber jedoch »nicht ohne Zustimmung von Prof. Einstein« verfügen.[24]

»Mir geht es vorzüglich, sowohl gesundheitlich und auch sonst«, schrieb er seiner Mutter. »Ich lebe neu auf, da mir nun mein grosser, heisser Wunsch in Erfüllung geht.«[25] Kleinere administrative Pannen in der juristischen Abwicklung amüsierten ihn. So wurde er in Berlin zu einem Gericht bestellt, das in Amtshilfe tätig war, erhielt aber die Aufforderung nicht rechtzeitig, und beim nächsten anberaumten Termin waren die Akten schon wieder nach Zürich geschickt worden. »Meine Scheidungsangelegenheit ist ein Spass für alle, die darum wissen.«[26] Nur die Söhne schrieben wieder einmal nicht, trotz vieler Anfragen.

Im Wintersemester 1918/19 hielt Einstein jeden Sonnabend sein nun schon beinahe traditionelles zweistündiges Kolleg über Relativitätstheorie. Er war noch mit den Anfangsgründen beschäftigt, da trug er in seine Vorlesungsnotizen ein: »9.XI. – fiel aus wegen Revolution.«[27] Das Deutsche Reich war in Auflösung begriffen, und Einstein war begeistert. Am 3. Oktober war von der Regierung ein Gesuch um Waffenstillstand und Frieden an den amerikanischen Präsidenten Woodrow Wilson gerichtet worden, der mit einer Forderung nach Demokratisierung in Deutschland antwortete. Die bis dahin sich immer noch als die zukünftigen Sieger wähnenden Deutschen waren tief getroffen, die Armee war erschöpft und verschlissen, in Kiel meuterten am 4. November die Matrosen der Marine. Wie ein Flächenbrand breitete sich die Revolte aus. Am 9. November hatte sie Berlin erreicht und wurde zur Revolution. Arbeiter- und Soldatenräte riefen den Generalstreik aus, das Volk ging auf die Straßen, zog zum Reichstag und demonstrierte für die sofortige Beendigung des Krieges. Noch an diesem Tage, an dem vormittags Einsteins Kolleg ausfiel, wurde nachmittags die Republik ausgerufen; nachts dankte der Kaiser ab und ging ins Exil nach Holland.

Auf Einstein wirkte das wie ein Jungbrunnen. Mit dem Sinn für historische Dimensionen schickte er Postkarten in alle Welt, die davon kündeten, er sei – ähnlich wie Goethe bei der Kanonade von Valmy

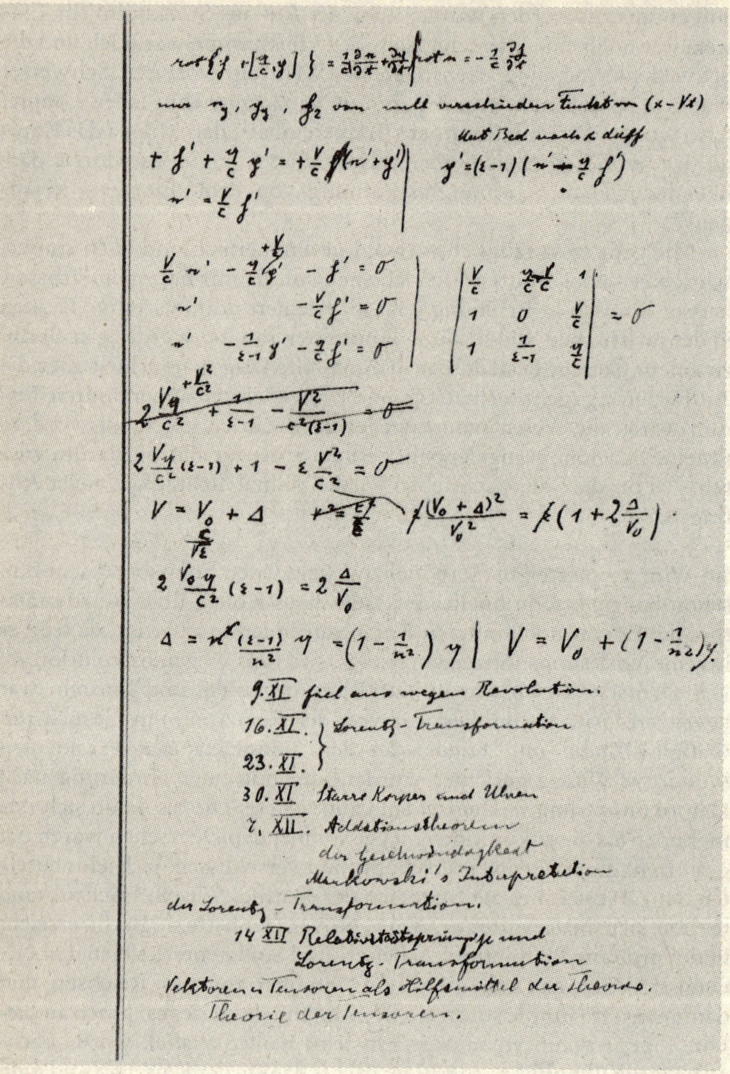

Notizbuch 1919: »fiel aus wegen Revolution«

– dabeigewesen: »Das Grosse ist geschehen!« schrieb er nach zwei Tagen Revolution an Schwester und Schwager in Luzern. »Dass ich das erleben durfte! Keine Pleite ist so gross, dass man sie nicht gern in Kauf nähme um so einer herrlichen Kompensation willen. Bei uns ist der Militarismus und der Geheimratsdusel gründlich beseitigt.«[28] Auch die Mutter, die jetzt mit ihrem Bruder Jakob Koch in Zürich lebte, bekam am gleichen Tage Nachricht: »Sorge Dich nicht. Bisher ging alles glatt, ja imposant. ... Jetzt wird mir erst recht wohl hier. Die Pleite hat Wunder getan. Unter den Akademikern bin ich so eine Art Obersozi.«[29] Die Hoflieferantentochter Pauline hatte wieder einmal Anlaß, sich über ihren Sohn zu wundern.

Einstein hegte die Hoffnung, die militärische Machtreligion sei endgültig verschwunden, Adel, Junker, Offiziers- und Beamtencliquen entmachtet und Deutschland auf dem Wege zu einer Demokratie. Die Sitzungen in der Akademie amüsierten ihn mehr als je zuvor, und für die Kollegen Geheimräte, deren Welt zusammengebrochen war, hatte er mehr Spott als Mitleid übrig: »Die alten Leutchen sind grösstenteils desorientiert und schwindelig. Sie empfinden die neue Zeit wie einen traurigen Carneval und trauern nach der alten Wirtschaft, deren Verschwinden unsereinem eine solche Befreiung bedeutet. ... Ich geniesse den Ruf eines untadeligen Sozi; infolgedessen gelangen Helden von gestern schweifwedelnd zu mir, in der Meinung, dass ich ihren Sturz ins Leere aufhalten könne. Drollige Welt.«[30]

Dabei mag er auf ein Ereignis aus den ersten Tagen der jungen Republik angespielt haben. Nach dem Vorbild der Arbeiter- und Soldatenräte hatte sich in Berlin auch ein Studentenrat gebildet, der als revolutionären Akt den Rektor der Universität und die Dekane erst abgesetzt und dann Magnifizenz nebst Spectabilitäten kurzerhand eingesperrt hatte.

Einfluß bei den Revolutionären wurde am ehesten dem »Obersozi« Einstein zugetraut, und der war auch bereit, sich für die Freilassung der Eingesperrten einzusetzen.[31] In Begleitung von Max Born und dem Psychologen Max Wertheimer, die er telefonisch um Unterstützung gebeten hatte, und mit dem Manuskript einer kleinen Rede in der Rocktasche fuhr er mit der Straßenbahn zum Reichstagsgebäude. Die bewaffneten Revolutionäre konnten mit den drei Professoren zuerst nichts anfangen, aber als jemand Einstein erkannte, wirkte das wie ein Passierschein.

Der Studentenrat tagte in einem der Konferenzzimmer des Reichstags und war gerade mit neuen Statuten für die Universität beschäftigt. Einstein und seine Begleiter hatten zu warten und konnten dem

Palaver zuhören, bis schließlich der berühmte Mann um seine Meinung gefragt wurde. Mit den eben beschlossenen Neuerungen, die auf Lehrpläne und Verschulung hinausliefen, war er gar nicht einverstanden. Erinnerung ans »Poly« mögen wachgeworden sein, als er ein kleines Plädoyer für die Erhaltung der akademischen Freiheit extemporierte, die er als »das Wertvollste an der Einrichtung der deutschen Universitäten« empfand. »Ihre neuen Statuten scheinen das alles aufzuheben und durch genaue Vorschriften zu ersetzen. Mir täte es leid, wenn die alte Freiheit aufhörte.«[32] Darauf betretenes Schweigen und dann die Erklärung, daß man für die Freilassung des Rektors nicht zuständig sei, sondern dies in der Macht der neuen Regierung läge.

Also weiter zur Reichskanzlei in der Wilhelmstraße, auch die im revolutionären Durcheinander, aber Einstein wurde gleich erkannt und zum eben ausgerufenen Reichspräsidenten Ebert vorgelassen. Obzwar der Wichtigeres zu tun hatte, als sich um ein paar festgesetzte Professoren zu kümmern, gab er eine schriftliche Anweisung an den zuständigen Minister, und die »Sache war im Handumdrehen erledigt«.[33] Einsteins Ruf als Obersozi war tatsächlich untadelig.

Seine kleine vorbereitete Rede hat Einstein mangels Gelegenheit wahrscheinlich gar nicht gehalten. Nach dem erhalten gebliebenen Manuskript hätte er sich den »Genossinnen und Genossen!« vorgestellt als ein »alter Demokrat, der nicht hat umlernen müssen«. In wohlabgewogenen Worten hätte er eine kleine Lektion in Demokratie erteilt, zu der auch die Warnung gehörte, »dass die alte Klassen-Tyrannei von rechts nicht durch eine Klassen-Tyrannei von links ersetzt werde. Lasset Euch nicht durch Rachegefühle zu der verhängnisvollen Meinung verleiten, dass eine vorläufige Diktatur des Proletariats nötig sei, um die Freiheit in die Köpfe der Volksgenossen hineinzuhämmern. Gewalt erzeugt nur Erbitterung, Haß und Reaktion.«[34]

25 Jahre später kam er in einem Brief an Max Born auf dieses Unternehmen zurück, mitten im Zweiten Weltkrieg ungläubig und ernüchtert zurückblickend auf seine damalige Illusion, »dass wir wirksam helfen könnten, aus den Kerlen dort ehrliche Demokraten zu machen? Wie naiv wir doch gewesen sind als Männer von 40 Jahren. Ich kann nur lachen, wenn ich daran denke. Wir empfanden beide nicht, wieviel mehr im Rückenmark sitzt als im Großhirn und wieviel fester es sitzt.«[35]

Aber in den ersten Monaten begrüßte Einstein ohne Vorbehalte die neue Republik, sympathisierte und litt mit den Deutschen und ihrem schweren Schicksal, als hätte er das Land seiner Geburt, von dem er sich als junger Mann losgesagt hatte, nun doch als Heimat oder sogar als Vaterland, freilich ohne Vaterländerei, akzeptieren wollen. Er beabsichtigte sogar, seine für Dezember 1918 geplante Reise in die Schweiz zu einem Abstecher nach Paris zu nutzen, »um die Entente zu bitten, die hiesige ausgehungerte Bevölkerung vor dem Hungertod zu retten. Nach so viel Lüge hält es schwer, der bitteren Wahrheit zum Glauben zu verhelfen. Aber ich denke, mir wird man glauben, wenn ich mein Ehrenwort gebe.«[36] Die Reise nach Paris war wohl doch eine zu verwegene Idee; sie kam nicht zustande, wohl aber die Reise in die Schweiz.

Mitte Dezember verließ Einstein gemeinsam mit Elsa Berlin. Der als Kompromiß akzeptierte Lehrauftrag war zu erfüllen und die Ehescheidung abzuwickeln. Natürlich wollte er seine Söhne sehen, mit den Freunden reden und sich, auch wenn es Winter war, ein wenig erholen. Was er antraf, waren eine »strahlende Landschaft und satte Bürger, die nichts zu fürchten haben«.[37] Jedoch wollten ihn die Veränderungen in Deutschland nicht loslassen, fast hatte er Sehnsucht: »Aber weiss Gott, mir gefallen die Menschen mit den Sorgen, denen das Morgen in Unbestimmtheit droht. Wie wird alles werden? Man kann die Gedanken kaum von dem verwandelten und sich immer noch wandelnden Berlin loskriegen.«

Am 23. Dezember hatte der Erziehungsrat des Kantons Zürich noch die Formalien nachgeholt und in schweizerischer Vorsicht den Lehrauftrag »im Sinne eines Versuches für das laufende Wintersemester«[38] erteilt. Nach Weihnachten blieb die Universität wegen Kohlenmangels noch bis Ende Januar geschlossen. Einstein fuhr derweil mit Elsa nach Arosa und Luzern und kehrte Anfang Februar nach Zürich zurück. Den ganzen Monat über hielt er dreimal die Woche eine zweistündige Vorlesung, insgesamt 24 Stunden. 45 Studenten und 105 Gasthörer waren eingeschrieben. Er hatte sich, wie er Sommerfeld schrieb, »fast die Lunge und das Gehirn herauspredigen müssen, sodass ich eine ordentliche Gier nach Ruhe habe«.[39]

Zwischendurch wurde am 14. Februar die Ehe mit Mileva durch das Bezirksgericht geschieden, wegen »Ehebruchs«, »charakterlicher Unverträglichkeit« und anderer schwerwiegender Gründe.[40] Das Sorgerecht für die Söhne wurde Mileva zugesprochen, Einstein verpflichtete sich zur Zahlung von jährlich achttausend Franken, die gegen die Zinsen des hypothetischen Nobelpreises zu verrechnen wären, und zudem wurde nach damaliger Schweizer Sitte Einstein als dem schuldigen Teil auferlegt, die nächsten zwei Jahre nicht zu heiraten.

Zu seinem 40. Geburtstag am 14. März 1919 war Einstein wieder in Berlin. Der Tag verlief ruhig, wie er es sich gewünscht hatte, denn »außer der Haberlandstr. 5 wußte hier niemand von dem wichtigen Ereignis – Gottseidank«.[41] Die politische Lage hatte sich beruhigt, zumindest an der Oberfläche, aber Einsteins Optimismus war verflogen. Er war enttäuscht, sowohl von der Entwicklung in Deutschland als auch von den Siegern und ihrer unversöhnlichen Haltung gegenüber Deutschland im Versailler Vertrag, von der er befürchtete, daß sie dem Gedeihen der Demokratie in Deutschland abträglich sein müsse. »Diejenigen Staaten«[42], schrieb er an Ehrenfest, »deren Obsiegen ich während des Krieges als das unvergleichlich kleinere Übel empfunden hatte, erweisen sich nun als nur wenig kleineres Übel. Dazu die überaus unehrliche hiesige Politik. Reaktion mit allen Schandtaten in widerlicher revolutionärer Verkleidung.« Trotzdem fühlte er sich in Berlin wohl: »Wenn nicht ganz Schreckliches kommt, gehe ich keinesfalls von hier weg.«[43]

Einsteins politische Sympathien gehörten den radikalen Linken. Sogar der Bolschewismus nach russischem Muster, von dessen Unvermeidlichkeit er zeitweise überzeugt war, wäre für ihn kein Grund gewesen, Berlin zu verlassen. Nichts konnte so schlimm sein wie die Rückkehr zu den alten Verhältnissen des Kaiserreichs. Ende März hielt er eine Vorlesung, für die zugunsten der Kasse des sozialistischen Studentenvereins Eintrittsgeld erhoben wurde – selbstverständlich sprach er über das Relativitätsprinzip.[44]

Ebenso wichtig wie die Umgestaltung in Deutschland war ihm die internationale Aussöhnung. Zur Beförderung des Vertrauens des Auslands in die junge deutsche Demokratie wurde er Mitglied in einer Kommission, die weder offiziell noch amtlich, sondern nur vom persönlichen Engagement ihrer sechs Mitglieder getragen war. Als Zielsetzung dieser Kommission schilderte er Lorentz, den er um Mitarbeit oder wenigstens Unterstützung gebeten hatte, »die im Ausland bekannt gewordenen und als erwiesen geltenden Anklagen gegenüber der deutschen Kriegsführung an Hand hiesiger und womöglich auch ausländischer offizieller Dokumente einer gewissenhaften Prüfung zu unterziehen und das Resultat hier zu veröffentlichen«.[45]

Als erstes sollten die von deutschen Truppen in der französischen Stadt Lille verübten Kriegsgreuel dokumentiert werden. Einsteins Mitarbeit in der Kommission kann nicht sehr intensiv gewesen sein, dazu war er zu oft auf Reisen. Sie war auch nicht rundum erfreulich, denn die erste Auflage einer im September 1919 fertiggestellten Broschüre versetzte ihm »einen richtigen Schrecken«.[46] Wegen eines taktlosen Geleitworts und schlampiger Dokumentation befürchtete er, daß sie »mehr hätte schaden als nutzen können«. Die Auflage wurde eingestampft, eine zweite Fassung war mit Einsteins Billigung im Januar des nächsten Jahres im Druck. Schon vor ihrem Erscheinen wurde sie heftig angefeindet, bewirkte aber trotzdem Gutes, denn Einstein konnte Lorentz berichten, in Deutschland beginne »doch allmählich die Überzeugung durchzudringen, dass schwer gesündigt worden ist, und dass man an dem furchtbaren Hass nicht unschuldig ist«.[47]

Einsteins Haltung war weit entfernt von der wohlfeilen Rechthaberei dessen, der es schon immer gewußt hat und nun die Bestätigung auskostet. Den Deutschen hatte er sich wohl nie zuvor und auch später nie wieder so nahe gefühlt wie nach dem verlorenen Krieg. Da die Sieger jede Versöhnungsbereitschaft vermissen ließen und durch Fortsetzung der »Hungerblockade« die ohnehin schreckliche Not noch verschlimmerten, konnte er dieses Mal nicht anders als mit den Deutschen solidarisch empfinden und unterzeichnete im Herbst 1919 einen Aufruf des »Bund Neues Vaterland« gegen diese Maßnahmen der Entente.

Zur Weigerung der meisten ausländischen Gelehrten, die Beziehungen zu ihren deutschen Kollegen wieder aufzunehmen, sowohl persönlich als auch in internationalen wissenschaftlichen Organisationen, meinte er zwar, daß »es nichts schadet, wenn diesen Menschen durch Boykott der Ausländer ihre Abhängigkeit fühlbar gemacht wird«. Aber die Verurteilung der deutschen Professoren im noch längst nicht beigelegten »Schreibkrieg« schien Einstein »trotz der grässlichen Dinge, die geschehen sind, zu hart zu sein. ... Schon a priori ist es unglaublich, dass die Bewohner eines ganzen grossen Landes moralisch minderwertig seien«.[48] Die Deutschen hatten an ihm einen guten Fürsprecher, zumal er der einzige Berliner Gelehrte war, der im Ausland auf Glaubwürdigkeit und Sympathien rechnen konnte. Deshalb wollte er freilich noch nicht deutscher Staatsbürger werden. Er war Schweizerbürger und wollte das bleiben.

Im April und Mai 1919 war Einstein wieder in Zürich, zum Besuch seiner Söhne und sonstigen Verwandten und Freunde sowie wegen seines Lehrauftrags. Bei diesem hatte das Interesse erheblich nachgelassen, da sich nur noch 15 Hörer der Universität und 22 Gasthörer, die meisten vom Polytechnikum, zu einem Kursgeld von zehn Franken eingeschrieben hatten. Der auf Sparsamkeit bedachte kantonale Erziehungsrat fand das zu wenig und befand, »dass ein Bedürfnis für die regelmässige Wiederholung des Lehrauftrags für unsere Universität nicht besteht«[49], aber die Fakultät bestand auf Verlängerung und setzte sie durch. Trotzdem wurde das zweite schon Einsteins letztes Semester als Lehrbeauftragter in Zürich, was aber nicht an der Knausrigkeit der Obrigkeit lag, sondern an Einsteins Mangel an Zeit und Interesse.

Ungeachtet früherer Vorsätze und ungeachtet auch des zweijährigen Heiratsverbots, das Einstein im Scheidungsurteil vom Zürcher Bezirksgericht auferlegt worden war, schritt er am 2. Juni 1919 in Berlin zum Standesamt und heiratete seine Cousine Elsa[50], auch dies ein Ereignis, von dem in Berlin niemand außer der Haberlandstr. 5 gewußt haben dürfte. Schließlich war es nur die Legalisierung längst bestehender Verhältnisse. Elsas Töchter Ilse und Margot hatten schon zuvor den Namen Einstein angenommen und redeten ihren Onkel im Familienkreis als »Albert«[51] an, vor Dritten immerhin als »Vater Albert«[52], und wahrscheinlich war Einstein schon vor der Eheschließung aus der ohnehin nur »interimsweise«[53] gemieteten Nachbarwohnung geradewegs über das Treppenhaus in die von Elsa umgesiedelt. Einstein, der sich selbst immer als »Einspänner« sah, hatte nun wieder ein Heim, heimisch wurde er deshalb aber nicht.

Elsas und nun auch seine Wohnung lag im vierten, obersten Stockwerk eines äußerlich nicht gerade eindrucksvollen Hauses, das gleichwohl mit dekorativ ausgestatteter Eingangshalle, Portier und Fahrstuhl dem Lebensstil der wohlhabenderen Berliner Familien entsprach. Die Wohnung hatte sieben Zimmer[54], die größten davon als Salon, Bibliothek und Speisezimmer in jenem etwas düsteren Stil eingerichtet, der in wilhelminischer Zeit als zugleich repräsentativ und gemütlich gegolten haben mag. Wie der häufiger zu Besuch weilende Philipp Frank es empfand, lebte Einstein »inmitten schöner Möbel, Teppiche und Bilder. ... Aber wenn man in das Haus kam, so fühlte man, daß Einstein immer ein Fremdling in einem solchen ›bürgerlichen‹ Haushalt blieb: ein Wanderer durch die Welt, der einen Moment ausruht, ein Bohemien als Gast in einem bürgerlichen Heim«.[55]

Nun war auch standesgemäßes gesellschaftliches Leben möglich, aber es war nicht das, wobei sich Einstein wohlfühlte. Harry Graf Kessler, neben vielem anderen auch Chronist der Berliner Gesellschaft in der Weimarer Republik, trug nach einer Einladung zum Abendessen bei Einsteins in sein Tagebuch ein: »Ruhige, hübsche Wohnung im Berliner Westen... etwas zu großes und großindustrielles Diner, dem dieses wirklich liebe, fast noch kindlich wirkende Ehepaar eine gewisse Naivität verlieh.«[56]

1 Albert und Maja Einstein

2 Klassenphoto, Kantonsschule Aarau, 1896 (Einstein unten links)

3 »Akademie Olympia«

4 Albert Einstein, 1898

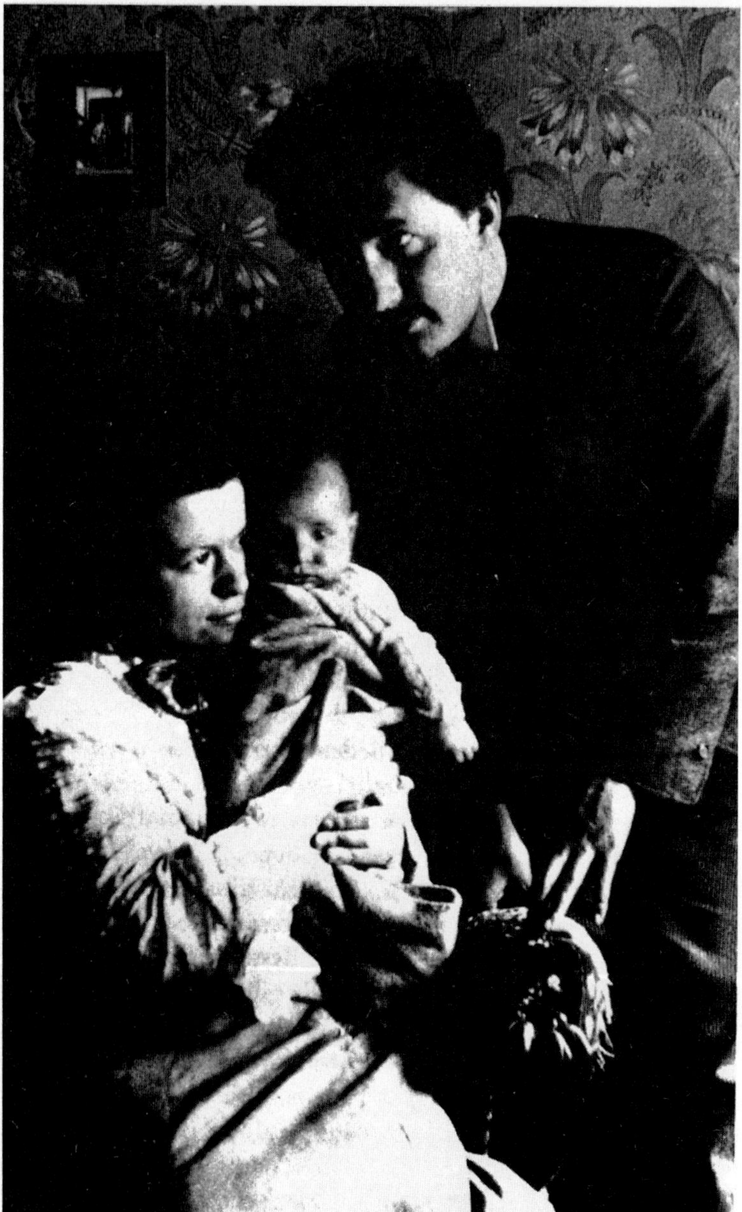

5 Albert Einstein, Miléva und Sohn Hans Albert, 1904

6 Albert Einstein im Patentamt, um 1906

7 Erster Solvay-Kongreß 1911 (Einstein zweiter von rechts)

8 Fünfter Solvay-Kongreß, Brüssel 1927 (Einstein erste Reihe, fünfter von rechts)

9 Albert Einstein, 1912

14. Dezember 1919
Nr. 50
28. Jahrgang

Berliner
Illustrirte Zeitung

Einzelpreis des Heftes 25 Pfg.

Verlag Ullstein & Co, Berlin SW 68

Phot. Suse Byk.

Eine neue Größe der Weltgeschichte: Albert Einstein, dessen Forschungen eine völlige Umwälzung unserer Naturbetrachtung bedeuten und den Erkenntnissen eines Kopernikus, Kepler und Newton gleichwertig sind.

10 Albert Einstein auf der Titelseite der ›Berliner Illustrirten Zeitung‹, 1919

11 Albert Einstein, um 1920

12 Albert Einstein mit H. A. Lorentz

13 Albert Einstein und seine Frau Elsa, Berlin 1921

14 Peter Zeeman, Einstein, Paul Ehrenfels, Leiden

15 Albert Einstein in Japan bei Teezeremonie

16 Albert Einstein am Collège de France, 1922

17 Albert Einstein im »Turmzimmer«, 1927

18 Walther Nernst, Einstein, Max Planck, Robert Andrews Millikan, Max von Laue, Berlin 1928

19 Max Planck, der britische Premierminister J. R. MacDonald, Einstein, Finanzminister Hermann Dietrich und Geh. Rat Schmitz vom IG Farbenkonzern, Berlin 1931

20 W. Adams, A. A. Michelson, Einstein und R. A. Millikan in Pasadena, 1931

21 Albert Einstein
mit Kopfschmuck der
Hopi-Indianer
als der »Große Relative«,
1931

26 Albert Einstein im Arbeitszimmer in der Mercer Street, 1937

SECOND NEW

r News, Subscriptions
or Advertising
Call ATlantic 6100.

SATURDAY
MORNING,

Pittsburgh P

WORLD
of OURS
-by-

Constantly Expressive—Einstei

Professor Albert Einstein in a group of characteristic expressions, all moving slowly toward his famous smile in which his face actually lights up as he replies to the questions of his interviewers.

These portrait photographs, taken ye newspapermen who crowded around eagerly; next, getting a gleam of in

27 Albert Einstein auf dem Titelblatt der ›Pittsburgh Post-Gazette‹, Dezember 1934

ECTION

st-Gazette

DECEMBER 29, 1934.

SPORTS, FINANCIAL, CLASSIFIED SECTION

arms Up to His Subject

—Post-Gazette Photos.

as he answered the 20 … now him first, listening … to the question; third, … explaining slowly and patiently; fourth, making his point clear; and last—the smile itself. He did not hesitate to say, "I don't know," frequently in reply to queries by his interviewers.

ATOM ENERGY HOPE IS SPIKED BY EINSTEIN

Efforts at Loosing Vast Force Is Called Fruitless.

SAVANT TALKS HERE

Now Indicates Doubt Of Relativity Theory He Made Famous.

Blind chance, or cause and effect—which ever you prefer—may run the universe!

Space may be infinite, or it may be finite, nobody knows!

It may be curved, or not curved, just as you please!

Whatever you decide, no one can contradict you, because no one has so far been able to prove any one of these contentions. Stil, you may be wrong, because some of the contentions may be proved in the future.

That is the contention of Prof. Albert Einstein.

But the "energy of the atom" is something else again. If you believe that man will someday be able to harness this boundless energy—to drive a great steamship across the ocean on a pint of water, for instance—then, according to Einstein, you are wrong now.

Energy of Atom.

The idea that man might some day utilize the atom's energy brought the only emphatic denial from the noted scientist yesterday when he was interviewed by a score of newspapermen at the home of Nathaniel Spear, near …

28 Albert Einstein, 1938

29 Albert Einstein, 1940

30 Albert Einstein und J. Robert Oppenheimer, ca. 1947

31 Albert Einsteins 70. Geburtstag in Princeton, 1949
(von links nach rechts: H. P. Robertson, E. Wigner, H. Weyl, K. Gödel, I. I. Rabi, Einstein, R. Ladenburg, J. R. Oppenheimer, G. M. Clemence)

32 Albert Einstein mit David Ben Gurion, Princeton 1951

33 Niels Bohr, James Franck, Einstein und Isidor I. Rabi, 1954

34 Vor den Kameras der amerikanischen Fernsehgesellschaft NBC
nimmt Einstein Stellung zu der Entscheidung der amerikanischen Regierung,
die Wasserstoff-Bombe weiterzuentwickeln, 1952

Die Gäste an diesem Abend waren der steinreiche Leopold Koppel, Mäzen sowohl des Kaiser-Wilhelm-Instituts für Physik als auch der Akademie im Zusammenhang mit Einsteins Gehalt, dann Mendelssohns – vermutlich eher die ebenfalls steinreichen Bankiers als der Architekt –, Emil Warburg von der Physikalischen Reichsanstalt, immerhin Präsident, schließlich der demokratische Politiker Bernhard Dernburg und der Chronist, der weiterhin notierte: »Irgendeine Ausstrahlung von Güte und Einfachheit entrückte selbst diese typisch Berliner Gesellschaft dem Gewöhnlichen und verklärte sie durch etwas Patriarchalisches und Märchenhaftes.«

Elsa war drei Jahre älter als Einstein, eine immer noch attraktive, lebenslustige und lebenstüchtige Frau, nicht ohne Bewußtsein für gesellschaftlichen Status und empfänglich für den Ruhm ihres Mannes. Daß sie bei der Anrede als »Frau Professor« regelrecht erblühte, war damals nicht so selten, aber es muß noch etwas mehr an Eitelkeit im Spiel gewesen sein, wenn Philipp Frank registrierte, daß man in Berliner Professorenkreisen über Elsa Einstein allerlei Kritik zu hören bekommen konnte.[57] Diese Kritik fiel freilich ziemlich widersprüchlich aus. Manche sollen überhaupt ihr »Niveau« bemängelt haben, andere sagten ihr nach, sie schirme ihren Mann wie einen persönlichen Besitz ab, und wieder andere machten sie und ihre Ruhmsucht dafür verantwortlich, wenn ihnen Einsteins öffentliches Auftreten nebst der manchmal lärmenden Begleitumstände mißfiel. Elsa Einstein aber bemühte sich redlich, ihrem »Albertle« eine Atmosphäre zu schaffen, die seiner angegriffenen Gesundheit und seiner Arbeit gleichermaßen zuträglich war. Wenn sie dabei Erfolg hatte, so nicht zuletzt deshalb, weil sie bald lernte, ihrem »Einspänner« seinen Willen zu lassen.

Einstein hatte bei Elsa sein eigenes, spartanisch eingerichtetes Arbeits- und Schlafzimmer, aber der größte Vorzug an der Wohnung und ihrer Lage im vierten Stock bestand für ihn darin, daß alsbald im darüberliegenden Dachgeschoß zwei Mansardenräume hinzugemietet und als Studierzimmer um- und ausgebaut werden konnten. Dieses »Turmzimmer« mit schrägen Wänden war von klösterlicher Einfachheit: Regale voller Bücher, Zeitschriften und Separatdrucken, ein wenig erhöht auf einem Podest vor einem der beiden kleinen Fenster ein Schreibtisch und ein Stuhl, und an dem Wänden Drucke von Isaac Newton und Michael Faraday. Dies war sein Reich, wo nicht aufgeräumt werden durfte, sondern nur vorsichtiges Staubwischen erlaubt war. Hier hat er gearbeitet, die ihm genehmen Gäste empfangen, und hier residierte auch das Kaiser-Wilhelm-Institut für Physik.

Ein amerikanischer Journalist, der im März 1921 in Einsteins Studierzimmer hinaufgestiegen war, zeigte sich von der Schlichtheit und den vielen englischen Büchern in den Regalen beeindruckt, auch vom Porträt Newtons an der Wand.[58] Einstein habe »abgewetzte Hosen und einen Pullover« getragen, an einen Kragen oder ähnliche Insignien bürgerlich-korrekten Auftretens konnte sich der Besucher nicht erinnern. In bequemer Kleidung hat Einstein in seinem Turmzimmer mehr Zeit verbracht als unten in der Wohnung.

Der eheerfahrene Einstein hatte gewußt, daß er zum Ehemann nur begrenzt tauglich war, und dies auch nach der Heirat mit Elsa bestätigt gefunden. Es dauerte nicht lange, da schrieb er Besso von »der schweren Geduldprobe, welche die Ehe nun einmal darstellt«.[59] Sogar in einer öffentlichen Erklärung konnte er die Wonnen des Ehestandes in Zweifel ziehen, wenn er zwar jeden Krieg ablehnte, »ausgenommen den unvermeidlichen Krieg mit der eigenen Gattin«.[60] Immerhin war er »froh, dass meine jetzige Frau von wissenschaftlichen Dingen nichts versteht. Meine erste Frau war in dieser Beziehung ganz anders.«[61] Sogar einen kleinen Exkurs über Sinn und Grenzen der Genauigkeit in den Naturwissenschaften illustrierte er mit Anspielungen auf seine beiden Frauen:

> Es ist eine kuriose Sache mit der Begriffsschärfe und der Exaktheit der experimentellen Methode. Es gibt da in jeder Situation ein von dem gesunden Menschenverstand und vom Forschungsinstinkt zu wählendes goldenes Mittel zwischen Schlamperei und Pedanterie. Gegenwärtig tendiert die Mode nach dem letzteren Extrem. Es ist wie bei der guten Hausfrau: die gute Hausfrau ist die, die in der Mitte steht zwischen der Drecksau und dem Putzteufel.[62]

Als jüdische Studenten in Princeton von ihm wissen wollten, was er von Ehen zwischen Juden und Nichtjuden hielte, antwortete er: »Das ist gefährlich – aber schließlich ist jede Ehe gefährlich.«[63]

Aus alledem darf man entnehmen, daß es Elsa an der Seite ihres Gatten nicht leicht hatte. Sie rettete sich in eine Konzeption vom Genie, das notwendigerweise nicht vollkommen sein könne, vielmehr als Kompensation für seine reichen Gaben in anderer Hinsicht defizient sei. Nach zehn Jahren Ehe mit Albert Einstein hatte sich Elsa die folgende Erklärung für das anstrengende Leben an der Seite eines Genies zurechtgelegt:

> Man darf ihn nicht zergliedern, sonst kommt man auf »Ausfallerscheinungen«. Solch ein Genie hat solche, oder glaubt man, er sei untadelig nach

jeder Hinsicht. Mit nichten, so verfährt die Natur nicht. Wo sie so uferlos verschwendet, da nimmt sie in anderer Beziehung auch fort, und das kommt dann zu Ausfallerscheinungen! Man muß ihn als »Ganzes« betrachten, darf ihn nicht einreihen in diese oder jene Rubrik! Sonst erlebt man Unerquickliches. Aber der Herrgott hat schon viel Schönes in ihn hineingelegt und ich find ihn wundervoll, trotzdem das Leben an seiner Seite aufreibend und kompliciert ist, nicht nur in dieser, in jeder Hinsicht.[64]

In einem seiner letzten Briefe zog Einstein eine melancholische Bilanz seiner beiden Versuche als Ehemann; nach dem Tod des lebenslangen Freundes Michele Besso und kurz vor seinem eigenen schrieb er an Bessos Sohn Vero und dessen Frau: »Was ich aber am meisten an ihm als Menschen bewunderte, ist der Umstand, dass er es fertig gebracht hat, viele Jahre lang nicht nur im Frieden, sondern sogar in dauernder Konsonanz mit einer Frau zu leben – ein Unterfangen, in dem ich zweimal ziemlich schmählich gescheitert bin.«[65] – Das klingt nicht so, als habe er die Schuld dafür, wenn es denn eine gab, unbedingt bei den Frauen gesucht.

Schon bald nach seiner Eheschließung war Einstein im Sommer 1919 wieder in der Schweiz, zur Erholung und zum Besuch seiner unheilbar an Krebs erkrankten Mutter, aber auch zur Auslotung des im Jahr zuvor ausgeschlagenen Zürcher Angebots. Sehr wahrscheinlich hatte ihn der mit dem Versailler Vertrag einsetzende rapide Verfall der Mark gegenüber dem Schweizer Franken zu diesem Schritt veranlaßt, weil er anders keine Möglichkeit mehr sah, seinen Verpflichtungen gegenüber Mileva und den Söhnen nachzukommen.

Als Gerüchte über ernsthafte Veränderungsabsichten Einsteins nach Berlin gelangten, trat wie einst bei der Berufung die Autorität Max Planck auf den Plan. »Wie mir dabei zumute ist, können Sie sich denken«[66], deutete Planck in einem Brief an Einstein seine Sorgen an, und er stellte Abhilfe in Aussicht: »An wirtschaftlichen Fragen darf diese für unsere Akademie und für die ganze deutsche Wissenschaft so wichtige Angelegenheit nicht gemessen werden; oder mit anderen Worten: die Akademie oder der Staat muß und wird Ihnen diejenigen Mittel zur Verfügung stellen, welche Sie brauchen, um hier zu leben, falls Sie es wollen.« Auch Fritz Haber, der in seinem Verhältnis zu Einstein nicht ignorieren konnte, daß »die Jahre des Krieges uns auseinandergerückt haben«[67], schaltete sich ein und bemühte persönliche, politische und gar historische Dimensionen: »Es widerspricht dem Wunsche der Kollegen und dem Interesse des Staates zu sehr, daß Sie uns in Berlin verloren gehen, als daß wir die Fragen wirtschaftlicher Natur nicht in einem befriedigenden Sinne lösen müßten, befriedigend nicht zum wenigsten vor der Geschichte, die einst Rechenschaft darüber fordern wird, unter welchen Arbeitsbedingungen Sie Newtons Arbeit fortzusetzen hatten.«

Haber hätte sich nicht so ins Zeug legen müssen, denn Einstein, der sich sonst von kaum jemandem dreinreden ließ, hatte sein Schicksal schon ganz in die Hände von Max Planck gelegt, der in diesen Berliner Jahren ungeachtet der politischen Differenzen als Vaterfigur beinahe an die Seite von Lorentz getreten war. Einsteins Antwort an Planck ist verloren, aber an Ehrenfest schrieb er, daß er Planck versprochen habe, »Berlin nicht den Rücken zu kehren, bevor nicht Verhältnisse eintreten, die ihm (Planck) einen solchen Schritt als natürlich und richtig erscheinen lassen«.[68] Als Einstein nach Berlin zurückkehrte, hatte er in Zürich endgültig abgesagt. »Ich freue mich außerordentlich, daß Sie bleiben«[69], begrüßte ihn Haber, »ganz außerordentlich.«

Planck und Haber hatten inzwischen mit dem Ministerium sowie mit dem Kommerzienrat Leopold Koppel verhandelt und eine Aufbesserung der Bezüge um insgesamt zehntausend Mark erreicht, zum einen Teil aus der Staatskasse und zum anderen aus der Schatulle Koppels. Für deutsche Verhältnisse war das beträchtlich, jedoch eher bescheiden nach Valuta-Maßstäben, und wie Einstein vorhergesehen und befürchtet hatte, verfiel der Kurs der Mark bald schneller, als seine Gehälter nachgebessert werden konnten. Aber das Planck gegebene Versprechen hat er gehalten, bis in dem fatalen Jahr 1933 schließlich Planck selbst den Austritt Einsteins aus der Akademie als den »einzig möglichen Ausweg«[70] bezeichnete.

Während der restlichen Sommerferien hatte Einstein in Berlin die »herrlichen Tage mit Segeln prächtig zugebracht«[71], wahrscheinlich auf dem Boot des Chirurgen Professor Moritz Katzenstein, mit dem er gemeinsam noch viele Sommer auf den märkischen Gewässern verbrachte.[72] Segeln wurde Einsteins Lieblingsvergnügen, aber diese erste Saison endete vorzeitig, denn er hatte sich »leider beim Matrosendienst einen Knax geholt (Magen), sodass ich wieder einmal einige Tage im Bett liegen muss«.[73]

Da erreichte ihn ein besonders langer und temperamentvoller Brief des Freundes Ehrenfest, der ihm mitteilte, in Holland »...sind wir nun plötzlich *alle* einig darüber, daß wir Dich in Leiden festlegen müssen«.[74] Es waren zugleich goldene und lockere Ketten, die Ehrenfest offerierte. Das holländische Maximalgehalt von 7500 Gulden[75] sollte Einsteins Minimum sein, der im übrigen so viel Geld erhalten würde, wie er für seine Kinder und sich selbst eben brauchte. »Du mußt das selber ausrechnen.« Mit der Professur sollten keine Pflichten verbunden sein, er könne reisen, so viel er wolle, nur seinen Wohnsitz müsse er in Leiden oder der Umgebung nehmen, »daß man sagen kann: Einstein ist in Leiden – in Leiden ist Einstein«. In anrührender Wärme malte Ehrenfest seinem »lieben, lieben Einstein« aus, mit welcher Sympathie und Zuneigung, ja Liebe man ihn in Leiden aufnehmen würde, und in einem typisch Ehrenfestschen Postskriptum fügte er hinzu: »Es ist doch eigentlich wirklich ärgerlich, daß auch Du noch etwas dreinzureden hast in einer Sache, die wir noch viel besser überschauen als Du!!« Nicht einmal eine Woche konnte Ehrenfest auf die Antwort warten, da schickte er schon den nächsten drängenden Brief nach Berlin: »Hier sind lauter Leute, die *Dich* lieben und nicht nur Deine Großhirnrinde.«[76]

Solche gab es auch in Berlin. Einstein wurde dieses Mal nicht in schwere Konflikte und schlimme Träume gestürzt wie ein Jahr zuvor bei dem ersten Angebot aus Zürich. Die Entscheidung war im Grunde schon gefallen, aber mit der Erklärung gab er sich viel Mühe: »...Es wäre doppelt hässlich von mir, wenn ich gerade in diesem Augenblick der Erfüllung meiner politischen Hoffnungen, vielleicht zum Teil um äusserer Vorteile willen Menschen ohne Not den Rücken kehrte, die mich mit Liebe und Freundschaft umgeben haben, und denen mein Scheiden in dieser Zeit vermeintlicher Erniedrigung doppelt schmerzlich wäre. Du hast keine Vorstellung davon, mit wieviel Herzlichkeit ich hier umgeben bin; da sind nicht nur solche, die die Schmalztröpfchen auffangen, die ich aus dem Gehirn ausschwitze.«[77] Ohne schwerwiegende Gründe von Berlin wegzugehen wäre »einem schnöden Wortbruch Planck gegenüber gleichbedeutend und auch sonst treulos. Ich müsste mir später selbst Vorwürfe machen.« Auch Einstein rundete diese Passage in seinem Brief mit einem für ihn typischen Nachsatz ab: »Ich komme mir vor wie eine Reliquie in einer alten Stiftskirche; man kann mit dem alten Knochen zwar nichts anfangen, aber...«

Ehrenfest schickte Einsteins Absage weiter an Lorentz und fügte hinzu: »Ich schämte mich sehr, als ich diesen Brief bekam. Aber sehr bald erfüllte er mich mit warmer, stolzer Freude über diesen wunderbaren Menschen. Wenn man ihm doch die Geldsorgen wegnehmen könnte!! Die Nobel Prämie?!«[78] Das dauerte noch etwas – drei Jahre.

Ein anderer Wunsch konnte schneller erfüllt werden: ein Besuch bei den Freunden in Holland, die Einstein drei Jahre lang nicht gesehen hatte. Wenn es sein »tyrannischer Bauch«[79] erlaube, wolle er noch im

Herbst kommen. Ehrenfest bot an, alle Kosten aus einer Stiftungskasse der Leidener Universität zu bestreiten, ganz gleich, ob der Gast eine Vorlesung halten würde oder nicht, und für Gesundheit, Wohlergehen und Ruhe sollte im Ehrenfestschen Hause gesorgt werden. Nach einem Besuch auf der Berliner Botschaft der Niederlande Ende September bat Einstein die Freunde[80], zur Beschleunigung der Visaerteilung im Haag vorstellig zu werden, und drei Wochen später schrieb er am 19. Oktober seiner Mutter: »Morgen früh geht's nach Leiden.«[81]

Es waren wieder zwei Wochen der Harmonie und des Glücks. Daß Einstein bei den Ehrenfests wohnte, war nun schon selbstverständliche Tradition. Wieder wurde musiziert, mit den mittlerweile vier Ehrenfest-Kindern herumgetollt und natürlich über Physik gesprochen. Einstein war für die liebevolle Pflege seines »krächeligen Leichnams« überaus dankbar und so begeistert vom Ehrenfestschen Familienleben, daß er nach der Rückkehr aus Berlin allen brieflich einen Kuß entbot, einen jeden passend zu »Geschlecht, Tradition und Temperament« des Empfängers, vom kleinen Ehrenfest-Sohn Vassik bis zu Tatjanas Tante.[82] »Ich habe es ordentlich gelernt, Euch als ein Stück von mir und mich als zu Euch gehörig zu fühlen«, fuhr Einstein in seinem Dankesbrief fort. Ehrenfest bedeutet ihm viel: »Wir wollen von nun an richtig in menschlichem Kontakt bleiben. Ich weiss, dass es uns beiden wohltut, und dass jeder durch den andern sich in dieser Welt weniger fremd fühlt.«

Ehrenfest, dem wegen Einsteins Berliner Verpflichtung seine schönsten Träume zerronnen waren, sann nach dessen Abreise über die zweitbeste Lösung nach, und dies war eine Gastprofessur, durch die der Freund für drei bis vier Wochen im Jahr an Leiden gebunden werden sollte.[83] Dieser Vorschlag wurde dankbar begrüßt, und Einstein freute sich schon sehr »über die Aussicht, die Du mir bezüglich meiner Leidener Kometen-Existenz eröffnest. Wenn was draus wird, werde ich sicher zusagen.«[84] – Im nächsten Jahr war Einstein Gastprofessor in Leiden.

Natürlich war bei dem Besuch auch die Physik nicht zu kurz gekommen. Mit Ehrenfest und Lorentz, vor allem aber mit dem Astronomen Willem de Sitter wurden Relativitätstheorie und Kosmologie diskutiert.[85] Diese Gespräche standen unter dem Eindruck, daß Lorentz schon in Erfahrung gebracht hatte, was erst Anfang November in London offiziell bekanntgegeben werden sollte: Licht verhält sich im Schwerefeld der Sonne so, wie es Einstein vorhergesagt hatte, nicht nur als tatsächlich vorhandenes Phänomen, sondern auch mit dem von Einstein errechneten Betrag.

Das war zweifellos ein Höhepunkt der Reise nach Leiden sowohl für Einstein, dem nun ein lang gehegter Wunsch in Erfüllung gegangen war, als auch für die holländischen Freunde und Kollegen, die den Mann, der das vorausgesagt hatte, in ihrer Mitte beglückwünschen und bewundern konnten. Niemand hatte jedoch vorhergesehen, welch tiefgreifende Veränderung in Einsteins Leben diese Bestätigung seiner Theorie bewirken würde. Einstein, längst das Jahrhundert-Genie für Physiker, wurde zum Genie des Jahrhunderts schlechthin. Grund genug, dieses Ereignis, seine Vorgeschichte und seine Nachwirkungen des näheren zu beleuchten.

5. »daß ich das habe erleben dürfen«. Die Bestätigung der Lichtablenkung und der »plötzlich berühmte Dr. Einstein«

Einsteins Haltung zur astronomischen Überprüfung der Allgemeinen Relativitätstheorie ist eine schwankende und verwickelte Angelegenheit, in ihrer bis zur Widersprüchlichkeit reichenden Facettenvielfalt charakteristisch für die Entwicklung seiner Einschätzung der Beziehung zwischen Theorie und Experiment überhaupt.

Eindeutig war die Situation für den Patentamtsexperten im Jahre 1907, als er das Äquivalenzprinzip gefunden und daraus näherungsweise die Lichtablenkung und die Rotverschiebung hergeleitet hatte. Für den braven Empiristen der jungen Jahre hätten über die aufgeworfenen Fragen nur Experimente entscheiden können. Bei der Lichtablenkung dachte er nur an irdische Laboratoriumsversuche und sah offenbar überhaupt keine Möglichkeit für einen Test dieses sehr kleinen Effekts. Immerhin hatte er auch die Rotverschiebung quantitativ angeschätzt und eine Überprüfung am Sonnenlicht im Prinzip für realisierbar gehalten, auch wenn die turbulente Atmosphäre der Sonne und die daraus resultierende Verschmierung der Spektrallinien dem große Schwierigkeiten in den Weg legen würde.

Als der Professor in Prag 1911 bemerkte, daß die Lichtablenkung im Schwerefeld der Sonne mit knapp einer Bogensekunde groß genug für eine Beobachtung bei einer Sonnenfinsternis sein müsse, forderte er die Astronomen auf, sich dieser Frage anzunehmen, traf jedoch nicht auf das erhoffte Interesse. Nur den ihm von einem gütigen Schicksal gesandten Erwin Freundlich konnte er zu immer neuen Aktivitäten in dieser Richtung bewegen. Auch dabei verhielt er sich als braver Empirist: Sollte die Ablenkung nicht gefunden werden, seien die Voraussetzungen der Theorie, also im wesentlichen das Äquivalenzprinzip, nicht zutreffend.[1]

Ein gutes Jahr später findet der Professor an der ETH die Raumkrümmung und den mathematischen Apparat für den »Entwurf« seiner Theorie. Am Betrag der Lichtablenkung ändert sich nichts, denn der zusätzliche Einfluß der Raumkrümmung auf diesen Effekt wird ihm erst drei Jahre später klar. Einstein intensiviert seine Bemühungen um die experimentelle Überprüfung, schreibt aber beinahe gleichzeitig im Überschwang des Erreichten, er »zweifle nicht an der Richtigkeit des ganzen Systems, mag die Beobachtung der Sonnenfinsternis gelingen oder nicht«.[2] Das starke Erlebnis der prästabilierten Harmonie zwischen der physikalischen Struktur der Welt einerseits und der mathematischen Struktur des absoluten Differentialkalküls andererseits sowie der immer sicherer gewordene Forscherinstinkt führten zu einem bemerkenswerten Wandel in seiner Auffassung von der Rolle des Experiments: Aus dem Prüfstein, an dem jede Theorie sich zu bewähren hat, wurde so etwas wie eine Illustration zur Theorie, weniger zur Bestätigung für Einstein selbst als für die Belehrung der Kollegen, damit auch der letzte ungläubige Thomas überzeugt werde. Und das war Einstein alles andere als gleichgültig.

Krieg und Wetter bewahrten ihn davor, anläßlich der Sonnenfinsternis vom 21. August 1914 zwar mit einer Bestätigung der Lichtablenkung, aber mit einem von seiner Vorhersage abweichenden Resultat konfrontiert zu werden. Erst im November 1915 findet er im Rahmen der vollendeten Theorie den doppelten Wert von 1,7 Bogensekunden. Eine Woche zuvor hatte er schon die Periheldrehung des Merkur richtig herausbekommen, auch dies ein starkes Erlebnis, so daß er von seiner Theorie vollauf überzeugt sein konnte, selbst ohne die wegen des Krieges vertagte Untersuchung der Lichtablenkung. Argumente wie innere Folgerichtigkeit und Zwangsläufigkeit der Theorie gewinnen an Intensität, aber sein Interesse an der astronomischen Überprüfung läßt deshalb nicht nach. Er ärgert sich mit den deutschen Astronomen herum, verschafft Freundlich vernünftige Arbeitsmöglichkeiten und begrüßt jubelnd jedes voreilige Ergebnis Freundlichs zur Rotverschiebung. Auch im Jahr 1919 gab es ein solches[3], und Einstein schickte wieder eine seiner enthusiastischen Postkarten von der Haberlandstraße zur Sternwarte nach Babelsberg: »Ihr neues Resultat ist hoch erfreulich. Ich für meine Person bin nun von der Existenz der Rotverschiebung überzeugt.«[4] Soweit die Literatur darüber Auskunft gibt, standen Einstein und Freundlich damit allerdings allein auf weiter Flur.

Rotverschiebung und Lichtablenkung sind freilich nicht äquivalente Auswirkungen identischer Sachverhalte; die Rotverschiebung folgt allein aus dem Äquivalenzprinzip, während die Lichtablenkung auch noch von der konkreten Form der Gravitationstheorie und damit der metrischen Struktur des Raumes abhängt. So richtig zufrieden konnte Einstein also nur mit der Bestätigung beider Effekte sein – und hier kommen englische Astronomen ins Spiel, die mitten im Krieg mit der Vorbereitung von Sonnenfinsternisexpeditionen begonnen hatten.

Wir wissen, daß Willem de Sitter ein Exemplar von Einsteins großem ›Annalen‹-Artikel 1916 nach England geschickt hatte und selbst durch eine Folge von drei Artikeln in den ›Monthly Notices‹ der Royal Astronomical Society zur Verbreitung der neuen Lehre in England beigetragen hatte. Arthur Stanley Eddington, der junge und genieverdächtige »Plumian Professor of Astronomy« in Cambridge, rühmte sich später zwar, das ihm von de Sitter übersandte Exemplar des Einsteinschen Artikels sei den ganzen Krieg über die einzige in England und Amerika verfügbare Originalquelle gewesen, aber Einstein selbst war nicht untätig geblieben und hatte Schweizer Kanäle zur Verbreitung seiner Theorie benutzt, indem er Besso gebeten hatte, einige Arbeiten an den in London lebenden Astronomen Ludwig Silberstein weiterzuschicken.[5]

Obwohl sich Eddington in der englischsprachigen Welt als Einsteins Prophet etablierte und durch ein ausführliches Referat[6] die Theorie in Fachkreisen bekannt machte, war er nicht der Initiator der Sonnenfinsternis-Expeditionen, denn von der neuen Theorie war er so tief und felsenfest überzeugt, daß ihm die Mühe überflüssig erschien. Das Verdienst, die Überprüfung der Einsteinschen Vorhersage mitten im Krieg in Gang gesetzt zu haben, kommt Sir Frank Dyson zu, dem »Astronomer Royal« und Direktor des Greenwich Observatory.[7] Schon im März 1917 wies er darauf hin, daß die am 29. Mai 1919 eintretende Sonnenfinsternis für die Beobachtung der Lichtablenkung einmalig günstig sei, da sie vor der Gruppe der Hyaden auftreten würde, einem mit hellen Sternen üppig besetzten Feld im Sternbild des Stiers. Nicht ganz so günstig wie am Himmel war die Situation auf der Erde, denn der Streifen totaler Verfinsterung lag in tropischen Regionen wenige Grade unterhalb des Äquators, aber Dyson beantragte und erhielt tausend Pfund für die Vorbereitung von zwei aufwendigen Expeditionen.

Daß schließlich doch Eddington mit der Leitung von einer der beiden Expeditionen betraut wurde, hing mit seinem Pazifismus zusammen, was Einstein ebenso gefreut hätte wie das Engagement für seine Theorie.[8] Eddington war Quäker und als solcher entschlossen, den Kriegsdienst zu verweigern. Als das britische Militär 1917 das Einberufungsalter heraufsetzte, so daß der 35jährige Eddington hätte Soldat werden müssen, sahen die Dons des Trinity College in Cambridge, dem der Astronom als Fellow angehörte, eine Katastrophe auf sich zukommen. Im Trinity konnten die Fellows wie in den anderen traditionsreichen Colleges jeder Idiosynkrasie huldigen, auch dem Pazifismus, solange daraus kein öffentliches Ärgernis wurde. Aber den

Militärdienst zu verweigern war ein Konflikt mit dem König, ein Skandal, dem nach ungeschriebenem Gesetz unverzüglich der Rauswurf aus dem College folgen mußte. Wie die Trinity Dons schon im Falle von Bertrand Russell leidvoll erfahren hatten, war so eine Trennung überaus schmerzlich und außerdem dem Ansehen des College abträglich. Eine Wiederholung mußte unbedingt vermieden werden.

Also wurden große Anstrengungen zur Zurückstellung von Eddington mit der Begründung unternommen, daß er als hervorragender Wissenschaftler dem Vaterland nützlicher sei als beim Militär. Die Dons hatten sogar Erfolg, und Eddington wurde seine Zurückstellung in einem Brief mitgeteilt, den er nur unterschrieben zu retournieren hatte. Als wahrer Überzeugungstäter fügte er seiner Unterschrift aber hinzu, daß er sowieso den Kriegsdienst verweigert hätte. Diese Art von Prinzipientreue brachte die Behörden in arge Bedrängnis, denn ein erklärter Kriegsdienstverweigerer gehörte nun einmal in ein Lager eingesperrt. Der »Königliche Astronom« Dyson mußte erneut intervenieren und erreichte dank seiner guten Beziehungen zur Admiralität noch einmal einen Verzicht des Militärs auf Eddingtons Einberufung, allerdings nur unter der ausdrücklichen Bedingung, daß sich Eddington mit den Vorbereitungen der Sonnenfinsternis-Expeditionen zu befassen habe und eine der beiden, falls der Krieg rechtzeitig beendet sei, leiten müsse.

Wegen der Überlastung der Instrumentenmacher mit militärischen Aufträgen war an den Bau neuer astrographischer Kameras nicht zu denken, weshalb vorhandene Instrumente in Greenwich umgerüstet und der speziellen Aufgabe angepaßt wurden. Da der Schlachtenlärm gerade rechtzeitig verhallt war, konnten im Februar 1919 beide Gruppen die Reise antreten und hatten somit an ihren jeweiligen Beobachtungsorten zwei Monate Zeit für gründliche Vorbereitungen. Eddington hatte gemeinsam mit E. T. Cottingham die unter portugiesischer Hoheit stehende kleine Vulkaninsel Principe im Golf von Guinea in Westafrika gewählt. Die Kollegen Charles Davidson und A. C. D. Crommelin gingen auf die andere Seite des Atlantiks nach Sobral im nordwestlichen Brasilien.

Das Problem der Lichtablenkung war inzwischen in England, im Lande Isaac Newtons, um einen zusätzlichen Aspekt mit einer Prise Patriotismus bereichert worden. Im Anhang seines Buches über *Opticks,* in denen Newton zukünftiger Forschung aufgegebene Probleme skizzierte, hatte er der Nachwelt in der ersten seiner 16 »queries« folgende Frage hinterlassen: »Üben die Körper auf das Licht nicht eine

Fernwirkung aus, die zu einer Krümmung der Strahlen führt, und ist diese Wirkung nicht in der geringsten Entfernung am stärksten?«[9] Diese Vorstellung war im Rahmen von Newtons Auffassung des Lichts als einem Strom winziger Korpuskeln naheliegend: Die Gravitation der Sonne oder eines Planeten müßte die Bahn des Lichts ähnlich wie die eines Kometen beeinflussen, wenn diese Korpuskeln Masse hätten, und masselose Korpuskeln waren damals schlecht denkbar. Die im 19. Jahrhundert sich durchsetzende Wellenoptik, nach der Licht als eine Schwingung des Äthers aufgefaßt wurde, ließ die in dieser Newtonschen »query« aufgeworfene Problematik jedoch als obsolet erscheinen und in Vergessenheit geraten. Aber Eddington fand sie wieder näherer Betrachtung wert. Veranlaßt durch Einsteins $E=mc^2$, schrieb er der elektromagnetischen Strahlung eine Masse zu, wendete die Newtonsche Mechanik und das Newtonsche Gravitationsgesetz auf eine an der Sonne streifend vorbeifliegende Korpuskel an – und erhielt nach Standardmethoden vom Schwierigkeitsgrad einer gehobenen Übungsaufgabe eine Ablenkung von 0,87 Bogensekunden[10], also genau den von Einstein 1911 aus dem Äquivalenzprinzip hergeleiteten Wert.

Eddingtons Verfahren ist nicht gerade legitim, denn es gibt keine derart simple, durch das Newtonsche Gravitationsgesetz beschriebene Kopplung zwischen dem elektromagnetischen Feld und der Gravitation. Durch einen verrückten Zufall führt es aber trotzdem auf ein plausibles Ergebnis, zumal die kleine Masse der Korpuskel nur als Hilfsgröße auftritt und am Ende der Rechnung wieder herausfällt. Eddington nannte den so erhaltenen Betrag den »Newtonschen Wert«. Leider gab er sich in seinen Darstellungen keine Mühe, die grundlegenden Unterschiede zwischen der Einsteinschen, auf dem Äquivalenzprinzip beruhenden Argumentation und der nach dem Stand der Erkenntnis unzulässigen und nur zufällig das gleiche Resultat liefernden Rechnung gemäß der Newtonschen Theorie herauszuarbeiten. Das führte zu einigen Unklarheiten.

Abgesehen von unvorhergesehenen Überraschungen, mit denen bei Betreten experimentellen Neulands immer gerechnet werden muß, hatte Eddington also drei Alternativen[11] in Betracht zu ziehen: Erstens hätte der Lichtstrahl schnurgerade verlaufen können, wäre also überhaupt nicht durch das Schwerefeld der Sonne beeinflußt worden. Zweitens hätte sich eine Ablenkung gemäß dem »Newtonschen Wert« von 0,87 Bogensekunden ergeben können. Und drittens war mit dem doppelten Wert der allgemeinen Relativitätstheorie von 1,7 Bogensekunden zu rechnen. Kein Wunder, daß in England die Prüfung der Lichtablenkung als eine Art Wette zwischen Isaac Newton und Albert Einstein angesehen wurde, wobei Eddington selbst dazu neigte, das Einsteinsche Resultat als das einzig mögliche zu favorisieren.

Nach einer wochenlangen Trockenperiode kündigte sich auf Principe ausgerechnet der Tag der Sonnenfinsternis, der 29. Mai, mit Wolken und Regen an. Beim Beginn der totalen Verfinsterung konnte Eddington die von der Sonnenkorona umgebene Scheibe des Mondes nur durch Wolken hindurch sehen. Es blieb nichts anderes übrig, als das Beobachtungsprogramm wie geplant ablaufen zu lassen und auf ein paar Wolkenlöcher in den gut drei Minuten vollständiger Überdeckung der Sonne durch den Mond zu hoffen. Ein Astronom wechselte die Platten, und der andere regelte die Belichtungsdauer nach dem Takt eines Metronoms. »Ein wundervolles Schauspiel spielt sich da oben ab...«[12], erinnerte sich Eddington, der sich freilich auf Wichtigeres zu konzentrieren hatte: »Wir fühlen nur das unheimliche Zwielicht, in das die Landschaft getaucht ist, das Schweigen der Natur, das von den Rufen der Beobachter unterbrochen wird, und das Schlagen des Metronoms, das die 302 Sekunden der Totalität auszählt.« Nach getaner Arbeit telegrafierte er nach London: »Wolkig. Voller Hoffnung. Eddington.«[13]

Eddington und sein Kollege Cottingham hatten Glück im Unglück. Von den 16 aufgenommenen Platten waren die meisten wegen der Wolken unbrauchbar, aber gegen Ende der Verfinsterung hatten sich die Wolken so weit gelichtet, daß wenigstens auf einer Platte alle Sterne abgebildet waren. Zum Vergleich hatte man im Januar in Greenwich mit dem gleichen Instrument die gleiche Himmelsregion fotografiert, als die Sonne ganz woanders stand. Mit einer solchen Bezugsplatte wurde in Principe die einzige brauchbare Sonnenfinsternis-Aufnahme auf einer Mikrometer-Meßmaschine verglichen. Das war eine delikate Prozedur, denn eine Abweichung von einer Bogensekunde bedeutete auf den Platten einen Unterschied von nur einem sechzigstel Millimeter, und diese winzige Differenz konnte leicht in vielfältigen Fehlern untergehen, von temperaturbedingten Verzerrungen im Instrument bis zum Quellen der Fotoemulsion im Tropenklima. Diese eine gelungene Aufnahme »zeigte eine Verschiebung, die gut mit der Einsteinschen Theorie übereinstimmte und nicht mit der Newtonschen Voraussage zu vereinen war«.[14]

Allerdings konnte dieses Ergebnis nicht gleich hinausposaunt werden, denn für vier Platten mit einer speziellen Beschichtung wäre die

Entwicklung in der Hitze der Tropen zu riskant gewesen, so daß sie erst in England untersucht werden konnten, und dann gab es noch die Kollegen in Sobral. Denen war der Wettergott gnädig gewesen, aber sie mußten erst vor Ort ihre Vergleichsplatten aufnehmen und dazu zwei Monate warten, bis die Region der Hyaden in der Dunkelheit der Nacht ohne die Sonne im Vordergrund fotografiert werden konnte. So dauerte es, einschließlich der Rückreise und sorgfältiger Auswertungsarbeiten, noch fünf Monate, bis beide Gruppen mit einem gemeinsamen Ergebnis an die Öffentlichkeit traten.

Einstein, der Urheber dieser spektakulären Aktivitäten, saß derweil entweder in Berlin oder in Zürich und konnte nichts weiter tun als warten. Er hatte spätestens nach Ende des Krieges von den geplanten englischen Expeditionen erfahren. Mitte April 1919 hatte er bei einem öffentlichen Vortrag über die Grundlagen der Relativitätstheorie in Berlin auf diese Unternehmungen hingewiesen[15], und durch einen Bericht in der ›Vossischen Zeitung‹ wurden sie einem größeren Publikum bekannt. Am 29. Mai, dem Tag der Sonnenfinsternis, brachte diese Zeitung einen langen Artikel unter der Überschrift »Die Sonne bringt es an den Tag«[16], der ausführlich und im wesentlichen richtig Sinn und Zweck der englischen Expeditionen zum Äquator erläuterte. Wahrscheinlich war es dieser Artikel, den Einstein »zur weiteren Nahrung für Mamas ohnehin schon gehörigen Mutterstolz«[17] seiner Schwester nach Luzern schickte.

Vom trotz der Wolken über Principe letztlich günstigen Verlauf der Beobachtungen muß Einstein durch Lorentz oder Ehrenfest erfahren haben, denn seiner Mutter schrieb er im Juni: »In einer holländischen Zeitung stand, dass beide Expeditionen wohl gelungene Aufnahmen der Sonnenfinsternis erhalten haben, sodass innerhalb von 6 Wochen das Ergebnis bekannt werden dürfte.«[18] Die holländischen Zeitungen hatten sich auf erste Berichte in den englischen Zeitschriften ›Nature‹ und ›Observatory‹ gestützt. Erst am 21. Juli griff die ›Vossische Zeitung‹ diese Nachrichten auf und informierte in einer kurzen Notiz die deutschen Leser. Einstein hatte die Bekanntgabe der Resultate im August erwartet, mußte sich aber noch länger gedulden.

Andere Nachrichten im Sommer 1919 kamen aus Amerika und waren eher enttäuschend.[19] Der Astronom William Wallace Campbell, der 1918 bei einer Sonnenfinsternis an der Westküste der Vereinigten Staaten Aufnahmen gemacht hatte, ließ verlauten, daß sie keine Schlußfolgerung nach der einen oder anderen Seite erlaubten. Der Fehlschlag lag daran, daß Campbell sich mit einer improvisierten Ausrüstung begnügen mußte, denn seine 1914 in Rußland zurückgelassenen Astrographen waren immer noch irgendwo zwischen Japan und den USA unterwegs gewesen. Im Verlauf dieser Untersuchungen wurden dann Platten früherer Sonnenfinsternis-Aufnahmen analysiert mit dem Resultat, »daß es keine Lichtablenkung in einem starken Gravitationsfeld gibt und der ›Einstein-Effekt‹ nicht existiert«.[20] Dieses Ergebnis wurde weithin publiziert und auf Konferenzen im Sommer 1919 vorgetragen.

Auch bei der Untersuchung der Rotverschiebung hatte es ein Resultat gegeben, ebenfalls ein negatives. Der Spektroskopiker Charles Edward St. John hatte am Mount Wilson Solar Observatory in Kalifornien besonders scharfe Spektrallinien der Sonne präzise vermessen und meinte, den von der allgemeinen Relativitätstheorie vorausgesagten Effekt ausschließen zu können. Wenn man also von Einsteins Enthusiasmus für Freundlichs – an Sternen erzielte und von den meisten Astronomen bezweifelte – Resultate absieht, stand es nicht gerade gut um die experimentelle Seite der Allgemeinen Relativitätstheorie. Aber als Max Born ihn damals fragte, was er wohl täte, wenn der vorausgesagte Effekt nicht beobachtet würde, »da meinte er mit seiner unerschütterlichen Ruhe: ›da würde ich mich sehr wundern‹«.[21]

Nachdem die Ergebnisse der Engländer längst überfällig waren, Einstein aber den ganzen Sommer hindurch nichts mehr vernommen hatte, erkundigte er sich Mitte September in einem seiner langen Briefe an Ehrenfest betont beiläufig über den Stand der Lichtablenkung: »Hast Du etwas von der englischen Sonnenfinsternis-Expedition gehört?«[22] Die Antwort kam am 22. September per Telegramm aus Leiden: »eddington fand sternverschiebung am sonnenrand vorlaeufige groesse zwischen neun zehntel sekunde und doppeltem = lorentz.«[23] Lorentz hatte diese Information durch einen Leidener Kollegen erhalten, der gerade vom Treffen der British Association for the Advancement of Science, das in Bournemouth vom 13. bis zum 16. September stattgefunden hatte, zurückgekehrt war. Eddington hatte sich dort bei einem kaum beachteten Vortrag sehr vorsichtig und unbestimmt geäußert[24], da die Auswertungen noch nicht abgeschlossen seien. Tatsächlich waren die durch Lorentz übermittelten Angaben nicht sehr genau, auf keinen Fall genau genug, um zwischen dem »Newtonschen« Wert von 0,87 Bogensekunden und dem doppelten Wert von 1,7 Bogensekunden zu unterscheiden.

Wenn Einstein Bedenken hatte, diese Information als vollumfängliche Bestätigung seiner Theorie aufzufassen, dann brauchte er jedenfalls nicht lange, um sie zu überwinden. Einer Doktorandin, die ihn zur gemeinsamen Lektüre einer philosophischen Schrift aufgesucht hatte, zeigte er das gerade eingegangene Telegramm, reagierte aber auf den Jubel der jungen Dame gänzlich unbewegt: »Ich wußte ja, daß die Theorie stimmt.« Aber wenn nun seine Vorhersage nicht bestätigt, seine Theorie gar widerlegt worden wäre: »Da könnt' mir halt der liebe Gott leid tun, die Theorie stimmt doch.«[25] Seiner Mutter schrieb er einige Tage später: »Heute eine freudige Nachricht. H. A. Lorentz hat mir telegraphiert, dass die englischen Expeditionen die Lichtablenkung an der Sonne wirklich bewiesen haben.«[26] Nun gut, das blieb in der Familie. Am gleichen Tag machte er in einem weiteren Brief die Einschränkung: »...allerdings bis jetzt mit geringer Genauigkeit 0,9-1,8'', während die Theorie 1,7'' fordert. Genaueres wird die definitive Bearbeitung wohl ergeben.«[27] Dies hatte er einem Physiker geschrieben.

Seine Berliner Kollegen muß Einstein jedoch in dem Sinne informiert haben, daß seine Theorie nunmehr bestätigt sei, denn Anfang Oktober sandte ihm Max Planck eine warmherzige Gratulation zu der Nachricht, »die in dem Lorentzschen Telegramm enthalten ist. So hat sich denn der innige Bund zwischen dem Schönen, Wahren und Wirklichen wieder einmal als wirksam erwiesen. Daß Sie selber an dem Resultat nicht zweifelten, haben Sie schon öfters geäußert, aber es ist doch gut, wenn nun auch für andere diese Tatsache unzweifelhaft festgelegt wird.«[28]

Einstein hat seine Version der freudigen Botschaft nicht nur der Mutter und den Kollegen, sondern auch Journalisten wie Alexander Moszkowski erzählt, der ihn einst in den literarischen Kreis eingeführt hatte, der sich im Hotel »Bristol« traf. Das führte zu Komplikationen, denn Moszkowski verfaßte einen euphorisch schwärmenden Zeitungsartikel mit der schon bekannten, aber passend variierten Überschrift »Die Sonne bracht' es an den Tag«[29], in dem er behauptete, daß die Lichtablenkung »innerhalb der Fehlergrenzen der von Einstein vorhergesagten Größe entspricht. Das ist nur möglich, wenn Einsteins fundamentales Gerüst, die allgemeine Relativitätstheorie, die wahre Konstitution des Universums darstellt.«

Das war nach Einsteins Geschmack nun wieder zu bombastisch und spektakulär formuliert, so daß er anderntags eine knappe, neun Zeilen umfassende Notiz an seinen Freund Arnold Berliner schickte, den Redakteur der ›Naturwissenschaften‹, die unverzüglich veröffentlicht wurde. Darin erklärte Einstein immer noch etwas kühn, die Engländer hätten »die von der allgemeinen Relativitätstheorie geforderte Ablenkung des Lichts am Rande der Sonne bestätigt«, aber die Hauptsache bestand darin, daß er die bis dahin umlaufenden Informationen auf das vertretbare Maß zurückführte: »Der bisher provisorisch ermittelte Wert liegt zwischen 0,9 und 1,8 Bogensekunden. Die Theorie fordert 1,7.«[30]

Wenn es nicht verlorengegangene Briefe oder Postkarten Einsteins waren, dann hat wohl hauptsächlich der Artikel von Moszkowski die Kunde verbreitet, daß Außerordentliches geschehen sei. Schon am 11. Oktober schickte das Physikalische Kolloquium[31] in Zürich den in mehrfacher Hinsicht verwegenen Vierzeiler nach Berlin:

Alle Zweifel sind entschwunden,
Endlich ist es nun gefunden:
Das Licht, das läuft natürlich krumm
Zu Einsteins allergrößtem Ruhm!

Auf eine Postkarte geschrieben hatte das der Ordinarius Edgar Meyer, und berühmte Männer wie Peter Debye und Hermann Weyl setzten ihre Unterschrift darunter.

Die definitive Gewißheit über die Bestätigung seiner Theorie erfuhr Einstein erst bei seinem Besuch in Leiden. Am 23. Oktober, zwei Tage nach seiner Ankunft, traf dort ein Brief aus England ein. »Heute abend«, schrieb Einstein sogleich an Planck, »zeigte mir Hertzsprung einen Brief Arthur Eddingtons, nach welchem die genaue Vermessung der Platten exakt den theoretischen Wert für die Lichtablenkung ergeben hat. Es ist doch eine Gnade des Schicksals, dass ich dies habe erleben dürfen.«[32] Und wiederum zwei Tage später war Einstein am Sonnabendnachmittag Gast einer Sitzung der Akademie in Amsterdam, von der er seiner Mutter berichtete, daß dort »Lorentz über die allgemeine Relativität und das Ergebnis der englischen Expeditionen sprach – natürlich um mir eine Freude zu machen. Das Ergebnis ist nun endgültig da und bedeutet eine genaue Bestätigung meiner Theorie.«[33] Allerdings hatte Lorentz informell und nicht öffentlich gesprochen, denn das sollte einer Veranstaltung in London vorbehalten bleiben.

Als Einstein Anfang November nach Berlin zurückkehrte, dürfte es ihn zumindest nicht gestört haben, daß nun auch für andere die Lichtablenkung gemäß der Allgemeinen Relativitätstheorie bald öffentlich bestätigt werden würde. Er fand einige in der Zwischenzeit eingegangene Glückwünsche vor, die ebenso wie Plancks Gratulation geschrieben waren, bevor Einstein oder sonst irgend jemand auf dem Kontinent wissen konnte, daß Eddington tatsächlich den von Einstein vorhergesagten Wert bekanntgeben würde, und die deshalb etwas leichtfertig und verfrüht waren. Carl Stumpf, Psychologe an der Berliner Universität und Mitglied der Akademie, hatte die großen Anstrengungen seines Kollegen gerühmt und im übrigen die Gelegenheit zu einer Übung in wissenschaftlichem Patriotismus genutzt: »Es drängt mich, Ihnen anläßlich des großartigen neuen Erfolges Ihrer Gravitationstheorie die herzlichsten Glückwünsche auszusprechen. Wir teilen das Hochgefühl, das Sie erfüllen muß, alle von ganzem Herzen und sind stolz darauf, daß nach dem militärisch-politischen Zusammenbruch die deutsche Wissenschaft einen solchen Sieg erringen konnte.«[34] Einstein mag sich über diese nationalistische Vereinnahmung gewundert haben, blieb dem alten Herrn gegenüber aber sachlich und bescheiden: »Wenn man von gewaltigen Anstrengungen reden darf, so liegen diese schon ein paar Jahre zurück; in letzter Zeit habe ich mich nicht sonderlich geplagt und verdiene also in dieser Hinsicht nicht das Mitgefühl, das aus Ihren freundlichen Zeilen spricht.«[35]

Der vielsagendste Glückwunsch war aus Zürich vom Freund Zangger gekommen, der damit das ihm von Einstein bescheinigte »geradezu unfehlbare Verständnis für objektive und psychologische Situationen«[36] aufs schönste bestätigte und ausdrückte, was insbesondere die Kollegen bei Einsteins unerschütterlicher Überzeugung von der Richtigkeit seiner Theorie empfunden haben mögen: »Ihre Zuversicht, die Denkzuversicht, daß das Licht krumm gehen müsse um die Sonne, z. B. in der Zeit, als Sie bei uns waren, ist für mich ein gewaltiges psychologisches Erlebnis. Sie waren so sicher, daß diese Sicherheit gewalttätig wirkte.«[37] – Gern hätte man Einsteins Antwort erfahren.

Ähnlich sicher wähnte sich Arthur Stanley Eddington, der an dieses Problem nicht mit dem desinteressierten Skeptizismus herangegangen war, der experimentelle Untersuchungen auszeichnen sollte, sondern mit einem kräftigen Vorurteil zugunsten des von Einstein vorhergesagten Resultats. Aber er und seine Kollegen erlebten bei der Auswertung ihres Materials einige Wechselbäder.[38]

Eddington hatte auf seiner einen in Principe vermessenen und den vier erst in England entwickelten Platten den Einsteinschen Wert bestätigt gefunden, allerdings nur innerhalb ziemlich großer Fehlergrenzen. Besseres wurde von den Aufnahmen aus Sobral erwartet, aber Crommelin und Davidson kehrten erst Ende August aus Brasilien zurück. Die mit dem großen Astrographen belichteten Platten wurden als erste entwickelt und vermessen; sie zeigten zur Überraschung, vielleicht gar zum Entsetzen Eddingtons ziemlich eindeutig nicht den Einsteinschen, sondern nur den halben, also den »Newtonschen« Wert. Diese Diskrepanz war der Grund für Eddingtons unbestimmte Ausdrucksweise auf der Konferenz in Bournemouth Mitte September und die wenig präzisen Angaben gewesen, die Lorentz in seinem Telegramm an Einstein am 22. September weitergeleitet hatte. Allerdings waren die Abbildungen auf diesen Platten verzerrt, was wahrscheinlich von der Erwärmung des Heliostaten herrührte, also von jenem Spiegelsystem, mit dem das Bild der Sonne ins Objektiv der astrographischen Kamera geworfen wurde.

Es blieben noch die sieben Aufnahmen, die in Sobral mit einem als Hilfs- und Reserveinstrument eingesetzten Fernrohr mit einer 10-cm-Linse gemacht worden waren. Für die Auswertung dieser Platten mußte erst eine Meßmaschine umgebaut werden. Das zog sich bis in den Oktober hin, aber dann zeigten die Auswertungen mit durchschlagender Eindeutigkeit und großer Genauigkeit immer wieder den Einsteinschen Wert. Eddington, der bereitwillig zugab, daß er in dieser Frage »nicht ganz unbefangen war«[39], konnte nun wieder aufatmen. Er überzeugte sich und die Kollegen, daß die Astrographenbilder mit dem »Newtonschen« Wert wegen ihrer Mängel überhaupt nicht in Betracht gezogen werden sollten, und erst mit diesem nicht über jeden Zweifel erhabenen Ausschließungsverfahren erschien der Einsteinsche Wert als gesichert.

Für Donnerstag, den 6. November, wurde in London eine gemeinsame Sitzung der Royal Society, dieser ältesten und ehrwürdigsten aller wissenschaftlichen Gesellschaften, sowie der Royal Astronomical Society anberaumt. Einziger Tagesordnungspunkt: Bekanntgabe und Diskussion der Resultate der beiden Sonnenfinsternis-Expeditionen. Im Burlington House, dem Sitz der Royal Society an Londons Piccadilly war alles vereint, was in der englischen Physik und Astronomie Rang und Namen hatte. Die Versammlung hatte Stil und Größe, würdig einer Sternstunde der Wissenschaft.

»Die ganze Atmosphäre gespannter Aufmerksamkeit war genau die eines griechischen Dramas«[40], schrieb später der aus Cambridge herübergekommene Alfred North Whitehead.

> Wir waren der Chor, der die Verkündigung des Schicksals zu begleiten hatte, wie es sich in der Entfaltung eines überragenden Ereignisses offenbarte. Schon die Inszenierung hatte dramatische Qualitäten: Das traditionelle Zeremoniell, und im Hintergrund das Porträt Newtons, das uns

> daran erinnerte, daß die größte aller wissenschaftlichen Verallgemeinerungen nun, nach mehr als zwei Jahrhunderten, ihre erste Modifikation erfahren würde. Auch am persönlichen Element fehlte es nicht: Ein großes Abenteuer des menschlichen Geistes war an sicheren Gestaden angelangt. – Das Wesen tragischer Dramatik ist ja gar nicht das Unglück. Es beruht vielmehr auf dem unerbittlichen Gang der Welt, und die gleiche Unerbittlichkeit waltet im wissenschaftlichen Denken. Die Gesetze der Physik sind die Sprache des Schicksals.

Trotz des von Whitehead so empfundenen dramatischen Gestus hatte die Veranstaltung auch den sehr britischen Charakter einer Wette unter *gentlemen:* Newton gegen Einstein, oder als ihre Stellvertreter Sir Oliver Lodge gegen Arthur Stanley Eddington.

Als erster sprach der »Astronomer Royal« Sir Frank Dyson, dessen Weitsicht, Tatkraft und internationaler Gesinnung mitten im Krieg dieses Ereignis zu danken war.[41] Er beschrieb den Sinn und Zweck der Expeditionen, die benutzten Instrumente und die diffizilen Auswertungsprozeduren im wesentlichen als rhetorische Vorbereitung für den Höhepunkt seiner Mitteilung: »Nach sorgfältiger Untersuchung der Platten bin ich bereit zu erklären, daß kein Zweifel daran bestehen kann, daß sie Einsteins Vorhersage bestätigen. Ein sehr genaues Resultat ist erhalten worden, daß Licht in Übereinstimmung mit Einsteins Gravitationsgesetz abgelenkt wird.«[42] Crommelin erläuterte anschließend die Resultate aus Sobral, wobei er die mit der 10-cm-Linse erhaltenen favorisierte. Dann sprach Eddington und argumentierte, daß seine in Principe erhaltenen Ergebnisse diese Werte unterstützten und die verzerrten Aufnahmen des Astrographen in Sobral wegen systematischer Fehler nicht berücksichtigt werden könnten. Damit blieben die beiden entscheidenden Zahlenwerte übrig: 1,98″ ± 0,12″ für die Aufnahmen aus Sobral und 1,61″ ± 0,30″ für die wolkengeschädigten aus Principe, die beide zugunsten von Einstein den »Newtonschen« Wert ausschließen und deren Mittelwert fast zu genau bei den von Einstein prognostizierten 1,74 Bogensekunden liegt.

Beide Präsidenten, J. J. Thomson für die Royal Society und Alfred Fowler für die Royal Astronomical Society, unterstützten die von Dyson und Eddington präsentierten Schlußfolgerungen. In der anschließenden Diskussion wartete man vor allem auf die Wortmeldung von Sir Oliver Lodge, der öffentlich darauf gesetzt hatte, daß es überhaupt keine Lichtablenkung geben würde, wenn aber doch, dann höchstens eine nach dem Newtonschen Gravitationsgesetz. Sir Oliver, der noch immer in seinen Büchern dem Äther anhing wie einer Jugendliebe und gar die Masse des von Einstein längst abgeschafften Äthers mit Tausenden von Tonnen pro Kubikmillimeter zu berechnen pflegte, verließ schweigend die Versammlung. So war es vor allem jener Ludwig Silberstein, dem Einstein via Besso einige seiner Arbeiten hatte zukommen lassen, der die skeptische Position vertrat. Nicht zu Unrecht legte er den Finger in die Wunde, daß sehr genaue Messungen von Spektrallinien im Licht der Sonne keinerlei Rotverschiebung zeigten, mit diesem Faktum aber die Einsteinsche Theorie stehen und fallen würde. Mit weniger oder gar keinem Recht meinte er zudem, die Lichtablenkung könne durch Brechung in der Sonnenatmosphäre erklärt werden, und mit dem Sinn für dramatische Gesten zeigte er auf Newtons Porträt: »Wir sind es diesem großen Manne schuldig, sehr vorsichtig vorzugehen, bevor wir sein Gesetz der Gravitation anrühren oder modifizieren.«

In der Diskussion setzte sich jedoch, nicht zuletzt wegen der Autorität von Dyson und Eddington, die Auffassung durch, daß nach der Erklärung der Periheldrehung des Merkur nun die Bestätigung der vorhergesagten Lichtablenkung auch eine Bestätigung der allgemeinen Relativitätstheorie und somit der Einsteinschen Gravitationstheorie sei. Sir Joseph John Thomson, der Nachfolger des eben beschworenen Isaac Newton im Präsidentenamt der Royal Society, ging so weit, sie zur objektiven Realität zu erklären, und kleidete seine und die Mehrheitsmeinung in ein schönes Kompliment nicht nur an Einstein, sondern auch an seinen großen Vorgänger: »Es handelt sich nicht um die Entdeckung einer einsamen Insel, sondern um die eines ganzen Kontinents wissenschaftlicher Gedanken. Dies ist das wichtigste Ergebnis im Zusammenhang mit der Theorie der Gravitation seit Newtons Tagen, und es ist nur schicklich, daß es bei einer Sitzung dieser Gesellschaft bekanntgegeben wird, die ihm so eng verbunden ist. ... Das Ergebnis ist eine der höchsten Errungenschaften des menschlichen Denkens.«

Diese höchste schien zugleich auch die unverständlichste Errungenschaft des menschlichen Denkens zu sein. Im Verlauf der Diskussion hatte Sir Joseph eingestanden, daß es bisher »niemandem gelungen ist, in klarer Sprache zu erläutern, was die Theorie von Einstein wirklich ist«. Irgendwie mag auch das Gerücht durch den Saal geschwirrt sein, daß überhaupt nur drei Leute die Relativitätstheorie wirklich verstanden hätten. Als sich die Versammlung auflöste, trat Silberstein, der sich selbst als einen der wenigen Experten in Sachen Relativitätstheorie betrachtete, an Eddington heran und machte ihm das Kompliment, er sei sicher einer der drei Wissenden.[43] Eddington schwieg. »Seien Sie doch nicht so bescheiden, Eddington!« drängte Silberstein. »Im Gegenteil«, antwortete dieser, »ich denke nur darüber nach, wer der dritte sein könnte.«

»Die ruhmreichen Toten – Der König ruft sein Volk – Gedenken an den Waffenstillstand – Zwei Minuten Arbeitspause« – das waren die Schlagzeilen der Londoner ›Times‹ am 7. November 1919 auf der Seite zwölf – auf der ersten standen damals Kleinanzeigen. Über einem doppelspaltigen Artikel war auf dieser zwölften Seite aber auch zu lesen: »Revolution in der Wissenschaft – Neue Theorie des Universums – Newtonsche Gedanken umgestürzt.« Es war der Bericht über die Sitzung im Burlington House vom Vortag. Als Zwischentitel waren »Bedeutende Aussage« und »Raum ›gekrümmt‹« eingefügt. Bei aller der ›Times‹ gemäßen Sachlichkeit vermittelte der Verfasser etwas vom Atem historischer Größe und Einmaligkeit. Danach habe J.J. Thomson erklärt, man habe »eine der bedeutendsten, wenn nicht die bedeutendste, Aussage menschlicher Gedanken« vernommen. Strittig ist dabei, ob der Schreiber der ›Times‹ den uneingeschränkten Superlativ zwischen den Kommas aus Eigenem hinzugetan hat. Aber auch wenn es eine journalistische Übertreibung war, kann sie in diesem Falle einmal richtig sein.

Festgestellt wurde, daß mit Einsteins Theorie nun zu rechnen sei und daß »unsere Konzeption vom Gefüge des Universums grundlegend verändert werden« müsse. Es wurde aber auch Sir Josephs Eingeständnis berichtet, daß die Theorie in normaler Sprache nicht darzustellen sei. »Kein Sprecher war in der Lage, ein klares, nichtmathematisches statement zu den theoretischen Fragen abzugeben«, klagte die ›Times‹. Sie wußte auch nichts über denjenigen mitzuteilen, der sich dieses Maximum an Unverständlichkeit ausgedacht hatte: nur vom »berühmten Physiker Einstein« war die Rede, bar jeglichen Beiwerks wie Alter, Familienstand oder Vornamen. Es wurde nicht einmal erwähnt, daß er in Berlin lebte, in der Hauptstadt des vor einem Jahr niedergerungenen Feindes.

Aber auch ohne diese Informationen war dieser Artikel Tagesgespräch, und viele andere folgten ihm. Am nächsten Tag druckte die ›Times‹ die Schlagzeilen »Revolution in der Wissenschaft – Einstein vs. Newton – Ansichten bedeutender Physiker.« Sie wußte zu berichten, daß dieses Thema Gegenstand lebhafter Unterhaltungen im »House of Commons« gewesen sei, wobei der eminente Physiker Sir Joseph Larmor, der einen der für die Cambridge University reservierten Parlamentssitze innehatte, mit Fragen belagert wurde von der Art, ob nun Newton gestürzt und Cambridge erledigt sei, so als sei die Regatta gegen Oxford verloren.

Alle paar Tage erschienen nun Artikel zur Relativitätstheorie in den englischen Zeitungen, insbesondere in der ›Times‹. Eine Lawine von bisher in wissenschaftlichen Dingen nicht gekannter Publizität war losgetreten, wuchs und überkugelte sich, aber anders als eine aus Schnee kam sie nie mehr zum Stillstand. Über diese erste Woge wurde Einstein brieflich unterrichtet. »Ganz England redet über Ihre Theorie«[44], schrieb ihm Eddington und erzählte, daß er in Cambridge Vorträge vor überfülltem Saal gehalten habe und immer noch Hunderte Interessenten vergeblich Einlaß begehrt hätten. A. F. Lindemann, der Vater von Nernsts vormaligem Mitarbeiter und selbst ein tüchtiger Astronom, berichtete Einstein, es sei »amüsant zu lesen, welch Landes Kind Sie gemacht werden. ... Sie werden als Pole und Schweizer etc. dargestellt, besonders aber als Einer, der den unglückseligen Brief nicht unterzeichnete« – womit das Manifest der 93 aus den ersten Kriegswochen gemeint war. Im übrigen faßte Lindemann den in England veranstalteten öffentlichen Lärm für Einstein dahingehend zusammen, »daß Ihre Theorie Newtons Theorie zerstöre und die Welt nicht mehr das sei, was wir gewohnt sind, sie anzusehen, und quasi die ganze Euklidische Geometrie zum Teufel gehe, der Raum verbogen sei etc. etc. Das hat natürlich das Nationalgefühl verletzt und die Welt in große Aufregung versetzt.«[45] Eddington sah die politischen Auswirkungen des Relativitätsrummels dagegen positiv: »Für die wissenschaftlichen Beziehungen zwischen England und Deutschland ist es das Beste, was sich ereignen konnte.«[46] Eddington sah zwar keinen raschen Fortschritt für die Wiederaufnahme offizieller Beziehungen, aber doch einen großen Fortschritt in der Betrachtungsweise der Wissenschaftler, was letztlich wichtiger wäre als offizielle Formalien.

Arnold Berliner, der Redakteur der ›Naturwissenschaften‹, zeigte damals Einstein einen Brief des Physikers Robert W. Lawson, der in Wien geforscht und dort Einsteins Vortrag bei der Naturforscherversammlung im September 1913 gehört hatte. Er wurde vom Kriegsbeginn in Österreich überrascht, durfte aber weiterhin als Internierter im Radium-Institut in Wien arbeiten und lebte nun wieder in England. »Hier spricht man von fast nichts wie Einstein und wenn er jetzt herüber kommen würde, glaube ich, dass er wie ein siegreicher General gefeiert werden würde. Die Tatsache, dass die Theorie eines Deutschen durch Beobachtungen von Engländern bestätigt wurde, hat, wie sich täglich immer deutlicher merken lässt, die Möglichkeit eines

Zusammenarbeitens zwischen diesen Völkern weit näher gerückt. Damit hat Einstein, ganz abgesehen vom hohen wissenschaftlichen Wert seiner genialen Theorie, der Menschheit einen unschätzbaren Dienst erwiesen.«[47]

Bevor die Woge des Relativitätsrummels Deutschland überhaupt erreichte, brandete sie mit unglaublichem Getöse an die Gestade Amerikas. Dort hatte man von Einstein nicht viel gewußt. Die amerikanischen Physiker hatten sich nicht besonders für die Relativitätstheorie interessiert, sondern sie in ihrer pragmatischen Attitüde eher für typisch deutsche Metaphysik gehalten. Die Astronomen sahen die Beobachtung der Lichtablenkung vornehmlich als experimentelle Herausforderung und weniger als einen Grund, sich mit der zugrundeliegenden Theorie zu befassen, und tatsächlich wußten sie davon auch kaum etwas. Zudem fehlte es an einem Propheten von der Intelligenz und Beredsamkeit Eddingtons, der die neue Lehre hätte verbreiten können.

Dem größeren Publikum war Einstein bis zum November 1919 völlig unbekannt, aber danach gab es kaum jemanden, der nicht von ihm gehört hätte. Im Index der ›New York Times‹ ist sein Name erstmals für den 9. November aufgeführt[48] – allerdings haben die Kompilatoren des Index übersehen, daß Einstein und seine Theorie schon im Sommer 1918 in einem Bericht von W. W. Campbell über seine Sonnenfinsternis-Beobachtung erwähnt worden waren[49] –, aber nach diesem Datum erschien jedes Jahr sein Name in dieser größten aller amerikanischen Zeitungen. Einem knappen Bericht am 9. November, der sich im wesentlichen auf den ersten Artikel der Londoner ›Times‹ stützte, folgte am Tag darauf ein langer einspaltiger Artikel unter einer Kaskade von sechs ins Auge springenden Überschriften: »Lichter am Himmel alle schief – Männer der Wissenschaft mehr oder weniger begierig auf die Resultate der Finsternis-Beobachtungen – Einsteins Theorie triumphiert – Sterne nicht dort, wo sie scheinen oder berechnet waren, aber niemand muß sich fürchten – Ein Buch für zwölf weise Männer – Nicht mehr in der ganzen Welt würden es verstehen, sagte Einstein, als es seine mutigen Verleger akzeptierten.«

Da der Autor nichts von dem verstand, worüber er zu schreiben hatte, machte er in professionell journalistischer Manier eben die Unverständlichkeit zum roten Faden seines Artikels und dies durchgängig bis zum letzten Absatz, in dem Einstein nachgesagt wurde: »Als er seine letzte wichtige Arbeit den Verlegern anbot, warnte er sie, daß es auf der ganzen Welt nicht mehr als zwölf Leute gäbe, die sie verstehen könnten, aber die Verleger nahmen das Risiko auf sich.« – Dieser Geschichte werden wohl nur Amerikaner einen authentischen Hintergrund zubilligen, die der ›New York Times‹ – All the News, that's fit to print – nicht zutrauen, auch Erfundenes in die Welt zu setzen.[50] Diese Erfindung aber »saß« und wurde für die anschließende Artikelflut in der amerikanischen Presse sogar zum Leitmotiv, nicht zuletzt deshalb, weil im Land der Demokratie, wo jeder über alles mitzureden das Recht haben soll, an so viel intellektueller Exklusivität Anstoß genommen wurde.

Die ›New York Times‹ schlug diese Problematik selbst in einem Editorial vom 13. November an. Daß es zweier Präsidenten zweier »Royal Societies« bedurfte, »um der Lichtablenkung und der Raumkrümmung Plausibilität oder nur Denkbarkeit zu verleihen«, war kein gutes Zeichen: »Beides ist unmöglich, per definitionem, und damit hat es sich – jedenfalls für das gewöhnliche Volk, wie immer es sich für die höheren Mathematiker verhalten mag. ... Der verwirrendste Aspekt in dieser Angelegenheit ist die Annahme, daß nur Männer wundervoller Gelehrsamkeit die Fähigkeit und deshalb auch das Recht haben, zu sehen, wie es sich mit der Lichtablenkung verhält. ... Es fällt schwer, den Verdacht zurückzuweisen, daß, wenn die Meister etwas mehr wüßten, sie nicht vor der Aufgabe zurückschrecken würden, dasjenige, was es ihnen bedeutet, auch in Worte für uns alle zu fassen. Wenn wir dann aufgeben, wäre es nicht weiter schlimm, aber daß das Aufgeben für uns erledigt wird, das ist schon ein wenig irritierend.«

Und so ging es weiter, Tag für Tag und Woche für Woche. Am 13. November hatte ein Leitartikler eine Tröstung parat und konnte sich dabei auf Amerikas damals berühmtesten Physiker berufen: »Leute... die sich ein wenig abgestoßen fühlten, wenn man ihnen erzählte, daß sie unmöglich die neue Theorie verstehen könnten, auch wenn sie ihnen so sorgfältig und freundlich wie möglich erklärt würde, werden eine Art Genugtuung empfinden, wenn sie hören, daß die Vernünftigkeit von Einsteins Deduktionen von R. A. Millikan in Zweifel gezogen wurde.« Am 16. November: »Diese Herren mögen große Astronomen sein, aber sie sind traurige Logiker. Kritische Laien haben bereits eingewandt, daß Wissenschaftler, die behaupten, der Raum sei irgendwo zu Ende, die Verpflichtung hätten, uns zu erzählen, was jenseits liegt.« Am gleichen Tag wurde auch ein Interview mit Charles Poor, dem Professor für Himmelsmechanik an der Columbia University, abgedruckt. Der brave Mann sah in den unsicheren Zeitläuften, geplagt von Krieg, Streiks und bolschewistischem

Aufruhr, den Ausdruck einer tieferliegenden geistigen Unrast, die vor nichts mehr haltmache und nun auch in die Wissenschaft eingedrungen sei. Diese Besorgnis, die wie ein verspäteter Widerhall von Kommentaren zu Galileis Propagierung des kopernikanischen Systems klingt, wurde am 7. Dezember in einem Leitartikel unter der Überschrift »Angriff aufs Absolute« thematisiert: »Die blasphemischen Stimmen, die sich gegen Raum und Zeit erhoben haben, versetzten einige in Schrecken, indem sie mindestens für einige Tage das Gefühl hatten, daß alle Grundlagen des menschlichen Denkens unterminiert wären.«

Für einige Monate konnten die Leser der ›New York Times‹ den Eindruck haben, daß das Skandalon des nicht jedermann Zugänglichen als irgendwie unamerikanisch zurückgewiesen werden müsse. Erst allmählich setzte sich die andere Variante im Umgang mit dem Unverständlichen durch: Es wurde in die Sphäre des Numinosen entrückt, grenzenlos bewundert und mystifiziert, und in diese quasi-religiöse Attitüde wurde der Doktor Einstein bald mit einbezogen: »Fiktionen wie Zeit, Raum, Mathematik, das Universum sollten wir freundlicher betrachten«, leitartikelte die ›New York Times‹ am 31. Januar 1921. »Und was alles sonst noch fiktiv in einem fiktiven Ganzen sein möge: wir glauben implizite an Professor Einstein wegen der Subtilität seiner Zeichen und Entwürfe und wegen der Reinheit seines Dialogs.«

»Einstein wachte in Berlin am Morgen des 7. November auf und entdeckte, daß er berühmt war«[51], schrieb ein englischer Biograph. Zweifellos wäre das Hereinbrechen plötzlichen Ruhms eine zutreffende Beschreibung, wenn Einstein in London gelebt und dort die erste Woge der Publizität erlebt hätte, und ein paar Tage später wäre das auch für New York richtig gewesen. Einstein wachte aber, wie korrekt vermerkt, in Berlin auf und bemerkte von alledem – nichts. Nur ein Telegramm von Lorentz informierte ihn an diesem Tag, daß die öffentliche Bekanntgabe der Bestätigung der allgemeinen Relativitätstheorie in London wie geplant erfolgt sei, aber das war für ihn ja nichts Neues mehr. Auch die nächsten Tage und Wochen blieben ruhig, wenigstens was die Wissenschaft anging.

Das lag einfach daran, daß Einstein, anders als in den angelsächsischen Ländern, in Deutschland auch für ein größeres Publikum schon längst berühmt war, mehr jedenfalls als sonst ein Wissenschaftler. Das hatte mit seiner außergewöhnlichen Berufung an die Akademie begonnen und sich beständig gesteigert. So wurde Einstein im März

1918 von der Philosophischen Fakultät der Universität Göttingen der Preis der Hamburger Otto-Vahlbruck-Stiftung in Höhe von elftausend Mark verliehen, was in zehn Zeitungen und Zeitschriften gebührend publiziert wurde. Einstein vermutete Hilbert als Initiator und bedankte sich bei ihm für den Preis, »durch dessen Saftigkeit ich in freudiges Erstaunen versetzt wurde«.[52] Von der Universität Rostock wurde Einstein zum Ehrendoktor promoviert, nichts Besonderes, aber doch ungewöhnlich für einen nach Geheimratsmaßstäben immer noch jungen Mann. Als augenfälligstes Indiz für Einsteins öffentliches Ansehen mag dienen, daß in der ›Vossischen Zeitung‹ die Rezension einer Broschüre mit den Vorträgen, die bei der Festsitzung der Deutschen Physikalischen Gesellschaft zu Plancks 60. Geburtstag am 26. April 1918 gehalten worden waren, die Überschrift trug: »Das Weltbild des Physikers: Professor Einstein über Motive des Forschens«[53], obwohl auch die Vorträge von Warburg, Sommerfeld und von Laue abgedruckt waren und recht besehen eigentlich der Jubilar Planck im Mittelpunkt hätte stehen sollen. – Das war, wohlgemerkt, lange vor dem Relativitätsrummel.

Die englischen Sonnenfinsternis-Expeditionen waren entsprechend Einsteins Bekanntheitsgrad ausführlich dargestellt worden, allerdings ohne den in den späteren englischen und amerikanischen Artikeln herausgestellten vermeintlichen Gegensatz zwischen Einstein und Newton, und sogar die Bestätigung der Einsteinschen Vorhersage war in einer Art Vorwegnahme schon im Oktober ausgiebig publiziert worden, nicht nur in dem spektakulären Artikel im ›Berliner Tageblatt‹ vom 8. Oktober, sondern eine Woche später auch von der ›Vossischen Zeitung‹. Nach so ausführlicher Berichterstattung fehlte in der deutschen Presselandschaft dem Thema die Aura des Sensationellen, die es in England und in den USA über Nacht zum Tagesgespräch beförderte und dabei wie aus dem Nichts den »plötzlich berühmten Doktor Einstein«[54] ins Rampenlicht katapultierte.

Erst am 18. November brachte die ›Vossische Zeitung‹ einen nüchternen Bericht über die Sitzung im Burlington House. Am 30. November folgte ein langer und naturgemäß sachlicher Artikel von Erwin Freundlich mit der Überschrift »Albert Einstein: Über den Sieg seiner Relativitätstheorie«. Er begann: »Ein wissenschaftliches Ereignis von außerordentlicher Bedeutung hat in Deutschland nicht die Beachtung gefunden, die seiner Wichtigkeit entspricht.« Das war dann für längere Zeit schon alles in dieser bedeutendsten Berliner Zeitung. – Die ›Frankfurter Zeitung‹ hatte Max Born um einen Beitrag gebeten, der am 23. November unter dem Titel »Raum, Zeit und Schwerkraft« auf der ersten Seite gedruckt wurde. Einstein fand ihn »ausgezeichnet«.[55] – Diese Artikel der Wissenschaftler Freundlich und Born vermittelten sachliche Information in bester populärwissenschaftlicher Tradition und vermieden entsprechend akademischer Etikette jeden Anstrich des Sensationsjournalismus. Die ›Naturwissenschaften‹, das wöchentlich erscheinende Blatt für den gehobenen wissenschaftlichen Diskurs, ließ sich gar bis zum ersten Heft des Jahrgangs 1920 Zeit und beschränkte sich auch dann noch nur auf ein trockenes Referat des Berichts der englischen Zeitschrift ›Nature‹ über die Sitzung vom 6. November.[56] – Von einer Publizitätswoge vergleichbar der englischen und amerikanischen war in Deutschland den ganzen November hindurch nichts zu bemerken.

Bei der Londoner ›Times‹ war man inzwischen auf die Idee gekommen, an der Quelle nachzufragen: Einstein wurde gebeten, dem englischen Publikum seine Theorie zu erklären. Gleich zu Anfang des Artikels begründete er seinen Lesern, warum er diesem Ersuchen gern nachkam:

> Denn nach dem beklagenswerten Zusammenbruch der früher regen internationalen Beziehungen der Gelehrten ist mir dies eine willkommene Gelegenheit, mein Gefühl der Freude und Dankbarkeit den englischen Astronomen und Physikern gegenüber auszudrücken. Es entspricht ganz den großen und stolzen Traditionen der wissenschaftlichen Arbeit in Ihrem Lande, daß bedeutende Forscher viel Zeit und Mühe, Ihre wissenschaftlichen Institute große materielle Mittel aufwandten, um eine Folgerung einer Theorie zu prüfen, die im Land Ihrer Feinde während des Krieges vollendet und publiziert worden ist.[57]

Dem folgte eine nicht unbedingt leicht verständliche, aber doch sehr luzide Darstellung der beiden Relativitätstheorien und ihrer Beziehung zur bisherigen Physik. Unter dem Eindruck des in England hochgespielten »Einstein vs. Newton«-Aspekts beschloß er seinen Artikel mit einer Hommage an den großen Engländer:

> Niemand aber soll denken, daß durch diese oder irgendeine andere Theorie Newtons große Schöpfung im eigentlichen Sinne verdrängt werden könne. Seine klaren und großen Ideen werden als Fundament unserer ganzen modernen Begriffsbildung auf dem Gebiet der Naturphilosophie ihre eminente Bedeutung in aller Zukunft behalten.

Veranlaßt durch Berichte, die ihn mittlerweile aus England erreicht hatten, ließ Einstein diesem schönen Schluß noch ein kleines Nachspiel mit Zwischen- und Untertönen folgen:

> Die meine Person und Lebensverhältnisse betreffenden Bemerkungen Ihrer Zeitung zeugen zum Teil von erfreulicher Phantasie des Verfassers. Noch eine Art Anwendung des Relativitätsprinzips zum Ergötzen des Lesers: Heute werde ich in Deutschland als »deutscher Gelehrter«, in England als »Schweizer Jude« bezeichnet. Sollte ich aber einst in die Lage kommen, als »bête noir« präsentiert zu werden, dann wäre ich umgekehrt für die Deutschen ein »Schweizer Jude« und für die Engländer ein »deutscher Gelehrter«.

Die ›Times‹ war, wie einem Editorial in der gleichen Ausgabe zu entnehmen ist, »not amused«. Schon die den englischen Wissenschaftlern wegen ihrer Objektivität erwiesenen Komplimente fand der Leitartikler zwar »gut gemeint, aber auch etwas überflüssig«, und zum Nachspiel schrieb er: »Wir konzedieren ihm diesen kleinen Scherz. Aber wir bemerken, daß Dr. Einstein gemäß dem Tenor seiner Theorie keine absolute Beschreibung von sich selbst gibt.«

In diesen Tagen suchte erstmals der Berliner Korrespondent der ›New York Times‹ den »plötzlich berühmten Doktor Einstein« auf. Natürlich fragte er Einstein nach der Geschichte von den »zwölf Männern«, die allein seine Theorie verstünden, worauf »der Doktor gutmütig lachte, aber darauf bestand, daß es schwierig sei, sich für Laien verständlich auszudrücken«. Gleichwohl wurde diese Erfindung ständig wiederholt und oft zitiert. Offenbar hatte auch der Korrespondent seine Schwierigkeiten, denn in seinem Bericht[58] wurde aus dem der allgemeinen Relativitätstheorie zugrundeliegenden Gedankenexperiment ein wirklicher Mann, der im Jahre 1915 in Berlin von einem wirklichen Dach gefallen sei, aber dank der Landung auf einem Müllhaufen überlebt hatte. Einstein, der den Sturz von seinem Fenster aus gesehen hätte, sei herbeigeeilt, um den wundersam Geretteten über seine Empfindungen zu befragen; der Mann erzählte, er habe beim freien Fall nichts von dem gespürt, was man sonst der Schwerkraft zuschreibt, und – voilà – der Schlüssel zur allgemeinen Relativitätstheorie war gefunden. Es muß dahingestellt bleiben, ob sich der Journalist diese Geschichte aus halb verstandenen Andeutungen zusammengereimt hat oder ob es Einstein war, der seinem Gast etwas vorflunkerte – zuzutrauen wäre es ihm schon.

Vermutlich als Reaktion auf die grelle Publizität in der englischen und amerikanischen Presse griff die ›Berliner Illustrirte Zeitung‹ das Thema am 14. Dezember 1919 auf und präsentierte Einstein auf der Titelseite mit einem Glanzstück fotografischer Porträtkunst, unter dem zu lesen stand: »Eine neue Größe der Weltgeschichte: Albert Einstein, dessen Forschungen eine völlige Umwälzung unserer Naturbetrachtung bedeuten und den Erkenntnissen eines Kopernikus, Kepler und Newton gleichwertig sind.« – Der Ruhm hatte Einstein an seiner Arbeitsstätte eingeholt.

Noch konnte er nicht ahnen, wie tief diese Wandlung vom Genie der Physiker zur öffentlichen Kultfigur sein Leben verändern würde. Ein paar Wochen später wußte er es schon: Er empfand es als »glänzendes Elend«.[59]

V

GLANZ UND BÜRDE DES RUHMS

1. »alles Zeitungsgeschrei«. Relativität im Rampenlicht

»Diese Welt ist ein sonderbares Narrenhaus«, kommentierte Einstein im September des Jahres 1920 eine Situation, in deren Mittelpunkt er sich zu seiner Überraschung selbst befand: »Gegenwärtig debattiert jeder Kutscher und jeder Kellner, ob die Relativitätstheorie richtig sei. Die Überzeugung wird hierbei bestimmt durch die Zugehörigkeit zu einer politischen Partei.«[1] Daß es so gekommen war, lag an den politisch aufgewühlten Zeitläuften in Deutschland und an den Medien, der neuen Macht des 20. Jahrhunderts. In ihrer Fixierung auf Slogans, Sensationen und Superlative mußte alles größer, schneller, höher und weiter sein oder zumindest werden. Eine solche Zeit, in der ständig versichert wird, daß sich in Wimbledon in jeder Saison Genie gleich im Dutzend manifestiert, so daß schon Robert Musil seinen »Mann ohne Eigenschaften« nur noch über die Schlagzeile von einem genialen Rennpferd stolpern lassen konnte, eine solche Zeit braucht auch ihren genialsten Denker. Den hatte sie, da es den berufsmäßig mit den geistigen Angelegenheiten Befaßten, den Philosophen oder den Dichtern, an Kraft und Anspruch gebrach, in Albert Einstein gefunden, und sie ließ ihn nicht wieder los. »Nie zuvor war Ähnliches erlebt worden«, mühte sich Einsteins erster Biograph, die Begeisterung des Publikums und seine eigene Verzückung in Worte zu fassen:

> Eine Hochflut des Erstaunens wogte über die Kontinente; tausende von Menschen, die sich sonst ihr lebelang niemals um Lichtschwingungen und Gravitation gekümmert hatten, wurden von dieser Woge ergriffen und emporgetragen, wenn auch nicht zum Begreifen, so doch zu dem Wunsche nach Erkenntnis. Und alle verstanden doch so viel, daß hier aus der Gedankenarbeit eines stillen Gelehrten eine Heilsbotschaft für die Erforschung des Weltalls ergangen war. ... Kein Name wurde in dieser Zeit so viel genannt, wie der dieses Mannes. ... Da war ein Mann, der nach den Sternen gegriffen hatte, in dessen Lehre mußte man sich vertiefen, um die irdische Plage zu vergessen. ...
>
> Schon die Vorstellung: ein lebender Kopernikus wandelt unter uns, hatte etwas Erhebendes. Wer ihm huldigte, hatte das Gefühl, sich über Raum und Zeit zu schwingen, und diese Huldigung bedeutete einen schönen Zug dieser an Erfreulichkeiten sonst so armen Epoche.[2]

Diese Eloge läßt hinter allem exaltierten Sprachgewoge noch erkennen, daß die Entstehung des Einstein-Mythos mit zweierlei zu tun hatte: Mit der Sehnsucht nach Frieden und mit den Sternen. Seit alters her ist der gestirnte Himmel voll Geheimnis und Bedeutung, seit alters her erstrahlt das Licht am Firmament in magisch-mystischem Glanz, und daß nun ein weiser Mann auftrat, der von dort, wo die Götter wohnen, neue und unerhörte Kunde brachte, mag den vom Krieg erschöpften Menschen wie eine säkularisierte Weihnachtsbotschaft in dunkler Zeit erschienen sein, wobei die von Engländern unter großen Mühen beigebrachte Bestätigung einer in Berlin erdachten Theorie als ein Friedensschluß wenigstens im Reich des Geistes empfunden werden konnte. Im Ausland wurde herausgestellt, daß Einstein nicht zu den Unterzeichnern des unglückseligen »Manifests der 93« gehörte, daß er den Krieg abgelehnt hatte und überhaupt ein Schweizer und nicht ein typischer Deutscher war, und den Deutschen erschien er wie die lebendige Verkörperung der Kantschen Rede vom »bestirnten Himmel über mir und dem moralischen Gesetz in mir«.

Wenn seiner Rede Sinn dabei dunkel blieb und niemand die neue Lehre verstand, steigerte das noch einmal das Geheimnisvolle des Wunders, hatten doch die großen Propheten seit jeher »in Zungen« gesprochen. Und nach den zeitgemäßeren Kriterien der spektakulären Höchstleistung hatte Einstein eben den ultimativen Rekord an Unverständlichkeit errungen. Was immer im Vordergrund stand, das Wunder der Erkenntnis oder das der Unverständlichkeit: eine derartige öffentliche Wirkung hatte es in der Geschichte der Medien und der Wissenschaft nicht gegeben.

Physikalisches war auch schon vor Einstein auf den vorderen Seiten der Zeitungen präsentiert worden, am häufigsten wohl die Röntgenstrahlen. Nachdem Wilhelm Conrad Röntgen am Neujahrstage des Jahres 1896 die ersten Sonderdrucke seiner Mitteilung »Über eine neue Art von Strahlen« nebst Photographien durchleuchteter Hände an einige Kollegen verschickt hatte, wurde darüber bereits am 5. Januar in der ›Wiener Presse‹ auf der ersten Seite berichtet. Die Überschrift des Artikels: »Eine sensationelle Entdeckung« – was sonst.[3] Am 7. Januar füllte die Sensation deutsche und englische Zeitungen, und tags darauf die amerikanischen. Am 9. Januar ließ der Kaiser an Röntgen telegraphieren: »Wenn sich der Bericht bewahrheitet, so gratuliere ich Ihnen aus vollem Herzen und preise Gott, daß unserem deutschen Vaterlande der neue Triumph der Wissenschaft beschert ist...« Auch baten Majestät um »einen Vortrag über Ihre Erfindung«, und Röntgen eilte unverzüglich von Würzburg nach Berlin, um am 12. Januar die neuen Strahlen bei Hofe zu demonstrieren. Als auch noch der Präsident des

Reichstags um eine Vorführung ersuchte, hatte das spektakuläre Interesse den Entdecker schon so verschreckt, daß ein Kollege einspringen mußte. Die über tausend wissenschaftlichen Abhandlungen, die bereits 1896 über die bald so genannten »Röntgenstrahlen« erschienen, wurden von einer gewaltigen Resonanz in der Presse begleitet. Dabei standen immer die Strahlen und ihre vielfältigen Anwendungen hauptsächlich in der Medizin im Vordergrund, niemals ihr Entdecker. Der hätte es lieber gesehen, wenn es, wie in England oder in Frankreich, auch in Deutschland bei der Bezeichnung »X-Strahlen« geblieben wäre. Das entsprach Röntgens Abneigung gegen jegliche Publizität, und es entsprach der Etikette der Gelehrten.

Ganz anders jedoch bei Einstein und der Relativitätstheorie.

Daß der Raum gekrümmt ist und das Licht auf nicht ganz geraden Wegen läuft, war bar aller praktischen Auswirkungen. Auch von der merkwürdigen Struktur der Welt, wie sie sich bei Geschwindigkeiten offenbart, die der des Lichts nahekommen, ist in der gemütlichen Alltagswelt der kleinen Geschwindigkeiten buchstäblich nichts zu bemerken. Weil sich zudem die Konsequenzen der Theorie nur in mehr oder weniger hilflosen Andeutungen vermitteln ließen, blieb manchem Schreiber nichts anderes übrig, als sich in vage Lyrismen und in Verherrlichungen dessen zu retten, der das Wunder vollbracht hatte. Deshalb trat an die Stelle der dem normalen Verständnis entrückten Theorie das Porträt Einsteins, das geschriebene und das photographierte, als Idol oder als Ikone.

So wurde Einstein, der alle Autoritäten mit Skepsis betrachtete, unversehens selbst zum Inbegriff der Autorität. »Mit mir hat man seit dem Bekanntwerden der Lichtkrümmung einen Kultus getrieben, daß ich mir vorkomme wie ein Götzenbild«, klagte er schon wenige Monate nach diesem Ereignis. »Aber auch das wird mit Gottes Hilfe vorübergehen...«[4] Weit gefehlt; es wuchs noch an, worüber nicht zuletzt Einstein erstaunt war. »Mir selbst war es immer unverständlich«, rätselte er 1942, »warum die Relativitätstheorie mit ihren dem praktischen Leben so entfernten Begriffen und Problemstellungen in den breitesten Schichten der Bevölkerung so eine lange Zeit eine so lebhafte, ja leidenschaftliche Resonanz gefunden hat. ... Was konnte hier die große und nachhaltige psychische Wirkung veranlassen? Ich habe bisher keine wirklich überzeugende Antwort auf diese Frage zu hören bekommen.«[5] Auch keine Antwort, aber das treffendste Aperçu hatte Charles Chaplin beigesteuert, als er Einstein am 31. Januar 1931 in Los Angeles zur Premiere seines Films *City Lights* eingeladen hatte und beiden die Huldigungen der Menge entgegenschlug: »Mir applaudieren sie«, soll Chaplin gesagt haben, »weil mich alle verstehen, und Ihnen, weil niemand Sie versteht.«

Einstein hat nie einen Zweifel daran gelassen, daß ihm das, was Zeitgenossen bald den »Relativitätsrummel« oder den »Einsteinrummel« nannten, lästig war, günstigstenfalls eine Quelle des Amusements, öfter eine von Ärgernissen. Aber daß die Einstein-Legende die Jahrzehnte hindurch andauerte, sogar anwuchs und sich gelegentlich zur Hysterie überschlug, hätte die Macht der Medien allein nicht vermocht, wäre Einstein nicht ein guter Mitspieler gewesen. Nicht daß ihm der Ruhm zu Kopfe gestiegen wäre, dazu war er zu klug und zu distanziert gegenüber dem täglichen Treiben. Zudem kollidierte »Personenkultus« mit seinen demokratischen Grundüberzeugungen, und so war es nicht nur eine Bescheidenheitsfloskel, als er sich in einem Zeitungsartikel verwahrte, es erscheine ihm »nicht gerecht, ja nicht einmal geschmackvoll«, wenn man einigen wenigen Menschen in maßloser Bewunderung

> übermenschliche Kräfte des Geistes und Charakters andichtet. Dies ist nun gerade mein Schicksal geworden, und es besteht ein grotesker Gegensatz zwischen dem, was mir die Menschen an Fähigkeit und Leistung zuschreiben, und dem, was ich wirklich bin und vermag. Das Bewußtsein von diesem sonderbaren Sachverhalt wäre nicht zu ertragen, wenn es nicht einen schönen Trost dabei gäbe: Es ist ein erfreuliches Zeichen für unsere als materialistisch gescholtene Zeit, daß sie aus Menschen Heroen gestaltet, deren Ziele ausschließlich auf geistigem und moralischem Gebiet liegen.[6]

Es gab aber noch einen weiteren Trost: daß Einstein nämlich bereit war, das ihm zugewachsene Ansehen für seine im Weltkrieg erwachten Überzeugungen wie Pazifismus, Demokratie und internationale Verständigung sowie das ihm inzwischen bewußt gewordene Schicksal der Juden in der Öffentlichkeit in die Waagschale zu werfen. Das empfand er nicht nur als seine Pflicht und Schuldigkeit, sondern er fand auch Gefallen daran.

Vor den Leuten von der schreibenden Zunft hatte Einstein nicht nur keine Scheu, sondern er dürfte den Umgang mit ihnen als Bereicherung und angenehme Abwechslung vom steifen und nachgerade zeremoniellen Verhaltenskodex der gelehrten Welt in Deutschland empfunden haben. Abgesehen von den Artikeln, die er selbst schrieb, entstanden daraus immer wieder Interviews, autorisierte und nicht autorisierte, sowie eine unübersehbare Flut von Berichten, die sich mit Einsteins Aktivitäten mal mehr, oft weniger sachgerecht befaßten.

Plakat »Der Einstein-Film« 1922

Dem nie erlahmenden Interesse der Photographen gab er so geduldig und bereitwillig nach, daß seine gelegentliche Berufsangabe »Photomodell« durchaus das berühmte Körnchen Wahrheit enthielt.

Ende der zwanziger Jahre kam der Film hinzu. »Die »tönenden Wochenschauen« ließen sich den Mann mit der wehenden Haarmähne, der Pfeife und dem Geigenkasten nicht entgehen. Die Kameras gingen in Stellung, als Einstein im September 1930 vor einer großen Menschenmenge die Funkausstellung in Berlin eröffnete; da seine Ansprache direkt übertragen wurde, begann er mit der sinnigen Anrede: »Verehrte An- und Abwesende«, bevor er die Hörer ermahnte, Männer wie Maxwell und Hertz nicht zu vergessen, deren Erkenntnisse den Rundfunk ermöglicht hätten. Viele Filmaufnahmen von seinen Aufenthalten in Amerika zeigen einen Einstein, der noch am bizarrsten Brimborium um seine Person sichtlich Spaß hat, wenn er zum Beispiel bei der Ankunft im Hafen von San Diego am 31. Dezember 1930 zum rhythmischen »Einstein! Einstein!«-Geschrei einer »cheerleader«-Parade die Gangway herabschreitet, um sich von auf Blumenwagen drapierten Meerjungfrauen begrüßen zu lassen.[7] Auf Wunsch der Reporter wirft er seinen Hut in die Luft, reagiert auf mäßig intelligente Fragen mit »billigen Witzen«, lacht darüber aber selbst am lautesten. Erst spät hat er gelernt, die Medien für seine Ziele und Zwecke zu nutzen, ohne sich von ihnen ausnutzen zu lassen.

Trotz der schiefen Perspektive des schrillen Klamauks war aber ebenso außergewöhnlich wie unübersehbar, daß der bedeutendste Physiker seit Newton nicht etwa als zurückhaltender Gelehrter, sondern als kämpferischer Intellektueller in der Tradition von Voltaire und Zola die Szene betrat. Unter den Zeitgenossen wäre er am ehesten mit Bertrand Russell zu vergleichen, dessen politisches Engagement allerdings mit seinem philosophischen Hauptberuf entschuldigt werden mochte. Unter Naturwissenschaftlern war Einstein als politisch motivierter Intellektueller einzigartig, für manchen Kollegen eine Irritation und für viele Deutsche eine Provokation. Konflikte konnten dabei nicht ausbleiben, auch nicht bösartige Anfeindungen. Nicht immer war er mit seinen eigenen Reaktionen zufrieden: »Das Tragische in meiner Situation liegt darin, dass ich nicht einen geringen Bruchteil des Selbstgefühls aufbringen kann, um mit ›Würde‹ die mir ohne meine Schuld zugefallene Rolle zu spielen.«[8] In den ersten Jahren des Ruhms verlor er manchmal im tagespolitischen Getümmel die Übersicht und die Gelassenheit, und gelegentlich ging ihm das Temperament durch.

Der erste Krach entstand gleich zu Beginn des Jahres 1920 aus einer Lappalie. Einsteins Vorlesungen zur Einführung in die Relativitätstheorie wurden zu einer Berliner Attraktion, die man gesehen haben mußte wie das Schloß und das Brandenburger Tor. Studenten fanden kaum noch Platz inmitten der Zaungäste. War die Neugier der Schaulustigen nach einer viertel oder halben Stunde befriedigt, störten sie noch einmal kräftig durch ihren vorzeitigen Abgang. Studenten, die brav ihre Hörgelder entrichtet hatten, fühlten sich belästigt und forderten den Rektor auf, den illegitimen Besuchsverkehr zu unterbinden. Nur Einstein hatte nichts gegen die Gäste, plädierte sogar dafür, daß jeder zu seiner Vorlesung kommen möge, und für die lediglich Neugierigen kündigte er eine kleine Pause an, damit deren Auszug geordnet vonstatten gehen könne. Das löste Schriftverkehr aus, in dem Einstein vom Rektor über die Vorschriften belehrt wurde und sie auch akzeptierte.[9] Am 12. Februar debattierte Einstein das Problem mit seinen Hörern, den zugelassenen und den unzulässigen; dabei schlugen Vertreter des studentischen Ausschusses vor, die Inskribierten mögen ihre Hörgelder erstattet bekommen, während Einstein die Veranstaltung als Zyklus öffentlicher Vorträge kostenfrei weiterführen könne – eine salomonische Lösung, der Einstein zustimmte.

Zuvor war es allerdings zu heftigen Auseinandersetzungen gekommen. Mitglieder des studentischen Ausschusses beschwerten sich beim Rektor, daß Einstein vom »Ausschuß der Menschheit«[10] gesprochen habe, und wie im Gegenzug war im linken ›Vorwärts‹ anderntags von »Exzessen eines antisemitischen Studentenpöbels«[11] zu lesen. Der Rektor beeilte sich zu versichern, daß »mit keinem Wort von Antisemitismus, Judentum usw. die Rede gewesen ist«[12], der Staatssekretär des Kultusministeriums telefonierte mit Einstein, das Ministerium gab eine Klarstellung an die Presse, und das ›Berliner Tageblatt‹ faßte zusammen, daß »die Proteste nicht politischer und besonders auch nicht antisemitischer Art gewesen seien«[13], was Einstein in einer öffentlichen Erklärung bestätigte, aber nicht ganz: »Von einem Skandal, der sich gestern abgespielt haben soll, kann nicht die Rede sein, immerhin bewiesen manche Äußerungen, die fielen, eine gewisse animose Gesinnung mir gegenüber. Antisemitische Äußerungen als solche fielen nicht, doch konnte ihr Unterton so gedeutet werden.«[14]

Nun waren die nie verwundene Niederlage im Krieg und die Geburtswehen der Republik ein fataler Nährboden für rüde Angriffe auf die Juden, die an allem Übel schuld sein sollten. »Hier ist starker Antisemitismus und wütende Reaktion, wenigstens bei den ›Gebildeten‹«[15], hatte Einstein Ende 1919 die Situation in Deutschland beschrieben und dabei nicht übertrieben. War es diese gereizte Stimmung, weshalb er aus den eher komischen als politisch bedeutsamen Vorfällen in der Universität Antisemitismus herauszuhören meinte? Jedenfalls war es Einstein selbst, der dadurch, daß er seinen nicht zu erhärtenden Verdacht auch noch hat drucken lassen, die Verbindung seines Namens mit dem Antisemitismus als erster in die Öffentlichkeit brachte, bevor ihn die Antisemiten als Aggressionsobjekt überhaupt entdeckt hatten. Die herannahenden Universitätsferien machten übrigens diesem Sturm im Wasserglas ein Ende ohne weiteres Aufsehen.

Die Berliner hatten ohnehin andere Sorgen. Wenige Wochen später tobte Mitte März ein rechtsradikaler Putsch durch Berlin, der die Regierung für einige Tage zur Flucht zwang. »Hier sind verworrene Verhältnisse, Korruption und Diktatur des Säbels«, berichtete Einstein nach Zürich. »Das Militär mordet straflos, trauriges Pack. Die Barbarei ist furchtbar.«[16] Nachdem der Putsch durch einen Generalstreik zusammengebrochen war und die Regierung nach Berlin zurückkehren konnte, waren die Verhältnisse von einer Normalisierung noch weit entfernt: »Das Land gleicht einem, der sich den Magen übel verdorben hat, aber sich noch nicht genügend erbrochen hat.«[17] In dieser, von politischen Extremen vergifteten Atmosphäre der ersten Jahre der Weimarer Republik sahen einige Leute die Gelegenheit, sich durch Angriffe gegen Einstein und die Relativitätstheorie zu profilieren, wozu, da wir in Deutschland sind, sogar ein Verein ins Leben gerufen wurde.

Begründer und Wortführer der »Arbeitsgemeinschaft deutscher Naturforscher zur Erhaltung reiner Wissenschaft e. V.« war ein gewisser Paul Weyland, ein Ingenieur mit journalistischen und politischen Ambitionen, zunächst verkappter und später offener Antisemit, ein kurioses Exemplar jener zwielichtigen Figuren, die in bewegten Zeiten in die Öffentlichkeit gespült werden. Nach Laue war Weyland »unter die Schieber einzureihen«.[18] Wahrscheinlich wurde er von Kreisen finanziert, die es vorzogen, im Hintergrund zu bleiben; jedenfalls hatte er genug Geld, um Physikern üppige Honorare anzubieten, sofern sie zu öffentlichen Vorträgen gegen die Relativitätstheorie bereit seien.[19] Anfang August 1920 eröffnete er seine Kampagne in der ›Täglichen Rundschau‹ mit einem Artikel, in dem er die Relativitätstheorie als »wissenschaftliche Massensuggestion« und »großen Schwindel« bezeichnete sowie Einstein des Plagiats beschuldigte.[20] Die sich daran anschließende Debatte[21] nutzte Weyland, um auf sein eigentliches Anliegen hinzuweisen: eine öffentliche Veranstaltung am 24. August, für die er den großen Saal der Philharmonie gemietet hatte. Neben Weyland wurde der Physiker Ernst Gehrcke als Redner angekündigt.

Gehrcke war damals Oberregierungsrat an der Physikalisch-Technischen Reichsanstalt, zweifellos ein tüchtiger Experimentator, der sich durch die Erfindung der Lummer-Gehrcke-Platte und einiger anderer nützlicher Techniken um die Spektroskopie verdient gemacht hatte. Einsteins Überlegungen hatte er jedoch nicht verstanden, wobei er aus seiner Begriffsstutzigkeit aber eine kämpferische Tugend machte. Seit 1911 ergoß sich aus seiner Feder ein steter Strom von Artikeln, in denen er gegen die Relativitätstheorie zu Felde zog. Bereits 1913, als diese Theorie noch eine exklusive Domäne der Fachleute war, glaubte er sie in den ›Naturwissenschaften‹ widerlegt zu haben und rief ihr hinterdrein, sie sei »ein interessanter Fall von Massensuggestion in der Physik gewesen, besonders in den Ländern der deutschen Zunge«.[22] Max Born schrieb postwendend eine Erwiderung[23], die bei Gehrcke aber nichts fruchtete.

Da ihm seine »Widerlegungen« nicht geglaubt wurden, eröffnete Gehrcke 1916 eine zweite Front. Dazu hatte er Arbeiten des pommerschen Gymnasiallehrers Paul Gerber ausgegraben, der um die Jahrhundertwende die Perihelbewegung des Merkur mit Verfahren zu erklären versucht hatte, die völlig willkürlich waren und von den Astronomen zu Recht verworfen wurden. Durch den erneuten Abdruck einer Gerberschen Arbeit nebst kommentierenden Anmerkungen in den ›Annalen‹[24] insinuierte Gehrcke, daß erstens Einstein ein Plagiator und zweitens das Problem der Perihelbewegung auch vor der Relativitätstheorie schon gelöst worden sei. Einstein, der sonst einem »Tintenkrieg« nie abgeneigt war, sofern er vom Niveau her lohnend war, teilte dieses Mal dem Herausgeber der ›Annalen‹ mit, er werde »auf die geschmacklosen und oberflächlichen Angriffe Gehrckes nicht antworten, weil jeder verständige Mensch das selbst kann«.[25] Er tat es aber ein Jahr später, als der Überzeugungstäter Gehrcke seine törichten Argumente an anderer Stelle wiederholte.[26] Einstein replizierte knapp und auf die Sache konzentriert.[27] Scharfe und vernichtende Zurechtweisungen kamen von dem angesehenen Münchner Astronomen Hugo Ritter von Seeliger, der darlegte, daß der pommersche Schulmeister Dinge abgeschrieben hatte, die den Fachkundigen längst geläufig waren, und nur durch einen groben mathematischen Fehler eine Pseudoerklärung produziert habe. Gehrcke wurde durch v. Seeliger öffentlich bescheinigt, »daß ihm die ganze Frage in sachlicher wie historischer Beziehung völlig fremd ist«.[28]

Obwohl wahrscheinlich kein Antisemit, sondern nur ein leidenschaftlich begriffsstutziger Physiker, hatte Gehrcke nun die Plattform, die ihm Physiker und Astronomen versagt hatten, im Verein des Paul Weyland gefunden.

Die Veranstaltung der »Arbeitsgemeinschaft« galt jedoch weniger der Physik als »der Verquickung mit antisemitischer Politik, die sich schon in der Verteilung von Hetzblättern im Vorraum des Saales kundgab«[29], wie der anwesende Max von Laue notierte. Die Besucher der Philharmonie, darunter auch Einstein selbst, bekamen zuerst von Weyland Abstruses und dann von Gehrcke abstruse Physik zu hören. Weyland denunzierte die Relativitätstheorie als ein Reklamephänomen, schalt sie wissenschaftlichen Dadaismus und diffamierte ihren Urheber in seiner verqueren Logik als Plagiator. Danach sprach Gehrcke, »und obwohl er den alten Kohl wieder aufwärmte«, wie Max von Laue berichtete, »war seine ruhige, sachliche Art zu reden eine Erholung nach Weyland, der sich mit den gewissenlosesten Demagogen messen kann.«[30] Der »alte Kohl« war natürlich nichts anderes als Gehrckes unsinnige Ausgrabung der Gerberschen Arbeiten.

Über die Veranstaltung der »Arbeitsgemeinschaft« berichteten die meisten Berliner Blätter, so sie bürgerlich-liberal oder links waren, mit dem Ausdruck des Befremdens über die von Weyland in die Wissenschaft hineingetragenen Kampfmethoden. Laue, Nernst und Rubens verwahrten sich in einer gemeinsamen Erklärung dagegen, daß nicht nur Einwände gegen Einsteins Theorie, sondern »Einwände gehässiger Art gegen seine wissenschaftliche Persönlichkeit« erhoben worden waren:

> Es kann nicht unsere Aufgabe sein, uns an dieser Stelle über die beispiellos tiefe Gedankenarbeit näher zu äußern, die Einstein zu seiner Relativitätstheorie geführt hat. Überraschende Erfolge sind bereits erzielt, die weitere Prüfung muß natürlich Sache der künftigen Forschung bleiben. Dagegen möchten wir, was gestern mit keinem Wort berührt wurde, betonen, daß, auch abgesehen von Einsteins relativistischen Forschungen, seine sonstigen Arbeiten ihm einen unvergänglichen Platz in der Geschichte unserer Wissenschaft sichern; dementsprechend kann sein Einfluß auf das wissenschaftliche Leben nicht nur Berlins, sondern ganz Deutschlands kaum überschätzt werden.
>
> Wer die Freude hat, Einstein näher zu stehen, weiß, daß er von niemandem in der Achtung fremden geistigen Eigentums, persönlicher Bescheidenheit und Abneigung gegen Reklame übertroffen wird. Es scheint uns eine Forderung der Gerechtigkeit, ungesäumt dieser unserer Überzeugung Ausdruck zu geben, um so mehr, als dazu gestern abend keine Gelegenheit geboten wurde.

Auch diese Erklärung wurde am 26. August von vielen Zeitungen gedruckt, sogar von der ›Täglichen Rundschau‹, dem Hausblatt Weylands.

Unterdessen hatte der Angegriffene selbst zur Feder gegriffen. Als »Meine Antwort. – Über die antirelativitätstheoretische G.m.b.H« erschien Einsteins Replik am 27. August auf der ersten Seite des ›Berliner Tageblatts‹, ein ätzendes Stück Polemik, zornig und bitterböse: »Ich bin mir sehr wohl des Umstandes bewußt, daß die beiden Sprecher einer Antwort aus meiner Feder unwürdig sind; denn ich habe guten Grund zu glauben, daß andere Motive als das Streben nach Wahrheit diesem Unternehmen zugrunde liegen.« Trotzdem zerriß er in zwei langen Spalten Gehrcke in der Luft und ließ seiner Galle freien Lauf. »Wäre ich Deutschnationaler mit oder ohne Hakenkreuz statt Jude von freiheitlicher, internationaler Gesinnung, so...« Der Stil war vom Anlaß beeinträchtigt, oder, wie Brecht wußte: auch der Haß gegen die Niedrigkeit verzerrt die Züge.[31] Zwei Tage später faßte Einstein in einem Interview seine Situation in Berlin auf drastische Weise zusammen: »Ich komme mir vor wie jemand, der in einem guten Bett liegt, aber von Wanzen geplagt wird.«[32]

Solche rabiaten Töne waren von Mitgliedern der Akademie nicht vernommen worden, und gerade die wohlmeinendsten Freunde waren entsetzt. Ehrenfest konnte »wenigstens von einigen Wendungen absolut nicht glauben, daß Du sie eigenhändig niedergeschrieben hast«.[33] Hedwig Born sorgte sich um mögliche Folgen der »ungeschickten Antwort« im ›Tageblatt‹: »...wer Sie nicht kennt, bekommt ein so falsches Bild von Ihnen. Auch das schmerzt.«[34] Sommerfeld, der »mit wahrer Wut... die Berliner Hetze gegen Sie verfolgt hat«, faßte verschiedene Meinungen über den Artikel dahingehend zusammen, er werde »als nicht sehr glücklich und Ihnen nicht ganz ähnlich beurteilt«. Ausgerechnet an der schlimmsten Bemerkung fand er jedoch nichts auszusetzen: »Das mit den Wanzen aber war gut.«[35]

Unmittelbar nach der Veranstaltung in der Philharmonie hatte Einstein »zwei Tage lang«[36] mit dem Gedanken gespielt, Deutschland zu verlassen. Aus dieser Absicht hatte er offenbar auch keinen Hehl gemacht, denn praktisch alle Zeitungen berichteten Ende August darüber. Sommerfeld bat ihn inständig: »Von Deutschland fortgehen dürfen Sie aber nicht.« Im Kultusministerium wurde man nervös, und sogar der deutsche Geschäftsträger in London wurde wegen englischer Zeitungsberichte in Berlin vorstellig, denn es »machen doch die

Angriffe auf Prof. Einstein und die Hetze gegen den bekannten Gelehrten hier einen sehr schlechten Eindruck. Prof. Einstein ist gerade im gegenwärtigen Augenblick ein Kulturfaktor ersten Ranges, da Einsteins Name in weitesten Kreisen bekannt ist. Wir sollten einen solchen Mann, mit dem wir wirklich Kulturpropaganda treiben können, nicht aus Deutschland vertreiben.«[37] Derweil hatte Einstein längst sein »altes Phlegma« wiedergefunden und nahm nicht nur die antirelativitätstheoretische G.m.b.H., sondern auch die Besorgnisse seiner Freunde von der komischen Seite. Den »lieben Borns« schrieb er: »Seid nicht zu streng mit mir. Jeder muß am Altar der Dummheit von Zeit zu Zeit sein Opfer bringen, der Gottheit und den Menschen zur Lust. Und ich that es gründlich mit meinem Artikel. Das beweisen die in diesem Sinne ungemein anerkennenden Briefe aller meiner lieben Freunde.«[38]

In der Öffentlichkeit gab es für Einstein reichlich Solidaritätsbekundungen, von Künstlern wie Max Reinhardt und Stefan Zweig[39] oder vom sozialdemokratischen Kultusminister Konrad Haenisch, der insbesondere der Hoffnung Ausdruck gab, »daß die Gerüchte nicht der Wahrheit entsprechen, Sie wollen jener häßlichen Angriffe wegen Berlin verlassen, das stolz darauf war und stolz darauf bleiben wird, Sie, hochverehrter Herr Professor, zu den ersten Zierden seiner Wissenschaft zu zählen«.[40] Einstein antwortete umgehend »mit dem Gefühl aufrichtiger Dankbarkeit. Ganz unabhängig von der Frage, ob ich soviel Wohlwollen und Hochschätzung verdiene, habe ich in diesen Tagen erlebt, daß Berlin die Stätte ist, mit der ich durch menschliche und wissenschaftliche Beziehungen am meisten verwachsen bin. Einem Ruf ins Ausland würde ich nur in dem Falle Folge leisten, daß äußere Verhältnisse mich dazu zwingen.«[41]

Der geschäftsführende Sekretar der Akademie allerdings sah keinen Grund, einer Anregung des Ministeriums zu folgen und »in dem heftigen Streit über den Wert der Einsteinschen Relativitätstheorie, wie er jetzt in der Öffentlichkeit entbrannt ist, ihrerseits das Wort zu ergreifen«.[42] Max Planck war damit einverstanden, denn: »Es hieße den auf den Ruhm unseres Kollegen eifersüchtigen Dunkelmännern zu viel Ehre antun, wenn wir das schwere Geschütz der Akademie gegen sie auffahren lassen wollten. Zudem – was die Hauptsache ist – denkt Einstein gar nicht daran, wegen dieser Treibereien Berlin zu verlassen.«[43]

Bereinigt war die Angelegenheit jedoch keineswegs, denn erstens lassen Dunkelmänner nicht so schnell locker, und zweitens war Einstein in seinem Artikel ein peinlicher Fehlgriff unterlaufen. Er hatte auch

Philipp Lenard heftig angerempelt, den Nobelpreisträger des Jahres 1905, dessen Experimente zum photoelektrischen Effekt einst den jungen Einstein auf den Weg zur Lichtquantenhypothese gebracht hatten. Beide hatten sich einmal in Briefen ihrer Hochachtung, ja Bewunderung versichert, und das waren nicht nur Höflichkeitsfloskeln gewesen. Inzwischen waren die beiden allerdings wegen der Allgemeinen Relativitätstheorie aneinandergeraten. Lenard hatte 1918 in einem Jahrbuchartikel »Über Relativitätsprinzip, Äther, Gravitation« Einwände vorgebracht, die von dem gespeist waren, was er als den »gesunden Verstand« empfand. Noch im gleichen Jahr reagierte Einstein auf diese und andere Einwände mit einer Replik[44], als Dialog zwischen einem »Kritikus« und einem »Relativisten« ausnehmend hübsch geschrieben, im Ton souveräner Behaglichkeit und ein wenig herablassend im Stil des Nachhilfeunterrichts.

Im ›Berliner Tageblatt‹ wurde Einstein jedoch ausgesprochen aggressiv. Zwar bewunderte er immer noch Lenard »als Meister der Experimentalphysik; aber in der theoretischen Physik hat er noch nichts geleistet, und seine Einwände gegen die allgemeine Relativitätstheorie sind von solcher Oberflächlichkeit, daß ich es bis jetzt nicht für nötig erachtet habe, ausführlich auf dieselben zu antworten«.[45] Einstein fühlte sich zu diesem groben Angriff herausgefordert, weil Lenards Jahrbuchartikel als Broschüre im Foyer der Philharmonie zum Verkauf feilgeboten wurde, vor allem aber wegen der Ankündigung einer weiteren Veranstaltung der »Arbeitsgemeinschaft« mit einem Vortrag Lenards. Dies aber war eine Eigenmächtigkeit des Paul Weyland, der den Nobelpreisträger wohl im Vertrauen auf dessen nationalistische Gesinnung auf seine Plakate gesetzt hatte, ohne ihn gefragt zu haben.

Lenard, der bei entschiedener, wenn auch nicht immer informierter Opposition gegenüber der Allgemeinen Relativitätstheorie stets den akademischen Ton gewahrt und sich in seiner Broschüre nach Sommerfelds Eindruck sogar »sehr anständig«[46] über Einstein geäußert hatte, war über den Artikel im ›Berliner Tageblatt‹ empört, und dies zu Recht. Sommerfeld bemühte sich als Vorsitzender der Physikalischen Gesellschaft um Schadensbegrenzung und bat Einstein, »ein Wort der Begütigung an Lenard zu schreiben.... Wenn Sie ihm sagen, dass Ihre Abwehr nicht dem gelehrten Kritiker, sondern dem vermeintlichen Kampfgenossen Weylands galt und dass Sie dies auf Wunsch vor der Öffentlichkeit erklären würden, besänftigt sich wohl sein Zorn.«[47] Lenard bestand darauf, Einstein habe seine Äußerungen »ebenso öffentlich, als sie getan worden sind, wieder zurückzuziehen;

anders könne er das an mir getane Unrecht nicht wieder gut machen – sofern das überhaupt möglich ist«.[48] Einstein war auf Sommerfelds Bitte überhaupt nicht eingegangen, so daß dessen Vermittlungsversuch schon im Ansatz gescheitert war. Für die Ende September 1921 einberufene Versammlung der Gesellschaft deutscher Naturforscher und Ärzte verhieß das nichts Gutes.

Seit längerem schon war für die in Bad Nauheim vom 19. bis 25. September 1920 stattfindende Naturforscherversammlung, die erste nach dem Kriege, eine gemeinsame Sitzung der mathematischen und physikalischen Fachgesellschaften zur Relativitätstheorie geplant. Einstein hatte angeregt, daß dabei auch »eine Diskussion über die Relativitätstheorie veranstaltet wird. Da kann jeder, der sich vor ein wissenschaftliches Forum wagen darf, seine Einwände vorbringen.«[49] Diese Auseinandersetzung fand am 23. September im Anschluß an die Vorträge über Relativitätstheorie statt.

Veranlaßt durch die Berliner Vorgänge, hatte die besorgte Kongreßleitung den Zugang zum großen Kursaal durch strenge Kontrolle auf zugelassene Tagungsteilnehmer beschränkt und sogar Polizei angefordert. Einen Vortrag hatte Einstein nicht gehalten, sich aber intensiv an den Diskussionen beteiligt, insbesondere zu den Ausführungen von Hermann Weyl über dessen Versuch einer einheitlichen Theorie von Elektrizität und Gravitation. Als letzter Redner präsentierte der Bonner Experimentator Ludwig Grebe Messungen zur Rotverschiebung im Schwerefeld der Sonne, die zur Freude Einsteins seine theoretische Prognose zu bestätigen schienen. Wie schon so oft, war Einsteins Freude auch in diesem Falle voreilig.

Zur Mittagszeit dann die mit Spannung erwartete allgemeine Diskussion. Max Planck hatte den Vorsitz, und gestritten wurde vorwiegend zwischen den Kontrahenten Lenard und Einstein. Der befürchtete und von einigen gewiß erhoffte Skandal blieb jedoch aus. Soweit sich aus einer stark gekürzten und wahrscheinlich noch stärker redigierend geglätteten Nachschrift[50] erschließen läßt, wurden bei diesem Disput die Regeln bürgerlichen Umgangs nicht verletzt, »erregte Ableitungen ins Persönliche versuchte Planck schnell zu dämpfen; das Auditorium war in Ablehnungs- und Zustimmungsäußerungen sparsam«.[51] Die großen Zeitungen, die sich dieses Ereignis nicht entgehen ließen, hatten tags darauf nichts Ungewöhnliches vom Verlauf der Debatte zu berichten. Nicht nur Einstein, sogar Lenard konnte auf dem Podium offenbar so tun, als sei der Artikel im ›Berliner Tageblatt‹ nie geschrieben worden.

Wissenschaftlich war die Auseinandersetzung erwartungsgemäß unergiebig. Lenard warf der Relativitätstheorie weder Widersprüche zur Erfahrung noch logische Mängel vor, er griff auch nicht Gehrckes Plagiatsvorwurf auf, sondern er eröffnete die Debatte mit allgemeinen Einwänden von der Art, daß »sich der einfache Verstand eines Naturforschers an der Theorie stößt«. Im wesentlichen erklärte er den real existierenden Äther und das Denken in anschaulichen Bildern für unverzichtbar, woraufhin Einstein erwiderte, daß die Ansichten über das, was anschaulich sei und was nicht, keineswegs selbstverständlich seien: »Ich meine, die Physik ist begrifflich und nicht anschaulich. Als Beispiel über die wechselnde Ansicht über die Anschaulichkeit erinnere ich Sie an die Auffassung über die Anschaulichkeit der Galileischen Mechanik in den verschiedenen Zeiten.«[52] In Einsteins *Dialog* hatte alles schon viel besser gestanden, nicht nur die Verteidigung der Relativitätstheorie, sondern sogar die Einwände der Kritiker.

Auch Redner vom Typ des harmlosen, aber lästigen Spinners traten auf, wie der ungarische Philosoph Melchior Palagyi, der folgendermaßen ein »ausgezeichnetes Koordinatensystem« aus dem Ärmel zauberte: »Lassen Sie mich biologisch denken. Dann trägt jeder Mensch sein Koordinatensystem in sich. In der Verfolgung dieses Gedankens ist eine Widerlegung der Relativitätstheorie enthalten.«[53] Mit solchen Kampfgenossen wußte auch Lenard nichts anzufangen.

Planck konnte die fruchtlose Debatte schließlich durch eine humorvolle Wendung beenden, indem er einen der inzwischen in Umlauf gekommenen banalen Witze über die Relativitätstheorie situationsgerecht variierte: »Da die Relativitätstheorie es leider noch nicht zustande gebracht hat, die für die Sitzung zur Verfügung stehende absolute Zeit von 9 bis 1 Uhr zu verlängern, muß die Sitzung vertagt werden.«[54]

Die Opponenten, die sich so etwas wie ein Tribunal erhofft hatten, waren mit dem für sie blamablen Verlauf dieser Sitzung nicht zufrieden. Gegen die »Erdrosselung der Einsteingegner!« zeterte Paul Weyland in einem Zeitungsartikel.[55] Seine »antirelativitätstheoretische G.m.b.H.« verlief sich bald im Sande. Sogar Gehrcke erkannte in Weyland wenig später einen »zweifelhaften Typen«, und Lenard schloß sich dem an: »Weyland hat sich leider wirklich als Schwindler herausgestellt.«[56] Der Versuch einer organisierten Opposition gegen Einstein und die Relativitätstheorie war ebenso jämmerlich wie verdient gescheitert, und was viel später als erbitterter Kampf von Antisemiten gegen Einstein und die Relativitätstheorie dargestellt wurde[57], erweist sich bei näherem Hinsehen als kuriose Randerscheinung der politisch brisanten frühen Jahre der Weimarer Republik. Insbesondere für den im nachhinein wortreich beschriebenen Antisemitismus findet sich bis zur Nauheimer Naturforscherversammlung als einziges Beispiel nur die durch von Laue registrierte Verteilung von Hetzblättern im Foyer der Berliner Philharmonie. Erst nach der Nauheimer Veranstaltung garnierte Lenard seine Kritik an der Relativitätstheorie mit widerwärtigsten Auswüchsen des Antisemitismus.

Unterschwellig müssen aber bei der Naturforscherversammlung heftige Emotionen gebrodelt haben. Sommerfeld schrieb nach der Nauheimer Tagung an Elsa Einstein, er sei froh, »daß die ganze Krise mit leidlichem Anstand überwunden ist. Das Hauptverdienst hat dabei natürlich wieder Ihr Mann mit seiner Güte und Sachlichkeit, Eigenschaften, die man seinem Gegner Lenard nicht zubilligen kann.«[58] Einstein hatte andere Erinnerungen. Für ihn blieb ein schaler Nachgeschmack, auch was sein eigenes Verhalten betraf; er wollte sich »nicht mehr wie in Nauheim in Erregung versetzen lassen. Es ist mir ganz unbegreiflich, dass ich mich durch schlechte Gesellschaft so tief in Humorlosigkeit verloren habe.«[59] Als die Physiker im nächsten Jahr ihre erste eigenständige Tagung in Jena abhielten, blieb Einstein fern, »weil mich die Bonzen letztes Jahr in Nauheim zu viel angeödet haben. Ich suche mich überhaupt von der Blase möglichst unabhängig zu machen und es gelingt mir auch.«[60]

So sehr die führenden Physiker in Deutschland wußten, was sie an dem »neuen Kopernikus« hatten, so waren sie bei aller Sympathie doch nicht davon angetan, daß Einstein ständig in den Gazetten erschien, und dies oft in Zusammenhängen, die den meisten suspekt waren. Typisch eine Bemerkung von Felix Klein: »Einstein ist in seinen persönlichen Äußerungen immer so liebenswürdig, ganz im Gegensatz zu dem törichten Reklametum, das ihm zu Ehren in Bewegung gesetzt wird.«[61]

Wie empfindlich damals die Gelehrten auf jeglichen Reklameverdacht reagierten, mußte zum Beispiel Max Born erfahren. In sein nicht ganz populäres, aber ausgezeichnetes Buch über die Relativitätstheorie wollte er eine Fotografie und eine kurze Biographie Einsteins aufnehmen. Zur Korrektur schickte er die zwei Seiten kurze Würdigung des Freundes an Elsa Einstein, die nach dem Lesen das Gefühl hatte, »ich müßte Ihnen dafür einen Kuß geben! Ändern Sie kein Wort daran, ich bitte Sie.«[62] Nach dem Erscheinen protestierte sofort Laue bei Born, und das war zweifellos als Freundesdienst an Einstein gemeint,

»daß er und viele andere Fachgenossen an Bild und Lebenslauf Anstoß nähmen. So etwas gehöre nicht in ein wissenschaftliches Buch, auch wenn es sich an einen größeren Kreis wende.«[63] Als Born den Verleger Ferdinand Springer bat, auf Bild und Biographie zu verzichten, hatte der »persönlich das Gefühl, daß weder Sie noch meine Firma es nötig haben, einen solchen Rückzug anzutreten«.[64] Trotzdem erschienen die folgenden Auflagen ohne diese »persönlichen Zugaben«, um jedem Verdacht wissenschaftsfremder Reklame den Wind aus den Segeln zu nehmen.

Kaum waren diese kleine Affäre und die größere der Nauheimer Naturforscherversammlung überstanden, drohte schon wieder Ungemach. Im ›Börsenblatt des deutschen Buchhandels‹ wurde der barock-umständliche Titel *Einstein – Einblicke in seine Gedankenwelt – Gemeinverständliche Betrachtungen über die Relativitätstheorie und ein neues Weltsystem – Entwickelt aus Gesprächen mit Einstein von Alexander Moszkowski* angekündigt. Der Autor war jener Journalist und Literat, der Einstein in den Kriegsjahren in eine literarische Gesprächsrunde im Hotel Bristol eingeladen, den Kontakt zu dem berühmten Manne gepflegt und sich durch Artikel im ›Berliner Tageblatt‹ über die Sonnenfinsternis-Expedition empfohlen hatte. Die Liste seiner bisherigen Bücher zeugte nicht gerade von Respektabilität: neben einer Witzsammlung und Okkultistischem war gerade der anrüchige Titel *Die Kehrseite der Welt – Eine Philosophie der reinen Galle* erschienen.

Einsteins Freunde wurden durch diese Ankündigung in regelrechte Katastrophenstimmung versetzt. Da Einstein auf Reisen war, versuchte Erwin Freundlich in Berlin, den Autor zu bewegen, sein Buch zurückzuziehen, natürlich vergeblich. Frau Born schrieb Einstein einen viele Seiten langen Brandbrief; sie begann mit der dringenden Aufforderung, die Veröffentlichung des Buches zu untersagen, um dann in den grellsten Farben auszumalen, was andernfalls geschehen würde: »...eine ganz neue, schlimmere Hetze entfesselt sich, nicht nur in Deutschland, nein, überall, und der Ekel wird Ihnen den Hals zuschnüren. ... Die Tatsache besteht ja dann einfach, daß ein Mann, noch in dem Anfang der Vierziger stehend, also bei jungen Lebzeiten, einem unerfreulichen Schriftsteller die Erlaubnis erteilte, seine Gespräche aufzuzeichnen. ... Dies Buch wird für alle, außer etwa 4-5 Freunde von Ihnen, Ihr moralisches Todesurteil bedeuten. Es würde nachträglich die beste Bestätigung für die Anschuldigung der eigenen Reklame sein.«[65] Einige Tage später pflichtete Max Born seiner Frau bei: »Du mußt den M. abschütteln, sonst hat der Weyland auf der ganzen Linie gesiegt, Lenard und Gehrcke triumphieren. ... Du mußt gehorchen, und zwar einsichtigen Leuten (und nicht Deiner Frau).«[66] Einstein fand das Urteil über Moszkowski »zu hart«, gehorchte aber: »Ich habe letzterem in einem eingeschriebenen Brief mitgeteilt, daß sein herrliches Opus nicht gedruckt werden darf.«[67]

So einfach ließen sich weder Moszkowski noch seine Verleger herumkommandieren; Einstein wurde zu gerichtlichen Schritten geraten, die aber als unzweckmäßig verworfen wurden, da »das den Skandal nur erhöhen würde«.[68] Im übrigen beurteilte Einstein die heraufziehende Affäre nicht entfernt so dramatisch wie seine Freunde: »Mir ist die Sache gleichgültig nebst dem Geschrei und der Meinung aller Menschen. Mir kann also gar nichts passieren.«[69] Als er im Winter wieder nach Berlin zurückgekehrt war, erwartete er das Unvermeidliche mit Galgenhumor: »Der Stinktopf meines Freundes Moszkowski hat sich noch nicht entladen dank der Langsamkeit der Druckpresse«, schilderte er dem besorgten Ehrenfest die Lage. »Schade, daß ich ihn Dir nicht in Natura vorführen kann; Du hast Sinn für so was. Frau Borns Crescendo ist schließlich zu einem Fortissimo penetrante ausgeartet, daß ich sie mit leiser Ironie still legen mußte.«[70] Als das »herrliche opus« schließlich erschienen war, wunderte Einstein sich über alle, die die Lektüre für nötig gehalten hatten und ihn nun mit ihren kritischen oder entsetzten Kommentaren langweilten: »Es ist mir unbegreiflich«, rügte er Zangger, »dass Sie eine Minute auf den Moszkowski verwendet haben; ich that es nicht, also besteht darin auch für mein Seelenheil keine Gefahr. Ich weiß, dass auch der Weihrauch ein Handelsartikel ist, wenn auch das ›non olet‹ hier noch weniger als bei anderen Gelegenheiten am Platze ist.«[71] Aller Wahrscheinlichkeit nach hat Einstein die Moszkowskischen Einblicke in seine Gedankenwelt niemals in die Hand genommen, seinem Autor aber aus Solidarität eine gewisse Anhänglichkeit bewahrt.

Glücklicherweise war das Buch weder eine Katastrophe, noch hat es eine solche ausgelöst. Daß ›bei dem Einstein alles Reklame‹ sei, hatten die boshafteren unter den Kritikern auch schon vorher behauptet, und Einstein hatte das zwar nicht für seine Wissenschaft, aber für das sonstige Aufsehen achselzuckend gelten lassen: »Wie bei dem Manne im Märchen alles zu Gold wurde, was er berührte, wird bei mir alles zu Zeitungsgeschrei: suum cuique.«[72] Moszkowskis Buch hat, obwohl ein Verkaufserfolg und noch 1921 mehrfach aufgelegt, das ohnehin schon sehr schrille »Zeitungsgeschrei« kaum noch verstärken können.

Als Max Born im hohen Alter das einst so heftig befehdete Buch einmal zur Hand nahm, fand er es »nicht so schlecht, wie ich es erwartet hatte«.[73] Ein Eckermann war Moszkowski allerdings nicht; seine Geschwätzigkeit ist penetrant, und gar zu oft stehen eher die Interessen des Autors im Vordergrund als die des Gesprächspartners. Trotzdem sind Einsteins Auffassungen zu einem weiten Spektrum von Fragen, von der durch Rutherford gerade entdeckten künstlichen Umwandlung der Atomkerne über Erziehungsprobleme bis zur Beurteilung der eher Moszkowski als Einstein beschäftigenden okkulten Phänomene, einigermaßen authentisch wiedergegeben. Da Moszkowski viele Einzelheiten nur von Einstein selbst haben konnte und durch die zeitliche Nähe zu den frühen Jahren ist es eine nicht immer ungetrübte, aber unverzichtbare Quelle.

Im übrigen war Moszkowskis *Einstein* nur ein Titel, allerdings der einzige biographische, in einer unübersehbaren Flut von Artikeln und Schriften zur Relativitätstheorie. Allein 1921 dürfte in Deutschland mehr als ein halbes Hundert Bücher und Broschüren erschienen sein, um Interpretation oder Popularisierung der Theorie bemüht oder mit der Lanze des gesunden Menschenverstandes gegen sie anrennend, aus physikalischer Sicht oder aus philosophischer, auf jeden Fall zu viel, als daß irgend jemand noch den Überblick behalten konnte.

Durch diese und andere Erfahrungen hatte Einstein inzwischen zu akzeptieren gelernt, daß der Kampf gegen Unbelehrbarkeit dem Unternehmen des Don Quichote gegen die Windmühlen gleichen und gleichermaßen vergeblich sein würde. Jeden Einwand zu korrigieren und jeder törichten Kritik entgegenzutreten hätte bald seine Kräfte aufgezehrt, zumal nicht nur in Deutschland, sondern auch in Frankreich und England einige Physiker auftraten, die aus den verschiedensten Gründen Einwände gegen die Relativitätstheorie vorbrachten. Eine öffentliche Kundgebung mit persönlichen Angriffen auf Einstein hatte es nur in Berlin gegeben, und zweifellos war sie das Ärgste und Ärgerlichste, jedoch empfand Einstein als »das Drolligste von allem aber... die Guillaumade«.[74] Damit bezeichnete Einstein die Verwirrungen, die von Charles Edouard Guillaume in die Welt gesetzt wurden, einem weithin respektierten welschschweizer Physiker, der als Direktor des Internationalen Bureaus für Gewichte und Maße in Sèvre bei Paris amtierte und sich durch die Entwicklung der temperaturkonstanten Eisen-Nickel-Legierung Invar um die Meßkunst sowie um die Uhrenindustrie verdient gemacht hatte.

Guillaume wollte durch die Konzeption einer »universellen Zeit« für alle Inertialsysteme die Relativitätstheorie in einer Weise korrigieren, über die Einstein nur den Kopf schütteln konnte: »Denn da spricht einer im wissenschaftlichen Jargon zu erleuchteten Fachleuten jahrelang den traurigsten Unsinn und zwar ungestraft, ohne zurechtgewiesen zu werden. Da sieht man so recht deutlich, auf welch schmaler Basis von urteilsfähigen Köpfen die in der Gelehrten-Schafherde herrschenden Urteile und Wertungen ruhen.«[75] Marcel Grossmann hatte kurz nach der Weyland-Gehrcke-Attacke seinen Freund zu einer Stellungnahme gedrängt, da sich bereits »um Guillaume herum eine Sekte« bildete und man in Frankreich, wie Grossmann sich sorgte, »rasch genug dazu bereit ist, auch in dieser Frage wieder franz. Überlegenheit zu konstatieren. Um so mehr, als die wüste Hetze gegen Dich in Deutschland auch hier ein Echo findet.«[76]

Grossmanns Aufforderung stellte Einstein allerdings vor Probleme, die typisch waren beim Umgang mit den vielen Besserwissern, die trotz mangelnder Sachkunde ihre Stimme zur Kritik an der Relativitätstheorie erhoben. »Mit dem Widerlegen ist es aber nicht so einfach, wenn man nicht einmal in der Lage ist, die Behauptungen des andern zu begreifen«, war das Resultat von Einsteins Beschäftigung mit der »Guillaumade«, die ihm längst bekannt war. »Ich habe mir alle Mühe gegeben, habe nachgedacht, habe lange mit Guillaume korrespondiert, aber nichts angetroffen als mathematische Zeichen ohne Sinn; an eine sachliche Entgegnung ist also gar nicht zu denken, sondern nur an eine Meinungsäußerung.«[77] In diesem Sinne entwarf Einstein ein paar deutliche Zeilen, die Grossmann an die ›Archives des sciences physiques et naturelles‹ weiterleiten sollte, in denen Guillaume publiziert hatte: »Insbesondere ist mir völlig unklar geblieben, was der Autor unter ›temps universel‹ versteht. Meine Fähigkeit zu begreifen geht nicht einmal so weit, dass ich zu einer sachlichen Entgegnung fähig wäre. Ich kann nur meine Überzeugung ausdrücken, dass Guillaumes Ausführungen überhaupt kein klarer Gedanke zugrunde liegt.« Immerhin sollte Grossmann dafür sorgen, daß diese Bemerkungen vor der Drucklegung an Guillaume geschickt wurden. Veröffentlicht wurden sie nicht. Trotzdem hatte Einstein ein paar Monate später Anlaß, Guillaume um Verständnis zu bitten: »Seien Sie mir nicht böse, es ging nicht mehr an, meine Überzeugung in diesem Punkte zu verschweigen.«[78]

Eine kuriose Pointe zugleich zur Berliner Affäre und zur »Guillaumade« findet sich in den Akten der Nobel-Stiftung. Einsteins Nominierung wurde 1920 in Stockholm wie schon in den Jahren zuvor zurückgewiesen, wobei dem sonst so klugen Komitee-Mitglied Svante Arrhenius in seinem Gutachten zur Relativitätstheorie die Panne unterlief, auf alternative Erklärungen der Perihelbewegung des

Merkur zu verweisen, womit er die von Ernst Gehrcke meinte.[79] Den Nobelpreis des Jahres 1920 erhielt Edouard Guillaume – »für seine Beiträge zu Präzisionsmessungen in der Physik durch seine Entdekkung von Anomalien in Nickel-Stahl-Legierungen«.

德國特約通信

Bericht über Albert Einstein in der chinesischen Zeitung ›Shi Shi Xin Bao‹, 2. März 1921

2. »in Honig geschrieben«. Relativität, Philosophie und Erkenntniskritik

Adolf von Harnack, der große Theologe und Wissenschaftsorganisator, soll auf die Klage, daß seine Generation keine Philosophen habe, eine originelle Antwort gewußt haben: »Die Philosophen sitzen jetzt nur in der anderen Fakultät, sie heißen Planck und Einstein.«[1] Den Philosophieprofessoren wird das kein Trost gewesen sein, aber immerhin stürzten sich nächst der Presse insbesondere Philosophen mit großem Eifer auf die Relativitätstheorie. Ganz unabhängig davon, ob sie die neue Lehre über Raum und Zeit gemäß philosophischer Kriterien interpretieren oder ihrem System assimilieren wollten oder aber unverzüglich und unverzagt zur Widerlegung schritten, waren die berufsmäßig bestellten Denker offensichtlich dankbar, daß sie nun etwas zu tun hatten, womit sie auch noch Aufsehen erregten.

Sogar Hugo Dingler, fanatischer Widerleger der ersten Stunde, pries auf der Nauheimer Naturforscherversammlung die Relativitätstheorie für die Ankurbelung der philosophischen Betriebsamkeit: »Das eine ungeheure Verdienst wird ihr, neben ihrer heuristischen Bedeutung, vor der Geschichte der Physik nicht genommen werden können: es ist in kürzester Zeit, was noch vor zwanzig Jahren kaum jemand für möglich gehalten hätte, gelungen, fast die Gesamtheit der Gebildeten für die Grundlagen der exakten Wissenschaften aufs intensivste zu interessieren.«[2] Diese Situationsbeschreibung war aber schon das einzig Richtige an Dinglers Vortrag, war sie doch nur der Auftakt zu pathetischen Ausführungen, in denen er mit großer Geste und hanebüchenen Argumenten verkündete, daß »diese Theorie, wie ich sicher bin, fällt«. Eine Flut von Reden und Schriften dieses Tenors, in den zwanziger Jahren vorgebracht aus den unterschiedlichsten Lagern und Schulen, ließen Einstein zwar zur Zunft der Philosophen auf Distanz gehen, nicht aber zur Philosophie.

Philosophie war ihm nie gleichgültig, auch wenn er sie nicht systematisch studiert und betrieben hat, sondern eher eklektisch aus der Perspektive eines respektlosen Liebhabers, und das galt auch für jenen spröderen Teil der Philosophie, der als Erkenntnistheorie in enger Verbindung zu den Wissenschaften steht. In der Summe seiner lebenslangen Denkerfahrungen als philosophierender Physiker erschienen ihm Erkenntnistheorie und Wissenschaft »aufeinander angewiesen.

Erkenntnistheorie ohne Kontakt mit Wissenschaft wird zum leeren Schema. Wissenschaft ohne Erkenntnistheorie ist – soweit überhaupt denkbar – primitiv und verworren«.[3] Beleuchten wir einige Facetten dieser Beziehung, wie sie sich für Einstein dargestellt haben.

In seiner Jugend hatte Einstein Kant gelesen, und das war nicht spurlos an ihm vorübergegangen. Am Polytechnikum und am Patentamt hatte er sich als »braver Empirist« und als junger Widerspruchsgeist zunehmend jener damals wenig geachteten philosophischen Tradition zugewandt, die man im weiteren Sinne als Positivismus bezeichnen mag. In einem 1915 geschriebenen Brief bescheinigte er dem Positivismus sogar so etwas wie eine geistige Verwandtschaft zu seiner Physik, indem er »die Rel.Theorie nahelegt, ohne sie indessen zu fordern«. Er erkannte auch an, »dass diese Denkrichtung von grossem Einfluss auf meine Bestrebungen gewesen ist, und zwar E. Mach und noch viel mehr Hume, dessen Traktat über den Verstand ich kurz vor Auffindung der Relativitätstheorie mit Eifer und Bewunderung studierte. Es ist sehr gut möglich, dass ich ohne diese philosophischen Studien nicht auf die Lösung gekommen wäre.«[4] Dieses Kompliment galt vornehmlich dem kritischen Gehalt der positivistischen Philosophie, die verfestigte Denkstrukturen in Frage stellt, von den Fesseln tradierter Begriffsbildungen befreit und zu einem herzerfrischend skeptischen Umgang mit der überlieferten Weisheit einlädt:

> Begriffe, welche sich bei der Ordnung der Dinge als nützlich erwiesen haben, erlangen über uns leicht eine solche Autorität, daß wir ihres irdischen Ursprungs vergessen und sie als unabänderliche Gegebenheiten hinnehmen. Sie werden dann zu »Denknotwendigkeiten«, »Gegebenen a priori« usw. gestempelt. Der Weg des wissenschaftlichen Fortschritts wird durch solche Irrtümer oft für lange Zeit ungangbar gemacht. Es ist deshalb durchaus keine müßige Spielerei, wenn wir darin geübt werden, die längst geläufigen Begriffe zu analysieren und zu zeigen, von welchen Umständen ihre Berechtigung und Brauchbarkeit abhängt, wie sie im einzelnen aus den Gegebenheiten der Erfahrung herausgewachsen sind. Dadurch wird ihre allzu große Autorität gebrochen. Sie werden entfernt, wenn sie sich nicht ordentlich legitimieren können, korrigiert, wenn ihre Zuordnung zu den gegebenen Dingen allzu nachlässig war, durch andere ersetzt, wenn sich ein neues System aufstellen läßt, das wir aus irgendwelchen Gründen vorziehen.[5]

Diese Programmatik hatte Einstein in seiner ersten explizit philosophischen Fragen gewidmeten Abhandlung skizziert, in seinem Nachruf auf den 1916 verstorbenen Ernst Mach, mit dem er korrespondiert hatte und den er sogar noch besuchen konnte.

Vermutlich war der betagte Ernst Mach von Friedrich Adler auf das Genie im Berner Patentamt aufmerksam gemacht worden. Im Sommer des Jahres 1909 erkundigte sich Mach jedenfalls bei Adler, ob Einstein immer noch in Bern sei, da er ihm ein Exemplar seiner Arbeit über die *Erhaltung der Arbeit* schicken wollte.[6] Mit seiner Danksagung dürfte Einstein dem Physiker-Philosophen Freude bereitet haben: »Sie haben auf die erkenntnistheoretischen Auffassungen der jüngeren Physiker-Generation einen solchen Einfluss gehabt, dass sogar ihre heutigen Gegner, wie z. B. Herr Planck, von einem der Physiker, wie sie vor Jahrzehnten im Ganzen waren, ohne Zweifel für ›Machianer‹ erklärt würden.«[7] Eine anschließende Postkarte, in der Einstein seiner Freude Ausdruck gab, »dass Sie Vergnügen an der Relativitätstheorie haben«[8], unterzeichnete er als »Ihr Sie verehrender Schüler«.

Allerdings war Einstein kein bedingungsloser Gefolgsmann; Physik war für ihn niemals nur die denkökonomische Zusammenfassung von Sinnesdaten wie in der Machschen Auffassung, und in der Frage der Existenz der Atome gab es ganz konkrete Differenzen zwischen den beiden. Ohne den verpönten Begriff zu benutzen, bat Einstein Mach, von den übersandten Sonderdrucken »sich das über die Brown'sche Bewegung kurz anzusehen, weil hier eine Bewegung vorliegt, die man als ›Wärmebewegung‹ deuten zu müssen glaubt«.[9] Die Existenz der Atome war offenbar auch das wichtigste Gesprächsthema, als Einstein das einzige Mal Ernst Mach einen Besuch abstattete, im September 1910, als er wegen der Berufung nach Prag ins Wiener Kultusministerium bestellt wurde. Noch kurz vor seinem Tode erzählte Einstein mit großem Nachdruck und noch größerer Begeisterung, wie es ihm gelungen sei, Mach das Eingeständnis abzuringen, daß unter gewissen Umständen die Annahme von Atomen sinnvoll sein könne.[10]

Bei seinen Bemühungen um die Verallgemeinerung der Relativitätstheorie allerdings erstattete Einstein wieder wie ein Schüler dem Meister Bericht, denn dabei erwies sich erneut die Fruchtbarkeit einiger von Ernst Machs Grundgedanken. Insbesondere Machs Kritik an Newtons Konzept vom absoluten Raum als Ursache der Trägheit bestärkte Einstein in der Zielsetzung, daß sowohl das Gravitationsfeld als auch die träge Masse restlos durch die globale Verteilung der Massen im Kosmos bestimmt sein müssen. Als »Machsches Prinzip« hat dieser Leitgedanke eine wichtige Rolle beim Auffinden und später eine wechselvolle bei der Ausgestaltung der Theorie gespielt.

Den 1912 fertiggestellten *Entwurf einer verallgemeinerten Relativitäts-*

theorie und einer Theorie der Gravitation schickte Einstein an Mach, berichtete von »unendlicher Mühe und quälendem Zweifel« sowie der in Aussicht genommenen Beobachtung der Lichtablenkung. Würde die Theorie bestätigt, »so erfahren Ihre genialen Untersuchungen über die Grundlagen der Mechanik – Plancks ungerechtfertigter Kritik zum Trotz – eine glänzende Bestätigung. Denn es ergibt sich mit Notwendigkeit, dass die Trägheit in einer Art Wechselwirkung der Körper ihren Ursprung hat, ganz im Sinne Ihrer Überlegungen zum Newtonschen Eimerversuch.«[11] Da Einstein damals mit seinem »Verallgemeinerungsbedürfnis« ziemlich allein stand, war Machs »freundliches Interesse, das Sie der neuen Theorie entgegenbringen«, ein schöner Trost, und Einstein beteuerte noch einmal dem alten Manne, was er ihm verdankte: »Es freut mich ausserordentlich, dass bei der Entwicklung der Theorie die Tiefe und Wichtigkeit Ihrer Untersuchungen über das Fundament der klassischen Mechanik offensichtlich wird. ... Denn bis jetzt ist jenes erkenntnistheoretische Argument das Einzige, was ich zugunsten meiner neuen Theorie vorbringen kann. Für mich ist es absurd, dem ›Raum‹ physikalische Eigenschaften zuzuschreiben.«[12]

Einstein fühlte sich nicht nur Mach, sondern dem »positivistischen« Denken überhaupt in so hohem Maße verpflichtet, daß er, als nun schon in Fachkreisen berühmter Ordinarius in Prag, einen Aufruf zur Gründung einer »Gesellschaft für positivistische Philosophie« unterzeichnete, seinen ersten öffentlichen Aufruf überhaupt, gemeinsam mit Ernst Mach, Sigmund Freud, den Göttinger Mathematikern David Hilbert und Felix Klein sowie anderen Gelehrten, die, wie es in dem Aufruf heißt, »zu haltbaren Lehren nur durch eindringendes Studium der Tatsachen der Erfahrung selbst zu gelangen hoffen«.[13] Viel wurde daraus nicht; weder gedieh die Gesellschaft, noch wollte Einstein Zeit für Philosophisches erübrigen, da er alsbald völlig von der Verallgemeinerung der Relativitätstheorie absorbiert wurde.

Als der Durchbruch erzielt und die Theorie fertig war, erhielt Einstein eine lange Abhandlung von dem in Rostock lehrenden Philosophen Moritz Schlick, nicht die erste, aber die erste fundierte Analyse der Relativitätstheorie aus dem Blickwinkel der positivistischen Philosophie.[14] Einstein studierte sie sofort und dankte begeistert dem Autor: »Sie gehört zu dem Besten, was bisher über Relativität geschrieben worden ist. Von philosophischer Seite scheint überhaupt nichts annähernd so klares über den Gegenstand geschrieben zu sein.«[15] Schlicks Arbeiten war freilich anzusehen, daß er sich nicht nur in der

Philosophie, sondern auch in der Physik auskannte. Er hatte dieses Fach studiert und war von Max Planck promoviert worden, bevor er zur Philosophie wechselte.

Einstein blieb Schlick freundschaftlich verbunden und wohnte bei ihm, als er im November 1919 anläßlich der 500-Jahr-Feier der Rostocker Universität mit einem Ehrendoktorhut geehrt wurde. Von dem »feinen Kopf« war er so angetan, daß er Schlick zu einer ordentlichen Professur verhelfen wollte: »Es wird aber schwer halten, weil er nicht der philosophischen Landeskirche der Kantianer angehört.«[16] Von den nur zwei Büchern, die Einstein den wissenschaftlichen Bibliotheken zum Ankauf empfahl, war eines die erstmals 1917 erschienene Abhandlung über *Raum und Zeit in der gegenwärtigen Physik* von Moritz Schlick[17], und den Autor empfahl er für Lehrstühle, zum Beispiel an die Universität Zürich: »Auf mich macht er von den gegenwärtigen Philosophen den größten Eindruck; er wäre eine ausgezeichnete Aquisition.«[18] Er wird sich gefreut haben, daß Schlick 1922 nach einem Intermezzo in Kiel auf jenen Wiener Lehrstuhl berufen wurde, den Ernst Mach innegehabt hatte, obwohl Einstein an der positivistischen Orthodoxie, die sich unter Schlicks Leitung im »Wiener Kreis« herausbildete, schon das Interesse verloren hatte.

Auch Mach hatte er mehr als den klugen Interpreten der Mechanik geschätzt denn als den »empiriokritizistischen« Erkenntnistheoretiker, der alle Naturgesetze als denkökonomische Verknüpfung von Sinnesdaten begreifen wollte. »Das ist ein schlechter Gesichtspunkt«, erklärte Einstein einmal; »was Mach entwickelte, war ein Katalog und kein System.«[19] Wer wie Friedrich Adler diesem Programm bis zur letzten Konsequenz folgte, wurde von Einstein derb gescholten: »Er reitet den Mach'schen Klepper bis zur Erschöpfung.«[20] Besso gab aber zu bedenken, was Einstein alles Mach verdankte und verwahrte sich sanft dagegen, das »Machsche Rösslein« so zu »verschimpfen: hat es nicht die Höllenfahrt durch die Relativitäten betreut? Und wer weiß, ob es nicht bei den bösen Quanten den Reiter Don Quixote del la Einsta durchträgt!«[21] Aber Einstein insistierte auf der Schwäche positivistischer Erkenntnistheorie, könne sie doch »nicht Lebendiges gebären, sondern nur schädliches Gewürm ausrotten«.[22]

Nach dem Flirt mit dem organisierten Positivismus hatte Einstein inzwischen den Eindruck gewonnen, daß »ich mich in keinem der ›ismen‹ ganz zuhause fühle. Es kommt mir immer vor, als ob ein solcher ismus nur so lange stark wäre, als er sich von der Schwäche seines Gegen-ismus nährt; ist aber letzterer tot geschlagen, und er allein auf weiter Flur, dann erweist er sich als schlotterbeinig. ... Der Positivist bzw. Pragmatist ist stark, solange er gegen die Meinung kämpft, dass es Begriffe gebe, welche im ›a priori‹ verankert sind. Wenn er im Eifer vergisst, dass alle Erkenntnis in Begriffen und Urteilen besteht, so ist das eine Schwäche.«[23] – Diese ironische Distanz zu allen strenggläubigen philosophischen Schulen und die scharfsichtige Diagnose der Schwächen positivistischen Denkens änderte aber nichts an Einsteins Verehrung für Ernst Mach, auch als sie 1921 auf eine kuriose Probe gestellt wurde.

Ernst Machs Studie über *Die Prinzipien der physikalischen Optik* erschien erst fünf Jahre nach seinem Tod im Februar 1916. Mit der Drucklegung des von Mach noch fertiggestellten Manuskripts wurde 1916 begonnen, sie schleppte sich aber bis 1921 hin. Das Vorwort, das Mach im Juli 1913 unterzeichnet hatte, erregte sofort einiges Aufsehen im Streit um die Relativitätstheorie, denn darin verwahrte Mach sich »mit Entschiedenheit« dagegen, »den Relativisten vorangestellt zu werden...«. Als Einstein davon hörte, war er zu Recht verwundert, »dass Mach nicht für die Relativitätstheorie war. Dieser Gedankengang liegt nämlich ganz in seiner Denkrichtung. Ich bin neugierig, wie er zu seinem ablehnenden Standpunkt kommt.«[24] Einstein konnte es jedoch nicht erfahren, denn im Vorwort stand lediglich: »Warum aber und inwiefern ich die heutige mich immer dogmatischer anmutende Relativitätslehre für mich ablehne... das soll in der Fortsetzung dieses Werkes dargetan werden.« Eine Fortsetzung aber gab es nicht.

Vielleicht war es, neben Machs Ablehnung des Atomismus, diese herbe, aus Einsteins Sicht nicht nachvollziehbare Enttäuschung, die ihn veranlaßte, den geschätzten Mann einmal als einen »guten Mechaniker, aber deplorablen Philosophen«[25] zu bezeichnen. In dem, worauf es ihm ankam, blieb Einstein in seiner Verehrung aber unerschütterlich, erklärte sich das merkwürdige Vorwort »als Ergebnis seiner altersbedingt abnehmenden Aufnahmefähigkeit« und hielt es nach wie vor für »gerechtfertigt, Mach als den Vorläufer der allgemeinen Relativitätstheorie zu betrachten«.[26] Einstein hatte wohl zu Recht gespürt, daß dieses später viel hin- und hergewendete Vorwort[27] als belanglos beiseite gelassen werden sollte. Sieben Jahrzehnte nach Machs und drei Jahrzehnte nach Einsteins Tod wurde dann in philosophischer Detektivarbeit nachgewiesen, daß dieses Vorwort nicht von Ernst Mach, sondern von seinem Sohn Ludwig als Fälschung in die Welt gesetzt wurde, aus einem ganzen Bündel merkwürdiger Motive, wovon die Bereitstellung argumentativer Munition gegen die Relativitätstheorie nur eines war.[28]

Einsteins eigene erkenntnistheoretische Auffassung hatte sich inzwischen unter Beibehaltung der kritischen Elemente der positivistischen Tradition in Richtung auf einen rationalen Konventionalismus entfaltet. Seine originellen Überlegungen veröffentlichte er nicht etwa in einem philosophischen Journal, nicht einmal in einem physikalischen, sondern im ›Berliner Tageblatt‹, in der Weihnachtsbeilage des Jahres 1919. Die Redaktion hatte in der Wissenschaft so etwas wie eine moralische Aufrüstung des vom Krieg arg gebeutelten Deutschland gesehen: »Nicht um eine Ruhmesfanfare zu blasen, sondern um unserem verzweifelnden Volk zu sagen: Die Arbeit deiner Besten geht weiter, du darfst noch hoffen, dein neuer Aufstieg ist gewiß, wenn du Vernunft und Kraft behältst – nur in diesem Sinne haben wir die Männer, die unser Volk in seiner tiefsten Not zu Ehren gebracht haben, um ein Wort zur Weihnacht 1919 gebeten.« Das Resultat ist eine der eindrucksvollsten Seiten der Pressegeschichte.

So sorgte sich Max Planck um das Wiedererstehen der »Internationalen Arbeitsgemeinschaft« der Wissenschaftler, Walther Nernst diskutierte »Die künftigen Richtlinien naturwissenschaftlicher Forschung« zwischen Erkenntnisstreben und Anwendung unter den Bedingungen der Knappheit an Finanzierungsmöglichkeiten, und Fritz Haber malte »Die Stickstoff-Wirtschaft« zur Errettung aus Mangel und Not in den schönsten Farben aus. Einstein, »auch er ein Deutscher«, wie die Redaktion dekretierte, ging allen politischen Fallstrikken aus dem Wege, indem er einen Artikel über *Induktion und Deduktion in der Physik* beisteuerte. Den Lesern unterbreitete er »in dieser aufgeregten Zeit diese kleine, objektive und leidenschaftslose Betrachtung, weil ich der Meinung bin, daß man durch stille Hingabe an die ewigen Ziele, die allen Kulturmenschen gemeinsam sind, der politischen Gesundung heute wirksamer dienen kann als durch politische Betrachtungen und Bekenntnisse«.[29]

Einstein beginnt mit einer kurzen Erläuterung dessen, was man sich landläufig unter der Entstehung und Begründung der Erfahrungswissenschaften mittels der induktiven Methode vorstellt: Durch Auswahl und Gruppierung von Einzeltatsachen sollen sich allgemeine Gesetzmäßigkeiten erkennen oder durch Induktion erschließen lassen. Er erzählt dies aber nur, um sogleich das Gegenteil zu behaupten: »Die wahrhaft großen Fortschritte der Naturerkenntnis sind auf einem der Induktion fast diametral entgegengesetztem Wege entstanden.« Einstein kommt es darauf an, den schöpferischen Aspekt in der Theoriebildung zu unterstreichen, der zwar mit der Erfahrung zu tun hat, aber mehr ist als das Sammeln, Arrangieren und Interpretieren vieler Einzeltatsachen. Statt der Induktion sieht Einstein vornehmlich die Intuition am Werk: »Intuitive Erfassung des Wesentlichen eines großen Tatsachenkomplexes führt den Forscher zur Aufstellung eines hypothetischen Grundgesetzes oder mehrerer solcher.«

Diesem schöpferischen Prozeß hat der eher handwerkliche Teil zu folgen, nämlich das Deduzieren oder mathematische Herleiten von Folgerungen aus den Grundgesetzen und deren Vergleich mit der Erfahrung. So ist die Beziehung zwischen den Tatsachen und den Theorien eine weitläufige und keineswegs eindeutig bestimmte Angelegenheit: »Der Forscher geht also zwar stets von Tatsachen aus, deren Verknüpfung das Ziel seiner Bemühungen bildet. Aber er gelangt nicht auf methodischem, induktivem Wege zu seinem Gedankensystem, sondern er schmiegt sich den Tatsachen an durch intuitive Auswahl unter den denkbaren, auf Axiomen beruhenden Theorien.« In zutreffender Interpretation der Wissenschaftsgeschichte beruft sich Einstein darauf, daß die großen Fortschritte wie Newtons Gravitationstheorie, die Thermodynamik oder die Elektrodynamik auf diesem Wege entstanden seien, und der Leser wird in der Vermutung nicht fehlgehen, daß es sich mit der Relativitätstheorie ebenso verhält.

Weil nun die Grundgesetze einer Theorie nicht fest und unabänderlich in Tatsachen verankert sind, kann ihnen prinzipiell nur ein hypothetischer Charakter zugesprochen werden, und das kommt einem Verzicht auf den alten und ehernen Anspruch der Wahrheit gleich. Natürlich kann eine Theorie als unrichtig nachgewiesen werden, wegen innerer Widersprüche oder wenn eine aus ihr gezogene Folgerung mit einer Tatsache nicht übereinstimmt. »Niemals aber kann die Wahrheit einer Theorie erwiesen werden. Denn niemals weiß man, daß auch in Zukunft keine Erfahrung bekannt werden wird, die ihren Folgerungen widerspricht.« Diese Erkenntnis wird heute in Anlehnung an Karl Popper und in pompöser Sprache so formuliert, daß Theorien niemals verfiziert, sondern allenfalls falsifiziert werden können. Man wird Popper wohl kein zu großes Unrecht tun, wenn man seine 1934 veröffentlichte *Logik der Forschung* als eine lange und komplizierte Fußnote zu der »kleinen, objektiven und leidenschaftslosen Betrachtung« Einsteins aus dem Jahre 1919 versteht.

Das größte Aufsehen erregten zu Beginn der zwanziger Jahre freilich die Vertreter der damals in Deutschland tonangebenden Denkungsart, die Einstein die »Landeskirche der Kantianer« nannte. Ihrer Aufmerksamkeit war nicht entgangen, daß die Relativitätstheorie eine für die

Kantsche Philosophie zentrale Doktrin in Frage stellte, nämlich die apodiktische Gewißheit »synthetischer Urteile a priori«, wie sie sich in den Sätzen die euklidische Geometrie den Raum betreffend oder in der Auffassung der Zeit manifestiert. Diese Provokation durch die Relativitätstheorie, drastisch exemplifiziert durch die nicht-euklidische Struktur des Raumes, wurde um so stärker empfunden, als sich hier die Kantsche Philosophie zwar nicht in ihrer Denkweise, aber in ihren Schlußfolgerungen mit dem trifft, was als »gesunder Menschenverstand« Anspruch auf Allgemeingültigkeit erhebt. Einstein teilte übrigens die Meinung der Kantianer, daß hier eine zentrale Differenz angesprochen wurde, was er zwar nicht in Veröffentlichungen, aber in Briefen um so deutlicher ausdrückte: »Mich erinnert die gepriesene Kant'sche Ansicht über die Zeit an Andersens Märchen vom Kleid des Königs, nur dass es sich statt um das Kleid des Königs um die Form der Anschauung handelt.«[30] Andererseits empfand er durchaus »die ungeheure suggestive Wirkung..., die von diesem Kerl ausgegangen ist und immer noch ausgeht. Wenn man ihm nur die Existenz synthetischer Urteile a priori zugibt, ist man schon gefangen.«[31]

Einige Neo-Kantianer wie Paul Natorp oder Ernst Cassirer waren in tiefschürfenden Analysen darum bemüht, bei Anerkennung des Primats der Physik und somit der Relativitätstheorie den Kern der Kantschen Philosophie zu retten. Unter den Physikern konnten sie vor allem bei Max von Laue auf Verständnis und Unterstützung rechnen. Einstein beobachtete diese Denkanstrengungen dagegen mit skeptischer Ironie: »Ist nicht die ganze Philosophie wie in Honig geschrieben? Wenn man hinsieht, sieht alles wunderbar aus, wenn man aber nochmals hinsieht, ist alles fort. Nur der Brei ist übrig.«[32] Immerhin hat er Ernst Cassirers Studie *Zur Einsteinschen Relativitätstheorie* im Manuskript gelesen und sie »durch einzelne kritische Bemerkungen, die er an die Lektüre geknüpft hat, gefördert«.[33]

Ungleich mehr Widerhall als die braven Neo-Kantianer fanden in der Öffentlichkeit jedoch jene Denker, die der physikalischen Theorie unter Berufung auf Kant den Garaus machen wollten, und das waren nicht wenige.

Ein besonders streitlustiger Vertreter dieser Richtung war der Prager Professor Oskar Kraus, ein Kantianer von altem Schrot und Korn; da seine Spezialität die Rechtsphilosophie war, substituierte er den Mangel an naturphilosophischer Kenntnis durch den sophistischen Scharfsinn juristischer Plädoyers. Wie tief ihn die Gefährdung der Kantschen Philosophie durch die Relativitätstheorie getroffen hatte, erfuhr Philipp Frank, Einsteins Nachfolger auf dem Prager Lehrstuhl, als er von der Gemahlin des Philosophen gebeten wurde, mit ihrem Mann nicht über die Einsteinsche Theorie zu sprechen, da ihn die schreckliche Vorstellung, daß jemand »das Widersinnige« glauben könne, bis in den Schlaf verfolge und er dann nachts häufig rede.[34]

Kraus redete aber nicht nur nachts, sondern auch bei Tage, und er führte eine so aggressive Feder gegen die relativistische Irrlehre, daß er sich als Hauptredner für eine Konferenz qualifiziert hatte, die Hans Vaihinger, der Begründer der damals populären *Philosophie des Als-Ob*, Ende Mai des Jahres 1920 nach Halle einberufen hatte. Wie der Psychologe Max Wertheimer Einstein warnte, hatte Kraus in Prag lauthals verkündet, daß er »in aller Öffentlichkeit vom philosophischen Richterstuhl die elementaren Absurditäten der Einst. Theorien aufdecken werde«.[35] Beinahe wäre Einstein der Einladung Vaihingers zu dieser Konferenz gefolgt, hätten ihn nicht gute Freunde davon abgehalten, sich mit den streitbaren Philosophen herumzuschlagen. Insbesondere Ehrenfest, bei dem Einstein im Mai 1920 zu Besuch weilte, hatte alle Anstrengungen unternommen, den Freund von der Teilnahme am, wie er es nannte, »Hexensabbat der Als-ob-ologie« abzuhalten. Nachdem Ehrenfest sich eine Woche lang »heiser darüber geredet« hatte, war endlich Einsteins »Seele gerettet: am Halle-Tag wird Einstein sich (vor allen Als-Oboisten sicher bewahrt) im Schoße der Amsterdamer Akademie befinden«.[36]

Nach allem, was man nach der Konferenz hat hören oder in den ›Annalen der Philosophie‹ hat lesen können, war Einstein gut beraten, um diesen Richterstuhl der Philosophie einen Bogen zu machen, und so hielt er es künftig mit allen Kongressen deutscher Denker. Meistens hielt er es auch so mit den Hervorbringungen der Neo-Kantianer, die nach seiner Einschätzung das Niveau ihres großen Vordenkers nicht erreichten: »Der Kant ist so eine Landstraße mit vielen, vielen Meilensteinen, und dann kommen die kleinen Hunderln, und jeder deponiert das Seinige an den Meilensteinen.«[37]

In Paris konnte Einstein jedoch im April 1922 anläßlich einer Sitzung der Société Française de Philosophie, die den philosophischen Implikationen der Relativitätstheorie gewidmet war, der Diskussion seines Verhältnisses zu Kant nicht entgehen. Aufgrund seiner Erfahrungen mit deutschen Kantianern antwortete er zunächst ausweichend: »Was die Philosophie Kants angeht, so denke ich, daß jeder Philosoph seinen eigenen Kant hat«, um dann zu erklären: »Ich für meinen Teil glaube nicht, daß meine Theorie in allen Punkten mit dem Denken

Kants in Übereinstimmung zu bringen ist, wie letzteres sich mir darstellt.«[38] Das zentrale Problem, das zugleich Nähe und Distanz zur Kantschen Philosophie fokussiert, war die Denknotwendigkeit der »synthetischen Urteile a priori«. Früher schon hatte er an eine Wendung der Kantschen Doktrin ins Konventionalistische gedacht: »Das ›a priori‹ muß ich in ›konventionell‹ abschwächen, aber auch dann paßt es nicht in die Einzelheiten.«[39] Den französischen Philosophen antwortete er ähnlich: »Um Wissenschaft zu konstruieren, benötigt man willkürliche Konzepte; ob diese Konzepte ›a priori‹ gegeben sind oder ob es sich um beliebige Konventionen handelt, vermag ich nicht zu sagen.«[40]

Zwei Jahre später sagte er es doch. In der Rezension eines *Kant und Einstein*[41] betitelten Buches entfaltete er den Standpunkt, daß eine physikalische Theorie und ihre Begriffsbildungen als ein logisches Ganzes zu betrachten und zu beurteilen seien. In einer subtilen Analyse setzte er auseinander, daß jede Theorie neben empirischen Elementen auch Begriffe und Urteile enthalten muß, die nicht der Erfahrung entspringen. Letztere könne man in lockerer Anlehnung an Kant als »a priori« ansehen, nur ist die Aufteilung in die beiden Klassen keineswegs eindeutig festgelegt, weshalb die strenge Unterscheidung in »a priori« und »empirisch« ihren Sinn verliert, worin Einstein aber keinen Anlaß zum Jubeln sah: »Unbefriedigend bleibt dabei aber immer die Willkür der Auswahl derjenigen Elemente, die man als apriorisch bezeichnet.«[42]

Mit diesen Aporien des »a priori« ließ es Einstein genug sein. Auch wenn damit keineswegs alle Probleme gelöst waren, beharrte er entgegen den Positivisten bis ins Alter auf der »metaphysischen Erbsünde«, daß Begriffe und Kategorien, die nicht aus der Erfahrung gewonnen werden können, zum Verständnis dieser Erfahrung notwendig sind. Als Siebzigjähriger beschrieb er seine Auffassung als nur darin von Kant unterschieden, »daß wir die ›Kategorien‹ nicht als unabänderlich (durch die Natur des Verstandes bedingt), sondern als (im logischen Sinne) freie Setzungen auffassen. ›A priori‹ erscheinen sie nur insofern, als Denken ohne die Setzung von Kategorien und überhaupt von Begriffen so unmöglich wäre wie Atmen in einem Vakuum«.[43]

Als Physiker sah sich Einstein generell in einer Situation, die es ihm nicht erlaubt, sich bei seinen theoretischen Entwürfen durch ein erkenntnistheoretisches System einengen zu lassen. Mit souveränem Abstand zu den Schulweisheiten der Philosophen nahm er den Vorwurf hin, er müsse »dann dem systematischen Erkenntnistheoretiker als eine Art skrupelloser Opportunist erscheinen. Er erscheint als Realist insofern, als er eine von den Akten der Wahrnehmung unabhängige Welt darzustellen sucht; als Idealist insofern, als er die Begriffe und Theorien als freie Erfindungen des menschlichen Geistes ansieht (nicht logisch ableitbar aus dem empirisch Gegebenen); als Positivist insofern, als er seine Begriffe und Theorien *nur* insofern als begründet ansieht, als sie eine logische Darstellung von Beziehungen zwischen sinnlichen Erlebnissen liefern.«[44]

Mit dem Positivismus und mit Kant hatte sich Einstein immer mehr Mühe gegeben als mit anderen philosophischen Betrachtungen zur Relativitätstheorie. Sonst war er meistens schnell fertig mit seinem Urteil, wie bei dem berühmten Henri Bergson und seiner 1921 erschienenen Studie *Durée et simultanéité à propos de la théorie d'Einstein,* die nicht nur in Frankreich intensiv diskutiert wurde. Zunächst notierte Einstein anerkennend: »Er scheint aber die Relativitätstheorie sachlich zu begreifen und setzt sich mit ihr nicht in Gegensatz.«[45] Dieser erste Eindruck wurde beim Fortgang der Lektüre jedoch erheblich getrübt: »Bergson hat in seinem Buch über Rel.Theorie schwere Böcke geschossen; Gott wirds ihm verzeihen.«[46] Mit einer Rezension plagte sich Einstein erst gar nicht. Einsichtige Herausgeber haben später auch ohne Einsteins Verriß diese Studie nicht in Bergsons Gesammelte Werke aufgenommen.

Ohnehin waren es ja nicht nur die strengen Erkenntnistheoretiker, die sich mit der Relativitätstheorie auseinandersetzten, sondern auch viele Denker, die auf der Suche nach Höherem sich von Relativität und Vierter Dimension heftig angeweht fühlten und an diesen Begriffen aus einer anderen Welt ihr mystisches Feuerchen schüren wollten. Einstein wußte mit solchem Tiefsinn nie etwas anzufangen, ob er sich nun auf die Relativitätstheorie berief oder nicht. So wurde er in Prag von einem seiner Bekannten in einen Vortrag von Rudolf Steiner mitgenommen, dem Begründer der Anthroposophie, aber Steiners schwärmerischem Mystizismus konnte er nur komische Aspekte abgewinnen: »Lachend kam er heraus.«[47] Ein Jahrzehnt später war seine Absage an die nach dem Weltkrieg aufblühenden irrationalen Strömungen eindeutig: »Der mystische Zug unserer Zeit, welcher sich besonders in dem Wuchern von Theosophie und Spiritismus zeigt, ist für mich nur ein Symptom von Schwäche und Zerfahrenheit.«[48] Seine persönliche psychische Disposition korrespondierte mit seiner wissenschaftlichen Überzeugung, daß es keinen Grund gebe, »an vom Körperlichen unabhängiges Seelisches zu glauben, und ich finde einen solchen Glauben – weil er einen freiwilligen Verzicht auf wissenschaftliches Erfassen bedeutet – hässlich und eines starken Menschen unwürdig«.[49] In Princeton hielt er bei einem Vortrag über Zen-Buddhismus ein Nickerchen.

Dabei war ihm stets gegenwärtig, daß theoretische Physik nur ein Weg von vielen ist, ein Bild von der Welt zu schaffen, zudem noch einer, der sich »damit begnügen muß, die allereinfachsten Vorgänge abzubilden, die unserem Erleben zugänglich gemacht werden können, während alle komplexeren Vorgänge nicht mit jener subtilen Genauigkeit und Konsequenz, wie sie die theoretische Physik fordert, durch den menschlichen Geist nachkonstruiert werden können. Höchste Reinheit, Klarheit und Sicherheit auf Kosten der Vollständigkeit«.[50]

Wenn er als junger Mann mal vom »Weltbild« der Physik gesprochen hatte, und das war selten[51], dann hatte er lediglich eng umschriebene fachliche Aspekte wie die Verträglichkeit einzelner Theorien mit dem Relativitätsprinzip im Blick. In reiferen Jahren hielt er den »stolzen Namen« eines Weltbilds der theoretischen Physik in einem viel weitergehenden Totalitätsanspruch für »wohlverdient, denn die allgemeinen Gesetze, auf die das Gedankengebäude der theoretischen Physik gegründet ist, erheben den Anspruch, für jedes Naturgeschehen gültig zu sein«.[52] Prinzipiell sollten alle Naturprozesse, einschließlich der Lebensvorgänge, aus den Grundgesetzen allein durch Deduktion theoretisch darstellbar und somit erklärbar sein. Grenzen akzeptierte er nur in praktischer Hinsicht, als die menschlicher Leistungsfähigkeit. »Der Verzicht des physikalischen Weltbilds auf Vollständigkeit ist also kein prinzipieller.« Andererseits war ihm dieser Anspruch wohl selbst nicht ganz geheuer. So hielt er die Möglichkeit, alles auf naturwissenschaftliche Weise abzubilden, zwar für »denkbar, aber es hätte doch keinen Sinn. Es wäre eine Abbildung mit inadäquaten Mitteln, so, als ob man eine Beethoven-Symphonie als Luftdruckkurve darstellte.«[53] Den bis ins seelische Erleben ausgedehnten totalitären Anspruch eines »physikalischen Weltbildes« hätte er wohl auch für eine Flucht gehalten, gleichfalls »eines starken Menschen unwürdig«.

3. »Reisender in Relativität«

Als im November 1919 Albert Einsteins Ruhm weltweit erstrahlte, wollten die Preußen nicht abseits stehen. Schon am 26. November 1919, also drei Wochen nach jener denkwürdigen Sitzung der Royal Society, beantragten Mitglieder des Staatshaushaltsausschusses, die preußische Staatsregierung möge im Benehmen mit der Reichsregierung »Mittel bereit stellen, um Deutschland die weitere erfolgreiche Mitarbeit mit den anderen Nationen zum Ausbau der grundlegenden Entdeckungen Albert Einsteins und diesem selbst weitere Forschungen zu ermöglichen«.[1] 150000 Mark wurden in Ansatz gebracht, worüber Einstein natürlich erfreut und dankbar war, jedoch »ein schmerzliches Bedenken nicht unterdrücken« konnte, wie er es dem Kultusminister Haenisch darlegte: »Wird nicht in dieser Zeit größter Not ein derartiger Beschluß mit Recht bittere Gefühle in der Öffentlichkeit auslösen?«[2] Mit einem Seitenhieb auf die deutschen Astronomen fügte Einstein hinzu, daß besondere Staatsmittel überhaupt nicht erforderlich seien, »wenn die Sternwarten und Astronomen des Landes einen Teil ihrer Apparate und ihrer Arbeitskraft in den Dienst der Sache stellen würden«.

So war es nicht Einstein, sondern sein getreuer Astronom Erwin Freundlich, der in dieser Offerte des Staates seine Chance erkannte, die Beförderung der Wissenschaft mit der seiner eigenen Karriere aufs innigste zu verbinden. Ihm hatte sich schon früher der Gedanke aufgedrängt, daß zur Bestätigung des dritten, nach Merkurperihel und Lichtablenkung, von der Relativitätstheorie vorausgesagten Effekts der Rotverschiebung im Schwerefeld der Sonne ein spezielles Turmteleskop errichtet werden müsse, nach dem Vorbild des bis dahin einzigen in Kalifornien auf dem Mount Wilson, aber nach Möglichkeit größer und besser instrumentiert. Das konnte aus staatlichen Mitteln nicht aufgebracht werden, weshalb Freundlich zunächst Walther Nernst dafür gewann, weitere Mittel bei der Industrie als Spende einzuwerben.

Ein von Freundlich entworfener und von Nernst begutachteter Aufruf zu einer »Albert-Einstein-Spende« appellierte an die patriotische »Ehrenpflicht derer, denen an der Kulturstellung Deutschlands gelegen ist, nach Maßgabe ihres Könnens die Mittel aufzubringen, um wenigstens einer deutschen Sternwarte die Prüfung der Theorie in unmittelbarer Zusammenarbeit mit ihrem Schöpfer möglich zu machen«.[3] Der Aufruf wurde von allen in der Berliner Akademie maßgeblichen Physikern und Astronomen und auch noch von Adolf von Harnack unterzeichnet, dem Präsidenten der Kaiser-Wilhelm-Gesellschaft. Dieses Gütesiegel machte es Nernst und Fritz Haber leicht, dank ihrer Verbindungen zum »Reichsverband der deutschen Industrie« und insbesondere zur chemischen Industrie einige hunderttausend Mark aufzutreiben, so daß schon im Frühjahr 1920 mit konkreten Planungen für den »Einstein-Turm« begonnen werden konnte. Die Jenaer Firmen Zeiss und Schott waren bereit, die Ausrüstung zum Selbstkostenpreis zu liefern, und der Staat stellte das Grundstück auf dem Telegraphenberg bei Potsdam zur Verfügung, auf dem Gelände des Astrophysikalischen Observatoriums. Wissenschaftlicher Leiter wurde Erwin Freundlich.

Als Architekt hatte sich Erich Mendelsohn empfohlen. Mit Freundlich befreundet und durch ihn veranlaßt, hatte er schon im Krieg an der Front schwungvoll Sonnenobservatorien skizziert, als noch niemand wußte, ob sie jemals gebaut und wie sie bezahlt werden würden.[4] Nach erheblichen technischen Schwierigkeiten wurde der 14 Meter hohe »Einsteinturm« 1922 fertiggestellt, die aufwendige Instrumentierung erst zwei Jahre später. Mendelsohns dynamische Konstruktion gilt als das bedeutendste Bauwerk des architektonischen Expressionismus. Einstein mochte dieses Monument nicht[5], wegen seines konservativen Geschmacks in künstlerischen Dingen und vielleicht wegen der von Mendelsohn beabsichtigten deutlichen Anspielung an die – allerdings zu hoch geratenen – Aufbauten eines U-Bootes. Der Name eines Admirals wäre passender gewesen als der eines Pazifisten. Einstein konnte sich damit trösten, daß der Turm auf dem weitläufigen Gelände des Telegraphenbergs den Blicken des Publikums entzogen war.

Daß Einstein als auf Lebenszeit bestellter Vorsitzender des Kuratoriums der »Einstein-Stiftung« seine Pflichten arg vernachlässigte, kaum an den Sitzungen teilnahm und auch sonst die Aktivitäten der Stiftung nur mit linker Hand erledigte, lag jedoch weniger an der Architektur, sondern an dem Verhältnis zu Freundlich, das sich immer spannungsgeladener entwickelte, und auch daran, daß die mit dem Turm verknüpften Erwartungen nicht eingelöst werden konnten. Wie immer, war sich Einstein auch um die Zeit der Grundsteinlegung hinsichtlich der Rotverschiebung sicher, »dass am Ende eine glänzende Bestätigung der Theorie herauskommt; ich habe noch keine Sekunde daran gezweifelt«.[6] Aber die ungeheure Vielfalt der Linien im Sonnenspektrum und die turbulenten Bewegungen in der Sonnenatmosphäre überlagern die Rotverschiebung in einem Maße, daß die zuverlässige Separierung des von Einstein vorhergesagten Effekts auch mit diesem Spezialteleskop nicht möglich war. Nur für die Erforschung der Sonnenoberfläche war es von einigem Nutzen.

Freundlichs Schuld war das nicht. Die sichere Bestätigung gelang erst fünf Jahre nach Einsteins Tod, und dann nicht durch Beobachtungen des Sonnen- oder Sternenlichts, sondern unter vergleichsweise leichtgewichtigen irdischen Verhältnissen. Die aberwitzige Präzision des 1958 entdeckten Mößbauer-Effekts machte es möglich, die Auswirkungen der winzigen Schwerkraftdifferenz am Boden und an der Spitze des 24 Meter hohen Jefferson Tower der Harvard University mit großer Genauigkeit nachzuweisen: Es kam heraus, wie Einstein es immer prophezeit hatte: eine »glänzende Bestätigung«. – Aber wissen konnte er das in Berlin noch nicht.

Der Brief an Kultusminister Haenisch, in dem sich Einstein für die finanzielle Unterstützung der Forschungen zur Relativitätstheorie bedankt, enthält noch eine sehr persönliche Bitte, die ihm Ende 1919 wichtiger war als alle Physik und aller Ruhm. Seine todkranke Mutter, die in einem Sanatorium in Luzern lag, wollte er für ihre letzten Lebensmonate nach Berlin holen; das Ministerium mußte er um einen Wink an das Mieteinigungsamt bitten, damit ein ihm bereits zugesagtes zusätzliches Zimmer im Hause Haberlandstraße 5 für die Aufnahme der Kranken und einer Pflegerin auch tatsächlich zur Verfügung gestellt würde. Die Bitte fruchtete nichts; als die von fortschreitenden Krebsmetastasen schon gelähmte Mutter Ende Dezember in Begleitung ihrer Tochter Maja und einer Ärztin in Berlin eintraf, wurde sie in Einsteins Arbeitszimmer untergebracht. Das Leiden der Mutter erschütterte ihn in schmerzlicher Anteilnahme: »Man fühlt bis in die Knochen, was die Bande des Blutes bedeuten!«[7] Pauline Einstein starb Ende Februar 1920. »Ich weiss, was es heisst, die Mutter in Todesqualen zu sehen; Trost gibt es nicht. Alle müssen wir so Schweres tragen, denn es ist mit dem Leben ja untrennbar verbunden.«[8]

Vergleichsweise gering, aber trotzdem Energie absorbierend waren andere Sorgen, zum Beispiel finanzieller Natur. Wegen des Kursverfalls der Mark wurde es immer schwieriger, die für den Unterhalt von Mileva und den Söhnen benötigten Beträge in Schweizer Franken aufzubringen. »Es wäre eine ungeheure Erleichterung für mich, wenn meine Buben mit Mileva nächstes Jahr nach Deutschland ziehen würden.«[9] Er wollte sie in der Nähe von Karlsruhe bei einem entfernten

Cousin unterbringen, dem Rektor eines Gymnasiums, was Mileva schon wegen der Nähe zur Familie ihres geschiedenen Mannes ablehnte. Daraufhin wurde ein Umzug nach Freiburg vorgeschlagen, aber Mileva und die Buben wollten in der Schweiz bleiben. Einstein war einsichtig: »Vielleicht kann ich doch genügend ausländisches Geld erschwingen, um sie in Zürich lassen zu können. Dies hätte vielleicht für die fernere Zukunft meiner Kinder Vorteile, die die Überwindung der Schwierigkeiten rechtfertigen.«[10] Zu diesem Sinneswandel mag auch beigetragen haben, daß Einsteins anfängliche Erwartungen in eine demokratisch-republikanische Umgestaltung Deutschlands enttäuscht wurden.

Was immer er Planck und Haber oder dem Minister Haenisch über sein Verbleiben in Berlin versprach, wie immer er die Ablehnung der Angebote aus Zürich und Leiden mit seiner Loyalität gegenüber den Berliner Kollegen begründete: Heimatgefühle hatte er in Berlin nicht entwickelt. Als er von Max Born wegen dessen möglichen Wechsels von Frankfurt nach Göttingen um Rat gefragt wurde, brauchte Einstein weder Rücksichten zu nehmen noch Ausreden zu ersinnen, sondern offenbarte sich dem vertrauten Freund in der Rolle des unbehausten Fremden, »der heute geht und morgen bleibt – des potenziell Wandernden«, wie ihn Georg Simmel beschrieben hat.[11] Einstein fühlte sich

> als nirgends wurzelnder Mensch nicht zum Raten befugt. Die Asche meines Vaters liegt in Mailand. Meine Mutter habe ich vor einigen Tagen hier zu Grabe getragen. Ich selbst bin unausgesetzt herumgegondelt – überall ein Fremder. Meine Kinder sind in der Schweiz unter solchen Umständen, dass es für mich an ein umständliches Unternehmen geknüpft ist, wenn ich sie sehen will. So ein Mensch wie ich denkt es sich als Ideal, mit den Seinen irgendwo *zuhause* zu sein; er hat kein Recht, Euch in dieser Sache zu raten.[12]

Ein Angebot der Columbia University in New York, üppig dotiert, ohne Verpflichtungen und mit der Versicherung unterbreitet, daß Amerika auf absehbare Zeit »ein ruhigerer Ort für die Forschung ist als Deutschland«, lehnte er ab mit der lakonischen Begründung: »Schließlich ist es objektiv betrachtet gleichgültig, wo ich studiere und arbeite.«[13]

Wenn Einstein eine unbedingte Loyalität verspürte, dann galt sie dem kleinen Kreis derjenigen, denen er sich in seinen »wissenschaftlichen Bestrebungen« verbunden fühlte, und dieser Kreis wurde aufs schönste bereichert, als Niels Bohr im April 1920 zu einer Reihe von Vorträgen aus Kopenhagen nach Berlin kam.

Einstein hatte schon 1913 Bohrs erste Arbeiten zum Aufbau der Atome und zum Verständnis der Spektrallinien bewundert. Den sechs Jahre Jüngeren hatte er zwar noch nicht getroffen, konnte sich aber aus Ehrenfests plastischen Erzählungen schon ein recht gutes Bild machen. Ende 1919 berichtete er nach Leiden, er werde sich jetzt »in Bohr vertiefen, zu dem Du mir ein grosses und warmes Interesse eingeblasen hast. Du hast mir gezeigt, dass da ein tief schauender Mensch dahinter steckt, in dem grosse Zusammenhänge lebendig werden«.[14] Noch im Alter war Einstein gegenwärtig, wie er selbst an den Tücken der Strahlungstheorie schier verzweifelt war und wie Bohr ein erstes, überraschendes Licht in das Dunkel gebracht hatte, indem er auf die klassische Physik des Atoms, wie es Rutherford als Planetensystem en miniature postuliert hatte, in genialer Manier »Quantenbedingungen« aufpfropfte: »Es war, wie wenn einem der Boden unter den Füßen weggezogen worden wäre, ohne daß sich irgendwo fester Grund zeigte, auf dem man hätte bauen können. Daß diese schwankende Grundlage hinreichte, um einen Mann wie Bohr in den Stand zu setzen, die hauptsächlichen Gesetze der Spektrallinien und der Elektronenhüllen der Atome nebst deren Bedeutung für die Chemie aufzufinden, erschien mir wie ein Wunder – und erscheint mir auch heute noch als ein Wunder. Das ist höchste Musikalität auf dem Gebiet des Gedankens.«[15]

Bei seinem Besuch hatte Bohr Butter und anderes Nahrhafte in die Haberlandstraße gebracht, ein »herrliches Geschenk aus Neutralien, wo noch Milch und Honig tröpfelt«[16], wie sich Einstein bedankte, dem Frau Elsa noch hinzufügte, ihr Hausfrauenherz habe »geschwelgt beim Anblick solcher Köstlichkeiten«. Noch herrlicher müssen die Gespräche zwischen den beiden gewesen sein, in deren Mittelpunkt die Rätsel der Strahlung und der Atommechanik gestanden haben. Konkrete Ergebnisse oder gar Durchbrüche zeitigten diese Unterhaltungen nicht, denn dazu war der Stand der Physik einfach zu verworren, aber das tat dem Glück wechselseitigen Verstehens keinen Abbruch.

Für Einstein war Bohrs Besuch wieder einmal eine Gelegenheit, seine großartige Fähigkeit zu tiefer Bewunderung in geradezu zärtliche Worte zu fassen: »Nicht oft im Leben hat mir ein Mensch durch seine bloße Gegenwart solche Freude gemacht wie Sie«, schrieb Einstein an Bohr nach dessen Abreise. »Ich studiere jetzt Ihre großen Arbeiten und habe dabei – wenn ich gerade irgendwo steckenbleibe – das

Vergnügen, Ihr freundliches Jungen-Gesicht vor mir zu sehen, lächelnd und erklärend.«[17] Zwei Tage später berichtete er Ehrenfest: »Bohr war hier, und ich bin ebenso verliebt in ihn wie Du. Er ist wie ein feinfühliges Kind und geht in einer Art Hypnose in dieser Welt herum.«[18] Bohr war nicht minder berührt; in spröderem, etwas holprigem Deutsch antwortete er Einstein: »Es war für mich eines der größten Erlebnisse, die ich gehabt habe, Sie zu treffen und mit Ihnen zu sprechen. Sie wissen nicht wie groß eine Anregung es für mich war, von Ihnen persönlich Ihre Ansichten zu hören... Nie mehr will ich unser Gespräch auf dem Weg von Dahlem zu Ihrem Haus vergessen.«[19]

Was Einstein von Bohr gelernt hatte, war »hauptsächlich auch, wie Sie den wissenschaftlichen Dingen gefühlsmäßig gegenüberstehen«.[20] Einstein, dessen große Leidenschaft die Begründung der Physik durch Prinzipien war und der seine Stärke nicht gerade in mathematischer Virtuosität sah, hatte in Bohr einen Geistesverwandten, einen nach dem Prinzipiellen Suchenden erkannt, wie er auch unter Theoretikern nicht die Regel ist. »Es gibt Prinzipienfuchser und Virtuosen«, klassifizierte er einmal in einem Brief an Ehrenfest die Kollegen. Von Bohr, Ehrenfest und sich selbst war er überzeugt: »Wir gehören alle drei zu der ersten Sorte und haben (wenigstens wir beide gewiß) wenig virtuosische Begabung.« Dann noch ein Nachsatz, aufschlußreich für das durchaus kompetitive Verhältnis sogar eng befreundeter Physiker: »Also Effekt der Begegnung mit ausgesprochenen Virtuosen (Born oder Debye): Entmutigung. Wirkt übrigens umgekehrt ähnlich.«[21]

Max Born und mancher andere »Virtuose« hätte es wohl für ein Märchen gehalten, daß Einstein angesichts ihres spezifischen Könnens Entmutigung empfunden haben sollte. Tatsächlich war Einsteins Wirkung die weitaus größere, was sich nicht nur in der Bewunderung des von ihm Geleisteten ausdrückte, sondern auch in der Hoffnung auf eine programmatische Führungsrolle für die weitere Fortbildung der Theorie. »Ich kann nur die Technik der Quanten fördern«, schrieb ihm Arnold Sommerfeld, einer der brillantesten »Virtuosen« nach Einsteins Typisierung, »Sie müssen ihre Philosophie machen.«[22] Aber genau an diesem Problem biß sich Einstein in diesen Jahren vergeblich die Zähne aus.

»Wissenschaftlich habe ich nicht viel gegenwärtig. Mein Leben ist zu unruhig«[23], schrieb Einstein Ende 1919, als er ins Zentrum öffentlichen Interesses geraten war. Aber dieser Zustand dauerte an; ein halbes Jahr später: »Mit dem Arbeiten ist es bei mir gegenwärtig auch nicht weit her. Ich zersplittere meine Kräfte, muss eine ungeheure Korrespondenz erledigen, raten, protegieren, komme aber in den grossen Problemen nicht vorwärts.«[24] Diese Klagen waren bar jener Koketterie, mit der sich einst der 27jährige über das vermeintliche Herannahen seines »stationären und sterilen Alters«[25] ausließ. Jetzt veröffentlichte er tatsächlich nur noch wenig, im Jahre 1920 eine einzige originär wissenschaftliche Arbeit. Sie hatte auch nichts mit den »großen Problemen« zu tun, war aber wie alles von Einstein keineswegs bedeutungslos, denn sie markiert den Beginn einer Entwicklung, die erst nach seinem Tode mit dem Nobelpreis gekrönt wurde.

Die am 8. April 1920 in der Akademie vorgelegte Abhandlung über *Schallausbreitung in teilweise dissoziierten Gasen*[26] enthielt die theoretische Ausarbeitung eines Vorschlags zur Ermittlung der Kinetik schneller chemischer Reaktionen mittels Relaxationsmethoden. Experimentelle Untersuchungen am Nernstschen Institut scheiterten jedoch an den Grenzen damaliger Technik. Erst in den fünfziger Jahren konnten diese Ideen in modifizierter Form in Göttingen von Manfred Eigen realisiert werden, wofür er 1967 mit dem Nobelpreis ausgezeichnet wurde.[27]

Nun hätte Einstein in seinen kühnsten Träumen nicht erwarten können, daß die ungeheure Produktivität auf der Gipfelhöhe der Jahre von 1915 bis 1917 auch unter optimalen Bedingungen hätte andauern können. Der sich anbietende Verweis auf eine dem nun über Vierzigjährigen zustehende »midlife crisis« würde sicher das berühmte Körnchen Wahrheit enthalten, vielleicht auch mehr, er wäre jedoch angesichts objektiver Gründe nicht ausreichend. Die Früchte der langen, seit 1907 datierenden »Schwangerschaftsperiode« waren, da zum glücklichen Ende geführt, in gewissem Sinne aufgebraucht, und immer wieder gibt es in der Entwicklung der theoretischen Physik Perioden der Stagnation, in denen es auch genialen Forschern nicht gelingt, erstklassige Arbeiten zu produzieren, und genau in diesem Zustand befand sich die Physik hinsichtlich der »großen Probleme« um 1920.

Zudem hatte das Elend der letzten Kriegsjahre und die keineswegs bessere Situation der Nachkriegszeit, drängende persönliche Sorgen und nicht zuletzt die sich über Jahre hinziehende Serie schwerer Erkrankungen ihren Tribut gefordert; zwar konnte sich Einstein wieder als »ein ziemlich strammer Kerl«[28] beschreiben, aber Diät mußte er immer noch einhalten. Zweifellos war auch die mit der Last des Ruhms einhergehende Unrast des Lebens der wissenschaftlichen Arbeit nicht gerade förderlich. Ebenso zweifellos aber wäre die von ihm selbst diagnostizierte Zersplitterung der Kräfte nicht eingetreten, wenn ihn die Physik in der monomanen Besessenheit früherer Jahre gefangengehalten hätte. Bei seiner legendären Konzentrationsfähigkeit hätten ihn äußere Einflüsse kaum bei der Verfolgung seiner wissenschaftlichen Bestrebungen hindern können, so daß eher umgekehrt eine gewisse Abnahme der kreativen Spannung es Einstein gestattet haben mag, sich der Welt außerhalb der Physik intensiver zuzuwenden, als er es sich früher erlaubt hatte.

Freilich war jetzt alles anders: Was immer er tat oder wo immer er erschien, öffentliche Aufmerksamkeit war unvermeidlich; jeder Besuch eines Konzerts oder einer Theaterpremiere wurde zum viel beachteten Auftritt. Seine Auslandsreisen, die er mit Vergnügen in den nächsten Jahren immer häufiger unternahm, waren nicht mehr nur privaten oder wissenschaftlichen Charakters, sondern politisch bedeutsame Unternehmungen mit dem Anstrich des Sensationellen. Auch wenn er selbst seine Rolle als »Reisender in Relativität«[29] durchaus mit ironischer Distanz einschätzte, war er sich der Aufmerksamkeit der jeweiligen deutschen Gesandtschaften und der Regierung in Berlin gewiß, und dies wohl weniger, weil, wie Einstein zugetragen wurde, »das halbe Auswärtige Amt« hinter Borns Einführung in die Relativitätstheorie »gesessen sei«[30], sondern weil für das von den internationalen Beziehungen auch in der Wissenschaft ausgeschlossene und isolierte Deutschland dieser überall gefeierte Reisende in Relativität ein eminenter kulturpolitischer Faktor war.

Im Mai 1920 war Einstein wieder in Leiden, obwohl seine Gastprofessur noch nicht bewilligt war. Ehrenfest hatte aber für die Finanzierung aus einem Sonderfonds gesorgt und auch dafür, daß Einstein gewissermaßen zum Trost in die Amsterdamer Akademie aufgenommen wurde. In Leiden war er glücklich wie immer, und Einsteins Dank an Ehrenfest war wieder überschwenglich: »Ihr seid alle so gut und herzlich zu mir, ohne dass ich es mir erklären könnte, ich verwöhnter und überschätzter Lump. Aber ich bin Euch von Herzen dankbar dafür und weiss es sehr zu schätzen. Für uns beide ist es ausserdem so merkwürdig gut, dass wir öfter beisammen sind, weil wir von der Natur wie füreinander gemacht sind.«[31]

Aber anders als früher hatte dieser Besuch nun einiges offizielle Gepränge: Eine Vorlesung über »Raum und Zeit in der modernen Physik« in der alten Aula erhielt durch das ehrwürdige akademische Ritual dieser traditionsreichen Universität den besonderen Charakter einer festlichen Ehrung für Albert Einstein. Der eingeladene deutsche Gesandte, der tags darauf Einstein und einige Leidener Professoren zu einem Frühstück auf die Gesandtschaft im Haag bat, berichtete nach Berlin, daß der Vortrag »auf die dichtgedrängte Zuhörerschaft einen außerordentlichen Eindruck machte und mit großer Begeisterung aufgenommen wurde. Der starke Eindruck erhöhte sich noch durch das ungemein bescheidene Auftreten Einsteins.«[32] Für den diplomatischen Vertreter Deutschlands war freilich am wichtigsten, daß Einsteins Wirken »wesentlich dazu beiträgt, die wissenschaftlichen Kreise Deutschlands und Hollands einander näher zu bringen«.

Kaum zurück in Berlin, würden schon wieder die Koffer gepackt für eine Reise nach Norwegen auf Einladung des Studentenverbandes an der Universität Oslo. Dieses Mal begleitete ihn die Stieftochter und Sekretärin Ilse, wie er überhaupt seine Reisebegleitung in üblicher Drastik abgewogen hatte: »Von den Frauen würde ich nur eine mitnehmen, entweder Else oder Ilse. Letztere eignet sich am besten, da sie gesünder und praktischer ist.«[33] In Oslo hielt Einstein drei Vorlesungen, was ihm die Ehrenmitgliedschaft des Studentenverbandes einbrachte, »ein frisches sympathisches Völkchen«.[34] Der norwegische Außenminister erschien zu den Vorlesungen, und natürlich auch der deutsche Gesandte, der nach Berlin berichtete: »Die Bewunderung für den Gelehrten war eine außerordentliche.«[35] Der Aufenthalt endete mit einer Segelpartie auf dem Fjord mit anschließendem Picknick, trotz »formidabler Hitze« nach skandinavischem Brauch in Gesellschaftskleidung.

Auf der Rückreise machte Einstein zunächst in Kopenhagen Station, zur Befestigung seiner Freundschaft mit Niels Bohr und zu einem Vortrag in der »Astronomischen Gesellschaft«. Die Presse hatte schon Tage zuvor die Bedeutung des »berühmtesten Physikers der Gegenwart« gebührend herausgestrichen, und nach dem Vortrag hieß es in Dänemarks führender Zeitung ›Berlingske Tidende‹: »Das Werk Einsteins muß der gemeinschaftliche Besitz der gesamten Kulturwelt werden und sich überall Anerkennung erzwingen.«[36] Der deutsche Gesandte fühlte sich in seinem Bericht noch zu einer Anmerkung bemüßigt: »Obwohl Einstein Schweizer von Geburt ist und jüdischer Abstammung sein soll, ist seine Arbeit doch ein Glied deutscher Forschung.«[37] Das war teils falsch, teils richtig, auf jeden Fall aber typisch für die Haltung des Beamtenkorps und die allgemeine Stimmung in der Weimarer Republik.

Die Heimreise ging über Kiel, wo Einstein einen Vortrag an der Universität hielt und in der Fabrik von Anschütz-Kaempfe für Kreiselkompasse vorbeischaute, um gemeinsame Patentprojekte voranzubringen. Solche hatte er auch in Berlin, wo er »eine lustige technische Sache... gegenwärtig brüderlich mit Nernst zusammen«[38] austüftelte. Es handelte sich vermutlich um ein neues Kälteverfahren, das 1922 als Patent Nernst/Einstein der Firma Borsig angeboten wurde, woraus aber nicht viel wurde.

Den Sommer verbrachte er in Berlin, meistens beim Segeln auf dem Boot des Mediziners Moritz Katzenstein und beeinträchtigt nur durch die ebenso widerwärtige wie mediokre Affäre um die »Anti-Relativitäts-G.m.b.H.« und den Wirbel, den seine saftige Reaktion darauf im ›Berliner Tageblatt‹ ausgelöst hatte. Im September dann die Naturforscherversammlung in Bad Nauheim, die zwar mit einer Pleite für die organisierten Antirelativisten endete, ihn aber trotzdem psychisch sehr belastet hatte. Von Nauheim aus ging es weiter nach Stuttgart, wo er Ende September »zugunsten einer Volkssternwarte predigen«[39] mußte, und weiter mit Frau Elsa in deren Geburtsort Hechingen zur dortigen gemeinsamen Verwandtschaft. Anschließend traf er sich mit den Söhnen während der herbstlichen Schulferien im Oktober im nicht weit entfernten Benzingen beim Pfarrer Camillo Brandhuber, denn die Schweiz war wegen des schon tief gesunkenen Werts der Mark zu teuer, und direkt von Benzingen fuhr er wieder nach Leiden, wo, wie Ehrenfest gemeldet hatte, »nun endlich die Tintenscheißer so weit gekommen sind, die Professur zu bewilligen«.[40]

Am 27. Oktober hielt Einstein in wiederum sehr festlichem Rahmen seine lange verzögerte und lange erwartete Antrittsvorlesung. Sie geriet ihm zu einem kuriosen Drahtseilakt, eher Verwirrung denn Klarheit stiftend. Schon in ihrem Titel *Äther und Relativitätstheorie*[41] huldigte sie dem *genius loci,* dem verehrten Hendrik Antoon Lorentz, der bekanntlich dem Äther eine treue Anhänglichkeit bewahrt hatte. Einstein, der einst den Äther mit einem beiläufig klingenden Satz aus der Physik als »überflüssig« verbannt hatte, erklärte nun zur allgemeinen Überraschung, daß in der Allgemeinen Relativitätstheorie »der Ätherbegriff wieder zu einem deutlichen Inhalt« gekommen sei, der sich allerdings vom alten Äther Lorentzscher Prägung unterscheidet: »Der Äther der allgemeinen Relativitätstheorie ist ein Medium, welches selbst aller mechanischen und kinematischen Eigenschaften bar ist, aber das mechanische (und elektromagnetische) Geschehen mitbestimmt.«[42]

Dieses »Medium« wird durch die Gravitationspotentiale repräsentiert, ist somit identisch mit dem Gravitationsfeld, so daß man sich fragen kann, welchen Sinn Einsteins neue Terminologie haben sollte außer eben der Reverenz vor der Vaterfigur Lorentz. Besso zum Beispiel hatte das sofort durchschaut: »Du hast dem Worte eben den einzig möglichen Sinn im neuen Bereiche gegeben, damit die Leute, die daran halten, insbesondere Lorentz, nicht durch Scheinabweichungen weiter scheu gemacht werden – also immerhin etwas Menschliches. Aber auch menschlich etwas Schönes.«[43] Physikalisch war das jedoch weniger schön, sondern überflüssig. Nicht bedacht hat er zudem, daß die hartnäckigen Opponenten wie Lenard und Gehrcke sich diese Gelegenheit nicht entgehen lassen würden, Einstein der inkonsequenten Widersprüchlichkeit zu zeihen. Einstein hat diese mißverständliche Redeweise deshalb nicht noch einmal verwendet.

Die 2000 Gulden, die mit der Leidener Gastprofessur als Honorar für einige Wochen Anwesenheit einhergingen, waren sehr willkommen, auch wenn sie für den Unterhalt Milevas und der Söhne in Zürich längst nicht ausreichten. Da der Wechselkurs der Mark in einer rasanten Talfahrt begriffen war, hätte schon im Herbst 1920 Einsteins gesamtes Berliner Gehalt in Zürich nicht einmal das Existenzminimum sichern können. Daher wurde »hartes« Geld ein permanentes Problem. Einnahmen in ausländischer Währung aus Vorträgen oder Büchern wurden fortan nicht mehr nach Berlin, sondern nach Leiden geschickt, wo Ehrenfest als umsichtiger Treuhänder fungierte. Da dies nicht nur einen Verstoß gegen die deutschen Währungsgesetze, sondern auch noch Steuerhinterziehung darstellte, benutzten die beiden in Briefen einen drolligen Code für Mitteilungen über finanzielle Transaktionen.

Ehrenfest informierte zum Beispiel über den Eingang von Honoraren aus England und Holland als »Resultate, die Du und ich hier in Leiden mit der Concentration von Au-Ionen erhalten haben«.[44] Dabei rechneten die beiden Geheimnistuer wohl nicht mit naturwissenschaftlichen Kenntnissen eventueller amtlicher Brieföffner, denn sonst hätten sie besser nicht das chemische Symbol für Gold verwendet. Auch bemühte sich Ehrenfest gar nicht erst um die Verschleierung von Einsteins englischem Verleger: »Dank dem Eintreffen eines neuen Präparates von Methuen und eines Präparates, das in Leiden selbst eben jetzt hergestellt worden ist, ist die Concentration bis auf $6{,}7 \cdot 10^{-3}$ gebracht. Das ist doch schon ein ganz brauchbarer Wert.« Einstein wußte natürlich, daß sich hinter den Gold-Ionen 6700 holländische Gulden verbargen, und die konnte er wegen seiner Züricher Verpflichtungen gut gebrauchen: »Deine Notiz über die hohe Konzentration der Au-Ionen ist sehr erfreulich, zumal der Stand unserer hiesigen Untersuchungen eine solch hohe Konzentration recht wünschbar erscheinen lässt.«[45]

In Geldangelegenheiten war Einstein also keineswegs so weltfremd, wie es manche Geschichte über seine vermeintliche Trotteligkeit in diesen und anderen praktischen Aspekten des Lebens glauben machen will. Zwar war er in seinen persönlichen Bedürfnissen bescheiden und manchmal von geradezu asketisch anmutender Anspruchslosigkeit, und wenn das den Hintergrund für die eine oder andere Anekdote abgab, mag es ihm recht gewesen sein. Aber in jungen Jahren hatte er nie so viel Geld gehabt, daß es ihm hätte gleichgültig sein können, und spätestens die Notwendigkeit, neben seiner Berliner auch die Zürcher Familie durchzubringen, hatte ihn dazu gezwungen, diese Seite des Lebens gebührend zu beachten. Dabei kannte er seine Bedeutung, und er wußte sie durchaus einzusetzen, zum Beispiel im Umgang mit seinem Verleger Vieweg in Braunschweig.

Für sein allgemeinverständliches Büchlein hatte sich Einstein den exorbitanten Honoraranteil von 20 Prozent des Verkaufspreises ausbedungen und auch erhalten. Auf lamentierende Vorhaltungen des Verlegers, daß insbesondere in Zeiten der Geldentwertung ein solcher Honorarsatz den Verkaufspreis in Höhen treiben müsse, die dem Umsatz abträglich wären, weshalb das Honorar auf die üblichen 10 Prozent halbiert werden solle, hatte Einstein die passende Antwort, daß er an seinem Satz festhalten wolle, »da nicht nur die Papier- und Druckkosten, sondern auch alles, was der Verlag zu seiner Existenz und der Autor zum Leben braucht, proportional gestiegen ist und noch steigt«.[46] Ebenso energisch und keinen Widerspruch duldend bestand er auf einer Beteiligung an ausländischen Ausgaben, die über das Übliche hinausging. Er kümmerte sich aber auch um anständige Bezahlung der Übersetzer und schlug selbst einmal vor, auf einen Teil seines Honorars zugunsten des bedürftigen Übersetzers der tschechischen Ausgabe zu verzichten.[47]

Trotz aller Umsichtigkeit wurden Einsteins Geldsorgen immer drängender, so daß die holländischen Kollegen sogar ungewöhnliche Schritte empfahlen, indem Einstein von Lorentz darauf aufmerksam gemacht wurde, »dass man jetzt mit der Relativitätstheorie schon Geld verdienen kann«.[48] Diese Gelegenheit bot ein Wettbewerb der amerikanischen Zeitschrift ›Scientific American‹ um die beste populärwissenschaftliche Erläuterung der Relativitätstheorie in maximal

3000 Wörtern. Der beste Artikel sollte mit der opulenten Summe von 5000 Dollar prämiert werden, die von einem vermögenden Amerikaner gestiftet worden war. Lorentz meinte, die Zeitschrift »hätte besser getan, Sie um einen Artikel zu bitten und Ihnen die Summe als Honorar anzubieten. Jetzt wollte ich, Sie hätten eine kleine Abhandlung fertig, und wir wären sicher davon, dass die Beurteiler vernünftig genug wären um die zu wählen. ...es ist nicht Ihre Schuld, dass wissenschaftliche Leistungen, wie die Welt Ihnen zu verdanken hat, einen nicht von allen Geldsorgen befreien.« Lorentz bot sogar an, eine englische Übersetzung in Leiden besorgen zu lassen, wenn es in Berlin damit Schwierigkeiten geben sollte.

Einstein kannte die Ausschreibung bereits, da sie ihm direkt vom ›Scientific American‹ zugesandt worden war. Seinen Dank an Lorentz für die Hilfsbereitschaft ergänzte er um die Versicherung, »dass ich mich sofort dazu entschlossen habe, an dieser Konkurrenz nicht teilzunehmen. Erstens nämlich tanze ich nicht gerne ums goldene Kalb und zweitens habe ich zu dieser Art Tanz so wenig Begabung, dass ich wohl schwerlich Beifall damit finden würde.«[49] Damit hatte Einstein allerdings sein Licht ganz tief unter den Scheffel gestellt, denn seine bisherigen Versuche der allgemeinverständlichen Darstellung waren so übel nicht.

Aber auch ohne Einsteins Teilnahme fand der Wettbewerb große Resonanz. 275 ernstzunehmende Artikel wurden eingesandt, neben einer Reihe offensichtlichen Unsinns. 17 Einsendungen kamen in die engere Wahl, darunter auch die von zwei kompetenten Gelehrten aus Einsteins Bekanntenkreis, dem Philosophen Moritz Schlick und dem Leidener Astronomen Willem de Sitter.[50] Den Preis erhielt ein in wissenschaftlichen Kreisen unbekannter Engländer namens Lyndon Bolton; er war Angestellter des Britischen Patentamts.

Seiner Antwort an Lorentz hatte Einstein noch leicht indigniert hinzugefügt: »Eigentliche Sorgen aus Geldmangel habe ich keineswegs.« Vielleicht hatte er keine Sorgen, ganz sicher aber Geldmangel, denn gegen Ende des Jahres sah er wieder in der Übersiedlung von Mileva und den Söhnen nach Deutschland den einzigen Ausweg aus der Misere. In Deutschland »könnten sie für Zeiten der Not etwas sparen, während so alles draufgeht, sie in fast gedrückten Verhältnissen leben, und ich es so schwer habe, sie zu sehen. Aber sie sträuben sich dagegen und in Zürich ist niemand, der ihnen die Sache richtig erklärt.«[51]

Einen anderen Ausweg bot ausländisches Geld. Daher war Einstein inzwischen bereit, Einladungen von amerikanischen Universitäten zu akzeptieren, allerdings für einen hohen Preis. Für einen sechswöchigen Vorlesungszyklus verlangte er in einer Anwandlung, die ihm selbst nicht ganz geheuer war, ungefähr das Doppelte dessen, was in den USA für hochkarätige Gelehrte als Jahresgehalt gezahlt wurde. »Ich habe von der Princeton- und der Wisconsin-Universität je 15000 Dollar verlangt. Wahrscheinlich wird es sie abschrecken. Aber wenn sie in den sauren Apfel beißen, so erkaufe ich mir tatsächlich die ökonomische Freiheit, was gar nicht zu verachten wäre.«[52]

Während er in zwiespältiger Stimmung auf die Entscheidungen aus Amerika wartete, begann er das Jahr 1921 mit einer Reise nach Prag, wo er ein Jahrzehnt zuvor sein erstes Ordinariat angetreten hatte. Um Aufsehen zu vermeiden, stieg er nicht in einem Hotel ab, sondern wohnte bei seinem Nachfolger Philipp Frank in dessen provisorischer Unterkunft im Physikalischen Institut der deutschen Universität. Er nächtigte auf einem Sofa in seinem früheren Arbeitszimmer, aus dem er wieder jenen Teil der Verrückten beobachten konnte, der sich nicht mit der Quantentheorie beschäftigte.

Prag war nun nicht mehr österreichische Provinz, sondern Hauptstadt der aus den Trümmern des Habsburgerreiches hervorgegangenen tschechoslowakischen Republik, deren demokratischen Aufbau unter der klugen Führung ihres Präsidenten Thomas Masaryk Einstein mit Interesse und Sympathie verfolgte. Die Deutschen, nun nicht mehr die Herrschenden, sondern nur noch eine Minderheit, betrachteten den außergewöhnlichen Mann wegen seiner Prager Vergangenheit als einen der Ihren, und eine deutsche Zeitung jubelte in einem der komischsten Fehlgriffe: »Man wird nun in der ganzen Welt sehen: ein Volksstamm, der einen Mann wie Einstein hervorgebracht hat, der sudetendeutsche Stamm, wird niemals unterdrückt werden.«[53] Der so Vereinnahmte schaute derweil in nicht ganz unpolitischer Absicht bei den Physikern der tschechischen Universität vorbei und erging sich mit Frank in den Prager Cafés.

Sein Vortrag abends in der naturwissenschaftlichen Gesellschaft »Urania« fand statt in der schwirrenden Atmosphäre des Sensationellen. Der Saal war »gefährlich überfüllt«, wie Frank berichtet. »Alles wollte den weltberühmten Mann sehen, der die Gesetze des Universums umgestürzt und die ›Krümmung‹ des Raumes bewiesen hatte. ... Aber das Publikum war viel zu aufgeregt, um sich überhaupt zu bemühen, dem Vortrag zu folgen. Man wollte nicht verstehen, sondern einem aufregenden Ereignis beiwohnen.«[54] Bei der Nachsitzung im kleineren Kreise der Notabeln wurde der Gast in allerlei Reden gefeiert, aber als es an ihm war zu erwidern, griff er zur Geige und spielte eine Sonate von Mozart, weil das »vielleicht angenehmer und verständlicher« sei. Am nächsten Abend gab es wiederum in der »Urania« vor großem Publikum eine Diskussionsveranstaltung mit dem streitbaren Philosophen Oskar Kraus, der weniger Einstein als das Publikum von den »elementaren Absurditäten« der Relativitätstheorie überzeugen wollte. Da Philipp Frank den Vorsitz innehatte, ging die Diskussion dank seiner umsichtigen Leitung nach einer Reihe komischer, aber keineswegs ernsthafter Zwischenfälle zu Ende.

Tags darauf ging es weiter nach Wien, wo Einstein bei Felix Ehrenhaft wohnte, dem Ordinarius für Experimentalphysik. Am 10. Januar hielt er einen Vortrag im Institut, streng fachlich nur für Physiker, aber dann war die Ruhe dahin. Ehrenhafts Haus wurde den ganzen Tag über von Leuten belagert, die den großen Einstein auf dem Balkon sehen wollten, während der drinnen mit Friedrich Adler plauderte, dem Freund aus alten Zürcher Tagen, der inzwischen aus der Festungshaft entlassen war und den Zusammenschluß sozialistischer Parteien zu organisieren suchte.

Für den 13. Januar war ein großer öffentlicher Vortrag in einer 3000 Menschen fassenden Konzerthalle angesetzt. Vor dem Auftritt in dem ausverkauften Saal war Einstein etwas unbehaglich zumute, so daß er Ehrenhaft bat, immer in seiner Nähe zu bleiben und neben ihm zu sitzen. Mehr noch als in Prag befand sich das Publikum in »einem merkwürdigen, erregten Zustand, bei dem es schon gar nicht mehr darauf ankommt, was man versteht, sondern nur darauf, daß man in unmittelbarer Nähe einer Stelle ist, wo Wunder geschehen«.[55]

Auf dem Rückweg sollte Einstein unbedingt in München für einen Vortrag Station machen. Sommerfeld meinte unter Anspielung auf eigene Verdienste, »dass wir ein größeres Recht auf Sie haben, als andere Orte, da Ihr Relativitäts-Evangelium hier fester und früher gewurzelt hat wie anderwärts«.[56] Einstein war für die Rückreise aber schon mit einem Vortrag an der Technischen Hochschule in Dresden in der Pflicht; daher fand er es »zu aufregend und zu anstrengend, noch einen Aufenthalt in München einzuschieben; man muss doch das ganze Leben mit dem elenden Nervenbündel aushalten, das einem die Natur mit auf den Weg gegeben hat«.[57]

Wieder in Berlin, hatte er einen Vortrag vorzubereiten, mit dem er für den »Friedrichstag« betraut worden war, der alljährlich im Gedenken an den großen Reformator und Förderer der Akademie am 6. Februar festlich begangen wurde. Spätestens bei diesem Vortrag über *Geometrie und Erfahrung* wurde den Akademikern klar, daß sie in Einstein einen wahren Meister der wissenschaftlichen Rede in ihren Reihen hatten, der Substanz und ansprechende Präsentation aufs schönste zu verbinden wußte.

Eine Woche darauf war er schon wieder unterwegs, dieses Mal in vertraulicher politischer Mission im Interesse der Deutschen. Im Auftrage einer Gruppe von Pazifisten aus dem »Bund Neues Vaterland«, die jetzt das linksdemokratische Spektrum der Regierung bildeten, reiste er am 13. Februar 1921 gemeinsam mit dem Diplomaten Harry Graf Kessler nach Amsterdam zur Zentrale des Internationalen Gewerkschaftsbundes. Kessler notierte in seinem Tagebuch verwundert, daß Einstein offenbar das erste Mal Schlafwagen führe und sich alles sehr interessiert ansehe.[58]

Die beiden Emissäre sollten den Internationalen Gewerkschaftsbund bewegen, bei der am 1. März in London beginnenden Konferenz über die deutschen Reparationszahlungen zugunsten einer Lösung zu intervenieren, notfalls mit Generalstreiks, die den Deutschen das wirtschaftliche Überleben ermöglichen und damit auch für die Weltwirtschaft vorteilhaft sein würde. Die Verhandlungen wurden vornehmlich von Graf Kessler geführt; sie verliefen ergebnislos, da die Gewerkschaftler in realistischer Einschätzung ihrer schmalen Machtbasis keine Möglichkeit sahen, Frankreich von seinen exzessiven Reparationsforderungen abzubringen. Einstein kommentierte trocken: »Je unmöglicher die Bedingungen sind, desto sicherer ist es, dass sie nicht realisiert werden.«[59] Aber die Bedingungen reichten aus, daß aus der chaotischen Nachkriegsunordnung so bald keine Friedensordnung werden konnte.

Weitere Reisen waren schon geplant. Im Frühjahr wollte er seinen angenehmen Pflichten als Gastprofessor in Leiden nachkommen sowie am Solvay-Kongreß in Brüssel teilnehmen, dem ersten nach dem Kriege, für den er einen Vortrag über die verworrene Situation um den Einstein-de Haas-Effekt angekündigt hatte. Für den Herbst war dann der große Sprung über den Ozean vorgesehen. Doch es kam anders.

Zunächst hatten im Februar die amerikanischen Universitäten auf Einsteins teure Dienste verzichtet: »Mit Amerika ist es nichts, weil man meine Forderungen zu hoch fand«, konstatierte er ohne Bedauern. »Ich bin glücklich, nicht hin zu müssen; es ist doch keine schöne Art, Geld zu machen, und im Übrigen wahrlich kein Vergnügen.«[60] Aber schon eine Woche später stand fest, daß er im Frühjahr weder nach Leiden noch nach Brüssel fahren würde, sondern nach Amerika, aber nicht nur als »Reisender in Relativität«, sondern im Dienste des Zionismus.[61] Denn der heimatlose Einstein hatte in der Mitte seines Lebens eine Verpflichtung akzeptiert, die ihm nächst der Physik zum Wichtigsten wurde: seine Zugehörigkeit zum Judentum.

Albert Einstein als Geiger, Grafik von Orlik

4. »meine stärkste menschliche Bindung«. Judentum, Zionismus und die Reise nach Amerika

Im Alter von 73 Jahren bekannte sich Einstein in der Summe seines Lebens dazu, daß »die Beziehung zum jüdischen Volke meine stärkste menschliche Bindung geworden ist, seitdem ich über unsere prekäre Situation unter den Völkern volle Klarheit erlangt habe«.[1] Diese Klarheit setzte ein, als er im Alter von 35 Jahren nach Berlin kam, denn in der wilhelminischen Gesellschaft des Deutschen Reiches »entdeckte ich erst, daß ich Jude sei, und diese Entdeckung wurde mehr durch Nichtjuden als durch Juden vermittelt«.[2] Das ist insofern eine Zuspitzung, als Einstein seine jüdische Herkunft nie völlig vergessen hatte, wofür schon die christliche Umgebung sorgte, in Deutschland mehr, in der Schweiz weniger. Jedoch wollte der vom Geiste der bürgerlich-liberalen Aufklärung geprägte junge Mann dem keine Bedeutung in seinem Leben einräumen. Seit seinem 16. Lebensjahr hatte er sich als »konfessionslos« bezeichnet. Nationalität und Konfession galten ihm als Relikte vergangener Epochen, für die er als gefühlsmäßiger Nonkonformist keine Verwendung hatte.

Sein älterer Freund Michele Besso, ein alles andere als orthodoxer Jude, der wie Einstein mit einer Nichtjüdin verheiratet war, hat ihn in Bern wohl oft gemahnt, daß das Band der Herkunft so leicht nicht zu zerreißen, vielleicht gar unlösbar sei. Viele Jahre später kam Besso auf Gespräche über dieses Thema zurück: »Es war, glaube ich, beim Eingang in die Kleine Schanze in Bern – wohl 1908 oder 1909 – als ich Dir gegenüber ausführte, Deine Meinung, von Israel losgelöst zu sein, könne nicht stimmen.«[3] Damals konnte Besso seinen Freund nicht überzeugen, aber er plagte sich mit der Vorstellung, er habe vielleicht mit seiner Verteidigung des Judentums und der jüdischen Familie schuld daran, »dass sich Dein Familienleben so wendete, und dass ich Mileva von Berlin nach Zürich zurückbringen musste«.[4]

Auch in Prag interessierte sich Einstein weder für die jüdische Tradition noch für das blühende Leben der jüdischen Gemeinde, und schon gar nicht für den dort intensiv diskutierten Zionismus. Daß er für die »drollige Scene« des Amtseides, wie er eher belustigt schrieb, sich »des eigens für diesen Zweck wieder angenommenen jüdischen ›Glaubens‹ bediente«[5], war eine Formalie bar jeglichen Inhalts. Aber wie zur eigenen Überraschung bemerkte er, daß der einzige Kollege, zu dem er sich in Prag freundschaftlich hingezogen fühlte, der Mathematiker Georg Pick, ebenfalls jüdischer Herkunft war. »Sangue non e' aqua«[6], drückte er italienisch aus, was ihm mit dem deutschen Wort von den »Blutsbanden« zu martialisch geklungen hätte.

Die Prager Erfahrung mag doch eine Seite seines Wesens berührt haben, die sich erst im Verborgenen entfaltete, denn zwei Jahre später, nur fünf Wochen nach seiner Ankunft in Berlin, bekannte sich Einstein erstmals und dann sogleich sehr entschieden zum Judentum. Eine Einladung der Akademie in St. Petersburg, anläßlich der Sonnenfinsternis im August 1914 Rußland zu besuchen, lehnte er ebenso demonstrativ wie solidarisch ab: »Es widerstrebt mir, ohne Not in ein Land zu reisen, in welchem meine Stammesgenossen so brutal verfolgt wurden.«[7] Er hatte zwar nicht die Religion der Väter, aber doch die Zugehörigkeit zu dem gefunden, was er seinen »Stamm« nannte. Da ihm die jüdische Religion fremd war und übrigens auch blieb, schrieb er nicht von Glaubensbrüdern, zu denen er nicht gehört hätte, sondern er bekundete seine jüdische Identität durch das auch für jüdische Ohren ungewöhnlich klingende Wort von den »Stammesgenossen«.

Es waren aber nicht nur Nichtjuden, die Einstein zur Entdeckung seines Judentums verhalfen, sondern gerade auch Juden, freilich nicht fromme auf dem Wege der Bekehrung, sondern ganz im Gegenteil die um Integration und Assimilation bemühten, insbesondere im akademischen Bereich. Schon in Bern, als er sich seinen Lebensunterhalt am Patentamt verdiente, empfand er das Verhalten vieler jüdischer Privatdozenten aus reichen Familien, die es sich leisten konnten, in Deutschland trotz mannigfacher Zurücksetzungen um Professorenstellen als Zeichen gesellschaftlicher Anerkennung zu antichambrieren, als würdelose Unterwürfigkeit, für die er nur bissige Fragen übrig hatte: »Warum sind die Kerle, die sich doch sehr gut privatim durchzuschlagen verstehen, so auf Staatsstellen erpicht? Warum schweifwedeln sie so demütig vor dem Staate? Warum zieht sich so ein Kerl wie Abraham nicht stolz zurück? Für den Säckel des Staates ist dies alles recht vorteilhaft. Auch lässt sich mit Hunden besser wirtschaften als mit Wölfen.«[8]

Vor allem Mangel an Stolz, Selbstbewußtsein und Solidarität gerade unter den arrivierten Juden machte ihn betroffen, als er diesen Defiziten in Deutschland ganz massiv begegnete, und wie im Gegenzug entschloß er sich, sein Judentum als eine tiefe Verpflichtung anzuerkennen und stolz darauf zu sein:

> Erst als ich mit 35 Jahren nach Berlin kam, ging mir die jüdische Schicksalsgemeinschaft auf und empfand ich die Pflicht, mich eben wie es ging der Würdelosigkeit der jüdischen akademischen Kollegen entgegenzustellen. Es war rein gefühlsmässig, beruhte auch nicht darauf, dass nennenswerte Teile unseres geistigen Erbes auf mich übergegangen wären.[9]

Die assimilatorischen Bestrebungen der jüdischen Kreise, in denen er sich in Berlin bewegte – seine Verwandten und die Kusine Else eingeschlossen –, verwarf er nicht nur in Briefen, sondern auch öffentlich als »Mimikry«, als das Bemühen, unter dem Druck der Mehrheit mindestens so deutsch zu erscheinen wie die Deutschen, obwohl diese Mehrheit offensichtlich nicht bereit war, Juden als gleichberechtigte Mitglieder zu akzeptieren: »Ich sah die würdelose Mimikry wertvoller Juden, daß mir das Herz bei diesem Anblick blutete.«[10] Ausgerechnet sein Freund Fritz Haber stellte ein Extrem dieses von Einstein so schmerzlich empfundenen Verhaltens dar, »der bedauernswerte getaufte jüdische Geheimrat von gestern und heute«[11], wie Einstein diese Variante der Assimilation einmal abstempelte, freilich ohne Habers Namen zu nennen. Haber hatte sich, nicht ohne seine Karriere im Blick, protestantisch taufen lassen und führte sich nun in seinem Streben nach Assimilation trotz seiner überragenden Intelligenz manchmal wie die überzogene Karikatur eines Preußen auf. Er soll Einstein bald nach seiner Übersiedelung nach Berlin den Rat gegeben haben, sich ebenfalls protestantisch taufen zu lassen: »Tun Sie das, damit Sie voll und ganz zu uns gehören.«[12]

Es spricht für die tiefe Wertschätzung, die Haber und Einstein füreinander empfanden, daß ihre entschiedenen Differenzen über das Schicksal der Juden, über preußischen Patriotismus und den Krieg ihre Freundschaft nie ernsthaft auf die Probe gestellt haben. Dieses Kunststück gelang ihnen aber nur durch weitgehende Ausklammerung der strittigen Fragen. Sonst konnte Einstein recht harsch reagieren, wenn jemand seiner Vorstellung vom aufrechten Juden nicht entsprach. »Schade, dass Sie sich haben taufen lassen«, wies er einmal einen »Stammesgenossen« zurecht. »Wenn ich nicht sonst über Ihren Charakter so Günstiges gehört hätte, würde mir dies zu denken geben. Es zeugt im Allgemeinen von einem Überwiegen des Eigensinns über den Gemeinsinn.«[13]

Die meisten Juden in Deutschland sahen in der Assimilation, im Aufgehen in der deutschen Kultur, ob mit oder ohne Taufe, ihren Lebensentwurf, und in der Konfession im übrigen eine Privatsache. So war es im Extrem bei Haber, aber auch bei den nichtgetauften jüdischen

Kollegen Einsteins wie Max Born. Sogar der Krieg wurde als Schmelztiegel der Assimilation gepriesen, da viele ihr »Makkabäertum« beschwörende Juden sich mit der gleichen Inbrunst in die Schlachten gestürzt, gekämpft und gelitten hatten und gestorben waren wie die Deutschen. Das war für einen Pazifisten ohnehin kein Vorzug, und Einstein wurde auch unter seinen »Stammesgenossen« insofern ein Außenseiter, als er von militärischen wie allen assimilatorischen Bemühungen nichts hielt und darin nur den Weg in die »Würdelosigkeit« sah.

»Jüdisch« war für ihn keine Konfession, in die man ein- oder austreten konnte, sondern eine »Schicksals-Gemeinschaft«. Die deutsch-jüdische Symbiose, die in schuldbeladener Verklärung den »Goldenen Zwanzigern« der Weimarer Republik nachgesagt wird, gab es für Einstein gar nicht, obwohl auch er zu denen gehörte, die nach außen diese Symbiose zu verkörpern schienen. Für ihn existierte sie allenfalls als Mimikry, weshalb Assimilation für ihn nicht einmal erstrebenswert war. Inmitten dieser vermeintlich produktiven Phase deutsch-jüdischen Zusammenlebens riet er jüdischen Studenten:

> Wir müssen uns unserer Artfremdheit klar bewußt sein und aus ihr die Konsequenzen ziehen. Es hat keinen Sinn, zu versuchen, die anderen von unserer seelischen und geistigen Ebenbürtigkeit durch Deduktion überzeugen zu wollen; denn die Wurzel ihres Verhaltens sitzt nicht im Großhirn. Wir müssen uns vielmehr sozial emanzipieren, unsere gesellschaftlichen Bedürfnisse in der Hauptsache selbst befriedigen. Wir sollen unsere eigenen Studentengesellschaften haben und den Nichtjuden gegenüber höfliche, aber konsequente Zurückhaltung üben.[14]

In seinem Bedürfnis nach jüdischem Selbstbewußtsein traf sich Einstein mit der zionistischen Bewegung. Im Februar 1919, als er in Berlin zwar der berühmteste Physiker, aber noch nicht eine Legende war, hatten sich Kurt Blumenfeld und Felix Rosenblueth in der Haberlandstraße angesagt, beide Mitarbeiter der zionistischen Organisation und beide auf der Suche nach prominenten Juden, die den Aufbau einer Heimstatt der Juden in Palästina zu unterstützen bereit wären.[15] Zunächst waren das für Einstein etwas entlegene Probleme, erstens geographisch und zweitens wegen der nationalistischen Komponente des Zionismus, die sich in der Forderung nach der Errichtung eines Judenstaates ausdrückte. Aber als Blumenfeld ihm erläuterte, daß die zionistische Idee »den Juden innere Sicherheit geben« wolle, auch »Unabhängigkeit und innere Freiheit«, erkannte Einstein im Zionismus partiell seine eigenen Ziele wieder. Nach weiteren Diskussionen erfreute er Blumenfeld schließlich mit der Zusage: »Ich bin gegen den

Nationalismus, aber für die zionistische Sache.«[16] Das war in Deutschland damals nicht gerade populär, schon gar nicht bei den tonangebenden assimilierten Juden.

Das Ringen um ein spezifisch jüdisches Selbstbewußtsein war für Einstein sogar wichtiger und vor allem erfolgversprechender als der Kampf gegen den Antisemitismus. Im gleichen Jahr 1919 wurde er gebeten, zugunsten eines jüdischen Mathematikers zu intervenieren, der in einer Berufung wegen vermuteter antisemitischer Hintergründe nicht zum Zuge gekommen war. Er aber wollte »nicht schon wieder den Wau-Wau spielen, sonst nützt mein Gebell in krasseren Fällen nichts mehr«. Auf den Antisemitismus reagierte er beinahe achselzukkend wie auf ein unabänderliches Naturgesetz, war sogar bereit, den Spieß einfach umzudrehen: »Den Antisemitismus muss man schliesslich begreifen als eine auf wirklichen erblichen Qualitäten beruhende Sache, wenn es für uns Juden auch oft unangenehm ist. Ich könnte mir auch denken, dass *ich* einen Juden zu meinem Genossen erwählte, wenn ich die Wahl hätte.«[17] Das soll keinesfalls heißen, daß ihm das Schicksal jüdischer Gelehrter gleichgültig gewesen sei; nur sah er keinen Sinn darin, wenn zu viele Juden um die wenigen verfügbaren Stellen konkurrierten und dabei bei den Deutschen nur böses Blut schaffen würden. Eine Besserung der mißlichen Lage auf dem akademischen Arbeitsmarkt erhoffte er sich von jüdischer Solidarität und Selbsthilfe: »Dagegen würde ich es für vernünftig halten, wenn die Juden selbst Geld sammelten, um jüdischen Forschern ausserhalb der Universitäten Unterstützung und Lehrgelegenheit zu bieten.«[18]

Derweil waren Zionisten schon dabei, eine Hebräische Universität in Jerusalem zu gründen. Hugo Bergmann, der nach Palästina gegangene Bekannte aus Prager Tagen, bat Einstein um seine Unterstützung, wobei Bergmann ihn schon vor dem Relativitätsrummel als »den größten jüdischen Gelehrten« ansprach.[19] Einstein versicherte Bergmann umgehend seines Interesses an allen Angelegenheiten der neuen Kolonie und »insbesondere an der Universität, die dort gegründet werden soll«.[20] Folglich wurde Einstein zu einem Kongreß in Basel eingeladen, auf dem Mitte Januar 1920 diese Angelegenheit beraten werden sollte. Daß er inzwischen vom Weltruhm ereilt worden war, machte seine Teilnahme um so wertvoller: »Ich glaube, dass dieses Unternehmen eifriger Mitarbeit würdig ist. Ich gehe nicht deshalb hin, weil ich mich für besonders sachverständig hielte, sondern deshalb, weil mein seit den englischen Sonnenfinsternis-Expeditionen hoch im Kurs stehender Name der Sache nützen kann, indem er auf lauwarme Stammesgenossen ermunternd wirkt.«[21]

Trotz aller Begeisterung für die Sache ließ Einstein in einem Postskriptum seiner Unlust an der »Steißtrommelei« solcher Sitzungen freien Lauf: »Ich habe es zwar versprochen, zweifle aber daran, dass ich das Versprechen halte. Mit so einer Gelegenheit ist zu viel Gequatsch und nutzlose Ermüdung verbunden.« Den Konflikt brauchte er in diesem Falle nicht zu lösen, denn die Sitzung wurde wegen politischer Probleme innerhalb der jüdischen Organisationen abgesagt, jedoch wird ihn dieses Projekt einer Hebräischen Universität noch intensiv beschäftigen. Aber es waren nicht nur akademische Interessen, die sein Engagement forderten.

Nach dem Krieg waren Tausende von Juden aus dem Osten, aus Rußland und Polen, nach Berlin geströmt, auf der Flucht vor Hunger, Elend und brutaler Verfolgung. Im Scheunenviertel hinter dem Alexanderplatz war ein »Schtetl« entstanden, wie es pittoresker, aber auch armseliger und überfüllter kaum in Rußland zu finden war. Den arrivierten Berliner Juden waren diese verarmten Ostjuden mit ihren chassidischen Lebensformen und Glaubensriten eine peinliche Verwandtschaft, mit der sie nichts zu schaffen haben wollten, während nationalistische deutsche Kreise in einer aggressiven Kampagne sowieso die unverzügliche Deportation forderten. In dieser schwierigen Lage bekundete der neuerdings so berühmt gewordene Physiker in einem Zeitungsartikel seine Solidarität mit den Ostjuden.

Einstein hatte wie alle gutbürgerlichen Berliner Juden das Scheunenviertel nie betreten, obwohl es nur eine Viertelstunde Fußweg von der Universität und der Akademie entfernt war, aber für ihn stand es außer Frage, daß auch diese Ostjuden seine »Stammesgenossen« waren. In seinem Artikel unterstrich er den barbarischen Charakter der geforderten Vertreibung dieser Ärmsten der Armen und warnte, daß eine solche Maßnahme in keiner Weise geeignet sei, den im Krieg verspielten moralischen Kredit Deutschlands wieder aufzubessern. Den Ostjuden machte er Hoffnung, sie mögen »in dem neu entstehenden jüdischen Palästina als freie Söhne des jüdischen Volkes eine wahre Heimat finden«.[22] Blumenfelds zionistische Überzeugungskraft war auf fruchtbaren Boden gefallen, und Einstein galt den rechtschaffenen Berliner Juden bei aller Bewunderung als ein ganz besonders Schwarzes Schaf, dessen Handlungen genausowenig zu verstehen seien wie seine Theorien.

Einsteins befestigtes jüdisches Selbstbewußtsein mag zu seinen teilweise überzogenen Stellungnahmen beigetragen haben, wenn er schon in dem Konflikt um seinen überfüllten Hörsaal antisemitische Untertöne zu vernehmen meinte oder auf die »Anti-Relativitäts-G.m.b.H« so unglücklich aggressiv reagierte. Aber auch »Stammesgenossen« erlebten einen manchmal überaus streitbaren Einstein, der sich in seinen Äußerungen nicht gerade von Rücksichten des Taktes leiten ließ. Dies zeigte sich in einem Konflikt mit dem »Central-Verein Deutscher Staatsbürger jüdischen Glaubens«, der organisatorischen Ausprägung der Assimilationsidee.

Im April 1920 lehnte Einstein eine Einladung des »Central-Vereins« zu einer Sitzung über die Bekämpfung des Antisemitismus in akademischen Kreisen ab, da er am Erfolg dieses Unternehmens zweifelte, aber er benutzte diese Gelegenheit sogleich, um dem »Central-Verein« eine Lektion in Judentum zu erteilen, wie er es verstand:

> Zuerst aber müsste der Antisemitismus und die knechtische Gesinnung unter uns Juden selbst durch Aufklärung bekämpft werden. Mehr Würde und Selbständigkeit in unseren Reihen! Erst wenn wir es wagen, uns selbst als eine Nation anzusehen, erst wenn wir uns selbst achten, können wir die Achtung anderer erwerben, bzw. sie kommt dann von selbst. Antisemitismus im Sinne des psychologischen Phänomens wird es geben, solange Juden mit Nichtjuden in Berührung kommen – was schadet es? Vielleicht verdanken wir es ihm, dass wir uns als eine Rasse haben erhalten können, ich wenigstens glaube es.
>
> Wenn ich zu lesen kriege »Deutscher Staatsbürger jüdischen Glaubens«, so kann ich mich eines schmerzlichen Lächelns nicht erwehren. Was steckt in dieser schönen Bezeichnung? Was ist denn jüdischer *Glaube?* Gibt es eine Art Unglauben, kraft dessen man aufhört, Jude zu sein? Nein. In jener Bezeichnung stecken aber zwei Geständnisse schöner Seelen, nämlich:
>
> 1.) Ich will nichts zu tun haben mit meinen armen ostjüdischen Brüdern.
>
> 2.) Ich will nicht als Kind meines Volkes angesehen werden, sondern nur als Mitglied einer religiösen Gemeinschaft.
>
> Ist das aufrichtig? Kann der »Arier« vor solchen Leisetretern Respekt haben? Ich bin weder deutscher Staatsbürger, noch ist irgendetwas in mir, was man als »jüdischen Glauben« bezeichnen kann. Aber ich freue mich, dem jüdischen Volke anzugehören, wenn ich dasselbe auch nicht für das auserwählte halte. Lassen wir doch ruhig dem Goj seinen Antisemitismus und bewahren wir uns die Liebe zu unseresgleichen.[23]

Damit hatte sich Einstein schließlich doch noch darauf besonnen, daß auch die Herren vom »Central-Verein« Stammesgenossen waren, und so wollte er die durch seinen Brief geschlagenen Wunden durch eine abschließende Bitte gleich wieder heilen: »Machet nicht böse Gesichter wegen dieses Bekenntnisses. Es ist nicht böse oder unfreundlich gemeint.« Natürlich gab es böse Gesichter, sehr böse sogar, vor allem, als dieser Brief einige Monate später – ohne Zutun Einsteins – in Auszügen veröffentlicht wurde.[24] Nur Zionisten konnten mit Einsteins Auffassung einverstanden sein, aber es lag wohl eher an seinem Ruhm, daß er alsbald von Chaim Weizmann, dem Präsidenten der Zionistischen Weltorganisation, gebeten wurde, ihn auf einer Reise nach Amerika zu begleiten.

Am 19. Februar 1921 erschien Kurt Blumenfeld bei Einstein, in der Hand ein Telegramm aus der Londoner Zentrale der Zionistischen Weltorganisation von Weizmann.[25] Einstein sollte bewogen werden, sich in Amerika an einer Propaganda- und Spendenkampagne für den jüdischen Aufbaufonds »Keren Hajessod« zu beteiligen, insbesondere zugunsten der Finanzierung der geplanten Hebräischen Universität in Jerusalem. Zunächst war Einstein gar nicht begeistert, beugte sich aber doch dem Wunsch Weizmanns, den er zur grenzenlosen Überraschung Blumenfelds beinahe als einen Befehl auffaßte. Allerdings müsse ihn seine Frau begleiten – wegen seines Gesundheitszustandes; nachdem Blumenfeld das sofort zugesagt hatte, schloß Einstein die Bitte an, daß in den Hotels und auf dem Schiff je ein Einzelzimmer für ihn und seine Frau bestellt würde – wegen seiner Arbeitsfähigkeit.

Einstein machte sich keine Illusionen über die Rolle, die ihm die Leitung der zionistischen Organisation bei dieser Unternehmung zugedacht hatte: »Mich braucht man natürlich nicht wegen meiner Fähigkeiten, sondern nur wegen meines Namens, von dessen werbender Kraft sie sich einen ziemlichen Erfolg bei den reichen Stammesgenossen von Dollaria versprechen.«[26] Es verdroß ihn schon, daß »ich als Renommierbonze und Lockvogel dienen muss«, aber im Interesse der Sache nahm er es hin, denn »andererseits thue ich, was ich kann, für meine Stammesbrüder, die überall so gemein behandelt werden«.[27] Die Abreise war für Mitte März vorgesehen. Die Rückreise Ende Juni wollte Einstein in England unterbrechen, um der Einladung der Universität Manchester zu folgen, die er ebenfalls im Februar erhalten hatte.

Sehr bald erfuhr Einstein, daß alles, was mit dieser Reise zusammenhing, politische Implikationen hatte, meistens unerfreuliche. Das galt sogar für die Absage seiner Teilnahme am Solvay-Kongreß in Brüssel, die er schmerzlich bedauerte. Deutsche Physiker waren nicht eingeladen worden, mit der Ausnahme von Einstein, weil er als Schweizer galt oder – wie Ernest Rutherford es etwas anders formulierte – er »für diesen Zweck als international betrachtet wird«.[28] Bei den Berliner Kollegen war Einstein wegen seiner Zusage beim Brüsseler Kongreß zwischen die Stühle geraten: Nernst reagierte wütend, weil er Einsteins Verhalten als Bruch der Solidarität mit den Ausgeschlossenen empfand, während Haber ebenso wie Einstein selbst darin eine Gelegenheit zur Wiederanknüpfung internationaler Beziehungen sah und nun Einsteins Fernbleiben bedauerte.

Als die geplante Reise zu den Kriegsgegnern auf Einladung der in London residierenden Führung des Zionismus bekannt wurde, war die Ablehnung einhellig, gerade bei Juden. Blumenfeld berichtete Weizmann über seine prominente Akquisition, Einstein sei »am stärksten für unsere Sache durch die Abneigung gegen das assimilatorische Judentum interessiert. ... Seine Reise hat ihm entrüstete Zuschriften deutscher Assimilanten eingetragen, über die er mit einem Lächeln hinweggegangen ist.«[29] Ehrenfest allerdings verstand, daß sich Einstein der Aufforderung zum »Jerusalem-Zug nach Dollaria«[30] aus innerer Notwendigkeit nicht entziehen konnte; er verübelte ihm nicht einmal die plötzliche Absage seines gastprofessoralen Besuches in Leiden. »Du Goldmensch, du Engel«, bedankte sich Einstein, »dass Du mich nicht schimpfst wegen meiner zionistischen Escapaden. Hier ist ziemliche Entrüstung, was mir aber gleich ist. Sogar die Assimilationsjuden jammern bzw. schimpfen.«[31]

Weitaus interessanter und vielschichtiger als reflexartig einschnappende Reaktionen konservativer Deutscher waren Sorgen assimilierter Juden wie Fritz Haber, der den mühsam erreichten Status der Juden in Deutschland durch Einsteins Liaison mit dem Feind und dem als hinterwäldlerisch geltenden Zionismus gefährdet sah. Ihr Gedankenaustausch über diesen Konflikt, in der Sache unerbittlich, im Ton beinahe zärtlich, sagt ebensoviel aus über die beiden Männer wie über die extremen Pole jüdischer Existenz im Deutschland der Weimarer Republik.

In einem vierseitigen Brief bot Haber das ganze Repertoire seiner Beredsamkeit auf, um Einstein seine Pflichten gegenüber den deutschen Juden zu verdeutlichen: »All Ihr Tun ist, solange ich Sie kenne, immer aus dem Adel der menschlichen Natur und der Güte des Herzens hervorgegangen. ... Das Bedürfnis der Menschen nach Vertiefung hat Ihnen eine verdiente Krone aufgesetzt und Ihrem Tun und Lassen die Bedeutung gegeben, die früher nur die Handlungen der Fürsten besassen. Was Sie tun, tun Sie nicht nur mit Wirkung für sich selbst.« Diese Worte waren keine Schmeicheleien, denn Habers Verehrung für den elf Jahre jüngeren Einstein war grenzenlos, aber sie hatten in diesem Falle doch einen Zweck, nämlich Einstein von der Reise abzubringen.

Die Deutschen würden Einsteins Reise als Verrat an ihrer Sache betrachten, argumentierte Haber, und den Schaden hätten alle Juden in Deutschland zu tragen:

> Für die ganze Welt sind Sie heute der Bedeutendste unter den deutschen Juden. Wenn sie in diesem Augenblick sich ostentativ mit den Engländern und deren Freunden verbrüdern, so werden die Menschen hierzulande darin ein Zeugnis von der Treulosigkeit der Juden sehen. So viele Juden sind in den Krieg gegangen, umgekommen, elend geworden, ohne zu klagen, weil sie es für ihre Pflicht angesehen haben. Ihr Leben und Sterben hat den Antisemitismus nicht aus der Welt geschafft, aber ihn zur Gehässigkeit und Unwürdigkeit in den Augen derer erniedrigt, die die Würde unseres Landes ausmachen. Wollen Sie den Gewinn von so viel Blut und Leiden der deutschen Juden durch Ihr Verhalten wegwischen? ... Sie opfern mit Sicherheit den schmalen Boden, auf dem die Existenz der akademischen Lehrer und Schüler jüdischen Glaubens an deutschen Hochschulen beruht.[32]

Haber hat diesen ebenso eindringlichen wie dringenden Brief offenbar von seinem Fahrer in die Haberlandstraße bringen lassen, denn Einstein antwortete noch am gleichen Tag, spontan und in der Gewißheit, daß er das Richtige tue. Zwar stimmte er dem »Lieben Freund Haber« insofern zu, als auch er den Zeitpunkt der Reise wegen der schärferen Gangart der Siegermächte hinsichtlich Reparationen und Friedensvertrag, die seit seiner Zusage eingetreten war, nicht gerade für günstig hielt. Das konnte aber nichts an seinem Entschluß ändern:

> Trotz meiner internationalen Gesinnung halte ich mich doch stets für verpflichtet, für meine verfolgten und moralisch gedrückten Stammesgenossen einzutreten, so weit es irgend in meiner Macht steht. ... Es handelt sich also da weit mehr um einen Akt der Treue als um einen solchen der Treulosigkeit. Gerade die Errichtung einer jüdischen Universität erfüllt mich mit besonderer Freude, nachdem ich in letzter Zeit an unzähligen Beispielen gesehen habe, wie perfid und lieblos man hier mit prächtigen jungen Juden umgeht und ihnen die Bildungsmöglichkeiten abzuschneiden sucht.

Auch könne man ihm keine Untreue gegenüber deutschen Freunden vorwerfen, da er alle verlockenden Angebote aus dem Ausland abgelehnt habe: »Dies tat ich übrigens nicht aus Anhänglichkeit an Deutschland, sondern an meine lieben deutschen Freunde, von denen Sie einer der ausgezeichnetsten und wohlwollendsten sind. Anhänglichkeit an das politische Gebilde Deutschland wäre für mich als Pazifisten unnatürlich.« Wohl wissend, wie sehr er Haber mit den meisten seiner Worte im Innersten verletzt hatte, suchte er ein versöhnliches

Ende: »Lieber Haber! Ein Bekannter hat mich neulich ›wildes Tier‹ genannt. Das wilde Tier hat Sie gern und wird Sie noch vor der Abreise aufsuchen, so weit es bei diesem Gezappel möglich ist.«[33] Eine Einigung war nicht zu erreichen. Haber konnte sich allenfalls damit trösten, daß Einstein für die Zionisten ein ebenso eigenwilliger Partner werden würde, wie er es für die assimilierten deutschen Juden war.

In dem »Gezappel« der Reisevorbereitungen fanden einige Gespräche statt, in denen Blumenfeld Einstein auf die Amerika-Reise einstimmte und in den Grundzügen konkreter zionistischer Politik instruierte, auch darüber, daß Weizmann allein die Richtlinien dieser Politik bestimmen würde. Blumenfeld muß dabei Einstein als einen schwierigen Schüler erlebt haben. »Einstein ist, wie Sie wissen, kein Zionist«, berichtete er Weizmann, »und ich bitte Sie, auch keinen Versuch zu machen, ihn zum Anschluß an unsere Organisation zu bewegen.« Auch die Hoffnung, daß Einstein in Amerika Ansprachen halten würde, sollte Weizmann besser aufgeben: »Seien Sie damit bitte sehr vorsichtig. Einstein ist ein schlechter Redner und sagt manchmal aus Naivität Dinge, die uns unwillkommen sind.«[34] Tatsächlich wurde Einstein nie Mitglied einer zionistischen Organisation. Er war aber, wie Blumenfeld erkannt hatte, »immer zu haben..., wenn wir ihn für bestimmte Zwecke brauchen«. Nur meldete sich Einstein später auch oft ungebeten zu Wort, wenn die Zionisten meinten, seine Einmischung gar nicht brauchen zu können.

Der wesentliche Vorbehalt Einsteins gegenüber der zionistischen Politik war und blieb seine international-kosmopolitische Grundhaltung und daraus resultierend seine Abneigung gegen jeglichen Nationalismus, auch gegen den jüdischen. Er fühlte sich zwar mit ganzem Herzen als dem jüdischen Volk zugehörig, sah aber nicht ein, warum man deshalb in Palästina gleich einen Staat anstreben sollte. »Ich bin auch kein Vaterländler«, tröstete er noch vor der Abreise sich und seinen gleichfalls international gesinnten Freund Solovine über dieses Dilemma hinweg, »und glaube zuversichtlich, daß die Juden durch die Kleinheit und Abhängigkeit ihrer Palästina-Kolonie vom Machtkoller zurückgehalten werden.«[35] – Damals lebten in Palästina etwa 80000 Juden, weniger als in Berlin und viel weniger als in New York, wo er bald eintreffen würde.

Die Reise begann am 21. März 1921. Mit dem Zug fuhren Einstein und seine Frau nach Holland, um sich auf dem Dampfer »Rotterdam« einzuschiffen. Die zionistische Abordnung unter Weizmanns Leitung stieg in Southampton zu. Damit begann eine lange und wechselvolle Beziehung der beiden Männer, in denen viele Juden ihre Hoffnungen verkörpert sahen, in dem einen ihre geistig-kulturellen, in dem anderen ihre politischen. Weizmann war nur fünf Jahre älter als Einstein.[36] Geboren in einem Dorf in Weißrußland, hatte er in Deutschland und in der Schweiz Chemie studiert. Promoviert wurde er im schweizerischen Freiburg zur selben Zeit, als Einstein in Zürich das Polytechnikum mit dem Fachlehrer-Diplom verließ. Nach einigen Jahren an der Universität Genf fand Weizmann eine Stelle an der Universität Manchester und erlangte durch einige nützliche Patente die erstrebte finanzielle Unabhängigkeit. Im Krieg entwickelte er wichtige Verbesserungen für die Herstellung von Sprengstoffen. Er war zunächst für das britische Kriegsministerium unter Lord Balfour tätig; als der Lord das Außenministerium übernahm, wurde Weizmann sein Berater für Palästina-Fragen. Sein diplomatisches Meisterwerk war die Mitwirkung an der Balfour-Deklaration vom 2. November 1917, in der die britische Regierung dem jüdischen Volk eine Heimstatt in Palästina zusicherte. 1920 wurde Weizmann Präsident der Zionistischen Weltorganisation – ein intelligenter und weltläufiger Mann, der Idealismus mit dem Raffinement praktischer Politik zu verbinden wußte, in vielen Sprachen überzeugende Reden halten konnte, aber immer noch Jiddisch als seine Muttersprache bevorzugte.

Kurz vor der Abreise war Weizmann durch ein Telegramm der amerikanischen Zionisten überrascht worden, in dem ihm geraten wurde, seinen prominenten Reisebegleiter wieder auszuladen. Einsteins exorbitante Honorarforderungen, durch die er kurz zuvor einige Universitäten verärgert hatte, waren auch außerhalb der akademischen Kreise bekannt geworden, so daß er als Repräsentant für das Einwerben von Spenden wohl von zweifelhaftem Nutzen sein werde.[37] Weizmann, der von diesem Versuch Einsteins, sich die »ökonomische Freiheit« zu erkaufen, nichts gewußt hatte, wies seine amerikanischen Gefolgsleute an, die Wogen zu glätten, denn auf den berühmtesten aller Juden wollte er keinesfalls verzichten. Wie recht er damit hatte, zeigte sich bei der Ankunft im Hafen von New York am 2. April: »Einstein-Fieber« war ausgebrochen.

Ein respektables Begrüßungskomitee mit dem Bürgermeister und dem Präsidenten des Stadtrats war angetreten, aber an ihnen vorbei stürmten Scharen von Reportern, von Photographen und auch schon der eine oder andere Filmkamera-Operateur mit seinem wuchtigen Gerät die »Rotterdam«, um als erste des wundersamen Mannes ansichtig zu werden, der die Welt Newtons aus den Angeln gehoben hatte. Dabei präsentierte sich Einstein als eine überaus attraktive und ergiebige Medienpersönlichkeit, obwohl er kein Englisch konnte – 1913 in Zürich hatte er es einmal zu lernen begonnen, »langsam aber gründlich«[38], aber offenbar war nicht viel hängengeblieben.

Auf eine der ersten Fragen, wie er in wenigen Sätzen die Relativitätstheorie erklären könne, war er durch jahrelange Übung vorbereitet, so daß er – »nicht gar zu ernst und nur als eine Art Spaß« – eine Antwort von klassischem Format parat hatte: »Früher hat man geglaubt, wenn alle Dinge aus der Welt verschwinden, so bleiben noch Raum und Zeit übrig. Nach der Relativitätstheorie verschwinden aber Zeit und Raum mit den Dingen.«[39] Das schuf Vertrauen und Sympathie, aber weitere Fragen gerieten schnell auf ein Gleis, auf dem die Reporter mit Platitüden am besten bedient waren – und Einstein lieferte sie geduldig mit verschmitztem Lächeln, erst zum Entzücken der Reporter und tags darauf zu dem der Leser. Die einzige hübsche Bemerkung wird von dem scharfzüngigen Weizmann überliefert, der auf die Frage, ob er denn die Relativitätstheorie verstanden habe, geantwortet haben soll: »Auf der Überfahrt hat mir Einstein täglich seine Theorie erklärt, und bei der Ankunft habe ich erkannt, daß er sie wirklich versteht.«[40] Aber der Mann des Tages war Einstein, der auf die Reporter »wegen seiner Genialität, seiner Freundlichkeit und seines Interesses an den kleinen Dingen des Lebens einen außergewöhnlichen Eindruck machte«[41], und das steigerte sich noch, als er mit der Pfeife in der einen und dem Geigenkasten in der anderen Hand zur Begeisterung der erschienenen Massen die Gangway herabschritt, »wie ein Künstler – ein Musiker«.

Per Autocorso ging es zum charmant kleinen Rathaus von New York, auf dessen Vorplatz inmitten der Wolkenkratzer Tausende Juden ihr Idol feierten. Drinnen sollte gleich die Ehrenbürgerwürde verliehen werden, aber einem Ratsherrn waren in letzter Minute Zweifel gekommen, ob die Sache mit der Relativität nicht doch Humbug sei, und es dauerte einige Tage, bis die Zweifel ausgeräumt waren und die Zeremonie nachgeholt wurde. Die Betreuung Einsteins lag in den Händen von Felix Warburg, einem reichen Teilhaber des Bankhauses Kuhn, Loeb & Co., der für eine kommode Unterkunft im fashionablen Hotel »Commodore« gesorgt hatte. Einer der ersten, die dort vorsprachen, war zu Einsteins großer Freude Max Talmud, der Mentor aus Münchner Schülertagen, der es als Dr. Max Talmey in New York zum erfolgreichen Arzt gebracht hatte.[42]

Alsbald begann die Werbe- und Spendenkampagne zugunsten des Aufbaufonds für Palästina, gelegentlich mit gediegenen Diners in exklusiven Hotels im Kreise reicher Juden, meistens aber mit Versammlungen, zu denen das ganze Spektrum der amerikanischen Juden erschien, vom kleinen Ladeninhaber bis zum reichen Bankier oder Modearzt, um Weizmann zu hören und Einstein zu sehen. »Ich musste mich herumzeigen lassen wie ein prämierter Ochse, unzählige Male in grossen und kleinen Versammlungen reden«, berichtete er über seinen Einsatz als »Renommierbonze und Lockvogel«. Ob er in großen Versammlungen wirklich viel geredet hat, muß dahingestellt bleiben; Weizmann hat wohl Blumenfelds Warnung vor Einsteins rhetorischer Unkalkulierbarkeit beherzigt und das Reden lieber selbst betrieben. Berichtet wird jedenfalls von einer Versammlung am 12. April, zu der sich achttausend Zuhörer eingefunden hatten, daß sich im Anschluß an Weizmanns Auftritt Einstein auf eine Erklärung beschränkte, die so knapp ausfiel, daß er nichts falsch machen konnte: »Euer Führer Dr. Weizmann hat gesprochen, und er hat sehr gut gesprochen für uns alle. Folgt ihm, dann tut Ihr das Richtige. Das ist alles, was ich zu sagen habe.«[43] Auf kleineren Versammlungen vor allem bei jüdischen Studenten- oder Ärztevereinigungen trat Einstein auch allein auf, denn dabei ging es um Spenden für die Hebräische Universität in Jerusalem, über die es keinen Dissens zwischen Einstein und Weizmann gab wie bei manchen großen Linien zionistischer Politik.

Weizmann war aber nicht nur zum Geldsammeln in die USA gekommen, sondern auch in der Absicht, die dortige zionistische Organisation auf seine Politik einzuschwören. Louis Brandeis, der erste jüdische der neun Verfassungsrichter der USA und Führer der amerikanischen Zionisten, sah ähnlich wie Einstein in Jerusalem ein kulturelles Zentrum der Juden und nicht die Heimstatt des jüdischen Volkes, vielleicht sogar dessen Staat, wie es Weizmann anstrebte. Bei den schwierigen Verhandlungen zwischen Weizmann und Brandeis, auch bei dem administrativen Aufbau des »Keren Hajessod« in den USA, war Einsteins Anwesenheit nicht erforderlich, so daß er auch Zeit fand, an einigen Universitäten Vorträge zu halten, dieses Mal für Honorare, die im Belieben der Gastgeber standen.

Am 15. April begann Einstein eine Folge von drei Vorlesungen an der Columbia University, New Yorks renommiertester Lehranstalt, die ihn schon 1912 eingeladen hatte und die ihn im Jahr zuvor mit ihrer Barnard Medaille ausgezeichnet hatte. Obwohl Einstein Deutsch sprach, war der Hörsaal überfüllt. In der nächsten Woche las er am

City College der Stadt New York, was ihm ein besonderes Bedürfnis gewesen sein mag, weil an dieser städtischen Institution viele mittellose Juden studieren konnten. Diese Vorträge wurden – Absatz für Absatz – ins Englische übersetzt, und der junge Mann, der sowohl mit Einsteins Sprache als auch mit seiner Mathematik zurechtkam, erfreute sich danach des Rufs, einer der wenigen Auserwählten zu sein, die die Relativitätstheorie verstünden.

Anschließend fuhren Einstein und Weizmann gemeinsam nach Washington, Weizmann in politischen Geschäften und Einstein, weil er zur Jahresversammlung der Nationalen Akademie der Wissenschaften eine Rede halten sollte. Trotz der offiziellen Einladung wurde der Professor aus Berlin in der amerikanischen Hauptstadt etwas frostig empfangen, da die Regierung noch immer mit der Aufarbeitung des Weltkriegs beschäftigt und deshalb die Erinnerung an den Feind durchaus lebendig war. Eine Einladung ins Weiße Haus, wie sie die Zionisten zu erreichen versucht hatten, war von Präsident Harding abgelehnt worden. Nachdem geduldig erklärt wurde, daß Einstein das Manifest der 93 nicht unterzeichnet hatte und Schweizer sei, der mit dem Paß der Eidgenossenschaft reise, waren die Mißhelligkeiten wie weggeblasen. Er durfte sogar Repräsentanten der amerikanischen Akademie begleiten, die ins Weiße Haus zu einem Empfang bei Präsident Harding eingeladen waren. Diese Form der Gastlichkeit weit unterhalb der politisch bedeutsamen Ebene unterschied sich allerdings beträchtlich von dem Gepränge, mit dem zwei Wochen später am 20. Mai Marie Curie durch Harding geehrt wurde[44], aber Madame Curie kam aus Frankreich.

Für Einstein folgte eine knappe Woche in Princeton, der ehrwürdigen snobistischen Universität in New Jersey, etwa hundert Kilometer südlich von New York, wo Einstein am 9. Mai zum Ehrendoktor promoviert wurde. Man hatte aus den Washingtoner Erfahrungen gelernt, so daß er von vornherein als Schweizer vorgestellt wurde, der eine Professur im holländischen Leiden innehabe. Ganz ließ sich sein Berliner Hintergrund nicht verleugnen, aber man hob in der offiziellen Würdigung des neuen Ehrendoktors dessen Treue zu moralischen Maßstäben hervor, »weshalb er sich geweigert hatte, sich den anderen in der Rechtfertigung der Invasion Belgiens anzuschließen«.[45]

John Hibben, der Präsident der Universität, begrüßte Einstein als den »neuen Kolumbus der Naturwissenschaft, der einsam durch die fremden Meere des Denkens fährt«. Die Verleihungszeremonie litt unter sprachlichen Verständigungsschwierigkeiten, und eine Zeitung beschrieb sie so, als sei sie von den Marx Brothers arrangiert worden: »Wenn Dr. Einstein sich setzen sollte, stand er auf, und er setzte sich, wenn er aufstehen sollte. Als endlich der lächelnde, verwirrte Gelehrte, an seinen Ärmeln sanft in Position gezupft, den Doktorhut aus der Hand von Präsident Hibben erhalten sollte, drehte er in der Konfusion dem Präsidenten seinen Rücken zu.«[46] Auch so etwas wird im Sinne des Matthäus-Effekts zum Ausweis des Genies. Am Nachmittag dieses ereignisreichen Tages hielt Einstein die erste von vier Vorlesungen zur Relativitätstheorie im Rahmen der aus einem Stiftungsfonds finanzierten »Stafford Little Lectures«. Wie nicht anders zu erwarten, war der Hörsaal, einer der größten der Universität, brechend voll, nicht nur von Studenten und Mitgliedern der Fakultät, sondern auch von Sensationshungrigen, die zum Teil von weit her gekommen waren. Für diejenigen, die sprachlich nicht folgen konnten, gab im Anschluß an jede Vorlesung ein Mitglied des Physik-Departements eine Zusammenfassung in Englisch. Aber es war wie in Berlin: bei der zweiten Vorlesung am nächsten Tag fanden alle Interessierten bequem Platz. Aus diesen Vorlesungen entstand ein Büchlein, Einsteins zweites, das zunächst bei der Princeton University Press und in England bei Methuen erschien, damit es zu der wünschenswerten Aufbesserung der »Konzentration von Au-Ionen« in Leiden beitragen konnte, bevor es in Deutschland verlegt wurde.[47]

Ausgerechnet bei einem Empfang zu Ehren des berühmten Gastes schwirrte das Gerücht durch den Raum, daß Professor Dayton C. Miller aus Cleveland bei einer Wiederholung des Michelson-Morley-Experiments eine Bewegung der Erde durch den Äther festgestellt habe – Publikation demnächst. Miller hatte seinen gegenüber früheren Zeiten wesentlich vergrößerten Apparat auf dem Mount Wilson aufgebaut, in der Hoffnung, dort den Ätherwind eher spüren zu können als im Keller eines Laboratoriums, und nach seiner Meinung war ihm das bei einer Meßreihe im April 1921 auch gelungen.

Wäre Millers Resultat richtig, müßte das ganze Gebäude der Relativitätstheorie zusammenstürzen und Einsteins Vorlesungen handelten nicht von einer etablierten Theorie, sondern von einem schönen, aber falsifizierten Traum. Da Einstein aus Gründen wissenschaftlichen Takts Millers Resultat schlecht für unsinnig erklären konnte, wich er in eines seiner klassischen Aperçus aus: »Raffiniert ist der Herrgott, aber boshaft ist er nicht.« Während Millers Messungen nur noch von historischem Interesse sind, da sie falsch waren, wurden Einsteins Worte in Stein verewigt.

Auf den Mathematiker Oswald Veblen hatte diese Berufung auf den

Herrgott so starken Eindruck gemacht, daß er sie gleich notierte und sich neun Jahre später auch wieder daran erinnerte, als 1930 die Fine Hall, das neue Gebäude des Mathematik-Departements, fertiggestellt wurde. Er ließ Einsteins Worte in gotischen Fraktur-Lettern in den Kaminsims des Aufenthaltsraums der Fine Hall einmeißeln. Zusammen mit Einsteins Zustimmung zu dieser Maßnahme erhielt er noch dessen nachgetragene Interpretation: »Die Natur verbirgt ihr Geheimnis durch Erhabenheit ihres Wesens, aber nicht durch List.«[48]

Der erholsamen und anregenden Woche in Princeton schloß sich eine strapaziöse Tour mit Weizmann durch den Nordosten der USA an, die aber auch Zeit für Gespräche mit Kollegen ließ. In Chicago traf Einstein erstmals mit Robert Andrews Millikan zusammen, der als der bedeutendste Physiker der USA galt und dem er durch die experimentelle Seite des photoelektrischen Effekts eng verbunden war. Natürlich gab es den obligatorischen Vortrag an der University of Chicago, und sogar ein Abstecher zum Yerkes Observatory in Wisconsin konnte eingeschoben werden.

Die letzte Station war Cleveland. Durch die wochenlange Berichterstattung über den jüdischen »neuen Kolumbus« auf ein großes Ereignis eingestimmt, ließen die meisten jüdischen Geschäftsleute ihre Läden geschlossen und versammelten sich mit einer unübersehbaren Menschenmenge zur Begrüßung ihrer beiden Heroen am Bahnhof. Eine Militärkapelle führte einen Zug von zweihundert Autos an, der Einstein und Weizmann in ihr Hotel geleitete. Während Weizmann auf der Jahresversammlung der Zionistischen Organisation von Amerika seine Politik gegen den Richter Brandeis durchsetzte, war es Einstein möglich, sich von Trubel und Intrigen zu absentieren und im Case Institute of Technology den Professor Miller aufzusuchen, mit dem er »eineinhalb Stunden im Gespräch über die Ätherdrift-Experimente«[49] verbrachte, bevor er wieder nach New York zurückkehrte.

Hier zog Einstein Ende Mai, kurz vor der Abreise nach Europa, in einem Brief an Besso Bilanz, ziemlich erschöpft, aber sehr zufrieden:

> Ich habe zwei ungeheuer strapaziöse Monate hinter mir, habe aber die grosse Genugthuung, der zionistischen Sache viel genützt und die Gründung der Universität gesichert zu haben. ... Ein Wunder, dass ich's ausgehalten habe. Aber nun ist es fertig, und es bleibt das schöne Bewusstsein, etwas wirklich Gutes gethan zu haben und mich tapfer und ungeachtet aller Proteste von Juden und Nichtjuden für die jüdische Sache eingesetzt zu haben – die meisten unserer Stammesgenossen sind mehr klug als mutig, das habe ich deutlich merken können.[50]

Allerdings zeigte sich bald, daß Einstein als Spendensammler nicht ganz so erfolgreich war, wie er angenommen hatte, denn statt der erwarteten vier bis fünf Millionen Dollar war bei Ende des Jahres erst eine dreiviertel Million definitiv eingegangen.[51]

Wieder in Berlin, berichtete er Ehrenfest über seine durch die Reise befestigte jüdische Identität: »Der Zionismus stellt wirklich ein neues jüdisches Ideal dar, das dem jüdischen Volk wieder Freude an seiner Existenz geben kann. ...Ich bin sehr froh, Weizmanns Einladung Folge geleistet zu haben.«[52] Und in der ›Jüdischen Rundschau‹ beschrieb er seinen stärksten Eindruck: »Erst in Amerika entdeckte ich das jüdische Volk. Ich habe viele Juden gesehen, aber das jüdische Volk habe ich weder in Berlin noch sonstwo in Deutschland angetroffen. Dieses jüdische Volk, das ich in Amerika sah, kam aus Rußland, aus Polen oder allgemein aus Osteuropa. Diese Männer und Frauen haben sich ein gesundes Nationalgefühl bewahrt, das noch nicht durch Vereinzelung und Zerstreuung zerstört ist.«[53] Nun konnte er sich eine konkrete Vorstellung bilden, wenn er von seinem »Stamm« sprach.

Am 30. Mai bezogen Einstein und Frau Elsa ihre Kabinen auf dem britischen Dampfer »Celtic«. Sie reisten allein, denn Weizmanns politische Mission war noch nicht beendet. Am 8. Juni trafen sie in England ein, dem Land, das durch die Ausrichtung der Sonnenfinsternis-Expeditionen Einsteins Ideal der internationalen Gelehrtenrepublik vorbildlich entsprochen hatte, und ganz in diesem Sinne hatte er auch die Einladung der Universität Manchester aufgefaßt, die traditionsreiche »Adamson Lecture« zu halten.

Allerdings bestand England nicht nur aus international gesinnten oder gar pazifistischen Gelehrten wie Eddington, was Einstein selbst ein Jahr zuvor erfahren hatte. Damals hatte er die Goldmedaille der Royal Astronomical Society für das Jahr 1920 erhalten sollen, wie die Mitglieder dieser Gesellschaft mehrheitlich durch Abstimmung entschieden hatten. Einstein wurde von der Auszeichnung informiert und schmiedete trotz der schrillen außenpolitischen Streitereien um den Friedensvertrag schon Reisepläne: »Ich fahre übrigens im Frühjahr nach England, um mir eine Medaille in die Hand drücken zu lassen und mir einmal das Affentheater von der anderen Seite zu begukken.«[54] Wenige Tage darauf erhielt er einen Brief von Eddington, der ihn tief betrübt wieder ausladen mußte, da die Bestätigung der Wahl durch den Vorstand in letzter Minute durch eine chauvinistische Lobby hintertrieben worden sei. Einigen englischen Patrioten war es offenbar lieber, erstmals seit dreißig Jahren keine Medaille zu verleihen, als sie jemandem auszuhändigen, der aus der Hauptstadt des Feindes kam.

Eddington bat Einstein, die peinliche Affäre nicht persönlich zu nehmen und bedauerte, »daß dieser vielversprechende Beginn einer besseren internationalen Gesinnung eine Zurückweisung durch die Reaktion erhalten hat. Trotzdem bin ich sicher, daß die bessere Gesinnung Fortschritte macht.«[55] – Der Fortschritt brauchte seine Zeit, denn erst 1926 erhielt Einstein schließlich die Goldmedaille der Royal Astronomical Society, nachdem er 1925 mit der unvergleichlich repräsentativeren »Copley Medal« der Royal Society ausgezeichnet worden war.[56] Er hat im übrigen nichts übelgenommen, aber er wußte, daß England ein schwieriges Pflaster war, schwieriger als die USA, zumal er auch noch in London eine Vorlesung halten wollte.

Aus diesem Grunde und wegen seiner praktisch nicht existenten Englischkenntnisse hatte Einstein seinen Astronomen Erwin Freundlich, dessen Mutter Engländerin war, als Sprach- und Reiseführer um Unterstützung gebeten, und der nahm ihn gleich bei der Ankunft in Liverpool in Empfang. Zunächst folgte Einstein seiner neuen Mission, indem er vor einer jüdischen Studentenvereinigung um Unterstützung für die Hebräische Universität in Jerusalem warb. Nachmittags hielt er in festlichem Rahmen die »Adamson Lecture«, und anschließend wurde er zum Ehrendoktor promoviert. Einstein sprach Deutsch, aber dieser Mangel wurde durch andere Qualitäten des Vortragenden reichlich kompensiert. Der ›Manchester Guardian‹ kommentierte, »die Brillanz seiner Ausdrucksweise und das freundliche Zwinkern, das auch noch bei den schwierigsten Beweisführungen aus seinen Augen leuchtete, verfehlten nicht ihren Eindruck auf das Auditorium«.[57]

Die nächsten Tage war Einstein in London Gast von Lord Haldane, dem Ersten Viscount of Cloan, einem faszinierenden Mann mit ungewöhnlich weit gespannten Interessen, die gleichermaßen die Relativitätstheorie wie die Aussöhnung mit Deutschland umspannten. Hätte er sich nie auf die Relativitätstheorie eingelassen, wäre er zweifellos der ideale Gastgeber für Einstein gewesen.

Haldane hatte sich seit seinem Studium in Göttingen große Sympathien für Deutschland bewahrt. Trotz linkssozialistischer Verbindungen zur »Fabian Society« wurde er britischer Kriegsminister, ein sehr erfolgreicher sogar; in dieser Funktion reiste er 1912 in einer aufsehenerregenden, aber vergeblichen Mission nach Berlin, um die beiden Nationen von ihrem Kollisionskurs abzubringen. 1915 war er wegen seiner pro-deutschen Vergangenheit als Lordkanzler im Kriegskabinett nicht länger tragbar und konzentrierte sich auf wissenschaftliche Studien, als deren Ergebnis gerade ein Buch mit dem Titel »Die Herrschaft der Relativität« erschienen war, in dem der Lord mit mehr Eifer denn Klarheit die philosophischen Implikationen der Relativitätstheorie mißverstanden hatte. Es lag nun zusammen mit Einsteins »gemeinverständlichem« schmalen Bändchen in den Buchläden aus.

Die Einladung nach London und ihre Einzelheiten waren während Einsteins Amerika-Aufenthalt arrangiert worden, insbesondere eine Vorlesung am King's College der University of London. Haldane holte Einstein am 10. Juni in London am Bahnhof ab und fuhr mit ihm direkt zu einer Sitzung der Royal Astronomical Society, jener Gesellschaft, die Einstein ihre Goldmedaille erst zu- und dann wieder abgesprochen hatte. Eddington erinnerte in einer Rede an den britischen Beitrag zur Bestätigung und Verbreitung der Allgemeinen Relativitätstheorie, und Einstein konnte im »Burlington House« jenes Porträt von Newton betrachten, unter dem am 6. November 1919 J. J. Thomson die Relativitätstheorie zu »einer der größten Errungenschaften des menschlichen Denkens« erklärt hatte. Dann erst geleitete der Lord den Gast in sein stattliches Haus am Queen Anne's Gate des St. James Park.

Am Abend richtete Haldane zu Ehren Einsteins ein glanzvolles Dinner aus. Gern hätte der ehemalige Lordkanzler den Premierminister Lloyd George begrüßt, aber weil der Regierungschef von einem Berliner Abstand halten wollte, führte der Erzbischof von Canterbury die Liste der Notabeln an. Leuchten des Geisteslebens wie Bernard Shaw und Harold Laski von der London School of Economics waren zugegen, und mit zwei Gästen, Arthur Stanley Eddington und Alfred North Whitehead, konnte Einstein sogar vernünftig über Physik reden. Das Gespräch scheint aber der Erzbischof dominiert zu haben, der trotz intensiver Lektüre noch nicht herausgefunden hatte, in welcher Beziehung die Relativitätstheorie zur Religion stünde, so daß Einstein das Opfer von small talk auf jener Ebene wurde, wo die Vierte Dimension nahtlos ins Spirituelle übergeht.[58] Das anschließende Wochenende wurde nach britischer Art geruhsamer verbracht. Gespeist wurde mit Lordschaften wie Rothschild, dem mit dem Geld, oder mit Rayleigh, dem mit dem Strahlungsgesetz, den Einstein beim Solvay-Kongreß in Brüssel kennengelernt hatte.

Am Montag besuchte Einstein in Begleitung von Haldane die Westminster Abbey und gedachte am Grab von Isaac Newton mit Blumen des Riesen, auf dessen Schultern er stand. Diese Geste wurde von Haldane am Nachmittag gebührend herausgestellt, als er im King's College der öffentlichen Veranstaltung mit Einsteins Vorlesung präsidierte, um befürchteten Animositäten gegenüber dem Redner aus Deutschland den Wind aus den Segeln zu nehmen. Die Plakate und Eintrittskarten vermieden jeden Hinweis auf Herkunft, gegenwärtigen Wohnort und die akademische Stellung des Professors Einstein, unterstrichen jedoch, daß der Erlös aus den Eintrittsgeldern der Veranstaltung dem »Imperial War Relief Fond« zur Linderung der bedauernswerten Lage von Kriegsopfern zukommen würde. Trotz dieser klugen Maßnahmen regte sich bei Beginn der Veranstaltung keine Hand zur Begrüßung, aber nach Einsteins mit Witz, Engagement und einer tiefen Verbeugung vor Newton in deutscher Sprache gehaltenen Vorlesung[59] wurde er nach britischer Sitte mit »standing ovations« geehrt. Haldane und Einstein konnten beide mit diesem Erfolg im Interesse der Aussöhnung zwischen Deutschen und Engländern mehr als zufrieden sein.

Während dieser Reise, die beinahe drei Monate dauerte, hatte sich Einstein nicht nur als Repräsentant der Juden, sondern auch als inoffizieller Botschafter des neuen Deutschland der Weimarer Republik exponiert. Wieder in Berlin, wurde der Weitgereiste zu einer gesuchten Auskunftsquelle; zu einem Bericht, den er am 30. Juni auf Einladung des Präsidenten des Deutschen Roten Kreuzes in exklusivem Rahmen gab, erschienen der Reichspräsident Ebert nebst einigen Kabinettsmitgliedern. Aber was Einstein bei dieser und anderen Gelegenheiten sagte und schrieb, wurde in Amerika mit Empörung aufgenommen und machte den Erfolg seiner Reise zum größten Teil wieder zunichte.

Ein von Einstein für das ›Berliner Tageblatt‹[60] geschriebener Artikel über seine Eindrücke in Amerika, der von vielen Zeitungen nachgedruckt wurde, enthielt neben überschwenglicher Bewunderung und Wohlwollen auch die eine oder andere kritische Anmerkung, von der Prohibition und dem Mangel an Wirtshäusern, der Überbewertung des Geldes bis hin zum politischen Isolationismus – »dieses Landes nicht würdig«. Daß die ›New York Times‹ das als den Fußtritt eines undankbaren Gastes empfand, mag in der Empfindlichkeit der Amerikaner gegenüber Belehrungen aus der Alten Welt eher seine Erklärung finden als in Einsteins Artikel.

Eine regelrechte Katastrophe wurde jedoch durch ein Interview mit einem holländischen Journalisten ausgelöst, in dem Einstein ebenso leichtsinnig wie taktlos dahergeredet hatte.[61] Nicht nur, daß er sich über die Begeisterung der Amerikaner für einen Gelehrten mokierte, dessen Arbeit sie doch nicht verständen, er sagte den amerikanischen Männern auch noch nach, daß sie zwar hart arbeiten, sonst aber nichts weiter seien als »die Schoßhündchen ihrer Frauen, die das Geld verprassen, um sich in einen Dunst von Extravaganz zu hüllen«.[62] Die ›New York Times‹ ließ ihrer englischen Fassung des Interviews einen Leitartikel folgen, in dem Einsteins Entgleisungen interpretiert wurden als Enttäuschung, daß »seine und seines Begleiters spezielle Mission, wegen der sie in die USA kamen, nur ein teilweiser Erfolg war«. Drei Tage später, nach einer Flut entrüsteter Leserbriefe, noch ein Leitartikel mit der eigentlichen Zurechtweisung:

> Seine Tiraden werden nun von den meisten Amerikanern als Mangel an Urteilsfähigkeit gewertet, der zu einem Mann dieser Art zu gehören scheint, besonders zu einem, der, obwohl nicht deutsch von Blut oder Geburt, das Produkt einer ausschließlich deutschen Erziehung ist. Dr. Einstein wird seine flegelhafte Verspottung freundlicher Gastgeber nicht vergeben werden, die ihn ehrten, weil sie denjenigen Experten glaubten, die seine Größe in seinem Fachgebiet bezeugten. Daß er außerhalb dieses Bereichs klein ist, hat jedoch keine großen Folgen, denn es ist eine Besonderheit, die er mit vielen anderen Spezialisten vergleichbarer Bedeutung gemeinsam hat, und die in keiner Weise seinen Wert für die Welt mindert.[63]

Einstein erklärte sofort, das Interview sei falsch wiedergegeben, und sagte amerikanischen Reportern in Berlin noch ein paar Nettigkeiten zur Schadensbegrenzung. Die gelang auch teilweise, aber die Sache mit den »Schoßhündchen« wurde lange nicht vergeben und schon gar nicht vergessen. Und Einstein hatte wieder eine Lektion über das Reden und Schweigen im Rampenlicht gelernt, so daß er sich fortan bemühte, sein von Mileva schon früh diagnostiziertes »sehr böses Maul«[64] wenigstens in der Gegenwart von Journalisten zu zügeln.

5. »so lange der Rummel anhält«. Weite Reisen, viel Politik und ein wenig Physik

Nach der Rückkehr aus Amerika verbrachte Einstein gerade einen Monat in Berlin. Dann traf er sich mit den beiden Söhnen und fuhr mit ihnen in das kleine Dorf Wustrow an der Ostsee in die Sommerfrische, ganz bescheiden mit Unterkunft in einer Bäckerei. Der Kontrast zum großen Stil der Amerika- und England-Reise hätte nicht drastischer ausfallen können, aber Einstein war das einfache Leben recht. An den Söhnen hatte er neuerdings, seit der Konflikt mit Mileva beigelegt war, viel Freude, auch wenn sie sich nicht in jeder Hinsicht nach seinen Vorstellungen entwickelten. Der 17jährige Hans Albert war »ein solider, selbständiger Kerl geworden, sicher, intelligent, bescheiden«. Den 11jährigen Tedel charakterisierte der Vater als »beweglich, schalkhaft«, aber bei beiden bedauerte er, sie seien »etwas merkantilen Geistes – ohne metaphysische Bedürfnisse«.[1] Die gemeinsamen Ferien haben allen dreien offenbar gut getan: »Sie sind ausgezeichnet geraten«, schwärmte er Ehrenfest vor, »und wir sind *ein* Herz und *eine* Seele.«[2]

Direkt von der Sommerfrische fuhr Einstein Mitte August mit den Söhnen nach Kiel zu Hermann Anschütz-Kaempfe, zum Segeln auf der Förde und zu ernsthaften Arbeiten an einer hübschen technischen Sache, einem neuartigen Kreiselkompaß. Einstein muß sich mit dieser Aufgabe schon länger intensiv beschäftigt haben, denn bereits Ende 1920 waren Anschütz die bisherigen Leistungen Einsteins zwanzigtausend Mark wert gewesen, bar und nicht per Überweisung, »weil es dann doch nur Rückfragen steuerlicher Art giebt«.[3]

Wegen gewisser inhärenter Mängel eines mechanisch gelagerten Kreisels hatte sich Anschütz schon länger mit dem Gedanken einer völligen Neukonstruktion getragen. Das Ziel, bei dem Einstein tatkräftig mitwirkte, war eine Kugel, die auf einem Polster aus magnetischen Kraftlinien berührungs- und reibungsfrei schwebt und von diesem Feld in einer festen Position zentriert wird. Schon das Arrangement der elektromagnetischen Felder in diesem Kugelkompaß war eine diffizile Angelegenheit. Zunächst wurde es mit einem Ring von acht um den unteren Teil der Kugel gruppierten Elektromagneten versucht, bis Einstein auf die Idee kam, nur eine einzige Spule im Innern der Kugel zu benutzen.

Die Realisierung bis zur Einsatz- und Marktreife im Jahre 1925 erforderte noch viel hochkarätige Entwicklungsarbeit. Der intensive Briefwechsel über kniffelige technische Probleme zwischen Einstein und Anschütz sowie mit dessen Mitarbeitern zeugt davon, daß sich Einstein dieser Aufgabe mit einer Leidenschaft annahm, die an den Patentamtsexperten mit seinem »Maschinchen« erinnert. Im Anschützschen Haus war immer ein Zimmer für ihn bereit, so daß Kiel für Einstein zeitweilig zu einem zweiten Wohnsitz wurde, nicht nur wegen der Arbeit an dem Kugelkompaß, sondern auch wegen des Segelvergnügens und seiner Freundschaft zum Firmeninhaber. Nach dem ersten Aufenthalt fügte er einem Brief technischen Inhalts an Anschütz noch die Bemerkung an: »Die prächtigen Tage in Kiel gehen mir noch oft im Kopf herum.«[4] Die kleinen Einsteins schickten Anschütz ebenfalls einen artigen Dankesbrief.

Auch in der Physik wandte sich Einstein wieder der handfesten experimentellen Seite zu. Er wollte die Klärung der fundamentalen Frage erzwingen, ob sich elektromagnetische Strahlung von einem Atom in Form von Kugelwellen oder in einer Richtung ausbreitet, als damals so genannte Nadelstrahlung, also im Sinne seiner 1916 formulierten Quantentheorie der Strahlungsemission. »Ich habe mir ein sehr interessantes und ziemlich simples Experiment über die Natur der Lichtemission ausgedacht«, schrieb er an Born. »Hoffentlich kann ich's bald ausführen.«[5] Einstein meinte, daß die Lichtausbreitung in dispergierenden Medien, also solchen mit frequenzabhängigem Brechungsindex, für Kugelwellen und Nadelstrahlung unterschiedlich sei. Dieser Unterschied sollte sich bei der von schnellen Atomen ausgesandten Strahlung nachweisen lassen, womit dann eine tiefe Erkenntnis über die wahre Konstitution der Strahlung gewonnen wäre.

Dieses Experiment beschäftigte ihn überaus intensiv für den Rest des Jahres, auch während seiner Reisen. Mitte Oktober war er gemeinsam mit Hans Albert in Italien. Der Anlaß war eine Einladung der Universität Bologna, »wo ich italienisch vortragen soll, die Armen!«[6] Erstmals sah er Florenz, aber das Wichtigste, was er Besso auf einer Postkarte mitzuteilen hatte, war: »Interessantes Experiment über Lichtemission in Arbeit in Berlin.«[7] Darunter zeichnete er eine Prinzipskizze des Versuchsaufbaus. Über Zürich fuhr Einstein nach Leiden, um wenigstens ein Minimum seiner Pflichten als Gastprofessor abzugelten, aber wichtiger waren auch hier Diskussionen mit Ehrenfest über die Quantenfrage und die experimentelle Untersuchung der Natur des Lichts.

Einstein brauchte das Experiment nicht selbst zu machen. Nachdem er die theoretischen Grundlagen am 8. Dezember 1921 in der Akademie vorgelegt hatte[8], stellte Emil Warburg als Präsident die Einrichtungen der Physikalisch-technischen Reichsanstalt sowie tüchtige Mitarbeiter in den Dienst der Sache. Einstein arbeitete mit Hans Geiger und Walther Bothe die Details des Experiments aus, das dann von Bothe und Geiger ebenso zügig wie erfolgreich ausgeführt wurde. Einstein war begeistert, als das Ergebnis seinen Berechnungen entsprach, die er aus der Hypothese der Nadelstrahlung hergeleitet hatte. Er war überzeugt, daß das bewährte Paradigma der Wellenoptik nun verabschiedet sei. »Damit ist sicher bewiesen, dass das Undulations-Feld keine reale Existenz hat«, informierte er Born zum Jahreswechsel. Er war wieder in Hochstimmung: »Es ist mein stärkstes wissenschaftliches Erlebnis seit Jahren.«[9]

Am 19. Januar 1922 trug Einstein über den glücklichen Ausgang in der Akademie vor, ließ den Vortrag aber nicht mehr zum Druck geben, denn inzwischen mußte er Einwände anerkennen, die Max von Laue schon länger vorgebracht und am Tag vor der Akademie-Sitzung noch einmal im Physikalischen Kolloquium stringent begründet hatte. Danach sei das Experiment zwar richtig, aber keineswegs entscheidend, denn es muß sowohl für die Wellen wie für die Nadelstrahlung das gleiche Ergebnis liefern, so daß es zwischen klassischer und Quantentheorie gar nicht unterscheiden kann. Einstein war »wieder etwas klüger und eine Hoffnung ärmer«.[10] Born beichtete er, er habe »einen monumentalen Bock geschossen (Experiment über Lichtemission mit Kanalstrahlen). Aber man muß sich trösten. Gegen das Böcke-Schießen hilft nur der Tod.«[11] Ehrenfest stellte er seine Lage dem beiderseitigen Temperament entsprechend dar: »Es ist eigentlich gut, dass ich so viel Ablenkung habe, denn sonst hätte mich das Quantenproblem längst ins Irrenhaus gebracht. ... Wie armselig steht der theoretische Physiker vor der Natur und vor – seinen Studenten.«[12]

Ablenkungen, wie Einstein das nannte, hatte er inzwischen tatsächlich unzählige. Aus dem vormals berühmten Physiker war eine Institution geworden, eine gesellschaftliche und eine wissenschaftliche, und es zeichneten sich die Konturen ab, die für sein Leben im nächsten Jahrzehnt bestimmend werden. Er war nicht mehr nur Physiker, sondern Repräsentant der Wissenschaft schlechthin, daneben auch Repräsentant der Weimarer Republik und der Juden – nicht notwendig in dieser Reihenfolge. Das brachte einige Anfeindung mit sich, aber auch viel Ehre.

Anfang 1921 wurde Einstein in die Friedensklasse des Ordens »Pour le mérite für Wissenschaft und Künste« aufgenommen, gemeinsam mit dem Göttiger Mathematiker Felix Klein, dem Maler Max Liebermann und dem Dichter Gerhart Hauptmann. Mit nur 42 Jahren war er in diesem erlauchten Kreis der 30 deutschen Geistesheroen mit Abstand der Jüngste. Die Auszeichnung war eine große Ehre, verursachte aber zum Glück wenig Arbeit, allenfalls eine Rüge von Nernst, weil Einstein bei offiziellen Anlässen niemals die Ordenszeichen anlegte: »Toilettenfehler!«

Mehr Arbeit brachte die Mitgliedschaft im Senat der Kaiser-Wilhelm-Gesellschaft mit sich, dem er bis 1925 angehörte, und dann gab es unzählige Kommissionen und Gremien, die sich der Mitwirkung Einsteins rühmen wollten. Die meisten dieser Pflichten versuchte er gewissenhaft zu erledigen, auch wenn er im Grunde seines Herzens nicht viel davon hielt. Dem drei Jahre jüngeren Wilhelm Westphal, der seine Mitarbeit im Kuratorium der Einstein-Stiftung aus beruflichen Gründen beenden mußte, schickte Einstein mit dem offiziellen Dankschreiben, in dem er als Präsident der Stiftung den Austritt zu bedauern hatte, noch eine kleine handschriftliche Dreingabe: »Als Privatmensch freue ich mich, dass Sie aus der Sphäre der zigarrenrauchenden, wichtignehmenden Götter in die Sphäre der wissenschaftlich tätigen Menschen wieder den Weg zurückgefunden haben.«[13]

Immerhin ging Einstein, so er in Berlin war, brav und regelmäßig zu den »wichtignehmenden Göttern« in die Akademie, noch lieber aber ins Physikalische Kolloquim. Jüngere Forscher, die sich in der wissenschaftlich vibrierenden Atmosphäre Berlins ihre Sporen verdienen wollten, erlebten ihn dabei als einen praktizierenden Demokraten, immer freundlich und aufgeschlossen, sogar herzlich und hilfsbereit. Die ihn unvermeidlich umgebende Aura entrückter Autorität neutralisierte er durch spöttische Distanz zu sich selbst. Im Kolloqium machte er keinen Unterschied, ob er nun mit einem Geheimrat oder mit einem Studenten diskutierte. Die Studenten mochten das, die Geheimräte manchmal nicht. Die Geheimräte freilich plagten sich mit Studenten und führten sie zu Promotion und Habilitation, während Einstein sich auf gelegentliche Vorlesungen und ganz seltene Seminare beschränkte.

Mit der gleichen Ungezwungenheit wie unter Studenten bewegte sich Einstein in jenen Kreisen, die man auch nach dem Kaiser noch die »höchsten« zu nennen pflegte. Bei Bankiers und Industriellen ergab sich das schon aus beruflichen Gründen durch deren Mäzenatentum bei der Kaiser-Wilhelm-Gesellschaft oder der Einstein-Stiftung. Mit

Walther Rathenau diskutierte er oft politische Fragen, bevor dieser 1922 Außenminister wurde und mehr noch in dessen kurzer Amtszeit. Einstein hatte seine bolschewistischen Gedankenspielereien aus den ersten Monaten nach Kriegsende begraben und war bereit, der Regierung der demokratischen Mitte unter dem Kanzler Wirth einen Vertrauensvorschuß einzuräumen: »Denn die Männer, welche jetzt die Last des Regierens tragen, sind an den jetzigen schwierigen Verhältnissen nicht schuld, sondern gerade diejenigen, welche am lautesten Kritik üben.«[14]

Auch sein zionistisches Engagement setzte Einstein auf höchster Ebene fort, als er sich mit dem sowjetischen Volkskommissar des Äußeren Georgi Tschitscherin, der den Physiker »wie einen Gott« verehrt haben soll, in der Botschaft Unter den Linden traf, um über die Lage der Juden in der Sowjetunion und die Erleichterung ihrer Auswanderung nach Palästina zu sprechen.[15] Was er dabei erfuhr, hat ihm die Notwendigkeit der zionistischen Bewegung nur bestätigen können.

Kollegen, die Einstein nur als den größten ihrer Zunft wahrgenommen hatten, waren oft entsetzt, wenn sie nun aus der Zeitung von seinen politisch motivierten Aktivitäten und Ansichten erfuhren. Manche Beziehung ging daran zugrunde. Sommerfeld zum Beispiel war felsenfest davon überzeugt, daß ein auf der ersten Seite des Pariser ›Figaro‹ erschienenes Interview mit Einstein »von Anfang bis Ende gelogen« sei, wegen Mangels an nationalem Wohlverhalten.[16]

Nachdem Einstein den Artikel selbst gelesen hatte, mußte er den Münchner Kollegen enttäuschen. Zwar hatte er ein Interview weder gegeben noch autorisiert, aber immerhin basierte der als Interview arrangierte Text auf einer Unterhaltung anläßlich einer Tischgesellschaft in Berlin. »Ich erkenne das Gespräch an dem Artikel wieder. Es ist, was ich gesagt habe, nur in französischer bengalischer Beleuchtung.«[17] Sommerfeld erfuhr auf diese Weise nicht nur, warum Einstein ausgewandert war und daß er 1914 bei seiner Rückkehr zur Bedingung gemacht hatte, Schweizer zu bleiben, sondern auch seine Meinung über die verderbliche Rolle der Deutschen im Krieg und die verdiente Niederlage. Als Post scriptum schrieb Einstein noch an den Rand: »Man soll einen ehrlichen Menschen achten, auch wenn er andere Ansichten hat und vertritt als man selbst.« Diese Bitte hat aber nichts genützt.

Sommerfeld hat nicht geantwortet; aber Anschütz, der den Winter wie immer in München verbrachte, berichtete Einstein, »wie Ihr Brief an Sommerfeld eingeschlagen hat, eine Bombe ist nur ein schwacher Vergleich; er gab ihn mir ganz verzweifelt, verzweifelt an Ihnen u. der Menschheit...«[18] Für die nächsten Jahre versiegt die Korrespondenz zwischen Einstein und Sommerfeld nahezu; die spärlichen Briefe, die noch gewechselt werden, beschränken sich sogar in wissenschaftlicher Hinsicht auf Belanglosigkeiten.

Das Interview im ›Figaro‹ und seine positive Aufnahme in Frankreich mag Einsteins alten Freund Paul Langevin auf die Idee gebracht haben, eine Einladung zu Vorlesungen am Collège de France zu erneuern, die schon für den Herbst 1914 vorgesehen waren, wegen des Krieges aber nicht stattfinden konnten. Nachdem Einstein bereits Einladungen von der französischen Liga für Menschenrechte und von der Philosophischen Gesellschaft ausgeschlagen hatte, nicht zuletzt, um politischen Komplikationen zu entgehen, brachte ihn Langevins freundliche Geste in große Verlegenheit. Zu gern hätte er angenommen, aber die Empfindlichkeiten seiner deutschen Kollegen waren groß, und die auf französischer Seite vermutlich noch größer, wurden zudem in Siegerpose sehr energisch vorgetragen. Französische Gelehrte setzten noch immer den Schießkrieg als eine Art Schreibkrieg fort, nahmen vielfältig Rache für das unselige Manifest der 93 und sorgten dafür, daß der internationale Boykott gegen deutsche Wissenschaftler und akademische Organisationen aufrechterhalten wurde.

Das waren keine guten Auspizien, so daß sich Einstein zu einer wehmütigen Absage durchrang. »Ich weiß mir nichts Schöneres, als mit Ihnen, Perrin und Mme. Curie wie einst im behaglichen Kämmerlein plaudern zu können und Ihren Studenten die Relativitätstheorie mit einer subjektiven Note auszumalen«, schrieb er gegen Ende seines langen Briefes, nach sorgfältigen Abwägungen, die gegen die Reise nach Paris sprachen. »Aber das große Publikum und die Politik haben sich längst meiner bemächtigt und beide irgendwie ihren Zwecken anzupassen versucht. ... Man würde mich sicher auch über meine politischen Meinungen fragen bezüglich der deutsch-französischen Relationen; da ich aber nicht anders antworten kann als ehrlich, würde mir meine Antwort weder diesseits noch jenseits des Rheins Sympathien eintragen... Lieber Langevin, es schmerzt mich, dass ich Ihnen nicht willfahren kann, denn ich habe Sie lieb...«[19]

Einstein wurde aber das unbehagliche Gefühl nicht los, mit der Absage den Weg des geringsten Widerstandes gewählt zu haben, während sein französischer Freund mit der Einladung ein beträchtliches Risiko eingegangen war. Eine Woche später informierte er Langevin über seinen Sinneswandel und wie es dazu gekommen war: »Weiteres Nachdenken und eine zufällige Unterredung mit Rathenau haben mich zu der Überzeugung geführt, dass ich Ihre Einladung trotz aller in meinem Brief geäusserten Bedenken hätte annehmen müssen. Bei dem Bestreben, das Unheil dieses Krieges allmählich wieder gut zu machen, darf man sich nicht von kleinlichen Erwägungen irre machen lassen und – Sie und Ihre Kollegen haben sich auch nicht irre machen lassen.«[20]

In einem sorgfältig formulierten Brief informierte Einstein seine Kollegen in der Akademie über die Einladung, die Gründe, die ihn zur Annahme bewogen hatten und insbesondere, daß »diese Veranstaltung der Wiederherstellung der Beziehung zwischen deutschen und französischen Gelehrten dienen soll«.[21] Freilich erwartete er trotz aller guten Absichten, daß ihm die Reise in akademischen Kreisen verübelt würde. »Aber diese Kreise seien wirklich fürchterlich«, notierte Graf Kessler zu Einsteins Zorn in seinem Tagebuch. »Ihn überkomme ein Ekel, wenn er daran denke.«[22]

Mit Langevin verabredete er seine Ankunft für den 28. März. »Meine Frau nehme ich nicht mit, weil ich denke, daß wir so allein am gemüthlichsten sind. Je schlichter und weniger offiziell alles sein wird, desto schöner.«[23] Weitere Arrangements betrafen eine geheimzuhaltende Unterkunft und die Vermeidung von Privateinladungen. »Ferner will ich mit Journalisten absolut nichts zu tun haben. Dagegen würde ich ganz gern mit dem einen oder anderen Politiker ein Wort sprechen, wenn sich Gelegenheit bietet; vielleicht läßt sich doch etwas gegen das Unheil ausrichten, das von Ihrer schönen Stadt aus in die Welt getragen wird.«[24] Nicht zuletzt freute er sich auf das Wiedersehen mit dem »guten Solo«, der in Paris als sein Übersetzer und Verlagsagent fungierte. Auch seinetwegen hatte Einstein »alles mögliche schon abgewimmelt, damit wir etwas Zeit zum Existieren haben«.[25]

Am 28. März wurde Einstein an der französischen Grenzstation von seinem Freund Langevin und dem Astronomen Charles Nordmann begrüßt.[26] Bei der Ankunft des Zuges in Paris in der Gare du Nord vermieden sie wegen wartender Journalisten den üblichen Ausgang und verschwanden wie ein Schmugglertrio über die Gleise im Dunkel der Nacht. Das Manöver wird Einstein amüsiert haben, aber es war auch zweckmäßig, denn der Ausgang seines Besuchs war völlig ungewiß. Die französische Physikalische Gesellschaft hatte entschieden abgelehnt, den Mann aus Berlin zu empfangen, und in der Académie des

Sciences war eine Debatte zu diesem Thema dadurch beendet worden, daß 30 Mitglieder drohten, demonstrativ den Saal zu verlassen, sobald Einstein ihn betreten würde.

Als Einstein am Freitag, dem 31. März, seine Vorlesungen am Collège de France begann, war die Hörerschaft durch die Ausgabe von Eintrittskarten sorgfältig ausgewählt und begrenzt worden. Paul Painlevé, ein berühmter Mathematiker, der auch Kriegsminister gewesen war und jetzt das hohe Amt des Präsidenten der Deputiertenkammer bekleidete, fungierte als umsichtiger Kartenkontrolleur. Mme. Curie war erschienen, auch Henri Bergson und sogar der Nobelpreisträger Charles Guillaume, dessen Einwände gegen die Relativitätstheorie Einstein nicht einmal nachvollziehen konnte. Deutsche, ob Botschaftsangehörige oder Journalisten, hatten keine Einladungen erhalten.

Einstein trug trotz einiger Bedenken – »wenn nur mein Schnabel besser französisch gewetzt wäre«[27] – in der Sprache seiner Gastgeber vor, mit einigem Akzent und bedächtig, aber nicht nur deshalb klar und einfach. Langevin saß bei ihm, um wie ein Souffleur bei der Suche nach dem passenden Wort zu helfen, wie ein Familienvater beim Debut seines Sohnes auf der Bühne der Welt. Der Inhalt entsprach seinen Princeton-Vorlesungen, die Solovine gerade ins Französische übersetzt hatte, die aber noch nicht erschienen waren.

Nach einem Wochenende ohne öffentlichen Auftritt setzte Einstein seine Vorlesungen am Collège de France fort, bestand auch erfolgreich eine Debatte mit Guillaume, und war am Donnerstag Mittelpunkt einer Diskussionsveranstaltung in der Philosophischen Gesellschaft. Die Presse berichtete freundlich bis enthusiastisch; Angriffe nationalistischer Blätter blieben vereinzelte Ausnahmen. Wie die Deutsche Botschaft in ihrem Bericht resümierte, handelte es sich eben »bei Einstein um eine Sensation, die sich der geistige Snobismus der Hauptstadt nicht entgehen lassen wollte«.[28] Einstein riskierte zum Abschluß sogar ein Interview. Er hatte auch mit Politikern sprechen können, wie er es sich gewünscht hatte, aber nur mit solchen, die kein Regierungsamt innehatten.

Sein Besuch war in der Öffentlichkeit ein so großer Erfolg, daß die Deutsche Botschaft die Zentrale in Berlin vor der Annahme warnen mußte, »das geglückte Auftreten Einsteins in Paris habe den Beweis dafür geliefert, daß Deutsche auf dem Boden der Wissenschaft ungestört jetzt wieder in alter Weise die Beziehungen mit dem französischen Geistesleben aufnehmen und auch persönlich pflegen können«.[29] Einstein scheint etwas optimistischer gewesen zu sein. Seiner

Frau berichtete er voller Genugtuung, sie könne sich »kaum vorstellen, mit welcher Sympathie man mir hier entgegengekommen ist. Auch habe ich in politischer Beziehung nur ruhige Betrachtung der Dinge und guten Willen zur Verständigung gefunden, unvergleichlich besser, als ich erwartet hätte. Morgen geht es im Auto nach den Kriegsruinen.«[30]

Charles Nordmann war es, der den Gast am Montag, dem 10. April, in aller Frühe mit einem Auto abholte. Gemeinsam mit Nordmann, Langevin und Solovine fuhr Einstein durch verödete Landschaften, durch zerstörte Städte und Dörfer. Fassungslos stand er vor den Trümmern der Befestigungsanlagen und Schützengräben, in denen wenige Jahre zuvor Millionen Männer ihr Leben gelassen hatten. Nach einem Tag tiefer Erschütterung bestieg er abends den Zug nach Deutschland.

Er nahm einen Umweg über Kiel, wo er Anschütz in einem Patent-Prozeß vor dem Landgericht erfolgreich beistand und sich um den Fortgang der Arbeiten am Kugelkompaß kümmerte. Wieder in Berlin, schrieb er an Romain Rolland, er sei »glücklich, daß mein Aufenthalt in Paris so harmonisch verlaufen ist, und hege die freudige Überzeugung, ein wenig zur Annäherung der Geister beigetragen zu haben«.[31] Und Solovine dankte er für »unvergeßliche Tage, aber verflucht anstrengend, sie stecken mir immer noch in den Nerven«.[32]

Als Einstein am 20. April wieder zur Sitzung der Akademie ging, hatte er das gleiche Erlebnis wie nach der Amerika-Reise: Die meisten Plätze in seiner Nähe blieben frei, sofern der mäßige Besuch es den Geheimräten gestattete, sich schon räumlich zu distanzieren.[33]

Gefeiert wurde Einstein dagegen bei einer deutsch-französischen Freundschaftskundgebung, die das »Deutsche Friedenskartell«, ein Zusammenschluß des »Bund Neues Vaterland« mit anderen pazifistischen Vereinigungen, am 10. Juni 1922 im Reichstag ausrichtete, zu der eine gleichgesinnte Delegation aus Frankreich mit Professor Victor Basch an der Spitze erschienen war. »Die Kundgebung war sehr eindrucksvoll«, notierte Graf Kessler, der Hauptredner auf deutscher Seite. »Basch, Einstein und ich ernteten stürmischen, minutenlangen Beifall.«[34]

Zwei Wochen später mußte sich Einstein ernstlich fragen, ob er noch länger in Berlin bleiben könne. Der Außenminister Walther Rathenau war am 24. Juni auf offener Straße von Reaktionären erschossen worden. Es war nicht das erste Ereignis dieser Art; seit dem Kriegsende hatte es über dreihundert Morde »von rechts« gegeben, zweiundzwanzig »von links«.[35] Rathenaus Tod war für Einstein nicht nur ein politisches Menetekel, sondern auch ein schmerzlicher persönlicher Verlust und eine tragische Bestätigung seiner Auffassung, daß Rathenau niemals hätte Außenminister werden sollen.

Es wird nach der Rückkehr aus Paris gewesen sein, daß Einstein mit Blumenfeld einen langen Abend bei Rathenau verbrachte.[36] Blumenfeld wollte Rathenau hauptsächlich für den Zionismus gewinnen, während Einstein schon damit zufrieden gewesen wäre, wenn Rathenau das Außenministerium aufgeben würde. Seinen Grund formulierte er in seinem Nachruf: »Bei der Haltung, die ein großer Teil der gebildeten Schicht Deutschlands gegen die Juden einnimmt, wäre nach meiner Überzeugung stolze Zurückhaltung der Juden im öffentlichen Leben das Natürliche.«[37] Einstein war keineswegs dieser seiner Maxime gefolgt, und Rathenau, der Großes wirken und gestalten, vielleicht gar ein deutscher Disraeli werden wollte, war dazu schon gar nicht bereit. »Rathenau fehlt es an psychologischem Verständnis für die eigene Situation«, erläuterte Einstein einmal seine Bedenken gegenüber Blumenfeld. »Wenn man ihm den Posten des Papstes anbieten würde, er wäre imstande, das Angebot anzunehmen. Und ich sage Ihnen, er würde es gar nicht schlecht machen.«[38] So war Rathenau tatsächlich ein guter Außenminister, der Deutschland behutsam wieder in die internationale Völkergemeinschaft zurückführen wollte. Das wurde als »Erfüllungspolitik« eines Juden denunziert, und deshalb wurde er ermordet.

Einstein mußte befürchten, daß auch er auf der Liste der Todesschwadronen stehen würde. Deshalb brach er sein Kolleg ab und verschwand mit seiner Frau nach Kiel in die Anschützschen Werkstätten, was er freilich ohnehin vorhatte[39], unter anderem, um Anschütz erneut in einem Prozeß als sachverständiger Zeuge – »als Kinderschreck«, wie er diese Auftritte nannte – zur Verfügung zu stehen.

Er tat auch das, wozu er Rathenau vergeblich geraten hatte: Er zog sich aus politischen Konfliktzonen zurück. Am 1. Juli trat er aus der »Kommission für intellektuelle Zusammenarbeit« des Völkerbundes aus. Er war gerade im Mai zur Mitarbeit in diesem Gremium eingeladen worden, gemeinsam mit H. A. Lorentz, Marie Curie und Paul Painlevé, als einziges Mitglied aus einer vom Völkerbund ausgeschlossenen Nation. Akzeptiert hatte er nur zögerlich aus Gründen, die für ihn durch den Rathenau-Mord bestätigt wurden: »Die Situation ist bei uns derart«, schrieb er nach Genf, »dass ein Jude gut daran tut, sich in allen öffentlichen Dingen Zurückhaltung aufzuerlegen.

Auch muß ich gestehen, daß ich keine Lust dazu habe, Leute zu vertreten, die mich als Vertreter sicher nicht wählen würden und mit denen ich... nicht übereinstimme.«[40]

Dann sagte er in einem Brief an Planck einen fest zugesagten Vortrag bei der Naturforscher-Versammlung Ende September in Leipzig ab: »Ich bin nämlich von Seiten durchaus ernst zu nehmender Menschen (von mehreren unabhängig) davor gewarnt worden, mich in der nächsten Zeit in Berlin aufzuhalten und insbesondere davor, irgendwie in Deutschland öffentlich aufzutreten.«[41] Er trug sich sogar mit dem Gedanken, wie er Marie Curie mitteilte, »so unauffällig wie möglich meine Stellung in der Akademie und als Direktor des Kaiser-Wilhelm-Instituts aufzugeben und mich irgendwo als Privatmensch niederzulassen«.[42] Die Vorbereitungen dazu hatten schon konkrete Gestalt angenommen.

Anschütz empfand es als »große Sensation«, als ihn sein Gast mit der Absicht konfrontierte, sich in Kiel niederzulassen und sich wie einst im Patentamt seinen Lebensunterhalt mit praktischer Tätigkeit zu verdienen. »Einstein ist müde von Berlin mit Allem, was daran hängt an Besuchen und offiziellen Dingen und will horribile scriptu in die Technik; da hat er nun mir zuerst die Frage gestellt, ob ich ihn brauchen könne, und ob er mir in meinem Werk von Wert sein könne.« Den Größten der Physiker in seiner Fabrik zu beschäftigen war eine Aussicht, die Anschütz angesichts ihrer historischen Dimensionen »fast erschreckt hat, denn es ist keine Kleinigkeit, vor aller Welt als Kanonenschlucker dazustehen; ich betrachte es aber... als eine sehr liebe Aufgabe, Einstein in seiner Flucht aus Berlin in die relative Ruhe hierher zu unterstützen...«[43]

Mit dem Techniker Einstein hatte Anschütz die besten Erfahrungen gemacht, insbesondere bei der Entwicklung des Kugelkompasses, dessen Herzstück eine in Rotation versetzte Kugel bilden sollte, die reibungsfrei durch elektromagnetische Felder gelagert und fixiert wird. Als Versuche mit einem äußeren Spulenkranz auf Schwierigkeiten stießen, löste Einstein mit der genial einfachen Konstruktion einer einzigen Spule im Innern der Kugel, der sogenannten Blasspule, das Problem. In einem von der Firma Anschütz am 22. Februar 1922 angemeldeten Patent[44] ist dieser Beitrag Einsteins zur Navigationskunst enthalten.

So war es für Anschütz überhaupt keine Frage, daß ihm Einstein »als Mitarbeiter sehr viel bedeutet; er ist von dem Kugel-Kompaß so begeistert und arbeitet an all den kniffligen Fragen, die diese außergewöhnlich freche Konstruktion mit sich bringt, mit solcher Begeisterung mit, daß ich mir gar nichts besseres wünschen kann, als jederzeit mit meinen Sorgen zu ihm kommen zu können.«[45] Auch Einstein sah der neuen Lebenssituation mit großen Erwartungen entgegen: »Die Aussicht auf ein geradezu normales menschliches Dasein in der Stille, verbunden mit der willkommenen praktischen Arbeitsmöglichkeit in der Fabrik entzückt mich. Dazu die wundervolle Landschaft, das Segeln – beneidenswert.«[46]

Einstein hatte schon den Kauf eines Hauses ins Auge gefaßt, einer prächtigen Villa mit verwildertem Garten; er ließ diese Idee schnell wieder fallen, weil die Kaiserin Auguste Viktoria in diesem Haus einige Jahre ihrer Kindheit verbracht hatte, so daß Einstein befürchtete, die Kieler würden den »Ankauf eines historisch so schwer belasteten Grundstücks durch einen Juden als provokatorischen Akt empfinden und sich an mir rächen«.[47] Ein paar Tage später war es mit den Veränderungsabsichten schon wieder vorbei und er teilte Anschütz mit, daß er doch in Berlin bleiben wolle. Er schob seine Frau vor, der vor allen Änderungen graue und die sich der Bewirtschaftung eines Hauses nicht mehr gewachsen fühle, war aber, wie Frau Elsa protestierend anmerkte, selbst zu der Einsicht gekommen, daß in Kiel »dies mit der Stille eine Illusion ist. Besser als hier in Berlin kann er nirgends untertauchen, in einer kleinen Stadt ist er auf dem Präsentierteller.«[48]

Diese hektische Episode im Gefolge des Rathenau-Mordes hatte trotzdem ein für Einstein erfreuliches Nachspiel. Anschütz, der wieder nach Süddeutschland zog und nur noch zeitweise in der Kieler Fabrik anwesend sein wollte, ließ am Ufer der Schwentine in der Nähe zur Fabrik ein Haus bauen, dessen oberes Stockwerk er bei seinen Kieler Aufenthalten bewohnen wollte. Das Parterre mit schönem Ausblick auf Garten und Wasser wurde als permanentes Refugium für Einstein eingerichtet, nebst Boot am Steg vor seinem Fenster, so daß er die Arbeit am Kugelkompaß mit dem Segelvergnügen verbinden konnte.

Zunächst war Einstein trotz der bedrohlichen Lage schon Mitte Juli wieder nach Berlin zurückgekehrt. »Hier sind erregte Zeiten seit dem abscheulichen Mord an Rathenau«, schrieb er Solovine. »Ich werde auch immer gewarnt, habe mein Kolleg aufgegeben und bin offiziell abwesend, aber in Wahrheit doch hier. Der Antisemitismus ist sehr gross.«[49] Die Vorsicht hielt nicht lange an, denn am 1. August, dem Jahrestag des Kriegsausbruchs, nahm er an einer großen Antikriegsdemonstration im Berliner Lustgarten teil. Er verbrachte sogar einen herrlichen Sommer in der näheren Umgebung der Stadt, denn das weltberühmte Mitglied der Akademie war das geworden, was die Berliner einen »Laubenpieper« nennen.

Einstein hatte schon seit einigen Jahren an »den Ankauf eines Segelschiffs und eines Landhäuschens bei Berlin am Wasser« gedacht.[50] Das Segeln und die märkische Seenlandschaft waren für ihn das Schönste an Preußen. Wahrscheinlich hatte das Geld für ein Landhaus nie gereicht, so daß er sich auf ganz bescheidenem Wege der Erfüllung dieses Wunsches näherte: Er hatte eine Parzelle mit einem kleinen Häuschen in der Kleingartensiedlung Boxfelde gepachtet.

Boxfelde lag für die Berliner »ganz weit draußen«, auf dem Gebiet der gerade in die Hauptstadt eingemeindeten Stadt Spandau an einer malerischen Ausbuchtung der Havel mit dem Namen »Scharfe Lanke«, wo er sein Segelboot vertäuen konnte. Die Parzelle war kleiner als der Salon in der Haberlandstraße und die ganze Laube kaum so groß wie sein Studierzimmer.[51] Einstein zog sich gern und oft in sein »Spandauer Schloss« zurück, wo ihn niemand stören konnte, und daß Frau Elsa es dort nur einen, höchstens zwei Tage aushielt, war für ihn kein Nachteil.

Hier brachte er im Sommer 1922 seine Söhne unter: »Die Buben sind da und hausen in meinem Spandauer Schloss«, berichtete er Anschütz, der ihn lieber bei sich in Kiel als Gast gesehen hätte. »Ich pendle so hin und her zwischen der Stadtwohnung und dem Schloss, das sich im Gegensatz zu meiner Jacht als wasserdicht erweist.«[52] Einstein war in der Erinnerung einiger Mit-Kolonisten ein beliebter und friedfertiger »Laubenpieper«, aber kein vorbildlicher. Er ließ das Unkraut schießen und das Grundstück dermaßen verwildern, daß die Bezirksverwaltung im September 1922 einschritt und drohte, die Parzelle anderweitig zu verpachten, wenn sie nicht umgehend in Ordnung gebracht würde.[53] Einstein gelobte Besserung und beteuerte, »dass wir auch weiter an der Pachtung der Parzelle das grösste Interesse haben«.[54]

Noch im Sommer 1922 ließ sich Einstein im wesentlichen durch Briefe von Marie Curie und den Besuch eines Abgesandten aus der Genfer Zentrale des Völkerbundes dazu bewegen, seinen Rückzug aus der »Kommission für Intellektuelle Zusammenarbeit« wieder aufzugeben.[55] Der konstituierenden Sitzung dieses Gremiums im August blieb er jedoch fern.

Er fuhr auch nicht zur Naturforscher-Versammlung nach Leipzig, bei der das hundertjährige Jubiläum dieser Gesellschaft gefeiert werden sollte. An Einsteins Stelle hielt Max von Laue den großen Plenarvortrag über Relativitätstheorie. Durch sein Fernbleiben hat sich Einstein einen Blick in einen Abgrund intellektueller Armut und Bosheit erspart, denn anders als zwei Jahre zuvor in Bad Nauheim, als sich der Streit um die Relativitätstheorie noch im Rahmen der wissenschaftlichen Etikette bewegt hatte, kam es in Leipzig zu rüden antisemitischen Rüpeleien.

Philipp Lenard hatte den Ton vorgegeben, indem er seiner törichten, aber nicht bösartigen Schrift *Über Äther und Uräther* in der zweiten Auflage ein »Mahnwort an deutsche Naturforscher« vorangestellt hatte. Darin zeterte er gegen die »vor nicht Rassekundigen versteckte Begriffsverwirrung, welche um Herrn Einstein als deutschen Naturforscher schwebt«. Er erregte sich über eine »bekannte jüdische Eigenschaft, sachliche Fragen sofort aufs Gebiet von persönlichem Streit zu verschieben«, und er forderte zur Pflege »gesunden deutschen Geistes« auf, denn es werde dann »von selbst der Fremdgeist weichen müssen, der als dunkle Macht überall auftaucht und der auch in allem, was zur ›Relativitätstheorie‹ gehört, so deutlich sich ausprägt«.[56] Lenards Anhänger verteilten in Leipzig vor den Hörsälen Aufrufe, in denen sie sich dagegen verwahrten, daß die Kongreßleitung der Relativitätstheorie zu viel Bedeutung beigemessen habe, weshalb sie zu einer Gegenkundgebung aufriefen.

Der antisemitische Aktionismus war ganz im Sinne eines obskuren Münchner Politikers namens Adolf Hitler, der im gleichfalls obskuren ›Völkischen Beobachter‹ gewütet hatte: »Wissenschaft, einst unseres Volkes größter Stolz, wird heute gelehrt von Hebräern, denen... die Wissenschaft nur Mittel ist zur bewußten, planmäßigen Vergiftung unserer Volksseele und dadurch zur Herbeiführung des inneren Zusammenbruches unseres Volkes.«[57] Aus dem Umstand, daß dieser Wahnsinn 1933 staatliche Politik wurde, darf man aber nicht schließen, daß er in den zwanziger Jahren der Weimarer Republik innerhalb der Physik schon eine große Rolle gespielt hätte.

Selbst weit rechts stehende, völkisch-national gesinnte Physiker wie Wilhelm Wien waren in ihrem Fach viel zu klug, als daß sie sich und ihren Antisemitismus in einem Kampf gegen die Relativitätstheorie lächerlich gemacht hätten. Deshalb blieb Lenard ein abscheulicher Querulant mit einer kleinen Gefolgschaft von Quacksalbern. Er ging auch politisch gleichgesinnten Kollegen auf die Nerven, weil er nicht nur unter der Relativitätstheorie litt, sondern auch darunter, daß er beim 25jährigen Jubiläum der Entdeckung der Röntgenstrahlen nicht wenigstens als Mitentdecker gefeiert wurde.

Der organisierte »Kampf gegen die Relativitätstheorie«, wenn er denn mehr war als eine häßliche Arabeske in der bis zum Zerreißen gespannten politischen Atmosphäre der Weimarer Republik, war mit der Leipziger Veranstaltung praktisch zusammengebrochen. Immerhin wurde bis 1933 kein einziger »Anti-Relativist« auf einen deutschen Lehrstuhl für Physik berufen, nicht einmal Johannes Stark, der Nobelpreisträger des Jahres 1919 und später der einzige Verbündete von Lenard mit fachlicher Reputation. Wenn der Urheber der Theorie immer wieder in Konflikte geriet, dann hatte das mit Politik zu tun und nicht mit Physik.

Eine Entscheidung, ob er noch länger in Berlin bleiben könne, brauchte Einstein so bald nicht zu treffen, denn er hatte sich ohnehin Distanz zu den politischen Turbulenzen in Deutschland verschafft: eine Reise nach Japan, die ein knappes halbes Jahr dauern sollte. Von einem japanischen Verlag hatte er sich zu einem Unternehmen verpflichten lassen, das man heute eine Public Relations Tour nennen würde.[58] Die Beziehung zwischen Einstein und dem Kaizosha Verlag hatte Bertrand Russell auf eigene Faust gestiftet, als er im Sommer 1921 im Dienste dieses Verlags und des progressiv linken Profils seiner Zeitschriften in Japan war. Gefragt, wer die drei bedeutendsten Männer seien, die als nächste eingeladen werden sollten, verwies Russell auf Einstein und Lenin und sonst niemanden. Da Lenin unabkömmlich war, entschied sich der Verlag für Einstein.

Ein Europa bereisender Mitarbeiter des Verlags wurde unverzüglich nach Berlin beordert, wo er, von der japanischen Botschaft avisiert, in der Haberlandstraße vorsprach. Einstein, der gerade vor zwei Monaten aus Amerika zurückgekehrt war, hatte erneut Anlaß zur Verwunderung, welche Leute sich so sehr für ihn und seine Theorie interessieren; bei seinen Triumphen in Amerika sei er sich vorgekommen »wie ein Schwindler, wie ein Hochstapler, der den Leuten gar nicht das bringe, was sie erwarten«[59], erzählte er Graf Kessler. Trotzdem war Einstein nach drei Gesprächen im September 1921 mit dem Vorschlag aus Japan zu diesem kommerziell motivierten Unternehmen einverstanden, denn »Ostasien müsse er noch sehen, solange der Rummel anhalte; das müsse er wenigstens davon haben«.[60] Daß Kommerz und nicht Politik wie bei seinen bisherigen Reisen im Vordergrund standen, wird er nicht einmal bedauert haben.

Im Januar 1922 wurde ein förmlicher Vertrag geschlossen, in dem sich Einstein zu einem Aufenthalt von sechs Wochen sowie sechs wissenschaftlichen Vorlesungen und einer gleichen Zahl allgemein gehaltener, öffentlicher Vorträge verpflichtete. Sein Honorar wurde mit 2000 englischen Pfund sehr üppig bemessen, auch wenn davon 700 Pfund für Reisekosten abzuziehen waren. Die 1300 Pfund, die er übrigbehalten würde, waren ein ausgezeichnetes Geschäft, so daß es ihm bei dem geschrumpften Wert der Mark nichts ausmachte, die Akademie zu ersuchen, »die Auszahlung meines Gehaltes vom 1. Oktober an auf unbestimmte Zeit zu sistieren«.[61] – Unbestimmt deshalb, weil er auf der Rückreise sich mit einem Aufenthalt in Palästina einen sehnlichen Wunsch erfüllen und abschließend einer Einladung nach Spanien folgen wollte.

Als Einstein mit seiner Frau Anfang Oktober Berlin verließ, wurde seine Abreise verschiedentlich als Sicherheitsmaßnahme nach dem Rathenau-Mord dargestellt. Das war zwar nicht richtig, da der Vertrag schon vorher geschlossen war, aber Einstein begrüßte es sehr, daß ihm »die Gelegenheit einer längeren Abwesenheit aus Deutschland gegeben war, die mich der zeitweilig gesteigerten Gefahr entzog, ohne dass ich irgend etwas hätte tun müssen, was meinen deutschen Freunden und Kollegen hätte unangenehm sein können«.[62]

Nach einigen Tagen in Zürich und einem in Bern gingen Einstein und seine Frau in Marseille an Bord des japanischen Dampfers Kitano Maru. Erfreut registrierte er, daß fast nur Engländer und Japaner auf dem Schiff waren, eine »stille, feine Gesellschaft«[63], die ihn nicht stören würde. Für die gut sechs Wochen dauernde Seereise hatte er sich die Lektüre einiger Bücher und viel Arbeit vorgenommen, aber es meldete sich wieder der rebellische Magen, der von einem mitreisenden japanischen Arzt trotz intensiver Zuwendung nicht mit dauerhaftem Erfolg kuriert werden konnte.

Zwischenaufenthalte in Colombo, Singapur, Hongkong und Schanghai waren von höchstem touristischen Reiz, auch wenn Einstein das Elend gräßlich und die Fahrt in einer von Menschen gezogenen Rikscha peinlich fand: »Ich habe mich sehr geschämt, an einer so abscheulichen Menschenbehandlung mitschuldig zu sein, konnte aber nichts ändern. Denn diese Bettler in Königsgestalt stürzen sich scharenweise auf jeden Fremden, bis er vor ihnen kapituliert hat. Sie verstehen zu flehen und zu betteln, dass einem das Herz wackelt.«[64] Zwar war er durch die Reise dem politischen Streit entkommen, nicht aber dem Rummel. Manchmal wurde bei der Ankunft im Hafen zu seinen Ehren das Deutschlandlied gespielt, was für einen Schweizer unpassend war, und oft wurde er von den deutschen Vereinigungen zu gesellschaftlichen Veranstaltungen vereinnahmt.

Das schönste Erlebnis während der Reise war Hongkong, wegen der Landschaft und wegen der dortigen kleinen jüdischen Gemeinde. Obwohl die meisten der 120 dort lebenden Juden aus arabischen Ländern zugewandert waren, erkannte Einstein in ihnen sogleich die »Stammesgenossen«: »Ich bin nun ziemlich überzeugt, dass die jüdische Rasse sich ziemlich rein erhalten hat in den letzten 1500 Jahren, da die Juden aus den Euphrat-Tigris-Ländern den unserigen sehr ähnlich sind. Das Gefühl der Zusammengehörigkeit auch recht lebhaft.«[65]

Am 17. November ging Einstein im Hafen von Kobe an Land, tags darauf kam er in Tokio an. Der Kaizosha Verlag hatte alles sorgfältig vorbereitet, und mit dem Reklamewert seines Gastes konnte er mehr als zufrieden sein. »Seine Reise durch Japan glich einem Triumphzug«[66], berichtete die Deutsche Botschaft. Die Begeisterung muß alles in den Schatten gestellt haben, was Einstein in Amerika erlebt hatte: »Bei Einsteins Ankunft in Tokio war eine solche Menge von Menschen an der Bahn, daß die Polizei machtlos das lebensgefährliche Gedränge dulden mußte.«[67] Am nächsten Tag hielt er seinen ersten öffentlichen Vortrag vor 2000 Hörern. Einstein sprach Deutsch, unterbrochen von Übersetzungen des Physikers Jun Ishiwara, der 1910 die erste japanische Arbeit zur Relativitätstheorie vorgelegt, 1912 bei Arnold Sommerfeld in München gearbeitet und in dieser Zeit Einstein in Zürich besucht hatte. Die Prozedur zog sich hin, aber Einstein soll fünf lange Stunden ausgehalten und mit großem Engagement gesprochen haben, vielleicht weil er wußte, daß seine Hörer mit drei Yen ein enormes Eintrittsgeld entrichtet hatten, mit dem man zehn Mittagessen hätte bezahlen können.

Einsteins Gastgeber Sanehiko Yamamoto, der Inhaber des Kaizosha Verlages, verfolgte zielstrebig die Absicht, aus seinem Besuch nicht nur ideellen, sondern auch handfest materiellen Gewinn zu ziehen, durch die hohen Eintrittsgelder, durch eine im Dezember herausgebrachte Sonderausgabe der populärwissenschaftlichen Zeitschrift ›Kaizo‹, die schnell ausverkauft war und nachgedruckt wurde, sowie durch Auflagensteigerungen sonstiger Presseerzeugnisse des Verlages, der sich Einstein zur exklusiven Vermarktung gesichert hatte. Der deutsche Botschafter registrierte nicht ganz ohne Befremden, daß »die ganze Reise des berühmten Mannes als ein geschäftliches, und zwar recht einbringendes, Unternehmen eingeleitet und durchgeführt worden ist. Der Vertrag, soweit einige Bestimmungen durchgesickert sind, hatte sogar etwas Demütigendes für Einstein: So durfte er doch außerhalb der vorgeschriebenen Vorlesungen nicht öffentlich reden! Seine gelehrten Worte flossen in Yen verwandelt in die Taschen des Herrn Yamamoto...«[68]

Immerhin hatte Yamamoto für eine geschickte Reiseplanung gesorgt, in der sich Vorträge und Vorlesungen sowie offizielle Ereignisse angenehm mit Ruhepausen abwechselten, in denen Einstein und seine Frau sich als vorbildlich umhegte Touristen der Landschaft, der Kultur und der Menschen erfreuen konnten.[69] So folgte dem ersten Vortrag ein Tag bei der Kaiserlichen Akademie nebst Besuch prächtiger Gärten und eines Kabuki-Theaters. Am nächsten Tag beim traditionellen Chrysanthemen-Fest, bei dem die Vereinigung der kaiserlichen Familie mit dem Volk in den kaiserlichen Gärten gefeiert wird, war Einstein nicht nur Gast, sondern Mittelpunkt. »Nicht die Kaiserin, nicht der Prinzregent und die Kaiserlichen Prinzen waren es, die Cercle abhielten, unbewußt und ungewollt drehte sich alles um Einstein.« Die Herren der deutschen Botschaft haben eine eindrucksvolle Schilderung hinterlassen, »wie die ungefähr 3000 Teilnehmer... über Einstein völlig vergaßen, was der Tag bedeutete. Alle Blicke waren auf Einstein gerichtet, jeder wollte dem berühmtesten Manne der Gegenwart wenigstens die Hand gedrückt haben.«[70]

Nach diesem nicht mehr zu übertreffenden Höhepunkt an Ehrung folgte die Reihe von sechs wissenschaftlichen Vorlesungen in Tokio, aus Gründen der Gerechtigkeit alternierend an den großen Universitäten der Stadt vor etwa 120 physikalisch gebildeten Gelehrten gehalten. Immer dabei waren Jun Ishiwara als Übersetzer und Ayao Kuwaki, der Einstein im März 1909 in Bern besucht hatte.

Währenddessen lief die Pressekampagne auf hohen Touren, mit wahren, halbwahren und unwahren Geschichten, mit dichterischen Würdigungen des großen Lehrers und mit vielen Karikaturen. Zur großen Popularität mag beigetragen haben, daß die japanischen Schriftzeichen für den Begriff »Relativitätsprinzip« eine zu Mißverständnissen und Witzen einladende Nähe zu denen für Liebe und Sex aufweisen.[71] Ernsthaftes wurde dagegen aus dem Kabinettsrat berichtet. Die Minister Ihrer Kaiserlichen Majestät stritten nicht nur darüber, ob es einem Laien überhaupt vergönnt sei, Einsteins Vorträge über die Relativitätstheorie zu verstehen, sondern sie führten auch eine feinsinnige Debatte über die Frage, was »verstehen« hier überhaupt bedeuten könne.[72]

Den zwei Wochen in Tokio schloß sich eine vierwöchige Reise an, erst nach Norden, wo der Gast in Sendai mit einem heroischen Gedicht »An den Großen Einstein« begrüßt wurde, und anschließend in den Süden, nach Nagoya und in die alte Kaiserstadt Kioto. Vertragsgemäß hatte er nur noch vier der öffentlichen Vorträge zu halten, aber der Verleger Yamamoto entlockte ihm noch zwei weitere, immer für das hohe Eintrittsgeld von drei Yen und von lautstarker Publizität begleitet. An der Universität von Kioto ließ sich Einstein außerdem zu einer improvisierten Vorlesung überreden, in der er am 17. Dezember, unmittelbar vor der Weiterreise, darüber sprach, wie er die Relativitätstheorie geschaffen habe. Man muß den Professoren in Kioto für ihre Bitten und dem Übersetzer Ishiwara für seine Mitschrift dankbar sein, denn diese Vorlesung ist eines der wenigen Zeugnisse Einsteins, in denen er nicht das Ergebnis, sondern sein Ringen um die Probleme und die Hintergründe ihrer Lösung wenigstens in Andeutungen beschrieb.

Die letzte Station war Fukuoka auf der südlichen Insel Kyushu. Hier hielt Einstein seinen letzten Vortrag, und Weihnachten spielte er im Christlichen Verein junger Männer auf seiner Geige. Nach einigen erholsamen Tagen, unter anderem im Haus von Hayasi Myake, dem Arzt, der ihn auf dem Schiff behandelt hatte, wurde Einstein als der Große Lehrer aus dem Westen am 29. Dezember mit einem rauschenden Fest verabschiedet.

Jenseits des Sensationellen war Einsteins Besuch für Japan von immenser Bedeutung, zunächst für die Physiker, deren Fach eine beträchtliche Aufwertung erfuhr. In ihrem Eifer, von Einstein zu lernen, wollten sie sich von niemandem übertreffen lassen. Die vom Kaizosha Verlag verlegte *Einstein Zenshu*, eine Sammlung all seiner wissenschaftlichen Arbeiten in vier Bänden, war nicht nur die erste Ausgabe dieser Art, sondern die japanische Übersetzung blieb merkwürdigerweise die einzige Möglichkeit, Einsteins nicht immer und überall leicht zugängliche Zeitschriftenartikel als Buch zu erwerben.

Der Bedeutung Einsteins für die Physiker stand seine Bedeutung für linke progressive Intellektuelle kaum nach, die aus der durch Einstein geschaffenen wissenschaftlichen Revolution durch übereifrige Parallelisierung sogleich die Notwendigkeit einer politischen Revolution herauslesen wollten, etwa nach dem Muster, daß die Zerstörung der absoluten Herrschaft von Raum und Zeit durch die Relativitätstheorie gleichzusetzen sei mit der revolutionären Zerstörung autokratischer Herrschaftssysteme.[73] Einstein sind Merkwürdigkeiten dieser Art zwar nicht völlig entgangen, sie waren jedoch kein ernstlicher Störfaktor im Vergleich zu den politischen Komplikationen, die seine Reisen nach Westeuropa und Amerika belastet hatten.

Es hatte sich gelohnt, daß er den »Sirenen Ostasiens« gefolgt war: »In Japan war es wundervoll. Feine Lebensformen, lebendiges Interesse für alles, intellektuelle Naivität bei gutem Verstand – ein feines Volk in einem malerischen Land.«[74] In einer überraschenden Wendung, die mehr von deutscher Sehnsucht als der Kenntnis Japans inspiriert war, schrieb der individualistische »Einspänner« Einstein davon, daß er in Japan »zum ersten Male eine gesunde menschliche Gesellschaft sah, deren Mitglieder in ihr aufgehen«.[75] Beide, das Volk und das Land, behielt er in romantisch verklärter Erinnerung. Sie wurde auf schmerzliche Weise am 6. August 1945 gegenwärtig: Mit dem Zug war er auch einmal durch Hiroshima gekommen.

Japan war ein faszinierendes, aber vorwiegend touristisches Erlebnis. Der Besuch von Palästina auf der Rückreise wurde dagegen für Einstein eine ihn tief ergreifende Erfahrung, die ihn für sein ganzes weiteres Leben prägte. In Port Said verließ er am 1. Februar 1923 das Schiff und reiste mit dem Zug bis nach Lydda, dem heutigen Lod, einer kleinen Stadt zwischen dem gerade 1909 gegründeten Tel Aviv und Jerusalem, der dreitausend Jahre alten Stadt Davids. Die ersten Tage waren Einstein und seine Frau Gäste von Sir Herbert Samuel (später Lord Samuel), dem Hochkommissar für das britische Mandatsgebiet Palästina. Wie Lord Haldane gehörte Samuel zu jener Spezies britischer »gentleman-philosophers«, die sich leidenschaftlich für die Relativitätstheorie interessieren, worüber er noch nach vielen Jahren mit Einstein eine allerdings nicht sehr ergiebige Korrespondenz führte. Zunächst war Sir Herbert jedoch oberste Autorität in Palästina, der Einstein die Ehren eines Staatsgastes zuteil werden ließ, etwa durch Salutschüsse bei der Ankunft in seinem Amtssitz.

Da der nächste Tag ein Sabbat war, spazierte Einstein ganz prosaisch mit Sir Herbert zu Fuß entlang der mächtigen Stadtmauern, die in der Regierungszeit von Suleiman dem Prächtigen errichtet waren, ließ den Zauber der alten Stadt auf sich wirken und besuchte abends Hugo Bergmann, den »ernsten Heiligen aus Prag«, der sich dem Aufbau einer Bibliothek widmete. Nicht von jedem Anblick war er gleichermaßen begeistert, wie sein Tagebuch ausweist: »Dann hinunter zur Tempelmauer (Klagemauer), wo stumpfsinnige Stammesbrüder laut beten, mit dem Gesicht der Mauer zugewandt, den Körper in wiegender Bewegung vor und zurück bewegend. Kläglicher Anblick von Menschen mit Vergangenheit ohne Gegenwart.«[76] Das orthodoxe Judentum mit seiner Fixierung auf talmudische und chassidische Traditionen blieb ihm fremd. Die Männer in den langen schwarzen Mänteln, mit Bärten und Schläfenlocken und ihren großen Hüten waren Stammesbrüder, daran gab es nicht den geringsten Zweifel, aber wann immer er ihnen begegnete, reagierte er ähnlich irritiert.

Ungleich sympathischer waren ihm jüdische Bauarbeiter, Handwerker oder Landwirte, die er in den nächsten Tagen sah. Sie waren eine lebendige Widerlegung seiner anfänglich in Berlin geäußerten Skepsis, ob die Juden solche für den Aufbau der Kolonie unabdingbaren Fähigkeiten überhaupt noch entwickeln könnten. Nun sah er Juden, die ohne jede Ausbildung in praktischen Berufen aus den Gettos Osteuropas nach Palästina gekommen waren, in größter Selbstverständlichkeit mit der Maurerkelle hantieren oder den mühsam urbar gemachten Boden bestellen; dabei praktizierten sie, wie Einstein erfreut bemerkte, sogar so etwas wie Sozialismus, indem der Vorarbeiter nicht mehr verdiente als der Gehilfe.

An die Zukunft eines jüdischen Palästina ließ ihn mehr als alles andere diese praktische Aufbauarbeit glauben. Besonders intensiv erlebte er sie beim Besuch von Tel Aviv, das damals eher eine Pioniersiedlung war und eine Großstadt erst noch werden sollte, von den Juden aber schon ihr »Klein Chicago« genannt wurde: »Die Tätigkeit der Juden in wenigen Jahren in dieser Stadt erregt die höchste Bewunderung. Moderne hebräische Stadt aus dem Boden gestampft mit regem wirtschaftlichen und geistigen Leben. Ein unglaublich reges Volk, unsere Juden!«[77] Die Ehrenbürgerschaft von Tel Aviv bedeutete ihm viel, unvergleichlich viel mehr als die von New York.

Das wichtigste Ereignis, in dem sich für Einstein Gefühl und Verstand, sein Judentum und seine »wissenschaftlichen Bestrebungen« aufs schönste verbanden, war die zeremonielle Eröffnung der Hebräischen Universität. Sie war ihm vorbehalten worden, da es keinen Geeigneteren geben konnte als den größten jüdischen Gelehrten, der für die meisten seiner Stammesgenossen der größte jüdische Zeitgenosse überhaupt war. Diese Universität war ihm so ans Herz gewachsen, daß er sogar Zwischenaufenthalte auf der Reise nach Japan genutzt hatte, um bei den jüdischen Gemeinden zum Beispiel in Singapur für sie zu werben.[78] Jetzt stand er am Nachmittag des 7. Februar 1923 auf dem Skopus Berg, von dem einst Alexander der Große Jerusalem erblickt hatte und wo Titus seine römischen Legionen zur Zerstörung des Tempels zusammengezogen hatte. In einer provisorischen Halle, drapiert mit den Insignien der britischen Mandatschaft, mit Fahnen der zionistischen Bewegung und mit Symbolen der zwölf Stämme Israels, sollte er die erste Vorlesung halten.

Menachem Ussishkin, der Präsident des Zionistischen Exekutivrates, der schon bei der Amerika-Reise dabei gewesen war, verlieh der Stunde historischen Atem:

> Vor dreitausend Jahren baute König Salomon das Haus des Herrn der Welt auf dem Berge Moriah, und er betete in seinem ersten Gebet dafür, daß es das Haus des Gebets für alle Völker werden möge. Wenn wir jetzt dieses Haus bauen, dann beten wir, daß es das Haus der Wissenschaft für die ganze Welt werden möge. Professor Einstein, bitte treten Sie an den Ort, der zweitausend Jahre auf Sie gewartet hat.[79]

Es gab wohl keinen anderen Moment in Einsteins Leben, in dem er mehr bedauert hätte, daß er in Münchner Schülertagen aus »Faulheit und Leichtsinn«[80] das Erlernen des Hebräischen versäumt hatte. So war ihm nichts anderes übriggeblieben, als den ersten Satz seiner Ansprache ins Hebräische übertragen zu lassen und mit Mühe auswendig zu lernen: »Ich bin glücklich, in diesem Land zu sprechen, von dem aus die Thora die Welt erleuchtet hat, und in diesem Haus, das eine Stätte der Weisheit und der Wissenschaft für alle Völker des Ostens werden soll.«[81] Um Entschuldigung bittend, daß er die Rede nicht in der Sprache seines Volkes halten könne, setzte er in Französisch fort.

In der zweiten Woche reiste er in Begleitung zionistischer Offizieller durchs Land, besuchte Schulen, Fabriken und einen Kongreß der Gewerkschaft Histadrut, immer gefeiert und verehrt wegen seines stolzen Bekenntnisses zum jüdischen Volk. Uneingeschränkt war seine Bewunderung der Kibbuzniks und ihres Kampfes gegen Hunger, Armut und Malaria. Dem urkommunistischen Experiment der Kibbuzim wollte er keine dauerhafte Chance einräumen, wohl aber dem Aufbau einer jüdischen Gesellschaft:

> Die Stammesbrüder in Palästina haben mir sehr gefallen, als Bauern, als Arbeiter und als Bürger. Das Land ist im Ganzen wenig fruchtbar. Es wird ein moralisches Zentrum werden, aber keinen großen Teil des jüdischen Volkes aufnehmen können. Andererseits bin ich aber überzeugt, daß die Kolonisation gelingen wird.[82]

Nach einem Aufenthalt am malerischen See Genezareth kehrte er noch einmal für einen Tag nach Jerusalem zurück, hielt in einem überfüllten Saal einen Vortrag und sah sich der Frage konfrontiert, die ihn unausgesprochen wohl durch ganz Palästina begleitet hatte: Würde er wiederkommen, um zu bleiben? Am letzten Abend schrieb er in sein Tagebuch: »Man will mich unbedingt in Jerusalem haben und attakkiert mich in diesem Sinne in geschlossener Reihe. Das Herz sagt ja, aber der Verstand nein!«[83] Er kehrte nicht zurück, nicht einmal für einen Besuch. Lieber blieb er dem Zionismus aus einer gewissen Distanz loyal verbunden. Aber er hat bereitwillig eine Rolle akzeptiert, die ihm spätestens in Palästina zugewachsen war: Er, dessen Volk keine Heiligen kennt, beschrieb sich selbst, und dies allenfalls mit einem Hauch von Ironie, als »jüdischer Heiliger«.[84]

Per Schiff ging es nach Frankreich weiter, aber immer noch nicht nach Berlin, sondern erst für zwei Wochen nach Spanien.[85] Barcelona, Madrid, Toledo und Saragossa waren die Stationen eines Aufenthaltes, in dem sich akademische Vorlesungen, Vorträge und Ehrungen aller Art in rascher Folge abwechselten. Einstein wurde als Korrespondierendes Mitglied in die Akademie aufgenommen, erhielt ein Ehrendoktorat und wurde vom König empfangen. Der Botschafter berichtete – ohne zu übertreiben –, »daß seit Menschengedenken kein ausländischer Gelehrter eine so begeisterte und außergewöhnliche Aufnahme in der spanischen Hauptstadt gefunden hat«.[86]

Als er nach einem knappen halben Jahr der Abwesenheit Mitte März wieder in Berlin eintraf, hatte er inzwischen den Nobelpreis erhalten und wurde, in ebenso engem wie kuriosem Zusammenhang mit dieser Auszeichnung, amtlicherseits ein Preuße und Deutscher.

VI

EINHEITLICHE THEORIE IN ZERRISSENER ZEIT

1. Wie Einstein den Nobelpreis erhielt, dadurch Preuße wurde und es vorläufig auch blieb

Im September 1922, als die Fahrkarten für die Reise nach Japan längst bestellt waren, erhielt Einstein einen Brief von Svante Arrhenius, einem prominenten Mitglied der Königlich Schwedischen Akademie der Wissenschaften in Stockholm und dortselbst Vorsitzender des für den Physik-Preis zuständigen Komitees. Arrhenius war nach Leipzig zur Naturforscherversammlung gekommen, hatte von Einsteins Reiseplänen gehört und versuchte mit unmißverständlichen Andeutungen, ihn davon abzubringen: »Es wird wahrscheinlich sehr erwünscht sein, dass Sie im Dezember nach Stockholm kommen und wenn Sie dann in Japan sind, wird das unmöglich sein.«[1] In Leipzig hatte Arrhenius offenbar Max von Laue über den Stand der Dinge in Stockholm informiert, was dieser prompt an Einstein weitergab: »Nach sicheren Nachrichten, die ich gestern erhielt, könnten im November Ereignisse eintreten, welche für den Dezember Deine Anwesenheit in Europa wünschenswert machten.«[2]

Dem Adressaten war sofort klar, daß es sich um die Verleihung des Nobelpreises am 10. Dezember handeln würde, aber obwohl Arrhenius in jener kryptischen Manier, die den zum Schweigen verpflichteten Akademie-Mitgliedern in Preisangelegenheiten eigen ist, noch hatte durchblicken lassen, daß Einsteins Abwesenheit vielleicht die Abstimmung in der Akademie gefährden könne, zögerte Einstein keinen Augenblick: »Da ich durch Vertrag mit Japan unwiderruflich gebunden bin, bin ich ganz außerstande, die Reise noch aufzuschieben.« Den schwedischen Kollegen grüßte er »in der Hoffnung, daß dadurch meine in Aussicht genommene Einladung nur aufgeschoben, nicht aber aufgehoben sei...«[3] Die Abwesenheit hat nicht geschadet: Als Einstein irgendwo zwischen Hongkong und Schanghai auf dem Wege nach Japan war, wurde am 9. November 1922 in Stockholm bekanntgegeben, daß er den Nobelpreis für Physik erhalten habe.

Wann Einstein von der Auszeichnung erfahren hat, ist unbekannt; eine Eintragung ins Reisetagebuch war ihm die Auszeichnung nicht wert. Ebensowenig kennen wir eine spontane Reaktion auf die Begründung, daß ihm der Preis zuerkannt worden sei »für seine Verdienste um die Theoretische Physik und insbesondere für die Entdeckung des Gesetzes für den photoelektrischen Effekt«. Mit der Berufung auf diese Leistung aus dem Jahre 1905 hatte sich die Akademie aus einer delikaten Situation gerettet, denn eher brauchte die Akademie Einstein als Preisträger als Einstein den Preis, von der Geldprämie einmal abgesehen. Den Akademie-Mitgliedern war auch schon seit einigen Jahren klar, daß Einstein den Preis erhalten müsse, aber wofür, war weniger klar.

Einstein war schon 1910 für den Nobelpreis vorgeschlagen worden, von Wilhelm Ostwald, bei dem er sich einst vergeblich um eine Assistentenstelle bemüht hatte. Ostwald stützte sich in seiner Begründung auf die Relativitätstheorie. Das Komitee für den Physik-Preis, dessen fünf Mitglieder die Vorschläge zu sortieren und zu bewerten haben, bevor ein Vorschlag der physikalischen Klasse und schließlich der gesamten Akademie zur Abstimmung vorgelegt wird, riet zum Abwarten bis zur experimentellen Bestätigung.[4] Das war zu diesem Zeitpunkt nicht unvernünftig.

Ab 1912 wurde Einstein immer wieder nominiert, nicht nur wegen der Relativitätstheorie, auch wegen seiner statistischen Arbeiten zur Brownschen Bewegung; später kam noch der photoelektrische Effekt hinzu.[5] Ab 1917 wurde Einstein von einer immer größer werdenden Zahl aus dem Kreis der Vorschlagsberechtigten nominiert, ohne daß es so etwas wie eine koordinierte Kampagne gegeben hätte. Seit diesem Jahr wird auch die Allgemeine Relativitätstheorie und die Erklärung des Merkur-Perihel in den Begründungen angeführt.

Die Relativitätstheorie gab dem Komitee aus verschiedenen Gründen erhebliche Probleme auf. Ein Prinzip oder eine Theorie war ganz offensichtlich nicht eine Entdeckung in jenem Sinne, den Alfred Nobel in seinem Testament gemeint hatte. Nobels Vermächtnis und der experimentelle Positivismus der in der schwedischen Akademie tonangebenden Physiker von der Universität in Uppsala hatte 1908 dazu geführt, daß der Vorschlag des Komitees, den Theoretiker Max Planck auszuzeichnen, von der zuständigen Klasse zurückgewiesen wurde.[6] Einen solchen Konflikt wollte das Komitee nicht noch einmal heraufbeschwören, so daß theoretische Konzeptionen lange nicht mehr zum Zuge kamen. Erst 1919 erhielt Max Planck den Preis für 1918; auf Vorschlag unter anderen von Einstein. Aber bevorzugt wurden »Effekte« ausgezeichnet wie die von Zeeman oder Stark, und gelegentlich auch praktische Dinge wie eine Verbesserung der Leuchtturmbefeuerung (1912) oder eine Stahllegierung (1920). Zudem fehlte es dem Komitee an einem Fachmann, der den Mitgliedern die Bedeutung der Relativitätstheorie hätte verdeutlichen können.

Nach den spektakulären Sonnenfinsternis-Resultaten war es unvermeidlich, daß die Relativitätstheorie in die engere Wahl einbezogen wurde; der Vorsitzende Svante Arrhenius übernahm selbst die Ausarbeitung eines ausführlichen Gutachtens für das Komitee. Arrhenius war, obwohl sehr klug und zweifellos zu Recht mit dem Chemie-Preis von 1903 ausgezeichnet, als physikalischer Chemiker seiner Aufgabe nicht ganz gewachsen. Unkritisch referierte er alle in der Literatur aufgetauchten Bedenken, neben durchaus berechtigten auch die absurde Behauptung eines Ernst Gehrcke aus Berlin, daß der Merkur-Perihel schon früher und unabhängig von der Relativitätstheorie erklärt worden sei: also kein Nobelpreis für Einstein, sondern für Charles Guillaume und seine Edelstahl-Legierungen.

Im nächsten Jahr wurde das Gutachten zur Relativitätstheorie Allvar Gullstrand übertragen, einem Physiologen, der so viel zum Verständnis des menschlichen Auges als optischem System beigetragen hatte, daß er 1910 nicht nur den Medizin-Preis hätte erhalten können, wie tatsächlich geschehen, sondern auch den für Physik. In der Relativitätstheorie hatte er es jedoch nur zum riskanten Status des engagierten Dilettanten gebracht, und so zeugt sein Gutachten von erheblichen Mißverständnissen.[7] Das Komitee empfahl sichtlich desorientiert, die Verleihung des Preises für 1921 auszusetzen und auf das nächste Jahr zu vertagen.

1922 war die Zahl der Vorschläge zugunsten Einsteins noch einmal angewachsen; Gutachter war erneut Gullstrand, und er machte seine Sache nicht besser als im Jahr zuvor. Aber das Komitee-Mitglied Carl Wilhelm Oseen, Physik-Professor in Uppsala, war auf den rettenden Gedanken verfallen, Einsteins Nominierung für den photoelektrischen Effekt zu forcieren, zumal Einsteins Formel seit einigen Jahren durch Millikan experimentell bestens bestätigt war; 1922 wurde Oseen ein Gutachten zu dieser Thematik übertragen. Es fiel so glänzend aus, daß das Komitee empfahl, den Physik-Preis des Jahres 1921 Albert Einstein für die Entdeckung des Gesetzes des photoelektrischen Effekts zuzuerkennen. Diesem Vorschlag folgte erst die Klasse und am 9. November das Plenum der Akademie. Den Preis für 1922 erhielt Niels Bohr »für seine Forschungen zur Struktur der Atome und der von ihnen ausgehenden Strahlung«.

Wenn das Komitee sich in der Beurteilung der Relativitätstheorie nicht gerade durch Kompetenz ausgezeichnet hatte – was damals zum Glück niemand erfuhr –, so war sein Vorschlag in Sachen Einstein deshalb kein Fehlgriff. Die Erklärung des photoelektrischen Effekts durch den heuristischen Gesichtspunkt der Lichtquanten war allemal einen Nobelpreis wert, und Arrhenius stellte zu Recht in seiner Laudatio heraus, daß »eine umfangreiche Literatur erwuchs auf diesem Gebiete, durch welche der außerordentliche Wert dieser Theorie erwiesen wurde. Einsteins Gesetz ist die Grundlage der quantitativen Photochemie geworden, wie Faradays Gesetz die Grundlage der Elektrochemie ist.«[8]

Daß die bedächtige, eher dem Konservativen zuneigende Akademie Einstein ausgerechnet für denjenigen Beitrag auszeichnete, den er selbst als einzigen »sehr revolutionär« genannt hatte und der für viele Physiker immer noch eine Irritation war, ist eine hübsche ironische Pointe, die dem Preisträger sicher Spaß machte. Andererseits hat das Komitee Sinn für historische Perspektive demonstriert, indem die konsekutive Auszeichnung von Max Planck im Jahre 1918, von Einstein und Bohr 1922 und schließlich auch noch von Millikan im Jahr 1923 in der Abfolge dieser Nobelpreise die erregende Geschichte der frühen Quantentheorie eindrucksvoll rekapituliert.

Bohr spielte sogleich auf den Sinn dieser Abfolge an, als er in seinem rührend ungelenken Deutsch seiner Gratulation an Einstein hinzufügte, »daß – ganz unabhängig von Ihrem großen Einsatz in der menschlichen Gedankenwelt – der von Ihnen gegebene grundlegende Beitrag... auch rein äußerlich anerkannt werden sollte, bevor ich zu einer solchen Ehre in Betracht gezogen wurde«.[9] Einstein antwortete während der Rückreise von Japan auf dem Schiff: »Lieber oder vielmehr geliebter Bohr! Ihr herzlicher Brief traf mich kurz vor der Abreise in Japan. Ich kann ohne Übertreibung sagen, dass er mich ebenso freute wie der Nobelpreis. Besonders reizend finde ich Ihre Angst. Sie könnten den Preis vor mir bekommen – das ist ächt bohrisch.«[10]

Bei der Rückkehr nach Berlin erfuhr Einstein, daß einige Nachprüfungen, die durch die Preisverleihung ausgelöst worden waren, ergeben hätten, daß er wohl Preuße und Deutscher sei. Die Frage seiner Staatsangehörigkeit war in Stockholm virulent geworden, weil bei der Verleihungszeremonie und den anschließenden Festlichkeiten der Laureat vom Gesandten seines Landes begleitet, im Falle seiner Verhinderung von diesem sogar vertreten wird.

Im Falle Einsteins erhoben nun der Schweizer und der deutsche Gesandte Ansprüche. Auf diesbezügliche Anfragen des deutschen Gesandten Rudolf Nadolny telegraphierte die Berliner Akademie siegesgewiß: »Einstein ist Reichsdeutscher.« Der Schweizer Kollege war zwar verwundert, da Einstein immer mit dem Paß der Eidgenossenschaft reiste, zog sich aber vornehm zurück.[11] Peinlich war nur, daß am Tag nach der Preisverleihung das Auswärtige Amt aus Berlin Gegenteiliges berichtete, daß Einstein also doch die Schweizer Staatsangehörigkeit besitze. Zur Vermeidung einer diplomatischen Kalamität mußte nun in Berlin der Nachweis herbeigeschafft werden, daß der deutsche Gesandte der einzig legitime Vertreter Einsteins gewesen war.

Die Juristen der Akademie steckten die Köpfe zusammen und stellten fest, daß Einstein am 1. Juli 1920 auf die Reichsverfassung und ein dreiviertel Jahr später auch auf die preußische Verfassung vereidigt worden sei, zudem mit dem Antritt seiner Akademie-Stellung ein »mittelbarer Staatsbeamter« und somit deutscher Staatsangehöriger geworden sei, wenn er sich nicht ausdrücklich habe befreien lassen.[12] Einstein teilte nach seiner Rückkehr sogleich der Akademie mit, daß genau dies bei seiner Berufung 1913 geschehen sei: »Da ich Wert darauf legte, daß bezüglich meiner Staatsangehörigkeit keinerlei Änderung eintrete, so machte ich die Annahme eines eventuell an mich ergehenden Rufes von der Erfüllung dieser Bedingung abhängig, der dann auch entsprochen wurde. Ich zweifle nicht daran, daß sich dieser Sachverhalt aus ministeriellen Akten konstatieren läßt, ferner weiß ich, daß dieser Sachverhalt den Kollegen Haber und Nernst bekannt ist.«[13]

Tatsächlich hatte Einstein für die deutschen Behörden immer als Schweizer gegolten. So war im Vorfeld seiner Berufung in das Kuratorium der Physikalisch-Technischen Reichsanstalt die Frage erörtert worden, ob in diesem Gremium ein Ausländer überhaupt mitwirken solle, da in der Reichsanstalt auch geheimhaltungsbedürftige, militärisch relevante Probleme bearbeitet würden. In der dem Kaiser unterbreiteten Vorlage wurden diese Bedenken ausgeräumt: »Einstein ist Staatsangehöriger der Schweiz, doch dürfte dieser Umstand für seine Berufung in das Kuratorium kein Hindernis bilden.«[14]

Einstein war sich daher so sicher, daß er Schweizer sei und sonst nichts, daß er die auf diplomatischem Wege zu erfolgende Zustellung von Medaille und Urkunde durch die schweizerische Gesandtschaft in Berlin erbat. Da diese Insignien bereits dem deutschen Vertreter Nadolny ausgehändigt waren, fand die Nobelstiftung einen taktvollen Ausweg und ließ sie mit Nadolnys Einverständnis in Berlin durch den schwedischen Gesandten Sten Ramel überreichen.

In den Akten aber fand sich auch nach längerem Suchen und viel Schriftverkehr nichts über die Regelung von Einsteins Staatsangehörigkeit in den Jahren 1913 oder 1914 und schon gar nichts über eine Befreiung von der deutschen. Eine definitive Festlegung war offensichtlich vergessen worden, von den Behörden und von Einstein selbst. Im Juni 1923 wurde Einstein von einem leitenden Beamten des Kultusministeriums die daraus resultierende Rechtslage verdeutlicht. Einstein hatte die Hoffnung auf die Akten offenbar noch nicht aufgegeben, denn er bat darum, »seine etwaige preußische Staatsangehörigkeit nicht nach außen bekannt werden zu lassen«.[15] Nach einem weiteren halben Jahr, in dem sich nichts Neues ergeben hatte, erklärte Einstein schließlich im Februar 1924 in einem Schriftstück für die Akten der Akademie, der zuständige Ministerialrat im Kultusministerium vertrete »mit Entschiedenheit die Auffassung, daß mit meiner Anstellung an der Akademie die Erwerbung des preußischen Staatsbürgerrechts verbunden gewesen sei, da aus den Akten eine gegenteilige Auffassung nicht zu begründen sei. Gegen diese Auffassung habe ich nichts einzuwenden«.[16] Es hatte auch niemand etwas dagegen einzuwenden, daß Einstein neben der deutschen weiterhin seine Schweizer Staatsangehörigkeit beibehielt, aber es war nun im Gefolge des Nobelpreises definitiv festgestellt, daß er ein Preuße und damit ein Deutscher war, und das schon seit 1914.

Medaille und Urkunde des Nobelpreises wurden Einstein in Berlin durch den schwedischen Gesandten ausgehändigt, nicht jedoch die Geldprämie, denn die ließ er wegen der in Deutschland bestehenden Währungsbeschränkungen direkt in die Schweiz überweisen. Gemäß den Statuten war dann noch als einzige Gegenleistung des Laureaten ein Vortrag in Schweden zu halten. Arrhenius schlug Einstein vor, nicht wie üblich bis zur nächsten Nobelfeier im dunklen schwedischen Dezember zu warten, sondern sich im Juli anläßlich der skandinavischen Naturforscherversammlung in Göteborg dieser Pflicht zu entledigen. Während üblicherweise der Vortrag von der mit dem Preis bedachten Arbeit handelt, stellte Arrhenius die Themenwahl frei, aber »sicher ist, dass man äusserst dankbar wäre für einen Vortrag über Ihre Relativitätstheorie«.[17]

So kam es, daß Einstein auch nach der Rückkehr in Berlin nicht gerade seßhaft war: Den Mai verbrachte er als Gastprofessor in Leiden, und im Juli war er in Schweden. Am 11. Juli hielt er in Göteborg vor einem Auditorium von 2000 Hörern in Anwesenheit des Königs seinen Vortrag über *Grundgedanken und Probleme der Relativitätstheorie*.[18] Lieber hätte er über seine aktuellen Überlegungen zu einer einheitlichen Feldtheorie gesprochen, aber er bedauerte, »daß sich meine neue Theorie über die Wesenseinheit von Gravitation und Elektromagnetismus nicht populär gestalten läßt«[19], so daß er dieses Thema einem kleinen Kreis von Fachleuten in der Technischen Hochschule präsentierte.

Mit der Rückreise verband Einstein einen Abstecher nach Kopenhagen zu Niels Bohr. Sein Gastgeber holte ihn am Bahnhof ab. Wie immer, waren die beiden sogleich in Gespräche über die Physik vertieft, aber dieses Mal vergaßen sie auf dem Weg zum Institut die Welt drumherum völlig, aber nicht wie sprichwörtlich zerstreute Professoren, sondern als von ihrer Sache besessene und immens konzentrierte Forscher, obwohl es für die Betrachter auf das gleiche hinauslief: »Wir nahmen die Straßenbahn und unterhielten uns so angeregt, daß wir viel zu weit fuhren«, erzählte Bohr viele Jahre später. »Wir stiegen aus und fuhren zurück, aber auch dieses Mal fuhren wir zu weit. Ich weiß nicht mehr, wie viele Stationen, aber wir fuhren hin und zurück mit der Straßenbahn, denn in jener Zeit war Einstein wirklich interessiert; ich weiß nicht mehr, ob sein Interesse mehr oder weniger skeptisch war – aber auf jeden Fall fuhren wir viele Male mit der Straßenbahn hin und her, und was die Leute von uns dachten, mag dahingestellt bleiben.«[20]

Die mit dem Nobelpreis verbundene Geldprämie von 120 000 Schwedenkronen, vermehrt um einige zwischenzeitlich aufgelaufene Zinsen, was Einstein zum Dank an Arrhenius ob der »kapitalistischen Fürsorge« bewog, wurde nach dem Vortrag auf direktem Weg in die Schweiz transferiert. Was die Beendigung aller finanziellen Schwierigkeiten hätte sein sollen, löste jedoch erst einmal einen fürchterlichen Krach aus. Mileva und die Söhne waren enttäuscht, daß die etwa 180 000 Schweizer Franken, wie im Scheidungsurteil bestimmt, auf einem Treuhandkonto unzugänglich festgelegt wurden und nur über den Zinsertrag frei verfügt werden konnte. Einstein klagte, sein Sohn Hans Albert habe ihm »bei Gelegenheit der Ordnung des N. Pr. einen so hässlichen und frechen Brief geschrieben, dass ich dieses Jahr nicht mit ihm zusammenkommen kann«.[21] Dem verbitterten Vater blieb nichts anderes übrig, als die geplanten gemeinsamen Ferien abzusagen. »Und die Frau schreibt auch nicht wie jemand, der weiss, dass man fast sein letztes Hemd zeitweise für ihn hergegeben hat.«[22]

In diese heikle Familienangelegenheit schalteten sich vernünftige Männer wie Heinrich Zangger und Hermann Anschütz als Vermittler ein; dadurch konnte wenigstens der Streit mit Hans Albert beigelegt werden. Einstein war Ende August 1923 mit beiden Söhnen Gast von Anschütz auf Schloß Lautrach in Süddeutschland, das Anschütz erworben und wohnlich hergerichtet hatte. Anschließend verbrachte der versöhnte Vater mit Hans Albert im September noch zwei Wochen gemeinsamen Urlaubs in Kiel, wo Anschütz ihm in der Zwischenzeit eine kleine Wohnung als ständiges Refugium eingerichtet hatte: »Ich habe mich mit Albert wieder völlig ausgesöhnt«, berichtete Einstein aus Kiel, »und bin... hier mit ihm in meiner Bude in der Anschützschen Fabrik, wo wir's wunderschön haben und zusammen musizieren und segeln können.«[23]

Wesentlich länger dauerte es, bis der Zorn über »die Frau« verraucht war; Mileva mußte mehrfach an Fritz Haber schreiben, bis durch dessen Zureden Einstein von seinem Unmut abließ. Schließlich wurden mit der Nobelprämie im Sommer 1924 drei Mehrfamilienhäuser auf dem Zürichberg gekauft, deren Mieteinnahmen die dauerhafte materielle Sicherung der ersten Frau Albert Einsteins garantieren sollten.

Von Kiel fuhr Einstein direkt zur Physikertagung nach Bonn; es war das erste Mal seit der verunglückten Veranstaltung in Bad Nauheim vor drei Jahren, daß er wieder an einem Kongreß in Deutschland teilnahm, und dies, obwohl die Tagung nicht nur als wissenschaftliche, sondern auch als patriotische Veranstaltung geplant war. Da sie im Rheinland stattfand, in das ebenso wie ins Ruhrgebiet zu Beginn des Jahres 1923 französische und belgische Truppen zur Sicherung ihrer Reparationen einmarschiert waren, wollten die Physiker ihre Tagung zur außenpolitischen Demonstration gegen die brutale Politik der »produktiven Pfänder« aufwerten.

Wegen dieser aggressiven Besetzung, die den letzten Anstoß zur wirtschaftlichen Katastrophe der galoppierenden Inflation darstellte, war Einstein gleich nach seiner Rückkehr aus Japan zum zweiten Mal aus der Kommission des Völkerbundes für Intellektuelle Zusammenarbeit ausgetreten. Öffentlich und die Zustimmung falscher Freunde von »rechts« riskierend, erklärte er seine Überzeugung, »dass der Völkerbund weder die Kraft noch den guten Willen zur Erfüllung seiner großen Aufgabe hat. Als ernsthafter Pazifist halte ich es deshalb nicht für richtig, mit demselben irgendwie verbunden zu sein.«[24]

Zur Solvay-Konferenz des Jahres 1924 wollte er gar nicht erst eingeladen werden, wegen des Boykotts deutscher Kollegen und wegen der Besetzung: »Wenn ich an dem Kongress teilnähme«, begründete er gewiß nicht leichten Herzens seine Absage gegenüber Lorentz, »würde ich mich an einer Handlungsweise gewissermassen zum Mitschuldigen machen, die ich als Ungerechtigkeit lebhaft und schmerzlich empfinde.« Auch glaubte er, »dass die Franzosen und Belgier nun schon so viel gesündigt haben in den letzten Jahren, dass sie nicht mehr die gekränkte Unschuld repräsentieren...«[25]

In seinem Hang, mit dem jeweils Schwächeren zu sympathisieren, fühlte sich Einstein nun wieder mit den geknebelten Deutschen solidarisch, und da er ohnehin bereit war, sich in das Unabänderliche seiner preußischen und deutschen Staatsbürgerschaft zu fügen, beteiligte er sich an der Bonner Tagung, obwohl er deren Absicht »als moralisches Äquivalent einer Flottendemonstration gegen Frankreich« nicht ganz ernst nehmen konnte: »Die Wölfe können aus ihrer Haut nicht heraus, und man muss kameradschaftlich mit ihnen heulen.«[26]

Einen Vortrag hatte Einstein für Bonn nicht angemeldet, fand die Veranstaltung aber »sehr interessant: ich habe auch meinen Senf dazu gegeben in den Diskussionen«.[27] Die Kollegen haben nicht nur Einsteins Diskussionsbeiträge, sondern die allein in seiner Anwesenheit bekundete Solidarität dankbar registriert; die politischen Animositäten früherer Jahre waren verflogen, die wissenschaftlichen sowieso: »Man behandelt mich wie einen Heiligen, obwohl es mir in diesem Kostüm eigentlich gar nicht behaglich ist«[28], berichtete er noch während der Tagung.

Im Anschluß an die Bonner Veranstaltung verbrachte Einstein zwei wie immer sehr anregende Wochen bei Ehrenfest in Leiden, für den Freund und auch für das Gastspiel als Gastprofessor viel zu kurz. Daß er diesen Verpflichtungen aber alsbald durch einen längeren Aufenthalt von sechs Wochen Dauer nachkam, hatte mit Ereignissen in Berlin zu tun.

Gerade drei Wochen war Einstein im Herbst 1923 in der Hauptstadt, als er gewarnt wurde, daß sein Leben in Gefahr sei, so daß er am 7. November Hals über Kopf wieder nach Leiden zurückkehrte. Lediglich aus einem Brief von Max Planck, der an Einstein in Leiden gerichtet war, wissen wir andeutungsweise von »abscheulichen Vorgängen«, die Einsteins plötzliche Abreise veranlaßt hatten. Die Koinzidenz der Daten läßt allerdings vermuten, daß die Attentatsdrohung im Zusammenhang mit dem Putsch in München gestanden haben könnte, wo Adolf Hitler mit dem Marsch auf die Feldherrenhalle einen Staatsstreich gegen die Republik durchsetzen wollte.

Nicht nur durch seinen Ruhm, sondern vor allem durch sein andauerndes Engagement auf der »linken« Seite des politischen Spektrums hatte Einstein den Haß rechtsextremer Kreise auf sich gezogen. So wirkte er nicht nur in prominenter Funktion in der »Liga für Menschenrechte« mit, die aus dem »Bund Neues Vaterland« hervorgegangen war, sondern er war im Juni 1923 auch an der Gründung einer »Gesellschaft der Freunde des Neuen Rußland« beteiligt, und dies sogar als Mitglied in deren Zentralkomitee.[29] Die Zeitungen berichteten im Herbst verschiedentlich über eine geplante Reise Einsteins in die Sowjetunion[30]; am 6. Oktober meldete das ›Berliner Tageblatt‹, er sei schon nach Moskau abgereist, und Anfang November wurde als Tatsache gedruckt, daß Einstein sich für drei Tage in Petersburg aufhalte.[31]

Einstein allerdings war in Holland und in Berlin; weder 1923 noch später hat er jemals die Sowjetunion besucht, sondern es vorgezogen, dem kommunistischen Experiment aus sicherer Distanz seine Sympathie zu bezeugen. Unklar bleibt, ob Einstein tatsächlich einmal mit dem Gedanken einer Reise ins Paradies der Werktätigen gespielt hat oder ob nur Wünsche sowjetischer Institutionen nach dem prominenten Besucher den Hintergrund für diese Falschmeldungen abgaben. Aber ob falsch oder richtig, jedenfalls dürfte die Publizität um Einsteins Flirt mit dem verteufelten Bolschewismus ausgereicht haben, daß er wie nach dem Rathenau-Mord erneut ins Schußfeld der Rechtsextremen geraten war.

Planck, der von den politischen Eskapaden seines Kollegen gar nichts hielt, war gleichwohl zutiefst bestürzt, »daß Sie fort sind und daß Sie, wie mir Ihre Frau Gemahlin sagte, keine Lust hätten, zurückzukommen«. Inständig bat er Einstein, »jetzt keinen Schritt zu unternehmen, der Ihre Rückkehr nach Berlin endgültig und für alle Zeit unmöglich machen würde. Gewiß werden jetzt viele Anerbietungen und Einladungen verlockender Art an Sie herantreten, denn das Ausland beneidet uns ja schon lange um diesen unseren kostbaren Schatz. Aber denken Sie doch auch an diejenigen, die Sie hier lieben und verehren, und lassen Sie diese nicht allzusehr büßen für die bodenlose Gemeinheit einer bissigen Meute, deren wir unter allen Umständen Herr werden müssen.«[32]

Planck schaltete die Berliner Behörden ein, veranlaßte sogar eine Aktenüberprüfung stadtbekannter Psychopathen mit Neigung zu Morddrohungen, konnte aber keine konkreten Anhaltspunkte für die Herkunft der Attentatsdrohung dingfest machen. Einstein beschwor er, auch durch Briefe an Ehrenfest und Lorentz, seine Beziehung zur Berliner Akademie nicht zu lösen; er könne tun und lassen, was er für nötig halte, nur solle er seinen offiziellen Wohnsitz in Berlin beibehalten und sich mit wenigstens einem Vortrag im Jahr am wissenschaftlichen Leben der Akademie beteiligen.[33]

Einstein scheint die Angelegenheit nicht so dramatisch gesehen zu haben wie Planck. »Ihr freundlicher Brief an Ehrenfest hat mich sehr gefreut«, meldete er sich am 6. Dezember aus Leiden. »Nun besteht schon seit einiger Zeit kein Grund mehr für mich, diese immerhin recht fröhliche Verbannung aufrecht zu erhalten.«[34] Er wollte noch einige Vorträge vor Studenten halten, bevor er kurz vor Weihnachten wieder nach Berlin zu kommen gedachte. Dann kam er ganz unvermittelt auf eine beigefügte Arbeit – »als Lebenszeichen« – für die Sitzungsberichte der Akademie zu sprechen, so als wäre nichts gewesen als eine »fröhliche Verbannung«. Für Angst gab es in seinem Gefühlshaushalt offenbar keinen Platz, und kaum war er wieder in Berlin, schrieb er Michele Besso, er habe »viel erlebt inzwischen. Aber das äußere Erleben bleibt an der Oberfläche und das Wissenschaftliche Hauptsache.«[35]

Nach den überaus ereignis- und abwechslungsreichen vergangenen drei Jahren war Einstein bestrebt, sein Leben wieder in ruhigere, dem Nachdenken förderliche Bahnen zu lenken, und dafür schien ihm Berlin, aus welchen Gründen auch immer, der geeignetste Ort. Die politische Lage begann sich in Deutschland allmählich zu beruhigen; durch die Einführung der Rentenmark im Herbst 1923 war mit dem Ende der Inflation zwar das Geldvermögen, sein geringes und das beträchtliche von Frau Elsa, zerronnen, aber immerhin hatte er seine ausländischen Einkünfte auf Konten in Leiden und New York vor der Entwertung retten können. In Deutschland zeichnete sich ein wirtschaftlicher Aufschwung ab, vor dessen Hintergrund sich die »Goldenen Zwanziger« entfalteten, die freilich nur ein halbes Jahrzehnt dauerten.

Auslandsreisen wollte Einstein so bald nicht wieder antreten; Weizmann hatte er zum Beispiel klargemacht, daß er die zionistische Sache und insbesondere die Hebräische Universität jederzeit mit Aufrufen, Briefen oder auch Gesprächen unterstützen wolle, aber nur, solange er dafür nicht herumreisen oder Kongresse besuchen müsse.[36] Eine Einladung von Millikan, der als Präsident das California Institute of Technology in Pasadena zu einer Elite-Institution ausbauen wollte, lehnte Einstein ebenso ab wie eine Reise nach Südamerika, ganz zu schweigen von unzähligen Einladungen zu Kongressen und Vorträgen in Deutschland und Europa. Er beschränkte sich auf wenige Reisen nach Leiden und in die Schweiz sowie in sein Refugium an der Kieler Förde in der Anschützschen Fabrik. Von dort schrieb er im Mai 1924: »Die politischen Zustände sind ruhiger geworden, und um mich bekümmern sich die Vielzuvielen gottlob nicht mehr viel, so daß mein Leben ruhiger und ungestörter geworden ist.«[37]

Allerdings trat er im Juni 1924 auf Drängen von Madame Curie und dem verehrten H. A. Lorentz erneut der »Kommission für Intellektuelle Zusammenarbeit« des Völkerbunds bei, erschien sogar zu deren Vierter Sitzungsperiode in Genf und wurde am 25. Juli 1924 mit einer diplomatischen Laudatio von Henri Bergson in den erlauchten Kreis eingeführt. Die Völkerverständigung ging Einstein ganz pragmatisch an: Er kümmerte sich zunächst um die Vereinheitlichung der fachlichen Terminologie in Physik und Chemie, und er setzte sich für ein internationales meteorologisches Büro ein. »Die Völkerbunds-Commission war besser, als ich dachte«, schrieb er nach dem Genfer Aufenthalt. »Es ist doch Hoffnung, dass es besser wird mit Europa.«[38]

Ansonsten bot Berlin Einstein genug Anregungen, wissenschaftliche allemal, und gesellschaftliche gewiß zu viele. Seit Jahren schon war er die Zierde eines jeden Salons und einer jeden Gesellschaft, bei der sich die Berliner Elite aus der Politik, aus Geld- und Geisteswelt und die Prominenz der Intellektuellen und Künstler in der vibrierenden Hauptstadt-Atmosphäre ihrer eigenen Bedeutung versicherte. Einstein hätte immer dabei sein können, und oft war er es auch. Als typisch mag ein Bankiers-Bankett in Berlins renommiertestem Hotel »Kaiserhof« gelten, bei dem er sich freilich etwas fremd gefühlt hatte: »Etwa hundert ›Prominente‹ aus Politik-, Bank- und Geisteswelt«, notierte Graf Kessler, mit dem er sich hauptsächlich unterhielt; »eine Mischung von Kapitalismus und Sozialismus meist auf jüdischer Grundlage.«[39]

Politisches diskutierte Einstein des öfteren mit Gustav Stresemann; er schloß eine lockere Freundschaft mit Gerhart Hauptmann, verkehrte im Haus des Verlegers Samuel Fischer und huldigte seiner Freude an der Musik in der intensiven Bekanntschaft mit dem Dirigenten Erich Kleiber. Viele Künstler sahen es als eine Ehre an, den berühmten Mann porträtieren zu dürfen, und gern erinnerte sich Einstein an die Sitzungen in der Wohnung Max Liebermanns, dessen unvergleichlichen Berliner Witz er noch mehr bewunderte als dessen Porträtkunst: »Ich fand, daß das Bild ihm ähnlicher war als mir, was ihm aber zustatten kam.«[40]

Entgegen dem Bild, das von dem alten Mann in Princeton mit seiner chaotischen Haarmähne und der chaplinesk nachlässigen Kleidung geprägt ist, war Einstein in dieser mittleren Epoche seines Lebens ein attraktiver, eindrucksvoller Mann in den sprichwörtlich besten Jahren, der durch sein Antlitz und seine Augen, durch Sprache und Präsenz

Aufmerksamkeit erregte, wenn nicht gar erzwang. »Der erste Eindruck ist der erstaunlicher Jugendlichkeit«, schrieb Charles Nordmann, als er den 43jährigen Einstein bei dessen Besuch in Paris kennenlernte.

> Einstein ist groß (etwa 1,76 Meter), mit breiten Schultern und einem kaum gebeugten Rücken. Sein Kopf – dieser Kopf, in dem die Wissenschaft von der Welt neu geschaffen wurde – erregt sofort andauernde Aufmerksamkeit. ... Ein kleiner Bart, dunkel und sehr kurz, schmückt einen sinnlichen Mund, sehr rot, ziemlich groß, und die Mundwinkel verraten ständig ein leichtes Lächeln. Der stärkste Eindruck aber ist der einer verblüffenden Jugendlichkeit, sehr romantisch und in gewissen Momenten unwiderstehlich an den jungen Beethoven erinnernd, der, schon vom Leben gezeichnet, einmal schön war. Und dann bricht plötzlich Lachen hervor und man hat einen Studenten vor sich.[41]

Daß dieser Mann Frauen beeindruckte und sich von Frauen beeindrucken ließ, wird nicht überraschen. Vera Weizmann erlebte ihn bei der Überfahrt nach Amerika als »jung, fröhlich und dem Flirt zugetan«.[42] Damals konnte Frau Elsa über die Flirts ihres »Albertle« noch lächeln, aber 1923, nach der Rückkehr aus Japan, war sie sich ihres Mannes keineswegs mehr sicher. Nach der Heirat seiner Stieftochter Ilse hatte eine junge Dame den Dienst als Sekretärin angetreten, und zu dieser Betty Neumann war Einstein in heftiger Liebe entbrannt. Anders als in seinen beiden Ehen war Einstein von den Empfindungen, die in dieser Beziehung zum Ausdruck kamen, tief berührt. Gleichwohl endete die große Liebe mit dem Ablauf des Jahres 1924, als er der »lieben Betty« schrieb, »er müsse in den Sternen suchen, was ihm auf der Erde versagt sei«.[43] Das klingt nach erhabenem Verzicht, ist jedoch nur eine Variation jener Begründung, mit der sich schon der 18jährige von seiner ersten Liebe Marie Winteler verabschiedet hatte.[44] – Fortan waren bei Einstein Sekretäre beschäftigt.

Es lag vielleicht nicht nur an Einsteins distanzierter Betrachtung des menschlichen Treibens, sondern auch an dem Verzicht auf Betty Neumann, daß der sensible Chronist Graf Kessler damals notierte: »Der ironische (narquois) Zug in Einsteins Gesichtsausdruck, das ›Pierrot lunaire‹-hafte, der lächelnde und schmerzhafte Skeptizismus, der ihm um die Augen spielt, tritt immer stärker hervor.« Und in seinem Gesichtsausdruck glaubte Graf Kessler zu sehen, wie dieser Mann »nicht über die Oberfläche, sondern über die Wurzeln des menschlichen Hochmuts lächelt«.[45]

Vermutlich hat der Wunsch, etwas Distanz zu seinen persönlichen Verwicklungen zu gewinnen, dazu beigetragen, daß Einstein nun doch für ein Vierteljahr Berlin verließ und sich auf eine große Reise nach Südamerika begab. Dazu brauchte er nur Einladungen wissenschaftlicher Vereinigungen aus Argentinien, Uruguay und Brasilien zu reaktivieren, die drei Jahre zuvor ergangen waren; damals hatte er sie abgelehnt, aber nun waren sie ihm recht. Anfang März 1925 trat er in Hamburg die dreiwöchige Seereise an. Er ließ eine zünftige Äquatortaufe über sich ergehen, hielt den Offizieren einen Vortrag über Relativitätstheorie und spielte jeden Tag in seiner Kajüte mit einigen Passagieren und dem Primgeiger der Schiffskapelle Streichquartett.

Der Empfang in Buenos Aires war überaus herzlich, nicht nur von den argentinischen Gastgebern, sondern auch von den Mitgliedern der deutschen Kolonie. Das verwunderte Einstein ein wenig, denn drei Jahre zuvor hatten sich die Repräsentanten dieser deutschen Kolonie energisch dagegen verwahrt, einen »Defaitisten« einzuladen und zu ehren, der während des Krieges »Propaganda gegen Deutschland getrieben habe, also ein Vaterlandsverräter sei«.[46] Daß er nun von den gleichen Leuten als deutscher »Kulturträger« gefeiert wurde, war ihm einen seiner sarkastischen Kommentare wert: »Drollige Gesellschaft, diese Deutschen. Ich bin ihnen eine stinkende Blume und sie stecken mich doch immer wieder ins Knopfloch.«[47]

Wie mittlerweile nicht anders zu erwarten, wurde Einstein von den Spitzen des Staates und der akademischen Welt über die Maßen geehrt. Unter den üblichen spektakulären Begleitumständen hielt er einige Vorträge, und natürlich wurde er in prunkvoller Sitzung als auswärtiges Mitglied in die Akademie aufgenommen. »Man stellte sehr dumme wissenschaftliche Fragen an mich, so daß es schwer war, ernst zu bleiben«[48], notierte er in seinem Tagebuch, aber wegen fruchtbarer Diskussionen über physikalische Probleme hatte er diese Reise ohnehin nicht angetreten.

Aus dem mütterlichen, im weitläufigen Getreidehandel tätigen Zweig der Familie traf er sogar einige Verwandte, darunter den Vetter Robert Koch, der mit ihm die Kantonsschule in Aarau besucht hatte: »Wir sind alt geworden.«[49] Bei seinen »Stammesgenossen« warb er um Geldspenden für die Hebräische Universität in Jerusalem und wurde von ihnen begeistert gefeiert, »weil ich für sie eine Art Symbol des Zusammenwirkens der Juden bin. Ich habe viel Freude daran, weil ich von der Einigung der Juden Erfreuliches erwarte.«[50]

Nach drei Wochen in Argentinien reiste Einstein weiter nach Montevideo. Empfänge beim Präsidenten der Republik Uruguay und

Notabeln aus Politik und Wissenschaft sorgten für ein volles Programm, darunter auch ein vergnüglicher Abend mit Studenten, »Guitarre und Gesang, ich zum Schluss mit Geige«[51]. In Uruguay fand er »eine echte Herzlichkeit wie selten in meinem Leben«, so daß »ich bei aller Liebe manchmal kaum mehr jabsen konnte«. Daß es in Montevideo »viel menschlicher und erfreulicher« war als in Buenos Aires, brachte er, ähnlich wie seine Sympathien für die Schweiz und für Holland, mit den kleinen Dimensionen des Landes in Verbindung, woraus als Nutzanwendung folgte: »Hol der Teufel die grossen Staaten mit ihrem Fimmel. Ich würde sie alle in kleine zerschneiden, wenn ich die Macht dazu hätte.«[52]

Abschließend ging es noch einmal in einen großen Staat, nach Rio de Janeiro in Brasilien, mit den üblichen Festlichkeiten nicht nur im Kreis der israelitischen Gemeinde, sondern auch im deutschen Klub »Germania«. Die deutschen Gesandten der besuchten Staaten berichteten übereinstimmend nach Berlin, daß sein »Besuch für die deutsche Sache sehr nützlich gewesen«[53] sei. Einstein selbst resümierte, als er nach dreimonatiger Abwesenheit wieder in Berlin eintraf: »Es war eine grosse Hetz ohne eigentliches Interesse, aber immerhin einige Wochen Ruhe während der Seereise.«[54]

Zwei Monate lang beehrte Einstein die Berliner Kollegen wieder mit seiner Teilnahme an den Akademie-Sitzungen, bevor er sich Ende Juli zur Völkerbundssitzung nach Genf schon wieder verabschiedete. In Zürich schaute er bei Mileva und den Söhnen vorbei und besuchte seinen alten Freund und mehrmaligen »Rettungsanker« Marcel Grossmann, dessen Erkrankung an Multipler Sklerose Einstein tief erschütterte. Von der Schweiz fuhr er direkt nach Kiel, wo er den August beim erholsamen Segeln auf der Förde und mit der Arbeit am Kugelkompaß in der Anschützschen Fabrik verbrachte.

Unterdessen kündigten sich in der Physik säkulare Veränderungen an. Zunächst glaubte Einstein selbst, einen entscheidenden Fortschritt erreicht zu haben. Vor seiner Abreise in die Schweiz hatte Einstein am 9. Juli in der Akademie seine *Einheitliche Feldtheorie von Gravitation und Elektrizität* vorgelegt in der Überzeugung, »die wahre Lösung gefunden zu haben«.[55] Es war nicht die erste und nicht die letzte Theorie, von der er in solchen Tönen schwelgte. Obwohl er sich immer noch eingestehen mußte, daß im Blick auf den Mikrokosmos die schwierige Frage offen blieb, »ob diese Feldtheorie mit der Existenz der Atome und Quanten vereinbar ist«[56], war er gewiß, auf dem richtigen Wege auch zur Lösung der Quantenrätsel zu sein.

Zur gleichen Zeit bahnte sich der Durchbruch zur Lösung dieser Rätsel an, aber auf eine völlig andere und für Einstein überraschende Weise. Es entstand die neue Quantenmechanik, eine wissenschaftliche Revolution par excellence, in Einsteins Augen jedoch ein Irrweg, jedenfalls keine Theorie, sondern ein Konstrukt von allenfalls vorläufiger Gültigkeit.

Beide großen Themen, das Ringen um eine vereinheitlichte Theorie, die zugleich die Quantenprobleme im Einsteinschen Sinne lösen sollte, und im engen Zusammenhang damit seine nie nachlassende Kritik an der Quantenmechanik, sind die Marksteine für Einsteins späteren Weg. Es wurde ein einsamer Weg ohne bleibende Erfolge. Die mit den Jahren zunehmende Isolation ertrug er lächelnd, Fehlschläge ließen ihn nicht verzweifeln.

Daß Einstein diesen Weg mit unerschütterlicher Beharrlichkeit und nie versiegendem Optimismus bis an sein Lebensende verfolgte, war in Wandlungen seiner Auffassung von Naturerkenntnis begründet, die sich im Anschluß an den Triumph der Allgemeinen Relativitätstheorie herausgebildet und befestigt hatten und deren Ursprünge im Berlin der Kriegsjahre zu suchen sind.

2. »das marmorne Lächeln der unerbittlichen Natur«. Die Suche nach der einheitlichen Feldtheorie

Als Albert Einstein im Juli 1923 in Göteborg seinen Nobelvortrag über Relativitätstheorie hielt, hatte er sich längst neuen Problemen zugewandt. Für einen öffentlichen Vortrag waren sie ihm wegen ihrer Schwierigkeit nicht geeignet, aber wenigstens in einem knappen Ausblick wollte er sie seinem Publikum skizzieren. »Der nach Einheitlichkeit der Theorie strebende Geist kann sich nicht damit zufrieden geben«, erklärte Einstein apodiktisch, »dass zwei ihrem Wesen nach voneinander ganz unabhängige Felder existieren sollen.«[1] Damals war ihm noch nicht bewußt, daß er mit diesen Worten die Passion seiner wissenschaftlichen Bestrebungen bis ans Ende seiner Tage beschrieben hatte: die Suche nach einer einheitlichen Feldtheorie von Gravitation und Elektromagnetismus.

Wenn diese Sehnsucht auch unerfüllt blieb, so wurde deshalb die Leidenschaft für ihn nicht zum Leidensweg. Unermüdlich und unverzagt dachte Einstein über die Vereinheitlichung nach; im Verlauf der Jahre und Jahrzehnte verlor er sich in immer abstrakteren Überlegungen, erarbeitete sich avancierte Mathematik und verstrickte sich in vertrackte Rechnungen. Zwei Jahrzehnte lang zweifelte er nicht an der Lösbarkeit des Problems, aber es kam die Zeit, da er sich eingestehen mußte, daß »die meisten meiner geistigen Kinder sehr jung auf dem Friedhof der enttäuschten Hoffnungen enden«.[2] Trotzdem suchte er in unerschütterlichem Optimismus nach immer neuen Ansätzen, blieb ungebeugt und erfüllt von der Notwendigkeit dieser Aufgabe, die zu seinem Schicksal geworden war.

Hatte er im ersten Jahrzehnt noch Mitstreiter oder zumindest interessierte Kollegen, so war bei voranschreitendem Alter seine wissenschaftliche Isolation nicht zu übersehen, die durch seine beharrliche Kritik an der Quantenmechanik noch verstärkt wurde. Er war sich dessen durchaus bewußt, ironisierte sich als »Petrefakt«, hörte aber niemals auf, sein »einsames altes Liedchen«[3] zu singen. Als er wußte, daß die ihm verbleibende Zeit nur noch sehr kurz bemessen war, ließ er sich die letzten Rechnungen zur einheitlichen Theorie ans Krankenlager bringen. In der Nacht darauf starb er; das unvollendete Werk hat ihn bis zu seinem letzten Atemzug begleitet.

Für die meisten Zeitgenossen und mehr noch für die nachgewachsene Physikergeneration war dieses Werk nicht nur unvollendet, sondern – zumindest in seinen späteren Phasen – völlig vergeblich. Selbst hingebungsvolle Verehrer Einsteins würden der Einschätzung nicht widersprechen, daß es dem Fortschritt der Physik kaum abträglich gewesen wäre, wenn der unstreitig Größte ihrer Zunft die letzten drei Jahrzehnte seines Lebens – etwa ab dem Jahr 1926 – nur noch mit Segeln zugebracht hätte. Mag solches Urteil über das Spätwerk auch dem Verdacht des intellektuellen Vatermords der Nachgeborenen gemäß Freudschem Muster ausgesetzt sein, so ist es keineswegs nur eine Frivolität.

Natürlich glückte Einstein noch die eine oder andere schöne Arbeit, die weniger begnadeten Physikern als Lebenswerk hätte ausreichen können, natürlich war seine Kritik an der Quantenmechanik produktiv insofern, als die Exponenten der neuen Denkweise sich an Einsteins Einwänden abzuarbeiten und zu bewähren hatten, aber seine große Leidenschaft, seine Vision einer einheitlichen Feldtheorie, blieb nicht nur ergebnis-, sondern vor allem folgenlos: ein erratischer Fremdkörper, für die Physik kaum von Bedeutung, aber der Dreh- und Angelpunkt von Einsteins spätem wissenschaftlichen Weg.

Wie aber kam es, daß Einstein, der in zwei Jahrzehnten überragender Schöpferkraft die Physik verändert und bereichert hatte wie kein anderer, in seinen mittleren Jahren eine Richtung einschlug, die schließlich in einer Sackgasse endete, und daß er aus dieser Sackgasse nicht herausfand? Ein Nachlassen der kreativen Spannkraft oder die Addition einer Prise Altersstarrsinn zur monomanen Besessenheit jüngerer Jahre mögen eine Rolle gespielt haben, jedoch sind diese Aspekte bei weitem nicht so faszinierend wie die Frage nach Einsteins Motiven, die ihn leiteten und unbeirrbar an seinem Ziel festhalten ließen.

Der Begründungszusammenhang, der ihn auf seinen einsamen Weg führte, war die Vision einer Prinziptheorie der gesamten Physik auf feldtheoretischer Grundlage. Sie sollte nicht nur die beiden Felder vereinigen, sondern auch Existenz und Eigenschaften der elementaren Teilchen erklären und die Naturkonstanten wie Elementarladung, Lichtgeschwindigkeit und Wirkungsquantum eindeutig festlegen. Schließlich sollte allein durch Deduktion vor allem eine Quantentheorie herauskommen, die seinen Vorstellungen von einer objektiven Beschreibung der Natur zu entsprechen hatte.

Einstein strebte also das an, was man heute ebenso salopp wie anspruchsvoll eine »Theorie von Allem« nennt. Zu diesem kühnen Vorhaben war er durch den grandiosen Erfolg der Allgemeinen Relativitätstheorie ermutigt worden, der verführerisch dazu einlud, auch die Bewältigung dieser größten Aufgabe des theoretischen Forschers zu erzwingen. Einsteins Vision hatte sich als realisierbar erscheinendes Projekt noch vor der neuen Quantenmechanik herausgebildet; daß er davon nicht ablassen wollte auch dann, als die radikale Veränderung der Physik durch die Quantenmechanik seinen Entwurf zumindest fragwürdig, wenn nicht gar obsolet hatte werden lassen, galt den meisten Kollegen als einer der Gründe für sein Verhängnis. Der andere lag darin, daß seit den dreißiger Jahren neue Teilchen identifiziert wurden, neue Kräfte und neue Felder, deren Existenz nahelegte, daß Einsteins Programm zu eng gefaßt war. Selbst wenn es sich zu einem glücklichen Ende hätte bringen lassen, wäre es keine »Theorie von Allem« und keinesfalls eine Theorie des Mikrokosmos geworden. So hat Einstein sein Ziel nicht erreicht, und auch heute ist nicht zu sehen, wie es erreicht werden kann und ob es überhaupt erreichbar ist. Sicher ist nur, daß eine »Theorie von Allem«, wenn sie denn gelingen sollte, wesentlich anders aussehen muß als alles, was Einstein vorgeschlagen hatte.

Die Inkubationszeit für Einsteins Vision mag mit der Vollendung der Allgemeinen Relativitätstheorie eingesetzt haben, wurde zumindest von ihr angeregt. Seine tastenden Anfänge waren keineswegs extravagant oder vermessen, sondern sie bewegten sich durchaus innerhalb des Horizonts gängiger theoretischer Fragestellungen – und auch innerhalb der Tradition. Als erkenntnisleitendes Motiv hatte das Streben nach Vereinheitlichung die Physiker schon seit Newtons Tagen inspiriert, indem sie alles auf Mechanik gründen wollten. Im 19. Jahrhundert hatte Michael Faraday nicht nur den Feldbegriff für die elektrischen und magnetischen Erscheinungen geschaffen, sondern im Sinne einer »Vereinheitlichung« auch die Gravitation als Feld verstehen wollen. 1859 hatte er versucht, Wechselwirkungen zwischen den als wesensgleich oder zumindest wesensähnlich empfundenen Erscheinungen der Gravitation und der Elektrizität experimentell zu ermitteln.[4] Das Gesuchte hat er nicht gefunden, und seine Überlegungen waren für die Physik folgenlos. Es blieb bei der Newtonschen, sich instantan ausbreitenden Schwerkraft, bis es Einstein ein halbes Jahrhundert später gelungen war, die Gravitation als Feldtheorie zu formulieren.

So erschien dem Studenten Einstein die prinzipielle Reduktion der

Thermodynamik auf die kinetische Theorie der Materie als das leuchtendste Beispiel einer gelungenen Vereinheitlichung scheinbar getrennter Gegenstandsbereiche auf mechanischer Grundlage. Als der 22jährige seine erste Arbeit für die ›Annalen‹ fertiggestellt hatte, die der kinetischen Theorie verpflichtet war, jubelte er: »Es ist ein herrliches Gefühl, die Einheitlichkeit eines Komplexes von Erscheinungen zu erkennen, die der direkten Wahrnehmung als ganz getrennte Dinge erscheinen.«[5]

Obwohl dieses »herrliche Gefühl« Einstein in seinem Nachdenken über die Natur über viele Schwierigkeiten und Abgründe hinweg half, wäre es als Vorbote der Vision einer einheitlichen Theorie überstrapaziert, denn es bezog sich zunächst und ausschließlich auf die »Einheitlichkeit eines Komplexes von Erscheinungen« und nicht schon auf eine universelle »Theorie von Allem«. Gerade diese produktive Selbstbeschränkung des jüngeren Einstein wird man ebenso wie seinen nachtwandlerisch sicheren Instinkt in der Auswahl jener Komplexe, deren integrative Behandlung reichen Erkenntniszuwachs versprach, als die wesentlichsten Aspekte für seine epochalen Beiträge zur Physik bewundern müssen.

Freilich hatte der junge Einstein auch von der Vereinheitlichung im großen Stil hören und lesen können, denn um die Jahrhundertwende war die Kontroverse um mechanische oder elektromagnetische »Weltbilder« nichts anderes als die zeitgemäße Form des Strebens nach einer durchgängigen, einheitlichen Erklärung der Natur vor dem Hintergrund des aktuellen Wissensstandes. Sie hat den Außenseiter im Patentamt, der sich in der Rolle des »Häretikers« gefiel, allenfalls am Rande interessiert. Wenn es ihm notwendig schien, zögerte er auch nicht, die Einheitlichkeit eines Komplexes kräftig zu unterminieren, indem er zum Beispiel durch seine Lichtquantenhypothese die Geschlossenheit der elektromagnetischen Wellentheorie aufbrach.

Praktisch gleichzeitig hat er jedoch in der Speziellen Relativitätstheorie, in der sowohl Mechanik als auch Elektrodynamik unter der regulativen Kraft des Relativitätsprinzips subsumiert wurden, auf der höheren Ebene der »Prinziptheorie« eine neue Perspektive für die Einheit der Physik aufzeigen können. Dieses Erlebnis muß von prägendem Einfluß gewesen sein – und es verlangte nach Fortsetzung. Ausgehend von der glücklichen Eingebung des Äquivalenzprinzips und beflügelt von seinem ausgeprägten »Verallgemeinerungsbedürfnis«, gelang ihm in der Allgemeinen Relativitätstheorie eine überraschende, von niemandem vermutete oder erwartete Vereinigung der Raum-Zeit mit der Gravitation. Auf diesem Wege voranzuschreiten, war für Einstein erstens nachgerade folgerichtig und zweitens auch notwendig: »Natürlich weiss ich ganz genau, dass der Zustand der Theorie, wie ich ihn hergestellt habe, ein nicht befriedigender ist, abgesehen davon, dass die Materie unerklärt bleibt«[6], schrieb er im Kriegsjahr 1918. Er war selbst sein schärfster Kritiker wegen des zusammenhanglosen Nebeneinanders von Gravitation und Elektromagnetismus und sah darin »unleugbar ein Produkt der Resignation«. Und er war überzeugt, »dass das anders werden muss«. Auch hatte er »schon manches ausgedacht, aber immer wieder den Kopf sinken lassen. Der Herrgott hats uns nicht leicht gemacht.«[7]

Die Welt, die Einstein theoretisch erfassen wollte, stellte sich zu Beginn seiner Bemühungen vergleichsweise einfach dar. Es gab zwei Felder, das elektromagnetische und das Gravitationsfeld, beide gleich in der Ortsabhängigkeit ihrer Potentiale und in ihrer großen Reichweite, sehr verschieden aber in ihrer Stärke, deren Verhältnis sich in einer jede Vorstellungskraft sprengenden Zahl mit vierzig Nullen eindrucksvoll manifestiert. Ein weiterer Unterschied liegt darin, daß zwischen den Massen die universell anziehende Schwerkraft wirkt, sie also nur mit einem Vorzeichen auftreten, während die elektrischen Ladungen sich als positive und negative sowohl anziehen wie abstoßen.

Neben den Feldern gibt es natürlich die handfestere Materie, als deren elementare Bausteine das Elektron und das etwa zweitausendmal schwerere Proton angesehen wurden; beide kommen in unzähligen Exemplaren vor, aber immer mit absolut identischer Masse und Ladung, was eine Erklärung aus Prinzipien verlangt. Die Atomkerne dachte man sich mangels anderer Möglichkeiten aus Protonen und Elektronen bestehend, zusammengehalten durch starke elektrische Kräfte.

In diesem überschaubaren Rahmen muß es sich nachgerade als natürlich aufgedrängt haben, die Suche nach einer »Theorie von Allem« mit der nach einem einheitlichen Feld zu beginnen, als dessen spezielle Ausprägungen sich die beiden bekannten Felder ergeben sollten. So war Einstein weder der erste noch der einzige, der diese Aufgabe ins Auge faßte.

Schon im Jahre 1912, als Einstein tief in die Verallgemeinerung der Relativitätstheorie verstrickt war, arbeitete Gustav Mie, damals Ordinarius in Greifswald, den ersten Versuch einer umfassenden Theorie der Materie aus, die zugleich die »Einheit des physikalischen Weltbildes« herstellen sollte. Ausgehend von einer von Mathematikern »nichtlinear« genannten Erweiterung der Elektrodynamik im Rahmen der Speziellen Relativitätstheorie hegte Mie die Hoffnung, daß sich das Elektron und das Proton als mathematisch deduzierbare Denknotwendigkeiten aus seinen Feldgleichungen ergeben würde. Diese Hoffnung schlug indes fehl, und sie wurde auch nicht eingelöst, als David Hilbert in seinen *Grundlagen der Physik* die Miesche Theorie in die Allgemeine Relativitätstheorie integrierte.

Einstein erkannte sofort die Schwächen dieser Versuche, die darin lagen, daß der Mangel an physikalischen Konzepten durch mathematischen Aufwand ersetzt und damit günstigstenfalls verschleiert wurde. »Der Hilbertsche Ansatz für die Materie erscheint mir kindisch«, belehrte er Hermann Weyl, den Meisterschüler des großen Mathematikers, »in dem Sinne des Kindes, das keine Tücken der Außenwelt kennt.«[8] Statt der mathematischen Kopfgeburt bedurfte es eines physikalischen Ausgangspunkts, ähnlich dem Äquivalenzprinzip bei der Allgemeinen Relativitätstheorie. Aber ein derartiges Argument lag nicht auf der Hand, noch ließ es sich durch Nachdenken herbeizwingen.

Wir wissen nicht, wann Einstein sich trotz des Fehlens eines physikalischen Ansatzes der einheitlichen Feldtheorie intensiv zugewandt hatte. Wenn er schon während der Arbeit an dem großen Artikel über *Die Grundlagen der allgemeinen Relativitätstheorie* in den ersten Monaten des Jahres 1916 über diese Frage ins Grübeln geraten war, wofür einiges spricht, so hat er davon nichts verlauten lassen. Bis zum März 1918 muß er jedenfalls schon viel darüber nachgedacht haben, denn ein an Hermann Weyl zu dessen Abhandlung über *Gravitation und Elektrizität* gerichtetes kollegiales Kompliment läßt erstmals erkennen, daß Einsteins Ringen um die Vereinheitlichung bereits eingesetzt hatte: »Und nun haben Sie gar das Kind geboren, was ich absolut nicht fördern konnte, die Konstruktion der Maxwellschen Gleichungen aus den $g_{\mu\nu}$.«[9] – Dies ist eine etwas technische Ausdrucksweise dafür, daß Weyl aus den Gravitationspotentialen einen Ausdruck hergeleitet hatte, den man als Tensor des elektromagnetischen Feldes auffassen konnte. War das Problem also schon gelöst, bevor Einstein überhaupt einen Beitrag dazu hatte leisten können?

Weyl war für Einstein kein Unbekannter. 1913 war der Göttinger Privatdozent im Alter von 29 Jahren an die ETH nach Zürich berufen worden und hatte dort die Entstehung der Allgemeinen Relativitätstheorie aus kollegialer Nähe beobachten können. Dank seiner stupenden mathematischen Fähigkeiten konnte Weyl die 1916 vollendete

Theorie alsbald in mathematisch eleganterem Gewande als ihr Urheber präsentieren, indem er die gerade entwickelte Methode der »infinitesimalen Parallelverschiebungen« zur Erweiterung der Riemannschen Geometrie nutzte, woraus alsbald die Mathematik der »affinen Zusammenhänge« hervorging. Die Druckfahnen von Weyls Buch über *Raum, Zeit, Materie* las Einstein im Frühjahr 1918 auf dem Krankenlager »mit wahrer Begeisterung. Es ist wie eine Meister-Symphonie. ... die Anlage des Werkes ist grandios.«[10]

Bald nach dem Buch hatte Weyl schon seine einheitliche Theorie fertiggestellt und an Einstein mit der Bitte geschickt, sie der Preußischen Akademie zur Veröffentlichung in den ›Sitzungsberichten‹ vorzulegen. Auch von dieser Leistung war Einstein begeistert, aber in diesem Falle nicht lange, denn schnell bemerkte er einen gravierenden Mangel: In Weyls Darstellung gab es keine invarianten Linienelemente, und physikalisch hat das eine Abhängigkeit der Maßstäbe für Raum und Zeit von ihrer Vorgeschichte zur Folge. Danach müßten zum Beispiel Wasserstoffatome, die verschiedene Wege zurückgelegt haben, Verschiebungen in ihren Spektrallinien aufweisen – in flagrantem Gegensatz zur Beobachtung.

Deshalb war Einsteins Lob vier Wochen später in sanfte Ironie gebettet: »Ihr Gedankengang ist von wunderbarer Geschlossenheit. Abgesehen von der Übereinstimmung mit der Wirklichkeit ist es jedenfalls eine grandiose Leistung des Gedankens.«[11] Weyl beklagte sich betrübt bei Einstein, »daß Sie von der Sache so gar nichts wissen wollen. Das beunruhigt mich natürlich sehr, weil durch Erfahrung feststeht, daß man sich auf Ihre Intuition verlassen kann...«[12] Man konnte: Weyls Theorie ließ sich nicht zu etwas Brauchbarem ausbauen; allerdings hat sich die von Weyl hier erstmals benutzte Eichinvarianz später in dem ganz anderen Beziehungsgeflecht der Quantenmechanik und der Quantenfeldtheorie als ein mächtiges mathematisches Instrument bewährt.

Trotz seiner Bedenken hatte sich Einstein für den Druck von Weyls Arbeit eingesetzt, was wegen des Mangels an Papier im vierten Kriegsjahr bei den Berliner Akademikern auf einigen Widerstand gestoßen war; als Weyls Arbeit schließlich in den ›Sitzungsberichten‹ veröffentlicht wurde, stellte Einstein seine Einwände in einer knappen Notiz im Anschluß an Weyls Artikel dar.[13]

Weyl wollte jedoch von seiner Theorie nicht abgehen, obwohl sich noch andere Mängel herausstellten. Intensive Gespräche bei Einsteins Besuch in Zürich im Jahre 1919 pflegten mit Einsteins Ausruf: »Na, Weyl, lassen wir das« zu enden. »So [d. h. auf so spekulative Weise ohne ein leitendes anschauliches physikalisches Prinzip] macht man keine Physik.«[14] Immerhin brachte Einstein für Weyls Beharrungsvermögen einiges Verständnis auf, wußte er doch aus eigener Erfahrung, »daß einer, der mehr als ein halbes Jahr in eine Idee verliebt geblieben ist, aus deren Bann nicht mehr zu retten ist, jedenfalls nicht durch andere«.[15] Als Weyl aber die dritte Auflage seines erfolgreichen Buches um eine Darstellung seiner neuen Theorie ergänzte und schon im Vorwort ankündigte, daß sie »nicht weniger Wahrheit enthält als Einsteins Gravitationstheorie«, wurde Einstein Dritten gegenüber deutlich: Weyl, ein »bedeutender Kopf, aber etwas thatsachenfremd«, habe ihm »die Relativität ganz verhunzt – Gott verzeihe es ihm«.[16] – So war Einsteins erste intensive Beschäftigung mit dem Vereinheitlichungsprogramm eine vornehmlich kritische, jedoch hat die Auseinandersetzung mit den Weylschen Gedanken bei ihm Eindrücke hinterlassen, zu denen er später wieder zurückkehrte. Aber noch glaubte er nicht daran, daß Naturgesetze allein durch mathematische Konstruktionen aufgefunden werden können.

Zunächst hatte Einstein überprüfen wollen, was die Allgemeine Relativitätstheorie für die Erklärung der Elementarteilchen zu leisten vermag. Im Frühjahr 1919 hatte er zu zeigen versucht, »daß Anhaltspunkte für die Auffassung vorhanden sind, daß die Bausteine der Atome bildenden elektrischen Elementargebilde durch Gravitationskräfte zusammengehalten werden«.[17] Die Anhaltspunkte verflüchtigten sich indes schon bald nach der Veröffentlichung.

Um so dankbarer griff er den Vorschlag des Königsberger Mathematikers Theodor Kaluza auf, die vierdimensionale Welt um eine weitere Dimension zu erweitern. Diese fünfte Dimension eröffnete neue Möglichkeiten in der Formulierung der Feldtheorie; daß sie eine mathematische Fiktion bar jeder Beziehung zu Raum und Zeit ist, wird dadurch gemildert, daß sie am Ende durch sinnvolle Zusatzbedingungen eingeschränkt wird und so der Anschluß an das vierdimensionale Kontinuum der realen Welt zwanglos hergestellt werden kann. Einstein bewunderte die formale Einheit, die sich mit diesem Umweg über die fünfte Dimension erreichen ließ, legte 1921 Kaluzas Arbeit der Preußischen Akademie vor und publizierte selbst über die fünfdimensionale Methode. Zeitweilig meinte er sogar, dieser Vorschlag »riecht mir noch am ehesten nach Realität«[18], nur um alsbald festzustellen, daß das Elektron auch auf diesem Wege ein Fremdkörper der Theorie blieb. Auch in diesem Falle war die Mathematik zwar elegant, aber physikalisch unergiebig.

Ähnlich sah es mit einem Vorschlag von Eddington aus, der sich wegen der Lichtablenkung ewigen Ruhm erworben hatte und nun seine mathematischen Fähigkeiten ins Spiel brachte, um die Weylsche Theorie so abzuändern und zu erweitern, daß sie Einsteins »Maßstab-Einwänden« standhalten sollte. Einstein erschien Eddingtons Versuch zunächst als »ein schöner Rahmen, bei dem man absolut nicht sieht, wie er ausgefüllt werden könnte«.[19] Bald glaubte er aber, selbst etwas zu sehen und machte sich während der Reise nach Japan an die Ausfüllung. Auf dem Rückweg pries er die Seereise als »eine herrliche Existenz für einen Grübler – wie im Kloster. Dazu die Wärme am Äquator. Warmes Wasser tröpfelt nachlässig vom Himmel herunter und verbreitet Ruhe und pflanzenhaftes Dämmern...«.[20] Aber der Passagier Einstein dämmerte nicht nur, sondern er arbeitete auch.

Was er unter dem Titel *Zur Allgemeinen Relativitätstheorie* auf dem Schiff zu Papier gebracht hatte, erschien ihm so wichtig, daß er es bei der Ankunft in Port Said am Suezkanal sofort nach Berlin abschickte, wo es Max Planck an seiner Stelle am 15. Februar 1923 der Akademie vorlegte. Es war eine Verknüpfung des Eddingtonschen Formalismus mit dem Hamiltonschen Prinzip, von der Einstein euphorisch meinte, daß sie »zu einer von Willkür fast freien Theorie führt, welche unserem bisherigen Wissen über Gravitation und Elektrizität gerecht wird und beide Feldarten in wahrhaft vollendeter Weise vereinigt«.[21] Wieder nach Berlin zurückgekehrt, trug Einstein im Frühjahr 1923 selbst in der Akademie über diese Konzeption vor und ergänzte seine Überlegungen um zwei weitere Arbeiten, allerdings schon ernüchtert von der Einsicht, daß physikalisch interessante Resultate sich nicht einstellen wollten. »Im Ganzen ist eine ziemlich resignierte Stimmung bezüglich des ganzen Problems bei mir eingekehrt«, berichtete er Weyl. »Die Mathematik ist schön und gut, aber die Natur führt uns an der Nase herum.« Trotzdem wollte er keineswegs die Flinte ins Korn werfen: »Der ganze Gedanke muß durchgeführt werden und ist von merkwürdiger Schönheit; aber darüber steht das marmorne Lächeln der unerbittlichen Natur, die uns mehr Sehnsucht als Geist verliehen hat.«[22] So hatte er, ziemlich pathetisch und ein wenig lyrisch, seine Passion gefunden.

»Ich glaube, man müsste, um wirklich vorwärts zu kommen, wieder ein allgemeines, der Natur abgelauschtes Prinzip finden.«[23] Das hatte Einstein im Sommer 1922 geschrieben, als er die bisherigen Ansätze zu einer einheitlichen Theorie skeptisch hatte Revue passieren lassen. Damals hoffte er noch auf Inspirationen aus der Physik.

Gelegentlich hatte er sogar nach experimentellen Ansätzen gesucht, um Aufschluß über die Beziehung zwischen elektromagnetischem Feld und Gravitation zu erlangen. Schon in Zürich hatte er 1913, wahrscheinlich ohne Kenntnis der mehr als ein halbes Jahrhundert zurückliegenden Untersuchungen Faradays, die Frage aufgeworfen, ob es eine Wirkung der Gravitation geben könne, die der elektromagnetischen Induktion analog sei.[24] Etwa 1922 wollte Einstein Walther Gerlach dafür gewinnen, sich experimentell der Frage anzunehmen, ob bewegte Materie ein magnetisches Feld erzeugt. »Gedacht war an Messungen längs von Strömen oder Wasserfällen.«[25] Gerlach sollte sogar auf Wunsch Einsteins, der wohl für Bezahlung aus den Mitteln des Kaiser-Wilhelm-Instituts gesorgt hätte, für diese Untersuchungen seine akademische Laufbahn unterbrechen. Aber der Experimentator, der sich gerade durch die Entdeckung der Richtungsquantelung (Stern-Gerlach-Versuch) in die Annalen der Physik eingetragen hatte, fand Einsteins Vorschlag zu vage, als daß er sich dazu hätte entschließen können.

So gab es keine experimentellen Anhaltspunkte für die Vereinheitlichung, und auch das gesuchte Prinzip fand Einstein nicht, weder 1922 noch irgendwann in seinem Leben.

Daß Einstein trotzdem den Mut nicht sinken ließ, hatte damit zu tun, daß an die Stelle eines »der Natur abgelauschten Prinzips« allmählich die Mathematik trat, freilich nicht als schlichte Rechenkunst, sondern in ihren tiefer liegenden Aspekten wie Schönheit und Einfachheit, letztere natürlich ganz »tief« verstanden. Diese Veränderung in Einsteins Denken, bei der sich die Mathematik vom schlichten Handwerkszeug des Naturforschers zur Quelle der Erkenntnis selbst wandelte, unterscheidet wie nichts sonst den jüngeren Vollblutphysiker von dem einsamen Sucher der späteren Jahre.

Wir hatten gesehen, daß der junge Einstein der mathematischen Gelehrsamkeit skeptisch bis amüsiert gegenübergestanden hatte. Erst bei der Verallgemeinerung der Relativität begegnete er mathematischen Subtilitäten, was ihm dann auch gehörigen Respekt abgenötigt hatte. Daß sich dabei schließlich so etwas wie eine prästabilierte Harmonie zwischen der aus rein mathematischer Interessenlage entstandenen Riemannschen Geometrie und den Gesetzen der Gravitation ergab, war zweifellos ein tiefes Erlebnis, aber es hat an Einsteins pragmatischer Haltung zur Mathematik zunächst nichts geändert.

Wann immer sich die Gelegenheit bot, setzte er Mathematikern auseinander, daß ihre abstrakte Kunst ohne gebührende Berücksichtigung der Tatsachen Spekulation und noch keine Physik sei. »Es scheint mir doch, daß Sie den Wert formaler Gesichtspunkte sehr überschätzen«, belehrte er Ende 1917 in etwas herablassendem Ton den Göttinger Praeceptor Mathematicae Felix Klein, der gewisse, von Einstein als physikalisch bedeutungslos erkannte Transformationen der Maxwellschen Gleichungen untersucht hatte. Die formalen Gesichtspunkte »sind wohl sehr wertvoll, wenn es gilt, eine *schon gefundene* Wahrheit endgültig zu formulieren, aber sie versagen fast stets als heuristische Hilfsmittel«.[26] Auch Einsteins Briefe und Postkarten an Weyl lassen sich über weite Strecken als eine beharrliche Behauptung des Primats der Physik gegenüber der von der Erfahrung losgelösten mathematischen Spekulation lesen.

Die als Lob des Theoretikers gemeinte Vermutung, bei der Allgemeinen Relativitätstheorie habe sich die Spekulation der Empirie überlegen gezeigt, hatte er 1918 energisch zurückgewiesen: »Aber ich finde, dass diese Entwicklung etwas anderes lehrt, das fast das Gegenteil davon ist, nämlich, dass eine Theorie, um Vertrauen zu verdienen, auf verallgemeinerungsfähige Tatsachen aufgebaut sein muss. ... Niemals ist eine wirklich brauchbare und tiefgehende Theorie wirklich rein spekulativ gefunden worden.«[27] Aber 1923 war er selbst im Begriff, in die zuvor kritisierte mathematisch-spekulative Richtung einzuschwenken.

In seinem Nobelvortrag bekannte sich Einstein erstmals deutlich zur Mathematik als einziger Orientierungsmöglichkeit bei der Suche nach der einheitlichen Theorie: »Leider können wir uns bei dieser Bemühung nicht auf empirische Tatsachen stützen wie bei der Ableitung der Gravitationstheorie (Gleichheit der trägen und schweren Masse), sondern wir sind auf das Kriterium der mathematischen Einfachheit beschränkt, das von Willkür nicht frei ist.«[28] Im Rahmen der – nicht unbedingt einfachen – Methode der »affinen Zusammenhänge« glaubte er, diese Willkür schließlich so einschränken zu können, daß sich nahezu zwangsläufig die einzig richtigen Feldgleichungen ergeben würden: »Indem man die einfachsten Differentialgleichungen aufsucht, denen ein affiner Zusammenhang unterworfen werden kann, darf man hoffen, auf eine Verallgemeinerung der Gravitationsgleichungen zu stossen, welche die Gesetze des elektromagnetischen Feldes mit enthält.«

Einstein glaubte sogar, daß er diesen Teil der Hoffnung durch seine auf der Rückreise von Japan fertiggestellte Arbeit schon eingelöst habe, mußte aber die Einschränkung anfügen, daß er noch nicht wisse,

»ob der so gewonnene formale Zusammenhang wirklich als eine Bereicherung der Physik anzusehen ist, solange er keine neuen physikalischen Zusammenhänge liefert«.[29] – Er lieferte sie nicht, aber Einstein ließ sich nicht entmutigen.

Seinen Optimismus und seine Ausdauer bezog er aus dem Erlebnis der Allgemeinen Relativitätstheorie, das sich in der Erinnerung, entgegen allen früheren Darstellungen, nun doch zu einem Triumph der mathematischen Spekulation verklärte. Als Fünfzigjähriger schrieb er: »Das Gelingen dieses Versuches, aus der Überzeugung der formalen Einfachheit der Struktur des Wirklichen heraus auf rein gedanklichem Wege subtile Naturgesetze abzuleiten, ermutigt zu einem Fortschreiten auf diesem spekulativen Wege, dessen Gefahren sich jeder lebhaft vor Augen halten muß, der ihn zu beschreiten wagt.«[30] Einsteins Verhängnis lag nun weniger darin, daß er vor den Gefahren der mathematischen Spekulation nicht zurückschreckte, sondern daß er sie allmählich aus dem Blick verlor. 1933 erhöhte er in der in Oxford gehaltenen Spencer-Vorlesung die Mathematik zum »eigentlich schöpferischen Prinzip«[31], und noch einige Jahre später komprimierte er eine Art intellektueller Kurzbiographie in einen einzigen Satz: »Vom skeptischen Empirismus etwa Mach'scher Art herkommend hat das Gravitationsproblem mich zu einem gläubigen Rationalisten gemacht, d. h. zu einem, der die einzige zuverlässige Quelle der Wahrheit in mathematischer Einfachheit sucht.«[32]

Nun hat schon beim Beginn der auf mathematische Gesetze gegründeten Naturerkenntnis Galilei geschwärmt, das »großartige Buch des Universums« sei »in mathematischer Sprache geschrieben, ... ohne deren Verständnis man wie in einem dunklen Labyrinth herumirrt«.[33] Seither haben viele Forscher die Beziehung zwischen Mathematik und Physik als die einer ans Wunderbare grenzenden prästabilierten Harmonie erfahren; ein theoretischer Physiker ohne Gefühl für diese Harmonie und ohne Sinn für mathematische Schönheit und Eleganz würde es nicht weit bringen. Auch ist manche großartige Entdeckung wegen der Überzeugung theoretisch antizipiert worden, daß eine elegante mathematische Struktur in der Natur eine Entsprechung haben müsse; die theoretische Postulierung der Antimaterie durch P. A. M. Dirac ist vielleicht das spektakulärste, aber gewiß nicht das einzige Beispiel für die prognostische Kraft mathematischer Physik.

Wenn aber der theoretische Physiker ohne Mathematik hilflos ist, so bleibt die von den Tatsachen abgehobene rein mathematische Spekulation inhaltlich leer. Daß Einstein sich dazu verführen ließ, mathematische Kriterien als »einzige zuverlässige Quelle der Wahrheit« zu hypostasieren und in seiner Spencer-Vorlesung »in gewissem Sinne für wahr« hielt, »daß dem reinen Denken die Erfassung des Wirklichen möglich sei«[34], zeugt von einer verwegenen Überschätzung der Möglichkeiten der Naturerkenntnis allein durch die Mathematik, der er in seinen produktivsten Jahren niemals erlegen gewesen wäre. Es war aber dieser Glaube an die mathematische Einfachheit, der Einstein bei der Suche nach der einheitlichen Feldtheorie die Jahrzehnte hindurch aufrechterhielt; viel Gutes hat er ihm jedoch nicht gebracht.

Daß Einstein die Quelle der Erkenntnis schließlich im Mathematischen suchte, hatte eher mit dem Mangel an physikalischen Ansatzpunkten zu tun und weniger mit einer ausgeprägten Liebe zur Mathematik, auch nicht mit exzeptionellen Kenntnissen und Fähigkeiten. Deshalb hatte er sich zur Erleichterung der mathematischen Mühen, die mit der Allgemeinen Relativitätstheorie eingesetzt hatten, der Hilfe des versierten Mathematikers Jakob Grommer versichert. 1917 wird Grommers Mitarbeit in den *Kosmologischen Betrachtungen*[35] erstmals erwähnt; über einigen späteren Arbeiten steht neben Einsteins Namen auch der von Grommer, aber meistens erscheint er in abschließenden Danksagungen wie der, daß er dem Autor »bei allen rechnerischen Untersuchungen auf dem Gebiete der allgemeinen Relativitätstheorie treu zur Seite gestanden ist«.[36] Zum letzten Mal wird Grommers Mitwirkung in einer Veröffentlichung Einsteins vom Januar 1929 gewürdigt, so daß er zwölf Jahre mit Einstein zusammengearbeitet hat, länger als jeder andere. Trotzdem hat Grommer kaum Spuren in Einsteins Korrespondenz hinterlassen, und die vielen, die Einstein in Berlin kannten, haben seinen langjährigen Mitarbeiter niemals erwähnt. Seine zurückgezogene, beinahe schattenhafte Existenz hatte offenbar Gründe.

Jakob Grommer stammte aus der ostjüdischen Gemeinde von Brest Litowsk; sein Geburtsdatum ist nicht bekannt, nicht einmal das Jahr. Doch wird berichtet, daß er eifrig in der Talmudschule lernte, da er Rabbi werden wollte. Zu den an einen jungen Rabbi gestellten Anforderungen gehörte damals, daß er die Tochter eines alten Rabbi, dessen Amt er übernehmen wollte, zu ehelichen hatte. Der Kandidat scheiterte beim ersten Versuch nicht an talmudischer Gelehrsamkeit, in der er nicht zu übertreffen war, sondern an der Tochter des Rabbi, und dies aus verständlichen Gründen. Grommer litt nämlich an einer Erkrankung des Lymphdrüsensystems, die bildkräftig als Elefantiasis bezeichnet wird, da sie zu unförmigen Vergrößerungen insbesondere der Gliedmaßen führt.

Der als Rabbi gescheiterte Grommer, der bis dahin nur Hebräisch und Jiddisch gesprochen hatte, tröstete sich mit der Mathematik, ging nach Göttingen, lernte Deutsch und beeindruckte bald mit einer Seminararbeit, die David Hilbert sogleich als Dissertation akzeptieren wollte. Die anspruchsvollen Göttinger Mathematiker waren der Meinung, daß für eine brauchbare Dissertation eine halbe Idee schon ausreichen würde; nur gute Dissertationen enthielten eine ganze Idee. Grommer hatte aber gleich zwei ganze und gute Ideen präsentiert. Die Promotion hatte freilich den Haken, daß Grommer kein Abitur hatte, denn eine Talmudschule war nun einmal kein Gymnasium. Hilbert nahm sich des mathematischen Talents mit seiner ganzen Sympathie an und setzte schließlich bei der nicht gerade liberalen Fakultät durch, daß der vormalige Talmudschüler auch ohne Abitur zum Doktor promoviert wurde.[37]

Vermutlich war es Hilbert, der Einstein auf den ungewöhnlich begabten jungen Juden mit dem schweren Schicksal aufmerksam machte, so daß Grommer als Mitarbeiter Einsteins nach Berlin übersiedeln konnte. Eine offizielle Assistentenstelle war damit nicht verbunden, sondern Einstein sorgte für Grommers Lebensunterhalt durch Zuwendungen aus dem Etat des Kaiser-Wilhelm-Instituts für Physik, von einer amerikanischen Stiftung und schließlich aus einem Fonds, den reiche Berliner zur Förderung von Einsteins Arbeiten eingerichtet hatten.[38] Grommer lebte offenbar sehr zurückgezogen, da mit fortschreitender Krankheit seine Deformationen auf die meisten seiner Mitmenschen erschreckend wirkten. Einstein gestand anderen diese Reaktionen durchaus zu[39], nicht jedoch sich selbst. Zwölf Jahre hat er seinem Mitarbeiter die Treue gehalten.

Grommer kehrte 1928 in seine Heimat zurück, wurde in Minsk Professor und auch noch Mitglied der Akademie der Weißrussischen Sowjetrepublik, bevor er 1933 starb.

Mit seiner Theorie von 1923 war Einstein nicht lange zufrieden. Weder allein noch mit Grommers Hilfe ließen sich physikalische Konsequenzen herausarbeiten. »Ich habe jetzt in meinen wissenschaftlichen Problemen so tief gebohrt, dass – mein Motor nicht mehr ausreicht«, klagte er nach einem Jahr vergeblicher Mühen. »Die Gleichungen, zu denen ich komme, sind nämlich so schwer zu lösen, dass ich davor stehe wie der Ochs vorm Berg.«[40] Schließlich teilte er in seiner nächsten grundlegenden Veröffentlichung zur Einheitlichen Feldtheorie im Sommer 1925 auch offiziell mit, daß diese Theorie »die wahre Lösung des Problems nicht gibt«.[41] Einstein, der vergeblichen Bemühungen nie lange nachtrauerte, tat das um so leichteren Herzens, als er sogleich die gute Nachricht folgen lassen konnte: »Nach unablässigem Suchen in den letzten zwei Jahren glaube ich nun die wahre Lösung gefunden zu haben.«[42] Diese Abfolge von unsentimentalem Widerruf und fröhlicher Deklaration der nunmehr »wahren Lösung«, für Einstein ohnehin nicht ungewöhnlich, wird sich als Konstante seines späten Weges noch oft wiederholen.

Auch die »wahre Lösung« von 1925 gründete auf der Mathematik der affinen Zusammenhänge, beschritt aber neue Wege. Einstein suchte zunächst den formal einfachsten Ausdruck für das Gesetz des Gravitationsfeldes und sodann die »natürlichste« Verallgemeinerung. In diesem erweiterten Rahmen ist der Fundamentaltensor, anders als in allen bisherigen Theorien, nicht mehr symmetrisch, was Einstein als Chance begriff: In einer evidenten Zerlegung des Tensors versuchte er, den symmetrischen Teil mit der Gravitation und den antisymmetrischen Teil mit dem elektromagnetischen Feld zu identifizieren. Die Rekonstruktion der Maxwellschen Gleichungen gelang allerdings nur mittels einiger Kunstgriffe, und dann auch nur für den Grenzfall schwacher Felder. Mehr hatte die äußerst kompakte, nur sechs Druckseiten umfassende Arbeit nicht zu bieten – etwas wenig für eine im Titel angekündigte *Einheitliche Feldtheorie von Gravitation und Elektrizität*. Zum Prüfstein, ob aus der Theorie die Existenz der Elementarpartikel gefolgert werden kann, muß er sich zum Schluß auf die Ankündigung beschränken, daß er dieses Problem mit Jakob Grommer in Angriff genommen habe.

Trotz dieses Mangels war Einstein von seiner neuen Theorie zunächst ganz entzückt. Während einer »langweiligen Völkerbundssitzung« schrieb er an Besso, er sehe darin »eine prachtvolle Möglichkeit, die wohl der Realität entsprechen dürfte. ... Zumindest im Makroskopischen zweifle ich nicht an ihrer Richtigkeit.«[43] Nach acht Wochen war der Optimismus schon wieder verflogen. »Nun zweifle ich wieder sehr an meiner Arbeit«, berichtete er Ehrenfest; zwei Tage später waren alle Zweifel beseitigt: »Meine Arbeit aus dem letzten Sommer taugt nichts.«[44]

Die Ernüchterung lag nicht nur an der Unerreichbarkeit konkreter Resultate, – »Da spukts aber vorläufig«[45] –, sondern an einer Erkenntnis, die zu Einsteins spektakulärsten Leistungen zählen könnte, wenn sie nur richtig verstanden und interpretiert worden wäre. Es handelte sich um nichts weniger als die theoretische Grundlage für die Existenz von »Antimaterie«, aber beim Kenntnisstand des Jahres 1925 wurde nicht nur die Tragweite dieser Entdeckung von Einstein selbst verkannt, sie geriet ihm sogar zum destruktiven Stolperstein, wenn nicht gar zur Katastrophe.

Vermutlich war Einstein bei seinen Untersuchungen über die Struktur allgemeiner Feldtheorien schon früher auf ein Problem gestoßen, das er zunächst ignoriert oder verdrängt, auf jeden Fall aber nicht weiter verfolgt hatte, weil es sein Ziel einer einheitlichen Theorie zu gefährden schien. Im Herbst 1925 präsentierte er es jedoch in einer knappen Arbeit unter dem Titel *Elektron und allgemeine Relativitätstheorie.*[46] Es hat mit fundamentalen Eigenschaften solcher Theorien bei Spiegelungen der Raum- und Zeitkoordinaten zu tun. Einstein zeigte, daß in jeder relativistischen Feldtheorie, in der die Gravitation durch einen symmetrischen Tensor und das elektromagnetische Feld durch einen antisymmetrischen Tensor dargestellt wird, wegen der Invarianz gegenüber Raum- und Zeitspiegelungen folgendes gilt: Zu jedem möglichen Feld, das einem Elementarteilchen mit positiver Ladung entspricht, existiert auch ein Feld, das eine Partikel mit negativer Ladung, aber identischer Ruhmasse beschreibt. In späterer Terminologie heißt das nichts anderes, als daß zu jedem Elementarteilchen mit der Masse m und der Ladung e ein »Antiteilchen« mit der gleichen Masse m, aber der Ladung -e existieren muß.

Nun kannten die Physiker damals genau zwei Elementarteilchen, die Elektronen als Träger der negativen und die Protonen als Träger der positiven Ladung, und diese Kenntnis wurde für ebenso definitiv wie unabänderlich gehalten. Da aber die Masse der Protonen nahezu zweitausendmal größer ist als die der Elektronen, bestand in diesem beschränkten Rahmen eine prinzipielle Asymmetrie zwischen den negativ und positiv geladenen Elementarteilchen. Eine Theorie, aus der notwendig die Massengleichheit von negativ und positiv geladenen Elementarpartikeln folgt, stand somit in flagrantem Widerspruch zu der damals als gültig angesehenen Erfahrung. Resignierend schickte sich Einstein in das Unabänderliche, daß »das Bestreben, die Elektrodynamik mit der Gravitationstheorie zu einer Einheit zu verschmelzen«, im Lichte seines Symmetrietheorems »nicht mehr gerechtfertigt«[47] sei.

Hätte Einstein sein Theorem statt dessen so aufgefaßt, daß zu dem negativen Elektron auch ein bisher noch nicht aufgefundenes, positiv geladenes »Antielektron« mit der gleichen Masse existieren müsse und ebenso zu dem positiven Proton ein negativ geladenes »Antiproton« – er hätte die Existenz von Antimaterie auf überaus elegante Weise im Rahmen der »klassischen« Physik vorhergesagt. So blieb dieser Ruhm dem jüngeren P. A. M. Dirac vorbehalten, der 1930 in einer Verknüpfung der Speziellen Relativitätstheorie mit der neuen Quantenmechanik die Existenz von »Antimaterie« deduzierte. Als schon zwei Jahre später durch die Beobachtung des positiv geladenen Anti-Elektrons, des Positrons, in der kosmischen Höhenstrahlung erstmals Antimaterie beobachtet wurde, galt das als glänzende Bestätigung von Diracs Theorie.

Einsteins Arbeit aber blieb unbeachtet, auch er selbst ist später nie wieder darauf zurückgekommen. Sie kann als nachgerade typischer Fall einer »verfrühten« Entdeckung angesehen werden, deren Konsequenzen sogar von dem genialen Autor selbst nicht geahnt wurden. Der mußte sich damit abfinden, daß die einheitliche Theorie in weite Ferne gerückt war und neue Anläufe erforderte. Zudem entstand in der Quantenmechanik eine Theorie des Mikrokosmos, die überaus erfolgreich zu werden versprach, der er aber aus prinzipiellen Gründen höchst kritisch gegenüberstand.

3. »lieber Angestellter in einer Spielbank«. Die Aporien der Quantentheorie

Eine Woche, nachdem Einstein im Sommer 1925 seine »Einheitliche Feldtheorie« der Akademie in Berlin vorgelegt hatte, erhielt er aus Göttingen von Max Born eine erste Nachricht über eine gerade fertiggestellte Arbeit Werner Heisenbergs: sie »sieht sehr mystisch aus, ist aber sicher richtig und tief«.[1] In diesem Geniestreich hatte der erst 24jährige Heisenberg, Schüler von Sommerfeld, Born und Bohr, die Grundzüge einer neuen Quantentheorie entworfen und mit zwei einfachen Anwendungsbeispielen illustriert. Diese Arbeit war der Auftakt zu einer erregenden Phase angespannter Kreativität, in deren Verlauf binnen zwei Jahren die Formulierung der Quantenmechanik als ausgereifter Theorie des Mikrokosmos gelang, jener Theorie, die der modernen Physik des 20. Jahrhunderts ihre charakteristische Signatur aufgeprägt hat. Aber nachdem Einstein diese Arbeit gelesen hatte, war seine Reaktion ebenso spontan wie eindeutig: »Heisenberg hat ein großes Quantenei gelegt. In Göttingen glauben sie daran (ich nicht).«[2] Er blieb bei seiner Ablehnung: Bis zu seinem Tode glaubte er nicht daran.

Von den großen Begründern der Quantenmechanik war es nur Erwin Schrödinger, der Einsteins Skepsis nachvollziehen konnte. Alle anderen – die mit Einstein etwa gleichaltrigen Bohr und Born sowie aus der jüngeren Generation Heisenberg, Dirac und Pauli – mußten sich damit auseinandersetzen und schließlich damit abfinden, daß ausgerechnet Einstein die neue Quantenmechanik nie als vollwertige Theorie akzeptierte, obwohl er wie niemand sonst die »alte« Quantentheorie vorangebracht hatte. Aber 1925 übernahmen andere, zumeist jüngere, die Führung, und Einsteins Beiträge zur Quantenmechanik waren nur noch kritischer Natur. »Viele von uns empfinden das als tragisch, für ihn selbst, der nun seinen Weg in Einsamkeit gehen muß, und für uns, denen der Meister und Bannerträger fehlt.«[3] Max Born hat hier bei aller Freundschaft einiges mißverstanden: Niemals hat Einstein seine Einsamkeit als »tragisch« empfunden, weder im Alter und noch in jungen Jahren, in denen er mit seinen Vorstellungen über die Quanten ebenso »einsam« war wie in den letzten drei Jahrzehnten seines Lebens.

In allem, was die Quantenphysik betraf, war Einstein zwei Jahrzehnte lang seiner Zeit voraus gewesen, sogar bis in die ersten Monate des Jahres 1925, unmittelbar bis an die Schwelle der neuen Quantenmechanik. Begonnen hatte das im Patentamt mit der von ihm selbst als »sehr revolutionär« eingeschätzten Konzeption der Lichtquanten; fortgeführt wurde es zwei Jahre später mit der ersten Quantentheorie des Festkörpers. Wiederum zwei Jahre später auf der Naturforscherversammlung in Salzburg begründete er zur Verblüffung der Kollegen seine weitsichtige Prognose, »daß die nächste Phase der Entwicklung der Theoretischen Physik uns eine Theorie des Lichtes bringen wird, welche sich als eine Art Verschmelzung von Undulations- und Emissionstheorie des Lichtes auffassen läßt«.[4] Weder kontinuierliche Wellen noch diskrete Energiequanten, sondern ein noch unbekanntes Drittes in einer gleichfalls noch unbekannten »Verschmelzung« beider Aspekte, das war Einsteins prophetische Vermutung über die Konstitution der Strahlung. Aber auch intensivstes Nachdenken brachte ihn der Einlösung seiner Prognose keinen Schritt näher.

Die Atomphysik trat 1913 durch Niels Bohr und das von ihm vorgeschlagene Atommodell mit seinen »ad hoc« postulierten, aller »klassischen« Physik nachgerade hohnsprechenden diskreten Quantenzuständen in eine ungeheuer produktive Phase. Einstein reagierte begeistert, war dabei aber nur Zuschauer, da er zu dieser Zeit ganz tief in die Verallgemeinerung der Relativitätstheorie verstrickt war. Erst nachdem er diese Leistung vollbracht hatte, griff er wieder sein anderes großes Thema auf.

1916 veröffentlichte Einstein Arbeiten von unnachahmlicher Eleganz, in denen er zur Beschreibung der Emission und Absorption der Strahlung nur die allgemeinsten Quantenvorstellungen zugrunde legte.[5] Dabei gelang ihm eine »ganz quantische« Begründung der Planckschen Strahlungsformel. Noch wichtiger war ihm allerdings, daß sich die elektromagnetische Strahlung nicht als Welle, sondern als ein Strom gerichteter Partikel, als sogenannte »Nadelstrahlung« darstellte, wobei den Energiequanten nun auch ein definierter Impuls zugeschrieben wurde, also jene zweite Eigenschaft neben der Energie, die man gemeinhin mit der Vorstellung einer Partikel verbindet. Damit war die Existenz der Lichtquanten für Einstein »so gut wie gesichert«[6], und zwei Jahre später bekräftigte er: »Aber an der Realität der Quanten zweifle ich nicht mehr, trotzdem ich mit dieser Überzeugung immer noch ganz allein stehe. So wird es bleiben, solange eine mathematische Theorie nicht gelingt.«[7]

Dabei hatten schon erste Indizien angekündigt, daß der Weg zu einer mathematischen Theorie der Quanten ein langer und schwieriger Weg sein würde, denn erstmals war der »Zufall« bei Quantenprozessen ins Spiel gekommen. Richtung und Zeitpunkt der Emission eines Lichtquants können nicht vorhergesagt werden; es bleibt einem Lichtquant gewissermaßen selbst überlassen zu entscheiden, wann und wohin es das Atom verläßt. Einstein bezeichnete es als »eine Schwäche der Theorie..., daß sie Zeit und Richtung der Elementarprozesse dem ›Zufall‹ überläßt«.[8]

Die Entdeckung dessen, was Einstein hier in Anführungszeichen gesetzt hatte, war ihm von Anbeginn an nicht geheuer. »Zufall« sprengt den Rahmen der klassischen Physik und unterminiert die Kausalität. Wenn Philosophen, salopp gesprochen, Kausalität als Beziehung zwischen Ursache und Wirkung hin- und hergewendet hatten, so stellt sich für Physiker Kausalität ganz pragmatisch dar: Ein System in einem gegebenen Anfangszustand entwickelt sich entsprechend eindeutiger Gesetzmäßigkeit in der Zeit, wobei alle zukünftigen Zustände als Lösungen von Differentialgleichungen im Kontinuum der Raum-Zeit festgelegt sind. Ein Lichtquant, dessen zukünftiger Zustand durch »spontane« Emission auf unvorhersagbare Weise zustande kommt, muß in jeder kausalen Theorie ein Fremdkörper sein.

Gar zu gern hätte Einstein diese irritierende Entdeckung des Zufalls wieder zurückgenommen, indem er auch für Quantenprozesse nach einer kausalen Beschreibung suchte. »Das mit der Kausalität plagt auch mich viel«, schrieb er 1920. »Ist die quantenhafte Licht-Absorption und Emission wohl jemals im Sinne der vollständigen Kausalitätsforderung erfassbar oder bleibt ein statistischer Rest? Ich muss gestehen, dass mir da der Mut einer Überzeugung fehlt. Ich verzichte aber sehr ungern auf die *vollständige* Kausalität.«[9] Es dauerte nicht lange, bis er zu einer festen Überzeugung zurückkehrte und auf vollständiger Kausalität bestand.

Obwohl Einstein in den nächsten Jahren viel über Quantenprobleme nachdachte, wurde er doch kein zünftlerisches Mitglied der aufblühenden Gilde der Atomphysiker. Ein Buch wie Sommerfelds *Atombau und Spektrallinien*, das bei seinem Erscheinen 1919 sogleich zur »Bibel« und in seinen ständig erweiterten Neuauflagen zur Chronik der rasanten Entwicklung der »alten« Quantenphysik wurde, hätte Einstein weder schreiben wollen noch können. Nicht einmal Vorlesungen wollte er über dieses Gebiet halten, denn über »die Quantentheorie vorzutragen, kommt mir nicht zu. So viel ich mich damit abgemüht habe, so wenig ist es mir gelungen, wirkliche Einsicht zu erlangen.«[10] Den Zürcher Studenten, deren Wunsch auf Belehrung durch den Gastprofessor Einstein er auf diese Weise abschlägig beschieden hatte, gab er als weiteren Grund noch eine zutreffende Charakterisierung des disparaten Kenntnisstandes: »Ausserdem habe ich mich nicht damit befasst, die vielen Einzelheiten und Kniffe, aus denen die Quantentheorie vorläufig besteht, so zu sammeln, dass ich Euch eine erschöpfende Übersicht geben könnte.«

Ein intelligentes Flickwerk aus Einzelheiten und Kniffen war seine Sache nicht, sondern was ihn gefangen hielt, waren fundamentale Fragen wie die Rolle des »Zufalls« und der Dualismus von Wellen- und Partikelaspekten der Strahlung. Aber auch ein Jahrzehnt nach seinem Salzburger Vortrag stand er mit diesem Problem allein; alle Kollegen sahen in der Wellentheorie der elektromagnetischen Strahlung das letzte Wort, und sogar Niels Bohr, der die Zukunft der Physik immer mehr in radikalem Umdenken sah, mochte nicht an die Existenz von Lichtquanten glauben. Das Kopenhagener Orakel amüsierte seine wachsende Gefolgschaft mit der Bemerkung, daß er das Eintreffen eines per Funk übermittelten Telegramms, in dem Einstein die Bestätigung der Lichtquanten mitteilen würde, als durchschlagendsten Beweis gegen die Existenz der Quanten ins Feld führen könne, weil nur Wellen die Information aus Berlin übermitteln und in Kopenhagen mit einer Antenne aufgefangen werden können. An der Ablehnung der Quanten hatte nicht einmal der Nobelpreis etwas geändert, den Einstein 1922 für seine Erklärung des photoelektrischen Effekts erhalten hatte, die auf eben dieser Lichtquantenhypothese basierte.

Entscheidende Aufklärung hatte sich Einstein 1921 von einem Experiment erhofft, das die »Nadelstrahlung« als einen Strom von partikelähnlichen Gebilden nachweisen sollte[11]; er mußte aber bald einsehen, daß er schon in der theoretischen Anlage des Experiments nichts weiter als einen »monumentalen Bock« geschossen hatte. Schließlich war es doch ein Experiment und nicht theoretische Überzeugungsarbeit, wodurch dem Lichtquantenkonzept zum Durchbruch verholfen wurde.

Der amerikanische Physiker Arthur Holly Compton hatte 1923 an der Washington University in St. Louis damit begonnen, die Streuung von harten Röntgenstrahlen an Elektronen zu untersuchen. Comptons Beobachtungen waren mit der Vorstellung, daß die Röntgenstrahlen elektromagnetische Wellen seien, überhaupt nicht verträglich. Sie paßten dagegen vorzüglich zum Bild von Partikeln, die an den

Elektronen wie Billardkugeln abprallen und deren Ablenkung nur dadurch zu erklären ist, daß die Partikel wohldefinierte Energien und Impulse aufweisen. Die theoretische Basis der Interpretation des Experiments konnte sich auf die sakrosankten Erhaltungssätze für Energie und Impuls beschränken.

Einstein, der sich bestätigt fühlen durfte, war das Compton-Experiment einen Artikel im ›Berliner Tageblatt‹[12] wert, in dem er nach einer historischen »tour d'horizon« das Dilemma der Strahlungstheorie auf den Punkt brachte: »Man hat also jetzt zwei Lichttheorien, beide unentbehrlich, und – wie man trotz zwanzigjähriger ungeheuerer Anstrengungen der theoretischen Physiker zugestehen muß – ohne jeden logischen Zusammenhang.«

Der Compton-Effekt, als der dieses wichtige Experiment alsbald in die Literatur einging, löste das Dilemma keineswegs auf, sondern trieb es noch auf die Spitze, indem er in Einsteins Worten bewies, »daß nicht nur bezüglich der Energieübertragung, sondern auch bezüglich der Stoßwirkung die Strahlung sich so verhält, wie wenn sie aus diskreten Energieprojektilen bestünde«.[13] Das war immer noch Einsteins »als ob« – oder »wie wenn«-Redeweise aus der Arbeit über den »heuristischen Gesichtspunkt« aus dem März 1905.

Jedoch bewirkte das in Physikerkreisen weithin als Sensation empfundene Compton-Experiment alsbald einen Sinneswandel, und Einsteins Lichtquanten wurden endlich hoffähig. 1926 wurde der Name »Photon« für diese Gebilde ohne Ruhmasse, aber mit Energie und Impuls geprägt, und ein Jahr später wurden die Photonen von den Physikern als ebenso real betrachtet wie die Elektronen, ohne jedes »als ob« oder »wie wenn«. Niemand hätte es Einstein verübelt, wenn er diesen späten Triumph gebührlich ausgekostet hätte, aber sich damit aufzuhalten war seine Sache nicht. Denn inzwischen bereitete ihm die in der Quantenmechanik behauptete Art der »Verschmelzung« von Wellen- und Teilchenaspekten in dem von Bohr entfalteten Begriffsrahmen der Komplementarität das allergrößte Unbehagen. Das hatte er sich entschieden anders gedacht.

Seit den Jahren im Patentamt war Einstein von einer die gesamte Physik durchziehenden Dualität tief beunruhigt: Alle Feldtheorien beschreiben die Welt als Kontinuum, was sich mathematisch in der Darstellung durch partielle Differentialgleichungen widerspiegelt, während auf der atomaren Ebene sowohl Materie als auch Strahlung aus diskreten Elementen bestehen, aus Elektronen und Protonen sowie aus Lichtquanten. Nicht zuletzt durch sein eigenes Nachdenken und durch den Erfolg des Bohrschen Atommodells mit seinen diskreten Energieniveaus wurde dieser Dualismus so weit verschärft, daß sich 1917 für Einstein die Zweifel verdichtet hatten, ob das bewährte klassische Instrumentarium der mathematischen Physik für diese Situation noch tauglich sei: »Wenn die molekulare Auffassung der Materie die richtige (zweckmässige) ist, d.h. wenn ein Teil der Welt durch eine endliche Zahl bewegter Partikeln darzustellen ist, so enthält das Kontinuum der heutigen Theorie zu viel Mannigfaltigkeit der Möglichkeiten.« In der ungenügenden Einschränkung der Lösungsmöglichkeiten der Kontinuumsgleichungen vermutete er den Grund, »dass unsere heutigen Mittel der Beschreibung an der Quantentheorie scheitern. Die Frage scheint mir, wie man über ein Diskontinuum Aussagen formulieren kann, ohne ein Kontinuum (Raum-Zeit) zu Hilfe zu nehmen. ... Dazu fehlt uns leider noch die mathematische Form. Wie viel habe ich mich in diesem Sinne schon geplagt.«[14]

Einen Ausweg aus diesem Dilemma muß er allerdings schon bald gesehen haben, und dies sogar mit den Mitteln der bewährten und geliebten Kontinuumstheorie. Es war die Idee der »Überbestimmung«. Diese mathematische Situation tritt dann ein, wenn die Zahl der Gleichungen größer ist als die Zahl der Variablen. Einstein war in der Allgemeinen Relativitätstheorie an einer wichtigen Stelle eine Überbestimmung von Nutzen gewesen, nämlich beim Übergang von der Riemannschen Geometrie zum Grenzfall der euklidischen Welt. Für die Physik wäre der Ausgangspunkt im Idealfall eine vereinheitlichte Theorie, deren Gleichungen zumindest diejenigen für das Gravitationsfeld und das elektromagnetische Feld enthalten müssen. Einstein hoffte, aufgrund dieser und einiger anderer evidenter Bedingungen ein geeignetes »überbestimmtes« Gleichungssystem zu finden, das nur diskrete Lösungen zuläßt, die mit den Quantenbedingungen und den Elementarteilchen identifiziert werden können.

Die Durchführung dieser Idee hätte seinem Ideal einer vollständigen theoretischen Erfassung der Realität entsprochen. Die Quantenphänomene wären auf eine natürliche Weise in die tausendfältig bewährte und unverzichtbare Kontinuumstheorie der klassischen Physik eingebettet und aus ihr ableitbar, und alle Kalamitäten wie der Zufall oder die Dualismen zwischen Teilchen und Welle sowie Kontinuum und Diskontinuum wären allenfalls als Stolpersteine im Durchgangsstadium der theoretischen Verwirrung im Gedächtnis geblieben.

Diese Vision einer »Theorie von Allem« durch »Überbestimmung« ließ sich nicht einlösen, sie hat nicht einmal eine größere Rolle in den Diskussionen der Theoretiker gespielt und praktisch keine für den

Fortschritt der Physik. Aber sie ist der Dreh- und Angelpunkt für Einsteins Beurteilung dieser Fortschritte. Ohne sie wäre weder verständlich, warum Einstein seiner hartnäckigen Suche nach einer vereinheitlichten Feldtheorie so überragende Bedeutung auch für die Quantentheorie beimaß, und ohne sie wäre schon gar nicht verständlich, warum Einstein niemals die Quantenmechanik als das letzte Wort hinnehmen mochte.

Denn was die jüngeren Pioniere der neuen Physik an Einsteins Haltung bald als intransigent oder reaktionär bespöttelten, war keineswegs die Laune eines starrsinnigen älteren Herrn, sondern eine Haltung, die in Begründungszusammenhängen wurzelte, die Einstein keine andere Wahl ließen. Dem Visionär, der wenigstens die Richtung zu ahnen glaubte, in der das »Gelobte Land« zu suchen sei, mußte es als eine Art Denkverzicht vorkommen, daß der »Zufall«, den er zu erklären hoffte, von den Quantenmechanikern kurzerhand zum Prinzip erhoben wurde, und dies nicht etwa »heuristisch«, sondern als abschließende Erkenntnis.

Der erste Hinweis auf Einsteins Ansatz der »Überbestimmung« taucht ziemlich unvermittelt bereits im Januar 1920 in einem Brief an Max Born auf, und der deutet schon auf längeres Nachdenken hin: »Ich glaube nach wie vor, man muss eine solche Überbestimmung durch Differentialgleichungen suchen, dass die *Lösungen* nicht mehr Kontinuumscharakter haben. Aber wie??«[15] Das doppelte Fragezeichen war gewiß berechtigt, denn so einleuchtend der Ansatz, so schwierig die Ausführung. »Es will mir aber nicht gelingen«, klagte er wenig später, »meiner Lieblingsidee, die Quantenstruktur aus einer Überbestimmung durch Differentialgleichungen zu verstehen, greifbare Gestalt zu geben.«[16]

Es dauerte noch beinahe vier Jahre, bis Einstein an eine Veröffentlichung zum Thema der »Überbestimmung« dachte. Er schrieb sie schließlich Ende 1923 in der »fröhlichen Verbannung« in Leiden, wohin er vor einer Attentatsdrohung aus Berlin geflohen war. Max Planck legte sie im Dezember 1923 an seiner Stelle der Akademie vor. Allerdings war diese Arbeit eher eine programmatische Hoffnung denn ein Resultat, was sich schon darin ausdrückt, daß Einstein den Titel als Frage formulierte: *Bietet die Feldtheorie Möglichkeiten für die Lösung des Quantenproblems?*[17]

Einen einleitenden, recht ausführlichen Problemaufriß beschloß Einstein mit der rhetorischen Frage, wie man den Quantenbedingungen der Naturprozesse »in einer auf partielle Differentialgleichungen gegründeten Theorie gerecht werden« kann, nur um frohgemut fortzufahren: »Ganz gewiß; wir müssen nur die Feldvariablen durch Gleichungen ›überbestimmen‹.«[18] Das hört sich einfach an, gerät auf den folgenden Seiten aber sehr kompliziert und bleibt manchmal auch dunkel; der Autor gibt sogar gerne zu, daß eine entscheidende Ableitung »keine so zwingende ist, als man wünschen möchte«. Er behauptet auch nicht, »daß die von mir aufgestellten Gleichungen wirklich physikalische Bedeutung besitzen«, sondern er sieht den Zweck seiner Mitteilung schon dann als erreicht an, »wenn sie Mathematiker zur Mitarbeit veranlaßt und sie überzeugt, daß der hier eingeschlagene Weg verfolgbar ist und unbedingt zu Ende gedacht werden muß«.[19]

Zum Schluß hatte Einstein keine Theorie, sondern einen Weg präsentiert, und der endet weniger in Ergebnissen als wiederum in Fragen, aber keineswegs mehr in rhetorischen, denn die Fragen »stellen große Anforderungen an den Mathematiker, der sie lösen will; ... Aber der Umstand, daß hier eine Möglichkeit zu einer wirklich wissenschaftlichen Fundierung der Quantentheorie vorzuliegen scheint, rechtfertigt jede Anstrengung.«[20] In den letzten Zeilen dieser merkwürdig skizzenhaften Arbeit stellte er noch einmal heraus, daß ihm »an dieser Mitteilung die Idee der Überbestimmung die Hauptsache ist«, natürlich in der Hoffnung, Mitstreiter zu finden. Einige Wochen später brachte er selbst die Problematik seines Ansatzes auf den Punkt, und auch die damit verbundenen Hoffnungen: »Das Mathematische ist enorm schwierig, der Zusammenhang mit dem Erfahrbaren wird immer indirekter. Aber es ist doch eine logische Möglichkeit, um ohne *sacrificium intellectus* der Wirklichkeit gerecht zu werden.«[21] Trotzdem griff niemand Einsteins Anregungen auf, und auch er selbst konnte mit der Methode der Überbestimmung keine wesentlichen Fortschritte erzwingen. Eine Nachfolgearbeit hat es nicht gegeben; in seinen wissenschaftlichen Bestrebungen dürfte der Gedanke im Hintergrund aber immer gegenwärtig gewesen sein – als noch nicht zu Ende gedachte und vielleicht einzige Möglichkeit einer Grundlegung aller Physik.

Während Einstein mit seinem Programm der »Überbestimmung« keinen Erfolg hatte, ja weithin ignoriert wurde, elektrisierte Niels Bohr die Atomphysiker mit Überlegungen, in denen die Krise der »alten« Quantentheorie einem Höhepunkt zusteuerte. Nur wenige Wochen nach Einsteins Arbeit veröffentlichte er mit seinen jüngeren Mitarbeitern Hendrik Kramers und John Slater eine Strahlungstheorie ohne Lichtquanten, in der alles »Quantische« an der Wechselwirkung zwischen Strahlung und Materie festgemacht wurde. Die »Rettung« der Beschreibung der Strahlung im Raum durch die Maxwellschen Gleichungen verlangte allerdings einen hohen Preis: Die Erhaltungssätze für Energie und Impuls mußten für individuelle Prozesse aufgegeben werden und sollten nur noch für statistische Gesamtheiten gelten.

Wie immer, war Einstein auch dieses Mal an Bohrs Gedanken sehr interessiert, aber er war nicht begeistert: »Diese Idee ist ein alter Bekannter von mir, den ich aber nicht für einen reellen Kerl halte«[22], schrieb er vermutlich in Erinnerung an Überlegungen, die er noch im Patentamt angestellt und verworfen hatte. Nun erhob er gegen Bohrs Theorie »hundert Einwände«[23], meist schwieriger technischer Art, und er kritisierte energisch, daß Bohr voreilig die Erhaltungssätze und damit die Kausalität aufgegeben habe: »Aber zu einem Verzicht auf die strenge Kausalität möchte ich mich nicht treiben lassen, bevor man sich nicht ganz anders dagegen gewehrt hat als bisher. Der Gedanke, dass ein einem Strahl ausgesetztes Elektron aus *freiem Entschluss* den Augenblick und die Richtung wählt, in der es fortspringen will, ist mir unerträglich. Wenn schon, dann möchte ich lieber Schuster oder Angestellter in einer Spielbank sein als Physiker.«[24]

Trotz dieser Geste komischer Verzweiflung, mit der in dieser Phase des Übergangs nicht nur Einstein kokettierte[25], blieb er natürlich Physiker. Der Theorie von Bohr wurde bald durch ein scharfsinniges Experiment von Bothe und Geiger, in dem die Energie-Impuls-Erhaltung für jeden Einzelprozeß nachgewiesen wurde, ein baldiges Ende bereitet. Während Bohrs Theorie ohne Lichtquanten also nur ein kurzes Zwischenspiel war, hatte Einstein sogar schöne Erfolgserlebnisse, und dies ausgerechnet mit Arbeiten zur Quantentheorie. Daß er sie nur »so nebenbei« geschrieben hat, weil er damals mit Haut und Haaren in die Probleme der vereinheitlichten Theorie verstrickt war[26], hat ihnen nicht geschadet. Sie sind in jenem Duktus souveräner Leichtigkeit geschrieben, den er in seinen schönen Arbeiten über die Strahlungsübergänge erreicht hatte. Es wurden seine letzten Beiträge von hoher Schöpferkraft und von unstreitig bleibendem Wert; sie allein würden für einen Platz im Pantheon der Physik ausreichen. Dieser Rang wird keineswegs dadurch gemindert, daß er dabei Ideen jüngerer, unbekannter Physiker aufgriff, sie durchsetzte und weiter entwikkelte.

Ende Juni 1924 erhielt Einstein Post aus Indien. Der Absender war ein junger Physiker namens Satyendra Nat Bose, der an der Universität von Dacca dozierte und durch seine bisherigen Veröffentlichungen nicht aufgefallen war.[27] »Weil wir alle Ihre Schüler sind«[28], fühlte sich Bose berechtigt, Einstein einen Artikel zu unterbreiten, der eine brillante Fortführung der Gedanken seines Adressaten darstellte: Ohne Rückgriff auf die klassische Elektrodynamik konnte Bose die Plancksche Strahlungsformel herleiten, indem er die Strahlung als ein Gas aus Einsteinschen Lichtquanten betrachtete, ähnlich wie ein Gas aus »normalen« Molekülen, aber mit einer modifizierten Abzählung. Im Falle der Zustimmung bat er Einstein, für eine Veröffentlichung in der ›Zeitschrift für Physik‹ zu sorgen.

Die Herausgeber des ›Philosophical Magazine‹ der Royal Society in London hatten den Artikel abgelehnt, worüber Bose sich in seinem Brief ausschwieg. Einstein war jedoch von der »höchst beachtenswerten Ableitung«[29] des unbekannten Inders sogleich angetan, übersetzte den Artikel ins Deutsche und beförderte ihn unverzüglich zum Druck.[30] Insbesondere erkannte Einstein, und dies klarer und deutlicher als der Autor selbst, daß Boses neue Art der statistischen Abzählung in ihrer Bedeutung über den diskutierten Fall der Strahlung weit hinausging: in ihr war die Grundlage einer neuen Quantenstatistik verborgen.

Seit Boltzmann hatten die Physiker die Atome so gezählt, als ließen sie sich wenigstens prinzipiell numerieren und jederzeit als individuelle Entitäten identifizieren. Boses Zählweise machte mit dieser aus dem täglichen Leben wie aus der klassischen Physik übernommenen Illusion Schluß: Identische Lichtquanten sind prinzipiell nicht unterscheidbar und damit bar jeglicher Individualität. Einstein erweiterte diesen Gedanken auf materielle Gebilde wie Atome und Moleküle. Dieser »Verlust der Individualität« erfordert für die Objekte des Mikrokosmos eine neue Art der Abzählung, die sich von der klassischen wesentlich unterscheidet. Sie führt, wie Einstein bald entdeckte, zu einer »Hypothese über eine gegenseitige Beeinflussung der Moleküle von vorläufig ganz rätselhafter Art«[31], mit ebenso rätselhaften Auswirkungen auf beobachtbare Phänomene.

Boses Arbeit war noch im Druck, da erschien Einstein schon in der Akademie und präsentierte dort seine *Quantentheorie des einatomigen idealen Gases*, in der er Boses Methode auf materielle Gasmoleküle übertrug und sich auf die Hypothese einer formalen Analogie zwischen der Strahlung und einem Gas stützte. Nach einem halben Jahr setzte er diese Arbeit in einer *Zweiten Abhandlung* in der Überzeugung fort, daß »die Analogie zwischen Quantengas und Molekülgas eine vollständige sein«[32] müsse, und drei Wochen später lieferte er noch nachträglich seine von »willkürlichen Hypothesen möglichst freien Überlegungen über die Quantentheorie des idealen Gases«[33] als theoretische Fundierung.

Einsteins wichtigstes methodisches Resultat war die Verallgemeinerung von Boses Abzählverfahren zu einer für Strahlung und Materie gleichermaßen gültigen Quantenstatistik. Alsbald ging sie als Bose-Einstein-Statistik in die Literatur ein. Sie ist dadurch charakterisiert, daß die Teilchen ununterscheidbar sind und jeder Quantenzustand von einer beliebigen Teilchenzahl besetzt werden kann.[34] Dadurch drängeln sich die Teilchen – mehr als ihnen nach der klassischen Statistik möglich wäre – in den Zuständen niedrigster Energie. Damit gelang Bose eine natürliche Erklärung der Planckschen Formel für das Quantengas, und Einstein lieferte eine ebenso natürliche Interpretation des sogenannten Dritten Hauptsatzes der Thermodynamik beim atomaren oder molekularen Gas, nach dem die Entropie am absoluten Nullpunkt verschwindet.

Mit dem Instrumentarium der neuen Statistik konnte Einstein bemerkenswerte Voraussagen über das Verhalten von Materie bei extrem tiefen Temperaturen begründen, wie z. B. das Verschwinden der Viskosität bei verflüssigten Gasen. Diese »Suprafluidität« wurde dann 1928 beim Helium von Willem Hendrik Keesom in Leiden entdeckt, und bis heute hat sich das Konzept der »Bose-Einstein-Kondensation« bewährt, wenn es darum geht, Materie in »entarteten« Zuständen zu beschreiben.

Aus der Analogie von Lichtquantengas und molekularem Gas konnte Einstein in seiner *Zweiten Abhandlung* die weitreichende Folgerung ziehen, daß nicht nur dem Licht, sondern auch der Materie Wellencharakter zugesprochen werden müsse, »indem man dem Gase in passender Weise einen Strahlungsvorgang zuordnet und dessen Interferenzschwankungen berechnet«.[35] Während ihm zur Begründung dieser überraschenden Behauptung die seit jungen Jahren so virtuos gehandhabte Analyse von Schwankungserscheinungen genügte, konnte er zur weiterführenden Deutung Überlegungen von Louis de Broglie heranziehen, dem jüngeren Bruder des ihm von den Solvay-Konferenzen bekannten Maurice de Broglie.

Louis de Broglie hatte im Frühjahr 1924 in Paris eine Dissertation bei Einsteins Freund Paul Langevin eingereicht, die weit über das bei Doktorarbeiten Übliche hinausging. Für jedes materielle Teilchen hatte er eine einfache Beziehung zwischen dessen Impuls und seiner Wellenlänge postuliert. Das war absolut neu und ein kühner Schuß ins Ungewisse, denn Teilchen waren bis dahin selbstverständlich kompakte Konzentrationen von Masse, die mit Wellen buchstäblich nichts zu tun hatten. De Broglies Hypothese war nur »a posteriori« zu rechtfertigen, indem sie eine von Einstein später »sehr bemerkenswert«[36] genannte geometrische Interpretation der Bohrschen Quantenbedingungen im Atom erlaubte.

Langevin war über de Broglies Gedanken so erstaunt, daß er Einstein als sozusagen inoffiziellen Gutachter hinzuzog und ihm einen Durchschlag von der Arbeit seines Doktoranden schickte. Sie muß bei Einstein eine vertraute Saite zum Klingen gebracht haben, hatte er doch selbst schon die Beziehung zwischen Impuls und Wellenlänge eines Teilchens gefunden, sie aber mangels experimenteller Evidenz und wegen Schwierigkeiten mit dem Energie- und Impulssatz nicht publiziert.[37] Jetzt folgte Langevin dem Rat Einsteins, de Broglie wurde erst Doktor und fünf Jahre später Nobelpreisträger, aber zunächst hatte die verworrene Atomphysik eine schwer zu integrierende Hypothese mehr.

Einstein machte alsbald das Allerbeste daraus. Er konnte nämlich in seiner *Zweiten Abhandlung* zeigen, daß die de Broglieschen Materiewellen genau denjenigen entsprechen, die sich aus seinen Schwankungsbetrachtungen ergeben hatten, so daß sich beide Argumente wechselseitig stützen und zusammen der Gewißheit nahekommen. In Einsteins vorsichtiger Ausdrucksweise »scheint es, daß mit jedem Bewegungsvorgang ein undulatorisches Feld verknüpft sei, ebenso wie mit der Bewegung der Lichtquanten das optische undulatorische Feld verknüpft ist«.[38]

Einstein war von den Materiewellen so fasziniert, daß er die Jahresversammlung der Naturforscher und Ärzte im September 1924 in Innsbruck dazu nutzte, den experimentell arbeitenden Kollegen die Suche nach Beugungs- und Interferenzerscheinungen bei Molekularstrahlen vorzuschlagen.[39] Das war, wie er in seiner *Zweiten Abhandlung* einige Monate später selbst vorrechnete, jedoch aussichtslos, da die Wellenlänge meist erheblich kleiner als der Moleküldurchmesser ausfällt und sich deshalb der Beobachtung entzieht. Bei langsamen Elektronen waren die Aussichten jedoch günstiger: Schon im Sommer des nächsten Jahres konnte Walter Elsasser in Göttingen erste Indizien für diese Wellen beibringen, und 1927 war die Existenz von Materiewellen durch die Beugung von Elektronen an Kristallen experimentell sichergestellt.

Mit seinen Arbeiten zur Quantentheorie der Gase hatte Einstein noch einmal einen Höhepunkt der »alten« Quantentheorie geschaffen, sie ganz nahe an die Schwelle der neuen Quantenmechanik herangeführt und teilweise schon darüber hinaus. Zugleich hatte sein 1905 begonnener Weg sich auf einer neuen Ebene des Verständnisses nahezu geschlossen. Damals hatte Einstein der Wellentheorie der Optik unvermittelt und unvermittelbar seine Lichtquantenhypothese an die Seite gestellt. Nun hatte er zwei Jahrzehnte später die materiellen Korpuskeln mit einem Wellenfeld verbinden können. Daß beides, immaterielles Licht und materielle Korpuskeln, sowohl Teilchen- wie Wellencharakter zeigen, dürfte seinem »Verallgemeinerungsbedürfnis« zugesagt haben, nicht jedoch, daß es immer noch zwei Aspekte waren. Dieser Dualismus von Wellen und Teilchen wurde in der neuen Quantenmechanik, die Einstein in mehrfacher Hinsicht vorbereitet hatte, aber nicht aufgelöst, sondern zu Einsteins Leidwesen noch als Prinzip befestigt.

4. »nicht der wahre Jakob«. Kritik an der Quantenmechanik

Nach einem Vierteljahrhundert improvisierter Quantentheorie war der Durchbruch zur Quantenmechanik und ihre Vollendung in nur zwei Jahren eine bewegte und zugleich bewegende Geschichte, die kollektive Denkanstrengung einer brillanten Physiker-Generation auf höchstem Niveau, voll tiefer Einsichten und subtiler Ironien in einem geistvollen Wechselspiel von Physik, Mathematik und erkenntnistheoretischer Interpretation.[1] Sie kann hier freilich nur insoweit von Interesse sein, als sie die Folie für Einsteins kritische Kommentare und seinen Weg in die von anderen so empfundene »Einsamkeit« darstellt, und auch dies nur in riskant verkürzter Form.

Von Einsteins Reaktion auf Heisenbergs imposanten Auftakt vom Juli 1925 – dem »Quantenei« – hatten wir schon gehört, daß er im Gegensatz zu den Göttingern nicht daran glaubte. Freilich waren Heisenbergs Schritte so radikal, daß auch andere damit zunächst ihre Schwierigkeiten hatten, sogar Niels Bohr und nicht zuletzt der Autor selbst. Immerhin konnte jeder verstehen, daß Heisenberg ohne Zögern das disparate Flickwerk der bisherigen Quantentheorie verwarf und ihre Modellvorstellungen als höchstens zufällig richtig verabschiedete. Statt dessen entwarf er eine von Grund auf neue quantentheoretische Mechanik, in der nur noch Beziehungen zwischen beobachtbaren Größen vorkommen; also keine anschauliche Rede mehr von der Bahn eines Elektrons im Atom, sondern nur noch von Frequenzen und Amplituden der Strahlungsübergänge. Das klang nach gut positivistischer Denkökonomie, aber die Physik war dunkel, und die Mathematik sah seltsam aus.

Heisenbergs bizarrste Neuerung waren Größen, bei deren Multiplikation das Resultat von der Reihenfolge abhängt, in der diese Operation ausgeführt wird. So etwas hatte es in der bisherigen Physik einschließlich der »alten« Quantentheorie nicht gegeben, während in Heisenbergs Theorie die »Nichtvertauschbarkeit« ein ganz wesentliches Element war, ohne daß er angeben konnte, um welche mathematische Struktur es sich dabei handelte. Aber der gelernte Mathematiker Max Born bemerkte alsbald, daß der merkwürdige Kalkül seines Schülers auf die den Mathematikern wohlbekannte Rechnung mit Matrizen hinauslief. Da Heisenberg im Spätsommer nach Cambridge und Kopenhagen gereist war, verfaßte Born zusammen mit Pascual Jordan im September eine Transkription von Heisenbergs Physik in korrekte Mathematik, dabei dessen Ansätze fortführend bis hin zum ersten Auftritt der »Vertauschungsrelation« für den Ort q und den Impuls p eines Teilchens: $pq - qp = h/2\pi i$.

Dieser »Kommutator« wurde unabhängig von Born und Jordan auch von dem 23jährigen Paul Adrien Maurice Dirac in Cambridge gefunden, nicht nur für Ort und Impuls, sondern auch für alle Größen, die die Physiker »kanonisch konjugiert« nennen. In seiner auf die abstraktesten Strukturen reduzierten Darstellung der Quantenmechanik konnte Dirac zum Beispiel auch die Bewegungsgleichungen eines Systems mit diesem neuen Begriff ausdrücken. Damit wurde der »Kommutator« zur Signatur der neuen Quantenmechanik, der schon mathematisch den Bruch mit aller bisherigen Physik markiert.

In den folgenden Monaten erarbeiteten Born, Heisenberg und Jordan ihre als »Dreimännerarbeit« berühmt gewordene zusammenfassende Abhandlung dessen, was nun Matrizenmechanik genannt wurde. Neben einer erweiterten Darstellung der Grundlagen zeigte sie die Wege zu einigen bemerkenswerten Anwendungen auf. Heisenberg präsentierte Grundzüge und mathematische Struktur der Theorie in einem Artikel, der kurz vor Weihnachten abgeschlossen wurde. Inzwischen hatte Wolfgang Pauli schon das Wasserstoffatom mit den neuen Methoden berechnet, zur großen Freude von Niels Bohr, dessen wissenschaftliche Laufbahn mit diesem Prüfstein der Atomphysik aufs engste verbunden war.

Eine erste improvisierte Konferenz zur Quantenmechanik kam in Leiden am Rande der Feier des 50. Doktorjubiläums von H. A. Lorentz am 11. Dezember 1925 zustande. Einstein war aus Berlin gekommen, Bohr aus Kopenhagen, und der Hausherr Paul Ehrenfest konnte voller Stolz auf seine beiden jungen Studenten Samuel Goudsmit und Georg Uhlenbeck verweisen, die gerade eine neue Eigenschaft des Elektrons entdeckt hatten, die für das Verständnis dieser Partikel beinahe ebenso wichtig war wie ihre Masse oder Ladung. Dieser Eigendrehimpuls oder »spin« des Elektrons wurde in Leiden ebenso intensiv diskutiert wie andere Facetten der neuen Quantenmechanik.[2]

Bohr hatte für seine Rückreise die Route über Berlin gewählt, so daß er im Zug seine Gespräche mit Einstein fortsetzen konnte. Für Bohr waren sie »ein grösserer Genuss und Belehrung, als ich sagen kann«.[3] Obwohl wir über den Inhalt dieser Diskussionen nicht unterrichtet sind, dürfen wir annehmen, daß Bohrs Enthusiasmus für die neue Physik an seinem Gesprächspartner nicht spurlos vorübergegangen war, denn als Einstein eine physikalische Bilanz des Jahres 1925 zog, war auch für ihn die Matrizenmechanik »das Interessanteste, was die Theorie in letzter Zeit geliefert hat«. Der Bewunderung war aber eine gehörige Prise Mißtrauen beigemengt: »Ein wahres Hexeneinmaleins, in dem unendliche Determinanten (Matrizen) an die Stelle der kartesischen Koordinaten treten. Höchst geistreich und durch große Kompliziertheit gegen den Beweis der Unrichtigkeit abgesichert.«[4]

Gleichwohl muß die Matrizenmechanik in den nächsten Monaten eine eigenartige Faszination auf Einstein ausgeübt haben, denn nach Göttingen berichtete er: »Die Heisenberg-Bornschen Gedanken halten alle in Atem, das Sinnen und Denken aller theoretisch interessierten Menschen. An die Stelle einer dumpfen Resignation ist eine bei uns Dickblütern einzigartige Spannung getreten.«[5] Die Wahrheitsfrage hatte er dabei taktvoll ausgeklammert, vielleicht, weil er sich selbst nicht im klaren darüber war, wohin diese Entwicklung noch führen würde.

Bald lernte Einstein auch den Urheber dieser »einzigartigen Spannung« kennen, den jungen Werner Heisenberg. Einige Briefe waren schon hin- und hergegangen; so erzählte Heisenberg, daß ihm Einstein bereits 1925 zu seiner Theorie gratuliert und eine mündliche Diskussion ihrer Grundlagen vorgeschlagen habe, in einem Brief mit der Unterschrift: »In aufrichtiger Bewunderung. Ihr A. Einstein.«[6] – Wenn Einstein die Quantenmechanik auch nicht geheuer war, so mochte er doch in Erinnerung an die eigene Vergangenheit jugendliche Heißsporne mit unkonventionellen Ideen.

Die Gelegenheit zu der gewünschten Unterredung ergab sich am 28. April 1926, als Heisenberg, auf der Durchreise nach Kopenhagen zum Antritt einer Dozentenstelle bei Bohr, im Berliner Physikalischen Colloquium vorgetragen hatte. Anschließend lud Einstein Heisenberg ein, ihn in seine Wohnung in der Haberlandstraße zu begleiten. Was die beiden sich an diesem Abend zu sagen hatten, wurde von Heisenberg rekonstruiert, allerdings erst nach vier Jahrzehnten und dann mehr in der Tonlage Heisenbergs als in der seines Gastgebers.[7]

»Aber Sie glauben doch nicht im Ernst«, hatte Einstein das zentrale Dogma der neuen Physik frontal attackiert, »daß man in eine physikalische Theorie nur beobachtbare Größen aufnehmen kann.« Heisenberg wandte ein, wie es übrigens auch Born und Bohr getan hätten, daß er hier dem Grundgedanken der Relativitätstheorie gefolgt sei, in der die »absolute« Zeit, weil nicht zu beobachten, durch die mittels konkreter Uhren und Synchronisationsverfahren festgelegten Zeitangaben ersetzt worden sei. So wie Heisenberg wollte das Einstein jedoch nicht verstanden wissen, eher als das genaue Gegenteil: »Erst die Theorie entscheidet darüber, was man beobachten kann.«[8] Und ganz generell mochte Einstein es nicht, wenn Heisenberg von dem sprach, »was man über die Natur weiß, und nicht mehr von dem, was die Natur wirklich tut. In der Naturwissenschaft kann es sich nur darum handeln, herauszubringen, was die Natur wirklich tut.«[9]

Daß Einstein wenig Neigung hatte, sich auf Heisenbergs Argumente einzulassen, mag auch daran gelegen haben, daß er schon zwei Wochen vor dessen Besuch den Eindruck gewonnen hatte: »Die Born-Heisenberg-Sache wird wohl nicht richtig sein.«[10] Der Grund lag nicht etwa darin, daß er in dem »Hexeneinmaleins« auf Fehler gestoßen wäre, sondern in einer unterdessen entstandenen Alternative, die seinem Denken sehr viel näher stand.

Als die Matrizenmechanik mit der »Dreimännerarbeit« ein vorläufiges Etappenziel erreicht hatte, suchte Erwin Schrödinger im Alleingang nach einem völlig anderen Weg zur Lösung der Quantenrätsel. Der 38jährige Schrödinger hatte an der Universität Zürich jenen Lehrstuhl inne, auf dem Einstein einst seine akademische Karriere begonnen hatte, der allerdings bei Schrödingers Berufung zum Ordinariat aufgewertet worden war. Mit der Quantentheorie hatte dieser sich bisher nur sporadisch beschäftigt, aber das änderte sich schlagartig, als er 1925 durch Einsteins *Zweite Abhandlung* auf die Bedeutung der de Broglieschen Materiewellen gestoßen war. Nach vergeblichen Versuchen mit einer schließlich verworfenen relativistischen Wellengleichung, die später als Klein-Gordon-Gleichung noch einmal entdeckt wurde, fand Schrödinger in den Weihnachtsferien des Jahres 1925 eine nichtrelativistische Gleichung für ein Materiewellenfeld, aus der er die Quantenzustände des Wasserstoffatoms mit konventionellen Methoden berechnen konnte.

Diese wahrhaft bahnbrechende Entdeckung sandte Schrödinger am 26. Januar 1926 an die ›Annalen‹. Sie war aber erst der Auftakt zu einer schöpferischen Explosion, die in insgesamt fünf Arbeiten Schrödingers ihren Niederschlag fand, geschrieben in etwa monatlichen Abständen bis zum 21. Juni 1926 und die verschiedensten Aspekte einer neuen Wellenmechanik ausbauend. In dreien schrieb er den Titel der ersten Arbeit vom Januar fort: *Quantisierung als Eigenwertproblem.*

Schon Schrödingers erste Veröffentlichung wurde bei ihrem Erscheinen Anfang April enthusiastisch begrüßt. Im Gegensatz zum abstrakten »Hexeneinmaleins« der Matrizenmechanik bewegten sich die Physiker hier in dem anschaulichen und vertrauten Gelände der partiellen Differentialgleichungen; die diskreten Energieniveaus des Wasserstoffatoms kamen auf eine ebenso natürliche wie zwangsläufige Weise heraus, so ähnlich wie die Knoten bei einer schwingenden Saite.

Auch Einstein, den Planck »mit berechtigter Begeisterung«[11] auf Schrödingers erste Arbeit aufmerksam gemacht hatte, studierte sie, wie er Schrödinger schrieb, »mit großem Interesse« und sah darin eine Offenbarung: »Keine solche Höllenmaschine, sondern ein klarer Gedanke und – zwangsläufig in der Anwendung.«[12] Dem Autor gratulierte er: »Ihr Gedanke zeugt von ächter Genialität.«[13] Aber beim Lesen der Schrödingerschen Arbeit war ihm ein Lapsus unterlaufen, an dem Sigmund Freud sein Vergnügen gehabt hätte.

Einstein hatte in seinem ersten Brief vom 16. April Schrödinger neben dem Kompliment der »ächten Genialität« noch den Vorhalt gemacht, daß seine grundlegende Gleichung elementare Bedingungen wie die Additivität der Energie für separierte Systeme verletze und deshalb nicht ganz richtig sein könne. Im Anschluß an diese Kritik schüttelte er eine kurze und elegante Herleitung der korrekten Gleichung aus dem Handgelenk.

Schrödinger antwortete nach einer Woche überaus herzlich, denn »Ihre und Plancks Zustimmung sind mir wertvoller als die einer halben Welt«. Seine Freude über die grundsätzliche Zustimmung konnte auch durch Einsteins Einwand nicht beeinträchtigt werden, denn der war leicht zu entkräften: »Er beruht auf Erinnerungsirrtum.« Zu der von Einstein kritisierten Gleichung konnte Schrödinger richtigstellen, sie sei »tatsächlich nicht die meine, sondern meine Gleichung lautet tatsächlich genau so, wie Sie sie aus den beiden Forderungen... freihändig konstruieren.« Schrödinger war für Einsteins Irrtum sogar sehr dankbar, und dies ganz ohne Ironie, denn »außerdem erhöht es stets das Vertrauen zu einer Formulierung, wenn man – und wenn besonders Sie dieselbe aus ein paar fundamentalen Forderungen neukonstruieren.«[14] Inzwischen war Einstein selbst ein Licht aufgegangen, und in einer die Schrödingersche Antwort kreuzenden Postkarte hatte er schon seinen Irrtum eingestanden, aber sehr lakonisch: »Mein Brief war also überflüssig.«[15]

Warum aber hat Einstein dem Kollegen zunächst eine falsche Gleichung untergeschoben, um dann selbst die richtige zu konstruieren, die er in Schrödingers Artikel zuvor gesehen hatte? Zur Erklärung braucht man nicht unbedingt psychoanalytischen Tiefgang zu bemühen, denn zu offensichtlich war hier der Wunsch Vater nicht des Gedankens, sondern des Irrtums. Tatsächlich mußte Einstein nachträglich erkannt haben, daß sich die Wellentheorie der Materie, wie er sie in seiner *Zweiten Abhandlung* zur »Quantentheorie des einatomigen idealen Gases« entwickelt hatte, zur Aufstellung einer Wellengleichung nachgerade angeboten hatte. Daß er diesen großartigen Fund übersehen hatte, wird ihn so geärgert haben, daß ihm sein Wahrnehmungsvermögen diesen vielsagenden Streich gespielt hat.

Schrödinger mag Einsteins Dilemma geahnt haben, denn er bestätigte ihm, es »wäre die ganze Sache sicherlich nicht jetzt und vielleicht nie entstanden (ich meine, nicht von meiner Seite), wenn mir nicht durch Ihre zweite Gasentartungsarbeit auf die Wichtigkeit der de Broglie'schen Ideen die Nase gestoßen worden wäre«.[16] Das war nicht nur als Höflichkeit oder als Trost gemeint, sondern als Beschreibung der tatsächlichen Verhältnisse. Immerhin sah sich Schrödinger veranlaßt, diesen Sachverhalt – und einiges mehr – in eine schon Ende März beendete Arbeit als Fußnote einzufügen und damit öffentlich zu machen: »Angeregt wurde meine Theorie durch L. de Broglie und durch kurze, aber unendlich weitblickende Bemerkungen von A. Einstein.« Außerdem nutzte er die Gelegenheit zur Abgrenzung seiner Ideen gegenüber der Matrizenmechanik: »Eines genetischen Zusammenhangs mit Heisenberg bin ich mir durchaus nicht bewußt. Ich hatte von seiner Theorie natürlich Kenntnis, fühlte mich aber durch die mir sehr schwierig scheinenden Methoden der transzendentalen Algebra und durch den Mangel an Anschaulichkeit abgeschreckt, um nicht zu sagen abgestoßen.«[17] Einstein war es nun zufrieden, und zu Schrödingers »wundervollen Arbeiten« meinte er: »Das riecht nach tiefer Wahrheit.«[18]

Der im März von Schrödinger beendete Artikel war von allergrößter Wichtigkeit, weil er gemäß dem Titel Auskunft »über das Verhältnis der Heisenberg-Born-Jordanischen Quantenmechanik zu der meinen« versprach. Mit den leistungsfähigen Methoden der modernen Funktionalanalysis wies er in einer mathematischen »tour de force« nach, daß die beiden inhaltlich und mathematisch denkbar verschieden aussehenden Theorien trotzdem mathematisch einander äquivalent sind, wenn man sich zu den fundamentalen Strukturen durchgearbeitet hat.[19] So war wenigstens verständlich, daß beide Theorien bei allen konkreten Problemen immer die gleichen Resultate ergaben, und statt von Matrizen- oder Wellenmechanik konnte man nun mit voller Berechtigung von der einen Quantenmechanik sprechen.

Aber so erfreulich diese Synthese war, so merkwürdig war sie auch. Denn diese Quantenmechanik trat in zweierlei Gestalt auf, deren eine auf das anschauliche Bild realer Materiewellen gegründet war, während die andere unter einer Art »Bilderverbot« operierte, also jede solche Modellvorstellung als inhaltslos und irreführend verwarf.

Ebenso deutlich, wie sich Schrödinger gegen die Matrizenmechanik ausgesprochen hatte, reagierten nun deren Begründer auf die Wellenmechanik. Zu deren angeblicher Anschaulichkeit meinte Heisenberg kurzerhand: »...ich finde es Mist.«[20] Und Pauli hatte dem »Lieben Schrödinger« einiges zu erklären, als sich seine scharfzüngige Rede vom »Züricher Lokalaberglauben« herumgesprochen hatte.[21]

Die Kritiker insistierten, daß die Schrödingerschen Wellenfunktionen unmöglich die de Broglieschen Materiewellen darstellen können, denn dazu laufen sie viel zu schnell auseinander, während ein Elektron auf Ewigkeit nahezu punktförmig konzentriert bleibt. Zudem versagte die Wellenmechanik bei allem, was mit Quantensprüngen zu tun hatte, und formal war, insbesondere bei Mehrelektronensystemen, nicht zu übersehen, daß die Schrödingerschen Wellen sich gar nicht im physikalischen Raum ausbreiten, wie man das von Materiewellen nun einmal erwarten muß, sondern in dem abstrakten Gebilde des Konfigurationsraums. Auch dem Bewunderer Einstein war dieses Dilemma nicht entgangen: »Wir sind hier alle gefesselt durch die neue Theorie der Quantenzustände von Schrödinger«, schrieb er im Juni 1926, um dann fortzufahren: »So merkwürdig es ist, ein Feld im q-Raum einzuführen, so erstaunlich ist andererseits die Leistungsfähigkeit des Gedankens.«[22] Was also konnte der Schrödingersche Kalkül überhaupt bedeuten?

Während sich Schrödinger in seiner *Vierten Abhandlung* im Juni 1926 damit abmühte, für seine komplexe Wellenfunktion eine realistische Auffassung zu retten, wurde der gordische Knoten schon von Max Born durchhauen und das Verständnis einen entscheidenden Schritt vorangebracht. In einer kurzen, als »vorläufig« deklarierten Notiz *Zur Quantenmechanik der Stoßvorgänge* schien ihm »nur eine Interpretation möglich«, daß nämlich die Wellenfunktion das Maß für die Wahrscheinlichkeit sei, ein Elektron in einem bestimmten Zustand vorzufinden.[23] Damit sollten sich die physikalisch konkreten de Brogliesche Materiewellen, die der Ausgangspunkt von Schrödingers Überlegungen waren, zu abstrakten Wahrscheinlichkeitswellen verflüchtigen.

Auch wenn Borns Mathematik skizzenhaft war und die richtige Version, daß nicht die Wellenfunktion, sondern ihr Absolutquadrat der Wahrscheinlichkeit proportional ist, erst in einer Anmerkung bei der Korrektur eingebracht wurde, riskierte er schon einen weitreichenden Schritt, indem er sich dafür aussprach, »die Determiniertheit in der atomaren Welt aufzugeben«.[24]

Vier Wochen später war die Langfassung unter dem gleichen Titel fertig, mit korrekt ausgearbeiteter Mathematik und einer Präzisierung des Begriffs von Wahrscheinlichkeit, der sich in der Quantenmechanik wesentlich von dem in der Lotterie oder der klassischen Physik unterscheidet, wenn zum Beispiel von der Wahrscheinlichkeit eines Zustandes gesprochen wird. In den Präludien dieser Arbeit berief sich Born auf seinen berühmten Freund und Kollegen, denn er knüpfe »an eine Bemerkung Einsteins über das Verhältnis von Wellenfeld und Lichtquanten an; er sagte etwa, daß die Wellen nur dazu da seien, um den korpuskularen Quanten den Weg zu weisen, und er sprach in diesem Sinne von einem ›Gespensterfeld‹ «.[25] Damit erscheint Einstein noch einmal als Geburtshelfer der neuen Physik, in diesem Falle sogar der statistischen Interpretation.

Tatsächlich war Einstein 1924 von den Lichtquanten dermaßen beeindruckt, daß er dazu neigte, ihnen einen höheren Grad an Realität zuzuerkennen als den Wellen – entgegen aller überwältigenden Evidenz zugunsten der Wellentheorie des Lichts. Veröffentlicht hat er nichts über diese Vorstellungen, sie aber intensiv mit Kollegen diskutiert, z. B. mit Pauli bei der Tagung in Innsbruck, dem er erzählte, daß für ihn »gefühlsmäßig dem undulatorischen Charakter des Lichtes etwas Schattenhaftes anhaftet« und er glaube, daß die Welleneigenschaften des Lichts »mehr sekundär und indirekt erzeugt seien«.[26]

In Borns Worten hatte Einstein dem zum »Gespensterfeld« herabgesunkenen Maxwellschen Feld immerhin noch die Rolle eines »Führungsfeldes« zugedacht: »Dieses bestimmt die Wahrscheinlichkeit dafür, daß ein Lichtquant, der Träger von Energie und Impuls, einen bestimmten Weg einschlägt, dem Felde selbst aber gehört keine Energie und kein Impuls an.« Wegen der nicht zuletzt von Einstein herausgearbeiteten Analogie zwischen Lichtquanten und materiellen Partikeln fand es Born naheliegend, »die de Broglie-Schrödingerschen Wellen als ›Gespensterfeld‹ oder besser ›Führungsfeld‹ anzusehen«.[27] Dieses »Führungsfeld« interpretierte er nun als Wahrscheinlichkeitsamplitude, die sich gemäß der Schrödinger-Gleichung zwar kausal in der Zeit entfaltet, aber eben nur Wahrscheinlichkeitsaussagen über zukünftige Zustände eines Systems gestattet. Das Paradoxe dieser Situation faßte er zu einem schön formulierten Leitsatz der Quantenmechanik zusammen: »Die Bewegung der Partikeln folgt Wahrscheinlichkeitsgesetzen, die Wahrscheinlichkeit selbst aber breitet sich im Einklang mit dem Kausalgesetz aus.«[28]

Nachdem Borns Arbeit erschienen war, berichtete er Einstein, daß er nun sehr zufrieden sei, denn »meine Idee, das Schrödingersche Wellenfeld in Deinem Sinne als ›Gespensterfeld‹ aufzufassen«[29], bewähre sich immer besser, obwohl es sich natürlich nicht im gewöhnlichen Raum ausbreitet, sondern im Konfigurationsraum. Der Adressat dieser Mitteilung aber verwahrte sich gegen die ihm zugedachte Patenrolle für die statistische Interpretation mit dem Ausdruck kräftigen Mißfallens: »Die Quantenmechanik ist sehr achtung-gebietend. Aber eine innere Stimme sagt mir, dass das doch nicht der wahre Jakob ist. Die Theorie liefert viel, aber dem Geheimnis des Alten bringt sie uns kaum näher. Jedenfalls bin ich überzeugt, dass der nicht würfelt.«[30]

Diese Zurückweisung Borns vom Dezember 1926 war Einsteins erste durchgängige Ablehnung der neuen Physik. Natürlich war die Berufung auf eine »innere Stimme« kein Argument, sondern ein Bekenntnis, und gerade darum für Born ein »harter Schlag«.[31] Aber noch wußten die beiden Freunde nicht, daß dies erst der Anfang einer lebenslangen Auseinandersetzung war über die Grundfrage, was physikalische Erkenntnis im Bereich der Atome und Quanten bedeutet und was sie vermag.

Mit der Quantenmechanik konnten schon bald viele Probleme angegangen und gelöst werden, aber zugleich wurden neue, überaus verwickelte Fragen aufgeworfen, die in der klassischen Theorie keine Entsprechung hatten. So traten immer dann Widersprüche auf, wenn man einer Partikel in einem Zeitpunkt etwa einen genau bestimmten Ort q und einen ebenso bestimmten Impuls p zuschreiben wollte. Was in der klassischen Physik eine niemals in Frage gestellte Selbstverständlichkeit war, wuchs sich im Mikrokosmos zum veritablen Stein des Anstoßes aus, für den Pauli drastische Worte fand: »Man kann die Welt mit dem p-Auge und man kann sie mit dem q-Auge ansehen, aber wenn man beide Augen zugleich aufmachen will, dann wird man irre.«[32] Wie so oft in der Quantenmechanik, ließ sich auch dieses Paradoxon nicht auflösen; dafür wurde es, wie schon einige Male erfolgreich praktiziert, zum Prinzip erhoben, in diesem Falle von Werner Heisenberg zur »Unschärferelation«, die lehrt, warum es unmöglich ist, »beide Augen zugleich« aufzumachen.

Die von Pauli beschriebene Situation hat ihre tiefliegende Ursache in den Vertauschungsrelationen, also dem mathematischen Kernstück der Quantenmechanik. Sie haben notwendig zur Folge, daß das Produkt der Schwankungsquadrate zweier kanonisch konjugierter Größen wie Ort und Impuls immer größer als das Plancksche Wirkungsquantum ist: $\Delta q * \Delta p \doteq h/4\pi$. Heisenberg demonstrierte anhand scharfsinnig ausgedachter Gedankenexperimente, daß diese mathematische Aussage der tatsächlichen Situation bei jeder Beobachtung oder Messung entspricht: Wird der Ort eines Elektrons präzise ermittelt, etwa durch Bestrahlung mit extrem kurzwelligem Licht, dann erfährt dieses Elektron notwendig eine Impulsänderung derart, daß das Produkt beider Unschärfen nie kleiner als das Plancksche Wirkungsquantum werden kann.

Für Heisenberg waren nun weitreichende Schlußfolgerungen über die Struktur der Naturgesetze fällig: »An der scharfen Formulierung des Kausalgesetzes ›Wenn wir die Gegenwart genau kennen, können wir die Zukunft berechnen‹, ist nicht der Nachsatz, sondern die Voraussetzung falsch. Wir können die Gegenwart in allen Bestimmungsstücken prinzipiell nicht kennenlernen.« Alle Hoffnungen auf eine wie immer geartete Restitution des Kausalgesetzes erklärte der 25jährige für »unfruchtbar und sinnlos«, und dies mit dem Pathos der Endgültigkeit: »Weil alle Experimente den Gesetzen der Quantenmechanik... unterworfen sind, so wird durch die Quantenmechanik die Ungültigkeit des Kausalgesetzes definitiv festgestellt.«[33]

Wie die Heisenbergsche Unschärferelation sind auch andere wesentliche Züge der Quantenmechanik in engem Kontakt mit Niels Bohr entstanden, der in Kopenhagen einen weitläufigen Gesprächskreis und das zentrale Korrespondenzbüro für die jungen Quantenmechaniker unterhielt. Der als »Direktor der Atomtheorie« allseits respektierte, ja verehrte Bohr faßte die verschiedenen, sich scheinbar widersprechenden Aspekte der Quantenmechanik unter dem Prinzip der Komplementarität zusammen und brachte damit die begriffliche Entwicklung der neuen Physik zu einem gewissen Abschluß.

Die erste Fassung dieses Prinzips stellte Bohr im September 1927 auf einem Kongreß vor, der in Como in Italien dem Gedenken des 100. Todestages von Alessandro Volta gewidmet war. In diesem Vortrag[34] stellte er heraus, daß etwa die dem Wellenbild entsprechende Beschreibung durch Raum-Zeit-Koordinaten und die sich im Partikelbild in den Erhaltungssätzen widerspiegelnde Kausalität zwar beide möglich und richtig, in der Quantenmechanik aber nicht beide zusammen zu haben sind. Sie müssen eben als komplementäre, einander ausschließende Züge der Beschreibung betrachtet werden.

Daß Bohr ständig an der Formulierung seines Prinzips der Komplementarität feilte, es verfeinerte und verschärfte und etwa um die Rolle der Meßapparate und ihre Einbeziehung in den Begriff des Phänomens erweiterte, ging nicht zuletzt auf Einsteins andauernde Kritik zurück. So ist es nur folgerichtig, daß Bohrs umfassendste Darstellung der Komplementarität in seinem Bericht von der permanenten »Diskussion mit Einstein über erkenntnistheoretische Probleme der Atomphysik«[35] enthalten ist. Sie wurde für den Einstein gewidmeten Band der *Library of Living Philosophers* geschrieben, aber Einstein stellte auch noch nach der Lektüre dieses Artikels und nach mehr als zwanzigjährigem Gedankenaustausch zum Komplementaritätsprinzip resignierend fest, daß »dessen scharfe Formulierung mir übrigens trotz vieler darauf verwandter Mühen nicht gelungen ist«.[36]

Im Februar 1927, also noch vor der Unschärferelation und vor Bohrs Komplementarität, hatte Einstein in einer Vorlesung vor der Mathematisch-Physikalischen Arbeitsgemeinschaft der Berliner Universität erklärt, die Natur fordere »nicht Quantentheorie oder Wellentheorie, sondern die Natur fordert von uns eine Synthese beider Auffassungen, die bis jetzt allerdings über die Denkkräfte der Physiker hinausgegangen ist«.[37] Das war übrigens die gleiche Meinung, die er schon 1909 auf dem Salzburger Kongreß vorgetragen hatte. Aber was er jetzt über die Unschärferelation, Heisenbergs definitive Verabschiedung der Kausalität und Bohrs Komplementarität zu hören und zu lesen bekam, erschien ihm weder als »Verschmelzung«, wie 1909 in Aussicht genommen, noch als Synthese.

Im März 1927 kam Einstein in einem Aufsatz zum Gedenken von Newtons 200. Todestag auf die vielen Kollegen zu sprechen, die das von Newton errichtete Fundament der klassischen Physik durch ihre Behauptung aufgegeben hätten, daß »nicht nur das Differentialgesetz, sondern selbst das Kausalgesetz – bislang das letzte Grundpostulat aller Naturwissenschaft – versage. Selbst die Möglichkeit einer raumzeitlichen Konstruktion, welche dem physikalischen Geschehen eindeutig zugeordnet werden könne, wird geleugnet.« Zwar gestand Einstein den Quantenmechanikern zu, diesen radikalen Weg »nicht ohne gewichtige Argumente« beschritten zu haben, gab ihnen aber unter Berufung auf den großen Vorgänger zu bedenken: »Wer wollte so vermessen sein, heute die Frage zu entscheiden, ob Kausalgesetz und Differentialgesetz, diese letzten Prämissen Newtonscher Naturbetrachtung, definitiv verlassen werden müssen?«[38] Er jedenfalls wollte es nicht.

Da Einstein keine inhärenten Fehler in der Quantenmechanik fand, versuchte er, der statistischen Interpretation eine kausale Alternative entgegenzustellen und dadurch die Diskussion offenzuhalten. Am 15. Mai 1927 legte er der Akademie eine Abhandlung mit dem vorsichtig fragenden Titel vor: *Bestimmt Schrödingers Wellenmechanik die Bewegung eines Systems vollständig oder nur im Sinne der Statistik?* Im ersten Absatz kündigte er an, es solle »gezeigt werden, daß Schrödingers Wellenmechanik es nahelegt, jeder Lösung der Wellengleichung Bewegungen des Systems eindeutig zuzuordnen«. Das ist aber schon alles, was von Einsteins einzigem eigenständigen Versuch einer quantenmechanischen Theorie gedruckt wurde, denn der Autor zog sie schon wenige Tage später zurück, sicherlich aus guten Gründen. Nur die erste Seite des Fahnenabzugs hat in den Akten der Akademie überdauert.[39]

Nach diesem Fehlschlag mag Einstein sich vorgenommen haben, den Stier bei den Hörnern zu packen und zentrale Aussagen der Quantenmechanik direkt in Frage zu stellen, um dadurch deren vorläufigen und verbesserungsbedürftigen Status nachzuweisen. Offenbar hatte er sich mit dieser Absicht auf die Solvay-Konferenz vorbereitet, die für die letzte Woche des Oktober 1927 nach Brüssel einberufen worden war.

Den ersten beiden nach dem Krieg abgehaltenen Solvay-Konferenzen war Einstein ferngeblieben, 1921 wegen seiner Reise nach Amerika und 1924 aus Solidarität mit seinen von der Teilnahme ausgeschlossenen deutschen Kollegen. Nun neigte sich, ein knappes Jahrzehnt nach dem »Schießkrieg«, auch der »Schreibkrieg« der Gelehrten seinem Ende zu, so daß Hendrik A. Lorentz in seiner traditionellen Rolle als Präsident wieder deutsche Physiker nach Brüssel einladen konnte. Die Konferenz sollte von »Elektronen und Photonen« handeln, und die Liste der Teilnehmer versprach einen Gipfelkongreß zur Quantenmechanik.

Den Altmeistern Lorentz und Planck wird man nicht verübeln können, daß sie der rasanten Entwicklung der letzten beiden Jahre etwas verständnislos gegenübergestanden hatten. Die mittlere Generation war durch Bohr, Born, Ehrenfest, Einstein und Schrödinger repräsentiert, wobei die beiden letzteren eine vorwiegend skeptische Haltung einnahmen. Und dann gab es noch jene Teilnehmer, die der Quantenmechanik den Ruf der »Knabenphysik« eingetragen hatten: Pauli 27, Dirac und Heisenberg gar nur 25 Jahre jung, aber schon unendlich weise und erfahren in dem Bewußtsein, gerade die moderne Physik des 20. Jahrhunderts geschaffen zu haben.

Einstein war, wie Madame Curie und Paul Langevin, Mitglied des Wissenschaftlichen Komitees. Zudem war er von Lorentz gebeten worden, einen Bericht über den Stand der Quantenstatistik zu geben. Seine Zusage zog er im Juni 1927 jedoch wieder zurück: »Nach vielem Hin und Her komme ich zu der Überzeugung, daß ich nicht kompetent bin, einen solchen Bericht in der Weise zu geben, die tatsächlich dem Stand der Dinge entspricht. Der Grund liegt darin, daß ich an der modernen Entwicklung der Quantentheorie nicht so intensiv teilnehmen konnte, wie es für diesen Zweck notwendig wäre. Dies teilweise deshalb, weil mein Aufnahmevermögen zu gering ist, um der stürmischen Entwicklung voll folgen zu können, teils weil ich die rein statistische Auffassung nicht billige, auf der diese neuen Theorien aufbauen.«[40] Trotzdem sahen alle, die von Einsteins Ablehnung der Quantenmechanik durch Briefe oder Gerüchte gehört hatten, in seinem Auftreten einen der Höhepunkte der Veranstaltung.

An den Diskussionen nach den Vorträgen beteiligte sich Einstein, soweit sich dem offiziellen Konferenzbericht entnehmen läßt, nicht gerade häufig, und dann immer mit Vorbemerkungen von der Art, er sei sich des Umstandes wohl bewußt, »daß ich in das Wesen der Quantenmechanik nicht tief genug eingedrungen bin«.[41] Lebhafter wurde er im Klub der »Fondation Universitaire« und im Hotel bei den gemeinsamen Mahlzeiten. Schon zum Frühstück präsentierte Einstein ein hübsches Gedankenexperiment, das einen schwerwiegenden Mangel der Quantenmechanik aufdecken sollte. Von Pauli und Heisenberg wird berichtet, sie hätten sich nicht weiter darum gekümmert, unerschütterlich in der Überzeugung: »Ach, das stimmt schon, das stimmt schon.«[42] Bohr dagegen hat jedes der Einsteinschen Argumente ernst genommen, und spätestens beim Abendessen meinte er, Einstein durch eine sorgfältige Analyse überzeugen zu können, daß die Quantenmechanik vielleicht ungewohnt, aber die auf der Quantenebene einzig richtige Theorie sei.

Bohrs ebenso gründliche wie von tiefer Sympathie für den Gesprächspartner getragene Rekonstruktion der Diskussionen[43] zeigt, daß Einstein nicht nur über die statistische Auffassung der einzelnen Elementarprozesse und den Verzicht auf Kausalität beunruhigt war, sondern auch schon von dem Verdacht umgetrieben wurde, daß die Quantenmechanik sogar neuartige, instantane Fernwirkungen impliziere, die im Widerspruch zum Relativitätspostulat stünden.

Bohr bemühte sich mit der ihm eigenen Ausdauer, Einstein zu der Einsicht zu bringen, daß derartige Paradoxien nur scheinbar sind, weil sie nur dann auftreten, wenn man auf gleichzeitiger Beschreibung in der Raum-Zeit und mittels der Erhaltungssätze besteht. Im Mikrokosmos der Atome muß man schon wegen der konkreten Beobachtungssituation auf eine der beiden Möglichkeiten verzichten. Die Quantenmechaniker haben diesen Verlust nicht nur hingenommen, sondern ihn als tiefe Erkenntnis über die Naturgesetze gewertet, während Einstein darin einen unerträglichen Verzicht auf die Vollständigkeit der Naturbeschreibung sah, mit dem er sich niemals arrangieren konnte.

Oft und sicher nicht zu Unrecht sind die Diskussionen zwischen Bohr und Einstein zum Kampf der Titanen um die letzten Welträtsel verklärt worden, für die Teilnehmer waren sie aber trotz des hohen Einsatzes voller Witz, Charme und Freundlichkeit. Ehrenfest, der immer dabei war und oft mit beiden einzeln sprach – »Jede Nacht um 1 Uhr kam Bohr zu mir noch aufs Zimmer, um bis Drei mir nur noch *ein einziges* Wort zu sagen« –, Ehrenfest also hat unmittelbar nach dem Kongreß seinen in Leiden verbliebenen Studenten einen erlebnisfrischen Bericht übermittelt: »Herrlich war es für mich, den Zwiegesprächen zwischen Bohr und Einstein beizuwohnen. Schachspielartig. Einstein immer neue Beispiele. Gewissermaßen Perpetuum mobile zweiter Art, um die *Ungenauigkeitsrelation* zu durchbrechen. Bohr stets aus einer Wolke von Philosophischen Rauchgewölkes die Werkzeuge heraussuchend, um Beispiel nach Beispiel zu zerbrechen. Einstein wie die Teuferln in der Box. Jeden morgen wieder frisch herausspringend. Oh das war köstlich. Aber ich bin fast rückhaltlos pro Bohr contra Einstein. Er verhält sich nun exact gegen Bohr wie die Verteidiger der absoluten Gleichzeitigkeit sich gegen ihn verhalten haben.«[44]

Den letzteren Eindruck hatten viele, aber nur Ehrenfest hat es sich wohl herausnehmen dürfen, im Gespräch mit Einstein auf die Analogie zu den intransigenten Opponenten der Relativitätstheorie anzuspielen. Einstein hat es dem Freund nicht verübelt.

Während die Altersgenossen unter den Kollegen Einsteins betrübt waren, daß sie den Größten ihrer Zunft nicht hatten überzeugen können, gingen die jungen Exponenten der »Knabenphysik« bald achselzuckend über seine Einwände hinweg und hielten seine Einstellung einfach für »reaktionär«.[45] Einstein aber bewies Größe, wenn auch im stillen bei der Nominierung für den Nobelpreis. Daß er 1928 Louis de Broglie wegen der Materiewellen vorschlug und zugleich die Amerikaner Davisson und Germer für die experimentelle Bestätigung von de Broglies Prognose, lag auf der Linie seiner wissenschaftlichen Sympathien. Überraschend ist freilich, daß er in seinem langen Nominierungsschreiben schon im Vorgriff auf den Preis für das folgende Jahr zu bedenken gab, daß dann die Theoretiker Heisenberg und Schrödinger in Betracht gezogen werden sollten.

Nach langen Erwägungen kam er zu dem Schluß, es solle »de Broglie Vorrang haben, da seine Idee sicherlich korrekt ist, während es immer noch problematisch ist, wieviel schließlich von den grandios erdachten Theorien der beiden zuletzt genannten Forscher überleben wird«.[46] Hinsichtlich Heisenberg und Schrödinger war das ein so kurios formulierter Vorschlag, daß er in Stockholm wohl Seltenheitswert haben dürfte.

Ausbau und Anwendung der Quantenmechanik lösten eine ungeahnte Erkenntnisexplosion aus, an der Einstein freilich nicht mehr teilhatte. Bei der Entgegennahme der Max-Planck-Medaille im Juni 1929 blieb ihm nichts anderes übrig, als mit einem Hauch von Wehmut an seinen uneingelösten Traum von der Erklärung der Quantenbedingungen durch sein Programm der Überbestimmung von Differentialgleichungen im Raum-Zeit-Kontinuum einer Feldtheorie zu erinnern: »Unerreicht steht dieses Ziel da, und kaum dürfte ein Fachmann zu finden sein, der meine Hoffnung teilte, auf diesem Weg zu einem tieferen Verständnis der Wirklichkeit zu gelangen.«[47] Während er in eigenwilliger Terminologie die Gesetzesstruktur der Quantenmechanik als »Subkausalität« bemängelte, hielt er an der Hoffnung fest, daß die Physik auf seinem Wege schließlich zu einer »Überkausalität« gelangen werde, wobei er den Unterschied zur üblichen Auffassung der Kausalität allerdings im Dunkel ließ.

Unbekümmert von diesen prinzipiellen Fragen, rechneten derweil die Quantenmechaniker munter drauf los und lösten ein Problem nach dem anderen: von den Details der Atomspektren bis zur Elektronentheorie der Metalle. Natürlich beeindruckten diese Erfolge auch Einstein, und er bekundete öffentlich, er »bewundere... aufs höchste die Leistungen der jungen Physikergeneration, welche unter dem Namen Quantenmechanik zusammengefaßt sind, und glaube an den tiefen Wahrheitsgehalt dieser Theorie; nur denke ich, daß die Beschränkung auf statistische Gesetze eine vorübergehende sein wird«.[48] Bald darauf urteilte er wieder härter, wollte der Quantenmechanik nur den bei Theoretikern sehr minderen Status des »Halbempirischen« zugestehen und beharrte auf seiner Überzeugung, »dass man auf diesem halbempirischen Wege nicht in die Tiefe gelangen kann«.[49]

In dieser Einschätzung war Einstein zwar in der Minderheit, aber ganz allein war er nicht. Sein prominentester Mitstreiter war Erwin Schrödinger, der die statistische Interpretation so abscheulich fand, daß er zeitweilig bedauerte, die Wellenmechanik überhaupt in die Welt gesetzt zu haben. Dieser verwandten Seele hatte Einstein geschrieben: »Die Heisenberg-Bohr'sche Beruhigungsphilosophie – oder Religion? – ist so fein ausgeheckt, dass sie dem Gläubigen einstweilen ein sanftes Ruhekissen liefert, von dem er sich nicht so leicht aufscheuchen lässt. Also lasse man ihn liegen.«[50] Allerdings war klar, daß Einsteins immer noch kämpferisches Temperament diesen selbstauferlegten Quietismus nicht lange durchhalten würde.

Beim nächsten Solvay-Kongreß im Oktober 1930 war Einstein wieder da, »wie die Teuferln in der Box« und mit einem überaus raffinierten Gedankenexperiment zur Widerlegung der Unschärferelation. Ein strahlungserfüllter Kasten habe eine Lochblende, deren Öffnen und Schließen von einer Uhr kontrolliert wird. Durch die Wägung des Kastens vor und nach der Emission von Licht ließe sich die Energie des Lichts exakt bestimmen, während die Uhr den Zeitpunkt der Emission gleichfalls präzise festlegt, im Widerspruch zur Unschärferelation für Energie und Zeit.

Wenn Einstein die Absicht hatte, Bohr mit diesem Gedankenexperiment aus der Fassung zu bringen, so war ihm das nach einem Augenzeugenbericht vollauf gelungen: »Für Bohr bedeutete dies einen schweren Schlag. Im Augenblick sah er keine Lösung. Den ganzen Abend war er äußerst unglücklich, ging vom einen zum andern und versuchte alle zu überreden, daß es nicht wahr sein könne, denn es würde das Ende der Physik bedeuten, hätte Einstein recht. Doch er konnte keine Widerlegung finden. Ich werde niemals den Anblick vergessen, den die beiden Gegner beim Verlassen des Universitätsklubs boten. Einstein, eine majestätische Gestalt, ging ruhig mit einem leicht ironischen Lächeln, und Bohr trottete neben ihm, höchst aufgeregt.«[51]

Nach einer schlaflosen Nacht konnte Bohr Einstein mit dessen ureigensten Mitteln widerlegen: Die unbestimmte Höhe der Uhr während der Wägungen macht gemäß der Allgemeinen Relativitätstheorie den Gang der Uhr um jenen Betrag ungenau, der erforderlich ist, damit die Unschärferelation für Energie und Zeit erfüllt ist.[52] Leider hat niemand etwas über Einsteins Mienenspiel berichtet, als er von Bohr belehrt wurde, er habe ausgerechnet die Relativitätstheorie an einem entscheidenden Punkt übersehen. Zweifellos hat diese überraschende Pointe einen starken Eindruck hinterlassen, denn nach diesem Erlebnis hat Einstein nicht mehr versucht, Aussagen der Quantenmechanik zu widerlegen.

Er war sogar zu der Überzeugung gelangt, daß zumindest einiges von der Quantenmechanik überleben wird. 1931 schlug er erneut Schrödinger und Heisenberg für den Nobelpreis vor, dieses Mal an uneingeschränkt erster Stelle als die »zwei Männer, die in erster Linie den Nobelpreis für Physik verdienen. Diese Lehre enthält nach meiner Überzeugung zweifellos ein Stück endgültiger Wahrheit. Die Leistungen beider Männer sind voneinander unabhängig und so bedeutend, daß es nicht angehen dürfte, einen Nobelpreis zwischen ihnen zu teilen.«[53]

Wenn Einstein damit den außergewöhnlichen Rang auch von Heisenbergs Leistung anerkannte, bedeutete das natürlich nicht, daß er deshalb mit der Quantenmechanik seinen Frieden gemacht hätte, schon gar nicht in der nun als »Kopenhagener Interpretation« bezeichneten Auffassung von Bohr und Heisenberg sowie deren Mitstreitern. Allerdings richtete sich seine Kritik in der Zukunft darauf, daß die Beschreibung der individuellen Prozesse durch die Quantenmechanik zwar nicht falsch, aber unvollständig sei, und die Suche nach einer vollständigen Beschreibung der Natur hielt ihn gefangen bis zu seinem letzten Atemzug.

5. »nach meinem eigenen Gusto«. Politik, Patente, Krankheit und »ein wundervolles Ei«

Nach der aufregend strapaziösen ersten Hälfte der zwanziger Jahre wollte Einstein in Berlin sich ungestört auf die Physik konzentrieren und nichts weiter als »sei Rua«[1] haben. Ganz ist ihm dies niemals gelungen, aber nach der Rückkehr aus Südamerika im Sommer 1925 ist er für einige Jahre diesem erstrebten Zustand doch ziemlich nahegekommen. Als er über Feld- und Quantentheorie grübelte, ohne dabei einen Durchbruch zu erzielen, waren es allerdings zwei Aufgaben, denen er sich nicht versagen wollte: der Mitarbeit im Kuratorium der Hebräischen Universität in Jerusalem sowie in der »Kommission für Intellektuelle Zusammenarbeit« des Völkerbundes in Genf. In beiden Gremien war er nicht immer ein bequemer Partner, und beide verließ er im Protest.

Seinem Herzen am nächsten stand zweifellos die Hebräische Universität, die er im Februar 1923 mit seiner Ansprache auf dem Skopus Berg eröffnet hatte. Noch im gleichen Jahr übernahm er von Berlin aus die Redaktion des ersten Bandes der ›Scripta Mathematica et Physica‹ dieser Institution und steuerte selbst eine mit Jakob Grommer geschriebene Arbeit bei, allerdings eine nicht sehr bedeutende.[2] Er akzeptierte auch die Mitgliedschaft in dem aus neun Gelehrten bestehenden Akademischen Rat, gemeinsam mit dem Berliner Kollegen August von Wassermann, dem Direktor des Instituts für experimentelle Medizin der Kaiser-Wilhelm-Gesellschaft.

Als 1925 die Leitung der Universität einem Kuratorium übertragen wurde, galt Einstein als nachgerade geborenes Mitglied und wurde demgemäß in dieses Gremium berufen. Während der konstituierenden Sitzung in Tel Aviv war er in Südamerika; so wurde er erst beim zweiten, im September 1925 in München angesetzten Treffen, bei dem er den Vorsitz führte, damit konfrontiert, daß in Jerusalem nicht alles seinen Erwartungen entsprechen würde.

Einstein hatte sich eine akademische Eliteinstitution gewünscht, durchaus die besonderen Bedürfnisse der Kolonisation Palästinas berücksichtigend, aber autonom und allein den höchsten wissenschaftlichen Standards auf der Grundlage der Einheit von Forschung und Lehre verpflichtet. Damit traf er bei den Repräsentanten der amerikanischen Juden nur auf partielles Verständnis. Wegen der überwiegend amerikanischen Finanzierung beanspruchten sie die Richtlinienkompetenz bei der Gestaltung der Universität, wollten sich pragmatisch mit einer Lehranstalt auf College-Niveau bescheiden und insbesondere in der Personalpolitik die Fäden in der Hand behalten, durchaus auch im Hinblick auf die reputierliche Unterbringung einiger Juden aus reichen amerikanischen Familien, wobei wissenschaftliche Leistung nicht immer vorrangig war.

Mit dem ständigen Statthalter der amerikanischen Interessen, dem als Universitätspräsidenten installierten vormaligen New Yorker Rabbi Judah Magnes, lag Einstein seit der Münchener Sitzung in heftigem Streit, und obwohl beide Pazifisten waren, gingen überaus bittere und unversöhnliche Schriftsätze hin und her, Rücktrittsdrohungen von seiten Einsteins eingeschlossen. Weizmann versuchte zu vermitteln, suchte Einstein in Berlin auf und wollte ihn unter allen Umständen daran hindern, wegen Magnes aus dem Kuratorium auszutreten.[3] Der lebenserfahrene Weizmann war eher mit einer unvollkommenen, halben Universität zufrieden als mit gar keiner, während der Kompromissen abgeneigte Einstein lieber gar keine wollte als eine halbe, d. h. in seinen Augen eine schlechte.[4]

Die spätere Zusammenfassung dieser Kontroversen durch Einstein geriet auch nach den Maßstäben seines »bösen Mauls« noch ungewöhnlich hart, wohl ebensosehr als Resultat einer enttäuschten Liebe wie der tatsächlichen Verhältnisse: »Das Böse an der Sache war, dass der gute Felix Warburg vermöge seiner Finanzautorität es durchgesetzt hat, dass der romantische und unfähige Magnes zum Leiter des Instituts gemacht wurde, ein verkrachter amerikanischer Rabbiner, der durch seine dilettantischen politischen Unternehmungen seiner einflussreichen Familie in Amerika unbequem geworden war und die für ihn einen ehrenvollen Abgang ins Exotische sehr wünschte. Dieser ehrgeizige und schwache Mensch umgab sich mit andern moralisch minderwertigen Männern, die keine anständigen Menschen dort aufkommen liessen. ... Diese haben es dahin gebracht, die Atmosphäre dort vollkommen zu vergiften und das Niveau der Anstalt niedrig zu halten.«[5]

Als 1928 Magnes' Befugnisse, die zunächst auf Finanz- und Verwaltungsangelegenheiten beschränkt waren, auch offiziell auf alle akademischen Belange einschließlich Berufungsfragen erweitert wurden, sah Einstein seine Grundsätze von akademischer Autonomie vollends untergraben und trat aus dem Kuratorium sowie aus dem Akademischen Rat aus. Der einzige Gefallen, den er Weizmann und der Hebräischen Universität noch tun konnte, war ein Rückzug in der Stille bar öffentlichen Aufhebens.[6] Aber er wußte, daß seine Beziehungen zur Hebräischen Universität nicht auf diese Weise zu Ende gehen konnten. Dem Vizepräsidenten des Kuratoriums Selig Brodetzky versicherte er in der Hoffnung auf bessere Zeiten, er »werde niemals aufhören, das Schicksal der Jerusalemer Universität als meine Herzensangelegenheit zu betrachten. ... Die Hauptsache ist, daß wir alle das gleiche Ziel haben, nämlich der Universität zu dienen. Ich hoffe, daß meine Methode zu diesem Ziel beitragen wird.«[7]

Bei der Völkerbundskommission hatte Einstein seinen Austritt mit nachfolgendem Wiedereintritt schon hinter sich gehabt. Von 1924 bis 1927 hat er die regulären Sitzungsperioden der Kommission, die jeweils im Juli angesetzt waren, brav besucht, obwohl er ihnen nicht viel abgewinnen konnte. Als »internationaler Mensch« sah er darin aber seine Verpflichtung und die Aufgabe, »die durch den Weltkrieg so grenzenlos zerstörte Einigkeit unter den Völkern wiederherzustellen und dafür zu sorgen, daß eine bessere und aufrichtigere Verständigung zwischen den Nationen eine Wiederholung des furchtbaren Unglücks, das wir durchlebt haben, unmöglich macht. Hierbei mitzuwirken, ist meiner Überzeugung nach eine Pflicht, der sich niemand, trotz noch so großer Leistung, auf welchem Gebiet auch immer, zu entziehen vermag.«[8] Für die ermüdende Sitzungsroutine wurde er reichlich entschädigt durch das Zusammentreffen mit Marie Curie und vor allem mit H. A. Lorentz, der als Vorsitzender fungierte. Zudem konnte er die Gelegenheit zu Besuchen in Zürich nutzen oder zu einer kleinen Bergtour mit dem Sohn Eduard.

Obwohl »ad personam« nominiert, fühlte sich Einstein in Genf doch ein wenig als Repräsentant der Deutschen, die erst 1926 zum Völkerbund zugelassen wurden; in einer Anwandlung von Solidarität nannte er Deutschland sogar einmal öffentlich »mein eigenes Vaterland«.[9] Privat gefielen ihm die Franzosen allerdings »besser als ›unsere‹«, und zum Verhältnis der noch längst nicht ausgesöhnten Kriegsgegner merkte er an, er »werde wohl nicht mehr erleben, dass diese verschiedenen Welten sich amalgamieren. Es macht mir aber Spass, beide zu beobachten, ohne mich als zu den einen oder den anderen gehörig zu fühlen.«[10]

Unvermeidlich, daß Einstein der diplomatisch-unverbindlichen Glätte manchmal überdrüssig wurde und für heftigen Streit sorgte, zum Beispiel im Januar 1926 in Paris bei der Gründung des »Instituts für Intellektuelle Zusammenarbeit«, das der Arbeit der Kommission eine beständigere Basis verleihen sollte. Als das faschistische Italien den Minister Alfredo Rocco in das Komitee dieses Instituts entsenden wollte, bestand Einstein darauf, daß dessen Mitglieder unabhängige Persönlichkeiten sein sollten. Stolz berichtete Einstein nach Hause von einem »wilden Kampf mit dem faschistischen Unterrichtsminister, an den der Mann denken wird, so lange er lebt«.[11] Er wollte sogar gegen Rocco kandidieren, konnte aber die Wahl des Faschisten in das Komitee nicht verhindern, da Mussolini mit dem Auszug Italiens aus dem Völkerbund drohen ließ.

Es hätte freilich nicht dieser Erfahrung bedurft, damit Einstein sich über die Schwächen des Völkerbundes niemals Illusionen machte; aber anders als 1923, als er mit Aplomb aus der Kommission ausgetreten war, lobte er den Völkerbund nun »als das einzige große Friedensinstrument, das wir haben, und so wenig wir ihm gegenüber mit unserer Kritik zurückhalten sollen, so wenig sind wir berechtigt, ihm unsere Mitarbeit zu versagen«.[12]

Neben seiner friedensstiftenden Mission beim Völkerbund, zu der 1927 noch die Mitgliedschaft in einem »beratenden Ausschuß der Geistesarbeiter« beim Internationalen Arbeitsamt in Genf hinzukam, war Einstein freilich in einer Sache engagiert, die ein sensibleres Gemüt als Konflikt zu eben diesen Friedensbemühungen hätte empfinden können: dem nicht nur, aber doch vor allem militärisch interessanten Kugelkompaß. Aber auch hier bewährte sich seine von Freunden vielfach mit Erstaunen registrierte »merkwürdige Gabe, Dinge, die ihm unangenehm sind, abzuschütteln wie ein Pudel das Wasser«.[13]

Unmittelbar nach der Sitzungsperiode der Völkerbundskommission hatte Einstein den ganzen August des Jahres 1925 in Kiel verbracht, mit dem Sohn Hans Albert Segeltouren unternehmend und den Fortgang der Arbeiten an diesem Instrument begleitend. Anschütz konnte er »nicht genug dankbar sein für den wunderhübschen Unterschlupf, den Sie mir in Kiel geschaffen haben«.[14] Als Einstein im Oktober 1926 erneut bei Anschütz in seiner Fabrik vorbeischaute, hatten Erprobungen auf einem Torpedoboot der Reichsmarine schon die Überlegenheit gegenüber dem älteren Dreikreisel-System demonstriert, so daß für den Kugelkompaß die Serienproduktion vorbereitet werden konnte. Daß sich vorwiegend die Kriegsmarinen für das neue Instrument interessierten, scheint Anschütz ebensowenig gestört zu haben wie den Pazifisten Einstein.

Nachdem Anschütz bereits in früheren Jahren die »Tribut-Pflichtigkeit« seiner Firma gegenüber Einstein großzügig abgegolten hatte, wurde bei dieser Gelegenheit die Mitarbeit Einsteins an diesem Instrument, insbesondere seine Konstruktion der Blasspule, vertraglich anerkannt: Ein Prozent vom Verkaufspreis eines jeden Apparats sollte Einstein erhalten, drei Prozent von eventuellen Einnahmen aus Lizenzen.[15] Der Vertrag wurde nicht mit der Kieler Firma geschlossen, sondern mit dem holländischen Unternehmen »Giro«, einer Vertriebsgesellschaft, die Anschütz im wesentlichen zur Umgehung des im Versailler Vertrag festgelegten Verbots des Exports militärisch relevanter Güter gegründet hatte, was Einstein nicht entgangen sein konnte.

Ab 1927 wurde die kleine deutsche Seestreitmacht mit dem neuen Kompaß ausgerüstet. Bei Erprobungen der französischen und der italienischen Kriegsmarine schlug der Kugelkompaß alle anderen Systeme aus dem Feld und wurde zur Standardausrüstung dieser und vieler anderer Flotten, darunter auch der japanischen. Sogar die englischen Seelords und die amerikanische Navy waren von den gekauften Testexemplaren angetan, bestanden nach Abwägung aller Umstände jedoch auf Ausrüstung aus heimischer Produktion. Stolz bilanzierte eine Firmenchronik: »Man stand am Anfang einer starken Aufwärtsentwicklung, und als der zweite Weltkrieg ausbrach, fuhren – außer den angelsächsischen – die Kriegsschiffe aller Marinen von Bedeutung mit Anschütz-Kreiselkompassen zur See.«[16]

An dem rüstungsgeschäftlichen Aufschwung war auch Einstein beteiligt, aber nur mäßig. Ab 1928 erhielt er seinen Anteil von der Koopmansbank in Amsterdam angewiesen, zuerst knapp dreihundert Dollar, später sieben- bis achthundert Dollar jährlich, keine Reichtümer, aber doch ein nützliches Zubrot. Als dubios hat er es wohl nicht empfunden, denn als es im ersten Kriegsjahr 1939 ausblieb, erinnerte Einstein im Januar 1940 in einem Schreiben aus Princeton an seine Ansprüche, wurde jedoch beschieden, daß die »Giro« sich seit 1938 in Liquidation befinde.[17] Die Kieler Mutterfirma, deren Gründer und Namensgeber schon 1931 verstorben war, brauchte keine holländische Niederlassung mehr zur Umgehung von Rüstungskontrollen, und Einstein war klar, daß er aus dem Deutschen Reich keine Zahlung erhalten würde.

So brauchte Einstein im Zweiten Weltkrieg, als deutsche U-Boote und japanische Flugzeugträger auf ihren Vernichtungskursen von Instrumenten gesteuert wurden, an denen er nicht nur technisch, sondern auch geschäftlich beteiligt war, wenigstens nicht über die Legitimität von Tantiemen aus diesem Engagement nachzudenken. Ein temperamentvoller Wutausbruch über diese Verwendung seiner Erfindung in Feindeshand ist nicht überliefert, nicht einmal ein kleiner Kommentar.

Kaum hatte sich der Kugelkompaß der Fertigungsreife genähert, war Einstein schon mit einem anderen ganz praktischen Problem beschäftigt: dem perfekten, insbesondere dem geräuschlosen Kühlschrank. In der Haberlandstraße gab es noch die simple Variante eines mit Eisblöcken gefüllten Isolierschranks, vielleicht deshalb, weil bei elektrischen Kühlaggregaten Motor und Kompressor mit viel Lärm ratterten und sie zudem wegen auslaufender Kühlflüssigkeit nicht ganz ungefährlich waren. Gemeinsam mit Leo Szilard, einem ebenso brillanten wie vielseitigen jungen Physiker, der aus Budapest nach Berlin gekommen war und sich an der Universität habilitiert hatte, glaubte Einstein Abhilfe schaffen zu können.

Szilard und Einstein konzipierten eine originelle Pumpe, die nicht mechanisch, sondern durch elektromagnetische Induktion angetrieben wird. Ein flüssiges Metall, Kalium oder ein Natrium-Kalium-Gemisch, wird in einem Rohr durch ein elektromagnetisches Wechselfeld hin- und herbewegt und fungiert so als Kolben einer Pumpe; durch periodische Dekompression wird das Kühlmittel verflüssigt und bei anschließender Verdampfung entsteht die gewünschte Kälte. Diese elegant ausgedachte Pumpe wäre inhärent dicht und zudem geräuschfrei.

Im November 1927 wurde von Szilard und Einstein gemeinsam das erste Patent für eine neue Kältemaschine eingereicht[18], dem in den nächsten zwei Jahren noch sieben weitere Patentanmeldungen folgten, teils Einzelheiten wie den Induktionsmotor betreffend, teils immer neue Varianten des gleichen Prinzips schützend.[19] Die Grundidee wurde auch in den USA, in England und in Holland sowie an Einsteins vormaligem »weltlichen Kloster«, dem Patentamt in Bern, angemeldet, wo sich der alte Freund Michele Besso mit »redaktionelle(r) Beanstandung« zu befassen hatte.[20]

Derweil kümmerte sich Szilard im Forschungslaboratorium der AEG um die Realisierung der schönen Idee, was nicht ganz einfach gewesen sein kann. Nicht nur mußten die Alkalimetalle ständig mit hoher Temperatur im flüssigen Zustand gehalten werden, sie sind zudem chemisch sehr reaktiv und aggressiv und daher alles andere als bequem und sicher zu handhaben. Prototypen sind zwar gebaut worden[21], aber ein marktfähiges Produkt ist daraus nicht hervorgegangen. Die Technik war zu anspruchsvoll, die Marktlage in der Weltwirtschaftskrise zu ungünstig; vor allem wurden sehr schnell Sicherheit und Geräuschentwicklung der konventionellen elektrischen Kühlaggregate so weit verbessert, daß kein Bedarf mehr nach einer Alternative bestand. Wenn die beiden Erfinder Reichtümer erhofft haben sollten, so mußten sie die in den Wind schreiben; von der AEG haben sie offenbar nur geringe Honorare erhalten.[22]

Erst viel später zeichneten sich Möglichkeiten für die Anwendung der Einstein-Szilard-Pumpe ab, freilich nicht beim Kühlschrank, sondern in der Reaktortechnik. Auf Betreiben von Szilard wurde nach dem Zweiten Weltkrieg die elektromagnetische Pumpe mit großem Aufwand für den Einsatz in metallisch gekühlten Brutreaktoren oder im Salzschmelzenreaktor entwickelt, aber auch hier ohne durchschlagenden Erfolg.

Auch wenn keine Reichtümer resultierten, haben technische Beschäftigungen dem Theoretiker Spaß gemacht. Rudolf Goldschmidt, Direktor eines industriellen Forschungslabors in Berlin, wurde von Einstein mit relevanten Knittelversen beglückt:

Ein bißchen Technik dann und wann
auch Grübler amüsieren kann.
Drum kühnlich denk ich schon so weit:
Wir legen noch ein Ei zu zweit.[23]

In diesem Falle ging es um eine Bekannte Einsteins, eine Sängerin, die schwerhörig geworden war. Das Resultat dieser Kalamität war ein Patent für ein Hörgerät, das auf dem Effekt der Magnetostriktion basiert.[24] Ob es in Serie gefertigt oder wenigstens ein Einzelstück zum Nutzen der schwerhörigen Sängerin hergestellt worden ist, bleibt unbekannt. Aber Einsteins letztes Patent war es nicht.

1926 dienten Völkerbund und Patentangelegenheiten einträchtig nebeneinander als Begründung dafür, daß Einstein seine liebste akademische Nebentätigkeit beenden wollte. »Ich habe durch Völkerbund und mehrere industrielle Sachen, in die ich mich eingelassen habe, so wenig übrige Zeit, dass ich meine Stelle in Leiden nicht aufrecht erhalten kann«, beichtete er Ehrenfest, der vergeblich auf einen längeren Aufenthalt des Gastprofessors Einstein gewartet hatte. Wohl nicht nur zum Trost des Freundes fügte Einstein noch hinzu: »Ich bin auch schon zu unfruchtbar geworden, um diese Einrichtung als gerechtfertigt erscheinen zu lassen.«[25]

Daraufhin steckten die Leidener Professoren die Köpfe zusammen und kamen zu einem weisen Beschluß, den Ehrenfest »scherzweise so formuliert« übermittelte: » ›Ganz einfach, Einstein wird pensionierter Professor von uns.‹ Das heißt: Es wird von jetzt ab nicht mehr erwartet, daß er nach Leiden kommt.«[26] Für eine Pension ohne Pflichten fühlte sich Einstein freilich zu jung, so daß er vorschlug, ihm sein holländisches Gehalt nur auszuzahlen, wenn es tatsächlich durch Anwesenheit gerechtfertigt wäre; andernfalls solle »zum Besten des Instituts oder junger Physiker über das Geld«[27] verfügt werden. Dieser Vorschlag, darin war sich Ehrenfest sicher, »wird von allen Beteiligten mit großem Jubel aufgenommen werden«.[28] Ein hübscher Fonds muß daraus entstanden sein, denn Einstein kam zwar häufig zu kurzen Besuchen als Privatmann, im Februar 1928 auch als offizieller Vertreter der Berliner Akademie zur Gedenkfeier für den im Alter von 75 Jahren verstorbenen H. A. Lorentz, aber nur noch einmal erschien er im Jahre 1930 für mehrere Wochen in seiner Funktion als Gastprofessor.

Natürlich bestand nicht nur in Leiden Interesse an Einstein. Einladungen erreichten ihn nach wie vor in Hülle und Fülle, aber mittlerweile machte ihm das Schreiben von Absagen nichts mehr aus, er ließ dabei sogar seinen Launen freien Lauf. Auf das Ansinnen, die Eröffnungsfeier des Ersten Internationalen Kongresses für Sexualforschung mit einer musikalischen Darbietung zu umrahmen und dazu einen der beiden Violinparts in Brahms' Streichsextett op. 18 zu übernehmen, reagierte er adäquat: »Leider sehe ich mich weder vermöge meiner sexuellen noch meiner musikalischen Fähigkeiten in der Lage, ihrer freundlichen Aufforderung zu entsprechen.«[29]

Meistens formulierte er seine Absagen mit weniger Humor; auf eine Bitte um Unterstützung einer Veranstaltung in der Berliner Volkssternwarte im Treptower Park polterte er: »Können Sie sich vorstellen, dass ich müde bin, überall als symbolischer Leithammel mit Heiligenschein zu figurieren. Also lassen Sie mich draußen.«[30] Und dem Reichskanzler Wilhelm Marx sagte er nicht einmal selbst ab, sondern ließ von seinem Sekretär, wenn auch »ergebenst«, mitteilen, »daß Herr Professor die Einladung zum Herrn Reichskanzler am 30. Nov. leider nicht befolgen kann, da der Abend bereits anderweitig vergeben ist«.[31] Vielleicht mochte er diesen katholischen Zentrumspolitiker nicht besonders, aber auf jeden Fall wußte er sich unliebsame Störungen vom Leibe zu halten.

Zu der erstrebten und hartnäckig verteidigten Muße kam bald eine erzwungene Ruhe durch eine schwere Erkrankung. Im März 1928 war Einstein wie schon bei früheren Gelegenheiten einer Einladung von Wilhelm Meinhardt gefolgt, dem Vorstandsvorsitzenden des Osram-Konzerns, der in Zuoz im Engadin ein Chalet hatte. Einstein verband das Angenehme mit dem Nützlichen, indem er bei den Davoser Hochschulkursen, die als internationale Zusammenkunft von Lehrenden und Lernenden zur Beförderung der Völkerverständigung konzipiert waren, den Festvortrag zur Eröffnung des ersten Kongresses am 18. März 1928 hielt.[32] Zur Aufbesserung der Finanzen dieses selbstlosen Unternehmens war er sogar bereit, in einem spontan gebildeten Streichtrio in einem Benefizkonzert als Geiger aufzutreten.[33] Aber von diesem als Erholung in winterlicher Alpenlandschaft geplanten Aufenthalt kehrte er als schwerkranker Mann nach Berlin zurück.

Zwischenzeitlich hatte Einstein nämlich wieder einen seiner Termine als Sachverständiger, dieses Mal bei einem Patentstreit zwischen der AEG und Siemens vor dem Reichsgericht. Mit der Bahn fuhr er nach Leipzig, legte seine Expertise vor und kehrte sogleich ins Engadin zurück. Nach der nächtlichen Ankunft in Zuoz stapfte er mit einer schweren Reisetasche in der Hand bei hohem Schnee mehrere hundert Meter aufwärts zu dem Meinhardtschen Chalet.[34] Diese Anstrengung endete in einem dramatischen Kreislaufkollaps, wohl auch als Folge seiner jahrelangen Sorg- und Rücksichtslosigkeit in gesundheitlichen Dingen. Der Freund Zangger wurde alarmiert und hat sich, wie Einstein ihm später dankend bescheinigte, »hingebend um meine Leiche bemüht«[35] und um schonenden Transport nach Berlin gekümmert. Wie der Patient sich dabei gefühlt hat, beschrieb er erst, als die Gefahr vorüber war: »Aber ich war nahe am Abkratzen, das man ja auch nicht ungebührlich aufschieben soll.«[36]

Die Behandlung in Berlin übernahm Janos Plesch, ein umtriebiger Modearzt mit dem Titel eines Professors, sehr einnehmend in gesellschaftlicher und finanzieller Hinsicht und ein Salonlöwe dazu. Plesch sammelte Prominente wie andere Leute seltene Briefmarken, und Einstein war schon vor seiner Erkrankung Pleschs kostbarste Trophäe bei seinen opulenten Herrenabenden, gemeinsam mit Fritz Haber, mit dem Pianisten Arthur Schnabel und dem Geiger Fritz Kreisler sowie dem Diplomaten Graf Rantzau.[37] Daß die Speisen und insbesondere die gereichten Weine dem Range der illustren Gesellschaft entsprachen, ergibt sich aus den Menükarten, die von dem gleichfalls eingeladenen Max Slevogt gestaltet wurden.

Einsteins Mediziner-Freunde, die soliden Professoren Moritz Katzenstein und Rudolf Ehrmann, waren sichtlich irritiert, daß sich der schwerkranke Patient nun einem schillernden Paradiesvogel anvertraute. »Ehrmann lehnt Plesch unbedingt ab, hauptsächlich aus menschlichen Gründen«, informierte Einstein Zangger über die Konflikte zwischen seinen heilkundigen Bekanntschaften, verteidigte seine Arztwahl aber mannhaft: »Man ist doch selber auch kein fleckenloser Engel, also Milde vis-a-vis allen anderen Schweinchen.«[38]

Plesch hatte in Einstein einen überaus folgsamen Patienten; das lag nicht am Vertrauen in die Heilkunst als Wissenschaft, sondern eher am Gegenteil. Seinen Arzt belehrte der als Patient erfahrene Naturforscher, daß »er stets davon überzeugt war, daß unser notwendig primitives Denken so etwas Kompliziertem wie einem lebendigen Organismus gegenüber notwendig unzureichend sein muß, und daß nur Geduld und Resignation, neben einem gesunden Humor und Gleichgültigkeit in Bezug auf die eigene Existenz helfen können«.[39]

All diese Eigenschaften konnte Einstein reichlich gebrauchen, denn die Bulletins vom Krankenlager klangen für viele Wochen deprimierend: »Es ging mir eigentlich ziemlich dreckig, indem das Herz, trotz 10 Wochen liegen noch immer recht chicanös ist. Nun hat Plesch die Diagnose auf Herzbeutelentzündung gemacht mit Ansammlung flüssiger Absonderung im Herzbeutel... Wollen am Ergebnis sehen, ob Plesch recht hat.«[40] Neben strikter Bettruhe verordnete Plesch salzlose Diät und entwässernde Medikamente, Maßnahmen vom Range der Hausmittel, die ihre Zeit brauchten. Erst im Sommer war Einstein wenigstens so weit hergestellt, daß er seine Genesung an der Ostsee fortsetzen konnte.

Er ging nicht wie in manchen Jahren zuvor auf die Insel Hiddensee, wo Berlins intellektuelle Schickeria sich den Sommer über am einfachen, d. h. oft am textilfreien Leben ergötzte, sondern er mietete ein Haus in Scharbeutz, einem damals verschlafenen Badeort an der Lübecker Bucht. »Ich muss hier par force faulenzen unter prächtigen Buchen an der Ostsee«[41], schrieb er auf die übliche Ferienpostkarte. »Wir sind schon monatelang an der Ostsee, wo sich meine Lebensgeister wieder kräftigen«, schilderte er Ehrenfest den Fortgang der Rekonvaleszenz. »Dabei habe ich erst gesehen, was für ein blödsinniges Dasein man in der Stadt führt, und wie glücklich man in der Stille und Abgeschiedenheit sein kann. Auch für das Denken ist es herrlich.«[42] Mit »viel Freude« las er Briefe von Spinoza: »Der hat das Befreiende der ländlichen Abgeschiedenheit gekannt.«[43]

Die Gesundheit freilich blieb schwankend. »Es geht auch schon wesentlich besser«[44], freute er sich nach der Ankunft, aber im September sah es eher schlechter aus: »Mein Herz ist immer noch etwas schlappig.«[45] Frau Elsa bilanzierte sorgenvoll kurz vor der Rückkehr nach Berlin: »Mein Mann hat sich gekräftigt. Aber seine ursprüngliche Frische und Spannkraft hat er nicht mehr erreicht. ... Er wird sich bescheiden müssen, in einem sehr gemächlichen Tempo leben.«[46] Auf

Dauer freilich war das Einstein weder vergönnt, noch wäre es nach seinem Geschmack gewesen. Zudem hatte er sich in sein aufregendstes wissenschaftliches Abenteuer gestürzt, eine neue vereinheitlichte Theorie, ganz entsprechend dem Entschluß, den er unter den Buchen von Scharbeutz gefaßt hatte: »Ich glaube weniger als je an die wesentlich statistische Natur des Geschehens und habe beschlossen, das bisschen Arbeitskraft, das mir noch gegeben ist, in vom gegenwärtigen Treiben unabhängiger Weise nach meinem eigenen Gusto zu verwenden.«[47]

»Ich habe in der Ruhe der Krankheit ein wundervolles Ei gelegt auf dem Gebiet der allgemeinen Relativität«, hatte Einstein schon Ende Mai auf dem Krankenlager gejubelt. »Ob der daraus schlüpfende Vogel vital und langlebig sein wird, liegt noch im Schosse der Götter. Einstweilen segne ich die Krankheit, die mich so begnadet hat.«[48] Er hatte eine neue Mathematik ersonnen, nicht als Selbstzweck, sondern zur Lösung seines großen Ziels: der einheitlichen Theorie von Gravitation und Elektrizität. Dafür war er zu radikalen Opfern bereit. Während frühere Versuche so angelegt waren, daß die Allgemeine Relativitätstheorie in der einheitlichen Theorie enthalten oder aus ihr ableitbar sein sollte, verzichtete er nun auf diesen Prüfstein. Als er den »Vogel« für vital und lebensfähig hielt, erklärte er zu einigen wesentlichen Zügen seiner schönsten Theorie leichten Sinnes, sie »müssen in die Rumpelkammer wandern trotz der Erfolge«.[49]

Da Einstein sich für den Besuch der Akademiesitzungen zu schwach fühlte, legte Max Planck an seiner Stelle zwei Abhandlungen vor, am 7. Juni einen rein mathematischen Auftakt, und eine Woche später die physikalische Nutzanwendung.[50]

Einsteins mathematische Novität war ein Amalgam aus der Riemannschen Geometrie und ihrem Grenzfall, der Euklidischen Geometrie. Während in letzterer der Begriff der Parallelität für alle Abstände definiert ist, macht er in der »gekrümmten« Riemannschen Geometrie nur für unendlich kleine Distanzen Sinn. Einstein war es nun gelungen, einen von ihm so genannten »Fernparallelismus« in die Riemannsche Geometrie zu implantieren, der es gestattete, auch im gekrümmten Raum die Richtungen endlich großer Linienelemente zu vergleichen.[51] Zu dieser Innovaton wird er durch die Überlegung geführt worden sein, daß im Grenzfall schwacher Felder einerseits die Gravitation mit Riemannscher Geometrie, andererseits die Maxwellsche Elektrodynamik mit euklidischer Geometrie herauskommen sollte.

In diesem raumzeitlichen Kontinuum mit Fernparallelismus erhielt er neuartige Tensoren und Invarianten, aus denen er Physikalisches konstruieren konnte, aber es gelang ihm noch nicht, aus seinen verwickelten Ausdrücken Gleichungen zu finden, die denen für elektromagnetische Felder und für die Gravitation entsprachen. Mit diesen Problemen fuhr er im Sommer an die Ostsee nach Scharbeutz; erst dort entdeckte er einen erfolgversprechenden Weg zur Herleitung der gesuchten Gleichungen.

Als Einstein im Herbst wieder in Berlin war, mußte er sich noch sehr anstrengen, bis er um die Jahreswende in Hochstimmung geriet: »Aber das Beste, an was ich fast die ganzen Tage und die halben Nächte gegrübelt und gerechnet habe, ist nun fertig vor mir und auf 7 Seiten zusammengepresst unter dem Namen ›einheitliche Feldtheorie‹. Das sieht altertümlich aus und die lieben Kollegen... werden zunächst einmal die Zunge herausstrecken, so lange es geht. Denn in diesen Gleichungen kommt kein Planck'sches h vor. Aber wenn man an die Leistungsgrenzen des statistischen Fimmels deutlich gelangt sein wird, wird man wieder zur zeiträumlichen Auffassung reuevoll zurückkehren, und dann werden diese Gleichungen einen Ausgangspunkt bilden.«[52] In einer ums Inhaltliche verkürzten Form teilte sich die Begeisterung auch Frau Elsa mit, die von ihrem Mann zu berichten wußte: »Er hat herrlich gearbeitet in letzter Zeit, das Problem gelöst, das zu lösen der Traum seines Lebens war.«[53]

Am 10. Januar 1929 wurde diese Arbeit der Akademie vorgelegt, wiederum von Max Planck, da Einstein allen Anlaß hatte, Nachstellungen von Journalisten aus dem Wege zu gehen. Denn es hatten sich in den Gazetten sonderbare Dinge zusammengebraut, die sich noch bizarrer ausnahmen als der »Relativitätsrummel« nach der Bestätigung der Lichtablenkung.

Den Reigen der Merkwürdigkeiten eröffnete auf der anderen Seite des Atlantiks die ›New York Times‹ am 4. November 1928 mit einem Bericht aus Berlin unter der Überschrift: »Einstein kurz vor einer großen Entdeckung; verärgert über die Zudringlichkeit.« Ob die Nachricht auf Einstein zurückging oder auf Plaudereien aus seinem Umkreis, bleibt unklar; jedenfalls zog er seine Lehren daraus, denn zehn Tage später folgte: »Einstein schweigsam über neue Arbeit, will nicht ›ungelegte Eier begackern‹.«[54] Als Planck den Gegenstand der gesteigerten Aufmerksamkeit am 10. Januar in der Akademie präsentiert hatte, war des Staunens kein Ende, daß Einstein nun das, was in popularisierender Redeweise die »Rätsel des Universums« genannt wird, auf nur sechs Seiten gelöst habe. Das Preußische Staatsministerium erbat wegen des Rauschens im Blätterwald von der Akademie eine »authentische Auskunft«, wurde jedoch belehrt, daß die Akademie zu den in ihren Sitzungen vorgelegten wissenschaftlichen Arbeiten nicht Stellung zu nehmen pflege.[55] Aus aller Welt heischten Telegramme um Auskunft, die beharrlich verweigert wurde, und eine Hundertschaft neugieriger Pressemenschen belagerte die Akademie, wurde aber auf das routinemäßige Erscheinen der Arbeit am 30. Januar vertröstet. In weiser Voraussicht wurde die Auflage auf ungewöhnliche tausend Exemplare festgelegt.

In den Wochen der gespannten Erwartung war Einstein verschwunden. Er hatte es sich auf dem Landsitz von Janos Plesch gemütlich gemacht, einem großzügigen Anwesen am Westufer der Havel in Gatow, das Plesch einem reichen Schuhcremefabrikanten abgekauft hatte.[56] Zu der repräsentativen Villa, in der nach dem Zweiten Weltkrieg der britische Stadtkommandant residierte und die Königin Elizabeth II. bei ihren Berlin-Besuchen wohnte, gehörte ein schmucker Pavillon, in dem Einstein bei Bedarf Unterschlupf fand. Dort war er im Winter ganz allein und kochte sich selber – »wie die alten Eremiten. Dabei merkt man zu seiner Verwunderung, wie schön lange der Tag ist und wie überflüssig ein grosser Teil des geschäftigen und müssiggängerischen Treibens...«[57]

Das Treiben überschlug sich am 30. Januar. Die tausend Exemplare von Einsteins Arbeit waren sofort vergriffen, Neuauflagen wurden rasch nachgedruckt, insgesamt dreimal je tausend Exemplare, ein absoluter Auflagenrekord der ›Sitzungsberichte‹, der mit wissenschaftlichem Interesse nichts mehr zu tun hatte. Eddington berichtete, daß ein Exemplar im Schaufenster eines Londoner Kaufhauses gelandet sei, alle sechs Seiten nebeneinander aufgeklebt, »große Menschenmengen drängeln sich, um es zu lesen«.[58] Den absoluten »scoop« landete die ›New York Herald Tribune‹, die am 1. Februar eine Übersetzung von Einsteins Arbeit einschließlich des Formelwerks auf der letzten Seite ihres ersten Bogens abdruckte. Verständlicher als die neue Theorie war den Lesern zweifellos die beigefügte Erläuterung der Übertragung mittels Telex, die als »technische Großtat« gebührend herausgestrichen wurde. Wegen der nur auf Ziffern- und Buchstabenfolgen beschränkten Telexleitung hatte der Berliner Korrespondent der ›Trib‹ mit einigen Physikern der Columbia University einen Code zur Übertragung der Formeln vereinbart. Während in Berlin Einsteins Text nebst den für Telex umgeschriebenen Gleichungen in die Maschine gehackt wurden, dechiffrierten in New York die Fachleute die

Zeichenketten und rekonstruierten die Formeln – so weit man sehen kann, korrekt.

Einstein war der Rummel unverständlich; er wurde sogar ausgesprochen zornig, wenn jemand aus seinem Bekanntenkreis daran beteiligt war wie der Philosoph Hans Reichenbach, der am 25. Januar in der ›Vossischen Zeitung‹ über »Einsteins neue Theorie« berichtet hatte.[59] Unterdes schrieb Einstein freilich selbst einen populären Artikel, allerdings nicht für deutsche Blätter: Am 3. Februar 1929 erschien er in der Sonntagsausgabe der ›New York Times‹ und tags darauf in der ›London Times‹.[60] Dabei mögen verlockende Valuta-Honorare ebenso eine Rolle gespielt haben wie eine größere Gelassenheit gegenüber dem Trubel in der Ferne.

Sein einziges Interview zu der neuen Theorie hatte Einstein schon vor Erscheinen seiner Arbeit gleichfalls einer englischen Zeitung gewährt; deren Leser erfuhren exklusiv aus erster Hand: »Jetzt, aber erst jetzt wissen wir, daß die Kraft, die die Elektronen auf ihren Ellipsen um die Atomkerne sich bewegen läßt, die gleiche Kraft ist, die unsere Erde ihre jährliche Bahn um die Sonne ziehen läßt, und die uns Licht und Wärme bringt, die das Leben auf der Erde ermöglichen.«[61] Mit dieser Aussage war er mehr als voreilig. Wir wissen es bis heute nicht, und auch damals war, bei ruhigerer Betrachtung, die neue Theorie nicht einmal ein Sturm im Wasserglas, sondern eher ein laues Lüftchen, das rasch verwehte.

In seiner einheitlichen Feldtheorie hatte Einstein einen Satz von Gleichungen konstruiert, von denen er überzeugt war, daß sie die elektromagnetischen und Gravitationsfelder korrekt beschreiben. Allerdings war der Anschluß nicht nur an die Empirie, sondern sogar an die gängige Theorie, die Allgemeine Relativität eingeschlossen, in weite Ferne gerückt, und abschließend mußte Einstein wieder auf die Zukunft verweisen: »Eine tiefere Untersuchung der Feldgleichungen wird zu zeigen haben, ob die Riemann-Metrik in Verbindung mit dem Fernparallelismus wirklich eine adäquate Auffassung der physikalischen Qualitäten des Raumes liefert.«[62]

Vergnügt und verbissen arbeitete Einstein weiter an den Problemen, schrieb Artikel für nicht spezialisierte Physiker[63] und auch solche für das Laienpublikum, in denen er freilich wegen der schwer vermittelbaren Inhalte seiner Arbeit auf die Begründung der Notwendigkeit einer einheitlichen Theorie auswich.[64] Im Herbst 1929 meinte er, die noch verbliebenen Schwierigkeiten gemeistert zu haben: »Die letzten Resultate sind so schön, dass ich volles Zutrauen habe, die natürlichen

Feldgleichungen einer solchen Mannigfaltigkeit gefunden zu haben.«[65] Er wußte allerdings auch, daß er mit diesem Zutrauen ziemlich allein war: »Ich hab nun die prachtvolle Theorie fertig gebaut unter dem lebhaften Misstrauen und leidenschaftlicher Ablehnung der Fachgenossen.«[66] Daran änderte sich nichts, als er am 12. Dezember diese »schönen Resultate« der Akademie vorlegte.[67]

Während 1925 bei dem auf die »affinen Zusammenhänge« gegründeten Versuch einer einheitlichen Theorie nach Borns Erinnerung alle Kollegen Einsteins »Ziel für erreichbar und sehr wichtig«[68] hielten, reagierten sie dieses Mal erst skeptisch und dann kritisch, aber nicht nur wegen der Abwesenheit des Planckschen Wirkungsquantums, sondern wegen der Aufgabe einiger Erfolge der Allgemeinen Relativitätstheorie. Wolfgang Pauli, von Ehrenfest wegen seiner scharfen Zunge die »Geißel Gottes« geheißen, wurde auch in einem Brief an Einstein diesem Ehrentitel gerecht, in dem er nicht nur die Deutung der Periheldrehung des Merkur und der Lichtablenkung durch die Sonne anmahnte: »Die scheint doch bei Ihrem weitgehenden Abbau der allgemeinen Relativitätstheorie verloren zu gehen. Ich halte jedoch an dieser schönen Theorie fest, selbst wenn sie von Ihnen verraten wird.

Mit Ihrer Bemerkung, Sie seien noch weit davon entfernt, die physikalische Gültigkeit der abgeleiteten Gleichungen behaupten zu können, haben Sie den Kritik übenden Physikern sozusagen das Wort abgeschnitten! Es bleibt diesen nur übrig, Ihnen dazu zu gratulieren (oder soll ich lieber sagen: zu kondolieren?), daß Sie zu den reinen Mathematikern übergegangen sind.« Und so ging es weiter bis zum Angebot einer Wette, »daß Sie spätestens in einem Jahr den ganzen Fernparallelismus aufgegeben haben werden, so wie Sie früher die Affintheorie aufgegeben haben.«[69]

Diese Philippika fand Einstein »recht amüsant, aber ... doch etwas oberflächlich«. Unter Ausklammerung aller konkreten Fragen wies er Pauli mit der Güte eines Weisen vom Olymp zurecht: »So dürfte nur einer schreiben, der sicher ist, die Einheit der Naturkräfte vom richtigen Standpunkt aus zu überblicken. Ich behaupte keineswegs, dass der von mir eingeschlagene Weg der richtige sein müsse. Aber ich behaupte wohl, dass es der gedanklich natürlichste Weg ist, der mir bisher zur Kenntnis gekommen ist. Bevor die mathematischen Konsequenzen richtig durchgedacht sind, ist es keineswegs gerechtfertigt, darüber wegwerfend zu urteilen. ... Vergessen Sie, was Sie gesagt haben, und vertiefen Sie sich einmal mit solcher Einstellung in das Problem, wie wenn Sie soeben vom Mond heruntergekommen wären und sich erst frisch eine Meinung bilden müssten. Und dann sagen Sie erst etwas darüber, wenn mindestens ein Vierteljahr vergangen ist.«[70]

Die Wette hätte Pauli übrigens verloren, aber nicht in der Sache, sondern nur wegen Fristablaufs. Es dauerte nicht ein Jahr, sondern zwei, bis Einstein den Fernparallelismus aufgab. Aber auf diese zeitliche Differenz wollte sich Einstein nicht herausreden, als er Pauli bescheinigte: »Sie haben also recht gehabt, Sie Spitzbube.«[71]

6. »ich revanchiere mich dafür«. Öffentliches und Diskretes aus dem Leben eines »Unverbundenen«

Das öffentliche Aufsehen um die einheitliche Theorie im Januar 1929 ging nahtlos in das um Einsteins 50. Geburtstag am 14. März über. Die Zeitungen druckten enthusiastische Würdigungen aus dem je eigenen Blickwinkel. Von kommunistischer Seite grüßte das »revolutionäre Proletariat... in dem großen Revolutionär der Naturwissenschaften einen Mitstreiter gegen die finsteren Mächte der Unwissenheit, der Barbarei und des Rückschritts«[1], während der bürgerliche Großschriftsteller Emil Ludwig orakelte: »Er gleicht einem Zauberer, und was um ihn webt, scheint Magie.«[2]

Sogar von Einstein selbst erschien ein schmales Bändchen in einer exklusiven Auflage von 800 Exemplaren im Privatdruck, den er der Gesellschaft der Freunde des jüdischen Buches nicht hatte abschlagen können.[3] Darin wunderte er sich in schon früher gereimten, aber auch auf den Geburtstagstrubel passenden Knittelversen über die ihm gezollte Aufmerksamkeit:

Wo ich geh und wo ich steh
Stets ein Bild von mir ich seh,
Auf dem Schreibtisch, an der Wand,
Um den Hals am schwarzen Band.

Männlein, Weiblein, wundersam
holen sich ein Autogramm,
Jeder muß ein Kritzel haben
Von dem hochgelehrten Knaben.

Manchmal frag in all dem Glück
Ich im lichten Augenblick:
Bist verrückt du etwa selber
Oder sind die andern Kälber?

Das Bändchen schmückte eine Vignette mit Einsteins Antlitz, die Harald Isenstein entworfen hatte, ein Bildhauer, der auch eine eindrucksvolle, in Bronze gegossene Porträtbüste geschaffen hatte. Sie wurde vom Preußischen Kultusministerium angekauft und sollte, wie der Kultusminister C. H. Becker per »Staatstelegramm« zum Geburtstag mitteilte, als »ein dauerndes Wahrzeichen Ihrer großen Leistungen«[4] im Einstein-Turm aufgestellt werden.

Der Jubilar aber, dem diese Bekundungen galten, war an seinem Geburtstag verschwunden. Er hatte sich dem drohenden Trubel entzogen und es sich wieder einmal in Pleschs Pavillon bequem gemacht. Die Abwicklung der Gratulationscour sowie die Entgegennahme ganzer Waschkörbe voller Post, der Telegramme und der Präsente, die die Wohnung in der Haberlandstraße überfluteten, überließ er Frau Elsa. In vielfachen Variationen hätte Einstein Lobpreis lesen können von der Art des durch die Berliner Obrigkeit ausgesprochenen, daß nämlich sein Name »durch die Jahrtausende hindurch zu jenen Unsterblichen gezählt werden wird, auf deren wissenschaftlichen Erkenntnissen die Vorstellung beruht, die die Menschheit von dem sie umgebenden Weltall hat«.[5]

Den allermeisten der Gratulanten dankte Einstein nach der Rückkehr in die Haberlandstraße mit photographisch vervielfältigten handschriftlichen Knittelversen, die er bei Bedarf müheloser aus dem Ärmel schütteln konnte als seine Formeln. Trotzdem war er einige Wochen beschäftigt, wie er jüngeren Physikern aus dem Haberschen Kaiser-Wilhelm-Institut erklärte: »Mit dankbarem Herzen und der Gründlichkeit eines Droschkengauls bzw. eines Professors habe ich mich durch die Manifestationen der Liebe und Freundschaft hindurchgearbeitet, die nun schon fast einen Monat lang in allmählich schwindender Menge in einem Wäschekorb vor mir liegen.« Da die Kollegen seine Erkrankung auch deswegen bedauert hatten, weil er beim wöchentlichen Kolloquium schmerzlich vermißt wurde, fügte er seinem Dank noch hinzu: »Auf die Unkraut-Devise vertrauend hab ich mich wieder langsam so weit heraufgerappelt, dass ich hoffen darf, an den Mittwoch-Mysterien wieder teilnehmen zu können.«[6]

Von den persönlichen Dankesbriefen ist am vielsagendsten jener an Sigmund Freud, der Einstein als einem »Glücklichen« gratuliert hatte und nun abwehrend gefragt wurde: »Warum betonen Sie bei mir das Glück? Sie, der sie in die Haut so vieler Menschen, ja der Menschheit geschlüpft sind, hatten doch keine Gelegenheit, in die meine zu schlüpfen.«[7]

Zu den Präsenten hatte auch eines gehört, das sich als Danaergeschenk entpuppte und erst nach einer Groteske der Irrungen zu einem guten Ende führte, nämlich zu Einsteins Landhaus in Caputh bei Potsdam, das zu guter Letzt freilich kein Geschenk war.

Die Idee, daß die Stadt Berlin ihrem berühmten Bürger mit der Ehrengabe eines Hauses am Wasser eine große Freude machen könne, hatte der an Beziehungen reiche Janos Plesch einem seiner Bekannten, dem Oberbürgermeister Gustav Böß, eingegeben – wie er betonte, »hinter Einsteins Rücken«.[8] Böß holte erst die Zustimmung Einsteins ein und dann die des Magistrats. Er meinte auch, Geeignetes aus kommunalem Besitz zur Hand zu haben, vermutlich wiederum durch einen Hinweis von Plesch. In der Nähe von dessen Landsitz hatte die Stadt unlängst das Gut Neu Cladow an der Havel gekauft, mit kleinem Schloß und großem Park, und darin in Ufernähe ein geschmackvolles Kavaliershaus. An diesem Kleinod im Park sollte Einstein nicht Eigentumsrecht, sondern lebenslanges Wohnrecht erhalten.

Das war eine ebenso generöse wie ungewöhnliche Geburtstagsgabe, wie es sie im republikanischen Berlin noch nicht gegeben hatte. Freilich erhält durch diese Offerte auch Einsteins Lob der »weitschauenden Bodenpolitik« der Stadt, die er in seinem Dank für die Geburtstagsglückwünsche des Oberbürgermeisters herausstrich[9], einen nicht ganz selbstlosen Bezugspunkt.

Als jedoch Frau Elsa zur Besichtigung dieses Anwesens schritt, wurde ihr von einem adligen Herrn bedeutet, »dass sie auf dem Gut nichts zu suchen habe«.[10] Der Mann war im Recht, denn die Vorbesitzer hatten sich beim Verkauf ein langfristiges Wohnrecht auf dem gesamten Gut vertraglich gesichert. Die Stadt hatte also etwas vergeben, das ihr zwar gehörte, worüber sie aber nicht verfügen konnte. Die Notlösung, ein größeres Stück Land von dem Gut abzutrennen und Einstein zu überlassen, scheiterte an der nämlichen Vertragslage.

Um die in den Gazetten hämisch kommentierte Panne zu beheben, wurden rasch andere Grundstücke vorgeschlagen, sämtlich unzulängliche: Das eine lag hinter den Ställen des Gutes Gatow, hatte keinen Zugang zum Wasser und war, wie Journalisten herausfanden, »zurzeit infolge der Mücken- und Fliegenplage nicht zu benutzen«[11], ein anderes war akustisch beeinträchtigt durch die Endstation einer Straßenbahn, die dort quietschend rangierte. Schließlich sollte sich Einstein selbst ein Grundstück suchen, das die Stadt kaufen und ihm schenken würde; das Haus müßte er dann allerdings selber bauen und bezahlen.

Auch dieser Kompromiß geriet in die Gazetten, so daß eine mit den Einsteins bekannte Familie Stern davon erfuhr, die in Caputh wohnte, einem Dorf südlich von Potsdam, wo Templiner See und Schwielowsee ineinander übergehen. Die Sterns waren bereit, einen 1500 m² großen, unbebauten Teil ihres Grundstücks in der Waldstraße an Einstein zu verkaufen. Es lag zwar drei Minuten Fußweg vom Wasser entfernt, dafür aber leicht erhöht am Waldrand mit weitem Ausblick über die brandenburgische Seenlandschaft. Einstein kannte Caputh bereits vom Segeln und war's zufrieden.

Inzwischen war dem Magistrat klargeworden, daß er vielleicht die Vergabe eines Wohnrechts, nicht jedoch einen Kauf mit anschließender Schenkung allein verfügen konnte. So wurde, um dem Haushaltsrecht zu genügen, am 24. April der Stadtverordnetenversammlung unterbreitet, »daß zum Zwecke der Schenkung eines Grundstücks in Caputh als Ehrengabe für Prof. Einstein anläßlich seines 50. Geburtstages ca. 20000 RM aus Mitteln des Grunderwerbsstocks bereitgestellt werden.«[12] Damit aber war die Ehrengabe in den politischen Grabenkampf geraten, und dort blieb sie hängen.

Während Einstein schon zur Arrondierung seines Geschenks den Erwerb eines angrenzenden Streifen Landes bei der preußischen Forstverwaltung beantragt und die Baupläne für das Grundstück in Caputh eingereicht hatte, nutzte die deutschnationale Opposition im Stadtparlament diese Gelegenheit zu Sticheleien gegen den sozialdemokratisch beherrschten Magistrat, setzte Beratung unter Ausschluß der Öffentlichkeit durch und verzögerte die Beschlußfassung, bis am 14. Mai das ›Berliner Tageblatt‹ per Schlagzeile meldete: »Die Blamage ist vollständig – Einstein verzichtet.«

Die in »Einsteiniana« meistens gut informierte Zeitung wußte zu berichten, Einstein habe in einem Brief an den Oberbürgermeister »mit feinem Sarkasmus auch darauf hingewiesen, das Leben sei zu kurz und die Angelegenheit seines Ehrengeschenks habe ihm schon zu lange gedauert, als daß er es jetzt noch annehmen könne«.[13] Vielleicht hatte Einstein inzwischen auch eingesehen, daß ein Stück Land als Ehrengabe in einer Republik befremdlich wäre, ganz besonders für jemanden mit sozialistischen Neigungen, da es fatal an die Fortsetzung der Dotationspraxis der Kaiser und Könige gemahnte, auch wenn es unvergleichlich bescheidener ausfiel als etwa Bismarcks Sachsenwald. Jedenfalls entschloß sich Einstein, sein Haus auf selbst bezahltem Boden zu bauen, und darin ließ er sich nicht mehr umstimmen.

Während der Grundstückssuche hatte ein junger Architekt sich Einstein attachiert, der durch einen Auftrag am Ruhm seines Bauherrn partizipieren wollte. Dieser Konrad Wachsmann war bei einer Holzbaufirma in der Lausitz angestellt; auf deren Halbfertig-Verfahren basierend, entwarf er ein in klaren Linien strukturiertes Landhaus in leichter Anlehnung an den Stil des Bauhauses.[14] Oberhalb der Fundamente sollte es nur aus Holz gefertigt werden, trotzdem winterfest und für die kälteren Jahreszeiten mit einer Zentralheizung versehen.

Die Einsteins verbrachten schon während der Bauzeit ihren ersten Sommer in Caputh, in einem gemieteten, nur notdürftig möblierten alten Haus in einem verwunschenen Garten am Wasser mit eigenem Bootssteg. Dort lag Einsteins schönstes Geburtstagsgeschenk, das einige vermögende Freunde gemeinsam bezahlt hatten: Es war ein 20 m²-Jollenkreuzer, getauft auf den Namen »Tümmler«, ein sehr teuer und edel aus Mahagoni gefertigtes Boot mit komfortablen Einbauten, »das mir die Hochfinanz geschenkt hat«.[15] Während Elsa als Bauüberwacherin Architekt und Arbeitern auf die Nerven ging, gab sich Einstein dem Segelvergnügen auf den Havelseen und dem Grübeln über die einheitliche Theorie hin. Das Landleben gefiel ihm außerordentlich, war insbesondere seiner Gesundheit sehr förderlich: »Das Herz plagt mich nicht mehr, so daß ich mich fast wie früher fühle.«[16] Im August fuhr er sogar für eine Woche nach Zürich zum Zionistischen Weltkongreß –, seine erste größere Reise seit der Erkrankung vor eineinhalb Jahren.

Im September 1929 konnten die Einsteins ihr Haus beziehen. Elsa beschrieb es als »sehr künstlerisch, sehr modern! Nur vier Schlafzimmer, einen sehr großen Wohnraum, Mädchenzimmer und Badezimmer. Centralheizung modernsten Systems und Warmwasserversorgung bis in alle Winkel.«[17] Die Modernität sollte allerdings bei der Innenausstattung ein Ende haben. Der Architekt Wachsmann hatte zwar den bedeutenden Bauhaus-Meister Marcel Breuer dafür gewonnen, die Möbel zu entwerfen, zum Vorzugspreis natürlich, weil der berühmte Kunde ein vorteilhaftes Licht auf die Kreationen des Bauhauses geworfen hätte. Da Einstein bei Vorlage einiger Entwürfe protestierte, er wolle »doch nicht auf Möbeln sitzen, die mich unentwegt an eine Maschinenhalle oder einen Operationssaal erinnern«[18], wurde daraus jedoch nichts.

Wachsmann, der für eine Reihe ebenso stilvoller wie effizienter Einbauten gesorgt hatte, mußte nun erdulden, daß seine Schöpfung durch Möbel komplettiert wurde, die in der Haberlandstraße entbehrlich waren. Das minderte die Kosten, denn ohnehin waren alle Ersparnisse für das Haus aufgebraucht, freilich nur die auf dem Berliner Konto und nicht die im Ausland, und den Bauherrn störte der innenarchitektonische Mißklang überhaupt nicht. In künstlerischen Dingen von bieder-konservativem Durchschnittsempfinden, hatte Einstein der Avantgarde niemals etwas abgewinnen können; die durch die Wärme des Holzes gemilderte Strenge der Architektur seines Landhauses blieb seine einzige nähere Berührung mit progressiven Ideen der Moderne.

Nach dem Einzug übertraf der neue Besitz und die damit verbundene Lebensweise all seine Erwartungen: »In dem neuen Holzhäuschen gefällt mirs großartig. Trotz der durch dasselbe erzeugten Pleite. Das Segelschiff, die Fernsicht, die einsamen Herbstspaziergänge, die relative Ruhe, es ist ein Paradies.«[19] Nur für einige Sitzungen der Akademie verließ er noch sein Refugium, oder auch dann und wann für ein öffentliches Spektakel: »Heut abend muss ich Edison direkt nach Amerika anfunken zu seinem Geburtstag, eine Gaudi für die Journalisten. Ich fahre extra nach Berlin.«[20] Erst Anfang November zog er für den Winter wieder in die Stadt, brach aber gleich nach Paris auf.

Der offizielle Anlaß für die Reise nach Paris war die Verleihung der Ehrendoktorwürde der Sorbonne. Anders als vor acht Jahren war dieser Besuch nicht mehr von politischen Komplikationen belastet. Einstein hatte nicht einmal etwas dagegen, in der Botschaft des Deutschen Reiches im prunkvollen Palais Beauhernais abzusteigen und dadurch ein wenig die Weimarer Republik zu repräsentieren. Am Tag nach der Ankunft hielt er den ersten von zwei Vorträgen vor Physikern und Mathematikern am Institut Henri Poincaré, natürlich über seine neue einheitliche Feldtheorie[21], und abends traf er sich wieder mit Maurice Solovine, dem Freund aus Berner Tagen.

Am 9. November dann die festliche Eröffnung des Semesters in der Aula der Sorbonne, bei der traditionsgemäß auch die Ehrenpromotionen vollzogen wurden. Wie der deutsche Botschafter berichtete, wurde Einstein »durch minutenlange Ovationen ausgezeichnet, die deutlich seinen Rang gegenüber den übrigen Ehrendoktoren sowie die einzigartige Schätzung kennzeichnen, die er in der wissenschaftlichen Welt Frankreichs besitzt«.[22] Der feierlichen Zeremonie in der Sorbonne folgte die Teilnahme an Sitzungen der Société française de Philosophie sowie der Académie des Sciences. »Überall wurde er mit größter Wärme und ungezwungenstem Respekt aufgenommen, und ein Gespräch mit ihm wurde allgemein als hohe Ehre empfunden.«[23] Abwechslung vom offiziellen Gepränge boten Gespräche mit Louis de Broglie, Paul Langevin sowie den Mathematikern Elie Cartan und Jacques Hadamard. Nur Marie Curie fehlte, sie war in Amerika.

Die Zeitungen hatten schon gemeldet, daß Einstein als »associé étranger« in die Akademie aufgenommen werden solle, und tatsächlich hatten alle Umstände seines Besuchs bei dieser Institution auf baldige Mitgliedschaft hingedeutet.[24] Einstein stieß sich jedoch daran, daß sein Freund Paul Langevin, schon lange Mitglied der Royal Society und vieler anderer gelehrter Körperschaften, neuerdings sogar als Nachfolger des verstorbenen Lorentz Präsident des Institut Physique de Solvay und damit Cheforganisator der europäischen Physik, ausgerechnet in die französische Académie des Sciences noch immer nicht gewählt worden war. Aus Loyalität lehnte Einstein diese Ehre zunächst ab: »Es wäre mir ungemein schmerzlich, in diese Körperschaft gewählt zu werden, solange mein verehrter Freund Langevin nicht deren Mitglied ist. Sie werden das Gefühl, das mich bei dieser Bitte leitet, gewiß begreifen.«[25]

Der einwöchige Besuch endete mit einem festlichen Diner in der Residenz des deutschen Botschafters, zu dem die Elite des französischen Geisteslebens geladen war. Wieder in Berlin, fand Einstein seinen Pariser Aufenthalt »wunderbar, wenn es auch die äußerste Belastung war, die mein klappriges Ich noch aushalten kann«.[26] Und noch Monate später dachte er »an die schönen Tage in Paris, bin aber froher mit meiner verhältnismässig ruhigen hiesigen Existenz«.[27]

Im April 1930 zog Einstein wieder in sein Landhaus, begleitet von seiner Frau und der unverzichtbaren Hausangestellten. Gelegentlich kam auch eine Sekretärin aus Berlin, die seit dem April 1928 Ordnung in Einsteins Papieren und in seiner Korrespondenz hielt und schon beinahe zur Familie gehörte. Frau Elsa hatte diese junge Dame namens Helen Dukas, wie sie selbst aus Hechingen gebürtig, persönlich für diese Aufgabe ausgesucht und sich davon überzeugt, daß sie in jeder Hinsicht zuverlässig sei. Ganz zur Familie gehörten die Töchter Margot und Ilse sowie Ilses Mann Rudolf Kayser, denen eigene Zimmer eingeräumt wurden, so daß sie viele Wochen und Monate in Caputh verbrachten.

Und dann gab es noch den Dr. Walther Mayer, genannt »der Rechner«, einen Mathematiker aus Wien und Autor eines Buches über Differentialgeometrie, den Einstein gegen Ende des Jahres 1929 als seinen Assistenten und Mitarbeiter nach Berlin hatte kommen lassen. Die Zusammenarbeit hatte sich gut angelassen und schon in einer gemeinsamen Akademie-Vorlage[28] ihren Niederschlag gefunden. Einstein schätzte seinen Mitarbeiter als »prächtigen Kerl, der längst eine Professur hätte, wenn er nicht Jude wäre«.[29] Auch Mayer lebte zeitweilig in Caputh, zwar nicht in Einsteins Haus, aber in greifbarer Nähe zwecks gedeihlicher Kooperation bei der Ausarbeitung der einheitlichen Theorie.

Caputh lag für die Berliner nun wirklich »janz weit draußen«, zu erreichen mit der Bahn bis Potsdam und daran anschließend eine Fahrt mit einem nur selten verkehrenden Bus. Einstein hatte in Caputh nicht einmal Telefon installieren lassen, aber das ruhige Landleben vom improvisierten vergangenen Sommer der Bauzeit ließ sich nur noch bedingt aufrechterhalten. Gar zu freigebig hatte der glückliche Hausbesitzer zum Besuch eingeladen, und alle, alle kamen: die Schwester Maja, Sohn Eduard, sonstige Verwandte und Bekannte, die Berliner und die auswärtigen Physiker-Kollegen, dazu mancher Neugierige und schließlich eine Parade der Prominenz, vom Dichterfürsten Gerhart Hauptmann bis zu Rabindranath Tagore, dem Künder mystischer Weisheiten des Ostens.

So mögen die Dorfbewohner nicht wenig gestaunt haben, als der indische Dichter-Philosoph in härenem Wallegewand mit großem Gefolge am 14. Juli 1930 nach Caputh kam, denn der damals weithin verehrte Tagore ließ es sich auf seiner Weltreise nicht nehmen, auch Einstein zu besuchen. Zu seinem Troß gehörten zwei Sekretäre, die eifrig mitschrieben, was ihr Meister und sein Gastgeber sich auf der Terrasse zu erzählen hatten, und ein paar Wochen später war es gedruckt.[30] Es war keineswegs Glanzvolles vom Baum westöstlicher Erkenntnis, daher statt einer Analyse dieses gehobenen Aneinandervorbeiredens Einsteins Kommentar: »Der mündliche Dialog mit Tagore ist durch Schwierigkeiten der Verständigung ganz verunglückt und hätte natürlich nicht veröffentlicht werden dürfen.«[31] Trotzdem wurde er immer wieder nachgedruckt.

Einstein liebte das Landleben so sehr, daß er neuerdings das Physikalische Kolloquium und sogar die wöchentlichen Akademie-Sitzungen schwänzte und nur noch in der Akademie erschien, wenn Planck vortrug oder er selbst eine Abhandlung einreichte, und beides kam nicht oft vor. »Abgesehen von den vielen Besuchen, die hier ein und aus gehen, ist es idyllisch«, berichtete Frau Elsa über einen glücklichen Sommer in Caputh, und ob der Schaffenskraft ihres Ehemannes geriet sie in exaltiertes Schwärmen: »Albert arbeitet wie kaum je zuvor. Hat sich die herrlichste Theorie ausgedacht. Sie wird immer schöner, von Tag zu Tag. Wenn sie nur *wahr* bleibt!!!«[32] Aber auch die Loyalität der treuen Gattin half nichts; die Fernparallelismus-Theorie hatte offenbar schon alles hergegeben, so daß auch in der Zusammenarbeit mit Walther Mayer nichts Publikationsfähiges mehr entstand.

Den Berlinern galt Einstein trotzdem als der Größte, und kräftig bemächtigte sich die Berliner Schnauze des originalen Genies als Bezugspunkt vieler Anekdoten, oft mit realem Hintergrund und in gelungener Symbiose mit Einsteins Mutterwitz. So hat Janos Plesch für die Verbreitung einer Geschichte gesorgt, die sich zutrug, als er gemeinsam mit Einstein und dem Oberbürgermeister Gustav Böß in seinem Landhaus in Gatow zusammensaß. Als wegen ungünstigen Windes ein penetranter Geruch von nicht weit entfernten Rieselfeldern herüberzog, fühlte der Oberbürgermeister sich für diese Unannehmlichkeit etwas verantwortlich und richtete die verlegene Frage an Einstein, ob ihm das bei seinen Aufenthalten in Gatow nicht lästig sei. Dessen Antwort »Ich revanchiere mich dafür von Zeit zu Zeit«[33] machte in der Stadt schnell die Runde, und Plesch sagte seinem Freund und Patienten nach, er habe »vor dem Lasziven keine Angst. Es ist ausruhend mit ihm.«[34]

Einstein war aber nicht nur Urheber, sondern auch Objekt unzähliger Anekdoten, wozu sein auffälliger werdendes Äußere geradezu einlud. In Kabaretts und Nachtklubs machten Komödianten oft billige Scherze über den vermeintlich weltfremden Professor, der mit seiner Haarmähne und seinem Geigenkasten eher wie ein ärmlicher Musikant aussah. Dabei war Einsteins Geigenspiel weithin gefürchtet. An der Berliner Universität wurde die hier relevante Erfahrung eines Studenten tradiert, der sich ob seiner wilden Haartracht auf Einstein berief, von dem Mathematiker Erhard Schmidt jedoch beschieden wurde, die langen Haare trüge Einstein als Geiger, und als Geiger, da sei er ganz schlecht. Auch diese zur Verteidigung korrekten Haarschnitts oft angeführte Geschichte basiert nicht nur darauf, daß Einstein wie eine verspätete Reinkarnation des Struwwelpeter gegen Kamm und Schere einen tiefen Widerwillen gefaßt haben muß, sondern auch auf der Tatsache, daß er seine Fiedel mit mehr Leidenschaft denn Können traktierte.

»Einstein hatte einen Strich wie ein Holzfäller«, erinnerte sich ein professoraler Mitgeiger.[35] Wahrscheinlich war das bei Streichern unabdingbare Üben doch viel zu kurz gekommen. Das mäßige Resultat erlebte ein Physikstudent, der in einem Quartett, in dem Einstein als erster Geiger den Ton angab, für den erkrankten Cellisten einspringen durfte; der junge Mann, der von seinem reichen Vater ein kostbares Instrument und Unterricht bei den besten Lehrern erhalten hatte, »empfand es fast unter meiner Würde, in diesem Quartett zu spielen«. Erleichtert räumte er den Platz, sobald der Cellist wieder genesen war.[36] Kritik an seinem Violinspiel konnte der passionierte Dilettant übrigens nicht vertragen, wie die Tochter des Verlegers Samuel Fischer berichtet, die Einstein verschiedentlich am Klavier begleitet und dabei regelrechte Zornesausbrüche erlebt hatte. Nicht nur, daß er beim Doppelkonzert von Bach seine Partnerin Eva Hauptmann, die Schwiegertochter des Dichters und eine gute Geigerin, unvermittelt anschrie: »Spielen Sie nicht so laut!«, nach Tutti Fischers Erinnerung hat er sich dabei mehr erregt, als er es je in einem wissenschaftlichen

Disput getan hätte.[37] Trotzdem trat er mit dem zweiten Satz dieses Stücks sogar an die Öffentlichkeit eines Konzerts in der Synagoge in der Oranienburger Straße[38], aber dabei ging es nicht um großen Ton, sondern um ein Benefiz zugunsten des Wohlfahrts- und Jugendamtes der Jüdischen Gemeinde.

Trotz der lockeren und ungezwungenen Atmosphäre in Caputh wie in der Stadtwohnung fühlten sich Gäste bei Einsteins nicht immer behaglich, weil sie nicht übersehen konnten, »daß das Verhältnis zwischen ihm und seiner Frau unerklärlich kühl war. Frau Einstein war da und doch nicht vorhanden.«[39] Die atmosphärischen Störungen lagen daran, daß Einstein, wie nicht nur sein Architekt bemerkt hatte, auf Frauen »wie ein Magnet auf Eisenpulver«[40] wirkte und dies alles andere als lästig fand. Nach dem Ende der Beziehung zu Betty Neumann hatte er sich offenbar nicht damit abgefunden, sein Glück in den Sternen suchen zu müssen, wie er damals geschrieben hatte. Zwar blieb er mit seiner Cousine verheiratet, konfrontierte sie aber in der ihm eigenen Direktheit mit seiner späten, aber endgültigen Erkenntnis, daß er zum getreuen Ehemann nicht recht tauglich sei.

Während seine Frau an dieser Wendung ihres Ehestandes schwer zu tragen hatte, sich mit ihr wohl nie arrangieren konnte, richtete Einstein sein Leben nach Maximen aus, die er einmal einer Dame, die an der Untreue ihres Mannes litt, zum Troste aufgeschrieben hatte: »Sie werden wohl wissen, dass die meisten Männer (wie auch nicht wenige Frauen) von Natur nicht monogam veranlagt sind. Die Natur schlägt umso mächtiger durch, wenn Sitte und Umstände dem betroffenen Individuum Widerstände in den Weg stellen. Erzwungene Treue aber ist für alle Beteiligten eine bittere Frucht. Statt also einen Groll aufkommen zu lassen gegen Ihren Mann, sollten Sie ihn lieber bedauern...«[41] Sicher aber ist, daß er selbst keineswegs bedauert werden wollte.

Schon seit dem Herbst 1925 wurde Einstein oft in Begleitung einer schönen Frau gesehen; sie war nicht viel jünger als er, schon verwitwet, aber elegant und überaus attraktiv. Diese Toni Mendel pflegte einen exquisiten Lebensstil, hielt sich ein Auto mit Chauffeur und residierte in einer großen Villa am Wannsee.[42] Einstein war es zur lieben Gewohnheit geworden, dort manchen Tag und manche Nacht zu verbringen, und zeitweilig hatte er am Wannsee sogar ein Segelboot vertäut. Aus dieser Beziehung hatte Einstein nie einen Hehl gemacht, und Toni Mendel schien irgendwie zur erweiterten Familie zu gehören, wenn auch an der Peripherie und von seiner Frau nur gezwungenermaßen geduldet. Elsa Einstein wußte sich nur unbeholfen zu wehren, indem sie etwa ihren Mann schikanierte, als er wieder einmal von der Freundin zu einem Theaterbesuch abgeholt wurde: während unten das Auto wartete, kam es oben in der Wohnung zu einem lauten Spektakel, weil Frau Elsa das für den Ausgang nötige Kleingeld nicht herausrücken wollte.[43]

Einstein war nicht der Mann, sich von solchen Szenen beeindrucken zu lassen, und so blieb Toni Mendel über viele Jahre seine ständige Begleiterin in Konzert und Theater, und auch beim Segeln in Caputh. Aber die einzige war sie nicht, denn Herr Professor hatte, wie sich das Hausmädchen erinnerte, »gern nach schönen Frauen geguckt. Für schöne Frauen hatte er eine Schwäche.«[44] Und es gab genug schöne Frauen, die sich in der Öffentlichkeit mit einem Genie schmücken wollten. Die Beziehung zu Toni Mendel wurde davon offenbar nicht getrübt, auch nicht, als sie 1932 Berlin verließ.

Da gab es schon länger eine andere Freundin, auch mit Limousine und Chauffeur, eine Estella Katzenellenbogen, die eine Kette von Blumengeschäften ihr eigen nannte. Vor allem aber gab es Margarete Lebach, die man als »die Österreicherin« kennt, eine sehr hübsche, jüngere Blondine, deren Gegenwart Einsteins Frau freilich nicht mehr ertragen konnte. Trotzdem kam »die Österreicherin« regelmäßig einmal in der Woche nach Caputh, und nach der Erinnerung des Hausmädchens blieb Frau Professor an diesen Tagen nichts anderes übrig, als das Feld zu räumen und schon frühmorgens zu Besorgungen nach Berlin aufzubrechen.[45]

Auch wenn sich Einstein nichts aus dem Tratsch in Berlin machte und sich schon gar nicht darum scherte, wenn sich die Dörfler das Maul zerrissen über die weibliche Begleitung, mit der er in See stach oder im Schilf ankerte, »sub specie aeternitatis« war er doch auf Diskretion bedacht. Alle Briefe, die er und Toni Mendel einander geschrieben hatten auch noch in späteren Jahren, als sie erst in Zürich und dann wie er selbst in Amerika lebte, wurden auf seinen Wunsch hin vernichtet.[46] Auch von keiner der anderen Frauen, nicht einmal von der »Österreicherin«, sind schriftliche Spuren der Zuneigung erhalten. Sie sollten offenbar wie seine Tochter Lieserl im Dunkel der Geschichte verschwinden.

Einsteins Bedürfnis nach dem Schutz der Privatsphäre bekamen auch all diejenigen zu spüren, die über ihn schreiben wollten, allen voran sein Stiefschwiegersohn. Rudolf Kayser war als Redakteur der ›Neuen Rundschau‹ und Lektor im Verlag S. Fischer mit den Usancen des

Buchgeschäfts vertraut, so daß er sich für eine Biographie seines Schwiegervaters zu dessen 50. Geburtstag eine beachtliche Auflage ausrechnen konnte. Einstein hat seinem »Rudi« auch manches aus seinem Leben erzählt, sich dann aber doch eines anderen besonnen.

Die Gründe, mit denen er Rudolf Kayser eine Veröffentlichung ausredete, werden die gleichen gewesen sein, die er wenig später David Reichinstein, einem anderen prospektiven Biographen, schriftlich dargelegt hat. Zunächst sei es »geschmacklos, wenn über noch Lebende Biographisches oder Autobiographisches publiziert wird«. Allenfalls mochte er Darstellungen akzeptieren, »die das Persönliche in den Hintergrund treten lassen«. Und weiterhin gab er, wahrscheinlich in Erinnerung an den Aufruhr um Moszkowskis Buch von 1921, zu bedenken, daß »mir dadurch die Menschen meiner persönlichen Umgebung entfremdet werden. Sie halten mich für eitel und reklamesüchtig, ganz natürlicher Weise. Wenn mir auch an solchen Meinungen an und für sich nicht viel gelegen ist, so erschweren sie mir das Leben doch erheblich, wie Sie sich leicht ausmalen können, und schaffen eine gespannte Atmosphäre, während ich eine harmonische über alles liebe.«[47]

Nachdem Einstein seinem Schwiegersohn eine Veröffentlichung in deutscher Sprache verboten, eine im Ausland jedoch nicht ausgeschlossen hatte, schlug er Reichinstein ebenfalls den Ausweg in die Übersetzung vor. Das sei zwar immer noch »geschmacklos«, aber in beiden Fällen ließ Einstein als Entschuldigung handfeste Gründe gelten, für die er immer mehr Verständnis aufbrachte als für Interesse an seiner Person, weil nämlich »die Autoren es wirklich nötig hatten bzw. haben, Geld zu verdienen, und daß sie damit nicht warten können, bis ich tot bin«.[48] Als er jedoch Teile von Reichinsteins Manuskript gelesen hatte, schrieb er dem Autor, daß »meine Gutmütigkeit endgültig ein Ende hat. Wenn sie dieses Manuskript irgendwo und irgendwie veröffentlichen, dann ist es zwischen uns für immer aus.«[49] Trotzdem ist das Buch 1934 in Prag erschienen, sehr zum Mißfallen Einsteins.[50] Aber dem Physiko-Chemiker Reichinstein, den er bereits aus Züricher Professoren-Tagen kannte und dem er schon manches Mal geholfen hatte, sogar durch ein Vorwort zu einem wissenschaftlichen Buch[51], bewahrte er auch nach dieser Eigenmächtigkeit eine gewisse Treue, freilich eher dem »Stammesgenossen« als dem Biographen.

Kaysers biographisches Porträt war 1930 in New York unter einem Pseudonym erschienen[52], immerhin mit einem verkaufsfördernden kleinen Vorwort Einsteins, in dem er bestätigte, daß der Autor ihn gut kenne, sozusagen aus allernächster Nähe. Seine Versicherung jedoch, daß er das Buch gelesen und alle Tatsachen akkurat gefunden habe, kann wegen mancher groben Fehler nicht ganz richtig sein. Sehr wahrscheinlich ist Einstein schon diesem Buch wie allen später über ihn geschriebenen aus dem Weg gegangen, entsprechend »einer Regel, an die ich mich seit der Zeit meiner Zeitungs-Berühmtheit strikte gehalten habe. Auf diese Weise wird man nicht verdorben durch Lob und nicht deprimiert durch Tadel.«[53]

Der seinen Biographen vorgeschlagene Ausweg, Übersetzungen im Ausland zu publizieren, ist von Einstein selbst mehrfach beschritten worden. Bei seinem Artikel über die *Neue Feldtheorie*, der nur in der New Yorker und der Londoner ›Times‹, nicht jedoch in einem deutschen Blatt erschien, mag neben dem Honorar die Befürchtung eine Rolle gespielt haben, daß ihm in Deutschland ein derartiger Zeitungsartikel in eigener Sache als Verletzung der wissenschaftlichen Etikette angekreidet worden wäre. Er wählte diesen Weg aber auch bei einem sehr persönlich gehaltenen Text, den er 1930 in Berlin geschrieben hatte, aber nur in Amerika veröffentlichen ließ.[54] Vielleicht waren ihm Passagen dieses Glaubensbekenntnisses selbst nicht ganz geheuer.

Unter dem Titel *Wie ich die Welt sehe* skizzierte Einstein Gedanken zur existentiellen »Situation von uns Erdenkindern«, die bis in die Wortwahl den Schriften Schopenhauers entnommen sind, benannte seine Ideale als die von »Güte, Schönheit und Wahrheit« und pries als »das Schönste, was wir erleben können, ... das Geheimnisvolle.« Tief sind diese Einsichten nicht und originell allenfalls insofern, als sich Einstein nicht gescheut hat, über weite Strecken abgesunkenes Kulturgut eines zur Entfaltung von Kultur kaum noch fähigen Bürgertums zu reproduzieren. Diesen gefühligen Hausaltar biedermeierlicher Innerlichkeit hätte jeder beliebige Professor oder Schulmeister drechseln können.

Für akademische Kreise ungewöhnlich war jedoch Einsteins entschiedenes Bekenntnis zu sozialer Gerechtigkeit und zur Demokratie, besonders in ihrer amerikanischen Ausprägung, auch wenn bei ihm sogleich wieder eine Art Geniekult durchschlägt, sehr deutsch und sehr romantisch, indem er als das »eigentlich Wertvolle« die »Persönlichkeit« empfindet: »sie allein schafft das Edle und Sublime, während die Herde als solche stumpf im Denken und stumpf im Fühlen bleibt.« Die elitäre Verachtung des gemeinen Mannes hätte jeder reaktionäre Ordinarius auch zu Papier bringen können, nicht jedoch die außergewöhnlich schroffen Worte, mit denen Einstein das ihm »verhaßte Militär« bedachte: »Wenn einer mit Vergnügen in Reih und Glied zu einer Musik marschieren kann, dann verachte ich ihn schon; er hat sein großes Gehirn nur aus Irrtum bekommen, da für ihn das Rückenmark schon völlig genügen würde.« In Deutschland gedruckt, wo ein Feldmarschall schon zum zweiten Mal zum Präsidenten gewählt worden war, hätte ihm das leicht einen Prozeß einbringen können.

In einer aufschlußreichen, nachgerade intimen Passage, die nicht davon handelt, wie er die Welt sieht, sondern wie er sich selbst in der Welt erlebt, spürt er der Ambivalenz nach, daß sein »leidenschaftlicher Sinn für soziale Gerechtigkeit« stets in »einem eigentümlichen Gegensatz zu einem ausgesprochenen Mangel an unmittelbarem Anschlußbedürfnis an Menschen und an menschliche Gemeinschaften« stand. Ein richtiger »Einspänner« sei er, »der dem Staat, der Heimat, dem Freundeskreis, ja selbst der engeren Familie nie mit ganzem Herzen angehört hat, sondern all diesen Bindungen gegenüber ein sich nie legendes Gefühl der Fremdheit und des Bedürfnisses nach Einsamkeit empfunden hat... Man empfindet scharf, aber ohne Bedauern die Grenze der Verständigung und Konsonanz mit anderen Menschen.«

Schopenhauer entlehnte Topoi vom Lob der Einsamkeit und inneren Unabhängigkeit, seit der Jugend vertraut und durch gelegentliches Wiederlesen befestigt, haben Einstein ebenso wie unzähligen Deutschen der gebildeteren Stände Trost fürs schwankende Bewußtsein ihrer gefährdeten Autonomie gespendet, aber bei Einstein gehen sie eine eigentümliche Verbindung mit sozialistisch getönten humanitären Idealen ein: Zwar den Mitmenschen verpflichtet, aber doch allein und nachgerade entrückt in der »Beschäftigung mit dem Objektiven, dem ewig Unerreichbaren auf dem Gebiete der Kunst und des wissenschaftlichen Forschens«.

Hatte er einmal weniger Schopenhauer gelesen und plauderte frei von der Leber weg, beschrieb er seine Berliner Existenz als die von »einem Zigeuner... einem Unverbundenen, der allem gern die komische Seite abgewann«.[55] Das klingt weniger pathetisch, aber es beschreibt auch nur einen Aspekt von Einsteins Oszillieren zwischen seinem eigenbrötlerischen Bedürfnis nach Unabhängigkeit und seinem andererseits zunehmenden Drang zur Einmischung in die sozialen und politischen Angelegenheiten, der mit seinem energischen Eintreten für Pazifismus und Kriegsdienstverweigerung eine neue Qualität annahm.

Pazifist war Einstein schon immer gewesen, sozusagen von Natur aus, aber seine Haltung im Weltkrieg blieb vorwiegend die eines Privatmannes, war jedenfalls nicht über einen kleinen Kreis Gleichgesinnter hinausgedrungen. Daß er sich in den ausgehenden zwanziger Jahren öffentlich als streitbarer Pazifist exponierte, resultierte aus seiner Enttäuschung über das Versagen des Völkerbundes bei der Abrüstung und bei der Ächtung des Krieges. Auf bescheidenere Bemühungen um Kodifizierung des Krieges etwa durch ein Verbot der Giftgase reagierte er nicht nur mit scharfer öffentlicher Kritik, sondern mit der Aufforderung, jeglichen Kriegsdienst zu verweigern:

> Dem Krieg gewisse Regeln und Beschränkungen vorschreiben zu wollen, scheint mir ganz aussichtslos. Krieg ist eben kein Spiel und kann daher nicht nach Spielregeln getrieben werden. Nur der Krieg als solcher kann bekämpft werden, und dies von Seiten der Massen am wirksamsten durch Organisation der Kriegsdienstverweigerung im grossen schon in Friedenszeiten.[56]

Dieser ersten Erklärung vom Beginn des Jahres 1928 folgte eine ganze Flut von Stellungnahmen, von Grußbotschaften an und Mitgliedschaften in pazifistischen Organisationen, so daß Einstein bald zum Heros des militanten internationalen Pazifismus aufstieg.

Dabei war ihm durchaus bewußt, daß bei diesem Problem »mein Gefühl stärker ist als mein Verstand«.[57] Daher gerieten ihm seine Worte oft aggressiv, unversöhnlich und alles andere als friedfertig. Die schwierige, von Völkerrechtlern und Philosophen, von Grotius bis Kant erörterte Frage des »gerechten Krieges« oder des Verteidigungskrieges war für ihn erledigt: Militärdienst war ohne Ausnahme Vorbereitung auf organisierten Mord. Der Weltfriedensliga in Genf schrieb er in ihr »Goldenes Friedensbuch«:

> Kein Mensch hat das Recht, sich Christ oder Jude zu nennen, wenn er bereit ist, auf Befehl der Obrigkeit planmäßig zu morden oder sich im Dienst eines derartigen Beginnens oder der Vorbereitung hierfür irgendwie mißbrauchen zu lassen.[58]

Auf die Frage, was zu tun sei, wenn es zum Krieg käme, wußte er eine eindeutige Antwort: »Ich würde direkten oder unmittelbaren Kriegsdienst unbedingt verweigern und versuchen, meine Freunde zu derselben Haltung zu veranlassen, und zwar unabhängig von der Beurteilung der Kriegsursachen.«[59] Solche Äußerungen wurden, und werden wohl auch heute, in weiten Kreisen aller Nationen als skandalös empfunden. Auch Einstein mußte sie bei veränderter politischer Situation bald revidieren.

Was immer die Wurzeln von Einsteins rigidem Pazifismus waren, sie hatten nichts mit einer bedingungslosen Ehrfurcht vor dem Leben zu tun. »Im Prinzip wäre ich nicht dagegen«, schrieb er inmitten seines pazifistischen Engagements in einer Bemerkung über die Todesstrafe, zum Schutze der Gesellschaft »wertlose oder gar schädliche Individuen zu töten; ich bin nur deshalb dagegen, weil ich den Menschen, d. h. den Gerichten mißtraue. Ich schätze nämlich am Leben mehr die Qualität als die Quantität...«[60] Die fatale Abwägung von Menschenleben unter dem Gesichtspunkt von Qualität und Quantität bleibt Herrenmenschen-Jargon, schockierend gerade dann, wenn sie wie in diesem Falle von jemandem vorgenommen wird, der sich selbst und den andere als einen humanitären Pazifisten ansehen. Aber wer Einsteins Haltungen nachgeht, wird immer wieder auf schrille Widersprüche stoßen, mit denen Einstein offenbar so gut leben konnte, daß er sie nicht einmal bemerkt hat.

In Deutschland stand zwar alles Militärische trotz der Grauen des Weltkrieges in hohem Ansehen, aber Einsteins Aufforderung zur Verweigerung des Wehrdienstes ging hier insofern ins Leere, als es wegen des Versailler Vertrages nur ein kleines Heer und keine Wehrpflicht gab. Aber wo immer ein junger Mann wegen Wehrdienstverweigerung vor Gericht stand, ob in Finnland oder in Polen[61], da war Einstein zur Stelle, erhob seine Stimme und schrieb an Minister und Militärgerichte. Kompromisse kannte er in dieser Frage nicht: Auch das Milizsystem der kleinen, zur Aggression unfähigen Schweiz, dem er bis zu seinem 42. Geburtstag durch Entrichtung der Wehrsteuer Tribut gezollt hatte, entging nicht seiner Verurteilung.[62] An seinen pazifistischen Prinzipien hielt er sogar dann noch fest, als 1929 die Sicherheit und vielleicht sogar die Existenz seiner »Stammesbrüder« in Palästina gefährdet war.

Im August 1929 war Einstein trotz seiner ambivalenten Haltung zum Zionismus und seinem Zorn über die Entwicklung der Hebräischen Universität der Einladung zum 16. Zionistischen Kongreß in Zürich gefolgt. Diese Veranstaltung war der krönende Abschluß von Weizmanns Bemühungen, alle am jüdischen Aufbauwerk in Palästina beteiligten Organisationen unter dem einen Dach der erweiterten Jewish Agency zu vereinen, unbeschadet ihrer politischen Differenzen, aber selbstverständlich unter seiner Präsidentschaft.

Zur Eröffnungssitzung am Sonntag, dem 11. August, sprachen in Zürichs Tonhalle die prominentesten Protagonisten einer jüdischen Heimstatt in Palästina wie Felix Warburg oder Lord Samuel, der vormalige Gouverneur Palästinas, und natürlich auch Albert Einstein.

Typisch für ihn, daß er in aller Aufrichtigkeit »die tapfere und tüchtige Minderheit derer, die sich selbst Zionisten nennen« begrüßte, um dann mit »wir andere aber...« fortzufahren.[63] Die Demonstration jüdischer Einigkeit ging an Einstein nicht spurlos vorüber. Abends im Grand Hotel Dolder schrieb er aufs edle Briefpapier des Hauses: »An diesem Tage ist die Saat Herzls und Weizmanns in wunderbarer Weise gereift. Keiner von den Anwesenden blieb unbewegt.« Weizmann setzte darunter: »Mille amities. Je t'embrasse.«[64] – und bewahrte es wie eine kostbare Urkunde bis ans Ende seines Lebens auf. Beide wurden aber bald damit konfrontiert, daß die Saat auf umstrittenem Boden herangereift war.

Kaum war Einstein nach Berlin zurückgekehrt, berichteten die Zeitungen, daß es in der Altstadt von Jerusalem zu schweren Angriffen von Arabern gegen Juden gekommen war. Wie ein Flächenbrand breiteten sich die Ausschreitungen über Palästina aus; in Hebron und Safad wurden Hunderte von Juden grausam umgebracht, bevor die Truppen der Mandatsmacht England den Aufruhr beenden konnten. Den Konflikt zwischen alteingesessenen Arabern und den jüdischen Einwanderern hatte er lange ignoriert und unterschätzte ihn auch noch nach dem offenen Aufruhr. In Verkennung der tatsächlichen Situation neigte er dazu, die Mandatsmacht England mit ihrer Schaukelpolitik des »teile und herrsche« für alle Probleme verantwortlich zu machen.

In einer zuerst in England veröffentlichten und weltweit nachgedruckten Stellungnahme protestierte Einstein scharf gegen die arabischen Marodeure und das Versagen der Mandatsmacht, aber anders als die meisten Zionisten forderte er nicht Strafaktionen, sondern einen gerechten Ausgleich der Interessen: »Die Juden wollen nicht unter dem Schutz englischer Bajonette im Lande ihrer Väter wohnen. Sie kommen als Freunde des stammesverwandten arabischen Volkes.«[65] Den Redner einer Veranstaltung in Berlin, der eine Bestrafung der Araber nach Recht und Gesetz verlangt hatte, wies Einstein zurecht, er habe »wie Mussolini gesprochen« und jeglichen »Geist der Versöhnung vermissen lassen«.[66] Als schließlich einige des Mordes überführte Araber zum Tode verurteilt wurden, wandte sich Einstein gemeinsam mit der Internationale der Kriegsdienstverweigerer an den Hohen Kommissar mit der Bitte um Umwandlung in eine Gefängnisstrafe.

Auch Weizmann wurde von Einstein beschworen, nach Wegen der »friedlichen Zusammenarbeit« mit den Arabern zu suchen, sonst »haben wir absolut nichts aus unseren 2000 Jahren des Leidens gelernt«.[67] In einem Briefwechsel mit dem Herausgeber einer arabischen Zeitschrift in Jaffa bekräftigte Einstein seine Überzeugung, daß die »beiden großen semitischen Völker... eine große gemeinsame Zukunft haben«, wenn sie nur zum Abbau des Mißtrauens in verständnisvoller Zusammenarbeit fänden. Sein Vorschlag eines paritätisch besetzten geheimen Rates aus je vier Juden und Arabern zum Ausgleich und zur Vertretung gemeinsamer Interessen gegenüber der Mandatsmacht erscheint freilich ebenso eigenwillig wie hilflos.[68]

Von einem bedeutenden Gelehrten, der die 50 überschritten hat, erwarten die Kollegen weniger aufregende Erkenntnisse als die würdige Repräsentanz des Faches und die umsichtige Organisation des Forschungsprozesses zum Wohle der Disziplin und ihrer Adepten. Letzterem hat sich Einstein beharrlich entzogen, während er als Repräsentant der Physik gegenüber der Öffentlichkeit eine glänzende Rolle spielte. Wie Filmaufnahmen zeigen, muß er dem Bad in der Menge sogar ein beträchtliches Vergnügen abgewonnen haben, als er zum Beispiel im August 1930 die 7. Deutsche Funkausstellung und Phonoschau auf dem Ausstellungsgelände unterhalb des Funkturms in Berlin mit einer Rede eröffnete. Im eleganten Anzug, mit üppig wallendem Kopfhaar, vorzeitig ergraut und ungebärdig vom Wind gezaust, schritt er als Routinier zum mikrophonbewehrten Rednerpult, und da seine Ansprache von allen deutschen Sendern übertragen wurde, begann er sie sinnigerweise mit »Verehrte An- und Abwesende!«[69]

Diese Gelegenheit ließ er nicht vorbeigehen, ohne seinem nach Millionen zählenden Publikum einen gehörigen Respekt vor Wissenschaft und Technik nahezulegen: »Wenn Ihr den Rundfunk höret, so denket auch daran, wie die Menschen in den Besitz dieses wunderbaren Werkzeugs der Mitteilung gekommen sind. Denn der Urquell aller technischen Errungenschaften ist die göttliche Neugier und der Spielbetrieb des bastelnden und grübelnden Forschers und nicht minder die konstruktive Phantasie des technischen Erfinders.« In der wissenschaftlichen Ahnenreihe hob er Oersted, Maxwell und Hertz hervor und bei den technischen Pionieren Reis und Bell; gedachte aber auch des »Heeres namenloser Techniker, welche die Instrumente des Radio-Verkehrs so vereinfachten und der Massenfabrikation anpaßten, daß sie jedermann zugänglich geworden sind«.

Was später von C. P. Snow als das Übel der »Zwei Kulturen« problematisiert wurde, erledigte Einstein in einer Bemerkung von anekdotischer Knappheit: »Sollen sich auch alle schämen, die gedankenlos sich der Wunder der Wissenschaft und Technik bedienen und nicht mehr davon erfaßt haben als die Kuh von der Botanik der Pflanzen, die sie mit Wohlbehagen frißt.« Nicht erfüllt hat sich jedoch seine Erwartung, daß der Rundfunk eine einzigartige Funktion zu erfüllen habe »im Sinne der Völkerversöhnung«; keine drei Jahre später wurde er in Deutschland als Instrument übelster Propaganda dienstbar gemacht. Gleichwohl war Einsteins Ansprache, vorgetragen in gravitätisch-humorvollem Duktus mit leicht schwäbelndem Akzent, ein Kabinettstückchen öffentlicher Rede.

Von seinem Recht, jederzeit an der Universität zu lesen, hatte Einstein seit 1923 keinen Gebrauch mehr gemacht. Um so größer war das Interesse bei gelegentlichen Vorträgen, nicht nur wegen seines Ruhms, sondern auch wegen seiner rhetorischen Talente. »Denn unter den 60 Kollegen in der Akademie können die meisten nach gehöriger Vorbereitung eine mehr oder minder mühselige Belehrung eines weiteren Kreises leisten«, beschrieb Fritz Haber das Durchschnittsniveau akademischer Rede, als er Einstein für die Übernahme eines öffentlichen Vortrags in der Akademie dankte. »Aber die Verbindung von sachlichem Können, Darstellungskraft und persönlicher Frische, die dazu gehört, um diese Leistung aus dem Ärmel zu schütteln, findet sich bei Ihnen allein.«[70]

So waren die Säle immer überfüllt, ganz gleich, ob Einstein vor der Mathematisch-Physikalischen Arbeitsgemeinschaft der Universität im knapp tausend Personen Platz bietenden Hörsaal Nr. 122, dem Auditorium Maximum, über »Theoretisches und Experimentelles zur Frage der Lichtentstehung«[71] sprach oder in einer Veranstaltung der Kaiser-Wilhelm-Gesellschaft im 450 Personen fassenden Goethe-Saal des Harnack-Hauses in Dahlem »Über das physikalische Raum- und Ätherproblem«.[72] Bei seinen Vorträgen stützte sich Einstein nicht auf ausgeschriebene Manuskripte, sondern allenfalls auf einen kleinen Merkzettel.

Ein großartiges und zudem dokumentiertes Beispiel der von Haber gerühmten rhetorischen Gaben Einsteins ist eine Ansprache vom Juni 1929 in einer Festsitzung der Deutschen Physikalischen Gesellschaft. Zu Plancks 50. Doktorjubiläum wurde erstmals die Max-Planck-Medaille verliehen, zunächst dem Jubilar selbst und dann Einstein, der sie aus den Händen Plancks erhielt.[73] Wie Einstein in seiner Danksagung die Leistungen des »verehrten Meisters« als Grundlage seiner eigenen wissenschaftlichen Entwicklung ins Licht rückt, wie er seine Art des Ringens um die Quantenrätsel der schon etablierten statistischen Interpretation entgegenstellt und wie er schließlich Planck seinen Dank darbringt für die erfahrene Anregung und Förderung und für das Vorbild nur der Sache verpflichteter Integrität – das ist ein Höhepunkt der Redekunst, wie man ihn in der Wissenschaft überhaupt nicht und in deutscher Sprache nur selten erlebt.[74] Und wenn man Janos Plesch glauben darf, hat Einstein diese Danksagung kurz vor der Sitzung auf die Rückseite einer Schusterrechnung geschrieben, und dies nur, weil er befürchtete, bei der Ehrung durch die große Vaterfigur so gerührt zu sein, daß er etwas zum Vorlesen brauchte.[75]

Einsteins Verehrung für »den Meister« ging allerdings nicht so weit, daß er Plancks Nachfolger an der Universität hätte werden wollen, als dessen Emeritierung anstand. Natürlich mußte dieser angesehenste Lehrstuhl zuerst Einstein wegen seiner »einzigartigen Stellung« unter den Physikern angeboten werden, aber »eine vertrauliche Anfrage hat ergeben, daß Herr Einstein an seinem gegenwärtigen Verhältnis zur Fakultät, das ihn durchaus befriedigt, keine Änderung zu sehen wünscht«.[76] Er selbst kommentierte die langwierige Suche nach dem würdigen Planck-Nachfolger: »Ich bin gottlob abseits und brauche mich nicht mehr als ich will am Wettrennen der Geister zu beteiligen. Eine Beteiligung daran ist mir immer als eine schlimme Sklaverei erschienen, nicht weniger als die Sucht nach Geld oder Macht.«[77] Ihm ging es freilich vornehmlich um die Wahrung seiner Ungebundenheit, und in der Fron von Fakultätssitzungen und Kursvorlesungen hätte man sich ihn kaum mehr vorstellen können.

Als schließlich Erwin Schrödinger berufen wurde, hatte Einstein nicht nur einen neuen Kollegen, sondern bald auch einen Freund, denn zu dem Österreicher Schrödinger fühlte er sich in mancher menschlichen Hinsicht doch mehr hingezogen als zu den spröden Preußen.

Wenn Einstein als begnadeter Redner die Physik repräsentierte und in Berlin die Akademie-Sitzungen und insbesondere das Physikalische Kolloquium immens bereicherte, so hat er sich doch der Rolle eines »Praeceptor physicae« standhaft verweigert, sogar manche in ihn gesetzte Erwartungen enttäuscht. Obwohl in der arkanen deutschen Wissenschaftsorganisation einem berühmten Manne nachgerade automatisch eine beträchtliche Verantwortung zuwuchs, wollte sich Einstein als Organisator der Forschung nur begrenzt einspannen lassen. Daß es in den knapp zwei Jahrzehnten seines Berliner Wirkens niemals zum Bau des Kaiser-Wilhelm-Instituts für Physik kam und daß ein solches Institut mit amerikanischen Mitteln der Rockefeller-Stiftung erst in der Nazi-Zeit errichtet wurde, lag nicht zuletzt am Desinteresse seines Direktors Albert Einstein.

Schon 1914, als im Zusammenhang mit der Berufung Einsteins an die Akademie auch die Gründung eines Kaiser-Wilhelm-Instituts für Physik unter seiner Leitung erwogen wurde, wollte Einstein sein Gehalt unabhängig von der Kaiser-Wilhelm-Gesellschaft geregelt sehen, denn es könne sich zeigen, »daß ich für die Leitung des Instituts und die damit verbundene... Tätigkeit nicht der richtige Mann bin, so daß ich mich veranlaßt sähe, jenes Amt niederzulegen«.[78] Wegen des Krieges wurde das Institut erst 1917 gegründet, als Provisorium ohne Gebäude und Angestellte, als Unikum nur im Dachstübchen seines Direktors Einstein existierend, aber mit einem Fonds zur Förderung physikalischer Forschung.

Seit der Japan-Reise hatte Einstein die Geschäftsführung an Max von Laue abgetreten, und dabei sollte es auch bei der Errichtung eines richtigen Instituts bleiben: »Mir würde es für Dich am besten gefallen, wenn Du das K. W. Institut erhieltest«, schrieb er seinem des »Lesens« müde gewordenen Kollegen. »Dort würde ich auch gern hingehen und mich nach Kräften beteiligen.«[79] Einstein unternahm aber nichts, um ein solches Institut zu realisieren.

Erst im März 1929 legte er gemeinsam mit den Kollegen des Kuratoriums einen Antrag auf Errichtung eines Instituts für theoretische Physik vor, das sich auch den aktuellen experimentellen Fragestellungen widmen sollte und dadurch ziemlich teuer werden würde. Die Ausgaben wären jedoch mehr als gerechtfertigt, denn: »Es hat eine Entwicklung der theoretischen Physik stattgefunden, die in der Geschichte des Faches nicht ihresgleichen hat und so mächtig und erfolgreich dasteht, dass wir fast in Verlegenheit geraten, aus der gesamten Geschichte der Wissenschaft ihresgleichen namhaft zu machen. Es ist nicht zuviel gesagt, dass die theoretische Physik... im letzten Vierteljahrhundert das Zentrum geworden ist, von welchem das meiste Licht und die stärksten Anregungen für die Tätigkeit der anderen Gebiete ausstrahlen.«[80] Tags darauf erkühnten sich wissenschaftliche Mitarbeiter der Dahlemer Kaiser-Wilhelm-Institute, beim Präsidenten die Errichtung eines Instituts für Theoretische Physik anzuregen, um dem »Mangel eines geistigen Zentrums« abzuhelfen.[81]

Mangel an Geld behinderte zunächst diese Pläne. Aber ein Jahr später wurde er durch die amerikanische Rockefeller-Stiftung behoben, die im April 1930 den immensen Betrag von 655000 US$ für den Bau der Institute für Zellphysiologie und für Physik bewilligte.[82] Während unter der tatkräftigen Leitung von Otto Warburg das Institut für Zellphysiologie schon 1931 eingeweiht werden konnte, war für das Physik-Institut nicht einmal die Personalfrage geklärt.

Die Amerikaner, die vorwiegend auf das Prestige des Direktors Einstein gesetzt hatten, wurden Ende 1930 bei einem Besuch in Berlin herbe enttäuscht: Einstein war gerade nach Amerika abgereist, und es verlautete sogar, er habe einen Ruf an das California Institute of Technology angenommen. Friedrich Glum, der Verwaltungschef der Kaiser-Wilhelm-Gesellschaft mit dem Titel eines Generaldirektors, konnte diesem Gerücht zwar widersprechen, charakterisierte Einstein aber als »so erratisch in seinen Veränderungen« und »schwierig« in seiner Persönlichkeit, daß man sich »bei ihm auf alles gefaßt machen müsse«. Nicht einmal über Einsteins Stellung in dem Institut konnte er Auskunft geben: »Einstein könnte gut in das Institut ziehen und es einen passenden Ort für seine Aktivitäten finden, es sei aber auch möglich, daß er lieber in seinem eigenen Haus bliebe, um zu denken.«[83]

Einstein wollte tatsächlich lieber zu Hause denken, so daß Max Planck, der nach dem Tode Adolf von Harnacks Präsident der Gesellschaft geworden war, große Mühe mit der sinnvollen Verwendung der Rockefeller-Dollars und mit der Etablierung des Instituts hatte. Da die amerikanische Stiftung ihre einmal gegebene Zusage auch nach der nationalsozialistischen Machtergreifung trotz großer Bedenken nicht annullieren wollte, kam schließlich doch noch ein Kaiser-Wilhelm-Institut für Physik zustande, aber erst 1936 unter der Leitung von Peter Debye, als Einstein Deutschland längst verlassen hatte.

Während Einsteins Berliner Freunde und vielleicht auch er selbst glaubten, durch sein Landhaus sei der »Zigeuner« doch noch seßhaft geworden, richtete sich der im Innersten Unbehauste schon wieder darauf ein, in die Welt hinauszuziehen. Die Sterne wiesen den Weg nach Kalifornien, in einem ganz direkten wissenschaftlichen Sinne, denn die Astronomen des von der Carnegie-Stiftung finanzierten Observatoriums auf dem Mt. Wilson waren dank des großen 100 Zoll-Spiegelteleskops mit aufsehenerregenden Beobachtungen und Entdeckungen hervorgetreten, die ein neues Licht auf die Struktur des Kosmos warfen. Zudem war in jenem herrlichen Sommer des Jahres 1930 unter den Gästen in Caputh auch Arthur Fleming, Vorsitzender des Kuratoriums des California Institute of Technology in Pasadena, das sich unter der Präsidentschaft von Millikan zu einer Hochschule der Spitzenklasse entwickelt hatte. Als Fleming die alten, von Millikan vergeblich ausgesprochenen Einladungen erneuerte, zeigte sich Einstein anders als früher sehr interessiert, wegen des Observatoriums auf dem Mt. Wilson und der Ausarbeitung theoretischer Konsequenzen der astronomischen Entdeckungen durch tüchtige Physiker des »Cal Tech« wie Richard Chase Tolman und Paul Epstein. Daran nicht nur als »Tafelaufsatz« mitzuwirken war für Einstein so verlockend, daß er sich zu einem Aufenthalt in den ersten beiden Monaten des Jahres 1931 als »Research Associate« bereiterklärte.[84] Als Honorar wurden 7000 Dollar vereinbart, was dem Jahresgehalt eines besseren Professors entsprach, und eine ständige Bindung mit noch höherer Gage wurde ins Auge gefaßt.

Daß Einstein auf die kalifornische Offerte so spontan einging, hatte also mit dem Kosmos zu tun, vielleicht auch mit der tastenden Suche nach einer Neuorientierung, aber nicht mit dem irdischen Jammertal und der politischen Situation in Deutschland. Zwar wurde die wirtschaftliche Lage seit dem Herbst 1929 immer trostloser, wegen der Weltwirtschaftskrise, der im Young-Plan festgelegten Reparationszahlungen und der darauf reagierenden extremen Sparpolitik des nur noch mit Notverordnungen regierenden Kabinetts des Kanzlers Heinrich Brüning. Zwar gehörten zum wachsenden Heer der Arbeitslosen auch viele junge Wissenschaftler, die wegen der Geldknappheit »abgebaut« wurden, wie das damals genannt wurde. Aber niemand ahnte, auch nicht der politisch aufmerksame Einstein, daß die Weimarer Republik schon ihrem Ende entgegentaumelte.

Von der Politik wollte sich Einstein jedenfalls nicht seinen Sommer trüben lassen, nicht einmal, als bei der Reichstagswahl am 14. September die zuvor bedeutungslose Splittergruppe der Nationalsozialisten unter ihrem »Führer« Adolf Hitler mehr als 6 Millionen Stimmen erhielt und sich damit übelster Antisemitismus als politische Macht im Reichstag etablierte. Auf eine besorgte Anfrage des Berliner Büros der Jewish Telegraph Agency, »ob geeinte Judenheit zur Abwehr notwendig«, antwortete Einstein unbesorgt:

> Ich sehe in der nationalsozialistischen Bewegung einstweilen nur eine Folgeerscheinung der momentanen wirtschaftlichen Notlage und eine Kinderkrankheit der Republik. Solidarität der Juden halte ich immer für geboten, aber eine besondere Reaktion auf das Wahlergebnis für ganz unzweckmäßig.[85]

Ein Jahr konnte er sich noch in Sicherheit wiegen, bis er früher als andere sah, daß Deutschland auf einem verhängnisvollen Wege war.

Vor der großen Fahrt an Amerikas Westküste reiste Einstein noch ein paar Wochen durchs alte Europa. Zuerst nahm er in Brüssel vom 20. bis zum 25. Oktober 1930 am Solvay-Kongreß teil. Das eigentliche Thema, die magnetischen Eigenschaften der Materie, reizte ihn weniger als die Fortsetzung der Debatte über die Quantenmechanik, bei der er freilich niemanden zu seinem Standpunkt bekehren konnte.[86]

Daran schlossen sich drei Tage in London an. Einstein hatte seine Teilnahme an einer Veranstaltung zweier Organisationen zugesagt, die der Linderung der Not osteuropäischer Juden gewidmet war. Herbert Samuel, bei Einsteins Palästina-Besuch gastfreundlicher Hochkommissar und jetzt Generalpostmeister des Königreichs, hatte dem Ehrengast angeboten, bei ihm zu wohnen, was »hocherfreut« angenommen wurde: »Auf diese Weise wird mir das Geschäft eines jüdischen Heiligen nicht nur erleichtert, sondern geradezu zu einem Vergnügen gestaltet.«[87]

Sir Herbert, mit dem sich Einstein vorwiegend französisch unterhielt, richtete für seinen Gast angenehme Tafelrunden aus und führte ihn auf die Besuchergalerie des Parlaments. Sogar das eigentliche Wohltätigkeits-Dinner im Nobel-Hotel Savoy unter dem Vorsitz von Lord Rothschild wurde zu einem Vergnügen, insbesondere durch den 74jährigen George Bernard Shaw, der vor Radiomikrophonen und Filmkameras eine temperamentvolle Rede auf den Ehrengast hielt, in der er Einstein in einem Atemzug mit Ptolemäus und Kopernikus als den Schöpfer von Universen rühmte[88], aber genug von seinem boshaften Witz funkeln ließ, daß der so Angesprochene, wie die Filmaufnahmen zeigen, auch herzhaft lachen konnte.

Tags darauf, als Einstein bei den Weizmanns zu Gast war, amüsierte er sich noch immer über die »Affenkomödie« im Savoy, bei der die meisten Gäste auf eine komische Weise besorgt waren, wem sie nun zuerst die Hand schütteln sollten, dem Lord Rothschild oder dem »jüdischen Heiligen«.[89] Auf dem Weg zum Bahnhof erzählte Einstein seinem Gastgeber Sir Herbert, daß er sich in früheren Jahren niemals hätte träumen lassen, an öffentlichen Angelegenheiten wie dieser beteiligt zu sein, deretwegen er nach England gekommen war. Er sei dafür auch gar nicht geeignet: »Je ne suis pas ›praktisch‹.«[90]

Von London reiste Einstein nach Zürich, machte aber noch einmal in Brüssel Station, um bei den »Königs« auf Schloß Laeken vorbeizuschauen. Er war schon im Jahr zuvor, als er seinen Lieblingsonkel Caesar Koch in Antwerpen besucht hatte, am 20. Mai 1929 einer ersten Einladung der Königin Elisabeth, einer Wittelsbacherin, auf das Schloß gefolgt, hatte mit der kunstsinnigen Majestät und einer Hofdame Trio gespielt, den Tee genommen und ihr seine Physik zu erklären versucht.[91] Damals war der König auf Reisen gewesen. Aber dieser zweite Besuch hat auch noch den Vorzug, von Einstein in einem erlebnisfrischen Brief beschrieben worden zu sein: »Ich... fuhr um 3 Uhr zu Königs, wo ich mit rührender Herzlichkeit aufgenommen wurde. Diese beiden Leutchen sind von einer Reinheit und Güte, die selten zu finden ist. Erst unterhielten wir uns eine Stunde. Dann kam eine englische Musikantin und wir musizierten zu viert, bzw. zu dritt (eine musikalische Hofdame war auch noch da) ein paar Stunden lang und sehr vergnügt. Dann gingen alle weg und ich war allein bei Königs zum Essen: ohne Bedienung, vegetarisch, Spinat mit Setzei und Kartoffeln, punktum. ... Es gefiel mir dort über die Massen und ich bin sicher, dass das Gefühl gegenseitig ist.«[92]

Das Gefühl hat nicht getrogen. Zu »Königs« war eine ganz ungewöhnliche Freundschaft entstanden, die an Wendepunkten von Einsteins Lebensweg eine wichtige Rolle spielen wird. Von Anbeginn hatte diese Beziehung keine Ähnlichkeit mit der verbreiteten Konvention, daß gekrönte Häupter sich auch gern einmal von Geistesheroen ins Bild setzen lassen. Gemeinsame Urteile über den Weltkrieg, bei dem König Albert seinem geschundenen Volk mannhaft beigestanden und der andere Albert in Berlin sich vom deutschen Chauvinismus ebenso mannhaft distanziert hatte, gemeinsame Interessen an Musik und Wissenschaft haben gewiß das Verständnis füreinander gefördert, die Freundschaft zwischen Einstein und »Königs« ging aber weit über das beim Gleichklang der Interessen übliche Maß hinaus. Die Briefe, die Einstein der »Lieben Königin« bis ans Ende seiner Tage schrieb – der König starb schon 1934 –, sind anrührende Zeugnisse einer ebenso tiefen wie andauernden Sympathie.

Nach dem Besuch bei »Königs« war Einstein in Zürich Ehrengast bei der Feier des 75jährigen Jubiläums der Eidgenössischen Technischen Hochschule; die Ehrendoktorwürde, die bei dieser Gelegenheit dem einst als Assistent Abgewiesenen nun von seiner »alma mater« zuteil wurde, dürfte ihm mehr bedeutet haben als die vielen anderen Doktorhüte, die zu zählen er längst aufgegeben hatte. Er wohnte bei der »Verflossenen«[93], ließ den alten Freund Besso aus dem »weltlichen Kloster« in Bern in Milevas Wohnung zu Besuch kommen und genoß die Begegnung mit den Zürcher Kollegen. Getrübt wurde der Aufenthalt allerdings durch Sorgen über den Sohn Eduard, der Medizin studierte, bei hoher intellektueller und musikalischer Begabung aber ernsthafte Anzeichen psychischer Instabilität erkennen ließ.

Wieder in Berlin, blieben nur noch drei Wochen bis zur großen Fahrt nach Kalifornien. Es hätte ein Arbeitsbesuch werden sollen ohne viel öffentlichen Aufhebens, aber genau fürs Gegenteil sorgte Einstein selbst noch vor der Abreise. Zwar hatte er das übertriebene Interesse der Zeitungen an seiner Person achselzuckend auf den Punkt gebracht: »Bei mir wird jeder Piepser zum Trompetensolo.«[94] Aber diese Erfahrung hinderte ihn nicht daran, hin und wieder selbst ein kräftiges Solo zu blasen. In diesem Falle war es ein längerer Artikel über »Religion und Wissenschaft«, der am Sonntag, dem 9. November, die ersten vier Seiten des ›New York Times Magazine‹ füllte.

Über weite Strecken reproduzierte Einstein die gängige Religionskritik gebildeter Freigeister, um dann die höhere Stufe einer »kosmischen Religiosität« ins Licht zu rücken, bar anthropomorpher Ankläge und begründet durch »die wunderbare Ordnung, welche sich in der Natur sowie in der Welt des Gedankens offenbart«. Daraus ergab sich erstens, daß es nicht nur keinen Gegensatz zwischen Wissenschaft und kosmischer Religiosität geben könne, sondern letztere »die stärkste und edelste Triebfeder wissenschaftlicher Forschung ist«[95], und zweitens stand zwischen den Zeilen, aber unübersehbar deutlich zu lesen, daß Einstein in diesem Sinne ein tief religiöser Mann war.

Während dieser Artikel bei seinem Nachdruck in Deutschland[96] verdientermaßen unbeachtet blieb, löste er in Amerika heftige Kontroversen aus. Zwar gab es viele, die sich in Einsteins »kosmischer Religion« wiederfinden konnten, Reform-Juden und aufgeklärte Protestanten, Quäker und Unitarier sowieso, aber Rechtgläubige aller Bekenntnisse sahen darin Atheismus oder »reinste Dummheit und Unsinn«.[97] Auf jeden Fall war Einstein in Amerika rechtzeitig wieder zum Thema geworden, und die Unzahl telegraphischer Einladungen und Aufforderungen, die aus Amerika in der Haberlandstraße eingingen, kündigten an, daß die Reise hektisch werden würde.

7. Adieu Berlin: »da es hier für mich brenzlig wird«

Die lange Seereise nach Kalifornien begann am 2. Dezember 1930 in Antwerpen auf der »Belgenland«, einem belgischen Dampfer, auf dem Einstein in den nächsten Jahren noch mehrmals reiste. Mit von der Partie waren seine Frau, die Sekretärin Helen Dukas als Mädchen für Alles sowie der »Rechner« Walther Mayer, denn Einstein wollte auf der Reise intensiv arbeiten. Angesichts seiner Luxussuite auf dem Oberdeck fühlte er sich »unbehaglich als Hochstapler und indirekter Ausbeuter«, kam sich ob des zurückhaltend-vornehmen Personals »kurios vor in seiner bäurischen Art« und kleidete sich »stets nachlässig, auch beim heiligen Sakrament des Dinners«.[1] Beim Zwischenhalt in Southampton hatte er Gelegenheit, die Resultate britischer Erziehung zu bewundern: »In England sind sogar die Reporter zurückhaltend. Ehre wem Ehre gebührt. Einmaliges ›Nein‹ genügt.«[2] In der Neuen Welt würde das anders werden.

Während der fünf Tage, die die »Belgenland« vor der Weiterfahrt nach Kalifornien im New Yorker Hafen liegen würde, hatte Einstein zunächst gar nicht an Land gehen wollen, um jedes Aufsehen zu vermeiden. Aber die ›New York Times‹ hatte schon dekretiert, daß es ihm unmöglich wäre, der Presse zu entgehen, es sei denn, er ließe sich im Safe des Pursers einschließen, »und auch dann wird es noch Photos geben – eben vom Safe«.

Als sich die »Belgenland« New York näherte, gaben »unzählige Telegramme, dass die Schiffs-Radioten nur so schwitzen«[3] einen Vorgeschmack dessen, was kommen würde. So geriet die Ankunft in New York »ärger als die phantastischste Erwartung. Scharen von Reportern kamen bei Long Island aufs Schiff und dazu der deutsche Consul mit dem dicken Adlatus Schwarz. Dazu ein Heer von Photographen, die sich wie ausgehungerte Wölfe auf mich stürzten. Die Reporter stellten ausgesucht blöde Fragen, die ich mit billigen Scherzen beantwortete, die begeistert aufgenommen wurden.«[4] Es war also alles so wie bei seinem ersten Besuch vor zehn Jahren, vielleicht noch exaltierter.

Da Einstein mit der englischen Sprache immer noch nicht vertraut war, sprach er nur Deutsch, auch bei Grußbotschaften, die zwei Rundfunkgesellschaften direkt vom Schiff ausstrahlten. Wie er freilich das amerikanische Volk und die amerikanische Erde grüßte[5], hatte einen Gestus, den man als ein wenig päpstlich hätte empfinden können, wenn damals die Päpste schon auf Reisen gegangen wären.

In all dem Trubel bewährte sich Einsteins Frau als umsichtiger Impresario, organisierte die Termine des Professors und sorgte dafür, daß für jedes Photo und jedes Interview ein kleiner Obulus entrichtet wurde, keineswegs in die eigene Tasche, sondern für einen Fonds, den Einstein zur Unterstützung der Armen in Berlin und der Kriegsdienstverweigerer überall auf der Welt eingerichtet hatte. In dieser Hinsicht konnte er zufrieden sein, denn »ich verdiente dabei dank Elses schlauer Regie $ 1000 für die Wohltätigkeitskasse. Mittags war ich bereits tot...«[6]

Ganz anders als geplant, folgten in New York während der Liegezeit der »Belgenland« fünf ebenso an- wie aufregende Tage. Einstein ließ sich von einer Veranstaltung zur anderen reichen, traf die Elite der Stadt und durchreisende Berühmtheiten wie Fritz Kreisler und Rabindranath Tagore, die er bereits kannte, sowie Arturo Toscanini, dem er erstmals die Hand schüttelte. Er konnte sich sogar selbst besichtigen, in Stein gehauen am Tympanon der Riverside Church oberhalb des Hudson, den Statuen aller Größen der Menschheitsgeschichte zierten, darunter Einstein als der einzige Lebende. Unvermeidlich, daß es zu grotesken Situationen kam nach dem Motto »Einstein auf der Flucht vor Reportern«, und erst nachts auf dem Schiff konnte er seine Ruhe finden, weil der Zugang zu seiner Kabine von Polizisten bewacht wurde.

In einem Festakt mit Ansprachen des Bürgermeisters und des Präsidenten der Columbia University Nicholas M. Butler erhielt Einstein die Ehrenbürgerrechte verliehen. Er selbst sprach auf einer Feier des jüdischen Hanukka-Festes im Madison Square Garden, bei der er von den Zionisten als einer der ihren reklamiert wurde.[7] Die folgenreichste Rede hielt Einstein allerdings vor kleinerem Publikum bei einer Versammlung der New History Society im Ritz-Carlton Hotel am 14. Dezember. Sie galt seiner großen politischen Passion, dem Pazifismus.

Schon in seiner Grußbotschaft vom Schiff hatte er den Amerikanern die Kraft zugesprochen, »das drohende Gespenst unserer Zeit, den Militarismus, zu überwinden«.[8] Nun konkretisierte er seine Position und prangerte an, »dass unter dem gegenwärtigen Militärsystem jeder Mensch gezwungen werden kann, im Namen seines Landes Morde zu begehen«. Er wußte auch, was dagegen zu tun sei: »Kompromissloser Widerstand« durch Verweigerung des Militärdienstes, je mehr, desto besser: »Selbst wenn nur zwei Prozent der Einberufenen ihre Dienstverweigerung ankündigten und damit die Forderung verbänden, alle internationalen Konflikte auf friedliche Weise zu lösen, wären die Regierungen machtlos.«[9] Schließlich rief er im Großen dazu auf, was er schon im Kleinen praktizierte, nämlich die »Schaffung einer internationalen Organisation und eines internationalen pazifistischen Fonds« zugunsten jener, die durch Verweigerung des Militärdienstes in Schwierigkeiten kämen.

Diese »Zwei-Prozent-Rede« wurde für einige Jahre so etwas wie die Magna Charta des militanten Pazifismus. Sie wurde weithin nachgedruckt, in der ›New York Times‹ und in ihren Kernsätzen auch in Deutschland. Eine Kurzfassung unter der empörten Überschrift »Einstein bettelt für Kriegsdienstverweigerer – Unglaubliche Werbemethoden des Gelehrten in Amerika« wurde vom Ministerium dem Präsidenten Planck und dem Generaldirektor Glum der Kaiser-Wilhelm-Gesellschaft unterbreitet mit der Bitte um Auskunft, »welche Haltung Herr Prof. Einstein in der KWG einnähme«[10]. Auch in den USA wurde die Rede nicht mit einhelligem Beifall bedacht, aber Einstein wird es gefreut haben, daß viele junge Amerikaner auf der Straße und auf dem Campus Buttons mit der provokanten Aufschrift »Zwei Prozent« trugen, und jeder wußte, was das meinte.

Als die »Belgenland« am 16. Dezember in New York ablegte, hatte Einstein »von der Liebe der Mitmenschen tüchtig was auszuhalten«[11] gehabt, durfte mit dem Verlauf seines Besuchs aber sehr zufrieden sein.

Die Fahrt in den Süden und durch den Panama-Kanal war von unvergeßlichen landschaftlichen Erlebnissen geprägt. Einstein konnte sich aber auch über die Folklore mittelamerikanischer Revolutionen amüsieren, die harmlos verliefen, ihn aber in seiner Abneigung gegen den inflationären Gebrauch dieses Begriffes in der Wissenschaft bestärkt haben dürften: »In Habana war gerade Revolution, als wir dort waren, in Panama kurz nach unserer Abreise. Der Präsident, ein ehemaliger Studienkollege vom Züricher Polytechnikum, wurde bei dieser Gelegenheit abgesetzt.«[12] Nur noch mit Galgenhumor ertrug er das Interesse seiner Mitreisenden. »Passagiere werden zudringlicher. Ewiges Photographieren«, notierte er in seinem Tagebuch. »Das Wohltätigkeitsgeschäft mit den Autogrammen blüht... Haben einen Narren an mir gefressen. Wie soll das enden?« Die Reise endete am 30. Dezember bei der Ankunft in San Diego mit einem Spektakel, als würde die Reinkarnation von Kolumbus an die Gestade des Kontinents schreiten.[13] Eine vierstündige Folge von Schaustellungen der grellen amerikanischen Art, von Reden und Interviews bereitete Einstein sichtliches Vergnügen, und zu Hause befürchteten Freunde bei Besichtigung seines Einzugs in Kalifornien in der Wochenschau, er sei »ganz untergegangen im Trubel und Betriebe der Amerikaner«.[14] Hedwig Born schrieb ihm etwas irritiert von dem »großen Spaß, Sie in der tönenden Wochenschau zu sehen und zu hören. Wie Sie (S. Diego) Blumenwagen mit schönen Meerjungfrauen vorgestellt bekommen u. dergl.! Die Welt hat doch sehr lustige Seiten! So meschugge solche Dinge von außen aussehen, so habe ich doch dabei das Gefühl: Der liebe Gott wird schon wissen, was er tut.«[15]

In Pasadena, landeinwärts von Los Angeles am Fuße der San Gabriel Berge gelegen, bezogen die Einsteins ein »kleines Knusperhäuschen« in unmittelbarer Nachbarschaft zum Campus des »Cal Tech«. »Hier in Pasadena hat es Ähnlichkeit mit dem Paradies«, berichtete er begeistert nach Berlin. »Immer Sonne und klare Luft, Gärten mit Palmen und Pfefferbäumen und freundliche Leute, die einen alle anlächeln und um Autogramme bitten.«[16]

Im Lande des glitzernden Ruhms war der Hochberühmte schnell vereinnahmt. Schon in der ersten Woche wurde er nach Hollywood eingeladen, wo er in einer für ihn arrangierten Sondervorführung den nach Erich Maria Remarques Roman gedrehten Film *Im Westen nichts Neues* sehen konnte, der wegen seiner ungeschönten Schilderung des Sterbens im Weltkrieg in Deutschland verboten war. Einstein kommentierte das Verbot dieses Films in Deutschland als »eine diplomatische Niederlage unserer Regierung« und erklärte, »dass eine Rehabilitierung in den Augen der Welt unbedingt zu verlangen ist«.[17] Er war zu Gast bei Charlie Chaplin, »der in seiner Wohnung ein japanisches Theater aufgeschlagen hatte, es wurden von echten Japanerinnen echt japanische Tänze aufgeführt. Der Chaplin ist ein berückender Mensch, ganz wie in seinen Filmrollen...« Mehrmals traf er sich mit dem sozialkritischen Schriftsteller Upton Sinclair: »Der ist hier in Verschiss, weil er in die dunklen Seiten des amerikanischen Treibens unerbittlich hineinleuchtet.«[18] Im Verlauf der zwei Monate lernte er auch die angenehmeren Seiten des amerikanischen Treibens kennen, durch kurze Ausflüge zu fashionablen Orten wie Santa Barbara oder Palm Springs, und Millikan lud ihn zum Segeln auf dem Pazifik ein.

Auch die Wissenschaft kam zu ihrem zeremoniellen Recht, indem Millikan am 15. Januar ein festliches Dinner im Athenaeum ausrichtete, dem noblen Fakultätsklub des »Cal Tech«.[19] 200 reiche Mitglieder des Förderkreises des »Cal Tech« durften als Entschädigung für ihre Spenden mit dem legendären Mann speisen, der sich freilich mehr für die gleichfalls eingeladenen, mit seiner Wissenschaft verbundenen Physiker und Astronomen interessierte. In einer kleinen Tischrede dankte er den Kollegen für ihre Arbeiten, ohne die seine Relativitätstheorie »heute kaum mehr als eine interessante Spekulation« wäre: William Wallace Campbell für seine Bestimmung der Lichtablenkung im Schwerefeld der Sonne und Charles Edward St. John für seine Bemühungen um den Nachweis der Rotverschiebung.

Zum ersten und einzigen Male war Einstein in Pasadena auch Albert Abraham Michelson begegnet; in seiner Tischrede huldigte er dem 79jährigen, schon schwerkranken Mann und seinem berühmten Experiment aus jener Zeit, »als ich noch ein kleiner Knabe war, der noch nicht einmal einen Meter hoch war. Sie waren es, der die Physiker auf neue Wege führte und durch Ihre wunderbaren experimentellen Arbeiten schon damals die Entwicklung der Relativitätstheorie vorbereitete«.[20] Obzwar ein schönes Kompliment, vermied Einstein jede Bemerkung zu der Rolle, die dieses Experiment bei seiner Konzeption der Relativitätstheorie gespielt haben könnte – oder auch nicht.

Mit gebührendem Lob wurden auch »die Arbeiten Ihrer wunderbaren Sternwarte« bedacht; sie waren ein wichtiger Grund zur Annahme der Einladung gewesen, hatten sie doch »zu einer dynamischen Auffassung über die räumliche Struktur des Universums geführt, welcher Tolmans Arbeiten einen originellen und überaus durchsichtigen theoretischen Ausdruck verliehen haben«.

Durch die wunderbare Sternwarte auf dem Mount Wilson stellte sich mittlerweile die Struktur des Weltalls ganz anders dar, als sie Einstein mit seiner Pionierarbeit zur Kosmologie 13 Jahre zuvor entworfen hatte. Im Rahmen der Allgemeinen Relativitätstheorie hatte er damals ein Universum im unbegrenzten, aber endlichen Raum beschrieben, mit konstanter mittlerer Massenverteilung und unveränderlich in der Zeit, aus heutiger Sicht nachgerade winzig, aber passend zum damaligen Wissen der Astronomen, die nur die eine Milchstraße kannten und die nicht einmal sehr gut. Auch wenn es nur um den Preis eines als Fremdkörper zu den Gleichungen hinzugefügten »kosmologischen Gliedes« erzwungen wurde, war es doch das erste physikalische konsistente Modell des Universums, und für fünf Jahre das einzige.[21]

Die erste Bewegung war durch mathematisches Theoretisieren in die Kosmologie gekommen, als 1922 der hochbegabte Alexander

Friedmann aus Petersburg zeigte, daß Einsteins Feldgleichungen ohne das befremdliche »kosmologische Glied« Lösungen zulassen, die gleichfalls einem Weltall mit räumlich homogener Materieverteilung entsprechen, das dann allerdings nicht statisch ist, sondern sich in Zeit und Raum verändert, entweder ausdehnt oder zusammenzieht.[22] Dem Kosmos, von Einstein zeitlos ohne Anfang und Ende gedacht, wurde durch Friedmann so etwas wie Dynamik und Geschichte zugesprochen. Einstein glaubte zunächst, Friedmann einen mathematischen Irrtum nachweisen zu können[23], fand jedoch selbst einen Fehler in seinen Einwänden, zog seine Kritik wieder zurück und nannte Friedmanns Beitrag »klärend«.[24] An eine Unterscheidung zwischen den Alternativen durch astronomische Beobachtungen war zunächst noch nicht zu denken.

Das änderte sich aber im Verlauf der zwanziger Jahre durch die hartnäckige Arbeit von Edwin Hubble am 100 Zoll-Spiegel des Mount Wilson Observatoriums. 1919 war dieses Weltwunder fertiggestellt worden und blieb für drei Jahrzehnte das mächtigste Teleskop der Welt. Für die Erweiterung der Kenntnisse über den Kosmos kann man diesem Instrument durchaus die gleiche Bedeutung zusprechen, die einst Galileis Fernrohr für das Sonnensystem hatte. Durch dieses lichtstarke und weitblickende Teleskop wurden kleine Nebelflecken am Himmel in Einzelsterne aufgelöst und entpuppten sich als Galaxien ähnlich der Milchstraße. Hubble bestimmte die Entfernung der näheren und schätzte die der ferneren Galaxien, die sich nach Millionen von Lichtjahren ergaben. Zugleich vermaß er das Spektrum des Lichts aus fernen Welten, insbesondere die Rotverschiebung, die gemäß dem Dopplerschen Prinzip als »Fluchtgeschwindigkeit« zu interpretieren war und nicht mit dem von Einstein aus dem Äquivalenzprinzip gefolgerten gleichnamigen, viel kleineren Effekt im Gravitationsfeld zu verwechseln ist.

1929 hatte Hubble genug Daten beisammen, daß er die wohl bedeutendste astronomische Behauptung des 20. Jahrhunderts riskieren konnte: Die Galaxien fliegen mit Fluchtgeschwindigkeiten auseinander, die mit der Entfernung immer größer werden: das Universum expandiert.[25] Durch simple Rückrechnung auf den Beginn dieser Expansion ergibt sich das Alter der Welt zu ungefähr zehn Milliarden Jahren. Dieses expandierende Universum wurde nun offensichtlich nicht durch Einsteins statische Kosmologie beschrieben, sondern allenfalls durch die von Friedmann erhaltenen Lösungen.

Einstein, der zu dieser Zeit tief in die Fernparallelismus-Variante der einheitlichen Theorie verstrickt war und sich nicht von kosmologischen Modellen ablenken lassen wollte, hat diese sensationellen Resultate zunächst nur zur Kenntnis genommen, aber sie wurden ihm doch wichtig genug, daß er sie selbst in Augenschein nehmen wollte. So ließ er sich mehrmals die dreißig Kilometer lange Serpentinenstraße zum Mount Wilson in den Ausläufern der Sierra Nevada hinauffahren, mindestens einmal begleitet von Filmkameras, die festhielten, wie er per Fahrstuhl die Beobachtungsplattform erreichte und zum Nutzen für die Zuschauer auch einmal durch Okularähnliches blickte.

Hubble und sein die spektroskopischen Messungen verbessernder Kollege Milton L. Humason zeigten dem Gast ihre Kathedrale der Astronomie, erläuterten ihm die hochauflösenden Spektrographen und präsentierten ihm die Evidenz für ihre Behauptung des expandierenden Weltalls. Einstein war sichtlich beeindruckt, erklärte das von ihm vor 13 Jahren erfundene »kosmologische Glied« für überflüssig und das auf der Friedmannschen Lösung basierende Modell des Weltalls für angemessen.

Trotz intensiver Diskussionen mit dem Theoretiker Tolman, wie die neuen Erkenntnisse am besten durch die Allgemeine Relativitätstheorie darzustellen wären, ist ein eigener Beitrag zu diesem Problemkreis in Kalifornien nicht zustande gekommen. Eine Abhandlung *Zum kosmologischen Problem der Allgemeinen Relativitätstheorie*[26], die er nach der Rückkehr in Berlin der Akademie vorlegte, ging über Referierendes kaum hinaus. Die einzige in Pasadena entstandene Arbeit, geschrieben gemeinsam mit Tolman, galt seinem Steckenpferd, den Aporien der Quantenmechanik.[27]

Millikan zuliebe hatte sich Einstein in politischen Dingen Zurückhaltung auferlegt, nachdem der Gastgeber die »Zwei-Prozent-Rede« in New York mit hochgezogenen Augenbrauen registriert hatte, nicht nur wegen seiner eigenen konservativen Haltung, sondern wegen der Verärgerung reicher Gönner, auf deren Gunst das »Cal Tech« angewiesen war. Um so mehr dürfte Millikan über ein Interview Einsteins mit Upton Sinclair für eine sozialistische Wochenzeitung irritiert gewesen sein, und mehr noch über eine Rede vor Studenten auf dem Campus.

Ausgerechnet in der Hochburg technischen Sachverstandes problematisierte Einstein den Gebrauch der Technik, nicht nur im Krieg, sondern auch im Frieden, da »sie die Menschen zu Sklaven der Maschine gemacht« hat. Dieses »hässliche Lied« sang er aber in einer guten Absicht, nämlich den Studenten ihre übers Fachliche hinausgehende Verantwortung ins Bewußtsein zu rufen: »Die Sorge um den Menschen und ihr Schicksal muss stets das Hauptinteresse allen technischen Strebens bilden, die grossen ungelösten Fragen der Organisation der Arbeit und der Güterverteilung, damit die Erzeugnisse unseres Geistes dem Menschengeschlecht zum Segen gereichen und nicht zum Fluche. – Vergesst dies nie über Euren Zeichnungen und Gleichungen.«[28] Solche Worte klangen in konservativ-kalifornischen Ohren schon arg sozialistisch; Millikan konnte sie nicht als nützlich empfinden bei seinem Bemühen, den Aufstieg des »Cal Tech« zu einer absoluten Spitzenstellung in der amerikanischen Wissenschaft durch eine permanente Bindung Einsteins an seine Institution zu fördern.

Nach zwei Monaten hatte Einstein vorläufig genug von »diesem Lande der Gegensätze und Überraschungen, wo man abwechselnd bewundern und kopfschütteln muß. Man merkt, dass man an dem alten Europa mit seinen Schmerzen und Nöten hängt, und kehrt gerne wieder zurück.«[29] Die Heimreise führte mit dem Zug quer durch den Kontinent. Beim Besuch einer Indianer-Reservation in der Nähe des Grand Canyon erhielt Einstein am 28. Februar von den Hopi-Indianern neben üppigem Kopfschmuck den Titel »Der große Relative«, was im Englischen in hübscher Doppeldeutigkeit auch als »Der große Verwandte« verstanden werden kann. In Chicago, wo sein Zug zwei Stunden Aufenthalt hatte, wurde Einstein am Bahnhof von mehreren hundert Friedensfreunden begrüßt, die er mit einer Kurzfassung seiner »Zwei-Prozent-Rede« in große Begeisterung versetzte.[30]

Als er mit dem Nachtzug am nächsten Morgen in New York eintraf, wo um Mitternacht der Dampfer »Deutschland« Richtung Europa ablegte, war noch einmal für volle 16 Stunden die Hölle los. Der deutsche Generalkonsul diagnostizierte nach diesem Tag, »daß die Persönlichkeit Einsteins, ohne daß deutlich erkennbare Gründe dafür anzuführen wären, Ausbrüche einer Art Massenhysterie auslöste, und zwar nicht nur bei den hierfür besonders veranlagten Gruppen von ›Friedensfreunden‹ und den schwärmerischen Phantasten neuentstandener mystischer Religionsgemeinschaften, sondern auch in relativ kühlen Kreisen, wie z. B. den amerikanischen Förderern des Palästinenserwerkes«.[31]

Die pazifistischen Organisationen belegten ihren Heros gleich bei der Ankunft mit Beschlag. Einstein lud sie auf die »Deutschland« zu einer auf 400 Teilnehmer beschränkten Versammlung ein und rief zu radikalen Aktionen auf: »Der Kampf gegen den Militarismus wird eine dramatische Wirkung haben, denn er wird einen Konflikt schaffen, der unsere Gegner direkt herausfordert.«[32] Diese Worte brachten seine Verehrer »in einen Begeisterungstaumel, der sich auch darin äußerte, daß zahlreiche Personen Einsteins Hände und Kleidungsstücke küßten und schließlich der arme Mann gewaltsam in seine Kabine geführt werden mußte, um diesen Demonstrationen ein Ende zu machen«.[33] Für den Nachmittag zog Einstein in ein Hotel, wo er einen endlosen Strom von Journalisten, von Besuchern und Bewunderern zu bewältigen hatte.

Den Abend hatte Einstein für seine andere Passion reserviert: die Unterstützung des jüdischen Aufbauwerks in Palästina. Wegen leerer Kassen hatte Weizmann schon Anfang Februar Einstein beschworen, sich für eine dringend erforderliche Spendenkampagne zur Verfügung zu stellen.[34] Dieser Bitte konnte sich Einstein nicht entziehen und sagte zu, am Abend seiner Abreise bei einem großen Bankett der »American Palestine Campaign« im Hotel Astor als Ehrengast und Redner zu erscheinen. Die Teilnehmer hatten 100 Dollar zu entrichten, aber trotz dieses hohen Obulus und der grassierenden Wirtschaftskrise wurde die angestrebte Zahl von tausend Gästen noch übertroffen, die Einstein sehen und hören wollten. Der wurde als »Geistesfürst« gefeiert, und der Beifall steigerte sich zu Ovationen, als ein Telegramm des amerikanischen Präsidenten Hoover verlesen wurde, der für Pazifismus und Sozialismus gewiß keine Sympathien hegte, aber nicht umhin konnte, den Gast zu grüßen: »Möge Ihr Besuch in den Vereinigten Staaten für Sie so befriedigend gewesen sein wie er es für das amerikanische Volk war.«[35] In seiner Ansprache forderte Einstein erneut die Juden zur Kooperation mit den Arabern auf und plädierte für eine Regelung nach dem Vorbild der Schweizer Verfassung.«[36]

Als Einstein kurz vor Mitternacht auf die »Deutschland« zurückkehrte, standen wieder die Pazifisten am Pier, und beim Ablegen des Schiffes skandierten sie ihrem Heros zum Abschied »No war forever.«

Bei stürmischer Überfahrt erfuhr Einstein genug über die Verhältnisse in Deutschland, daß er seiner Rückkehr mit gemischten Gefühlen entgegensah. »In Deutschland wackelt alles, viel ärger als auf dem Schiff. Aber man ist daran gewöhnt und streckt sich nach der jeweiligen Decke. Einstweilen steht wenigstens die Republik noch.«[37] Sie stand aber schon auf sehr wackeligen Füßen. Lange wollte er ohnehin nicht in Berlin bleiben. In der Akademie legte er im April zwei Abhandlungen vor, sein Referat über das kosmologische Problem[38] und eine gemeinsam mit Walther Mayer auf der Reise geschriebene Arbeit zur Fernparallelismus-Theorie[39], die erkennen ließ, daß er seinem großen

Ziel auf diesem Wege nicht näher kommen würde. Dann verabschiedete er sich für einen Monat nach England, um in Oxford die Rhodes Lectures zu halten.

Diese ehrenvolle und mit einem üppigen Honorar verbundene Aufgabe war Einstein schon 1927 auf Initiative von Frederick Lindemann angetragen worden, dem Direktor des Clarendon Laboratory. Einstein mußte aber wegen Zeitmangel und seiner schweren Erkrankung die Einladung ablehnen. Lindemann gab nicht auf, und im Februar hatte er endlich aus Pasadena das definitive Einverständnis erhalten.[40] Die Zusage hatte sich für Einstein gelohnt, denn in Oxford verbrachte er einen erholsamen Mai. Er lernte das klösterliche Leben im Christ Church College schätzen, wo ihm Lindemann Räume bereitgestellt hatte; die einzige Verpflichtung, aber auch die großzügig interpretiert, war die Teilnahme am »heiligen Sakrament« des »High Table«. Dazu kamen noch die zeremonielle Verleihung der Ehrendoktorwürde und die drei Vorlesungen, die er im Rhodes House gab.[41] Zu Beginn war der Saal überfüllt, aber die einen kamen mit Einsteins Mathematik nicht zurecht und die anderen nicht mit der deutschen Sprache, so daß bald nur noch ein kleiner Rest von Kennern anwesend war.

Englische Zurückhaltung und der Umstand, daß man in Oxford an geniale Exzentriker gewöhnt war, ließen Einstein ein Leben nach seinem eigenen Geschmack und Tempo führen, immer umsichtig betreut von Lindemann und dessen Butler. Daß sich Einstein öfter mit pazifistischen Studentengruppen traf sowie mit Vertretern der Internationale der Kriegsdienstverweigerer »die Ausbreitung und Wirkung meiner Reden in Amerika«[42] besprach, störte niemanden. Dabei kam die Physik keineswegs zu kurz, so daß Lindemann mit seinem Gast mehr als zufrieden war: »Er stürzte sich in alle wissenschaftlichen Aktivitäten in Oxford, besuchte die Colloquien und Diskussionstreffen und zeigte sich dabei so stimulierend und einfallsreich, daß ich hinsichtlich der fortdauernden Bedeutung seines Besuches für unsere Wissenschaft gewiß bin.«[43]

Lindemann erreichte, daß sein College alsbald Einstein einlud, alljährlich einen Monat in Oxford zu verbringen, als »Student«, wie in der eigenwilligen Terminologie des Christ Church jener Status genannt wurde, der in allen anderen Colleges als »Fellow« bezeichnet wird.[44] Einstein akzeptierte den auf fünf Jahre laufenden Vertrag mit einem jährlichen Stipendium von 400 Pfund, nicht nur wegen der angenehmen Erinnerungen an seinen ersten Aufenthalt, sondern auch wegen der Verschärfung der politischen Lage in Deutschland.[45]

Für den Sommer des Jahres 1931 hatte sich Einstein wieder in seinem Landhaus in Caputh eingerichtet, allerdings nicht als weltfremder Eremit. Mit einer schier unübersehbaren Fülle von Briefen und Stellungnahmen setzte er seine pazifistischen Kampagnen fort und wiederholte unermüdlich seinen Standpunkt, daß nur organisierte Kriegsdienstverweigerung den Krieg verhindern könne.[46] Dieses Engagement wurde keineswegs beeinträchtigt von seiner Sorge, daß Deutschland auf dem Wege in die Diktatur sei. Das mit Notverordnungen bei Abdankung des Parlaments regierende Kabinett Brüning stellte schon eine Quasi-Diktatur dar, und die wirtschaftliche Katastrophe, die Straßenkämpfe der Nazis und die Schwäche der demokratischen Parteien ließen Schlimmes befürchten.

In dieser unsicheren Situation wollte sich Einstein an Planck wenden mit der Bitte, »dafür zu sorgen, dass meine deutsche Staatsangehörigkeit aufgehoben wird... Die Sorge für die zahlreichen von mir abhängigen Menschen sowie auch ein gewisses Bedürfnis nach Unabhängigkeit zwingen mich zu diesem Schritt...«[47] Der Brief wurde allerdings nicht abgeschickt und fand sich mit dem Umschlag in Einsteins Nachlaß. Vielleicht hatte ihm Planck in einer Unterredung verdeutlichen können, daß er für Staatsangehörigkeitsfragen nicht die rechte Adresse sei, vielleicht auch in der Auffassung bestärkt, daß sich zumindest vorläufig keine bessere Wirkungsstätte als die Preußische Akademie denken ließe. Was immer geschehen war, Einstein machte sich im Sommer 1931 mit dem Gedanken vertraut, seine Bindungen an Deutschland wieder zu lösen.

Hoffnungen für eine Wende zum Besseren sah Einstein, wenn überhaupt, dann auf der linken Seite des politischen Spektrums; er sympathisierte mit den Sozialdemokraten, hatte aber auch vor den Kommunisten keine Berührungsangst. Bereitwillig unterzeichnete er Aufrufe der Roten Arbeiterhilfe und ließ sich für Propagandaaktivitäten der Kommunistischen Internationale (Komintern) einspannen.[48] In der von der Kommunistischen Partei betriebenen Marxistischen Arbeiterschule »Masch« setzte er sich in einem Vortrag mit dem für den Klassenkampf doch etwas abseitigen Problem auseinander: »Was der Arbeiter von der Relativitätstheorie wissen muß.«[49] Ein verläßlicher »fellow traveller« war er jedoch nicht, wenn er sich z. B. dafür einsetzte, daß Stalins Todfeind Trotzki in Deutschland Aufenthaltsrecht gewährt werde[50], oder er seine Teilnahme an Friedenskongressen wegen sowjetischen oder kommunistischen Übergewichts ablehnte.[51] Einsteins eigenwilliges Oszillieren zwischen »rosa« und »rot« zeugt von beträchtlicher Konfusion in seinen politischen Urteilen – und manchmal auch von Makabrem.

So hatte er 1930 einen Aufruf gegen die stalinistischen Schauprozesse in der Sowjetunion unterzeichnet. In den absurden Anklagen gegen die »48 Schädlinge« sah er entweder einen »Verzweiflungsakt eines in die Enge getriebenen Regimes oder Massenpsychose oder eine Mischung von beidem. ... Ich bin sehr traurig darüber, dass diese Entwicklung, auf welche wir mit hoffenden Blicken geschaut haben, nun zu so furchtbaren Dingen führt.«[52] Aber im nächsten Jahr hatten ihn sowjettreue Bekannte, deren er viele hatte, von der Rechtmäßigkeit und Notwendigkeit dieser Prozesse überzeugt, so daß ein kommunistisches Propagandablatt Einsteins Widerruf seines Protestes drucken konnte: »Heute bedaure ich auf das tiefste, daß ich diese Unterschrift gegeben habe, weil ich das Vertrauen zur Richtigkeit meiner damaligen Ansichten verloren habe. Es kam mir damals nicht genügend zum Bewußtsein, daß unter den besonderen Verhältnissen der Sowjetunion Dinge möglich sind, die unter den mir vertrauten Verhältnissen vollständig undenkbar sind.«[53] Ob es Dimitri Marianoff war, ein der sowjetischen Botschaft in Berlin attachierter Journalist unklaren Aufgabengebiets, der mit Einsteins jüngerer Stieftochter Margot verheiratet war, oder ob Willi Münzenberg, der sinistre Propagandachef der Komintern[54], höchstpersönlich Einstein bekehrte: diese Stellungnahme zeigt die Grenzen des politischen Urteilsvermögens des Physikers.

Einstein blieb übrigens bei dieser Bewertung der Moskauer Schauprozesse. Als Stalins Schreckensregime immer furchtbarer wütete, konnte ihn nicht einmal die Solidarität zu den vielen angeklagten und getöteten Juden, seinen »Stammesbrüdern«, davon abhalten, die Prozesse zu rechtfertigen. Auf dem Höhepunkt des Terrors im Jahre 1937 schrieb er: »Es mehren sich übrigens die Anzeichen dafür, dass die russischen Prozesse keinen Schwindel darstellen, sondern dass es sich um ein Komplott derer handelt, in deren Augen Stalin ein stupider Reaktionär sei, der die Idee der Revolution verraten habe. ... Anfangs war ich auch der festen Überzeugung, dass es sich um eine auf Lüge und Schwindel gegründete Machthandlung eines Diktators handele, aber dies war eine Täuschung.«[55] Auch wenn es Einstein war, der hier getäuscht wurde, wirft doch seine Bereitschaft, sich bis zur Verteidigung des Terrors täuschen zu lassen, sofern er von Kommunisten verübt wurde, nicht nur die Frage nach den Maßstäben, sondern auch nach der Moral auf.

In das gefährdete Deutschland war Einstein mit dem Gefühl zurückgekehrt, in Kalifornien jederzeit eine akzeptable Rückfallposition zu haben, zudem noch fabelhaft dotiert. Einen Ministerialrat des Preußischen Kultusministeriums, bei dem er ein planmäßiges Extraordinariat als materielle Sicherung für seinen Mitarbeiter Walther Mayer durchsetzen wollte, verschreckte er im April 1931 mit der Information, daß er in Pasadena ein Angebot mit einem Jahresgehalt von 35000 Dollar erhalten habe. Würde für den schon 45jährigen Mayer keine befriedigende Lösung gefunden, drohte Einstein, »sonst nach Pasadena gehen zu müssen, weil dort die Bezahlung Dr. Mayers keine Schwierigkeiten bereite«.[56]

Was immer in Pasadena besprochen worden sein mag, ein konkreter Vertrag kann nicht vorgelegen haben, sondern vermutlich nur eine unverbindliche mündliche Absichtserklärung von Arthur Fleming, dem zu Eigenmächtigkeiten neigenden Vorsitzenden des Kuratoriums des »Cal Tech«. Im Sommer war in Briefen und Telegrammen, die zwischen Pasadena und Berlin hin- und hergingen, nur noch von einem Gehalt von insgesamt 20000 Dollar bei einem zehnwöchigen Aufenthalt am »Cal Tech« die Rede.[57] Während Einstein auf die Übersendung des Vertrages zur Unterzeichnung wartete, schaute Anfang Oktober Millikan auf seiner Europareise in Caputh vorbei, offerierte das bisherige Honorar von 7000 Dollar für den nächsten Besuch und vertagte eine permanente Regelung auf das nächste Jahr.

Ob der kalifornischen Konfusion war Einstein verstimmt und fuhr erst einmal zu einem Vortrag nach Wien, bei dem die offiziellen österreichischen Stellen, »weil er Jude ist und als politisch links eingestellt gilt, besondere Zurückhaltung beobachteten«.[58] Nach einer Woche Bedenkzeit verfaßte er dann am 19. Oktober eine souveräne Absage und teilte sowohl Fleming wie Millikan mit, daß er sich von den lästigen Verhandlungen während des Winters unter der Sonne Südeuropas erholen werde. Berlin wollte er aber in jedem Falle verlassen. Dem Freund Besso kündigte er an, er werde im Winter wohl in die Schweiz kommen, »da es hier für mich brenzlig wird«.[59]

In einem plötzlichen Sinneswandel, dessen Gründe unbekannt sind, akzeptierte Einstein doch noch das kalifornische Angebot zu Millikans reduzierten Bedingungen und sandte am 14. November den unterzeichneten Vertrag nach Pasadena. Schon eine Woche später verließ er in Begleitung seiner Frau Berlin und verbrachte noch einige Tage in Belgien und Holland, bevor er am 2. Dezember die vierwöchige Seereise antrat, dieses Mal auf dem amerikanischen Dampfer »San Francisco«, der ihn direkt nach Kalifornien brachte, so daß er den Belastungen eines Aufenthalts in New York entgehen konnte.

Als das Schiff die Küsten Europas hinter sich gelassen hatte, hielt Einstein in seinem Tagebuch eine für seine weitere Lebensplanung entscheidende Überlegung fest: »Heute entschloss ich mich, meine Berliner Stellung im Wesentlichen aufzugeben. Also Zugvogel für den Lebensrest! Möven begleiten immer noch das Schiff, beständig fliegend. Sie sollen den Weg zu den Azoren mitmachen. Das sind meine neuen Kollegen, aber weiss Gott, tüchtiger als ich.«[60] Über die Gründe schwieg er sich aus, ebenso über konkrete Absichten; vermutlich hatte er an ein Pendeln zwischen Pasadena und Oxford gedacht. Wie zur Bekräftigung der Ernsthaftigkeit seines Entschlusses fügte er noch hinzu: »Ich lerne auch Englisch, will aber in meinem alten Hirnkasten nicht haften.«

Anders als im vergangenen Jahr verlief die Ankunft in Los Angeles kurz vor dem Jahreswechsel beinahe normal. Einstein konnte, wohl als kleine Entschädigung für die finanziellen Verwirrungen, die repräsentativen Wohnräume von Arthur Fleming im Athenaeum beziehen, dem noblen Klub des »Cal Tech«. Zu den Kollegen, mit denen er sich zu gemeinsamer Arbeit traf, gehörte der gleichfalls als Gast anwesende Willem de Sitter, der relativitätskundige Astronom aus Leiden, mit dem er eine gemeinsame Arbeit über einen Aspekt des expandierenden Universums verfaßte.[61] Er hielt einige Vorlesungen über kosmologische Probleme und insbesondere über eine neue Variante der einheitlichen Theorie, die er mit Mayer ausgearbeitet hatte.[62] Er konnte aber auch seine pazifistischen Predigten nicht lassen und mischte sich, nicht nur zum Mißfallen von Millikan, in inneramerikanische Probleme wie die Rassentrennung ein. Die wichtigste und folgenreichste Begegnung war jedoch die mit Abraham Flexner, einem Wissenschaftsadministrator von hoher Reputation, mit viel Geld und einer vagen Idee.

Seit dem Beginn des Jahrhunderts hatte Flexner einen beherrschenden Einfluß auf die akademische Ausbildung in Amerika ausgeübt. Nachdem er zuerst eine Reform der Colleges und dann eine der Medizinischen Fakultäten durchgesetzt hatte, konnte er 15 Jahre lang als Sekretär des »General Education Board« der Rockefeller Stiftung die Universitäten mit mehr als einer halben Milliarde Dollar fördern und zum Teil nach seinen Vorstellungen von akademischer Exzellenz gestalten. Der krönende Abschluß seiner Karriere sollte nun dank einer philanthropischen Stiftung von 5 Millionen Dollar die Etablierung eines Instituts für höhere oder fortgeschrittene Studien sein, in dem hervorragende Gelehrte, befreit von universitärer Routine und Plackerei, nur ihrer Forschung leben sollten. Um sich bei Millikan Rat für die

Ausgestaltung eines solchen Instituts zu holen, war Flexner nach Pasadena gekommen, und Millikan wiederum verwies ihn an seinen berühmten Gast.

Als Flexner und Einstein im Athenaeum das erste Mal einander begegneten, gab es für die Neugründung lediglich die Vorgaben, daß sie wegen der Wünsche der Stifterfamilie irgendwo im Staate New Jersey angesiedelt werden sollte und daß es wegen der zwar beträchtlichen, aber keineswegs unbeschränkten Mittel ratsam schien, sich auf theoretische Disziplinen zu konzentrieren. Einstein, der den Fortschritt der Wissenschaft eher im individuellen Schöpfertum als in organisatorischen Maßnahmen sah, bestärkte Flexner in seiner Absicht, als Kontrast zum akademischen Getriebe eine informelle Gelehrtenenklave im Stile des Elfenbeinturms zu errichten.[63] Über eine Beteiligung Einsteins an diesem Unternehmen ist nach Flexners Aufzeichnungen mit keinem Wort gesprochen worden, aber als sich die beiden zur Fortsetzung ihres Gesprächs im Frühjahr in Oxford verabredeten, dürfte jeder seine eigenen Erwartungen damit verbunden haben.

Als Einstein sich Anfang März wieder auf der »San Francisco« für die direkte Rückreise nach Europa einschiffte, wußte er zwar, daß er übers Jahr wieder ans »Cal Tech« zurückkehren würde, aber eine permanente Regelung war wiederum nicht vereinbart worden. Von dem Gedanken einer endgültigen Übersiedelung nach Amerika war er ohnehin nicht sehr begeistert, wie er dem Freund Ehrenfest, für den er dort nach einer Möglichkeit hatte Ausschau halten sollen, auseinandersetzte: »Ich muss Dir übrigens offen sagen, dass ich für die Dauer lieber in Holland als in Amerika sein möchte, und dass ich überzeugt bin, dass Du bald einen Wechsel bereuen würdest. Abgesehen von den paar wirklich feinen Gelehrten ist es eine fade und öde Gesellschaft, in der Dich bald frösteln würde.«[64]

Wieder in Berlin, ging Einstein sogleich zur allwöchentlichen Sitzung der Akademie, weil es ihn drängte, einen Nachtrag zu jener Abhandlung einzureichen, deren ersten Teil er schon im Oktober vor der Abreise nach Amerika vorgelegt hatte. Sie trug wieder den vielversprechenden Titel *Einheitliche Theorie von Gravitation und Elektrizität*, hatte aber nichts mehr mit dem Fernparallelismus zu tun, den er im Sommer 1931 endgültig aufgegeben hatte. Wie er später resümierte, führte diese »formal recht interessante Theorie... eben auf keine Weise zu einer Darstellung des elektromagnetischen Feldes. Ich habe lange Zeit gebraucht, um dies mit Sicherheit einzusehen, weil ich durch die formale Natürlichkeit der Theorie so sehr fasziniert war.«[65]

Lange hat er nicht um die dreijährigen, nun vergeblichen Mühen um den Fernparallelismus getrauert, sondern war bald von einem fünfdimensionalen Formalismus fasziniert, »der psychologisch an die bekannte Theorie von Kaluza anknüpft, es aber gleichzeitig vermeidet, das physikalische Kontinuum zu einem solchen von fünf Dimensionen zu erweitern«.[66] Jeder Punkt des vierdimensionalen Raum-Zeit-Kontinuums wurde mit fünfdimensionalen Vektoren verknüpft, mit denen sich eine »Fünfer-Krümmung« bilden läßt, aus welcher dann die Gleichungen für das Gravitations- und für das elektromagnetische Feld durch »Verjüngung« hervorgehen. An Ehrenfest schrieb er begeistert wie bei jedem Neubeginn, diese Theorie »löse nach meiner Überzeugung das Problem im makroskopischen Bereich endgültig«[67], und für den mikroskopisch-atomaren Bereich sah er schon »einen Hinweis auf eine natürliche Ergänzung, welche vielleicht Quanten-Gesetze liefert«.[68]

Die Kollegen waren überhaupt nicht begeistert. Während Einsteins Ruhm beim Publikum ins Unermeßliche gestiegen war, begannen viele Physiker, über den Größten ihrer Zunft den Kopf zu schütteln. Die Älteren schwiegen über die neue Theorie, und die Jüngeren riskierten schon frivole Witze. In einer köstlichen Parodie des *Faust*, mit der sich Ostern 1932 die in Bohrs Institut in Kopenhagen versammelten Repräsentanten der ›Knabenphysik‹ von dem erdrückenden Kult um Goethes 100. Todestag zu entlasten suchten, wurde Einstein mit Hohn und Spott bedacht.[69] In einer etwas holprig gereimten Abwandlung des Liedes vom König von Thule sang Gretchen über die Abfolge »definitiver Lösungen« der einheitlichen Theorie:

Es war einmal ein König,
Der hatte einen großen Floh.
Den liebt' er gar nicht wenig
Als wie Gravitation.

Der König rief den Mayer,
Der Mayer kam heran,
Und maß dem Junker Krümmung
Und Feldtensoren an.

...

Der Floh, der kam zu Jahren
Und hatte einen Sohn.
Der Sohn verstieß den Vater,
Doch hatt' er nichts davon.

Und Floh auf Floh entsprangen
Der Berliner Akademie.
Die Physiker besangen
Die »neue Feldtheorie«.

Daß Wolfgang Pauli, kritisches Gewissen der Physik und zugleich »Geißel Gottes«, über Einsteins neuerliche »definitive Lösung« Spöttisches zu sagen haben würde, war abzusehen, nicht jedoch, daß er seine Sottisen in einer Besprechung des aktuellen Bandes der *Ergebnisse der exakten Naturwissenschaften* auch drucken lassen würde: »Es ist schon eine kühne Tat der Redaktion, ein Referat über eine neue Feldtheorie Einsteins unter die ›Ergebnisse‹ der exakten Naturwissenschaften aufzunehmen. Beschert uns doch seine nie versagende Erfindungsgabe sowie seine hartnäckige Energie beim Verfolgen eines bestimmten Zieles in letzter Zeit durchschnittlich etwa eine solche Theorie pro Jahr – wobei es psychologisch interessant ist, daß die jeweilige Theorie vom Autor gewöhnlich eine Zeitlang als ›definitive Lösung‹ betrachtet wird. So könnte man in Variation eines bekannten historischen Ausspruches beim Erscheinen einer neuen Arbeit über diesen Gegenstand versucht sein, auszurufen: ›Die neue Feldtheorie Einsteins ist tot. Es lebe die neue Feldtheorie Einsteins.‹«[70] Zum Schluß dieses Verrisses wurde Pauli etwas versöhnlicher, da »manches dafür spricht, daß der Grundidee der neuesten Theorie Einsteins eine längere Lebensdauer beschieden sein wird als den bisherigen einheitlichen Feldtheorien.« Mit dieser Prognose hat sich freilich Pauli geirrt, denn die Theorie verschwand sehr schnell in der Versenkung und wurde auch von Einstein nicht mehr reaktiviert.

Nach kaum zweiwöchigem Aufenthalt in Berlin reiste Einstein nach England, zunächst nach Cambridge für einige Vorlesungen[71] und Gespräche mit Eddington und dann nach Oxford für seine Sinekure als »Research Student«. Kurz vor seiner Abreise besuchte ihn, wie in Pasadena verabredet, Abraham Flexner. Seine Absicht, das neue Institut in Princeton anzusiedeln, in Abstimmung mit, aber unabhängig von der dortigen Universität, dürfte Einsteins ganz persönliches Interesse an dieser Unternehmung stimuliert haben, und das kann Flexner nicht entgangen sein. Während eines ausgiebigen Spaziergangs durch die Hofanlagen des College, bei dem sie ihre im wesentlichen gleiche Auffassung über den wünschenswerten Charakter der neuen Einrichtung einander bestätigten, faßte sich Flexner ein Herz zu der entscheidenden Frage: »Professor Einstein, ich würde nicht wagen, Ihnen eine Stelle in diesem neuen Institut anzubieten, aber wenn Sie zu der Überzeugung gelangen sollten, daß es Ihnen diejenigen Möglichkeiten bieten könnte, die Sie schätzen, dann sind Sie willkommen – zu Ihren eigenen Bedingungen.«[72] Einer Zusage wich Einstein noch aus, aber er erklärte sich zu einem weiteren Treffen bereit.

Kaum war Einstein, nach einem Auftritt beim »Joint Peace Council« in Genf Ende Mai[73], wieder in seinem Landhaus in Caputh, erschien am 4. Juni bereits wieder Flexner. Jetzt kamen auch schon konkrete Bedingungen zur Sprache wie ein halbjähriger Aufenthalt jeweils vom Herbst bis etwa April, eine von Einsteins Position unabhängige Stellung für Walther Mayer, Gehalt und Pension.[74]

Auf die Frage nach dem Gehaltswunsch reagierte Einstein zunächst mit dem Vorschlag von 3000 Dollar, und auf Flexners verdutzte Miene fragte er: »Könnte ich auch mit weniger auskommen?«[75] Was der Administrator als weltfremde Bescheidenheit des großen Gelehrten empfand und später so weitererzählte, war allerdings nur Einsteins bauernschlaue Art, Flexner eine optimale Offerte zu entlocken, ohne selbst als geldgierig ins Gerede zu kommen. Das Angebot belief sich dann auf 10000 Dollar bei Übernahme der Steuern durch das Institut sowie Erstattung der Reisekosten auch für Frau Elsa, keine schlechte Lösung für fünf Monate.[76] So hatte Einsteins Vorstellung einer Wandervogel-Existenz auf eine Weise konkrete Gestalt angenommen, die er, als er sie ein halbes Jahr zuvor in seinem Reisetagebuch niedergeschrieben hatte, nicht hatte ahnen können. Als er seinen Gast eine Stunde vor Mitternacht durch den Regen zum letzten Bus brachte, bekräftigte er zur Freude Flexners: »Ich bin Feuer und Flamme dafür.«[77]

Einige Tage später, nachdem Flexner die mündlichen Abmachungen schriftlich bestätigt hatte, bedankte sich Einstein herzlich für die großzügigen Regelungen, fand die Ansätze für seine Pension und die seiner Frau sogar etwas zu hoch und schlug Reduzierungen vor, wünschte aber ausdrücklich, »dass Herrn Mayers Anstellung von der meinen irgendwie unabhängig wäre. Sonst hat er das Gefühl, dass er bei meinem Tode stellenlos würde.«[78] Seine schriftliche Zusage, im Oktober 1933 nach Princeton zu kommen, beendete er mit der Versicherung: »Ich freue mich wirklich herzlich, mit Ihnen zu einem so wunderbaren Zweck vereinigt zu werden und bin überzeugt, dass wir Freude aneinander haben werden.«[79]

An die Abmachung mit Flexner wird Einstein oft gedacht haben, als er mit der politischen Entwicklung in Deutschland konfrontiert wurde. Zwar hatte im Frühjahr Hindenburg noch einmal die Reichspräsidentenwahl gewonnen, aber über 13 Millionen Stimmen für Hitler waren fortan ein drohendes Menetekel für Deutschlands Zukunft. Trotzdem wollte Einstein zunächst in Berlin bleiben. »Er hat sich ganz auf sein Caputh eingestellt«, berichtete Frau Elsa, »erklärt mir auch, es bringe ihn keiner dazu, fortzugehen. Er kennt keine Angst.« Seine Frau aber sorgte sich um so mehr und wünschte, »dass er jetzt schweigt, keinen Aufruf mehr unterschreibt, nur seinen Problemen lebt. Er antwortete mir, ... wäre ich so, wie Du mich haben willst, dann wär ich eben nicht der Albert Einstein.«[80]

Die Befürchtungen seiner Frau in den Wind schlagend, warnte Einstein gemeinsam mit Käthe Kollwitz und Heinrich Mann in einem Aufruf zur Reichstagswahl im Juli, »daß wir einer entsetzlichen Gefahr der Faschisierung entgegengehen. Zu beseitigen ist diese Gefahr nach unserer Einsicht durch das Zusammengehen der beiden großen Arbeiterparteien im Wahlkampf.«[81] Während des Wahlkampfes prangte sein Name wie der eines Kronzeugen auf Plakaten, die zur Bil-

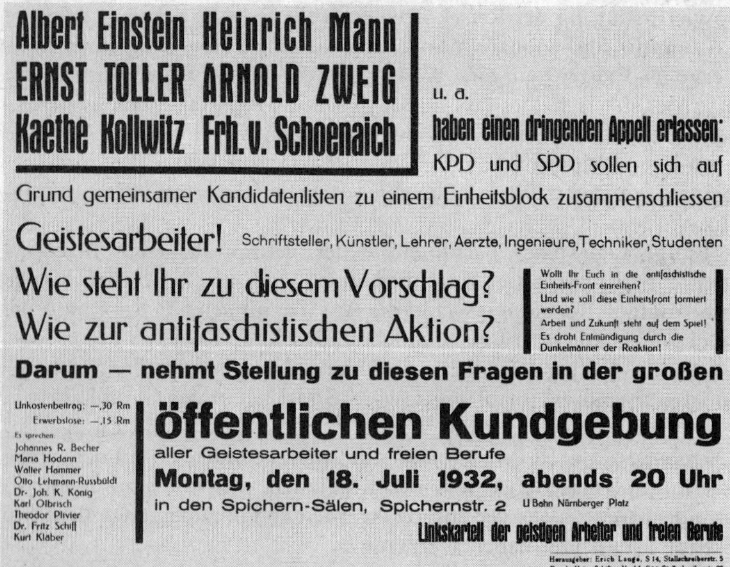

Aufruf zur Bildung einer antifaschistischen Einheitsfront mit Heinrich Mann, Ernst Toller, Arnold Zweig und Käthe Kollwitz, 1932

dung einer antifaschistischen Einheitsfront von SPD und KPD aufforderten.[82] Dazu kam es freilich nicht, und bei den Wahlen im Juli wurden die Nazis mit 37 Prozent der Stimmen stärkste Partei. Der neue Reichskanzler von Papen regierte mit seinem »Kabinett der Barone« am Rande des Staatsstreichs, löste den Reichstag auf, ließ von der Reichswehr die sozialdemokratisch geführte Regierung Preußens aus dem Amt jagen und setzte sich selbst als Reichskommissar ein.

Während viele Bürger durch von Papens »grundsätzlich neue Regierungsart« die Bewahrung von Ruhe und Ordnung und insbesondere einen Schutz vor der nationalsozialistischen Gefahr erhofften, begründete Einstein einem Kollegen seine gegenteilige, düstere Prognose: »Ich glaube auf keinen Fall, daß eine militärische Gewaltherrschaft die bevorstehende Revolution der Nationalsozialisten verhindern wird. Im Gegenteil: die militärische Herrschaft unterdrückt den Volkswillen. Das Volk wird in einer Revolution von rechts einen Schutz gegen die Herrschaft der Junker und Offiziere suchen.«[83]

In diesem Sommer der politischen Endzeitstimmung war Einstein an vielen politischen Aktionen und Auseinandersetzungen beteiligt. Die eindrucksvollste Aktivität, auch wenn sie nahezu unbeachtet blieb, war ein öffentlicher Briefwechsel über Ursachen der Kriege und die Möglichkeiten ihrer Verhütung, der vom »Institut für Intellektuelle Zusammenarbeit« angeregt worden war und für den Einstein sich Sigmund Freud als Partner auserkoren hatte.

Freud und Einstein waren schon oft, wenn es um die bedeutendsten lebenden Juden ging, gemeinsam genannt worden. Kennengelernt hatten sie sich Ende 1926, als Freud in Berlin bei seinem Sohn Ernst die Weihnachtstage verbrachte. Dort besuchte ihn Einstein mit seiner Frau. Über die Begegnung und die zweistündige Plauderei berichtete Freud: »Er ist heiter, sicher und liebenswürdig, versteht von Psychologie soviel wie ich von Physik, und so haben wir uns sehr gut gesprochen.«[84] Diesem Eindruck könnte auch Einstein zugestimmt haben, denn er schätzte an Freud mehr die hohe Kunst der Darstellung als dessen psychoanalytische Konstruktionen und mochte im übrigen »gerne im Dunkel des Nicht-Analysiertseins verbleiben«.[85] Entsprechend war die Korrespondenz zwischen den beiden Zelebritäten, die sich zunächst auf Geburtstagsglückwünsche beschränkte, zwar voller Herzlichkeit, aber auch voller Widerhaken.

Der Gratulation zu Freuds 75. Geburtstag fügte Einstein hinzu, er lese jeden Dienstagabend mit einer Freundin – es wird wohl Toni Mendel gewesen sein – in Freuds Schriften und könne deren »Schönheit und Klarheit« nicht genug bewundern. »Abgesehen von Schopenhauer gibt es für mich niemanden, der so schreiben kann oder könnte.« Aber als »Dickhäuter« schwanke er doch zwischen »Glauben und Unglauben«.[86] Ein Jahr später dankte er Freud »für so manche schöne Stunde, die ich der Lektüre ihrer Werke verdanke«, um dann fortzufahren: »Es ist für mich immer amüsant zu beobachten, dass auch Menschen, welche sich Ihren Lehren gegenüber als ›Ungläubige‹ betrachteten, Ihren Ideen so wenig Widerstand entgegensetzen, dass sie in Ihren Begriffen zu denken und zu reden pflegen, wenn sie sich – gehen lassen.«[87]

In seinem offenen Brief an Freud berief sich Einstein nicht auf pazifistische Grundhaltungen, sondern entwarf als von »Affekten nationaler Natur freier Mensch«[88] eine Ordnung, die sich auf friedliche Schlichtung aller Konflikte zwischen den Staaten durch eine Institution gründet, die über die Machtmittel zur Durchsetzung dieses Gerechtigkeitsideals verfügen können muß. »Der Weg zur internationalen Sicherheit führt über den bedingungslosen Verzicht der Staaten auf einen Teil ihrer Handlungsfreiheit bzw. Souveränität, und es dürfte unbezweifelbar sein, daß es einen anderen Weg zu dieser Sicherheit nicht gibt.«

Für Einstein war offensichtlich, daß für das bisherige Scheitern solcher Bemühungen das »Machtbedürfnis der jeweils herrschenden Schicht eines Staates« verantwortlich sei, aber weniger klar und darum der Aufklärung bedürftig war, wie es dieser Schicht möglich sei, »die Masse des Volkes ihren Gelüsten dienstbar zu machen, die durch einen Krieg nur zu leiden und zu verlieren hat?« Seine Überlegungen führten etwas ›more geometrico‹ vom Politisch-Sozialen zur psychologischen Konklusion: »Im Menschen lebt ein Bedürfnis zu hassen und zu vernichten.« Seinem Briefpartner überließ er als abschließende Frage das Problem: »Gibt es eine Möglichkeit, die psychische Entwicklung der Menschen so zu leiten, daß sie den Psychosen des Hasses und des Vernichtens gegenüber widerstandsfähiger wird?«

Freud war alles andere als glücklich, daß ihn Einstein in diese öffentliche Erörterung hineingezogen hatte. In indignierter Ironie äußerte er die Erwartung, dafür nicht etwa den Nobelpreis zu bekommen, was für einen geheimen Wunsch beinahe zu offensichtlich war, und erleichtert berichtete er zwei Wochen nach Erhalt von Einsteins Brief, daß er »die langweilige und sterile sogenannte Diskussion mit Einstein«[89] zu Ende gebracht habe. Bei allem Widerstand hat er trotzdem eine beachtliche Leistung vollbracht. Die Abgründe von Aggression und Todestrieb beschrieb er als anthropologische Konstanten, an denen wohl nichts zu ändern sei, stellte ihnen aber als Hoffnung die kulturellen oder zivilisatorischen Entwicklungen gegenüber: »Den psychischen Einstellungen, die uns der Kulturprozeß aufnötigt, widerspricht der Krieg in der grellsten Weise; ... wir vertragen ihn einfach nicht mehr.« Angesichts der Grauen des Weltkriegs hielt er es vielleicht für »keine utopische Hoffnung, dass der Einfluss der beiden Momente, der kulturellen Einstellung und der berechtigten Angst vor den Wirkungen eines Zukunftskrieges, dem Kriegführen in absehbarer Zeit ein Ende setzen wird«.

Als der Völkerbund diesen Briefwechsel unter dem Titel *Warum Krieg?* im Frühjahr 1933 in englischer und in deutscher Sprache in der bescheidenen Auflage von je 2000 Exemplaren veröffentlichte, war schon abzusehen, daß Freuds Hoffnungen im kulturell vermeintlich hochstehenden Europa zumindest gefährdet, wenn nicht schon utopisch waren.

Über seine Verpflichtung, eine Hälfte des Jahres in Amerika zu verbringen, hatte Einstein in Berlin Stillschweigen bewahrt; die Behörden und die Akademie wurden davon Ende August 1932 durch Zeitungsberichte überrascht[90], die sich wiederum auf Meldungen aus Amerika stützten, daß in Princeton das Institute for Advanced Study im Herbst 1933 seinen Betrieb aufnehmen würde, mit Einstein als der prominentesten Akquisition.

Erst auf Anfrage fühlte sich Einstein im September bemüßigt, die Akademie von der Vereinbarung mit Flexner ins Bild zu setzen, wobei er allerdings darauf verwies, schon mit Planck gesprochen zu haben[91], und dem Kultusministerium überließ er nonchalant die Entscheidung, »ob eine Aufrechterhaltung meiner Anstellung an der Akademie unter den neuen Bedingungen überhaupt möglich ist bzw. gewünscht wird«.[92] Planck dürfte sich vermittelnd eingeschaltet haben, damit wenigstens für das Sommerhalbjahr Einstein der Akademie erhalten bliebe. Dem Ministerium bot Einstein von sich aus die Reduzierung seines Jahresgehalts auf die Hälfte an, eine Geste, die bei seinen langen und gut honorierten Auslandsaufenthalten der letzten Jahre unterblieben war.[93] Auf Meldungen, daß er in die Vereinigten Staaten übersiedeln werde, reagierte er mit der Richtigstellung: »Ich werde Deutschland nicht verlassen. Mein ständiger Wohnsitz wird weiterhin Berlin sein.«[94]

Anders als die Akademie wurde das California Institute of Technology sofort über die Bindung an Flexners neues Institut informiert, wobei Einstein durchaus damit rechnete, daß man unter den neuen

Umständen auf den vereinbarten Besuch in Pasadena im kommenden Winter verzichten würde.[95] Millikan war zwar enttäuscht, da er glaubte, ein Anrecht auf Einsteins exklusive Präsenz im »Cal Tech« erworben zu haben, obwohl er einen langfristigen Vertrag immer noch nicht vorgelegt hatte, aber er wollte trotzdem auf den berühmten Mann nicht verzichten, so daß er die Einladung für den nächsten Winter bekräftigte. Nach dem hinhaltenden Taktieren des letzten Jahres, das bei Einstein gewiß nicht den allerbesten Eindruck hinterlassen hatte, versuchte Millikan noch zu erreichen, daß Einstein seine späteren Besuche in Amerika wenigstens zwischen Pasadena und Princeton aufteilen möge, was Einstein als vage Möglichkeit offen ließ, von Flexner aber herablassend zurückgewiesen wurde.[96]

So begehrt und umworben Einstein auch sein mochte, Millikan und Flexner mußten beide ständig besorgt sein über das, was sie als seine politischen Eskapaden selbst mißbilligten und ihren reichen Gönnern gegenüber allenfalls halbherzig verteidigen mochten. Zudem hatte sich seit Einsteins triumphalem Einzug in Amerika im Dezember 1930 im konservativen Lager zunehmend Unmut über diesen merkwürdigen Professor zusammengebraut, der sich nicht darauf beschränkte, wundersame Dinge über den Kosmos zu erzählen, sondern der in pazifistischen und sozialistischen Reden zu durchaus irdischen, schlimmer noch: sogar zu inneramerikanischen Angelegenheiten seine Stimme erhoben hatte.

Als Flexner voller Stolz bekanntgegeben hatte, daß er sein »Institute für Advanced Study« mit Einstein als prominentestem Mitglied eröffnen würde, sahen einige konservative Gruppen durch diesen zweifelhaften Ausländer eine Gefahr für die USA heraufziehen. Der Vorstand eines »National Patriotic Council« fühlte sich zur Warnung vor diesem »deutschen Bolschewisten« mit seinen dubiosen Theorien und skandalösen Ansichten bemüßigt, und sein femininer Ableger, die »Woman Patriotic Corporation«, wandte sich mit einer formellen Eingabe an die Visa-Abteilung des »State Department«.[97] Die patriotischen Damen hatten auf 16 Seiten Einsteins pazifistische Aktivitäten gerügt und den in der Sache zutreffenden Vorwurf erhoben, daß er kommunistische Vereinigungen wie die »Internationale Arbeiter-Hilfe« unterstütze, die tatsächlich eine Organisation der Komintern war. Dies und blühender Unsinn über die zersetzende Wirkung der Relativitätstheorie auf Kirche, Staat und Wissenschaft gipfelten in der Forderung, Einstein die Einreise in die Vereinigten Staaten zu verweigern.

Das »State Department« sandte das Pamphlet der Patriotinnen an das Konsulat in Berlin, wo Einstein, der in den beiden Jahren zuvor seine Visa ohne Umstände erhalten hatte, zu den Vorwürfen einvernommen werden sollte. »Wäre es nicht komisch, wenn sie mich nicht reinlassen würden?« spottete Einstein gegenüber dem Berliner Reporter der ›New York Times‹. »Die ganze Welt würde über Amerika lachen.«[98] Und damit es wirklich was zum Lachen gab, improvisierte er rasch eine sarkastische Stellungnahme für die Presse:

»Noch nie habe ich von seiten des schönen Geschlechts so energische Ablehnung gefunden; sollte es doch einmal der Fall gewesen sein, dann sicher nicht von so vielen auf einmal. Aber haben sie nicht recht, die wachsamen Bürgerinnen? Was soll man einen Menschen zu sich kommen lassen, der mit demselben Appetit und Behagen hartgesottene Kapitalisten frißt wie einst das Ungeheuer Minotaurus in Kreta leckere griechische Jungfrauen und der zudem so gemein ist, jeden Krieg abzulehnen, ausgenommen den unvermeidlichen Krieg mit der eigenen Gattin? Hört also auf Eure klugen und patriotischen Weiblein und denkt daran, daß auch das Kapitol des mächtigen Rom einst durch das Geschnatter seiner treuen Gänse gerettet worden ist.«[99]

Der Konsul fand den Konflikt jedoch gar nicht amüsant und bestellte Einstein für den 5. Dezember zu einem Gespräch. Als er sich an die Frage herangetastet hatte, ob Einstein Kommunist oder Anarchist sei, soll dieser nach Zeitungsberichten die Geduld verloren und ultimativ die Ausstellung der Visa verlangt haben, was dann prompt am nächsten Tage geschah.[100] Nach unlängst zugänglich gewordenen amerikanischen Regierungsakten hatte Einstein jedoch etwas anderes getan, nämlich eine ihm abverlangte Erklärung unterzeichnet, in der er versicherte, in keiner radikalen Organisation Mitglied zu sein[101], so daß der Abreise nach Kalifornien nichts mehr im Wege stand.

Nichts an Einsteins Reisevorbereitungen hatte auf einen endgültigen Abschied schließen lassen, und nach Absprachen mit der Akademie und mit Freunden wollte er im April wieder in Berlin sein.[102] Aber er war von dunklen Ahnungen geplagt. »Schau sie Dir sehr gut an«, sagte Einstein ruhig zu seiner Frau, als sie ihre Villa in Caputh für den Winter verriegelten, »Du wirst sie niemals wiedersehen.«[103]

Am 10. Dezember bezogen Einstein und seine Frau in Antwerpen ihre Kabinen auf einem Schiff, das sie wieder auf direktem Wege durch den Panama-Kanal nach Kalifornien brachte. Zur Erleichterung von Millikan ging die Ankunft im Hafen von Los Angeles ohne spektakuläre Begleitumstände vonstatten. Einstein hatte sich offenbar vorgenommen, seinem politischen Mitteilungsdrang Zügel anzulegen, vielleicht aus Rücksicht auf seinen Gastgeber, vielleicht aber auch, weil ihm die Erfahrungen auf dem Konsulat in Berlin zu denken gegeben hatten. Millikan war nach dem ersten, sehr zurückhaltend verlaufenen Treffen Einsteins mit Reportern sehr zufrieden, daß die Äußerungen seines Gastes »keine zusätzliche Munition für diejenigen lieferten, die jene grotesken und albernen Berichte über seine Verbindung zu Kreisen verbreiten, die auf die Unterminierung amerikanischer Institutionen und Ideale abzielen«.[104] Im übrigen war der Präsident des »Cal Tech« wie ein Vormund darum besorgt, seinen Gast vor der Öffentlichkeit abzuschirmen, und zur vielleicht eigenen Überraschung gelang es ihm auch.

Allerdings kam die ironische Fügung dazwischen, daß Millikan die 7000 Dollar Honorar für seinen Gast dieses Mal bei einem »Oberlaender Trust« in Philadelphia akquiriert hatte, der Stiftung einer deutschstämmigen Familie, und der hatte er als Gegenleistung eine Rundfunkrede Einsteins zugesagt, die »für die amerikanisch-deutschen Beziehungen hilfreich«[105] sein und durch die »National Broadcasting Corporation« am 23. Januar ausgestrahlt werden sollte.

An diesem Abend richtete Millikan ein festlich-formelles Dinner im Athenaeum aus, dessen Gäste sich anschließend in einer Prozession zum »Pasadena Civic Auditorium« begaben, wo Einstein im Rahmen eines »Symposion über Amerika und die Welt« zu sprechen hatte. In der gefälligen Manier des »after dinner talk« ironisierte Einstein gesellschaftliche Tabus, begann mit den Kleidervorschriften und kritisierte die Verwendung von negativen Abstempelungen wie »Kommunist« in Amerika, »Jude« bei den Rechten in Deutschland oder »Bourgeois« in der Sowjetunion. Millikan war mit den Belanglosigkeiten zufrieden, nicht jedoch die ›New York Times‹, die an Einsteins Rede bemängelte, »daß sie keinerlei neues Licht auf eine dunkle Situation geworfen hatte«.

In Berlin bereitete sich Adolf Hitler schon auf die Übernahme der Regierung vor, und eine Woche später wurde er zum Reichskanzler ernannt. Einsteins Ahnungen vor der Abreise hatten nicht getrogen: Weder sein Landhaus noch Berlin oder Deutschland würde er jemals wiedersehen.

VII

DER PAZIFIST UND DIE BOMBE

1. Exil als Befreiung: »Ich werde das Land meiner Geburt wohl nicht mehr sehen.«

Wann Einstein von Hitlers »Machtergreifung« am 30. Januar 1933 im fernen Kalifornien erfahren und wie er darauf reagiert hat, ist schwer auszumachen. Am 2. Februar schrieb er noch wegen der Gehaltsreduzierung, die abweichend von den mündlichen Vereinbarungen schon für den 1. Januar 1933 festgesetzt worden war, an das Sekretariat der Akademie, als wäre sonst nichts gewesen und seine Rückkehr im April eine Selbstverständlichkeit. In seinem Tagebuch, freilich nur sporadisch geführt, finden sich keine Gedanken an Deutschland, sondern Eintragungen über Tagesabläufe wie diese: »Nachmittags Tolman... über Experimentalarbeiten über kosmische Strahlen. Abends Chaplin. Mozartquartette dort gespielt. Dicke Dame, deren Beruf darin besteht, sich mit allen Berühmtheiten anzufreunden.«[1]

Vier Wochen nach Hitlers Amtsantritt und zwei Wochen vor der Abreise aus Pasadena hatte Einstein aber so viel von den Veränderungen in Deutschland erfahren, daß seine Entscheidung unausweichlich war: »Im Hinblick auf Hitler wage ich es nicht, deutschen Boden zu betreten«, schrieb er am 27. Februar an Margarete Lebach, die »Österreicherin« in Berlin. »Meinen Vortrag an der Preussischen Akademie der Wissenschaften habe ich bereits abgesagt.«[2] Am nächsten Tag stand in Berlin der Reichstag in Flammen, dem eine erste Welle brutalen nationalsozialistischen Terrors gegen linke Politiker, Intellektuelle und Journalisten folgte.

Am Tage vor seiner Abreise begründete Einstein seinen Entschluß, nicht mehr nach Deutschland zurückzukehren, in einer öffentlichen Erklärung, die weite Verbreitung fand: »Solange mir eine Möglichkeit offensteht, werde ich mich nur in einem Lande aufhalten, in dem politische Freiheit, Toleranz und Gleichheit aller Bürger vor dem Gesetz herrschen. ... Diese Bedingungen sind gegenwärtig in Deutschland nicht erfüllt. Es werden dort diejenigen verfolgt, die sich um die Pflege internationaler Verständigung besonders verdient gemacht haben, darunter einige der führenden Künstler... Ich hoffe, dass in Deutschland bald gesunde Verhältnisse eintreten werden und dass dort in Zukunft die grossen Männer wie Kant und Goethe nicht nur von Zeit zu Zeit gefeiert werden, sondern dass sich auch die von ihnen gelehrten Grundsätze im öffentlichen Leben und im allgemeinen Bewusstsein durchsetzen.«[3] Die Journalistin, der er diese Erklärung übergeben und in einem Interview begründet hatte, sah ihn noch nach einem Seminar über den Campus des »Cal Tech« gehen; plötzlich wankte der Boden unter seinen Füßen: Los Angeles wurde vom schwersten Erdbeben seiner Geschichte heimgesucht. Die Journalistin aber sah ihn ruhig zu seiner Wohnung ins Athenaeum gehen, als wäre nichts geschehen.[4]

Am 11. März verließen Einstein und seine Frau Pasadena mit dem Zug auf der ihnen schon bekannten Route durch den Kontinent. Den 14. März verbrachten sie in Chicago, wo aus Anlaß von Einsteins 54. Geburtstag ihm zu Ehren und der Hebräischen Universität in Jerusalem zum Nutzen ein Bankett ausgerichtet wurde, bei dem eminente Gelehrte wie Arthur Compton sowie der Gouverneur des Staates Illinois sprachen.

Während des anschließenden Aufenthaltes in New York waren jeden Tag Empfänge, Versammlungen und zeremonielle Dinners arrangiert, von pazifistischen Organisationen zur Promotion einer Anthologie von Einsteins pazifistischen Reden und Schriften[5] und von den Freunden der Hebräischen Universität zum Sammeln von Spenden. Seine Meinung zur Situation in Deutschland, die er bei diesen Gelegenheiten in seinen Reden oder in Interviews kundtat, wurden von der Presse aufgegriffen und weiter verbreitet. Entschieden verurteilte er die Hitler-Regierung, formulierte aber sehr zurückhaltend, wenn er auf das deutsche Volk zu sprechen kam. Die zivilisierte Welt forderte er zur »moralischen Intervention« gegen die Hitlerei auf in der Hoffnung, daß das deutsche Volk nicht ignorieren könne, wenn das Ausland die schändliche Behandlung von Pazifisten, Sozialisten, Kommunisten und auch Liberalen mißbilligt, aber »es wäre ein großer Fehler, in eine generell anti-deutsche Agitation« zu verfallen.[6]

Als am Tag seiner Abreise die Zeitungen meldeten, daß die Nazis auf der Suche nach Waffen und sonstigem Beweismaterial in sein Haus in Caputh eingebrochen seien, kommentierte er diesen Gewaltakt als »das Ergebnis der jähen Übernahme der polizeilichen Machtbefugnisse durch den wilden Pöbel der Nazi-Miliz«.[7] Auch wenn er später erfuhr, daß diese Meldungen falsch waren[8], haben sie ihn zunächst darin bestärkt, jeden Gedanken an eine Rückkehr nach Deutschland aufzugeben. – Zwischendurch hatte er auch einen Tag in Princeton verbracht, wo er sich mit Oswald Veblen, dem Mathematiker und zukünftigen Kollegen am »Institute for Advanced Study«, getroffen und nach einem Haus Ausschau gehalten hatte – wahrscheinlich schon mit Gedanken an einen Daueraufenthalt.

Während der Überfahrt auf dem ihm bereits vertrauten Dampfer »Belgenland« war in Einstein der Entschluß herangereift, seine Bindungen an Deutschland endgültig und vollständig zu lösen. Gleich nach der Ankunft in Antwerpen ließ er sich im Auto nach Brüssel fahren, gab dort auf der deutschen Gesandtschaft seinen Paß zurück und erklärte seinen Verzicht auf die deutsche Staatsangehörigkeit.[9] Zuvor hatte er einen Brief an die Akademie zur Post gegeben, dessen bittere Notwendigkeit außer Frage stand, dessen Abfassung ihm gleichwohl nicht leichtgefallen sein dürfte:

> Die in Deutschland gegenwärtig herrschenden Zustände veranlassen mich, meine Stellung bei der Preussischen Akademie der Wissenschaften hiemit niederzulegen. Die Akademie hat mir 19 Jahre lang die Möglichkeit gegeben, mich frei von jeder beruflichen Verpflichtung wissenschaftlicher Arbeit zu widmen. Ich weiss, in wie hohem Maße ich ihr zu Dank verpflichtet bin. Ungern scheide ich aus ihrem Kreise auch der Anregungen und der schönen menschlichen Beziehungen wegen, die ich während dieser langen Zeit als ihr Mitglied genoss und stets hoch schätzte. Die durch meine Stellung bedingte Abhängigkeit von der Preussischen Regierung empfinde ich aber unter den gegenwärtigen Umständen als untragbar.[10]

Wenn es auch nicht das Wichtigste war, so hat Einstein mit diesem Schritt seinen Berliner Kollegen doch ersparen wollen, seinetwegen gegenüber den Machthabern in eine schwierige Situation zu geraten. Dies ist ihm freilich nicht gelungen, denn sein Abschied von der Akademie hatte noch ein makabres Nachspiel.

Für die Nationalsozialisten hatte Einstein schon immer zu den meistgehaßten Männern gehört, so daß er seit der Machtergreifung in der deutschen Presse als vogelfrei galt. Daß der ›Völkische Beobachter‹ übelste Hetzpamphlete druckte, wird niemanden überrascht haben, auch nicht, daß die Nobelpreisträger Philipp Lenard und Johannes Stark für ihren widerwärtigen Antisemitismus und ihre Marotte einer »Deutschen Physik« Morgenluft witterten. Aber auch biedere Blätter taten sich im Eifer der Gleichschaltung hervor und titelten hämisch: »Gute Nachricht von Einstein – Er kommt nicht wieder«[11], wobei Meldungen über Einsteins Äußerungen in Amerika den Hintergrund für perfide Haßtiraden abgaben.

Der verunsicherte Max Planck teilte schon am 19. März Einstein seine »tiefe Bekümmernis« mit über »allerlei Gerüchte, die sich über Ihre öffentlichen und privaten Kundgebungen politischer Art in dieser unruhigen und schwierigen Zeit gebildet haben. Ich bin nicht in der Lage, ihre Bedeutung zu prüfen. Nur das eine sehe ich ganz klar, daß diese Nachrichten allen denen, die Sie schätzen und verehren, es außerordentlich schwer machen, für Sie einzutreten.« In einer grotesken Umkehrung von Ursache und Wirkung schob er noch Einstein die Verantwortung dafür zu, »daß Ihre Stammes- und Glaubensgenossen hier dadurch in ihrer ohnehin schon schwierigen Lage keineswegs erleichtert, sondern noch viel mehr gedrückt werden«.[12] Es sollte aber noch viel schlimmer kommen.

Am 23. März hatten im Reichstag alle Parteien mit Ausnahme der Sozialdemokraten – die kommunistischen Abgeordneten freilich waren schon in Lager verbracht oder in den Untergrund gegangen – dem Ermächtigungsgesetz zugestimmt und dadurch auf eine nach deutschem Verfassungsverständnis legale Weise die Diktatur des Reichskanzlers Hitler installiert. Die so legitimierten Machthaber hatten nichts Eiligeres zu tun, als die Akademie anzuweisen, gegen Einstein ein förmliches Disziplinarverfahren zu eröffnen, natürlich mit dem Ziel des Ausschlusses.[13]

Von diesem Ansinnen erfuhr Planck während einer Ferienreise gleichzeitig mit einer Zeitungsmeldung, daß Einstein in Brüssel seine Staatsangehörigkeit niedergelegt habe und aus der Akademie austreten wolle. Mit spürbarer Erleichterung schrieb er sogleich dem Kollegen – per Einschreiben an die Adresse von Ehrenfest in Leiden –, »daß mir dieser Ihr Gedanke der einzige Ausweg zu sein scheint, der einerseits Ihnen eine ehrenvolle Lösung ihres Verhältnisses zur Akademie sichert, andererseits Ihren Freunden ein unabsehbares Maß an Kummer und Schmerz erspart«.[14] Dieser Ratschlag war nicht ganz selbstlos, denn Planck war weniger um Einstein besorgt als um das Ansehen der Akademie. Dem amtierenden Sekretar schrieb er am gleichen Tage nach Berlin, »daß mich die Eröffnung eines förmlichen Ausschlußverfahrens gegen Einstein in die schwersten Gewissenskonflikte bringen würde. Denn wenn mich auch in politischer Beziehung eine abgrundtiefe Kluft von ihm trennt, so bin ich auf der anderen Seite vollkommen sicher, daß in der Geschichte der kommenden Jahrhunderte der Name Einstein als einer der glänzendsten Gestirne gefeiert werden wird, die je in unserer Akademie geleuchtet haben.«[15]

Nachdem Einsteins Rücktrittsschreiben am 30. März bei der Akademie eingegangen und in der Sitzung zu Protokoll genommen worden war, hätte die Frage des Ausschlusses erledigt sein können, wären nicht die Nazis und ihr Bedürfnis nach Rache gewesen. »Die Wut, daß er ihnen durch seinen Austritt zuvorgekommen war, war im Ministerium unbeschreiblich«[16], erinnerte sich Max von Laue. Als das Mindeste wurde von der Akademie eine scharfe Erklärung gegen Einstein verlangt, und zwar umgehend zum 1. April. Denn für diesen Tag, einen Sonnabend, hatte die Führung der NSDAP einen nationalen »Judenboykott« ausgerufen, und ein Rauswurf Einsteins hätte dazu gepaßt, daß vor jüdischen Läden SA-Posten aufzogen und in der Universität sowie in der Staatsbibliothek jüdische Studenten, Assistenten und Dozenten am Betreten der Räume gehindert und ihrer Ausweise und Lesekarten beraubt wurden.

Zu diesen schändlichen Exzessen gegen jüdische Mitbürger glaubte der einzige in Berlin anwesende Sekretar Ernst Heymann, ein Rechtsgelehrter und Nazi-Sympathisant dazu, einen Beitrag der Akademie durch eine Presseerklärung leisten zu müssen, in der Einstein »Greuelhetze« vorgeworfen und abschließend für die Akademie festgestellt wurde: »Sie hat aus diesem Grunde keinen Anlaß, den Austritt Einsteins zu bedauern.«[17]

Max von Laue war über diesen nachträglichen Fußtritt empört und versuchte, in einer außerordentlichen Plenarsitzung eine Desavouierung des eigenmächtigen Vorgehens Heymanns zu erreichen. Diese Sitzung am 6. April 1933 wurde für Laue aber »einer der entsetzlichsten Eindrücke meines Lebens«.[18] Keine Stimme regte sich zur Unterstützung seines Antrags; sogar Haber, der sich zwanzig Jahre zuvor leidenschaftlich für Einsteins Berufung an die Akademie engagiert hatte, billigte die Formulierung Heymanns und sprach ihm mit den Kollegen »Dank für sein sachgemäßes Handeln aus«.[19] Die Akademie, in deren Kreis es nur ein einziges Mitglied der NSDAP und nur einen Sympathisanten der Nazis gab, hatte sich mit diesem Votum schon selbst gleichgeschaltet, bevor das Regime seine Machtmittel überhaupt einsetzen mußte.

Den verleumderischen Vorwurf der »Greuelhetze« wollte Einstein nicht auf sich sitzen lassen, erreichte aber in dem verwickelten brieflichen Nachspiel zu seiner Austrittserklärung keinen Sinneswandel seiner früheren Kollegen. Die standen loyal zum Staate, und da das Nazi-Regime legal an die Macht gelangt war, waren sie, mit der Ausnahme von Laues, zu Widerstand nicht einmal in Gedanken fähig.[20] Deutlicher als in seinen an die Akademie gerichteten Stellungnahmen drückte Einstein in einem persönlichen Brief an Planck aus, was er vom Verhalten seiner vormaligen Kollegen hielt:

Insbesondere habe ich mich an keiner »Greuelhetze« beteiligt. Ich nehme zugunsten der Akademie an, dass sie eine derartige verleumderische Äusserung nur unter äusserem Druck getan hat. Aber auch in diesem Falle wird es ihr kaum zum Ruhme gereichen, und mancher von den Besseren wird sich dessen heute schon schämen. ...

Ich muss noch daran erinnern, dass ich Deutschlands Ansehen in all diesen Jahren nur genutzt habe, und dass ich mich niemals daran gekehrt habe, dass – besonders in den letzten Jahren – in der Rechtspresse systematisch gegen mich gehetzt wurde, ohne dass es jemand der Mühe wert gehalten hat, für mich einzutreten. Jetzt aber hat mich der Vernichtungskrieg gegen meine wehrlosen jüdischen Brüder gezwungen, den Einfluss, den ich in der Welt habe, zu ihren Gunsten in die Waagschale zu legen.[21]

Was Planck in seiner Antwort entgegenzusetzen hatte, war eine fatale Gleichsetzung von Terror und Verfolgung von Linken und Juden einerseits mit Einsteins Pazifismus andererseits: »Denn es sind hier zwei Weltanschauungen aufeinandergeplatzt, die sich miteinander nicht vertragen. Ich habe weder für die eine noch für die andere Verständnis. Auch die Ihrige ist mir fern, wie Sie sich erinnern werden von unseren Gesprächen über die von Ihnen propagierte Kriegsdienstverweigerung.«[22] Als Planck dieses schrieb, hatte es nicht nur den »Judenboykott« gegeben, sondern es war auch schon das »Gesetz zur Wiederherstellung des Berufsbeamtentums« erlassen, das Juden von staatlichen Stellen und damit von den Universitäten und anderen Forschungseinrichtungen wie der Kaiser-Wilhelm-Gesellschaft ausschloß.

Die krassen Unterschiede in Fragen, die nicht mehr nur politische waren, sondern die Menschenrechte als wertvollste Errungenschaften der europäischen Zivilisation betrafen, hat die persönlichen Beziehungen der beiden Physiker dennoch nicht tangiert. Planck hatte die Zuversicht ausgesprochen, »daß trotz der tiefen Kluft, die unsere politischen Anschauungen trennt, die persönlichen freundschaftlichen Beziehungen niemals eine Änderung erfahren werden«.[23] Und Einstein bestätigte seiner Berliner Vaterfigur, der einzigen, die ihm nach dem Tode von Lorentz verblieben war, unverbrüchliche Treue und Verehrung: »Bei alledem freue ich mich darüber, dass Sie mir in alter Freundschaft entgegengekommen sind, und dass auch die stärksten Belastungen es nicht vermocht haben, unsere gegenseitige Beziehungen zu trüben. Diese stehen in ihrer alten Schönheit und Reinheit da, ungeachtet dessen, was sozusagen weiter unten sich zuträgt.«[24] Wenn er sich gelegentlich gegenüber Dritten doch einmal Kritik an Planck erlaubte, fiel sie recht milde aus: »Ich wäre auch als Goj unter solchen

Umständen nicht Präsident der Akademie und der Kaiser-Wilhelm-Gesellschaft geblieben...«[25]

Planck aber war in seinen Ämtern geblieben, um die wissenschaftlichen Institutionen durch die Fährnisse der Zeitläufte zu steuern und sie zu erhalten. In Sachen Einstein dachte er schon an spätere Generationen, als er in der Akademie abschließend zu Protokoll gab:

> Herr Einstein ist nicht nur einer unter vielen hervorragenden Physikern, sondern Herr Einstein ist der Physiker, durch dessen in unserer Akademie veröffentlichte Arbeiten die physikalische Erkenntnis in diesem Jahrhundert eine Vertiefung erfahren hat, deren Bedeutung nur an den Leistungen Johannes Keplers oder Isaac Newtons gemessen werden kann.
>
> Es liegt mir vor allem daran, dies auszusprechen, damit nicht die Nachwelt einmal auf den Gedanken kommt, daß die akademischen Fachkollegen Herrn Einsteins noch nicht im Stande waren, seine Bedeutung für die Wissenschaft voll zu begreifen.

Hätte Planck hier geendet, wären das würdige Worte gewesen, eine wenn auch bescheidene Ehrenrettung nicht Einsteins, der sie nicht nötig hatte, sondern der Akademie. Aber Planck fügte noch einen übel geklitterten Satz in der offiziösen NS-Lesart hinzu, der diese Bemühung wieder zunichte machte:

> Daher ist es... tief zu bedauern, daß Herr Einstein selber durch sein politisches Verhalten sein Verbleiben in der Akademie unmöglich gemacht hat.[26]

Am Abend vor dieser Erklärung waren gegenüber der Universität und in Sichtweite der Akademie Bücher zu Scheiterhaufen geschichtet und verbrannt worden: Schriften von Sigmund Freud und Lion Feuchtwanger, von Heinrich Mann und Kurt Tucholsky und vielen anderen wurden in einem satanischen Spuk »den Flammen übergeben«.[27] Aber nicht einmal dieses makabre Fanal hat den Mandarinen der Akademie zu der Einsicht verholfen, daß es nicht Einsteins Verhalten, sondern der Terror in Deutschland war, der die Trennung Einsteins von der Akademie unvermeidlich hatte werden lassen.

Da Einstein nicht nur der Preußischen Akademie, sondern unzähligen wissenschaftlichen Gesellschaften und Körperschaften angehörte, bat er seinen verläßlichen Freund Max von Laue, »dafür zu sorgen, dass mein Name aus den Verzeichnissen dieser Körperschaften gestrichen wird. ... Dieser Weg dürfte der richtige sein, da so neue theatralische Effekte vermieden werden.«[28] Ausdrücklich wollte er der Deutschen Physikalischen Gesellschaft, deren Vorsitzender er einmal gewesen war, und der Friedensklasse des ruhmreichen Ordens »Pour le Mérite« nicht mehr angehören.

Bei der Ankunft in Antwerpen war Einstein von einigen belgischen Kollegen begrüßt worden, die ihm eine Unterkunft in einem alten Landhaus in der Nähe anboten. Da er beabsichtigte, vorläufig in Belgien zu bleiben, mietete er aber schon nach wenigen Tagen in dem kleinen Badeort Le Coq sur Mer in der Nähe von Ostende ein Ferienhaus, die Villa Savoyarde, bescheidener als sein Haus in Caputh, aber herrlich in den Dünen gelegen – das geeignete Refugium, um über die Zukunft, über Wirkungsmöglichkeiten und Pläne nachzudenken.

Hier erreichte ihn schon in den ersten Apriltagen die Nachricht, daß in Berlin seine Konten beschlagnahmt waren; diesen Verlust von 30000 Mark nahm er nicht lange tragisch: »Ich bin in Deutschland zur bösen Bestie avanciert und man hat mir alles Geld genommen. Ich tröste mich aber damit, daß letzteres doch bald hin wäre.«[29] Finanzielle Hilfe, die ihm holländische Kollegen angeboten hatten, brauchte er nicht anzunehmen, »denn ich war vorsichtig und habe vorgebaut«.[30] Seine Auslandseinkünfte hatte er schon immer in Leiden und in New York deponiert, so daß er wenigstens in materieller Hinsicht keine Sorgen hatte: »Mich persönlich hat es eigentlich nicht erwischt, wohl aber so ziemlich alle, die mir einigermassen nahestehn.«[31]

Die Sekretärin Helen Dukas und der »Rechner« Walther Mayer kamen noch im April nach Le Coq und komplettierten den provisorischen Exil-Haushalt. Die Stieftochter Margot und ihr Mann Dimitri Marianoff waren ebenfalls Anfang April rechtzeitig nach Paris geflohen, so daß eine Marianoff geltende Hausdurchsuchung von Einsteins Wohnung in der Haberlandstraße ergebnislos verlief.[32] Nur die Stieftochter Ilse und ihr Mann Rudolf Kayser harrten noch aus und bemühten sich, Einsteins Akten und Arbeitsunterlagen, die Bibliothek und die Möbel vor dem Zugriff der Nazis zu retten. Ende Mai plünderte ein SA-Trupp die Wohnung des Vogelfreien und ließ Teppiche, Bilder und einige Wertsachen mitgehen.[33] Was noch übrig war, insbesondere die schriftlichen Unterlagen, konnte dank der Hilfe des französischen Botschafters André François-Poncet unter diplomatischem Kuriersiegel nach Frankreich gebracht werden, von wo es dann nach Amerika verschifft wurde.

Da Einstein schon länger damit gerechnet hatte, daß er Deutschland würde verlassen müssen, hatte die durch die »nationale Revolution« Hitlers unvermeidlich gewordene Trennung Züge einer seelischen Befreiung. Schließlich war es nicht das erste Mal, daß er sich der deutschen Staatsangehörigkeit entledigt hatte. Gedanken an die Zeit, da er in München des Paradieses seiner Kindheit beraubt worden war und sich in Italien entschloß, nicht länger Deutscher sein zu wollen, mögen ebenso lebendig geworden sein wie das Mißtrauen von »Papa« Winteler gegen den »großen Kanton« im Norden der Schweiz, das Einstein im Hinblick auf Hitler sofort aktualisierte: »Wieder rächt sich Bismarcks verhängnisvolles Erziehungswerk an den Deutschen.«[34]

Mit zwiespältigen Gefühlen war er 1914 in das Land seiner Geburt zurückgekehrt, von dem er sich losgesagt hatte und dessen Staatsbürger er kein zweites Mal werden wollte. Daß er es doch wurde, lag an bürokratischen Zufällen, aber er hatte es akzeptiert, da er für die neue Demokratie einige Hoffnungen hegte. Aber selbst in den besten Zeiten der Weimarer Republik konnte er seine prekäre Situation unter den Deutschen nicht übersehen: »Ich bin ihnen eine stinkende Blume und sie stecken mich doch immer wieder ins Knopfloch.«[35] Dieser Mesalliance nachzutrauern hatte er keinen Grund.

Anders als noch im März in Amerika ging er mit den Deutschen jetzt scharf ins Gericht, allerdings, um Gefährdungen ihm Nahestehender zu vermeiden, nur in privaten Äußerungen. Sein größter Zorn galt dem Versagen der gebildeten Schichten, insbesondere der Professoren. Die ausländischen Mitglieder deutscher gelehrter Gesellschaften forderte er auf, sie sollten »es nicht mitmachen, dass diese Gesellschaften den Vernichtungskampf gegen liberale und jüdische Geistesarbeiter widerspruchslos hinnehmen. Falls Ermahnungen nichts helfen, wäre nach meiner Meinung ein zweiter Bruch der internationalen Beziehungen durchaus gerechtfertigt.«[36]

Gegenüber Max Born, der unter der Ausnahmeregel eines »Frontkämpfer-Paragraphen« im Beamtengesetz hätte Professor bleiben können, auf diese mehr als zweifelhafte Gunst aber verzichtete, zog Einstein eine vernichtende Bilanz: »Du weisst, dass ich nie besonders günstig über die Deutschen dachte (in politischer und moralischer Beziehung). Ich muss aber gestehen, dass sie mich doch einigermassen überrascht haben durch ihre Brutalität und – Feigheit.«[37] Zwar war auch Einstein bekannt, daß sich viele Deutsche ihrer Regierung und ihrer verbrecherischen Handlungen schämten, jedoch verbot er sich jegliche Sympathie, geschweige denn Mitleid mit ihnen: »Ich war aber dabei, wie sie jahrelang die Schlange an ihrem Busen genährt haben, und als der Teufel losging, verkrochen sie sich in ihre Mauselöcher. Sie werden aber die Folgen ihres Mangels an Pflichtgefühl bald am eigenen Leibe zu spüren bekommen.«[38]

Fritz Haber, der getaufte Überassimilant, der als »Frontkämpfer« zunächst hatte bleiben wollen, es aber nicht übers Herz brachte, jüdische Mitarbeiter ohne dieses Privileg zu entlassen und sich mit dem

Gedanken trug, nach Jerusalem zu gehen, wurde im Exil von Einstein nicht ohne Hohn begrüßt: »Ich freue mich sehr... darüber, dass Ihre frühere Liebe zur blonden Bestie ein bisschen abgekühlt ist. Wer hätte gedacht, dass mein lieber Haber mir als Anwalt der jüdischen, ja der palästinensischen Sache auftreten würde.« Da Einstein nur zu gut von Habers tiefen Bindungen an alles Deutsche wußte, machte er ihm in drastischen Worten klar, daß für aufrechte Menschen in »Teutonien« kein Platz mehr war und Haber seinen Fortgang nicht bedauern solle: »Es ist doch kein Geschäft für eine Intelligenzschicht zu arbeiten, die aus Männern besteht, die vor gemeinen Verbrechern auf dem Bauche liegen und sogar bis zu einem gewissen Grade mit diesen Verbrechern sympathisieren. Mich haben sie nicht enttäuschen können, denn ich hatte für sie niemals Achtung und Sympathie – abgesehen von einigen feinen Persönlichkeiten (Planck 60% edel und Laue 100%).«[39]

So war schon wenige Monate nach der »Machtergreifung«, als das »Dritte Reich« erst in Ansätzen seine perversen und diabolischen Züge offenbart hatte und viele glaubten, es werde so schlimm schon nicht kommen, für Einstein das zweite deutsche Kapitel seiner Biographie abgeschlossen, und dieses Mal endgültig: »Ich werde das Land meiner Geburt wohl nicht mehr sehen.«[40] Daß er die Trennung ohne Wehmut vollzog, war in seiner Sensibilität für den Wert demokratischer Grundrechte begründet, die er bei den meisten Deutschen vermißt hatte und bei deren Verkürzung er, der ohnehin nicht zu Kompromissen neigte, überhaupt keinen Kompromiß gelten lassen konnte. Seine Solidarität galt denen, die verfolgt und vertrieben wurden, und insbesondere seinen »Stammesgenossen«: »Am schönsten ist es (für mich) aber immer im Kontakt mit ein paar feinen Juden. So ein paar Jahrtausende zivilisierter Vergangenheit bedeuten eben doch etwas.«[41]

Wenn Einstein in den ersten Wochen des Exils eines Trostes bedürftig gewesen wäre, so hätte er ihn in vielen gut gemeinten Angeboten finden können. In Brüssel sollte er Vorlesungen halten, Lindemann wollte die »Research Studentship« in Oxford in eine Professur umwandeln, und aus Madrid erreichte ihn ein ehrenvoller Ruf, den er zunächst für den Sommer 1934 annahm ebenso wie eine Offerte des Collège de France in Paris, für die Langevin gesorgt hatte. Bald klagte er: »Ich habe mehr Professuren als verständige Gedanken in meinem Hirn. Der Teufel scheisst auf den grossen Haufen.«[42] Und wenn er noch an die wichtigste Verpflichtung in Princeton dachte, befürchtete er: »Wenn ich dies ein Jahr gemacht habe, dann bin ich tot.«[43]

Bald wurde Einstein zudem bewußt, daß er es schon lange vermieden hatte, den »großen Schulmeister« zu spielen, sondern seine berufliche Situation seit zwei Jahrzehnten nachgerade danach ausgerichtet hatte, der Fron regelmäßiger Vorlesungen zu entgehen, wie sie in Paris aber erwartet wurden. Daher begründete er die der Zusage bald folgende Absage mit dem Bedenken, »dass ich nicht dazu geeignet bin, eine grosse Anzahl von Vorlesungen zu halten, die den jungen Leuten dort genügend wertvoll sein könnten«.[44] Da dem Freund Langevin erstens nicht so knapp abgesagt werden konnte und ihm zweitens als Kollege die Probleme des forschenden Physikers vertraut waren, erhielt er noch ein kleines Selbstporträt des lehrunlustigen Forschers Einstein:

> Ich habe zwar viel gearbeitet, das Meiste aber wieder verworfen, und von dem, was ich nicht verworfen habe, weiss ich noch gar nicht, ob es sich bewähren wird. Ich bin eben kein Könner, sondern *nur* ein Sucher. Was ich aber fand, und was sich bewährt hat, weiss jeder ordentliche Student, und es wäre lächerlich, wenn ich es vortragen würde. Also komme ich mir vor wie eine alte Katze, die einen hübschen kleinen Wagen ziehen soll, während sie doch nichts anderes kann, als auf den Mäusefang zu gehen. Oder etwa wie ein Zigeuner-Geiger, der keine Noten lesen kann, aber Primgeiger in einem Symphonieorchester werden soll.[45]

Bedenken hatte auch Abraham Flexner, der durch die Zeitungen von dem einen oder anderen Angebot an Einstein erfuhr und schon befürchten mochte, daß die Zierde seiner Institution sich bei gar zu vielen anderen Verpflichtungen verzetteln und das »Institute for Advanced Study« vernachlässigen könnte. Daher bot er Einstein nicht nur jegliche Hilfe an, sondern schlug auch vor, daß Einstein nicht nur den Winter, sondern das volle akademische Jahr in Princeton verbringen möge.[46] Wenn Einstein es recht bedachte, war der größte Vorzug seiner Akademie-Stelle in Berlin die von Pflichten freie Existenz gewesen, und da es in Princeton ebenso sein sollte, zeichnete sich schon die Entscheidung für die Zukunft ab. Allerdings zögerte Einstein noch mit einer Zusage, teils, weil er Europa noch nicht gänzlich aufgeben wollte, teils auch, um für seinen »Rechner« Walther Mayer in Princeton möglichst günstige Bedingungen durchzusetzen.

Während Einstein selbst über »mehr Professuren als verständige Gedanken« klagte, während berühmte Flüchtlinge wie Max Born schon irgendwann eine angemessene Wirkungsmöglichkeit finden würden, machte ihn die Chancenlosigkeit der weniger Berühmten betroffen: »Es blutet mir aber das Herz, wenn ich an die Jungen denke.«[47] Als erste Hilfe für jüdische Akademiker, die in Deutschland bar jeder

Möglichkeiten waren, wollte Einstein »mit ein paar Freunden versuchen, eine jüdische Gast-Universität für jüdische Dozenten und Professoren im Ausland (England?) ins Leben zu rufen, um wenigstens den drängendsten Bedürfnissen zu entsprechen und eine Art geistiger Zuflucht zu schaffen.«[48] Sein Verbindungsmann in England war Leo Szilard, der sich sofort nach seiner Ankunft auf der Insel in die Bemühungen um organisierte Hilfe eingeschaltet und einen gewissen Anteil daran hatte, daß alsbald ein »Academic Assistance Council« die ärgste Not lindern konnte.

In den ersten Wochen des Exils verfolgte Einstein sein Projekt einer Flüchtlingsuniversität mit großer Leidenschaft; er wollte sofort »ganzen Einfluss daran setzen, um das Geld, die Aufenthaltserlaubnis für die Beteiligten sowie die Lokalität aufzutreiben. ... Dies ist der einzige Weg, um auf würdige Weise zu helfen. Es wäre auch gewissermassen ein lebendiger Schandfleck für die Deutschen.«[49] In organisatorischen Dingen aber nicht sehr talentiert und mehr vom Engagement als von praktischer Erfahrung geleitet, mußte er schon nach wenigen Wochen einsehen, »daß die Schwierigkeiten unüberwindlich wären, und daß ein solches Bemühen die Anstrengungen in den einzelnen Ländern beeinträchtigen würde«.[50] Tatsächlich waren Männer wie Lindemann und Rutherford in der umsichtigen Organisation des »Academic Assistance Council« ungleich effizienter, als es Einstein mit seiner »Flüchtlingsuniversität« jemals hätte sein können.

Ein weiteres Problem der »Flüchtlingsuniversität« hätte darin bestanden, daß es bereits eine jüdische Universität gab, nämlich die in Jerusalem, und die erhob Anspruch auf die Unterstützung aller Juden. Viele Zionisten, allen voran Weizmann, glaubten daher, Einstein habe die Pflicht, nach Jerusalem zu gehen. Der hatte aber schon bei seinem Besuch zehn Jahre zuvor notiert, daß zu einer Übersiedlung nach Palästina das Herz wohl Ja sage, der Verstand aber nein[51] – und dabei sollte es bleiben, auch in der Stunde der Not und des massiven Erwartungsdrucks der »Stammesgenossen«. Daß sein Privatkrieg mit Weizmann und mit der Leitung der Universität überaus heftige Formen annahm, könnte als Abwehr auch noch der geringsten Versuchung, aus Solidarität doch noch nach Jerusalem gehen zu sollen, seine plausibelste Erklärung finden.

Schon im März 1933 hatte Einstein eine entsprechende Einladung Weizmanns mit barschen Worten zurückgewiesen. Zwar war er 1932 auf Bitten Weizmanns erneut in das Kuratorium eingetreten und hatte in Amerika wieder Spenden für die Hebräische Universität gesammelt, aber für ihn war immer noch »eine richtige Schweinerei dort – nichts als Charlatanerie«.[52] Ohne eine »durchgreifende Reinigungsaktion« sei es »keinem anständigen Menschen zu empfehlen, dorthin zu gehen«.[53] Ob diese Kritik in ihrer Schärfe den Verhältnissen in Jerusalem gerecht wurde, mag dahingestellt bleiben, nicht aber, daß Einstein, der selbst jüdische Solidarität eingefordert hatte, in Sachen der Hebräischen Universität eben diese Solidarität aufs Spiel setzte. Ehrenfest berichtete er, er kämpfe für die Reform der Universität »mit einer Brutalität, die Dich in Erstaunen setzen würde«.[54] Viele seiner »Stammesgenossen« waren weniger erstaunt als entsetzt.

Denn während Einstein in früheren Jahren seine rücksichtslose Kritik nur intern geäußert hatte, gab er ausgerechnet im Frühjahr 1933 diese Zurückhaltung auf. Öffentlich bedauerte er, »daß diese Universität, auf die sich so große Hoffnungen gerichtet hatten, nicht in der Lage ist, bei der Befriedigung geistiger Bedürfnisse jene Rolle zu spielen, die von ihr in dieser kritischen Zeit erwartet werden kann«.[55] Erstmals trug er zudem nach außen, daß er schon vor fünf Jahren aus dem Kuratorium ausgetreten sei und sich seither nicht mehr für die Universität verantwortlich fühle.

Obwohl Weizmann über Einsteins Verhalten schockiert war, wollte er trotzdem den »jüdischen Heiligen« unbedingt nach Jerusalem locken. Erneut versprach er die von Einstein geforderte Reformierung der Universität und sogar die Gründung eines separaten Forschungsinstituts. Als Einstein durch eine Nachrichtenagentur öffentlich ausrichten ließ, Weizmann wisse genau, »unter welchen Umständen ich bereit bin, für die Hebräische Universität zu wirken«[56], verbog Weizmann diese Äußerung zur Bereitschaft Einsteins, eine Professur in Jerusalem anzunehmen. Diese Wortverdrehungen waren freilich weniger Diplomatie als Erpressung, und Einstein schimpfte über Weizmann, immerhin nicht öffentlich: »Er ist ein intelligenter und charmanter Mann, aber leider ein ganz verlogener Mensch (Alkibiades auf jüdisch).«[57] Weizmann hatte seinerseits den Eindruck, Einstein lege »sich die Psychologie einer ›prima donna‹ zu, die anfängt, ihre Stimme zu verlieren«.[58]

Beide Männer wußten, daß ihre bittere Kontroverse der jüdischen Sache schaden mußte, aber beide hatten offenbar keine Wahl. Weizmann dürfte es als seine Pflicht angesehen haben, den berühmtesten aller Gelehrten mit allen Mitteln für die Hebräische Universität zu gewinnen, während Einstein in seiner Abwehr dieses Ansinnens nicht anders reagieren konnte, als seine rabiate Kritik auf den Markt zu tragen.

Immerhin führte diese Polemik dazu, daß das Kuratorium und eine Kommission die Universität gründlich durchleuchteten. Nach zweijährigen Untersuchungen und Beratungen wurden die Kompetenzen des Präsidenten Judah Magnes, in dem Einstein eine Quelle allen Übels sah, auf repräsentative Funktionen beschränkt. Für akademische Belange und Berufungsfragen war nun ein Rektor verantwortlich, und der wurde Hugo Bergmann, den Einstein als den »ernsten Heiligen aus Prag« kannte und schätzte. Damit wurde für die Hebräische Universität eine Entwicklung eingeleitet, die Einsteins Loyalität nicht mehr auf die Probe stellte.

Als wären die Nachrichten aus Deutschland über die Folgen des nationalsozialistischen Terrors noch nicht genug, wurde Einstein damit konfrontiert, daß bei seinem jüngeren Sohn Eduard eine schwere Schizophrenie manifest geworden war. Er entschloß sich, die für Ende Mai geplante Reise nach Oxford zu verschieben: »Ich hätte keine ruhige Minute in England«, entschuldigte er sich bei Lindemann. »Sie sind zwar selber nicht Vater, aber Sie können es gewiss begreifen.«[59] Zunächst hatte er noch drei mit der belgischen Franqui-Stiftung vereinbarte Vorlesungen in der Brüsseler »Fondation Universitaire« zu geben, bevor er durch Frankreich nach Zürich zu seinem kranken Sohn fahren konnte, für den er schon in besseren Tagen als Vater ein regelrechter »Komplex-Gegenstand«[60] gewesen war.

Daß Söhne berühmter Männer wegen besonderer Aufmerksamkeit der Umwelt und des auf ihnen lastenden Erwartungsdrucks nicht zu beneiden sind, gilt als Gemeinplatz ebenso wie die Beobachtung, daß Konflikte zwischen den Eltern an den Kindern nicht spurlos vorübergehen. Einstein, der trotz ausgeprägter »Einspännerei« an seinen Söhnen hing, hatte sich auch nach der Trennung von seiner Familie bemüht, seiner Vaterrolle gerecht zu werden, obwohl ihm das durch Milevas »Medea-Syndrom« und die der Mutter geltende Loyalität der Söhne nicht immer leicht gemacht wurde. Aber auch aus der Ferne war er ein schwieriger Vater, der monatelang nichts von sich hören ließ, dann aber mit Brachialgewalt den Söhnen seinen Willen aufzwingen wollte.

Der ältere Sohn Hans Albert hatte das im Extrem zu spüren bekommen, als er sich mit Heiratsabsichten trug. Einstein intervenierte gegen diese Verbindung in einer so rabiaten Weise, daß die Szenen, die ihm einst seine Mutter wegen Mileva gemacht hatte, dagegen verblassen dürften. Nicht nur, daß er Freunde wie Anschütz und Zangger einschaltete, um Hans Albert auf andere Gedanken zu bringen, mit Zanggers Hilfe ließ er sogar die Krankheitsgeschichte der Mutter der unerwünschten Schwiegertochter ausforschen, die sich nach einem nicht einfachen Leben in psychiatrische Behandlung hatte begeben müssen. Da Einstein von der Erblichkeit geistiger Erkrankungen etwa so fest überzeugt war wie von seiner einheitlichen Feldtheorie, da zudem eine Schwester Milevas an Schizophrenie erkrankt war, erfüllte ihn die doppelte familiäre Belastung mit größter Sorge.[61] Hans Albert aber, an Willensstärke seinem Vater ebenbürtig, stand auch diesen Konflikt durch und heiratete 1928, sobald er nach dem Diplom-Examen an der ETH auf eigenen Füßen stehen konnte. Zwei Jahre darauf hatte Einstein zu vermelden, daß ihn sein Ältester »sehr respektlos zum Großvater befördert«[62] habe. Seither hatte sich zwischen Vater und Sohn ein nicht gerade überschwengliches, aber doch ausbalanciertes Verhältnis herausgebildet.

Weniger robust als Hans Albert scheint der jüngere Sohn Eduard gewesen zu sein. Nach einer Kindheit mit vielen Krankheiten, darunter einer im Alter von 13 Jahren aufgetretenen Tuberkulose, hatte er sich zu einem sensiblen Knaben entwickelt, der dank leichter Auffassungsgabe ein tüchtiger Schüler war und dazu literarisch und musikalisch hoch begabt, zumindest im Dichten seinem Vater haushoch überlegen.[63] Schon in der Schulzeit war er von den Schriften Freuds gefesselt, so daß er nach der Matura das Studium der Medizin wählte, um Psychiater zu werden. Als Schüler und auch als Student hatte er seinen Vater des öfteren in Berlin besucht, im März 1930 in der Haberlandstraße und im September im Landhaus in Caputh. »Albert ist beglückt mit ihm«, vermerkte damals Frau Elsa.[64]

Bald aber zeigten sich bei dem zu den schönsten Hoffnungen berechtigenden jungen Mann ernsthafte psychische Auffälligkeiten; das Studium wurde erst vernachlässigt und dann unmöglich, und im Herbst 1932 mußte er mit einem schweren schizophrenen Schub ins »Burghölzli« gebracht werden, Zürichs renommierte psychiatrische Klinik. Zangger und Besso informierten Einstein nicht nur über diese tragische Entwicklung, sondern baten den Vater auch, sich um seinen gefährdeten Sohn zu kümmern und ihn zu sich zu nehmen: »Das tut beiden am besten.«[65] Der erklärte sich die Erkrankung aber ziemlich deterministisch aus der erblichen Disposition auf seiten der mütterlichen Familie: »Alles deutet leider darauf hin, daß sich die schwere Familien-Belastung bei ihm entscheidend auswirken wird. Ich sah es schon seit Tetels Jugend langsam aber unaufhaltsam kommen. Die äusseren Anlässe und Einwirkungen spielen in solchen Fällen eine kleine Rolle gegen die sekretorischen Ursachen, an die keiner heran kann.«[66] Schrieb's – und fuhr nach Pasadena.

Zangger hatte zunächst noch eine volle Erholung und weiteres Studium für möglich gehalten, aber diese Hoffnung hatte sich nicht erfüllt. Nach qualvollen Monaten, die Eduards Mutter Mileva bis über die Grenzen ihrer Leistungskraft beansprucht hatten, mußte der Kranke im Frühjahr 1933 wieder ins »Burghölzli« gebracht werden. Über die Empfindungen des Vaters beim Besuch seines Sohnes sind keine schriftlichen Zeugnisse vorhanden. Zweifellos war er tief erschüttert, und gewiß hat er sich vorgenommen, für die materielle Sicherung des Kranken zu sorgen. Im übrigen dürfte er einer Auffassung gefolgt sein, mit der er einmal den Freund Ehrenfest in der schmerzlichen Überlegung bestärkt hatte, seinen vom Down-Syndrom gezeichneten Sohn Vassik in eine Anstalt zu geben: »Denn wertvolle Menschen dürfen nicht aussichtslosen Dingen hingeopfert werden, auch in diesem Falle nicht.«[67] – Als Einstein seinen Sohn verließ, war das ein Abschied für immer.

Von Zürich reiste Einstein direkt nach England, wo er am 1. Juni eintraf. Am Tag nach seiner Ankunft in Oxford wurde er als Ehrengast bei der von Lord Rutherford gehaltenen »Robert Boyle Memorial Lecture« enthusiastisch gefeiert, nun nicht mehr nur als der größte Physiker seit Newton, sondern als Symbol moralischer Integrität und des Widerstands gegen die Diktatur. Mit Rutherford und insbesondere mit Lindemann, der im April durch Deutschland gereist war, um sich über die Situation entlassener Forscher zu orientieren und die tüchtigsten unter den jüngeren Physikern für das von ihm geleitete »Clarendon Laboratory« zu rekrutieren, hat Einstein über Möglichkeiten der Hilfe gesprochen, sich aber öffentlicher Kundgebungen politischer Natur enthalten, da er doch hatte einsehen müssen, daß dadurch die Nazis nur provoziert würden. Zudem wollte er die Atmosphäre schöpferischer Muße im »Christ Church College« zur Vorbereitung einiger Vorlesungen nutzen.

Am 10. Juni hielt Einstein im »Rhodes House« die »Herbert Spencer Lecture«, eine über weite Strecken allgemeinverständliche Darstellung seiner Auffassungen *Zur Methodik der Theoretischen Physik*.[68] Zum ersten Mal trug er in englischer Sprache vor, freilich abgelesen von einer schriftlichen Übersetzung seiner deutschen Ausarbeitung. Wesentlicher als diese sprachliche Premiere war die Begründung seiner Forschungsprogrammatik, wie sie in den letzten zehn Jahren herangereift war und sich zum Credo der späteren Jahre verfestigt hatte: Da es keinen logisch eindeutigen Weg von den Tatsachenaussagen zu den theoretischen Begriffssystemen gibt, setzte er seinen Hörern auseinander, »daß die axiomatische Grundlage der Physik nicht aus der Erfahrung erschlossen, sondern frei erfunden werden muß«. Leitschnur bei diesem Erfinden ist das Vertrauen, »daß die Natur die Realisierung des mathematisch denkbar Einfachsten ist«, und die darauf gegründete Hoffnung, daß durch rein mathematische Konstruktion »dem reinen Denken die Erfassung des Wirklichen möglich sei«. – Obwohl diese Hoffnung eine maßlose Überschätzung des »reinen Denkens« in Fragen der Naturerkenntnis darstellt, hielt er trotz vieler Enttäuschungen bis an sein Lebensende an ihr fest.

Zwei Tage später hielt er die »Deneke Lecture«, dieses Mal in deutscher Sprache und gestützt nur auf einige Notizzettel; auch gütiges Zureden hat ihn nicht bewegen können, diesen Vortrag über die Struktur der Physik in eine druckfähige Form zu bringen. Seine nächste Vorlesung, die am 20. Juni an der Universität von Glasgow gehaltene »George Gibson Lecture«, hatte er wieder ausgearbeitet. Der Bitte der Gastgeber, eine wichtige Phase der eigenen wissenschaftlichen Arbeit zu beleuchten, entsprach er durch eine schöne Rekonstruktion seines größten Triumphes, der Entstehung der Allgemeinen Relativitätstheorie.[69]

Wieder in seinem Refugium in Le Coq, wurde Einstein, ob er es wollte oder nicht, von der Politik eingeholt, dieses Mal in seinem früheren Herzensanliegen, dem Pazifismus.

Anfang Juli erhielt Einstein die Nachricht, daß »der Gatte der zweiten Geigerin Sie in einer dringenden Angelegenheit zu sprechen wünscht«.[70] Daß damit König Albert gemeint war, war ebenso offensichtlich wie die »dringende Angelegenheit«: Seit zwei junge Belgier wegen Kriegsdienstverweigerung im Gefängnis saßen, erwarteten pazifistische Sympathisanten von Einstein, daß er zugunsten der Gefangenen intervenieren möge, was der König wiederum verhindern wollte. In dem Gespräch in den Gärten von Schloß Laeken wurde zwischen den beiden in den wesentlichen Punkten Einigkeit erreicht, wie Einstein der Majestät schriftlich bestätigte: Erstens sei angesichts der Entwicklung in Deutschland Belgiens Armee ein bloßes Verteidigungsinstrument und zur Verteidigung auch unbedingt nötig, und zweitens solle in Angelegenheit der Kriegsdienstverweigerer niemand intervenieren, der im Lande Gastfreundschaft genießt. Seine einstige pazifistische Passion klang nur noch in Einsteins Bitte an den König an, für Kriegsdienstverweigerer einen Ersatzdienst zu schaffen und sie nicht länger zu kriminalisieren.[71]

Immer wieder zur Verteidigung der beiden Inhaftierten gedrängt, konnte Einstein jedoch nicht länger einer öffentlichen Bekundung seines Sinneswandels aus dem Weg gehen, und er tat das ohne Umschweife. Da Deutschland »offenkundig mit allen Mitteln auf einen Krieg hinarbeitet«, befänden sich insbesondere Frankreich und Belgien »in einer schweren Gefahr und sind auf ihre Wehrmacht unbedingt angewiesen«, stellte er in einem Brief fest, der unter pazifistischen Gesinnungsgenossen verbreitet werden sollte. Damit nicht genug, erklärte er, der sich keine drei Jahre zuvor »lieber in Stücke schlagen lassen« wollte, als Kriegsdienst zu leisten: »Unter den heutigen Umständen würde ich als Belgier den Kriegsdienst nicht verweigern, sondern ihn in dem Gefühl, der Rettung der europäischen Zivilisation zu dienen, gerne auf mich nehmen.«[72]

Als diese Stellungnahme im August 1933 in Frankreich und anschließend in England und Amerika in den Zeitungen erschien, schlug sie wie eine Bombe bei den Pazifisten ein. Die waren teils enttäuscht, teils verbittert über Einsteins Kehrtwendung, die viele als skrupellosen Verrat brandmarkten. »Die Antimilitaristen fallen über mich her als über einen bösen Renegaten«, faßte er die heftigen Reaktionen zusammen. »Die Kerle haben eben Scheuklappen und wollen die Vertreibung aus dem ›Paradies‹ nicht erkennen.«[73] Gleichwohl hatte der einstige Herold des militanten Pazifismus in den nächsten Monaten und Jahren seinen vormaligen Gesinnungsfreunden viel zu erklären.

In unzähligen Stellungnahmen variierte Einstein, daß nicht er seine Überzeugung verraten, sondern die politische Situation sich geändert habe. »Ich bin derselbe glühende Pazifist heute wie früher«, beharrte er. »Doch glaube ich, daß in Europa das Kampfmittel der Dienstverweigerung erst dann wieder empfohlen werden kann, wenn die militärische Bedrohung der demokratischen Länder durch Diktaturen mit aggressiver Tendenz aufgehört hat.«[74] Darin hat er zweifellos klarer gesehen als die bedingungslosen Friedensfreunde, aber dem Dilemma, daß er bis zu Hitlers Machtergreifung den jungen Männern aller Nationen die Kriegsdienstverweigerung als einzig menschenwürdige Verhaltensweise nahegelegt hatte und er nun diejenigen, die seinen Aufrufen gefolgt waren, im Stich lassen mußte, entzog er sich, indem er es ignorierte.

Sensiblere Kritik konnte sich denn auch weniger gegen Einsteins Sinneswandel richten als gegen die Apodiktik, mit der er seine jeweiligen Ansichten als die einzig richtigen propagierte. »Hat er nie an die Möglichkeit einer Situation wie der heutigen gedacht, in der die Ausübung der von ihm befürworteten Kriegsdienstverweigerung gefährlich werden kann?« fragte sich Romain Rolland, der wie Einstein den

Krieg verabscheute, aber dessen Reden, daß die Kriegsdienstverweigerung von zwei Prozent der Männer jeden Krieg unmöglich mache, immer für trügerisch und gefährlich gehalten hatte. Für Rolland stand nun fest: »Einstein, ein Genius der Wissenschaft, ist außerhalb seines Fachs schwach, unentschieden und widerspruchsvoll. ... Sein unausgesetzter Meinungswandel und das Zögernde und Widersprüchliche seiner Aktionen sind schlimmer als die unbeugsame Zähigkeit eines erklärten Feindes...«[75] Diese Diagnose erwies sich insofern als falsch, als Einstein in einem Punkt seine Meinung nicht mehr änderte und auf eine Weise bestätigt wurde, die seine schlimmsten Befürchtungen übertraf: Daß gegen das militärisch aggressive Deutschland militärische Stärke der »normal gebliebenen Nationen« das oberste Gebot sei.

So sehr der Aufenthalt in Le Coq einer Sommerfrische ähneln mochte, das belgische Seebad hatte einen Nachteil, der sich immer deutlicher bemerkbar machte: Es lag zu nahe an Deutschland. Es wäre leichtsinnig gewesen, Gerüchte zu ignorieren, daß die Nazis dem verhaßten Vertriebenen nach dem Leben trachteten und sogar ein Kopfgeld auf ihn ausgesetzt hätten.[76] Die belgische Regierung hatte deshalb zwei Polizisten zur Sicherheit ihres prominenten Gastes abkommandiert, aber der Beschützte fand die ständige Bewachung teils komisch, teils lästig, kaum aber effizient.

Denn obwohl die Bewohner von Le Coq gebeten worden waren, sich auf Fragen nach Einstein unwissend zu stellen, wurde jedem Fremden bereitwillig der Weg zur Villa Savoyarde gewiesen. Die beiden Detektive wußten freilich nicht, wie sie unter harmlosen Interessenten oder legitimen Besuchern den befürchteten Attentäter ausmachen sollten, so daß mancher Gast Einsteins in den Dünen erst einmal sistiert wurde.[77] Während Frau Elsa in ständiger Aufregung lebte und Einstein zumindest vorgab, keine Angst zu haben, entschloß er sich doch Anfang September, den idyllischen Badeort und den europäischen Kontinent zu verlassen, vermutlich bestärkt durch die Ermordung von Theodor Lessing durch Nazi-Häscher am 30. August 1933 im tschechischen Marienbad.

Am 8. September setzte Einstein mit der Fähre nach England über. Er hatte die schon Monate zuvor ausgesprochene Einladung des Commander Oliver St. Locker-Lampson akzeptiert, eines illustren Repräsentanten der britischen Oberklasse, Offizier, Advokat, Journalist und Parlamentarier dazu. In letzterer Eigenschaft hatte er das Unterhaus bewogen, Einstein die britische Staatsbürgerschaft anzubieten. Schon im Juli war Einstein einige Tage Gast des Commanders gewesen und hatte in dessen Begleitung Politiker wie Winston Churchill, Austen Chamberlain und Lloyd George aufgesucht, wobei er insbesondere mit Churchill in der Einschätzung der von Deutschland drohenden Gefahr einig war: »Dieser ist ein eminent kluger Mann, und es wurde mir völlig klar, dass diese Leute gut vorgebaut haben und entschlossen und bald handeln werden...«[78]

Die letzten vier Wochen vor seiner Abreise nach Amerika verbrachte Einstein in einem Ferienhaus von Locker-Lampson in einer Art »fröhlicher Verbannung« nördlich von London an der Küste von Norfolk. Der öffentlichen Auseinandersetzung hielt er sich fern, aber einer Ausnahme konnte er sich nicht entziehen, und die war an Bedeutung kaum zu übertreffen. Als Einstein sich bereit erklärte, bei einer gemeinsamen öffentlichen Versammlung des »Academic Assistance Council«, des »Refugee Assistance Council« und anderer Hilfsorganisationen zu sprechen, wurde wegen des prominenten Redners die Veranstaltung in der Royal Albert Hall angesetzt, der gewaltigen Rotunde am Rande von Londons Hyde Park.

Am Abend des 3. Oktober 1933 drängten sich in dem überfüllten Rundbau zehntausend Besucher. Auf dem Podium saßen die Großen der Wissenschaft: Neben dem Vorsitzenden Lord Rutherford Sir James Jeans, der Physiker, und Sir William Beveridge, der Direktor der London School of Economics. Aber die meisten waren gekommen, um Einstein zu hören. Er sprach Englisch, mit kräftiger Stimme und kräftigem Akzent, weniger mitreißend als aufrüttelnd und bewegend. In einem Balanceakt malte er die von Deutschland ausgehenden Gefahren aus, ohne das Land zu benennen, dankte den Engländern, daß sie »der Tradition von Toleranz und Gerechtigkeit treu geblieben sind«, und sprach die Hoffnung aus, daß man später wird sagen können, »daß in unseren Tagen Freiheit und Ehre dieses Kontinents durch seine westlichen Nationen gerettet worden sind«.[79] Schließlich empfahl er zur Verblüffung der Hörer noch ein eigenwilliges akademisches Beschäftigungsprogramm, indem er die dem Denken förderliche Ruhe auf Leuchttürmen und Feuerschiffen ins Spiel brachte: »Wäre es nicht möglich, solche Stellen mit jungen Leuten zu besetzen, die über wissenschaftliche Probleme insbesondere mathematischer oder philosophischer Natur nachdenken wollen?[80]

Der Eindruck war überwältigend. In der britischen Presse wurde der charismatische Mann als »doppeltes Symbol« gefeiert, »als Symbol des Geistes, der die kalten Regionen des Alls durchstreift, und als

Symbol der Tapferen und Hochherzigen, ein Verstoßener, aber reinen Herzens und heiterer Gesinnung«.[81]

Eine Woche später ging Einstein in Southampton an Bord eines amerikanischen Dampfers, der aus Antwerpen kam, wo bereits seine Frau und Helen Dukas eingestiegen waren. Auch Walther Mayer war mit von der Partie. Einstein und seine Begleitung reisten mit Besucher-Visen, denn nach wie vor war nur ein halbjähriger Aufenthalt in Princeton geplant, und im nächsten Frühjahr wollte Einstein wieder in Europa sein. Als die »Westernland« durch den Kanal Kurs auf den Atlantik nahm, wußte er noch nicht, daß er zum letzten Mal die Gestade des alten Kontinents sah. Er kehrte nie mehr zurück.

2. Princeton – eine »Schicksalsinsel«

Nicht als Triumphzug, sondern als Geheimoperation war Einsteins Ankunft in Amerika von Abraham Flexner organisiert worden. Als sich die »Westernland« am 17. Oktober 1933 nach teilweise stürmischer Überfahrt dem Hafen von New York näherte, kam eine Barkasse längsseits; Einstein und seine Begleitung wurden zur Battery von Manhattan gebracht, wo sie nach zügiger Erledigung der Einreise-Formalitäten von einem Kurator des Institute for Advanced Study in Empfang genommen wurden. Während New Yorks Bürgermeister darauf wartete, der Welt berühmtesten Juden am Pier der 23. Straße mit einer Parade begrüßen zu können – nicht ganz selbstlos, denn es war Wahlkampf und es ging um die jüdischen Stimmen –, war Einstein schon mit dem Auto in Princeton eingetroffen.

Für die ersten Tage waren Räume in einer kleinen Pension, dem Peacock Inn, gemietet worden, was die Abschirmung vor aufdringlicher Neugier leichter machte als im vornehmen Nassau Inn, dem ersten Hotel am Platze. Nach einigen Tagen hatte Frau Elsa eine Wohnung in einem der typischen Neu-England-Häuser gefunden, die in der Nähe des Campus gegenüber dem »Theological Seminary« ein charmantes Wohnviertel bildeten.[1] Nach einem halben Jahr unsteter Emigranten-Wanderschaft hatte Einstein wieder ein Heim, und dies in einer Stadt, die ihm zwar nicht zur Heimat, aber doch zum Refugium für die letzten beiden Jahrzehnte seines Lebens wurde. »Princeton ist ein wundervolles Stückchen Erde und dabei ein ungemein drolliges zeremonielles Krähwinkel winziger stelzbeiniger Halbgötter«, beschrieb er die Erfahrungen der ersten vier Wochen, in denen er schon seinen Lebensrhythmus gefunden hatte: »Man kann sich aber durch Verstoß gegen den guten Ton eine schöne Ungestörtheit verschaffen, und dies tue ich.«[2]

Unter den amerikanischen Elite-Universitäten stellt Princeton den Traum vom akademischen Elfenbeinturm in seiner ausgeprägtesten Form dar, isoliert vom übrigen Amerika, snobistisch, arrogant und von zurückhaltendem Reichtum. Die Stadt gruppiert sich um den alles dominierenden Campus, und neben der Universität gibt es praktisch nur das ihr anhängende solide Kleingewerbe und die Häuser vermögender Bürger, meistens ihrer Alma mater die Treue bewahrende Absolventen der Universität, die im fünfzig Meilen entfernten New York oder anderswo ihr Geld mehren. Den vielen aus Deutschland Vertriebenen, die in den dreißiger Jahren nach Princeton kamen, mag das Leben durch Reminiszenzen an das alte Europa erleichtert worden sein, und wer die Imitationen englischer Gotik und manch anderer Baustile nicht gar zu scharf ins Visier nahm, mochte sich an Oxford oder Cambridge erinnert fühlen.

Das College, der Mittelpunkt jeder amerikanischen Universität, war viele Jahrzehnte die bevorzugte Bildungsstätte der »Southern Gentlemen«, die weniger intellektuelle Brillanz als gesellschaftlichen Schliff von ihrer Ausbildung erwarteten. Aber mit dem um die Jahrhundertwende aufgekommenen Ehrgeiz, auch im Akademischen die alte Welt zu übertreffen, hatte sich Princeton als angesehene Zitadelle der Gelehrsamkeit etabliert, in einigen Disziplinen führend in der Welt, darunter auch in der Mathematik. Dies alles hatte Flexner wohl bedacht, als er sein Institut in Princeton gründete, und die Universität leistete, trotz gewisser Bedenken ob dieser exklusiven Konkurrenz, bereitwillig Geburtshilfe.

Mangels eigener Räumlichkeiten erhielt die »School of Mathematics« des Instituts Gastrecht in der »Fine Hall« der Universität, jenem einige Jahre zuvor eingeweihten Gebäude des Mathematik-Departements, wo im Kaminsims des »common room« Einsteins berühmtes Diktum aus seinem ersten Besuch im Jahre 1921 verewigt ist: »Raffiniert ist der Herrgott, aber boshaft ist er nicht.« Hier bekam Einstein ein schönes Eckzimmer im zweiten Stock, neben den Räumen seiner wenigen Instituts-Kollegen, die alle originäre Mathematiker und von der Princeton University abgeworben worden waren: Oswald Veblen als Dekan, James Alexander und der geniale Johann von Neumann, den Einstein bereits aus Berlin kannte. Im Januar 1934 stieß zu diesem hochkarätigen Zirkel noch Hermann Weyl, der zunächst die Berufung ans Institut abgelehnt hatte, da er als Nachfolger Hilberts die Göttinger Tradition fortführen wollte, bis Hitler diesen Vorsatz zunichte machte. Weyl hatte allerdings seine Ausflüge in die theoretische Physik aufgegeben und konzentrierte sich wieder auf die reine Mathematik, weshalb sich mit Einstein, »unbeschadet der fortdauernden herzlichen persönlichen Beziehungen«[3], wissenschaftliche Anknüpfungspunkte nicht ergaben.

Neben den vier Professoren gab es ein gutes Dutzend jüngerer Wissenschaftler am Institut, in den Statuten »workers« genannt, die von einer befristeten Zusammenarbeit mit den »Erleuchteten« profitieren sollten; Walther Mayer hatte die von Einstein durchgesetzte Ausnahmestellung eines »associate«. An der Universität traf Einstein zudem einige Bekannte aus Berlin, die schon vor 1933 nach Princeton gekommen waren, darunter den Professor Rudolf Ladenburg und den jungen Theoretiker Eugene Wigner. Im März 1934 traf noch Erwin Schrödinger ein, der als einer der wenigen nicht-jüdischen Professoren Deutschland im Sommer 1933 verlassen hatte. Die Universität bot ihm einen ehrenvollen Lehrstuhl an, aber der gerade mit dem Nobelpreis Ausgezeichnete lehnte ab, da er zum besser zahlenden Institut gehen wollte. Diese Berufung kam jedoch nicht zustande, so daß Schrödinger schon im April wieder nach Europa zurückkehrte.[4] Einstein hätte den Freund gern als Kollegen gesehen, versuchte seine Berufung auch zu fördern, aber seine Stimme galt beim Direktor Abraham Flexner nichts mehr, denn mit dem hatte er einen heftigen Streit ausgefochten, der sogar in seiner Drohung kulminierte, das Institut wieder zu verlassen.

Anlaß der Kontroversen war Flexners Anspruch, die Beziehungen seines prominentesten Angestellten zur Außenwelt wie ein Vormund zu regeln. Er fühlte sich nämlich verpflichtet, teils aus eigenem Antrieb, teils auf Wunsch der konservativen Finanziers, das Institut und seine Mitglieder vor jeglicher Öffentlichkeit abzuschirmen, und dazu schien ihm jedes noch so fragwürdige Mittel recht. So hatte Flexner schon per Telegramm Einstein die Teilnahme an der Versammlung in der Royal Albert Hall in London verbieten wollen, worüber Einstein durch Locker-Lampson allerdings erst kurz vor der Abreise nach Amerika unterrichtet wurde.[5] Bei der Ankunft warnte er Einstein vor »unverantwortlichen Nazi-Banden in diesem Lande«, um damit seinen dringenden Rat zu begründen: »Ihre Sicherheit in Amerika erfordert Schweigen und die Ablehnung öffentlicher Auftritte.«[6]

Wenn Einstein auch selbst ein Bedürfnis nach Ruhe und Zurückgezogenheit verspürt hatte, so mochte er sich doch nicht völlig abkapseln, sich schon gar nicht seine Freiheit beschneiden lassen. Aber schon bei der kleinsten öffentlichen Unternehmung wie einem Gespräch mit Vertretern einer Schüler-Zeitung fuhr Flexner wie eine beleidigte Gouvernante dazwischen; ein Benefiz-Konzert, bei dem Einstein in New York zugunsten von Flüchtlingen als Geiger auftreten wollte, versuchte er durch böse Anrufe beim Veranstalter mit der Drohung zu hintertreiben, daß er Einstein »feuern« würde. Er betrachtete es auch als völlig normal, an Einstein gerichtete Post dem Adressaten vorzuenthalten und eigenmächtig an dessen Stelle Absagen zu erteilen. Dies geschah sogar bei einer Einladung ins Weiße Haus, und das brachte das Faß zum Überlaufen.

Diese Einladung hatte unmittelbar nach Einsteins Ankunft der mit ihm befreundete New Yorker Rabbi Stephen Wise eingefädelt, um durch einen Auftritt des berühmten Vertriebenen mit Präsident Franklin Delano Roosevelt auf das Schicksal der aus Deutschland geflohenen Juden aufmerksam zu machen. Als Anfang November die Einladung im Institut eintraf, öffnete Flexner auch diesen Brief und schrieb über Einsteins Kopf hinweg an den Präsidenten, »daß Professor Einstein nach Princeton gekommen ist, um seinen wissenschaftlichen Arbeiten in Ruhe nachzugehen und daß es absolut unmöglich ist, eine Ausnahme zu machen, die ihn dem öffentlichen Interesse aussetzen würde«.[7] Flexner ließ den Verweis auf die »unverantwortlichen Nazi-Banden« folgen und schließlich die Behauptung, daß er mit Einsteins Zustimmung auch Einladungen wissenschaftlicher Gesellschaften abgelehnt habe, »an deren Arbeit er wirklich interessiert ist«, woraus man im Weißen Haus wohl folgern sollte, daß Einstein an der Arbeit des Präsidenten nicht wirklich interessiert sei.

Als Einstein aus Washington erfuhr[8], daß eine Einladung ins Weiße Haus ausgesprochen worden sei, die ihn aber aus offensichtlichen Gründen nicht erreicht hatte, tat er drei Dinge: Er bestätigte unverzüglich der Gattin des Präsidenten sein großes Interesse, »dem Manne zu begegnen, der mit gigantischer Energie die größten und schwierigsten Probleme unserer Zeit in Angriff nimmt«.[9] Seiner Wut über Flexner ließ er in einem Brief an den Rabbi Stephen Wise freien Lauf, in dem er als Absender »Konzentrations-Lager, Princeton« angab.[10] Und er sandte eine lange Liste der Eigenmächtigkeiten, Taktlosigkeiten und groben Fehlgriffe von Flexner an die Kuratoren des Instituts, gipfelnd in der Bitte, ihm »Sicherheit für ungestörtes und menschenwürdiges Wirken zu verschaffen, derart, dass nicht auf Schritt und Tritt Einmischungen erfolgen, die sich kein aufrechter Mann gefallen lässt. – Sollte dies aber als untunlich betrachtet werden, so möchte ich vorschlagen, dass ich mit Ihnen über eine Art und Weise verhandle, wie meine Beziehung zu dem Institut in würdiger Weise zu lösen ist.«[11] – Die Drohung verfehlte ihre Wirkung nicht; nach diesem »Sturm im Elfenbeinturm« mußte Flexner Einstein in Ruhe lassen, und der war wieder ein freier Professor in einem freien Land, allerdings ohne Einfluß bei der Leitung des Instituts.

Diesem bizarren Intermezzo folgte schließlich der Besuch beim Präsidenten. Einstein und seine Frau dinierten am Abend des 24. Januar 1934 mit den Roosevelts im Weißen Haus und nächtigten im Franklin

Room. Von den Gesprächen an diesem Abend ist nichts überliefert. Zweifellos wird Einstein auf die von Deutschland ausgehende Gefahr und die Not jüdischer Flüchtlinge hingewiesen haben, aber vermutlich hat der Präsident harmlosere Themen wie das Segeln oder die gemeinsame Bekanntschaft mit den belgischen Monarchen bevorzugt, worüber Einstein der Königin in Knittelversen berichtete.[12] Die erhoffte Öffentlichkeitswirkung dieser Einladung zugunsten des Schicksals verfolgter Juden ist jedenfalls nicht eingetreten.

»Den freundlichen Rat, in der politischen Öffentlichkeit zu schweigen, habe ich soweit es möglich war beherzigt, allerdings nicht aus Angst um meinen abgetragenen Leichnam, sondern weil ich keine Möglichkeit sah, irgend etwas Gutes bewirken zu können«[13], begründete Einstein seine relative Zurückhaltung in öffentlichen Äußerungen. Ein weiteres Argument sah er darin, »dass ich als langjähriger deutscher Einwohner und Staatsangestellter sowie als Jude und als ein von den Nazis seines Eigentums Beraubter in den Augen der Allgemeinheit kein objektiver Beurteiler sein kann. In diesem Kampf sollen Juden überhaupt so wenig als möglich öffentlich in Erscheinung treten, weil sonst die Gegnerschaft gegen Hitler-Deutschland zur jüdischen Angelegenheit gestempelt und dadurch geschwächt wird.«[14] Er wird auch bedacht haben, daß die Amerikaner bei aller Offenheit wenig geneigt waren, von Gästen in ihrem Lande, und seien sie noch so berühmt, Belehrungen entgegenzunehmen.

Gleichwohl hatte er den Pazifisten auch nach Hitler immer noch einiges zu erklären. Nach wie vor fühlte er sich den amerikanischen Friedensfreunden verbunden, setzte die Akzente aber anders als in früheren Jahren, schon in Richtung seiner späteren Leidenschaft, einer »Weltregierung«. Dabei argumentierte er zunehmend für Friedenssicherung »durch die Schaffung einer alle grösseren Staaten umfassenden internationalen Organisation..., welcher eine hinreichend starke exekutive Macht zur Verfügung steht«.[15] Deshalb versuchte er in einigen behutsam formulierten Stellungnahmen den Amerikanern nahezubringen, daß sie ihren traditionellen Isolationismus aufgeben und sich »in naher Zukunft für die Verwirklichung einer aktionsfähigen internationalen Zentralgewalt einsetzen. – Das Streben nach internationaler Solidarität ist auch heute die beste Abwehr gegen den Faschismus, der eine so schwere Bedrohung unseres kulturellen Lebens bildet.«[16]

Angesichts der düsteren Perspektiven für den alten Kontinent verspürte Einstein jedoch eine Hilflosigkeit, die ihm nachgerade die Sprache verschlug: »Unter meinen europäischen Freunden werde ich nur der ›große Schweiger‹ genannt, welchen Titel ich mir durch allseitiges Schweigen redlich verdiente. Das Gefühl von dem dumpfen und bösen Geschehen in Europa hat so lähmend auf mich gewirkt, dass mir persönliche Worte nicht recht aus der Feder fliessen wollen.«[17] Er wollte nicht einmal mehr zurückkehren.

Schon einen Monat nach der Ankunft in Princeton dachte Einstein daran, seine einzige vertragliche Bindung in Europa zu lösen. Lindemann gab er zu bedenken, »dass es unter den gegenwärtigen Umständen kaum gerechtfertigt ist, dass ich noch für Jahre eine Bezahlung vom Christ Church College erhalte«. Statt dessen schlug er vor, »einen anderen Fachgenossen dieser schönen Vergünstigung teilhaftig werden zu lassen«.[18] Obwohl Lindemann so schnell nicht locker ließ und auf einen Besuch Einsteins in Oxford nicht verzichten wollte, hatte der spätestens im März 1934 seine Pläne für den Sommer abgesteckt: »Wenn es möglich sein wird, werde ich den Sommer über mich irgendwo in Amerika verkrümeln. Warum sollte so ein alter Kerl nicht auch einmal so etwas wie relative Ruhe haben?«[19]

Auf diesem Vorsatz beharrte er auch dann, als die Stieftochter Ilse in Paris schwer erkrankt war. Mitte Mai begleitete er seine Frau zur »Belgenland« im Hafen von New York und ließ sie allein nach Europa reisen. Sie konnte ihrer Tochter nur noch im Sterben beistehen. Im August wurde die Asche der nur 37 Jahre alt gewordenen Ilse in Holland beigesetzt, wo Rudolf Kayser lebte und mit der Zusammenstellung einer Sammlung von Essays seines Schwiegervaters befaßt war, die im Amsterdamer Querido Verlag unter dem Titel *Mein Weltbild* in deutscher Sprache erschien.

Unterdessen hatte Einstein ein passendes Refugium für den Sommer gefunden, abgelegen und geeignet zum Segeln. Gemeinsam mit Walter Bucky, einem Röntgenologen, der in Berlin Einsteins Stieftöchter behandelt hatte, mietete er eine geräumige, schön gelegene Sommerresidenz an der Küste von Rhode Island. Bucky war schon vor Hitlers Machtergreifung amerikanischer Staatsbürger geworden und betrieb mittlerweile in New York eine einträgliche Praxis; in der Neuen Welt wurde er einer der näheren Bekannten Einsteins, ihm nicht nur freundschaftlich, sondern auch durch manche Patentbastelei verbunden.

Einstein erholte sich prächtig beim Segeln mit einer 6-Meter-Yacht, einer Kompensation für sein »dickes Schiff« in Caputh, das von den deutschen Behörden als Besitz eines Volks- und Staatsfeindes bereits eingezogen und weiterverkauft worden war. Daß die Atlantik-Küste mit ihren Gezeiten, dem kräftigen Wind und den starken Wellen erheblich riskanter war als die Havelseen bei Caputh, war Einstein vermutlich recht, denn er liebte es auf eine romantisch anmutende Weise, beim Segeln das Spiel der urtümlichen Elemente zu erleben. Die Sorgen anderer um seine Sicherheit schlug er lachend in den Wind und akzeptierte wie schon in Berlin weder einen Hilfsmotor im Schiff noch Schwimmwesten: »Wenn ich schon ersaufe, dann ehrlich.« Als Frau Elsa tief erschüttert und erschöpft aus Europa zurückkehrte, fand sie ihren Mann »in ausgezeichneter Verfassung vor. Nichts von all dem Schweren tritt wirklich an ihn heran, er ist in der glücklichen Lage, alles von sich abschütteln zu können. Darum kann er auch so schön arbeiten...«[20] – Nach Princeton kehrte Einstein erst Anfang Oktober zurück, als im Institut die zweite Arbeitsperiode begann.

Der legendäre Ruf des Instituts wurde von dem Kunsthistoriker Erwin Panofsky, der aus der Hamburger Schule Aby Warburgs gekommen war und zu den Gründungsmitgliedern der geisteswissenschaftlichen Fakultät, der »School of Humanities« gehörte, dem Umstand zugeschrieben, »daß seine Angehörigen ihre Forschungstätigkeit offen und ihre Lehrtätigkeit sozusagen verstohlen betreiben, während für so viele andere gelehrte Institutionen das Gegenteil zutrifft«.[21] Diese Konstellation des Elfenbeinturms, die übrigens manch renommierten Forscher, dem Lehre und Anregung durch den Nachwuchs unverzichtbar waren, einen Ruf ans Institut ausschlagen ließ, war ganz nach Einsteins Geschmack: Er wollte nicht einmal verstohlen lehren. Was er brauchte, war Zeit zum Denken und einen Mitarbeiter zum Rechnen.

Sein »Rechner« Walther Mayer bereitete Einstein allerdings eine herbe Enttäuschung. Gemeinsam hatten sie in den Sitzungsberichten der Berliner Akademie noch im Herbst 1932 eine Abhandlung veröffentlicht, in der die von Dirac gefundenen Spinoren auf ihre Brauchbarkeit für eine vereinheitlichte Theorie untersucht wurden.[22] In den Dünen von Le Coq wurden diese Überlegungen fortgesetzt und in der Amsterdamer Akademie publiziert.[23] Einstein war damals von seinem Mitarbeiter so angetan, daß er erheblichen Druck auf Flexner ausübte, um für Mayer eine permanente Anstellung am Institut zu erreichen. In Princeton aber war Mayer nur noch an einer einzigen Arbeit zum gleichen Thema beteiligt[24], bevor er entdeckte, daß er für Einsteins Probleme doch nicht der rechte »Rechner« sei; er blieb zwar am Institut, wandte sich aber wieder selbständiger Forschung in der reinen

Mathematik zu. Für diese Eskapade seines »Rechners« wurde Einstein von Flexner und Veblen insofern haftbar gemacht, als man ihm einige Jahre unter Hinweis auf seinen »associate« die Anstellung eines Assistenten verwehrte. Er fand aber unter den »workers« des Instituts jüngere Mitarbeiter, die voller Hingabe mit ihm zusammenarbeiteten.

Das Institut erwies sich daher trotz mancher Querelen als ideale Arbeitsstätte. Sein Vertrag, zunächst vereinbart für fünfmonatige Aufenthalte für die Dauer von fünf Jahren, war in den eines permanenten »full professor« umgewandelt worden, wobei seine Bezüge denen von Oswald Veblen angeglichen, also auf 16000 Dollar pro Jahr festgesetzt wurden. Das war ungefähr das Doppelte des Gehalts eines Professors an der Universität, weshalb Flexners Gründung nachgesagt wurde, nicht nur ein »Institut für höhere Studien«, sondern eines für »höhere Saläre« zu sein. Einstein wußte, daß er es besser nicht hätte treffen können, und richtete sich darauf ein, die ihm verbleibende Lebensspanne in Princeton zu verbringen. Der »Zugvogel für den Lebensrest«[25], als den er sich einige Jahre zuvor gesehen hatte, war zur Ruhe gekommen. – Europa versank zu einer Erinnerung, teils schön, teils schrecklich.

»Manchmal denke ich sehnsüchtig an schöne vergangene Stunden zurück; sie locken zu einer Reise nach Europa«, gestand er der belgischen Königin im Februar 1935, um sogleich die Hinderungsgründe folgen zu lassen: »Aber so viele Pflichten würden mich dort erwarten, dass ich nicht den Mut für solchen Vorsatz aufbringen kann.«[26] Mit einer ähnlichen Begründung sagte er im »Christ Church College« ab: »Wenn ich nach Oxford komme, muss ich auch nach Paris und nach Madrid. Dies alles zusammen zu unternehmen fehlt mir aber die Courage – so bleibe ich eben wohl hier sitzen.«[27] Natürlich hätte er auch nach Zürich fahren müssen, zu seinem kranken Sohn und zu Mileva, und auch dazu dürfte ihm die Courage gefehlt haben.

An Deutschland, das er ohnehin nicht hätte betreten können, verschwendete er keinerlei Sehnsucht. Zwar schrieb er dem »lieben alten Kameraden« Laue, »dass der kleine Kreis von Menschen, der früher harmonisch verbunden war, wirklich einzigartig gewesen ist und in dieser menschlichen Sauberkeit kaum mehr von mir angetroffen werden wird«. Aber er gestand ihm auch, »dass ich dem weiteren Kreis keine Träne nachweine, er war mehr amüsant für den unbeteiligten Zuschauer als liebenswert«.[28] Dabei ließ er offen, wen er zu dem weiteren und wen er zu dem kleinen Kreis zählte; letzterer dürfte nur noch aus Laue, Schrödinger und Planck bestanden haben. Ansonsten interessierte ihn »die deutsche Angelegenheit... in der Hauptsache nur noch als Gefährdung für die übrige Welt«.[29] Die sah er mit unaufhaltsamer Zwangsläufigkeit kommen: Seit Hitlers Machtergreifung war er überzeugt, daß Deutschland auf einen Krieg zusteuerte, und ebenso verwundert wie verbittert mußte er hinnehmen, daß die westlichen Nationen sich schwer taten, gegen diese Gefahr Vorkehrungen zu treffen.

Nachdem Einstein sich entschlossen hatte, in Princeton zu bleiben, schien es ihm zweckmäßig, Amerikaner zu werden. Da er mit einem Besuchervisum eingereist war, die Einwanderung in die USA aber nur auf einem Konsulat im Ausland beantragt werden konnte, unternahm er mit seiner Frau, mit Helen Dukas und mit der Stieftochter Margot im Mai 1935 eine Seereise auf die britischen Bermudas. Der ebenso kurze wie erholsame Ausflug war sein letzter Aufenthalt außerhalb der Grenzen der Vereinigten Staaten.

Den Sommer, der in Princeton mit brütender Hitze und drückendfeuchter Schwüle einherzugehen pflegt, verbrachte Einstein in Old Lyme an der Mündung des Connecticut River, wo er sich einen veritablen Luxus gegönnt hatte. Stolz beschrieb seine Frau die gemietete Ferienresidenz mit »20 acres Land, Wiesen, Matten, alle Sommerherrlichkeiten sind dabei, tennis-court, swimming-pool... Es ist so fein, daß wir die ersten zehn Tage nur am Gesindetisch gegessen haben, weil es uns in dem grandiosen Speisezimmer zu grandios vorkam...«[30] Für ihren Mann war freilich ein Segelboot wichtiger, mit dem er in dem weitläufigen Mündungstrichter des Connecticut River seine ausgiebigen Touren unternahm.

Im August hatte sich in Princeton die Gelegenheit zum Kauf eines Hauses ergeben, schräg über die Straße von der bisherigen Wohnung. Es war im zurückhaltenden Stil Neu Englands mit Holz verkleidet, etwas schmalbrüstig mit kleinem Vorgarten und einem schmalen, aber langen Garten auf der Rückseite. Unauffällig und anheimelnd, unterschied sich dieses Haus Nr. 112 Mercer Street in nichts von den durchschnittlichen Wohnhäusern dieses Viertels, wurde durch seinen neuen Eigentümer aber zu einer der bekanntesten Adressen der Welt.

Einstein bezahlte bar und hatte noch genug Geld für Renovierung und Umbauten übrig. Die überwachte Frau Elsa, die für den Rest des Sommers zwischen dem vornehmen Landsitz in Connecticut und Princeton pendelte. Während Einstein sich dem Segeln hingab, wurde im oberen Stockwerk des Hauses eine rückwärtige Wand herausgebrochen und durch ein großes Panorama-Fenster ersetzt, nicht gerade stilgemäß, aber einen weiten Blick über baumbestandene Gärten zum Graduate College eröffnend, als lebe der Bewohner inmitten der Natur. Dieser Raum wurde Einsteins häusliches Arbeitszimmer, der Ort, an dem er sich in den nächsten zwei Jahrzehnten am häufigsten aufgehalten und am wohlsten gefühlt hat. Die übrigen Räume wurden überwiegend mit den aus Berlin geretteten Möbeln eingerichtet, einschließlich des großen Flügels.

Schon beim Einzug wurde Elsa von dem Gefühl geängstigt, daß sie sich an dem neuen Heim nicht lange würde erfreuen können. Eine böse Schwellung am Auge war aufgetreten, die als Vorbote ernsthafter Kreislauf- und Nierenprobleme diagnostiziert wurde. Es folgte ein langer Winter der Leiden und der medizinischen Interventionen, und auch die lange Sommerfrische im milden Klima der Adirondack Mountains am Saranac Lake im Norden des Staates New York brachte nur mäßige Linderung. Während der anschließenden Monate in Princeton war Einstein um seine Frau so besorgt, »daß er elend und gedrückt herumging«, wie Elsa noch erzählte. »Ich hatte nie gedacht, daß er derart an mir hänge. Das tut auch gut.«[31] Sie starb am 20. Dezember 1936 in ihrem Haus in Princeton.

Der Mann, den Elsa Einstein zwei Jahrzehnte als ihr »Albertle« umhegt hatte, wußte sich auf die neue Situation einzurichten. »Ich habe mich hier vortrefflich eingelebt, hause wie ein Bär in meiner Höhle und fühle mich eigentlich mehr zuhause als je in meinem wechselvollen Leben«, schrieb er nach einigen Wochen des Alleinseins. »Diese Bärenhaftigkeit ist durch den Tod der mehr mit den Menschen verbundenen Kameradin noch gesteigert.«[32] Ganz allein war er freilich nicht in seinem Haus. Helen Dukas kümmerte sich neben Post und Korrespondenz um Besucher und Termine sowie um Küche und Haushalt. Dazu kam als weiterer Mitbewohner die inzwischen geschiedene Stieftochter Margot. Aber das Bild vom Bären in seiner Höhle hatte seine Berechtigung, denn Einsteins tief wurzelndes Gefühl der Fremdheit wurde in Princeton eher noch intensiver: »In die Menschenwelt hier lebe ich mich nicht mehr hinein, dazu war ich schon zu alt, als ich herkam, und – es war eigentlich in Berlin und in der Schweiz auch nicht anders. Zum Einspänner ist man geboren.«[33] Diese Attitüde mag durch Probleme mit der Sprache noch verstärkt worden sein, denn obwohl er Amerikaner werden wollte, wurde er mit der Landessprache nie richtig vertraut.

Zwar konnte Einstein inzwischen ohne Mühe Englisch lesen und verstehen, aber beim Schreiben und Sprechen tat er sich schwer. Bei der Arbeit im Institut war das nicht hinderlich, da viele Kollegen und die meisten seiner Mitarbeiter aus dem deutschsprachigen Europa gekommen waren, manchmal bar jeder Vertrautheit mit der fremden Sprache. War das nicht der Fall wie bei dem in England geborenen Banesh Hoffmann, sprach Einstein auch Englisch, aber mit starker Akzentfärbung und einer kurios klingenden, weil dem Deutschen entnommenen Wortstellung und Betonung.[34] Das wurde mit den Jahren kaum besser. Noch nach mehr als einem Jahrzehnt des Aufenthalts in Amerika gestand er Max Born, der während des Krieges das Deutsche nicht mehr benutzen mochte: »Englisch aber kann ich nicht schreiben von wegen der hinterhältigen Orthographie. Wenn ich lese, höre ich es vor mir und erinnere mich nicht, wie das Wortbild aussieht.«[35]

Ganz so schlimm war es nicht, denn einfache Mitteilungen lernte er doch in Englisch abzufassen, aber alles ihm Wichtige schrieb er immer in deutscher Sprache und ließ es, falls erforderlich, übersetzen. Er las auch lieber Deutsch als Englisch und wunderte sich über die »drollige Sache, wie alles plastischer und lebhafter wirkt, wenn es in der altvertrauten Sprache erscheint«.[36] Obwohl das Land dieser Sprache zu »Barbarien« verkommen war, fühlte er sich nur in der Muttersprache zu Hause, konnte er nur in den seit seiner Kindheit vertrauten Worten seine Gedanken formulieren und seine Gefühle ausdrücken, so daß bei »dem täglichen Kampf mit dem Englischen« bis an sein Lebensende einzig »die deutsche Stiefmutter-Sprache als praktikabel übrig bleibt, zu meinem aufrichtigen Bedauern«.[37]

Wenn Einstein sich glücklich schätzen konnte, »hier in Princeton auf einer Schicksalsinsel zu leben«[38], dann lag das nicht zuletzt daran, daß die »Princetonians« sein Bedürfnis nach Zurückgezogenheit respektierten. Natürlich waren sie neugierig, als sich das Genie, das mit seinen Weisheiten über das Universum und seinen kontroversen Einlassungen zur Politik Aufsehen erregt hatte, sich in ihrer kleinen Stadt niederließ, aber »snobbishness« und gute Erziehung verboten gar zu arge Zudringlichkeit. So amüsierte man sich im Lande des »crew cut« nur aus der Ferne über die mehr schlecht als recht gestutzte Mähne weißer Haare, mokierte sich diskret über seine Angewohnheit, beim Heimweg von der »Fine Hall« in der Öffentlichkeit der Nassau Street ein Eis zu schlecken, und wunderte sich über die absolut unamerikanische Aktivität ausgiebiger Spaziergänge durch die Straßen Princetons.

Gleichsam zur Überbrückung der Distanz rankte sich um das Genie alsbald ein Kranz harmloser Anekdoten. So amüsierte man sich darüber, daß der Mann, der so viel über den Kosmos wußte, sich auf seinen Spaziergängen verlaufen und dazu seine häusliche Telefonnummer vergessen habe, was prompt zu Schwierigkeiten mit der Auskunft führte, weil sie als Geheimnummer nicht herausgegeben wurde. Oder man sagte ihm nach, daß er kleinen Mädchen bei ihren Mathematikaufgaben behilflich gewesen sei, und dies besonders gern, wenn ihm als Entschädigung eine Art Gummibärchen angeboten wurde. Geschichten dieser Art[39] entbehren vermutlich nicht völlig des realen Hintergrundes, wurden und werden aber in so vielfältigen Variationen erzählt, daß sie weniger über Einstein aussagen dürften als darüber, wie die Bürger Princetons sich der Ausnahmeerscheinung in ihrer Mitte bemächtigten.

Aber auch in der Kolonie europäischer Flüchtlinge, die in den dreißiger Jahren ständig wuchs, verblieb Einstein eher an der Peripherie. Johann von Neumanns rauschende Parties, bei denen bis zum Morgengrauen über Wissenschaft und Politik diskutiert wurde, während livrierte Butler Champagner, Cocktails und Whisky reichten, mied er ebenso wie die lockere Gesellschaft bei Hermann Weyl. Mit Thomas Mann, der 1938 für zwei Jahre als Gastprofessor an die Universität berufen wurde, war er sich wie mit allen Vertriebenen im Abscheu gegenüber Nazi-Deutschland einig, ohne daß daraus engere Beziehungen entstanden wären. Die Manns führten nur einige Straßenblocks von Einstein entfernt ein in jeder Hinsicht großes Haus mit farbigem Diener-Ehepaar, jedoch war die großbürgerliche Repräsentation des Geistigen ebensowenig nach Einsteins Geschmack wie er dem kritischen Blick der Hausherrin standhielt: »Er war sehr sympathisch und nicht besonders anregend. Einstein hatte etwas Kindliches im Wesen, so große Glupschaugen... Wirklich eine enorm spezielle Begabung, und da war er im gewöhnlichen Leben kein sehr eindrucksvoller Mensch.«[40]

Einen Kreis vertrauter Freunde, denen er anregend genug war, hatte Einstein in New York, vor allem den Arzt Gustav Bucky, den vermögenden Pharmafabrikanten Leon Watters sowie den Volkswirtschaftler Otto Nathan, der ihm die ersten praktischen Wege in Princeton geebnet hatte, ihn in finanziellen Angelegenheiten beriet und gemeinsam mit Helen Dukas zum Verwalter seines Nachlasses bestimmt wurde. In Princeton pflegte Einstein engere Kontakte weniger zum akademischen Establishment als zu Außenseitern wie dem Philosophen Franz Oppenheim, dem Historiker Erich von Kahler oder zu Hermann Broch. Einigen von ihnen, wie Hermann Broch, hatte er geholfen, sich vor dem braunen Terror zu retten.

Die Not der Vertriebenen und die prekäre Lage der in Deutschland gebliebenen Juden blieb Einstein immer gegenwärtig, und dies schon aus familiären Gründen. Bald nach der Ankunft in Amerika kümmerte er sich um die Einreise von Verwandten seiner Frau, und 1937 traf Hans Albert mit Frau und Sohn in den USA ein. Zwei Jahre später mußte seine Schwester Maja Italien verlassen; während ihrem Mann Paul Winteler die Einreise in die USA aus gesundheitlichen Gründen verweigert wurde und er in Genf bei den Bessos blieb, konnte Maja 1939 in das Haus in der Mercer Street einziehen.

Bei seinen familiären Hilfsaktionen hat Einstein zur Genüge erfahren, wie schwierig sich die Einwanderung gestalten konnte, denn die amerikanischen Konsuln akzeptierten nur diejenigen, die zu einer nicht ausgeschöpften nationalen Quote gehörten und dazu ein Affidavit vorweisen konnten, mit dem ein Einwohner der USA dafür bürgte, daß der Immigrant nicht den öffentlichen Kassen zur Last fallen würde. Dabei vermißte Einstein wie einst in Deutschland jüdische Solidarität: »Das Hauptunglück liegt darin, dass die saturierten Juden der bisher verschonten Länder wie ehedem die deutschen Juden sich der törichten Hoffnung hingeben, durch Schweigen oder durch patriotische Gebärden sich sichern zu können. Aus diesem Grunde sabotieren sie die Aufnahme der deutschen Juden wie früher letztere die Aufnahme von Ostjuden.«[41] Allerdings sorgten schon die amerikanischen Konsulate dafür, daß sich die Einwanderung in Grenzen hielt.

Einstein half mit Affidavits, Unterstützungszahlungen und vorgestreckten Reisekosten, so gut er konnte, und teilweise, ohne dazu gebeten worden zu sein. So erhielt im Jahr 1935 in Berlin ein junger Geiger namens Boris Schwarz, mit dem Einstein musiziert und den er ein wenig protegiert hatte, die Anfrage von einer »Elsa Alberti«, ob er nach Amerika kommen wolle. Alsbald lag Einsteins Affidavit auf dem Konsulat in Berlin vor, Boris Schwarz konnte nach New York reisen, wurde von Einstein in einem jüdischen Einwandererheim untergebracht und bei seinen ersten Gehversuchen in dem fremden Land väterlich beraten.[42] Ähnlich half Einstein den Kindern seines Berliner Hausarztes Otto Juliusburger, die dank seiner Affidavits nach Amerika kamen, bevor im letzten Moment der alte Sanitätsrat und seine Frau wiederum mit Einsteins Hilfe Deutschland verlassen konnten.

Ebenso setzte sich Einstein für Hermann Broch ein, mit dem er, abgesehen von ein oder zwei Briefen, keinen Kontakt gehabt hatte. Von Ruth Norden, die gelegentlich für ihn übersetzte, auf die Lage des Dichters nach Hitlers Einmarsch in Österreich hingewiesen, erklärte sich Einstein sofort zu einem Affidavit bereit, wovon nicht nur Broch, sondern auch der Konsul sichtlich beeindruckt war. »Ich brauche wohl nicht zu sagen, daß es mir mehr war als nur eine freudige Überraschung«, schrieb Broch daraufhin an Einstein. »Ich bin von Ihrem Schritt... aufs tiefste bewegt und scheue mich fast, das Wort Dank auszusprechen, da es eben in solchen Situationen nicht mehr ausreicht.«[43] Im Sommer des nächsten Jahres stellte Einstein dem Dichter sein Haus zur Verfügung.

Obwohl Einstein mehr als berechtigt war zu versichern, »dass bei der beispiellosen Härte des jüdischen Schicksals meine Bereitwilligkeit zu helfen eine unbedingte ist«[44], konnte er nicht jedem Wunsch entsprechen. Karl Jaspers meinte sogar, daß er es in seinem Falle nicht einmal wollte. Als der Philosoph sich und seine jüdische Frau 1938 aus Deutschland retten wollte, ließ er durch einen Freund, der Einstein aus Berlin kannte, anfragen, ob es nicht möglich sei, in Princeton eine Stelle für ihn zu schaffen. In Jaspers' Erinnerung lautete Einsteins Antwort etwa: »Wenn ich Jaspers lese, wirkt das auf mich wie die Rede eines Trunkenen; nun, Hegel beurteile ich ebenso. – Ich verstehe so etwas nicht. – Ich will ihn nicht schlecht machen, aber empfehlen kann ich ihn nicht.«[45] Jaspers verübelte nichts, nannte die Antwort »sauber und klar und untadelig wie alles bei Einstein«, wußte aber nicht, daß Einstein so gut wie keinen Einfluß auf die Personalentscheidungen des Instituts hatte, nicht einmal in der Physik, und eine Empfehlung von ihm sogar hätte abträglich sein können.

Spätestens nach dem »Anschluß« Österreichs im März 1938 und der darauf folgenden Vertreibungswelle waren die Grenzen privater Hilfe deutlich geworden. Einstein ergriff daher die Initiative zu einer Aktion, mit der große Organisationen wie Kirchen, Universitäten und das Rote Kreuz an das »Gewissen aller wohlgesinnten Menschen« aufrütteln sollten, um das Allerschlimmste abzuwenden, und verfaßte einen Entwurf für diesen Appell: »Kein Staat darf einen innerhalb seiner Grenzen lebenden Bevölkerungsteil physisch vernichten. Wir sind entschlossen, auf jede uns mögliche Weise zu verhindern, dass unschuldige Menschen, sei es mit Waffen, sei es durch systematische Entziehung jeder Ernährungmöglichkeit in den Tod getrieben werden. Deutschland hat durch seine unmenschlichen Massregeln gegen die deutschen und österreichischen Juden diesen Vernichtungsweg beschritten und benutzt seine militärische, politische und wirtschaftliche Macht gegenüber den kleinen Staaten des östlichen Europa, um deren jüdischen Bevölkerungsteil auf gleiche Weise zu vernichten.«[46] Obwohl nur an selbstverständliche Grundsätze und an ihre unmenschliche Mißachtung durch Deutschland erinnert wurde, verlief dieses Unternehmen trotz des prominenten Initiators im Sande.

Von seinen persönlichen Anstrengungen zur Hilfe berichtete er im Sommer 1938, »dass ich ein Vermittlungsbüro für Verfolgte sowie für intellektuelle Sonderlinge habe, und ich kann Ihnen versichern, dass das Geschäft in ungeheurem Schwung ist«.[47] Die Schwierigkeiten bei der Einwanderung hielt er für überwindbar, nicht jedoch die bei der Arbeitssuche in Amerika. Der nach der Wirtschaftskrise immer noch knappe Stellenmarkt, Antisemitismus der Universitäten und Abneigung gegen die Berufung älterer Herren ließen ihm nur die Flucht in bitteren Sarkasmus: »Das beste wäre ein grosszügiger Versuch, unsere Vertriebenen über 50 in einem billigen Lande in einer Art ›Konzentrationslager‹ zu versorgen. Aber auch dies wird ein frommer Wunsch bleiben.«[48]

Praktisch gleichzeitig mußte er darauf hinweisen, daß seine Möglichkeiten begrenzt waren. Er sei »zwar bekannt wie ein bunter Hund, lebe aber ganz zurückgezogen und habe so gut wie keine menschlichen Beziehungen«.[49] Bald waren auch seine finanziellen Ressourcen erschöpft. »Ich kann keine Affidavits mehr geben und würde die noch unerledigten gefährden, wenn ich noch neue ausstelle«, schrieb er nach Hitlers Einmarsch in Prag. »Auch die paar mir bekannten Leute mit einigem Vermögen sind schon bis an die Grenze belastet. Der Druck der armen Leute dort auf uns ist ein derartiger, dass man fast verzweifelt angesichts der Masse Elends und der geringen Möglichkeit zu helfen.«[50] Ein Ende des Elends sah er nicht, sondern für die Zukunft nur noch Schlimmeres heraufziehen: »Ich möchte nicht mehr leben, wenn ich nicht die Arbeit hätte.«[51]

Nach wie vor war es die Physik, der seine ganze Leidenschaft galt und die ihn aufrechterhielt, auch wenn er wußte, daß er in seiner Wissenschaft in die Rolle eines Außenseiters geraten war und vornehmlich »als altes abgestempeltes Museumsstück und Kuriosum hoch geschätzt«[52] wurde. »Ich arbeite immer noch fest drauflos, unterstützt von einigen wagemutigen jungen Kollegen. Denken kann ich noch, aber die Arbeitskraft hat nachgelassen.«[53]

3. »Wenn schon, denn schon.« Physikalische Realität und ein Paradoxon, Relativität und vereinheitlichte Theorie

Mit seiner spöttischen Beschreibung Princetons als »drolliges zeremonielles Krähwinkel winziger stelzbeiniger Halbgötter« war Einstein nicht allein, nur wurde er bald von anderen zu den Merkwürdigkeiten des Elfenbeinturms hinzugerechnet: »Princeton ist ein Tollhaus«, urteilte im Januar 1935 der hochtalentierte J. Robert Oppenheimer über das Institute for Advanced Study in der Selbstsicherheit seiner 31 Jahre. »Seine solipsistischen Erleuchteten strahlen in separierter und hilfloser Trostlosigkeit. Einstein ist völlig gaga (completely cuckoo)...«[1] Dieses Verdikt Oppenheimers, der übrigens zwölf Jahre später als Direktor dem »Tollhaus« vorstehen sollte, erhebt keinen Anspruch auf Gerechtigkeit; es spiegelt aber in greller Beleuchtung wieder, wie Einsteins beharrliche Kritik an der Quantenmechanik und sein Luftschloß einer vereinheitlichten Theorie den jungen Kreativen auf die Nerven ging, zumal Einstein sich auch nicht beirren ließ, als neue Phänomene entdeckt und bisher ungeahnte Bereiche erschlossen wurden, die die Physiker in einen Rausch des Aufbruchs zu neuen Ufern versetzten.[2]

1932 war in der kosmischen Höhenstrahlung das »Antiteilchen« des Elektrons, das Positron, als erste Verkörperung der Antimaterie gefunden worden. Präzisionsmessungen des radioaktiven Zerfalls inspirierten Wolfgang Pauli zur Postulierung einer völlig neuartigen Partikel, des Neutrino, mit dessen Hilfe Enrico Fermi eine leistungsfähige Theorie der schwachen Wechselwirkung konzipierte. Die Entdekkung des Neutrons als weiterer Baustein des Atomkerns stieß sowohl theoretisch als auch experimentell die Tür auf zu dem, was erstmals zu Recht Kernphysik genannt werden konnte. Und Otto Stern, Einsteins alter Mitarbeiter in Prag und Zürich, zeigte 1933 in Hamburg, bevor er seinen Lehrstuhl verlassen mußte und ebenfalls in die USA ging, durch die Messung des anomalen magnetischen Moments des Protons, daß auch die Kernbausteine noch eine innere Struktur aufweisen müssen.

Was die gesamte Zunft in Erregung versetzte, rauschte an Einstein vorbei, wurde von ihm nur sporadisch wahrgenommen und hatte keinen Einfluß auf seine Fragestellungen. Das Problematische dieser Situation war ihm nicht unbekannt. In einem bewegenden Nachruf auf Paul Ehrenfest, dem Einstein in inniger Freundschaft verbunden war, beschrieb er, einfühlend und gewiß auch aus eigener Erfahrung schöpfend, »die erhöhte Schwierigkeit, welche die Anpassung an neue Gedanken dem Fünfzigjährigen stets bietet«, sah in diesen Schwierigkeiten sogar ein wesentliches Motiv dafür, daß Ehrenfest im September 1933 durch Selbstmord aus dem Leben gegangen war.[3]

Solchen Anfechtungen war Einstein freilich niemals ausgesetzt; dank seiner robusten psychischen Konstitution retournierte er den eingeschworenen Quantenmechanikern einfach den Vorwurf reaktionärer Unbelehrbarkeit: »Fast alle die Kerle sehen nämlich nicht von den Tatbeständen aus die Theorie, sondern nur von der Theorie aus die Tatbestände; sie können aus dem einmal angenommenen Begriffsnetz nicht heraus, sondern nur possierlich darin herumzappeln.«[4] Kraft schöpfte er aus seiner unerschütterlichen Überzeugung, daß es sich bei den neuen Gedanken und Entdeckungen nur um Vorläufiges handeln könne und die Suche nach den grundlegenden Gesetzen aller Physik davon nicht berührt werde. »An den grossen Entdeckungen kann ich mich nur wenig freuen, weil sie mir das Verstehen des Fundamentes vorläufig nicht zu erleichtern scheinen«, resümierte er nach der ersten Arbeitsperiode in Princeton, nicht ohne sich und seine Bemühungen ein wenig zu ironisieren. »So komme ich mir vor wie ein Knirps, der mit dem ABC nicht fertig werden kann, obwohl ich sonderbarerweise die Hoffnung immer noch nicht aufgebe. Schließlich hat man es mit einer Sphinx zu tun und nicht mit einem willigen Strassenmädchen.«[5]

Der Sphinx nachzujagen war das Institut for Advanced Study für Einstein der ideale Ort. Wenn es dort an Kreativität knisterte, dann in der Mathematik; alles, was in dieser Disziplin Rang und Namen hatte, war als Gast einige Monate im Institut. Aber die Physik, auch in ihrer mathematisch-theoretischen Ausprägung, sollte nach dem Willen der tonangebenden Mathematiker ein Randbereich bleiben, so daß Einstein für Jahre der einzige Professor seines Faches war. Er bedauerte diesen Zustand keineswegs, machte auch keine Anstalten, zu den Physikern der Universität engere Arbeitskontakte zu knüpfen.

Wenn er einmal einen Seminarvortrag hielt, und das war äußerst selten, dann waren die Kollegen über Einsteins Stil verblüfft. Der junge John Archibald Wheeler, der die übliche Vorgehensweise des Theoretikers als die eines Einzelhändlers kennengelernt hatte, der Gleichungen der Reihe nach einzeln löst, erlebte bei Einstein »zum ersten Mal, wie man sich mit Gleichungen quasi ›en gros‹ befaßte. Man zählte die Anzahl der Unbekannten und die Anzahl der Randbedingungen, und dann verglich man sie mit der Anzahl der Freiheitsgrade. Es ging nicht so sehr darum, die Gleichungen zu lösen, sondern vielmehr um die Entscheidung, ob sie überhaupt eine Lösung besäßen und ob diese Lösung die einzig mögliche sei.« Bleibender Eindruck Wheelers war auch, »daß Einstein unbeirrbar seinen Weg ging, unbeeinflußt von jenem großen Interesse an der Kernphysik, das zu dieser Zeit in den Vereinigten Staaten vorherrschte«.[6]

Während der ersten Jahre in Princeton konzentrierte sich Einstein auf vornehmlich drei Bereiche, die alle nicht zu den Hauptströmungen damaliger Forschung gehörten. Als ein wenig abseitig, aber solide und durchaus schöne Resultate produzierend mag seine Bemühung um den Ausbau der Allgemeinen Relativitätstheorie gegolten haben, während seine große Passion, die Suche nach einer einheitlichen Theorie, nur noch als abseitig belächelt wurde und die Fortsetzung und Vertiefung seiner Kritik an der Quantenmechanik nicht viel mehr als Kopfschütteln erntete.

Trotzdem gab es unter den jüngeren Mitgliedern und Stipendiaten des Instituts immer einige tüchtige Physiker, die anders als Oppenheimer die Nähe des großen Mannes suchten, und der wußte das zu schätzen: »Das Schöne hier ist, dass ich mit jungen Fachgenossen zusammenarbeiten kann.«[7] Tatsächlich hatte der »Einspänner« Einstein niemals so regelmäßigen und intensiven Kontakt mit jüngeren Kollegen wie in Princeton. Sie waren nach formalem Anstellungsverhältnis beim Institut nicht seine Assistenten, sondern kamen aus freien Stükken zu ihm, auch entgegen dem in Princeton kursierenden Rat, aus Karrieregründen »wäre es besser, nicht mit Einstein zu arbeiten«.[8] Wenn dieser Ratschlag auch die eigentümliche Stellung Einsteins in der Physikerzunft widerspiegelte – mehr Denkmal als Wegweiser, pflegte Oppenheimer zu sagen –, so hat es keiner bedauert, mit Einstein zusammengearbeitet zu haben. Zwar hat keiner von Einsteins Mitarbeitern jemals eine permanente Anstellung in Princeton erhalten, weder am Institut noch an der Universität, wofür Einstein allerdings den diskreten Antisemitismus verantwortlich machte, aber Professoren sind sie alle geworden.

Alsbald hatte sich eine Art Routine für diese Kooperation herausgebildet. Am nicht zu frühen Vormittag traf sich Einstein mit seinen Mitarbeitern in seinem Zimmer 209 der »Fine Hall«, diskutierte mit ihnen physikalische Strukturen und mathematische Ansätze, meistens also das, was Wheeler als Physik »en gros« charakterisiert hatte.

Zur Mittagszeit trennte man sich, und die Mitarbeiter widmeten sich allein der Detailarbeit der Einzelhändler, indem sie mathematische Konsequenzen verfolgten und nach Lösungsmöglichkeiten suchten, die am nächsten Morgen gemeinsam diskutiert wurden. Einstein pflegte nach »lunch« und Mittagsschlaf den Nachmittag allein in seinem häuslichen Arbeitszimmer in der Mercer Street zu verbringen, erledigte mit Hilfe von Helen Dukas seine weitläufige Korrespondenz, empfing gelegentlich Besucher und hing vor allem seinen eigenen Gedanken nach.

Die erste Gemeinschaftsarbeit erforderte keinerlei mathematischen Aufwand, war inhaltlich aber eine Provokation; sie handelte von der Quantenmechanik und schlug wie eine Bombe ein, deren Rauchwolken sich bis heute nicht verzogen haben, denn das darin aufgeworfene Problem wird als »Einstein-Podolsky-Rosen-Paradoxon« immer noch intensiv und kontrovers diskutiert.[9] Allerdings ist es weniger ein Paradoxon als eine logisch einwandfreie Schlußfolgerung, die einige Besonderheiten der Quantenmechanik in ein helles Licht rückt. Den zündenden Gedanken hatte nicht Einstein selbst, sondern Nathan Rosen, ein 25jähriger Amerikaner, der 1934 ans Institut gekommen war und sich an Einstein gewandt hatte; Boris Podolsky, der Dritte im Bunde, war nur sieben Jahre jünger als Einstein, hatte am »Cal Tech« in Pasadena gearbeitet, wo sich die beiden kennengelernt hatten, und war 1934 einer der wenigen Physiker am Institut. Die Arbeit »ist aus Sprachgründen von Podolsky geschrieben worden nach langen Diskussionen«, berichtete Einstein über die Entstehungsgeschichte und ihre Nachteile. »Es ist aber doch nicht so gut herausgekommen, was ich eigentlich wollte, sondern die Hauptsache ist sozusagen durch Gelehrsamkeit verschüttet.«[10] Auf die Hauptsache ist er später mehrfach allein zurückgekommen, unter Konzentration auf das Wesentliche und in deutscher Sprache.[11]

Die vorgebrachte Argumentation zielte nicht darauf ab, Fehler oder innere Widersprüche in der Quantenmechanik nachzuweisen. Spätestens 1931 hatte Einstein die neue Theorie als leistungsfähig und widerspruchsfrei akzeptiert und ihr sogar »zweifellos ein Stück endgültiger Wahrheit«[12] attestiert, aber eben nicht die ganze Wahrheit und schon gar nicht die endgültige. Hinter der als Titel der EPR-Arbeit formulierten Frage: *Kann die quantenmechanische Beschreibung der physikalischen Realität als vollständig angesehen werden?* verbirgt sich vielmehr der Versuch nachzuweisen, daß die Quantenmechanik nur eine unvollständige Beschreibung der physikalischen Realität darstelle und deshalb über die Formulierung statistischer Gesetzmäßigkeiten nicht hinausgelangen könne.

Die etwas vagen Begriffe der Titelfrage werden in den ersten Absätzen präzisiert, indem für eine »vollständige Theorie« verlangt wird: »Jedes Element der physikalischen Realität muß eine Entsprechung in der physikalischen Theorie haben.« Für den Begriff der physikalischen Realität wird ein ähnlich pragmatisches Kriterium herangezogen: »Wenn wir ohne jede Störung des Systems den Wert einer physikalischen Größe mit Sicherheit (d. h. mit der Wahrscheinlichkeit 1) voraussagen können, dann existiert ein Element der physikalischen Realität, das dieser physikalischen Größe entspricht.«[13] Diese Präliminarien steuern auf den Nachweis der unvollständigen Beschreibung der physikalischen Realität in der Quantenmechanik durch ein einfaches Gedankenexperiment zu, das in der Hauptsache so aussieht:

Zwei Elektronen E_1 und E_2 seien kollidiert und auseinandergeflogen; wenn sie sehr weit voneinander entfernt sind, wird am Elektron E_1 der Impuls gemessen; damit ist zugleich wegen des Erhaltungssatzes der Impuls von E_2 festgestellt, ohne jede Störung des Systems E_2 und im Augenblick der Messung auch dann, wenn beide Elektronen Lichtjahre voneinander entfernt sein sollten. Damit hat sich der Impuls von E_2 als Element der physikalischen Realität qualifiziert. Nun kann man aber statt des Impulses auch den Ort von E_1 messen, erhält dadurch den Ort von E_2 und hat, da ohne Störung von E_2 ermittelt, den Ort von E_2 als ein weiteres Element der physikalischen Realität festgestellt.

Der Witz dieser Überlegung liegt nun darin, daß gemäß der Quantenmechanik bei Kenntnis des Impulses einer Partikel der Ort notwendig unbestimmt ist, er also nicht zur physikalischen Realität gehören kann. Damit wird die Realität von Impuls und Ort des Elektrons E_2 »abhängig vom Messprozess an dem ersten System, der das zweite in keiner Weise stört. Keine vernünftige Definition von Realität sollte dieses zulassen.«[14] Also ist die quantenmechanische Darstellung unvollständig und die Suche nach einer vollständigen Beschreibung der physikalischen Realität als notwendig gerechtfertigt.

Kaum war die Arbeit von Einstein, Podolsky und Rosen im Mai 1935 erschienen, läuteten bei den Mandarinen der quantenmechanischen Lehre die Sturmglocken, allerdings nicht, weil sie in dem EPR-Paradoxon eine Gefahr für ihre Auffassung sahen, sondern in Einstein ein ärgerliches Paradoxon. In Zürich geriet Wolfgang Pauli so richtig in Fahrt: »Einstein hat sich wieder einmal zur Quantenmechanik öffentlich geäußert... Bekanntlich ist das jedes Mal eine Katastrophe, wenn es geschieht. ›Weil, so schließt er messerscharf – nicht sein kann, was nicht sein darf.‹ – Immerhin möchte ich ihm zugestehen, daß ich, wenn mir ein Student in jüngeren Semestern solche Einwände machen würde, diesen für ganz intelligent und hoffnungsvoll halten würde.« Um Verwirrungen bei den nicht so klugen Kollegen entgegenzutreten, regte Pauli Werner Heisenberg, den Adressaten dieser Philippika, zu einer Erwiderung an, trug sich auch selbst aus »pädagogischen« Gründen mit dem Gedanken, daß »ich Papier und Tinte vergeude, um diejenigen durch die Quantenmechanik geforderten Tatbestände zu formulieren, die Einstein besonders geistige Beschwerden machen«.[15] Er hat sie nicht geschrieben, weil sich Niels Bohr dieser Aufgabe schon angenommen hatte.

In Kopenhagen wurde die Veröffentlichung von EPR als ein »Ansturm wie ein Blitz aus heiterem Himmel« empfunden. Als Bohrs Mitarbeiter Léon Rosenfeld über Einsteins Argumente berichtete, »ließen wir alles liegen; wir mußten solch ein Mißverständnis sofort aufklären. ... In großer Erregung begann Bohr sogleich, mir den Entwurf einer Erwiderung zu diktieren.«[16] Daraus wurden sechs angestrengte Wochen, bis die Replik fertig und für die Quantentheoretiker alles gerade gerückt war.[17] Dabei ging es nicht etwa um den Nachweis eines Fehlers, denn an der von EPR beschriebenen Situation war und ist nichts auszusetzen, sondern Bohr konzentrierte sich auf Unklarheiten im Gebrauch von Ausdrücken wie »physikalische Realität« oder »ohne jede Störung«. Seine Analyse machte noch einmal deutlich, daß wegen der endlichen Größe des Wirkungsquantums anders als in der klassischen Physik nicht mehr von einer »physikalischen Realität« gesprochen werden kann, ohne Beobachtung und Meßprozeß in den Begriff dieser Realität einzubeziehen. Wird das berücksichtigt, dann erweist sich der von EPR herausgearbeitete Widerspruch nur als scheinbar und die Quantenmechanik als vollständige Beschreibung dessen, was Physiker von der Natur in Erfahrung bringen können.

Einstein erhielt derweil Briefe von einigen Kollegen, die völlig sicher waren, daß sein Argument falsch sei, aber zu seinem Amüsement alle verschiedene Gründe für ihre Überzeugung ins Feld führten.[18] Einzig Schrödinger freute sich mit ihm, »daß Du... die dogmatische Quantenmechanik auch öffentlich beim Schlafittchen erwischt hast«.[19] Durch Einsteins Arbeit wurde Schrödinger motiviert, in einer Folge von drei Artikeln ebenfalls mit der quantenmechanischen Orthodoxie ins Gericht zu gehen, unter anderem mit jenem Paradoxon, das als »Schrödingers Katze« zu einiger Popularität gelangt ist.[20] Einstein rügte Schrödinger allerdings dafür, daß er diese Artikel in Deutschland veröffentlichte: »Nach meiner Meinung sollten die Wohlgesinnten die Beziehungen abbrechen, solange die dortigen Wissenschaftler das schändliche Regime dulden.«[21]

Von allen Einwänden zum EPR-Paradoxon schien Einstein »Niels Bohrs Standpunkt der Sache am besten gerecht zu werden«.[22] Wenn aber die quantenmechanische Beschreibung nach Bohrs Analyse vollständig sein soll, dann besteht nach Einsteins Meinung das Dilemma, daß die Zustände von räumlich getrennten Systemen nicht voneinander unabhängig sind, also die Messung an einem System instantane Auswirkungen auf ein räumlich entferntes System hat. Von solch »spukhafter Fernwirkung« zwischen separierten Systemen, die sich schon wegen der Relativitätstheorie nicht gegenseitig instantan beeinflussen können, wollte er aber genausowenig wissen wie von statistischen Gesetzmäßigkeiten. »Es scheint hart, dem Herrgott in seine Karten zu gucken. Aber dass er würfelt und sich ›telepathischer‹ Mittel bedient (wie es ihm von der gegenwärtigen Quantentheorie zugemutet wird) kann ich keinen Augenblick glauben.«[23] Die »spukhafte Fernwirkung« karikierte er einmal durch die Wiedergabe eines Gesprächs mit einem »bedeutenden theoretischen Physiker«, der nur Pauli gewesen sein kann: »Er: ›Ich neige dazu, an Telepathie zu glauben.‹ Ich: ›Das hat wohl mehr mit Physik als mit Psychologie zu schaffen.‹ Er: ›Ja.‹ «[24]

Nach langem Schlummer ist das EPR-Paradoxon in den letzten beiden Dekaden wieder interessant geworden. Theoretische Analysen haben es präzisiert, und das einstige Gedankenexperiment ist auf mehrfache Weise als tatsächliches Experiment ausgeführt worden.[25] Danach liefert die Quantenmechanik nicht nur die richtige, sondern auch die »vollständige« Beschreibung, und die meisten Physiker sehen sich darin bestätigt, daß die Diskussionen um das EPR-Paradoxon schon immer viel Lärm um fast nichts gewesen seien. Andere sind wie einst Einstein von der »spukhaften Fernwirkung« irritiert. Vielleicht verweisen das Paradoxon und die sich neuerdings daran anknüpfende Diskussion um fundamentale Begriffe wie »Lokalität« und »Separabilität« sogar auf das tiefe Problem, daß eine befriedigende Integration der beiden großen theoretischen Konzeptionen dieses Jahrhunderts, der Quantenmechanik einerseits und der Relativitätstheorie andererseits, immer noch aussteht.

Schon Einstein hat das EPR-Paradoxon gegen den pragmatischen Einwand, daß derartige »Überlegungen überflüssige gelehrte Haarspaltereien seien, die mit eigentlicher Physik nichts zu schaffen haben«, mit dem Hinweis verteidigt: »Von solchen Betrachtungen hängt es aber ab, in welcher Richtung man die zukünftige begriffliche Basis der Physik suchen zu müssen glaubt.«[26] Und das neuerlich erwachte Interesse an dem von Einstein und seinen Mitarbeitern aufgeworfenen Problem, sei es nun, wie Einstein glaubte, ein Paradoxon oder sei es die quantenmechanische Normalität, mag schließlich eines Tages zeigen, daß er damit so unrecht nicht hatte.

Gleichzeitig mit den Diskussionen über quantenmechanische Aporien widmete sich Einstein mit Nathan Rosen dem anspruchsvollen Versuch, die korpuskulare Struktur der Materie aus einer Kombination von elektromagnetischem Feld und Gravitation zu deduzieren.[27] Durch eine einfache und einsichtige Transformation der Feldgleichungen erzeugten sie mathematische Elemente, die sogenannten »Einstein-Rosen-Brücken«, die sie mit den elementaren Partikeln identifizierten. Sie konnten erste brauchbare Einsichten für eine »Brücke« erhalten, und an die Fortführung knüpfte Einstein große Hoffnungen: »Erst die Untersuchung des Mehr-Brücken-Problems kann zeigen, ob diese theoretische Methode eine Erklärung für die empirisch erwiesene Massengleichheit der Teilchen in der Natur liefert, und ob sie den von der Quantenmechanik so wunderbar erfaßten Tatsachen gerecht wird.«[28] Aber schon nach dem Versuch der Behandlung des Zwei-Körper-Problems[29] mußte Einstein diese Hoffnungen wieder begraben. Bis heute wissen wir nicht, warum die Myriaden von Elektronen alle exakt die gleiche Masse haben.

Als lösbar erwies sich dagegen das Problem der Gravitationswellen, wenn auch nach einigen Umwegen. Da in der Newtonschen Theorie die Schwerkraft instantan im Raum präsent ist, stellte sich niemals die Frage nach der Ausbreitung dieser Kraft. Das änderte sich erst mit der Allgemeinen Relativitätstheorie, in der sich die Gravitation mit der endlichen Lichtgeschwindigkeit fortpflanzt. Einstein hatte schon auf dem Krankenlager in den Kriegsjahren in Berlin die Existenz von Gravitationswellen deduzieren können, die ähnlich wie elektromagnetische Wellen Energie durch den Raum transportieren. Allerdings war ihm das damals nur in der sogenannten ersten Näherung gelungen.[30] Offensichtlich war er mit diesem Behelf nicht mehr zufrieden und suchte gemeinsam mit Nathan Rosen nach exakten Lösungen der Feldgleichungen für Gravitationswellen. Dabei erlebte er eine Überraschung: »Ich habe zusammen mit einem jungen Mitarbeiter das interessante Ergebnis gefunden, dass es keine Gravitationswellen gibt, trotzdem man dies gemäss der ersten Approximation für sicher hielt.«[31] Beim Versuch der Publikation dieses Resultats lernte Einstein etwas über den amerikanischen Wissenschaftsbetrieb, das ihm gar nicht behagte.

Von den Herausgebern der ›Physical Review‹, der führenden physikalischen Fachzeitschrift in den USA, erhielten die Autoren das Manuskript nebst langem Gutachten mit Verbesserungswünschen hinsichtlich der Darstellung zurück. Einstein war empört; den bei der ›Physical Review‹ eingeführten Brauch, eine Arbeit vor der Publikation anonym bleibenden Gutachtern vorzulegen, mochte er nicht hinnehmen.[32] Das wenigstens war in Deutschland besser gewesen. Einstein zog die Arbeit zurück, mied fortan die ›Physical Review‹ und veröffentlichte nur noch in garantiert gutachterfreien Journalen.

Immerhin wurde Einstein durch diesen kleinen Zwischenfall vor der Publikation eines Irrtums bewahrt. Hatte er im September 1936 noch geklagt, »wenn es nur nicht so infam wäre, strenge Lösungen zu finden«[33], so gelang ihm das im Verlauf der nächsten Monate. Erstmals konnten Einstein und Rosen exakte Lösungen der Feldgleichungen angeben, die Gravitationswellen darstellen.[34] Lange blieb das eine Pioniertat. Erst nach Einsteins Tod wurden noch weitere Lösungen gefunden. Dem experimentellen Nachweis haben sich die Gravitationswellen allerdings bisher trotz enormen apparativen Aufwandes entzogen.

Als die Arbeit über Gravitationswellen schließlich 1937 im ›Journal of the Franklin Institute‹ zwar etwas deplaziert, aber unberührt erschien, hatte Nathan Rosen Princeton bereits verlassen, da seine Anstellung nicht verlängert worden war. Der in New York geborene Rosen, dessen Eltern aus Rußland eingewandert waren, ging schließlich in die Sowjetunion, wobei ihm Einstein durch ein Empfehlungsschreiben an Wjatscheslaw Molotow, damals Vorsitzender des Rats der Volkskommissare, den Weg geebnet hatte. Aber neue Mitarbeiter hatten sich schon eingefunden – und erst recht neue Probleme.

An Einsteins letztem wesentlichen Beitrag zum Ausbau der Allgemeinen Relativitätstheorie waren Banesh Hoffmann und Leopold Infeld beteiligt. Der Engländer Hoffmann hatte in Princeton bei Oswald Veblen promoviert, bevor er 1935 Mitglied des Instituts und nach einiger Zeit Einsteins Mitarbeiter wurde. 1936 kam aus Polen Leopold Infeld mit einem Stipendium ans Institut, nach einem Zwischenspiel von einigen Monaten in Edinburgh bei Max Born, der dort einen angesehenen Lehrstuhl erhalten hatte. Einstein schlug Infeld und Hoffmann eine gemeinsame Untersuchung über die Bewegung in der

Allgemeinen Relativitätstheorie vor. In einer nach zweijährigen Mühen publizierten Arbeit behandelten sie das Problem der Bewegung auf einer neuen Stufe der Allgemeinheit, auf der die in der bisherigen Physik gängige Trennung in Feldgleichungen einerseits und Bewegungsgesetze andererseits überwunden wurde.

So weist die Newtonsche Himmelsmechanik in ihrer axiomatischen Struktur zwei klar unterschiedene Teile auf: Zum einen das Bewegungsgesetz und zum zweiten das Gesetz der Gravitation, aus dem sich die Kräfte ergeben, die die Himmelskörper auf ihre Bahnen zwingen. Beide Teile stehen unvermittelt nebeneinander. Über diese Trennung in zwei strikt unterschiedene Gesetzeskomplexe war auch Einsteins anfängliche Behandlung der Bewegung in der Allgemeinen Relativitätstheorie nicht hinausgelangt. Aber schon in den zwanziger Jahren haben Untersuchungen von Lorentz, Eddington und Levi-Civita zu der Vermutung geführt, daß in der Allgemeinen Relativitätstheorie diese Komplexe nicht wirklich separat sind. Einstein, Hoffmann und Infeld konnten 1938 nach zweijährigen Mühen in einer umfangreichen Publikation[35] zeigen, daß tatsächlich die Feldgleichungen allein schon alles beinhalten: nicht nur die Gravitation, sondern auch noch die Bewegung der im Raum verteilten Materie. Damit beschreibt die Allgemeine Relativitätstheorie nicht nur Raum, Zeit und Gravitation, sondern erstmals als selbstkonsistente Theorie auch die Dynamik der Materie.

Als diese Arbeit im April 1938 publiziert wurde, erschien im gleichen Monat noch ein Buch über *Die Evolution der Physik*, das Einstein und Infeld neben der hartnäckigen Arbeit an den mathematisch vertrackten Problemen der Bewegung fertiggestellt hatten. Obwohl es in einem großen Publikumsverlag erschien und sich an eine breite Leserschaft richten sollte, kann es nur insofern als populär gelten, als es auf Mathematik verzichtet. Die Autoren machten dem potentiellen Leser, der zwar keine Vorkenntnisse, aber »ein Interesse für physikalische und philosophische Gedankengänge mitbringen« soll, im voraus das Kompliment, daß sie nicht umhin könnten, »die Unverzagtheit zu bewundern, mit der er sich durch die minder fesselnden und schwierigeren Stellen durchzubeißen gedenkt«.[36] Dieses erstaunliche Buch, in dem die Begriffsgeschichte einer Disziplin von ihrem größten Repräsentanten reflektiert wird, verdankt seine Entstehung nicht etwa Einsteins Mitteilungsbedürfnis, sondern Sparsamkeitserwägungen des Instituts.

»Infeld ist ein prachtvoller Kerl. Wir haben eine sehr schöne Sache zusammen gemacht«, freute sich Einstein nach einem halben Jahr gemeinsamer Forschung, konnte aber trotz wärmster Fürsprache nicht erreichen, daß Infelds bescheidenes Stipendium verlängert wurde. »Das Institut hat ihn schlecht behandelt. Aber ich werde ihm hier schon durchhelfen.«[37] Einstein, der durch die Versagung des Stipendiums für seinen geschätzten Mitarbeiter ebenfalls schlecht behandelt worden war, wollte die kleine Summe aus eigener Tasche bezahlen, aber Infeld, dem dieser Vorschlag nicht angenehm war, hatte eine originelle Idee: Wie wär's mit einem gemeinsamen Buch für ein größeres Publikum? Mit Einstein als einem der beiden Autoren konnte es kein Mißerfolg werden, so daß Infelds Honoraranteil dessen Lebensgrundlage sicherstellen würde. Einstein fand das »gar keine dumme Idee. Gar nicht dumm.«[38] Infeld besorgte einen Verleger und für sich selbst einen Vorschuß, während Einstein Inhalt und Grundstruktur des Buches festlegte. Gegenüber Infeld begründete er diesen Plan mit dem Argument, »daß es in der Physik erstaunlich wenig grundlegende Ideen gebe und sie alle mit Worten wiedergegeben werden könnten. Wie er sagte: ›Kein Wissenschaftler denkt in Formeln.‹«

Geschrieben im eigentlichen Sinne des Wortes hat Einstein von dem Buch keine einzige Zeile, und doch darf er zu Recht als Autor gelten, denn es waren seine Ideen, die in dem Buch zum Ausdruck kamen, wenn auch in Infeldscher Beleuchtung und Ausschmückung. In regelmäßigen Abständen erläuterte Einstein seinem Ko-Autor seine Vorstellungen, und der schrieb Entwürfe, die dann gründlich durchgesprochen wurden. »Wir haben die Sache recht sorgfältig ausgearbeitet mit besonderer Berücksichtigung des erkenntnistheoretischen Gesichtspunkts«, erklärte Einstein dem Übersetzer der französischen Ausgabe, seinem alten Freund Solovine, seine nicht nur an Laien, sondern vornehmlich an die Kollegen gerichteten impliziten pädagogischen Absichten, die sich gegen den dominierenden, »übertrieben positivistisch-subjektivistischen Standpunkt« der orthodoxen Quantentheoretiker wandten: »Man erklärt den Anspruch auf Erfassung der Natur als objektiver Realität als veraltetes Vorurteil, indem man aus der Not der Quanten-Theoretiker eine Tugend macht. Die Menschen sind eben suggestibler als die Pferde, und eine Mode beherrscht jede Zeit, ohne dass die meisten den sie beherrschenden Tyrannen auch nur zu sehen bekämen.«[39]

Das Buch wurde ein glänzendes Geschäft. Infelds Zukunft in Amerika war gesichert, aber die Bekehrung der Kollegen zur Physik als Wissenschaft von einer objektiven Realität hat es nicht zu befördern vermocht.

Waren Einsteins Veröffentlichungen mit Rosen, mit Hoffmann und mit Infeld vom Charakter zwar schwieriger, aber doch lösbarer Probleme – dies gewiß auch im Interesse seiner Mitarbeiter, die für ihr Fortkommen auf publikationsfähige Resultate angewiesen waren –, so hatte Einstein niemals die große Aufgabe der vereinheitlichten Theorie aus dem Blick verloren. Als er mit Hoffmann und Infeld am Bewegungsproblem arbeitete, hatten sich weitere Mitarbeiter eingefunden, mit denen Einstein sich auf seine eigentliche Leidenschaft konzentrierte. Der in Berlin geborene Peter Bergmann war in Prag von Philipp Frank im Alter von 21 Jahren promoviert worden, hatte sich aus freien Stücken an Einstein gewandt und traf 1936 in Princeton ein. Valentin Bargmann stammte gleichfalls aus Berlin, hatte sein Studium nach der »Machtergreifung« Hitlers an der Universität Zürich fortgesetzt und dort mit einer Dissertation abgeschlossen. Von 1937 bis 1946 war er Mitglied des Instituts.

Allein und mit den beiden jungen Assistenten hat Einstein viele Ansätze zur Vereinheitlichung verfolgt. Durchbrüche blieben aus, und publikationsfähige Resultate sind kaum zustande gekommen. Manchmal glaubte er, wie im Sommer 1938, einer Lösung nahe zu sein: »Nun habe ich in diesem Jahre nach zwanzigjährigem Suchen eine aussichtsreiche Feldtheorie gefunden, die eine ganz natürliche Fortsetzung der relativistischen Gravitationstheorie ist.«[40] Es handelte sich dabei um neuerliche Variationen der 5-dimensionalen Methode von Theodor Kaluza[41], die er schon in den zwanziger Jahren untersucht hatte, ohne daß sich beeindruckende Resultate eingestellt hätten. Ungeachtet damaliger Erfahrung war es jetzt eine »wunderbare Arbeit«, die ihn wieder einmal für einige Monate in Hochstimmung versetzte: »Es besteht Hoffnung, auf diese Weise die mir unerträgliche statistische Grundlage der Physik zu überwinden.«[42] Aber auch in der Neuauflage scheiterte er nach einigen Jahren hartnäckiger Arbeit und gab die 5-dimensionale Konzeption 1942 wieder auf, dieses Mal endgültig.

Wenn der in Publikationen sich niederschlagende sichtbare Erfolg für Bergmann und Bargmann auch denkbar dürftig ausfiel, so fühlten sie sich doch ebenso wie Hoffmann und Infeld unendlich bereichert durch die einmalige Gelegenheit, am Denken und Arbeiten des Genies teilhaben zu können. Fasziniert erlebten sie, wie sehr sich Einsteins Denkweise vom gängigen Vorgehen unterschied. Er erschien ihnen weniger als streng logischer Theoretiker denn als schöpferischer Künstler, phantasiereich und oft mit Argumenten operierend, die in einer wissenschaftlichen Abhandlung deplaziert gewesen wären. »Einstein war nicht von Logik im engeren Sinne dieses Begriffs motiviert, sondern von einem Sinn für Schönheit«, erinnerte sich einer der Mitarbeiter. »Immer war er in seiner Arbeit auf der Suche nach Schönheit.«[43]

In seinen späteren Jahren manifestierte sich für Einstein Schönheit in der Gesetzlichkeit der Natur. Daß es einfache Gesetze gibt und daß sie aufgefunden werden können, war ein tief wurzelnder Glaube von religiöser Intensität, seine »kosmische Religion«. Er, der, abgesehen von einer kurzen pubertären Phase, mit der Vorstellung des persönlichen Gottes der jüdisch-christlichen Tradition nie etwas anzufangen wußte, hatte schon in jungen Jahren den Herrgott als Garanten für die Gesetzlichkeit der Natur bemüht. Klang das früher eher spielerisch, als wäre die Frage, wie Gott die Welt erschaffen habe, nur eine andere Ausdrucksweise dafür, daß die Suche nach Naturgesetzen ein sinnvolles Unterfangen sei, so verschob sich diese Metapher mit zunehmendem Alter zu einer Art heuristischem Prinzip, indem Einstein versuchte, selbst in die Rolle des Erschaffers der Welt und der Gesetze zu schlüpfen. Banesh Hoffmann überraschte er mit einem darauf gründenden Kriterium: »Wenn ich eine Theorie beurteile, dann frage ich mich, ob ich, wenn ich Gott wäre, die Welt in dieser Weise eingerichtet hätte.«[44]

Dieser Glaube an die gesetzliche Struktur der Welt hielt ihn bei seiner Jahrzehnte währenden Suche nach der vereinheitlichten Theorie aufrecht und verlieh ihm die Kraft zu erstaunlicher Hartnäckigkeit und Ausdauer. Monate und Jahre konnte er mit großem Enthusiasmus an einer theoretischen Konzeption arbeiten, aber wenn sich irgendwann ein schwerwiegender Mangel herausstellte, und das war letztlich immer der Fall, dann ließ er sie im Augenblick der Wahrheit sofort fallen, ohne Wehmut und bar jeder Enttäuschung über vertane Zeit und vergeudete Mühe. Allerdings: Am nächsten Morgen oder spätestens nach einigen Tagen hatte er schon eine neue Idee aufgegriffen, die mit dem gleichen Enthusiasmus verfolgt wurde.

Für die Assistenten sah es so aus, als arbeiteten sie an Feldtheorien, während Einstein immer zugleich an die Fundamente der Quantentheorie dachte. Als im Verlauf der Arbeit am Bewegungsproblem einmal ein System von vier Gleichungen statt von nur dreien auftauchte, verließ die jungen Leute wegen der eingeschränkten Lösungsmöglichkeiten jeglicher Mut. Einstein aber sagte: »Oh, das ist doch sehr schön.« Er mußte es seinen verblüfften Mitarbeitern erklären: »Wir werden ein überbestimmtes Gleichungssystem haben, und daraus können wir Quantenbedingungen analog den erlaubten Bohrschen

Bahnen erhalten.«[45] Es war der alte Traum einer Begründung der Quantentheorie aus der Allgemeinen Relativitätstheorie durch Überbestimmung, ein Traum vom Anfang der zwanziger Jahre, der ihn niemals verlassen hatte und der sich niemals erfüllte.

In seiner Überzeugung, daß die statistischen Gesetze der Quantenmechanik wohl als Handwerkszeug, nicht aber als Fundament der Physik taugen, wich und wankte er nicht. In zwanghafter Regelmäßigkeit streute er in seine Briefe, seien sie nun an Physiker oder an dieser Wissenschaft unkundige Adressaten gerichtet, das »ceterum censeo« seiner scharfen Verdikte ein. Als ein Beispiel von vielen sei eine längere Version aus dem Sommer 1942 angeführt, in der er seine Beweggründe darlegt: »Ich selber bin aber so altertümlich und eigensinnig, dass ich immer noch nicht daran glaube, dass der Herrgott würfelt. Wenn er nämlich dieses gewollt hätte, dann hätte ers gleich ganz gründlich gemacht und sich nicht einmal an ein Schema beim Würfeln gehalten: Wenn schon, denn schon. Dann brauchten wir gar nicht erst nach Gesetzen zu suchen. – Allerdings spricht aller Anschein gegen die Auffassung völliger Gesetzlichkeit. Ich suche aber doch unentwegt nach einer solchen. Wenn das, was ich finde, dann nichts taugt, so denke ich, daß es wohl an mir liegt, nicht an ihm.«[46]

Daß es dadurch in wissenschaftlicher Hinsicht still um ihn wurde, hat Einstein nicht betrübt. Er lebte, wie er in einem kleinen Selbstporträt im Jahre 1936 bekannte, »in jener Einsamkeit, die in der Jugend schmerzlich, in den Jahren der Reife aber köstlich ist«.[47] Dem Aneinandervorbeireden machte er dadurch ein Ende, daß er gar nicht mehr redete. Er ging sogar Niels Bohr aus dem Wege, als dieser im Januar 1939 für einige Monate als Gast ans Institut kam. Léon Rosenfeld, der Bohr als dessen Assistenten begleitet hatte, erlebte ein abgründiges Verstummen des Gesprächs zwischen den beiden großen Männern, die einst nichts lieber getan hatten, als miteinander über Physik zu sprechen:

> Einstein war nur noch der Schatten von sich selber. Er hielt sich tagelang in seinem Arbeitszimmer verschlossen und sprach eigentlich nur mit seinen zwei Assistenten, die merkwürdigerweise Bergmann und Bargmann hießen. Nur einmal innerhalb der vier Monate kündigte er einen Vortrag an; es ging um einen der zahllosen Versuche, eine einheitliche Feldtheorie aufzustellen. Bohr wohnte dem Vortrag bei. Zum Schluß erklärte er mit Nachdruck, indem er den Blick auf Bohr richtete, daß er stets die Hoffnung hegte, auf dem Weg, den er eben geschildert hatte, die Quantenbedingungen ableiten zu können. Während dieser vier Monate trafen Bohr und Einstein nur einmal bei einem Nachmittagsempfang zusammen, aber

> das Gespräch kam nicht über Banalitäten hinaus: Einstein gab deutlich zu verstehen, daß er jede Diskussion mit Bohr lieber vermeiden wollte. Bohr war darüber tief unglücklich.[48]

Diese Episode ist um so bemerkenswerter, als Bohrs Aufenthalt in Princeton mit einer hektischen Entwicklung zusammenfiel, in der eine dramatische Anwendung der Physik in den Bereich des Möglichen gerückt war: die Realisierung einer nuklearen Kettenreaktion und damit einer Bombe von kaum vorstellbarer Zerstörungskraft. Kernphysik aber hatte Einstein ignoriert, weil sie ihn dem »Geheimnis des Alten« nicht näher brachte – womit er aus seiner Perspektive durchaus recht hatte. Aber die Auswirkungen dieser Physik sollten ihn bald einholen.

4. Der Krieg, ein Brief und die Bombe

Den Sommer des Jahres 1939 verbrachte Einstein auf Long Island, jener schmalen, 200 Kilometer langen Insel, die sich von New York aus dem Atlantik entgegenstreckt. Wie schon die beiden Jahre zuvor hatte er sich in Nassau Point ein Haus gemietet, am östlichen Ende der Insel, wo sie in Buchten und Landzungen in den Ozean übergeht. Nassau Point liegt an der Great Peconic Bay, einer großen, vom Meer nahezu abgeschlossenen Bucht, geschützt vor den hohen Wellen des Ozeans und daher ein ideales Segelrevier. Er genoß sein Boot, auch Hausmusik mit einigen Nachbarn und trotz manchmal drückender Hitze vor allem die Arbeit.

Mitte Juli tauchten in dieser Ferienidylle zwei alte Bekannte auf: Eugene Wigner, Professor an der Universität in Princeton, und Leo Szilard, der als Gastforscher an der Columbia Universität in New York einen Unterschlupf gefunden hatte. Die Autofahrt nach Peconic hatten sie angetreten, weil in den letzten Monaten das seltene Metall Uran zu einem brisanten Stoff geworden war. Noch war es nicht sicher, aber auch nicht mehr ausgeschlossen, daß Uran als Ausgangsmaterial für Bomben gigantischer Detonationsenergie taugen könnte, und die Sorge, Nazi-Deutschland würde sich eine solche Waffe verschaffen, hatte insbesondere Szilard in helle Aufregung versetzt. Einstein hatte er eine Rolle zugedacht, die nichts mit seiner Autorität als Physiker zu tun hatte, sondern mit seiner Freundschaft zu Elisabeth von Belgien. Denn die ergiebigsten damals bekannten Uranvorkommen lagen in Belgisch-Kongo, und die größten Bestände an metallischem Uran waren im Besitz eines belgischen Konzerns. Einstein sollte durch einen Brief an die »liebe Königin« die belgische Regierung veranlassen, einen Verkauf dieses Urans an Deutschland zu unterbinden.

Auch wenn Einstein die sich überstürzenden Fortschritte in der Kernphysik nicht verfolgt hat, so hat er die Bedeutung des Problems sofort verstanden – die militärische und politische, aber auch die physikalische.[1] Denn die Freisetzung der im Atom gebundenen Energie war ein altes Thema seit der Entdeckung der Radioaktivität noch im vergangenen Jahrhundert und zumindest im Hintergrund den Physikern immer gegenwärtig. Einstein war schon im letzten Satz seiner Arbeit, in der er 1905 die Formel $E=m \cdot c^2$ hergeleitet hatte, darauf zu sprechen gekommen, wenn auch nur als Prüfstein für diese Formel in einer fernen Zukunft.

10 Jahre nachdem Ernest Rutherford die Atomkerne entdeckt hatte und man schon viel über die natürliche Umwandlung radioaktiver Kerne gelernt hatte, gelang es 1920 wiederum Rutherford, beim Beschuß von Stickstoff mit aus Radium emittierten α-Strahlen Umwandlungen oder Zertrümmerungen der Kerne des Stickstoff-Atoms zu beobachten. Was als »künstliche Radioaktivität« eine großartige Entdeckung war, wurde in den Zeitungen in hektischer Euphorie als potentiell gewaltige Energiequelle aus dem Atomkern gefeiert, nach der ebenso simplen wie attraktiven Rechnung, daß ein Gramm Materie 3000 Tonnen Kohle ersetzen könne

Nüchterne Gelehrte verwarfen solche Visionen wegen der Rarität und der enormen Kosten des Radiums, während der Geheimrat Planck immerhin erklärte: »Wir vertrauen auf die deutsche Wissenschaft, daß sie nun Wege finden wird.«[2] Einstein, der Entdecker der wundersamen Formel für die Umwandlung von Materie in Energie, die für manche Optimisten schon an die Pforten der Zukunft klopfte, ließ sich damals folgendermaßen vernehmen:

> Es wäre möglich und ist nicht einmal unwahrscheinlich, daß daraus neuartige Energiequellen von ungeheurer Wirksamkeit erschlossen werden, aber eine unmittelbare Stütze in den bis jetzt bekannten Tatsachen hat diese Erwägung noch nicht. Es ist sehr schwer, Prophezeiungen zu machen, aber es liegt im Bereich des Möglichen... Einstweilen allerdings sind diese Vorgänge nur mit den allerfeinsten Mitteln überhaupt zu beobachten. Man muß das hervorheben, weil sonst die Menschen immer gleich ganz aus dem Häuschen kommen. Wenn aber diese Bahn weiter führt, insbesondere so, daß die von den Alphateilchen freigemachten Strahlen ihrerseits wieder imstande wären, gleiche Wirkungen auszuüben, so kann man durchaus nicht wissen, ob eine derartige Entwicklung nicht rasch gehen kann.[3]

Das war von prophetischer Weitsicht, denn was Einstein als Voraussetzung für eine schnelle Entwicklung angeführt hatte, daß nämlich die »freigemachten Strahlen ihrerseits wieder imstande wären, gleiche Wirkungen auszuüben«, war nichts anderes als der prinzipielle Gedanke einer nuklearen Kettenreaktion, von Einstein in dieser Stellungnahme erstmals ins Spiel gebracht.

Dem Literaten Moszkowski hat Einstein zugleich schon zu bedenken gegeben, daß eine solche Entwicklung alles andere als wünschenswert wäre: »Gesetzt nämlich«, erklärte Einstein seinem Gesprächspartner, »es wäre möglich, jene immense Energieentwicklung zu bewirken, so würden wir damit nur an ein Zeitalter gelangen, gegen welches die kohlenschwarze Gegenwart als golden gepriesen werden müßte.«[4] Seine Einwände betrafen die mangelnde Regulierbarkeit dieser Energiequelle, die Befürchtung dessen, was man viel später Nuklearterrorismus nennen wird, und natürlich die Waffentechnik: »Sämtliche Bombardements seit Erfindung der Feuerwaffen zusammengenommen wären eine harmlose Kinderspielerei gegen den Zerstörungseffekt...«[5] Damit war das meiste, was sich zur Nutzung der Kernenergie sagen läßt, schon 1920 von Einstein vorgebracht worden, als die Einzelheiten noch in nebulöser Ferne lagen: Voraussetzung wäre die Realisierung einer Kettenreaktion, und besser wäre es um die Menschheit bestellt, wenn sie nicht gelingen würde.

Lange blieben solche Überlegungen derart spekulativ, daß sie sich für seriöse Erörterungen in Fachzeitschriften nicht eigneten; aber sie waren immer gegenwärtig, wenn Physiker die Atomkerne und ihre Reaktionen erforschten. Dazu eröffnete sich eine effiziente Möglichkeit erst 1932, als das Neutron als Bestandteil des Atomkerns entdeckt und alsbald als freies Teilchen zur Bombardierung eben dieser Atomkerne genutzt werden konnte.[6] Leo Szilard, wie immer sprühend vor Intelligenz und Phantasie, beantragte schon 1934 in England ein Patent für eine auf der Neutronenvermehrung basierende nukleare Kettenreaktion und ließ es bei der britischen Admiralität als Geheimsache deponieren; allerdings hatte er eine Reaktion ins Auge gefaßt, von der später herausgefunden wurde, daß sie mehr Energie verbraucht als freisetzt. Einstein aber war, wie praktisch alle Physiker, skeptisch geblieben.

Ende 1935 war Einstein eingeladen worden, der Jahrestagung der »American Association for the Advencement of Science« in Pittsburgh durch die Übernahme der »Willard J. Gibbs Memorial Lecture« besonderen Glanz zu verleihen. Er präsentierte seinen Hörern eine elementare Herleitung seiner berühmten Formel über die Äquivalenz von Masse und Energie.[7] Kein Wunder, daß bei diesem Thema während einer Pressekonferenz die drei Dutzend Reporter vornehmlich wissen wollten, ob die seiner Formel entsprechenden riesigen Energiemengen durch Bombardierung des Atoms gewonnen werden können. Einstein hielt das für ebenso aussichtslos wie »im Dunkeln auf Vögel schießen in einer Gegend, wo es nur wenige Vögel gibt[8]«, und die örtliche ›Pittsburgh Post-Gazette‹ vermeldete per Schlagzeile, daß Einstein die Hoffnung auf Energie aus dem Atom zunichte gemacht habe.

Währenddessen hatte Enrico Fermis Arbeitsgruppe in Rom schwere Atomkerne und insbesondere Uran mit Neutronen beschossen. Da Fermi vornehmlich nach der Entstehung von Transuranen suchte, war ihm trotz überragender experimenteller Virtuosität entgangen, daß dabei Urankerne auch gespalten werden. Das bemerkten erst Ende 1938 Otto Hahn und sein Mitarbeiter Fritz Straßmann am Kaiser-Wilhelm-Institut in Berlin-Dahlem. Dank ihrer präzisen radiochemischen Methoden hatten sie in den Reaktionsprodukten Barium identifiziert, ein Element mit etwa halb so schwerem Kern wie Uran und daher ein Indiz für Spaltung.

Hahn hatte seine langjährige Kollegin Lise Meitner, die nach dem »Anschluß« Österreichs das Institut hatte verlassen müssen und nach Schweden geflohen war, in einem Brief ausführlich über dieses Resultat informiert. Lise Meitner besprach die sensationelle Neuigkeit während der Weihnachtstage mit ihrem Neffen Otto Frisch, der in Kopenhagen bei Niels Bohr in die Theorie des Atomkerns eingeweiht worden war. Gemeinsam verfaßten Frisch und Meitner eine kurze Mitteilung an die englische Zeitschrift ›Nature‹, in der erstmals von der Spaltung des Atomkerns die Rede war. Durch Frisch wurde auch Bohr ins Bild gesetzt, der eine nützliche Modelltheorie des Atomkerns und der Kernreaktionen entwickelt hatte, binnen fünf Minuten alles verstanden hatte und sich nur noch fragen konnte, warum er nicht selbst darauf gekommen war.

Bohr war gerade im Begriff, nach Amerika zu einem mehrmonatigen Aufenthalt am Institute for Advanced Study in Princeton abzureisen. Am 26. Januar sprach er auf einer Konferenz in Washington über die Entdeckung von Hahn und Straßmann und deren Interpretation durch Frisch und Meitner. Das Resultat war, daß einige Physiker die Konferenz vorzeitig verließen, in ihre Laboratorien eilten und die Experimente wiederholten. Alles stimmte, und mancher mag sich wie Bohr gefragt haben, warum ihm das nicht selbst eingefallen war.

Einige Tage später, bei einem fünfminütigen Spaziergang vom Princeton Club zur »Fine Hall«, den Bohr konzentriert und tief in Gedanken versunken absolvierte, wurde ihm klar, daß nur das Isotop Uran 235 gespalten werden kann, das im natürlichen Uran zu spärlichen 0,7% enthalten ist. Das war ein Triumph für die Leistungsfähigkeit seines Kernmodells, aber, da Isotope nur schwer voneinander separiert werden können, ein Rückschlag für praktische Anwendungen, welcher Art auch immer. Einstein antwortete auf eine Frage der ›New York Times‹, die seinen 60. Geburtstag am 14. März 1939 mit einem großen Interview würdigte, die bisherigen Resultate »rechtfertigen nicht die Vermutung von einer wirtschaftlichen Verwertbarkeit der betreffenden Vorgänge. Es gibt aber wohl keinen Physiker von so geringer Wissensbegierde, daß sein Interesse an diesen wichtigen Gegenständen durch die ungünstigen Ergebnisse der bisherigen Versuche beeinträchtigt wäre.«[9]

Schon im März aber wurde praktisch gleichzeitig in Frankreich und in Amerika die alles entscheidende Entdeckung gemacht, in Paris von Frederic Joliot-Curie und in New York von Enrico Fermi, der nach der Verleihung des Nobelpreises am 10. Dezember in Stockholm nicht ins faschistische Italien zurückgekehrt war, sondern an der Columbia University in New York eine Professur angetreten hatte. Joliot-Curie und Fermi beobachteten, daß bei der Spaltung eines Urankerns durch ein Neutron etwa zwei Neutronen frei werden, die wiederum Uran spalten können. Die Kettenreaktion war in den Bereich des Möglichen gerückt, und Fermi sinnierte beim Blick aus seinem Fenster, daß eine einzige Spaltbombe das meiste, was er von New York sah, zerstören würde.

Während in den Laboratorien in Princeton, New York und anderswo fieberhaft experimentiert wurde, während Bohr mit John Archibald Wheeler in seinem Zimmer in der »Fine Hall« die Details der Neutron-Uran-Spaltreaktion theoretisch ausarbeitete, war Einstein nur wenige Türen weiter in seine Arbeit an der vereinheitlichten Theorie versunken, unansprechbar und unnahbar. Und dies, obwohl die meisten Physiker, zumindest alle aus Europa geflohenen und der Däne Niels Bohr, von der Angst umgetrieben wurden, daß Deutschland in dem Krieg, den es anzetteln würde, auch noch über Atombomben verfügen könnte. Daß Einstein schließlich doch noch Mitte Juli in das sich abzeichnende Drama einbezogen wurde, hatte – wie bereits gesagt – nichts mit Physik zu tun, sondern mit dem eher zufälligen Aspekt seiner Beziehung zur »lieben Königin« in Brüssel und den Uranvorräten der Belgier.

Als Szilard und Wigner mit Einstein auf der Terrasse seines Hauses an der Peconic Bay sprachen, erklärte sich Einstein sofort zu einem Brief bereit, aber nicht an die Königin, sondern an die belgische Regierung. Dieser Brief sollte über das amerikanische Außenministerium geleitet werden. Einstein setzte einen Entwurf auf und gab ihn seinen Besuchern mit auf den Heimweg. Wieder in New York und unsicher über das weitere Vorgehen, suchte Szilard den Rat von Dr. Gustav Stolper, einem politisch versierten Emigranten und vormaligen Mitglied des Reichstags. Der verwies den Physiker mit dem außergewöhnlichen

Problem an Alexander Sachs, einen Bankier, der zum inoffiziellen Beraterkreis von Präsident Roosevelt gehörte. Nachdem Sachs sich bereit erklärt hatte, einen entsprechenden Brief von Einstein dem Präsidenten vorzulegen, war beim nächsten Zusammentreffen, zu dem Szilard von Edward Teller begleitet wurde, aus dem Brief an die »liebe Königin« einer an den Präsidenten der Vereinigten Staaten geworden.

Wieder diktierte Einstein einen Entwurf, aus dem Szilard nach Rücksprache mit Sachs zwei englische Fassungen herstellte, eine längere und eine kürzere, da man nicht abschätzen konnte, mit wie vielen Worten man den Präsidenten behelligen durfte. Am 2. August 1939 schickte Szilard beide Versionen an Einstein, der sie unverzüglich unterschrieben retournierte. Die wichtigsten Passagen des schließlich verwendeten längeren Briefs lauten:

> Sehr geehrter Herr!
> Einige mir im Manuskript vorliegenden neuen Arbeiten von E. Fermi und L. Szilard lassen mich annehmen, dass das Element Uran in naher Zukunft in eine neue wichtige Energiequelle verwandelt werden könnte. Gewisse Aspekte der Situation scheinen die Aufmerksamkeit und, wenn nötig, rasches Handeln der Regierung zu erfordern. Ich halte es daher für meine Pflicht, Ihnen die folgenden Fakten und Vorschläge zu unterbreiten:
>
> Im Verlauf der letzten vier Monate wurde es wahrscheinlich - durch die Arbeiten von Joliot in Frankreich und von Fermi und Szilard in den Vereinigten Staaten -, daß es möglich werden könnte, nukleare Kettenreaktionen in einer großen Menge Uran auszulösen, wodurch gewaltige Energiemengen und große Quantitäten neuer radiumähnlicher Elemente erzeugt werden. Es scheint jetzt fast sicher, daß dies in der unmittelbaren Zukunft erreicht werden könnte.
>
> Das neue Phänomen würde auch zum Bau von Bomben führen, und es ist vorstellbar - obwohl sehr viel weniger gewiß -, daß extrem starke Bomben eines neuen Typs auf diesem Wege konstruiert werden können. Eine einzige Bombe dieser Art, auf einem Schiff befördert oder in einem Hafen explodiert, könnte sehr wohl den ganzen Hafen zusammen mit Teilen des umliegenden Gebiets zerstören. Möglicherweise würden sich solche Bomben als zu schwer für den Transport auf dem Luftweg erweisen.

In den folgenden Absätzen machen Einstein-Szilard organisatorische Vorschläge zur Zusammenarbeit von Regierung und Physikern. Sie regten die Bestellung eines speziellen Beraters für diese Fragen an, rieten zur Einschaltung von Industrielaboratorien und vergaßen nicht, an die finanzielle Förderung der relevanten Forschung zu erinnern. Abschließend kamen sie auf Deutschland zu sprechen und präsentierten ein »ad personam«-Argument, das dem Präsidenten einsichtiger gewesen sein dürfte als alle Physik: »Ich habe erfahren, daß Deutschland den Verkauf von Uran aus den von ihm übernommenen tschechoslowakischen Bergwerken eingestellt hat. Daß Deutschland so frühzeitig handelte, mag seinen Grund darin haben, daß der Sohn des Deutschen Staatssekretärs im Auswärtigen Amt von Weizsäcker mit dem Kaiser-Wilhelm-Institut in Berlin verbunden ist, wo einige der amerikanischen Arbeiten über Uran jetzt wiederholt werden.«[10]

Über seine Gedanken bei der Abfassung und bei der Unterzeichnung dieses Briefes hat sich Einstein damals ausgeschwiegen, wegen der Vertraulichkeit und der alsbaldigen Geheimhaltung der Angelegenheit aus verständlichen Gründen. Der »lieben Königin« schrieb er wenige Tage später nicht über das belgische Uran, sondern von einem Anflug schlechten Gewissens ob seiner kaum getrübten Ferienfreuden: »Wären nicht Zeitung und die zahllosen Briefe, käme es mir gar nicht zum Bewußtsein, dass ich in einer Zeit lebe, in der menschliche Unzulänglichkeit und Grausamkeit beängstigend überhand nimmt.»[11] Plagte ihn schon die Sorge, mit dem Brief an den Präsidenten das Risiko und die Verantwortung eingegangen zu sein, zur Grausamkeit eines zukünftigen Krieges beigetragen zu haben? Eine Wahl aber hatte er nicht gehabt.

In diesem Sommer 1939 war es nur noch eine Frage der Zeit, wann Deutschland zu einer neuerlichen Aggression ansetzen und damit einen großen Krieg auslösen würde. Einstein mag sich an die makabre Kriegsbegeisterung im August 1914 erinnert haben, vor allem aber an die Bereitschaft seiner Kollegen, ihre immensen Fähigkeiten in den Dienst der Kriegführung zu stellen. Warum sollte es dieses Mal anders sein und in den Kaiser-Wilhelm-Instituten in Dahlem nicht nur Giftgas, sondern noch Schlimmeres ausgeheckt werden? Daß aber das »Herrenvolk« mit einer Atombombe Europa und die ganze Welt unterjochen könnte, war eine Vorstellung, die jeden, der Einblick in den Stand der Kernforschung hatte, schaudern machte. Die einzige Rettung war, den Deutschen zuvorzukommen, und darauf aufmerksam zu machen, wird Einstein als selbstverständliche Pflicht erschienen sein.

Was Einstein nicht wußte, wohl aber vermutet haben dürfte: Sein Brief in Sachen Uranspaltung war nicht der erste, den ein Physiker an eine Regierung gerichtet hatte. Tatsächlich hatten schon am 24. April 1939 Paul Harteck, der in Hamburg den Lehrstuhl von Otto Stern übernommen hatte, sowie sein Mitarbeiter Wilhelm Groth dem Heereswaffenamt die Ausnutzung der Kettenreaktion in einer Bombe empfohlen: »Das Land, welches sie zuerst nutzt, hat einen unschätzbaren Vorteil über die anderen.«[12] – Am 1. September überfiel Deutschland Polen, und am 3. September war das im Gange, was man bald den Zweiten Weltkrieg nannte.

Erst am 11. Oktober hatte Roosevelt Zeit, seinen Freund und Berater Alexander Sachs zu empfangen. Sachs präsentierte den Brief von Einstein, dazu physikalisches Hintergrundmaterial, in dem Szilard die hektische Entwicklung der Kernforschung im ersten Halbjahr 1939 und die Zukunftschancen resümierte, und schließlich ein selbst verfaßtes Memorandum über die Schritte, die die Regierung unternehmen sollte. Den Kernpunkt verstand der Präsident sofort. »Alex«, unterbrach er, »Sie wollen verhindern, daß die Nazis uns in die Luft jagen.« Auf die Bestätigung von Sachs ließ er seinen Bürochef kommen und gab die Anweisung: »Dies erfordert, daß wir tätig werden.«[13]

Nach einigen Tagen dankte der Präsident Einstein »für Ihren kürzlich gesandten Brief und die äußerst interessanten und wichtigen Beilagen«, und zugleich teilte er Einstein mit, was inzwischen unternommen worden war: »Ich fand diese Mitteilungen so bedeutungsvoll, daß ich einen Ausschuß ins Leben gerufen habe, bestehend aus dem Chef des ›Bureau of Standards‹ und Vertretern des Heeres und der Flotte, um die von Ihnen angedeuteten, das Element Uran betreffenden Möglichkeiten zu untersuchen.«[14] Der Ausschuß trat schon am 21. Oktober zusammen. Enrico Fermi und die drei in Budapest geborenen Mitglieder der »ungarischen Konspiration« Szilard, Teller und Wigner vertraten den kernphysikalischen Sachverstand, obwohl alle vier Ausländer waren. Wie die meisten Ausschüsse und Komitees war auch dieses Unternehmen nicht sehr weitsichtig: bescheidene 6000 Dollar wurden für ein ganzes Jahr Uranforschung bewilligt.

Da Szilard alles zu langsam ging, wandte er sich erneut an Einstein. Der schrieb am 7. März 1940 einen zwar an Sachs adressierten, aber für den Präsidenten bestimmten zweiten Brief, in dem er auf die Dringlichkeit des Problems angesichts deutscher Bemühungen hinwies und die Notwendigkeit der Geheimhaltung. Der Präsident reagierte mit der Anregung, den Ausschuß zu erweitern und auch Einstein hinzuzuziehen. Der lehnte aber seine Teilnahme ziemlich brüsk ohne Begründung ab, vielleicht, weil er zu den ersten Sitzungen nicht eingeladen worden war; er erteilte aber schriftlich den dringenden Rat zur Schaffung eines Rahmens, »der die Fortsetzung dieser und ähnlicher Arbeiten in rascherem Tempo und größerem Stil als bisher ermöglicht«.[15] Mit diesem Brief endete vorläufig Einsteins Kontakt zu Regierungsstellen.

Einsteins Interventionen, einschließlich seines ersten Briefs, haben nicht viel bewirkt und auf den Lauf der Dinge keinen nennenswerten Einfluß gehabt. Die Organisation der Kernforschung in den USA kam erst dann über das Stadium der Improvisation hinaus, als die im Herbst 1941 in England erzielten Resultate, vor allem der sogenannte *Frisch-Peierls-Report* auf offiziellem Wege den USA mitgeteilt wurden. Erst am 6. Dezember 1941 wurde der geheime »Manhattan Engineering District« gegründet, das gewaltigste technisch-wissenschaftliche Unternehmen, das die Welt je gesehen hätte - wenn sie es hätte sehen dürfen. Es war nur einen Tag vor dem Angriff Japans auf die amerikanische Pazifik-Flotte in Pearl Harbour auf Hawaii; drei Tage später erklärte das Deutsche Reich den USA den Krieg.

Der Entschluß Roosevelts, die Entwicklung der Bombe voranzutreiben, hatte für Einstein zwiespältige Folgen. Er war als Physiker gefragt, aber nur kurz. Anfang Dezember 1941 hatte Vannevar Bush, als Chef des »Office for Research and Development« im Zentrum der Nuklearforschung, Einstein um seine Mitarbeit an einem Teilproblem der diffizilen Isotopentrennung gebeten. Der Kontakt lief auf einer Art Dienstweg über Frank Aydelotte, der 1939 Abraham Flexner als Direktor des Institute for Advanced Study abgelöst hatte. Am 19. Dezember übergab Einstein Aydelotte das Resultat seiner Überlegungen, der es an Bush sandte. In Aydelottes Begleitschreiben hieß es, daß Einstein »sehr interessiert« gewesen sei. »Ich hoffe sehr, daß Sie ihn weiter in jeder Ihnen nützlich erscheinenden Weise in Betracht ziehen, weil ich weiß, wie tief seine Befriedigung ist bei allem, was er zu der nationalen Aufgabe beitragen kann.«[16]

Dazu kam es aber nicht, weil Einstein, um sinnvolle Arbeit leisten zu können, über das Projekt hätte vollständig informiert werden müssen. »Ich wünschte sehr, daß ich ihm die ganze Problematik unterbreiten könnte«, schrieb Bush an Aydelotte, »das ist aber völlig unmöglich wegen der Haltung einiger Leute hier in Washington, die seine ganze Vergangenheit untersucht haben.«[17] Die »Leute in Washington«, FBI und Geheimdienst der Armee, waren zu dem Schluß gekommen, daß Einstein ein Sicherheitsrisiko darstellte: »Wegen seines radikalen Hintergrundes würde dieses Büro nicht die Befassung Dr. Einsteins mit Angelegenheiten geheimer Natur ohne sorgfältige Untersuchung empfehlen, da es unwahrscheinlich erscheint, daß ein Mann seines Hintergrundes in so kurzer Zeit ein loyaler amerikanischer Bürger werden kann.«[18] Von Einsteins Brief an den Präsidenten hatten dieses Büro und andere Geheimdienststellen niemals erfahren.

Somit war der Mann, der Roosevelt auf die Atombombe hingewiesen und übrigens am 30. Oktober 1940 als amerikanischer Staatsbürger vereidigt worden war, jeder Entscheidung enthoben, wie weit er sich an der Entwicklung dieser Waffe beteiligen würde. Nach Aydelottes Brief an Bush zu urteilen wäre er sehr weit gegangen.

Später konnte Einstein doch noch zur militärisch relevanten Forschung beitragen. Am 16. Mai 1943 hatte sich ein Leutnant der Navy bei ihm angesagt, der in der Nähe von Washington eine Forschungsgruppe über hochexplosive konventionelle Sprengstoffe leitete. Auf die Frage, ob er als Berater der Navy im allgemeinen und für das Gebiet der hochexplosiven Sprengstoffe im besonderen arbeiten wolle, reagierte Einstein hocherfreut. »Er bedauerte es sehr, daß niemand wegen Kriegsforschung an ihn herangetreten sei«, erinnerte sich später der Leutnant, der ihn auf der Stelle engagierte.[19] Einstein war begeistert und sah der Arbeit für die Navy »mit großer Befriedigung«[20] entgegen. Aydelotte schlug nach Rücksprache mit Einstein als Tageshonorar den patriotisch bescheidenen Betrag von 25 Dollar vor. Aber Einstein war nun, wie er scherzte, in der Navy, und hatte doch nicht den vorgeschriebenen Haarschnitt.

Alle zwei Wochen oder auch nur einmal im Monat erhielt Einstein fortan Besuch von den Sprengstoffexperten, die ihm Probleme wie die optimale Zündung von Torpedos unterbreiteten. Seine durch Nachdenken erhaltenen Lösungen waren treffend: »Sehr teure Experimente, die viel später durchgeführt wurden, zeigten, daß er recht hatte.«[21] Seine Besucher aus Washington erlebten Einstein fröhlich, ja überschwenglich. Er lachte oft und herzlich, und dies mit gutem Grund, weil er einen Beitrag zur Ausrottung des Hitler-Regimes leisten konnte. Einem alten Freund hatte er über seine »Verbindung mit der Marine als theoretischer Sachverständiger« geschrieben, er »hoffe, dass der Krieg eher vorbei sein wird, als meine diesbezügliche Tätigkeit Konsequenzen hat«.[22] Größere Konsequenzen seiner Sprengstoff-Forschungen sind in der Tat nicht zu berichten.

Dagegen konnte er zu einer üppigen Unterstützung der Kriegskasse der Vereinigten Staaten beitragen. Das »Book and Authors War Bond Committee«, eine Organisation, die Handschriftliches berühmter Autoren versteigerte und aus den Erlösen Kriegsanleihen zeichnete, bat Einstein um das Manuskript der Relativitäts-Arbeit aus dem Jahre 1905. Damit konnte er nicht dienen, da er in jungen Jahren die Manuskripte nach Erscheinen der Arbeiten weggeworfen und nur die praktischeren Sonderdrucke aufbewahrt hatte. Als Ersatz bot er den in deutscher Sprache geschriebenen Entwurf einer mit Valentin Bargmann gerade fertiggestellten Arbeit über Bi-Vektor-Felder an[23], was dankend akzeptiert wurde.

Bald darauf trug der Chefbibliothekar der Universität als Emissär des Komitees die Bitte vor, Einstein möge seine Relativitätsarbeit für den guten Zweck noch einmal abschreiben. Der wunderte sich und gehorchte: »Wenn andere so viel für den Krieg tun, dann ist dies das Mindeste, was ich tun kann.«[24] Helen Dukas diktierte, und Einstein schrieb. Zuweilen stutze er, ob das wirklich von ihm sei, was ihm da diktiert wurde. Auf Helen Dukas' Bestätigung grummelte er: »Das hätte ich einfacher sagen können.«[25] - Die Sekretärin hat nicht berichtet, bei welcher Passage dies geschah.

Die Auktion fand am 3. Februar in Kansas City statt. Das rekonstruierte Relativitäts-Manuskript wurde von einer Versicherungsgesellschaft für 6,5 Millionen Dollar ersteigert, und das originäre Manuskript über Bi-Vektor-Felder brachte weitere fünf Millionen. Beide Manuskripte wurden der »Library of Congress« geschenkt. Einstein empfahl den Ökonomen, ihre Werttheorien zu überdenken, und er wunderte sich über den Handschriften-Fetischismus, dem er nichts abgewinnen konnte. Die Bitte eines jüdischen Autographensammlers hatte er einmal erfüllt, indem er auf ein Kärtchen schrieb:

> Bei Gojim leuchtet's mir eher ein,
> ein Jude sollt' gescheiter sein.[26]

Mit dem Eintritt der USA in den Krieg und dem praktisch gleichzeitigen Beginn des »Manhattan-Project« wurde sehr bald das Physik-Departement der Universität entvölkert, und auch im Elfenbeinturm des Instituts wurde es ruhiger als zuvor, da mancher Kollege wie Johann von Neumann nur noch über ein Postfach in Santa Fé in New Mexico zu erreichen war. Zudem hatte das Institut seit einigen Jahren ein eigenes Gebäude bezogen, die »Fuld Hall« in einem außerhalb gelegenen, riesigen Park im Westen Princetons, von Einsteins Haus in der Mercer Street nach einem schönen Spaziergang von einer knappen halben Stunde zu erreichen. Dort hatte er ein großes Eckzimmer zu ebener Erde, mit großen Fenstern und sonnendurchflutet, und daneben ein kleineres für den Assistenten, der ihm mittlerweile bewilligt worden war.

Einstein hatte jetzt sogar einen Physiker-Kollegen, denn 1940 war Wolfgang Pauli ans Institut gekommen, da es ihm in Zürich mit Hitler vor der Tür nicht mehr geheuer war. »Ich bin sehr froh, daß er da ist und habe interessante Gespräche mit ihm«[27], berichtete Einstein über den scharfzüngigen Kollegen, und trotz der Dissonanzen in ihren Auffassungen der Quantenmechanik entstand sogar eine gemeinsame Publikation, freilich aus der Relativitätstheorie.[28]

Bei der Suche nach der vereinheitlichten Theorie war Wolfgang Pauli allerdings mehr Kritiker als konstruktiver Gesprächspartner: »Was Gott getrennt hat, soll der Mensch nicht zusammenfügen«, pflegte er zu sagen. Einstein aber ließ sich nicht beirren. »Ich arbeite wie ein Rasender, d. h., ich reite wie ein Wilder auf meinem Steckenpferd herum«[29], beschrieb er in jenen Jahren seinen Spannungszustand in Worten, die an seine Ausbrüche beim Ringen um die Verallgemeinerung der Relativitätstheorie erinnern. Sogar in den Ferien war er manchmal »so aufgeregt... über Schwierigkeiten und Zweifel in einer mir sehr am Herzen liegenden Arbeit, daß ich Tag und Nacht nicht frei wurde und an nichts anderes denken konnte«.[30] Unweigerlich folgte die Ernüchterung: »Eines ist sicher: Der Herrgott hat es uns nicht leicht gemacht. So lange man jung ist, merkt man es noch nicht so deutlich - glücklicherweise.«[31] Aber entmutigen ließ er sich nie.

Ein Forscher ähnlicher Beharrlichkeit war der Mathematiker Kurt Gödel, der nach dem »Anschluß« Österreichs und einer abenteuerlichen Flucht über Sibirien und Japan 1940 in Princeton eingetroffen war und eine Stelle am Institut erhielt. Gödel, der mit seiner Abhandlung zum »Entscheidungsproblem« bekannt und berühmt geworden war und sich intensiv mit den logischen Grundlagen der Mathematik beschäftigte, wurde für Einstein nicht nur ein faszinierender Gesprächspartner, sondern ein enger, vielleicht sogar inniger Freund der späten Jahre.

Mit Gödel und Pauli besprach sich Einstein gern über philosophische Fragen der wissenschaftlichen Erkenntnis, und als Bertrand Russell 1943 nach Princeton kam - nicht als Professor, sondern als freier Schriftsteller -, wurden diese Gespräche institutionalisiert: Regelmäßig trafen sich die vier einen Nachmittag in der Woche in Einsteins Haus. Eine hochkarätigere Runde hat es wohl niemals gegeben, aber die Diskussionen waren zumindest für Russell etwas enttäuschend: »Denn, obgleich alle drei Juden waren, Exilierte, die sich als Kosmopoliten verstanden, hatten alle eine sehr deutsche Neigung zur Metaphysik, und trotz allergrößter Anstrengungen erreichten wir nie gemeinsame Prämissen für unsere Argumentation.«[32] Auch Einstein wußte nichts Gewinnbringendes zu berichten.

Über internationale Politik und den Krieg brauchten die vier kaum miteinander zu sprechen, da sie alle dasselbe dachten und wünschten:

den möglichst schnellen und gründlichen Sieg über Deutschland. Eine Ausnahme ergab sich, als Russell einmal einwarf, daß die Sieger nach dem Krieg den Deutschen wieder aufhelfen und ihre Verbrechen vergessen würden: Empört wies Einstein diese Vorstellung zurück.[33] Mit dem ganzen Zorn, zu dem er fähig war, hoffte er darauf, »dass bald das haarsträubende Verbrechen der Deutschen gesühnt werden wird«.[34] Nach Stalingrad begrüßte er, daß es »mit den Deutschen doch allmählich abwärts« gehe. »Aber es geht zu langsam. Was wird von dem europäischen Leben noch übrig sein? Es bleibt nichts als der Trost, dass man - selber nicht dort ist. Ist es möglich, dass man so weit herunterkommt, um so zu denken?«[35]

Als die Landung der Amerikaner und Briten in der Normandie die Niederlage Deutschlands in greifbare Nähe rückte, war Einstein dankbar, »dass ich diese Wendung habe erleben dürfen, die wie Gerechtigkeit aussieht«. Wahrscheinlich als Reaktion auf Russells Bemerkung fügte er noch hinzu: »Vielleicht wäre es aber vorsichtiger, bald zu sterben, um nicht auch diesmal enttäuscht zu werden, wie in den Jahren zwischen 18 und 39.«[36] Für Einstein war nicht allein Hitler der Übeltäter, auch nicht die Führungsclique seiner Partei oder die nationalsozialistische Bewegung, sondern das deutsche Volk in seiner Gesamtheit, das seine ärgsten Befürchtungen in den Schatten gestellt hatte. Vernichtend urteilte er in seinem *Nachruf auf die Helden des Warschauer Ghettos*: »Die Deutschen als ganzes Volk sind für diese Massenmorde verantwortlich und müssen als Volk dafür bestraft werden, wenn es eine Gerechtigkeit in der Welt gibt. Wenn sie vollends besiegt sind und, wie nach dem letzten Kriege, über ihr Schicksal jammern, soll man sich nicht ein zweites Mal täuschen lassen, sondern sich daran erinnern, daß sie die Menschlichkeit der andern voll bewußt benutzt haben, um ihr letztes und schwerstes Verbrechen gegen die Menschheit vorzubereiten.«[37] Viele haben damals so empfunden, aber während die meisten sich nach dem Krieg entsprechend der Prognose von Bertrand Russell verhalten haben, hat Einstein den Deutschen niemals verziehen.

Was Einstein während des Krieges über die Fortschritte bei der Entwicklung der Atombombe erfahren hat, ist aus schriftlichen Dokumenten nicht auszumachen. Gesprochen wurde über die höchst geheime Sache nur in Andeutungen, und geschrieben überhaupt nicht. Völlig klar aber dürfte ihm gewesen sein, daß eine enorme Anstrengung im Gange war, denn praktisch alle tüchtigen Kernphysiker und unzählige Wissenschaftler anderer Disziplinen waren mit unbekannter

Adresse verschwunden. Gelegentlich kam der eine oder andere für ein paar Tage nach Princeton, am 22. Dezember 1943 auch Niels Bohr, der aus dem besetzten Dänemark geflohen war und auf englischer Seite als eine Art »elder statesman« am »Manhattan Project« beteiligt war. Bohr besuchte Einstein und Pauli, und obwohl nicht bekannt ist, was besprochen wurde, konnte sich Einstein gewiß aus Andeutungen ein Bild vom Stand der Dinge zusammenreimen.

Im Herbst 1944 muß Otto Stern, der alte Mitarbeiter aus Prag und Zürich, Einstein zumindest über das absehbare Gelingen des Bombenprojekts informiert haben. Mit Sicherheit aber haben beide die zu befürchtenden Konsequenzen nach dem Kriege diskutiert, denn Einstein wußte von Sterns großer Sorge, die auch die seine wurde: »Dann gibt es in allen Ländern eine Fortsetzung des Geheimrüstens mit technologischen Mitteln, das notwendig zu Präventivkriegen führt (wahren Vernichtungskriegen, schlimmer als der jetzige in Lebensvernichtung).«[38]

Nach einem weiteren Gespräch mit Otto Stern am 11. Dezember erläuterte Einstein in einem Brief an Niels Bohr, wie er sich die Abwendung der drohenden Katastrophen vorstellte: Einflußreiche Wissenschaftler sollen die ahnungslosen Politiker über das Ausmaß der Gefahr rechtzeitig aufklären. »Da sind Sie mit Ihren internationalen Beziehungen, A. Compton hier, Lindemann in England, Kapitza und Joffe in Rußland etc. Die Idee ist, diese zu gemeinsamer Aktion auf die Leiter der Politik in ihren Ländern zu bringen, um eine Internationalisierung der Militärmacht zu erreichen – ein Weg, der als zu abenteuerlich schon vor geraumer Zeit fallengelassen worden ist. Aber dieser radikale Schritt mit all seinen weitgehenden Voraussetzungen betreffend übernationale Regierung scheint die einzige Alternative gegen das technische Geheim-Wettrüsten zu sein.«[39] Dieser Brief enthält schon alle wesentlichen Aspekte von Einsteins Haltung zur nuklearen Rüstung und zur internationalen Politik nach dem Kriege.

Bohr hatte ähnliche Gedanken gehegt, sie auch schon verschiedenen Regierungsstellen vorgetragen, sogar Roosevelt und Churchill. Auf Verständnis war er nicht gestoßen, sondern hatte sich dem Verdacht der Unzuverlässigkeit ausgesetzt.[40] Einsteins Brief, den er in Washington erhielt, kam ihm daher sehr ungelegen. Sofort eilte er nach Princeton und machte Einstein klar, daß ein solches Vorhaben die schlimmsten Folgen nach sich ziehen müsse, sobald jemand, der zur Geheimhaltung verpflichtet sei, daran mitwirken würde. Einstein verstand und versprach Bohr zu schweigen.

Im März 1945 betrat wieder Leo Szilard die Bühne. Da die endgültige Niederlage Deutschlands unmittelbar bevorstand, eine nukleare Wunderwaffe der Nazis nicht mehr ernstlich zu befürchten war, aber die amerikanische Bombe im Sommer zur Verfügung stehen würde, waren Szilard und einige Kollegen besorgt über den Informationsstand und die Weisheit der Regierung in der Verwendung der Atombombe und der Gestaltung der Nachkriegsordnung. Szilard, der seine Ansichten dem Präsidenten vortragen wollte, erbat und erhielt von Einstein einen Einführungsbrief an Roosevelt, der insofern etwas ungewöhnlich formuliert werden mußte, als Einstein die Anliegen Szilards nicht einmal kennen, geschweige denn benennen durfte.[41] Roosevelt hat diesen Brief nicht mehr gesehen; er starb am 12. April, auch von Einstein »wie der Verlust eines alten und nahen Freundes«[42] tief betrauert.

Am 6. August 1945, kurz nach acht Uhr Ortszeit, wurde die japanische Stadt Hiroshima durch den ersten Abwurf einer Uranbombe ausgelöscht. Einstein verbrachte die Ferien wieder am Saranac Lake in den Adirondack Mountains. Helen Dukas hörte die Nachricht im Radio; als sie Einstein davon erzählte, sagte er: »Oh, weh. Und das war's.«[43] – Am 9. August folgte der Abwurf einer Plutoniumbombe auf Nagasaki. Japan kapitulierte, der Krieg war zu Ende.

Am 11. August 1945 schrieb Niels Bohr in der ›London Times‹: »Die große Zerstörungsgewalt, die nun in die Reichweite des Menschen gelangt ist, kann eine tödliche Bedrohung werden, wenn sich die menschliche Gesellschaft nicht den Herausforderungen dieser Situation stellt.«[44] Einstein blieb in seinem abgelegenen Ferienhaus und schwieg. Inzwischen hatte die Regierung den *Smyth Report*[45] veröffentlicht, eine offiziöse Chronik der Atombombenentwicklung, verfaßt von einem Professor der Princeton University. In einem Satz dieses Berichts wurde Einsteins Brief an Roosevelt vom August 1939 erwähnt und dadurch aus der Sphäre der Geheimhaltung ins Rampenlicht der Öffentlichkeit gehoben. Einstein konnte sich der Diskussion um die Atombombe und eine neue Weltordnung unter dem Menetekel dieser Zerstörungswaffe nicht länger entziehen.

5. Zwischen der Bombe und den Gleichungen – »aber die Gleichungen sind für die Ewigkeit«

Mit dem Abwurf der Atombomben und den ersten Nachrichten über die gigantische Anstrengung zu ihrer Konstruktion war die Zunft der Physiker mit einem Schlag ins Rampenlicht der Öffentlichkeit geraten. Wegen der raschen Beendigung des Krieges wurden sie als Helden gefeiert, die den Amerikanern eine mit großen Opfern an Menschenleben verbundene Invasion Japans erspart hatten; als aber die Siegesfeiern verrauscht waren, fanden sich die Physiker in der Rolle furchterregender Zauberlehrlinge wieder, und einige sahen sich selbst so.

Wurde J. Robert Oppenheimer als »Vater der Atombombe« gerühmt, so geriet Einstein unversehens zum Übervater: wegen seiner ans mythische grenzenden Autorität in der Öffentlichkeit, wegen der magischen Aura der Formel $E=m \cdot c^2$ und auch wegen der mittlerweile bekannt gewordenen Tatsache, daß er im August 1939 den Präsidenten auf die Möglichkeit einer Atombombe aufmerksam gemacht hatte. Einstein aber blieb am Sarancac Lake, und seine erste öffentliche Äußerung zu dem neuen Mittel der Massenvernichtung entstand nicht aus eigenem Bedürfnis, sondern aus der Findigkeit eines Reporters der ›New York Times‹, der ihn Mitte September in der idyllischen Einsamkeit aufgestöbert hatte.

Einstein wußte aber schon, was zu tun sei; er brauchte lediglich an Konzepte anzuknüpfen, die sich schon in den dreißiger Jahren bei der Modifizierung seines zuvor radikalen Pazifismus herausgebildet hatten und die im letzten Kriegsjahr bei der Diskussion über eine Nachkriegsordnung aktualisiert worden waren. Nach seiner Meinung, wie der Reporter sie wiedergab, sei »die Rettung der Zivilisation und der Menschenrasse nur durch die Schaffung einer Weltregierung möglich, deren Gesetze den Nationen Sicherheit gewähren. Neue Kriege sind unvermeidlich, solange souveräne Staaten weiterhin rüsten und die Rüstung geheimhalten.«[1]

Der Entwurf einer Weltregierung, später Einstein oft als naiv vorgehalten, war während des letzten Kriegsjahres und selbst noch einige Monate nach Kriegsende nicht nur die Angelegenheit einer kleinen Minderheit. Roosevelt wie sein Nachfolger Truman hatten im Zusammenhang mit der Gründung der Vereinten Nationen diesen Gedanken, wenn auch nur in Ansätzen, propagiert. Aber mit dem Ende des Krieges brachen die Konflikte zwischen den Siegern auf. Das war kein günstiges Klima, an die Auslieferung der Atombombe an eine internationale Organisation auch nur zu denken. Die Mehrheit der Amerikaner und ihrer Politiker war vielmehr überzeugt, das »Geheimnis der Bombe« auf lange Zeit als ihr Monopol wahren und damit Expansionsgelüste der Sowjetunion in die Schranken weisen zu können.

Während die Existenz der Atombombe das Mißtrauen zwischen den Großmächten schürte, begründete sie für Einstein geradezu die Notwendigkeit einer Weltregierung. Wieder in Princeton, unterschrieb er mit Thomas Mann und einem Dutzend prominenter Amerikaner eine Erklärung, die zu neuem Denken aufforderte: »Die erste Atombombe hat nicht nur die Stadt Hiroshima zerstört. Sie hat auch unsere traditionellen, längst überholten politischen Ideen endgültig zerstört.«[2] Die in San Francisco am 26. Juni 1945 von 51 Staaten unterzeichnete Charta der Vereinten Nationen sei nicht ausreichend für die Friedenssicherung und werde sich als »tragische Illusion« erweisen: »Wir müssen eine Verfassung der Welt, d. h. eine wirksame weltweite internationale Ordnung anstreben, die uns hilft, einen Atomkrieg zu verhüten.«

Junge Physiker, die durch die Atombombe am Sinn ihrer Wissenschaft verzweifelt waren, erhofften sich von Einstein klärende und helfende Worte. Einer schrieb ihm von der »grausamen Ironie, daß einer der größten und freudigsten Triumphe des wissenschaftlichen Intellekts nicht geistigen Aufschwung und größeren Lebensmut, sondern Enttäuschung und Tod bringen sollte. Die endgültige und uneingeschänkte Bestätigung Ihrer Gleichung $E=m \cdot c^2$ hätte am Anfang einer Ära des Lichts stehen sollen. Statt dessen starren wir verwirrt in ein undurchdringliches Dunkel.« Ein nationaler Kongreß von Wissenschaftlern war geplant; auch wenn diese Veranstaltung nicht zustande kam, wird Einstein die drängenden Worte, mit denen er um seine Teilnahme gebeten wurde, nicht so bald vergessen haben: »Wir brauchen Ihre Anwesenheit und Ihre Stimme, um die soziale Bedeutung der Atomenergie klarzustellen. Instinktiv fühlen wir, daß Ihre Gegenwart uns inspirieren würde, unsere Zukunft zu meistern. Ja, wir glauben sagen zu können: Es ist Ihre Pflicht, uns und der Welt zu helfen. Nicht nur weil ihre Stimme ebenso mächtig wie bescheiden ist, sondern auch, weil Ihr Werk, die Entdeckung des Masse-Energie-Prinzips, im weitesten Sinn uns an eine Wegkreuzung geführt hat – und wir rechnen bei der Entscheidung über die richtige Fortführung des Weges auf Ihre Hilfe.«[3]

Angesichts der millionenfachen Vernichtung von Menschenleben und des technisch perfektionierten Grauens im Zweiten Weltkrieg sah Einstein in der Atombombe allerdings kein grundsätzlich neues Problem. Er hat sich auch niemals im nachhinein gegen den Abwurf von Atombomben auf japanische Städte ausgesprochen.

Einen langen Artikel, der mehrfach nachgedruckt wurde, begann er mit der ernüchternden Feststellung:

> Die Entfesselung der Atomenergie hat kein neues Problem geschaffen. Sie hat lediglich die Notwendigkeit der Lösung eines bereits vorher bestehenden Problems noch akuter gemacht. Man könnte sagen: sie hat die Dinge quantitativ, aber nicht qualitativ verändert.[4]

Sein Ziel war und blieb die Abschaffung von Kriegen überhaupt durch die Etablierung einer Weltregierung, die allein über militärische Machtmittel einschließlich der Atomwaffen verfügen solle. Um dieses Zieles willen konnte er der atomaren Gefahr sogar einen positiven Aspekt abgewinnen, daß nämlich »die Menschen dazu gezwungen werden, Ordnung in ihre Internationalen Beziehungen zu bringen, was ohne die überwältigende Macht der Angst zweifellos nicht geschehen würde«.[5]

Bei einer Nobel-Gedenkveranstaltung am 10. Dezember in New York kam Einstein in seiner Rede auf die von »Verantwortungs- um nicht zu sagen Schuldgefühlen geplagten« Wissenschaftler zu sprechen und damit auch auf seinen eigenen Anstoß zum Bau der Atombombe:

> Wir haben den Bau dieser neuen Waffe gefördert, um die Feinde der Menschheit daran zu hindern, dass sie uns zuvor kämen; bedenkt man die Mentalität der Nazis, so kann man sich die unbeschreibliche Zerstörung und Versklavung der Welt vorstellen, die die Folge ihrer Priorität beim Bau der Bombe gewesen wäre. Diese Waffe wurde dem amerikanischen und dem britischen Volk als Treuhändern der ganzen Menschheit, als Kämpfer für Frieden und Freiheit übergeben. - Aber bisher ist weder der Friede noch irgendeine der in der Atlantik-Charta versprochenen Freiheiten gesichert. Der Krieg ist gewonnen - aber nicht der Friede.

In der neuen Situation forderte Einstein »kühne Taten und einen radikalen Wandel unserer Mentalität. ... Sonst wird unsere Zivilisation dem Untergang geweiht sein.«[6]

Die ernste Warnung war nötig geworden, weil sich die Beziehungen zwischen den Großmächten und als Folge davon das innenpolitische Klima in Amerika binnen weniger Monate dramatisch verändert hatten. Die vormals verbündete Sowjetunion wurde zum Feind im nunmehr »Kalten Krieg«. Viele Physiker, ohnehin geplagt von ambivalenten Gefühlen wegen ihrer Mitwirkung am Bombenprojekt, waren über das gedankliche Kriegspielen mit Atomwaffen ebenso verstört wie über das naive Geschwätz vom »Geheimnis der Bombe«.

Um die Bevölkerung und die Politiker über die Bombe und ihre Auswirkungen zu informieren, schloß sich ein beträchtlicher Teil der am »Manhattan Project« beteiligten Physiker zum »Emergency Committee of Atomic Scientists«, dem »Notkomitee der Atomforscher«, zusammen. Auf die Bitte von Leo Szilard, »spiritus rector« auch dieses Unternehmens, übernahm Einstein den Vorsitz[7], nicht als »Tafelaufsatz«, sondern als eifriger Geldsammler und engagierter Propagandist. Er unterzeichnete viele Appelle und Erklärungen, die meistens von anderen verfaßt waren, er sprach oft über den Rundfunk oder wurde zu Rundfunkdiskussionen per Telefon zugeschaltet. Im Herbst 1946 lud er gar prominente Amerikaner zu einem Treffen mit dem »Notkomitee« im »Institute for Advanced Study« in Princeton ein, nebst »luncheon« und Tee mit dem Direktor Frank Aydelotte sowie der Übertragung seiner Ansprache über das nationale Netz der National Broadcasting Corporation NBC.

Trotz anfänglicher Publizität blieb dem Notkomitee ein sichtbarer Einfluß auf die Politik versagt. Zur Erfolglosigkeit traten bald Differenzen unter den Mitgliedern; Einstein bemühte sich verschiedentlich um Vermittlung, konnte sich selbst aber auch »nicht dazu bringen, die Ansichten gewisser Komiteemitglieder zu billigen«.[8] Ende 1948 stellte das Notkomitee seine Aktivitäten ein, nicht jedoch Einstein, der sich als Einzelkämpfer ohnehin wohler fühlte als in der zu Kompromissen nötigenden Atmosphäre von Komitees.

Trotz der Intensität von Einsteins Propagierung einer Weltregierung und der Vielzahl seiner Äußerungen über die Bombe blieb dieses Engagement für ihn selbst eher peripher: »Wenn Du meinen Namen gelegentlich mit politischen Exkursionen in Verbindung gebracht siehst«, schrieb er seinem Freund Besso auf dem Höhepunkt seiner Aktivitäten, »so denke nicht, dass ich viel Zeit auf solche Sachen verwende, denn es wäre traurig, viel Kraft an den dürren Boden der Politik zu verschwenden. Von Zeit zu Zeit kommt aber der Augenblick, wo man nicht anders kann...«[9] Seinem damaligen Assistenten, dem in München geborenen Ernst Straus, gab er auf dem Weg ins Institut die folgende Einschätzung seiner Arbeit im Notkomitee: »Ja, so muss man seine Zeit zwischen der Politik und unseren Gleichungen teilen. Aber unsere Gleichungen sind mir doch viel wichtiger, denn die Politik ist für die Gegenwart, aber solch eine Gleichung ist für die Ewigkeit.«[10]

Auch von seinem eigenen Beitrag zu der Schreckenswaffe wurde er eingeholt und kam nicht umhin, sich zu rechtfertigen, vor sich selbst und den vielen anderen, die von ihm Orientierungshilfe erwarteten. »Hätte ich gewußt, daß es den Deutschen nicht gelingen würde, die Atombombe zu entwickeln, hätte ich den Bau der Bombe nicht unterstützt«, erklärte er im März 1947 im Magazin ›Newsweek‹. Den Titel der drei Seiten langen Geschichte - »Einstein, der Mann, der alles in Gang brachte« - rückte er mit der Erklärung zurecht, daß die militärische Anwendung der Atomenergie auch ohne seine damalige Intervention nicht viel anders verlaufen wäre.[11] Das war nicht als Entschuldigung gemeint, sondern eine wahrscheinlich korrekte Beurteilung, der inzwischen die meisten Historiker des »Manhattan Project« zustimmen. Daß auch ohne seinen Brief die Bombe gebaut worden wäre, und vermutlich keine Woche später, entbindet freilich nicht von der Frage moralischer Verantwortung.

Einstein blieb bei der Rechtfertigung durch die damalige Zwangslage, den Deutschen zuvorkommen zu müssen. Wenn er allerdings dem Chefredakteur der Zeitschrift ›Kaizo‹, auf deren Einladung er einst Japan bereist hatte, später erklärte: »Meine Beteiligung bei der Erzeugung der Atombombe bestand in einer einzigen Handlung: ich unterzeichnete einen Brief an Roosevelt...«[12] und in einem Brief nach Deutschland wiederholte, »die Sache mit der Atombombe und Roosevelt beschänkte sich darauf, dass ich ein von Szilard verfasstes Schreiben unterschrieb«[13], so hat er seinen Beitrag doch beträchtlich verkürzt: Er hat immerhin die Entwürfe zu dem Brief in deutscher Sprache diktiert, hat nicht nur einen Brief entworfen und unterschrieben, sondern noch zwei weitere, und gern hätte er nicht nur als Briefschreiber, sondern konkret als Physiker mitgewirkt, wäre er nicht von »Leuten in Washington« als Sicherheitsrisiko ausgeschlossen worden. Unstreitig aber, daß er nur durch Hitler in das Dilemma gebracht worden war, die Entwicklung einer Massenvernichtungswaffe empfehlen zu müssen: »Wenn ich gewusst hätte, dass diese Befürchtung grundlos war, hätte ich mich an der Öffnung der Pandorabüchse nicht beteiligt.«[14]

Rundweg abgelehnt hat Einstein dagegen Vorhaltungen, daß er durch seine Formel $E=m \cdot c^2$ eine besondere Verantwortung auf sich geladen hätte. »Nun denken Sie, dass ich armseliges Geschöpf durch das Auffinden und Publizieren der Beziehung zwischen Masse und Energie zu der Herbeiführung unserer lamentablen Situation wesentlich beigetragen hätte«, antwortete er nicht ohne Ironie einem Historiker, dem die

Physik fremd war. Die Bombe schon im Patentamt vorauszusehen wäre schlechthin unmöglich gewesen, da zu ihrem Bau noch viele kernphysikalische Erkenntnisse nötig waren, die 1905 nicht einmal erahnt werden konnten. »Aber selbst wenn dieses Hindernis nicht bestanden hätte, wäre es doch lächerlich gewesen zu versuchen, diese Konsequenz der Speziellen Relativitätstheorie zu verschweigen. ... Die Theorie selbst aber verdankt ihre Entstehung der Bemühung, die Eigenschaften des ›Licht-Äthers‹ herauszufinden! Keine Spur einer Möglichkeit von technischen Implikationen war sichtbar.«[15]

Die Erforschung der Natur einzuschränken oder aufzugeben wegen eventuell sich einstellender problematischer Folgen wäre Einstein nie in den Sinn gekommen. Die Suche nach Naturgesetzen gehörte für ihn zum Edelsten, dessen Menschen fähig waren, und das andere war Bestandteil der politisch-moralischen Sphäre, in der sie häufig versagten. Trotzdem geriet er gelegentlich über die Berechtigung dieser scharfen Trennung ins Sinnieren.

> Ich glaube, dass der erschreckende Verfall im ethischen Verhalten der Menschen in erster Linie mit der Mechanisierung und Entpersönlichung unseres Lebens zu tun hat - ein verhängnisvolles Nebenprodukt der Entwicklung des technisch-wissenschaftlichen Geistes. Nostra culpa! Ich sehe nicht den Weg, um diesem verhängnisvollen Mangel beizukommen. Der Mensch erkaltet schneller als der Planet, auf dem er sitzt.[16]

Als das nukleare Wettrüsten immer hektischer vorangetrieben wurde, die beiden Großmächte sich in tödlichen Drohgebärden gegenüberstanden und in Korea sogar eine Art Stellvertreterkrieg führten, da war Einstein manchmal nahe daran, die Menschheit aufzugeben: »Wenn aber alle Bemühung nicht hilft, und die Menschen in Selbst-Zerstörung enden, so wird ihnen der Kosmos keine Thräne nachweinen.«[17] Hermann Broch war nach einem Gespräch beeindruckt von dem, was Einstein trotz allem Pessimismus noch bedauern würde: »Die Menschheit bleibt so blöd, wie sie immer war, und es ist kein Schad um sie, aber daß dann niemand mehr Bach und Mozart spielen wird, ist doch schad.«[18] Broch empfand diese Äußerung Einsteins als »etwas Nettes«. Trotz gelegentlich trübsinniger Anfechtung gab Einstein wie in der Physik auch in seinem politischen Engagement die Hoffnung nie auf: »Das Verzweifeln ist ja noch weniger sinnvoll als das Streben nach einem unerreichbaren Ziel ...«[19]

Als ein unerreichbares Ziel, nach dem er aber gewiß nicht streben wollte, hat er eine grundsätzliche Änderung der Deutschen oder gar eine Aussöhnung betrachtet. Der Zorn auf sein einstiges Stief-Vaterland war so unerbittlich, daß er es – ganz im Sinne des amerikanischen Morgenthau-Plans – für »unbedingt notwendig« hielt, »eine bedeutende industrielle Macht in Deutschland dauernd zu verhindern. ...Ich bin nicht für Revanche, sondern für eine grösstmögliche Sicherheit gegen Angriffe der Deutschen, eine Sicherheit, die von moralischer Beeinflussung durchaus nicht erhofft werden kann.«[20] Er lehnte aber auch humanitäre Aktionen zugunsten der in einem zerstörten Land darbenden Deutschen strikt ab.

Dies bekam James Franck zu spüren, der nicht etwa für einen »milden Frieden«, aber zur Verhinderung einer »Situation geistigen und psychischen Verfalls« eine Initiative für eine konstruktive Politik der amerikanischen Besatzungsmacht ins Leben rief. Von Einstein wurde er brüsk zurückgewiesen: »Die Deutschen haben nach einem wohlerwogenen Plan Millionen von Zivilisten hingeschlachtet, um sich an deren Stelle zu setzen. Wenn sie auch Dich geschlachtet hätten, wäre es nicht ohne Krokodilstränen abgegangen. Sie würden es wieder machen, wenn sie nur könnten.« Da Einstein die Erfahrung machte, »dass von Schuldgefühl und Reue bei den Deutschen keine Spur zu finden ist«, nannte er Francks Initiative eine »stinkende Sache« und kündigte an, bei passender Gelegenheit »dagegen öffentlich aufzutreten«.[21] Hermann Broch, der sich Francks Initiative angeschlossen und an der Redaktion des Aufrufs mitgewirkt hatte, konnte Einstein nur so weit überzeugen, daß er »nun von dem angedrohten öffentlichen Protest gegen die Aktion abstehen wird«.[22]

Daß Einstein mit Deutschland buchstäblich nichts mehr zu schaffen haben wollte, erfuhr als erster Arnold Sommerfeld, der den Austritt Einsteins aus der Bayrischen Akademie im Jahre 1933 rückgängig machen wollte: »Ich bitte Sie daher«, schrieb Sommerfeld in völliger Verkennung der Perspektive, »das Kriegsbeil zu begraben und die Akademie-Mitgliedschaft wieder anzunehmen.«[23] Obwohl das Lebenszeichen von dem alten Kollegen für Einstein »eine wirkliche Freude« war, hätte seine Zurückweisung entschiedener nicht ausfallen können: »Nachdem die Deutschen meine jüdischen Brüder in Europa hingemordet haben, will ich nichts mehr mit Deutschen zu tun haben, auch nichts mit einer relativ harmlosen Akademie.«[24]

In Einsteins Haltung einen Haß auf Deutsche und alles mit ihnen Verbundene zu sehen, wäre freilich ein Mißverständnis. Auch in menschlichen Angelegenheiten war seine »gedankliche Basis das Vertrauen auf die unbeschränkte Kausalität. ›Ich kann ihn nicht hassen, weil er so thun muß, wie er thut.‹«[25] Diese von Spinoza übernommene Sicht, die weder Sünde noch Schuld kennt, hat Einstein zu verständiger Toleranz und Gelassenheit gegenüber mancher Torheit und Verfehlung der Menschen verholfen, führte in seiner Beurteilung der Deutschen aber zu unerbittlicher Konsequenz jenseits von Schuld und Sühne: Wenn sie getan hatten, was sie tun mußten, dann würden sie es wieder tun, wenn man sie nicht hindert. Und diese Konsequenz bekamen alle zu spüren, die sich in offizieller Funktion an ihn wandten.

Die Bitte von Otto Hahn, als Auswärtiges Wissenschaftliches Mitglied der Max-Planck-Gesellschaft beizutreten, die in Göttingen als Nachfolgerin der Kaiser-Wilhelm-Gesellschaft gegründet worden war, wies Einstein mit vernichtender Begründung zurück: »Die Verbrechen der Deutschen sind wirklich das Abscheulichste, was die Geschichte der sogenannten zivilisierten Nationen aufzuweisen hat. Die Haltung der deutschen Intellektuellen – als Klasse betrachtet – war nicht besser als die des Pöbels. Nicht einmal Reue und ein ehrlicher Wille zeigt sich, das Wenige wieder gut zu machen, was nach dem riesenhaften Morden noch gut zu machen wäre. Unter diesen Umständen fühle ich eine tiefe Aversion dagegen, an irgend einer Sache beteiligt zu sein, die ein Stück des deutschen öffentlichen Lebens verkörpert, einfach aus Reinlichkeitsbedürfnis.«[26] Schon gar nichts wollte er mit Institutionen der 1949 entstandenen Bundesrepublik zu tun haben. Deren Präsident Theodor Heuss, der wegen der Neugründung der Friedensklasse des Ordens »Pour le Mérite« bei Einstein als einem der vier noch lebenden Mitglieder aus der Vorkriegszeit anfragte, beschied Einstein, es sei »evident, dass ein selbstbewusster Jude nicht mehr mit irgendeiner deutschen offiziellen Veranstaltung oder Institution verbunden sein will.«[27]

Nicht einmal mehr lesen sollten ihn die Deutschen, wie Einsteins alter Verlag Vieweg erfuhr, als er das schmale »gemeinverständliche« Bändchen »über die spezielle und allgemeine Relativitätstheorie« wieder herausbringen wollte: »Nach dem Massenmord der Deutschen an meinen jüdischen Brüdern will ich es nicht, daß noch Publikationen von mir in Deutschland herauskommen.«[28] Max Born, der 1953 nach seiner Pensionierung in Edingburgh wieder nach Deutschland zurückkehren wollte, bekam für seine »Übersiedlung in das Land der Massenmörder unserer Stammesgenossen« ziemlich taktlos die Leviten gelesen: »Aber wir wissen ja zur Genüge, dass das Kollektiv-Gewissen ein ganz lausiges Pflänzchen ist, das jeweilen dann einzugehen pflegt, wenn es am nötigsten gebraucht wird.«[29]

Allerdings hat Einstein seine Haltung gegenüber allem Deutschen niemals einzelne Personen entgelten lassen, schon gar nicht Kollegen, denen er sich verbunden gefühlt hatte und die, wie Hahn oder Sommerfeld, unter dem Nazi-Regime standhaft geblieben waren. Eine intensive Korrespondenz führte er aber nur mit Max von Laue, den er immer und ohne Einschränkungen als einen »ganzen Kerl« geachtet hatte. Des 1941 verstorbenen Walther Nernst gedachte er in einem 1942 geschriebenen Nachruf in Worten, als gäbe es keinen Krieg – eine Hommage an die Liberalität des einstigen Förderers und Kollegen und eine wehmütige Erinnerung an die Internationalität der Wissenschaft.[30]

Max Planck bewahrte Einstein ohnehin eine Erinnerung ungetrübter tiefer Verehrung. In einer Gedenkfeier der amerikanischen Akademie der Wissenschaften für den am 4. Oktober 1947 im Alter von 89 Jahren verstorbenen Planck verneigte er sich vor der einstigen Vaterfigur als der vollkommenen Verkörperung des Ideals der Erkenntnis.[31] Was ihm dieser Mann persönlich bedeutet hatte, kam in seinem Kondolenzbrief an die Witwe Plancks in anrührenden Worten zum Ausdruck: »Es war eine schöne und fruchtbare Zeit, die ich in seiner Umgebung miterleben durfte. Sein Blick war auf die ewigen Dinge gerichtet, und er nahm doch tätigen Anteil an allem, was der menschlichen und zeitlichen Sphäre angehörte. ... Die Stunden, die ich in Ihrem Hause verbringen durfte, und die vielen Gespräche, welche ich unter vier Augen mit dem wunderbaren Manne führte, werden für den Rest des Lebens zu meinen schönsten Erinnerungen gehören. Daran kann die Tatsache nichts ändern, daß uns ein tragisches Schicksal auseinander gerissen hat.«[32]

Daß Einstein nicht zur Max-Planck-Gedenkfeier nach Washington gefahren war und seinen Nachruf dort verlesen ließ, lag daran, daß es um seine Gesundheit nicht mehr gut stand und er, um sich zu schonen, kaum noch Princeton verließ. Die drei Damen im Hause 112 Mercer Street konnten dem eigensinnigen alten Herrn offenbar nicht jene Fürsorge angedeihen lassen, mit der ihn einst Frau Elsa umhegt und bei Kräften gehalten hatte. So begann die Folge der Erkrankungen nach dem Kriege mit einem physischen Verfall, dessen Ursachen lange unklar waren. Als es ihm wieder besser ging, zog er eine humorvolle Bilanz dieser Leidenszeit: »Ich war auffallend schwach geworden und sah aus wie ein Gespenst. Es zeigte sich, dass ich seit Jahren eine an sich unbeabsichtigte Hungerkur betrieb, die die elementare Stoffbilanz verletzt. Bei richtig bemessener Fütterung nahm ich 15 Pfund zu in vier Wochen, bekam wieder ein menschliches Aussehen und die Schwäche war weg. So hat mir also der Teufel noch einen Urlaub bewilligt.«[33]

Es blieben aber wiederkehrende Schmerzanfälle im Unterleib. Sie waren von Erbrechen begleitet und dauerten einige Tage. Rudolf Ehrmann, der Spezialist für Magenkrankheiten, der Einstein schon in Berlin behandelt hatte, vermutete ein Darmgeschwür. Der bald siebzigjährige Patient wunderte sich nur in stoischer Gelassenheit, »dass diese unglaublich komplizierte Maschinerie überhaupt je funktionsfähig ist und dazu noch für so viele Jahre! Man braucht nur an das Leben zu denken, um recht eindringlich zu fühlen, wie lumpig primitiv unsere ganze Wissenschaft ist.«[34] Schließlich wurde der Chirurg Rudolf Nissen hinzugezogen, der Einstein gleichfalls schon in Berlin kennengelernt hatte, allerdings nicht als Patient. Nissen diagnostizierte eine Zyste im Unterleib, und nach einem »imposanten Consilium befreundeter Ärzte«[35] begab sich Einstein im Dezember 1948 in das »Jewish Hospital« im New Yorker Stadtteil Brooklyn zu einer operativen »ärztlichen Reparatur«. Der Chirurg fand mehrere Verwachsungen des Darmes, die offenbar die Ursache der Anfälle waren. Die vermutete Zyste erwies sich jedoch als ein Aneurysma, eine sklerotische Ausbeulung der großen Unterleibsaorta von der beängstigenden Größe einer Grapefruit.[36] Noch war die Wand des Aneurysma fest und ein operativer Eingriff wegen der damals damit verbundenen hohen Risiken nicht angezeigt. Erst nach einem Monat konnte der Patient das Krankenhaus verlassen.

In Begleitung von Walter Bucky erholte sich Einstein einige Wochen im warmen Florida. »Man hat Hunger, die alte Kiste funktioniert besser und man entwickelt so etwas wie einen Bauch«, berichtete er vom Fortgang der Rekonvaleszenz. Der Faulenzerei konnte er sich aber nicht hingeben, da er versprochen hatte, eine abschließende Betrachtung über die 19 Beiträge des ihm gewidmeten Bandes der »Library of Living Philosophers« fertigzustellen. »Da schreibe ich nun drauf los, immer unzufrieden über das Geschriebene und doch unfähig, es besser zu machen.«[37] Schließlich war er doch zufrieden, wie er wieder einmal »den lieben Gott gegen die Zumutung beständigen Würfelns«[38] verteidigt hatte. Als er nach Princeton zurückkehrte, fühlte er sich gebessert, aber nicht gesund.

Wesentlich schlechter als ihm selbst aber ging es seiner Schwester. Mit Maja hatte Einstein in herzlichem Einvernehmen gelebt; Bekannte waren überrascht, wie ähnlich sich die Geschwister mit zunehmendem Alter in ihrer Erscheinung, in Gestik und Mienenspiel geworden waren. Maja hatte nach Kriegsende schon ihre Rückreise in die Schweiz antreten wollen, als sie einen Schlaganfall erlitt, von dem sie sich nie mehr erholte. Fortschreitende Arteriosklerose machte sie bewegungsunfähig und fesselte sie ans Bett. Ihr Bruder war ein liebevoller Begleiter auf einem langen Leidensweg. »In den letzten Jahren habe ich ihr jeden Abend aus den feinsten Büchern der alten und neuen Literatur vorgelesen. Ihre Intelligenz hatte merkwürdigerweise durch die vorgeschrittene Krankheit kaum gelitten, obwohl sie in der letzten Zeit kaum noch vernehmlich reden konnte.« Maja starb am 25. Juni 1951. »Nun fehlt sie mir mehr, als man sich vorstellen kann.«[39]

Einsteins erste Frau Mileva war schon 1948 in Zürich verstorben. Sie war in ihrem ohnehin nicht leichten Leben durch die Schizophrenie des Sohnes Eduard bis über die Grenze ihrer Leistungsfähigkeit beansprucht; dazu kamen eigene Krankheiten und ständige finanzielle Probleme, für die Einstein nicht nur durch Geldzahlungen, sondern auch durch komplizierte Transaktionen wie die Übernahme des Hauses in der Huttenstraße eingestanden hatte.

Eduard lebte im »Burghölzli«, in Zürichs psychiatrischem Spital. In dem Schriftsteller Carl Seelig, der sich schon des psychisch erkrankten Dichters Robert Walser angenommen hatte, fand er einen gütigen und hilfsbereiten Mentor. Einstein konnte Seelig »nicht genug danken für Ihre verständisvolle Beschäftigung mit meinem kranken Sohn. Er bildet das nahezu einzige menschliche Problem, das ungelöst verbleibt. Die anderen sind nicht durch mich, sondern durch die Hand des Todes gelöst worden.«[40]

Der Vater sah sich allerdings nicht in der Lage, wenigstens durch Briefe eine Verbindung zu seinem Sohn aufrechtzuerhalten: »Es liegt da eine Hemmung zugrunde, die völlig zu analysieren ich nicht fähig bin. Es spielt aber mit, dass ich glaube, schmerzliche Gefühle verschiedener Art bei ihm zu erwecken, dadurch, dass ich irgendwie in Erscheinung trete.«[41] - Eduard Einstein überlebte seinen Vater um zehn Jahre. Er starb 1965 im »Burghölzli«.

In den Jahren nach dem Kriege kristallisierte sich auch das Erscheinungsbild Einsteins heraus, das sich der Nachwelt eingeprägt hat. Ohne Frau Elsas Obhut setzte sich allmählich die ihm bequeme Nachlässigkeit in allen Äußerlichkeiten durch. Schon 1942 ironisierte er sich als »eine Art altertümliche Figur, die hauptsächlich durch den Nichtgebrauch von Socken bekannt ist und bei besonderen Gelegenheiten als Kuriosität vorgezeigt wird«.[42] Nach dem Krieg, von Krankheiten gezeichnet und abgemagert, manchmal nicht nur bequem, sondern geradezu grotesk gekleidet, wäre er zur chaplinesk tragikomischen Figur geworden, hätten nicht sein Antlitz und seine tiefgründig blickenden, klugen Augen jeden Besucher in ihren Bann geschlagen.

Und der Besucher gab es viele. Alte Freunde wie Maurice Solovine und Max von Laue waren herzlich begrüßte Gäste und wohnten bei ihm. Politische Prominenz vom indischen Ministerpräsidenten Jawaharlal Nehru in Begleitung seiner Tochter Indira bis zu David Ben Gurion aus Israel ließ es sich nicht nehmen, einen Nachmittag von New York oder Washington nach Princeton zu fahren und mit dem weisen Mann zu sprechen. Von besonderem Zauber war im Spätherbst 1952 der Besuch des Juilliard String Quartet. Die vier jungen Musiker kamen im Anschluß an ein Nachmittags-Konzert in der Universität in die Mercer Street und spielten Beethoven und Bartók, bevor sie Einstein mit der Bitte überraschten, mit ihm gemeinsam musizieren zu dürfen. Nach längerem Sträuben – vor sieben Jahren hatte er das Geigen aufgegeben – wählte Einstein Mozarts großes g-moll-Quintett und übernahm die zweite Violinstimme. Trotz ungeübter fragiler Hände spielte er mit gutem Sinn für Koordination und Intonation sowie beeindruckender Konzentration. Zwar mußte im Tempo auf Einstein Rücksicht genommen werden, aber daß die Sätze langsamer und immer langsamer ausfielen, tat dem warmen Glanz von Mozarts Musik keinen Abbruch, steigerte sogar das Erlebnis der jungen Virtuosen zu einer Intensität, daß sie vom Glück überwältigt waren.

Beim Abschied konnte Einstein nicht verstehen, daß das Juilliard Quartet oft wegen zu rascher Tempi kritisiert wurde: »Ich wüßte nicht, warum?«[43]

Wenig später, am 16. November 1952, wurde Einstein eine Ehrung zuteil, die ihn sehr rührte, die er aber nicht annehmen konnte. Chaim Weizmann, der erste Präsident des jungen Staates Israel, war am 9. November gestorben. Israels Ministerpräsident David Ben Gurion hatte eine in der israelischen Presse vorgebrachte Anregung aufgegriffen, Einstein die Nachfolge Weizmanns anzubieten, als dem größten lebenden Juden und als Ausdruck der besonderen Verbundenheit Israels mit dem wissenschaftlichen Humanismus. Per Telefon und Telex beauftragte er Abba Eban, damals Botschafter in Washington, Einstein das hohe Amt anzutragen.[44]

Bevor sich der Botschafter auf die delikate Aufgabe hatte einstellen können, erlebte er die nächste Überraschung: Einstein war am Telefon. Ben Gurions Absicht war schon durch die Nachrichtenagenturen verbreitet worden und Einstein hatte am Abend des 16. November davon erfahren. »Der kleine ruhige Haushalt geriet in Aufregung«, berichtete ein Kollege vom Institut, der bei Einstein zu Gast war. »›Dies ist sehr unangenehm, sehr unangenehm‹, erklärte der alte Herr, während er aufgeregt auf und ab ging, was für ihn sehr ungewöhnlich war.«[45] Er entschloß sich, sofort in Washington anzurufen und erklärte Abba Eban in entschiedenen Worten, daß sich Ben Gurion diese Idee aus dem Kopf schlagen solle. Er bat darum, nach Israel zu berichten, wie geehrt er sich fühle, aber auch, wie unabänderlich seine Ablehnung sei.

Eban wußte, daß er Einstein nicht würde umstimmen können, mochte es aber nicht akzeptieren, daß die Präsidentschaft Israels am Telefon abgelehnt würde. Deshalb schickte er am nächsten Tag seinen Stellvertreter nach Princeton. Als der sein offizielles Schreiben überreichte, hatte Einstein seine Antwort bereits entworfen:

> Ich bin tief bewegt über das Anerbieten unseres Staates Israel, freilich auch traurig und beschämt darüber, dass es mir unmöglich ist, dies Anerbieten anzunehmen. Mein Leben lang mit objektiven Dingen beschäftigt, habe ich weder die natürlichen Fähigkeiten noch die Erfahrung im richtigen Verhalten zu Menschen in der Ausübung offizieller Funktionen. Deshalb wäre ich für die Erfüllung der hohen Aufgabe auch dann ungeeignet, wenn nicht vorgerücktes Alter meine Kräfte in steigendem Masse beeinträchtigte.
>
> Diese Sachlage betrübt mich um so mehr, als die Beziehung zum jüdischen Volke meine stärkste menschliche Bindung geworden ist, seitdem ich über unsere prekäre Situation unter den Völkern völlige Klarheit erlangt habe.[46]

Abba Eban war tief beeindruckt, daß Einstein schon im ersten Satz vom »Anerbieten unseres Staates Israel« geschrieben hatte. Tatsächlich hatte Einstein die Gründung des Staates von ganzem Herzen begrüßt, obwohl es ihn betrübte, daß sie nicht ohne Gewalt möglich war und er nach wie vor im Zusammenleben von Juden und Arabern eine noch nicht gelöste Aufgabe sah. Dem Chefredakteur jener Zeitung in Tel Aviv, die Einsteins Präsidentschaft in die Diskussion gebracht hatte, begründete Einstein seine Ablehnung auch durch die Sorge, »was für eine schwierige Situation entstünde, wenn die Regierung bzw. das Parlament Dinge beschliessen würde, die mich in einen Gewissenskonflikt bringen würden, zumal die moralische Verantwortung nicht durch die Tatsache aufgehoben wird, dass man de facto keinen Einfluss auf die Ereignisse hat.«[47]

Einem Freund begründete er seine Entscheidung etwas einfacher: »Das Angebot von meinen Israeli-Brüdern hat mich sehr gerührt. Aber ich hab' es sogleich mit ehrlichem Bedauern abgelehnt. Es ist zwar schon mancher Rebell ein Bonze geworden, aber das kann ich nicht über mich bringen.«[48] Als Ben Gurion auf Einsteins Entscheidung wartete, fragte er seinen damaligen Assistenten, den späteren

Präsidenten Yitzak Navon, bei einer Tasse Kaffee: »Was sollen wir machen, wenn er Ja sagt? Ich mußte ihm die Präsidentschaft anbieten, weil es unmöglich war, es nicht zu tun. Aber wenn er annimmt, dann kriegen wir Probleme.«[49]

Am Institut war Einstein im Frühjahr 1946 emeritiert worden, hatte aber, was Gehalt und Arbeitsmöglichkeiten anging, durchgesetzt, daß sich für ihn nichts ändern würde, »weil ich drohte, bei der Pensionierung Princeton zu verlassen, was man wegen meiner Popularität nicht wünschte«.[50] Im Herbst des gleichen Jahres übernahm J. Robert Oppenheimer die Leitung des »Institute for Advanced Study« und entwickelte es zu einem herausragenden Zentrum physikalischer Forschung. Einstein schätzte den neuen Direktor als einen »ungewöhnlich fähigen Mann von vielseitiger Bildung«, kam mit ihm aber nicht in einen engeren Kontakt, »vielleicht zum Teil darum, weil unsere wissenschaftlichen Meinungen ziemlich diametral verschieden sind«.[51] Da alle jüngeren Physiker, die von Oppenheimer ans Institut geholt wurden, die Quantenmechanik schon mit der akademischen Muttermilch aufgesogen hatten, konnten und wollten sie Einsteins Probleme nicht mehr nachvollziehen. Die wenigen, die das Gespräch mit ihm suchten, verließen ihn immer bereichert, wunderten sich aber darüber, daß er redete, als habe er einen ganz direkten Draht zu Gott, und die vielen, die ihn ignorierten oder aus der Ferne belächelten, spürten zumindest einen Hauch von Ehrfurcht, wenn sie seiner ansichtig wurden - als dem größten lebenden Vertreter ihrer Wissenschaft, freilich schon aus einer vergangenen Epoche, ein wenig so, als wäre Isaac Newton unter ihnen erschienen.

So war es immer, wenn er sich zu einem Vortrag einfand, und so war es auch bei einem Symposion, mit dem das Institut im März 1949 den 70. Geburtstag seines berühmtesten Mitglieds würdigte. Abraham Pais erinnerte sich, daß die meisten der dreihundert Teilnehmer ihre Plätze schon eingenommen hatten, als der Jubilar erschien. Ein Moment ehrfürchtiger Stille erfüllte den Saal, bevor sich die Gäste erhoben und ihm applaudierten.[52] Sogar der scharfzüngige Pauli war – wiederum nach einer Beobachtung von Abraham Pais – in Einsteins Gegenwart ein wenig verwandelt und konnte nicht umhin, daß ein Hauch von Ehrfurcht vor historischer Größe sichtbar wurde.

Während sein Lebenswerk als unvergänglich gefeiert wurde, zog Einstein als Reaktion auf die Lobpreisungen zwei Wochen nach seinem Geburtstag eine andere Bilanz:

Da ist kein einziger Begriff, von dem ich überzeugt wäre, dass er standhalten wird, und ich fühle mich unsicher, ob ich überhaupt auf dem rechten Wege bin. Die Zeitgenossen aber sehen in mir zugleich einen Ketzer und Reaktionär, der sich selber sozusagen überlebt hat.

Das hat allerdings mit Mode und Kurzsichtigkeit zu schaffen, aber das Gefühl der Unzulänglichkeit kommt von innen. Nun – es kann wohl nicht anders sein, wenn man kritisch und ehrlich ist, und Humor und Bescheidung halten einen im Gleichgewicht, den äusseren Einflüssen zum Trotz.[53]

Manchmal äußerte er seine Meinung über die Zeitgenossen noch etwas kräftiger: »Es ist einigermassen hart zu sehen, dass wir uns immer noch im Stadium der Wickelkinder befinden, und es ist nicht verwunderlich, dass sich die Kerle dagegen sträuben, es zuzugeben (auch sich selber).«[54] Er aber gab es sich zu und arbeitete unverdrossen an seiner großen Aufgabe, der Begründung der Quantentheorie durch eine auf der Allgemeinen Relativitätstheorie basierenden vereinheitlichten Theorie. Oft war er optimistisch, wenigstens einen Zipfel erhascht zu haben: »Vielleicht ist sogar meine allgemein relativistische Theorie des nicht symmetrischen Feldes das richtige«, glaubte er 1952. »Die mathematischen Schwierigkeiten für den Vergleich mit der Erfahrung sind aber einstweilen prohibitiv. Wie dies auch sein mag, jedenfalls sind wir von einer wirklich vernünftigen Theorie (der Doppelnatur der Lichtquanten und Teilchen) ebenso weit entfernt wie vor fünfzig Jahren.«

Obwohl er seinen Assistenten belehrte, daß es schon ein Erfolg sei, »wenn man die Natur dazu zwingen kann, einem die Zunge rauszustrecken«[55], schraubte er seine Ansprüche an eine vernünftige Theorie immer höher. Nicht nur müßte das Elektron und damit nach seiner Vorstellung alle Materie aus der Theorie denknotwendig zu deduzieren sein, auch die Größe von Naturkonstanten wie der Lichtgeschwindigkeit sollten nicht mehr empirische Tatsachen sein, sondern sich eindeutig aus der Theorie ergeben.

Hatte Einstein früher versucht, dem – metaphorisch gemeinten – Herrgott in die Karten zu schauen und herauszufinden, wie er die Welt geschaffen hat, so steigerte sich dies zu dem Anspruch, herauszufinden, ob Gott bei der Schaffung der Welt überhaupt eine Wahl hatte: »Was mich eigentlich interessiert, ist, ob Gott die Welt hätte anders machen können; das heißt, ob die Forderung der logischen Einfachheit überhaupt eine Freiheit läßt.«[56] Für diese Absicht, das alte Kontingenzproblem der Philosophen wenigstens im Rahmen der Physik zu lösen, war er sogar bereit, die Feldtheorie aufzugeben und nach alternativen physikalischen und mathematischen Strukturen zu suchen. Probiert hat er in dieser Richtung einiges, aber bis zur Publikationsreife ist nichts gediehen.

Während er unermüdlich an der einheitlichen Theorie auf der Grundlage des Feldes weiterarbeitete, wehrte er keineswegs den Gedanken ab, daß vielleicht alles ganz anders sein könnte. Im Sommer 1954 schrieb er in seinem letzten Brief an Besso, der ein halbes Jahrhundert zuvor bei der Entstehung der Relativitätstheorie dabei gewesen war: »Ich betrachte es aber als durchaus möglich, dass die Physik nicht auf den Feldbegriff gegründet werden kann, d.h. auf kontinuierliche Gebilde. Dann bleibt von meinem ganzen Luftschloß inclusive der Gravitationstheorie *nichts* bestehen.«[57] – Auch mit diesem harten Urteil war Einstein allein.

Mit dem Direktor Oppenheimer zogen zugleich Politik und Geheimhaltung in den Elfenbeinturm des Instituts ein. Militärpolizisten bewachten ständig jenen Safe, in dem der »Vater der Atombombe« Geheimpapiere für seine Beratung der Regierung in nuklearen Angelegenheiten deponierte. Während Einstein im schönen, zu ebener Erde gelegenen Eckzimmer Nr. 109 grübelte, veranstaltete ein Stockwerk höher Oppenheimer Konferenzen mit bombenerfahrenen Kollegen – von Enrico Fermi, Johann von Neumann und John Archibald Wheeler bis zu Edward Teller –, um die Möglichkeiten für den Bau einer »Super«, einer Wasserstoffbombe, zu erörtern.

Mit den Bombenbauern, die im Institut ein- und ausgingen, dürfte Einstein kaum über die Gefahren dieses Unterfangens gesprochen haben. Aber als der Präsident der Vereinigten Staaten die Realisierung der Wasserstoffbombe proklamierte, sprach Einstein zur ganzen Nation, zum ersten Mal über das neue Medium des Fernsehens in einer Ansprache, die wenige Tage zuvor in Princeton auf Film aufgenommen worden war. Wäre diese Entwicklung erfolgreich, »so bringt sie radioaktive Verseuchung der Atmosphäre und damit die Vernichtung alles Lebendigen in den Bereich des technisch Möglichen. Das Gespenstische dieser Entwicklung liegt in ihrer scheinbaren Zwangsläufigkeit. Jeder Schritt erscheint als unvermeidliche Folge des vorangehenden. Als Ende winkt immer deutlicher die allgemeine Vernichtung.«[58]

Die Resonanz war überwältigend. Am nächsten Tag erschien das Massenblatt ›New York Post‹ mit der über die ganze Seite laufenden Schlagzeile: »Einstein warnt die Welt: Ächtet die Wasserstoffbombe oder ihr werdet zugrunde gehen!«[59] – und Zeitungen auf der ganzen

Welt schlossen sich an. Der Erfolg aber blieb aus. Das Wettrüsten nahm seinen Lauf, in der von Einstein diagnostizierten »scheinbaren Zwangsläufigkeit«.

Genausowenig wie in der Physik gab Einstein in seinem Kampf gegen das atomare Wettrüsten auf. Er mischte sich zudem in viele andere Kontroversen der amerikanischen Innenpolitik ein, rief in der düsteren Periode des vom Senator John McCarthy inszenierten Gesinnungsterrors zur Verteidigung der bürgerlichen Freiheiten auf und plädierte für zivilen Ungehorsam. Einstein fand sich in einer ähnlichen Situation wieder wie in der Weimarer Republik: Verehrt von den Linken und Liberalen, scharf attackiert von den Rechten, die bis zu der Forderung gingen, ihm die Staatsbürgerschaft abzuerkennen und ihn des Landes zu verweisen.

Als er sah, wie an den Universitäten und im öffentlichen Leben die Meinungsfreiheit geknebelt wurde, Intellektuelle und Wissenschaftler verfolgt wurden, provozierte der 75jährige die Nation mit der bitteren Feststellung, er würde als junger Mensch in dieser Situation nicht mehr »ein Wissenschaftler, Gelehrter oder Pädagoge, sondern ein Klempner oder Hausierer werden wollen, in der Hoffnung, mir damit jenes bescheidene Mass von Unabhängigkeit zu sichern, das unter den heutigen Verhältnissen noch erreichbar ist«.[60] Er freute sich, als er von einer Ortsgruppe der Klempner- und Installateurgewerkschaft aus Chicago eine Mitgliedskarte erhielt.

Einstein aber hatte sich dank seiner Wissenschaft nicht nur jene Unabhängigkeit erworben, für die er stritt, er nutzte sie auch bis zu seinem letzten Atemzug. Im Februar 1955 wandte sich Bertrand Russell an Einstein mit dem Vorschlag, der Öffentlichkeit und den Regierungen mit Nachdruck darzustellen, daß es in einem Nuklearkrieg nicht mehr Sieger und Besiegte geben würde, sondern nur noch die totale Katastrophe.[61] Die beiden großen alten Männer einigten sich in einem längeren Briefwechsel auf einen Appell, der von einigen Wissenschaftlern unterzeichnet werden sollte, deren Stimme international Gewicht hatte. Russell trug die Hauptlast der Organisation dieses Vorhabens und verfaßte auch das endgültige Dokument, das Russell-Einstein-Manifest. Einstein unterzeichnete den Appell am 11. April 1955 und schickte ihn mit einem knappen Begleitschreiben an Russell. Es war sein letzter Brief. Als Russell ihn in Händen hielt, lebte Einstein nicht mehr.[62]

6. »eine alte Schuld«

Das Ende kam schnell und überraschend, obwohl es lange befürchtet worden war. Im Sommer 1950 hatten die Ärzte festgestellt, daß das Aneurysma im Wachsen begriffen war. Von da an wußte er, daß seine Zeit bemessen war. Gefaßt erwartete er den Tod und wünschte sich nur, »mit Grazie zu sterben«.[1] Am 18. März 1950 hatte er sein Testament unterzeichnet, in dem Helen Dukas und Otto Nathan als die Verwalter seines Nachlasses eingesetzt wurden mit der Maßgabe, daß alle seine Manuskripte der Hebräischen Universität in Jerusalem übereignet würden.

Sein Begräbnis wünschte er sich so schlicht wie möglich und ohne Trauerfeier. Er, der einst am Grabe Newtons mit Blumen des Riesen gedacht hatte, auf dessen Schultern er stand, wollte nicht einmal einen Grabstein. Auf die kühne Frage eines Studenten, was denn nach seinem Tode aus seinem Haus werden würde, antwortete er mit spitzbübischem Lächeln: »Dieses Haus wird sicherlich niemals ein Wallfahrtsort werden, zu dem die Pilger kommen, um die Gebeine des Heiligen zu betrachten.«[2] – Das war im Herbst 1953.

1954 war Einstein an hämolytischer Anämie erkrankt. Im Februar 1955 konnte er berichten, daß ihn die ärztliche Kunst darüber hinweg gebracht habe. »Aber der Kasten läuft wieder einigermassen, nur das Gehirn ist etwas sehr eingerostet – der Teufel zählt die Jahre überhaupt gewissenhaft, das muss man anerkennen.«[3] Noch einmal konnte er jeden Vormittag ins Institut gehen und mit seiner Assistentin Bruria Kaufmann arbeiten, einer jungen, in Palästina geborenen und in Amerika ausgebildeten Physikerin.

In Bern und in Berlin wurden Feiern vorbereitet, bei denen der Entstehung der Relativitätstheorie vor fünfzig Jahren gedacht werden sollte. »Alter und Krankheit machen es mir unmöglich, mich an solchen Gelegenheiten zu beteiligen, und ich muss auch gestehen, dass diese göttliche Fügung für mich auch etwas Befreiendes hat«, schrieb er Max von Laue. »Wenn ich in den Grübeleien eines langen Lebens etwas erkannt habe, so ist es dies, dass wir von einer tieferen Einsicht in die elementaren Vorgänge viel weiter entfernt sind, als die meisten unserer Zeitgenossen glauben, so dass geräuschvolle Feiern der tatsächlichen Sachlage wenig entsprechen.«[4]

Zu Einsteins 76. Geburtstag, der ohne Aufhebens begangen wurde, hatte sich ein Physiker von der Universität ein hübsches Geschenk ausgedacht: eine experimentelle Demonstration des Äquivalenzprinzips[5], das ihn an den »glücklichsten Gedanken« in seinem Leben erinnerte, der ihm vor einem halben Jahrhundert im Patentamt in Bern eingefallen war. Das Arrangement aus einem Besenstiel, einer Feder und einer Kugel führte er mit großem Vergnügen und gravitätischem Zeremoniell vor.

Einen Monat später, am 11. April, unterzeichnete Einstein den von Bertrand Russell initiierten Appell gegen das Wettrüsten, und am Nachmittag empfing er den israelischen Botschafter Abba Eban zu einer Besprechung wegen einer geplanten Rundfunkansprache zum siebten Jahrestag der Gründung Israels. Keiner seiner Besucher ahnte, daß der Tod nahe sein könnte.

Am Mittwoch, dem 13. April, setzten starke Schmerzen ein. Sein Hausarzt befürchtete eine kleine Perforation des Aneurysmas. Walter Bucky und Rudolf Ehrmann, sowohl Freunde als auch Ärzte, kamen am nächsten Tag aus New York, um Einstein auf dem letzten Wege beizustehen. Eine Operation lehnte er vehement ab. »Ich möchte gehen, wann ich möchte. Es ist geschmacklos, das Leben künstlich zu verlängern.«[6] Wenige Wochen zuvor hatte Einstein an den Tod gedacht als »eine alte Schuld, die man endlich entrichtet. Dabei tut man doch instinktiv alles Mögliche, um diese letzte Erfüllung hinauszuschieben. So ist das Spiel, das die Natur mit uns treibt. Wir mögen selbst darüber lächeln, dass wir so sind, aber wir können uns doch nicht frei machen von den Instinkten, denen wir alle unterworfen sind.«[7] Nun, da er wußte, daß seine Zeit gekommen war, versuchte er zu lächeln und frei zu sein von Instinkten, um »mit Grazie zu sterben«.

Am Freitag mußte er ins Krankenhaus gebracht werden. Der Sohn Hans Albert kam aus Kalifornien, Otto Nathan aus New York. Am Sonntag hatte sich Einsteins Zustand so weit gebessert, daß er nach seinen Rechnungen verlangte und nach dem Entwurf der Rundfunkansprache für seine »israelischen Brüder«. Er konnte sie nicht mehr beenden. In der Nacht zum Montag, kurz nach ein Uhr morgens am 18. April, wurde er unruhig, sprach einige Worte auf deutsch, die die Nachtschwester nicht verstehen konnte, und verstarb. Das Aneurysma war endgültig zerrissen.

Zwölf enge Freunde fanden sich am Nachmittag zu einer schlichten Feier in einem Krematorium ein. Otto Nathan hielt eine kurze Ansprache und rezitierte den Epilog zu Schillers Glocke, den Goethe für die Trauerfeier zu Ehren Friedrich Schillers geschrieben hatte. Einsteins Asche wurde an einem unbekannten Ort verstreut.

Seine Stieftochter Margot, die im gleichen Krankenhaus lag und Einstein mehrmals sehen durfte, berichtete über seine letzten Stunden: »Er... wartete auf sein Ende wie auf ein bevorstehendes Naturereignis. So furchtlos, wie er im Leben war – so still und bescheiden war er dem Tod gegenüber. Ohne Sentimentalität und ohne Bedauern ist er von dieser Welt gegangen.«[8] Drei Wochen vor seinem Tode hatte Einstein des alten Freundes Besso gedacht: »Nun ist er mir auch mit dem Abschied von dieser sonderbaren Welt ein wenig vorausgegangen. Dies bedeutet nichts. Für uns gläubige Physiker hat die Scheidung zwischen Vergangenheit, Gegenwart und Zukunft nur die Bedeutung einer wenn auch hartnäckigen Illusion.«[9]

Anmerkungen

I. Kindheit, Jugend und Studentenjahre

1. »man brüllt seine Lieben zunächst einmal an«

1 Maja Winteler-Einstein, *Albert Einstein – Beitrag für sein Lebensbild.* 36seitiges Manuskript, beendet am 15. Februar 1924; in Auszügen abgedruckt in: CP1, S. LVI. Mehr noch als das Manuskript Majas sind die Anmerkungen der Herausgeber eine zuverlässige Quelle für viele Einzelheiten zur Familie und zu Einsteins ersten Lebensjahren.

2 Hans Eugen Specker (Hg.), *Einstein und Ulm*, Ulm/Stuttgart 1979. Enthält viele Dokumente aus dem Stadtarchiv Ulm; die Geburtsurkunde ist im Faksimile auf S. 61 abgedruckt.

3 Einstein an Dr. Hans Mühsam, 4. März 1953, ETH; in: Helle Zeit – Dunkle Zeit, S. 56.

4 CP1, S. LVI.

5 Einstein an Carlos Erlander, 16. März 1929, Stadtarchiv Ulm.

6 Einstein an die Redaktion der Ulmer Abendpost, 18. März 1929, Stadtarchiv Ulm.

7 Maja Winteler-Einstein, *Beitrag*, in: CP1, S. L.

8 Reiser, S. 28.

9 Ebd., S. 26.

10 Zitiert nach Hoffmann/Dukas, S. 22. Diese Sätze sind von Helen Dukas exzerpiert; die Originalschriftstücke befinden sich im Einstein-Archiv der Hebrew University in Jerusalem im sogenannten »Family Folder«; sie sind derzeit nicht zugänglich.

11 Maja Winteler-Einstein, in: CP1, S. LVII.

12 Einstein an Sybille Blinoff, 21. Mai 1954.

13 Ernst G. Straus, *Reminiscences*, in: Jerusalem Symposium, S. 419; nach anderen Darstellungen, z. B. Maja Winteler-Einstein, a.a.O., S. LVII, wurde die Wiederholung des Satzes leise gesprochen; mir scheint die Version, die Einstein seinem Assistenten Straus selbst erzählt hat, am plausibelsten.

14 Maja Winteler-Einstein, a.a.O., S. LVII.

15 Ebd.

16 Erik H. Erikson, *Psychoanalytic Reflections*, in: Jerusalem Symposium, S. 157.

17 Einstein an James Franck, zitiert in: Seelig (1952), S. 72.

18 Autobiographisches, S. 7.

19 Ebd.

20 Antwort Einsteins auf eine schriftlich eingereichte Frage auf einer Pressekonferenz am 18. März 1953 in New York, zitiert bei Seelig (1960), S. 399.

2. Schuljahre

1 CP1, S. LIX, Anm. 42.
2 Reiser, S. 30.
3 Einstein in einem Briefentwurf an einen unbekannten Adressaten, 3. April 1920.
4 Reiser, S. 30.
5 Einstein, Briefentwurf, 3. April 1920.
6 Maja Winteler-Einstein, a.a.O., S. LIX.
7 Hoffmann/Dukas, S. 27.
8 Reiser, S. 33.
9 Frank, S. 23; Reiser, S. 27.
10 Schülerverzeichnis der Volksschule a. d. Blumenstraße, in: CP1, S. LIIX, Anm. 42.
11 Frank, S. 21; vgl. auch Reiser, S. 26.
12 Frank, S. 24 f.; vgl. Moszkowski, S. 221: »Mit bitterem Sarkasmus sagte er mir: diese Lehrer hatten den Charakter von Unteroffizieren, – die weiteren am Gymnasium waren dann überwiegend dem Leutnantscharakter zugewendet.«
13 E. A. Pariser, *Albert Einstein*, in: Umschau, 1933, Heft 10.
14 Dr. H. Wieleitner, *Albert Einstein am Münchner Luitpold-Gymnasium*, in: Münchner Neueste Nachrichten, 14. März 1929.
15 Z. B. Moszkowski, S. 71 ff. und S. 221 ff.
16 Antonina Vallentin, *Das Drama Albert Einsteins – Eine Biographie*, Stuttgart 1955, S. 16.
17 Moszkowski, S. 221.
18 Abraham A. Fraenkel, *Lebenskreise – Erinnerungen eines jüdischen Mathematikers*, Stuttgart 1955, S. 16.
19 Die Lehrpläne sind abgedruckt in: CP1, Appendix B, S. 346 ff.
20 Skizze, S. 10.
21 Einstein an Sybille Blinoff, 21. Mai 1954.
22 Ebd.
23 Maja Winteler-Einstein, in: CP1, S. LIX.
24 Reiser, S. 28.
25 Autobiographisches, S. 2.
26 Maja Winteler-Einstein, in: CP1, S. LX.
27 Reiser, S. 29.
28 Autobiographisches, S. 1.
29 Ebd.
30 Ebd., S. 2.
31 Moszkowski, S. 222; vgl. Frank, S. 26, für eine ähnliche Version der gleichen Geschichte.
32 Moszkowski, S. 223; dazu auch Maja Winteler-Einstein, a.a.O., S. LXI, sowie Autobiographisches, S. 4.
33 Max Talmey, *The Relativity Theory Simplified and the Formative Period of Its In-*

ventor, New York 1932, S. 163. – Max Talmud hat bei seiner Einwanderung in Amerika seinen Familiennamen anglisiert.

34 Ob Spiekers Lehrbuch tatsächlich das »heilige Geometrie-Büchlein« ist (s.u.), wie Talmey behauptet, bleibt unklar, da es für ein »Büchlein« zu voluminös ist. Nach der Erzählung der Schwester könnte es auch ein vorzeitig gekaufter Band des am Luitpold-Gymnasium verwendeten *Leitfaden der elementaren Mathematik* von Adolf Sickenberger gewesen sein.

35 Heinrich B. Lübsen, *Einleitung in die Infinitesimalrechnung (Differential- und Integralrechnung). Zum Selbstunterricht. Mit Rücksicht auf das Notwendigste und Wichtigste*, Leipzig, bei Friedrich Branstätter. Ebenfalls zum Selbstunterricht gab es von Lübsen noch ein *Ausführliches Lehrbuch der Analysis* sowie ein *Ausführliches Lehrbuch der ebenen und sphärischen Trigonometrie*. Alle drei Bände befinden sich jetzt im Einstein-Archiv; auf dem Vorsatzblatt tragen sie die Signatur »Jakob Einstein«, so daß es sehr wohl möglich ist, daß Albert diese Bücher nicht von Talmud, sondern aus den Beständen seines Onkels erhalten hat. Die *Einleitung in die Infinitesimalrechnung* enthält einige handschriftliche Anmerkungen von Einstein.

36 Talmey, a.a.O., S. 164.

37 Autobiographisches, S. 4.

38 Ebd., S. 3.

39 Bertrand Russell, *The Autobiography of Bertrand Russell*, London 1967, S. 36.

40 Autobiographisches, S. 4.

41 Ebd. S. 2.

42 Ebd. S. 5.

43 Ebd., S. 5.

44 Talmey, a.a.O., S. 164.

45 Fritz Genewein an Albert Einstein, München, 20. Oktober 1924.

46 Alfred Einstein an Albert Einstein, Berlin, 9. Dezember 1927.

47 Maja Winteler-Einstein, a.a.O., S. LVIII.

48 Einstein an Philipp Frank, Briefentwurf, 1940.

49 Ebd.

50 Talmey, a.a.O., S. 165.

51 Weltbild (1934), S. 8 (geschrieben um 1930).

52 Reiser, S. 33; ebenfalls zu Ruess vgl. Moszkowski, S. 221.

53 Reiser, S. 34 f.

54 Einstein an Philipp Frank, Briefentwurf, 1940.

55 Maja Winteler-Einstein, a.a.O., S. LXIII.

56 Einstein an Philipp Frank, Briefentwurf, 1940.

57 Vgl. Erich Kiesel, Münchner Stadtanzeiger, 1979, Nr. 22, S. 8.

58 Zu Einzelheiten vgl. CP1, die Anmerkungen zu den Seiten LI-LIII, sowie Pyenson, S. 35-53.

59 Die Patente können im Deutschen Patentamt in München eingesehen werden; eine Auflistung findet sich in Pyenson, S. 54.

60 Friedrich Uppenborn, *Die Versorgung von Städten mit elektrischem Strom. Nach Berichten elektrotechnischer Firmen über die von ihnen verwendeten Systeme*, Berlin/

München 1891; die S. 63-66 sind ein Referat des Einsteinschen Drei-Leiter-Gleichstromsystems.

61 G. N. Reinhart, in: *Geschichte der bayrischen Industrie*, von Alfred Kuhlo, München 1926, S. 31.

62 Ebd.

63 Maja Winteler-Einstein, a.a.O., S. LIII.

64 Insofern entspricht die an dem jetzigen Haus Adlzreiterstraße 12 angebrachte Gedenktafel nicht ganz den Tatsachen; Albert Einstein hat in diesem Haus niemals gelebt, sondern in einem nicht mehr existierenden Haus auf dem gleichen Grundstück.

65 Vgl. Anm. 25.

66 Reiser, S. 41 f., Frank, S. 31.

67 Offiziell wurde seine Schulentlassung auf den 29. Dezember 1894 datiert; Kgl. Luitpold-Gymnasium, Jahresbericht 1895.

3. Umwege eines »Wunderkinds«

1 Maja Winteler-Einstein, a.a.O., S. LXIV.

2 Ebd.

3 Ernesta Pelizza Marangoni, *Momenti pavesi nella vito di Alberto Einstein*, in: La Provincia Pavese, 14. Mai 1955, S. 1-3.

4 Zitiert nach Harry A. Cohen, *An Afternoon with Einstein*, in: Jewish Spectator, Januar 1969, S. 16 (Eigene Übers., A. F.).

5 Marangoni, a.a.O., S. 1.

7 Einstein an Tullio Levi-Civita, 26. März 1915.

6 Einstein an Marie Winteler, 21. April 1886.

8 An Ernesta Marangoni, Princeton, 16. August 1946, abgedruckt in: Elena Sanesi, *Three Letters by Albert Einstein and some Information on Einstein's Stay at Pavia*, in: Physis 18 (1976), S. 174-178. Die zitierten Sätze lauten im Original: »I mesi felici del mio soggiorno in Italia sono le piu belle ricordanze. ... Giorni e settimane senza ansie e senza tensione.«

9 Otto Neustätter an Einstein, 12. März 1929.

10 Jagdish Mehra, Phys. Blätter, 27, 1971, S. 385-391, mit partiellem Faksimile des Einsteinschen Texts, dessen Original sich im Besitz der Erben von Caesar Koch befindet, in: CP1, Dok. 5, S. 6.

11 Einstein an Caesar Koch, Sommer 1895, in: CP1, Dok. 6, S. 9 f.

12 Einstein, Über die Untersuchung, in: CP1, S. 6.

13 Clark, S. 17.

14 Leonhard Sohncke, *Die Umwälzung unserer Anschauungen vom Wesen der elektrischen Wirkungen*, in: Himmel und Erde. Illustrierte naturwissenschaftliche Monatsschrift 3 (1891), S. 157-172; CP1, S. 6, Anm. 14.

15 Albin Herzog an Gustav Maier, 25. Sept. 1895, in: CP1, Dok. 7, S. 12 f.

16 Reiser, S. 42 f.

17 Skizze, S. 9.

18 Für die Prüfungsanforderungen im einzelnen vgl. CP1, App. C; die einzelnen Prüfungsergebnisse sind nicht mehr aufzufinden.
19 Skizze, S. 9.
20 Ebd.
21 Vgl. Pyenson, S. 9ff, sowie CP1, S. 11 ff.
22 CP1, Dok. 8, S. 13, und Dok. 12, S. 18.
23 Skizze, S. 9 f.
24 CP1, App. B, S. 352.
25 Zu Jost Winteler vgl. die Kurzbiographie in: CP1, S. 388.
26 Gustav Maier an Jost Winteler, 26. Okt. 1895, in: CP1, Dok. 9, S. 14.
27 Anna Winteler-Besso in: Edgar Lüscher, Schweizerische Lehrerzeitung, 1944, S. 623.
28 Einstein an Pauline Winteler, undatiert, vermutlich 7. Juni 1897, in: CP1, Dok. 35, S. 57.
29 Hans Byland, *Aus Einsteins Jugendtagen. Ein Gedenkblatt*, in: Neue Bündner Zeitung, 7. Febr. 1928.
30 Hauptstaatsarchiv Stuttgart, E 1516, Verzeichnis der Kgl. Württ. Regierung für den Donaukreis über den Verlust der Reichs- und Staatsangehörigkeit durch Erteilung von Entlassungsurkunden im Kalenderjahr 1896, lfd. Nr. 8; auch Stadtarchiv Ulm, B122/53, Nr. 2: Auswanderungen und Bürgerrechtsverzichte.
31 Man darf daher annehmen, daß Hermann Einstein den Antrag spätestens im September in Pavia auf den Weg gebracht und mangels besserer Charakterisierungen die gelegentliche Mitwirkung von Albert in der Fabrik zu dessen »Beruf« gemacht hat.
32 Einstein an Maja Winteler-Einstein, Sommer 1935, zitiert in: Seelig (1952), S. 22.
33 Einstein an Besso, 16. Februar 1936, Speziali, S. 308.
34 An Julius Katzenstein, Kalifornien, 27. Dezember 1931. Stargard Katalog 620, Nr. 423, Juni 1980.
35 CP1, Dok. 82, S. 269.
36 Frank, S. 34: »Gleichzeitig trat er aus der jüdischen Religionsgemeinschaft aus« als vermutlicher Ursprung dieser Behauptung.
37 Einstein in einem Brief vom 15. April 1954, zitiert in: Helle Zeit – Dunkle Zeit, S. 57 f.
38 Einstein an Marie Winteler, 21. April 1896, in: CP1, S. 21.
39 Marie Winteler an Einstein, 30. Nov. 1896, in: CP1, Dok. 30, S. 52.
40 Einstein an Pauline Winteler, Mai 1897, in: CP1, Dok. 34, S. 55 f.
41 Zitiert nach CP1, S. 385.
42 Einstein an Julia Niggli, August 1899, in: CP1, Dok. 51, S. 221 f.
43 Antonina Vallentin, a.a.O., S. 9.
44 CP1, Dok. 11, S. 17.
45 Hermann Einstein an Jost Winteler, 30. Dezember 1895, in: CP1, Dok. 14, S. 19.
46 CP1, Dok. 19, S. 23

47 Zu allen Prüfungsarbeiten und Resultaten: CP1, S. 23-42.
48 In CP1, Dok. 22, S. 28, ist der französische Originaltext mit allen Fehlern und Korrekturen des Lehrers Jakob Hunzicker abgedruckt. In die deutsche Übersetzung sind die meisten dieser Korrekturen wegen der Lesbarkeit eingearbeitet. Einsteins Fehler waren manchmal so katastrophal, daß eine Darstellung im Deutschen nicht möglich ist. Die Benotung mit 3-4 erscheint überaus großzügig.
49 Albert Einstein an Heinrich Zangger, Frühjahr 1918, ETH; vgl. Briefe, S. 18.
50 Albert Einstein an Mileva Marić, 10. (?) September 1899, in: CP1, Dok. 54, S. 230.
51 Skizze, S. 10.
52 Goethe, hg. von Erich Trunz, Bd. 14, S. 82, Hamburg 1960 (Hamburger Ausgabe).

4. *Student in Zürich*

1 Vgl. *Gottfried Semper und die Mitte des 19. Jahrhunderts*, Symposion der ETH Zürich im Dez. 1974, Basel, Stuttgart 1976, und Gordon A. Craig, *Geld und Geist: Zürich im Zeitalter des Liberalismus 1830-1869*, München 1988, S. 201 ff. – Spätere Anbauten zur Rämistraße hin haben die Proportionen des Semperschen Entwurfs beeinträchtigt, so daß als originärer Semper nur die Zürich zugewandte Seite gelten kann; auch diese ist durch den benachbarten Neubau der Universität im Jahre 1914 in ihrer Einzigartigkeit ein wenig relativiert worden.
2 Craig, a.a.O., S. 202.
3 Bei Einsteins Studienbeginn gab es genau 841 Studenten am Polytechnikum; Programm des Polytechnikums 1897b, S. 35 ff., dem auch die weiteren Zahlenangaben entnommen sind.
4 Vgl. Craig, a.a.O., S. 150.
5 Autobiographisches, S. 7.
6 Skizze, S. 11.
7 Ebd.
8 Ebd., S. 10.
9 Ebd.
10 Vgl. CP1, S. LIV, Anm. 21.
11 Kornprobst hatte in München eng mit Jakob Einstein zusammengearbeitet; drei Patente aus den Jahren 1889 und 1890 waren ›Einstein & Co und Sebastian Kornprobst‹ zugesprochen worden; es handelt sich dabei um die Nrn. 53 546, 53 846 und 60 361 des Deutschen Patentamts München.
12 Ernesta Pelizza Marangoni, *Momenti pavesi nella vita di Alberto Einstein*, in: La Provincia Pavese, 14. Mai 1955, S. 1.
13 Albert Einstein an Maja Einstein, Zürich 1898, enthalten in dem Maschinenskript von Maja Winteler-Einstein, *Beitrag*, S. 17; CP1, Dok. 38, S. 211.
14 Ebd.

15 Albert Einstein an Alfred Stern, Milano, 3. Mai 1901, in: CP1, Dok. 104, S. 296.
16 Dazu Werner G. Zimmermann, *Albert Einstein in Zürich*, Neue Zürcher Zeitung, 11. März 1979.
17 Albert Einstein an Alfred Stern, Milano, 3. Mai 1901, in: CP1, Dok. 104, S. 196.
18 Bussenverfügung No. 6619 vom 23./28. April 1897, in: CP1, Dok. 33, S. 54.
19 Skizze, S. 11.
20 Ebd.
21 Seelig (1960), S. 55.
22 Einstein an Frau Anna Grossmann, Princeton, 26. September 1936.
23 Skizze, S. 11.
24 Einstein an Frau Anna Grossmann, Princeton, 26. September 1936.
25 Einstein an Besso, Princeton, 6. März 1952, und Einstein an Pauline Winteler, Zürich, Mai 1897, in: CP1, Dok 34, S. 56.
26 Bericht über die Instrumentalmusikprüfung an der Kantonsschule vom 31. März 1896, in: CP1, Dok. 17, S. 21.
27 Vgl. dazu den Bericht von Susanne Markwalder in: Seelig (1960), S. 56-62.
28 Einstein an Pauline Winteler, Zürich, verm. 7. Juni 1897, in: CP1, S. 57; die Dame war vermutlich die Mutter von Selina Caprotti.
29 Seelig (1960), S. 58, hier auch die nächste Geschichte.
30 Einstein an Julia Niggli, verm. 28. Juli 1899, in: CP1, Dok 48, S. 219.
31 Zu Mileva Marić vgl. die Kurzbiographie in: CP1, S. 380f.; das Buch von Desunka Trbuhović – Gjuvić, *Im Schatten Albert Einsteins,* Bern und Stuttgart 1983, gibt eine atmosphärisch dichte Darstellung von Milevas Herkunft, ihrem Bildungswillen und ihrem tragischen Leben. Da dieses Buch zu einer Art Anti-Einstein-Manifest der Frauenbewegung geworden ist, muß darauf hingewiesen werden, daß die meisten Behauptungen über Milevas wissenschaftliche Arbeit und insbesondere ihre angeblichen Beiträge zur Speziellen Relativitätstheorie sowie die daraus gezogenen Schlußfolgerungen jeder Grundlage entbehren. Vgl. dazu meinen Artikel »Mutter der Relativitätstheorie«, in: Die Zeit, 16. Nov. 1990.
32 Mileva Marić an Einstein, Heidelberg, Ende Oktober 1897, in: CP1, Dok. 36, S. 58f; dieser Brief ist der erste, der erhalten geblieben ist; zumindest ein im Sommer geschriebener Brief von Einstein an Mileva Marić ist verloren.
33 Ebd.
34 Einstein an Mileva Marić, Zürich, verm. 16. Februar 1898, in: CP1, Dok. 39, S. 212.
35 Ebd.
36 Einsteins Ausarbeitungen von Webers Vorlesungen sind abgedruckt in: CP1, S. 63-210, allerdings wenig erleuchtend.
37 Einstein an Mileva Marić (wie Anm. 34).
38 Einstein an Mileva Marić, Mailand, verm. 28. September 1899, in: CP1, S. 234.
39 CP1, Dok. 42, S. 214.

40 Skizze, S. 10,
41 Henry Crew, *Notes of Travel*, Europe, 1895, Eintragungen unter dem 20., 21. und 22. Juli. Ein Reisetagebuch im Bestand des American Institute of Physics, zitiert nach Russel McCormmach, Editors Foreword, S. XVI, in: HSPS, 7 1976, Princeton.
42 CP1, Dok. 28, S. 47.
44 Zitiert bei Seelig (1960), S. 65.
45 Ebd., S. 47.
46 Louis Kollros, *Erinnerungen eines Kommilitonen*, in: Helle Zeit – Dunkle Zeit, S. 21.
47 Einstein 1901, S. 513-523.
48 Autobiographisches, S. 7.
49 Ebd. S. 6
50 Ebd. S. 7
51 Ludwig Boltzmann, *Vorlesungen über Gastheorie*, Leipzig 1896 und 1898.
52 Vgl. Einstein an Mileva Marić, September 1899, in: CP1, Dok. 54, S. 230.
53 Skizze, S. 10.
54 Max Wertheimer, *Productive Thinking*, New York/London 1945, S. 218; zitiert nach der deutschen Ausgabe *Produktives Denken*, Frankfurt am Main 1957, S. 195.
55 Ebd.
56 Einstein, *How I created the theory of relativity*, in: Physics Today, August 1982, S. 45–47, hier S. 46. Dieser Text basiert auf einer Vorlesung, die Einstein am 14. Dezember 1922 an der Universität von Kioto in Japan gehalten hat; Einstein benutzte keine Notizen und sprach deutsch, Professor Ishiwara übersetzte ins Japanische und schrieb in dieser Sprache mit; diese japanische Mitschrift wurde von Yoshimasa A. Ono ins Englische übertragen. Damit ist das Zitat eine Übersetzung aus dem Deutschen ins Japanische, daraus ins Englische und wieder zurück ins Deutsche. Trotz dieser philologisch problematischen Wanderschaft durch drei Übersetzungen ist diese »Kioto-Vorlesung« eine frühe und allein schon deshalb unverzichtbare Quelle für die Rekonstruktion von Einsteins Gedanken bei der Entstehung der Relativitätstheorie.
57 Reiser, S. 52.
58 Skizze, S. 10.
59 Ebd.
60 Einstein an Mileva Marić, Zürich, vermutlich Frühjahr 1898, in: CP1, Dok. 41, S. 213.
61 Paul Drude, *Physik des Äther auf elektro-magnetischer Grundlage*, Stuttgart 1894.
62 Wahrscheinlich Hermann von Helmholtz, *Wissenschaftliche Abhandlungen*, Leipzig 1895; hier insbesondere S. 476-504: »Das Prinzip der kleinsten Wirkung in der Elektrodynamik«, der Nachdruck des gleichnamigen Artikels aus den Annalen der Physik und Chemie, 47, 1892, S. 1-26.
63 Heinrich Hertz, *Untersuchungen über die Ausbreitung der elektrischen Kraft*, Leipzig 1892, hier insbesondere S. 147-170: »Die Kräfte elektrischer Schwingungen, behandelt nach der Maxwell'schen Theorie«; S. 208-255: »Über die

Grundgleichungen der Elektrodynamik für ruhende Körper«; S. 256-285: »Über die Grundgleichungen der Elektrodynamik für bewegte Körper«, sämtlich Nachdrucke von Arbeiten, die 1889 und 1890 in Zeitschriften erschienen waren.

64 Einstein an Mileva Marić, Mettmenstetten, verm. 10. August 1899, in: CP1, Dok. 52, S. 226.

65 Ebd.

66 Ebd.

67 Ebd., S. 227.

68 Hendrik Antoon Lorentz, *Versuch einer Theorie der elektrischen und optischen Erscheinungen in bewegten Körpern,* Leiden 1895; nach Frank, S. 38, und Reiser, S. 49, soll Einstein auch das verbreitete Lehrbuch von August Föppl, *Einführung in die Maxwellsche Theorie der Elektrizität*, Leipzig 1894, studiert haben.

69 Verhandlungen der Gesellschaft deutscher Naturforscher und Ärzte, Bd. 70, 2. Teil, 1. Hälfte, S. 83; in voller Länge abgedruckt in: Annalen der Physik und Chemie, Bd. 65, Nr. 3, (1898), Beilage S. I-XVII.

70 H. A. Lorentz, in: ebd., S. 86ff.

71 Einstein an Mileva Marić, Mailand, verm. 28. September 1899, in: CP1, Dok. 57, S. 233.

72 Ebd. Damit ist die viel hin- und hergewendete Frage, ob und wann Einstein vom Michelson-Morley-Experiment erfahren hat, eindeutig entschieden. In Wiens Auflistung von dreizehn Experimenten zur Ätherbewegung ist der Michelson-Morley-Versuch unter den zehn Versuchen »mit negativem Ergebnis« aufgeführt.

73 Vgl. Anm. 69

74 Maja Winteler-Einstein, a.a.O., in: CP1, S. LV, Anm. 29.

75 Einstein an Maja Einstein, Frühjahr 1899, in: CP1, Dok. 44, S. 215.

76 Einstein an Mileva Marić, März 1899, in: CP1, Dok. 45, S. 216.

77 Einstein an Mileva Marić, Mettmenstetten, August 1899, in: CP1, Dok. 50, S. 220.

78 Ebd., S. 221.

79 Hans Byland, *Aus Einsteins Jugendtagen. Ein Gedenkblatt*, in: Neue Bündner Zeitung, 7. Februar 1928.

80 Einstein an Mileva Marić, Mettmenstetten, verm. 10. August 1899, in: CP1, Dok. 52, S. 227.

81 Ebd., S. 226.

82 Ebd., S. 227.

83 Einstein an Mileva Marić, Mailand, verm. 28. September 1899, in: CP1, Dok. 57, S. 235.

84 Ebd.

85 Die von Einstein am Polytechnikum belegten Vorlesungen sind aufgelistet in: CP1, App. E., S. 362-369.

86 Reiser, S. 51.

87 Das gilt auch heute noch für die Abteilung XII der ETH.

88 Einstein an Arnold Heim, Princeton, 14. Juli 1952.

89 Vgl. Julius Braunthal, *Victor und Friedrich Adler – Zwei Generationen Arbeiterbewegung*, Wien 1965, S. 195 ff.
90 Reiser, S. 50.
91 Friedrich Adler, zitiert nach Seelig (1960), S. 164.
92 Ebd., S. 163.
93 Abwegig erscheint mir der Versuch, Einsteins Beziehungen zu revolutionär gesinnten Kommilitonen mit seinen späteren physikalischen Arbeiten in enge Beziehung zu bringen oder sie über die Konstruktion »Isoemotionaler Linien« gar zur Voraussetzung seiner Neuerungen in der Physik zu erheben, wie in Lewis S. Feuer, *Einstein and the Generations of Science*, New Brunswick/London 1982, S. 4-107.
94 Einstein an Mileva Marić, Mailand, verm. 10. Oktober 1899, in: CP1, Dok. 53, S. 238.
95 Ebd.
96 Mileva Marić an Helene Kaufler, Zürich, 9. März 1900, in: CP1, Dok. 63, S. 243.
97 Aus späteren Briefen, z. B. einem Ende Juli 1900 von Einstein an Mileva Marić geschriebenen (CP1, Dok. 68), geht hervor, daß zu dieser Zeit schon ernsthafte Heiratsabsichten bestanden haben.
98 Mileva Marić an Helene Kaufler, Zürich, 9. März 1900, in: CP1, Dok. 63, S. 243 f.
99 Da Diplomarbeiten am Polytechnikum nicht archiviert wurden, müssen die Arbeiten von Einstein und Marić als verloren gelten; nicht einmal die Themen sind bekannt.
100 Einstein an Carl Seelig, Princeton, 8. April 1952, in: ETH.
101 Die Ergebnisse der »Schlußdiplomprüfung« an der Abteilung VI A finden sich in: CP1, Dok. 67, S. 247.
102 Ebd.; die Entscheidung, »Frl. Marić nicht zu diplomieren«, ist nicht leicht nachzuvollziehen, da ihr Notenmittel von 4,0 nach heutigen Bräuchen einem »befriedigend« entsprechen würde: ich habe im Archiv der ETH keine Vorschrift über das Minimum der Mittelnote gefunden, unterhalb dessen die Diplomierung zu versagen ist.
103 Autobiographisches, S. 8.
104 Skizze, S. 12; vgl. dazu Kap. 5.
105 Einstein an Mileva Marić, Melchtal, verm. 1. August 1900, in: CP1, Dok. 69, S. 251.
106 Einstein an Mileva Marić, Mailand, verm. 6. September 1900, in: CP1, Dok. 74, S. 257.

5. *»Gott schuf den Esel ...«*

1 Einstein an Mileva Marić, Melchtal, verm. 29. Juli 1900, in: CP1, Dok. 68, S. 248; aus diesem Brief auch die folgenden Zitate.
2 Gustav Robert Kirchhoff, *Vorlesungen über mathematische Physik*, Band 1: *Mechanik*, Leipzig 1897.

3 Einstein an Mileva Marić, Melchtal, verm. 1. August 1900, in: CP1, Dok. 69, S. 250f.
4 Einstein an Mileva Marić, Melchtal, verm. 9. August 1900, in: CP1, S. 253.
5 Einstein an Mileva Marić, Melchtal, verm. 6. August 1900, in: CP1, Dok. 70, S. 251.
6 Einstein an Mileva Marić, Melchtal, verm. 9. August 1900, in: CP1, Dok. 71, S. 253.
7 Einstein an Mileva Marić, Mailand, verm. 20. August 1900, in: CP1, Dok. 73, S. 255.
8 Seelig (1960), S. 61.
9 Einstein an Mileva Marić, Mailand, verm. 13. September 1900, in: CP1, Dok. 75, S. 260.
10 Einstein an Mileva Marić, Zürich, verm. 9. August 1900, in: CP1, Dok. 71, S. 253.
11 Seelig (1960), S. 48.
12 Einstein an Mileva Marić, Zürich, verm. 9. August 1900, in: CP1, Dok. 71, S. 253.
13 Einstein an Mileva Marić, Zürich, verm. 14. August 1900, in: CP1, Dok. 72, S. 255.
14 Einstein an Mileva Marić, Zürich, verm. 9. August 1900, in: CP1, Dok. 71, S. 253.
15 Einstein an Mileva Marić, Mailand, verm. 30. August 1900, in: CP1, Dok. 74, S. 257.
16 Einstein an Mileva Marić, Mailand, verm. 13. September 1900, in: CP1, Dok. 75, S. 260.
17 Einstein an Mileva Marić, Mailand, verm. 30. August 1900, in: CP1, Dok. 74, S. 258.
18 Ebd.
19 Einstein an Mileva Marić, Zürich, verm. 9. August 1900, in: CP1, Dok. 71, S. 253.
20 Einstein an Mileva Marić, Mailand, verm. 19. September 1900, in: CP1, Dok. 76, S. 261.
21 Einstein an Mileva Marić, Mailand, verm. 3. Oktober 1900, in: CP1, Dok. 79, S. 266.
22 Einstein an Adolf Hurwitz, Mailand, 23. September 1900, in: CP1, Dok. 77, S. 263.
23 Einstein an Adolf Hurwitz, Mailand, 26. September 1900, in: CP1, Dok. 78, S. 264.
24 Einstein an Helene Kaufler, Zürich, 11. Oktober 1900, in: CP1, Dok. 81, S. 268.
25 Einstein an Mileva Marić, Mailand, verm. 3. Oktober, in: CP1, Dok. 79, S. 267. Gustav H. Wiedemann war bis zu seinem Tode 1899 Herausgeber der ›Annalen der Physik und Chemie‹, die seit ihrer Begründung durch Poggendorff die bedeutendste Zeitschrift für die exakten Naturwissenschaften im deutschsprachigen Raum waren. Als Einstein sich anschickte, in den ›Anna-

len‹ zu publizieren, wurden sie von Paul Drude herausgegeben, der die ›Chemie‹ aus dem Titel strich; wegen Wiedemanns überragender Reputation als Herausgeber hießen sie noch lange wie bei Einstein ›Wiedemanns Annalen‹.

26 Einstein 1901.

27 Einstein beschrieb die Wechselwirkung zwischen zwei Molekülen der jeweiligen Arten i und j durch ein Potential $P = P - c_i c_j P(r)$ mit den c_r als spezifischen Konstanten für die Kräfte und P(r) als universeller Funktion; dies konnte schon wegen der Vernachlässigung der unterschiedlichen Molekülgrößen nicht ausreichen.

28 Einstein an Marcel Grossmann, Mailand, 14. April 1901, in: CP1, Dok. 100, S. 290.

29 Ebd.

30 Ebd., S. 290f. Vgl. dazu A. v. Humboldt, *Kosmos*, 1845, Bd. 1, S. 6: »Das wichtigste Resultat des sinnigen physischen Forschens ist daher dieses: in der Mannigfaltigkeit die Einheit zu erkennen ... der erhabenen Bestimmung des Menschen eingedenk, den Geist der Natur zu ergreifen, welcher unter der Decke der Erscheinungen verhüllt liegt.«

31 Einstein 1902b.

32 Einstein an Mileva Marić, Schaffhausen, 28. November 1901, in: CP1, Dok. 126, S. 321.

33 CP1, Dok. 132, S. 331.

34 Einstein an Johannes Stark, Bern, 7. Dezember 1907, in: Stark, S. 272.

35 Mileva Marić an Helene Savić, geb. Kaufler, Zürich, 20. Dezember 1900, in: CP1, Dok. 85, S. 273.

36 Einstein an Otto Wiener, Zürich, 9. März 1901, in: CP1, Dok. 90, S. 277.

37 Einstein an Wilhelm Ostwald, Zürich, 19. März 1901, in: CP1, Dok. 92, S. 278.

38 Einstein an Wilhelm Ostwald, Mailand, 3. April 1901, in: CP1, Dok. 95, S. 284. Die Adresse war beigefügt.

39 Hermann Einstein an Wilhelm Ostwald, Mailand, 13. April 1901, in: CP1, Dok. 99, S. 289.

40 Ostwald hatte 1909 den Nobelpreis für Chemie erhalten und war daher gemäß den Statuten zu Vorschlägen für den Chemie- und den Physik-Preis berechtigt.

41 Pais, S. 506.

42 Einstein an Heike Kamerlingh Onnes, Mailand, 12. April 1901, in: CP1, Dok. 98, S. 288.

43 Einstein an Prof. Paalzow, Mailand, 12. April 1901, in: MPG.

44 Einstein an Mileva Marić, Mailand, verm. 23. März 1901, in: CP1, Dok. 93, S. 279.

45 Einstein an Mileva Marić, Mailand, verm. 27. März 1901, in: CP1, Dok. 94, S. 281.

46 Einstein an Marcel Grossmann, Mailand, den 14. April 1901, in: CP1, Dok. 100, S. 290.

47 Die Anzeige erschien in: Physikalische Zeitschrift, Bd. 2, Nr. 25, 23. März

1901 (das Heft dürfte allerdings ein paar Tage vor dem Erscheinungsdatum ausgeliefert worden sein), und Rieckes Absage war am 27. März 1901 in Mailand eingegangen. Vgl. CP1, Dok. 93 und 94, S. 279ff.

48 Einstein an Heinrich Zangger, undatiert, Sommer 1912; Weber war am 24. Mai 1912 in Zürich gestorben.

49 Einstein an Maja Winteler-Einstein, Berlin, 1918, ohne Datum abgedruckt in: Briefe, S. 16.

50 Einstein an Mileva Marić, Mailand, verm. 27. März 1901, in: CP1, Dok. 93, S. 280.

51 Einstein an Mileva Marić, verm. Mailand, 4. April 1901, in: CP1, Dok. 96, S. 285.

52 Einstein an Mileva Marić, Mailand, 15. April 1901, in: CP1, Dok. 101, S. 292.

53 Einstein an Marcel Grossmann, Mailand, 14. April 1901, in: CP1, Dok. 100, S. 290.

54 Einstein an Mileva Marić, Mailand, 15. April 1901, in: CP1, Dok. 101, S. 291.

55 Einstein an Carl Seelig, Princeton, 26. März 1952, ETH. – Einstein schrieb in diesem Brief irrtümlich von *neun* Jahren Staatenlosigkeit statt von den tatsächlichen fünf Jahren.

56 Maja Winteler-Einstein, *Beitrag*, Masch. Skript, S. 20.

57 Zur Einbürgerungsprozedur vgl. CP1: Editorial Note, S. 239ff., und die entsprechenden Dokumente.

58 Bericht der Stadtpolizei Zürich, V. Kreis, vom 4. Juli 1900, in: CP1, Dok. 246, S. 246.

59 Protokoll der »Bürgerlichen Sektion« des Zürcher Stadtrats vom 14. Dezember 1900, in: CP1, S. 272.

60 Pathé Journal London, Libr. Nr. UN 142, 1/1932.

61 Fragebogen für Bürgerrechtspetenten der Stadt Zürich, ausgefüllt Ende Oktober 1900, in: CP1, Dok. 82, S. 269.

62 Bericht des Schweizerischen Informationsbureaus, Zürich, 30. Januar 1901, in: CP1, Dok. 88, S. 275.

63 Ebd.

64 Dienstbüchlein, in: CP1, Dok. 91, S. 278.

65 Eine am 2. Juni 1931 durch den »Bund der Kriegsdienstgegner« verbreitete, u. a. von Einstein unterzeichnete Erklärung, teilweise abgedruckt, in: Frieden, S. 154.

66 Brief Einsteins an einen Schweizer Wehrdienstverweigerer vom 15. August 1931, in: Frieden, S. 160.

67 Einstein an Gustav Wissler, Princeton, 24. August 1949, ETH.

68 Einstein, *My Theory*, in: Times (London), 28. November 1919, deutsch in: Weltbild, S. 198.

69 Einstein an Mileva Marić, Mailand, 15. April 1901, in: CP1, Dok. 101, S. 292.

70 Mileva Marić an Helene Savić, geb. Kaufler, Zürich, undatiert, verm. Mitte Mai 1901, in: CP1, Dok. 109, S. 302.

71 Einstein an Mileva Marić, Winterthur, verm. 28. Mai 1901, in: CP1, Dok. 111, S. 304.

72 Ebd.; die »wunderschöne Abhandlung« war von Philipp Lenard, *Erzeugung von Kathodenstrahlen durch ultraviolettes Licht*, in: Annalen der Physik, 1900, S. 359-375.
73 Einstein an Mileva Marić, Winterthur, verm. 4. Juni 1901, in: CP1, Dok. 112, S. 306
74 Einstein an Jost Winteler, Winterthur, verm. 8. Juli 1901, in: CP1, Dok. 115, S. 310.
75 Ebd.
76 Ebd.
77 Vgl. CP1, Dok. 113, 117, 118 und 120.
78 Einstein an Marcel Grossmann, Winterthur, verm. 6. September 1901, in: CP1, Dok. 122, S. 315.
79 Einstein an Mileva Marić, Winterthur, verm. 4. Juni 1901, in: CP1, Dok. 112, S. 306.
80 Einstein an Mileva Marić, Winterthur, verm. 7. Juli 1901, in: CP1, Dok. 114, S. 308.
81 Einstein an Jost Winteler, Winterthur, verm. 8. Juli 1901, in: CP1, Dok. 115, S. 310.
82 Protokollbuch der Abt. VI A, 26. Juli 1901, ETH.
83 Einstein an Marcel Grossmann, Winterthur, verm. 6. September 1901, in: CP1, Dok. 122, S. 315.
84 Seelig, S. 84.
85 Einstein an Mileva Marić, Schaffhausen, 12. Dezember 1901, in: CP1, Dok. 127, S. 323.
86 Einstein an Mileva Marić, Schaffhausen, verm. 28. November 1901, in: CP1, Dok. 126, S. 321.
87 Mileva Marić an Helene Savić, Neusatz, Anfang Dezember 1901, in: CP1, Dok. 125, S. 320.
88 Vgl. CP1, S. 322.
89 Einstein an Mileva Marić, Schaffhausen, 28. Dezember 1901, in: CP1, Dok. 131, S. 330.
90 Einstein an Mileva Marić, Schaffhausen, 28. November 1901, in: CP1, Dok. 126, S. 322.
91 Einstein an Mileva Marić, Schaffhausen, verm. 17. Dezember 1901, in: CP1, Dok. 128, S. 326.
92 Friedrich Adler an Victor Adler, Zürich, 19. Juni 1908, in: Julius Braunthal, *Victor und Friedrich Adler*, Wien 1965, S. 196.
93 Vgl. CP1, Dok. 126.
94 Quittung der Universitätskanzlei vom 1. Februar 1902, in: CP1, Dok. 132, S. 331.
95 Mileva Marić an Helene Savić, Neusatz, verm. Anfang Dezember 1901, in: CP1, Dok. 125, S. 319.
96 Ebd., S. 320.
97 Einstein an Mileva Marić, Schaffhausen, verm. 12. Dezember 1901, in: CP1, Dok. 127, S. 322.

98 Ebd., S. 323.
99 Schweizerisches Bundesblatt Nr. 50 vom 11. Dezember 1901, S. 1265.
100 Einstein an Mileva Marić, Bern, Mitte Februar 1902, in: CP1, Dok. 137, S. 336.
101 CP1, Dok. 129, S. 327.
102 Ebd.
103 Einstein an Mileva Marić, Schaffhausen, 19. Dezember 1901, in: CP1, Dok. 130, S. 328.
104 Ebd.
105 Einstein an Mileva Marić, Schaffhausen, 28. Dezember 1901, in: CP1, Dok. 131, S. 329.
106 Einstein an Conrad Habicht, Bern, 4. Februar 1902, in: CP1, Dok. 133, S. 331.
107 Einstein an Mileva Marić, Mailand, verm. 10. April 1901, in: CP1, S. 286.
108 Autobiographisches, S. 19.
109 Ebd., S. 20.
110 Einstein an Mileva Marić, Mailand, verm. 27. März 1901, in: CP1, Dok. 94, S. 282.
111 Einstein an Mileva Marić, Schaffhausen, verm. 17. Dezember 1901, in: CP1, Dok. 128, S. 325.

II. Im »weltlichen Kloster«

1. Experte III. Klasse – »viel zu denken«

1 An Mileva Marić, Bern, verm. 4. Februar 1902, in: CP1, S. 332.
2 Ebd.
3 Anzeiger für die Stadt Bern, 5. Februar 1902; s. Abb.
4 Flückiger, S. 11, 12.
5 An Mileva Marić (wie Anm. 1).
6 An Mileva Marić (wie Anm. 1).
7 An Mileva Marić, Bern, verm. 17. Februar 1902, in: CP1, S. 335.
8 Pauline Einstein an Pauline Winteler, Mailand, 20. Februar, in: CP1, S. 336.
9 Talmey, S. 166f.
10 An Mileva Marić, Bern, verm. 8. Februar 1902, in: CP1, S. 334.
11 Ebd.
12 Maurice Solovine in: Solovine, S. V.
13 Ebd., S. VII.
14 An M. Besso, Princeton, 6. März 1972, in: Besso, S. 464.
15 An C. Seelig, Princeton, 20. April 1952, ETH.
16 An Pauline Winteler, Zürich, Mai 1897, in: CP1, S. 56.
17 An C. Seelig, Princeton, 20. April 1952.
18 Einstein 1902a.
19 Ebd., S. 814.

20 An J. Stark, Bern, 7. Dezember 1907, in: Stark, S. 267.
21 Skizze, S. 12.
22 Justiz- und Polizeidepartement an den Bundesrat, Bern, 2. Juni 1902, in: CP1, S. 338. Die Einstufung als »Experte III. Klasse« entsprach nach damaligen Laufbahnbezeichnungen der des in der Ausschreibung erwähnten »Ingenieur II. Klasse«, stellt also keine »Rückstufung« Einsteins dar.
23 An Mileva Marić, Winterthur, Mai 1901, in: CP1, S. 304.
24 An Frau Grossmann, Princeton, 26. September 1936.
25 An Hans Wohlwend, Bern, Anfang September 1902, Sammlung Flückiger, auszugsweise veröffentlicht in: Der Bund, 2. März 1985.
26 Ebd.
27 An Conrad Habicht, Bern, Sommer 1905, in: Seelig, S. 126.
28 Skizze, S. 12.
29 Ebd.
30 Ebd.
31 An Michele Besso, Berlin, 12. Dezember 1919, in: Besso, S. 148.
32 Flückiger, S. 57.
33 Flückiger, S. 58.
34 Friedrich Haller an Bundesrat, Bern, 27. Januar 1906; Amt für geistiges Eigentum, Bern.
35 Beanstandung vom 11. Dezember 1907; Amt für geistiges Eigentum, Bern.
36 An Mileva Marić, Bern, verm. 17. Februar 1902, in: CP1, S. 336.
37 An Emile Meyerson, Berlin, 27. Januar 1930.
38 Moszkowski, S. 227.
39 An Mileva Marić, Mailand, 23. März 1901, in: CP1, S. 281.
40 Persönliche Mitteilung von Helen Dukas an Abraham Pais, in: Pais, S. 47.
41 Maja Winteler-Einstein, *Beitrag*, S. 23.
42 An C. Seelig, Princeton, 5. Mai 1952.
43 Sayen, S. 70.
44 An Mileva Marić, Schaffhausen, 12. Dezember 1901, in: CP1, S. 324.
45 An M. Besso, Bern, 22. Januar 1903, in: Besso, S. 3.
46 Einstein 1902b.
47 Einstein 1903.
48 Autobiographisches, S. 7.
49 An M. Grossmann, Winterthur, 6. September 1901, in: CP1, S. 315.
50 Einstein 1902b, S. 417.
51 W. Voigt, *Ludwig Boltzmann*, Nachruf in: PhZ, Bd. 7, 1906, S. 49.
52 Einstein war tatsächlich mit dem Energieerhaltungssatz und dem Liouvilleschen Theorem ausgekommen, vgl. Einstein 1902b, S. 427.
53 Einstein 1902b, S. 433.
54 An M. Besso, Bern, 22. Januar 1903, in: Besso, S. 3.
55 An M. Besso, Bern, 17. März 1903, in: Besso, S. 14.
56 Max Born in: Schilpp, S. 85.
57 An M. Besso, Berlin, 23. Juni 1918, in: Besso, S. 126.
58 Einstein 1916b, S. 481.

59 Hertz, *Über die mechanischen Grundlagen der Thermodynamik*, in: AdP, Bd 33, 1910, S. 225-274 und S. 537-552; hier S. 552.
60 Einstein 1911c, S. 175.
61 Ebd.
62 J. Sauter, *Comment j'ai appris à connaître Einstein*. Radiovortrag, 6. August 1955, in: Flückiger, S. 154ff.
63 Ebd.
64 An M. Besso, Princeton, 13. Juli 1953, in: Besso, S. 471.
65 Zu Paul Gruner vgl. Flückiger, S. 72ff.
66 Reglement über die Habilitation an der philosophischen Fakultät der Hochschule Bern von 1891.
67 An M. Besso, Bern, 22. Januar 1903, in: Besso, S. 4.
68 An M. Besso, Bern, 17. März 1903, in: Besso, S. 14.
69 Protokoll der Naturforschenden Gesellschaft zu Bern, Stadt- und Universitätsbibliothek Bern.
70 An F. Baltzer, Princeton, Dezember 1936.
71 An M. Marić, Schaffhausen, 17. Dezember 1901, in: CP1, S. 325.
72 Mileva Marić an A. Einstein, Stein am Rhein, 13. November 1901, in: CP1, S. 317.
73 An Mileva Einstein-Marić, Bern, Ende August 1903.
74 An C. Seelig, Princeton, 5. Mai 1952, ETH.
75 Ebd.
76 Solovine, S. XII.
77 An Mileva Marić, Mailand, 27. März 1901, in: CP1, S. 282.
78 Die These, Mileva Marić habe wesentlichen Anteil an Einsteins Arbeiten, wurde propagiert von Desunka Trbuhović-Gjuvić, *Im Schatten Albert Einsteins*. Diese These beruht allerdings auf nicht belegbaren Erfindungen, vgl. Anm. 31, S. 835.
79 An Conrad Habicht, Bern, 14. April 1904, in: Seelig, S. 100.
80 Seelig, S. 99.
81 An Conrad Habicht, Bern, 6. März 1905, in: Seelig, S. 123.
82 An M. Solovine, Princeton, 17. November 1952, in: Solovine, S. 122.
83 An M. Solovine, Princeton, 3. April 1953, in: Solovine, S. 124.
84 Justiz- und Polizeidepartement an den Bundesrat, Bern, 10. März 1904, Bundesarchiv Bern.
85 Dies ist dem Schreiben des Justiz- und Polizeidepartements an den Bundesrat vom 27. 1. 1906 zu entnehmen, das die berufliche Entwicklung Einsteins am Patentamt darstellt. Bundesarchiv Bern.
86 An Vero und Bice Besso, Princeton, 21. März 1955, in: Besso, S. 538.
87 Seelig, S. 120.
88 An M. Grossmann, Bern, verm. 3. April 1904, in: Seelig, S. 101.
89 Einstein 1911c, S. 175.
90 Einstein 1904, S. 360.
91 Ebd., S. 361.
92 Ebd., S. 362.

93 Vgl. dazu die Editorial Note, *Einstein's Reviews for the Beiblätter zu den Annalen der Physik,* in: CP2, S. 109-111.
94 CP2, S. 332.
95 CP2, S. 317.
96 An Conrad Habicht, Bern, Ende Mai/Anfang Juni 1905, in: Seelig, S. 124f.
97 Autobiographisches, S. 12.

2. »Herr Doktor Einstein« und die Realität der Atome

1 Tony Cawkell und Eugene Garfield, *Assessing Einstein's impact on science by citation analysis,* in: *Einstein, the First Hundred Years,* London 1980, S. 32.
2 Einstein 1905a.
3 Einstein 1905b.
4 Beispiele in Anm. 1, S. 38.
5 Z. B. Clark, S. 86.
6 Der Einstein-Artikel im *Dictionary of Scientific Biography* behandelt die Dissertation überhaupt nicht, ebensowenig Born in seinem Artikel in Schilpp oder die Beiträge zu den Einstein-Symposien des Jahres 1979. Dieser Mangel wurde erst von Abraham Pais behoben: Pais, S. 88ff.
7 An M. Besso. Bern, 22. Januar 1903, in: Besso, S. 4.
8 J. Sauter, *Erinnerungen 1955,* in: Flückiger, S. 158.
9 An Mileva Marić, Schaffhausen, 28. Nov. 1901, in: CP1, S. 322.
10 An Mileva Marić, Schaffhausen, 19. Dez. 1901, in: CP1, S. 328.
11 Maja Winteler-Einstein, *Beitrag,* a.a.O., S. 23.
12 A. Kleiner, Promotionsgutachten, Zürich, 24. Juli 1905, STZ.
13 Gutachten von A. Kleiner, 24. Juli 1905, STZ.
14 Gutachten von H. Burkhardt, 24. Juli 1905, STZ (die Unterstreichung ist von Burkhardt).
15 Autobiographisches, S. 19.
16 Aus Ludwig Boltzmanns Antrittsvorlesung zur Naturphilosophie vom 11. Dez. 1903, in Boltzmann, *Populäre Schriften,* Braunschweig 1979.
17 L. Boltzmann, *Vorlesungen zur Gastheorie,* II. Theil, Leipzig 1898, S. VI.
18 Autobiographisches, S. 18.
19 An M. Besso, Bern, 17. März 1903, in: Besso, S. 14.
20 Einstein 1906a, S. 289.
21 Einstein 1906a, S. 305.
22 Hier findet sich wahrscheinlich der wahren Hintergrund einer zwar oft berichteten, aber kaum glaubwürdigen Anekdote: »Lachend hat Einstein später erzählt, daß ihm seine Dissertation zuerst von Kleiner mit der Bemerkung zurückgeschickt wurde, sie sei zu kurz. Nachdem er einen einzigen Satz eingeschaltet hätte, sei sie stillschweigend angenommen worden.« (Seelig, S. 112) Für diese Vorgänge gibt es keinerlei Anhaltspunkte. Wahrscheinlich bezog sich Einsteins Erzählung auf die Publikationsgeschichte seiner Dissertation; allerdings ist der Nachtrag etwas länger als nur ein Satz.

23 Einstein 1906a, S. 305f. Einstein hatte in der Dissertation N=2, $1 \cdot 10^{23}$ erhalten: mit Werten aus der neuen Ausgabe von 1905 der Datensammlung von Landolt und Börnstein erhielt er im Nachtrag N=4, $15 \cdot 10^{23}$, 1911, nach Korrektur eines Rechenfehlers, wurde daraus N=6, $56 \cdot 10^{23}$ (Einstein 1911a, S. 592). Derzeit gilt $6{,}022 \cdot 10^{23}$ als »bester« Wert.

24 Dazu ausführlich: *Einsteins Dissertation on the Determination of Molecular Dimensions*, in: CP2, S. 180.

25 An Ludwig Hopf, Zürich, Dezember 1910/Januar 1911.

26 Einstein 1911d.

27 Einstein 1905b, S. 549.

28 Vgl. zur Brownschen Bewegung Mary Jo Nye, *Molecular Reality*, London/New York 1972, und das immer noch sehr lesenswerte Buch von Jean Perrin, *Les Atomes,* Paris 1913; deutsche Übersetzung: *Die Atome*, Dresden 1920.

29 Im wesentlichen bestanden die Mängel darin, daß man vor Einstein glaubte, die Geschwindigkeit der Partikel messen zu können; dies ist jedoch überhaupt nicht möglich, sondern man beobachtet die mittlere Verschiebung.

30 Einstein 1905b, S. 549.

31 Ebd., S. 560.

32 Vgl. dazu die Einleitung Einstein 1906b, S. 371. Die Einstein-Siedentopf-Korrespondenz ist verloren.

33 Einstein 1906b.

34 Nach Notizen von Heinrich Zangger aus den fünfziger Jahren fand diese Begegnung 1905 oder 1906 statt (CP2, S. 217; die Darstellung in Helle Zeit – Dunkle Zeit, S. 42, nach der sich Zangger und Einstein schon 1902 kennengelernt hätten, scheint nicht zutreffend).

35 Einstein 1907c.

36 An Jean Perrin, Zürich, 11. November 1911.

37 Ebd.

38 Ebd.

39 Protokoll Nr. 1038, Naturforschende Gesellschaft Bern, 1907.

40 Einstein 1908c.

41 Einstein 1906b, S. 343.

42 Einstein 1908a.

43 C. Röntgen an A. Einstein, München, 18. September 1906.

44 Einstein 1905b, S. 549.

45 Einstein 1915a, (1925), S. 291.

46 M. Planck an Preuß. Kultusministerium, 7. Oktober 1913, in: Berlin, S. 100.

3. Die Lichtquanten »sehr revolutionär«

1 An Conrad Habicht, Bern, Ende Mai/Anfang Juni 1905, in: Seelig, S. 124f.

2 Einstein 1905a.

3 Zum Beispiel in der *Einleitung in die Kritik der Urteilskraft*, Erste Fassung, Abschnitt II, sowie in *Kritik der Urteilskraft*, § 78, A.

4 Max Planck an Robert Williams Wood, 7. Oktober 1931.
5 Gustav Kirchoff, *Über das Verhältnis zwischen den Emissionsvermögen und den Absorptionsvermögen* in: Poggendorffs Annalen der Physik und Chemie, Bd. 160, 1860, S. 292.
6 Max Planck, *Wissenschaftliche Selbstbiographie*, Leipzig 1948, S. 22f.
7 Friedrich Paschen an Heinrich Kayser, 8. Februar 1898, in: STPK, Sammlung Darmstädter.
8 Max Planck an Robert Williams Wood, 7. Oktober 1931.
9 Ebd.
10 Max Planck, *Zur Theorie der Energieverteilung im Normalspectrum*, in: VhDPG, Teil 2, 1900, S. 237-245.
11 Max Planck an Robert Williams Wood, 11. Oktober 1931.
12 Max Planck, *Wissenschaftliche Selbstbiographie*, a.a.O., S. 29.
13 An Mileva Marić, Mailand, Mitte März 1899, in: CP1, S. 216.
14 An Mileva Marić, 4. April 1901, in: CP1, S. 284.
15 An Mileva Marić, Mailand, 10. April 1901, in: CP1, S. 287.
16 Autobiographisches, S. 16f.
17 Ebd., S. 17.
18 An Mileva Marić, Winterthur, Ende Mai 1901, in: CP1, S. 304.
19 An Julia Niggli, Zürich, 28. Juli 1899, in: CP1, S. 219.
20 An Mileva Marić, Mettmenstetten, verm. 10. August 1899, in: CP1, S. 227.
21 Ebd., S. 229.
22 Einstein 1905a, S. 132.
23 Ebd., S. 133.
24 Ebd., S. 136.
25 Ebd., S. 143. Einstein schreibt freilich nicht $h\nu$, sondern $R\beta\nu/N$, mit R als Gaskonstante, N als Avogadro-Zahl, $R/N=k$ und $\beta=h/k$. Ich hoffe, daß die Angleichung an die später üblich gewordene und manchem Leser vertraute Schreibweise als der historischen Akkuratesse nicht gar zu abträglich empfunden wird.
26 Pais, S. 387.
27 Einstein 1906c, S. 199
28 Ebd.
29 Ebd., S. 202.
30 Einzelheiten zur Publikationsgeschichte von Einsteins frühen Arbeiten sind nicht erhalten; mit knapp drei Monaten zwischen Eingang der Arbeit und Publikationsdatum war diese Frist zwar etwas länger als üblich, lag aber durchaus noch im Bereich des Normalen.
31 Max von Laue an A. Einstein, Berlin, 2. Juni 1906.
32 Max Planck an A. Einstein, Berlin-Grunewald, 6. Juli 1907; dies ist der erste erhaltene Brief der Korrespondenz zwischen Einstein und Planck. Der schriftliche Gedankenaustausch hat spätestens im Sommer 1906 eingesetzt; jedoch sind frühere – und auch viele spätere – Briefe nicht erhalten.
33 M. Planck an H. A. Lorentz, Berlin, 10. Juli 1909. Die Briefe von Lorentz an Planck sind verloren; in diesem Zitat bestätigt Planck Lorentz' Meinung.

34 Wahlvorschlag zur Aufnahme von A. Einstein in die Kgl. Preußische Akademie der Wissenschaften zu Berlin, Berlin, 12. Juni 1913, unterzeichnet von Planck, Nernst, Rubens und Warburg, in der Handschrift Plancks, in: Berlin, S. 96.
35 *Max Planck als Forscher*, in: NW, Bd. 1, 1913, S. 1077f. Einstein bezieht sich in dieser Bemerkung auf die Wiensche Funktion f(μ/T), die der Kirchhoffschen Funktion äquivalent ist, freilich nur noch von einer Variablen μ/T abhängt.
36 An Ph. Lenard, Bern, 16. November 1905; zit. nach Kleinert/Schönbeck, Gesnerus, Bd. 35, 1978, S. 319. Dieser Brief ist das einzig erhaltene Stück einer wahrscheinlich nicht umfangreichen Korrespondenz.
37 Rudolf Ladenburg, *Die neueren Forschungen über die durch Licht- und Röntgenstrahlen hervorgerufene Emission negativer Elektronen*, in: Jahrbuch der Radioaktivität und Elektronik, Bd. 6, 1909, S. 425-484.
38 R. A. Millikan, Rev. Mod. Phys., Bd. 21, 1949, S. 343.
39 R. A. Millikan, *Quantenbeziehungen beim photoelektrischen Effekt*, in: PhZ, Bd. 17, 1916, S. 217-221, hier S. 220.
40 Ebd., S. 221.
41 Einstein 1909c, S. 188.
42 Einstein 1911i, dtsch. 1914, S. 359.
43 In guter Näherung gilt für die »spezifische Wärme« C=6 cal/Mol·Grad.
44 Zit. nach Dictionary of Scientific Biography, Dulong.
45 Nach dem Gleichverteilungssatz ist die mittlere kinetische Energie pro Freiheitsgrad 1/2 kT; für einen Kristall ergibt das pro Mol 3/2 NkT und mit einem gleichen Betrag für die potentielle Energie insgesamt 3NkT=3RT, also C=3R = 6cal/Mol·Grad.
46 An Mileva Marić, Mailand, 23. März 1901, in: CP1, S. 279.
47 Einstein 1907a.
48 Es handelt sich um die von Dirac 1927 in die Quantenmechanik eingeführte Delta-Funktion; Einstein verwendet eine Darstellung dieser Funktion auf S. 183 von Einstein 1907a.
49 Einstein 1907a, S. 183f.
50 AdP, 22, 1907, S. 800.
51 Einstein 1907a, S. 188.
52 Ebd.
53 W. Nernst, *Untersuchungen über die spezifische Wärme bei tiefen Temperaturen*, in: SB, 1911, S. 306-315, hier S. 311.
54 W. Nernst an A. Schuster, 17. März 1910. Original im Archiv der Royal Society, London, Nachlaß Schuster; Kopie MPG, Sammlung Kangro.

4. Die Relativbewegung – »mein Leben für sieben Jahre«

1 Kioto-Vorlesung, 14. Dezember 1922, in: Physics Today, S. 46, August 1982. Die folgende Darstellung basiert teilweise auf diesem Text.
2 Ebd.

3 Josef Sauter, *Comment j'ai appris à connaître Einstein,* in: Flückiger, S. 156.

4 An C. Seelig, Princeton, 11. März 1951, in: Seelig, S. 114. Vgl. auch die Kioto-Vorlesung (Anm. 1).

5 Einstein 1905 d. Teilweise werde ich von der Relativitätstheorie in Zusammenhängen schreiben, als es diese Bezeichnung noch nicht gab.

6 R. S. Shankland, *Conversations with Albert Einstein*, in: Am. Journal of Physics, Vol. 31, 1963, S. 56.

7 Vgl. den Beginn der Kioto-Vorlesung, S. 46.

8 Galileo Galilei, *Dialogo*, Giornata seconda, 1632, S. 212.

9 Ebd., S. 213; die entscheidende, in Klammern gesetzte Einschränkung, äquivalent der Festlegung eines Inertialsystems, lautet bei Galilei: »pur che il moto sia uniforme e ñoñ fluttuante in qua e in la.«

10 Isaac Newton, *Philosophiae naturalis principia mathematica*, London 1687; deutsch von J. Ph. Wolfers, Berlin 1872. Das Corollar V findet sich auf S. 38 der deutschen Übersetzung.

11 Ebd., S. 25.

12 I. Kant, *Kritik der reinen Vernunft*, B 40.

13 I. Kant, *Metaphysische Anfangsgründe der Naturwissenschaften*, A, S. 1.

14 Die Bezeichnung »Inertialsystem« wurde durch Ludwig Lange 1885 eingeführt. Vgl. dazu Langes Schriften *Die geschichtliche Entwicklung des Bewegungsbegriffs*, Leipzig 1886; und *Das Inertialsystem vor dem Forum der Naturforschung*, Leipzig 1902.

15 Die Bezeichnung »Galilei-Transformationen« wurde erst 1909 von Philipp Frank eingeführt: Sitz. Ber. d. Akademie der Wissenschaften zu Wien, Abt. IIa, 1909, S. 382.

16 Henri Poincaré in: *Wissenschaft und Hypothese*, franz. 1902, deutsch Leipzig 1904, S. 171. Poincarés Bemerkung bezieht sich auf das »Mitführungsexperiment« von Fizeau aus dem Jahre 1851.

17 Heinrich Hertz, *Ges. Werke*, Bd. 1, Leipzig 1895, S. 339.

18 Die ausführlichste Darstellung der Ätherphysik ist immer noch bei Edmund Whittaker, *A History of the Theories of Aether and Electricity*, London 1910; erweiterte Ausgabe in 2 Bänden, London 1953. Sehr gut auch Max Born, *Die Relativitätstheorie Einsteins*, 1. Auflage 1920; Neuauflage 1969.

19 Für die Lichtgeschwindigkeit werden 299 792 458 m/s festgesetzt. Dieser Wert wird neuerdings definiert und nicht mehr gemessen; bei festgelegtem und mittels »Atomuhren« präzise realisierbarem Zeitstandard ist jetzt das Meter eine abgeleitete Einheit.

20 Albert Abraham Michelson, *Light Waves and their Uses*, Chicago 1907, S. 159.

21 Späte Jahre, S. 228.

22 Dies nach Lorentz' eigener Darstellung in *Electromagnetic Phenomena...*, in: Proc. Acad. Sc. Amsterdam, Vol. 6, 1904, S. 810.

23 H. Poincaré, *La théorie de Lorentz et le principe de la réaction*: in: Joh. Bosscha (Hg.), *Recueil de travaux offerts par les auteurs à H. A. Lorentz*, Den Haag 1900, Poincarés Beitrag S. 252-278, das Synchronisationsverfahren ist auf S. 272 dargestellt.

24 H. Poincaré, *L'état actuel et l'avenir de la physique mathématique*, in: Bulletin des sciences mathematique, Vol. 28, 1904, S. 302-324. Deutsche Übersetzung in: Phys. Blätter, Bd. 15, 1959, S. 145-149 und S. 193-201.
25 Ebd., S. 196 der deutschen Übersetzung.
26 Ebd., S. 199f.
27 H. Poincaré, *Sur la dynamique de l'électron*, in: Comptes rendus, Vol 140, 1905, S. 1504-08. Eine ausführliche Fassung erschien in einer etwas entlegenen, für diese Thematik allerdings öfter gewählten Zeitschrift: Circolo Matematico di Palermo, Rendiconti 21, 1906, S. 129-175.
28 Die Arbeit *Zur Elektrodynamik bewegter Körper* enthält vier Fußnoten als Präzisierungen des Textes, die vermutlich bei der Fahnenkorrektur eingefügt wurden. Nirgendwo wird auf die Literatur hingewiesen.
29 Schilpp, S. 1.
30 I. B. Cohen, *An Interview with Einstein*, in: Scientific American, Vol. 93, Juli 1955, S. 69-73, hier S. 71.
31 In: Schilpp, S. 20.
32 Ebd.
33 R. S. Shankland, *Conversations with Albert Einstein*, in: Am. Journ. Phys., Vol. 31, 1963, S. 48.
34 In: Schilpp, S. 6.
35 An Mileva Marić, Mettmenstetten, Anfang August 1899, in: CP1, S. 225. Die Theorie von Heinrich Hertz verwendete das Konzept eines Äthers, der an der Bewegung der Materie teilhat.
36 An Mileva Marić, Mettmenstetten, 10. Sept. 1899, in: CP1, S. 230.
37 Dazu die Kioto-Vorlesung, Einstein 1922j, auch Reiser, S. 52.
38 An Mileva Marić, Mailand, 28. Sept. 1899, in: CP1, S. 233.
39 An Mileva Marić, Mailand, 27. März 1901, in: CP1, S. 282.
40 An M. Grossmann, Winterthur, Anfang Sept. 1901, in: CP1, S. 316.
41 An Mileva Marić, Schaffhausen, 17. Dez. 1901, in: CP1, S. 325.
42 Ebd.
43 An Mileva Marić, Schaffhausen, 19. Sept. 1901, in: CP1, S. 328.
44 An Mileva Marić, Schaffhausen, 28. Dez. 1901, in: CP1, S. 330.
45 Ebd.
46 An M. Besso, Bern, Januar 1903, in: Besso, S. 4
47 An Mileva Marić, Mettmenstetten, 10. Aug. 1899, in: CP1, S. 227.
48 Solovine, S. VIII.
49 H. Poincaré, *Wissenschaft und Hypothese*, Leipzig 1904, S. 212.
50 Joseph Sauter, *Zur Interpretation der Maxwell'schen Gleichungen des elektromagnetischen Feldes in ruhenden isotropen Medien*, in: AdP, Bd. 6, 1901, S. 331-338.
51 Joseph Sauter, *Comment j'ai appris à connaître Einstein*, in: Flückiger, S. 154.
52 An Carl Seelig, Princeton, 19. Februar 1955.
53 An Carl Seelig, Princeton, 19. Februar 1955.
54 An J. Stark, Bern, 25. Sept. 1907, in: Stark, S. 269.
55 Daß Einstein sich durchaus in der Stadtbibliothek aufhalten konnte, geht aus einem Brief an Gruner vom 11. Februar 1908 hervor: Flückiger, S. 117.

56 Max Abraham, *Prinzipien der Dynamik des Elektrons*, in: AdP, Bd. 10, 1903, S. 105-179.
57 Max Abraham, *Zur Theorie der Strahlung und des Strahlungsdrucks*, in: AdP, Bd. 14, 1904, S. 236-287. Einstein berechnet in § 8 seiner Relativitäts-Arbeit den Strahlungsdruck auf einen Spiegel und erhält einen Ausdruck, der in erster Näherung »in Übereinstimmung mit der Erfahrung und mit anderen Theorien« ist. Die einzige »andere Theorie« war die von Abraham, und tatsächlich hatte Abraham das gleiche Resultat, aber mit anderen Methoden, erhalten.
58 Wilhelm Wien, *Differentialgleichungen der Elektrodynamik für bewegte Körper*, in: AdP, Bd. 13, 1904, S. 641-662, Teil II, S. 663-668.
59 Wilhelm Wien, *Erwiderung auf die Kritik des Hrn. Abraham*, in: AdP, Bd. 14, 1904, S. 635-637.
60 Emil Cohn, *Über die Gleichungen des elektromagnetischen Feldes für bewegte Körper*, in: AdP, Bd. 7, 1904, S. 29-56.
61 Walter Kaufmann, *Die elektromagnetische Masse des Elektrons*, in: PhZ, Bd. 4, 1902, S. 54-57. Weitere Arbeiten zu diesem Thema hat Kaufmann in anderen Zeitschriften publiziert, vornehmlich in den Göttinger Nachrichten.
62 W. Wien, *Differentialgleichungen der Elektrodynamik für bewegte Körper*, in: AdP, S. 662.
63 An Robert W. Lawson, Berlin, 22. Januar 1920.
64 *A Brief Outline of the Development of the Theory of Relativity*, in: Nature, Vol. 106, 17. Februar 1921, S. 782-784.
65 Das Original befindet sich in der Pierpont Morgan Library in New York, eine Kopie ist im EA unter 2-070 registriert.
66 Frank, S. 38, und Reiser, S. 49, erwähnen übereinstimmend, daß Einstein als Student das Buch von August Föppl, *Einführung in die Maxwell'sche Theorie der Elektricität*, Leipzig 1894, gelesen habe.
67 M. Besso an Einstein, Genf, 3. August 1952, in: Besso, S. 478.
68 Entwurf zum Nature-Artikel, Anfang 1920; Unterstreichungen von Einstein.
69 An Paul Ehrenfest, Prag, 25. April 1912.
70 An Erika Oppenheim, Berlin, 13. September 1932.
71 In: Schilpp, S. 19f.
72 Ebd., S. 20.
73 Aurelius Augustinus, *Confessiones*, Lib. 11; deutsch von W. Thimme, München 1981, S. 312.
74 Isaac Newton, *Principia Mathematica*, Übers. Wolfers, Berlin 1872, S. 25.
75 Unveröffentlichtes Manuskript: Entwurf eines populären Artikels aus den zwanziger Jahren; EA 2-069, S. 1.
76 Ernst Mach, *Die Mechanik in ihrer Entwicklung*, Kap. 2.6.2.
77 H. Poincaré, *Wissenschaft und Hypothese*, Leipzig 1904, S. 92.
78 H. Poincaré, *La mesure du temps*, in: Revue de métaphysique et de morale, Vol. 6, Jan. 1898, S. 1-13, auch in: *La valeur de la science*, Paris 1905; deutsch Leipzig 1910.
79 H. Poincaré, *Das Maß der Zeit*, zit. nach der deutschen Übersetzung in: *Der Wert der Wissenschaft*, Leipzig 1910, S. 43.

80 H. Poincaré, *L'état actuel et l'avenir de la physique mathématique*, Vortrag in Saint Louis 1904, deutsch in: Physikalische Blätter, Bd. 15, 1959, S. 196.
81 Einstein 1907h.
82 Einstein 1907h, S. 413.
83 Nature-Entwurf, Januar 1920, Fußnote auf S. 20.
84 Diskographische Tonaufnahme vom 6. Februar 1924 für die Sammlung der Lautabteilung der Preußischen Staatsbibliothek Berlin; Transkription in: Friedrich Herneck, *Über die deutsche Reichsangehörigkeit Albert Einsteins*, in: NW, Heft 2, 1961, S. 104.
85 Pais, S. 161.
86 Kioto-Vorlesung (wie Anm. 1).
87 In Einstein 1906d, S. 627.
88 H. Poincaré (wie Anm. 80).
89 H. Poincaré, *La valeur de la science*, Paris 1905.
90 Joseph Sauter, *Comment j'ai appris à connaître Einstein*. in: Flückiger, S. 158.

5. *Die Relativitätstheorie – »eine Modifikation der Lehre von Raum und Zeit«*

1 An Conrad Habicht, Bern, Ende Mai/Anfang Juni 1905.
2 Einstein 1905d, S. 891.
3 Ein Ausdruck aus dem unveröffentlichten Nature-Entwurf von 1920.
4 Ebd., S. 891.
5 Ebd. Einstein bezeichnet in seinen Arbeiten zur Relativitätstheorie bis zum Jahre 1907 die Lichtgeschwindigkeit etwas altmodisch mit V, entsprechend dem »Versuch« von Lorentz aus dem Jahre 1895. 1905 war bereits die heutige Bezeichnung mit c üblich, die ich vorgreifend benutzen werde.
6 Einstein 1905d, S. 892.
7 Einstein 1907h, S. 416.
8 Die Unabhängigkeit der Lichtgeschwindigkeit von der Quelle wurde erstmals im Jahre 1913 von Willem de Sitter durch Präzisionsmessungen an Doppelsternen nachgewiesen.
9 Einstein 1905d, S. 892.
10 Schilpp, S. 20.
11 Goethe an Zelter, zit. nach Ernst Cassirer, *Zur Einsteinschen Relativitätstheorie*, Berlin 1921, S. 30f.
12 Es wurde bald üblich, aus der Invarianz der Wellengleichung die Lorentz-Transformationen abzuleiten und aus diesen die kinematischen Effekte. Einstein verfährt so schon in seinem *Jahrbuchartikel*, ebenso Laue 1911 in dem ersten Lehrbuch. Dieses Verfahren ist natürlich einwandfrei. Aber es geht von der schon ziemlich mit »Theorie« befrachteten Wellengleichung aus und läßt so nicht mehr erkennen, daß sich kinematische Effekte und die Lorentz-Transformationen aus den Einsteinschen Prinzipien direkt ergeben.
13 Zu empfehlen immer noch Einstein 1917a und Max Born, *Die Relativitätstheorie Einsteins*, 1920 und viele spätere Auflagen.

14 Einstein 1905d, S. 892.
15 Ebd., S. 893.
16 Einstein 1905d, S. 893.
17 Ebd., S. 894.
18 Dies liegt an der Symmetrie und an der Transitivität des von Einstein definierten Synchronismus: Ist A synchron mit B, so auch B mit A. Ist A synchron mit B und mit C, so ist auch B synchron mit C.
19 Einstein 1905d, S. 895.
20 Ebd., S. 896.
21 Ebd.
22 Einstein 1907h, S. 417.
23 Einstein 1905d, S. 896.
24 H. Poincaré, *Sur la dynamique de l'électron*, in: Comptes rendus, Vol. 140, 1905, S. 1504. Angemerkt sei, daß mathematisch gleichwertige Formeln bereits 1877 von W. Voigt aus der Wellengleichung hergeleitet wurden; das blieb jedoch ohne Beachtung. Da der physikalische Kontext Voigts ein völlig anderer war, hat sich Poincarés Namensgebung zu Recht durchgesetzt.
25 An C. Seelig, Princeton, 19. Februar 1955.
26 Es handelt sich um die implizite vorgenommene Faktorisierung von $a(v) = P(v) \cdot (1-v^2/C^2)$ auf Seite 285, die nur im Lichte des herzuleitenden Resultats verständlich ist.
27 Mathematisch bedeutet das die Invarianz des Ausdrucks $x^2 + y^2 + z^2 = c^2t^2$ unter Lorentz-Transformationen.
28 H. Minkowski, *Raum und Zeit*, Vortrag auf der Versammlung Deutscher Naturforscher und Ärzte in Köln am 21. September 1908, in: H. A. Lorentz, A. Einstein, H. Minkowski, *Das Relativitätsprinzip. Eine Sammlung von Abhandlungen*. Mit einem Beitrag von H. Weyl und Anmerkungen von A. Sommerfeld. Vorwort von O. Blumenthal (1913), Nachdruck Stuttgart 1982, S. 54.
29 Einstein 1905d, S. 903.
30 Einstein 1905d, S. 904f. Den hier angegebenen Ausdruck für die Zeitdilatation erhält man aus der exakten Formel als gute Näherung bei Vernachlässigung von Größen vierter und höherer Ordnung.
31 Einstein 1905d, S. 905. Einstein bezieht sich ausdrücklich auf eine »Unruhuhr«, da eine Pendeluhr Teil eines physikalischen Systems ist, zu dem die Erde notwendig hinzugehört; dies muß ausgeschlossen werden. (Vgl. die Fußnote unklarer Herkunft in dem 1913 veröffentlichten Nachdruck, hg. von Otto Blumenthal; wie Anm. 28.)
32 Einstein 1911e, S. 13.
33 Paul Langevin, *L'évolution de l'espace et du temps*, in: Scientia, Vol. 10, 1911, S. 31-54.
34 Beim Transport von Uhren um den Globus mittels Flugzeugen wird die Summe von zwei Effekten gemessen: zum einen die Zeitdilatation gemäß der Speziellen Relativitätstheorie und zum anderen die Gangverzögerung von Uhren im Schwerefeld gemäß der Allgemeinen Relativitätstheorie.
35 Einstein 1905d, S. 903.

36 Einstein 1905d, S. 907.
37 Ebd.
38 Einstein verwendet noch die Komponenten-Schreibweise von Heinrich Hertz; Lorentz und die meisten Autoren der ›Annalen‹ waren schon zu der heute gebräuchlichen Vektor-Schreibweise übergegangen.
39 Einstein 1905d, S. 910.
40 Einstein 1905d, S. 915.
41 Max Abraham, *Zur Theorie der Strahlung und des Strahlungsdrucks*, in: AdP, Bd. 14, 1904, S. 236-287.
42 Einstein 1905d, S. 915.
43 Einstein betrachtet ein »punktförmiges, mit einer elektrischen Ladung e versehenes Teilchen«, das er nur der Bequemlichkeit halber »Elektron« nennt; selbstverständlich gelten seine Resultate für jede andere geladene Partikel, wichtige Teilergebnisse sogar für nicht geladene »ponderable« Materie.
44 Einstein definiert die Kraft schulgemäß als Masse·Beschleunigung. Plancks Definition als Ableitung des Impulses nach der Zeit ist für eine Mechanik mit variabler Masse zweckmäßiger, da hierbei Impuls- und Energieerhaltungssatz eine einfache Form annehmen. Vgl. M. Planck, *Das Prinzip der Relativität und die Grundgleichungen der Mechanik*, in: VhDPG, Bd. 8, 1906, S. 136-141.
45 Einstein 1905d, S. 920.
46 Einstein 1905d, S. 921.
47 An Conrad Habicht, Bern, August/September 1905, in: Seelig, S. 126.
48 Hasenöhrl, *Zur Theorie der Strahlung in bewegten Körpern*, in: AdP, Bd. 15, 1904, S. 344-377.
49 Einstein 1905e, S. 641.
50 Ebd., die Schreibweise der Symbole ist späterem Gebrauch angepaßt.
51 J. Precht, in: AdP, Bd. 21, 1906, S. 599.
52 Einstein 1906d, S. 633.
53 Einstein 1907f.
54 Einstein 1907h, § 11.
55 W. Braunbek, *Die empirische Bestimmung des Masse-Energie-Verhältnisses*, in: ZfP, Bd. 107, S. 1-11, hier S. 1. In diesem Artikel durfte der Name Einstein nicht erwähnt werden.
56 Einstein 1907h, S. 443.

6. Auftritt des Jahrhundertgenies

1 Max Planck, *Wissenschaftliche Selbstbiographie*, Leipzig 1948, S. 22.
2 An Ph. Lenard, Bern, 16. November 1905; vgl. A. Kleinert und Ch. Schönbeck, *Lenard und Einstein. Ihr Briefwechsel*, in: Gesnerus, Bd. 35, 1978, S. 318-333. Lenards erster Brief an Einstein ist verschollen.
3 Maja Winteler-Einstein, *Albert Einstein. Beitrag für sein Lebensbild*, a.a.O., S. 23 (vgl. Anm. I, S. 829). Ich vermute, daß Maja Einstein hier etwas verwechselt mit einer späteren Episode, zumal sie 1905 in Berlin lebte und erst Ende

1907 in die Nähe ihres Bruders nach Bern zog. 1908 war Einstein tatsächlich enttäuscht, daß auf seinen ersten Versuch der Verallgemeinerung der Relativitätstheorie keinerlei Reaktion erfolgte. Die von Maja Einstein erwähnte Anfrage Plancks wegen der Aufklärung »einiger ihm dunkler Punkte« spricht jedenfalls für diese Vermutung.

4 W. Kaufmann, *Über die Konstitution des Elektrons*, in: SB, 1905, S. 949-956.

5 An M. Solovine, Bern, 3. Mai 1906, in: Solovine, S. 4.

6 Einstein 1913 d, S. 1079.

7 Der erste erhaltene Brief von Planck an Einstein datiert vom 6. Juli 1907.

8 Dazu der Briefwechsel Planck-Wien, in dem oft editorische Probleme im Zusammenhang mit den Annalen erörtert wurden, STPK.

9 M. Planck, *Wissenschaftliche Selbstbiographie*, a.a.O., 1948, S. 31.

10 M. v. Laue an C. Seelig, 13. März 1952, ETH.

11 Jakob Johann Laub an C. Seelig, Fribourg, 11. Sept. 1959, ETH.

12 An Rudolf Ladenburg, Bern, 20. Dezember 1907, in: Stargard, Kat. 641, Nr. 420, März 1988.

13 A. Sommerfeld an H. A. Lorentz, München, 26. Dezember 1907, in: Lorentz Papers, Mikrofilm-Rolle 4, American Institute of Physics. Für den Hinweis auf diesen Brief danke ich Diana Barkan.

14 An Max Born, Berlin, 27. Januar 1920, in: Born, S. 45.

15 M. Planck, *Das Prinzip der Relativität und die Grundgleichungen der Mechanik*, in: VhDPG, Bd. 8, 1906, S. 136-141.

16 In: Schilpp, S. 8.

17 Einstein 1905 d, S. 921.

18 W. Kaufmann, *Über die Konstitution des Elektrons*, in: AdP, Bd. 19, S. 487-553.

19 Ebd.

20 H. A. Lorentz an H. Poincaré, Leiden, 8. März 1906.

21 Max Planck, *Die Kaufmannschen Messungen der Ablenkbarkeit von β-Strahlen in ihrer Bedeutung für die Dynamik der Elektronen*. Vortrag am 19. September in Stuttgart, in: PhZ, Bd. 7, 1906, S. 753-759.

22 W. Kaufmann, *Diskussionsbemerkung*, ebd., S. 760.

23 Max Planck, *Diskussionsbemerkung*, ebd.

24 Einstein 1907h, § 10, S. 436-439.

25 Einstein 1907h, S. 439.

26 An Marcel Grossmann, Mailand, 1. April 1901.

27 A. H. Bucherer an A. Einstein, Bonn, 7. Sept. 1908. Bucherers Resultate wurden veröffentlicht in: *Messungen an Bequerel-Strahlen. Die experimentelle Bestätigung der Lorentz-Einsteinschen Theorie*, in: PhZ, Bd. 9, 1908, S. 755-762. Allerdings waren Bucherers Daten keineswegs so gut, wie er selbst annahm, so daß die Kontroverse erst ein Jahrzehnt später endgültig beigelegt wurde.

28 A. H. Bucherer an A. Einstein, Bonn, 9. Sept. 1908. Die Briefe von Einstein an Bucherer sind verschollen.

29 Einstein 1907d.

30 Diskussionsbeitrag in der Sitzung der Zürcher Naturforschenden Gesellschaft am 16. Januar 1911; Bd. 56, Heft 4, S. VIII.

31 Schilpp, S. 12.
32 Einstein 1916i, S. 101.
33 Paul Ehrenfest, *Die Translation deformierbarer Elektronen und der Flächensatz*, in: AdP, Bd. 23, 1907, S. 204f.
34 Einstein 1907e, S. 206.
35 *Was ist Relativitätstheorie?*, in: Weltbild, S. 127; geschrieben Ende 1919.
36 Ebd., S. 128.
37 Ebd., S. 127.
38 Schilpp, S. 6.
39 Max Planck, *Die Kaufmannschen Messungen...*, in: PhZ, Bd. 7, 1906, S. 756.
40 Einstein 1911e.
41 Z.B. in: 1912e und 1913c.
42 Vor allem in: 1907e.
43 Max Planck, *Wissenschaftliche Selbstbiographie*, a.a.O., S. 32.
44 Minkowski, *Raum und Zeit*, S. 60, (wie Anm. 28, S. 854).
45 An E. Zschimmer, Berlin, 30. Sept. 1921.
46 Vgl. dazu Schilpp, S. 12.
47 An C. Habicht, Bern, Ende Mai/Anfang Juni 1905.
48 Isaac Newton an Robert Hooke, 5. Februar 1675 oder 1676. Dazu erschöpfend: Robert K. Merton, *On the Shoulders of Giants*, New York 1965; deutsch Frankfurt am Main 1980.
49 Die hauptsächlichen Gedanken der Relativitätstheorie. Unveröffentlichtes Manuskript, ca. 1920, EA 2089.
50 New York Times, 4. April 1921; rückübersetzt aus dem Englischen (A.F.).
51 *Was ist Relativitätstheorie?*, in: Weltbild, S. 129.
52 *Grundgedanken und Probleme der Relativitätstheorie*, Nobel-Vortrag in Gotenburg am 11. Juli 1923, in: *Les Prix Nobel*, S. 3, Stockholm 1923.
53 Unveröffentlichter Entwurf, zit. nach M. Klein, *Einstein on Scientific Revolutions*, in: Vistas in Astronomy, Vol. 17, 1975, S. 113.
54 Max von Laue an Jakob Laub, 2. September 1907, in: Gerd Rosen Katalog, Nr. 35, Nr. 4578, Auktion vom 8. Nov. 1960.
55 Max Planck, *Acht Vorlesungen über Theoretische Physik, gehalten an der Columbia University in the City of New York im Frühjahr 1909*, Leipzig 1910, S. 117f.
56 Sitzungsberichte der Naturforschenden Ges. in Zürich, Sitzung vom 16. Jan. 1911, Heft 4 der Vierteljahresschrift, 1911.
57 Vgl. dazu H. Poincaré, *Dernières Pensées*, Paris 1913; deutsch: *Letzte Gedanken*, Leipzig 1913.
58 An H. Zangger, 15. Nov. 1911.
59 *Geometrie und Erfahrung*. Vortrag zum Friedrichs-Tag in der Preußischen Akademie der Wissenschaften zu Berlin am 21. Januar 1921, abgedruckt in: Weltbild, S. 122.
60 An A. Sommerfeld, Berlin, 28. Jan. 1922, in: Sommerfeld, S. 99 mit weiteren Angaben.
61 An M. Besso, Princeton, 6. März 1952, in: Besso, S. 464.
62 An Max Born, Princeton, 12. Oktober 1953.

63 An André Mercier, Princeton, 9. Nov. 1953.
64 I. B. Cohen, *An Interview with Einstein*, in: Scientific American, Vol. 93, Juli 1955, S. 69. Vgl. Auch Einsteins 1953 geschriebenes Vorwort zu Stilman Drakes Übersetzung des *Dialog* von Galileo Galilei, Einstein 1953f.
65 Pais, S. 171.
66 H. A. Lorentz, *Theory of Electrons*, Vorlesungen an der Columbia University New York im Frühjahr 1906, Leipzig 1909.
67 H. A. Lorentz, *Alte und neue Fragen der Physik*, in: PhZ, Bd. 11, 1910, S. 1236.
68 Max Born in: Born, S. 72.
69 H. A. Lorentz, *Das Relativitätsprinzip*, Leipzig 1914, S. 23.
70 Einstein 1914o.
71 H. A. Lorentz, *Problems of Modern Physics. Lectures in the Institute of Technology in Pasadena*, New York 1927, S. 221.
72 An J. J. Laub, Bern, 19. Mai 1909.
73 R. A. Millikan, *Albert Einstein on His Seventieth Birthday*, in: Rev. of Mod. Physics, Vol. 21, 1949, S. 343.
74 Max v. Laue, *Das Relativitätsprinzip*, Braunschweig 1911, S. 14.
75 An F. G. Davenport, Princeton, 9. Februar 1954.
76 R. S. Shankland, *Conversations with Albert Einstein*, in: American Journal of Physics, Bd. 31, 1963, S. 48.
77 Ebd., S. 55.
78 An Mileva Marić, Mailand, 28. September 1899, in: CP1, S. 233; die »interessante Arbeit« war W. Wien, *Über die Fragen, welche die translatorische Bewegung des Lichtäthers betreffen*, in: AdP, Bd. 65, Beilage Nr. 3, S. I-XVII.
79 An A. Sommerfeld, Bern, 14. Januar 1908.
80 Z. B. in Einstein 1917a.
81 Hierzu gibt es die Ausnahme des Kioto-Vortrags aus dem Jahre 1922, in dem Einstein von Michelsons Nullresultat sagte, es »war der erste Weg, der mich zur Relativitätstheorie führte«. Hat hier J. Ishiwara, der den ohne Manuskript deutsch gehaltenen Vortrag mitschrieb und ins Japanische übertrug, etwas überinterpretiert?
82 An F. G. Davenport, Princeton, 9. Februar 1954.
83 An C. Seelig, Princeton, 19. Februar 1955.
84 Späte Jahre, S. 219.
85 Paul Langevin, *L'évolution de l'espace et du temps*. Vortrag auf dem Kongreß für Philosophie in Bologna, in: Scientia, Bd. 10, 1911, S. 31-54.
86 Über das Seminar von Hilbert und Minkowski die ausführliche Darstellung von Lewis Pyenson, *Physics in the shadow of mathematics: The Göttingen electron theory seminar of 1905*, in: Pyenson, S. 101ff.
87 W. Voigt, *Über das Doppler'sche Prinzip*, Göttinger Nachrichten, 1887, S. 44-51.
88 Vgl. Gunther S. Stent, *Prematurity and Uniqueness in Scientific Disvovery*, in: *Paradoxes of Progress*, San Francisco 1978.
89 Diskussion der Sitzung am 21. September 1908 der Deutschen Gesellschaft der Naturforscher und Ärzte, in: PhZ, Bd. 9, 1908, S. 762.

90 Max Born, *Mein Leben*, München 1975, S. 149.
91 An C. J. B. Bremer, Princeton, 15. Juli 1954.
92 Einstein 1916i, S. 103.
93 An M. Solovine, Bern, 3. Mai 1906, in: Solovine, S. 4.

7. *Experte II. Klasse – »mit Arbeit arg überladen«*

1 An W. Dällenbach, Ahrenshoop, 8. August 1918.
2 Friedrich Haller an Bundesrat, Bern, 17. Januar 1906; Eidgenössisches Amt für geistiges Eigentum, Bern.
3 Flückiger, S. 68.
4 An L. Chavan, Prag, ca. 1912; zit. nach: Flückiger, S. 66.
5 Vgl. Yardley Beers, American Journal of Physics, Vol. 46, 1978, S. 506.
6 Karl Biedermann an Carl Seelig, Bern, 2. März 1952.
7 Die frühere Besenscheuerstraße heißt heute Tscharnerstraße.
8 M. Solovine, Bern, 6. Mai 1906, in: Solovine, S. 5.
9 Ebd.
10 Ebd.
11 Mileva Einstein an Helene Savić-Kaufler, o.D., Dezember 1906, in: D. Trbuhović-Gjuvić, *Im Schatten Albert Einsteins*, Bern 1983, S. 82.
12 An Conrad Habicht, Bern, o.D., Bern, September 1905, in: Seelig, S. 126.
13 Ebd.
14 Mileva Einstein an Helene Savić-Kaufler, Bern, o.D., Dezember 1906, in: D. Trbuhović-Gjuvić, *Im Schatten Albert Einsteins,* a.a.O., S. 82ff.
15 Einsteins Sammlung der Sonderdrucke befindet sich heute im Weizmann-Institut, Rehovoth, Israel.
16 Maja Winteler-Einstein, a.a.O., S. 25 (wie Anm. I, S. 829).
17 Albert Einstein an J. J. Laub: »Die Photographie kommt endlich.« Bern, o. D., 1909; Laub an Albert Einstein, 9. Juli 1953, erwähnt ein Lichtbild aus dem Jahre 1906.
18 An W. Wien, Bern, 29. Juli 1907. Vom Briefwechsel zwischen Wien und Einstein sind nur einige Briefe Einsteins im Wien-Nachlaß der STPK erhalten; hauptsächlich ging es in dieser Korrespondenz um die Unterschiede zwischen Phasen- und Gruppengeschwindigkeit.
19 Ebd.
20 An J. Stark, Bern, 14. Dezember 1908, in: Stark, S. 277.
21 Vgl. die Ablehnung eines von J. Stark unterbreiteten Angebots einer Stelle in Aachen: »Da ich verheiratet bin, wären die Einnahmen jener Stelle nicht groß genug...« Bern, 6. April 1909, in: Stark, S. 278.
22 An die Direktion des Erziehungswesens, Bern, 17. Juni 1907, Kantonsarchiv Bern, BB III 6, Bd. XV, 1907; auch Flückiger, S. 113.
23 Protokoll der Fakultätssitzung vom 28. Oktober 1907, Kantonsarchiv Bern.
24 An M. Besso, Princeton, 6. März 1952, in: Besso, S. 464.
25 An M. Besso, Bern, 17. März 1903, in: Besso, S. 14.

26 An M. Besso, Princeton, 6. März 1952, in: Besso, S. 464.
27 Max von Laue an Carl Seelig, Berlin, 13. März 1952.
28 M. v. Laue an J. J. Laub, 2. September 1907.
29 M. v. Laue an Einstein, Berlin, 4. September 1907.
30 Max von Laue an Carl Seelig, Berlin, 13. März 1952.
31 B. G. Teubner an Einstein, Leipzig, 3. Oktober 1907.
32 S. Hirzel an Einstein, Leipzig, 3. November 1908.
33 J. Stark, Bern, 2. Dezember 1907, in: Stark, S. 278.
34 An J. Stark, 14. Dezember 1908, in: Stark, S. 277.
35 An Eilhard Wiedemann, Bern, 14. Juni 1909.
36 Einstein 1917a.
37 Einstein 1922a.
38 An J. Stark, Bern, 25. September 1907, in: Stark, S. 269.
39 Max Planck, *Die Kaufmannschen Messungen...*, PhZ, Bd. 7, 1906, S. 753ff.
40 An J. Stark, Bern, 1. November 1907, in: Stark, S. 271.
41 Einstein 1907f, S. 373.
42 Einstein 1907h.
43 An J. Stark, Bern, 1. November 1907 in: Stark, S. 271.
44 Ebd.
45 Einstein 1907h.
46 Einstein 1923a, S. 4f.
47 Ebd., S. 5.
48 Einstein 1952a, S. X.
49 An W. de Sitter, Berlin, 4. November 1916.
50 In: Schilpp, S. 24.
51 Vgl. den Brief an J. Stark vom 1. November 1907; darin schreibt Einstein kein Wort über die Gravitationstheorie.
52 An Conrad Habicht, Bern, 24. Dezember 1907.

III. Der neue Kopernikus

1. Vom »Treppenwitz« zum Herrn Professor

1 J.J. Laub an Einstein, Würzburg, 1. März 1908, ETH.
2 An Arnold Sommerfeld, Bern, 14. Januar 1908, DMM; Physikalische Blätter 40, 1984, Nr.2, S. 29 (nicht in Sommerfeld). Sommerfelds Briefe aus den ersten Jahren ihrer Korrespondenz sind verschollen.
3 An Conrad Habicht, Bern, 24. Dezember 1907.
4 An Marcel Grossmann, Bern, 3. Januar 1908, ETH; in: Hoffmann/Dukas S. 104.
5 Ebd.
6 Ebd.
7 An den Erziehungsrat des Kantons Zürich, Bern, 20. Januar 1908, STZ, U 84d. 2.

8 An Paul Gruner, Bern, 11. Februar 1908, in: Flückiger, S. 117, im Faksimile.
9 Flückiger, S. 119; dort auch die weiteren Angaben zum Habilitationsverfahren.
10 Einstein 1909c, S. 185-193.
11 An Paul Gruner, Bern, 11. Februar 1908, in: Flückiger, S. 117.
12 Semestralbericht der Universität Bern, SS 1908, in: Flückiger, S. 121.
13 Lucien Chavan, Theorienhefte, Einstein-Haus, Bern.
14 Altes Testament, Zweites Buch Moses, Kap. 6, Vers 9; Flückiger, S. 124.
15 Zu Prioritätenfragen vgl. Robert K. Merton, *The Sociology of Science*, insb. Part 4, The Reward System of Science; Chicago/London 1973.
16 Max von Laue an Einstein, Feldberg, Schwarzwald, 27. Dezember 1907.
17 An Johannes Stark, Bern, 17. Februar 1908, in: Stark, S. 273.
18 J. Stark, *Elementarquantum der Energie. Modell der negativen und positiven Elektrizität*, in: PhZ, Bd. 8, 1907, S. 881 ff.
19 J. Stark an Einstein, Greifswald, 19. Februar 1908, in: Stark, S. 273.
20 An Johannes Stark, Bern, 22. Februar 1908, in: Stark, S. 274.
21 Einstein und Laub, *Elektromagnetische Grundgleichungen für bewegte Körper*, in AdP, Bd. 26, 1908, S. 532-540; *Berichtigungen*: a.a.O., Bd. 27, 1908, S. 232.
22 Einstein und Laub, *Die im elektromagnetischen Felde auf ruhende Körper ausgeübten ponderomotorischen Kräfte*, in: AdP, Bd. 26, 1908, S. 541-550; *Bemerkungen zu unserer Arbeit...*, a.a.O., Bd. 28, 1909, S. 445 ff.
23 An J. J. Laub, Bern, ohne Datum, verm. Frühjahr 1909; Katalog Gerd Rosen, Berlin, Auktion Nr. 36, April 1961, S. 3.
24 An Walter Dällenbach, Ahrenshoop, 8. August 1918; zit. in: Flückiger, S. 160. Auch heute noch sind diese Probleme nicht definitiv gelöst (pers. Mitteilung Jürgen Renn).
25 J. J. Laub an Einstein, Würzburg, 18. Mai 1908, ETH.
26 Einstein 1907b.
27 Einstein 1908a.
28 An Conrad Habicht, Bern, 24. Dezember 1907.
29 Ebd.
30 An Arnold Sommerfeld, Bern, 14. Januar 1908, in: Physikalische Blätter, 40, 1984, Nr. 2, S. 30 (nicht in: Sommerfeld).
31 Einstein 1908a, S. 217.
32 J. J. Laub, *Albert Einstein und Albert Gockel*, in: Academia Freiburgensis, 1962, S. 30-33.
33 An J. J. Laub, Bern, 30. Juli 1908, ETH.
34 An J. J. Laub, undatiert, August 1908, in: *Albert Einstein und Albert Gockel*, a.a.O., S. 31.
35 An Albert Gockel, Bern, 3. Dezember 1908, STPK, Autogr. I/111.
36 Ebd.
37 Ebd.
38 H. A. Einstein in einem Interview mit Bernard Mayes, BBC, in: Whitrow, G. J. (Hg.), *Einstein: The Man and His Achievement*, London 1966, S. 17.
39 An M. Solovine, Bern, 3. Dezember 1908; Hans Alberts eigenhändig ge-

schriebener Rufname »Buio« ist schweizerisch für »Bub«; in: Solovine, S. 10, im Faksimile.

40 Whitrow, a.a.O., S. 21.

41 Vgl. dazu eine Postkarte von Einstein an die Brüder Habicht aus dem Sommer 1907 (undatiert): »Jetzt im Laufe des Juli könnte ich euch beide beherbergen, weil meine Schwester verreist ist.«

42 Flückiger, S. 126: »Was, dieser schlamperte Kerl ist Ihr Bruder? Das hätt' ich zuletzt gedacht, wenn ich Sie sehe!«

43 An J. Stark, Bern, 2. Dezember 1908, in: Stark, S. 276. Hirzel war der Verleger des von Stark herausgegebenen Jahrbuch.

44 An J. Stark, Bern, 14. Dezember 1908, in: Stark, S. 277.

45 An Eilhard Wiedemann, Bern, 14. Juni 1909, DMM, 1949/229.

46 Max Planck an Einstein, Axalp, 8. September 1908.

47 An J. Stark, Bern, 22. Februar 1908, in: Stark, S. 274.

48 An J. Stark, Bern, 14. Dezember 1908, in: Stark, S. 277.

49 Hermann Minkowski, *Raum und Zeit*, a.a.O. (wie Anm. 28, S. 854). Zur Genese von Minkowskis Konzeption der Raum-Zeit vgl. Peter Louis Galison, *Minkowskis Space-Time: From Visual Thinking to the Absolute World*, in: HSPS, 10, 1979, S. 85ff.

50 Max Born, *Physik im Wandel meiner Zeit*, Braunschweig 1958, S. 218.

51 Max Born, *Autobiography*, New York 1978, S. 131. (Übersetzung von mir. A. F. – In der deutschen Ausgabe: *Mein Leben*, München 1975, S. 186, ist diese Stelle nicht ganz korrekt übersetzt.)

52 Hermann Minkowski, a.a.O., S. 111.

53 J. J. Laub an Einstein, Würzburg, 18. Mai 1908, ETH.

54 Pais, S. 151.

55 Seelig, S. 46.

56 Einstein 1917d; zit. nach der Ausgabe Braunschweig 1969, S. 46.

57 Ebd., S. 48.

58 Louis Kollros, *Erinnerungen eines Kommilitonen*, in: Helle Zeit – Dunkle Zeit, S. 25.

59 Zur Geschichte der Theoretischen Physik in den deutschsprachigen Ländern vgl. das einzigartige Buch von Christa Jungnickel und Russel McCormmach, *Intellectual Mastery of Nature – Theoretical Physics from Ohm to Einstein*, Bd. 2: *The Now Mighty Theoretical Physics 1870–1925*, Chicago 1986.

60 Rudolf G. Ardelt, *Friedrich Adler*, Wien 1984, S. 156–194, gibt eine ausführliche Darstellung von Friedrich Adlers ambivalenter Haltung gegenüber der Zürcher Professur sowie der Hintergründe um die Einrichtung des Extraordinariats.

61 Ebd., S. 159ff.

62 Friedrich Adler an Victor Adler, Zürich, 19. Juni 1908, in: ebd., S. 163f.

63 An J. J. Laub, Bern, 19. Mai 1909, in: ETH.

64 An M. Besso, Princeton, 6. März 1852, in: Besso, S. 464.

65 Friedrich Adler an Victor Adler, Zürich, 1. Juli 1908, in: Rudolf G. Ardelt, a.a.O., S. 164.

66 An J. J. Laub, Bern, 30. Juli 1908, ETH.
67 An J. J. Laub, Bern, 19. Mai 1909, ETH.
68 Friedrich Adler an Victor Adler, Zürich, 28. November 1908, in: R. G. Ardelt, a.a.O., S. 165.
69 An J. Ehrat, Bern, 15. Februar 1909, in: Seelig, S. 155.
70 An J. J. Laub, Bern, 19. Mai 1909, ETH. Dieser Brief enthält eine ausführliche Schilderung der Berufungsaffäre aus Einsteins Sicht.
71 An J. Ehrat, Bern, 15. Februar 1909, in: Seelig, S. 155.
72 An A. Kleiner, Bern, 25. Februar 1909, in: Universitätsarchiv Zürich.
73 Gutachten von Alfred Kleiner, zitiert im Brief des Dekans Prof. Otto Stoll vom 4. März 1909 an Regierungsrat Heinrich Ernst, Direktor des kantonalen Erziehungswesens Zürich, S. 7f., STZ, U. 110b. 2, Personalakte Einstein.
74 Ebd., S. 6.
75 Tatsächlich starb der ungewöhnlich begabte Walter Ritz schon vier Monate später am 7. Juli 1909 im Alter von erst 31 Jahren.
76 Zu Reaktionen von Ordinarien und Ministerien auf die Berufung jüdischer Physiker vgl. Jungnickel und McCormmach, a.a.O., S. 286f. (wie Anm. 59).
77 Wie Anm. 73, S. 8.
78 Ebd., S. 9.
79 Friedrich Adler an Victor Adler, Zürich, 19. März 1909, in: R. G. Ardelt, a.a.O., S. 166 (wie Anm. 60).
80 An M. Besso, Berlin, 29. April 1917, in: Besso, S. 106.
81 Alle Biographen – von Reiser, der die Geschichte nur von Einstein haben konnte, über Frank und Seelig bis Clark – haben die Berufungsaffäre so dargestellt, als habe Adler in ungewöhnlicher Selbstlosigkeit zugunsten Einsteins auf die Professur verzichtet. Adler ist jedoch niemals von der Fakultät für die Professur vorgeschlagen worden, konnte also auch nicht verzichten.
82 An Conrad Habicht, Bern, 28. April 1909, in: Flückiger, S. 124.
83 An J. J. Laub, Bern, 19. Mai 1909, ETH.
84 Dies ist zu entnehmen dem Protokoll des Regierungsrats vom 14. Juli 1910, STZ.
85 An J. J. Laub, Bern, 19. Mai 1909, ETH.
86 An Carl Seelig, Princeton, Sommer 1952, in: Seelig, S. 157ff.
87 Zit. nach Seelig, S. 159.
88 Justiz- und Polizeidepartement an den Bundesrat der Schweiz, Bern, 12. Juli 1909, in: Flückiger, S. 70.
89 An M. Solovine, Bern, 18. März 1909, in: Solovine, S. 12.
90 An J. J. Laub, Bern, Montag, ohne Datum, verm. Juni 1909, (nicht 1908, wie Seelig, S. 147, meint!), ETH.
91 An H. A. Lorentz, Bern, o. D., verm. April 1909.
92 An J. J. Laub, Bern, Montag, o. D., verm. Juni 1909.
93 An J. J. Laub, Bern, 19. Mai 1909, ETH. Die frühen Briefe von Lorentz an Einstein sind verschollen. Einstein schrieb am 23. Mai 1909 einen 17seitigen Brief über Probleme der Strahlungstheorie an Lorentz.

94 Ebd.
95 An J. Stark, Bern, 31. Juli 1909, in: Stark, S. 279.
96 Nach dem Kongreßbericht (Verh. der Ges. Deutscher Naturforscher und Ärzte, 81. Versammlung zu Salzburg, Leipzig 1910) und dem Programm der »stark besuchten« physikalischen Abteilung (PhZ, 10, 10. November 1909, Nr. 22, S. 777) waren u. a. anwesend: Max Born, Paul S. Epstein, James Franck, Philipp Frank, Albert Gockel, Otto Hahn, Friedrich Hasenöhrl, Ludwig Hopf (der Assistent an der Univ. Zürich wurde), Rudolf Ladenburg, Anton Lampa, Max von Laue, Lise Meitner, Gustav Mie, Max Planck, Heinrich Rubens, Clemens Schaefer, Arnold Sommerfeld, Johannes Stark, Wilhelm Wien, Woldemar Voigt.
97 PhZ, 10, Nr. 22, S. 777.
98 Die Einladung soll im Sommer 1908 durch Rudolf Ladenburg bei einem Besuch in Bern überbracht worden sein (Clark, S. 93); ich habe dafür keinen Nachweis gefunden. Auch in den erhalten gebliebenen Fragmenten der Korrespondenz zwischen Planck und Einstein findet sich nichts über eine Einladung zu einem Vortrag. Da Planck allerdings bei der Nachmittagssitzung am 21. September den Vorsitz führte und somit für die Programmgestaltung verantwortlich war, spricht alles dafür, daß die Aufforderung an Einstein zu einem Hauptvortrag tatsächlich von Planck ausgegangen war.
99 Max Born, *Physik im Wandel meiner Zeit*, Braunschweig 1958, S. 193.
100 Einstein 1909e.
101 Ebd., S. 820.
102 Ebd., S. 817.
103 Ebd., S. 820.
104 Ebd.
105 Max Plancks Diskussionsbeitrag, ebd., S. 825.
106 Max Born, *Die Relativitätstheorie Einsteins*, Berlin 1920, S. 238 (nur in dieser ersten Auflage!).
107 Wolfgang Pauli, *Einsteins Beitrag zur Quantentheorie*, in: Schilpp, S. 78.
108 An J. J. Laub, Zürich, 31. Dezember 1909, ETH.
109 An J. Stark, Bern, 31. Juli 1909, in: Stark, S. 279.
110 An J. J. Laub, Bern, 19. Mai 1909, ETH.
111 An A. Sommerfeld, Bern, 29. September 1909, DMM; in: Physikalische Blätter, 40, 1984, S. 31.

2. Professor in Zürich

1 An Lucien Chavan, Zürich, den 19. Oktober 1909.
2 Friedrich Adler an Victor Adler, Zürich, 28. Oktober 1909, in: R. G. Ardelt, a.a.O., S. 166. (wie III. 1, Anm. 60).
3 An J. J. Laub, Zürich, 31. Dezember 1909, ETH.
4 Ebd.
5 An M. Besso, Zürich, 17. November 1909, in: Besso, S. 16.

6 An A. Sommerfeld, Zürich, 19. Januar 1910, DMM, Physikalische Blätter, 40, Nr. 2, S. 32 (nicht in Sommerfeld).
7 An Eilhard Wiedemann, Bern, 14. Juli 1909, DMM.
8 Hans Tanner in: Seelig, S. 171.
9 Max Fisch in: Seelig, S. 170.
10 An M. Besso (wie Anm. 5).
11 An J. J. Laub (wie Anm. 3).
12 An J. J. Laub, Zürich, 16. März 1910, ETH.
13 Ebd.
14 Seelig, S. 188.
15 An C. Seelig, Princeton, 20. August 1952, ETH.
16 Einstein 1911b. Diese Arbeit beginnt: »Mein Kollege, Hr. Prof. Zangger, machte mich auf eine wichtige Bemerkung aufmerksam...«
17 Hans Tanner in: Seelig, S. 170.
18 George Hevesy, Interview mit T. S. Kuhn und E. Segre vom 25. Mai 1962, in: Archive for History of Quantum Physics; zit. nach T. S. Kuhn, *Black Body Theory*..., S. 215, Oxford 1978.
19 An J. J. Laub, Zürich, 16. März 1910, ETH.
20 Nach naheliegenden Modifikationen der Einsteinschen Theorie entwickelten im Jahre 1912 Peter Debye (AdP, Bd. 39, S. 789) sowie Max Born und Theodor von Karman (PhZ, Bd. 13, S. 297) Formeln, die den Verlauf der spezifischen Wärme bei Annäherung an den absoluten Nullpunkt richtig beschreiben.
21 In: Seelig, S. 177.
22 An A. Sommerfeld, Zürich, 19. Januar 1910, DMM; in: Physikalische Blätter, 40, 1984, S. 32 (nicht in Sommerfeld).
23 An J. J. Laub, Zürich, 16. März 1909, ETH.
24 An Emil Fischer, Zürich, 5. November 1910, STPK.
25 An J. J. Laub, Zürich, 31. Dezember 1909, ETH.
26 An J. J. Laub, Zürich, 16. März 1910, ETH.
27 An A. Sommerfeld, Zürich, 10. Juli 1910, DMM; in: Physikalische Bätter, 40, 1984, S. 33 (nicht in Sommerfeld). »Rank«: schweizerisch für »geschickte Lösung«.
28 Ebd.
29 Armin Hermann in: Sommerfeld, S. 23.
30 An J. J. Laub, Zürich, Samstag (o. D.), Juli 1910, ETH.
31 Ebd.
32 Einstein 1910a u. 1910b.
33 W. Pauli, *Einsteins Beitrag zur Quantentheorie*, in: Schilpp, S. 79.
34 An J. J. Laub, Zürich, 4. November 1910, ETH.
35 An J. J. Laub, Zürich, 11. November 1910, ETH.
36 Vgl. die Briefe an Sommerfeld vom 19. Januar 1910 und an Laub vom Sommer 1910 (undatiert).
37 Seelig, S. 101; der Vortrag fand am 7. Mai 1910 statt. In einem Brief von Einstein an seine Mutter vom 29. April 1910: »In einigen Tagen muß ich einen

Vortrag halten vor der Versammlung schweizerischer Naturforscher, auf den ich mich noch gar nicht vorbereitet habe.«

38 Carl Gustav Jung an Carl Seelig, 25. Februar 1952, ETH.

39 Ebd.

40 An Conrad Habicht, Zürich, 14. Dezember 1910.

41 An Conrad Habicht, Zürich, o. D.; Februar/März 1910.

42 C. Habicht und P. Habicht, *Elektrostatischer Potentialmultiplikator nach A. Einstein*, in: PhZ, 11, 1910, S. 532-535.

43 Ebd., S. 535.

44 An M. Besso, Prag, 4. Februar 1912, in: Besso, S. 47.

45 An M. Besso, Prag, 26. Dezember 1911, in: Besso, S. 42.

46 An Conrad Habicht, Princeton, 15. August 1948.

47 *Marian v. Smoluchowski*, AdP, Bd. 25, 1908, S. 205-226. Vgl. Armin Teske, *Marian Smoluchowski – Leben und Werk*, Polska Akademia Nauk, Warschau 1977, S. 215-232.

48 *Marian von Smoluchowski*, in: NW, Bd. 5, 1917, S. 737.

49 An J. J. Laub, Zürich, Samstag, o. D., Sommer 1910, ETH.

50 Einstein 1910c.

51 Ebd., S. 1294.

52 An M. Grossmann, Mailand, 14. April 1901, in: CP1, Dok. 100, S. 290.

53 Zit. nach Teske (wie Anm. 47), S. 219.

54 Ebd., S. 231.

55 Einstein 1917g.

56 Die Berufung nach Prag ist in folgenden Arbeiten dargestellt:
a) Andreas Kleinert, *Anton Lampa und Albert Einstein – Die Neubesetzung der physikalischen Lehrstühle an der deutschen Universität Prag*, in: Gesnerus, 32, 1975, S. 285-292.
b) Jan Havranek, *Albert Einsteins Appointment to Professor in Prague*, in: Acta Universitatis Carolinae – Hist. Univ. Car. Pragensis, 8, 1977, S. 109-112.
c) Joszef Illy, *Einstein in Prague*, in: Isis, 70, 1979, S. 76-84.

57 Friedrich Adler an Victor Adler, Zürich, 30. März 1910, in: Adler-Archiv, Wien.

58 An Pauline Einstein, Zürich, 29. April 1910.

59 Friedrich Adler an Victor Adler, Zürich, 29. April 1910, in: Adler-Archiv, Wien.

60 J. Illy, a.a.O., S. 77 (wie Anm. 56).

61 Dieses Gutachten ist verloren; Andreas Kleinert hat es aus der mündlichen Überlieferung rekonstruiert (Kleinert, a.a.O., S. 288 und Anm. 9, S. 291 – wie Anm. 56). Diese Rekonstruktion entspricht der Diktion in Plancks drei Jahre später erfolgtem Vorschlag zur Wahl Einsteins in die Preußische Akademie der Wissenschaften.

62 Max Planck, *Acht Vorlesungen über Theoretische Physik, gehalten an der Columbia University in the City of New York im Frühjahr 1909*, Leipzig 1910.

63 An A. Sommerfeld, Zürich, 10. Juli 1910, in: Physikalische Blätter, 40, 1984, S. 33 (nicht in Sommerfeld).

64 An J. J. Laub, Zürich, Samstag, o. D., Sommer 1910.
65 Kleinert, a.a.O., S. 288 (wie Anm. 56).
66 Karl Graf Stürgk an den Kaiser Franz Joseph, Wien, 16. Dezember 1910, zit. nach Kleinert, a.a.O., S. 289.
67 Eingabe von 15 Studenten an die Erziehungsdirektion, Zürich, 23. Juni 1910, STZ, U 110b.2(44).
68 Ebd.
69 Protokoll des Regierungsrates vom 14. Juli 1910, STZ, U110b.2.
70 Ebd.
71 Frank, S. 136.
72 Illy, a.a.O., S. 77 (wie Anm. 56).
73 Friedrich Adler an Victor Adler, Zürich, 23. September 1910, in: Adler-Archiv, Wien.
74 Illy, a.a.O., S. 78.
75 Frank, S. 137; Hoffmann/Dukas, S. 114.
76 An Paul Ehrenfest, Prag, 25. April 1912.
77 An Carl Schröter, Zürich, 12. Dezember 1910, ETH. Schröter war Professor für Botanik am Polytechnikum.
78 Illy, a.a.O., S. 78.
79 Protokoll des Regierungsrates, Zürich, den 10. Februar 1911, STZ.
80 Havranek, a.a.O., S. 106 (wie Anm. 56).
81 A. Kleiner an einen nicht mehr identifizierbaren Kollegen, Zürich, 18. Januar 1911, STZ.
82 Emil Fischer an A. Einstein, Berlin, 1. November 1910, in: Fischer Papers, Bancroft Library, Univ. of California, Berkeley.
83 An Emil Fischer, Zürich, 5. November 1910, STPK.
84 Über Emil Fischer und Franz Oppenheim als Schatzmeister der Gesellschaft Deutscher Chemiker vgl. Emil Fischer, *Aus meinem Leben*, Berlin 1922.
85 Franz Oppenheim an Emil Fischer, Berlin-Wannsee, 9. November 1911, in: Fischer Papers, Bancroft Library, Berkeley.
86 An Emil Fischer, Zürich, 5. November 1910, STPK.
87 An H. A. Lorentz, Zürich, 27. Januar 1911.
88 An Friedrich Adler, Basel, 8. Februar 1911, ETH.
89 An H. A. Lorentz, Zürich, 15. Februar 1911.
90 An H. A. Lorentz, Prag, 23. November 1911.
91 Ansprache am Grabe von H. A. Lorentz 1928, in: Weltbild, S. 27.
92 *H. A. Lorentz als Schöpfer und Persönlichkeit*, geschrieben 1953, in: Weltbild, S. 31.
93 Seelig, S. 177ff.
94 An A. Stern, Zürich, o. D., Ende 1910, ETH.

3. Ordinarius in Prag

1 An M. Grossmann, Prag, März 1911, o. D. (Poststempel 27. März 1911).
2 Die Adresse war Trebizkeho ulice 1215, jetzt Lesnicka ulice 7; an dem Haus erinnert eine Einsteinbüste an den ersten und berühmtesten Bewohner.
3 Vgl. einen Brief an Besso, Ende September 1911, in: Besso, S. 30, und einen Brief von Besso, 29. Oktober 1911, ebd., S. 37.
4 An H. Zangger, Prag, o. D., Frühjahr 1911.
5 An M. Grossmann, Prag, Ende März 1911.
6 Ebd.
7 An H. Zangger, Prag, o. D., Frühjahr 1911.
8 An M. Besso, Prag, 13. Mai 1911, in: Besso, S. 19.
9 An L. Chavan, Prag, 6. Juli 1911, ETH.
10 Otto Stern in einem Interview mit Res Jost, aufgenommen am 25. November 1961; eine Transkription befindet sich in der ETH; ich danke Prof. Jost für die Erlaubnis, daraus zitieren zu dürfen.
11 An M. Besso, Prag, 13. Mai 1911, in: Besso, S. 19.
12 Die naturwissenschaftlichen Institute der Philosophischen Fakultät befanden sich in der Weinberggasse 3, jetzt Vinicna ulice 3.
13 An Besso, Prag, 13. Mai 1911, in: Besso, S. 19.
14 Frank, S. 145.
15 An Marcel Grossmann, Prag, Ende März 1911, ETH.
16 An Alfred Stern, Prag, 17. März 1912, ETH.
17 An Lucien Chavan, Prag, 6. Juli 1911, ETH.
18 An Jakob Laub, Prag, 10. August 1911, ETH.
19 An M. Besso, Prag, 4. Februar 1912, in: Besso, S. 45.
20 An J. J. Laub, Prag, 10. August 1911, ETH.
21 An H. Zangger, Prag, 20. September 1911.
22 Prager Tagblatt vom 22. Januar 1911, zit. nach Illy, a.a.O., S. 79 (wie Anm. 56, S. 866).
23 Ebd.
24 Gerhard Kowalewski, *Bestand und Wandel*, München 1950, S. 237.
25 Hugo Bergmann, *Personal Remembrances of Albert Einstein*, in: Boston Studies in the Philosophy of Science, XIII, S. 389.
26 Max Brod, *Streitbares Leben*, München 1969, S. 171.
27 Ebd.
28 Hugo Bergmann, a.a.O., S. 390 (wie Anm. 25).
29 Max Brod, a.a.O., S. 201.
30 Ebd., S. 202.
31 Max Brod, *Tycho Brahes Weg zu Gott*, München 1915, zitiert nach der Ausgabe Frankfurt a. M. 1978, S. 145.
32 Frank, S. 152 ff.
33 An Hedwig Born, Berlin, 8. September 1916, in: Born, S. 21.
34 An Max Brod, Princeton, 22. Februar 1949. Dazu auch die Darstellung von Brod in *Streitbares Leben*, München 1969, S. 202.

35 Frank, S. 143.
36 An M. Besso, Prag, 13. Mai 1911, in: Besso, S. 19.
37 Ebd., S. 20.
38 Ebd.
39 An Walther Nernst, Prag, 20. Juni 1911, zitiert nach Jean Pelseneer, *Le premier Conseil de Physique*, unveröffentlichtes Manuskript, Institut Solvay, Brüssel.
40 Ernest Solvay, *Sur l'Etablissement des Principes Fondamentaux de la Gravito-Matérialique*, Brüssel 1911.
41 Vgl. Jagdish Mehra, *The Solvay Conferences on Physics*, Dordrecht/Boston 1975, S. 4.
42 Max Planck an Walther Nernst, Berlin, 11. Juni 1910, in: J. Pelseneer, a.a.O.
43 Ebd.
44 An M. Besso, Prag, 13. Mai 1911, in: Besso, S. 19.
45 An M. Besso, Prag, 11. September 1911, in: Besso, S. 26.
46 An Besso, Prag, 21. Oktober 1911, in: Besso, S. 32.
47 Ebd.
48 An H. Zangger, Prag, o. D., Anfang November 1911, ETH; in: Helle Zeit – Dunkle Zeit, S. 43; die »drei Sprachen« waren selbstverständlich Französisch, Deutsch und Englisch.
49 An H. Zangger, Prag, 16. November 1911, ETH; in: Helle Zeit – Dunkle Zeit, S. 43.
50 An M. Besso, Prag, 26. Dezember 1911, in: Besso, S. 40.
51 In: Verhandlungen des Conseil Solvay 1911, deutsche Ausgabe: Abhandlungen der Deutschen Bunsen-Gesellschaft, Nr. 7, Halle 1914, S. 339 f.
52 An H. Zangger, Prag, 16. November 1911, ETH; in: Helle Zeit – Dunkle Zeit, S. 43.
53 An M. Besso, Prag, 26. Dezember 1911, in: Besso, S. 40.
54 An H. Zangger, Prag, o. D., Anfang November 1911, ETH; in: Helle Zeit – Dunkle Zeit, S. 42.
55 Zitiert nach The Earl of Birkenhead, *The Professor and the Prime Minister*, Cambridge/Boston 1962, S. 43.
56 Clark, S. 185.
57 An H. Zangger, Prag, o. D., Anfang November 1911, ETH; in: Helle Zeit – Dunkle Zeit, S. 43.
58 Ausführlich ist die Korrespondenz zwischen Einstein und Julius dargestellt in Clark, S. 187 ff.
59 An H. Zangger, Prag, 20. September 1911.
60 H. Zangger an Ludwig Forrer, Zürich, 9. Oktober 1911, in: Bundesarchiv Bern.
61 An H. Zangger, Prag, 20. September 1911. Der Esel ist natürlich »Buridans Esel«, den Einstein freilich bei der Lektüre Heines kennengelernt haben könnte.
62 An H. Zangger, Prag, 15. November 1911.
63 An M. Grossmann, Prag, 18. November 1911, ETH; in: Seelig, S. 225. Grossmanns Brief, der mit diesem Brief beantwortet wird, ist verloren.

64 H. A. Lorentz an Einstein, Leiden, 8. Dezember 1911.
65 An M. Grossmann, Prag, 10. Dezember 1911, ETH.
66 M. Grossmann an Einstein, Zürich, 12. Dezember 1911, ETH.
67 H. Zangger an Rudolf Gnehm, Zürich, 14. Dezember 1911, ETH.
68 M. Curie an Pierre Weiss, Paris, 17. November 1911, ETH; in: Seelig, S. 228. Poincaré an Pierre Weiss, ebd., S. 228ff.
69 A. Sommerfeld, zit. nach Seelig, S. 230.
70 Seelig, S. 231f.
71 Protokoll des Schweizerischen Schulrates für das Jahr 1912, Sitzung vom 22. Januar 1912, in: Bundesarchiv Bern.
72 An den Bundespräsidenten der Schweiz, Prag, 2. Februar 1912, ETH.
73 An Alfred Stern, Prag, 2. Februar 1912, ETH. Die »Bärchen« sind die beiden Söhne.
74 An H. Zangger, o. D., Frühjahr 1912.
75 George Peagram an Einstein, New York, 9. Januar 1912.
76 An George Peagram, Prag, 29. Januar 1912.
77 An H. Zangger, Prag, 27. Januar 1912.
78 An H. Zangger, Prag, 19. Februar 1912.
79 *In memoriam Paul Ehrenfest* (1934), in: Späte Jahre, S. 204.
80 Die Tage- und Notizbücher von Ehrenfest befinden sich im Museum Boerhaave in Leiden. Martin J. Klein hat sie für seine in vieler Hinsicht bemerkenswerte Biographie ausgewertet: Martin J. Klein, *Paul Ehrenfest*, Bd. 1: *The Making of a Theoretical Physicist*, Amsterdam 1970, hier S. 174ff. Der zweite Band ist bis heute nicht erschienen. Ich zitiere nach Karl von Meyenn, *Einsteins Dialog mit den Kollegen*, in: Berlin Symposion, S. 464ff.
81 An A. Kleiner, Prag, 3. April 1912, ETH.
82 An Paul Ehrenfest, Prag, 25. April 1912.
83 An H. Zangger, Prag, 29. Februar 1912.
84 An P. Ehrenfest, Prag, o. D., Juli 1912.
85 An P. Ehrenfest, Zürich, o. D., Ende 1912.
86 An M. Besso, Prag, 3. März 1912; nicht in Besso. In Einsteins Korrespondenz sind keine Berichte über die »Fachsimpeleien« zu finden.
87 W. Nernst an Emil Fischer, Berlin, 30. Juli 1910, STPK, Sammlg. Darmstaedter F 2e 1898 (5).
88 An Mileva Marić, Mailand, 23. März 1901, in: CP1, S. 281.
89 Einstein und Mileva lebten ab 1914 getrennt; 1919 wurde die Ehe geschieden.
90 H. A. Einstein in G. J. Whitrow, *Einstein – The Man and His Achievement*, London 1967, S. 20.
91 An M. Besso, Prag, 3. März 1912, nicht in Besso.
92 An M. Besso, Prag, 21. Dezember 1911, in: Besso, S. 32.
93 An M. Besso, Zürich, Ende Februar 1914, in: Besso, S. 32.
94 An C. Seelig, Princeton, 5. Mai 1952, ETH.
95 Dazu ein Brief an Annelie Meyer-Schmid vom 17. Dezember 1926.
96 An C. Seelig, Princeton, 20. April 1952, ETH.
97 An C. Seelig, Princeton, 5. Mai 1952, ETH.

98 An Elsa Löwenthal, Prag, Dienstag, 30. April 1912. Die Briefe von Elsa Löwenthal an Einstein wurden auf ihren Wunsch von Einstein vernichtet, wohl um Mileva keinen Angriffspunkt zu bieten. – Elsa Löwenthal bewahrte Einsteins Briefe, von denen dieser der erste ist, in einer verschnürten Mappe auf; auf eine beigefügte Karte schrieb sie: »Besonders schöne Briefe aus bester Zeit.«

99 An Elsa Löwenthal, Prag, 7. Mai 1912.

100 An Elsa Löwenthal, Prag, 21. Mai 1912.

101 Otto Stern im Interview mit Res Jost (wie Anm. 10).

102 Ebd.

103 Einstein 1912a u. 1912d. *Thermodynamische Begründung des photochemischen Äquivalentgesetzes*, in: AdP, 37, S. 832, und 38, S. 881 (1912).

104 Johannes Stark, *Über die Anwendung des Planckschen Elementargesetzes auf photochemische Reaktionen. Bemerkung zu einer Mitteilung des Hr. Einstein*, in: AdP, 38, 1912, S. 467.

105 Einstein 1912d.

106 Havranek, a.a.O., S. 108 (wie Anm. 56, S. 866).

107 Frank, S. 170.

108 Ebd.

109 Prager Tagblatt vom 5. August 1912, zitiert nach Illy, a.a.O., S. 84 (wie Anm. 56, S. 866).

110 An C. Habicht, Prag, 12. Februar, ETH; in: Seelig, S. 221.

111 Illy, a.a.O., S. 84.

112 Vgl. John Stachel, *The Genesis of General Relativity*, in: Berlin Symposion, S. 432.

4. *Ein Mann fällt vom Dach – auf dem Weg zur Allgemeinen Relativitätstheorie*

1 A. Einstein im Kioto-Vortrag vom 14. Dezember 1922, in: Einstein 1922j. (Rückübersetzt von A. F.)

2 Ebd.

3 Dictionary of Scientific Biography, Bd. 10, S. 61.

4 *Grundgedanken und Methoden der Relativitätstheorie in ihrer Entwicklung dargestellt*; unveröffentlichtes Manuskript aus dem Jahre 1920, zit. nach Pais, S. 175.

5 Ebd.

6 Henri Poincaré, *Sur la dynamique de l'électron*, in: Rediconti del Circ. Mat. de Palermo, Vol. 21, 1906, S. 129ff. und S. 166ff.

7 Hermann Minkowski, *Grundgleichungen der elektromagnetischen Vorgänge in bewegten Körpern*, in: Göttinger Nachrichten, 1908, S. 53ff.

8 Vgl. dazu den Brief von Einstein an J. Stark vom 25. September 1907, nach dem Einstein ganze fünf Arbeiten zur Relativitätstheorie bekannt waren, darunter keine zur Gravitationstheorie, in: Stark, S. 269.

9 Einstein 1933d, S. 135f.

10 Ebd.

11 Die »träge Masse« m_t erscheint als Trägheitswiderstand gegenüber einer Beschleunigung im Newtonschen Kraftgesetz, seinem sog. Zweiten Axiom: $K=m_t \cdot b$; Die »schwere Masse« m_s ist die der Gravitation $K= m_s \cdot M_{s2}/r^2$. Für den freien Fall folgt daraus mit $b= M_{s2}/r^2$: $m_t=m_s$.
12 Einstein 1917d, S. 54.
13 Einstein 1907h, hier S. 454.
14 Ebd., S. 456.
15 Ebd., S. 458.
16 Ebd., S. 459.
17 Ebd., S. 461.
18 Ebd., S. 462.
19 Joh. Stark an Einstein, Greifswald, 4. Oktober 1907, in: Stark, S. 270.
20 An Joh. Stark, Bern, 1. November 1907, in: Stark, S. 271.
21 Einstein 1933d, S. 136.
22 Dies ist den Ende Februar 1908 geschriebenen »Berichtigungen« zu entnehmen, in: Jahrbuch, Bd. 5, S. 98f.
23 An Conrad Habicht, Bern, 24. Dezember 1907, in: ETH u. Seelig, S. 127f.
24 Helle Zeit – Dunkle Zeit, S. 14.
25 Einstein 1911g, hier S. 898.
26 Ebd., S. 906.
27 Ebd., S. 908.
28 An E. Freundlich, Prag, 1. September 1911.
29 An E. Freundlich, Prag, 8. Januar 1912.
30 An E. Freundlich, Prag, 1. September 1911.
31 An J. J. Laub, Prag, 10. August 1911, ETH.
32 An L. Hopf, ohne Ort und Datum, Prag, Dezember 1911 oder Januar 1912.
33 Einstein 1912b u. 1912c.
34 An M. Besso, Prag, 26. März 1912 (nicht in Besso).
35 F. A. Lindemann an seinen Vater, Brüssel, 4. November 1911, abgedruckt in: The Earl of Birkenhead, *The Professor and the Prime Minister*, Cambridge / Boston 1962, S. 43.
36 Zit. nach Constance Reid, *Hilbert*, Berlin 1970, S. 112.
37 Interview-Typoskript, S. 11, ETH.
38 Vgl. Hugo Bergmann, *Personal Remembrances of Albert Einstein*, in: Boston Studies, Bd. XIII, S. 389; und Gerhard Kowalewski, *Bestand und Wandel*, München 1950, S. 238.
39 Max von Laue, *Das Relativitätsprinzip*, Braunschweig 1911.
40 An Alfred Kleiner, Prag, 3. April 1912, ETH.
41 AdP, 38, 1912, S. 356.
42 Kioto-Vortrag, 14. Dezember 1922, Einstein 1922j. (Rückübersetzt von A. F.)
43 An L. Hopf, Prag, 13. Juni 1912.
44 An L. Hopf, Zürich, 16. August 1912.
45 Louis Kollros, *Erinnerungen eines Kommilitonen*, in: Helle Zeit – Dunkle Zeit, S. 27.
46 Skizze, S. 15.

47 Vgl. dazu Einsteins Bericht in dem Kioto-Vortrag, Einstein 1922j, S. 47, sowie die Überlieferungen von Pais und Straus, in: Pais, S. 213.
48 An A. Sommerfeld, Zürich, 29. Oktober 1912, in: Sommerfeld, S. 26.
49 A. Sommerfeld an D. Hilbert, München, 1. November 1912, in: Sommerfeld, S. 27.
50 Skizze, S. 16.
51 An P. Ehrenfest, Zürich, 28. Mai 1913.
52 An Ernst Mach, Zürich, o. D., Sommer 1913.
53 An P. Ehrenfest, Zürich, 28. Mai 1912.
54 Einstein 1913c.
55 John Norton, *How Einstein found his field equations: 1912-1915*, in: HSPS, Vol. 14, Part 2, 1984, S. 253-315.
56 Einstein 1933d, in: Weltbild, S. 138.
57 Max Born, *Besprechung von ›Entwurf einer...‹*, in: NW, Bd. 2, 1914, S. 448f.
58 An H. A. Lorentz, Zürich, 14. August 1913.
59 Einstein 1913f.
60 An M. Besso, Prag, 26. März 1912 (nicht in Besso).
61 Einstein 1912b, S. 355.
62 Einstein 1913g, S. 1254.
63 An E. Freundlich, Zürich, o. D., Januar 1914.
64 Einstein 1913g.
65 Ebd., S. 1251.
66 Ebd., S. 1255.
67 Ebd., S. 1262.
68 Konferenzbericht in: PhZ, Bd. 14, 1913, S. 1073.
69 Ebd.
70 Diskussion zu Einsteins Vortrag, ebd., S. 1263.
71 An E.Freundlich, Zürich, o. D., Januar 1914.
72 An M. Besso, Zürich, o. D., Ende 1913.
73 PhZ, Bd. 14, 1913, S. 1262.
74 An E. Freundlich, Zürich, o. D., August 1913.
75 An E. Freundlich, Zürich, o. D., 1913
76 An E. Freundlich, Zürich, o. D., August 1913.
77 An George Hale, Zürich, 14. Oktober 1913.
78 An E. Freundlich, Zürich, 7. Dezember 1913.
79 Ebd.
80 An E. Freundlich, Zürich, o. D., Anfang 1914.
81 Einstein 1914i.
82 An M. Besso, Zürich, o. D., Anfang März 1914, in: Besso, S. 52.
83 Einstein 1914a.
84 An H. Zangger, Zürich, 10. März 1914.
85 An M. Besso, Zürich, o. D., Anfang März 1914, in: Besso, S. 53.
86 An H. Zangger, Zürich, 10. März 1914.

5. *Von Zürich nach Berlin*

1 Die Adresse war Hofstrasse 116. Zur Wohnung die Angaben aus einem Mietstreit, Bezirksgericht Zürich, B XII Zch 63 14 32. STZ.
2 An L. Hopf, Prag, 12. Juni 1912.
3 An A. Kleiner, Prag, 10. April 1912.
4 An M. v. Laue, Prag, 10. Juni 1912.
5 An L. Hopf, Prag, 12. Juni 1912.
6 Diese Tradition wurde sogar noch fortgesetzt. Wegen des Krieges blieb das Extraordinariat nach Laues Weggang 1914 zunächst vakant. 1917 wurde die Stelle für Erwin Schrödinger zu einem Ordinariat aufgewertet, damit er länger blieb als seine Vorgänger. Auch Schrödinger erhielt 1933 den Nobelpreis.
7 Otto Stern, Typoskript, S. 11, ETH.
8 Ebd.
9 M. v. Laue an C. Seelig, Berlin, 13. März 1952, ETH.
10 An M. Besso, Zürich, o. D., Ende 1913, in: Besso, S. 50.
11 An M. Solovine, Zürich, o. D., März 1913, in: Solovine, S. 14.
12 Einstein 1913 b.
13 Einstein 1913 c, S. 226.
14 An Marie Curie, Zürich, 3. April 1913.
15 Zit. nach Eve Curie, *Madame Curie*, Frankfurt am Main 1980, S. 235.
16 Zit. nach Martin J. Klein, *Paul Ehrenfest*, Amsterdam 1972, S. 295.
17 M. v. Laue an Carl Seelig, Berlin, 13. März 1952, ETH.
18 Otto Stern-Interview, Typoskript, S. 12, ETH.
19 Jagdish Mehra, *The Solvay Conferences on Physics*, Boston 1975, S. XXIII.
20 F. Haber an Preuß. Kultusministerium. Pontresina, 4. Januar 1913.
21 Dazu Berlin, S. 7f. und die Dokumente 1-6, S. 91-100.
22 Berlin, S. 96.
23 Berlin, S. 97–99.
24 Emma Nernst an David Hilbert, Berlin, 7. August 1913. Seelig, S. 245, gab später einen etwas abweichenden Bericht.
25 W. Nernst an F. Lindemann, Berlin, 18. August 1913.
26 An Elsa Löwenthal, Zürich, o. D., ca. 14. Juli 1913.
27 An J. J. Laub, Zürich, 22. Juli 1913, ETH, in: Seelig, S. 245.
28 *Max Planck als Forscher*, in: NW, Bd. 1, 1. Nov. 1913, S. 1077-1079.
29 An M. Besso, Zürich, o. D., Ende 1913, in: Besso, S. 50.
30 Ebd.; »Scheuleder«: schweizerisch für Scheuklappen.
31 Fritz K. Ringer, *Die Gelehrten*, Stuttgart 1983, S. 43.
32 Friedrich Schmidt-Ott, *Erlebtes und Erstrebtes*, Wiesbaden 1952, S. 119.
33 An J. J. Laub, Zürich, 22. Juli 1913, ETH; in: Seelig, S. 245.
34 An H. A. Lorentz, Zürich, 14. August 1913.
35 An P. Ehrenfest, Zürich, o. D., Ende 1913.
36 Hugo Bergmann, *Personal Remembrances of Albert Einstein*, in: Boston Studies, XIII, S. 390.
37 Aurel Stodola an A. Einstein, Zürich, 12. Mai 1919.

38 An H. Zangger, Berlin, 7. Juli 1915.
39 An Elsa Löwenthal, Zürich, o. D., nach dem 14. März 1913.
40 An Elsa Löwenthal, Zürich, o. D., ca. 14. Juli 1913.
41 An Elsa Löwenthal, Zürich, o. D., Mitte August 1913.
42 An Elsa Löwenthal, Zürich, 10. Oktober 1913.
43 An Elsa Löwenthal, Zürich, o. D., Mitte Oktober 1913.
44 An Elsa Löwenthal, Zürich, o. D., Ende November 1913.
45 An Elsa Löwenthal, Zürich, o. D., Mitte August 1913.
46 An Elsa Löwenthal, Zürich, o. D., Ende November 1913.
47 An Elsa Löwenthal, Zürich, o. D., Mitte Dezember 1913.
48 An Elsa Löwenthal, Zürich, o. D., Ende Dezember 1913.
49 An Elsa Löwenthal, Zürich, o. D., Anfang Dezember 1913.
50 An Elsa Löwenthal, Zürich, o. D., Ende Dezember 1913.
51 Die Adresse war Ehrenbergstraße 33.
52 Berlin, Dok. 7: Schreiben des »Vorsitzenden Sekretars« der Akademie Gustav Roethe an Einstein vom 22. November, S. 101.
53 An die Kgl. Preußische Akademie der Wissenschaften, Zürich, 7. Dezember 1913, in: Berlin, Dok. 8, S. 101.
54 Interview-Typoskript, S. 13, ETH.
55 Berlin, Dok. 22-32, S. 112-120.
56 Einstein 1914e.
57 Louis Kollros, *Erinnerungen eines Kommilitonen*, in: Helle Zeit – Dunkle Zeit, S. 30.
58 An P. Ehrenfest, Berlin, 10. April 1914.
59 Ebd.
60 An A. Hurwitz, Berlin, 4. Mai 1914.
61 Ebd.
62 Ebd.
63 An P. Ehrenfest, Berlin, 25. Mai 1914.
64 An P. Ehrenfest, Berlin, 10. April 1914.
65 M. Besso an A. Einstein, Bern, 17. Januar 1928, in: Besso, S. 238. In diesem Brief erinnerte sich Besso daran, »daß ich Mileva von Berlin nach Zürich zurückbringen mußte«.
66 Pers. Mitteilung von Helen Dukas an A. Pais, in: Pais, S. 242.
67 An C. Seelig, 5. Mai 1952.
68 H. A. Einstein in: G. J. Whitrow, *Einstein*, London 1967, S. 20.
69 Einstein 1914f.
70 Einstein 1914k.
71 *Erwiderung des Sekretars Max Planck auf die Antrittsrede Einsteins*, in: SB, 2, S. 742-744.

IV. Der Lärm des Krieges und die Größe des Kosmos

1. Als Pazifist in Preußen

1 An P. Ehrenfest, Berlin, 19. August 1914.
2 Ebd.
3 Geleitwort zu Johan Hannak, *Emanuel Lasker*, Princeton 1952, S. X; deutsche Übersetzung: Berlin 1963.
4 Max Planck, *Rektoratsrede am 3. August zum Stiftungsfest der Berliner Universität*, in: Deutsche Hochschulstimmen, Nr. 33, 1914.
5 Vgl. Kurt Mendelssohn, *Walther Nernst und seine Zeit*, Weinheim 1976, S. 112f.
6 *Aufruf an die Kulturwelt*, z. B. in: Vossische Zeitung vom 4. Oktober 1914, S. 7. Vielfach in Dokumentensammlungen zum Ersten Weltkrieg abgedruckt, z. B. in: *Aufrufe und Reden deutscher Professoren im Ersten Weltkrieg*, Stuttgart 1975, S. 47-49, allerdings ohne die Liste der Unterzeichner.
7 Georg Friedrich Nicolai, *Die Biologie des Krieges*, Zürich 1919, S. 12.
8 Ebd., S. 13, »Aufruf an die Europäer«.
9 Ebd., S. 13.
10 Ebd., S. 14.
11 An P. Ehrenfest, Berlin, o. D., Ende 1914, in: Frieden, S. 20.
12 Berlin, S. 10.
13 Schreiben des Reichskanzlers an Einstein, Berlin, 16. Januar 1917, in: Berlin, S. 160.
14 An H. Zangger, o.O.u.D, Berlin, Februar 1915.
15 Romain Rolland, *Das Gewissen Europas. Tagebuch der Kriegsjahre 1914-18*, deutsch Berlin 1963; Eintragung vom 16. September 1915, S. 696ff.
16 Franziska Baumgartner-Tramer, *Erinnerungen an Einstein*, in: Der Bund, Bern, 10. Juli 1955; abgedruckt in: Frieden, S. 27.
17 An Romain Rolland, Berlin, 22. Mai 1915, in: Frieden, S. 31.
18 An P. Ehrenfest, Berlin, 23. August 1915, in: Frieden, S. 30.
19 An H. A. Lorentz, Berlin, 2. August 1915, in: Frieden, S. 29.
20 An H. A. Lorentz, Berlin, 23. September 1915.
21 An H. A. Lorentz, Berlin, 2. August 1915, in: Frieden, S. 30.
22 Zur Wissenschaft im Ersten Weltkrieg vgl. John Ziman, *The Forces of Nature*, Cambridge 1976, S. 302ff.
23 *Nachruf auf Otto Sackur*, in: PhZ, 16, 1915, S. 113ff.
24 An P. Ehrenfest, Berlin, 19. August 1914.
25 Die Adresse war Wittelsbacher Str. 13, Ecke Konstanzer Straße; das Haus wurde im Zweiten Weltkrieg zerstört.
26 Rudolf Jakob Humm, *Tagebuch*, in: Seelig, S. 259.
27 An M. Besso, Berlin, 15. Februar 1915 (nicht in Besso).
28 An P. Ehrenfest, Berlin, 19. August 1914.
29 Vgl. dazu das Gesuch von E. F. Freundlich an die Akademie vom 7. Dezember 1913 sowie die Anmerkungen in: Berlin, S. 164ff.

30 J. Earman und C. Glymor, *Relativity and eclipses*, in: HSPS, 11, 1980, S. 49ff.
31 Ebd., S. 61.
32 J. Crelinstein, *William Wallace Campbell and the »Einstein Problem«*, in: HSPS, 14, 1983, S. 1ff.
33 Ebd., S. 20.
34 Einstein 1914 l, S. 1030.
35 Ebd., S. 1030.
36 Ebd., S. 1079.
37 Ebd., S. 1080.
38 An P. Straneo, Berlin, 7. Januar 1915.
39 An T. Levi-Civita, Berlin, 5. März 1915.
40 An T. Levi-Civita, Berlin, 26. März 1915.
41 An M. Besso, Berlin, 15. Februar 1915, in: Besso, S. 58.
42 Flückiger, S. 172.
43 Ebd.
44 Einstein 1915 d, S. 157.
45 Ebd., S. 170
46 De Haas erhielt in Leiden einen etwas größeren Wert g=1,2; vgl. Proc. Kgl. Akad. Amsterdam, 1916, S. 1281ff.
47 Einstein 1916 g.
48 An M. Besso, Berlin, 15. Februar 1915, in: Besso, S. 58.
49 Einstein 1915 d.
50 Vgl. Peter Galison, *How Experiments End*, Chicago 1987, S. 34-74, für eine sehr ausführliche, Pais, S. 247-252, für eine kompaktere Darstellung.
51 Zit. nach Pais, S. 251.
52 Protokoll der Sitzung des Kuratoriums der Physikalisch-Technischen Reichsanstalt vom 8. und 9. März 1922, in: Berlin, S. 161.
53 An H. Zangger, Berlin, 28 Mai 1915.
54 An R. Rolland, Berlin, 22. März 1915, in: Frieden, S. 31f.; irrtümlich wird hier das Datum des 22. Mai 1915 angegeben.
55 R. Rolland an Einstein, Genf, 22. März 1915.
56 An A. Sommerfeld, Sellin (Rügen), 15. Juli 1915, in: Sommerfeld, S. 30.
57 A. Sommerfeld an W. Wien, 25. Dezember 1914, STPK.
58 An H. Zangger, Berlin, 7. Juli 1915.
59 Romain Rolland, *Das Gewissen Europas* (wie Anm. 15), Bd. 1, S. 696ff. (gelegentlich weiche ich von dieser Übersetzung ab, A. F.).
60 Ebd.
61 *Meine Meinung über den Krieg*, Manuskript, o. D., Ende Oktober/Anfang November 1915, STPK; abgedruckt unter Auslassung von zwei Absätzen in: *Das Land Goethes 1914-1916 – Ein vaterländisches Gedenkbuch*, hg. vom Berliner Goethebund, Berlin 1916. Zitate nach dem Manuskript.
62 An den Berliner Goethebund, Berlin, 11. November 1915, STPK.
63 An A. Sommerfeld, Berlin, 28. November 1915, in: Sommerfeld, S. 32.

2. Die Vollendung der Allgemeinen Relativitätstheorie

1 An Walter Dällenbach, Berlin, 31. März 1915.
2 Ebd.
3 An A. Sommerfeld, Sellin (Rügen), 15. Juli 1915, in: Sommerfeld, S. 30.
4 An W. J. de Haas, o.O.u.D., Ende August 1915.
5 Erwin Freundlich, *Über die Gravitationsverschiebung der Spektrallinien bei Fixsternen*, in: PhZ, XVI, 1915, S. 115-117.
6 An M. Besso, Berlin, 15. Februar 1915, in: Besso, S. 57.
7 An W. Dällenbach, Berlin, 31. Mai 1915.
8 An D. Hilbert, Berlin, 7. November 1915; in diesem Brief schreibt Einstein, er habe »vor vier Wochen« die Fehlerhaftigkeit seiner bisherigen Ableitungen erkannt.
9 An H. Lorentz, Berlin, 1. Januar 1916.
10 An A. Sommerfeld, Berlin, 28. November 1915, in: Sommerfeld, S. 32.
11 Vgl. John Norton, *How Einstein found his field equations: 1912-1915*, in: HSPS, Vol. 14, Part 2, 1983, S. 253 ff., hier S. 300.
12 Vgl. den Brief von Einstein an Conrad Habicht vom 24. Dezember 1907, zit. in Kap. III.4.
13 Einstein 1915 g, hier S. 799.
14 Vgl. John Norton, a.a.O.
15 Einstein 1915 j, S. 779.
16 Einstein 1915 h.
17 Daß die Lichtablenkung durch die Raumkrümmung den gleichen Betrag hat wie die aus dem Äquivalenzprinzip abgeleitete, das Ergebnis also mit einem Faktor 2 mulipliziert erscheint, ist dabei zufällig.
18 An A. Sommerfeld, Berlin, 9. Dezember 1915, in: Sommerfeld, S. 37.
19 An P. Ehrenfest, Berlin, 16. Januar 1916.
20 Zit. nach Pais, S. 256.
21 So als ein Beispiel für viele: P. A. M. Dirac, *Methods in Theoretical Physics*, in: *From A Life of Physics*, Triest 1968.
22 An A. Sommerfeld, Berlin, 28. November 1915, in: Sommerfeld, S. 33.
23 Einstein 1915 i, S. 847.
24 An H. Zangger, Berlin, o.O.u.D., »Freitag«, verm. 3. Dezember 1915.
25 An A. Sommerfeld, Berlin, 9. Dezember 1915, in: Sommerfeld, S. 37.
26 An M. Besso, Berlin, 10. Dezember 1915, in: Besso, S. 60.
27 An M. Besso, Berlin, 21. Dezember 1915, in: Besso, S. 61.
28 An P. Ehrenfest, Berlin, 26. Dezember 1915.
29 Einstein 1933 d; Weltbild, S. 138.
30 An H. Zangger, Berlin, o.O.u.D., verm. 3. Dezember 1915; vgl. H. A. Medicus, *A comment on the relations between Hilbert and Einstein*, in: Am. Journal of Physics, 52, 1984, S. 206.
31 D. Hilbert, *Die Grundlagen der Physik*. Nachrichten von der Königlichen Gesellschaft der Wissenschaften zu Göttingen, Math.-phys. Klasse, 1915, S. 395-407.

32 Zu Einstein und Hilbert die folgenden Untersuchungen:
a) Jagdish Mehra, *Einstein, Hilbert, and The Theory of Gravitation*, Dordrecht u. Boston, 1974.
b) J. Earman und C. Glymour, *Einstein and Hilbert: Two Months in the History of General Relativity*, in: Archive for the History of the Exact Sciences, 19, 1978, S. 291 ff.
c) Pais, S. 261-265.
33 F. Klein an W. Pauli, Göttingen, 8. März 1921, in: Pauli, S. 27.
34 F. Klein an W. Pauli, Göttingen, 8. Mai 1921, in: Pauli, S. 31.
35 Ebd.
36 Hilbert, a.a.O., S. 395
37 Pais, S. 265. Der Entschuldigungsbrief Hilberts, von dem Einstein Straus berichtet hat, scheint verloren. Vielleicht hat Einstein ihn nicht aufbewahrt, weil er an die unangenehme Episode nicht unbedingt erinnert werden wollte.
38 An D. Hilbert, Berlin, 10. Dezember 1915.
39 Vgl. Constance Reid, *Hilbert*, New York/Heidelberg 1970, S. 141.
40 An P. Ehrenfest, Berlin, 24. Mai 1916.
41 An H. Weyl, Berlin, 23. November 1916.
42 Einstein 1915 i, S. 847.
43 D. Hilbert, *Die Grundlagen der Physik*, in: Mathematische Annalen, 92, 1924, S. 1-32, hier S. 1.
44 Rudolf Jakob Humm in: Seelig, S. 260 ff.
45 F. Klein an W. Pauli, Göttingen, 8. Mai 1921, in: Pauli, S. 30.
46 An M. Besso, Berlin, 3. Januar 1916, in: Besso, S. 63.
47 An H. A. Lorentz, Berlin, 17. Januar 1916.
48 Ebd.
49 *Die Grundlage der allgemeinen Relativitätstheorie*, in: AdP, 49, 1916, S. 769-822. Abgedruckt in Lorentz, Einstein, Minkowski, *Das Relativitätsprinzip*, 3. Auflage 1919 und folgende; engl. Übersetzung 1920, französische Übersetzung von Solovine 1933.
50 Max Born, *Einsteins Theorie der Gravitation und der allgemeinen Relativität*, in: PhZ, 17, 1916, S. 51-59.
51 An M. Born, Berlin, 27. Februar 1916, in: Born, S. 20.
52 Erwin Freundlich, *Die Grundlagen der Einsteinschen Gravitationstheorie*, Berlin 1916.
53 Seelig, S. 257.
54 An M. Besso, Berlin, 28. August 1918, in: Besso, S. 138.
55 An Otto Naumann, Min. Direktor im Preußischen Kultusministerium, Berlin, 7. Dezember 1915, in: Berlin, S. 167 f.
56 Hermann Struve an Otto Naumann, Berlin-Babelsberg, 20. Dezember 1915, in: Berlin, S. 170.
57 An A. Sommerfeld, Berlin, 28. November 1915, in: Sommerfeld, S. 36.
58 Ebd.
59 H. Struve an O. Naumann, Berlin-Babelsberg, 20. Dezember 1915, in: Berlin, S. 169.

60 An A. Sommerfeld, Berlin, 2. Februar 1916, in: Sommerfeld, S. 39.
61 An M. Besso, Berlin, 21. Dezember 1915, in: Besso, S. 61.
62 An Hermann Weyl, Berlin, 23. November 1916.
63 Karl Schwarzschild, *Über das Gravitationsfeld eines Massenpunktes nach der Einsteinschen Theorie*, in: SB, 1916, S. 189–196.
64 Karl Schwarzschild, *Über das Gravitationsfeld einer Kugel aus inkompressibler Flüssigkeit nach der Einsteinschen Theorie*, in: SB, 1916, S. 424–434.
65 Einstein 1916 c.
66 Einstein 1918 a, S. 154.
67 Hierzu und über andere experimentelle Tests der allgemeinen Relativitätstheorie die treffende und verständliche Darstellung von Clifford M. Will, *Was Einstein Right?*, New York 1987.
68 An M. Besso, Berlin, 14. Mai 1916, in: Besso, S. 69.
69 Einstein 1913 c, S. 228.
70 An P. Ehrenfest, Berlin, 4. Februar 1917.
71 Einstein 1917 a, S. 144.
72 Ebd.
73 Ebd., S. 151.
74 *Grundzüge der Relativitätstheorie*, Anhang 1, Braunschweig 1956, S. 111. Erweiterte Fassung von Einstein 1921 f.
75 George Gamov, *My World Line*, New York 1970, S. 150: »...he remarked that the introduction of the cosmological term was the biggest blunder he ever made in his life.«
76 Leopold Infeld, in: Schilpp, S. 343.
77 An A. Sommerfeld, Berlin, 8. Februar 1916, in: Sommerfeld, S. 40.
78 An A. Sommerfeld, Berlin, 3. August 1916, in: Sommerfeld, S. 41.
79 Einstein 1916 c, S. 696.
80 An M. Besso, Berlin, o.O.u.D., verm. Mitte Juli 1916, in: Besso, S. 78f.
81 Einstein 1916 j, S. 319.
82 Ebd., S. 322.
83 Einstein 1916k; dies ist das zum Gedenken an den am 3. Juli 1916 verstorbenen Prof. Alfred Kleiner veröffentlichte Heft. Identischer Abdruck in: PhZ, XVIII, 1917, S. 121–128.
84 Ebd., PhZ, S. 127.
85 An M. Besso, Berlin, 6. September 1916, in: Besso, S. 82.
86 Einstein 1917h, S. 128.
87 An M. Besso, Berlin, 9. März 1917, in: Besso, S. 103.

3. Kriegsjahre in Berlin

1 An W. Dällenbach, Berlin, 31. Mai 1915.
2 An M. Besso, Berlin, 21. Dezember 1915, in: Besso, S. 61.
3 An M. Besso, Berlin, 14. Juli 1916 (nicht in Besso).
4 An M. Besso, Berlin, 21. Juli 1916 (nicht in Besso).
5 An H. Zangger, Berlin, 25. Juli 1916.

6 An M. Besso, Berlin, 6. September 1916, in: Besso, S. 81.
7 An M. Besso, Berlin, 24. August 1916, in: Besso, S. 80.
8 An P. Ehrenfest, Berlin, 25. August 1916, und M. Besso, Berlin, 6. September 1916.
9 P. Ehrenfest, *Fragmentarischer Entwurf aus dem Jahre 1928*, wahrscheinlich für eine Gedenkrede zum Tode von H. A. Lorentz, zit. nach Martin J. Klein, *Paul Ehrenfest*, Amsterdam 1970, S. 303 f. (Übersetzung von mir, A. F.)
10 An M. Besso, 31. Oktober 1916, in: Besso, S. 84.
11 An P. Ehrenfest, Berlin, 18. Oktober 1916.
12 An P. Ehrenfest, Berlin, 24. Oktober 1916.
13 An M. Besso, Berlin, 31. Oktober 1916, in: Besso, S. 84.
14 An H. A. Lorentz, Berlin, 13. November 1916, in: Frieden, S. 36.
15 Nachlaß Wien, STPK, und Brief von A. Sommerfeld an W. Wien vom 25. Dezember 1914, DMM.
16 An H. Zangger, o.O.u.D., Berlin, verm. April 1917.
17 An M. Besso, Berlin, 9. März 1917, in: Besso, S. 103.
18 An H. A. Lorentz, 3. April 1917, in: Frieden, S. 38.
19 An P. Ehrenfest, Berlin, 4. Februar 1917.
20 An H. Zangger, Berlin, 6. Dezember 1917.
21 Einstein 1916m.
22 Ebd., S. 509.
23 Dazu einige »Gutachten« in: Berlin, S. 142-145.
24 Paul G. Ehrhardt an A. Einstein, Ende August 1954, abgedruckt in: Interavia, Bd. 10, S. 684. Die Antwort Einsteins vom 7. September 1954 auf S. 685.
25 Ebd.
26 Ebd.
27 An P. G. Ehrhardt, Princeton, 7. September 1954, vgl. Anm. 24.
28 Über Hermann Anschütz-Kämpfe, sein faszinierendes Leben und seine Erfindungen gibt es unverständlicherweise keine Literatur; ich stütze mich auf das Archiv der Firma Anschütz & Co. in Kiel und die Festschrift zum 50jährigen Bestehen der Firma 1955; Herrn Dipl.-Ing. Bernhardt Schell bin ich für seine Hilfe zu Dank verpflichtet.
29 Patentgutachten vom 7. August 1915. Einstein erinnerte sich später, er sei zu seinen gyromagnetischen Experimenten durch »technische Gutachten über den Kreiselkompaß« veranlaßt worden (Brief an Emile Meyerson vom 27. Januar 1930), diese Experimente sind Ende 1914 begonnen worden, also unmittelbar nach Einsteins Bestellung zum Sachverständigen.
30 An Mileva Marić, Melchtal, 1. August 1900, in: CP1, Dok. 69, S. 250 f. Einstein studierte Kirchhoff, *Vorlesungen über mathematische Physik*, Bd. 1, Mechanik, insbesondere die Kapitel 5-7.
31 Vgl. D. Lohmeier und B. Schell (Hg.): Einstein, Anschütz und der Kieler Kreiselkompaß, Heide in Holstein 1992.
32 An Romain Rolland, Luzern, 22. August 1917, in: Frieden, S. 38.
33 Adlers Attentat, der Prozeßverlauf und seine politische Bedeutung sind dargestellt in Julius Braunthal, *Victor und Friedrich Adler*, Wien 1965, S. 230-251.

34 An Katya Adler, Berlin, 20. Februar 1917.
35 An Friedrich Adler, Berlin, 13. April 1917.
36 An H. Zangger, o.O.u.D., Berlin, Ende April 1917.
37 An M. Besso, Berlin, 29. April 1917, in: Besso, S. 105.
38 M. Besso an A. Einstein, Zürich, 5. Mai 1917, in: Besso, S. 110.
39 Der volle Wortlaut in: *Vor dem Ausnahmegericht – eine Dokumentensammlung*, Wien 1923.
40 Friedrich Adler an Katya Adler, 17. Februar 1917, in: Braunthal, a.a.O., S. 248 (wie Anm. 33).
41 An M. Besso, Berlin, 29. April 1917, in: Besso, S. 106.
42 Frank, S. 289; Philipp Frank hatte vom Gericht die Adlersche Arbeit zugeschickt bekommen und war um sein sachverständiges Urteil gebeten worden.
43 An M. Besso, 13. Mai 1917, in: Besso, S. 114.
44 *Friedrich Adler als Physiker. Eine Unterredung mit A. Einstein*, in: Vossische Zeitung, 23. Mai 1917, Morgenausgabe S. 2.
45 An Friedrich Adler, zitiert nach Braunthal, a.a.O. (wie Anm. 33).
46 Friedrich Adler, *Ortszeit, Systemzeit, Zonenzeit und das ausgezeichnete Bezugssystem der Elektrodynamik – Eine Untersuchung über die Lorentzsche und Einsteinsche Kinematik*. 237 Seiten, Wien 1920.
47 An C. Seelig, Princeton, 8. April 1952, ETH.
48 An M. Besso, 9. März 1917, in: Besso, S. 103.
49 An P. Ehrenfest, Berlin, 14. Februar 1917.
50 An M. Besso, Berlin, 9. März 1917, in: Besso, S. 102.
51 Mileva Marić an Helene Savić, Zürich, Ende Mai 1901, in: CP1, Dok. 109, S. 303.
52 An M. Besso, Berlin, 8. Mai 1917, in: Besso, S. 113.
53 An M. Besso, Berlin, 13. Mai 1917, in: Besso, S. 114.
54 Vgl. Pschyrembel, *Klinisches Wörterbuch*, 1982, S. 1113. Skrophulose ist nur mehr ein historischer Begriff.
55 An M. Besso, Berlin, 9. März 1917, in: Besso, S. 102.
56 Ebd.
57 An H. Zangger, Berlin, o.O.u.D., Ende April 1917.
58 Die Angaben zu Einsteins Vorlesungen in den Kriegsjahren nach den in der Physikalischen Zeitschrift abgedruckten Vorlesungsverzeichnissen.
59 An P. Ehrenfest, Berlin, 3. Juni 1917, in: Frieden, S. 38.
60 Hedwig Born, *Albert Einstein ganz privat*. Mehrfach abgedruckt, z. B. in: Helle Zeit – Dunkle Zeit, S. 35ff., hier S. 36.
61 Über Hans Mühsam und Einstein: Helle Zeit – Dunkle Zeit, S. 48-58.
62 Moszkowski, S. 16f.
63 Max Wertheimer, *Produktives Denken*, Frankfurt am Main 1957, S. 194.
64 W. Rathenau an A. Einstein, 10. Mai 1917.
65 An M. Besso, Berlin, 13. Mai 1917, in: Besso, S. 114.
66 An M. Besso, Berlin, 24. Juni 1917, in: Besso, S. 117.
67 An M. Besso, Benzingen, 3. September 1917, in: Besso, S. 119.
68 Ebd.

69 An M. Besso, Berlin, 22. September 1917, in: Besso, S. 121.
70 A. v. Harnack an A. Einstein, Berlin, 12. September 1917, MPG. Einige Dokumente zur Gründung des KWI für Physik in: Berlin, S. 147ff.
71 An W. v. Siemens, Berlin, 18. Dezember 1917, MPG.
72 An W. v. Siemens, Berlin, 4. Januar 1918, in: Berlin, S. 150f.
73 Tätigkeitsbericht des KWI für Physik für die Zeit vom 1. April 1919 bis 31. März 1920, in: Berlin, S. 152
74 An M. Planck, Berlin, o.O.u.D., Anfang Juli 1918; auf einem von Einstein an Planck weitergeleiteten Antrag von Debye, MPG.
75 An H. Zangger, Berlin, 6. Dezember 1917.
76 Ebd.
77 An M. Besso, Berlin, 5. Januar 1917, in: Besso, S. 124.
78 Ebd.
79 An A. Sommerfeld, o.O.u.D., Berlin, Anfang März 1918, in: Sommerfeld, S. 48.
80 *Motiv des Forschens*, in: Weltbild, S. 107-110, unter dem vom Herausgeber abgeänderten Titel »Prinzipien der Forschung«.
81 An H. Zangger, Berlin, 6. Dezember 1917.
82 An H. A. Lorentz, Berlin, 18. Dezember 1917.
83 Max Planck an A. Einstein, Berlin, 29. Dezember 1917.
84 An G. Nicolai, Berlin, 28. Februar 1917.
85 Oberkommando in den Marken. Chef des Stabes, an den Polizeipräsidenten von Berlin, nebst einer »Schwarzen Liste«, Berlin, 20. Januar 1918, in: Berlin, S. 198f.
86 An Romain Rolland, Luzern, 22. August 1917, in: Frieden, S. 39.
87 Rundbrief an Kollegen, April 1918; in der Hilbert-Mappe des EA, 13 115; einem Begleitschreiben von Einstein an Hilbert sind die weiteren Informationen entnommen.
88 An D. Hilbert, Berlin, Ende April 1918.
89 Ebd.
90 D. Hilbert an A. Einstein, Göttingen, 27. April 1918.
91 An D. Hilbert, Berlin, 24. Mai 1917.

4. *»fiel aus wegen Revolution«*

1 An M. Besso, Berlin, 5. Januar 1918, in: Besso, S. 124.
2 An Hedwig Born, Berlin, 8. Februar 1918, in: Born, S. 23.
3 An D. Hilbert, Berlin, o.O.u.D., Ende April 1918.
4 An M. Besso, Berlin, 23. Juni 1918, in: Besso, S. 126f.
5 An P. Ehrenfest, Berlin, 5. Juni 1918.
6 Rudolf Ehrmann in: Helle Zeit – Dunkle Zeit, S. 58ff.
7 An M. Besso, Berlin, 22. September 1917, in: Besso, S. 121.
8 Ebd.
9 Rudolf Ehrmann in: Helle Zeit – Dunkle Zeit, S. 59.
10 An M. Born, o.O.u.D., Ahrenshoop, Juli 1918, in: Born, S. 26.

11 Ebd.
12 An M. Besso, Ahrenshoop, 20. August 1918, in: Besso, S. 133.
13 An M. Born, Ahrenshoop, 2. August 1918, in: Born, S. 27.
14 An M. Besso, Ahrenshoop, 20. August 1918, in: Besso, S. 133.
15 Ebd.
16 An M. Besso, Berlin, 8. September 1918, in: Besso, S. 139f.
17 Ebd.
18 Ebd.
19 Protokoll des Erziehungsrates des Kantons Zürich vom 23. Dezember 1918, Auszug, ETH; Zitate aus einem Brief von Einstein (ohne Datum) an die Erziehungsdirektion, der am 20. Dezember 1918 einging.
20 An M. Besso, Ahrenshoop, 29. Juli 1918, in: Besso, S. 130.
21 An M. Besso, o.O.u.D., Berlin, Dezember 1916, in: Besso, S. 98.
22 Devisenkursstatistik der Deutschen Bundesbank, Frankfurt a. M.
23 An M. Besso, Berlin, 5. Januar 1918, in: Besso, S. 124.
24 An M. Besso, Berlin, 23. Juni 1918, in: Besso, S. 126.
25 An Pauline Einstein, Berlin, 23. September 1918.
26 An M. Besso, Berlin, 4. Dezember 1918, in: Besso, S. 146.
27 Notizbuch zur Vorlesung Relativitätstheorie WS 1918/19, EA.
28 An Maja und Paul Winteler, Berlin, 11. November 1918, in: Frieden, S. 44.
29 An Pauline Einstein, Berlin, 11. November 1918, in: Frieden, S. 43.
30 An M. Besso, Berlin, 4. Dezember 1918, in: Besso, S. 145.
31 Die Schilderung dieses Ereignisses in: Born, S. 202ff., sowie in: Frieden, S. 44f.
32 Nach der Erinnerung von Max Born in: Born, S. 205.
33 M. Born in: Born, S. 206.
34 Manuskript zu einer vor dem revolutionären Studentenrat beabsichtigten Rede, die wahrscheinlich nicht gehalten wurde. November 1918, in: Frieden, S. 45.
35 An M. Born, Princeton, 7. September 1944, in: Born, S. 202.
36 An H. A. Lorentz, Berlin, 6. Dezember 1918, in: Frieden, S. 48.
37 An M. Born, Arosa, 19. Januar 1919, in: Born, S. 28.
38 Protokoll des Erziehungsrates des Kantons Zürich vom 23. Dezember 1918, ETH.
39 An A. Sommerfeld, Zürich, 5. März 1919, in: Sommerfeld, S. 55 (hier ist irrtümlich der 5. Januar 1919 als Datum angegeben).
40 Bezirksgericht Zürich, B XII Zch. 6314.43.
41 An Pauline Einstein, o.O.u.D., Berlin, März 1919.
42 An P. Ehrenfest, Berlin, 22. März 1919, in: Frieden, S. 48.
43 An Pauline Einstein, o.O.u.D., Berlin, März 1919.
44 Ebd.
45 An H. A. Lorentz, 26. April 1919, in: Frieden, S. 51. Ich weiß nicht, wer die anderen fünf Mitglieder der Kommission waren, nur daß Einstein in diesem Brief an Lorentz für deren »absolut lautere und ernste Gesinnung und Gerechtigkeitswillen« einstand.

46 An H. A. Lorentz, Berlin, 21. September 1919, in: Frieden, S. 53.
47 An H. A. Lorentz, Berlin, 18. März 1920, in: Frieden, S. 54.
48 An H. A. Lorentz, Berlin, 21. September 1919, in: Frieden, S. 53.
49 Protokoll des Erziehungsrates des Kantons Zürich vom 8. Juli 1919, ETH.
50 Heiratsregister Berlin-Wilmersdorf, Nr. 623/1919.
51 So in Briefen von Ilse Einstein an »Albert«.
52 F. Herneck, a.a.O., S. 95 (wie Anm. 84, S 853).
53 An H. Zangger, Berlin, 6. Dezember 1917.
54 Ausführliche Beschreibung der Wohnung Haberlandstr. 5 in: F. Herneck, a.a.O., S. 28 ff.
55 Frank, S. 219.
56 Harry Graf Kessler, *Tagebücher 1918-1937*, Frankfurt am Main 1982, S. 289, Eintragung vom 20. März 1922.
57 Frank, S. 219.
58 Elias Tobenkin, *Interview mit Einstein*, in: New York Evening Post, 26. März 1921, zit. nach Frieden, S. 64.
59 An M. Besso, New York, 28. Mai 1921, in: Besso, S. 163.
60 *Antwort an amerikanische Frauen*, 1932, in: Weltbild, S. 45.
61 In einem Gespräch mit Esther Salaman, Frühjahr 1925, in: Seelig, S. 316.
62 An Hans Mühsam, Princeton, 4. März 1953, in: Helle Zeit – Dunkle Zeit, S. 55.
63 Sayen, S. 70.
64 Elsa Einstein an Hermann Struck und Frau, Berlin, o.O.u.D., 1929, MPG.
65 An Vero und Bice Besso, Princeton, 21. März 1955, in: Besso, S. 537.
66 M. Planck an A. Einstein, Berlin, 20. Juli 1919.
67 F. Haber an A. Einstein, o.O.u.D., Berlin, Juli 1919.
68 An P. Ehrenfest, Berlin, 12. September 1919.
69 F. Haber an A. Einstein, o.O.u.D., Samstag, August 1919.
70 M. Planck an H. von Ficker, München, 31. März 1933, in: Berlin, S. 245.
71 An M. Born, Berlin, 1. September 1919, in: Born, S. 33.
72 *Nachruf auf Moritz Katzenstein*, in: Helle Zeit – Dunkle Zeit, S. 46.
73 An M. Born, Berlin, 1. September 1919, in: Born, S. 33.
74 P. Ehrenfest an A. Einstein, Leiden, 2. September 1919.
75 7500 holl. Gulden entsprachen 1919 mehr als 50000 Mark: wichtiger für Einstein wäre gewesen, daß dieser Betrag 15000 Schweizer Franken ergeben hätte. Deutsche Bundesbank Frankfurt a. M., Devisenkursstatistik.
76 P. Ehrenfest an A. Einstein, Leiden, 8. September 1919.
77 An P. Ehrenfest, Berlin, 12. September 1919.
78 P. Ehrenfest an H. A. Lorentz, Leiden, 21. September 1919.
79 An P. Ehrenfest, Berlin, 12. September 1919.
80 An P. Ehrenfest, Berlin, 28. September 1919.
81 An Pauline Einstein, Berlin, 19. Oktober 1919.
82 An P. Ehrenfest, Berlin, 9. November 1919.
83 P. Ehrenfest an A. Einstein, Leiden, 24. November 1919.
84 An P. Ehrenfest, Berlin, 4. Dezember 1919.

85 Pierre Kerszberg, *The Invented Universe. The Einstein – de Sitter Controversy and The Rise of Relativistic Cosmology*, Oxford 1989, für eine ausführliche Darstellung der Diskussionen zwischen Einstein und de Sitter.

5. Die Bestätigung der Lichtablenkung

1 Vgl. Kap. III. 4, zumal den Brief an E. Freundlich vom 1. September 1911.
2 An M. Besso, Zürich, März 1914, in: Besso, S. 52.
3 E. Freundlich, *Zur Prüfung der allgemeinen Relativitätstheorie*, in: NW 7, 1919, S. 629 ff.
4 An E. Freundlich, Berlin, 29. März 1919.
5 Vgl. den Brief an M. Besso, Berlin, 8. Mai 1917, in: Besso, S. 112.
6 A. S. Eddington, *Report on the Relativity Theory of Gravitation*, London 1918.
7 Vgl. John Earman u. Clark Glymour, *Relativity and Eclipses*, in: HSPS, 11, 1980, S. 49-85.
8 Subramanyan Chandrasekhar, *Verifying the theory of relativity*, in: Bulletin of the Atomic Scientists, Juni 1975, S. 17-22.
9 Isaac Newton, *Opticks*, 1704, Nachdruck New York 1952.
10 A. S. Eddington, a.a.O., S. 56; Space, *Time, and Gravitation*, London 1920, Kap. 7; deutsch: *Raum, Zeit und Schwere*, Braunschweig 1923, hier S. 114 ff.
11 F. Dyson, A. S. Eddington, C. Davidson, *A Determination of the Deflection of Light by the Sun's Gravitational Field*, in: Philosophical Transactions of the Royal Society, 220, 1920, S. 291-333.
12 A. S. Eddington, *Raum, Zeit und Schwere*, a.a.O., S. 119.
13 Nature, 5. Juni 1919; Observatory, Juni 1919.
14 Ebd., S. 120.
15 Vossische Zeitung, 15. April 1919.
16 Kurt Joel, *Die Sonne bringt es an den Tag*, in: Vossische Zeitung, 29. Mai, Morgenausgabe.
17 An Maja Winteler-Einstein, Berlin, Ende Mai/Anfang Juni 1919.
18 An Pauline Einstein, Berlin, 11. Juni 1919.
19 Vgl. Jeffrey Crelinsten, *William Wallace Campbell and the »Einstein Problem«*, in: HSPS, 14, 1983, S. 1-91, insbesondere S. 28-32.
20 Ebd., S. 42.
21 Max Born, *Die Relativitätstheorie Einsteins*, Berlin 1920, S. 238.
22 An P. Ehrenfest, Berlin, 12. September 1919.
23 H. A. Lorentz an A. Einstein, Telegramm, 22. September 1919; Verstümmelungen im Telegrammtext wurden berichtigt.
24 H. A. Lorentz an A. Einstein, 7. Oktober 1919.
25 Ilse Rosenthal-Schneider, *Erinnerungen an Gespräche mit Einstein*, Manuskript, 23. Juli 1957, S. 2; auch Ilse Rosenthal-Schneider, *Begegnungen mit Einstein, von Laue, Planck*, Braunschweig 1988, S. 60. Die Autorin meint sich an ein Kabel von Eddington zu erinnern; ein solches hat es jedoch nicht gegeben, so daß es sich wohl um Lorentz' Telegramm gehandelt haben muß.

26 An Pauline Einstein, Berlin, 27. September 1919.
27 An Walter Dällenbach, Berlin, 27. September 1919.
28 M. Planck an A. Einstein, Berlin, 4. Oktober 1919.
29 Alexander Moszkowski, *Die Sonne bracht' es an den Tag*, in: Berliner Tageblatt, 8. Oktober 1919.
30 Einstein 1919 d. Diese Notiz ist zweifellos durch den Artikel von Moszkowski veranlaßt worden und wurde nicht etwa deshalb geschrieben, weil Einstein besonders erregt gewesen sei (Pais, S. 303).
31 Seelig, S. 268.
32 An M. Planck, Leiden, 23. Oktober 1919. Postkarte, MPG.
33 An Pauline Einstein, o.O.u.D., Leiden, 26. Oktober 1919.
34 C. Stumpf an A. Einstein, Berlin, 22. Oktober 1919.
35 An C. Stumpf, Berlin, 3. November 1919.
36 An C. Seelig, Princeton, 20. August 1952, in: Helle Zeit – Dunkle Zeit, S. 45.
37 H. Zangger an A. Einstein, Zürich, 22. Oktober 1919.
38 Vgl. F. Dyson, A. S. Eddington, C. Davidson, *A Determination of the Deflection Light by the Sun's Gravitational Field, from Observations Made at the Total Eclipse of May 29, 1919*, in: Phil. Transactions of the Royal Society, 220, 1920, S. 220 der »offizielle« Bericht. A. S. Eddington, *Raum, Zeit. Schwere*, a.a.O., S. 114-125.
39 Ebd., S. 120.
40 A. N. Whitehead, *Science and the Modern World*, London 1926, S. 13.
41 Nach den Berichten in: Observatory, 42, 1919, S. 389-398; in: Nature vom 13. November und in der London Times vom 7. November 1919.
42 Observatory, S. 391.
43 Nach S. Chandrasekhar (Anm. 8) hat Eddington diese Geschichte in Cambridge erzählt.
44 A. S. Eddington an A. Einstein, Cambridge, 1. Dezember 1919.
45 A. F. Lindemann an A. Einstein, Sidholme, 23. November 1919.
46 Wie Anm. 44.
47 R. W. Lawson an Arnold Berliner, Mitte November 1919, in: Frieden, S. 46.
48 Pais, S. 312.
49 W. W. Campbell, *Clouds fall away from solar eclipse*, in: New York Times, 10. Juni 1918.
50 Z. B. Pais, S. 313, oder Stanley Goldberg, *Understanding Relativity*, Boston 1984, S. 312. Es ist schlechterdings nicht vorstellbar, wie bis zum Zeitpunkt der Veröffentlichung des New York Times-Artikels am 10. November 1919 ein amerikanischer Journalist überhaupt mit Einstein gesprochen haben soll. Selbst wenn Einstein anläßlich der Veröffentlichung seines großen ›Annalen‹-Artikels als separate Broschüre 1916 bei Barth in Leipzig so etwas gesagt haben sollte, ist nicht ersichtlich, wie das zur Kenntnis von Amerikanern gelangt sein könnte, abgesehen davon, daß zumindest die von ihm implizierte Ironie verlorengegangen wäre. – Eddington sah übrigens in seiner anekdotenträchtigen Unterhaltung mit Silberstein nach der Sitzung am 6. November 1919 die Quelle dieser Geschichte.

51 Clark, S. 295.
52 An D. Hilbert, o.O.u.D., Anfang April 1918.
53 Vossische Zeitung, 23. Juli 1918.
54 New York Times, 18. November 1919.
55 An Max Born, 9. Dezember 1919, in: Born, S. 38.
56 NW, 8, S. 20, Ausgabe vom 2. Januar 1920.
57 *Was ist Relativitätstheorie?* in: Weltbild, S. 127; in englischer Übersetzung als *My Theory*, in: London Times, 28. November 1919.
58 New York Times, 3. Dezember 1919.
59 An Ludwig Hopf, Berlin, 2. Februar 1920.

V. Glanz und Bürde des Ruhms

1. Relativität im Rampenlicht

1 An Marcel Grossmann, Berlin, 12. September 1920.
2 Moszkowski, S. 26f.
3 Vgl. O. Glaser, *Wilhelm Conrad Röntgen und die Geschichte der Röntgenstrahlen*, Berlin 1959. Diesem Buch sind alle Angaben über die Ereignisse des Jahres 1896 entnommen.
4 An H. Zangger, o. D., Berlin, Anfang 1920.
5 Vorwort, geschrieben 1942 für die Biographie von Philipp Frank, jedoch erst 1979 veröffentlicht.
6 Berliner Tageblatt, 7. Juli 1921, S. 2. Auch in: Weltbild, S. 42.
7 Z. B. Pathé Journal, 1, 1931.
8 An Marcel Grossmann, Berlin, 12. September 1920.
9 Eduard Meyer, Rektor der Berliner Universität, an A. Einstein, Berlin, 12. Februar 1920.
10 Eduard Meyer an A. Einstein, Berlin, 13. Februar 1912.
11 Z. B. in Vorwärts, 13. Februar 1920.
12 Eduard Meyer an Kultusministerium, Berlin, 13. Februar 1920.
13 Die Vorgänge im Kolleg des Professor Einstein. Eine Erklärung des Kultusministeriums sowie weitere Stellungnahmen im Berliner Tageblatt vom 14. Februar 1920.
14 Vorwärts, 14. Februar 1920.
15 An P. Ehrenfest, Berlin, 4. Dezember 1919.
16 An H. Zangger, Berlin, 26. März 1920.
17 An Aurel Stodola, Berlin, 31. März 1920.
18 M. v. Laue an A. Sommerfeld, Berlin, 23. August 1920.
19 Berliner Tageblatt, 4. September 1920.
20 Paul Weyland, *Einsteins Relativitätstheorie – eine wissenschaftliche Massensuggestion*, in: Tägliche Rundschau, 6. August 1920.
21 Ebd. Eine Erwiderung von Max von Laue erschien in der Täglichen Rundschau am 11. August, worauf Weyland am 14. und 16. August reagierte.

22 E. Gehrcke, *Die gegen die Relativitätstheorie erhobenen Einwände*, in: NW, Bd. 1, 1913, S. 62-66.
23 Max Born, *Zum Relativitätsprinzip: Entgegnung auf Herrn Gehrckes Artikel*, in: NW, Bd. 1, S. 92-94.
24 E. Gehrcke, *Zur Kritik und Geschichte der neueren Gravitationstheorien*, in: AdP, Bd. 51, 1916, S. 119-124.
25 An W. Wien, Berlin, 17. Oktober 1916.
26 E. Gehrcke, *Über den Äther*, in: VhDPG, Bd. 20, 1918, S. 165-169.
27 Einstein 1918i.
28 H. v. Seeliger, *Bemerkung zu dem Aufsatz des Herrn Gehrcke »Über den Äther«*, in: VhDPG, Bd. 20, 1918, S. 262 – Technisch geht es darum, daß schon bald nach der Entdeckung der Perihelanomalie des Merkur Rechnungen mit einem geschwindigkeitsabhängigen Gravitationspotential angestellt wurden, entsprechend dem Weberschen Potential der Elektrodynamik. Ein solches Potential ergibt eine Periheldrehung, und durch geeignete Anpassung einer Konstanten läßt sich der richtige Betrag »erzwingen«. Einen erklärenden Wert hat dieses Verfahren jedoch nicht, da es ein geschwindigkeitsabhängiges Gravitationspotential nicht gibt.
29 Max von Laue an Arnold Sommerfeld, Berlin, 25. August 1920.
30 Ebd.
31 Bertolt Brecht, *An die Nachgeborenen*, in: Bertolt Brecht, *Gesammelte Gedichte*, Frankfurt am Main. 1976, S. 722.
32 *Der Kampf gegen Einstein*, in: Vossische Zeitung, 29. August 1920.
33 Paul Ehrenfest an Einstein, Leiden, 2. September 1920.
34 Hedwig Born an Einstein, Frankfurt a. M., 8. September 1920, in: Born, S. 58.
35 A. Sommerfeld an Einstein, München, 3. September 1920, in: Sommerfeld, S. 67f.
36 An A. Sommerfeld, Berlin, 6. September 1920, in: Sommerfeld, S. 69.
37 Der deutsche Geschäftsträger in London F. Sthamer an das Auswärtige Amt, London, 2. September 1920, in: Berlin, S. 206.
38 An Hedwig und Max Born, Berlin, 9. September 1920, in: Born, S. 59.
39 Berliner Tageblatt, 31. August 1920.
40 K. Haenisch an Einstein, Berlin, 6. September 1920. Dieser »Privatbrief« wurde vom Kultusministerium der Presse übergeben; Abdruck z. B. in: Tägliche Rundschau, 7. September 1920.
41 An K. Haenisch, Kultusminister, Berlin, 8. September 1920, in: Berlin, S. 204.
42 G. Roethe, Vorsitzender Sekretar, an M. Planck, Berlin, 10. September 1920, in: Berlin, S. 205.
43 M. Planck an G. Roethe, 14. September 1920, in: Berlin, S. 206.
44 Einstein 1918 l.
45 *Meine Antwort*, in: Berliner Tageblatt, 27. August 1920.
46 A. Sommerfeld an Einstein, München, 11. September 1920, in: Sommerfeld, S. 71.

47 Ebd.
48 Ph. Lenard an A. Sommerfeld, Heidelberg, 14. September 1920, in: Kleinert und Schönbeck, *Lenard und Einstein*, in: Gesnerus, Bd. 35, 1978, S. 330.
49 *Meine Antwort* (wie Anm. 45).
50 *Allgemeine Diskussion über Relativitätstheorie*, in: PhZ, Bd. 21, 1920, S. 666-668.
51 Walther Gerlach, *Erinnerungen an Albert Einstein*, in: P. C. Aichelburg und R. Sexl (Hg.), *Albert Einstein – Sein Einfluß auf Physik, Philosophie und Politik*, Braunschweig 1979.
52 PhZ, Bd. 21, 1920, S. 666. Ein Bericht im Berliner Tageblatt vom 24. Sept. 1920 gibt diese Passage inhaltlich identisch, aber mit etwas anderen Worten wieder. Der Berichterstatter vermerkt »Heiterkeit«.
53 Ebd., S. 667.
54 Frank, S. 275; Berliner Tageblatt, 24. Sept. 1920.
55 Paul Weyland in: Deutsche Zeitung, 26. September 1920.
56 E. Gehrcke an Ph. Lenard, 3. Februar 1921, mit einer Randbemerkung Lenards.
57 Z. B. Clark, S. 316-327; davon inspiriert auch Alan D. Beyerchen, *Wissenschaftler unter Hitler*, Köln 1980, S. 124ff. Auch Born schrieb 1969, Lenard richtete »scharfe, bösartige Angriffe gegen Einstein, mit unverhüllt antisemitischer Tendenz«. – Dabei handelt es sich offensichtlich um Rückprojektionen des späteren Verhaltens von Lenard schon auf die Nauheimer Tagung.
58 A. Sommerfeld an Elsa Einstein, München, 7. Oktober 1920, in: Sommerfeld, S. 72.
59 An Max Born, o.O.u.D., Leiden, Oktober 1920; in: Born, S. 67.
60 An H. Zangger, o.O.u.D., Herbst 1921.
61 F. Klein an W. Pauli, Göttingen, 8. März 1921, in: Pauli, S. 27.
62 Elsa Einstein an Max Born, Berlin, 26. Juni 1920, in: Nachlaß Born, STPK.
63 Max Born, in: Born, S. 69.
64 F. Springer an Max Born, 7. September 1920, in: Nachlaß Born, STPK.
65 Hedwig Born an Einstein, Leipzig, 7. Oktober 1920, in: Born, S. 63ff.
66 Max Born an Einstein, Frankfurt a. M., 13. Oktober 1920, in: Born, S. 65ff.
67 An Max Born, Benzingen, Post Veringenstadt, 11. Oktober 1920, in: Born, S. 66.
68 An Max Born, Leiden, 26. Oktober 1920, in: Born, S. 67.
69 Ebd.
70 An P. Ehrenfest, Berlin, 26. November 1920.
71 An H. Zangger, Berlin, 14. März 1921.
72 An Max Born, Berlin, 9. September 1920, in: Born, S. 59.
73 Vgl. Born, S. 69.
74 An M. Grossmann, Berlin, 12. September 1920.
75 Ebd.
76 M. Grossmann an Einstein, Zürich, 9. September 1920.

77 An Marcel Grossmann, Berlin, 12. September 1920.
78 An E. Guillaume, Berlin, 16. Dezember 1920.
79 Pais, S. 506.

2. *Relativität, Philosophie und Erkenntniskritik*

1 A. Sommerfeld, *Albert Einstein*, in: Schilpp, S. 56.
2 Hugo Dingler, *Kritische Bemerkungen zu den Grundlagen der Relativitätstheorie*, in: PhZ, Bd. 21, 1920, S. 668 ff.
3 Einstein 1949a, S. 507. Wie immer schrieb Einstein diesen Text in deutscher Sprache, benutzte aber das Wort »Science«, was ich stillschweigend in »Wissenschaft« geändert habe.
4 An Moritz Schlick, Berlin, 14. Dezember 1915.
5 Einstein 1916i, S. 102.
6 E. Mach an F. Adler, Wien, 26. Juli 1909.
7 An Ernst Mach, Bern, 9. August 1909. Die Briefe von Mach an Einstein sind verloren.
8 An E. Mach, Bern, 17. August 1909.
9 An E. Mach, Bern, 9. August 1909.
10 I. B. Cohen, *An Interview with Einstein*, in: Scientific American, Vol. 93, S. 69 ff., hier S. 73. Einstein hat dem Interviewer erzählt, der Besuch habe 1913 stattgefunden; vgl. auch den entsprechenden Bericht in Frank. Zu der Zeit lebte Mach aber schon in der Nähe von München. Tatsächlich findet sich in einem von Einsteins Notizbüchern eine Eintragung, nach der er am 24. September 1910 das Ministerium in Wien und tags darauf Ernst Mach aufgesucht hatte.
11 An E. Mach, Zürich, 25. Juli 1913.
12 An E. Mach. Zürich, o. D., Ende 1913.
13 Aufruf der Gesellschaft für positivistische Philosophie, z. B. in: PhZ, Bd. 13, 1. August 1912, S. 735.
14 Moritz Schlick, *Die philosophische Bedeutung des Relativitätsprinzips*, in: Zeitschrift für Philosophie und philosophische Kritik, Bd. 159, 1915, S. 129 bis 175.
15 An Moritz Schlick, Berlin, 14. Dezember 1915.
16 An M. Born, Berlin, 9. Dezember 1919, in: Born, S. 39.
17 Vgl. Einstein an Solovine, Berlin, 24. April 1920; das andere von Einstein empfohlene Buch war Hermann Weyl, *Raum, Zeit, Materie*.
18 An H. Zangger, Berlin, o. D., März/April 1920.
19 In: Bulletin de la Société française de Philosophie, Vol. 17, 1922, S. 91.
20 An M. Besso, Berlin, 29. April 1917, in: Besso, S. 106.
21 M. Besso an Einstein, Zürich, 5. Mai 1917; in: Besso, S. 110.
22 An M. Besso, Berlin, 13. Mai 1917, in: Besso, S. 114.
23 An E. Study, Berlin, 24. September 1918.
24 An A. Sommerfeld, Berlin, 13. Juli 1921, in Sommerfeld, S. 86.

25 Wie Anm. 19.
26 An A. Weiner, Caputh, 18. September 1930.
27 Z. B. Gerald Holton, *Mach, Einstein and the Search for Reality*, in: *Thematic Origins of Scientific Thought*, Cambridge 1973, und Paul K. Feyerabend, *Mach's Theory of Research and its Relation to Einstein*, in: HSPS, Vol. 15, 1984, S. 1-22.
28 Gereon Wolters, *Mach I, Mach II, Einstein und die Relativitätstheorie. Eine Fälschung und ihre Folgen*. Berlin 1987.
29 Einstein 1919 g.
30 An Ilse Schneider, Berlin, 15. September 1919.
31 An Max Born, Ahrenshoop, o. D., Sommer 1918, in: Born, S. 25.
32 Im Gespräch zu Ilse Schneider, um 1920; zit. in: Rosenthal-Schneider, *Begegnungen mit Einstein, von Laue und Planck*, Braunschweig 1988, S. 76.
33 Ernst Cassirer, *Zur Einsteinschen Relativitätstheorie*, Berlin 1921. Das Zitat findet sich im Vorwort.
34 Frank, S. 286.
35 Max Wertheimer an Einstein, Berlin, 15. Mai 1920.
36 P. Ehrenfest an Max Wertheimer, auf einer Postkarte von Einstein an Wertheimer, Leiden, 21. Mai 1920.
37 *Einstein im Gespräch mit Ilse Schneider*, in: Ilse Rosenthal-Schneider, *Begegnungen mit Einstein, von Laue und Planck*, Braunschweig 1988, S. 76.
38 Die Sitzungsprotokolle sind abgedruckt in: Bulletin de la Société française de Philosophie, Vol. 17, 1922, S. 91-113. Die zitierten Bemerkungen Einsteins finden sich auf S. 101.
39 An M. Born, Ahrenshoop, o. D., Sommer 1918.
40 Wie Anm. 25.
41 A. C. Elsbach, *Kant und Einstein. Untersuchungen über das Verhältnis der modernen Erkenntnistheorie zur Relativitätstheorie*, Berlin und Leipzig 1924.
42 Einstein 1924 f.
43 Einstein 1949 a, S. 500.
44 Ebd., S. 508.
45 Reisetagebuch, Eintragung vom 9. Oktober 1922.
46 An M. Solovine, Berlin, Pfingsten 1923, in: Solovine, S. 44.
47 Hugo Bergmann, *Personal Remembrances of Albert Einstein*, in: Boston Studies, Vol. 13, S. 39.
48 An Lilli Halpern-Neuda, Berlin, 5. Februar 1921.
49 Ebd.
50 *Motiv des Forschens*, 1918: abgedruckt unter dem Titel *Prinzipien der Forschung* in: Weltbild, S. 108.
51 Eines der wenigen Beispiele findet sich in Einstein 1907 f, S. 371, wo er erklärt, daß »wir ein vollständiges, dem Relativitätsprinzip entsprechendes Weltbild einstweilen nicht besitzen«.
52 Wie Anm. 50.
53 Aus: Hedwig Born, *Einstein ganz privat*, in: Helle Zeit – Dunkle Zeit, S. 37.

3. »Reisender in Relativität«

1 In: Berlin, S. 175.
2 An K. Haenisch, Berlin, 6. Dezember 1919, in: Berlin, S. 176.
3 Aufruf zur Albert-Einstein-Spende in: Berlin, S. 177.
4 Vgl. dazu den Ausstellungskatalog Erich Mendelssohn, *Ideen, Bauten, Projekte*, Berlin 1987.
5 Vgl. M. Grüning, *Der Wachsmann-Report. Auskünfte eines Architekten*, Berlin 1985, S. 403.
6 An M. Besso, Berlin, 26. Juli 1920, in: Besso, S. 152.
7 An H. Zangger, o. D., Berlin, Anfang März 1920.
8 An Hedwig Born, Christiania, 18. Juni 1920, in: Born, S. 53. Das von Born angegebene Datum ist ein Lesefehler.
9 An M. Besso, Berlin, 12. Dezember 1919, in: Besso, S. 148.
10 An M. Besso, Berlin, 6. Januar 1920, in: Besso, S. 150.
11 Georg Simmel, *Der Fremde*, in: *Das individuelle Gesetz*, Frankfurt am Main 1968, S. 63.
12 An Max Born, Berlin, 3. März 1920, in: Born, S. 48.
13 An N. M. Butler, Präsident der Columbia Univ. N. Y., Berlin, 11. April 1923.
14 An P. Ehrenfest, Berlin, 9. November 1919.
15 Autobiographisches, S. 17.
16 An N. Bohr, Berlin, 2. Mai 1920.
17 Ebd.
18 An P. Ehrenfest, Berlin, 4. Mai 1920.
19 N. Bohr an Einstein, 24. Juni 1920.
20 An N. Bohr, 2. Mai 1920.
21 An P. Ehrenfest, Berlin, 18. September 1925.
22 A. Sommerfeld an Einstein, München, 11. Januar 1922.
23 An M. Besso, Berlin, 12. Dezember 1919, in: Besso, S. 148.
24 An M. Besso, Berlin, 26. Juli 1920, in: Besso, S. 153.
25 An M. Solovine, Bern, 3. Mai 1906, in: Solovine, S. 4.
26 Einstein 1920d.
27 Vgl. Manfred Eigen, *Die ›unmessbar‹ schnellen Reaktionen*, in: *Les Prix Nobel en 1967*, S. 151–180.
28 An A. Sommerfeld, Berlin, 4. Januar 1921, in: Sommerfeld, S. 77.
29 An F. Haber, Hechingen, o. D., September 1920.
30 An M. Born, Berlin, 31. Januar 1921, in: Born, S. 78.
31 An P. Ehrenfest, Berlin, 6. Juni 1920.
32 Deutsche Gesandtschaft in Den Haag an das Auswärtige Amt, 25. Mai 1920, in: Berlin, S. 225.
33 An F. Haber, o. D., Hechingen, September 1920.
34 An M. Born, Christiania, 18. Juni 1920, in: Born, S. 53; das von Born angegebene Datum ist ein Lesefehler.
35 Bericht der Deutschen Gesandtschaft in Christiania an das Auswärtige Amt, 22. Juni 1920, in: Berlin, S. 226.

36 Nach dem Bericht der Deutschen Gesandtschaft in Kopenhagen an das Auswärtige Amt, 26. Juni 1920, in: Berlin, S. 226.
37 Ebd.
38 An M. Besso, 12. September 1919, in: Besso, S. 148.
39 An M. Born, Berlin, 9. September, in: Born, S. 60.
40 P. Ehrenfest an Einstein, Leiden, 25. Juli 1920.
41 Einstein 1920f. Die bei Springer in Berlin gedruckte Fassung dieses Vortrags gibt fälschlich den 5. Mai 1920 als Datum des Leidener Vortrags an.
42 Einstein 1920f, S. 12.
43 M. Besso an Einstein, Bern, 24. Dezember 1920, in: Besso, S. 160.
44 P. Ehrenfest an Einstein, Leiden, 17. Januar 1922.
45 An P. Ehrenfest, Berlin, 12. Februar 1922.
46 An F. Vieweg, Berlin, 9. Januar 1922.
47 An F. Vieweg, Berlin, 15. Februar 1922.
48 H. A. Lorentz an Einstein, Leiden, 10. September 1920.
49 An H. A. Lorentz, Hechingen, o. D., Ende September 1920.
50 Vgl. Klaus Hentschel, *Zwei vergessene Texte Moritz Schlicks*, in: Gesnerus, Bd. 31, 1988, S. 300-311.
51 An H. Zangger, o. D., Anfang Januar 1921.
52 An P. Ehrenfest, Berlin, 26. November 1920.
53 Frank, S. 283.
54 Frank, S. 285.
55 Ebd., S. 290.
56 A. Sommerfeld an Einstein, München, 18. Dezember 1920, in: Sommerfeld, S. 73.
57 An A. Sommerfeld, Berlin, 20. Dezember 1920, in: Sommerfeld, S. 75.
58 Harry Graf Kessler, *Tagebücher*, Frankfurt am Main 1982, S. 249 ff. Kessler schildert ausführlich Zweck und Verlauf dieser Reise.
59 An Max Born, Berlin, 31. Januar 1921, in: Born, S. 79.
60 An P. Ehrenfest, Berlin, 12. Februar 1921.
61 Kurt Blumenfeld an Chaim Weizmann, Berlin, 20. Februar 1921.

4. Judentum, Zionismus und die Reise nach Amerika.

1 An Abba Eban, Princeton, 18. November 1952; dieses Schreiben ist Einsteins Antwort auf das Angebot der Präsidentschaft des Staates Israel.
2 An Willy Hellpach, Herbst 1929; abgedruckt in: Weltbild, S. 104.
3 M. Besso an Einstein, Genf, 15. Oktober 1939, in: Besso, S. 346.
4 M. Besso an Einstein, Genf, 23. Juli 1927.
5 An H. Zangger, Prag, 24. August 1911.
6 »Blut ist nicht Wasser.« An Ludwig Hopf, Prag, 12. Juni 1912.
7 An P. P. Lazarev, Berlin, 16. Mai 1914; zitiert nach Kirsten/Treder, *Albert Einstein 1879-1955*, in: Winter/Jarosch (Hg.), *Wegbereiter der deutsch-slawischen Wechselseitigkeit*, Berlin 1983, S. 354.

8 An J. J. Laub, Bern, 19. Mai 1909.
9 An Julius Katzenstein, Kalifornien, 27. Dezember 1931.
10 Wie Anm. 2.
11 *Antisemitismus und akademische Jugend* (Mitte der 20er Jahre), in: Weltbild, S. 94.
12 Frank, S. 251.
13 An Robert Eisler, Berlin, 31. Januar 1925.
14 *Antisemitismus und akademische Jugend*, a.a.O., S. 94.
15 Kurt Blumenfeld, *Erlebte Judenfrage*, Stuttgart 1962, S. 126ff.; ders., *Einsteins Beziehung zum Zionismus und zu Israel*, in: Allgemeine Wochenzeitung der Juden in Deutschland, 16. September 1955; abgedruckt in: Helle Zeit – Dunkle Zeit, S. 74ff. Blumenfeld gibt in *Erlebte Judenfrage* für den ersten Besuch bei Einstein 1920 an; das ist nicht richtig.
16 Nach Blumenfeld, in: Helle Zeit – Dunkle Zeit, S. 76.
17 An Max Born, Berlin, 9. November 1919, in: Born, S. 36.
18 Ebd.
19 H. Bergmann an Einstein, 22. Oktober 1919.
20 An Hugo Bergmann, Berlin, 5. November 1919.
21 An M. Besso, Berlin, 12. Dezember 1919, in: Besso, S. 148.
22 Berliner Tageblatt, 30. Dezember 1919, Morgenausgabe.
23 *An den Central-Verein Deutscher Staatsbürger Jüdischen Glaubens*, Berlin, 5. April 1920. Abgedruckt in: David Reichinstein, *Albert Einstein. Sein Leben und seine Weltanschauung*, Berlin 1932, S. 144ff.; der Textauszug in: Frank, S. 250, ist nicht korrekt wiedergegeben.
24 Mitteilungen der jüdischen Pressezentrale, Zürich, 21. September 1920, in: Jüdische Rundschau, 10. Dezember 1920.
25 K. Blumenfeld an Ch. Weizmann, Berlin, 20. Februar 1921, in: Kurt Blumenfeld, *Kampf um den Zionismus. Briefe aus fünf Jahrzehnten*, Stuttgart 1976, S. 65. In zwei autobiographischen Erinnerungen gibt Blumenfeld den 10. März 1921 für sein Gespräch mit Einstein an; darin hat er sich geirrt.
26 An F. Haber, Berlin, 9. März 1921.
27 An M. Solovine, 8. März 1921, in: Solovine, S. 26.
28 E. Rutherford an B. Boltwood, 28. Februar 1921, in: L. Badash (Hg.), *Rutherford and Boltwood. Letters on Radioactivity*, New Haven 1969, S. 142.
29 K. Blumenfeld an Ch. Weizmann, Berlin, 16. März 1921.
30 P. Ehrenfest an Einstein, Leiden, 28. Februar 1921.
31 An P. Ehrenfest, Berlin, 8. März 1921.
32 F. Haber an Einstein, Berlin, 9. März 1921.
33 An F. Haber, Berlin, 9. März 1921.
34 K. Blumenfeld an Ch. Weizmann, Berlin, 16. März 1921.
35 An M. Solovine, 16. März 1921, in: Solovine, S. 30.
36 Zu Weizmann vgl. Norman Rose, *Chaim Weizmann. A Biography*, New York 1986.
37 Sayen, S. 47.
38 An M. Besso, Zürich, o. D., Ende 1913, in: Besso, S. 50.

39 Frank, S. 296.
40 Seelig, S. 136.
41 New York Times, 3. April 1921.
42 Max Talmey, *The Relativity Theory Simplified*, New York 1932, S. 174.
43 New York Times, 13. April 1921.
44 Eve Curie, *Marie Curie*, Frankfurt am Main 1952 ff., S. 266. Während ihrer beinahe zeitgleich mit Einstein stattfindenden Amerika-Reise wurde Marie Curie offenbar das gleiche Interesse der Öffentlichkeit entgegengebracht wie Einstein.
45 Citation for Honorary Degree, Princeton University. 9. Mai 1921.
46 Philadelphia Evening Bulletin, 10. Mai 1921.
47 Einstein 1922a.
48 An Oswald Veblen, Berlin, 30. April 1930.
49 D. C. Miller an T. C. Mendenhall, Cleveland, 2. Juni 1921, in: American Institute of Physics.
50 An M. Besso, New York, 28. Mai 1921, in: Besso, S. 163.
51 Norman Rose, *Weizmann*, New York 1986, S. 214.
52 An P. Ehrenfest, Berlin, 18. Juni 1921.
53 *Wie ich Zionist wurde*, in: Jüdische Rundschau 1921. Rückübersetzt aus A. Einstein, *About Zionism. Speeches and Letters*, New York 1931, S. 48 f.
54 An M. Born, Berlin, 27. Januar 1920.
55 A. S. Eddington an Einstein, Cambridge, 9. Januar 1920.
56 Es mag sinnvoll sein, daran zu erinnern, daß die »Royal Society« in England die Stellung einer nationalen Akademie einnimmt, während Gesellschaften wie die »Royal Astronomical Society« den Fachgesellschaften auf dem Kontinent vergleichbar sind.
57 Clark, S. 335.
58 Für eine ausführliche Darstellung der belanglosen Gespräche cf. Clark, S. 338 ff.
59 *Über Relativitätstheorie*, auszugsweise abgedruckt in: Weltbild, S. 131.
60 *Meine ersten Eindrücke in Nordamerika*, in: Berliner Tageblatt, 7. Juli 1921. Abgedruckt in: Weltbild, S. 41.
61 Dieses Interview erschien zuerst im Nieuwe Rotterdamsche Courant, dann Anfang Juli 1921 in deutschen Zeitungen und am 8. Juli nach einem Kabelbericht aus Deutschland in der New York Times. Ich habe nur die in der New York Times gedruckte Fassung gesehen.
62 New York Times, 8. Juli 1921.
63 New York Times, 11. Juli 1921.
64 Mileva Marić an Helene Savić, Neusatz, Ende 1901, in: CP1, S. 320.

5. Weite Reisen, viel Politik und ein wenig Physik

1 An H. Zangger, o. D., Berlin, Anfang 1921.
2 An P. Ehrenfest, Berlin, 1. September 1921.

3 H. Anschütz an Einstein, München, 28. Dezember 1920.
4 An H. Anschütz, Berlin, 14. September 1921.
5 An M. Born, Berlin, 22. August 1921, in: Born, S. 86.
6 An M. Besso, Florenz, 20. Oktober 1921, in: Besso, S. 170.
7 Ebd.
8 Einstein 1921e.
9 An M. Born, Berlin, 30. Dezember 1921, in: Born, S. 96.
10 An A. Sommerfeld, 28. Januar 1922, in: Sommerfeld, S. 99.
11 An M. Born, o. D., Anfang Mai 1922, in: Born, S. 103.
12 An P. Ehrenfest, Berlin, 15. März 1922.
13 An W. Westphal, o. D., Berlin, ca. 1924.
14 An A. Sommerfeld, 14. Januar 1922, in: Sommerfeld, S. 97.
15 Vgl. Kurt Blumenfeld, *Erlebte Judenfrage*, a.a.O., S. 133ff. Blumenfeld schreibt irrtümlich vom Botschafter statt Außenminister Tschitscherin.
16 A. Sommerfeld an Einstein, München, 11. Januar 1922, in: Sommerfeld, S. 96. Das Interview war in Le Figaro, Paris, am 13. Oktober 1921 erschienen.
17 An A. Sommerfeld, Berlin, 28. Januar 1922, in: Sommerfeld, S. 99.
18 H. Anschütz an Einstein, München, 3. Februar 1922.
19 An Paul Langevin, Berlin, 27. Februar 1922.
20 An P. Langevin, Berlin, 6. März 1921.
21 In: Berlin, S. 210.
22 Harry Graf Kessler, *Tagebücher*, a.a.O., S. 289.
23 An P. Langevin, 13. März 1921.
24 An P. Langevin, 23. März 1922.
25 An M. Solovine, Berlin, 22. März 1922, in: Solovine, S. 38.
26 Ausführliche Berichte über Einsteins Besuch in Paris sind Charles Nordmann, *Einstein expose et discute sa théorie*, in: Revue des deux Mondes, Vol. IX, 1922, S. 129-166; ders. in: L'Illustration, Paris, 15. April 1922. Eine gute Übersicht gibt Michel Biezunski, *Einstein à Paris*, in: La Recherche, Vol. 13, Paris 1982, S. 502ff.
27 An M. Solovine, Berlin, 14. März 1922, in: Solovine. S. 36.
28 Berlin, S. 227.
29 Berlin, S. 227.
30 An Else Einstein, Paris, 9. April 1922, in: Frieden, S. 68.
31 An Romain Rolland, Berlin, 19. April 1922.
32 An M. Solovine, Berlin, 20. April 1920, in: Solovine, S. 40.
33 Frank, S. 314. Auch Einstein an v. Laue, Princeton, 24. April 1950.
34 H. Graf Kessler, *Tagebücher*, a.a.O., S. 333. Einsteins Ansprache ist abgedruckt in: Frieden, S. 70ff.
35 Emil Gumbel, *Vier Jahre politischer Mord*, Berlin 1922, Neuausgabe Heidelberg 1980.
36 Cf. K. Blumenfeld, *Erlebte Judenfrage*, a.a.O., S. 142ff.
37 *In memoriam Walther Rathenau*, in: Neue Rundschau, Berlin 1922, S. 815.
38 K. Blumenfeld an Einstein, Jerusalem, 20. März 1955. Blumenfeld zitiert in diesem Brief, was ihm Einstein 1922 gesagt hat.

39 An H. Anschütz, Berlin, 1. Juli 1922, und Anschütz an Einstein, 2. Juli 1922.
40 An Pierre Comert, Berlin, 4. Juli 1922, in: Frieden, S. 78.
41 An M. Planck, Kiel, 6. Juli 1922.
42 An Marie Curie, Kiel, 11. Juli 1922.
43 H. Anschütz an A. Sommerfeld, Kiel, 12. Juli 1922.
44 Deutsches Reichspatent Nr. 394 667 der Fa. Anschütz, insbesondere der Punkt 4.
45 Wie Anm. 43.
46 An H. Anschütz, Berlin, 12. Juli 1922.
47 Ebd.
48 A. und E. Einstein an H. Anschütz, Berlin, 16. Juli 1922.
49 An M. Solovine, Berlin, 16. Juli 1922, in: Solovine, S. 42.
50 An M. Born, Berlin, 9. September 1919, in: Born, S. 59.
51 Unterlagen des Kleingartenvereins Boxfelde aus der Zeit vor 1945 existieren nicht mehr. Daher kann ich über die Pachtdauer nur Vermutungen anstellen. Frau Elfi Fillgis aus Berlin, der ich einige Informationen zu »Einstein in Boxfelde« verdanke, meint, Einstein hätte die Parzelle von 1919 bis 1928 gepachtet. In der Korrespondenz Einsteins hat die Pacht allerdings nur im Jahre 1922 eindeutige Spuren hinterlassen. Die Parzelle lag am Burgunderweg Nr. 2.
52 An H. Anschütz, Berlin, 25. Juli 1922.
53 Bezirksamt Spandau an Einstein, 12. September 1922.
54 An Bezirksamt Spandau, Berlin, 23. September 1922.
55 Die überaus wechselvolle Beziehung Einsteins zur Kommission für Intellektuelle Zusammenarbeit ist ausführlich dargestellt in: Clark, S. 431 ff.
56 Ph. Lenard, *Über Äther und Uräther*, 2. Auflage, Leipzig 1922, S. 3 und 9.
57 Adolf Hitler, *Sämtliche Aufzeichnungen 1905-24*, hg. von E. Jäckel mit A. Kuhn, Stuttgart 1980, S. 268. Hitlers Artikel stammt vom 3. Januar 1921.
58 Vgl. Tsutomu Kaneko, *Einsteins Impact on Japanese Intellectuals*, in: Thomas F. Glick (Hg.), *The Comparative Reception of Relativity*, Boston 1987, S. 351 ff.
59 H. Graf Kessler, *Tagebücher*, a.a.O., S. 289.
60 Ebd.
61 An Pr. Akademie der Wissenschaften, Berlin, 12. Juli.
62 An Wilhelm Solf, Deutsche Botschaft Tokio, Miyajima, 20. Dezember 1922, in: Berlin, S. 231.
63 Reisetagebuch, 6. Oktober 1922.
64 Reisetagebuch, Colombo, 28. Oktober 1922.
65 Reisetagebuch, Hong Kong, 9. November 1922.
66 Die Deutsche Botschaft an das Auswärtige Amt in Berlin, Tokio, 3. Januar 1923, in: Berlin, S. 230.
67 Ebd.
68 Ebd.
69 Eine tabellarische Auflistung des Reiseverlaufs gibt Kenji Sugimoto, *Albert Einstein – Eine kommentierte Bildbiographie*, Gräfelfing 1987, S. 78.
70 Ebd.
71 Vgl. Kaneko (wie Anm. 58), S. 363.

72 Über die Relativitätsdebatte im Kabinettsrat wurde nicht nur in einer japanischen Zeitung, sondern auch in englischer Übersetzung im Japan Weekly Chronicle berichtet; abgedruckt in: Kaneko, a.a.O., und Clark, S. 369.
73 Kaneko, a.a.O., S. 367.
74 An M. Solovine, Berlin, Pfingsten 1923, in: Solovine, S. 42.
75 An M. Besso, Kiel, 24. Mai 1924, in: Besso, S. 202.
76 Reisetagebuch, 3. Februar 1923.
77 Reisetagebuch, 8. Februar 1923.
78 Singapore Times, 3. November 1922.
79 Zitiert nach dem Katalog der Ausstellung Einstein 1879-1979, Jerusalem 1979.
80 An Heinrich Friedmann, Berlin, 12. März 1929.
81 Wie Anm. 79.
82 An M. Solovine, Berlin, Pfingsten 1923, in: Solovine, S. 44.
83 Reisetagebuch, 13. Februar 1923.
84 An M. Besso, Berlin, 25. Dezember 1925, in: Besso, S. 215.
85 Ausführlich wird Einsteins Spanienaufenthalt dargestellt in Thomas F. Glick, *Einstein in Spain*, Princeton 1988.
86 Deutsche Botschaft Madrid an das Auswärtige Amt, Madrid, 19. März 1923, in: Berlin, S. 232.

VI. Einheitliche Theorie in zerrissener Zeit

1. Wie Einstein den Nobelpreis erhielt...

1 S. Arrhenius an Einstein, Leipzig, o.D., verm. 18. September 1922.
2 M. v. Laue an Einstein, Leipzig, 18. September 1922.
3 An S. Arrhenius, Berlin, 20. September 1922.
4 Über die Entscheidungsfindung der Königlich Schwedischen Akademie der Wissenschaften für die Nobelpreise in Physik und Chemie vgl. Elizabeth Crawford, *The beginnings of the Nobel Institution*, Cambridge 1984.
5 Ein ausführliches Referat der Vorschlagenden und ihrer Begründungen in: Pais, S. 505 ff.
6 Elizabeth Crawford, a.a.O., S. 132 ff.
7 Gullstrand glaubte zum Beispiel, die Drehung des Merkurperihel sei ein Experiment; vgl. Pais, S. 507.
8 S. Arrhenius in: *Les Prix Nobel en 1921-1922*, Stockholm 1923, S. 63.
9 Niels Bohr an Einstein, Kopenhagen, 11. November 1911 (Entwurf), Niels Bohr Archiv Kopenhagen.
10 An Niels Bohr, auf der S. S. Haruna Maru nahe Singapur, 10. Januar 1923.
11 Bericht der Deutschen Gesandtschaft in Stockholm an das Auswärtige Amt, Stockholm, 12. Dezember 1922, in: Berlin, S. 113.
12 Bericht der Akademie an das Kultusministerium, Berlin, 13. Januar 1923; Protokoll der Akademie-Sitzung vom 18. Januar 1923 und ein Schreiben des

Vorsitzenden Sekretars der Akademie an Einstein vom 15. Februar 1923. – Die amtliche Beschäftigung mit Einsteins Staatsangehörigkeit hat bei der Akademie, bei den Gesandtschaften und den Ministerien unzählige Schriftstücke produziert, von denen ca. dreißig erhalten sind; die sieben wichtigsten, auch die oben aufgeführten, sind abgedruckt in: Berlin, S. 113 ff.

13 An den Vorsitzenden Sekretar der Akademie G. Roethe, Berlin, 24. März.

14 K. Helferich, Staatssekretär im Reichsamt des Innern, an Wilhelm II., Berlin, 22. Dezember 1916, in: Berlin, S. 159.

15 Aktenvermerk des Ministerialrats von Rottenburg, Berlin, 19. Juni 1923, in: Berlin, S. 117.

16 An Pr. Akademie der Wissenschaften, Berlin, 7. Februar 1924, in: Berlin, S. 118.

17 S. Arrhenius an Einstein, 17. März 1923.

18 Einstein 1923 c.

19 An S. Arrhenius. Berlin, 23. März 1923.

20 Niels Bohr, Interview vom 12. Juli 1961, Niels Bohr Archiv Kopenhagen.

21 An P. Ehrenfest, Berlin, 20. Juli 1923.

22 An H. Anschütz, Berlin, 26. Juli 1923.

23 An P. Ehrenfest, Kiel, 12. September 1923.

24 Vossische Zeitung, Berlin, 22. März 1923.

25 An H. A. Lorentz, Berlin, 16. August 1923.

26 An H. Anschütz, Kiel, o.D., 9. September 1923.

27 An Betty Neumann, Bonn, 21. September 1923, MPG.

28 Ebd.

29 Siehe Berlin, S. 215 ff.

30 Deutsche Allg. Zeitung, 15. September 1923; Vossische Zeitung Nr. 359.

31 Kieler Zeitung, 2. November 1923.

32 M. Planck an Einstein in Leiden, Berlin, 10. November 1923.

33 M. Planck an P. Ehrenfest, 30. November 1923, und an H. A. Lorentz, 5. Dezember 1923.

34 An M. Planck. Leiden, 6. Dezember 1923, MPG.

35 An M. Besso, Berlin, 5. Januar 1924, in: Besso, S. 197.

36 An Ch. Weizmann, Berlin, 27. Oktober 1923.

37 An M. Besso, Kiel, 24. Mai 1924, in: Besso, S. 202.

38 An M. Solovine, Berlin, 30. Oktober 1924, in: Solovine, S. 48.

39 H. Graf Kessler, *Tagebücher*, a.a.O. (Eintragung vom 17. Dezember 1924), S. 414.

40 An C. Seelig, Princeton, 20. April 1952. Das Bild ist verschollen.

41 Charles Nordmann in: L'Illustration, Paris, 15. April 1922.

42 Vera Weizmann, *The Impossible Takes Longer*, London 1967, S. 103.

43 Pais, S. 320. Der Briefwechsel zwischen Einstein und Betty Neumann ist nicht zugänglich.

44 Vgl. Brief an Pauline Winteler, Zürich, Mai 1897, in: CP1, S. 55.

45 H. Graf Kessler, *Tagebücher*, a.a.O., S. 414 (Eintragung vom 18. Dezember 1924).

46 Bericht der Deutschen Gesandtschaft in Buenos Aires an das Auswärtige Amt vom 26. September 1922, in: Berlin, S. 228.
47 Reisetagebuch, 17. April 1925.
48 Reisetagebuch, 16. April 1925.
49 Reisetagebuch, 30. März 1925.
50 An M. Besso. Berlin, 5. Juni 1925, in: Besso, S. 204.
51 Reisetagebuch, 22. April 1925.
52 Reisetagebuch, 22. April und 30. April.
53 Berlin, S. 234 ff.
54 An M. Besso, Berlin, 5. Juni 1925, in: Besso, S. 404.
55 Einstein 1925 c, S. 414.
56 An M. Besso, Genf, 28. Juli 1925, in: Besso, S. 209.

2. Die Suche nach der einheitlichen Feldtheorie

1 Einstein 1923 e, S. 9.
2 An H. Zangger, Princeton, 27. Februar 1938.
3 An Niels Bohr, Princeton, 4. April 1949.
4 Jost Lemmerich, *Michael Faraday*, München 1991, S. 215 ff.
5 An Marcel Grossmann, Mailand, 14. April 1901, in: CP1, S. 290.
6 An H. Weyl, Berlin, 27. September 1918.
7 Ebd.
8 An H. Weyl, Berlin, 23. November 1916.
9 An H. Weyl, Berlin, 8. März 1918.
10 An H. Weyl, Berlin, 8. März 1918.
11 An H. Weyl, Berlin, 8. April 1918.
12 H. Weyl an Einstein, Zürich, 10. Dezember 1918.
13 Einstein 1918 d.
14 H. Weyl an C. Seelig, Zürich, 18. Mai 1952.
15 An M. Besso, Berlin, 4. Dezember 1918, in: Besso, S. 146.
16 An H. Zangger, Berlin, Frühjahr 1920.
17 Einstein 1919 a, S. 349.
18 An H. Weyl, Berlin, 6. Juni 1922.
19 An H. Weyl, Berlin, 6. Juni 1922.
20 An Niels Bohr, Nähe Singapur, 10. Januar 1923.
21 Einstein 1923 a, S. 32.
22 An H. Weyl, Berlin, 26. Mai 1923.
23 Ebd.
24 Einstein 1913 e.
25 Walther Gerlach, *Erinnerungen an Albert Einstein*, in: Aichelburg/Sexl (Hg.), *Albert Einstein*, Braunschweig 1979.
26 An F. Klein, Berlin, 12. Dezember 1917.
27 An M. Besso, Berlin, 28. August 1918, in: Besso, S. 138.
28 Einstein 1923 e, S. 9.

29 Ebd., S. 10.
30 Einstein 1929f, S. 127.
31 *Zur Methodik der Theoretischen Physik*, in: Weltbild, S. 117.
32 An C. Lanczos, Princeton, 24. Januar 1938.
33 Galileo Galilei, *Il saggiatore*, Ed. L. Sosio, Milano 1965, S. 200.
34 Einstein 1923e, S. 9.
35 Einstein 1917a.
36 Einstein 1925c.
37 Constance Reid, *David Hilbert*, Berlin, Heidelberg, New York 1970, S. 131.
38 Berlin, S. 154; Einstein 1925c; Einstein 1929a.
39 Esther Salaman, *Memories of Einstein*, in: Encounter, April 1979, S. 19.
40 An H. Anschütz, Berlin, 26. Dezember 1923.
41 Einstein 1925c, S. 414.
42 Ebd.
43 An M. Besso, Genf, 28. Juli 1925, in: Besso, S. 209.
44 An P. Ehrenfest, Kiel, 18. September und 20. September 1925.
45 An M. Besso, Genf, 28. Juli 1925, in: Besso, S. 209.
46 Einstein 1925d.
47 Einstein 1925d, S. 334.

3. Die Aporien der Quantentheorie

1 Max Born an Einstein, Göttingen, 15. Juli 1925, in: Born, S. 121. Die von Born angekündigte Arbeit ist W. Heisenberg, *Über quantentheoretische Umdeutung kinematischer und mechanischer Bezeichnungen*, in: ZfP, Bd. 33, S. 879-893.
2 An P. Ehrenfest, Kiel, 20. September 1925.
3 Max Born, *Einsteins statistische Theorien*, in: Schilpp, S. 84.
4 Einstein 1909c, S. 482f.
5 Einstein 1916j, 1916k und 1917h.
6 An M. Besso, Berlin, 6. September 1916, in: Besso, S. 82.
7 An M. Besso, Ahrenshoop, 29. Juli 1918, in: Besso, S. 130.
8 Einstein 1916j, S. 23.
9 An Max Born, Berlin, 27. Januar 1920, in: Born, S. 44.
10 An W. Dällenbach, o.O.u.D., verm. Zürich, Januar 1919, in: Auktionskatalog Stargard Nr. 588, Februar 1969.
11 Einstein 1921e.
12 Einstein 1924b.
13 Einstein 1924b.
14 An W. Dällenbach, o.O.u.D., Berlin, 1917.
15 An Max Born, Berlin, 20. Januar 1920, in: Born, S. 43.
16 An Max Born, Berlin, 3. März 1920, in: Born, S. 49.
17 Einstein 1923k.
18 Ebd., S. 360.
19 Ebd., S. 361.

20 Ebd., S. 364.
21 An M. Besso, Berlin, 5. Januar 1924, in: Besso, S. 197.
22 An P. Ehrenfest, Berlin, 31. Mai 1924.
23 W. Heisenberg an W. Pauli, Göttingen, 8. Juli 1924.
24 An Max Born, Berlin, 19. April 1924, in: Born, S. 118.
25 Z. B. schrieb Pauli an Kronig am 21. Mai 1925: »... ich wollte, ich wäre Filmkomiker oder so etwas und hätte nie etwas von Physik gehört!«
26 Esther Salaman, *Memoirs of Einstein*, in: Encounter, April 1979, S. 22.
27 Zum Verhältnis Bose-Einstein vgl. William Blanpied, *Einstein as a guru? The case of Bose*, in: *Einstein: The first hundred Years*, S. 64 ff.
28 S. N. Bose an Einstein, Dacca, 15. Juni 1924.
29 Einstein 1924i, S. 261.
30 S. N. Bose, *Plancks Gesetz und Lichtquantenhypothese*, in: ZfP, Bd. 26, 1924, S. 178-181.
31 Einstein 1925a, S. 5.
32 Einstein 1925a, S. 3.
33 Einstein 1925b, S. 18.
34 Eine Statistik, bei der jeder Zustand von höchstens einem Teilchen besetzt werden kann, wurde 1926 entwickelt und heißt nach ihren Urhebern Fermi-Dirac Statistik. Eine tiefliegende Beziehung zwischen Spin und Statistik sowie den Symmetrieeigenschaften der Wellenfunktion quantenmechanischer Systeme verdanken wir Wolfgang Pauli.
35 Einstein 1925a, S. 9.
36 Ebd., Fußnote S. 9.
37 So erinnern I. I. Rabi und E. Wigner in: Princeton Symposium, S. 471 f.
38 Einstein 1925a, S. 10.
39 W. Pauli in: Schilpp, S. 80.

4. *Kritik an der Quantenmechanik*

1 Die wohl beste Rekonstruktion der Geschichte der Quantenmechanik findet sich in B. L. van der Waerden, *Sources of Quantum Mechanics*, Amsterdam 1967. Dieses Buch enthält alle wesentlichen Originalarbeiten mit instruktiven Einführungen und Interpretationen. Für die Quellen der erwähnten Arbeiten wird auf dies Buch verwiesen.
2 Vgl. Samuel A. Goudsmit, *It might as well be spin*; George E. Uhlenbeck: *Personal Reminiscences*. Beide Artikel in: Physics Today, Juni 1976.
3 N. Bohr an P. Ehrenfest, Kopenhagen, 22. Dezember 1926.
4 An M. Besso, Berlin, 25. Dezember 1925, in: Besso, S. 216.
5 An Hedwig Born, Berlin, 7. März 1926, in: Born, S. 127.
6 C. F. von Weizsäcker, *Zeit und Wissen*, München 1982, S. 781. Briefe von Einstein an Heisenberg sind sämtlich verloren; fünf Briefe von Heisenberg an Einstein sind im Einstein-Archiv erhalten; der erste datiert vom 30. November 1925 und ist eine Antwort auf einen Brief Einsteins.

7 W. Heisenberg, *Der Teil und das Ganze,* München 1969, S. 90-100.
8 Ebd., S. 91 f.
9 Ebd., S. 98.
10 An P. Ehrenfest, Berlin, 12. April 1926.
11 An E. Schrödinger, Berlin, 16. April 1926.
12 An P. Ehrenfest, Berlin, 12. April 1926.
13 Ebd.
14 E. Schrödinger an Einstein, Zürich, 23. April 1926. Es geht bei Einsteins Erinnerungsirrtum um die zeitunabhängige Schrödingergleichung. Einstein unterstellt Schrödinger die Gleichung

$$(1)\quad \text{div grad}\ \varphi + \frac{E^2}{h^2\,(E-\Phi)}\,\varphi = 0$$

und leitet dann die richtige Gleichung

$$(2)\quad \text{div grad}\ \varphi + \frac{E-\Phi}{h^2}\,\varphi = 0$$

her. Schrödinger hatte jedoch niemals die falsche, sondern nur die richtige Gleichung (2) benutzt.
15 An E. Schrödinger, Berlin, 22. April 1922.
16 E. Schrödinger an Einstein, Zürich, 23. April 1926.
17 E. Schrödinger, *Über das Verhältnis der Heisenberg-Born-Jordanischen Quantenmechanik zu der meinigen*, in: AdP, Bd. 79, S. 734 ff.; hier Fußnote S. 735.
18 An M. Besso, Berlin, 1. Mai 1925, in: Besso, S. 225.
19 Matrizenmechanik und Wellenmechanik sind verschiedene Darstellungen der abstrakten Theorie der Operatoren im Hilbert-Raum, worüber Johann von Neumann 1928 eine abschließende Abhandlung vorlegte.
20 W. Heisenberg an W. Pauli, Kopenhagen, 8. Juni 1926, in: Pauli, S. 328.
21 W. Pauli an E. Schrödinger, Hamburg, 22. November 1926, in: Pauli, S. 357.
22 An Paul Epstein, Berlin, 10. Juni 1926.
23 M. Born, *Zur Quantenmechanik der Stoßvorgänge*, in: ZfP, Bd. 37, S. 863. Eingegangen 25. Juni 1926. – In einer Anmerkung bei der Korrektur verbesserte Born sich dahingehend, daß die Wahrscheinlichkeit dem Quadrat der Wellenfunktion proportional ist – er hätte »Absolutquadrat« schreiben sollen.
24 Ebd., S. 864.
25 Ebd., S. 804.
26 Vgl. Paulis Bericht in seinem Brief an Bohr, Hamburg, 2. Oktober 1924, in: Pauli, S. 164.
27 Born, a.a.O.
28 M. Born, a.a.O., S. 834.
29 M. Born an Einstein, Göttingen, 30. November 1926. Dieser Brief ist nicht in dem veröffentlichten Briefwechsel enthalten.
30 An Max Born, Berlin, 4. Dezember 1926, in: Born, S. 129.
31 M. Born, in: Born, S. 130.
32 W. Pauli an W. Heisenberg, Hamburg, 10. Oktober 1026, in: Pauli, S. 347.
33 W. Heisenberg, *Über den anschaulichen Inhalt der quantentheoretischen Kinematik und Mechanik*, in: ZfP, Bd. 43, 1927, S. 172-198, hier S. 198.

34 N. Bohr, *Das Quantenpostulat und die neuere Atomistik*, in: NW, 16, 1928, S. 245-257. Auch in: Nature, 121, 1928, S. 580-590.
35 In: Schilpp, S. 115-150.
36 Einstein 1949a, S. 500.
37 Einstein 1927d.
38 Einstein 1927g, S. 276.
39 Die erhaltene erste Seite des Fahnenabzugs ist im Faksimile wiedergegeben in: Berlin, S. 129. Das Manuskript der Arbeit befindet sich im Einstein-Archiv.
40 An H. A. Lorentz, Berlin, 17. Juni 1927, zit. nach Pais, S. 431 f.
41 Inst. Int. de Physique Solvay, *Rapport et discussions du 5e Conseil,* Paris 1928, S. 253 ff.
42 Otto Stern in einem auf Tonband festgehaltenen Gespräch mit Res Jost; Transkription in der Bibliothek der ETH, S. 34.
43 Vgl. *Diskussion mit Einstein...*, in: Schilpp, S. 124 ff.
44 P. Ehrenfest an Goudsmit, Uhlenbeck und Dieke, 3. November 1927.
45 W. Pauli an H. Weyl, Zürich, 1. Juli 1928, in: Pauli, S. 506.
46 An das Nobelkomitee für Physik, 25. September 1928. – Im wesentlichen folgte die Akademie Einsteins Vorschlag: Den Preis für 1929 erhielt L. de Broglie, während Davisson erst 1937 ausgezeichnet wurde.
47 Einstein 1929g.
48 Ebd.
49 An W. Pauli, Berlin, 24. Dezember 1924.
50 An E. Schrödinger, Berlin, 31. Mai 1928.
51 Léon Rosenfeld in: *Proc. of the 14th Solvay Conference,* New York 1968, S. 232, zit. nach Pais, S. 454.
52 Bohr in: Schilpp, S. 152 ff.
53 An das Nobelkomitee für Physik, 30. September 1931. – 1932 wurde kein Preis vergeben, 1933 erhielt Heisenberg den Preis für 1932; der Preis für 1933 wurde an Schrödinger und Dirac verliehen.

5. *Politik, Patente, Krankheit*

1 An P. Ehrenfest, Berlin, 12. Juli 1924.
2 Einstein 1923i.
3 Ch. Weizmann an Einstein, 9. Juli 1926.
4 An Ch. Weizmann, Berlin, 8. Januar 1928.
5 An Fritz Haber, Le Coq-sur-mer, 9. August 1933.
6 An Ch. Weizmann, Berlin, 14. Juni 1928 und 20. Juni 1928.
7 Zit., nach Selig Brodetzky, *Memoirs. From Ghetto to Israel,* London 1960, S. 130.
8 Neue Zürcher Zeitung, 20. November 1927; zit. nach: Frieden, S. 105.
9 Ebd.
10 An Elsa Einstein, Genf, Juli 1927.
11 An Elsa Einstein, Paris, 17. Januar 1926, zit. nach: Frieden, S. 97.

12 Neue Zürcher Zeitung, 20. November 1927; zit. nach: Frieden, S. 106.
13 Janos Plesch, *Janos. Ein Arzt erzählt sein Leben*, München 1949, S. 140.
14 An H. Anschütz, Berlin, 31. August 1926.
15 Vertrag zwischen »Giro« und Albert Einstein über den Kugelkompaß. Kiel-Neumühlen, 11. Oktober 1926. Der Vertrag bezog sich auf das D. R. P. 394 667, insbesondere auf die in Punkt 4 beschriebene Konstruktion der Blasspule. Einstein hat nach diesem Vertrag nur auf die im Ausland verkauften Instrumente Tantiemen erhalten.
16 D. Bludau, *Anschütz & Co. 1905-1955*, Kiel 1955, S. 46.
17 Korrespondenz Einsteins mit »Giro«, beginnend 1928. Zuletzt Einstein an »Giro«, Princeton, 23. Januar 1940; und »Giro« an Einstein, Amsterdam, 27. Februar 1940.
18 D. R. P. 563 403 vom 13. November 19217. L. Szilard und A. Einstein, *Kältemaschine*. Diese und alle nachfolgenden Patente wurden im Deutschen Reich 1934 erteilt, als Einstein und Szilard das Land längst verlassen hatten.
19 Die Patente sind z. B. aufgelistet in: Berlin, Bd. 2, S. 290.
20 Vgl. Besso an Einstein, Bern, 1. Mai 1930, in: Besso, S. 256.
21 L. Szilard an Einstein, Berlin, 27. September 1930.
22 L. Szilard an Einstein, Berlin, 12. Oktober 1929.
23 Zit. nach Pais, S. 495.
24 D. R. P. 590 783. A. Einstein und R. Goldschmidt, Vorrichtung, insbesondere für Schallwiedergabegeräte, bei der elektrische Stromänderungen durch Magnetostriktion Bewegungen eines Magnetkörpers hervorrufen. Angemeldet am 25. April 1929. Erteilt 10. Januar 1934.
25 An P. Ehrenfest, Berlin, 24. November 1926.
26 P. Ehrenfest, an Einstein, Leiden, 11. Januar 1927.
27 An P. Ehrenfest, Berlin, 11. Januar 1927.
28 P. Ehrenfest an Einstein, Leiden, 13. Januar 1927.
29 An K. Singer, Berlin, 16. August 1926.
30 An F. S. Archenold, Berlin, 14. Oktober 1926.
31 An das Büro der Reichskanzlei, Berlin, 28. November 1926.
32 Einstein 1930h. Einleitende Worte über die Davoser Hochschulkurse vor dem Vortrag am 18. März 1928, in: Weltbild, S. 25-27.
33 Weltbild, S. 188.
34 Vgl. Plesch (wie Anm. 13), S. 148.
35 An H. Zangger, o.D., Berlin, ca. Mai 1928.
36 An M. Besso, Gatow b. Berlin, 5. Januar 1929, in: Besso, S. 241.
37 Vgl. Plesch (wie Anm. 13), S. 110ff.
38 An H. Zangger (wie Anm. 35).
39 Plesch (wie Anm. 13), S. 138.
40 An H. Zangger (wie Anm. 35).
41 An P. Ehrenfest, Scharbeutz, 12. Juli 1928.
42 An P. Ehrenfest, Scharbeutz, 28. August 1928.
43 An Leo Szilard, Scharbeutz, 15. September 1928.
44 An P. Ehrenfest, Scharbeutz, 12. Juli 1928.

45 An Leo Szilard, Scharbeutz, 15. September 1928.
46 Elsa Einstein an Hermann Struck, Scharbeutz, 27. September 1928.
47 An P. Ehrenfest, Scharbeutz, 28. August 1928.
48 An H. Zangger, o.O.u.D., Berlin, Ende Mai 1928.
49 An M. Besso, Gatow b. Berlin, 5. Januar 1928, in: Besso, S. 240.
50 Einstein 1928c und 1928d.
51 Eine ähnliche Mathematik hatte bereits der französische Mathematiker Elie Cartan gefunden, nach seiner Erinnerung sogar schon 1922 mit Einstein in Berlin diskutiert. Vgl. R. Debever, *Elie Cartan–Albert Einstein. Letters on Absolute Parallelism*, Princeton 1979.
52 An M. Besso, Gatow b. Berlin, 5. Januar 1929, in: Besso, S. 240.
53 Elsa Einstein an Hermann Struck, Berlin, 27. Dezember 1928.
54 Zit. nach Pais, S. 346.
55 Berlin, S. 135 ff.
56 *Wie sich die Haus-Geschichte der Villa Lemm belebt*, in: Der Tagesspiegel, Berlin, 7. Juni 1987.
57 An M. Besso, Gatow b. Berlin, 5. Januar 1929, in: Besso, S. 240.
58 A. S. Eddington an Einstein, 11. Februar 1929.
59 Zu dem Zerwürfnis zwischen Einstein und Reichenbach vgl. Klaus Hentschel, *Interpretationen*, Basel/Boston/Berlin 1990, S. 192 ff.
60 Einstein 1929c.
61 Einstein 1929b.
62 Einstein 1929a, S. 7.
63 Einstein 1929f.
64 Einstein 1930h, 1930i und 1930n.
65 An P. Ehrenfest, Caputh, 24. September 1929.
66 An Maja Winteler-Einstein, Caputh, 22. Oktober 1929.
67 Einstein 1930a.
68 Max Born in: Born, S. 126.
69 W. Pauli an Einstein, Zürich, 19. Dezember 1929, in: Pauli, S. 527.
70 An W. Pauli, Berlin, 24. Dezember 1929.
71 An W. Pauli, Pasadena, 22. Januar 1932.

6. Öffentliches und Diskretes

1 L. Lenz, *Relativitätstheorie und dialektischer Marxismus*, in: Rote Fahne, 14. März 1929.
2 E. Ludwig, *Zum 50. Geburtstag*, in: Berliner Tageblatt, 14. März 1929.
3 *Gelegentliches. Zu Einsteins 50. Geburtstag*, 32 S., Soncino, Ges. d. Freunde. d. jüdischen Buches, Berlin 1929.
4 Berlin, S. 221.
5 Magistrat und Stadtverordnete von Berlin an Einstein, 14. März 1929.
6 An »Liebe Kollegen« (R. Ladenburg, H. Kopfermann u. a.), Berlin, 9. April 1929. Aus dem Nachlaß Ladenburg, Stargard Katalog 1989, Nr. 456.

7 An Sigmund Freud, Berlin, 22. März 1929. Vgl. dazu auch Freud an Eitingon, 23. November 1930, in: Ernest Jones, *Sigmund Freud*, Bd. 3, München 1984, S. 186.
8 Janos Plesch in: *Janos. Ein Arzt erzählt sein Leben*, a.a.O., S. 154.
9 An Gustav Böß, Berlin, 20. März 1929.
10 *Einsteins Geburtstagsgeschenk*, in: Berliner Tageblatt, 17. April 1929.
11 *Die Cladower Fußangel*, in: Berliner Tageblatt, 22. April 1929.
12 Berlin, S. 221.
13 Einsteins Verzicht-Brief ist verloren. Nach den Erinnerungen des Architekten Wachsmann wurde er am 11. Mai geschrieben. Vgl. Michael Grüning, *Ein Haus für Albert Einstein*, Berlin 1990, S. 122 ff.
14 Vgl. die überaus ausführliche, aber nicht immer zutreffende Dokumentation von Michael Grüning, a.a.O.
15 An Maja Winteler-Einstein, Berlin, 18. November 1929.
16 An Maja Winteler-Einstein, Caputh, 19. August 1929.
17 Elsa Einstein an Maja Winteler-Einstein. Caputh, 19. August 1929.
18 Zit. nach Wachsmann, in: M. Grüning (wie Anm. 14).
19 An Maja Winteler-Einstein, Caputh, 22. Oktober.
20 Ebd.
21 Einstein 1930a.
22 Bericht der Deutschen Botschaft an das Auswärtige Amt, Paris, 22. November 1922, in: Berlin, S. 235.
23 Ebd.
24 Z. B. Berliner Börsenzeitung, 11. November 1929, Le Journal, 13. November 1929.
25 An Emile Borel, Berlin, 19. November 1929.
26 An Maja Winteler-Einstein, Berlin, 18. November 1929.
27 An M. Solovine, Berlin, 4. März 1930, in: Solovine, S. 56.
28 Einstein 1930c.
29 An M. Solovine, Berlin, 4. März 1930, in: Solovine, S. 56.
30 Z. B. *Tagore talks with Einstein*, in: Asia, Vol. 31, S. 138-142. Deutsch z. B. in: *Tagore – eine Anthologie*, Freiburg 1961, S. 99-105.
31 An Romain Rolland, Berlin, 10. Oktober 1930.
32 Elsa Einstein an Hedwig Born, Caputh, 13. September 1930.
33 J. Plesch a.a.O., S. 145.
34 Ebd., S. 146.
35 Walter Friedrich, in: Herneck, *Einstein privat*, Berlin 1979, S. 129.
36 Wolfgang Yourgrau *Einstein und der akademische Dünkel*, in: Sexl/Aichelburg (Hg.), *Albert Einstein*, Braunschweig 1979, S. 230.
37 Brigitte B. Fischer, *Sie schrieben mir*, Zürich, Stuttgart 1978, S. 23.
38 Das Konzert fand am 29. Januar 1930 statt: Einsteins Partner war der renommierte Geiger Alfred Lewandowski.
39 Eugene Wigner, *Ich war Einsteins jüngerer Freund*. in: Grüning (wie Anm. 13), S. 529.
40 K. Wachsmann, in: Grüning (wie Anm. 13), S. 158.

41 An nicht identifizierbare Dame, handschriftlicher Entwurf, ca. 1930, MPG.
42 Friedrich Herneck, *Einstein privat*, Berlin 1978, S. 146f.
43 Hertha Waldow, in: ebd., S. 44.
44 Ebd., S. 48.
45 Ebd., S. 124.
46 Ebd., S. 146f.
47 An David Reichinstein, Oxford, 2. April 1932.
48 Ebd.
49 An David Reichinstein, Caputh, 26. Mai 1932.
50 David Reichinstein, *Albert Einstein, sein Lebensbild und seine Weltanschauung*, Prag 1934.
51 Einstein 1930o.
52 Anton Reiser, *Albert Einstein. A biographical portrait*, New York 1930.
53 An Antonina Luchaire-Vallentin, Princeton, 10. November 1953.
54 A. Einstein, *The world as I see it*, in: Forum and Century, Vol. 84, 1931, S. 193-194. Auch in dem Sammelband *Living Philosophies*, New York 1931, S. 3-7. Zitiert nach dem deutschen Originaltext in: Weltbild, S. 7-10.
55 An Rudolf Kallir, Princeton, 28. Februar 1952.
56 Erklärung zu einer Studienkonferenz über den Giftgaskrieg in Genf, Berlin, 4. Januar 1928, zit. nach: Frieden, S. 109. Diese Dokumentensammlung enthält reichhaltiges Material über Einsteins pazifistisches Engagement von 1928 bis 1933.
57 An Jacques Hadamard, Caputh, 29. September 1929.
58 Frieden, S. 110.
59 Frieden, S. 113.
60 Briefe, S. 81; geschrieben am 4. November 1931 in Berlin.
61 Frieden, S. 144f., 151.
62 Frieden, S. 160.
63 Zit. in dem Bericht über die Eröffnungsreden der 1. Sitzung, Bericht des 16. Zionistischen Kongresses, Zürich 1929, S. 578.
64 11. August 1929, Original im Weizmann-Archiv, Rehovot.
65 *The Problem of the Jews in Palestine*, in: Manchester Guardian, 12. Oktober 1929. Deutsch z. B in: Neue Zürcher Zeitung, 27. Okt. 1929 (leicht gekürzt), zit. nach NZZ.
66 Selig Brodetzky, *Memoirs. From Ghetto to Israel*, London 1960, S. 137.
67 An Chaim Weizmann, Berlin, 25. November 1929.
68 An Azmi El Nashasili, Herausgeber der Zeitschrift Falastin. Berlin, 16. Januar 1930, und 15. März 1930; vgl. *Brief an einen Araber*, in: Weltbild, S. 102.
69 Film- und Tonaufnahme von Einsteins Ansprache zur Eröffnung der Funkausstellung am 22. August 1930 im Deutschen Rundfunkarchiv Frankfurt. Transkription: Einstein 1930p.
70 F. Haber an Einstein, Berlin, 17. November 1930.
71 Vortrag am 23. Februar 1927; Referat Einstein 1927d.
72 Vortragsveranstaltung der KWG vor geladenen Gästen und »zahlreich anwesenden Vertretern der Presse« am 11. Dezember 1929.

73 Die Max-Planck-Medaille wird von der Deutschen Physikalischen Gesellschaft seit 1929 alle zwei Jahre für herausragende Leistungen auf dem Gebiete der Theoretischen Physik verliehen. Sie gehört zu den angesehensten Auszeichnungen.
74 Einstein 1929g.
75 Janos Plesch, a.a.O., S. 143.
76 Bericht der Phil. Fak. der Univ. Berlin an das Kultusministerium, Berlin, 4. Dezember 1926, in: Berlin, S. 134.
77 An Paul Ehrenfest, Berlin, 5. Mai 1927.
78 An Max Planck, Berlin, 7. Juli 1914.
79 An Max von Laue, Berlin, 12. Juni 1926.
80 Antrag an den Präsidenten der KWG, unterzeichnet von Einstein, Haber, v. Laue, Nernst, Paschen, Planck und Warburg, MPG.
81 Anregung an den Präsidenten der KWG betreffend Kaiser-Wilhelm-Instituts für Physik, Berlin, 6. März 1929. Unterzeichnet u. a. von Rudolf Ladenburg, Michael Polanyi, Otto Hahn und Lise Meitner, MPG.
82 Vgl. Kristie Macrakis, *Wissenschaftsförderung der Rockefeller-Stiftung im »Dritten Reich«*, in: Geschichte und Gesellschaft, Bd. 12, S. 348 ff., hier S. 355.
83 L. W. Jones, der Stellv. Direktor für Naturwissenschaften der Rockefeller Stiftung, in Memoranden vom 2. und 5. Januar 1931. Zit. nach: Macrakis, a.a.O., S. 356 f.
84 Vgl. den Bericht von Arthur Fleming an Allan Balch, 5. Dezember 1934, Millikan-Nachlaß, Cal Tech, Pasadena.
85 An Jewish Telegraph Agency, Caputh, 18. September 1930.
86 Vgl. Kap. 4.
87 An Herbert Samuel, Berlin, 25. September 1930.
88 Auszüge der Rede von G. B. Shaw auf Einstein am 28. Oktober 1930 in: Weltbild, S. 184 f.
89 Vera Weizmann, *The Impossible Takes Longer,* London 1967, S. 113.
90 Aufzeichnung von Herbert Samuel vom 30. Oktober 1930.
91 Clark, S. 511, nach dem Tagebuch von Königin Elisabeth.
92 An Elsa Einstein, Zürich, ca. 1. November 1930, in: Briefe, S. 46.
93 An M. Besso, Zürich, 1. November 1930, in: Besso, S. 263.
94 An Paul Ehrenfest, Berlin, 21. März 1930.
95 Zit. nach: Weltbild, S. 15 ff.
96 Berliner Tageblatt, 11. November 1930.
97 New York Times, 10., 14. und 16. November.

7. *Adieu Berlin*

1 Reisetagebuch, 2. und 3. Dezember 1930.
2 Reisetagebuch, 3. Dezember 1930.
3 Reisetagebuch, 10. Dezember 1930.
4 Reisetagebuch, 11. Dezember 1930.

5 Eine der beiden Grußbotschaften ist abgedruckt in: Frieden, S. 132-134.
6 Reisetagebuch, 11. Dezember 1930.
7 Knappe Zusammenfassung nach Einsteins Reisetagebuch und Berichten in der New York Times.
8 Frieden, S. 133.
9 Ein deutscher Originaltext der »Zwei-Prozent-Rede« ist nicht erhalten; in englischer Sprache liegen fünf Übersetzungen vor. Die Rückübersetzung folgt: Frieden, S. 132.
10 Der Tag, Berlin, 16. Dezember 1930. Der Artikel mit dem Auskunftsersuchen des Ministeriums und den Paraphen von Planck und Glum im MPG-Archiv.
11 An Familie Lebach, Pasadena, 16. Januar 1931.
12 An Familie Lebach, Pasadena, 16. Januar 1931.
13 Vgl. Kap. VI.1.
14 Max Born an Einstein, Göttingen, 22. Februar 1931, in: Born, S. 152.
15 Hedwig Born an Einstein, Göttingen, 22. Februar 1931, in: Born, S. 154.
16 An Familie Lebach, Pasadena, 16. Januar 1931.
17 Frieden, S. 137.
18 An Familie Lebach, Pasadena, 16. Januar 1931.
19 Vgl. den Bericht *Professor Einstein at the California Institute of Technology*, in: Science, Vol. 73, 1931, S. 375-381.
20 Der deutsche Originaltext von Einsteins Tischrede am 15. Januar 1931 in Pasadena ist veröffentlicht als *Dr. Einsteins Address*, in: Proc. Am. Phil. Soc., Vol. 93, 1949, S. 544.
21 Freilich gab es noch das von Willem de Sitter auf der Grundlage von Einsteins Gleichungen entwickelte Modell eines Kosmos mit verschwindender mittlerer Massendichte. Es soll hier außer Betracht bleiben.
22 Alexander A. Friedmann, *Über die Krümmung des Raumes*, in: ZfP, Bd. 10, S. 377-386.
23 Einstein 1922i.
24 Einstein 1923l.
25 Vgl. den immer noch lesenswerten Forschungsbericht von Edmund Hubble, *The Realm of Nebulae*, New Haven 1936, Nachdruck New York 1958.
26 Einstein 1931a.
27 Einstein 1931d.
28 Frieden, S. 138f.
29 An Elisabeth, Königin von Belgien, Pasadena, 9. Februar 1931.
30 Bericht des Deutschen Generalkonsulats, Chicago, 6. März 1931, in: Berlin, S. 236.
31 Bericht des Deutschen Generalkonsulats in New York, New York, 21. März 1931, in: Berlin, S. 237ff.
32 Frieden, S. 140.
33 Berlin, S. 238.
34 Telegramm von Weizmann an Einstein, London, 4. Februar 1931.
35 New York Times, 5. März 1931, in: Frieden, S. 140.

36 New York Times, 5. März 1931.
37 An Maja Winteler-Einstein, an Bord der Deutschland, Mitte März 1931.
38 Einstein 1931 a.
39 Einstein 1931 b.
40 Vgl. die ausführliche Darstellung in: Clark, S. 529 ff.
41 Ein Text der Rhodes Lecture ist nicht erhalten. Kurze Berichte erschienen in: Nature, Vol. 127, S. 764, 790, 826. Die erste Vorlesung handelte von der Relativitätstheorie, die zweite von Kosmologie und die dritte von der einheitlichen Theorie.
42 Tagebuch, 26. Mai 1931.
43 F. C. Lindemann an Lord Lothian, 27. Juni 1931; zit. nach Clark, S. 534.
44 F. Lindemann an Einstein, 29. Juni 1931.
45 An F. Lindemann, Caputh, 15. Juli 1931.
46 Für weitere Einzelheiten muß auf den Dokumentenband *Einstein über den Frieden* verwiesen werden.
47 An M. Planck, Caputh, 17. Juli 1931.
48 Frederick S. Litten, *Einstein and the Noulens affair*, in: Brit. J. Hist. Sci., Vol. 24, 1991, S. 465 ff.
49 Marxistische Arbeiterschule ›Masch‹ in Berlin. Programm für das erste Trimester des 6. Schuljahres. Einsteins Vortrag ist im Programm für den 25. Oktober angekündigt. Ein Text ist nicht erhalten.
50 An Rudolf Hilferding, damals Reichsfinanzminister, Berlin, April 1929.
51 Vgl. die langwierige Korrespondenz mit Henri Barbusse.
52 An Käthe Kollwitz, Caputh, 10. Oktober 1930. Den von Einstein unterzeichneten Protest habe ich nicht auffinden können.
53 Das Neue Rußland, Heft 8/9, 1931, S. 40, in: Berlin, S. 222.
54 Über Münzenbergs Kontakte zu Einstein vgl. Babette Gross, *Willi Münzenberg*, Schriftenreihe der Vierteljahreshefte für Zeitgeschichte, Stuttgart 1967, S. 234.
55 An Max Born, o.O.u.D., Princeton, Februar oder März 1937, in: Born, S. 179.
56 Aktenvermerk des Min. Rat. im Preuß. Kultusministerium W. Windelband, Berlin, 11. April 1931, sowie Windelband an Einstein, Berlin, 15. April 1930, in: Berlin, S. 139 f.
57 Vgl. Clark, S. 536 ff.
58 Bericht der Deutschen Gesandtschaft an das Auswärtige Amt, Wien, 15. Oktober 1931, in: Berlin, S. 240.
59 An M. Besso, Caputh, 30. Oktober 1931, in: Besso, S. 276.
60 Reisetagebuch, 6. Dezember 1931.
61 Einstein 1932 b.
62 Einstein 1931 c.
63 Abraham Flexner, *I Remember*, New York 1940, S. 381 ff.
64 An P. Ehrenfest, 3. April 1932, Rotterdam, an Bord der »San Francisco«.
65 An Herbert E. Salzer, Princeton, 13. September 1938.
66 Einstein 1931 c, S. 541.

67 An P. Ehrenfest, Caputh, 17. September 1931.
68 An P. Ehrenfest, Caputh, 2. Oktober 1931.
69 Karl v. Meyenn, *Die Faust-Parodie*, in: v. Meyenn et. al. (Hg.), *Niels Bohr – Der Kopenhagener Geist in der Physik*, Braunschweig/Wiesbaden 1985, S. 308 ff.
70 W. Pauli in: NW, Bd. 20, 1932, S. 186.
71 Einstein hielt in Cambridge die »Rouse Ball Lectures on Mathematics«.
72 A. Flexner (wie Anm. 63), S. 383.
73 Vgl. Frieden, S. 183 ff.
74 A. Flexner (wie Anm. 63), S. 384.
75 A. Flexner in der New York Times, 19. April 1955.
76 A. Flexner, Memorandum der Vereinbarungen mit Einstein vom 6. Juni 1932.
77 A. Flexner (wie Anm. 63), S. 385.
78 An Abraham Flexner, Caputh, 8. Juni 1932.
79 Ebd.
80 Elsa Einstein an Antonina Luchaire-Vallentin, Caputh, 6. Juni 1932.
81 Aufruf an Theodor Leipart, Ernst Thälmann und Otto Wels von Heinrich Mann, Käthe Kollwitz und Albert Einstein, Berlin, 17. Juni 1932.
82 Ein Faksimile in: Berlin, S. 235.
83 Zu Philipp Frank im Sommer 1932 in Caputh, in: Frank, S. 363.
84 S. Freud an S. Ferenczi, 2. Januar 1927. Zit. nach Ernest Jones, *Sigmund Freund*, Bd. 3, München 1984, S. 160.
85 Entwurf einer Antwort auf die Bitte eines Psychotherapeuten, der ein auf der Psychoanalyse bedeutender Menschen beruhendes Buch schreiben wollte, in: Briefe, S. 35.
86 An Sigmund Freud, Caputh, 29. April 1931.
87 An S. Freud, Caputh, 30. Juli 1930.
88 An S. Freud, Caputh, 20. Juli 1930. Der offene Briefwechsel zwischen Einstein und Freud über die Frage »Warum Krieg?« ist abgedruckt in: Frieden, S. 204-219.
89 S. Freud an Max Eitingon, 18. August 1932, zit. nach: Jones, a.a.O., S. 210.
90 Z. B. Vossische Zeitung, 25. August 1932.
91 An die Preuß. Akademie, 6. September 1932.
92 An das preußische Kultusministerium, Caputh, 13. September 1932.
93 Vgl. Schreiben des Kultusministeriums an die Akademie vom 24. Dezember 1924, in: Berlin, S. 212.
94 New York Times, 16. Oktober 1932.
95 Elsa Einstein an R. Millikan, Caputh, 22. Juni 1932.
96 Millikan an Flexner, 25. Juli 1932; Flexner an Millikan, 29. Juli 1932; Elsa Einstein an Millikan, 13. August 1932.
97 Mrs. Randolph Frothingham, Vorsitzende der »Patriotic women Corporation«, an den Chef der Visa-Abt. des State Department, 19. und 22. November 1932. Section 1 der FBI-Akten über Albert Einstein, in: Sayen, S. 6-7.
98 New York Times, 4. Dezember 1932.

99 Statement für Associated Press, Berlin, 3. Dezember 1932. Abgedruckt in: Weltbild, S. 45.
100 New York Times, 7. Dezember 1932.
101 Kurzbiographie Einsteins in den Akten der U.S. Army zur Sicherheitsüberprüfung von Physikern wegen des Atombomben-Projekts im Jahre 1940. Cf. R. A. Schwartz, *Einstein and the War Department*, in: Isis, Vol. 80, 1989, S. 281-284.
102 Z. B. an M. Solovine, Caputh, 20. November 1932, in: Solovine, S. 64.
103 Frank, S. 363 f.
104 R. A. Millikan an Wilber K. Thomas, Oberlaender Trust, 16. Januar 1933.
105 Ebd.

VII. Der Pazifist und die Bombe

1. Exil als Befreiung

1 Reisetagebuch, 7. Februar 1933.
2 Frieden, S. 227. Der von Einstein geplante Vortrag in der Akademie und seine Absage sind in den Akten der Akademie nicht nachweisbar.
3 New York World Telegram, 11. März 1932; viele Nachdrucke, in: Weltbild, S. 81.
4 Evelyn Seely in: New York World Telegram, 11. März 1932.
5 *The fight against War*, hg. von Alfred Lief, New York 1933.
6 New York Times, 18. März 1933.
7 Frieden, S. 229.
8 F. Herneck, *A. E. und das politische Schicksal seines Sommerhauses in Caputh*, in: Herneck, *Einstein und sein Weltbild*, Berlin 1976, S. 263 ff.
9 Nach damaligem deutschen Recht war die von Einstein beabsichtigte Niederlegung der Staatsangehörigkeit nicht möglich; Einstein wurde daher 1934 die Staatsangehörigkeit offiziell aberkannt.
10 An die Preuß. Akademie d. Wiss., S. S. Belgenland, 28. März 1933, in: Berlin, S. 246.
11 Berliner Lokalanzeiger, 17. März 1933.
12 Max Planck an Einstein, Berlin, 19. März 1933, in: Armin Hermann, *Max Planck*, Reinbek 1973, S. 77 f.
13 Der Kommissar des Reiches Rust an die Preuß. Akademie, 29. März 1933, in: Berlin, S. 245.
14 Max Planck an Einstein, München, 31. März 1931, in: Hermann (wie Anm. 12), S. 78.
15 Max Planck an Heinrich von Ficker, München, 31. März 1933, in: Berlin, S. 245.
16 M. v. Laue an H. v. Ficker, Göttingen, 11. Juli 1947, in: Berlin, S. 273.
17 Berlin, S. 248.
18 M. v. Laue an H. v. Ficker, Göttingen, 11. Juli 1947, in: Berlin, S. 274.

19 Protokoll der außerordentlichen Sitzung des Plenums der Preuß. Akademie der Wissenschaften vom 6. April 1933, in: Berlin, S. 251. Nernst und Planck hatten an dieser Sitzung nicht teilgenommen. Zunächst hatte auch Gottlieb Haberland verlangt, daß die Presseerklärung »in ihrer Schroffheit nicht unwidersprochen bleiben« dürfe, in der Sitzung Laue aber nicht mehr unterstützt.
20 Alle wichtigen Dokumente zu der Auseinandersetzung zwischen Einstein und der Akademie in: Berlin, S. 243-275.
21 An Max Planck, Le Coq-sur-Mer, 6. April 1933, in: Frieden, S. 232.
22 Max Planck an Einstein, Taormina, 13. April 1933.
23 Max Planck an Einstein, München, 31. März 1933.
24 An Max Planck, Le Coq-sur-Mer, 6. April 1933, in: Frieden, S. 235.
25 An Ludwig Silberstein, Watch Hill, Rhode Island, 20. September 1934. Planck war natürlich Sekretar der Akademie, die keinen Präsidenten hatte; dieser Lapsus ist Einstein öfter unterlaufen.
26 Protokoll der Plenumssitzung der Preuß. Akademie vom 11. Mai 1933, in: Berlin, S. 267.
27 Daß Einsteins Schriften bei der »Bücherverbrennung« in die Flammen geworfen wurden, läßt sich trotz plausibler Behauptungen nicht nachweisen. Vielleicht waren seine beiden Bändchen für diesen Zweck zu schmal.
28 An M. v. Laue, Oxford, 7. Juni 1933.
29 An Max Born, Oxford, 20. Mai 1933, in: Born, S. 160.
30 An Max Planck, Le Coq-sur-Mer, 6. April 1933.
31 An M. Besso, Le Coq-sur-Mer, 5. Mai 1933, in: Besso, S. 294.
32 F. Herneck, *Einstein privat*, Berlin 1978, S. 150ff.
33 S. 152f.
34 An M. Besso, Le Coq-sur-Mer, 5. Mai 1933, in: Besso, S. 294.
35 Reisetagebuch, Buenos Aires, 17. April 1925.
36 An P. Ehrenfest, Le Coq-sur-Mer, 1. Mai 1933.
37 An Max Born, Oxford, 30. Mai 1933, in: Born, S. 160.
38 An P. Ehrenfest, Le Coq-sur-Mer, 19. Mai 1933.
39 An Fritz Haber, Le Coq-sur-Mer, 8. August 1933.
40 An F. Lindemann, Le Coq-sur-Mer, 1. Mai 1933.
41 An Fritz Haber, Le Coq-sur-Mer, 8. August 1933.
42 An M. Solovine, Le Coq-sur-Mer, 23. April 1933, in: Solovine, S. 66.
43 An P. Langevin, Oxford, 4. Juni 1933.
44 An P. Langevin, Oxford, 4. Juli 1933.
45 Ebd.
46 A. Flexner an Einstein, 15. April 1933.
47 An Max Born, Oxford, 30. Mai 1933, in: Born, S. 59.
48 An M. Solovine, Le Coq-sur-Mer, 23. April 1933.
49 An P. Ehrenfest, Le Coq-sur-Mer, 2. Mai 1933.
50 An Max Born, Oxford, 30. Mai 1933, in: Born, S. 160.
51 Reisetagebuch, Jerusalem, 13. Februar 1923.
52 An Max Born, Oxford, 30. Mai 1933, in: Born, S. 159.
53 An P. Ehrenfest, Oxford, 14. Juni 1933.

54 Ebd.
55 Jewish Chronicle, 8. April 1933.
56 Jewish Telegraph Agency, 1. Juli 1933.
57 An F. Haber, Le Coq-sur-Mer, 8. August 1933.
58 Zit. nach Norman Rose, *Chaim Weizmann*, New York 1986, S. 297.
59 An F. Lindemann, Le Coq-sur-Mer, 9. Mai 1933.
60 An Eduard Einstein, März 1931.
61 Vgl. die Korrespondenz mit Anschütz und insbesondere mit Zangger aus den Jahren 1926 und 1927.
62 An L. Hopf, zit. nach: Seelig, S. 339.
63 Vgl. Eduard Rübel (Hg.), *Eduard Einstein*, Bern und Stuttgart 1986. In diesen »Erinnerungen ehemaliger Klassenkameraden« sind viele Gedichte und Aphorismen Eduard Einsteins wiedergegeben.
64 Elsa Einstein an Hedwig Born, Caputh, 18. September 1930.
65 H. Zangger an Einstein, Zürich, Oktober 1932.
66 An M. Besso, Caputh, 21. Oktober 1933.
67 An P. Ehrenfest, o.O.u.D., Berlin, August 1922.
68 Einstein 1933c. Der deutsche Originaltext in: Weltbild, S. 113-119.
69 Einstein 1933d. Der deutsche Originaltext in: Weltbild, S. 134-138.
70 Zit. nach: Frieden, S. 242.
71 An König Albert von Belgien, Le Coq-sur-Mer, 14. Juli 1933, in: Frieden, S. 243.
72 An Alfred Nahon, Le Coq-sur-Mer, 20. Juli 1933, in: Frieden, S. 245.
73 An Helen Dukas, 10. September 1933.
74 Stellungnahme vom 4. April 1934, in: Frieden, S. 165.
75 Romain Rolland, Tagebucheintragung vom September 1933, zit. nach: Frieden, S. 249.
76 Ein Nachweis für Attentatsabsichten und die Auslobung eines Kopfgeldes für die Ermordung Einsteins ist allerdings nicht aktenkundig.
77 Frank, S. 386.
78 An Elsa Einstein, 21. Juli 1933, in: Frieden, S. 253.
79 Zit. nach dem deutschen Original-Entwurf der Rede in: Frieden, S. 253ff.
80 Von Einsteins in der Royal Albert Hall gesprochenen Worten existiert offenbar keine zuverlässige Niederschrift. Im deutschen Entwurf ist die »Leuchtturm-Passage« nicht enthalten; ich zitiere nach: Clark, S. 611, der sich auf Zeitungsberichte stützt.
81 New Statesman, 21. Oktober 1933, S. 481.

2. *Princeton*

1 Die Adresse war Nr. 2, Library Place.
2 An Elisabeth, Königin von Belgien, Princeton, 20. November 1933.
3 H. Weyl an C. Seelig, Zürich, 19. Mai 1952.
4 Vgl. Walter Moore, *Schrödinger*, Cambridge 1989, S. 292-294.

5 An das Kuratorium des Institute for Advanced Study; deutschsprachiger Entwurf o.O.u.D., Princeton, Ende November 1933. In diesem Papier listete Einstein Flexners Fehlverhalten in fünf Seiten auf.
6 A. Flexner an Einstein, 13. Oktober 1933.
7 A. Flexner an F. D. Roosevelt, Princeton, 3. November 1933.
8 Durch einen Brief von Henry Morgenthau, damals Undersecretary of the Treasury.
9 An Eleanor Roosevelt, Princeton, 21. November 1933.
10 Ich habe diesen Brief nicht gesehen; zit. nach: Sayen, S. 66.
11 An den Board of Trustees des Institute for Advanced Study; deutschsprachiger Entwurf, o.O.u.D., Princeton, Ende November 1933.
12 Die Verse an die belgische Königin sind abgedruckt in: Briefe, S. 48.
13 An Elisabeth, Königin von Belgien, Princeton, 20. November 1933.
14 An Ludwig Silberstein, Watch Hill, Rhode Island, 20. September 1934.
15 Botschaft an das Komitee der Kriegsgegner an der New York University, 22. März 1934, in: Frieden, S. 264.
16 Botschaft an die Amerikanische Liga gegen Krieg und Faschismus, 26. Mai 1934, in: Frieden, S. 267.
17 An Elisabeth, Königin von Belgien, Princeton, 16. Februar 1935.
18 An F. Lindemann, Princeton, 21. November 1933.
19 An Max Born, Princeton, 22. März 1934, in: Born, S. 170.
20 Elsa Einstein an Antonina Vallentin, Princeton, 26. Oktober 1934.
21 Erwin Panofsky, *Sinn und Deutung in der bildenden Kunst*, Köln 1975, S. 379.
22 Einstein 1932b.
23 Einstein 1933a und 1933b.
24 Einstein 1934a.
25 Tagebucheintragung vom 6. Dezember 1931.
26 An Elisabeth von Belgien, Princeton, 16. Februar 1935.
27 An F. Lindemann, Princeton, 22. Januar 1935.
28 An M. v. Laue, Princeton, 23. März 1934.
29 An F. Lindemann, Princeton, 22. Januar 1935.
30 Elsa Einstein an Antonina Vallentin, in: Vallentin, *Das Drama Albert Einsteins*, Stuttgart 1955, S. 224.
31 Antonina Vallentin, a.a.O., S. 227.
32 An Max Born, Princeton, o.D., Februar 1937, in: Born, S. 177.
33 An Otto Juliusburger, Princeton, 28. September 1937.
34 Banesh Hoffmann in: Princeton Symposion, S. 477. 1990 wurde von WNET New York ein Fernsehprogramm über Einstein ausgestrahlt, in dem eine 1950 auf Film aufgenommene Ansprache enthalten war, die Einstein von einer schriftlichen englischen Übersetzung ablas. Diese Sequenz mußte zur Verständnisförderung heutiger Amerikaner noch einmal mit englischen Untertiteln versehen werden.
35 An Max Born, Princeton, 7. September 1944, in: Born, S. 202.
36 An Louis de Broglie, Princeton, 8. Februar 1954.
37 An Jean Bequerel, Princeton, 16. August 1951.

38 An Elisabeth von Belgien, Princeton, 20. März 1936.
39 Viele Anekdoten um Einstein in Princeton werden z. B. in Sayen erzählt.
40 Katia Mann, *Meine ungeschriebenen Memoiren*, Frankfurt am Main 1974, S. 122.
41 An Max Born, Princeton, 22. März 1934, in: Born, S. 169.
42 Vgl. die anrührende Darstellung von Boris Schwarz mit Auszügen aus Einsteins Briefen in: Jerusalem Symposion, S. 409.
43 Hermann Broch an A. Einstein, St. Andrews, 8. September 1938.
44 An W. Pauli, Nassau Point, Peconic, N.Y., September 1938, in: Pauli, Bd. 2, S. 600.
45 Karl Jaspers, *Die großen Philosophen*. Nachlaß I., München 1981, S. 639f.
46 Memorandum vom 9. April 1938, in: Frieden, S. 293.
47 An Tatjana Ehrenfest, Peconic, N.Y., 4. August 1938.
48 An W. Pauli, Peconic, September 1936, in: Pauli, Bd. 2, S. 601.
49 An M. Besso, Peconic, N.Y., 8. August 1938, in: Besso, S. 321.
50 An M. Besso, Princeton, 10. Oktober 1938, in: Besso, S. 330.
51 Ebd.
52 An M. Solovine, Princeton, 10. April 1938, in: Solovine, S. 70.
53 Ebd.

3. Physikalische Realität und ein Paradoxon

1 J.R. Oppenheimer an Frank Oppenheimer, 11. Januar 1935, in: Alice Kimball Smith und Charles Weiner (Hg.), *Robert Oppenheimer: Letters and Recollections*, Cambridge, Mass., 1980, S. 190.
2 Die beste Darstellung der neuen Physik ist: Abraham Pais, *Inward Bound*, Oxford 1986.
3 Einstein 1934d. – Eine ebenso sympathische wie sympathetische Darstellung von Ehrenfests tragischem Ende gibt Hendrik Casimir, *Haphazard Reality*, New York 1983, S. 147-159.
4 An E. Schrödinger, Old Lyme, Conn., 8. August 1935.
5 An M. v. Laue, Princeton, 23. März 1934.
6 J. A. Wheeler, *Erinnerungen*, in: A. P. Frech (Hg.), *Albert Einstein – Wirkung und Nachwirkung*, Braunschweig 1985, S. 85.
7 An M. Besso, Princeton, 9. Juni 1937, in: Besso, S. 313.
8 Leopold Infeld, *Leben mit Einstein*, Wien 1969, S. 52.
9 Einstein 1935a. – Für die aktuellen Diskussionen des EPR-Paradoxons vgl. J. S. Bell, *Speakable and Unspeakable in Quantum Mechanics*, Cambridge 1987. Eine einfache und trotz des fragwürdigen Titels sachgerechte Darstellung verschiedener Standpunkte ist: P. C. W. Davies und J. R. Brown (Hg.), *Der Geist im Atom*, Basel 1988.
10 An E. Schrödinger, Old Lyme, Conn., 19. Juni 1935.
11 Einstein 1936a, 1948a und 1949a.
12 An das Nobel-Komitee für Physik, Caputh, 30. September 1931.
13 Einstein 1935a, S. 777.

14 Einstein 1935a, S. 780.
15 W. Pauli an W. Heisenberg, Zürich, 15. Juni 1935.
16 Léon Rosenfeld, in: S. Rozenthal (Hg.), *Niels Bohr*, Amsterdam 1967, S. 128.
17 Niels Bohr, *Can Quantum-Mechanical Description of Physical Reality be Considered Complete?* in: Phys. Rev., 48, 1935, S. 696-702.
18 Banesh Hoffmann in: G. J. Whitrow, *Einstein – the Man and his Achievement*, New York 1975, S. 79.
19 E. Schrödinger an A. Einstein, Oxford, 7. Juni 1935.
20 E. Schrödinger, *Die gegenwärtige Situation in der Quantenmechanik*, in: NW, Bd. 23, 1935, S. 807-812, 823-828, 844-849.
21 An E. Schrödinger, o.O.u.D., Old Lyme, Conn., August 1935.
22 Einstein 1949a, S. 506.
23 An Cornelius Lanczos, Princeton, 21. März 1942.
24 Einstein 1949a, S. 507.
25 Vgl. die in Anm. 9 genannten Bücher.
26 Einstein 1949a, S. 507.
27 Einstein 1935b.
28 Einstein 1936a, in: Späte Jahre, S. 304.
29 Einstein 1936b.
30 Einstein 1918a.
31 An Max Born, o.O.u.D., Knollwood, Saranac Lake, New York, Ende August/September 1936, in: Born, S. 171.
32 An J. T. Tate, Knollwood, 27. Juli 1936.
33 An Max Born (wie Anm. 31).
34 Einstein 1937a.
35 Einstein 1938a.
36 Einstein 1938c. Zit. nach der deutschen Ausgabe, Wien 1950.
37 An Max Born, o.O.u.D., Februar/März 1937, in: Born, S. 179.
38 L. Infeld, *Leben mit Einstein*, Wien 1969, S. 77 ff., erzählt ausführlich die Entstehungsgeschichte von *Die Evolution der Physik* aus Infelds Sicht.
39 An M. Solovine, Princeton, 10. April 1938, in: Solovine, S. 70.
40 An M. Besso, Peconic, New York, 8. August 1938, in: Besso, S. 321.
41 Einstein 1938b und 1941a.
42 An M. Solovine, Princeton, 23. Dezember 1938, in: Solovine, S. 76.
43 Banesh Hoffmann in: Princeton Symposion, S. 476.
44 Ebd.
45 Ebd., S. 477.
46 An Fritz Reiche, Knollwood, Saranac Lake, New York, 15. August 1942.
47 George Schreiber (Hg.), *Portraits and Self-Portraits*, Boston 1936. Deutscher Originaltext in: Späte Jahre, S. 13.
48 Léon Rosenfeld an Friedrich Herneck. Brief aus dem Jahre 1962, abgedruckt in: F. Herneck, *Einstein und sein Weltbild*, Berlin 1976, S. 280.

4. Der Krieg, ein Brief und die Bombe

1 Daß Einstein nach Szilards Erwähnung der Kettenreaktion ausgerufen haben soll: »Daran habe ich gar nicht gedacht!«, in: Frieden, S. 306, halte ich für wenig glaubhaft.
2 Berliner Tageblatt, 25. Juli 1920.
3 Berliner Tageblatt, 25. Juli 1920. Ein großer Artikel von Hans Dominik, *Auf der Suche nach dem Kohleersatz* sowie *Die Urteile der deutschen Gelehrten: Einstein, Haber, Planck, Nernst und Rubens*. Auch das Buch Moszkowskis, *Einstein*, Berlin 1921, enthält eine längere Passage, in der sich Einstein mit der Ablösung der Kohlewirtschaft durch Kernenergie auseinandersetzt.
4 Moszkowski, S. 45.
5 Ebd., S. 46.
6 Die Geschichte der Kernphysik und der Atombombe ist in so vielen Büchern ausführlich dargestellt, daß ich für den knappen Abriß auf den folgenden Seiten auf Literaturverweise verzichte. Als ausführlichste Darstellung ist zu empfehlen: Richard Rhodes, *The Making of the Atomic Bomb*, New York 1987.
7 Einstein 1935c.
8 The Literary Digest, 12. Januar 1936.
9 Dieser deutsche Originaltext von Einsteins Antwort in: Frieden, S. 306.
10 An F. D. Roosevelt, Peconic, 2. August 1939. Übersetzt nach der englischen Fassung des Briefes, der vielfach publiziert worden ist. Eine Kopie befindet sich im Einstein-Archiv.
11 An Elisabeth von Belgien, Peconic, 12. August 1939.
12 Zit. nach David Irving, *The Virus House*, London 1967, S. 34.
13 »This requires action.« Zit. nach R. Rhodes, a.a.O., S. 314. Rhodes zitiert eine Aussage von Sachs vor einem Senatskomitee aus dem Herbst 1945.
14 F. D. Roosevelt an A. Einstein, 19. Oktober 1939, in: Frieden, S. 312.
15 An Lyman J. Briggs, Princeton, 25. April 1940.
16 F. Aydelotte an V. Bush, 19. Dezember 1941, in: Clark, S. 684.
17 V. Bush an F. Aydelotte, 30. Dezember 1941, in: Clark, S. 684.
18 Zit. nach Richard A. Schwartz, *Einstein and the War Department*, in: Isis, Vol. 80, S. 281-284, hier S. 283. Schwartz gibt eine ausführliche Beschreibung der Akten.
19 Stephen Brunauer, *Einstein and the U.S. Navy*, in: B. H. Davis und W. P. Hettinger (Hg.), *Heterogenous Catalysis*, Washington D.C. 1983, S. 217-226, hier S. 219.
20 An Stephen Brunauer, Princeton, 17. Mai 1943, in: Brunauer, a.a.O., S. 220.
21 Ebd., S. 222.
22 An Otto Juliusburger, Princeton, 13. September 1943.
23 Einstein 1944a.
24 Julian Boyd an Dorothy Pratt, 22. November 1943, in: Sayen, S. 149.
25 Pais, S. 147.
26 Stargard, Katalog 595, Nr. 387, Februar 1971.
27 An E. Schrödinger, Princeton, 12. Februar 1943.

28 Einstein 1944a.
29 An Lina Kocherthaler, o.O.u.D., Princeton, 1943.
30 An Otto Juliusburger, o.O.u.D., Saranac Lake, Sommer 1942.
31 An E. Schrödinger, Princeton, Ostern 1943.
32 Bertrand Russell, *Autobiography*, Vol. II, London 1971, S. 224.
33 Bertrand Russell, in: G. J Whitrow (Hg.), *Einstein – the Man and his Achievement*, New York 1975, S. 90.
34 An Otto Juliusburger, Princeton, 13. Januar 1943.
35 An Otto Juliusburger, Princeton, 31. März 1943.
36 An Otto Juliusburger, Knollwood, Saranac Lake, N. Y., 6. September 1943.
37 In: Späte Jahre, S. 254.
38 An Niels Bohr, Princeton, 12. Dezember 1944.
39 Ebd.
40 Vgl. Abraham Pais, *Niels Bohr's Times*, Oxford 1991, S. 502.
41 An F. D. Roosevelt, Princeton, 25. März 1945, in: Frieden, S. 318.
42 In: Frieden, S. 345.
43 Helen Dukas in: Sayen, S. 151.
44 Zit. nach A. Pais, a.a.O., S. 504.
45 Henry De Wolf Smyth, *Atomic energy for Military Purposes*, US Gov. printing Office, August 1945. Wenig später auch bei Princeton University Press.

5. Zwischen der Bombe und den Gleichungen

1 New York Times, 15. September 1945, in: Frieden, S. 347.
2 Diese Erklärung von Einstein, Th. Mann u. a. erschien am 10. Oktober 1945 in der New York Times als Leserbrief.
3 Daniel Posin an Einstein, Cambridge, Mass., 21. Oktober 1945, in: Frieden, S. 352.
4 *Atomic War or Peace*, in: Atlantic Monthly, November 1945; viele Nachdrucke, darunter New York Times am 27. Oktober; zit. nach: Frieden, S. 357.
5 Ebd., S. 362.
6 *Der Krieg ist gewonnen – nicht aber der Friede*. Erstmals abgedruckt in: New York Times, 11. Dezember 1945; deutscher Originaltext, verfaßt gemeinsam mit Erich von Kahler, in: Späte Jahre, S. 133 f.
7 Neben Einstein als Vorsitzendem gehörten zum Vorstand des »Notkomitee« Harold C. Urey als Stellvertreter, Hans A. Bethe, Torfin R. Hogness, Philip M. Morse, Linus Pauling, Leo Szilard, Victor Weisskopf.
8 Harrison Brown, Geschäftsführer des Notkomitees, in: Frieden, S. 503.
9 An M. Besso, Princeton, 21. April 1946, in: Besso, S. 376.
10 Ernst Straus in: Helle Zeit – Dunkle Zeit, S. 71.
11 *Einstein, the Man who Started it All*, in: Newsweek, 10. März 1947. Zit. nach: Frieden, S. 414.
12 An Katusu Hara, Chefredakteur von Kaizo, Tokio; Princeton, 20. September 1952.

13 An Max von Laue, Princeton, 19. März 1955.
14 Ebd.
15 An Jules Isaac, Princeton, 28. Februar 1955.
16 An Otto Juliusburger, Princeton, 11. April 1946.
17 An M. Solovine, Princeton, 7. Mai 1952, in: Solovine, S. 120.
18 Hermann Broch an Hannah Arendt, 24. Juli 1950, in: Hermann Broch, *Kommentierte Werkausgabe*, hg. von P. M. Lützeler, Bd. 13/3, Frankfurt am Main 1981, S. 484.
19 An P. von Schöneich, Princeton, 20. Juli 1946.
20 An James Franck, Princeton, 6. Dezember 1945.
21 An James Franck, Princeton, 30. Dezember 1945.
22 Hermann Broch an James Franck, 30. Januar 1946, in: Hermann Broch, a.a.O., Bd. 13/3, S. 57.
23 A. Sommerfeld an Einstein, München, 27. Oktober 1946, in: Sommerfeld, S. 120.
24 An A. Sommerfeld, Princeton, 14. Dezember 1945, in: Sommerfeld, S. 121.
25 An M. Besso, Princeton, 6. Januar 1948, in: Besso, S. 392.
26 An Otto Hahn, Princeton, 28. Januar 1949.
27 An Theodor Heuss, Princeton, 16. Januar 1951.
28 An Verlag Vieweg, Braunschweig, Princeton, 25. März 1947.
29 An Max Born, Princeton, 12. Oktober 1953, in: Born, S. 266.
30 Einstein 1942c.
31 Die Max-Planck-Feier fand am 23. April in Washington statt; Einsteins Nachruf wurde in englischer und in deutscher Sprache verlesen, in: Späte Jahre, S. 220.
32 An Marga Planck, Princeton, Oktober 1947; zit. nach: A. Hermann, *Max Planck*, Reinbek 1973, S. 127.
33 An E. Schrödinger, Princeton, 27. Januar 1947.
34 An Erich Mühsam, Princeton, 24. April 1947.
35 An Erich Mühsam, Princeton, 19. September 1949.
36 R. Nissen an C. Seelig, 29. Juni 1955, in: ETH u. Seelig, S. 415.
37 An Otto Nathan, Florida, 17. Februar 1949.
38 An M. Besso, 30. November 1949, in: Besso, S. 424.
39 An Lina Kocherthaler, Princeton, 27. Juli 1951.
40 An C. Seelig, Princeton, 20. April 1952, ETH.
41 An C. Seelig, Princeton, 4. Januar 1954.
42 An Erich Mühsam, Princeton, Frühjahr 1942, in: Helle Zeit – Dunkle Zeit, S. 50.
43 Robert Mann, Primarius des Juillard Quartet, in: Princeton Symposion, S. 527.
44 Abba Eban, *An Autobiography*, New York 1977, S. 166 ff.
45 David Mitrany, zit. nach: Pais, S. 481.
46 An Abba Eban, Princeton, 18. November 1952, in: Frieden, S. 570.
47 An Azriel Carlebach, Princeton, 21. November 1952, in: Frieden, S. 571.
48 An Josef Scharl, Princeton, 24. November 1952, in: Frieden, S. 571.

49 Yitzak Navon in: Jerusalem Symposion, S. 295.
50 An E. Schrödinger, Princeton, 20. Mai 1946.
51 An C. Seelig, Princeton, 12. August 1954, ETH.
52 Pais, S. 5.
53 An M. Solovine, Princeton, 28. März 1949, in: Solovine, S. 94.
54 An E. Schrödinger, 22. Dezember 1950.
55 Ernst Straus, in: Helle Zeit – Dunkle Zeit, S. 75.
56 Ebd., S. 72.
57 An M. Besso, Princeton, 10. August 1954, in: Besso, S. 527.
58 Fernsehansprache am 12. Februar 1950. Zit. nach: Frieden, S. 520.
59 Das amerikanische Original lautet: »Einstein Warns World: Outlaw H-Bomb or Perish.« New York Post, 13. Februar 1950.
60 The Reporter, 18. November 1954, zit. nach: Frieden, S. 608.
61 B. Russell an Einstein, 11. Februar 1955. Die gesamte Korrespondenz zu diesem Appell, dem Einstein-Russell-Manifest, findet sich in: Frieden, S. 617-631.
62 Bertrand Russell in: Frieden, Vorwort, S. 17.

6. »Eine alte Schuld.«

1 An Hans Mühsam, Princeton, Sommer 1946, in: Helle Zeit – Dunkle Zeit, S. 50.
2 J. A. Wheeler, *Erinnerungen…*, in: A. D. French (Hg.), *Albert Einstein – Wirkung und Nachwirkung*, Braunschweig 1985, S. 86.
3 An M. Solovine, Princeton, 27. Februar 1955.
4 An Max von Laue, Princeton, 3. Februar 1955.
5 Eine Beschreibung des Experiments zum Äquivalenzprinzip in I. B. Cohen, *An Interview with Einstein*, in: Scientific American, Vol. 93, Juli 1955, S. 73.
6 H. Dukas an A. Pais, 30. April 1955, in: Pais, S. 482.
7 An Gertrud Warschauer, Princeton, 5. Februar 1955.
8 Margot Einstein an Hedwig Born, April 1955, in: Born, S. 309.
9 An Vero und Bice Besso, Princeton, 21. März 1955, in: Besso, S. 538.

Literatur- und Abkürzungsverzeichnis

Der Versuch einer umfassenden Bibliographie der kaum noch übersehbaren Literatur zu Albert Einstein würde den Rahmen dieses Buches sprengen. Ich beschränke mich daher auf die Angabe jener Bücher, die mir unverzichtbar waren. Dazu gehören vor allem Veröffentlichungen von Einsteins Originaltexten und Briefen sowie einige Dokumentensammlungen. Bücher, die im folgenden nicht aufgeführt sind, aber gelegentlich herangezogen wurden, sind in den Anmerkungen angegeben.
Bis heute existiert nicht einmal eine Sammlung der wichtigsten wissenschaftlichen Veröffentlichungen Albert Einsteins. (Nur in der ehemaligen Sowjetunion soll es Derartiges in russischer Übersetzung gegeben haben.) Die monumental angelegten Collected Papers, *veröffentlicht von der Princeton University Press, werden diesen Mangel beheben, vollständig allerdings erst in ferner Zukunft. Eine Bibliographie von Einsteins Veröffentlichungen mag daher nützlich sein; in jeder Universitätsbibliothek oder in den Bibliotheken hinreichend lang existierender Physikalischer Institute ist das meiste tatsächlich zu finden.*

I. Allgemeine Literatur

1. CP1, CP2:

The Collected Papers of Albert Einstein, hg. von Johan Stachel et al., Princeton University Press, Vol. 1, 1987; Vol. 2, 1989.

2. Autobiographische Schriften von Albert Einstein

Autobiographisches: enthalten in: Paul Arthur Schilpp (Hg.), *Albert Einstein als Philosoph und Naturforscher,* Braunschweig 1979. Sein von ihm selbst so genannter »Nekrolog«, geschrieben 1946. Eine Art wissenschaftliche Autobiographie.

Skizze: Albert Einstein, *Autobiographische Skizze,* enthalten in Carl Seelig (Hg.), *Helle Zeit – Dunkle Zeit. In memoriam Albert Einstein,* Zürich 1956, Braunschweig 1986. Geschrieben 1954, eine Art Nachtrag zum »Nekrolog«.

Weltbild: Albert Einstein, *Mein Weltbild,* Amsterdam 1934, erw. Neuauflage, hg. von Carl Seelig, Zürich 1953.

Späte Jahre: Albert Einstein, *Aus meinen späten Jahren,* Stuttgart 1979.

3. Editierte Briefwechsel

Besso: *Albert Einstein – Michele Besso, Correspondance 1903-1955,* hg. von Pierre Speziali, Paris 1972.

Born: Albert Einstein – Max Born, *Briefwechsel 1916-1955,* herausgegeben und kommentiert von Max Born, München 1969.

D. Lohmeyer und B. Schell (Hg.), *Einstein, Anschütz und der Kieler Kreiselkompaß*, Heide in Holstein 1992. Enthält die Korrespondenz zwischen Einstein und Hermann Anschütz-Kaempfe.

Pauli: Wolfgang Pauli, *Wissenschaftlicher Briefwechsel*, Bd. 1, hg. von A. Hermann, K. v. Meyenn und V. F. Weißkopf, New York, Heidelberg, Berlin 1979; Bd. 2, hg. von K. v. Meyenn, New York, Heidelberg, Berlin 1984.

Solovine: Albert Einstein: *Lettres à Maurice Solovine*, hg. von M. Solovine, Paris 1956.

Sommerfeld: Albert Einstein – Arnold Sommerfeld, *Briefwechsel*, hg. von Armin Hermann, Basel/Stuttgart 1968.

Stark: *Albert Einstein und Johannes Stark. Briefwechsel und Verhältnis der beiden Nobelpreisträger*, hg. von Armin Hermann, in: Sudhoffs Archiv, Bd. 50, 1966, S. 267-285.

4. Edierte Textsammlungen von Albert Einstein

Briefe: Albert Einstein, *Briefe*, hg. von Helen Dukas und Banesh Hoffmann, Zürich 1981.

Frieden: Albert Einstein, *Über den Frieden*, hg. von Otto Nathan und Heinz Norden, Bern 1975.

5. Dokumentensammlungen

Berlin: *Albert Einstein in Berlin 1913-1933*, Darstellungen und Dokumente, hg. von Christa Kirsten und Hans-Jürgen Treder, 2 Bde., Berlin 1979.

Ulm: *Einstein und Ulm*, Stadtarchiv Ulm, hg. von Hans Eugen Specker, Ulm/Stuttgart 1979.

6. Biographien

Clark: Ronald W. Clark, *Einstein – The Life and Times*, New York 1971; dt. Ausgabe (stark gekürzt): *Albert Einstein, Leben und Werk*, Esslingen 1974; zit. nach der amerikanischen Taschenbuchausgabe New York 1972.

Flückiger: Max Flückiger, *Albert Einstein in Bern*, Bern 1974.

Frank: Philipp Frank, *Einstein – Sein Leben und seine Zeit*, Braunschweig 1979. Amerikanische Originalausgabe: *Einstein – His Life and His Times*, New York 1949. Nur die deutsche Ausgabe von 1979 enthält das 1942 geschriebene Vorwort von Albert Einstein.

Hoffmann/Dukas: Banesh Hoffmann und Helen Dukas, *Einstein – Schöpfer und Rebell*, Zürich 1976; zit. nach der Ausgabe Frankfurt am Main 1978.

Moszkowski: Alexander Moszkowski, *Einstein – Einblicke in seine Gedankenwelt*, Hamburg/Berlin 1921.

Pais: Abraham Pais, *Raffiniert ist der Herrgott...*, Braunschweig 1986; amerikanische Originalausgabe: *Subtle is the Lord...*, Oxford und New York 1982.

Pyenson: Lewis Pyenson, *The Young Einstein*, Bristol und Boston 1985.

Reiser: Anton Reiser (Pseudonym für Rudolf Kayser), *Albert Einstein. A Biographical Portrait*, New York 1930.

Sayen: Jamie Sayen, *Einstein in America*, New York 1985.

Seelig: Carl Seelig, *Albert Einstein und die Schweiz*, Zürich 1952. Eine erweiterte Ausgabe ist: *Albert Einstein. Leben und Werk eines Genies unserer Zeit*, Zürich 1960.

7. Aufsatzsammlungen

P. C. Aichelburg und R. Sexl (Hg.), *Albert Einstein. Sein Einfluß auf Physik, Philosophie und Politik*, Braunschweig 1979.

Berlin Symposion: *Einstein-Symposion Berlin*, hg. von H. Nelkowski et al., Berlin, Heidelberg, New York 1979.

A. P. French, *Albert Einstein – Wirkung und Nachwirkung*, Braunschweig 1985; amerik. Originalausgabe: *Einstein – A Centenary Volume*, Cambridge, Mass., 1979.

Helle Zeit – Dunkle Zeit: Carl Seelig (Hg.), *Helle Zeit – Dunkle Zeit. In memoriam Albert Einstein*, Zürich 1956, Nachdruck Braunschweig 1986.

Jerusalem Symposion: *Albert Einstein, Historical and Cultural Perspectives. The Centennial Symposium in Jerusalem*, hg. von Gerald Holton und Yehuda Elkana, Princeton 1982.

Princeton Symposion: *Some Strangeness in the Proportion. A Centennial Symposium to Celebrate the Achievement of Albert Einstein*, hg. von Harry Wolf, Reading, Mass., 1980.

Schilpp: P. A. Schilpp (Hg.), *Albert Einstein als Philosoph und Naturforscher*, Braunschweig 1979; amerik. Originalausgabe Evanston 1949.

8. Zeitschriften und Reihen

AdP: *Annalen der Physik*, Vierte Folge, ab 1901.

HSPS: *Historical Studies in the Physical Sciences*

NW: *Die Naturwissenschaften*

PhZ: *Physikalische Zeitschrift*

SB: *Sitzungsberichte der Preußischen Akademie der Wissenschaften zu Berlin*

VhDPG: *Verhandlungen der Deutschen Physikalischen Gesellschaft*

ZfP: *Zeitschrift für Physik*

9. Archive

DMM: *Bibliothek des Deutschen Museums München*

EA: *Einstein Archiv, Jerusalem; Kopien in der Mudd Manuscript Library Princeton und in der Science and Engineering Library der Boston University.*

ETH: *Einstein-Sammlung der ETH Zürich*

MPG: *Archiv der Max-Planck-Gesellschaft, Berlin*

STPK: *Staatsbibliothek Preußischer Kulturbesitz Berlin*

STZ: *Staatsarchiv des Kanton Zürich*

II. Wissenschaftliche Veröffentlichungen von Albert Einstein

Die Veröffentlichungen sind chronologisch nach dem Erscheinungsjahr geordnet. Nur in einigen Fällen, wo es von Interesse ist, wird das Datum der Fertigstellung bzw. des Eingangs bei der jeweiligen Zeitschrift angegeben.

Die wissenschaftlichen Veröffentlichungen sind vollständig aufgeführt. Bei Darstellungen allgemeineren Charakters ist eine Auswahl getroffen. Zeitungsartikel u. ä. sind nur dann aufgeführt, wenn sie sich primär mit wissenschaftlichen Dingen befassen.

1901 *Folgerungen aus den Capillaritätserscheinungen*, AdP, 4, 1901, S. 513-523.

1902a *Über die thermodynamische Theorie der Potentialdifferenz zwischen Metallen und vollständig dissoziierten Lösungen ihrer Salze und über eine elektrische Methode zur Erforschung der Molecularkräfte*, AdP, 8, 1902, S. 798-814.

1902b *Kinetische Theorie des Wärmegleichgewichts und des zweiten Hauptsatzes der Thermodynamik*, AdP, 8, 1902, S. 417-433.

1903 *Eine Theorie der Grundlagen der Thermodynamik*, AdP, 11, 1903, S. 170-187.

1904 *Zur allgemeinen molekularen Theorie der Wärme*, AdP, 14, 1904, S. 354-362.

1905a *Über einen die Erzeugung und Umwandlung des Lichtes betreffenden heuristischen Gesichtspunkt*, AdP, 17, 1905, S. 132-184. Beendet am 17. März, eingegangen am 18. März 1905.

1905b *Eine neue Bestimmung der Moleküldimensionen*, Dissertation, beendet 30. April 1905, gedruckt bei K. J. Wyss, Bern 1905. Vgl. Nachtrag 1906a und Berichtigung 1911d.

1905c *Über die von der molekulartheoretischen Theorie der Wärme geforderte Bewegung von in ruhenden Flüssigkeiten suspendierten Teilchen*, AdP, 17, 1905, S. 549-560. Beendet Mai 1905, eingegangen 11. Mai 1905.

1905d *Zur Elektrodynamik bewegter Körper*, AdP, 17, 1905, S. 891-921. Beendet Juni 1905, eingegangen 30. Juni 1905.

1905e *Ist die Trägheit eines Körpers von seinem Energieinhalt abhängig?*, AdP, 18, 1905, S. 639-641. Eingegangen 27. September 1905.

1905f 25 Referate in: Beiblätter zu den Annalen der Physik, AdP, 29, 1905.

1906a *Eine neue Bestimmung der Moleküldimensionen*, AdP, 19, 1906, S. 289-305. Geringfügig revidierte Fassung von Einstein 1905c, eingegangen 19. August 1905, mit einem »Nachtrag«, S. 305f., vom Januar 1906. Berichtigung 1911d.

1906b *Zur Theorie der Brownschen Bewegung*, AdP, 19, 1906, S. 371-381. Eingegangen 19. Dezember 1905.

1906c *Zur Theorie der Lichterzeugung und Lichtabsorption*, AdP, 20, 1906, S. 199-206.

1906d *Das Prinzip von der Erhaltung der Schwerpunktsbewegung und die Trägheit der Energie*, AdP, 20, 1906, S. 627-633.

1906e Rezension von ›Max Planck: Vorlesungen über die Theorie der Wärmestrahlung, Leipzig, 1906‹, Beiblätter zu AdP, 30, 1906, S. 764-766.

1906f *Über eine Methode zur Bestimmung des Verhältnisses der transversalen und longitudinalen Masse des Elektrons*, AdP, 21, 1906, S. 583-586.

1907a *Die Plancksche Theorie der Strahlung und die Theorie der spezifischen Wärme*, AdP, 22, 1907, S. 180-190; Berichtigung AdP, 22, 1907, S. 800.

1907b *Über die Gültigkeitsgrenzen des Satzes vom thermodynamischen Gleichge-*

wicht und über die Möglichkeit einer neuen Bestimmung der Elementarquanta, AdP, 22, 1907, S. 569-572.

1907c *Theoretische Bemerkungen über die Brownsche Bewegung,* Zeitschrift für Elektrochemie und angewandte physikalische Chemie, 13, 1907, S. 41-42.

1907d *Über die Möglichkeit einer neuen Prüfung des Relativitätsprinzips,* AdP, 23, 1907, S. 197-198.

1907e *Bemerkungen zu der Notiz des Hrn. Paul Ehrenfest: ›Die Translation deformierbarer Elektronen und der Flächensatz‹,* AdP, 23, 1907, S. 206-208.

1907f *Über die vom Relativitätsprinzip geforderte Trägheit der Energie,* AdP, 23, 1907, S. 371-384.

1907g Rezension von ›J.J. Weyrauch: Grundriss der Wärmetheorie, Band 2‹, Beiblätter zu AdP, 31, 1907, S. 777-778.

1907h *Über das Relativitätsprinzip und die aus demselben gezogenen Folgerungen,* Jahrbuch der Radioaktivität und Elektronik, 4, 1907, S. 411-462. Tatsächlich erschienen 22. Januar 1908. Berichtigung in Jahrbuch, 5, 1908, S. 98-99.

1908a *Eine neue elektrostatische Methode zur Messung kleiner Elektrizitätsmengen,* PhZ, 9, 1908, S. 216-217.

1908b *Elementare Theorie der Brownschen Bewegung,* Zeitschrift für Elektrochemie und angewandte physikalische Chemie, 14, 1908, S. 235-239.

1908c *Über die elektromagnetischen Grundgleichungen für bewegte Körper.* Mit Jakob Laub, AdP, 26, 1908, S. 532-540; Berichtigung AdP, 27, 1908, S. 232.

1908d *Über die im elektromagnetischen Felde auf ruhende Körper ausgeübten ponderomotorischen Kräfte.* Mit Jakob Laub, AdP, 26, 1908, S. 541-550.

1909a *Bemerkungen zu unserer Arbeit: ›Über die elektromagnetischen Grundgleichungen für bewegte Körper‹.* Mit Jakob Laub. Eingegangen 19. Dezember 1908. »Nachtrag«, eingegangen 19. Januar 1909. AdP, 28, 1909, S. 445-447.

1909b *Bemerkungen zu der Arbeit von D. Mirimanoff ›Über die Grundgleichungen...‹,* AdP, 28, 1908, S. 885-888.

1909c *Zum gegenwärtigen Stand des Strahlungsproblems,* PhZ, 10, 1909, S. 185-193.

1909d *Zum gegenwärtigen Stand des Strahlungsproblems.* Mit Walter Ritz, PhZ, 10, 1909, S. 323.

1909e *Über die Entwicklung unserer Anschauungen über das Wesen und die Konstitution der Strahlung.* Vortrag, Salzburg 1909, VhDPG, 11, 1909, S. 482-500. Zitiert nach dem Nachdruck in PhZ, 10, 1909, S. 817-825.

1910a *Über einen Satz der Wahrscheinlichkeitsrechnung und seine Anwendung auf die Strahlungstheorie.* Mit Ludwig Hopf, AdP, 33, 1910, S. 1096-1104.

1910b *Statistische Untersuchung der Bewegung eines Resonators in einem Strahlungsfeld.* Mit Ludwig Hopf, AdP, 33, 1910, S. 1105-1115.

1910c *Theorie der Opaleszenz von homogenen Flüssigkeiten und Flüssigkeitsgemischen in der Nähe des kritischen Zustandes,* AdP, 33, 1910, S. 1275-1298.

1910d *Le principe de relativité et ses consequences dans la physique moderne,* Archives des sciences physiques et naturelles, 29, 1910, S. 5-28, 125-144.

1910e *Théorie des quantités lumineuses et la question de la localisation de l'énergie électromagnétique,* Archives des sciences physiques et naturelles, 29, 1910, S. 525-528.

1910f *Sur les forces pondéromotrices qui agissent sur les conducteurs ferromagnétiques disposés dans un champ magnétique et parcourus par un courant,* Archives des sciences physiques et naturelles, 30, 1910, S. 323-324.

1911a *Bemerkung zu dem Gesetz von Eötvös,* AdP, 34, 1911, S. 165-169.

1911b *Eine Beziehung zwischen dem elastischen Verhalten und der spezifischen Wärme bei festen Körpern mit einatomigem Molekül,* AdP, 34, 1910, S. 170-174.

1911c *Bemerkungen zu den P. Hertzschen Arbeiten: ›Über die mechanischen Grundlagen der Thermodynamik‹,* AdP, 34, 1911, S. 175-176.

1911d *Berichtigung zu meiner Arbeit: ›Eine neue Bestimmung der Moleküldimensionen‹,* AdP, 34, 1911, S. 591-592.

1911e *Die Relativitäts-Theorie.* Vierteljahresschrift der Naturforschenden Gesellschaft in Zürich, 56, 1911, S. 1-14.

1911f *Elementare Betrachungen über die thermische Molekularbewegung in festen Körpern,* AdP, 35, 1911, S. 679-694.

1911g *Über den Einfluß der Schwerkraft auf die Ausbreitung des Lichtes,* AdP, 35, 1911, S. 898-908.

1911h *Zum Ehrenfestschen Paradoxon,* PhZ, 12, 1911, S. 509-510.

1911i *L'état actuel du problème des chaleurs spécifiques,* in: Paul Langevin et Maurice de Broglie (Hg.), *La théorie du rayonnement et des quanta.* Rapports et discussion de la réunion à Bruxelles, du 30 octobre au 3 novembre 1911. Paris 1912, S. 407-435. Deutsche Übersetzung in: *Theorie der Quanten und der Strahlung,* Verhandlungen der deutschen Bunsengesellschaft, 7, 1914, S. 330-364, Vortrag auf der Solvay-Konferenz 1911.

1912a *Thermodynamische Begründung des photochemischen Äquivalentgesetzes,* AdP, 37, 1912, S. 832-838.

1912b *Lichtgeschwindigkeit und Statik des Gravitationsfeldes,* AdP, 38, 1912, S. 443-458.

1912c *Theorie des statischen Gravitationsfeldes,* AdP, 38, 1912, S. 443-458.

1912d *Antwort auf eine Bemerkung von J. Stark: Anwendung des Planckschen Elementargesetzes,* AdP, 38, 1912, S. 888.

1912e *Relativität und Gravitation: Erwiderung auf eine Bemerkung von M. Abraham,* AdP, 38, 1912, S. 1059-1064.

1912f *Bemerkung zu Abrahams Auseinandersetzung: Nochmals Relativität und Gravitation,* AdP, 39, 1912, S. 704.

1913a *Einige Argumente für die Annahme einer molekularen Agitation beim absoluten Nullpunkt.* Mit Otto Stern, AdP, 40, 1913, S. 551-560.

1913b *Déduction thermodynamique de la loi de l'équivalence photochimique,* Journal de Physique, 3, 1913, S. 277-282. Der am 27. März 1913 in Paris anläßlich der Jahrestagung der Société Française de Physique gehaltene Vortrag.

1913c *Entwurf einer verallgemeinerten Relativitätstheorie und einer Theorie der Gravitation.* I. Physikalischer Teil von Albert Einstein. II. Mathematischer Teil von Marcel Grossmann, Zeitschrift für Mathematik und Physik, 62, 1913, S. 225-261. Auch als separate Broschüre, Leipzig 1913.

1913d *Max Planck als Forscher,* NW, 1, 1913, S. 1077-1079.

1913e *Gibt es eine Gravitationswirkung, die der elektromagnetischen Induktionswirkung analog ist?*, Vierteljahresschrift für gerichtliche Medizin, 44, 1913, S. 37-40.

1913f *Physikalische Grundlagen einer Gravitationstheorie,* Vierteljahresschrift der Naturforschenden Gesellschaft Zürich, 58, 1913, S. 284-290. Der am 9. September 1913 vor dieser Gesellschaft gehaltene Vortrag.

1913g *Zum gegenwärtigen Stande des Strahlungsproblems,* PhZ, 14, 1913, S. 1249-1266. Vortrag bei der Jahrestagung der Gesellschaft deutscher Naturforscher und Ärzte in Wien am 21. September 1913.

1914a *Nordströmsche Gravitationstheorie vom Standpunkt des allgemeinen Differentialkalküls.* Mit A. D. Fokker, AdP, 44, 1914, S. 321-328.

1914b *Bemerkung zu P. Harzers Abhandlung: ›Die Mitführung des Lichtes in Glas und die Aberration.‹*, Astronomische Nachrichten, 199, 1914, S. 8-10.

1914c *Antwort auf eine Replik P. Harzers,* Astronomische Nachrichten, 199, 1914, S. 330-364.

1914d *Zum gegenwärtigen Stande des Problems der spezifischen Wärme,* Abhandlungen der Deutschen Bunsengesellschaft, 7, 1914, S. 330-364, Deutsche Übersetzung von 1911i.

1914e *Zur Theorie der Gravitation,* Vierteljahresschrift der Naturforschenden Gesellschaft Zürich, 59, 1914, S. 4-6.

1914f *Das Relativitätsprinzip,* Vossische Zeitung, 26. April 1914, S. 33-34.

1914g *Nachträgliche Antwort auf eine Frage von Reissner,* PhZ, 15, 1914, S. 108-110.

1914h *Prinzipielles zur verallgemeinerten Relativitätstheorie und Gravitationstheorie,* PhZ, 15, 1914, S. 176-180.

1914i *Kovarianzeigenschaften der Feldgleichungen der auf die verallgemeinerte Relativitätstheorie gegründeten Gravitationstheorie.* Mit Marcel Grossmann, Zeitschrift für Mathematik und Physik, 63, 1914, S. 215-225.

1914j *Zum Relativitätsproblem,* Scientia (Bologna), 15, 1914, S. 337-348.

1914k *Antrittsrede am 2. Juli 1914,* SB II, S. 739-742, nebst der Erwiderung von Max Planck, S. 742-744.

1914l *Formale Grundlage der allgemeinen Relativitätstheorie,* SB II, 1914, S. 1030-1085.

1914m *Physikalische Grundlagen und leitende Gedanken für eine Gravitationstheorie,* Verhandlungen der Schweizerischen Naturforschenden Gesellschaft, 96, 2. Teil, 1914, S. 146.

1914n *Besprechung von ›A. Brill: Das Relativitätsprinzip‹*, NW, 2, 1914, S. 1018.

1914o *Besprechung von ›H. A. Lorentz: Das Relativitätsprinzip‹*, NW, 2, 1914, S. 1018.

1915a *Theoretische Atomistik.* In: Paul Hinneberg (Hg.), *Die Kultur der Gegen-*

wart, Teil 3, Abt. 3, Bd. 1, E. Lecher: *Die Physik*, 1915, S. 251-253, zit. nach der Ausg. 1925, S. 281-294.

1915b *Die Relativitätstheorie*. In: *Die Physik*, a. a. O., S. 703-713; zit. nach der Ausgabe von 1925, S. 783-797.

1915c *Antwort auf eine Abhandlung M. von Laues: Ein Satz der Wahrscheinlichkeitsrechnung und seine Anwendung auf die Strahlungstheorie*, AdP, 47, 1915, S. 879-885.

1915d *Experimenteller Nachweis der Ampèreschen Molekularströme*. Mit W. J. de Haas, VhDPG, 17, 1915, S. 152-170; Berichtigung: S. 203.

1915e *Experimenteller Nachweis der Ampèreschen Molekularströme*. Mit W. J. de Haas, NW, 3, 1915, S. 237-238.

1915f *Grundgedanken der allgemeinen Relativitätstheorie und Anwendung dieser Theorie in der Astronomie*, SB I, 1915, S. 315 (Inhaltsangabe).

1915g *Zur allgemeinen Relativitätstheorie*, SB II, 1915, S. 778-786, 799-801.

1915h *Erklärung der Perihelbewegung des Merkur aus der allgemeinen Relativitätstheorie*, SB II, 1915, S. 831-839.

1915i *Feldgleichungen der Gravitation*, SB II, 1915, S. 844-847.

1916a *Eine neue formale Deutung der Maxwellschen Feldgleichungen der Elektrodynamik*, SB I, 1916, S. 184-188.

1916b *Über einige anschauliche Überlegungen auf dem Gebiete der Relativitätstheorie*, SB I, 1916, S. 423 (Inhaltsangabe).

1916c *Näherungsweise Integration der Feldgleichungen der Gravitation*, SB I, 1916, S. 688-696.

1916d *Gedächtnisrede auf Karl Schwarzschild*, SB I, 1916, S. 768-770.

1916e *Hamiltonsches Prinzip und Allgemeine Relativitätstheorie*, SB II, 1916, S. 1111-1116.

1916f *Vorwort* zu E. Freundlich: »Grundlagen der Einsteinschen Gravitationstheorie«, Berlin 1916.

1916g *Einfaches Experiment zum Nachweis der Ampèreschen Molekularströme*, VhDPG, 18, 1916, S. 173-177.

1916h *Grundlage der allgemeinen Relativitätstheorie*, AdP, 49, 1916, S. 769-822. Auch als selbständige Broschüre, Leipzig 1916.

1916i *Über Kottlers Abhandlung: »Einsteins Äquivalenzhypothese und die Gravitation«*, AdP, 51, 1916, S. 639-642.

1916j *Strahlungsemission und Absorption nach der Quantentheorie*, VdDPG, 18, 1916, S. 318-323.

1916k *Quantentheorie der Strahlung*, Mitteilungen der Phys. Ges. Zürich, 16, 1916, S. 47-62.

1916l *Besprechung von H. A. Lorentz: ›Théories Statistique en thermodynamique‹*, NW, 4, 1916, S. 480 f.

1916m *Elementare Theorie der Wasserwellen und des Fluges*, NW, 4, 1916, S. 509 f.

1916n *Ernst Mach*, PhZ, 17, 1916, S. 101-104.

1917a *Kosmologische Betrachtungen zur Allgemeinen Relativitätstheorie*, SB I, 1917, S. 142-152.

1917b *Eine Ableitung des Theorems von Jacobi*, SB I, 1917, S. 606-608.

1917c *Zum Quantensatz von Sommerfeld und Epstein,* VhDPG, 19, 1917, S. 82-92.

1917d *Über die spezielle und allgemeine Relativitätstheorie, gemeinverständlich.* Braunschweig 1917. Viele Übersetzungen und spätere Neuauflagen mit Erweiterungen.

1917e *Friedrich Adler als Physiker,* Vossische Zeitung Nr. 259, 23. Mai 1917.

1917f *Besprechung von ›H. v. Helmholtz: Zwei Vorträge über Goethe‹,* NW, 5, 1917, S. 675.

1917g *Marian v. Smoluchowski,* NW, 5, 1917, S. 737-738.

1917h *Quantentheorie der Strahlung,* PhZ, 18, 1917, S. 121-128.

1918a *Über Gravitationswellen,* SB I, 1918, S. 154-167.

1918b *Kritisches zu einer von Hrn. de Sitter gegebenen Lösung der Gravitationsgleichungen,* SB I, 1918, S. 270-272.

1918c *Der Energiesatz in der Allgemeinen Relativitätstheorie,* SB I, 1918, S. 448-459.

1918d *Kommentar zu ›H. Weyl: Gravitation und Elektrizität‹,* SB I, 1918, S. 478.

1918e *Über eine von Levi-Civita und Weyl gefundene Vereinfachung der Riemannschen Theorie der Krümmung und über die hieran sich knüpfende Weylsche Theorie der Gravitation und Elektrizität,* SB I, 1918, S. 615 (Inhaltsangabe).

1918f *Motiv des Forschens.* In: *Zu Max Plancks 60. Geburtstag,* Karlsruhe 1917. Abdruck in: *Mein Weltbild* unter dem Titel *Prinzipien der Forschung.*

1918g *Prinzipielles zur allgemeinen Relativitätstheorie,* AdP, 55, 1918, S. 241-244.

1918h *Lassen sich Brechungsexponenten der Körper für Röntgenstrahlen experimentell ermitteln?,* VhDPG, 20, 1918, S. 86-87.

1918i *Bemerkung zu Gehrckes Notiz: Über den Äther,* VhDPG, 20, 1918, S. 261.

1918k *Rezension von ›H. Weyl: Raum, Zeit, Materie‹,* NW, 6, 1918, S. 373.

1918l *Dialog über Einwände gegen die Relativitätstheorie,* NW, 6, 1918, S. 697-702.

1918m *Notiz zu Schrödingers Arbeit: Energiekomponenten des Gravitationsfeldes,* PhZ, 19, 1918, S. 115-116.

1918n *Bemerkung zu Schrödingers Notiz: Lösungssystem der allgemein kovarianten Gravitationsgleichungen,* PhZ, 19, 1918, S. 165-166.

1919a *Spielen Gravitationsfelder im Aufbau der materiellen Elementarteilchen eine wesentliche Rolle?,* SB I, 1919, S. 349-356.

1919b *Bemerkungen über periodische Schwankungen der Mondlänge, welche bisher nach der Newtonschen Mechanik nicht erklärbar schienen,* SB I, 1919, S. 433-436; Kommentare dazu auch in SB II, 1919, S. 711.

1919c *Über eine Veranschaulichung der Verhältnisse im sphärischen Raum, ferner über die Feldgleichungen der Allgemeinen Relativitätstheorie vom Standpunkte des kosmologischen Problems und des Problems der Konstitution der Materie,* SB I, 1919, S. 463 (nur kurze Inhaltsangabe, im wesentlichen ein Referat von 1919a).

1919d *Prüfung der allgemeinen Relativitätstheorie,* NW, 7, 1919, S. 776.

1919e *My Theory,* Times, London, 28. Nov. 1919. Deutsch in: Weltbild.

1919f *Leo Arons als Physiker*, Sozialistische Monatshefte, 52, 1919, S. 1055-1056.

1919g *Induktion und Deduktion in der Physik*, Berliner Tageblatt, 25. Dezember 1919, 4. Beiblatt, S. 1.

1920a *Das Trägheitsmoment des Wasserstoffmoleküls*, SB, 1920, S. 65 (nur Inhaltsangabe).

1920b *Schallausbreitung in teilweise dissoziierten Gasen*, SB, 1920, S. 380-385.

1920c *Meine Antwort. Über die relativitätstheoretische G.m.b.H.*, Berliner Tageblatt, 27. Aug. 1920, S. 1-2.

1920d *Bemerkung zur Abhandlung von W. R. Heß: Theorie der Viscosität heterogener Systeme*, Kolloizidzeitschrift, 27, 1920, S. 137.

1920e *Äther und Relativitätstheorie*. Rede zum Antritt der Gastprofessur in Leiden, Berlin 1920.

1920f *Inwiefern läßt sich die moderne Gravitationstheorie ohne die Relativität begründen?*, NW, 8, 1920, S. 1010-1011.

1921a *Geometrie und Erfahrung*. Festvortrag »Zur Feier des Jahrestages Friedrich II«, gehalten an der Preußischen Akademie, SB I, 1921, S. 123-130. Erweiterte Fassung als separate Broschüre, Berlin 1921. Auch in: Weltbild.

1921b *Einfache Anwendung des Newtonschen Gravitationsgesetzes auf die kugelförmigen Sternhaufen*. Festschrift zum zehnjährigen Jubiläum der Kaiser-Wilhelm-Gesellschaft, Berlin 1921, S. 50-52.

1921c *A brief outline of the development of the theory of relativity*, Nature, 106, 1921, S. 782-784.

1921d *Eine naheliegende Ergänzung des Fundaments der allgemeinen Relativitätstheorie*, SB I, 1921, S. 261-264.

1921e *Ein den Elementarprozeß der Lichtemission betreffendes Experiment*, SB I, 1921, S. 882-883.

1921f *The Meaning of Relativity. Four Lectures delivered at Princeton University, May 1921*. Transl. by E. P. Adams, Princeton 1921, viele Übersetzungen und Neuauflagen, deutsch erstmals Braunschweig 1922.

1922a *Experiment betreffend die Gültigkeitsgrenze der Undulationstheorie*, SB, 1922, S. 4 (nur Inhaltsangabe).

1922b *Theorie der Lichtfortpflanzung in dispergierenden Medien*, SB, 1922, S. 18-22.

1922c *Theoretische Bemerkungen zur Supraleitung der Metalle*, in: *Gedenkboek aangeboden aan H. Kamerlingh Onnes*, Leiden 1922, S. 429-435.

1922d *Bemerkung zur Seletyschen Arbeit: Beiträge zum kosmologischen Problem*, AdP, 69, 1922, S. 436-438.

1922e *Rezension von ›W. Pauli: Relativitätstheorie‹*, NW, 10, 1922, S. 184-185.

1922f *Emil Warburg als Forscher*, NW, 10, 1922, S. 823-828.

1922g *Bemerkung zu der Abhandlung von E. Trefftz: Das statische Gravitationsfeld zweier Massenpunkte in der Einsteinschen Theorie*, SB, 1922, S. 448-449.

1922h *Quantentheoretische Bemerkung zum Experiment von Stern und Gerlach*. Mit Paul Ehrenfest, ZfP, 11, 1922, S. 31-34.

1922i *Bemerkung zu der Arbeit von A. Friedmann: Über die Krümmung des Raumes,* ZfP, 11, 1922, S. 326.

1922j *Wie ich die Relativitätstheorie entdeckte.* Vorlesung, gehalten am 14. Dezember 1922 in der Universität von Kioto, Japan. Diese Vorlesung hat Einstein extemporiert; eine Mitschrift des japanischen Übersetzers Yun Ishiwara wurde von Y. A. Ono ins Englische übertragen: *How I created the Theory of Relativity,* Physics Today, August 1982, S. 45 ff.

1923a *Zur Allgemeinen Relativitätstheorie,* SB, 1923, S. 32-38.

1923b *Bemerkung zu meiner Arbeit »Zur Allgemeinen Relativitätstheorie«,* SB, 1923, S. 76-77.

1923c *Zur affinen Feldtheorie,* SB, 1923, S. 137-140.

1923d *Theory of the affine field,* Nature, 112, 1923, S. 448-449.

1923e *Grundgedanken und Probleme zur Relativitätstheorie.* Nobel-Vortrag, gehalten in Göteborg am 11. Juni 1923, 10 S., Imprimerie Royale, Stockholm 1923. Auch in: *Les Prix Nobel en 1921-1922,* Stockholm 1923.

1923f *Quantentheorie des Strahlungsgleichgewichts.* Mit Paul Ehrenfest, ZfP, 19, 1923, S. 301-306.

1923g *Bemerkung zu der Notiz von W. Anderson: Neue Erklärung des kontinuierlichen Koronaspektrums,* Astrologische Nachrichten, 219, 1923, S. 19.

1923h *Experimentelle Bestimmung der Kanalweite von Filtern.* Mit Hans Mühsam, Deutsche Medizinische Wochenschrift, 49, 1923, S. 1012-1013.

1923i *Beweis für die Nichtexistenz eines überall regulären zentrisch symmetrischen Feldes nach der Feldtheorie von Kaluza.* Mit Jakob Grommer, Scripta Mathematica et Physica, Hebrew University Jerusalem. Bd. 1, Nr. 7, 1923. Deutscher und hebräischer Text.

1923j *Bietet die Feldtheorie Möglichkeiten für die Lösung des Quantenproblems?,* SB, 1923, S. 359-364.

1923k *Berichtigung* zu 1923i, ZfP, 16, 1923, S. 228.

1924a *Geleitwort zu Lucretius: De rerum natura.* Lateinisch und deutsch, hg. von H. Diels, Bd. 2, Berlin 1924.

1924b *Das Komptonsche Experiment,* Berliner Tageblatt, 20. April 1924, 1. Beiblatt, S. 1.

1924c *Zum hundertjährigen Gedenktag von Lord Kelvins Geburt,* NW, 12, 1924, S. 601-602.

1924d *Über den Äther,* Verh. d. schweiz. Naturforschenden Ges. 105, 1924, S. 85-93.

1924e *Rezension von ›J. Winternitz: Relativitätstheorie und Erkenntnislehre. Eine Untersuchung über erkenntnistheoretische Grundlagen der Einsteinschen Theorie und die Bedeutung ihrer Ergebnisse für die allgemeinen Grundlagen des Naturerkennens‹,* Leipzig 1923, Deutsche Literaturzeitung für die Kritik der internationalen Wissenschaft. 1, 1924, Sp. 20-22.

1924f *Rezension von ›A. C. Elsbach: Kant und Einstein. Untersuchungen über das Verhältnis der modernen Erkenntnistheorie zur Relativitätstheorie‹,* Berlin und Leipzig 1924, Deutsche Literaturzeitung für Kritik der internationalen Wissenschaft, 1, 1924, Sp. 1685-1692.

1924g *Theorie der Radiometerkräfte*, ZfP, 27, 1924, S. 1-6.

1924h *Anmerkung zur Arbeit von Bose: Wärmegleichgewicht im Strahlungsfeld bei Anwesenheit von Materie*, ZfP, 27, 1924, S. 392-393.

1924i *Quantentheorie des einatomigen idealen Gases*, SB, 1924, S. 261-267.

1925a *Quantentheorie des einatomigen idealen Gases*, Zweite Abhandlung, SB, 1925, S. 3-14.

1925b *Quantentheorie des idealen Gases*, SB, 1925, S. 18-25.

1925c *Einheitliche Feldtheorie von Gravitation und Elektrizität*, SB, 1925, S. 414-419.

1925d *Elektron und allgemeine Relativitätstheorie*, Physica, 5, 1925, S. 330-334.

1925e *Bemerkung zu P. Jordans Abhandlung: Theorie der Quantenstrahlung*, ZfP, 31, 1925, S. 784-785.

1925f *Eddingtons Theorie und Hamiltonsches Prinzip*. Anhang zur dtsch. Ausgabe von A. S. Eddington *Relativitätstheorie in mathematischer Behandlung*, Berlin 1925.

1926a *Über die Ursache der Mäanderbildung bei Flußläufen*, SB, 1926, S. 1 (nur Inhaltsangabe eines Vortrags vom 7. Januar). Text in NW, 14, 1926, S. 223-224. Auch in: *Weltbild*.

1926b *Über die Anwendung einer von Rainich gefundenen Spaltung des Riemannschen Krümmungstensors in der Theorie des Gravitationsfeldes*, SB, 1926, S. 1 (nur Inhaltsangabe).

1926c *Meine Theorie und Millers Versuche*, Vossische Zeitung, 19. Januar 1926.

1926d *W. H. Julius, 1860-1925*. Astroph. J., 63, 1926, S. 196-198.

1926e *Vorschlag zu einem die Natur des elementaren Strahlungs-Emissionsprozesses betreffenden Experiment*, NW, 14, 1926, S. 300-301.

1926f *Interferenzeigenschaften des durch Kanalstrahlen emittierten Lichtes*, SB, 1926, S. 334-340.

1927a *Allgemeine Relativitätstheorie und Bewegungsgesetz*. Mit Jakob Grommer, SB, 1927, S. 2-13.

1927b *Zu Kaluzas Theorie des Zusammenhanges von Gravitation und Elektrizität*. 1. Mitteilung, SB, 1927, S. 23-35; 2. Mitteilung SB, S. 26-30.

1927c *Einfluß der Erdbewegung auf die Lichtgeschwindigkeit relativ zur Erde*, Forschungen und Fortschritte, 3, 1927, S. 36-37.

1927d *Theoretisches und Experimentelles zur Frage der Lichtentstehung*. Bericht über eine Vorlesung vor der Math. Phys. Arbeitsgemeinschaft der Univ. Berlin am 23. Februar 1927, Z. f. angew. Chemie, 40, 1927, S. 546.

1927e *Formale Beziehung des Riemannschen Krümmungstensors zu den Feldgleichungen der Gravitation*, Math. Ann., 97, 1927, S. 99-103. Ausarbeitung von 1926b.

1927f *Isaac Newton*, Manchester Guardian, 10. März 1927.

1927g *Newtons Mechanik und ihr Einfluß auf die Gestaltung der theoretischen Physik*, NW, 15, 1927, S. 273-276. Auch in: Weltbild.

1927h *Isaac Newton*. Brief an die Royal Society anläßlich des 200. Todestages von Newton, Nature, 119, 1927, S. 467.

1927i *Establishment of an international bureau of meteorology*. Bericht eines Ausschusses des Internationalen Komitees für intellektuelle Zusammenarbeit, gez. von M. Curie, A. Einstein und H. A. Lorentz, Science, 65, 1927, S. 415-417.

1927j *Allgemeine Relativitätstheorie und Bewegungsgesetz*, SB, 1927, S. 235-245.

1928a *H. A. Lorentz*, Math. naturw. Blätter, 22, 1928, S. 24-25. Auch in: Weltbild.

1928b *A propos de ›La déduction relativiste‹ de E. M. Meyerson*, Revue Philosophique de France, 106, 1928, S. 161-166.

1928c *Riemann-Geometrie mit Aufrechterhaltung des Fernparallelismus*, SB, 1928, S. 217-221.

1928d *Neue Möglichkeiten für eine einheitliche Feldtheorie von Gravitation und Elektrizität*, SB, 1928, S. 224-227.

1929a *Zur einheitlichen Feldtheorie*, SB, 1929, S. 2-7.

1929b *Einsteins New Theory*. Interview. Daily Chronicle, 26. Januar 1929. Auszüge in: Nature, 123, 1929, S. 2-7.

1929c *The new field theory*, New York Times, 3. Februar 1929; London Times, 4. Februar 1929.

1929d *Einheitliche Interpretation von Gravitation und Elektrizität*, SB, 1929, S. 102 (nur Inhaltsangabe).

1929e *Einheitliche Feldtheorie und Hamiltonsches Prinzip*, SB, 1929, S. 156-159.

1929f *Über den gegenwärtigen Stand der Feldtheorie*. Festschrift für A. Stodola. Zürich 1929, S. 126-132.

1929g *Ansprache an Max Planck* (bei der erstmaligen Verleihung der Planck-Medaille der Deutschen Physikalischen Gesellschaft am 28. Juni 1929), Forschungen und Fortschritte, 5, S. 248-249.

1929h *Space-time*, Encyclopedia Britannica, 14th ed., vol. 21, 1929, S. 105 bis 108.

1929i *Sur la théorie synthétique des champs*. Mit Théophile de Donder, Revue générale de l'électricité, 25, 1929, S. 35-39.

1929j *Simon Newcomb*, Science, 69, 1929, S. 249.

1929k *Sesion especial de la Academia*, 16. April 1925. Anales de la Sociedad cientifica Argentina, 107, 1929, S. 337-347.

1930a *Théorie unitaire du champ physique*, Annales de l'Institut Henri Poincaré, 1, 1930, S. 1-24.

1930b *Die Kompatibilität der Feldgleichungen in der einheitlichen Feldtheorie*, SB, 1930, S. 18-23.

1930c *Zwei strenge statische Lösungen der Feldgleichungen der einheitlichen Feldtheorie*. Mit Walther Mayer, SB, 1930, S. 110-120.

1930d *Über die Fortschritte der einheitlichen Feldtheorie*, SB, 1930, S. 102 (nur Inhaltsangabe).

1930e *Zur Theorie der Räume mit Riemann-Metrik und Fernparallelismus*, SB, 1930, S. 401-402.

1930f *Über die statistischen Eigenschaften der Strahlung*, SB, 1930, S. 543 (nur Inhaltsangabe).

1930g *Auf die Riemann-Metrik und den Fernparallelismus gegründete einheitliche Feldtheorie*, Math. Ann., 102, 1930, S. 685-697.

1930h *Raum, Äther und Feld in der Physik*, Forum Philosophicum, 1, 1930, S. 173-180.

1930i *Raum-, Feld- und Ätherproblem in der Physik*. 2nd World Power Conference, Berlin Transactions, 1930, S. 1-5.

1930j *Rezension von ›S. Weinberg: Erkenntnistheorie‹*, NW, 18, 1930, S. 536.

1930k *Über Kepler*, Frankfurter Zeitung, 9. Nov. 1930. Auch in: Weltbild.

1930l *Religion und Wissenschaft*, New York Times, 9. November 1930; Berliner Tageblatt, 11. November 1930.

1930m *Concept of space*, Nature, 125, 1930, S. 897-898.

1930n *Über den gegenwärtigen Stand der Relativitätstheorie*, Yale University Library Gazette, 6, 1930, S. 3-6.

1930o *Das Raum-Zeit-Problem*, Koralle, 5, 1930, S. 486-488.

1930p *Rede zur Funkausstellung*, Berlin, 22. August 1930. Transkription nach der Tonaufnahme von F. Herneck in: NW, 48, 1930, S. 33.

1930q *Begleitwort* zu David Reichinstein, *Grenzflächenvorgänge in der unbelebten und belebten Natur*, Leipzig 1930.

1931a *Zum kosmologischen Problem der Allgemeinen Relativitätstheorie*, SB, 1931, S. 235-237.

1931b *Systematische Untersuchungen über kompatible Feldgleichungen, welche in einem Riemannschen Raume mit Fernparallelismus gesetzt werden können*. Mit Walther Mayer, SB, 1931, S. 257-265.

1931c *Einheitliche Theorie von Gravitation und Elektrizität*. Mit Walther Mayer, SB, 1931, S. 541-557.

1931d *Knowledge of past and future in quantum mechanics*. Mit R. C. Tolman und B. Podolsky, Phys. Rev., 37, 1931, S. 780-781.

1931e *Foreword* zu R. de Villamil, *Newton, the man*, London 1931.

1931f *Foreword* zu Sir Isaac Newton, *Opticks*, New York 1931.

1931g *Maxwells influence on the development of the conception of physical reality*, in: J. C. Maxwell, *A Commemoration Volume*, Cambridge 1931, S. 66-73. Auch in: Weltbild.

1931h *Thomas Alva Edison, 1847-1931*, Science, 74, 1931, S. 404-405.

1931i *Gedenkworte auf Albert A. Michelson*, Z. f. angew. Chemie, 44, 1931, S. 658.

1932a *Einheitliche Theorie von Gravitation und Elektrizität*. Mit Walther Mayer, 2. Abhandlung (Fortsetzung von 1931c), SB, 1932, S. 130-137.

1932b *Semi-Vektoren und Spinoren*. Mit Walther Mayer, SB, 1932, S. 522-550.

1932c *On the relation between the expansion and the mean density of the universe*. Mit Willem de Sitter, Proc. Nat. Ac. Sc., 18, 1932, S. 213-214.

1932d *Zu Dr. Berliners 70. Geburtstag*, NW, 20, 1932, S. 913.

1932e *Gegenwärtiger Stand der Relativitätstheorie*, Die Quelle, 82, 1932, S. 440-442.

1932f *Unbestimmtheitsrelation*. Referat eines Colloquiums an der Univ. Berlin am 4. Nov. 1931, Z. f. angew. Chemie, 45, 1932, S. 23.

1932g *Prologue and Epilogue* in: Max Planck (Hg.), *Where is science going?* New York 1932.

1933a *Dirac-Gleichungen für Semi-Vektoren.* Mit Walther Mayer, Proc. Akademie van wetenschappen, Amsterdam, 36, II, 1933, S. 497-502.

1933b *Spaltung der natürlichsten Feldgleichungen für Semi-Vektoren in Spinorgleichungen vom Diracschen Typus.* Mit Walther Mayer, Proc. Akademie van wetenschappen, Amsterdam, 36, II, 1933, S. 615-619.

1933c *On the Method of theoretical Physics.* Spencer Lecture an der Univ. Oxford am 10. Juni 1933. Oxford 1933. Deutsch in: Weltbild.

1933d *Origins of the general Theory of Relativity.* Gibson Lecture an der Univ. Glasgow am 20. Juni 1933. Glasgow Univ. Publ. Nr. 20. Deutsch in: Weltbild.

1934a *Darstellung der Semi-Vektoren als gewöhnliche Vektoren von besonderem Differentiationscharakter.* Mit Walther Mayer, Ann. Math., 35, 1934, S. 104-110.

1934b *Rezension von ›R. Tolman: Relativity, Thermodynamics and Cosmology‹,* Science, 80, 1934, S. 358.

1934c *Introduction* zu L. Infeld, *The World in Modern Science,* London 1934.

1934d *Nachruf auf Paul Ehrenfest.* Almanak van het Leidensche Studentencorps, 1934. Auch in: Späte Jahre.

1935a *Can quantum-mechanical description be considered complete?* Mit B. Podolsky und N. Rosen, Phys. Rev., 47, 1935, S. 777-780.

1935b *The particle problem in the general theory of relativity.* Mit N. Rosen, Phys. Rev., 48, 1935, S. 73-77.

1935c *Elementary derivation of the equivalence of mass and energy.* J. W. Gibbs Lecture, gehalten vor der AAAS, 28. Dez. 1934, Bull. Am. math. Soc., 41, 1935, S. 223-230.

1936a *Physik und Realität,* The Journal of the Franklin Institute, 221, 1936, S. 313-347. Auch in: Späte Jahre, S. 63-106.

1936b *Two-body problem in general relativity theory.* Mit Natan Rosen, Phys. Rev., 49, 1936, S. 404-405.

1936c *Lense-like action of a star by deviation of light in the gravitational field,* Science, 84, 1936, S. 506-507.

1937a *On gravitational waves.* Mit Natan Rosen, The Journal of the Franklin Institute, 223, 1937, S. 43-54.

1938a *Gravitational equations and the problems of motion.* Mit Leopold Infeld und Banesh Hoffmann, Ann. of math., 39, 1938, S. 65-100.

1938b *Generalization of Kaluza's theory of electricity.* Mit Peter Bergmann, Ann. of math., 39, 1938, S. 683-701.

1938c *The Evolution of Physics. The Growth of Ideas from Early Concepts to Relativity and Quanta.* Mit Leopold Infeld. New York 1938. Deutsche Ausgaben: 1. *Die Physik als Abenteuer der Erkenntnis,* Leiden 1938. 2. *Die Evolution der Physik,* Wien 1952, und spätere Auflagen.

1939a *Stationary systems with spherical symmetry consisting of many gravitating masses,* Ann. of math., 40, 1939, S. 922-936.

1939b *Our goal*. Vorlesung im Princeton Theological Seminary. Deutsches Original als *Naturwissenschaft und Religion, Teil I* in: Späte Jahre, S. 37-40.

1940a *Science and Religion*. Conference on Science, Philosophy and Religion, New York 1940. Deutscher Originaltext als *Naturwissenschaft und Religion, Teil II* in: Späte Jahre, S. 41-47.

1940b *Gravitational equations and the problems of motion. Part II*. Mit Leopold Infeld, Ann. of math., 41, 1940, S. 455-464.

1940c *Considerations concerning the fundamentals of theoretical physics*, Science, 91, 1940, S. 487-492, Vortrag vor dem American scientific congress, Washington, 28. Mai 1940. Deutscher Originaltext unter dem Titel *Das Fundament der Physik* in: Späte Jahre, S. 106-121.

1941a *Five-dimensional representation of gravitation and electricity*. Mit Valentin Bargmann und Peter Bergmann, in: *Theodore von Karman Anniversary Volume*, Pasadena 1941, S. 212-225.

1941b *Foreword* zu Peter G. Bergmann, *Introduction to the theory of relativity*, New York 1941.

1942a *Demonstration of the non-existence of gravitational fields with a non-vanishing total mass free of singularities*, Revista, Tucuman Universidad Nacional, 2, 1942, S. 11-16.

1942b *The common language of science*, Advancement of Science, 2, 1942, S. 109.

1942c *The work and personality of Walter Nernst*, The Scientific Monthly, 54, 1942, S. 195-196. Deutscher Originaltext in: Späte Jahre, S. 13-16.

1943a *Non-existence of regular stationary solutions of relativistic field equations*. Mit Wolfgang Pauli, Ann. of math., 44, 1942, S. 131-137.

1944a *Bivector fields I*. Mit Valentin Bargmann, Ann. of math., 45, 1944, S. 1-14.

1944b *Bivector fields II*, Ann. of math., 45, 1944, S. 15-23.

1944c *Remarks on Bertrand Russells theory of knowledge*, in: *The Philosophy of Bertrand Russell*, Evanston 1944, S. 277-291 (Library of living philosophers, vol. 5).

1945a *On the cosmological problem*, Am. Scholar, 14, 1945, S. 137-156; *Corrections*, ebd., S. 269.

1945b *Generalization of the relativistic theory of gravitation*, Ann. of math., 46, 1945, S. 578-584.

1945c *Influence of the expansion of space on the gravitation fields surrounding the individual stars*. Mit Ernst G. Straus, Rev. mod. phys., 17, 1945, S. 120-124.

1945d *A testimonial from Prof. Einstein*, S. 142-143, in: Jacques S. Hadamard, *An essay on the psychology of invention in the mathematical field*, Princeton 1945.

1945e *The Meaning of Relativity*. Erw. Auflage von 1921f.

1946a *Generalization of the relativistic theory of gravitation*, Ann. of math., 47, 1946, S. 731-741.

1946b *Elementary derivation of the equivalence of mass and energy*, Technion Journal, 5, 1946, S. 16-17. Deutscher Originaltext unter dem Titel *Elemen-*

tare Ableitung der Äquivalenz von Masse und Energie, in: Späte Jahre, S. 121-125.

1946c *Autobiographisches,* in: Schilpp, Evanston 1949, S. 1-32.

1947a *The problem of space, ether and the field in physics,* in: Saxe, Commins und Linscott (Hg.), *Man and the universe,* New York 1947, S. 471-482.

1947b *Paul Langevin,* La Pensée, 12, 1947, S. 13-14. Deutscher Originaltext in: Späte Jahre, S. 218-220.

1948a *Quantenmechanik und Wirklichkeit,* Dialectica, 2, 1948, S. 320-324.

1948b *Generalized theory of gravitation,* Rev. mod. phys., 20, 1948, S. 35-39.

1948c *Max Planck.* Beitrag zur Gedenkfeier für Planck in der National Academy of Science, April 1948. Deutscher Originaltext in: Späte Jahre, S. 220-222.

1949a *Bemerkungen zu den in diesem Bande vereinigten Arbeiten,* in: Schilpp, Evanston 1949, S. 493-511.

1949b *Motion of particles in general relativity theory.* Mit L. Infeld, Can. Journ. of math., 3, 1949, S. 209-214.

1950a *Generalized Theory of Relativity.* Als Appendix II zur 3. Auflage von 1921f, Princeton 1950.

1950b *On the generalized theory of gravitation,* Scient. American, 182, April 1950, S. 13-17.

1950c *The Bianchi identities in the generalized theory of gravitation,* Can. Journ. of math., 4, 1950, S. 120-128.

1950d *Introduction* zu Philipp Frank, *Relativity – a richer truth,* Boston 1950.

1953a *Reply to criticism of a recent unified field theory,* Phys. Rev., 89, 1953, S. 321.

1953b *Appendix II: Relativistic theory of the non-symmetric field.* In der 4. Aufl. von 1921f., Princeton 1953.

1953c *Elementare Überlegungen zur Interpretation der Grundlagen der Quantenmechanik,* in: *Scientific Papers presented to Max Born,* New York 1953.

1953d *Louis de Broglie,* in: *Louis de Broglie. Physicien et Penseur,* Paris 1953.

1953e *H. A. Lorentz als Schöpfer und Persönlichkeit.* Zur Feier des 100. Geburtstags von Lorentz geschrieben, in: Weltbild.

1953f *Vorwort* zu Galileo Galilei: *Dialogue Concerning the Twi Chief World Systems. Ptolemaic and Copernican.* Übers. von Stilman Drake, Univ. of Cal. Press 1953. Deutscher Originaltext auch in: Galileo Galilei, *Dialog* ... Übers. v. Emil Strauss, hg. v. Roman Sexl und Karl von Meyenn, Darmstadt 1982.

1954a *Algebraic properties of the field in the relativistic theory of the asymmetric field.* Mit Bruria Kaufmann, Ann. of math., 59, 1954, S. 230-244.

1955a Revidierte Fassung von 1953b.

1955b *Errinnerungen – Souvenirs.* Schweizerische Hochschulzeitung, 28, 1955, S. 145-153; Nachdruck als *Autobiographische Skizze* in: Helle Zeit – Dunkle Zeit, S. 9-17.

Bildnachweis

Lucien Aigner/The Institute for Advanced Study, Princeton, N.J.: Abb. 29
American Institute of Physics/Niels Bohr Library, New York: Abb. 7, 8, 12, 14, 15, 16, 18, 24, 27, 34, S. 474, 533, 563
Archiv zur Geschichte der Max-Planck-Gesellschaft, Berlin: S. 96
Bibliothek der Eidgenössischen Technischen Hochschule, Zürich: Abb. 2, 3, 4, 6,
Bildarchiv Preußischer Kulturbesitz, Berlin: Abb. 11, 17, 33
Bundesarchiv, Koblenz: Abb. 21
Einstein Archives/The Jewish National and University Library, Jerusalem: Abb
Lotte Jacobi/Dimond Library, Durham, N.H.: Abb. 1, 25, 26, 28
Märkisches Museum, Berlin: S. 734
Howard E. Schrader/Princeton University, Princeton, N.J.: Abb. 31
Süddeutscher Verlag, München: Abb. 13, 30, 33
Ullstein Bilderdienst, Berlin: Abb. 10, 19, 20, 22, 23

Zeittafel

1876 8. August: Hermann Einstein und Pauline Koch heiraten in der Synagoge von Cannstatt bei Stuttgart.

1879 14. März: Albert Einstein wird als erstes Kind von Hermann und Pauline Einstein in Ulm geboren.

1880 21. Juni: Die Familie Einstein siedelt nach München über. Hermann Einstein und sein Bruder Jakob gründen die elektrotechnische Firma Einstein & Cie.

1881 18. November: Einsteins Schwester Maria (gen. Maja) wird geboren.

1884 Das »erste Wunder«: Der Kompaß.

1885 31. März: Die Familie bezieht das Haus Rengerweg 14 (jetzt Adlzreiterstraße) im Münchner Stadtteil Sendling in unmittelbarer Nähe zur Fabrik Einstein & Cie.
Einstein erhält seit 1894 Privatunterricht; ab dem 1. Oktober besucht er die zweite Klasse der Petersschule, einer katholischen Volksschule.
Jüdischer Religionsunterricht wird zu Hause erteilt.
Einstein erhält Violinunterricht.

1888 1. Oktober: Nach bestandener Prüfung wird Einstein in das Luitpold-Gymnasium aufgenommen.

1889 Herbst: Der damals 21jährige Medizinstudent Max Talmud besucht regelmäßig die Familie Einstein; für die nächsten fünf Jahre wird er Freund und Mentor von Albert; er macht ihn mit naturwissenschaftlichen und philosophischen Schriften – darunter Kants *Kritik der reinen Vernunft* – bekannt.

1890 Das zweite »Wunder«: Das »heilige Geometriebüchlein«.

1892 Einstein geht nicht zur ›Bar Mizwa‹ und ist damit im rabbinischen Sinne nicht Mitglied der jüdischen Gemeinde.

1894 Juni: Die Firma Einstein & Cie. wird liquidiert; die Familie siedelt nach Oberitalien über (Mailand, Pavia und wieder Mailand). Einstein bleibt in München in der Obhut entfernter Verwandter.
29. Dezember: Ohne Abschluß verläßt Einstein das Luitpold-Gymnasium und reist zu seinen Eltern nach Mailand.

1895 Frühjahr: Einstein sendet einen Essay »Über die Untersuchung des Ätherzustandes im magnetischen Felde« an seinen Onkel Caesar Koch in Belgien. Er besucht Verwandte in Genua und bereitet sich auf die Aufnahmeprüfung für das Eidgenössische Polytechnikum in Zürich (ab 1911 Eidg. Technische Hochschule, ETH) vor.
8.-14. Oktober: Obwohl zwei Jahre unterhalb des Mindestalters von 18 Jahren, wird Einstein zur Prüfung zugelassen. Seine Leistungen in Mathematik und Physik sind hervorragend. Da in anderen Fächern die Leistungen nicht ausreichen, besteht er die Prüfung nicht.

26. Oktober: Einstein wird in die Gewerbeabteilung der Kantonsschule in Aarau aufgenommen. Er wohnt bei der Familie Jost Winteler, einem Lehrer an dieser Schule.

1896 28. Januar: Entlassung aus der württembergischen und damit aus der deutschen Staatsangehörigkeit; die nächsten fünf Jahre bleibt Einstein staatenlos.
September: Prüfungen zur Matura; am 3. Oktober erhält Einstein die Matura und damit die Berechtigung zum Studium am Polytechnikum.
Oktober: Beginn des Studiums am Polytechnikum in Zürich in der »Schule für Fachlehrer«. Kommilitonen sind u. a. Marcel Grossmann und Mileva Marić.

1898 Oktober: Diplom-Zwischenprüfung.

1900 Frühjahr: Diplomarbeit über Wärmeleitung, mündliche und schriftliche Prüfungen; Einstein erhält am 28. Juli das Diplom als Fachlehrer in mathematischer Richtung.
Oktober: Obwohl er die erhoffte Assistentenstelle am Polytechnikum nicht erhält, beginnt Einstein mit der Arbeit an einer Dissertation.
13. Dezember: Die erste Veröffentlichung wird bei den ›Annalen der Physik‹ (über Kapillarität) eingereicht.

1901 21. Februar: Schweizer Staatsbürgerschaft.
Frühjahr: Einstein bewirbt sich vergeblich um Assistentenstellen in Deutschland, Holland und Italien.
Mai-Juli: Aushilfslehrer am Technikum in Winterthur.
September: Lehrer in einer Privatschule in Schaffhausen.
November: Einstein reicht bei der Universität Zürich eine Dissertation ein.
18. Dezember: Bewerbung beim Schweizer Patentamt – dem Eidgenössischen Amt für geistiges Eigentum – in Bern.

1902 Januar: »Lieserl«, die Tochter von Mileva Marić und Einstein, wird in Novi Sad (Neusatz), Ungarn, geboren.
Februar: Einstein zieht seine Dissertation zurück; er begibt sich nach Bern und bietet per Inserat Privatstunden an.
16. Juni: Einstein wird als Experte III. Klasse am Patentamt in Bern provisorisch angestellt. Er beginnt seine Tätigkeit am 23. Juni. Das Gehalt beträgt 3500 Sfr.
10. Oktober: Der Vater stirbt in Mailand.

1903 6. Januar: Einstein und Mileva Marić heiraten in Bern; die Tochter »Lieserl« bleibt in Novi Sad.
April: Mit Maurice Solovine und Conrad Habicht gründet Einstein die »Akademie Olympia«.
Mai: Mitglied der Naturforschenden Gesellschaft zu Bern.
September: Die Tochter »Lieserl« wird vermutlich von Dritten adoptiert.

1904 14. Mai: Der Sohn Hans Albert wird in Bern geboren.
16. September: Einstein erhält eine feste Anstellung am Patentamt; sein Gehalt steigt auf 3900 Sfr.

1905 17. März: Einstein beendet die Arbeit über die Lichtquantenhypothese.

1905 30. April: Einstein beendet die Arbeit über *Eine neue Bestimmung der Moleküldimensionen*; sie wird Ende Juli als Dissertation von der Universität Zürich akzeptiert.

11. Mai: Die Arbeit über Brownsche Bewegung ist bei den ›Annalen‹ eingegangen.

30. Juni: Die Arbeit *Zur Elektrodynamik bewegter Körper*, die Spezielle Relativitätstheorie, geht bei den ›Annalen‹ ein und wird am 28. September veröffentlicht.

27. September: Eine Art Nachtrag zur Speziellen Relativitätstheorie geht bei den ›Annalen‹ ein; er erhält die Formel $E = m \cdot c^2$.

1906 15. Januar: Nach Abschluß aller Formalitäten wird Einstein »Herr Doktor«.

1. April: Beförderung zum Experten II. Klasse; das Gehalt steigt auf 4500 Sfr.

9. November: Die Arbeit zur spezifischen Wärme, die Begründung der Quantentheorie des Festkörpers, geht bei den ›Annalen‹ ein.

1907 17. Juni: Antrag auf Habilitation bei der Universität Bern; der Antrag wird am 28. Oktober zurückgewiesen, bis Einstein eine originäre Habilitationsschrift vorlegt.

Oktober/November: Einstein entdeckt das Äquivalenzprinzip als Leitgedanken auf dem Weg zur Allgemeinen Relativitätstheorie. Am 4. Dezember beendet er den großen Übersichtsartikel über das Relativitätsprinzip.

1908 28. Februar: Nach Vorlage einer Habilitationsschrift und nach einer Probevorlesung wird Einstein Privatdozent an der Universität Bern.

April: Johann Jakob Laub kommt für drei Wochen zu gemeinsamer Arbeit nach Bern.

Das ganze Jahr über intensive experimentelle Beschäftigung mit dem »Maschinchen«.

1909 7. Mai: Einstein wird zum Außerordentlichen Professor für Theoretische Physik an der Universität Zürich berufen; das Gehalt beträgt 4500 Sfr.; er tritt seine Professur am 15. Oktober an.

9. Juli: Einstein erhält von der Universität Genf sein erstes Ehrendoktorat.

20. September: Einstein ist »Ehrengast« der Jahresversammlung der Gesellschaft Deutscher Naturforscher und Ärzte in Salzburg; am 21. September hält er einen großen Vortrag über Strahlungstheorie. Er lernt die führenden deutschen Physiker kennen.

ca. 15. Oktober: Umzug nach Zürich; Beginn seiner Lehrtätigkeit.

1910 21. April: Die Fakultät der Deutschen Universität in Prag nominiert Einstein als Ordinarius für Theoretische Physik.

14. Juli: In Zürich wird Einsteins Gehalt auf 5500 Sfr. erhöht, um ihn an die Universität zu binden.

28. Juli: Der zweite Sohn Eduard wird geboren.

24. September: Reise nach Wien wegen Berufungsverhandlungen; Einstein besucht Ernst Mach und Victor Adler.

1. November: Einstein erhält eine Zuwendung von drei mal 5000 Mark von einem anonymen Spender aus Deutschland (Franz Oppenheim).

1911 6. Januar: Kaiser Franz Joseph beruft Einstein auf das Ordinariat in Prag zum 1. April 1911.
10. Februar: Einstein reist zu einer Vorlesung nach Leiden und trifft Hendrik Antoon Lorentz und Heike Kamerlingh Onnes.
3. April: Einstein trifft mit seiner Familie in Prag ein.
23. August: Einstein leistet seinen Amtseid.
24. August: Beginn von Verhandlungen über einen Ruf nach Utrecht.
September: Heinrich Zangger besucht Einstein in Prag; ein Ruf an die ETH wird erörtert.
25. September: Bei der Jahresversammlung der Ges. Deutscher Naturforscher und Ärzte in Karlsruhe macht Einstein die Bekanntschaft von Fritz Haber.
30. Oktober-4. November: Einstein nimmt am 1. Solvay-Kongreß in Brüssel teil; er trägt die Quantentheorie des Festkörpers vor. Anschließend besucht er Utrecht.
19.-25. Dezember: Einstein verhandelt in Zürich über einen Ruf an die ETH.

1912 30. Januar: Ernennung zum Professor für Theoretische Physik an der ETH in Zürich; das Gehalt beträgt 11000 Sfr.
15.-22. April: Einstein reist nach Berlin und trifft dort alle führenden Physiker; erste Gedanken über eine Berufung nach Berlin. Bei diesem Besuch entdeckt Einstein zu seiner Cousine Elsa Löwenthal geb. Einstein nicht nur verwandtschaftliche Bindungen.
25. Juli: Umzug nach Zürich.
August: Beginn der Zusammenarbeit mit Marcel Grossmann zur Allgemeinen Relativitätstheorie.

1913 27. März: Vorlesung in Paris über das photochemische Äquivalentgesetz.
3. Juli: Die phys.-math. Klasse der Kgl. Preußischen Akademie der Wissenschaften nominiert Einstein als Mitglied. Max Planck und Walther Nernst fahren Mitte Juli nach Zürich, um das Angebot zu einem Wechsel nach Berlin zu unterbreiten. Einstein akzeptiert.
August: Wanderung mit Marie Curie durchs Engadin.
September: Ferien bei Milevas Eltern in Novi Sad. Am 21. September Vortrag über Gravitationstheorie bei der Jahresversammlung der Gesellschaft Deutscher Naturforscher und Ärzte in Wien; anschließend Reise nach Berlin.
12. November: Kaiser Wilhelm II. bestätigt die Wahl Einsteins in die Akademie. Einstein akzeptiert am 7. Dezember. Das Gehalt beträgt 12900 Mark.

1914 22. März: Einstein verläßt Zürich und besucht Antwerpen und Leiden. Er trifft Anfang April in Berlin ein. Mileva und die Söhne folgen Mitte April.
Ende Juni: Mileva und Albert Einstein trennen sich; Mileva geht mit den Söhnen zurück nach Zürich.
2. Juli: Antrittsrede in der Akademie. Planck erwidert.
1. August: Auf den Ausbruch des Ersten Weltkriegs reagiert Einstein als be-

wußter Pazifist; er beschäftigt sich erstmals intensiv mit politischen Problemen.
November: Einstein tritt dem »Bund Neues Vaterland« bei, dessen Ziel die Schaffung der »Vereinigten Staaten von Europa« ist. Er unterzeichnet das von Georg Nicolai entworfene »Manifest an die Europäer«.

1915 Januar: In der Physikalisch-Technischen Reichsanstalt beginnt Einstein gemeinsam mit J. W. de Haas experimentelle Untersuchungen zum gyromagnetischen Effekt (Einstein-de Haas-Effekt).
Ende Juni: Einstein besucht für eine Woche Göttingen, wohnt dort bei David Hilbert und hält sechs Vorlesungen über Allgemeine Relativitätstheorie.
November: In vier Akademievorlagen (die erste am 4. November, die letzte am 25. November) formuliert Einstein die Vollendung der Allgemeinen Relativitätstheorie.

1916 20. März: *Die Grundlage der allgemeinen Relativitätstheorie*, die erste systematische Darstellung, ist vollendet. Der Artikel erscheint in den ›Annalen der Physik‹ und als separate Broschüre.
5. Mai: Einstein wird Präsident der Deutschen Physikalischen Gesellschaft.
Juni: Erste Arbeit über Gravitationswellen.
Juli: Erneute Beschäftigung mit der Quantentheorie; es entstehen drei Arbeiten über spontane und induzierte Emission und Absorption, über eine darauf basierende neue Herleitung der Planckschen Strahlungsformel sowie das Partikel-Konzept des Photons.
Dezember: Einstein beendet *Über die spezielle und die allgemeine Relativitätstheorie, gemeinverständlich*, sein bekanntestes Buch.
30. Dezember: Der Kaiser verfügt im »Großen Hauptquartier« die Berufung Einsteins in das Kuratorium der Physikalisch-Technischen Reichsanstalt.

1917 Zu Beginn des Jahres erkrankt Einstein. Leberleiden, Magen- und Zwölffingerdarmgeschwüre sowie Gelbsucht folgen aufeinander. Die Wiederherstellung dauert etwa vier Jahre. Er wird von seiner Cousine Elsa gepflegt.
Februar: Im Rahmen der Allgemeinen Relativitätstheorie entwirft Einstein das erste Modell des Kosmos; es enthält das »kosmologische Glied«, um die Stabilität eines räumlich begrenzten Weltalls zu garantieren.
September: Einstein zieht um in die Haberlandstraße 5 in Berlin-Schöneberg, die Wohnung der Cousine Elsa.
1. Oktober: Das Kaiser-Wilhelm-Institut für Physik, dessen Gründung schon 1914 vorgesehen war, nimmt nach kriegsbedingten Verzögerungen unter Einsteins Leitung seine Arbeit auf. Das Institut beschränkt sich auf die Forschungsförderung in Physik und Astronomie.

1918 Februar: Die zweite Arbeit über Gravitationswellen; sie enthält die Quadrupolformel.
August: Ein Ruf nach Zürich, ein gemeinsames Angebot von ETH und Universität zu sehr vorteilhaften Bedingungen, lehnt Einstein ab.

1918 9. November: Das Deutsche Reich kapituliert, der Kaiser dankt ab, die Republik wird ausgerufen. Einstein ist begeistert und engagiert sich für linksdemokratische Ziele.

1919 Januar: Mehrmonatiger Aufenthalt in der Schweiz. An der Universität Zürich hält Einstein Vorlesungen über die Relativitätstheorie.

14. Februar: Scheidung von Mileva; das Sorgerecht für die Söhne wird Mileva zugesprochen.

Frühjahr: Diskussionen mit Kurt Blumenfeld über den Zionismus; Einstein unterstützt weitgehend die zionistischen Ideale, tritt jedoch niemals einer zionistischen Organisation bei.

2. Juni: Heirat mit der Cousine Elsa in Berlin.

22. September: Einstein erfährt, daß die Auswertung von Beobachtungen, die bei einer Sonnenfinsternis am 29. Mai von zwei britischen Expeditionen angestellt wurden, seine aus der Allgemeinen Relativitätstheorie folgenden Vorhersagen der Lichtablenkung im Schwerefeld der Sonne bestätigen.

6. November: In London wird in einer feierlichen Sitzung der Royal Society und der Royal Astronomical Society offiziell bekanntgegeben, daß Einsteins Vorhersage bestätigt worden sei. Tags darauf beginnt die Einstein-Legende.

26. November: Abgeordnete des Preußischen Landtages beantragen eine großzügige Unterstützung von Einsteins Forschungen. Daraus entwickelt sich die »Einstein-Spende«, die finanzielle Grundlage für den Bau des »Einstein-Turmes«.

1920 Februar: Niels Bohr besucht Einstein in Berlin.

Pauline Einstein stirbt nach schwerer Krankheit in Berlin bei ihrem Sohn.

Juni: Reise zu Vorträgen in Norwegen und Dänemark.

24. August: Öffentliche Veranstaltung in der Berliner Philharmonie gegen die Relativitätstheorie; Einstein reagiert in einem drei Tage später veröffentlichten Zeitungsartikel sehr heftig.

23. September: Kontroverse Diskussion mit Ph. Lenard bei der Naturforscherversammlung in Bad Nauheim.

27. Oktober: Antrittsvorlesung als Gastprofessor in Leiden.

31. Dezember: Wahl in den Orden »Pour le Mérite« als dessen jüngstes Mitglied.

1921 Januar: Vorträge mit großem Aufsehen in Prag und Wien.

2. April bis 30. Mai: Erster Aufenthalt in den USA; Sammlung von Spenden für die Hebräische Universität in Jerusalem; Vorlesungen in Princeton, die als Buch erscheinen.

Juni: Unterbrechung der Rückreise in England; Vorträge in Manchester und London.

1922 Januar: Einstein legt der Akademie seine erste Arbeit über die einheitliche Feldtheorie vor.

28. März-10. April: Reise nach Paris; Vorträge am Collège de France; Besuch der Schlachtfelder des Weltkriegs.

1922 Ende April: Einstein wird Mitglied der Kommission für Intellektuelle Zusammenarbeit des Völkerbundes.
24. Juni: Außenminister Walther Rathenau wird ermordet; Einstein sagt Vorlesungen und öffentliche Auftritte ab.
8. Oktober: Einstein tritt als Gast eines Zeitungsverlags eine Reise nach Japan an.
9. November: Der Nobelpreis für Physik für das Jahr 1921 wird Einstein verliehen; er erfährt davon offiziell während der Reise.
17. November-29. Dezember: Aufenthalt in Japan; akademische und populäre Vorträge.

1923 2.-14. Februar: Auf der Rückreise von Japan Besuch in Palästina. Einstein wird der erste Ehrenbürger von Tel Aviv; er legt den Grundstein zur Hebräischen Universität in Jerusalem.
März: Austritt aus der Völkerbundskommission, u. a. wegen der Besetzung des Ruhrgebiets durch Frankreich und Belgien.
Juni: Gründungs- und Präsidiumsmitglied der Vereinigung der Freunde des Neuen Rußland.
Juli: Reise nach Schweden und Dänemark, in Göteborg hält Einstein seinen Nobelvortrag.
Dezember: Einstein diskutiert in einer Akademie-Vorlage »Möglichkeiten zur Lösung des Quantenproblems«, im wesentlichen durch Randbedingungen für die Feldgleichungen der Allgemeinen Relativitätstheorie.

1924 Juni: Einstein tritt wieder in die Völkerbundskommission ein.
Dezember: Der »Einstein-Turm« ist einschließlich der Instrumentierung fertiggestellt; Einstein ist Vorsitzender des Kuratoriums des »Einstein-Instituts« auf Lebenszeit.

1925 Januar: Einstein veröffentlicht die *Quantentheorie des einatomigen idealen Gases*; er entdeckt ein Argument für den Wellencharakter der Materie. Er formuliert die Bose-Einstein-Statistik und veröffentlicht Ende 1925 seine Entdeckung der Bose-Einstein-Kondensation. – Dies sind seine letzten Entdeckungen von unstreitig großer Bedeutung.
April-Juni: Reise nach Südamerika.
September: Einstein wird Mitglied des Verwaltungsrats der Hebräischen Universität Jerusalem, nachdem er schon seit 1924 die Publikationen des Instituts für Physik herausgibt.

1926 Formulierung der Quantenmechanik durch Heisenberg, Schrödinger, Born u. a.; Einstein äußert sein Unbehagen.

1927 Oktober: Beim Solvay-Kongreß in Brüssel Beginn der intensiven Auseinandersetzung mit Niels Bohr über die Grundlagen der Quantenmechanik.

1928 Februar: In Davos erleidet Einstein eine schwere Herzerkrankung. Er muß vier Monate lang streng Bettruhe halten; die Genesung dauert etwa ein Jahr.

1929 28. Juni: Max Planck erhält die erste, Einstein die zweite der aus Anlaß von Plancks 70. Geburtstag gestifteten Max-Planck-Medaillen.
Oktober: Solvay-Kongreß in Brüssel; Besuch bei der königlichen Familie; Freundschaft und lebenslange Korrespondenz mit der »Lieben Königin«.

1930 Intensives Engagement für den Pazifismus.
Dezember: Reise in die USA zu einem Forschungsaufenthalt am »California Institute of Technology« in Pasadena; Rückkehr im März 1931.

1931 »Student« des Christ Church College in Oxford, eine Art Gastprofessur mit jährlichen Aufenthalten von vier Wochen.
Dezember: Erneut Reise in die USA zum Cal Tech in Pasadena.

1932 Politisches Engagement für die Erhaltung der Weimarer Republik.
Juli: Auf Anregung des Völkerbundes und dessen Instituts für Intellektuelle Zusammenarbeit Briefwechsel mit Sigmund Freud über die Frage *Warum Krieg?*. Veröffentlicht 1933.
August: Berufung an das in Gründung befindliche »Institute for Advanced Study« in Princeton zum Oktober 1933. Einstein plante, eine Hälfte des Jahres in Princeton und die andere Hälfte in Berlin zu verbringen.
Dezember: Reise in die USA zum Cal Tech in Pasadena. Die Rückkehr war für März 1933 vorgesehen.

1933 30. Januar: Nationalsozialistische »Machtergreifung« in Deutschland.
10. März: Vor der Rückreise nach Europa erklärt Einstein öffentlich, daß er nicht mehr nach Deutschland zurückkehren werde.
28. März: Einstein erklärt seinen Austritt aus der Preußischen Akademie der Wissenschaften. Er beendet jegliche Verbindung mit offiziellen deutschen Institutionen. – Einstein bleibt in Belgien.
Juni: In Oxford hält Einstein die Spencer-Vorlesung.
September: Aufenthalt in England bis zur Abreise in die USA.
3. Oktober: Rede in der Royal Albert Hall in London für einen Hilfsfond.
17. Oktober: Einstein trifft mit seiner Frau, der Sekretärin Helen Dukas und dem Assistenten Walther Mayer in den USA ein und begibt sich nach Princeton.

1934 In Amsterdam erscheint *Mein Weltbild*, eine Sammlung von Einsteins Aufsätzen.
Die Stieftochter Ilse Kayser-Einstein stirbt in Paris; die Stieftochter Margot kommt nach Princeton.

1935 15. Mai: Das Einstein-Podolky-Rosen-Paradoxon wird veröffentlicht; Bohrs Erwiderung bringt die Debatte über die Grundlagen der Quantenmechanik zu einem gewissen Abschluß.
August: Kauf des Hauses 112 Mercer Street in Princeton.

1936 Arbeit mit Banesh Hoffmann und Leopold Infeld zum Bewegungsproblem.
20. Dezember: Tod von Elsa Einstein in Princeton.

1937 Der Sohn Hans Albert kommt mit seiner Familie in die USA.
Arbeit mit Valentin Bargmann und Peter Bergmann an der vereinheitlichten Theorie.

1938 Veröffentlichung von *The Evolution of Physics* mit Leopold Infeld.

1939 Die Schwester Maja kommt zu ihrem Bruder nach Princeton, wo sie bis zu ihrem Tod bleibt.
2. August: Einstein unterzeichnet einen Brief an den amerikanischen Präsi-

denten F. D. Roosevelt, in dem er auf die Möglichkeit der Atombombe und die Gefahr einer solchen Waffe in deutscher Hand hinweist.
1. September: Deutscher Angriff auf Polen; Beginn des Zweiten Weltkriegs.

1940 7. März: Zweiter für Präsident Roosevelt bestimmter Brief über die Atombombe.
1. Oktober: Einstein wird amerikanischer Staatsbürger; er behält seine Schweizer Staatsbürgerschaft.

1941 6. November: Beginn des »Manhattan project« zur Entwicklung der Atombombe. Einstein ist nicht beteiligt, da er als Sicherheitsrisiko angesehen wird.
7. Dezember: Japanischer Angriff auf Pearl Harbour; Eintritt der USA in den Krieg.

1943 31. Mai: Einstein wird Berater der US Navy für hochexplosive Sprengstoffe; sein Tageshonorar beträgt 25 US $.

1944 3. Februar: Einsteins eigenhändige Abschrift der Arbeit *Zur Elektrodynamik bewegter Körper* wird in Kansas City zugunsten des »Book and Author War Bond Committee« für sechs Millionen US $ versteigert.

1945 In einem Brief an Präsident Roosevelt versucht Einstein, Leo Szilard und anderen Physikern die Möglichkeit zu verschaffen, ihre Sorgen über den Einsatz der Atombombe vorzutragen.
6. August: Abwurf der ersten Atombombe über Hiroshima.
September: Durch die Veröffentlichung des *Smyth Report* wird Einsteins Brief an Roosevelt aus dem Jahre 1939 bekannt.
10. Dezember: In New York hält Einstein bei einem Nobel-Gedenkdinner eine viel beachtete Rede: *The war is won, but peace is not.*

1946 23. Mai: Einstein übernimmt den Vorsitz des »Emergency Committee of Atomic Scientists«.
Dezember: Einstein tritt öffentlich für eine Weltregierung ein.

1947 Intensives Engagement für Rüstungskontrolle und Weltregierung.

1948 4. August: In Zürich stirbt Mileva Marić.
Dezember: Einstein wird am Unterleib operiert; es wird ein großes Aorten-Aneurysma diagnostiziert.

1949 Januar: Erholung in Florida.
Arbeit an den abschließenden Bemerkungen des Einstein-Bandes der »Library of Living Philosophe«.

1950 18. März: In seinem Testament legt Einstein fest, daß sein schriftlicher Nachlaß der Hebräischen Universität in Jerusalem übereignet werden soll.

1951 Die Schwester Maja stirbt in Princeton.

1952 November: Nach dem Tode von Chaim Weizmann wird Einstein die Präsidentschaft Israels angetragen; Einstein lehnt ab.

1953 16. Mai: Öffentlicher Brief an W. Frauenglass zur Verteidigung der Bürgerrechte gegenüber dem McCarthy-Ausschuß, der heftige Kontroversen auslöst.

1954 April: Einstein unterstützt J. Robert Oppenheimer in der Frage seiner »nationalen Zuverlässigkeit«.

1955 15. März: In Genf stirbt Michele Besso.

11. April: Brief an Bertrand Russell zum »Einstein-Russell-Manifest« für Abrüstung.

13. April: Das Aneurysma ist geplatzt.

18. April: Einstein stirbt. Die Leiche wird am selben Tag eingeäschert. Nach einer schlichten Trauerfeier wird die Asche an unbekanntem Ort verstreut.

Personenregister